Ergebnisse und Probleme der modernen Anorganischen Chemie

Von

H. J. Emeléus und J. S. Anderson
D. Sc., A. R. C. S. Ph. D., A. R. C. S.
Imperial College of Science and Technology, London

Übersetzt von

Dipl.-Chem. Kurt Karbe
Greifswald

Mit 55 Abbildungen

Berlin
Verlag von Julius Springer
1940

ISBN-13:978-3-642-93793-4 e-ISBN-13:978-3-642-94193-1
DOI: 10.1007/978-3-642-94193-1

Softcover reprint of the hardcover 1st edition 1940

Titel der englischen Ausgabe:
Modern Aspects of Inorganic Chemistry.

Geleitwort zur deutschen Übersetzung.

In dem Vorwort, welches die englischen Autoren ihrem Buche beigegeben haben, sind Zweck und Ziel ausführlich dargelegt. Die Lösung der Aufgabe, die sich die Verfasser gestellt haben, darf als durchaus gelungen bezeichnet werden. Die mit den Grundlagen der Chemie und Physik vertrauten Leser werden an diejenigen Spezialgebiete der neueren anorganischen Chemie, welche im Vordergrund des Interesses stehen, herangeführt und erhalten einen Überblick über die Problemstellungen der Arbeiten und die bei den Untersuchungen erzielten Ergebnisse.

Nach einem nicht zu umfangreichen Werk über die Hauptprobleme der anorganischen Chemie für Fortgeschrittene besteht in Deutschland ebenfalls ein starkes Bedürfnis. Auch aus diesem Grunde ist es daher sehr zu begrüßen, daß die vorliegende Übersetzung durchgeführt und somit diese Darstellung einem weiteren deutschen Leserkreis zugänglich gemacht wurde. Wir haben in der Tat zur Zeit in Deutschland kein ähnliches Buch, so daß die Übersetzung auch zweifellos eine wertvolle Bereicherung der chemischen Fachliteratur für Unterrichtszwecke bedeutet. Die Darstellung erscheint für diesen Zweck um so geeigneter, als der starke Anteil der deutschen Forschung an der Entwicklung der einzelnen Gebiete in umfangreichem Maße berücksichtigt ist, wovon man sich an Hand der Literaturangaben leicht überzeugen kann. Darüber hinaus muß es zweifellos von großem Interesse sein, die Ansichten und Auffassungen der angelsächsischen Wissenschaftler von der modernen anorganischen Chemie kennen und beachten zu lernen.

Es ist selbstverständlich, daß eine derartige Darstellung in dem begrenzten Rahmen nicht erschöpfend ist und daß man über die Auswahl der einzelnen Gebiete verschiedener Meinung sein kann. Im großen und ganzen aber muß man auch hier die Auswahl des Stoffes als glücklich bezeichnen, zumal durch die zahlreichen und ausführlichen Literaturhinweise und Zitate Anregungen zur weiteren Beschäftigung mit den fraglichen Gebieten gegeben werden.

Es liegt ferner in der Natur der Sache, daß bei den noch nicht abgeschlossenen Arbeitsgebieten verschiedene Ansichten vertreten werden können und daß sich in vielen Fällen ein Wandel der herrschenden Anschauungen bemerkbar macht. Bei der Übersetzung wurde ganz bewußt darauf verzichtet, irgendwelche sachlichen Änderungen vorzunehmen; der Übersetzer hat sich vielmehr streng an die — meist objektive — Darstellung gehalten. Im Text selbst ist in keinem Falle irgendeine Umarbeitung erfolgt; es wurden lediglich an einigen wenigen Stellen, bei denen nach Ansicht des Übersetzers ein zu starker Gegensatz gegenüber dem heutigen Stande herrschte, kleine Hinweise eingefügt, die als Anmerkungen des Übersetzers gekennzeichnet sind.

Chemisches Institut der Universität zu Greifswald, März 1940.

Professor Dr. G. **Jander**.

Vorwort der englischen Ausgabe.

Die vielen ausgezeichneten Lehrbücher, die bereits vorhanden sind, machen den Studenten der anorganischen Chemie mit den Grundlagen dieses Gebietes vertraut; nach den Erfahrungen der Verfasser besteht aber ein Bedürfnis nach einem Buch, das dem älteren Studenten und fortgeschrittenen Leser die modernen Entwicklungslinien der wissenschaftlichen Chemie und die theoretischen Deutungen der neuesten Fortschritte übermittelt. Das vorliegende Buch soll daher die Aufgabe haben, einen Überblick über die Fortschritte einiger wichtiger Entwicklungszweige der anorganischen Chemie zu geben, die etwa in den letzten beiden Jahrzehnten erzielt wurden, und diese Entwicklungspunkte zu der gesamten Chemie in Beziehung bringen.

Die Verfasser sind von dem üblichen Wege der gruppenweisen Besprechung der Elemente auf Grund des periodischen Systems abgewichen. Ihrer Ansicht nach ist es für einen Leser, der schon mit dem periodischen System vertraut ist, bedeutend eindringlicher und lehrreicher, verwandte Verbindungen und spezielle Gebiete zu behandeln, die ihm einen Querschnitt durch das gesamte Gebiet liefern. Es ist instruktiver, um ein Beispiel herauszugreifen, die Hydride als verwandte Gruppe für sich kennenzulernen, als sie losgelöst und einzeln als Verbindungen ihrer Stammelemente aufgezeichnet zu finden.

Das Buch ist so gehalten, daß es bei Lehrern, älteren Studenten und wissenschaftlichen Forschern Interesse finden dürfte, auch bei solchen, deren Hauptinteresse auf einem anderen Gebiet der Chemie liegt. Einige Abschnitte sind jedoch von so allgemeiner Bedeutung, daß sie auch für jüngere Studenten geeignet sind. Vieles, was man leicht an anderer Stelle findet, ist ausgelassen und durch neuere Arbeiten ersetzt worden, die zum größten Teil noch nicht in den üblichen Lehrbüchern aufgenommen sind.

Die Verfasser haben bewußt einen starken Nachdruck auf die physikalische und physikalisch-chemische Seite der anorganischen Chemie gelegt. Diese Gebiete und besonders das Studium des festen Zustandes werden in immer steigendem Maße einen bestimmenden Einfluß auf die Entwicklung der anorganischen Chemie gewinnen. Um eine Überlastung des Textes mit Literaturhinweisen zu vermeiden, sind vorwiegend einschlägige Monographien anerkannter Fachgelehrter und neuere Veröffentlichungen zitiert worden, so daß der interessierte Leser ohne Schwierigkeit die ältere Literatur finden kann. Wenn dieses Verfahren anscheinend dazu geführt hat, daß überwiegend ausländische — besonders deutsche — Untersuchungen herangezogen wurden, so kommt darin die verhältnismäßig starke Vernachlässigung zum Ausdruck, die die anorganische Chemie heute in England erfährt. Die Verfasser sehen ihr Hauptziel dann als erreicht an, wenn es ihnen gelungen sein sollte, das beschriebene

Gebiet als eine noch aufnahmefähige experimentelle Wissenschaft darzustellen, die für die Entwicklung neuer experimenteller Verfahren und der Erforschung wenig bekannter Gebiete noch unbegrenzte Möglichkeiten bietet.

Für die Erlaubnis zum Abdruck von Abbildungen danken wir der Royal Society, der Chemical Society, der Faraday Society, der American Chemical Society, der Deutschen Chemischen Gesellschaft, den Herausgebern der „Zeitschrift für Elektrochemie" und der „Zeitschrift für anorganische und allgemeine Chemie", sowie der Cambridge University Press. Endlich möchten die Verfasser verschiedenen Fachkollegen, besonders Herrn A. I. E. Welch und Herrn N. Miller für ihre Unterstützung bei der Anfertigung des Manuskriptes und ihre Hilfe beim Lesen der Korrekturen ihren Dank aussprechen.

Imperial College of Science and Technology,
Januar 1938.

Inhaltsverzeichnis.

Erstes Kapitel.
Atombau und Periodisches System.

Zweites Kapitel.
Atomgewicht und Isotopie.

Drittes Kapitel.
Molekularstruktur anorganischer Verbindungen.

Viertes Kapitel.
Koordinationsverbindungen und anorganische Stereochemie.

Fünftes Kapitel.
Polysäuren und Silikate.

Sechstes Kapitel.
Wasserstoff und die Hydride.

Siebentes Kapitel.

Freie Radikale mit kurzer Lebensdauer.

Achtes Kapitel.

Nichtmetalloxyde und verwandte Stoffe.

Neuntes Kapitel.

Die neueste Chemie der Nichtmetalle.

Zehntes Kapitel.

Die Peroxyde und Persäuren.

Elftes Kapitel.

Neuere Chemie der Metalle.

Zwölftes Kapitel.

Metallcarbonyle, -nitrosyle und verwandte Verbindungen.

Dreizehntes Kapitel.

Intermetallische und Einlagerungsverbindungen.

Vierzehntes Kapitel.

Reaktionen im flüssigen Ammoniak und verflüssigten Schwefeldioxyd.

Fünfzehntes Kapitel.

Radioaktivität und Atomzerfall.

Erstes Kapitel.

Atombau und Periodisches System.

Einleitung.

In den letzten hundert Jahren sind zwei verschiedene Systeme für die Einteilung der chemischen Elemente entwickelt worden. Das erste ergab sich hauptsächlich aus den Verschiedenheiten in den chemischen und physikalischen Eigenschaften, wenn man mit steigendem Atomgewicht von einem Element und seinen Verbindungen zu dem nächsten übergeht. Das zweite gründet sich auf den Unterschieden im Atombau. Die Entwicklung der Chemie nähert sich jetzt einem Stande, bei dem es möglich ist, diese beiden Richtungen — die man als chemische und physikalische Einteilung der Elemente bezeichnen kann — miteinander in Verbindung zu bringen. Wir wollen versuchen, die periodisch wiederkehrenden chemischen Eigenschaften durch den Atombau zu erklären und die bildlichen Darstellungen der Wertigkeit durch eine sichere physikalische Grundlage zu ersetzen. Das soll Gegenstand des ersten Kapitels sein. Wenn es so aussieht, daß hierbei ein zu starker Nachdruck auf die physikalischen Gesichtspunkte gelegt wird, so sei daran erinnert, daß diese gegenwärtig dem Chemiker weniger vertraut sind als die beschreibende Chemie des Periodischen Systems.

Die Einteilung der chemischen Elemente nach ihren Atomgewichten und chemischen Eigenschaften rührt her von einer Beobachtung, die Döbereiner 1829 machte; Döbereiner lenkte die Aufmerksamkeit auf die Existenz von Triaden verwandter Elemente wie Calcium, Strontium und Barium oder Chlor, Brom und Jod, in denen die chemischen Eigenschaften des mittelständigen Elementes zwischen denen der beiden anderen liegen. Das Atomgewicht des mittleren Elementes entspricht auch ungefähr dem arithmetischen Mittel der Werte für die beiden anderen. Der nächste wichtige Schritt erfolgte 1863/64 als Newlands darauf hinwies, daß, wenn man mit Wasserstoff beginnend die zu jener Zeit bekannten Elemente in der Reihenfolge ihrer Atomgewichte anordnete, die ersten sieben, nämlich Lithium, Beryllium, Bor, Kohlenstoff, Stickstoff, Sauerstoff und Fluor, alle in ihren Eigenschaften verschieden wären. Das nächste Element nach dem Fluor wäre nun das Natrium, das eine starke Ähnlichkeit mit dem Lithium aufwies und jedes der sechs folgenden Elemente, nämlich Magnesium, Aluminium, Silicium, Phosphor, Schwefel und Chlor zeigten eine offensichtliche Ähnlichkeit mit dem entsprechenden Glied der ersten Gruppe der sieben Elemente. Dieses sogenannte Gesetz der Oktaven versagte für Elemente mit höherem Atomgewicht als dem des Chlors, bei denen der Unterschied zwischen den entsprechenden Elementen größer als acht wird.

Tabelle 1. Periodisches System der Elemente.

0	I a	I b	II a	II b	III a	III b	IV a	IV b	V a	V b	VI a	VI b	VII a	VII b	VIII
2 He 4,002	**3** Li 6,940		**4** Be 9,02		**5** B 10,82		**6** C 12,01			**7** N 14,008		**8** O 16,0000		**9** F 19,000	
10 Ne 20,183	**11** Na 22,997		**12** Mg 24,32		**13** Al 26,97		**14** Si 28,06			**15** P 31,02		**16** S 32,06		**17** Cl 35,457	
18 Ar 39,944	**19** K 39,096		**20** Ca 40,08		**21** Sc 45,10		**22** Ti 47,90		**23** V 50,95		**24** Cr 52,01		**25** Mn 54,93		**26** Fe 55,84 **27** Co 58,94 **28** Ni 58,69
		29 Cu 63,57		**30** Zn 65,38		**31** Ga 69,72		**32** Ge 72,60		**33** As 74,91		**34** Se 78,96		**35** Br 79,916	
36 Kr 83,7	**37** Rb 85,48		**38** Sr 87,63		**39** Y 88,92		**40** Zr 91,22		**41** Nb 92,91		**42** Mo 96,00		**43** (Ma)		**44** Ru 101,7 **45** Rh 102,91 **46** Pd 106,7
		47 Ag 107,880		**48** Cd 112,41		**49** In 114,76		**50** Sn 118,70		**51** Sb 121,76		**52** Te 127,61		**53** J 126,92	
54 Xe 131,3	**55** Cs 132,91		**56** Ba 137,36		**57—71** Seltene Erden*		**72** Hf 178,6		**73** Ta 180,88		**74** W 184,0		**75** Re 186,31		**76** Os 191,5 **77** Ir 193,1 **78** Pt 195,23
		79 Au 197,2		**80** Hg 200,61		**81** Tl 204,39		**82** Pb 207,21		**83** Bi 209,00		**84** Po 210,0		**85** —	
86 Nt 222	**87**	—	**88** Ra 226,05		**89** Ac 227		**90** Th 232,12		**91** Pa 231		**92** U 238,07				

* Seltene Erden: **57** La 138,92 **58** Ce 140,13 **59** Pr 140,92 **60** Nd 144,27 **61** (Il) — **62** Sm 150,43 **63** Eu 152,0 **64** Gd 156,9 **65** Tb 159,2 **66** Dy 162,46 **67** Ho 163,5 **68** Er 167,64 **69** Tu 169,4 **70** Yb 173,04 **71** Cp 175,0

Das Periodische System wurde zuerst 1869 von MENDELEJEFF aufgestellt; mit geringfügigen Abweichungen — die durch die Entdeckung von neuen Elementen und die Verbesserung der Atomgewichtsbestimmungen hervorgerufen sind — wird die damals vorgeschlagene Tabelle heute noch zur Einteilung der chemischen Elemente benutzt. Die Tabelle auf Seite 2 ist demnach durch die Edelgase und einige andere erst später entdeckte Elemente ergänzt worden.

Eine ausführliche Besprechung der chemischen Gesichtspunkte für die periodische Einteilung ist an dieser Stelle nicht erforderlich. Die Elementepaare Argon und Kalium, Kobalt und Nickel sowie Tellur und Jod mußten in der Tabelle in der umgekehrten Reihenfolge ihrer Atomgewichte angeordnet werden; diese Abweichungen beruhen auf dem verhältnismäßig großen Überschuß ihrer entsprechenden Isotopen, wie in der folgenden Tabelle gezeigt wird (s. auch S. 29). Beim Thorium und Protaktinium stimmt die Reihenfolge von Atomgewicht und Atomnummer ebenfalls nicht miteinander überein (s. auch S. 335).

Tabelle 2.

Element	Atomnummer	Atomgewicht	Isotope in der Reihenfolge ihrer Häufigkeit
Argon	18	39,944	40, 36, 38
Kalium	19	39,096	39, 41, 40
Kobalt	27	58,94	59, 57
Nickel	28	58,69	58, 60, 62, 61, 64
Tellur	52	127,61	130, 128, 126, 125, 124, 122, 123
Jod	53	126,92	127

Das Atomgewicht eines chemischen Elementes hängt stets von dem Verhältnis der in ihm vorhandenen Isotope ab. Im Argon bildet das schwere Isotop mit der Masse 40 den Hauptanteil beim Aufbau des Elementes. Daher kommt es, daß das Atomgewicht des Argons größer ist als das des Kaliums.

Ähnliche Betrachtungen lassen sich bei den beiden anderen in der oben bezeichneten Tabelle aufgeführten Elementepaaren anwenden. Die Stellung des Wasserstoffes im Periodischen System wurde eine Zeitlang sehr heftig diskutiert; jetzt ist man allgemein der Ansicht, daß dies von untergeordneter Bedeutung ist, da Wasserstoff und Helium vom Standpunkte des Atombaus eine Sonderstellung einnehmen. Ein weiterer Punkt soll an dieser Stelle erwähnt werden. MENDELEJEFF benutzte den Ausdruck „Übergangselement“ in bezug auf die drei Gruppen Eisen, Kobalt, Nickel, Ruthenium, Rhodium, Palladium und Osmium, Iridium, Platin, die in der VIII. Gruppe stehen. Dieser Ausdruck wird jetzt in einem erweiterten Sinne gebraucht und schließt die Elemente von Scandium bis Zink, Yttrium bis Cadmium, Lanthan bis Quecksilber und Aktinium bis Uran in sich ein. Innerhalb dieser vier Gruppen von Elementen besteht, wie später gezeigt wird, eine besondere Beziehung zwischen dem Bau jedes Atoms und seiner Nachbarn, die auf dem bevorzugten Auffüllen der inneren an Stelle der äußeren Elektronenschalen des fraglichen Atoms beruht.

Der Bau der Atome.

Der Atomkern.

Die heute allgemein als richtig angesehene Theorie des Atombaus verdanken wir RUTHERFORD; nach ihm baut sich das Atom auf aus einem kleinen positiv geladenen Kern, der von einer entsprechenden Anzahl von Elektronen umgeben ist, die die elektrische Neutralität des Atoms als Ganzes bewirken. Wenn die Atomhülle ein Elektron aufnimmt, wird das Atom in ein negatives Ion verwandelt, während ein positives Ion entsteht, wenn ein oder mehrere Elektronen verlorengehen. Die Größen der verschiedenen Neutralatome und der Ionen werden später behandelt (Kapitel 3), aber es soll hier schon gesagt werden, daß der Durchmesser des ganzen Atoms in der Größenordnung von 10^{-8} cm liegt, während der des Kernes als bedeutend kleiner angenommen wird. Die Masse des Atoms ist fast vollständig in dem Kern enthalten.

Einen grundlegenden Beitrag zur Kenntnis der Atomkerne lieferte MOSELEY[1] in den Jahren 1913/14. Im Verlaufe der Untersuchungen von verhältnismäßig einfachen Röntgenspektren verschiedener Metalle fand er, daß ein beinahe linearer Zusammenhang zwischen der charakteristischen Schwingungszahl der Röntgenstrahlen für jedes einzelne einer Gruppe von Elementen und der Reihenfolge der *Atomnummern* besteht, wobei die Atomnummer eines Elementes die Zahl ist, die sich ergibt, wenn man die Elemente in der Reihenfolge ihrer steigenden Atomgewichte anordnet und fortlaufend numeriert, von Wasserstoff = 1 bis Uran = 92. Die darauffolgenden Untersuchungen haben gezeigt, daß ein Element — sowohl in chemischer als auch in physikalischer Hinsicht — durch seine Atomnummer besser gekennzeichnet wird als durch sein Atomgewicht. Die Atomnummern der Elemente sind in der auf S. 2 wiedergegebenen Tabelle des Periodischen Systems aufgeführt. Die Natur des Röntgenspektrums bedarf noch einer etwas näheren Erläuterung. Dieses Spektrum besteht nämlich nicht nur aus einer einzigen Linie, sondern aus verschiedenen Gruppen von Linien, die als K-, L-, M- ... Serien bezeichnet werden. Bei der Prüfung des MOSELEYschen Gesetzes muß man für jedes der betrachteten Elemente eine bestimmte Wellenlänge von einer dieser Serien auswählen, sagen wir für jedes Element die höchste Frequenz in der K-Serie. Wenn man diese Frequenz mit ν bezeichnet und die Atomnummer mit Z, so kann man das MOSELEYsche Gesetz durch die Gleichung

$$\nu = a\,(Z - b)^2$$

ausdrücken, in der a und b Konstanten sind. Das heißt also, daß ein annähernd linearer Zusammenhang zwischen Z und $\sqrt{\nu}$ besteht.

Diese Beziehung ergibt eine sofortige Anwendungsmöglichkeit: Trägt man nämlich $\sqrt{\nu}$ in Abhängigkeit von Z auf, dann muß — innerhalb eines gewissen Bereiches — jedes Element durch einen Punkt auf der entstehenden Geraden ausgedrückt sein, wobei der Abstand zweier benachbarter Elementepunkte stets der gleiche ist; wenn in dieser Geraden

[1] MOSELEY: Phil. Mag. J. Sci. 1913, [VI], **26**, 1024; 1914, [VI], **27**, 703.

eine Lücke auftritt, d. h., wenn zwischen zwei aufeinanderfolgenden Punkten der doppelte Abstand vorhanden ist, so bedeutet das, daß an dieser Stelle ein Element fehlt. Derartige Lücken wurden gefunden für Elemente mit den Atomnummern 43, 61, 72, 75, 85 und 87. Drei von diesen fehlenden Elementen sind seitdem entdeckt und als Masurium (43)[2], Hafnium (72) und Rhenium (75) bezeichnet worden. Die Frage nach dem Beweis für die Existenz der Elemente 61, 85 und 87 wird an anderer Stelle erörtert werden (s. S. 328). Es scheint jedoch mit Sicherheit ein für allemal bewiesen zu sein, daß es von Wasserstoff bis Uran insgesamt 92 Elemente gibt und daß die Möglichkeit zur Isolierung neuer Elemente — außer den oben erwähnten — nicht mehr besteht, da alle diese Elemente nunmehr durch ihr Röntgenspektrum festgelegt sind.

Die Hauptbedeutung der MOSELEYschen Arbeit vom Standpunkte des Atombaus liegt in der von ihm gemachten Annahme, daß die Atomnummer eines Elementes zahlenmäßig identisch ist mit der positiven elektrischen Ladung seines Kerns. Die Einheit der positiven Elektrizität ist die Ladung des Protons; auf dieser Grundlage hat der Wasserstoffkern die Ladung $+1$, welcher Wert jeweils um eine Einheit zunimmt, wenn man zu dem folgenden Element übergeht, bis man schließlich am Ende der Reihe der Elemente zum Uranatom mit einer Kernladung von $+92$ gelangt. CHADWICK konnte dann durch Messungen der Ablenkungen, die α-Teilchen beim Durchgang durch Metallfolien erfahren, diese Annahme MOSELEYS bestätigen, die jetzt in quantitativer Beziehung die Grundlage aller modernen Arbeiten über den Atombau bildet.

Da das Atom als Ganzes elektrisch neutral ist, bestimmt nun die Größe der Kernladung auch sofort die Zahl der in der äußeren Hülle des Atoms enthaltenen Elektronen. So muß der Wasserstoff ein derartiges Elektron haben, Helium zwei, Lithium drei usw., bis im Falle des Urans 92 Elektronen einen kleinen die Masse enthaltenden Kern mit der positiven Ladung von 92 Einheiten umgeben. In der Anordnung dieser Elektronen in der äußeren Hülle des Atoms liegt die Voraussetzung zum Verständnis des Zusammenhanges zwischen Atombau und chemischen Eigenschaften begründet.

Der Bau der Atomhülle.

Wir haben bereits gesehen, daß die Zahl der Elektronen in der äußeren Hülle eines Atoms bestimmt ist durch die positive Ladung seines Kerns. Die zwei Fragen, die jetzt behandelt werden sollen, sind: 1. Wie sind die Elektronen angeordnet und 2. was geschieht mit den Elektronen, wenn eine chemische Verbindungsbildung stattfindet. Hierzu ist es zweckmäßig, zunächst einmal kurz die allgemeinen Eigenschaften eines Elektrons zu betrachten. Das Elektron in einem Atom ist ein kleines Teilchen mit der Masse von $^1/_{1840}$ der Protonenmasse und mit der Ladung $-e$ beladen; es bewegt sich auf einer planetenartigen Bahn

---

[2] Anmerkung des Übersetzers: An der Existenz der Elemente mit den Atomnummern 43 und 61, dem Masurium und Illinium, sind in neuerer Zeit starke Zweifel erhoben worden, so daß deren Existenz noch keineswegs gesichert ist. Vgl. auch Kapitel 11 und die Anmerkung des Übersetzers auf S. 329.

rund um den Kern. Eine weitere und neuere Erkenntnis ist die, daß man die Ladung des Elektrons zu irgendeinem Zeitpunkt nicht an einem bestimmten Ort annehmen kann, sondern daß vielmehr eine Wahrscheinlichkeitsfunktion besteht, welche die Verteilung der Ladung für jeden Augenblick angibt.

Die Annahme, daß sich die Elektronen auf Bahnen verschiedener Energiestufen bewegen, ist für viele physikalische und die meisten chemischen Zwecke ausreichend. Bekanntlich hat sie ihren Ursprung in der Forderung, die Bohr aufstellte, als er das Spektrum des Wasserstoffes erklärte. Nach der Annahme von Bohr ist der Atomkern von einer begrenzten Zahl von Bahnen oder stationären Zuständen verschiedenen potentiellen Energiegehaltes umgeben, die das Elektron einnehmen kann. Wenn ein Elektron sich von einem stationären Zustand zu einem zweiten mit einem anderen Energiegehalt bewegt, so wird entweder Strahlung ausgesandt oder aufgenommen; der Energieunterschied der beiden Zustände steht in Beziehung zu der Schwingungszahl ν der ausgesandten oder aufgenommenen Strahlung durch den Ausdruck

$$E' - E'' = h\nu .$$

Die Elektronen sind um den Kern in einer Reihe von „Schalen“ angeordnet, von denen jede eine begrenzte Zahl von Bahnen enthält. Wenn ein Elektron in den äußeren Schalen des Atoms seinen Platz wechselt, so findet eine Aussendung oder Aufnahme von Strahlung innerhalb des optischen Spektrums[3] statt, während ein Platzwechsel von Elektronen in den inneren und tiefer gelegenen Schalen des Atoms mit einer Strahlung im Bereich des Röntgenspektrums im Zusammenhang steht. Aus dem obigen Ausdruck für die Frequenz der emittierten oder aufgenommenen Strahlung geht hervor, daß mit steigendem Energieunterschied die Schwingungszahl der ausgesandten oder aufgenommenen Strahlung größer, d. h., daß die Wellenlänge kleiner wird.

Die Röntgen-, die sichtbaren, sowie die Ultraviolettspektren der Elemente sind sorgfältig durchforscht und in den meisten Fällen bis in die kleinsten Einzelheiten untersucht worden. Das Ergebnis dieser Untersuchungen war, daß jede der beobachteten Linien in dem Spektrum eines Elementes dem Übergang eines Elektrons innerhalb von zwei ganz bestimmten Zuständen des Atoms zuzuschreiben ist. Bei genauer Wiedergabe und Erklärung gibt das optische und Röntgenspektrum eines Atoms tatsächlich ein vollständiges Bild von der Lage und Anordnung jedes einzelnen Elektrons und von dem Energiegehalt seiner Bahn. Den Zustand des Atoms, bei denen alle Elektronen sich auf Bahnen mit dem geringsten Energiegehalt befinden, bezeichnet man als *Grundzustand*; er kann ebenfalls aus spektroskopischen Daten bestimmt werden.

Als nächsten Punkt bei der Besprechung der Elektronenanordnung um den Atomkern müssen wir die verschiedenen Quantenzahlen betrachten, die man benutzt, um die Bahnen mit verschiedener Gesamtenergie voneinander zu unterscheiden. Die Energie (W_n) eines Elektrons in

[3] Anmerkung des Übersetzers: Mit „optischem“ Spektrum ist — im Gegensatz zum Röntgenspektrum — das ultraviolette, sichtbare und ultrarote Spektrum gemeint.

einem wasserstoffähnlichen Atom (d. h. in einem Atom mit einem Elektron) und einer Kernladung von $+Z \cdot e$ ergibt sich aus der Gleichung

$$W_n = \frac{-2\pi^2 Z^2 e^4 \mu}{h^2}\left(\frac{1}{n^2}\right).$$

In diesem Ausdruck bedeutet Z die Atomnummer, e die Ladung des Elektrons, μ seine Masse, h die PLANCKsche Konstante, während n als *Hauptquantenzahl* bezeichnet wird. Je nach den verschiedenen, bereits erwähnten „Schalen", kann n die Werte 1, 2, 3 ... annehmen. Die Energie ist am geringsten, wenn $n=1$ ist, und steigt an — d. h. wird immer weniger negativ — mit wachsenden Werten für n. Wenn $n=1$ ist, so bezeichnet man die Elektronen als K-Elektronen und sagt, daß sie sich auf der K-Schale befinden. Für $n=2$, 3, 4 ... werden die Elektronen L-, M-, N- ... Elektronen genannt; die entsprechenden Schalen werden mit demselben Buchstaben bezeichnet. In Atomen mit mehr als einem kreisenden Elektron sind die energetischen Beziehungen verwickelter; es ist aber immer noch möglich, jedem Elektron eine Hauptquantenzahl zuzuordnen.

Die Hauptquantenzahl n allein reicht nicht zur Erklärung aller Linien des Spektrums eines Elementes aus. Man muß noch drei andere Quantenzahlen einführen, durch die dann eine weitere Unterteilung der Elektronenenergie in jeder der Hauptschalen erfolgt. Da gibt es in erster Linie für jeden Wert der Hauptquantenzahl n n Unterteilungen, die sich voneinander durch eine neue Quantenzahl l unterscheiden, die man als *azimutale* oder *Nebenquantenzahl* bezeichnet. l hat eine genaue physikalische Bedeutung bei der Elektronenenergie; das Bahnmoment des Elektrons, das wir mit A bezeichnen wollen, ist gequantelt und kann nur ganz bestimmte Werte annehmen, die sich nach dem Ausdruck

$$A^2 = \left\{\frac{l(l+1)h^2}{4\pi^2}\right\}$$

ergeben. l kann die Werte 0, 1, 2 ... $(n-1)$ annehmen, wenn n die Hauptquantenzahl ist. Elektronen, bei denen $l=0$, 1, 2, 3 ... ist, werden entsprechend als s-, p-, d-, f- ... Elektronen bezeichnet. Diese Bezeichnungsweise ist ein Überbleibsel einer alten empirischen Beobachtung und beruht auf der Erscheinungsform der Spektrallinien, die durch Elektronenübergänge in den entsprechenden Niveaus zustande kommen. Es bedeutet: s scharf, p prinzipal, d diffus, f fundamental. Bei der gewöhnlichen Bezeichnungsweise der Elektronen schreibt man zunächst die Zahl, die der Hauptquantenzahl entspricht, dann den Buchstaben, der die Nebenquantenzahl bezeichnet. So wäre bei einem 3 p-Elektron $n=3$ und $l=1$, bei einem 1s-Elektron $n=1$, $l=0$. Es sei auch noch ausdrücklich darauf hingewiesen, daß die möglichen Werte für l von dem entsprechenden Wert von n abhängen, wie aus dem folgenden zu ersehen ist.

K-Schale	$n=1$	$l=0$ (nur s-Elektronen)
L „	$n=2$	$l=0$, 1 (s-, p-Elektronen)
M „	$n=3$	$l=0$, 1, 2 (s-, p-, d-Elektronen)
N „	$n=4$	$l=0$, 1, 2, 3 (s-, p-, d-, f-Elektronen)

Die beiden anderen Quantenzahlen, die zur ausreichenden Erklärung aller beobachteten Linien in dem Spektrum eines Elementes benötigt werden, sind die *magnetische Quantenzahl* m und die *Quantenzahl* s *des Spins*. Die Annahme der weiteren, durch die magnetische Quantenzahl ausgedrückten Unterteilung der Energie einer Elektronenbahn braucht man, wenn man die unter der Einwirkung eines Magnetfeldes auf die Strahlungsquelle stattfindende Aufspaltung der Spektrallinien in verschiedene Komponenten erklären will. Diese Erscheinung, die bekanntlich als Zeemann-Effekt bezeichnet wird, ist folgendermaßen zu erklären: Das Bahnmoment des Elektrons ist eine Vektorengröße. Seine Komponente in Richtung des Magnetfeldes ist gequantelt und kann einen der Werte $m\left(\frac{h}{2\pi}\right)$ haben, worin m die Werte $(-l)$, $(-l+1)$, $\ldots 0 \ldots (l-1)$ oder (l) annehmen kann; hierbei ist l die Nebenquantenzahl. Es ergibt sich, daß $(2\,l+1)$ verschiedene Werte möglich sind, nämlich:

für ein s-Elektron	$l = 0$	$m = 0$	(1)
„ „ p-Elektron	$l = 1$	$m = -1, 0, 1$	(3)
„ „ d-Elektron	$l = 2$	$m = -2, -1, 0, 1, 2$	(5)
„ „ f-Elektron	$l = 3$	$m = -3, -2, -1, 0, 1, 2, 3$	(7)

Die Quantenzahl s des Spins bezieht sich auf die Quantelung der Energie des Elektronendralls um seine eigene Achse. Dieser Drall kann als eine Elektronendrehung betrachtet werden, die seiner Kreisbewegung überlagert ist. s kann für jede mögliche Zusammenstellung der drei anderen Quantenzahlen n, l und m die Werte $+1/2$ und $-1/2$ annehmen.

Mit Hilfe dieser vier Quantenzahlen kann man unter Berücksichtigung einiger Regeln, die den zahlenmäßig möglichen Wechsel in den Quantenzahlen beschränken, die optischen Spektren der Elemente erklären. Ein anderer wichtiger Grundsatz muß aber noch angewandt werden, ehe es möglich ist, die Einteilung der Elektronen nach ihren Quantenzahlen vorzunehmen und auf dieser Grundlage den Atombau zu besprechen, nämlich das *Pauli-Prinzip* (Ausschließungsprinzip). Danach können in einem Atom zwei Elektronen niemals dieselben Werte für alle vier Quantenzahlen n, l, m und s einnehmen. Das bedeutet, daß in einem Atom jedes Elektron von jedem anderen in seiner Gesamtenergie unterschieden ist und daß in jeder Schale die Zahl der Elektronen genau so groß sein kann, wie die Zahl der verschiedenen möglichen Anordnungen von Quantenzahlen.

Wir kehren nun zurück zu der Frage nach der größtmöglichen Anzahl von Elektronenbahnen auf jeder Schale. Unter Berücksichtigung der zulässigen Kombinationen ergeben sich für die ersten fünf Schalen folgende Zahlen (Tabelle 3). Bei diesen Gesamtzahlen 1, 4, 9, 16 und 25 ist die Quantenzahl des Spins nicht berücksichtigt. Sie müssen also verdoppelt werden, da für jede der obigen Elektronenanordnung $s \pm 1/2$ sein kann. Demzufolge sind die höchsten Elektronenzahlen in den K-, L-, M-, N- und O-Schalen 2, 8, 18, 32 und 50. Diese Zahlen, die sich aus der Betrachtung spektroskopischer Daten ergeben, sind nun dieselben, die der Anzahl der Elemente in den verschiedenen Perioden des Periodischen Systems entsprechen. So enthalten die ersten beiden Kurzperioden je 8 Elemente, die erste und die zweite Langperiode je 18, während die dritte 32 Elemente enthält. Die Periodizität im chemischen Verhalten leitet sich also offenbar in einer ganz bestimmten Weise von der ähnlichen Elektronenanordnung in der äußeren Valenzschale der Atome ab.

Tabelle 3.

			Insgesamt
$n=1$	$l=0$	$m=0$	1
$n=2$	$l=0$	$m=0$	4
	1	$m=0, \pm 1$	
	0	$m=0$	
$n=3$	$l=1$	$m=0, \pm 1$	9
	2	$m=0, \pm 1, \pm 2$	
	0	$m=0$	
$n=4$	$l=1$	$m=0, \pm 1$	
	2	$m=0, \pm 1, \pm 2$	
	3	$m=0, \pm 1, \pm 2, \pm 3$	16
	0	$m=0$	
	1	$m=0, \pm 1$	
$n=5$	$l=2$	$m=0, \pm 1, \pm 2$	
	3	$m=0, \pm 1, \pm 2, \pm 3$	
	4	$m=0, \pm 1, \pm 2, \pm 3, \pm 4$	25

Die Zuteilung aller Elektronen in einem Atom auf bestimmte Bahnen ist in gewissem Sinne ein gemeinsamer Erfolg für Chemiker und Physiker; es ist eine unumstrittene Tatsache, daß das Periodische System und eine Kenntnis der Valenzkräfte bei der Erklärung physikalischer Daten gute Dienste geleistet haben. Tabelle 4 (S. 10) zeigt, wie man sich die Anordnung der Elektronen vorstellt. Man sieht, daß die K-Schale, die nur zwei Elektronen enthalten kann, beim Helium vollständig ist, und daß bei allen Elementen mit mehr als zwei Elektronen die K-Schale vollbesetzt ist. In entsprechender Weise werden zwischen Lithium und Neon die $2s$- und $2p$-Bahnen aufgefüllt. Für $n=2$ sind für l die Werte 0 und 1 möglich, während m (für $l=0$) den Wert 0 oder (für $l=1$) die Werte 0 oder ± 1 annehmen kann; s hat den Wert $\pm 1/2$. Somit sind auf der L-Schale nur 8 Elektronenbahnen möglich und das nächste Element nach dem Neon, das Natrium, hat daher sein neues Elektron auf einer $3s$-Bahn. Der Aufbau der $3s$- und $3p$-Bahnen geht dann in derselben Weise weiter, bis das Argon erreicht ist. Beim Argon sind, wie beim Neon, Krypton, Xenon und Niton die s- und p-Bahnen der äußeren Schale vollständig besetzt. Diese besondere Konfiguration — die man gewöhnlich als geschlossene Schale bezeichnet — ist sehr beständig. Sowohl das Bahnmoment als auch der Spin des Gesamtatoms sind in diesem Falle gleich Null, so daß die Einwirkung eines äußeren Systems, z. B. eines elektrischen oder magnetischen Feldes außerordentlich gering ist.

In den beiden nächsten Elementen nach dem Argon, dem Kalium und Calcium, sind die neuen Elektronen normal in den beiden $4s$-Bahnen angeordnet; aber bei dem nächsten Element, dem Scandium, wird das

Tabelle 4. Die Elektronenanordnungen der Elemente im Periodischen System.

$n =$		K 1	L 2		M 3			N 4	
		s	*s*	*p*	*s*	*p*	*d*	*s*	*p*
1	H	1							
2	He	2							
3	Li	2	1						
4	Be	2	2						
5	B	2	2	1					
6	C	2	2	2					
7	N	2	2	3					
8	O	2	2	4					
9	F	2	2	5					
10	Ne	2	2	6					
11	Na	2	2	6	1				
12	Mg	2	2	6	2				
13	Al	2	2	6	2	1			
14	Si	2	2	6	2	2			
15	P	2	2	6	2	3			
16	S	2	2	6	2	4			
17	Cl	2	2	6	2	5			
18	Ar	2	2	6	2	6			
19	K	2	2	6	2	6		1	
20	Ca	2	2	6	2	6		2	
21	Sc	2	2	6	2	6	1	2	
22	Ti	2	2	6	2	6	2	2	
23	V	2	2	6	2	6	3	2	
24	Cr	2	2	6	2	6	5	1	
25	Mn	2	2	6	2	6	5	2	
26	Fe	2	2	6	2	6	6	2	
27	Co	2	2	6	2	6	7	2	
28	Ni	2	2	6	2	6	8	2	
29	Cu	2	2	6	2	6	10	1	
30	Zn	2	2	6	2	6	10	2	
31	Ga	2	2	6	2	6	10	2	1
32	Ge	2	2	6	2	6	10	2	2
33	As	2	2	6	2	6	10	2	3
34	Se	2	2	6	2	6	10	2	4
35	Br	2	2	6	2	6	10	2	5
36	Kr	2	2	6	2	6	10	2	6

$n =$		K 1	L 2	M 3	N 4				O 5				P 6
					s	*p*	*d*	*f*	*s*	*p*	*d*	*f*	*s*
37	Rb	2	8	18	2	6			1				
38	Sr	2	8	18	2	6			2				
39	Y	2	8	18	2	6	1		2				
40	Zr	2	8	18	2	6	2		2				
41	Nb	2	8	18	2	6	4		1				
42	Mo	2	8	18	2	6	5		1				
43	(Ma)	2	8	18	2	6	6		1				
44	Ru	2	8	18	2	6	7		1				
45	Rh	2	8	18	2	6	8		1				
46	Pd	2	8	18	2	6	10						
47	Ag	2	8	18	2	6	10		1				
48	Cd	2	8	18	2	6	10		2				
49	In	2	8	18	2	6	10		2	1			
50	Sn	2	8	18	2	6	10		2	2			
51	Sb	2	8	18	2	6	10		2	3			
52	Te	2	8	18	2	6	10		2	4			
53	J	2	8	18	2	6	10		2	5			
54	Xe	2	8	18	2	6	10		2	6			
55	Cs	2	8	18	2	6	10		2	6			1
56	Ba	2	8	18	2	6	10		2	6			2
57	La	2	8	18	2	6	10		2	6	1		2
58	Ce	2	8	18	2	6	10	1	2	6	1		2
59	Pr	2	8	18	2	6	10	2	2	6	1		2
60	Nd	2	8	18	2	6	10	3	2	6	1		2
61	(Il)	2	8	18	2	6	10	4	2	6	1		2
62	Sm	2	8	18	2	6	10	5	2	6	1		2
63	Eu	2	8	18	2	6	10	6	2	6	1		2
64	Gd	2	8	18	2	6	10	7	2	6	1		2
65	Tb	2	8	18	2	6	10	8	2	6	1		2
66	Dy	2	8	18	2	6	10	9	2	6	1		2
67	Ho	2	8	18	2	6	10	10	2	6	1		2
68	Er	2	8	18	2	6	10	11	2	6	1		2
69	Tu	2	8	18	2	6	10	12	2	6	1		2
70	Yb	2	8	18	2	6	10	13	2	6	1		2
71	Cp	2	8	18	2	6	10	14	2	6	1		2

$n =$		K 1	L 2	M 3	N 4	O 5			P 6			Q 7
						s	*p*	*d*	*s*	*p*	*d*	*s*
72	Hf	2	8	18	32	2	6	2	2			
73	Ta	2	8	18	32	2	6	3	2			
74	W	2	8	18	32	2	6	4	2			
75	Re	2	8	18	32	2	6	5	2			
76	Os	2	8	18	32	2	6	6	2			
77	Ir	2	8	18	32	2	6	7				
78	Pt	2	8	18	32	2	6	9	1			
79	Au	2	8	18	32	2	6	10	1			
80	Hg	2	8	18	32	2	6	10	2			
81	Tl	2	8	18	32	2	6	10	2	1		
82	Pb	2	8	18	32	2	6	10	2	2		
83	Bi	2	8	18	32	2	6	10	2	3		
84	Po	2	8	18	32	2	6	10	2	4		
85	—	2	8	18	32	2	6	10	2	5		
86	Nt	2	8	18	32	2	6	10	2	6		
87	—	2	8	18	32	2	6	10	2	6		1
88	Ra	2	8	18	32	2	6	10	2	6		2
89	Ac	2	8	18	32	2	6	10	2	6	1	2
90	Th	2	8	18	32	2	6	10	2	6	2	2
91	Pa	2	8	18	32	2	6	10	2	6	3	2
92	U	2	8	18	32	2	6	10	2	6	4	2

neu hinzukommende Elektron nicht von der $4p$-Bahn, sondern von der $3d$-Bahn aufgenommen. In den folgenden Elementen von Scandium bis Zink werden die zehn $3d$-Niveaus vor den Bahnen der unvollständigen N-Schale besetzt. Zwei Fragen ergeben sich sofort an dieser Stelle, nämlich: Woher weiß man, daß dies so ist und warum gehen die Elektronen bevorzugt auf die $3d$-Bahn der M-Schale, nachdem sie begonnen haben, die Bahnen der N-Schale zu besetzen? Die Beweisführung für diese Zuordnung der Elektronen erfolgt auf spektroskopischem Wege. Die Spektren der fraglichen Elemente zeigen, daß die Bahnen, denen die Elektronen zugeordnet sind, diejenigen mit der geringsten Gesamtenergie sind, und deswegen werden sie bevorzugt besetzt. Es soll bemerkt werden, daß im Chrom ein Elektron dargestellt werden kann, als ob es die $4s$-Bahn verlassen hätte und auf die $3d$-Bahn zurückgekehrt wäre; dasselbe ist beim Kupfer der Fall. Hierauf soll später im Zusammenhang mit der wechselnden Wertigkeit hingewiesen werden, es soll aber hier dargelegt werden, daß oft nur ein geringer Energieunterschied zwischen zwei derartigen abwechselnden Bahnen besteht, so daß ein Elektron leicht von einer in die andere überführt werden kann. Diese Elemente, bei denen die inneren Bahnen bevorzugt vor den äußeren Schalen aufgefüllt werden, heißen Übergangselemente.

Mit dem Element 30, dem Zink, sind alle $3d$-Bahnen voll besetzt und die M-Schale ist mit 18 Elektronen vollständig aufgefüllt. Vom Gallium (31) bis Krypton (36) werden die $4p$-Bahnen und danach im Rubidium und Strontium die $5s$-Bahnen besetzt. Dann werden aber, von Yttrium bis Cadmium, die $4d$-Bahnen bevorzugt vor den $5p$-Bahnen aufgefüllt. Die Ursache für diese Änderung liegt wieder darin, daß die Energie dieser Bahnen geringer ist. Diese Elemente bilden die zweite Gruppe der Übergangselemente. Bei den darauffolgenden Elementen bis zum Barium werden zunächst die $5p$- und dann die $6s$-Bahnen besetzt. Danach wird beim Lanthan ein Elektron auf der $5d$-Schale angeordnet. Bei den folgenden 14 Elementen befinden sich die neu hinzukommenden Elektronen auf den $4f$-Bahnen, obgleich auch noch die $5d$- und $6p$-Bahnen verfügbar sind. Der Grund für dieses Verhalten ist wieder derselbe wie im Falle der Übergangselemente. Die Gesamtenergie eines derartigen Elektrons ist auf der $4f$-Bahn geringer als auf den anderen Bahnen. Die Elemente, bei denen die $4f$-Bahnen aufgefüllt werden, sind die seltenen Erden. In der Tatsache, daß sich bei diesen Elementen nur eine innere Elektronenschale ändert, findet man eine einfache Erklärung dafür, daß die Wertigkeit und der allgemeine chemische Charakter durch die ganze Gruppe hindurch im wesentlichen derselbe bleibt.

An die seltenen Erden schließt sich eine dritte Gruppe von Übergangselementen an, bei denen die $5d$-Bahnen und dann von Thallium bis Niton die $6p$-Bahnen besetzt werden. Niton selbst hat die charakteristische Edelgaskonfiguration mit einem vollständigen Elektronenoktett in der äußeren Schale. Die letzten vier Elemente kennzeichnen den Beginn einer vierten Gruppe von Übergangselementen, in denen die $6d$-Bahnen bevorzugt vor den $7p$-Bahnen besetzt werden. Diese Gruppe bricht beim Uran plötzlich ab; die Art der Elektronenanordnung ist aber genau dieselbe, wie in den anderen Gruppen der Übergangselemente.

Die chemische Bindung.

Aus den obigen Ausführungen geht deutlich das Vorhandensein einer allgemeinen Beziehung zwischen der Periodizität der chemischen Eigenschaften und der Periodizität im Atombau hervor. Es sollte nun möglich sein, diese Gedanken noch weiter zu entwickeln und die Beziehung zwischen Valenzkräften und Atombau genau festzulegen, doch erweist sich das bei näherer Betrachtung als bedeutend weniger leicht verständlich. Die chemischen Theorien über die Valenzkräfte genügen wohl für die meisten chemischen Zwecke, geben aber durchaus kein genaues Bild von dem, was tatsächlich geschieht, wenn eine Verbindungsbildung zwischen Atomen stattfindet. Die Elektronentheorie der Valenz hat sehr stark zum Verständnis des Molekülbaues beigetragen, wobei aber allgemein zugegeben wird, daß es sich nur um eine annäherungsweise Erklärung handelt. Die neuesten Arbeiten über Valenzkräfte, die auf der Wellenmechanik beruhen, sind in ihrer Anwendungsmöglichkeit zur Zeit noch beschränkt.

Das wesentliche Merkmal der Elektronentheorie der Valenz ist die Annahme von drei verschiedenen Arten der Verbindungsbildung zwischen den Atomen, nämlich der Elektronenbindung[4], der Kovalenz- und der Koordinationsbindung. Bei der Elektronenbindung geht ein äußeres Elektron von einem Atom oder einer Atomgruppe auf ein anderes Atom oder eine andere Gruppe über. Die beiden Atome bzw. Gruppen werden dann durch ihre gegenseitige elektrostatische Anziehung zusammengehalten. Bei der Kovalenzbindung besitzen zwei Atome gemeinsame Elektronen, und zwar sind je zwei gemeinsame Elektronen — von jedem Atom eins — für eine einfache Bindung vorhanden, vier für eine Doppelbindung usw. Wenn die Atome oder Atomgruppen, die sich miteinander verbinden, nicht gerade gleichartig sind, so sind die Elektronen ungleichmäßig verteilt und die entstehende Verbindung zeigt ein Dipolmoment. Die dritte Art der Bindung ist die Koordinationsbindung. Diese ist mit der kovalenten Bindung identisch und unterscheidet sich von ihr nur dadurch, daß die beiden die Verbindungsbildung bewirkenden Elektronen stets nur von einem der beiden sich verbindenden Atome stammen.

Es ist kaum notwendig, diese verschiedenen Arten der Bindung unter dem gewöhnlichen Standpunkt der Elektronentheorie der Valenz[5] zu besprechen; bei einigen Punkten indessen erscheint ein etwas näheres Eingehen wünschenswert.

Das Zustandekommen einer Elektronenbindung beruht auf den besonderen Eigenschaften einer voll besetzten, abgeschlossenen Elektronenschale. Wir wollen den einfachsten Fall betrachten: Die Bildung eines Natriumions aus einem neutralen Natriumatom. Hierbei enthält das entsprechende positive Ion zwei Elektronen auf der $1s$-Bahn, zwei auf der $2s$-Bahn und 6 auf dem $2p$-Niveau. Die Elektronenkonfiguration des Ions kann dann kurz $1s^2 2s^2 2p^6$ geschrieben werden. Bei der Betrachtung

[4] Anmerkung des Übersetzers: Elektronenbindung = Bindung durch elektrostatische Anziehung zweier geladener Molekülteilchen nach dem Coulombschen Gesetz.

[5] Siehe N. V. Sidgwick: The Electronic Theory of Valency.

des zweiten Quantenniveaus sieht man, daß sowohl die beiden s-Zustände als auch die sechs p-Bahnen vollständig besetzt sind. Das entstehende Bahnmoment und das Moment des Spins sind daher beide Null, und somit ergibt sich für die Wechselwirkung zwischen den Elektronen und anderen Atomen ein Minimum. Die Edelgase, bei denen eine geschlossene Schale vorhanden ist und die außerdem noch elektrisch neutral sind, zeigen daher ein indifferentes Verhalten; edelgasähnliche Ionen, wie beispielsweise die Na^+-, Cl^--, Sr^{2+}-Ionen, äußern auf Grund ihrer Ladung elektrostatische Kräfte. Obgleich im Gegensatz zu den elektrostatischen Erscheinungen die Wechselwirkungen zwischen einer geschlossenen Konfiguration und den anderen Atomen oder Ionen gering ist, so spielen sie doch eine Rolle bei — im Verhältnis zu den Größenordnungen der Atome — sehr kleinen zwischenatomaren Abständen. Der störende Einfluß benachbarter Ionen ändert dann die Verteilung der Elektronendichte und verschiebt so die Symmetrie des edelgasähnlichen Ions. Die Frage der Verzerrung von Ionen wurde zuerst von empirischer Seite her von FAJANS[6] behandelt.

Ein Ion in einem Edelgaszustand, dessen Bahnmoment also Null ist, besitzt zwar eine beständige Konfiguration, und diejenigen Elemente, die ein oder zwei Elektronen weniger oder mehr besitzen, streben alle danach, diese Konfiguration einzunehmen; die Bildung eines positiven Ions aus einem neutralen Atom erfordert aber einen beträchtlichen Aufwand an Energie, da die Elektronen gegen die elektrostatischen Anziehungskräfte des zurückbleibenden positiven Ions entfernt werden müssen. Die Ionisierungsarbeit (in Kilocalorien), die zur Bildung eines Ions mit Edelgaskonfiguration pro Grammatom benötigt wird, ist für einige Metalle in Tabelle 5 aufgeführt.

Tabelle 5. Mittlere Ionisierungsenergie in Kilocalorien pro Elektron bei der Bildung der angegebenen Ionen.

H^+ 311	Li^+ 124	Na^+ 117	K^+ 99	Rb^+ 97	Cs^+ 90	
	Be^{2+} 305	Mg^{2+} 260	Ca^{2+} 207	Sr^{2+} 202	Ba^{2+} 175	
				Zn^{2+} 313	Cd^{2+} 297	Hg^{2+} 334
				Cu^+ 177	Ag^+ 173	Au^+ 212

Neutrale Atome, die beinahe eine abgeschlossene Konfiguration besitzen, wie z. B. das Chloratom, zeigen in entsprechender Weise eine *Elektronenaffinität*. So ist die Reaktion $Cl + e^- = Cl^-$ exotherm; die Elektronenaffinität des Chlors beträgt ungefähr 85—88 Kilocalorien je Grammatom. Wenn daher eine Elektronenbindung erfolgt, so wird ein Teil der Ionisierungsenergie des Kations durch die Elektronenaffinität des Anions gedeckt. Diese beiden Energiemengen sind aber im allgemeinen nicht gleich, vielmehr hat sich gezeigt, daß die Ionisierungsarbeit stets

[6] FAJANS: Naturwiss. 1923, **11**, 165. Z. Physik 1924, **23**, 1.

größer ist als die Elektronenaffinität. Wenn der Energieunterschied nur klein ist, wie bei der Bildung von KCl aus den neutralen Kalium- und Chloratomen, wofür sich ungefähr 14 Kilocalorien ergeben, so wird der Überschuß ausgeglichen und übertroffen durch die elektrostatische Anziehung zwischen den Ionen, wenn sie zusammentreten. Für Elemente mit hohen Ionisierungsspannungen muß der Unterschied größer sein; so beträgt die Differenz bei der Bildung von Silberchlorid etwa 85 Kilocalorien. In einem derartigen Falle ist die Bindung nur dann eine Elektronenbindung — was bedeutet, daß die Verbindung ein Salz ist — wenn die Solvatationsenergie des Ions der Verbindung im gelösten Zustande oder die Gitterenergie des Kristalls groß genug ist[7]. Die deutliche, scharfe Grenzlinie zwischen den echten Salzen und den Chloriden mit kovalentem Charakter ergibt sich aus dem Vergleich von Schmelzpunkt, Flüchtigkeit und Äquivalentleitfähigkeit der geschmolzenen Verbindungen. Nach der Größe des Unterschiedes zwischen Ionisierungsarbeit und Elektronenaffinität stehen die Chloride ganz unzweideutig in einer der beiden Gruppen. Der Strich in der folgenden Tabelle kennzeichnet diese Einteilung, die sich aus jeder der drei angegebenen Eigenschaften ergibt.

	HCl	LiCl	NaCl	KCl	RbCl	CsCl
Schmp.	—114°	606°	800°	768°	717°	645°
Sdp.	— 85°	1337°	1442°	1415°	1388°	1289°
Λ . . .	10^{-6}	166	134	104	78	67
		$BeCl_2$	$MgCl_2$	$CaCl_2$	$SrCl_2$	$BaCl_2$
Schmp. .	—	404°	718°	774°	870°	960°
Sdp. . .	—	(500°)	(1000°)	(1100°)	(1250°)	(1350°)
Λ . . .	—	0,066	29	52	56	65
		BCl_3	$AlCl_3$	$GaCl_3$	$InCl_3$	$TlCl_3$
Schmp. .	—	— 107°	—	75,5°	586°	etwa 25°
Sdp. . .	—	12,6°	183°	205°	(550° ?)	(100°)
Λ . . .	—	0	$15 \cdot 10^{-6}$	10^{-7}	14,7	10^{-3}

Die verschiedene Wertigkeit von positiven Ionen kann auf zweierlei verschiedene Arten zustande kommen, die jeweils entweder für die metallischen Übergangselemente oder für die Nebengruppen des Periodischen Systems gültig sind. Bei den Übergangsmetallen liegt der Grund für die Verschiedenheit der Wertigkeit in der Existenz verschiedener Elektronenanordnungen, die sich in ihrer Energie nur sehr wenig voneinander unterscheiden; sie entsteht also auf dieselbe Weise wie das entsprechende Auffüllen des n^{ten} und $(n+1)^{\text{ten}}$ Quantenniveaus, durch das die großen Perioden des Systems entstehen. So kann man beim Nickel den Grundzustand des Nickelatoms durch die Konfigurationsbezeichnung $3d^8 4s^2$ wiedergeben (die vollen Schalen bis einschließlich der $3p$-Bahn sind bei dieser Bezeichnung fortgelassen). Dieses ionisiert zu einem Ni^{2+}-Ion mit $3d^8$-Anordnung. Jede Erhöhung der Wertigkeit würde den Aufwand einer beträchtlichen Menge von Energie zum Ionisieren weiterer Elektronen aus dem $3d$-Niveau erfordern. In der gleichen Weise kann das neutrale Cu-Atom mit dem Grundzustand $3d^{10} 4s$ sehr leicht zum Cu^+-Ion, $3d^{10}$, ionisiert werden; die Ionisation eines zweiten Elektrons, das zur Bildung des Cupri-Ions, Cu^{2+}, $3d^9$, führt, erfordert nur eine Energie

[7] Vgl. Hunter u. Samuel: Chem. and Ind. 1936, S. 733.

von wenigen Kilocalorien mehr, als zur Bildung des Ni^{2+}-Ions notwendig ist, so daß sowohl Cupro- als auch Cuprisalze entstehen können. Es steht jedoch ganz zweifellos fest, daß bei der Bildung eines einfachen Kations niemals mehr als zwei Elektronen abgespalten werden können; Kationen mit höheren Elektrovalenzen, wie sie beispielsweise bei der Bildung von Chrom- und Ferrisalzen vorkommen, treten nur in Form von komplexen Ionen auf (wasserfreies Ferri- und Chromichlorid zeigen die Eigenschaften von Nichtelektrolyten); die Höchstwertigkeiten dieser Übergangselemente — z. B. sechswertiges Chrom und siebenwertiges Mangan — treten nur bei Bildung von Kovalenzstrukturen in Erscheinung, wie bei den Ionen der Sauerstoffsäuren, die ihre Entstehung den nicht vollbesetzten Elektronenschalen verdanken. Die mit diesen beiden Arten der Valenz zusammenhängenden Fragen werden in einem späteren Kapitel besprochen (S. 156).

Die Metalle der 3. und 4. Nebengruppe zeigen eine wechselnde Wertigkeit, die auf das Auftreten von sowohl p- als auch s-Elektronen in der unaufgefüllten Schale zurückzuführen ist. So besitzt die äußerste Schale des Zinnatoms die Anordnung $5s^2 5p^2$, wobei im Grundzustand die Spins der p-Elektronen nicht gekoppelt sind. Demzufolge werden die p-Elektronen leicht abdissoziiert, wobei das Stannoion Sn^{2+}, $5s^2$, gebildet wird. Zur Entfernung eines weiteren Elektrons ist das Loskoppeln des $5s^2$-Elektronenpaares erforderlich, so daß die Ionisationsenergie über denjenigen Betrag hinausgeht, der zur Überwindung der erhöhten elektrostatischen Anziehung durch das positive Ion nötig ist. Das hat nun ein zweifaches Ergebnis:

1. Derartige Elemente werden danach streben, eine Wertigkeit auszuüben, die um zwei Einheiten geringer ist, als ihrer Stellung im Periodischen System entsprechen würde. So bilden Thallium, Zinn und Blei Thallo-, Stanno- und Plumbosalze, die in vieler Hinsicht den Salzen des einwertigen Goldes bzw. Cadmiums und Quecksilbers ähneln.

2. Die Ionisationsarbeit für vollständige Ionisation wäre so groß, daß in den Verbindungen mit der höchsten Wertigkeit keine Elektronen-, sondern eine Kovalenzbindung vorliegt. Diese Tatsache ist an Hand der folgenden Tabelle zu erkennen.

Tabelle 6.

	Mittlere Ionisierungsenergie pro entferntes Elektron	Siedepunkt des Chlorids °C	Leitfähigkeit des Chlorids beim Siedepunkt
In^{I}	133	?	130
In^{III}	403	550	17
Tl^{I}	140	806	46,5
Tl^{III}	430	100	0
Sn^{II}	253	605	21,9
Sn^{IV}	529	113	0
Pb^{II}	257	954	40,7
Pb^{IV}	554	Flüssigkeit; Zersetzung bei 105°	$< 2 \cdot 10^{-5}$

Die Erscheinung, die sich besonders in der 3. und 4. Nebengruppe bemerkbar macht, aber auch bei anderen Elementen beobachtet wird, ist unter dem Namen „inertes Valenzelektronenpaar“ (inert-pair)[8] von SIDGWICK[9] u. a. besprochen worden.

Die genaue Behandlung der Kovalenzbindung ist bedeutend schwieriger als die der Elektronenbindung. Man hat versucht, von drei Hauptrichtungen aus der Frage näher zu kommen, wobei jede Richtung Nachdruck auf irgendeinen Punkt der Kovalenzbindung legte. Die Methode von HEITLER-LONDON behandelt das Problem hauptsächlich durch Betrachtungen der wechselseitigen Neutralisation der Elektronenspins zweier Atome; PAULING und SLATER gingen aus von einer Betrachtung der Wellenfunktion der Elektronen im freien Atom und zeigten, wie die Quantentheorie zur Annahme gerichteter Valenzen führt; HUND und MULLIKEN setzen bei dem *Verfahren der Molekülbahnen*[10] die Energie dieser Elektronen in Beziehung zu Parametern des Moleküls als Ganzen. Die genaue quantitative Anwendung jeder dieser Methoden ist durch mathematische Schwierigkeiten auf die allereinfachsten Fälle beschränkt. Schon eine qualitative Betrachtungsweise ihrer Hauptmerkmale führt jedoch zu einem tieferen Einblick in das Wesen der chemischen Bindung, als man aus der nur sehr angenäherten und ausschließlich qualitativen, wenn auch anregenden Behandlungsweise von LEWIS-LANGMUIR erhalten kann.

HEITLER und LONDON versuchten die potentielle Energie eines Systems von zwei Atomen zu berechnen, wenn diese einander genähert werden. Das wesentliche Ergebnis dieser Berechnung kann folgendermaßen zusammengefaßt werden: Die elektrostatischen oder COULOMBschen Kräfte zwischen den Atomen — z. B. zwischen zwei Wasserstoffatomen — bewirken stets eine Abstoßung. Eine zweite Art der Einwirkung beruht auf folgender Tatsache. Wenn man zwei Wasserstoffatome A und B hat und ein Elektron 1, das zu A, und ein Elektron 2, das zu B gehört, so ist dieser Zustand nicht von dem unterschieden, der sich aus derjenigen Wechselwirkung der Elektronen ergibt, bei der sich Elektron 2 beim Atom A und Elektron 1 beim Atom B befindet. Man kann also sagen, daß jedes Elektron mit der gleichen Wahrscheinlichkeit bei einem der beiden Atome anzutreffen ist. Die Natur der dadurch entstehenden Wechselwirkung hängt nur von den Quantenzahlen der Elektronenspins ab. Wenn die Spins entgegengesetzt gerichtet sind, so daß der sich daraus ergebende Gesamtspin gleich Null ist, herrschen Anziehungskräfte und es entsteht ein beständiges Molekül. Daraus ergibt sich, daß beide Elektronen auf jedem der beiden Atome Platz finden, ohne daß das Pauli-Prinzip verletzt wird. Im Falle der Anziehung ergibt sich nach dieser Theorie eine Anhäufung der Elektronen zwischen den Atomen und das erklärt die Bedeutung der LEWIS-LANGMUIRschen Vorstellung von der Bindung durch Elektronenpaare. Diese Anschauung führt zu dem Schluß, daß nur Atome mit unpaarigen Elektronenzahlen eine chemische

---

[8] Anmerkung des Übersetzers: „*Inert pair of valency electrons*“ ist ein von SIDGWICK geprägter Ausdruck (vgl. „The Electronic Theory of Valency“ 1927, S. 178), für den es nach Wissen des Übersetzers keine äquivalente deutsche Bezeichnung gibt.

[9] SIDGWICK: Chem. Soc. annu. Rep. 1933, 120—128.

[10] Anmerkung des Übersetzers: „Molekülbahnen“ sind die Bahnen der Elektronen im Molekül.

Verbindung eingehen können, und setzt die Wertigkeit eines Atoms direkt gleich der Zahl der unpaarigen Spins.

PAULING und SLATER nehmen die wesentlichen Ergebnisse der HEITLER-LONDON-Theorie auf. Sie zeigen aber im Zusammenhang mit Betrachtungen der räumlichen Verteilung der Elektronendichte, daß man eine Theorie gerichteter Valenzkräfte aufstellen kann, die mit den der Chemie schon seit VAN'T HOFF und LE BEL vertrauten Vorstellungen übereinstimmt. Ein s-Elektron, für das der Vektor des Bahnmoments gleich Null ist, wird in der Quantenmechanik durch eine Wellenfunktion Ψ_s der Form e^{-kr} dargestellt. Danach ist die Elektronendichte kugelförmig über das Atom verteilt und nimmt exponentiell mit dem Abstand ab. Wenn nur s-Elektronen an der Verbindungsbildung beteiligt sind, wie z. B. beim Wasserstoffmolekül, so entsteht genau dasselbe Bild wie bei

Abb. 1.

der HEITLER-LONDON-Theorie. Die Wechselwirkung zwischen zwei dicht aneinander stoßenden Atomen ergibt sich durch direkte Überlagerung ihrer Wellenfunktionen in dem Gebiet, wo diese sich überschneiden. Je nachdem, ob die Elektronenspins parallel oder entgegengesetzt gerichtet sind, entsteht demnach zwischen den Atomen eine Verstärkung oder Verdünnung der Elektronendichte. Bei einem p-Elektron ist es der sich aus dem Bahnmoment ergebende Vektor, der den p-Elektronen eine richtende Wirkung erteilt. Die quantenmechanische Darstellung der Bahnen von diesen p-Elektronen kann nach verschiedenen Formen erfolgen, von denen aber nur drei unabhängige Funktionen entwickelt werden sollen:

$$\Psi_{p_x} = x\,e^{-Zr/n}\,; \quad \Psi_{p_y} = y\,e^{-Zr/n}\,; \quad \Psi_{p_z} = z\,e^{-Zr/n}\,,$$

die an drei rechtwinkligen Achsen entlang angeordnet sind. Diese stellen hantelförmige Verteilungen der Ladungsdichte dar, welche die x-, y- oder z-Achse als Rotationsachse haben. Bei der Verbindungsbildung kommt das Maximum des Überschneidens der Ladungsverteilung nur für Atome zustande, die längs dieser Achsen liegen. Auf dieser Grundlage wollen wir den Fall der Bildung eines Wassermoleküls betrachten.

Die Elektronenverteilung auf einer unvollständig besetzten p- oder d-Bahn folgt einer empirisch gefundenen Regel, die als *Regel der maximalen Multiplizität* bezeichnet wird und die besagt, daß die Energie der Wechselwirkung zwischen den Elektronen in einem Atom am geringsten ist, wenn der resultierende Spin am größten ist. Das bedeutet, daß durch neu hinzukommende Elektronen zunächst sämtliche Bahnen einzeln besetzt werden müssen, bevor eine paarige Anordnung der Elektronenspins erfolgen kann. Daher befinden sich im Sauerstoffatom, das vier

$2p$-Elektronen enthält, auf allen drei p-Bahnen Elektronen, und zwar ist eine Bahn — z. B. die p_x-Bahn — vollständig mit zwei Elektronen ausgefüllt, während die p_y- und p_z-Bahnen einzeln besetzt sind. Das Atom ist somit zweiwertig, da es zwei nicht neutralisierte Spins besitzt, die mit den Elektronen von zwei Wasserstoffatomen gekoppelt werden können. Die geforderte Bedingung, daß sich die Wellenfunktionen möglichst weitgehend überlagern, wird erfüllt, wenn die Wasserstoffatome längs der y- bzw. z-Achse angenähert werden. Hiernach sollte man in erster Annäherung vermuten, daß die beiden O—H-Valenzen im Wassermolekül im rechten Winkel angeordnet seien. In derselben Weise sollte das Ammoniakmolekül pyramidenförmig gebaut sein mit einer Anordnung von Wasserstoffatomen längs x, y und z. Die Annahme des Valenzwinkels von 90°, der sich nach dieser nur ganz angenähert gültigen Darstellung ergibt, muß noch eine Abänderung erfahren, wenn man die zwischen den Wasserstoffatomen herrschenden Wechselwirkungen berücksichtigt.

Abb. 2. Schematische Darstellung der Wechselwirkung zwischen Wasserstoff und den p-Elektronen des Sauerstoffs im Wasser.

Die Vierwertigkeit des Kohlenstoffs stellt eine interessante Aufgabe für die PAULING-SLATERsche Behandlungsweise dar. Das Kohlenstoffatom hat im Grundzustand die Konfiguration $1s^2 2s^2 2p^2$. Nach der Multiplizitätsregel hat es demnach zwei unpaare Spins, so daß man es als zweiwertig auftretend betrachten sollte. Zur Ausübung von vier Valenzen muß eines der beiden $2s$-Elektronen bis zum dritten $2p$-Zustand angeregt werden, so daß die Konfiguration $1s^2 2s 2p^3$ mit vier unpaaren Spins entsteht. Nach dem ersten Anschein sieht es so aus, als ob von diesen vier Valenzen eine — nämlich die von dem $2s$-Elektron ausgehende — ungerichtet sein müsse, während die anderen drei — wie im Ammoniak — gerichtet wären. Da aber die Wellenfunktionen im wesentlichen die Verteilung der Elektronendichte bestimmen, so kann man jede neue Reihe von Wellenfunktionen einführen, die zu derselben Verteilung der Elektronendichte führt. PAULING und SLATER zeigten, daß die stärkste Bindung erreicht würde, wenn man vier neue Wellenfunktionen wählt, die nach den Ecken eines regelmäßigen Tetraeders gerichtet sind. Die quantitative Gültigkeit dieser sogenannten „Zwitterbildung" („hybridization") ist allerdings nicht ganz befriedigend, da der geforderte $2s2p^3$-Zustand des Kohlenstoffs nach spektroskopischen Messungen einen beträchtlich höheren Energiegehalt besitzen muß als der Grundzustand.

Ein interessantes Kennzeichen ist auch die leichte Behandlungsweise der Frage nach der freien Drehbarkeit um die Bindungen. Wir haben gesehen, daß bei der Bindungsbildung durch p-Elektronen beide Atome auf den Achsen der entsprechenden Wellenfunktionen liegen müssen. Dieses ist eine symmetrische Achse, so daß eine Drehung um sie nur durch die Einwirkung anderer, an den beiden betrachteten Atomen befindlichen Gruppen behindert werden kann. Dasselbe gilt für die Zwitterbindungen des vierwertigen Kohlenstoffs, so daß im Äthan nur die verhältnismäßig schwachen Abstoßungskräfte zwischen den Wasserstoffatomen der Drehung entgegenstehen. Da jede Bindung eine axiale Symmetrie besitzen muß, ist es offenbar nicht möglich, daß auf dieselbe Art durch Überschneiden zweier verschiedener Reihen von Wellenfunktionen eine Doppelbindung zustande kommt. Nach der Ansicht von PAULING und SLATER wird eine Doppelbindung in der Weise gebildet, wie es schematisch in Abb. 3 gezeichnet ist.

Eine einfache Bindung entsteht durch Überlagerung von Wellenfunktionen längs der x-Achse, worauf auf Grund ihrer antiparallelen Spins eine Wechselwirkung zwischen den p-Elektronen erfolgt. Die potentielle Energie des Systems ist am geringsten, wenn die Vektoren des Bahnmoments dieser sogenannten p_π-Elektronen (d. h. die y-Richtungen ihrer entsprechenden Wellenfunktionen) parallel sind, wodurch die Doppelbindung einen beträchtlichen Widerstand gegen Drehung aufweist.

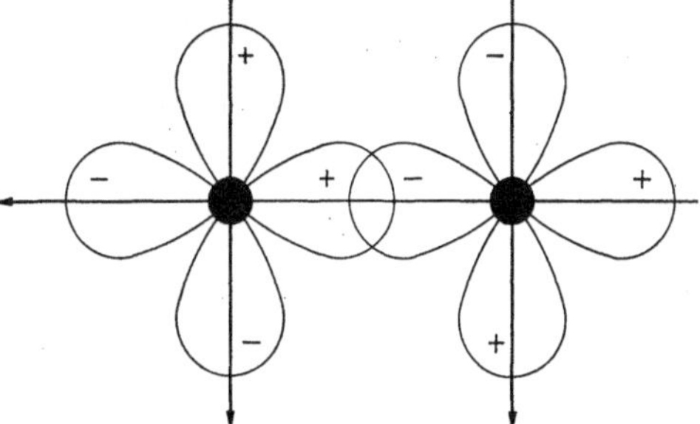

Abb. 3. Bildung einer Doppelbindung.

Die bisher betrachteten Versuche, eine Theorie der Valenzkräfte aufzustellen, sind hauptsächlich insofern nur angenähert gültig, als sie die Tatsache vernachlässigen, daß die gewöhnliche Quantelung der Elektronen nicht mehr bestehen kann, wenn zwei Atome sich derartig nähern, wie es bei der chemischen Bindung der Fall ist. Als Folge davon haben die Haupt- und Nebenquantenzahlen n und l nur eine geringe Bedeutung; wichtig sind nur die Quantenzahlen, mit denen die Komponente λ des Bahnmoments längs der Verbindungslinie der beiden Atomzentren bezeichnet wird. Entsprechend der Bezeichnung s, p, d usw. für die Werte von $l = 0,1$ oder 2, werden in den freien Atomen die Elektronen, bei denen $\lambda = 0, \pm 1$ oder ± 2 ist, als σ-, π- bzw. δ-Elektronen bezeichnet. Nach dem Verfahren der Molekülbahnen[11] werden die Wellenfunktionen des Moleküls dadurch aufgebaut, daß die Elektronen fortschreitend in das molekulare Gitterwerk eingeführt werden, beginnend mit den Bahnen der niedrigsten Energie. Jedes Elektron wird dann so behandelt, als ob es zu dem Molekül als Ganzem gehört; seine Natur als σ-, π, δ-Elektron läßt sich eindeutig feststellen; die Anordnung der so gebildeten Molekülbahnen wird mit alphabetischen Buchstaben bezeichnet. Nach der Bezeichnungsweise von MULLIKEN werden die Bahnen in der Reihenfolge der zunehmenden Energie mit $z < y < x < w$ usw. benannt.

Es werden fortschreitend so viele Elektronen in die Molekülbahnen eingeführt, wie Reihen von geschlossenen Gruppen aufgebaut werden. Dieser Aufbau erfolgt in entsprechender Weise, wie die geschlossenen

[11] „Molekülbahnen“ vgl. Anmerkung 10 auf S. 16.

Schalen beim Bau der Hüllenkonfiguration eines freien Atoms entstehen. Bei einem s-Elektron, dessen Bahnmoment im freien Atom gleich Null ist, muß auch das Bahnmoment längs der Verbindungslinie zwischen den Kernen $=0$ sein, wenn es in eine Molekülbahn eingefügt wird. λ ist dann Null, so daß aus einem s-Elektron folglich ein σ-Elektron entsteht. Bei einem p-Elektron — für das $l=1$ ist — kann $\lambda=+1$, 0 oder -1 sein, was je von der Komponente von l längs der Verbindungslinie zwischen den beiden Zentren abhängt; es kann demnach entweder zum σ- oder zum π-Elektron einer Molekühlbahn werden. Für jeden Wert von λ sind nach dem Pauli-Prinzip zwei Werte für die Spinquantenzahl möglich ($\pm 1/2$), so daß in jede σ-Bahn zwei, in jede π-Bahn vier Elektronen eingefügt werden können. Wir wollen den ganzen Vorgang in der folgenden Tabelle zusammenfassen:

Tabelle 7.

Vollständige Elektronenschalen im freien Atom	l (im freien Atom)	Mögliche Werte für λ	Vollständige Elektronengruppen im Molekül
s^2	0	0	σ^2
p^6	1	$0, \pm 1$	σ^2, π^4
d^{10}	2	$0, \pm 1, \pm 2$	$\sigma^2, \pi^4, \delta^4$

Jede Gruppe von zwei σ-, vier π- und vier δ-Elektronen ergibt dann eine geschlossene Schale; wenn jede dieser Schalen gefüllt ist, muß das nächste hinzukommende Elektron auf einer höherliegenden Bahn angeordnet werden.

Die Anordnung der Bahnen entsprechend ihrer Energie ergibt sich für jedes Atompaar aus der Anwendung bestimmter Regeln, die von HUND und MULLIKEN ausgearbeitet wurden. Wegen einer ausführlichen Behandlung dieser Regeln muß der Leser auf speziellere Arbeiten[12] über dieses Gebiet verwiesen werden; das geistreiche Prinzip, auf dem sich die Reihenfolge der Bahnen aufbaut, kann jedoch leicht an einem einfachen Beispiel klargemacht werden und ist schematisch in Abb. 4 gezeichnet. MULLIKEN nimmt an, daß zwei einzelne freie Atome einander soweit genähert werden, daß der Abstand zwischen den Kernen Null wird, die Kerne verschmelzen und so das „Atom“ einer neuen Verbindung bilden. Die Elektronenanordnung der freien Atome ist bekannt und damit auch die Konfiguration des Atoms der Verbindung, da dieses einfach ein Atom mit einer Atomnummer ist, die der Summe der Kernladungen der beiden einzelnen Atome entspricht. Was mit den Elektronen geschieht, wenn aus den freien Atomen das Atom der Verbindung entsteht, kann sich nur aus der Betrachtung der Symmetrie ergeben. Wir wollen den Fall von zwei Wasserstoffatomen betrachten. Im freien Zustande besitzt jedes der beiden Atome ein Elektron im s-Zustand. Beim Verschmelzen der Kerne entsteht ein Kern mit der Ladung 2, also ein Heliumkern. Das eine der beiden $1s$-Wasserstoffelektronen nimmt sofort das $1s$-Niveau des Atoms der Verbindung ein. Wenn der Spin des zweiten

[12] Vgl. KRONIG: Optical Basis of the Theory of Valency, S. 124, 201. Cambridge 1935. Eine ausgezeichnete Darstellung findet man bei VAN VLECK u. SHERMAN: Rev. mod. Physics 1935, 7, 168.

Elektrons antiparallel ist, besetzt dieses ebenfalls das $1s$-Niveau des Verbindungsatoms und schließt somit das $1s^2$-Paar ab. Dies entspräche einer beständigen Anordnung, aus der hervorgeht, daß beim Zusammenkommen von zwei Wasserstoffatomen mit antiparallelen Spins eine anziehende, verbindungsbildende Wechselwirkung zustande kommt. Wenn aber der Spin des zweiten Elektrons parallel zu dem des ersten ist, so kann es auf dem $1s$-Niveau des Verbindungsatoms nicht angeordnet werden, da dadurch das Pauli-Prinzip verletzt würde. Aus Symmetriebetrachtungen ergibt sich tatsächlich, daß es auf dem $2p$-Zustand des

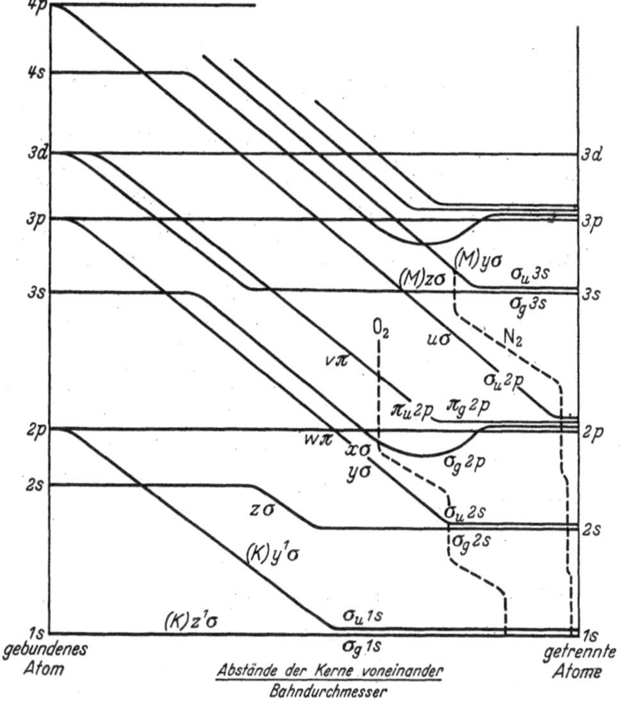

Abb. 4. Diagramm der MULLIKENschen Beziehung für gleichartige Atome. Die gestrichelten Linien zeigen das Auffüllen von Bahnen im O_2 bzw. N_2.

Verbindungsatoms angeordnet werden muß, der somit die Konfiguration $1s2p$ erhält. Das entspricht einem sehr stark angeregten Zustand eines Heliumatoms und würde die Aufnahme einer beträchtlichen Energiemenge erfordern. Es muß daher infolge der parallelen Spins der Elektronen eine sich gegenseitig abstoßende Wirkung der Wasserstoffatome vorhanden sein. Ganz allgemein muß ein Elektron, das beim Übergang von einem freien Atom zu einer Verbindung einen Zustand mit einer höheren Hauptquantenzahl einnimmt, eine lockernde Wirkung ausüben. Vollständig besetzte Schalen (z. B. die K- und L-Schalen) werden durch die Annäherung eines zweiten Atoms praktisch nicht beeinflußt und daher als für die Bindung nicht in Frage kommend behandelt. MULLIKEN hat Tabellen veröffentlicht, die Beziehungen enthalten zwischen den Anfangs- und den hypothetischen Endzuständen, bei denen die relativen energetischen Lagen der Bahnen aus denjenigen Zwischenzuständen abgeleitet werden können, die der tatsächlichen chemischen Verbindung entsprechen.

Die qualitative Anwendung dieser Behandlungsweise soll an einigen Beispielen erläutert werden. Das Molekül F_2 entsteht aus der Vereinigung zweier Atome mit der Konfiguration $1s^2 2s^2 2p^5$. Nach der MULLIKENschen Bezeichnungsweise sind im F_2 folgende Bahnen besetzt: $[KK(z\sigma)^2(y\sigma)^2(x\sigma)^2(w\pi)^4(v\pi)^4]$. Die K-Schale bleibt unberührt; ursprünglich sind vier Elektronen im $2s$-Zustand, die den $z\sigma$- und $y\sigma$-Bahnen zugeordnet werden; es bleiben noch zehn $2p$-Elektronen übrig, die nacheinander in die $x\sigma$-, $w\pi$-, und $v\pi$-Bahnen eingefügt werden (Abb. 4). Man sieht, daß die $(z\sigma)^2$ und $(y\sigma)^2$-Elektronen bindend bzw. lockernd wirken; von den übrigen sind die $x\sigma$ und $w\pi$-Elektronen nicht auf eine Bahn mit höherer Hauptquantenzahl befördert worden und wirken daher bindend, im Gegensatz zu den $v\pi$-Elektronen, deren Hauptquantenzahl sich erhöht hat und die somit lockernde Eigenschaften aufweisen. Es sind also insgesamt acht bindende und sechs lockernde Elektronen vorhanden, so daß sich eine tatsächliche Bindungswirkung von zwei Elektronen ergibt, die eine Einzelbindung bilden, wobei die Wechselwirkung außerhalb der K-Schalen betrachtet ist.

Auf dieselbe Weise kann die Bildung des N_2 folgendermaßen formuliert werden:

$$N[1s^2 2s^2 2p^3] + N[1s^2 2s^2 2p^3] \rightarrow N_2[KK(z\sigma)^2(y\sigma)^2(x\sigma)^2(w\pi)^4].$$

Hier wirken, ebenso wie vorhin, $(z\sigma)^2$, $(x\sigma)^2$ und $(w\pi)^4$ bindend, $(y\sigma)^2$ lockernd. Es ergibt sich also daraus die Wirkung von sechs bindenden Elektronen, die einer dreifachen Bindung entsprechen.

Die Leistungsfähigkeit dieser Behandlungsweise soll an einer Anwendung auf das Sauerstoffmolekül gezeigt werden. Sauerstoff, zweiatomiger Schwefel (S_2) und Schwefelmonoxyd sind sämtlich paramagnetisch. Das steht, wie in einem späteren Kapitel gezeigt werden soll, mit dem Auftreten von unpaarigen Elektronenspins im Zusammenhang. Das magnetische Moment des Sauerstoffs entspricht dem Vorhandensein zweier unpaariger Elektronen in dem Molekül. Eine derartige Folgerung widerspricht den anderen Behandlungsweisen der Frage über die Valenz, da man die Bildung einer Doppelbindung erwarten sollte, sie folgt aber direkt aus dem Verfahren der Molekülbahnen, da die Bildung des Sauerstoffmoleküls folgendermaßen dargestellt werden kann:

$$O[1s^2 2s^2 2p^4] + O[1s^2 2s^2 2p^4] \rightarrow O_2[KK(z\sigma)^2(y\sigma)^2(x\sigma)^2(w\pi)^4(v\pi)^2].$$

Es wurde gezeigt, daß vier π-Elektronen — wie beispielsweise die $(w\pi)^4$-Gruppe — eine geschlossene Gruppe darstellen; somit ist die $v\pi$-Bahn, die nur mit zwei Elektronen besetzt ist, halb gefüllt. Die Elektronen können sich daher mit ihren Spins entweder zu Null gekoppelt oder parallel gerichtet anordnen. Nach dem Prinzip der größtmöglichen Multiplizität ist der Zustand mit der geringsten potentiellen Energie derjenige, bei dem die Elektronenspins parallel gerichtet sind, so daß das Molekül im Grundzustand paramagnetisch ist.

Für die Wechselwirkung ungleichartiger Atome kann man auch ganz entsprechend der Abb. 4 ein Diagramm zeichnen und auf diese Weise zu der Elektronenanordnung zweiatomiger Moleküle gelangen. Es hat sich gezeigt, daß isostere Moleküle die gleichen Elektronenkonfigurationen besitzen. So sind die Bahnen, die im Kohlenmonoxyd besetzt sind, dieselben, die sich auch im Stickstoffmolekül befinden.

$$\mathsf{C}\,[1s^2 2s^2 2p^2] + \mathsf{O}\,[1s^2 2s 2p^4] \rightarrow \mathsf{CO}\,[\mathsf{KK}\,(z\sigma)^2 (y\sigma)^2 (x\sigma)^2 (w\pi)^4].$$

Es ergibt sich die wichtigste Folgerung, daß Kohlenmonoxyd, wie man es auch auf Grund anderer Erkenntnisse erwarten sollte, eine Struktur mit dreifacher Bindung besitzt. Die Dreifachbindung hat keinen „semipolaren" Charakter; es wird daher sofort das Fehlen eines Dipolmomentes verständlich, während man nach der Formulierung C≦O einen sehr hohen Wert für das Dipolmoment erwarten müßte.

Mesomerie oder Resonanz.

Keine einzige der Anwendungen der Quantentheorie auf die Valenz gibt eine ganz genaue Darstellung der Tatsachen. So vernachlässigt die Heitler-London- und die Pauling-Slater-Theorie ausdrücklich die „ionischen" Zustände, d. h. die Möglichkeit, daß sich beide Elektronen einer Kovalenzbindung gleichzeitig auf dem einen oder auf dem anderen Atom befinden. Berechnungen, die auf der Darstellung durch Molekularbahnen beruhen, legen einen starken Nachdruck gerade auf diese ionischen Zustände, indem sie versuchen, eine zeitliche Anhäufung der Elektronendichte an bestimmten Stellen des Moleküls zu berücksichtigen. Da jedoch das Problem so verwickelt ist, daß dadurch die genaue Berechnung von Bindungsenergien — außer bei den einfachsten Fällen, den zweiatomigen Molekülen — ausgeschlossen ist, liegt der Hauptwert der Theorien in der formalen Darstellung, die sie von den Bindungsvorgängen geben, so daß der Chemiker diejenige benutzen muß, die hier für seine Zwecke am geeignetsten ist. Dadurch hat auch das Verfahren von Lewis-Langmuir-Sidgwick, das nur sehr angenähert gilt, seine volle Berechtigung.

Umgekehrt trifft es in vielen Fällen zu, daß keine chemische Formel eine genaue Darstellung der chemischen Bindungen in einem bestimmten Molekül wiedergibt. Die Aufteilung in Ionenbindungen, Einzel-, Doppel- und Dreifachkovalenzbindungen stellt eher eine Erklärung einiger Grenzfälle als eine allgemeingültige Einteilung dar. So ist in einem kovalenzmäßig verbundenen Atompaar A—B die Wahrscheinlichkeit größer, daß beide Elektronen sich auf A, als daß sie sich auf B befinden; daraus ergibt sich, daß das Molekül AB ein Dipolmoment $\overset{(\delta-)}{\mathrm{A}}$—$\overset{(\delta+)}{\mathrm{B}}$ hat; die dadurch hervorgerufene Verteilung der Elektronendichte kann man sich durch eine gegenseitig erfolgende Überlagerung der Konfigurationen A—B und A^- B^+ in geeigneten Verhältnissen vorstellen. Die entstehende Bindung nimmt dann eine Zwischenstellung zwischen einer Ionenbindung und einer reinen Kovalenzbindung ein und besitzt ein endliches Dipolmoment. In derselben Weise kann eine Kovalenzbindung zwischen einer einfachen und einer Doppelbindung liegen.

Diese Vorstellung ist hauptsächlich dann wichtig, wenn man die Formel eines Moleküls auf zwei oder mehrere Arten schreiben kann und sich dabei ungefähr derselbe Wert für die potentielle Energie ergibt, wobei die räumliche Anordnung der Atome erhalten bleibt. Die vorliegende Verteilung der Elektronendichte ist nicht allein der Maßstab, der den verschiedenen Formulierungen entspricht (wie aus dem vorhergehenden Abschnitt hervorgeht), sondern es ergibt sich vielmehr aus der Quantentheorie, daß in einem solchen Falle die potentielle Energie des Systems erheblich geringer ist als die für die Zustände der einzelnen Komponenten. Diese Erscheinung bezeichnet man als *Resonanz* oder *Mesomerie* und den dadurch bedingten Zustand des Moleküls häufig als „*Resonanzzwitter*" der Zustände der Komponenten. Der letzte Ausdruck ist irreführend. Es handelt sich nicht um einzelne tautomere Bestandteile und es findet keine Umwandlung der verschiedenen Formen ineinander statt; die Elektronendichte ist vielmehr so ausgeglichen, daß sie einem Zwischenzustand entspricht. Wenn die potentielle Energie eines Moleküls erniedrigt wird (was einer Zunahme seiner Beständigkeit gleichkommt), so hat die Mesomerie eine Verkürzung der interatomaren Abstände in den betrachteten Verbindungen zur Folge. Ein Hauptteil der Beweisführung über die Mesomerie beruht tatsächlich auf der Messung von Bindungslängen nach den im Kapitel 3 beschriebenen Verfahren.

Der deutlichste Fall von Mesomerie tritt beim aromatischen Kern auf. Benzol kann man nach den beiden KEKULÉschen Strukturen formulieren, die energetisch genau gleich sind, sowie nach den einander ebenfalls äquivalenten Formulierungen von DEWAR, die gegenüber der KEKULÉschen Struktur einen etwas höheren Energiegehalt besitzen.

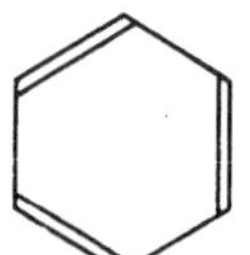 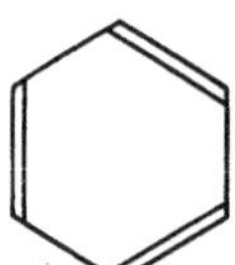 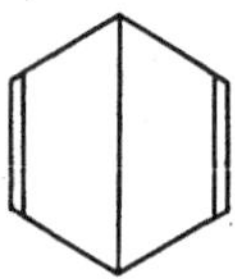 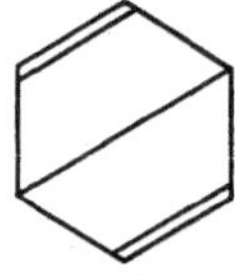 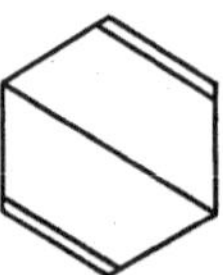

Der wirkliche Zustand entspricht demnach einer Struktur, die in der Mitte zwischen allen diesen möglichen Formen liegt, so daß der tatsächlich vorliegende Ring nicht aus abwechselnden Einzel- und Doppelbindungen sondern aus sechs gleichwertigen Bindungen von der Größe 1,5 besteht. Durch das Einführen von Substituenten werden die Energien der einzelnen sogenannten „kanonischen Formen" in verschiedenem Maße geändert, wodurch natürlich auch die Gesamtverteilung der Elektronendichte um den aromatischen Kern herum eine andere wird. Auf diese Erscheinung sind die Bezeichnungsweise und Formulierungen anzuwenden, die von INGOLD u. a. bei der Untersuchung über die orientierenden Einflüsse usw. von aromatischen Substituenten sorgfältig ausgearbeitet sind.

Die Anwendungsmöglichkeit der Vorstellung der Resonanz auf viele Probleme der organischen Chemie liegt auf der Hand. In diesem Zusammenhang ist es von größerem Interesse, daß man die Erscheinung auch bei einfachen anorganischen Molekülen findet[13]. So kann man die Formel für das Kohlendioxyd auf drei Arten schreiben:

$$\mathrm{O{=}C{=}O}, \qquad \mathrm{O{\equiv}C \rightarrow O}, \qquad \mathrm{O \leftarrow C{\equiv}O}.$$

[13] Siehe SIDGWICK: J. chem. Soc. 1936, 533; 1937, 694. Ann. Rep. chem. Soc. **1934, 31, 38.**

Für jede dieser Formulierungen sollte die Bildungswärme (aus atomaren Kohlenstoff und atomaren Sauerstoff) ungefähr 350 Kilocalorien betragen und der Abstand O—O sollte in jedem Falle 2,56 Å sein. Die beobachtete Bildungswärme und der O—O-Abstand betragen 380 Kilocalorien bzw. 2,30 Å, woraus hervorgeht, daß dieser Zustand eine Zwischenstufe aus diesen drei möglichen Formen darstellt. Da nun die 2. und 3. Formulierung gleichwertig ist, müssen beide Formen in dem Zwitter im gleichen Maße vertreten sein, so daß dieser somit unpolar ist.

Ebenso werden die Sauerstoffatome in den Karbonat- und Nitrationen, die formelmäßig als

$$O—N\begin{smallmatrix}\nearrow O \\ \diagdown O^-\end{smallmatrix} \quad \text{und} \quad O{=}C\begin{smallmatrix}\diagup O^- \\ \diagdown O^-\end{smallmatrix}$$

dargestellt werden, durch einen Resonanzvorgang gleichwertig, wobei jeder Unterschied zwischen Einfach-, Doppel- und Koordinationsbindung verschwindet. Dies bestätigt auch die Annahme, daß die CO_3^{2-}- und NO_3^--Ionen eine Anordnung von gleichseitigen Dreiecken darstellen, wie es sich kristallographisch durch Röntgenstrahlenuntersuchungen ergeben hat.

In den Fällen, wo die Grenzformen große, aber entgegengesetzte Dipolmomente aufweisen, muß durch die Resonanzerscheinung das Dipolmoment des ganzen Moleküls verkleinert oder sogar vollständig aufgehoben werden. So kann man das Stickoxyd folgendermaßen schreiben:

entweder $\cdot\dot{\underset{\cdot}{N}}\,\vdots\,\dot{\underset{\cdot\cdot}{O}}\!:$ oder $:\dot{N}\,\vdots\,\dot{\underset{\cdot}{O}}\cdot$

$\delta+ \quad \delta-$ (A) $\qquad \delta+ \quad \delta-$ (B)

In dem sich daraus ergebenden Resonanzzwitter liegen die beiden Formen in etwas verschiedenen Verhältnissen vor, so daß ein Dipolmoment von $0{,}16 \cdot 10^{-18}$ e.s.E. entsteht, das um vieles kleiner ist als das beider Formen allein. Es sei hierbei darauf hingewiesen, daß dieser Fall ein gutes Beispiel für den starken Unterschied zwischen Resonanz und Tautomerie ist. Die Mischung zweier Tautomeren der Struktur (A) und (B) würde nämlich ein großes Dipolmoment aufweisen, das gleich dem arithmetischen Mittel aus den Momenten der einzelnen Formen sein würde. Ebenso ist die Tatsache wichtig, daß die Beschreibung des wirklichen Zustandes eines Zwitters aus (A) und (B) zu demselben Ergebnis führt, wie es die Formulierung NO auf Grund der Theorie über die Molekülbahnen,

$$NO\,[KK\,(z\sigma)^2\,(y\sigma)^2\,(x\sigma)^2\,(w\pi)^4\,(v\pi)],$$

ergibt, bei der das einzeln vorliegende Elektron nicht einem der beiden Atome, sondern einer Bahn des ganzen Moleküls zugeordnet ist.

Ein ähnlicher Resonanzzustand findet sich im Radikal der Azide, das sich als Zwitter aus den beiden Formen

$$R—N{=}N\rightleftharpoons N \quad \text{und} \quad R—N \leftarrow N{\equiv}N$$

darstellt und ein Dipolmoment von Null besitzt.

Auch bei den nichtmetallischen Halogenverbindungen findet sich die Erscheinung der Resonanz. Während der im CCl_4 gemessene C—Cl-

Abstand mit dem aus unabhängigen Messungen der Atomradien berechneten übereinstimmt, beobachtet man bei den Tetrachloriden des Siliciums, Zinns und Germaniums eine starke Kontraktion[14]. Der Unterschied wird dadurch erklärt, daß in der Kohlenstoffverbindung das zweite Quantenniveau aufgefüllt ist, so daß nicht mehr als vier Bindungen gebildet werden können. Dadurch sind Kohlenstoff-Chlorbindungen der Art $C \rightleftharpoons Cl$ im Kohlenstofftetrachlorid ausgeschlossen. In den Tetrachloriden der schwereren Elemente der IV. Gruppe sind mehr als vier Bindungen möglich, so daß die Resonanzform $Cl_3X \rightleftharpoons Cl$ einen erheblichen Einfluß auf die Konfiguration des Ganzen gewinnen kann.

Zweites Kapitel.

Atomgewicht und Isotopie.

Die Isotopie der Elemente.

Nach der DALTONschen Atomtheorie wurde das relative Atomgewicht als charakteristischste und wichtigste Eigenschaft der chemischen Elemente angesehen. Im Kapitel 1 wurde gezeigt, daß die chemischen Eigenschaften eines Elementes nicht unmittelbar durch sein Atomgewicht, sondern vielmehr durch die Zahl und Anordnung der in seiner Hülle enthaltenen Elektronen bestimmt werden. Diese müssen wiederum notwendigerweise zahlenmäßig gleich der Ladung des Kerns und damit gleich der Atomnummer des betreffenden Elementes sein. Somit bildet nicht mehr das Atomgewicht sondern die Atomnummer das Hauptkennzeichen jedes Elementes, und das Auftreten von Atomen, die sich in ihren Massen unterscheiden, aber dieselben Kernladungen tragen und dadurch dieselben chemischen Eigenschaften besitzen, ist dadurch denkbar.

Die Vorstellung, daß derartige *Isotope* vorkommen können, drängte sich den Chemikern zuerst bei der Untersuchung radioaktiver Elemente auf. Seitdem ist gezeigt worden, besonders als Ergebnis der bahnbrechenden Arbeiten von J. J. THOMSON und F. W. ASTON, daß die beständigen Elemente ebenfalls aus einer Mischung von Isotopenarten bestehen, und daß es tatsächlich nur sehr wenige Reinelemente gibt (vgl. Tabelle 1). Unsere Kenntnis über die Existenz von Isotopen und von beständigen Elementen rührt her von den Ergebnissen, die der sogenannten Massenspektrograph[1] gebracht hat, und von den Untersuchungen der Bandenspektren.

Die Arbeitsweise des Massenspektrographen beruht auf der Ablenkung, die elektrisch geladene Atome oder Molekülteilchen im elektrischen oder magnetischen Kraftfeld erfahren. Bei diesen Verfahren wird im wesentlichen das zu untersuchende Element in positive Ionen überführt, die zu einem geeigneten Strahl gesammelt und dann der Einwirkung eines

[14] BROCKWAY: J. Amer. chem. Soc. 1935, 57, 958. — SUTTON, HAMPSON u. a.: Trans. Faraday Soc. 1937, 33, 852.

[1] ASTON, F. W.: Mass Spectra and Isotopes. London: Arnold & Co. 1933. Proc. Roy. Soc. 1927, A, 115, 487. Die Verfahren von DEMPSTER, BAINBRIDGE usw. vgl. F. W. ASTON: Mass Spectra and Isotopes. S. 83—88.

seiner Stärke nach bekannten elektrischen und magnetischen Feldes ausgesetzt werden. Die Ionen werden dadurch abgelenkt; die Größe der Ablenkung ist eine Funktion des Verhältnisses von Ladung e zu Masse m des Ions, e/m. Die Bildung von positiven Ionen kann erfolgen durch eine Entladung durch den Dampf einer flüchtigen Verbindung, durch Verdampfen von einem heißen, mit dem betreffenden Stoff belegten Faden oder durch das Anodenstrahlverfahren. Die Wirkungen der elektrischen und magnetischen Felder können überlagert werden, so daß Teilchen, die dasselbe Verhältnis von e/m haben, auf einer parabolischen Bahn abfallen, oder sie können in derselben Richtung angewandt werden, so daß sich ein fokussierender Effekt ergibt und Teilchen mit demselben e/m zu einem Spaltbild gesammelt werden. Besonders das letztgenannte Verfahren hat in der Hand von ASTON sehr wertvolle und genaue Ergebnisse geliefert.

Wenn ein Strahl von positiv geladenen Teilchen, der von einem Mischelement (d. h. von einem aus mehreren Isotopen bestehenden Element) stammt, der Einwirkung eines elektrischen und magnetischen Feldes unterliegt, so wird jede Kernart, die eine bestimmte Kernmasse m besitzt, getrennt auf der photographischen Platte aufgezeichnet. Durch Einordnen der beobachteten Massenlinien zwischen denen von Ionen mit bekannter Masse, haben sich die relativen Massen der Isotope vieler Elemente mit großer Genauigkeit ergeben. In seinem zweiten Massenspektrographen[2] erreichte ASTON bei der Bestimmung von Massen der Isotope eine Genauigkeit von 1:10000.

Das massenspektrographische Verfahren hat sich indessen zur Entdeckung gewisser seltener Isotope als nicht so geeignet erwiesen wie die optische Methode. Die Absorptions- (oder Emissions-) spektren von Molekülen sind verwickelt und werden hervorgerufen durch

a) Änderungen der Rotationsenergie des Moleküls, wodurch ein Absorptionsspektrum im langwelligen Ultrarot entsteht;
b) Änderungen der Schwingungsenergie des Moleküls, die — zusammen mit einer gleichzeitigen Änderung der Rotationsenergie — Absorptionsbanden im nahen Ultrarot hervorrufen;
c) Elektronenübergänge, die bei gleichzeitiger Änderung von Schwingungs- und Rotationsenergie zum Entstehen eines Bandenspektrums im sichtbaren oder ultravioletten Gebiet führen.

In den Rotations- und Schwingungsenergien eines Moleküls ist das Trägheitsmoment des Moleküls bzw. die reduzierte Masse der schwingenden Atome enthalten. Beide sind daher Funktionen der Masse des betrachteten Atoms und werden als solche eine Änderung erfahren, wenn eins der Atome durch sein Isotop mit einer anderen Masse ersetzt wird. Die Folge wird eine kleine Verschiebung im Rotations- und Schwingungsspektrum sein; aus der Größe dieser Verschiebungen kann man die Massen der Isotope berechnen.

Wichtige Beispiele von dem Erfolg des optischen Verfahrens zum Auffinden von Isotopen sind die Entdeckung der Sauerstoff-, Kohlenstoff- und Stickstoffisotope. Die Absorptionsbanden des Sauerstoffs zeigten

---

[2] ASTON: Proc. Roy. Soc. 1927, A, **115**, 487.

eine Reihe von Linien, die GIAUQUE und JOHNSTON[3] vollständig dadurch deuten konnten, daß sie sie einem Molekül zuordneten, welches durch Vereinigung eines Sauerstoffatoms mit der Masse 16 mit einem Sauerstoffatom der Masse 18 gebildet wird und als $^{16}O^{18}O$ formuliert werden kann; eine zweite, viel schwächere Serie von Linien wird durch ein Molekül $^{16}O^{17}O$ hervorgerufen. Dadurch war das Vorhandensein von Sauerstoffisotopen mit den Massen 18 und 17, die durch das massenspektrographische Verfahren nicht entdeckt waren, festgestellt worden. Die schweren Sauerstoffisotope sind verhältnismäßig selten; die Verhältnisse liegen in der Größe $^{16}O : {}^{18}O = 600:1$ und $^{18}O : {}^{17}O = 5:1$. Auf ähnliche Weise wurde durch die sogenannten Swan-Banden im Flammenspektrum brennender Kohlenwasserstoffe, die durch ein unbeständiges C_2-Molekül hervorgerufen werden, das Auftreten eines Isotops ^{13}C entdeckt, das zu ungefähr 1 Prozent vorhanden ist[4]. NAUDÉ[5] fand bei der Untersuchung des Absorptionsspektrums von Stickoxyd ebenfalls Absorptionsbanden, die durch ein Molekül $^{15}N^{16}O$ neben solchen von $^{14}N^{16}O$, $^{14}N^{17}O$ und $^{14}N^{18}O$ hervorgerufen sind. In allen diesen Fällen konnte das Auftreten der seltenen Isotope durch den Massenspektrographen nicht nachgewiesen werden, zum großen Teil wahrscheinlich infolge des Vorkommens eines Überschusses von Molekülteilen mit annähernd derselben Masse. So haben H_2O und HO, die beim Entladungsvorgang regelmäßig auftreten, ungefähr dieselben Massen wie ^{18}O und ^{17}O; ^{12}CH hat nahezu dieselbe Masse wie C^{13}. Nur im Falle des Wasserstoffs ist die Isotopenerscheinung im Atomlinienspektrum ausreichend, um als Mittel zur Auffindung des Wasserstoffisotops zu dienen. Deuterium wurde spektroskopisch auf diese Weise entdeckt[6].

In Tabelle 1 sind die Daten zusammengestellt, die nach dem heutigen Stande für die Isotopenanordnung der Elemente gelten. Bei der Betrachtung der Zahlen ergeben sich sofort einige wichtige Punkte, die etwas Licht in die wichtige Frage nach dem Bau des Atomkerns bringen.

a) Die Masse eines beständigen Kerns ist (außer für ^{1}H) stets mindestens so groß, wie das Doppelte seiner Atomnummer beträgt. Nach den geläufigen Anschauungen ist der Kern aus Protonen sowie aus Teilchen mit der Masseneinheit und der Ladung Null aufgebaut, die man als Neutronen bezeichnet. Danach müssen stets mindestens ebensoviel Neutronen wie Protonen im Kern enthalten sein.

b) Die Zahl der Neutronen im Kern strebt nach der Erreichung einer Geradzahligkeit. Im allgemeinen haben die Isotope von Elementen mit ungeradzahligen Atomnummern ungeradzahlige Massenzahlen, wohingegen die am stärksten vertretenen Isotope der geradzahligen Elemente in fast allen Fällen diejenigen mit geraden Massenzahlen sind.

c) In nur zwei Fällen — nämlich beim Wasserstoff und Kalium — wurde gefunden, daß Elemente mit ungeraden Atomnummern mehr

[3] GIAUQUE u. JOHNSTON: Nature 1929, **123**, 318, 831. J. Amer. chem. Soc. 1929, **51**, 1436.
[4] KING u. BIRGE: Nature 1929, **124**, 127, 182.
[5] NAUDÉ: Physic. Rev. 1929 [II], **34**, 1498; 1930, **35**, 130; **36**, 333.
[6] UREY, BRICKWEDDE u. MURPHY: Physic. Rev. 1932, [II], **40**, 1; vgl. S. 203, Kapitel 6.

als zwei Isotope besitzen. Von diesen Ausnahmen ist das dritte Isotop des Wasserstoffs, ^{3}H oder Tritium, äußerst selten, während dem seltensten Isotop des Kaliums, dem ^{40}K, wahrscheinlich die Radioaktivität des Kaliums zuzuschreiben und dieses Isotop also unbeständig ist. Wenn

Tabelle 1. Die isotope Zusammensetzung der Elemente.

Element	Atom-nummer	Isotope in der Reihenfolge ihrer Häufigkeit	Element	Atom-nummer	Isotope in der Reihenfolge ihrer Häufigkeit
H	1	1, 2, 3	Ag	47	107, 109
He	2	4	Cd	48	114, 112, 110, 111,
Li	3	7, 6			113, 116, 106, 108,
Be	4	9, (8)			115, (118)
B	5	11, 10	In	49	115, 113
C	6	12, 13	Sn	50	120, 118, 116, 119,
N	7	14, 15			117, 124, 122, 121,
O	8	16, 18, 17			112, 114, 115
F	9	19	Sb	51	121, 123
Ne	10	20, 22, 21	Te	52	130, 128, 126, 125,
Na	11	23			124, 122, 123
Mg	12	24, 25, 26	J	53	127
Al	13	27	Xe	54	129, 132, 131, 134, 136,
Si	14	28, 29, 30			130, 128, 126, 124
P	15	31	Cs	55	133
S	16	32, 34, 33	Ba	56	138, 137, 136, 135,
Cl	17	35, 37			134, 130, 132
Ar	18	40, 36, 38	La	57	139
K	19	39, 41, 40	Ce	58	140, 142, 138, 136
Ca	20	40, 44, 42, 43	Pr	59	141
Sc	21	45	Nd	60	142, 144, 146, 143, 145
Ti	22	48, 46, 47, 50, 49	(Il)	61	
V	23	51	Sm	62	152, 154, 147, 149,
Cr	24	52, 53, 50, 54			148, 150, 144
Mn	25	55	Eu	63	151, 153
Fe	26	56, 54, 57, 58	Gd	64	156, 158, 155, 157, 160
Co	27	59, 57	Tb	65	159
Ni	28	58, 60, 62, 61, 64	Dy	66	164, 162, 163, 161
Cu	29	63, 65	Ho	67	165
Zn	30	64, 66, 68, 67, 70, (63),	Er	68	166, 168, 167, 170
		(65)	Tu	69	169
Ga	31	69, 71	Yb	70	174, 172, 173, 176, 171
Ge	32	74, 72, 70, 73, 76	Cp	71	175
As	33	75	Hf	72	180, 178, 177, 179, 176
Se	34	80, 78, 76, 82, 77, 74	Ta	73	181
Br	35	79, 81	W	74	184, 186, 182, 183
Kr	36	84, 86, 82, 83, 80, 78	Re	75	187, 185
Rb	37	85, 87	Os	76	192, 190, 189, 188,
Sr	38	88, 86, 87, 84			186, 187
Y	39	89	Ir	77	193, 191
Zr	40	90, 92, 94, 91, 96	Pt	78	196, 195, 194, 198, 192
Nb	41	93	Au	79	197
Mo	42	98, 96, 95, 92, 94, 100,	Hg	80	202, 200, 199, 201, 198,
		97, 102			204, 196, 197, 203
(Ma)	43		Tl	81	205, 203
Ru	44	102, 101, 104, 100,	Pb	82	208, 206, 207, 204
		99, 96, (98)	Bi	83	209
Rh	45	103	Th	90	232
Pd	46	104, 106, 108, 105,			
		110, 102	U	92	238, 235

ein Element mit ungerader Atomnummer aus zwei Isotopen besteht, unterscheiden sich diese stets in den Massenzahlen um zwei Einheiten, in Übereinstimmung mit dem oben unter b) Ausgeführten.

d) Die Elemente mit geraden Atomnummern sind zum großen Teil in der Natur verbreiteter als die ungeradzahligen Elemente.

Das Gesetz der Ganzzahligkeit und die Packungsanteile.

Eines der ersten, aus der Entdeckung der Isotope von beständigen Elementen folgenden Ergebnisse bestand darin, daß die relativen Massen der verschiedenen Kernarten, bezogen auf $\mathrm{O} = 16$, ganz dicht in der Nähe von ganzen Zahlen lagen. Die alte Hypothese von PROUT, daß die Elemente durch Zusammenlagerung von Wasserstoff gebildet würden und daß deshalb ihre Atomgewichte ganze Zahlen sein müßten, hatte man auf Grund der Arbeiten von STAS u. a. verlassen, welche gezeigt hatten, daß bei ganz genauer Bestimmung viele Atomgewichte nicht ganzzahlig sind. Nach der Entdeckung der Isotope wurde es klar, daß das Atomgewicht eines Elementes nur das Mittel der Massen seiner es aufbauenden Isotope ist und daß diese Kernmassen ungefähr ganze Vielfache der Protonenmasse sind. Dadurch kam wieder die Vorstellung zur Geltung, daß die Atomkerne aus gleichartigen Bausteinen — den Protonen und Elektronen — aufgebaut wären.

Genauere Messungen der Isotopenmassen mit dem Massenspektrographen ergaben, daß das Gesetz der Ganzzahligkeit nicht ganz genau erfüllt ist. Die Masse eines Isotops weicht im allgemeinen von der dicht benachbarten ganzen Zahl um einen kleinen Betrag ab; die Größe dieser Abweichung kann man zu der Beständigkeit des Kernes in Beziehung setzen. Die im Atomkern vereinigten Massen von Protonen und Neutronen setzen sich nicht genau additiv zusammen; ein Teil ihrer Masse wird in Energie verwandelt und stellt die exotherme Bildungsenergie des Kernes dar. Je größer die Beständigkeit des Kernes ist, um so mehr Energie muß bei seiner Bildung frei werden und um so größer wird der entsprechende Massenverlust sein. Eine Untersuchung der Abweichung der Isotopenmassen von dem Gesetz der Ganzzahligkeit liefert somit ein direktes Maß für die relative Beständigkeit der Elemente.

Bequemer als der absolute Unterschied zwischen Isotopenmasse und Ganzzahligkeit ist bei derartigen Betrachtungen diejenige Größe, die ASTON als *Packungsanteil* bezeichnet. Dieser ist die relative, anteilmäßige Abweichung, d. h. der Unterschied zwischen der Isotopenmasse und der nächsten ganzen Zahl, dividiert durch die Isotopenmasse. Der Packungsanteil stellt den überschüssigen Massengewinn oder -verlust je Proton des fraglichen Atoms dar, im Vergleich mit dem Zustand der Kernpackung im Sauerstoff. So wird die Masse des $^{58}\mathrm{Ni}$-Isotops mit 57,942 angegeben. Der Massenverlust beträgt somit 0,058 Einheiten, so daß sich als Packungsanteil

$$\frac{-0{,}058}{58} = -10 \cdot 10^{-4}$$

ergibt.

Wenn man die Packungsanteile der Elemente in Abhängigkeit von ihren Massenzahlen aufträgt, wie es in Abb. 5 geschehen ist, so erhält man eine fortlaufende Kurve. Die Werte fallen von Wasserstoff ($+78\cdot10^{-4}$) auf Null bei den Massen 16—19 und dann auf ein Minimum ($-10\cdot10^{-4}$) in der Gegend von der Masse 50, d. h. bei den Kernen von Eisen, Nickel usw. Dann steigt die Kurve an, und der Packungsanteil wird noch einmal positiv für Elemente, die schwerer sind als Quecksilber. Tatsächlich sind die schwersten Elemente radioaktiv, und nach

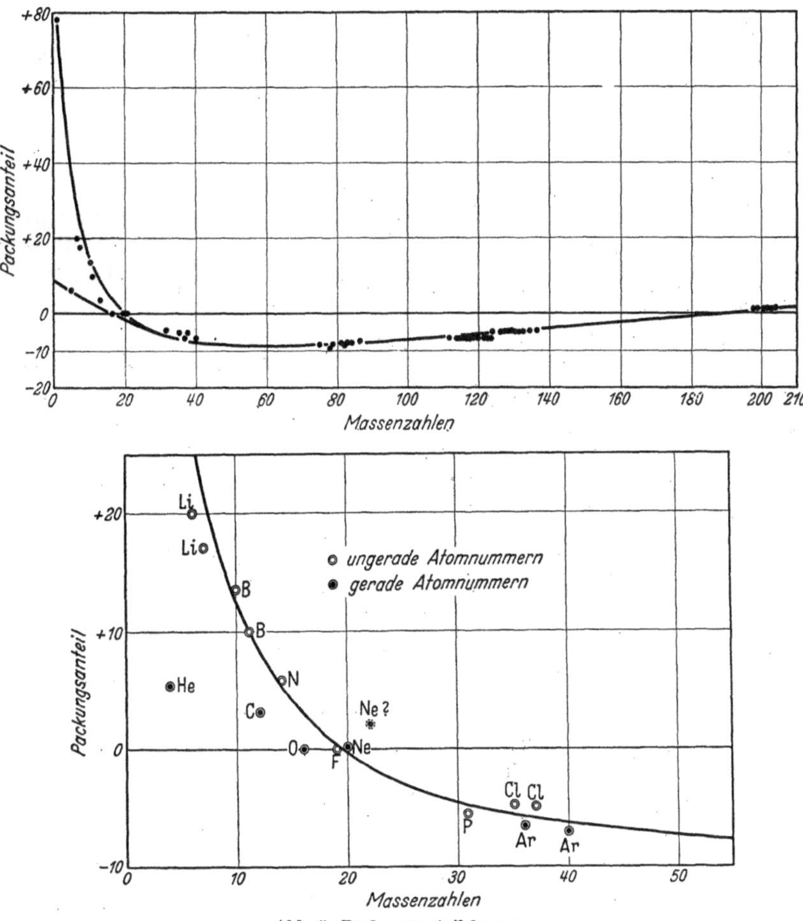

Abb. 5. Packungsanteilskurven.

Rutherford reichen ihre Kernenergien, die sich aus den Kurven für die Packungsanteile ergeben, zur Erklärung der großen, bei ihrem Zerfall ausgestrahlten Energiemengen aus. Das Minimum der Kurve für die Packungsanteile, das ungefähr bei der Isotopenmasse des Eisens liegt, sollte die größte Kernbeständigkeit anzeigen; es ist interessant, hiermit die große Menge des in der Natur vorkommenden Eisens zu vergleichen. Bekanntlich sind Eisen und Nickel im Erdkern konzentriert, und die gesamte Menge dieser Elemente im Weltall muß den schon ziemlich großen Überschuß des Eisens in der Litosphäre (Erdrinde) übertreffen. Ein zweiter, sehr wichtiger und interessanter Punkt ist die Gabelung der Kurve bei niedrigen Massenzahlen, wo Elemente mit den Massenzahlen $M = 4n$ — das sind He, C, O — beträchtlich geringere Packungsanteile besitzen als die leichten Elemente mit ungeraden Atomnummern. Das kann man wieder in Beziehung bringen zu der großen Beständigkeit dieser Elemente, die sich in dem Widerstand gegen einen Zerfall beim Beschießen mit schnellen α-Teilchen äußert.

Die Packungsanteilskurve wird bei der Berechnung der genauen Massenzahlen von solchen Elementen benutzt, die einer anderen Messung noch nicht zugänglich sind. Diese Zahlen braucht man zum Berechnen der physikalischen Atomgewichte.

Die Trennung der Isotope.

Die Identität der Isotope in chemischer Hinsicht schließt zwar jede Möglichkeit einer „chemischen Trennung“ aus; die verschiedenen Massen der Isotope kommen aber in kleinen Unterschieden der physikalischen Eigenschaften zum Ausdruck. Dies trifft besonders zu für solche Eigenschaften, wie z. B. die Diffusionsgeschwindigkeit isotoper Gase, welche eine direkte Funktion des Molekulargewichtes sind. Die Schwingungsenergie einer chemischen Bindung hängt ebenfalls von der Masse der Atome ab; das bewirkt einen Unterschied in der sogenannten Nullpunktsenergie der Bindung zweier Isotopenarten. Dieser Unterschied in der Nullpunksenergie führt tatsächlich zu einer gewissen Verschiedenheit im chemischen Reaktionsvermögen der Isotope desselben Elementes, die allerdings nur sehr klein ist. Lediglich im Falle des Wasserstoffs, bei dem die Massen der Isotope sich wie 1:2 verhalten, sind die dadurch bedingten Unterschiede im chemischen Reaktionsvermögen wirklich beträchlich. Aus diesen Gründen sind die Erscheinungen der Isotopie beim Wasserstoff am deutlichsten ausgeprägt, so daß wir von den anderen Isotopen absehen und die beim Wasserstoff vorliegenden Verhaltnisse besprechen wollen.

Die Trennung der Isotope ist von großem praktischen und theoretischen Interesse. Die Darstellung von Elementen gleichartiger isotoper Zusammensetzung wäre für das Studium der Kernphysik und des Atombaues von großem Wert, während für den Chemiker derartige Elemente wegen ihrer abnormen Atomgewichte und „Markierung“ Bedeutung haben und somit einen einzigartigen Weg bieten, den Mechanismus chemischer Reaktionen in ihren Einzelheiten zu untersuchen. Eine größere Zahl von Verfahren sind zur Trennung von Isotopen versucht worden, von denen die wichtigsten unter folgenden Überschriften kurz zusammengefaßt werden sollen:

Trennung durch Diffusion,
Trennung durch Destillation,
Trennung auf halbchemischem Wege.

Die Trennung von Isotopen durch Diffusion. Wenn M_s das Molekulargewicht eines Moleküls ist, welches das schwerere von zwei Isotopen enthält, und M_l das Molekulargewicht eines Moleküls, welches das leichtere Isotop enthält, so müssen die relativen Diffusionsgeschwindigkeiten nach dem GRAHAMschen Gesetz $\sqrt{M_l/M_s}$ betragen. Die tatsächliche

Trennungsmöglichkeit der beiden Gase verläuft nach einer weniger günstigen Funktion, da man endliche Mengen der Endfraktionen erhalten muß. Die Anwendung der RAYLEIGHschen Diffusionstheorie zeigt, daß unter den günstigsten Bedingungen (Diffusion bei geringen Drucken) die tatsächliche Anreicherung r der schwereren Komponente sich aus folgendem Ausdruck ergibt:

$$r = \sqrt[\frac{M_s + M_l}{M_s - M_l}]{\frac{\text{Anfangsvolumen}}{\text{Endvolumen}}}$$

So erfolgt beim Neon, einem verhältnismäßig günstigen Fall, bei dem die Hauptisotope die Massenzahlen 20 und 22 besitzen, die Anreicherung nur proportional der 21. Wurzel aus V_A/V_E, wo V_A und V_E die spezifischen Volumina im Anfangs- und Endzustand bedeuten, während sich für die Trennung des $H^{79}Br$ vom $H^{81}Br$ nur die 81. Wurzel des angegebenen Bruches ergibt.

Gleich nachdem sich die ersten Anzeichen für das Auftreten von Isotopen des Neons ergeben hatten, versuchte ASTON eine Anreicherung durch Diffusion herbeizuführen, wobei er dann auch tatsächlich ein positives Ergebnis hatte und den Beweis für das Auftreten eines Isotops liefern konnte. Die ersten Versuche, eine Trennung von Isotopen in größerem Maßstab zu erzielen, wurde aber erst von HARKINS[7] (1915 bis 1921) am Chlorwasserstoff durchgeführt. Dabei ließ man Chlorwasserstoff bei Atmosphärendruck fraktioniert durch poröse Porzellanrohre diffundieren. Das diffundierende Gas wurde in Wasser absorbiert und die Endfraktion — also der Anteil, welcher mehrere Meter des porösen Porzellans durchstrichen hatte, ohne durch die Wände zu diffundieren — wurde mit Natriumbikarbonat neutralisiert. Das so entstandene Natriumchlorid, das zu einem gewissen Umfang hinsichtlich des ^{37}Cl-Isotops angereichert war, wurde zur Erzeugung einer neuen Menge Salzsäure benutzt, die einer weiteren Diffusion unterworfen wurde. Auf diese Weise erhielt man aus 240000 Vol.-Teilen 1 Teil HCl, entsprechend 9 g $NaCl$, in welchem das Chlor ein Atomgewicht von 35,498 besaß, statt normalerweise 35,457.

Das Diffusionsverfahren von HARKINS, das bei Atmosphärendruck arbeitet, ist zu einer erfolgreichen Trennung weniger geeignet als eine *Diffusion im Vakuum*, auf die sich die RAYLEIGHsche Theorie genauer anwenden läßt. Dieses Verfahren ist in schöner Weise von HERTZ[8] angewendet worden, der eine schnelle und wirkungsvolle Anlage ausarbeitete, mit der sehr gute Trennungen durchgeführt wurden. Das Wesentliche der Anordnungen ist leicht aus Abb. 6 zu ersehen. Wenn man eine Diffusionseinheit zu 10% füllt, so findet eine Anreicherung in der Weise statt, daß am Ende des Rohres das diffundierende Gas ungefähr die Zusammensetzung hat wie das am Rohranfang eintretende. Wenn man indessen die Diffusionseinheit unterteilt, wie in Abb. 6, so wird das erste Diffusat, das in bezug auf den leichteren Anteil angereichert ist, bei B entfernt; eine weitere Fraktion, die ungefähr die Zusammen-

[7] HARKINS: J. Amer. chem. Soc. 1921, **43**, 1803.
[8] HERTZ: Z. Physik 1932, **79**, 108.

setzung des anfangs einströmenden Gases hat, wird in einem zweiten Gefäß E der Diffusion unterworfen und wird durch eine Pumpe zu dem bei A eintretenden Gasstrom zurückgeführt. Schließlich wird das Gas, das der Diffusion entgeht und das in bezug auf den schwereren Anteil angereichert ist, bei D abgelassen. Eine beliebige Anzahl derartiger Diffusionseinheiten kann vereinigt werden, wie in Abb. 7, wo eine vierstufige Diffusionsapparatur gezeigt ist. Der leichtere Anteil sammelt sich in dem Behälter V_l, die schwerere Endfraktion in V_s, wobei die Volumina der Fraktionen proportional der Zusammensetzung des Gases sind, das der Fraktionierung unterworfen wird. HERTZ benutzte einen 24stufigen Apparat dieser Art zum Fraktionieren von Neon, das normalerweise ^{20}Ne und ^{22}Ne im Verhältnis 10:1 enthält. Nach achtstündiger fraktionierter Diffusion in der Apparatur enthielt die leichtere Fraktion, die 30 Liter bei 10 mm Druck einnahm, weniger als 1% Ne^{22}, während bei der schweren Fraktion (400 cm^3 bei 7,5 mm Druck) eine so starke Anreicherung erfolgt war, daß die Verhältnisse gegenüber gewöhnlichem Neon umgekehrt waren und sich dort ^{20}Ne:^{22}Ne wie 2:5 verhielt. Die absolute Gasmenge, die bei diesem Verfahren erfaßt wird, ist sehr klein, da die Fraktionierung bei geringem Druck erfolgt[9].

[9] Anmerkung des Übersetzers: In diesem Zusammenhange erscheint es mir notwendig, die neue, zur Zeit der Drucklegung der englischen Ausgabe dieses Buches noch nicht bekannte Methode der Trennung von Isotopen durch *Thermodiffusion im Trennrohr* zu erwähnen, die von CLUSIUS und DICKEL (Naturwiss. 1938, **26**, 546) ausgearbeitet und im Laufe der Zeit noch weiter entwickelt wurde, so daß gerade durch dieses Verfahren bedeutende Fortschritte in der Isotopentrennung erzielt worden sind. Das Verfahren ist eine der leistungsfähigsten Methoden zur Trennung von Isotopen und in vieler Hinsicht sogar den sonstigen Trennungsverfahren überlegen. Sein Prinzip ist folgendes: Einer vertikalen heißen Wand steht eine kalte gegenüber; zwischen beiden befindet sich das zu trennende Gas, im vorliegenden Fall das Isotopengemisch. Der Wärmestrom bewirkt, daß 1. durch Thermodiffusion die Konzentration der schwereren Moleküle an der kalten Wand größer wird und umgekehrt und daß 2. durch Thermosiphonwirkung das Gas an der heißen Wand aufsteigt, am oberen Ende der Apparatur zur kalten Wand umgelenkt wird und dort hinuntersinkt; unten fließt es zur heißen Wand zurück, an der es von neuem aufsteigt usw. Durch diesen letzten, sich dauernd wiederholenden Kreisvorgang treten ständig Gasschichten im Gegenstrom in Austausch, die sich zunächst nicht im Gleichgewicht der Thermodiffusion befinden. Als heiße Wand kann man beispielsweise einen elektrisch geheizten Draht oder ein mit heißem Öl beschicktes Rohr benutzen; darum befindet sich dann als „kalte Wand" ein Mantelrohr. Die ersten Versuche wurde mit einer Rohrlänge von etwa 1—3 m und einer Temperaturdifferenz von etwa 600^0 durchgeführt; neuerdings sind Rohre von 20—36 m verwendet worden. Nach dem Ausbau des Verfahrens konnte bei der Trennung von normalem HCl eine Anreicherung des ^{37}Cl-Isotrops bis zu 99,4% erreicht werden, entsprechend einem Atomgewicht von 36,956 (Naturw. 1939, **27**, 148). Von dieser „schweren" Salzsäure konnten täglich 8 cm^3 gewonnen werden. Ebenso gelang die Anreicherung des H^{35}Cl, wobei genaue Atomgewichtsbestimmungen des Chlors den Wert 34,979 lieferten, so daß der Gehalt an ^{35}Cl 99,6% betrug (Naturw. 1939, **27**, 487). Eine Trennung der beiden Chlorisotope ist vorher oft versucht, aber nie erreicht worden; man gelangte im günstigsten Falle bis zu einer Verschiebung von etwa 0,05 Atomgewichtseinheiten (vgl. S. 30). Das neue Verfahren, welches auch auf andere Fälle und neuerdings auch auf Flüssigkeiten (Naturw. 1939, **27**, 149) angewandt wurde, besitzt also eine große praktische Bedeutung und sicher noch weiterer Entwicklungsmöglichkeiten. Es sei bei dieser Gelegenheit auf die kürzlich erschienenen ausführlichen Darstellungen von CLUSIUS und DICKEL (Z. physikal. Chem. 1939 B, **44**, 397 u. 451) hingewiesen.

Trennung durch Destillation. Ein zweiter physikalischer Vorgang, durch den man eine Trennung der Isotope erwarten könnte, ist die Destillation. KEESOM und VAN DIJK[10] trennten Neon in Anteile mit dem Atomgewicht 20,14 und 20,23, indem sie es in der Nähe des Tripelpunktes bei —248,4° fraktioniert destillierten; ebenso wurde der schwere Wasserstoff zunächst von UREY, BRICKWEDDE und MURPHY in der Endfraktion von Wasserstoff entdeckt, wo er in ähnlicher Weise angereichert war. LEWIS und CORNISH[11] fanden, daß der Unterschied in den Dampfdrucken von $H_2{}^{16}O$ und $H_2{}^{18}O$ groß genug ist, um eine nachweisbare Trennung zu erzielen, wenn man eine 6 m lange Fraktionierkolonne benutzt; dieselbe Methode wurde danach von anderen Forschern angewandt.

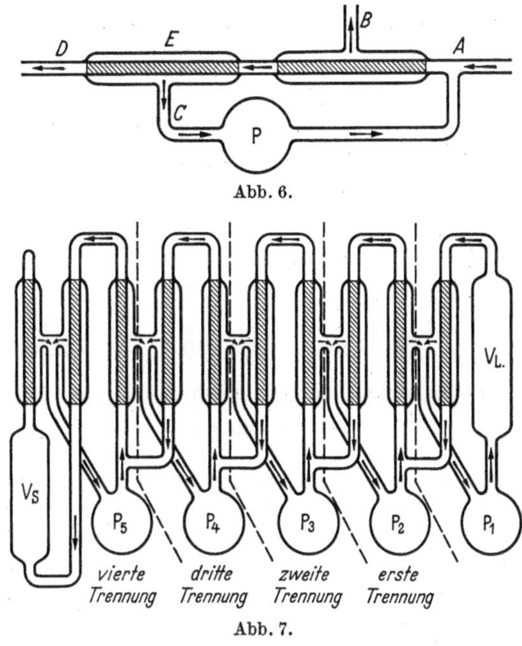

Abb. 6.

Abb. 7.

Eine wirkungsvollere Trennung sollte man durch Anwendung einer fraktionierten Vakuumdestillation erwarten, und zwar unter den Bedingungen der sogenannten idealen Destillation, bei der keine verdampften Moleküle auf die Oberfläche der Flüssigkeit zurückgelangen. Die relativen Destillationsgeschwindigkeiten hängen dann lediglich von den relativen Molekulargeschwindigkeiten ab. Dieser Vorgang wurde von BRÖNSTED und HEVESY[12] zur teilweisen Trennung der Quecksilberisotope angewandt. Bei dieser Anordnung wurde Quecksilberdampf von der freien Quecksilberoberfläche in dem Gefäß *G* (Abb. 8) an die Unterseite des innen mit flüssiger Luft gekühlten Mantels destilliert. Der Verdampfungsvorgang war somit irreversibel, und unter den angewandten Bedingungen entsprach der Abstand zwischen der Oberfläche der Flüssigkeit und dem Kühler (1—2 cm) ungefähr der mittleren freien Weglänge der Moleküle. Nachdem etwa ein Viertel destilliert war, wurde das zurückbleibende Quecksilber durch das Rohr *R* abgelassen; der flüchtigere Anteil wurde dadurch gewonnen,

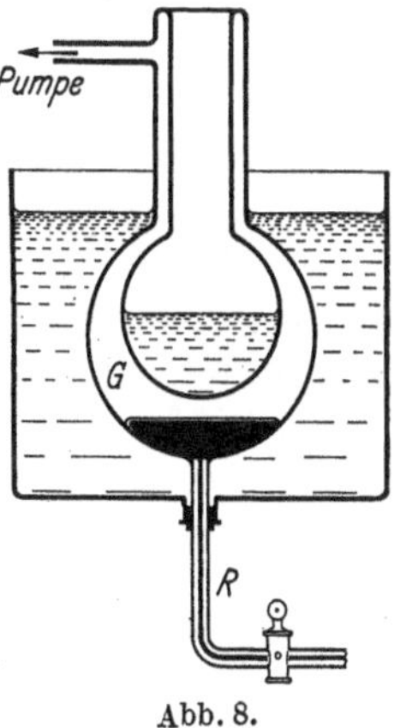

Abb. 8.

[10] KEESOM u. VAN DIJK: Proc. Acad. Sci., Amsterdam 1931, **34**, 42.
[11] LEWIS u. CORNISH: J. Amer. chem. Soc. **1933**, **55**, 2616.
[12] BRÖNSTED u. HEVESY: Philos. Mag. J. Sci. 1922, [VI], **43**, 31.

daß man das Kondensat zum Schmelzen brachte. BRÖNSTED und HEVESY verfolgten den Verlauf der Fraktionierung durch Messung der Dichte des Quecksilbers; das Ergebnis ihrer Dichtemessungen wurde durch Bestimmung des Atomgewichtes in der leichten und schweren Fraktion bestätigt.

Von einem Ausgangsvolumen von 2700 cm³ Quecksilber erhielten sie eine leichteste — am stärksten flüchtige — Fraktion von 0,2 cm³ und eine schwerste — am wenigsten flüchtige — von 0,3 cm³, die folgende Eigenschaften besaßen:

	cm³	d	Atomgewicht
Leichteste Fraktion . . .	0,2	0,99974	—
Leichte Fraktion	2,3	0,999824	200,564 ± 0,006
Gewöhnliches Quecksilber	—	1,000000	200,610 ± 0,006
Schwere Fraktion	1,1	1,000164	200,632 ± 0,007
Schwerste Fraktion . . .	0,2	1,00023	—

Trennung durch Austauschreaktionen. Die Trennung der Isotope auf Grund ihrer ungleichartigen Beteiligung an chemischen Reaktionen ist besonders wichtig für die Abtrennung des schweren Wasserstoffes. Über die bevorzugte Entwicklung von leichtem Wasserstoff bei der Elektrolyse soll in einem anderen Kapitel berichtet werden. Obgleich die Erscheinung am ausgeprägtesten beim Wasserstoff auftritt, so lassen sich im Prinzip dieselben Überlegungen auch auf andere isotope Elemente anwenden. So wird auch ^{18}O in den nichtelektrolysierten Teilen des Wassers angereichert, wenn auch der Trennungsfaktor sehr ungünstig liegt[13]. Von größerer Bedeutung ist die Tatsache, die sich aus theoretischen Berechnungen der Gleichgewichtskonstanten ergeben hat, daß nämlich bei Austauschreaktionen wie

$$2\,H_2{}^{18}O_{fl} + C^{18}O_2 \rightleftharpoons 2\,H_2{}^{18}O_{fl} + C^{18}O_2$$

der ^{18}O-Gehalt im Kohlendioxyd um den Faktor 1,047:1 größer sein sollte als im Wasser[14]. Diese Erwartung konnte tatsächlich bestätigt werden[15]. Unlängst haben UREY und Mitarbeiter dasselbe Prinzip auf die Anreicherung von ^{15}N im gewöhnlichen Stickstoff angewandt. Sie ließen eine 30%ige Ammoniumsulfatlösung eine Fraktionierkolonne hinunterfließen und entwickelten an deren unterem Ende Ammoniak. Zwischen dem Ammoniumion in Lösung und dem entgegenströmenden gasförmigen Ammoniak fand dann ein Austausch statt. Das Endprodukt enthielt 2,54% $^{15}NH_3$, was im Vergleich mit dem gewöhnlichen ^{15}N-Gehalt des Ammoniaks eine 6—7fache Anreicherung bedeutet[16].

Die Konstanz der Atomgewichte.

Bei der Entdeckung der Isotopie erhob sich sofort die Frage, ob die Zusammensetzung der Elemente hinsichtlich ihrer Isotope veränderlich oder ob sie im ganzen Weltall dieselbe ist. Bei den Elementen verschiedener *irdischer* Herkunft — z. B. Chlor aus Meerwasser und Elementen

[13] Vgl. J. Amer. chem. Soc. 1934, **56**, 1649; 1935, **57**, 484, 642, 1515.
[14] UREY u. GREIFF: J. Amer. chem. Soc. 1935, **57**, 321.
[15] WEBSTER, WAHL u. UREY: J. chem. Physics 1935, **3**, 129.
[16] UREY u. a.: J. Amer. chem. Soc. 1937, **59**, 1407.

aus Sedimentgesteinen — war die bekannte Konstanz der Atomgewichte zu erwarten, da die Elemente, so wie sie jetzt vorliegen, einen Mischungsvorgang in den verschiedenen geologischen Zeiten durchgemacht haben, selbst wenn sie ursprünglich verschiedener Herkunft waren. Von größerem Interesse ist es, die Atomgewichte von Elementen zu untersuchen, die man aus Gesteinen des Urmagma oder aus Meteoren gewonnen hat, welch letztere einen Beitrag zur Kenntnis der außerirdischen Materie liefern.

Mehrere Forscher haben das Atomgewicht des Chlors aus dem Urgestein — z. B. Sodalith und Apatit — und auch das von Chlor meteorischer Herkunft bestimmt. In allen Fällen konnte kein Unterschied zwischen einem derartigen Chlor und dem gewöhnlichen Chlor des Meerwassers gefunden werden. So erhielten HARKINS und STONE[17] für das Atomgewicht des im Meerwasser, in Gesteinen und Meteoren enthaltenen Chlors die in Tabelle 2 aufgeführten Werte. Die gleiche Tatsache, nämlich daß die kosmischen und irdischen Elemente dieselben Atomgewichte besäßen, hatte sich schon bei den Arbeiten von BAXTER und HILTON[18] an meteorischem Nickel und von BAXTER und THORVALDSEN[19] an meteorischem Eisen ergeben.

Tabelle 2.

Herkunft	Atomgewicht
Meerwasser . .	35,4574
Wernerit . . .	35,4574
Sodalith	35,4580
Apatit.	35,4574
Meteorit . . .	35,4580

Ebenso wurden von JAEGER und DYKSTRA[20] für Silicium keine Abweichungen von der normalen isotopen Zusammensetzung gefunden, da sich kein Unterschied in den Dichten von Siliciumtetraäthyl $Si(C_2H_5)_4$ ergab, das aus Silicium von sechs verschiedenen Quellen und von sechs Meteoren dargestellt war. Indessen zeigt Bor nach Arbeiten von BRISCOE und Mitarbeitern[21] deutliche Anzeichen einer geringen Abweichung. Das Atomgewicht des Bors aus toskanischer Borsäure, anatolischem Borazit und kalifornischem Colemanit wurde durch das chemische Verhältnis $BCl_3 : 3\,Ag$ und durch Vergleich der Dichten des Bortrichlorids von dreierlei Herkunft bestimmt, wobei die in Tabelle 3 zusammengestellten Ergebnisse gefunden wurden. Das Atomgewicht des Bors aus Kalifornien liegt deutlich höher als das des europäischen und asiatischen. Da die Massenzahlen der Borisotope — 11 und 10 — für eine Trennung sehr günstig liegen, so kann der auffallende Unterschied in der isotopen Zusammensetzung tatsächlich zutreffen.

Tabelle 3.

Herkunft des Bors	Atomgewicht aus $BCl_3 : 3\,Ag$	Dichte des BCl_3	Atomgewicht aus der Dichte
Toskanische Borsäure	10,840 ± 0,014	1,349273	10,823
Borazit aus Kleinasien	10,819 ± 0,004	1,349213	10,818
Colemanit aus Kalifornien . . .	10,840 ± 0,003	1,349478	10,841

[17] HARKINS u. STONE: J. Amer. chem. Soc. 1926, **48**, 938.
[18] BAXTER u. HILTON: J. Amer. chem. Soc. 1923, **45**, 694.
[19] BAXTER u. THORVALDSEN: J. Amer. chem. Soc. 1911, **33**, 337.
[20] JAEGER u. DYKSTRA: Z. anorg. allg. Chem. 1925, **143**, 233.
[21] BRISCOE: J. chem. Soc. 1925, 696; 1927, 282.

Die nach der Entdeckung des schweren Wasserstoffs einsetzende gründlichere Durchforschung der isotopen Zusammensetzung hat gezeigt, daß sekundäre Unterschiede in den Verhältnissen der Isotope häufig durch den obenerwähnten Trennungsfaktor zustande kommen. Ebenso wie beim Wasserstoff ein deutlicher Unterschied in dem Verhältnis der Wasserstoffisotope auftritt, was von mehreren Forschern gefunden wurde[22], ist der atmosphärische Sauerstoff merklich schwerer als der im natürlichem Wasser gebundene. Aus atmosphärischem Sauerstoff dargestelltes Wasser ist um 6,7 pro Million schwerer als solches, das man durch Vereinigung von Sauerstoff des Wassers mit der gleichen Menge Wasserstoff erhält; das würde einem Atomgewicht von 16,00012 für atmosphärischen Sauerstoff entsprechen[23]. Als weiteres deutliches Beispiel wird der Unterschied im Verhältnis der Kaliumisotope angegeben; nach BREWER[24] liegt das Verhältnis von $^{41}K:^{39}K$ im Kalium aus Pflanzenaschen um 15% höher als in den Kalisalzen des Meerwassers.

Die physikalischen Atomgewichte.

Durch die massenspektrographische Analyse können nicht nur die Massenzahlen, sondern auch die Häufigkeit der Isotope bestimmt werden. Diese Zahlen ermöglichen zusammen mit den Packungsanteilen, unabhängig von allen chemischen Daten, die Berechnung des mittleren Atomgewichtes von Isotopenmischungen. Auf diese Weise kann man für viele Elemente ein physikalisches Atomgewicht berechnen, das sich mit dem auf chemischem Wege bestimmten Atomgewicht vergleichen läßt.

Der direkte Vergleich von physikalischem und chemischem Atomgewicht wurde etwas erschwert durch die Entdeckung, daß der Sauerstoff selbst kein Reinelement ist. Die chemischen Atomgewichte sind bezogen auf den Maßstab gewöhnlicher Sauerstoff = 16; die physikalischen Atomgewichte haben das ^{16}O-Isotop = 16,000 zur Grundlage. Wenn man diese Maßstäbe in Beziehung zueinander bringen will, so muß man die mengenmäßige, isotope Zusammensetzung des Sauerstoffs, besonders das Verhältnis $^{16}O:^{18}O$ kennen. Dieses Verhältnis ist noch nicht mit vollständiger Sicherheit bestimmt, liegt aber wahrscheinlich zwischen 630:1 (MECKE und CHILDS[25]) und 514:1 (UREY, MANIAN und BLEAKNEY[26]). Der Umrechnungsfaktor zwischen physikalischem und chemischem Atomgewicht ist somit 1,00022 oder 1,000275:1.

Die chemischen Atomgewichte und ihre Grundlage.

Die Entwicklung der rein physikalischen Methoden zur Berechnung von Atomgewichten auf Grund der Häufigkeitszahlen der Isotope hat vielfach einen Vergleich mit den aus den chemischen Verhältniszahlen bestimmten Werten ermöglicht. In einer Reihe von Fällen, in denen die chemischen und physikalischen Werte nicht übereinstimmten, hat die

22 Vgl. BRISCOE u. a.: J. chem. Soc. 1934, 1207, 1948.
23 DOLE, M.: J. chem. Physics 1936, 4, 268.
24 BREWER: J. Amer. chem. Soc. 1936, 58, 370.
25 MECKE u. CHILDS: Z. Physik 1931, 68, 362.
26 UREY, MANIAN u. BLEAKNEY: J. Amer. chem. Soc. 1934, 56, 2601.

Nachprüfung der chemischen Atomgewichte die Genauigkeit des massenspektrographischen Verfahrens bestätigt.

Die grundlegende Bedeutung des Atomgewichtes als charakteristisches Merkmal eines jeden Elementes ist zwar durch die Einführung der Atomnummer abgelöst worden; dennoch hat die Kenntnis des genauen Atomgewichtes vom chemischen Standpunkt aus immer noch eine große Bedeutung. In vielen Fällen bieten die Atomgewichtsbestimmungen ein bequemes Mittel zum Studium von Verschiedenheiten in der isotopen Zusammensetzung von Elementen verschiedener Herkunft. Gleichzeitig mit den physikalischen Untersuchungen über die Isotopie haben sich in den letzten Jahren eine große Zahl von Arbeiten mit der genauen Nachprüfung der Atomgewichte und besonders mit der sorgfältigen Bestimmung der wichtigsten Verhältniszahlen befaßt.

Selbstverständlich haben die chemischen Atomgewichte in ihrem Maßstab die Grundlage $O = 16$. Aber in den meisten Fällen enthalten die stöchiometrischen Verhältnisse, die bei der praktischen Durchführung der Bestimmung benutzt werden, notwendigerweise andere Elemente als Sauerstoff. So sind in vielen Fällen die Halogenverhältnisse einer genauen experimentellen Bestimmung bequem zugänglich, z. B. *Metallhalogenid*:*Silber* oder *Metallhalogenid*:*Silberhalogenid*. Die Berechnung des Atomgewichtes auf Grund dieser Verhältnisse erfordert eine genaue Kenntnis des Atomgewichtes des Silbers oder des Silbers und Chlors oder Broms nach der Sauerstoffskala. Die Werte, welche man dafür annimmt, stellen das Mittel dar, zu dem man durch Vereinigung einer Reihe unabhängiger Bestimmungen von Verhältnissen gelangt ist, in welchen die Atomgewichte des Stickstoffs, Wasserstoffs, der Halogene, des Silbers, Schwefels, Kohlenstoffs und Natriums enthalten sind.

Die Verhältnisse $Ag:Cl$ und $Ag:Br$ sind mit ziemlicher Genauigkeit bekannt. Das Atomgewicht des Silbers nach der Sauerstoffskala ist demnach für die Genauigkeit aller anderen praktisch am wichtigsten.

Bei jeder genauen Atomgewichtsbestimmung verdienen drei Punkte eine besondere Aufmerksamkeit: Die stöchiometrische Zusammensetzung der verwendeten Verbindungen, der quantitative Verlauf der betreffenden Reaktion und die Frage der Absorption von Luft usw., die mit der äußersten Verfeinerung der Wägegenauigkeit in Verbindung steht. Es ist sehr wertvoll, die neuen Arbeiten auf diesem Gebiet unter dem Gesichtspunkt jener Erfordernisse durchzusehen. Die Grundlage der erforderlichen Technik wurde von T. W. RICHARDS geschaffen; die wichtigsten von ihm aufgestellten Punkte sind in den letzten Jahren weiter entwickelt worden und führten besonders zu den außerordentlich genauen Arbeiten der HÖNIGSCHMIDschen Schule in München.

Besonders eindrucksvoll zur Erläuterung der Entwicklung dieser Untersuchungen ist die als Grundlage wichtige Bestimmung des Atomgewichtes des Silbers nach der Sauerstoffskala. Die Frage wurde von zwei Seiten angepackt: 1. Die direkten Messungen von Verhältnissen wie $KClO_3:KCl:Ag:3O$, wobei der Sauerstoff in einer Halogensauerstoffsäure direkt der zur Reaktion mit dem entsprechenden Halogenid erforderlichen Silbermenge gleichgesetzt wird. 2. Die indirekte Berechnung des Atomgewichtes des Silbers aus Verhältnissen, die das Atomgewicht eines dritten Elementes enthalten — z. B. aus dem Verhältnis Ag : $AgNO_3$ — wobei die Kenntnis des Atomgewichtes vom Stickstoff vorausgesetzt wird.

MARIGNAC und STAS versuchten, Sauerstoff und Silber durch thermische Zersetzung von Alkalichloraten und -bromaten direkt in Beziehung zueinander zu bringen. Der Wert für das Atomgewicht von Silber mit 107,93, der für mehrere Jahre hindurch gültig war, beruhte hauptsächlich auf diesem Verfahren. Die Alkalichlorate und -bromate sind aber für die Zwecke der genauesten Bestimmungen nicht geeignet. RICHARDS wies schon sehr zeitig darauf hin, daß man nur solche Verbindungen in einer genauen stöchiometrischen Zusammensetzung erhalten kann, die man durch starkes Erhitzen in einer geeigneten Atmosphäre — vorteilhafter noch durch Schmelzen — von Feuchtigkeit befreien kann. So werden Metallchloride vor dem Wägen gewöhnlich in einem Salzsäurestrom geschmolzen. Ein Schmelzen ist deshalb weiterhin wünschenswert, weil dadurch die Oberfläche des Materials verkleinert und die Absorption von Luft weitgehend verringert wird. Bei kleinkristallinem Pulver kann die letztere Erscheinung bedeutend stärker ins Gewicht fallen als man früher annahm.

Von den indirekten Beziehungen zwischen Silber und Sauerstoff sind die Arbeiten von RICHARDS und FORBES[27] über die Synthese von Silbernitrat am wichtigsten, da sie den Anfang der modernen Entwicklung dieses Gebietes darstellen. Zur Auswertung dieses Verfahrens braucht man die Annahme des Atomgewichtes des Stickstoffs mit N = 14,008. Obgleich dieser Wert in neuerer Zeit auf massenspektroskopischem Wege ausreichend bestätigt wurde und sich auch unabhängig von chemischen Verhältniszahlen durch Gasdichtemessungen ergeben hat, so wäre doch eine Bestimmung des Wertes für Silber aus einem direkten Silber-Sauerstoffverhältnis selbstverständlich wünschenswert. Den im Jahre 1927 erreichten Stand über die Erforschung des Atomgewichtes von Silber faßte HÖNIGSCHMID[28] in der folgenden Tabelle zusammen:

A. Direkte Verhältnisse:

Ag : LiCl : $LiClO_4$: 4 O	Ag = 107,871
$KClO_3$: KCl : Ag : 3 O	107,871
J_2O_5 : 2 AgJ, Ag : J	107,864

B. Indirekte Verhältnisse:

		Unter der Annahme
Ag : $AgNO_3$	107,880	N = 14,008
$NaNO_3$: NaCl : Ag, Ag : AgCl . . .	107,880	N = 14,008
Ag_2SO_4 : 2 AgCl : 2 Ag, N : S	107,877	N = 14,008
NH_4Cl : Ag, $AgNO_3$: Ag, AgCl : Ag .	107,881	H = 1,008
2 H_2O : $BaCl_2$: 2 Ag	107,876	H = 1,008

RICHARDS und WILLARD (1910) versuchten die bei der Zersetzung von Alkalichloraten auftretenden Schwierigkeiten dadurch zu umgehen, daß sie Lithiumchlorid in das Perchlorat umwandelten. Lithiumchlorid

---

[27] RICHARDS u. FORBES: Carnegie Inst. Publ. 1907, **69**, 47. Z. anorg. allg. Chem. 1907, **55**, 34.

[28] HÖNIGSCHMID: Z. anorg. allg. Chem. 1927, **163**, 65.

wurde in Quarzgefäßen mit Perchlorsäure abgeraucht und das gebildete Lithiumperchlorat dann direkt gewogen. Es war jedoch nicht möglich, das Lithiumperchlorat zu schmelzen, ohne daß eine gewisse Zersetzung eintrat, so daß das Endgewicht wegen der Gegenwart geringer Spuren von Chlorid und Chlorat korrigiert werden mußte. Wie man sieht, ergibt diese Bestimmung, die noch durch die getrennt auszuführende Bestimmung des Verhältnisses $Ag : LiCl$ ergänzt werden muß, einen deutlich niedrigeren Wert für das Atomgewicht des Silbers als die indirekten Verhältniszahlen, die vor 1927 erhalten wurden und im Abschnitt B der Tabelle aufgeführt sind. Dasselbe trifft zu für die Bestimmungen von BAXTER und TILLEY für das Verhältnis $J_2O_5 : 2\,AgJ$ (1909) und für die Wiederholung der Messung des klassischen Verhältnisses $KClO_3 : KCl : Ag$ von STÄHLER und MEYER (1911).

HÖNIGSCHMID und SACHTLEBEN[29] bestimmten ein neues direktes Silber-Sauerstoffverhältnis, $Ba(ClO_4)_2 : BaCl_2 : 2\,Ag : 8\,O$, das die den vorhergehenden Arbeiten anhaftenden Fehlerquellen ausschalten sollte. Das Überführen und das Verdampfen von Flüssigkeiten wurde durch die Anwendung von Reaktionen auf trocknem Wege unter Benutzung von gasförmiger Salzsäure vermieden. Es war nicht möglich, Bariumperchlorat unzersetzt zu schmelzen, aber die Fehler, die durch die Absorption von Gasen an den gewogenen Materialien erfolgten, wurden dadurch ausgeschaltet, daß alle Wägungen im Vakuum vorgenommen wurden. Diese beiden Punkte, nämlich die weitgehendste Benutzung von Reaktionen auf trocknem Wege und das Ausschließen von Absorptionsfehlern durch Wägung im Vakuum, sind die Kennzeichen der modernen Arbeiten der Münchener Schule. So konnte HÖNIGSCHMID den von RICHARDS und FORBES für das Verhältnis $Ag : AgNO_3$ gefundenen Wert durch trockne Reduktion von Silbernitrat zu metallischem Silber vollauf bestätigen[30].

Die Grundlage dieses von HÖNIGSCHMID und SACHTLEBEN ertwickelten Verfahrens soll an Hand von Abb. 9 erläutert werden. Das Bariumperchlorat in dem Schiffchen *A* wurde bei 260° in einem gereinigten und getrockneten Luftstrom getrocknet. Das Quarzrohr *B* war durch einen Schliff mit dem Glasabschnitt *C* verbunden und dieser wiederum mit dem Glasrohr *D*, welches dazu diente, das Schiffchen von dem Reaktionsrohr *B* nach der Wägeapparatur *E* zu überführen[31]. Nach vollständiger Trocknung wurde das Schiffchen in das Rohr *D* geschoben, das dann gegen einen trocknen Luftstrom in die Wägeapparatur *E* gebracht werden konnte. Diese konnte dann evakuiert und darauf das Schiffchen durch den magnetisch bewegten Kolben *F* in das Wägeröhrchen geschoben werden. Endlich wurde die Wägeapparatur so gedreht, daß der Stopfen *H* durch den Kolben *F* aufgesetzt werden konnte, ohne daß das Vakuum unterbrochen wurde. Auf diese Weise konnte das Schiffchen von dem Reaktionsrohr in das Vakuum-Wägegefäß gebracht werden.

[29] HÖNIGSCHMID u. SACHTLEBEN: Z. anorg. allg. Chem. 1929, **178**, 1.

[30] Vgl. HÖNIGSCHMID, ZINTL u. THILO: Z. anorg. allg. Chem. 1927, **163**, 65. — HÖNIGSCHMID u. SCHLEE: Z. angew. Chem. 1936, **49**, 464. HÖNIGSCHMID u. STRIEBAL: Z. physik. Chem., Bodenstein-Festband 1931, 283.

[31] RICHARDS u. PARKER: Proc. Amer. Acad. Arts. Sci. 1896, **32**, 59.

Durch die gleiche Handhabung wurde es in das Reaktionsrohr B zurückgeführt und dort in einem Strom von trocknem Chlorwasserstoffgas zuerst auf 200° und schließlich auf 550° erhitzt, um das Perchlorat in Bariumchlorid zu verwandeln. Dieses wurde wiederum im Vakuum gewogen und schließlich mit Silber in der üblichen nephelometrischen Weise bestimmt.

Diese Ergebnisse der direkten Messung des Verhältnisses Ag:4O stimmen vollständig mit dem Wert für das Atomgewicht des Silbers

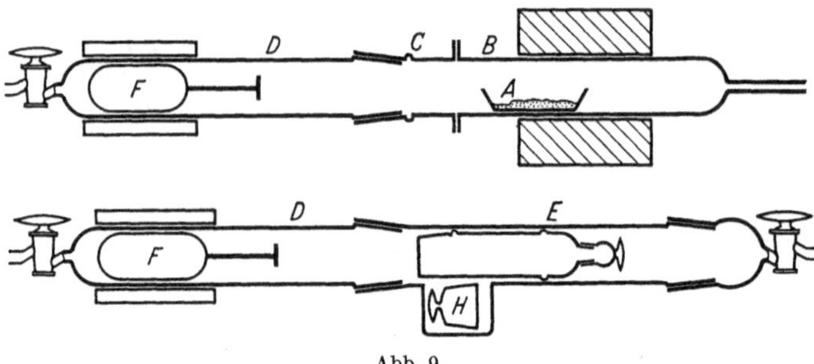

Abb. 9.

überein, der sich aus dem Verhältnis $Ag : AgNO_3$ ergeben hat. Diese gute Übereinstimmung ist in den Daten der folgenden Tabelle zu erkennen.

$Ba(ClO_4)_2 : BaCl_2$	$Ba(ClO_4)_2 : 2\,Ag$	Ag : 4O	Atomgewicht des Ag
1,61458	1,55856	1,68561	107,879
1,61460	1,55849	1,68565	107,882
1,61459	1,55858	1,68558	107,877
1,61459	1,55850	1,68565	107,882
1,61459	1,55850	1,68566	107,882

Man sieht, daß die Reproduzierbarkeit des Verhältnisses, das sich aus der trocknen Reaktion ergibt, tatsächlich die Genauigkeit überschreitet, die man durch die argentometrische Bestimmung erreichen kann, bei der ja noch der umstrittene Endpunkt der nephelometrischen Bestimmung eine Rolle spielt[32]. Aus diesem Grunde wurde die Durchführung von Reaktionen auf trocknem Wege auf andere Fälle ausgedehnt, z. B. auf die Bestimmung des Atomgewichtes des Schwefels und Selens aus dem Verhältnis 2 Ag : S bzw. 2 Ag : Se. In allen Fällen wurde die Silberverbindung direkt aus den Elementen synthetisiert und der Überschuß des Nichtmetalls im Hochvakuum abdestilliert. Das auf diese Weise gefundene Atomgewicht des Selens, $78{,}962 \pm 0{,}012$, bestätigt vollständig den Wert ($78{,}96 \pm 0{,}04$), den ASTON aus massenspektroskopischen Daten errechnet hat, welcher sich beträchtlich von dem früher angenommenen, hauptsächlich auf argentometrischen Verhältnissen beruhenden chemischen Wert 79,2 unterscheidet.

[32] BRISCOE u. a.: Proc. Roy. Soc. 1931, A, **133**, 440.

Atomgewichtsbestimmungen aus den Gasdichten.

Die Atomgewichtsbestimmung durch Messung der Gasdichten ist besonders für diejenigen leichten Elemente geeignet, z. B. für Kohlenstoff und Fluor, für welche passende und einer genauen Bestimmung zugängliche chemische Verhältniszahlen noch nicht gefunden wurden.

Das klassische Verfahren zur Bestimmung von Gasdichten besteht im direkten Wägen; es wurde von RAYLEIGH[33] verfeinert und danach von LEDUC, GUYE und MOLES benutzt. Neuerdings wurde das Arbeiten mit der Gasdichtenmikrowaage entwickelt, besonders von WHYTLAW-GRAY und seinen Mitarbeitern. Die Verwendung dieses Apparates, mit dem man eine Genauigkeit erreichen kann, die in keiner Weise unter der des RAYLEIGHschen Verfahrens liegt, bietet gewisse Vorteile gegenüber der direkten Wägung, z. B. die Verringerung von Absorptionsfehlern, seine Anwendbarkeit innerhalb eines großen Druckgebietes und die Möglichkeit, mit geringen Stoffmengen zu arbeiten. Das Verfahren verdient somit wohl, in diesem Kapitel etwas näher erläutert zu werden.

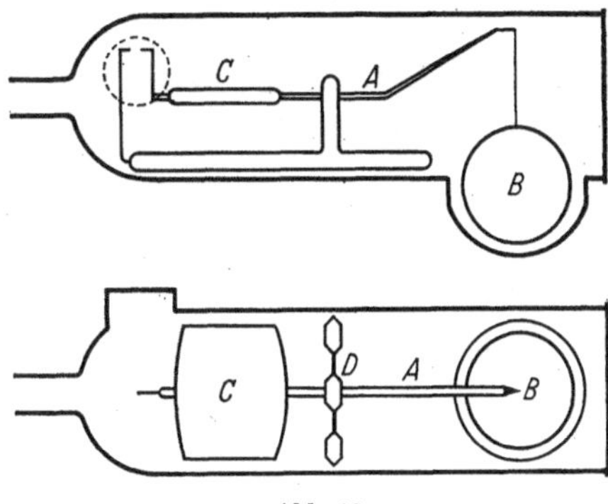

Abb. 10.

Die Waage, die schematisch in Abb. 10 gezeigt ist, besteht hauptsächlich aus einem Quarzwaagebalken *A*, der auf der einen Seite eine schwimmende Kugel *B* und auf der anderen ein Gegengewicht *C* trägt. Das Ganze dreht sich um einen horizontalen Torsionsfaden aus Quarz, *D*; der Balken schwingt nur bei dem Gasdruck um den Nullpunkt, bei dem der Auftrieb der Kugel gerade durch die Torsionskraft des Fadens aufgehoben wird. Da bei demselben Druck der Auftrieb in verschiedenen Gasen direkt proportional ihrer Dichte ist, so wird die Bestimmung der Gasdichten mit der Mikrowaage demnach zu einer vollständig relativen Messung. Man braucht nur mit einem Manometer den Gleichgewichtsdruck für das zu untersuchende Gas und für ein Standardgas zu messen, kann also z. B. direkt reinen Sauerstoff als Standardgas und Bezugssystem der Messungen benutzen.

Absorptionsfehler, deren Größen bei dem direkten Wägen unbestimmt sind, kann man dadurch praktisch ausschalten, daß man das Gegengewicht so wählt, daß seine Oberfläche genau so groß ist wie die der Schwimmkugel. Durch geeignete Belastung des Balkens können Dichtemessungen bei einer Reihe von verschiedenen Drucken durchgeführt werden; ein derartiger Vergleich von Dichten über ein größeres Druckgebiet ist deshalb wichtig, weil er die Notwendigkeit einer unabhängigen Bestimmung der Kompressibilität eines jeden untersuchten Gases aufhebt. Der Wägungsdruck kann unter günstigen Bedingungen bis zu 1 auf

[33] Lord RAYLEIGH: Collected Papers.

100000 genau bestimmt werden, so daß das Verfahren Ergebnisse von äußerster Genauigkeit liefert.

Wegen der Abweichung der realen Gase von den idealen Gasgesetzen muß man zur Berechnung des Molekulargewichtes aus den relativen Dichten die Kompressibilität eines jeden Gases kennen. Bei geringen Drucken (in der Größe von einer Atmosphäre und darunter) ist die Abweichung vom idealen Gasgesetz bei fast allen Gasen eine lineare Funktion des Druckes. Sie ergibt sich aus der BERTHELOTschen Isotherme,

$$pv = p_0 v_0 (1 - A p)\ ,$$

in der A die Kompressibilität bedeutet. Wenn beim Druck Null (p_0) das Volumen von W Gramm eines Gases V_0 ccm beträgt, so ergibt sich

$$p_0 v_0 = R\,T\,\frac{W}{M}\,.$$

Also ist $pv = R\,T\,\frac{W}{M}\,(1 - Ap)$, und wenn man $\frac{W}{v} = D$, der Dichte des Gases beim Druck p, setzt, so erhält man

$$p = R\,T\,\frac{D}{M}\,(1 - A p)\,.$$

Bei dem Verfahren mit der Mikrowaage werden diejenigen Drucke p_1 und p_2 gemessen, bei denen die beiden Gase 1 und 2 dieselbe Dichte besitzen. Somit ist:

$$\frac{p_1}{p_2} = r = \frac{M_2\,(1 - A_1 p_1)}{M_1\,(1 - A_2 p_2)}$$

oder

$$\frac{M_2}{M_1} = \frac{(1 - A_2\,p_2)}{(1 - A_1\,p_1)}\,.$$

Das Wägeverhältnis r ändert sich linear mit dem Druck; seine Grenzen kann man extrapolieren, wenn $p_1 = p_2 = 0$ ist. Aus dem extrapolierten Wert, r_0, dem Verhältnis der Grenzdichten zweier Gase, kann man das gesuchte Molekulargewicht M_2 sofort erhalten. Andererseits kann man, wenn die Kompressibilität A_1 des einen Gases bekannt ist, die Kompressibilität des zweiten Gases, A_2, aus den Werten für r bei jedem der beiden Drucke bestimmen, da

$$\frac{r'}{r''}\,\frac{(1 - A_2\,p_2')}{(1 - A_2\,p_2'')} = \frac{(1 - A_1\,p_1')}{(1 - A_1\,p_1'')}$$

ist.

Historisch hat die Benutzung der Gasdichtenwaage zur Atomgewichtsbestimmung ihren Ursprung in der sehr eleganten Arbeit von WHYTLAW-GRAY und RAMSAY bei der Bestimmung der Dichte des Nitons[34], die mit einer frühen und unentwickelten Form der Apparatur ausgeführt wurde. Ihre spätere Benutzung soll am Beispiel der Wiederholungsbestimmung des Kohlenstoffs[35] besprochen werden. Diese Bestimmung hat eine ernsthafte Unregelmäßigkeit zwischen dem bis dahin angenommenen chemischen Atomgewicht und dem aus physikalischen Isotopenzahlen berechneten beseitigt. Es ist vielleicht wichtig zu betonen, daß Gasdichtebestimmungen das Atomgewicht im chemischen Maßstab angeben, da sie

[34] WHYTLAW-GRAY u. RAMSAY: Proc. Roy. Soc. 1910, A, 84, 536.

[35] WOODHEAD u. WHYTLAW-GRAY: J. chem. Soc. 1933, 846. — CAWOOD u. PATTERSON: Philos. Trans. Roy. Sci. A. 1936, **236**, 77.

gewöhnlichen Sauerstoff als Bezugselement benutzen. Das Atomgewicht des Kohlenstoffs, das man bis 1936 mit $C = 12{,}00$ annahm und das hauptsächlich auf dem Verhältnis $Na_2CO_3 : 2\,NaBr : 2\,Ag$ beruhte, stand im direkten Widerspruch zu den bandenspektroskopischen Ergebnissen, die einen Gehalt von über 1% des C^{13}-Isotops anzeigten. Frühere Gasdichtenbestimmungen von RAYLEIGH, LEDUC und MOLES ergaben bei Benutzung der gültigen Kompressibilitätsdaten, daß das chemische Atomgewicht zu niedrig sein müßte. Messungen der Grenzdichten von Kohlenmonoxyd, Kohlendioxyd und Äthylen mit der Dichtewaage haben diese Schlußfolgerung gerechtfertigt und einen gut übereinstimmenden Beweis für einen Wert dicht bei $C = 12{,}0108$ geliefert. Diese Zahl befindet sich auch in guter Übereinstimmung mit den Werten, die sich aus massenspektroskopischen Daten und aus der Energiebilanz von Kernprozessen ergeben haben.

Obgleich die Gasdichtenwaage in ihrer vollendetsten Form eine Apparatur von der angegebenen Genauigkeit und Empfindlichkeit ist, so ist sie trotzdem vor allem ein einfaches und bequemes Instrument. Sie wird daher wohl ein sehr nützliches Hilfsmittel mit zahlreichen Anwendungsmöglichkeiten innerhalb der Technik des Arbeitens mit Gasen werden.

Drittes Kapitel.

Molekularstruktur anorganischer Verbindungen.

Die experimentelle Erforschung des Molekülbaues beruht auf einer Reihe gut fundierter Verfahren, die man folgendermaßen zusammenfassen kann:

a) Röntgenstrahlenuntersuchungen von Kristallen, festen amorphen Stoffen und Flüssigkeiten;
b) Beugung von Röntgenstrahlen durch Gase;
c) Beugung von Elektronenstrahlen durch feste Körper, Flüssigkeiten und Gase;
d) Spektroskopische Verfahren, einschließlich Untersuchung des Raman- und Ultrarot-Spektrums;
e) Untersuchungen der Dipolmomente;
f) Magnetische Messungen.

Beim Studium der anorganischen Chemie genügt es für viele Zwecke, die modernen Vorstellungen über den Molekülbau zu vernachlässigen und die Formeln einfach darzustellen durch Atome, die durch Linien miteinander verbunden sind. Man braucht aber nur an die Probleme der Silikatchemie zu denken, um sich die große Bedeutung einer genauen Kenntnis der molekularen Anordnungen vorzustellen. In diesem besonderen Fall beruht das ganze zur Zeit gebräuchliche Einteilungssystem auf der Bestimmung der Strukturen mit Hilfe der Röntgenstrahlen. Die Autoren sind der Ansicht, daß es wegen der Aufnahme dieses kurzen Überblickes über die Methoden zur Bestimmung des Molekülbaues und der damit erhaltenen Ergebnisse in ein anorganisches Lehrbuch heute kaum einer Verteidigung mehr bedarf. Die bisher gesammelten Ergebnisse sind schon jetzt außerordentlich wichtig; darüber hinaus bestehen aber bestimmte Anzeichen dafür, daß eine genaue Kenntnis des Molekularbaues von noch größerer Bedeutung für die zukünftige Entwicklung der anorganischen Chemie sein wird. Der Hauptnachdruck wurde auf die Strukturaufklärung durch Röntgenverfahren gelegt, da diese zweifellos die weiteste Anwendung gefunden haben.

Röntgenuntersuchungen von Kristallen.

Die Untersuchung kristalliner Substanzen mit Hilfe von Röntgenstrahlen geht zurück auf die ersten Versuche, die zur Erforschung der Natur der Röntgenstrahlen angestellt wurden. LAUE hatte gefolgert, daß die Röntgenstrahlen, wenn sie elektromagnetische Schwingungen mit kleiner Wellenlänge wären, in derselben Weise wie Lichtwellen gebeugt werden müßten, vorausgesetzt, daß es gelänge, ein Beugungsgitter mit geeigneten Abständen zu finden. Man nahm an, daß ein solches Gitter in der regelmäßigen Anordnung der Atome in einem Kristall vorläge. Die ersten Beugungsversuche, die auf VON LAUES Vorschlag von FRIEDRICH und KNIPPING durchgeführt wurden, bestanden darin, daß man einen nichthomogenen Röntgenstrahl durch einen dünnen Zinkblendekristall durchfallen und die durchgehende Strahlung auf eine photographische Platte einwirken ließ. Diese Platte zeigt rund um einen starken Fleck in der Mitte, der durch die ungebeugten, gerade hindurchgehenden Strahlen hervorgerufen ist, symmetrisch angeordnete Flecke, die ihre Entstehung der Beugung verdanken. Die Anordnung der Flecke in einem derartigen Laue-Photogramm läßt den in dem Kristall vorliegenden Symmetrietyp erkennen, wenn man auch zur vollständigen Untersuchung von Kristallstrukturen gewöhnlich andere Verfahren benutzt; diese sollen unten kurz besprochen werden.

Die Atome in einem Kristall wirken als Streuungszentren für den einfallenden Röntgenstrahl. Da sie bestimmte Punkte in dem dreidimensionalen Netzwerk eines Kristalls einnehmen, so bilden sie tatsächlich ein dreidimensionales Beugungsgitter. Durch die regelmäßige Atomanordnung in dem Gitter entstehen in dem Kristall bestimmte Sätze paralleler Ebenen mit gleichen Abständen, die eine große Zahl von Atomen enthalten. Der erste Schritt zur Erforschung einer Kristallstruktur besteht darin, daß man die Abstände zwischen diesen verschiedenen Ebenensätzen bestimmt, die, wie man annehmen darf, in enger Beziehung zu der äußeren Symmetrie des Kristalls stehen. Dies erreicht man dadurch, daß man einen Strahl homogenen Röntgenlichtes auf den zu untersuchenden Kristall unter einen Glanzwinkel ϑ auffallen läßt. Der Wegunterschied zwischen den Röntgenstrahlen, die durch Atome benachbarter, paralleler im Abstand d voneinander befindlichen Ebenensätzen gebeugt werden, beträgt $2d \cdot \sin\vartheta$. Unter der Bedingung, daß die Röntgenstrahlen, die durch die einzelnen Glieder einer Schar von derartigen Ebenen „reflektiert" werden, in derselben Phase auftreten und sich dementsprechend verstärken, gilt für den Reflektionswinkel ϑ die BRAGGsche Beziehung:

$$n\lambda = 2d \sin\vartheta.$$

Hierbei ist λ die Wellenlänge der Röntgenstrahlen und n eine ganze Zahl.

Diese Beziehung bildet die Grundlage des Studiums der Kristallstrukturen. Ihre unmittelbare Anwendung findet sie in dem Röntgenspektrometer. Bei diesem Apparat läßt man einen schmalen Strahl monochromatischen Röntgenlichtes unter einem Glanzeinfallswinkel auf eine bestimmte Reihe von Ebenen des Kristalls fallen, der im Mittelpunkt der „Spektrometerplatte“ so befestigt ist, daß die gewählte Fläche vertikal steht. Der reflektierte Strahl wird durch eine Ionisationskammer registriert; die Kammer ist auf dem Spektrometerarm angebracht, auf dem sich gewöhnlich das Fernrohr befindet. Man findet auf diese Weise, daß die Ionisation Maxima besitzt, und zwar bei allen den Winkeln, die den fortlaufenden, ganzzahligen Werten von n in der BRAGGschen Beziehung entsprechen. Es sind demnach in dem Röntgenspektrum aufeinanderfolgende Ordnungen vorhanden. Das Verfahren kann so gestaltet werden, daß man für die verschiedenen Ebenensätze Werte für die Abstände der Ebenen untereinander erhält. Dies geschieht dadurch, daß man den Kristall in verschiedene Stellungen auf die Spektrometerplatte setzt. Das Verfahren ist etwas mühsam, hat aber den Vorteil, daß sowohl Reflexionsrichtung als auch -stärke aufgezeichnet werden. Aus der Reflexionsrichtung ergibt sich die allgemeine Anordnung der Atome in dem Gitter, während es die Intensitätsmessungen darüber hinaus noch ermöglichen, die verschiedenen Atome in einem Kristall zu unterscheiden. So machen es Intensitätsmessungen möglich, um ein einfaches Beispiel zu nehmen, die Lage der Natrium- und der Chloratome in einem Steinsalzgitter festzulegen, was man durch alleinige Beobachtung der Reflexionswinkel nicht könnte.

Außer dem Verfahren von LAUE werden noch zwei andere Methoden zur Untersuchung von Kristallstrukturen durch Röntgenstrahlenbeugung benutzt, nämlich die Verfahren der Drehkristallaufnahmen und des Pulverdiagramms. Im ersten Falle wird ein kleiner Kristall auf einem Träger befestigt, der mechanisch entweder um einen kleinen Winkel oder in bestimmten Fällen um 360° gedreht wird. Ein schmaler monochromatischer Röntgenstrahl fällt auf den Kristall, und das Beugungsbild wird in fast derselben Weise wie bei den LAUE-Diagrammen aufgezeichnet. Das LAUE-Verfahren benutzt aber Röntgenstrahlen, in denen, wie im weißen Licht, alle Wellenlängen vorhanden sind, so daß für jede Stellung des Kristalls eine bestimmte Wellenlänge im einfallenden Strahl enthalten ist, welche die BRAGGsche Beziehung $n\lambda = 2d \cdot \sin\vartheta$ für jede der verschiedenen Scharen von Ebenen in dem untersuchten Kristall erfüllt. Wenn die Röntgenstrahlung homogen ist, der Kristall aber rotiert oder geschwenkt wird, so werden wieder bestimmte Winkel im Verlauf von jeder Drehung oder Schwingung auftreten, die der BRAGGschen Beziehung genügen. Jede derartige Stellung wird durch einen Fleck im Beugungsbild abgebildet und kennzeichnet den Winkel, für den die Beziehung $n\lambda = 2d \cdot \sin\vartheta$ gilt. Die relativen Intensitäten des Beugungsbildes dienen ebenfalls dazu, die Lage der einzelnen Atomarten in dem Gitter zu unterscheiden. Im wesentlichen steht das Verfahren mit dem Einzelkristall in naher Beziehung zu dem Ionisationsspektrometerverfahren. Alle Reflexionen werden indessen gleichzeitig aufgezeichnet. Es unterscheidet sich auch darin, daß man nur relative statt absolute Intensitäten messen kann.

Eine Kenntnis dieser Werte ist wichtig bei den letzten Verfeinerungen der Röntgenstrahlenanalyse, der Bestimmung von Elektronendichten innerhalb des Kristalls.

Das Pulververfahren wird gewöhnlich dann angewandt, wenn ein einzelner gut ausgebildeter Kristall von einer für das Rotationsverfahren geeigneten Größe nicht erhalten werden kann; das Verfahren besteht darin, daß man ein Röhrchen, das eine Menge feiner Kristalle enthält, in den Weg des Röntgenstrahls bringt. Die kleinen Kristalle werden dann eine willkürliche Orientierung gegenüber dem einfallenden Röntgenstrahl zeigen, und einige werden gerade so orientiert sein, daß sie den charakterisierenden Beugungseffekt für jede einzelne Schar von Ebenen hervorbringen. Die Wahrscheinlichkeit, daß ein bestimmter Kristall während der Belichtung richtig orientiert ist, wird dadurch vermehrt, daß man — wie es gewöhnlich der Fall ist — die Proben während der Bestrahlung rotieren läßt. Das Pulververfahren liefert Ergebnisse, die bedeutend schwieriger auszuwerten sind als die, welche man mit anderen Verfahren erhält; es wurde aber oft zu Identifizierungszwecken benutzt, da verschiedene kristalline chemische Stoffe jeweils stets ganz bestimmte Pulverdiagramme ergeben. Es wurde auch zur genauen Bestimmung von Änderungen im Gitterabstand angewandt, die durch thermische Ausdehnung oder durch einen Austausch der Atome bei isomorphen Stoffklassen erfolgen. Das beobachtete Beugungsbild besteht aus einer Reihe konzentrischer Ringe, die einen stark ausgeprägten Zentralfleck umgeben, welcher durch die ungebeugten Röntgenstrahlen hervorgerufen wird. Beim Photographieren eines solchen Bildes wird gewöhnlich ein äquatorialer Ausschnitt des Ringsystems auf dem Film abgebildet. Wenn die Größe der untersuchten Kristalle eine bestimmte Grenze unterschreitet, wird eine Verbreiterung der Beugungsringe beobachtet, die man benutzen kann, um die Größe solcher „Kristallite" zu schätzen. Dies ist eines der Verfahren, das die Messung von Teilchengrößen in kolloiden Lösungen ermöglicht. Die Intensität längs eines Beugungsringes, wie man sie bei einem photographisch hergestellten Pulverdiagramm erhält, wird gleichmäßig sein, wenn die Kristalle in dem Pulver wahllos gerichtet sind. Wenn aber eine Richtung bevorzugt ist, so spaltet der gleichmäßige Ring in eine Reihe von Segmenten oder Flecke auf. Die Röntgendiagramme von gewissen Faserstoffen, bei denen eine Orientierung längs der Faserachse vorliegt, geben ein ähnliches Beugungsbild (vgl. S. 58).

Ergebnisse der Kristallanalyse.

Der erste Schritt zur Erforschung der Struktur eines Kristalls besteht darin, daß man die Größe und Gestalt der Elementarzellen bestimmt, aus denen der Makrokristall aufgebaut ist. Die Vorstellung einer kleinen Zelle als Grundstein der Kristallstruktur ist leicht verständlich. Es ist die kleinste Einheit, die mindestens noch ein vollständiges Abbild des ganzen Kristalls umschließt. Die Kanten der Zelle sind parallel zu denjenigen Achsen angeordnet, welche die Kristallsymmetrie bestimmen. Bei einem kubischen Kristall ist die Elementarzelle ein Würfel, für andere

Arten der Kristallsymmetrie besitzt sie entsprechend andere Gestalten. Auf jeden Fall werden aber diese Zellen in einem bestimmten Kristall untereinander gleich sein und beim Zusammenfügen den ganzen Raum des Makrokristalls ausfüllen und seine äußeren charakteristischen Eigenschaften ergeben. Im zweidimensionalen System ist die Parallele zu der Elementarzelle die Einheit eines Tapetenmusters.

Die Größe einer Elementarzelle kann durch Rotationsphotogramme bestimmt werden, wobei die Rotation um die Hauptachsen erfolgen muß. Diese Aufnahmen ergeben ein direktes Maß für die Abstände der Netzebenen in Richtung der drei Kristallachsen. Ein anderes Verfahren besteht darin, daß man die Abstände zwischen den verschiedenen Kristallebenensätzen unter Benutzung der BRAGGschen Beziehung, $n\lambda = 2d \cdot \sin\vartheta$, mißt. Diese Messung ergibt die Abstände zwischen den gegenüberliegenden Flächen der Elementarzelle. Diese Größen werden in Ångström-Einheiten ($1\,\text{Å} = 10^{-8}$ cm) gemessen. Wenn die Dichte des Kristallmaterials und die Ausdehnung und damit auch das Volumen der Elementarzelle bekannt ist, so kann man die Zahl der Atome oder Moleküle, die zu jeder Elementarzelle des Kristalls gehören, folgendermaßen berechnen: Wenn V das Volumen, ϱ die Dichte und M das Molekulargewicht des Stoffes ist, aus dem der Kristall besteht, so beträgt die absolute Molekülmasse $M \cdot 1{,}65 \cdot 10^{-24}$ g, wobei $1{,}65 \cdot 10^{-24} = {}^1/_{16}$ der Masse des Sauerstoffatoms ist. Wenn dann Z, die Zahl der Moleküle in der Elementarzelle bedeutet, so ist

$$\frac{Z \cdot M \cdot 1{,}65 \cdot 10^{-24}}{V} = \varrho.$$

Eine andere Kristalleigenschaft, die sich mehr oder weniger direkt aus der Kristallstruktur ergibt und ebenfalls der Röntgenuntersuchung zugänglich ist, ist die *Raumgruppe*, die ein Einteilungsverfahren auf Grund der inneren Kristallsymmetrie, vor allem unter Benutzung bestimmter „Symmetrieelemente“ darstellt, nämlich Symmetrieebenen, Symmetrieachsen, Gleitebenen, Schraubenachsen und Symmetriezentren[1].

Durch die beschriebene Röntgenanalyse wird der Gittertypus des Kristalls bestimmt und die Symmetrie der Atomanordnung gefunden. Es geht aber noch nicht daraus hervor, welche Atome die verschiedenen Punkte in dem Gitter besetzen. Dies läßt sich nur durch Probieren feststellen. Man geht dabei so vor, daß man sich die verschiedenen möglichen Anordnungen der den Kristall aufbauenden Atome vorzustellen sucht, und muß dann herausfinden, welche Anordnung am besten mit den beobachteten Intensitäten der gebeugten Strahlen übereinstimmt.

Eine große Zahl kristalliner Substanzen sind seit der Einführung der Röntgenanalyse untersucht worden. Außer einzelnen typischen Kristallen anorganischer und organischer Stoffe wurde die Struktur von vielen gepulverten Substanzen und unvollständig kristallisierten Stoffen untersucht. So wurden Metalle untersucht, ebenso zahlreiche Stoffe wie Haare oder gedehnter Kautschuk. Bevor eine Bestimmung der Struktur möglich wurde, hätte man letzteren bestimmt in die Gruppe der amorphen Substanzen eingeordnet. Die große Erfahrung, die man

[1] Vgl. WYCKOFF: Structure of Crystals, S. 45.

auf dem Gebiete der Kristallstruktur gewonnen hat, ermöglicht es, die Gitter in verschiedene gut definierte Typen einzuteilen.

Der erste Typ ist das *Ionengitter*. Man nimmt an, daß in diesem die Atome oder Radikale als Ionen vorliegen, die in dem Kristall durch elektrostatische Anziehungskräfte zusammengehalten werden. Im Steinsalz nimmt man z. B. diesen Typ an, wobei die Bausteine positive Natrium- und negative Chlorionen sind. Es scheint, daß die Mehrzahl der anorganischen Verbindungen im festen Zustand, genau wie es beim Natriumchlorid der Fall ist, aus Ionen aufgebaut sind. Gruppen, wie die Sulfat- und Karbonationen treten in den Kristallbau als Einheiten ein und behalten ihre Gestalt und linearen Größen in verschiedenen Kristallen stets bei. So besteht ein Karbonation aus einer kleinen Gruppe, die sich aus einem zentral gelegenen, von drei Sauerstoffatomen umgebenen Kohlenstoffatom aufbaut. Der Durchmesser des komplexen Ions beträgt ungefähr 5 Å. Im Sulfat-, Perchlorat-, Manganat-, Phosphat- und Chromation umgeben vier ungefähr kugelförmige Atome das Zentralatom. Die Kräfte, die die Atome in einer derartigen Gruppe, wie beispielsweise im negativen Sulfation, zusammenhalten, sind stärker als diejenigen, welche das Sulfation in dem Gitter mit den benachbarten Kationen oder anderen Sulfationen zusammenhalten. Der Chemiker sagt hierzu, daß die Atome in dem Sulfatrest durch Kovalenzen gebunden sind, während die Ionen in dem Kristall durch Elektrovalenzen zusammengehalten werden.

Eine Einteilung in Kovalenz- und Elektrovalenzkräfte darf bei der Betrachtung des Kristallbaues nicht zu weit getrieben werden. Während nämlich das Sulfation unstreitbar ein Säureradikal darstellt, kann man das Orthosilikation entweder als Säureradikal SiO_4^{4-} oder als vierfach geladenes Siliciumion betrachten, das von vier negativ geladenen Sauerstoffionen umgeben ist. In dem letzteren Fall ergibt sich nach dem Koordinationsprinzip eine tetraedrische Anordnung; das Koordinationsprinzip, welches weiter unten besprochen werden soll, hängt hauptsächlich von den relativen Größen der entsprechenden zusammengehörenden Atome ab. In einem Gitter, das Sulfationen enthält, sind die Sauerstoffatome jedes einzelnen Ions in eine Gruppe zusammengezogen und von den benachbarten Sauerstoffen der anderen Sulfationen getrennt. In der Struktur der Silikate andererseits stehen die Sauerstoffe benachbarter SiO_4-Gruppen in direkter Berührung.

Die Kräfte, welche die Atome miteinander verbinden, werden meist in vier Gruppen geteilt, nämlich in ionische, homöopolare, metallische und VAN DER WAALSsche Kräfte. Die ionischen Kräfte sind dieselben wie die elektrostatischen Anziehungskräfte. Über sie wurde bereits berichtet. Für die homöopolaren Verbindungskräfte sind das beste Beispiel die Kräfte, die zwei Sauerstoffatome zu einem Molekül verbinden. Wenn die Verbindung zwischen den beiden Atomen dadurch zustande kommt, daß gemeinsame Elektronen vorhanden sind, dann ist es klar, daß im Sauerstoffmolekül eine gleichmäßige Verteilung vorliegen muß. Das beste Beispiel für diese Bindungsart im kristallinen Zustand ist der Diamant und Graphit.

Der Typus der Metallbindung, der die kristallinen Metalle charakterisiert, ist in gewisser Weise eine Art von Elektrovalenzbindung. Die

Metallatome sind positiv geladen und mit einer ausreichenden Zahl von Elektronen zusammengefügt, so daß ihre Ladungen neutralisiert werden. Der Faktor, der in diesem Fall die Bauart bestimmt, ist die Packung der Metallatome. Wenn die Atome alle gleichartig sind, wie es beim reinen Metall, z. B. Kupfer, der Fall ist, so wird in der Regel ein kubischer oder auch dicht gepackter hexagonaler Gittertyp vorliegen; die Elektronen verteilen sich zwischen den billiardkugelartigen Kupferatomen. Wenn aber verschiedenartige Metallatome in der Struktur enthalten sind, so werden die relativen Größen der einzelnen Metallatome die Packungsart und damit den Kristallbau bestimmen. Die Elektronen sind ebenfalls wie oben zwischen den positiven Atomen verteilt.

Die Kristalle verschiedener organischer Stoffe unterscheiden sich von Salzen, wie z. B. Natriumchlorid, wesentlich dadurch, daß sie weder im festen Zustand noch in Lösung den elektrischen Strom leiten. Naphthalin ist ein derartiger Stoff, und man muß zu der Annahme kommen, daß das Fehlen der leitenden Eigenschaften in einem solchen Kristall auf der Abwesenheit von Ionen beruht. Diese Ansicht stimmt gut überein mit den Ergebnissen der Strukturbestimmungen, die nicht nur mit dieser Substanz, sondern auch mit zahlreichen anderen organischen Kristallen durchgeführt wurden. Es scheint so, daß im Naphthalin die kleinste Einheit, aus welcher das Gitter besteht, das Molekül $C_{10}H_8$ ist und daß eine Anordnung vorliegt, die man als *Molekülgitter* bezeichnet; jedes Molekül ist unverändert erhalten und seine es aufbauenden Atome werden durch Kovalenzen zusammengehalten. Die Naphthalinmoleküle sind in bezug auf die Kristallachsen regelmäßig angeordnet. Man nimmt an, daß die Moleküle durch schwache intermolekulare Anziehungskräfte derselben Art wie die VAN DER WAALSschen Kräfte zusammengehalten werden; diese letzteren wirken z. B. zwischen den Molekülen eines komprimierten Gases und machen seine Verflüssigung möglich. Die schwachen Kräfte, die die Moleküle in den organischen Kristallen zusammenhalten, treten oft in den niedrigen Schmelzpunkten der betreffenden Verbindungen in Erscheinung; es ist wahrscheinlich, daß sie wenigstens zum Teil durch örtliche Dipole im Einzelmolekül hervorgerufen werden.

Die Molekülgitter kommen nicht ausschließlich in den organischen Verbindungen vor; in einer Reihe von Fällen wurde gezeigt, daß Moleküle anorganischer Stoffe als solche unverändert in einem Gitter vorliegen. Das Gitter des rhombischen Schwefels ist beispielsweise ein solches Molekülgitter und enthält als Elementarbaustein das Molekül S_8. Chlorwasserstoff und Sauerstoff haben im festen Zustand auch Molekülgitter, ebenso das kristalline Borhydrid, $B_{10}H_{14}$. Man kann verallgemeinernd sagen, daß jeder Nichtelektrolyt als Molekülgitter kristallisiert und daß umgekehrt ein Kristall, von dem man weiß, daß er ein Molekülgitter besitzt, einem Nichtelektrolyten gehören muß.

Koordinationszahlen und Ionenradien.

Die zwischen der chemischen Konstitution und dem Kristallbau bestehende Beziehung wurde zuerst von MITSCHERLICH in seinem Gesetz des Isomorphismus formuliert; nach diesem Gesetz kristallisieren Stoffe ähnlicher chemischer Konstitutionen in ähnlichen Kristallformen. Schon eine oberflächliche Betrachtung der Formeln und Kristallformen chemischer Verbindungen führt zu der Erkenntnis, daß diese Regel nur für bestimmte und begrenzte Gruppen von Verbindungen gültig ist, so für die Alaune, Phosphate und Arsenate. Verbindungen wie Magnesiumoxyd und Natriumfluorid sind isomorph, obgleich die Formeln offensichtlich nicht nahe miteinander verwandt sind.

Die Röntgenuntersuchungen der Kristalle stützen den auf chemischer Beweisführung beruhenden Schluß, daß Kristallform und chemische Konstitution nicht immer in naher Beziehung zueinander stehen. So hat das Salz K_2PtCl_6 eine Kristallstruktur, die in der Anordnung ihrer Strukturelemente der des Calciumfluorids ähnelt, und das Gitter der intermetallischen Verbindung SbSn gehört zum Natriumchloridtyp, während Zinkfluorid und Cadmiumfluorid in verschiedenartigen Gittertypen kristallisieren. Gegenwärtig ist man der Ansicht, daß der Kristalltyp einer gegebenen Ionenverbindung durch drei Hauptpunkte bestimmt wird, nämlich durch:

1. die Zahl der Atome eines Moleküls;
2. die relativen Größen der verschiedenen Atome;
3. die Polarisierbarkeit der einzelnen Atome.

Die beiden ersten Punkte verstehen sich von selbst. So ist die Anordnung der Packung für einen Typus AB und CD_2, wobei A und C positive, B und D negative Ionen bedeuten, aller Wahrscheinlichkeit nach verschieden. Der zweite Faktor, die relative Größe der verschiedenen Atome in dem Kristall, übt wahrscheinlich den stärksten Einfluß aus. Die Zahl der Atome von B, die in dem Ionengitter einer binären Verbindung um ein Atom A angeordnet ist, wird als Koordinationszahl von A bezeichnet. Meist bezieht sich diese Zahl auf die Zahl der nächsten Nachbarn. Die so definierte „Koordinationszahl" ist nicht identisch mit der Koordinationszahl eines Elementes, die WERNER in bezug auf die Bildung von Koordinationsverbindungen benutzt (vgl. S. 73). In dem WERNERschen Koordinationstyp spielen noch andere Faktoren außer der Packung der koordinierten Gruppen rund um das Zentralatom eine Rolle. Es wurde sogar beobachtet, daß die WERNERsche Koordinationszahl des Platin-(II)-Ions kleiner ist als die des Platin-(IV)-Ions, obgleich das erstere größer ist.

Ein spezielles und besonders ausgezeichnetes Beispiel ist der Quarz, in welchem das Si die Koordinationszahl 4 besitzt. Die relativen Größen der Sauerstoffionen und des Silicumions sind derart, daß ein Silicium gerade in den Raum hineinpaßt, der durch vier tetraedrisch angeordnete Sauerstoffionen gebildet wird. Die vier Sauerstoffatome sind indessen nicht ausschließlich dem einen Siliciumatom koordiniert, sondern stehen auch mit anderen Siliciumatomen in Berührung. Es ist tatsächlich so, daß ein Sauerstoff sich zwischen zwei Siliciumatomen befindet und daß seine Koordinationszahl daher 2 ist.

Das Ion kann annäherungsweise als Kugel behandelt werden; Werte für die Ionenradien in Å sind in der folgenden Tabelle 1 aufgeführt. In dieser Tabelle sind die relativ großen Radien der Anionen bemerkenswert. Bei den Oxyden des Berylliums, Siliciums und einigen anderen

Tabelle 1.

		Li^{+} 0,78	Be^{++} 0,34		
O^{--} 1,32	F^{-} 1,33	Na^{+} 0,98	Mg^{++} 0,78	Al^{+++} 0,57	Si^{++++} 0,39
S^{--} 1,74	Cl^{-} 1,81	K^{+} 1,33	Ca^{++} 1,06	Sc^{+++} 0,83	Ti^{++++} 0,64
Se^{--} 1,91	Br^{-} 1,95	Rb^{+} 1,49	Sr^{++} 1,27	Y^{+++} 1,06	Zr^{++++} 0,87
Te^{--} 2,11	J^{-} 2,20	Cs^{+} 1,65	Ba^{++} 1,43	La^{+++} 1,22	Ce^{++++} 1,02

Aus W. L. BRAGG: Atomic Structure of Minerals. Oxford University Press, 1937.

Kationen mit kleinem Durchmesser beobachtet man die Koordinationszahl 4, während Lithium, Titan und andere Kationen von etwa gleicher Größe die Koordinationszahl 6 besitzen; einige größere Kationen, wie die Alkalimetalle und alkalischen Erden, können Koordinationszahlen bis zu 12 haben. Das Prinzip ist sehr einfach: Je größer nämlich das Kation ist, desto größer kann die Zahl der Anionen einer bestimmten Größe sein, die darum angeordnet werden können. Dies soll am Beispiel Cäsiumchlorid und Natriumchlorid erläutert werden. Das Cäsiumion ist so groß ($r = 1{,}65$ Å), daß 8 Chlorionen um es herum passen. Das Natriumion ist kleiner ($r = 0{,}98$ Å) und bietet nur Platz für sechs benachbarte Chlorionen. Auf Grund geometrischer Überlegungen kann man zeigen[2], daß das Grenzverhältnis zweier Radien für eine Koordinationszahl drei 0,15 beträgt. Für vier beträgt es 0,22, für sechs 0,414 und für acht 0,73. Die Koordinationszahl eines bestimmten Ions wird natürlich von dem Ion abhängen, mit dem es koordiniert ist, und selbst für zwei gleiche Ionen können sich verschiedene Koordinationszahlen ergeben, die durch die Wirkung verzerrender Kräfte hervorgerufen werden. Darüber soll unten bei der Besprechung der Polarisierbarkeiten berichtet werden. In den intermetallischen Verbindungen sind ebenfalls die Atomradien diejenigen Faktoren, die den Strukturtyp bestimmen. Dies wird ausführlich ebenfalls an anderer Stelle besprochen (vgl. Kapitel 13).

Diese Ionenradien sind von großer Bedeutung bei der Untersuchung von Mineralien. So weist GOLDSCHMIDT[3] bei der Besprechung der Verteilung der chemischen Elemente in Mineralien und Gesteinen darauf hin, daß Elemente mit gleichen Ionenradien einander in den Mineralien ersetzen können, vor allem, wenn sie auch noch die gleiche Ionenladung besitzen. Die folgende Tabelle (Tab. 2, S. 54), die aus der GOLDSCHMIDTschen Arbeit entnommen ist, zeigt, wie man die Elemente auf Grund ihrer Ionenradien in verschiedene Gruppen einteilen kann.

Diese Radien bieten tatsächlich einen guten Hinweis dafür, welche Ionen als Verunreinigung in einem bestimmten Mineral erwartet werden können. In einigen Fällen, wie z. B. bei den Elementenpaaren Zirkonium-

---

[2] GOLDSCHMIDT: Ber. dtsch. chem. Ges. 1927, **60**, 1263.

[3] GOLDSCHMIDT: J. chem. Soc., 1937, 660.

Hafnium und Yttrium-Holmium sind Radien, Ladung und Ionentypus der betreffenden beiden Elemente so ähnlich, daß sie in der Natur stets zusammen vorkommen. Es hat sich auch gezeigt, daß ein bestimmter Kristall Ionen eines anderen Elementes einbauen kann, die ungefähr

Tabelle 2.

Radius in Å	Ionen
0,1—0,3	B^{3+} C^{4+} N^{5+} S^{6+}
0,3—0,5	Be^{2+} Si^{4+} Ge^{4+} P^{5+} V^{5+} Mo^{6+} W^{6+}
0,5—0,7	Al^{3+} Ga^{3+} Fe^{3+} Cr^{3+} V^{3+} Ti^{4+} Nb^{5+} Ta^{5+}
0,7—0,9	Li^{1+} Mg^{2+} Ni^{2+} Co^{2+} Fe^{2+} Zn^{2+} Sc^{3+} In^{3+} Zr^{4+} Hf^{4+} Sn^{4+}
0,9—1,1	Na^{1+} Ca^{2+} Cd^{2+} Y^{3+} Gd^{3+} bis Cp^{3+} Ce^{4+} Th^{4+} U^{4+}
1,1—1,4	K^{1+} Sr^{2+} La^{3+} bis Eu^{3+}
1,4—1,7	Rb^{1+} Tl^{1+} Cs^{1+} Ba^{2+} Ra^{2+}

denselben Radius, aber eine andere Ladung besitzen. Dies verursacht eine gewisse Umwandlung des Kristallgefüges, und es ist leichter, daß ein Mineral ein Ion mit höherer als mit geringerer Ladung aufnimmt. Man findet z. B., daß bei der Kristallisation von Magnesiumsalzen Scandium zuerst mit auskristallisiert und Lithium sich bei der letzten Kristallisation anreichert, woraus hervorgeht, daß das dreiwertige Ion bevorzugt vor dem einwertigen in das Gitter des Magnesiumsalzes eingebaut wird.

Polarisation anorganischer Verbindungen.

Bei der bisherigen Besprechung der Faktoren, die den Bau ionischer Kristalle beherrschen, wurde zunächst angenommen, daß die Ionen sich wie starre Kugeln verhalten. Dies trifft nur angenähert zu, da keine feste Grenze zwischen den einzelnen Atomen besteht. Wenn nämlich zwei Atome einander genähert werden, so wirkt eine abstoßende Kraft zwischen ihnen, sobald ihr gegenseitiger Abstand einen gewissen Wert unterschreitet. Hierdurch wird nun ihre Gestalt verändert, was aus einem Diagramm der potentiellen Energie, etwa der unten aufgezeichneten Art, zu ersehen ist. In diesem Diagramm sind als Abzissen die zwischenionischen (oder zwischenatomaren) Abstände und auf der Ordinate die potentielle Energie des fraglichen Systems aufgetragen. Für das System besteht dann ein Gleichgewichtszustand, wenn die Atome längs der Verbindungslinie ihrer Zentren schwingen, und zwar bei einem mittleren Abstand, der dem Minimum in der Kurve entspricht.

Der Ionenradius als bestimmendes Merkmal der Struktur verliert an Bedeutung, wenn, wie es manchmal geschieht, die angenähert kugelförmige Abgrenzung der Ionen unter der Einwirkung eines durch benachbarte Ionen hervorgerufenen elektrischen Feldes eine Deformierung erfährt. Diese Deformierung nennt man Polarisation. Die Polarisierbarkeit eines Ions wird durch das elektrische Moment gemessen, das unter der Einwirkung eines elektrischen Einheitsfeldes erzeugt wird. Wenn eine Einwirkung eines derartigen Feldes nicht stattfindet, ist die elektrische Ladung symmetrisch über das Ion verteilt; in diesem Falle ist die Annahme eines kugelförmigen Ions zulässig.

Die Polarisation eines Ions ist bisweilen der Faktor, der den Gittertypus der einzelnen Verbindungen bestimmt (Abb. 11). Ein Beispiel hierfür ist Cadmiumfluorid und Cadmiumjodid. Cadmiumfluorid kristallisiert im Flußspattypus, während Cadmiumjodid ein Schichtgitter besitzt, wie es beim Graphit und bei einigen Silikatstrukturen auftritt (vgl. S. 183—188). Dieser Unterschied beruht auf der Tatsache, daß das Jodid-Ion durch das elektrische Feld des Cadmiumions stärker verzerrt wird als das Fluorion. Als Folge dieser Polarisation bildet das Cadmiumjodid *Moleküle*, und der Kristall enthält Schichten, die Riesenmoleküle von CdJ_2 vorstellen, welche Schicht über Schicht angeordnet sind. Dies ist aus der schematischen Darstellung (Abb. 12) zu ersehen. Das Koordinationsgitter links stellt den normalen Typ dar. In dem Schichtengitter sind Anionen und Kationen zusammengezogen, so daß sich Makromoleküle bilden, die schichtenförmig verteilt sind. In dem echten Molekülgitter sind die Bauelemente einzelne Moleküle; dieser Typus wurde bereits im Zusammenhang mit organischen und einigen anorganischen Stoffen behandelt. Der Übergang vom Schichtgitter- zum Molekülgittertyp entspricht einer so starken Zunahme der Polarisation, daß die Ionenkräfte in echte homöopolare Bindungen übergehen.

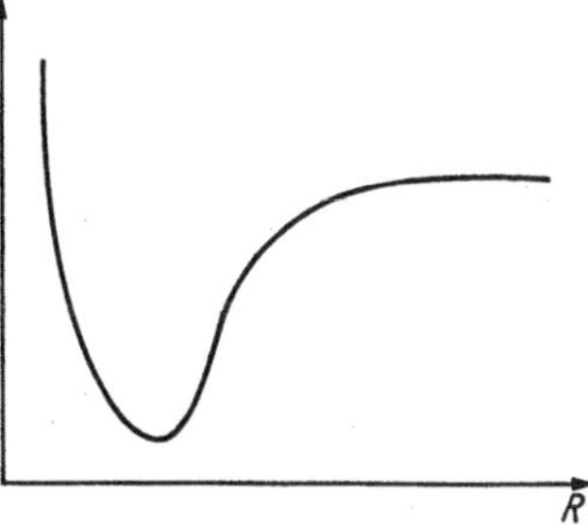

Abb. 11. Kurve für die potentielle Energie eines Atom- und Ionenpaares.

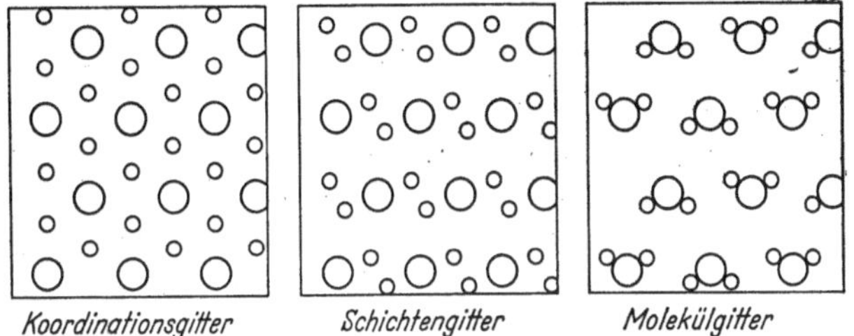

Abb. 12. Übergang vom Ionen- zum Molekülgitter.

Die normalen Valenzradien der Atome.

Die in der Tabelle 1 aufgeführten Ionenradien bilden ein genaues Maß für die interatomaren Abstände in Salzen; sie können aber nicht zur Bestimmung der Abstände zwischen solchen Atomen benutzt werden, die durch gemeinsame Elektronen gebunden sind. Hierzu braucht man die sogenannten normalen Valenzradien der Atome. Diese Werte können aus Messungen der Kristallstruktur und auch mit Hilfe anderer Verfahren, wie z. B. Elektronenbeugung, abgeleitet werden. In der folgenden Tabelle sind Zahlenwerte für derartige normale Radien aufgeführt, die der Arbeit von PAULING und HUGGINS[4] entnommen sind.

[4] PAULING u. HUGGINS: Z. Kristallogr., Kristallgeometr., Kristallphysik, Kristallchem. 1934, 87, 205—238.

Es fällt auf, daß in dieser Tabelle Werte für die meisten Nichtmetalle und amphoteren Elemente enthalten, daß aber keine Metalle darin aufgeführt sind. Die Zahl der gemessenen Kovalenzverbindungen metallischer Elemente ist gering, und dadurch ist die auffällige Unvollständigkeit der Tabelle bedingt. Die wahren Radien einiger Atome, die entweder doppelt oder dreifach mit anderen Atomen verbunden sind, können ebenfalls gemessen werden und sind zahlenmäßig im folgenden aufgeführt.

Tabelle 3.

H 0,28	B 0,89	C 0,77	N 0,70	O 0,66	F 0,64
		Si 1,17	P 1,10	S 1,04	Cl 0,99
		Ge 1,22	As 1,21	Se 1,17	Br 1,14
		Sn 1,40	Sb 1,41	Te 1,37	J 1,33
		Pb 1,46	Bi 1,51		

C= 0,69 Å C≡ 0,61 Å
N= 0,63 Å N≡ 0,55 Å
O= 0,59 Å O≡ 0,52 Å.

Aus diesen Zahlen kann man sofort die Längen einer Kovalenzbindung ermitteln, indem man die Radien der zwei in Frage kommenden Atome addiert (z. B. C—F = 1,41 Å; Sn—O = 2,06 Å; C≡N— = 1,16 Å).

Röntgenuntersuchung von Flüssigkeiten.

Von vornherein sollte man annehmen, daß eine Flüssigkeit, wenn sie sich nicht gerade in der Nähe der Kristallisationstemperatur befindet oder direkt Kristalle enthält, keine regelmäßige Orientierung der Atome oder Moleküle zeigt. Das ist indessen nicht der Fall. Die Röntgenuntersuchung von Flüssigkeiten nach einem Verfahren, das man mit dem Pulververfahren für feste Kristalle vergleichen kann, ergibt ein Beugungsbild, das aus einem zentralen Fleck besteht, der durch die nicht abgelenkten Röntgenstrahlen hervorgerufen wird und der von einem breiten Ring und gewöhnlich von schwächeren sekundären Ringen in gewisser Entfernung von dem Zentralfleck umgeben ist. Obgleich diese Ringe weniger scharf sind als diejenigen, welche man nach dem Pulververfahren erhält, so zeigen sie doch an, daß ein bestimmter Abstand zwischen den Molekülen besonders häufig auftritt, welcher für die untersuchte Substanz charakteristisch ist, d. h., daß eine beginnende Orientierung der Moleküle stattfindet. Ringe wurden beobachtet bei flüssigem Argon und flüssigem Quecksilber, so daß diese Erscheinungen nicht unbedingt auf irgendwelche bestimmte intermolekulare Größen beschränkt sind.

An flüssigem Wasser wurden bei 20° vier Intensitätsmaxima beobachtet, die auf Grund der BRAGGschen Beziehung den Abständen 0,89, 1,34, 2,11 und 3,13 Å entsprechen würden. Die Erklärung dieses Ergebnisses war der Gegenstand einer ausführlichen Diskussion[5]. Es wurde vorgeschlagen, den kleinsten Abstand des Beugungsbildes einem einzelnen Molekül zuzuordnen und anzunehmen, daß außerdem Gruppen assoziierter Wassermoleküle vorlägen. Ein Komplex, der vier Gruppen von

[5] Siehe RANDALL: The Diffraction of X-rays and Electrons by Amorphous Solids, Liquids and Gases, S. 136.

rund um ein Zentralwassermolekül koordinierten Wassermolekülen enthält, reicht zur Erklärung verschiedener Punkte dieser Erscheinung aus. Die Struktur, die man dabei annimmt, ähnelt der des Quarzes (vgl. S. 188[6]). Von den anderen anorganischen Flüssigkeiten, die untersucht worden sind, soll der Schwefel besonders erwähnt werden[7], bei dem verschiedene Ringe beobachtet wurden und sich nach dem Hauptring der Abstand von 3,68 Å bei 130° auf 4,06 Å bei 260° ändert. In diesem Falle war es ebenfalls nötig, eine Assoziation der Schwefelatome anzunehmen, und es hat sich gezeigt, daß eine scharf ausgeprägte Änderung in dem Röntgendiagramm bei ungefähr 220° auftritt, die dem Übergang von S_λ zu S_μ entspricht.

Die gemessenen Abstände im flüssigen Quecksilber betragen 2,84, 1,41 und 1,04 Å. In diesem Falle besteht die Flüssigkeit aus Atomen, und das Ergebnis der Röntgenuntersuchung kann mit der Annahme erklärt werden, daß die Atome im flüssigen Quecksilber wie in einem Metallgitter angeordnet sind. Die Röntgenuntersuchung von flüssigem Blei und flüssigem Aluminium zeigt, daß beide Substanzen Gitter besitzen, die ungefähr dem Gitter im festen Zustand entsprechen. Bei flüssigem Wismut andererseits besteht ein ausgesprochener Unterschied gegenüber dem festen Zustand.

Die experimentelle Erforschung der Struktur von Flüssigkeiten ist durch die Untersuchung flüssiger organischer Verbindungen bedeutend erweitert worden. Ein Überblick über die Versuche überschreitet den Rahmen dieses Buches; es sei hier nur festgestellt, daß sie ausnahmslos die aus den Ergebnissen von Untersuchungen anorganischer Substanzen folgende Theorie der Molekülgruppierungen bestätigen.

Amorphe Stoffe und Gläser.

Die Erkenntnis von regelmäßigen Anordnungen der Atome und Moleküle im flüssigen Zustand ist besonders wegen ihrer Beziehung zu der Struktur der festen glasartigen Stoffe interessant. Die Bezeichnung „Glas" umfaßt nicht nur die Erzeugnisse, die man aus Sand und Metalloxyden erhält, sondern eine große Zahl von Stoffen ähnlicher Art und mit ähnlichen physikalischen Eigenschaften, wie z. B. glasiges Selen oder glasiges Arsentrioxyd. Das besondere Kennzeichen derartiger Stoffe besteht darin, daß kein sichtbares Kennzeichen einer Kristallstruktur oder einer bevorzugten Spaltrichtung vorhanden ist. Außerdem besitzen diese Gläser gewöhnlich schlecht definierte Schmelzpunkte. Vor der Anwendung der Röntgenuntersuchung auf diesem Gebiet wurden die Gläser als unterkühlte Flüssigkeiten aufgefaßt. Wenn dies der Fall wäre, so sollte man erwarten, daß die Röntgendiagramme wie bei Flüssigkeiten aus ziemlich breiten Ringen bestehen.

Derartige Ringe wurden tatsächlich von vielen Forschern[8] beobachtet und zeigen eine deutliche Ähnlichkeit zu den entsprechenden Beugungs-

[6] Bernal u. Fowler: J. chem. Physics 1933, 1, 515.

[7] Blatchford: Proc. physic. Soc. 1933, 45, 493.

[8] Vgl. Randall: The Diffraction of X-rays and Electrons by Amorphous Solids, Liquids and Gases, Kapitel VI. Dort findet man eine Reihe schöner Photographien von Beugungsbildern.

bildern der kristallinen Formen. Dies erkennt man z. B. beim Vergleich der Diagramme von Boraxglas mit Natriumborat, oder von Silikatglas mit α-Christobalit. Die Diagramme der Gläser waren zwar bedeutend weniger scharf als die der Kristalle, aber die Lage der breiten Ringe entsprach einigen der schärferen Ringe der Kristalle. Dies ist in Tabelle 4 gezeigt, in welcher die Größe *d* den Abstand bedeutet, der sich bei Anwendung der BRAGGschen Formel auf die Beugungsringe von Kristall und Glas ergibt.

Die Verbreiterung der normalen Ringe in diffuse Halos kann man mit der Annahme erklären, daß das Glas sich aus einer Menge kleiner Kristalle zusammensetzt, die unregelmäßig angeordnet sind. Die Größe dieser Kristallite muß etwa in der Größenordnung von 10^{-6} bis 10^{-7} cm liegen, d. h., noch unterhalb der mikroskopischen Nachweisgrenze. Es bestehen aber Schwierigkeiten, wenn man diese Kristallittheorie verallgemeinern will; aus der Ähnlichkeit der Röntgendiagramme könnte man beispielsweise schließen, daß glasige Kieselsäure aus Kristalliten von α-Christobalit bestünde; unter dieser Voraussetzung sollte man erwarten, daß die Kristallgröße sich allmählich mit der Temperatur ändert. In Wirklichkeit erfolgt aber die Umwandlung der glasigen Kieselsäure in α-Christobalit bei einer ganz bestimmten Temperatur. WARREN[9] hat neuerdings eine allgemeinere Theorie für die glasartigen Zustände entwickelt, welche die Beziehung zwischen den röntgenographischen Beobachtungen an Gläsern und Kristallen ausreichend erklärt und welche die bei der Kristallittheorie auftretenden Schwierigkeiten überwindet.

Tabelle 4.

Substanz	Glas; *d* in Å	Kristall; *d* in Å
Bi_2O_3 . . .	3,13	3,18
Sb_2O_3 . . .	3,26	3,21, 3,13
$Cd_2P_2O_7$ . .	3,00	3,08
SiO_2 . . .	4,33	4,11
$Li_2B_2O_4$ . .	3,65	3,37
$Na_2B_2O_7$.	4,82, 3,16, 2,00	4,42, 2,94
$CaSiO_3$ . .	3,30	3,27, 2,82

(Daten aus RANDALL: Diffraction of X-rays and Electrons by Solids, Liquids and Gases.)

Die handelsüblichen Gläser, wie Natrium-, Blei- und Pyrexglas sind ebenfalls röntgenographisch untersucht worden, wobei dieselben Arten von Beugungsgittern beobachtet wurden wie bei den bereits erwähnten glasigen Substanzen. Silikatreiche Gläser geben Beugungsbilder, die — abgesehen von der charakteristischen Verbreiterung der Ringe — denen von Kieselsäure selbst sehr ähnlich sind. Die Auswertung der Röntgendaten ist bei diesen zusammengesetzten Stoffen schwieriger als bei solchen Gläsern, die nur einen Bestandteil enthalten, so daß in dieser Richtung nur geringe Fortschritte zu verzeichnen sind.

Röntgenbeugung durch Faserstoffe.

Eine der fruchtbarsten Anwendungen der Röntgentechnik ergab die Untersuchung natürlich vorkommender Stoffe mit Fasernatur, wie z. B. Haar, Wolle, Seide und Cellulose. Hier zeigte sich unerwarteter-

[9] Vgl. RANDALL: The Diffraction of X-ravs and Electrons by Amorphous Solids, Liquids and Gases, S. 178ff.

weise das Auftreten einer kristallinen Struktur. Das experimentelle Verfahren, das man zur Untersuchung derartiger Materialien anwandte, besteht darin, daß man in der Röntgenkamera ein Faserbündel mit der Faserachse rechtwinklig zum Strahl anbringt. Wenn die Faser aus großen, unregelmäßig angeordneten Molekülen oder Molekülaggregaten bestünde, würde das Photogramm eine rund um den Zentralfleck liegende Reihe konzentrischer Ringe zeigen, die dem typischen Pulverdiagramm ähnelten. Wenn aber die Bauelemente in der Faser eine Orientierung besäßen, so müßte sich eine Anordnung von Punkten auf der Platte ergeben, die in vieler Hinsicht dem Diagramm entspräche, das man erhält, wenn ein einzelner Kristall um eine seiner Achsen rotiert. Gewöhnlich wurde tatsächlich die letztere Erscheinung beobachtet, so daß man auf diese Weise sehr wertvolle Ergebnisse über die Molekularstruktur von Stoffen wie Cellulose und Proteinen erhielt.

Gewöhnlicher nichtvulkanisierter Gummi gibt ein Beugungsdiagramm, das aus einem einzelnen breiten Band besteht. Im gedehnten Zustand ergab sich indessen ein Faserdiagramm, welches eine Orientierung der Strukturelemente in Richtung der Dehnung anzeigt, wie zuerst von KATZ [10] beobachtet wurde. Diese Beobachtung ist von besonderem Interesse, weil man eine Parallele zu diesem Verhalten bei zwei anorganischen Stoffen fand, nämlich beim plastischen Schwefel und beim Phosphornitrilchlorid. Diese Stoffe wurden sowohl von K. H. MEYER [11] als auch von anderen Forschern untersucht. Im Falle des Schwefels liefert das plastische Material, das man durch schnelles Abkühlen von auf 170° erhitztem Schwefel erhält, im gedehnten Zustand ein Faserdiagramm. Nach der Erklärung von MEYER beruht dies auf dem Vorhandensein langer Ketten von Schwefelatomen, die miteinander durch Kovalenzen verbunden sind, wobei die Ketten parallel zu einander in der Dehnungsrichtung angeordnet sind. Im Falle des Phosphornitrilchlorids, über das an anderer Stelle berichtet wird (vgl. S. 289), erhält man im gedehnten Zustand ebenfalls ein Faserdiagramm, welches beim Entspannen verschwindet. Durch Abkühlung der gedehnten Probe kann der eine Orientierung aufweisende Zustand „eingefroren" werden, und das Faserdiagramm bleibt dann weiter bestehen, auch wenn keine Dehnung mehr erfolgt.

Beugung von Röntgenstrahlen und Elektronen durch Gase und Dämpfe.

Eine Theorie der Beugung von Röntgenstrahlen durch Gase wurde zuerst 1915 von DEBYE und EHRENFEST entwickelt. Aber erst 14 Jahre später wurde dieses Gebiet experimentell erforscht. Wenn auch dieses Verfahren zur Untersuchung des Aufbaues von Gasmolekülen vollständig durch die Elektronenbeugungsverfahren verdrängt wurde, so sollen doch einige der klassischen Ergebnisse kurz erwähnt werden.

Die Beugung von Röntgenstrahlen durch Gase unterscheidet sich von der durch Flüssigkeiten und feste Körper dadurch, daß die Gasmoleküle eine vollständig willkürliche Orientierung besitzen und daß unter

[10] KATZ: Naturwiss. 1925, **13**, 411.
[11] MEYER, K. H.: Trans. Faraday Soc. 1936, **32**, 148.

gewöhnlichen Bedingungen praktisch keine intermolekularen Kräfte auftreten. Für alle Moleküle bestehen aber bestimmte interatomare Abstände; wenn ein Röntgenstrahl ein Gas durchdringt, so verhält sich dieses daher beinahe ebenso wie ein kristallines Pulver. Einige Moleküle werden in bezug auf den einfallenden Strahl so orientiert sein, daß die von den einzelnen Atomen in einem bestimmten Molekül gebeugten Wellen einander in gewissen Richtungen verstärken und in anderen schwächen; man erhält daher ein Beugungsbild, welches aus einem Zentralfleck besteht, der von einer Reihe von Ringen umgeben ist, deren Durchmesser unter anderem von den in dem untersuchten Molekül vorhandenen interatomaren Abständen abhängt. Die Auswertung der bei der Untersuchung von Röntgenstrahlbeugungen durch Gasmoleküle erhaltenen Ergebnisse ist verwickelter als im Falle der Flüssigkeiten; sie beruht auf dem Vergleich der beobachteten radialen Verteilung der Intensität der gebeugten Strahlung mit der, die man aus theoretischen Beziehungen unter Annahme bestimmter interatomarer Abstände berechnen kann. Die unten angegebenen Werte für den Abstand zwischen den Chloratomen in den Methylhalogeniden zeigt die Art der so gewonnenen Ergebnisse.

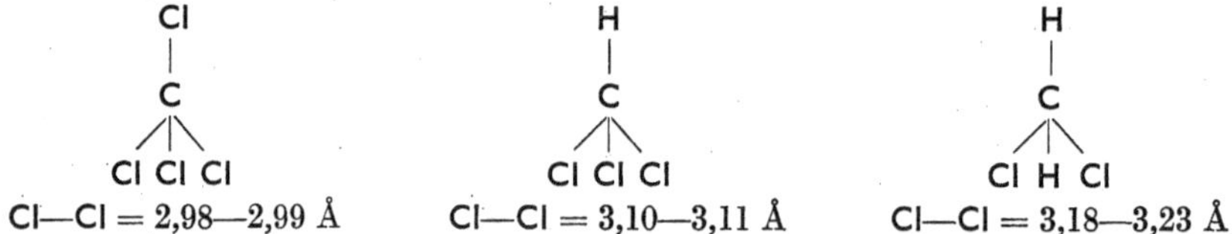

Der Abstand zwischen benachbarten Chloratomen wird also durch Wasserstoffsubstitution im Molekül vergrößert. Im Chlor selbst beträgt der Abstand zwischen den Chloratomen ungefähr 2,0 Å. Wenn an Stelle von Kohlenstofftetrachlorid Siliciumtetrachlorid untersucht wird, so findet man als Abstand der Chloratome 3,35 Å; da der tetraedrische Winkel in einem derartigen symmetrischen Molekül sich nicht ändern kann, so muß also der Abstand zwischen Silicium und Chlor größer sein als der zwischen Kohlenstoff und Chlor.

Die Beugung eines Elektronenstrahls durch einen festen Stoff beruht darauf, daß bewegte Materieteilchen die merkwürdige Eigenschaft besitzen, sich so zu verhalten, als ob sie mit einer charakteristischen Welle assoziiert wären, deren Wellenlänge von der Masse und Geschwindigkeit der Teilchen abhängt und durch den Ausdruck $\lambda = h/m \cdot v$ wiedergegeben wird; hierin bedeutet h die PLANCKsche Konstante, m die Masse und v die Geschwindigkeit des Teilchens. Ein durch ein Potentialfeld von ungefähr 60000 Volt beschleunigter Elektronenstrahl besitzt eine Wellenlänge von 0,05 Å. Die Art, in der der Elektronenstrahl tatsächlich gebeugt wird, findet man ausführlich an anderer Stelle besprochen[12]. Bei der experimentellen Durchführung wird ein Elektronenstrahl durch eine geeignete Spannung beschleunigt; man läßt ihn dann durch einen Strom des zu untersuchenden Gases oder Dampfes hindurchfallen. Der Gasstrom tritt aus einer punktförmigen Öffnung aus und wird an einer

[12] Siehe z. B. GLASSTONE: Recent Advances in General Chemistry, Kapitel V. 1936.

geeignet gekühlten Oberfläche genau gegenüber dem Austrittspunkt vollständig kondensiert[13]. Die so gewonnenen Beugungsbilder bestehen aus einer Reihe breiter Ringe und ähneln den Röntgenbeugungsdiagrammen. Ein wichtiger Unterschied zwischen den beiden Verfahren besteht darin, daß im Falle des Elektronenstrahlverfahrens eine bedeutend kürzere Belichtungszeit genügt, um ein Photogramm zu erhalten. Dies bedeutet einen großen Vorteil gegenüber der Röntgenmethode. Die Ergebnisse werden ausgewertet, indem man die beobachtete Kurve für die radiale Intensitätsverteilung für das System von Ringen mit der vergleicht, die man aus theoretischen Beziehungen für eine Reihe von Molekülmodellen mit bestimmten interatomaren Abständen erhält; die gesuchte Struktur ist dann die, bei der die beiden Kurven am besten miteinander übereinstimmen.

Die leichten Atome bewirken nur eine geringe Beugung; bei wasserstoffhaltigen Molekülen kann man die Lage der Wasserstoffatome weder durch Röntgen- noch durch Elektronenbeugungsverfahren bestimmen. Es könnte so scheinen, als ob die Untersuchung von Molekülen durch Elektronenbeugung eine Kenntnis der zu untersuchenden Struktur voraussetzt. Dies ist im allgemeinen der Fall, aber das Verfahren ermöglicht die Messung von interatomaren Zwischenräumen und Valenzwinkeln mit einer beträchtlichen Genauigkeit. Hierzu sind in der untenstehenden Tabelle 5 einige Daten[14] aufgeführt, aus denen die außerordentliche

Tabelle 5.

Molekül	Konfiguration	Bindungslänge in Å
$HgCl_2$	linear	2,28 ± 0,05
$HgBr_2$	linear	2,38 ± 0,05
HgJ_2	linear	2,55 ± 0,05
$B_3N_3H_6$	regelmäßig sechseckig	B—N 1,47 ± 0,07
BCl_3	eben	1,73 ± 0,02
$SiCl_4$	tetraedrisch	2,00 ± 0,02
$GeCl_4$	tetraedrisch	2,08 ± 0,03
$TiCl_4$	tetraedrisch	2,30 ± 0,05
P_4	tetraedrisch	2,21 ± 0,02
PF_3	pyramidal (104° ± 4°)	1,52 ± 0,04
OF_2	gewinkelt (100° ± 3°)	1,41 ± 0,05
Cl_2O	gewinkelt (115° ± 4°)	1,68 ± 0,03
SO_2	gewinkelt (124° ± 15°)	1,45 ± 0,02
SF_6	oktaedrisch	1,57 ± 0,03
$(CN)_2$	linear	C—C 1,43 ± 0,03
		C—N 1,16 ± 0,02
C_3O_2	linear	C—C 1,29 ± 0,03
		C—O 1,20 ± 0,02
CS_2	linear	1,54 ± 0,02
$Ni(CO)_4$ . . .	tetraedrisch	Ni—C 1,82 ± 0,03
		C—O 1,15 ± 0,02
$Si(CH_3)_4$		Si—C 1,93 ± 0,03
$Ge(CH_3)_3$ . . .		Ge—C 1,98 ± 0,03
$Sn(CH_3)_4$		Sn—C 2,18 ± 0,03
$Pb(CH_3)_4$ . . .		Pb—C 2,30 ± 0,05

[13] Eine Beschreibung der verwendeten Apparatur findet man bei L. O. BROCKWAY: Electron Diffraction by Gas Molecules. Rev. mod. Physics 1936, 8, Nr 3, 231.

[14] Diese Daten sind der zitierten Arbeit von L. O. BROCKWAY entnommen.

Genauigkeit der Bestimmung von Bindungslängen hervorgeht; in einigen Fällen sind auch die Werte für die Valenzwinkel aufgeführt.

Diese Daten sind durch Bestimmung von Strukturen zahlreicher organischer Moleküle weitgehend ergänzt worden. Das Verfahren hat Werte für die interatomaren Zwischenräume bei Einfach-, Doppel- und Dreifachbindungen geliefert und auch wertvolle Einblicke in die Resonanz und freie Drehbarkeit organischer Gruppen gewährt. Auf anorganischem Gebiet haben Elektronenbeugungsmessungen wesentlich dazu beigetragen, Atomen in Kovalenzverbindungen bestimmte Radien zuzuordnen, wodurch es möglich geworden ist, die Bindungslänge in erster Annäherung als additive Eigenschaft anzusehen (vgl. S. 56). Daß diese Beziehung in einigen Fällen nur annäherungsweise gilt, ergibt sich aus den Zahlen für die Hexafluoride des Schwefels, Selens und Tellurs, die in der untenstehenden Tabelle aufgeführt sind. Die hierfür gemessenen Abstände wurden in jedem Fall durch Elektronenbeugungsmessungen bestimmt. Ähnliche Abweichungen wie oben wurden beim Vergleich der beobachteten mit den durch Addition berechneten Bindungsabständen der Halogenide von Silicium, Germanium, Zinn, Phosphor und Arsen[15] gefunden und liegen wahrscheinlich außerhalb der experimentellen Fehlergrenze; sie beruhen, wenigstens zum Teil, auf dem Bestreben der Kovalenzbindungen, in Elektrovalenzen überzugehen[16].

Tabelle 6.

Verbindung	Bindung	Gemessen Å	Durch Addition Å
SF_6	S—F	1,57 ± 0,03	1,68
SeF_6	Se—F	1,68 ± 0,03	1,81
TeF_6	Te—F	1,83 ± 0,03	2,01

Beugung von Elektronen an festen Körpern.

Der Durchtritt eines Elektronenstrahls durch einen festen Körper oder seine Reflexion an dessen Oberfläche führt zur Entstehung von Beugungserscheinungen, die denen sehr ähnlich sind, welche man mit Röntgenstrahlen erhält. Wenn der Strahl durch die zu untersuchende Probe hindurchtritt, so erhält man einen Zentralfleck, der von einer Reihe konzentrischer Ringe umgeben ist. Wenn die Kristalle der Probe unregelmäßig orientiert sind, so ist die Intensität um jeden einzelnen Ring gleichmäßig kreisförmig verteilt, während das Vorhandensein irgendeiner bevorzugten Orientierung sich sofort durch eine Umwandlung der gleichmäßigen Ringe in eine Reihe von Ausschnitten oder Flecken bemerkbar macht. Eine andere Methode zur Untersuchung besteht darin, daß man den Elektronenstrahl auf die Oberfläche der Probe auffallen läßt und den reflektierten Strahl untersucht, wobei wieder Interferenzerscheinungen auftreten[17].

---

[15] Glasstone: Recent Advances in General Chemistry, S. 214.
[16] Sutton, Hampson u. a.: Trans. Faraday Soc. 1937, **33**, 852.
[17] Eine umfassende Darstellung über die Technik der Elektronenbeugungsmessungen und über die Deutung ihrer Ergebnisse vgl. Finch, Quarrel u. Wilman: Trans. Faraday Soc. 1935, **31**, 1051.

Das Elektronenbeugungs- und Röntgenstrahlenverfahren zur Erforschung fester Stoffe stimmen bis zu einem gewissen Grade miteinander überein; die Verfahren erreichen bei sorgfältiger Anwendung ungefähr die gleiche Genauigkeit. Die Durchdringungskraft eines Elektronenstrahls ist aber beträchtlich geringer als die eines Röntgenstrahls. Dies macht das Elektronenbeugungsverfahren zur Erforschung von Oberflächenstrukturen besonders geeignet. Photogramme, die man beim Durchgang durch dünne Metallfolien und andere Stoffe erhält, werden zur Bestimmung der Gittergrößen und der Kristallorientierung benutzt. Das Verfahren wurde auch auf die Erforschung elektrolytisch abgeschiedener Metalle angewandt und hat sich bei der Untersuchung der Beziehungen zwischen den Abscheidungsbedingungen und der Natur der Abscheidungen als besonders geeignet erwiesen. Probleme, die mit der Orientierung von Molekülen in Filmen von Schmiermitteln auf Metallen oder mit der Natur polierter Oberflächen oder mit Filmen, die durch Oberflächenoxydierung hervorgerufen werden, im Zusammenhang stehen, sind ebenfalls durch Anwendung des Elektronenbeugungsverfahrens mit Erfolg untersucht worden.

Spektroskopischer Beweis der Molekülstruktur.

Die auf experimentellem Wege durch Röntgenbeugungsverfahren an Dämpfen und Gasen erworbene Kenntnis der Molekülstruktur kann durch die Beobachtung von Spektren im ultravioletten, sichtbaren und ultraroten Gebiet und durch Messung von Ramanspektren bestätigt und sogar bedeutend erweitert werden. Die diesen optischen Messungen zugrunde liegenden Prinzipien sind in vielen Standardwerken ausführlich behandelt und werden deshalb an dieser Stelle nicht besprochen. Es sollen aber einige Ergebnisse, die sich bei der Erforschung anorganischer Verbindungen ergeben haben, zusammengefaßt werden.

Das Ultrarotspektrum eines Moleküls gibt einen Einblick in dessen Rotationsbewegungen, während das Spektrum im nahen Ultrarot von Änderungen sowohl in der Schwingungs- als auch in der Rotationsenergie des Moleküls herrührt und bei seiner Deutung einen Einblick in diese beiden Energiekomponenten gibt. Die folgende Tabelle enthält Daten für das Trägheitsmoment und für die interatomaren Abstände in den Halogenwasserstoffverbindungen, die durch Beobachtung des Absorptionsspektrums im fernen Ultrarot abgeleitet wurden, und zeigt einige typische Zahlenbeispiele, die man für die einzelnen heteropolaren Moleküle erhalten hat. Diese Tabelle läßt den allmählichen Anstieg der interatomaren Abstände und des Trägheitsmomentes mit wachsendem Atomgewicht des betreffenden Halogens erkennen. Es ist auch zu ersehen, daß im Falle des Chlorwasserstoffs, der die beiden Isotopenarten ^{35}Cl und ^{37}Cl enthält, die Verschiedenheit der Isotope einen Unterschied in der Rotationsträgheit aber nicht im Abstand des Wasserstoff- vom Halogenatom bedingt.

Tabelle 7.

Gas	$1 \cdot 10^{40}$ (g/cm²)	$r_0 \cdot 10^8$
HF . . .	1,346	0,923
$H^{35}Cl$ . .	2,649	1,281
$H^{37}Cl$ . .	2,653	1,281
HBr . . .	3,311	1,420
HJ . . .	4,308	1,617

Dieser sogenannte „Isotopeneffekt“ wurde im Bandenspektrum einer Zahl von Molekülen gemessen, wobei jede Isotopenart insofern ihr eigenes Spektrum aufzeichnet, als man die Rotations- und Schwingungscharakteristiken des Spektrums beobachtet. Es soll nochmals wiederholt werden, daß man durch Beobachtungen des Isotopeneffektes zur Entdeckung der Sauerstoffisotope ^{17}O und ^{18}O gelangte, deren Auffindung von grundlegender Bedeutung in Hinblick auf die Standardatomgewichte war.

Tabelle 8.

Molekül	Trägheitsmoment $g/cm^2 \cdot 10^{40}$	Interatomare Abstände in Å	Molekül	Trägheitsmoment $g/cm^2 \cdot 10^{40}$	Interatomare Abstände in Å
CO_2 . .	70,2	C—O = 1,16	NH_3 . .	2,8 4,4	N—H = 1,02 H—H = 1,64
C_2H_2 . .	23,5	C—C = 1,30 C—H = 1,06	H_2O . .	0,995 1,908 2,980	O—H = 1,01 H—H = 1,91
CH_4 . .	5,47	C—H = 1,11 H—H = 1,81	H_2S . .	2,68 3,08 5,85	S—H = 1,35 H—H = 2,24

Auch für einige kompliziertere Moleküle können Trägheitsmomente und interatomare Abstände auf Grund von Messungen im Ultrarotspektrum bestimmt werden. Werte für die Grundschwingungsfrequenzen sind in der obigen Tabelle nicht aufgeführt. Diese sind indessen auch bestimmt worden, und es ist möglich, alle charakteristischen Merkmale des Schwingungsspektrums eines Moleküls durch bestimmte, charakteristische Frequenzen zu erklären. Bei dem sehr einfachen Fall des Kohlendioxyds sind drei derartige Frequenzen vorhanden; die Schwingungen der Atome in dem Molekül erfolgen nach den unten angegebenen Richtungen:

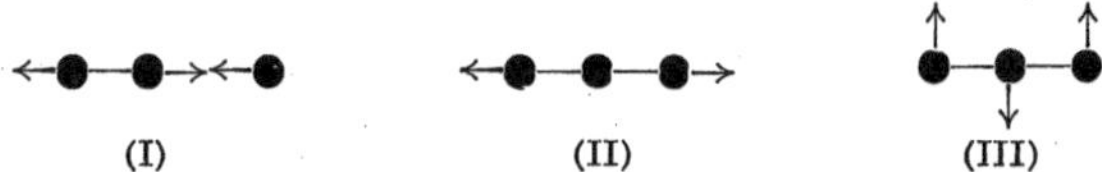

Das Studium dieser Schwingungsfrequenzen hat sich seit der Entdeckung des Ramaneffektes sehr stark ausgedehnt[18], und gegenwärtig liegen Daten für einige Tausend von Molekülen vor. Wenn man die Schwingung eines Atompaares als angenähert harmonisch betrachtet, so kann man aus den Schwingungsfrequenzen Werte für die rücktreibende Kraft erhalten, welche die im Abstand 1 befindlichen Atome in die Ruhelage zurückzieht. Diese Werte wiederum können in Beziehung gebracht werden zu den relativen Stärken der verschiedenen Bindungen. Die Analyse der Rotations-Feinstruktur im sichtbaren und ultravioletten Bandenspektrum hat ebenfalls Werte für das Trägheitsmoment und die interatomaren Abstände verschiedener zweiatomiger Moleküle geliefert. Typische Werte der interatomaren Abstände, die man auf diese Weise

[18] Einen Überblick über dieses Gebiet findet man bei GLASSTONE: Recent Advances in Physical Chemistry, 1936.

erhalten hat, finden sich in der Tabelle 9. Es sei darauf hingewiesen, daß einige dieser Moleküle, für die derartige Werte angegeben sind, dem Chemiker unbekannt sind und daß sie nur im Entladungsrohr auftreten.

Tabelle 9[19].

Molekül	Interatomarer Abstand in Å	Molekül	Interatomarer Abstand in Å	Molekül	Interatomarer Abstand in Å	Molekül	Interatomarer Abstand in Å
CS . .	1,532	SO . .	1,489	SiO . .	1,506	BH . .	1,205
CN . .	1,148	Li_2 . . .	2,931	TiO .	1,617	OH . .	0,964
SiN . .	1,568	Na_2 . .	3,07	PbO. .	1,92	NH . .	1,08
PN. . .	1,486	N_2 . . .	1,114	CaH .	2,01	H_2 . .	0,749
VO . .	1,62	O_2 . . .	1,204	AgH .	1,61		

Dipolmomente einiger anorganischer Verbindungen.

Einen elektrischen Dipol stellt man am besten dar durch zwei gleiche elektrische Ladungen mit entgegengesetztem Vorzeichen, $+e$ und $-e$, die einen bestimmten Abstand (d) voneinander haben. Das Diplomoment ist dann gleich dem Produkt $d \cdot e$. Es ist in erster Linie wichtig zu untersuchen, warum die Dipolmomente für den Chemiker von Interesse sind. Dies beruht auf der elektrischen Natur der Valenzkräfte. Bei einem zweiatomigen Molekül mit Ionenbindung (z. B. NaCl im Dampfzustand) besitzen das Natrium- und das Chloratom entgegengesetzte Ladungen, die voneinander getrennt sind, so daß das Molekül nach der obigen Definition ein Dipolmoment haben muß. Dasselbe trifft für zweiatomige Moleküle mit Kovalenzbindung zu, mit Ausnahme der Fälle, in denen die beiden Atome des Moleküls identisch sind. Sind sie verschieden, wie z. B. im Falle des gasförmigen Chlorwasserstoffs, welcher eine Kovalenzverbindung ist, so wird das Molekül dadurch gebildet, daß die beiden Atome zwei gemeinsame Elektronen besitzen. Deren Verteilung ist aber ungleich, und das Wasserstoffatom hat weniger als den halben Anteil der negativen Elektrizität und dadurch eine positive Ladung, während das Chloratom negativ geladen ist. So entsteht wieder ein Moment, welches gleich dem Produkt aus den Elektronenladungen und dem Abstand zwischen den beiden Ladungszentren ist. In diesem Falle ist jener Abstand kleiner als der zwischen den beiden Mittelpunkten der beiden Atome. In einem Molekül, das aus zwei gleichartigen Atomen besteht, sind die Elektronen gleichmäßig verteilt, so daß man ein Dipolmoment der Größe Null erwarten sollte, was auch bei zweiatomigen Molekülen wie Sauerstoff und Stickstoff der Fall ist.

Die Verfahren zur praktischen Durchführung von Messungen der Dipolmomente sollen hier nicht behandelt werden, da sie in vielen speziellen Werken ausführlich beschrieben sind[20]. Die Benutzung von Dipolmessungen zum Studium der Molekularstruktur kann unter den beiden folgenden Hauptgesichtspunkten erfolgen:

[19] Diese Werte stammen aus der Arbeit von H. Sponer: Molekülspektren und ihre Anwendung auf chemische Probleme, I. Wenn für verschiedene Elektronenzustände Werte angegeben sind, wurden willkürlich die niedrigsten Werte ausgewählt.

[20] Siehe z. B. Glasstone: Recent Advances in Physical Chemistry, 1936.

1. Die Benutzung von Dipolmomenten zur Bestimmung der Form von Molekülen (z. B. ob sie linear oder V-förmig sind).

2. Die Bestimmung von Dipolmomenten einzelner Bindungen.

Der zweite Punkt ist hauptsächlich bei organischen Molekülen wichtig. Die Dipolmomente einer großen Zahl derartiger Moleküle sind gemessen worden, wobei man erkannt hat, daß in einem Molekül mit zwei oder mehr Dipolen die Dipole Vektoren sind und daß das Moment des ganzen Moleküls sich aus den Dipolen der Komponenten durch vektorielle Addition zusammensetzt. Die Kenntnis, die man über die Momente der einzelnen Bindungen in einem Molekül erhält, kann bei der Messung der Valenzwinkel Verwendung finden. Dieses Prinzip wurde im Zusammenhang mit Strukturproblemen in der organischen Chemie sehr häufig angewandt.

Auf dem anorganischen Gebiet liefern die Daten für die Dipolmomente einiger dreiatomiger Moleküle ein Mittel zur Feststellung, ob die drei Atome in einer geraden Linie liegen, oder ob sie V-förmig angeordnet sind. Wenn man z. B. beim Kohlendioxyd ein Dipolmoment von Null findet, so muß man notwendigerweise annehmen, daß die Dipole, die mit den $C{=}O$-Bindungen verknüpft sind, einander gerade ausgleichen. Dies stimmt nur, wenn die drei Atome in einer Geraden liegen, mit dem Kohlenstoff in der Mitte. Wie sich aus den experimentellen Daten der Tabelle 10 ergibt, trifft dies zu.

Die Momente der drei Quecksilberhalogenide sind ebenfalls gleich Null und müssen demzufolge auch lineare Moleküle besitzen. Wasser, Schwefeldioxyd, Schwefelwasserstoff und Stickstoffdioxyd andererseits müssen V-Gestalt haben. Die Streuung der angegebenen Werte rührt her von der Verschiedenheit der Messungen durch einzelne Beobachter. Eine derartige Unsicherheit der experimentellen Bestimmungen ist allen Werten für Dipolmomente gemeinsam und erschwert deren Deutung sehr beträchtlich. Die Dipolmomente von Cyanwasserstoff und Kohlenoxysulfid sind nicht gleich Null; da aber diese Moleküle nichtsymmetrisch sind, müßte man die Momente der einzelnen Bindungen kennen, ehe man daraus auf die lineare oder nichtlineare Natur dieser Stoffe schließen kann. Vieratomige Moleküle ähneln den dreiatomigen darin, daß einige Dipolmomente besitzen und andere keine. Zahlenbeispiele für einige derartige

Tabelle 10.

Molekül	$\mu \cdot 10^{18}$	Molekül	$\mu \cdot 10^{18}$
CO_2	0	SO_2	1,60—1,76
$HgCl_2$ . . .	0	H_2S	0,93—1,10
$HgBr_2$ . . .	0	NO_2	0,4 —0,1
HgJ_2	0	HCN	2,1 —2,88
H_2O	1,71—1,97	COS	0,65

Tabelle 11.

Molekül	$\mu \cdot 10^{18}$	Molekül	$\mu \cdot 10^{18}$
NH_3	1,48	PJ_3	0
PH_3	0,55	AsF_3	2,65
AsH_3 . . .	0,16	$AsCl_3$ . . .	2,06
PCl_3	0,85	$AsBr_3$ . . .	1,60
PBr_3	0,61	AsJ_3	0,96

anorganische Moleküle sind vorstehend aufgeführt (Tab. 11). Die Atome im Molekül des Phosphortrijodids, welches das Moment Null hat, müssen alle in einer Ebene liegen, und zwar mit dem Phosphoratom in der Mitte eines Dreiecks, da dies die einzige Anordnung ist, bei der die Momente der drei P—J-Bindungen sich gegenseitig aufheben können. Bei den anderen Molekülen muß man eine Pyramidenstruktur annehmen. Im Ammoniak muß z. B. das Stickstoffatom in der Spitze einer Pyramide liegen und die drei Wasserstoffatome in den Ecken von deren Basis. Die Komponenten der Momente der drei N—H-Bindungen in der Ebene der Grundfläche heben einander auf, während sie in senkrechter Richtung addiert werden. Das Molekülmoment nimmt ab beim Übergang von Phosphorwasserstoff zu Arsenwasserstoff, was dadurch bedingt ist, daß die Höhe der Pyramide und damit die vertikale Komponente des Dipolmoments abnimmt. Dieselbe Erscheinung ist bei den Phosphor- und Arsenhalogeniden zu beobachten.

Es hat sich gezeigt, daß Moleküle der Form AB_4 [z. B. CCl_4, $SnCl_4$, $TiCl_4$, $SiCl_4$, SiH_4, SiF_4, $Ni(CO)_4$] stets ein Dipolmoment von Null haben. Man nimmt an, daß sie tetraedrisch gebaut sind, wodurch die vollständige Aufhebung der Dipolmomente der einzelnen Komponenten hervorgerufen wird. Eine andere Struktur mit A im Mittelpunkt eines Quadrats und mit B-Atomen an den vier Ecken, würde ebenfalls ein Dipolmoment von Null ergeben. Das Moment ist nur dann Null, wenn alle Atome B einander gleich sind. Wenn man z. B. im Kohlenstofftetrachlorid ein, zwei oder drei Chloratome durch Wasserstoff ersetzt, so wird das Dipolgleichgewicht gestört und damit das ganze Molekül polar.

Magnetische Suszeptibilität und chemische Konstitution[21].

Magnetische Messungen haben in den letzten Jahren eine gewisse Bedeutung erlangt, da sie ein Mittel zur Feststellung des Vorhandenseins von einzeln besetzten Elektronenbahnen in Ionen- oder Kovalenzverbindungen bieten. Eine derartige Kenntnis kann man direkt benutzen, um die molekulare Zusammensetzung von Verbindungen zu bestimmen, welche, wenn sie monomer sind, die Formel eines freien Radikals haben müssen; sie bietet auch ein gewisses Kriterium für den Übergang von elektrostatischer Anziehung zur Kovalenzbindung in Komplexsalzen.

Wenn man einen Stoff in ein inhomogenes magnetisches Feld bringt, so ist er Anziehungs- oder Abstoßungskräften ausgesetzt. In Substanzen, die für das Feld durchlässiger sind als das Vakuum, verdichten sich die magnetischen Kraftlinien, so daß die Substanz in das magnetische Feld hineingezogen wird; derartige Stoffe nennt man *paramagnetisch*. Die Stärke der magnetischen Wirkung wird für alle Arten von Stoffen durch die magnetische Suszeptibilität bestimmt, die folgendermaßen definiert wird: Ein Magnetfeld der Stärke H Oersted induziert in einem bestimmten Medium eine Magnetisierung mit der Stärke I, so daß die gesamte magnetische Induktion B in dem Medium durch den Ausdruck $B = H + 4\pi I$ gegeben ist. Das Verhältnis $B/H = \mu$ ist die magnetische Permeabilität des Mediums. $I/H = \varkappa$ ist seine Volumensuszeptibilität, woraus sich ergibt,

[21] Vgl. BHATNAGAR u. MATHUR: Physical Principles and Applications of Magnetochemistry, London 1935. KLEMM: Magnetochemie 1936.

daß $\mu = 1 + 4\pi \cdot \varkappa$ und, da im Vakuum $\varkappa = 0$ ist, die Suszeptibilität paramagnetischer Stoffe positiv und die von diamagnetischen negativ ist. Für chemische Zwecke interessiert mehr die magnetische Suszeptibilität eines Grammols als die pro Kubikzentimeter. Für diese ergibt sich der Ausdruck $\varkappa_M = \frac{M.\varkappa}{\varrho}$, in dem ϱ die Dichte bedeutet.

Diamagnetismus entsteht durch die Wechselwirkung des Magnetfeldes mit den aufgefüllten Elektronenbahnen der Atome des Mediums, welche dabei um die Richtung der Kraftlinien Präzessionsbewegungen ausführen. Die Suszeptibilität je Grammatom kann man auf Grund allgemeiner Konstanten berechnen, wobei sich ergibt, daß

$$\lambda_A = \frac{-N \cdot e^2}{6\, m\, c^2} \sum \overline{r^2} = -2{,}832 \cdot 10^{10} \sum \overline{r^2},$$

ist, worin N die AVOGADROsche Zahl, e und m die Ladung bzw. Masse des Elektrons, c die Lichtgeschwindigkeit und $\sum \overline{r^2}$ die Summe der Quadrate der mittleren Radien in den Elektronenbahnen aller Elektronen des Atoms bedeutet. Es folgt daraus, daß die diamagnetische Suszeptibilität unabhängig von der Temperatur sein muß, wie es auch der Fall ist. Weiterhin muß die diamagnetische Suszeptibilität eines Atoms und Ions ein Maß für deren Durchmesser geben. Die Atomsuszeptibilitäten von Kohlenstoff und Stickstoff betragen $-5{,}88 \cdot 10^{-6}$ und $-4{,}79 \cdot 10^{-6}$, woraus man durch Substitution das Quadrat des mittleren Durchmessers mit 0,59 bzw. 0,53 Å erhält, was in derselben Größenordnung liegt wie die Atomradien, die man auf andere Weise ermittelt hat; z. B. beträgt der Atomradius für einfach gebundenen Kohlenstoff 0,78 Å. Wenn man eine Reihe von Atomen oder Ionen mit gleicher Elektronenzahl betrachtet, so ist der mittlere Radius für Kationen offensichtlich kleiner als für Anionen. Danach muß in einer Reihe „edelgasähnlicher“ Ionen wie Cl^-, Ar, K^+, Ca^{2+} die magnetische Suszeptibilität in der obenstehenden Reihenfolge abnehmen, was auch tatsächlich beobachtet wurde (Tab. 12). Für die Ionen einer bestimmten Gruppe muß die Suszeptibilität mit dem Atomgewicht ansteigen, da der mittlere Bahnradius $\sqrt{\overline{r^2}}$ mit zunehmender Besetzung der Elektronenschalen größer wird (s. Tabelle 13).

Tabelle 12.

	$\chi_A \cdot 10^6$	r in Å aus anderen Daten
Cl^- . . .	$-20{,}4$	1,81
Ar . . .	$-18{,}0$	1,91
K^+ . . .	$-16{,}9$	1,33
Ca^{2+} . .	$-11{,}0$	1,06

Tabelle 13.

	$\chi_A \cdot 10^6$	r in Å (kristallographisch)
Li^+ . . .	$-4{,}0$	0,78
Na^+ . .	$-10{,}4$	0,98
K^+ . . .	$-16{,}9$	1,33
Cs^+ . . .	$-45{,}75$	1,65
F^- . . .	$-13{,}9$	1,33
Cl^- . . .	$-20{,}4$	1,81
Br^- . . .	$-34{,}8$	1,95
J^- . . .	$-49{,}25$	2,20

Wie PASCAL zeigte, ist die molare Suszeptibilität kovalenter Verbindungen annähernd eine additive Eigenschaft. Die allgemeine Bedeutung dafür ist klar. Die Bildung einer einzigen Kovalenz kann man annäherungsweise so behandeln, als wenn nur 2 Elektronen daran beteiligt wären, ohne daß größere Änderungen der anderen Elektronenbahnen auftreten. Die räumliche Verteilung der Elektronendichte rund um die Atome eines bestimmten Elementes, durch welche die Größe der Suszeptibilität bestimmt wird, ist ungefähr dieselbe, wenn man von einer Verbindung zu irgendeiner anderen übergeht. Die Bildung von Doppelbindungen oder von aromatischen Ringen in organischen Verbindungen bewirkt, wie in dem vorhergehenden Kapitel gezeigt wurde, starke Änderungen der Verteilung der Elektronendichte in den äußeren Bahnen, weswegen man hierfür noch konstitutionelle Konstanten einführen muß.

Die Größenordnung der diamagnetischen Erscheinung ist nur gering, wie sich aus den Suszeptibilitäten diamagnetischer Stoffe ergibt. Paramagnetische Stoffe stehen in einer viel stärkeren Wechselwirkung mit dem Magnetfeld, da jedes Molekül oder Atom als Elementarmagnet wirkt. Unter dem Einfluß des Magnetfeldes werden diese Elementarmagnete danach streben, sich parallel zu den Kraftlinien einzustellen, während die Wärmewirkung eine unregelmäßige Verteilung hervorzurufen versucht. Dieser Fall liegt ganz analog wie der von elektrischen Dipolen in einem elektrostatischen Feld, welcher im vorhergehenden Abschnitt behandelt wurde; die Berechnungen führen zu einem ganz entsprechenden Ausdruck. Wenn das magnetische Moment des Elementarmagnetes μ_A ist, dann ist $\chi_A = \frac{N \cdot \mu_A^2}{3RT}$. Die magnetische Suszeptibilität sollte sich demnach umgekehrt mit der absoluten Temperatur ändern gemäß dem empirischen CURIEschen Gesetz: $\chi = C/T$. Tatsächlich gehorchen einige Substanzen streng dem CURIEschen Gesetz, aber häufiger gilt eine erweiterte Beziehung, das CURIE-WEISSsche Gesetz, $\chi_A = \frac{C}{T - \Delta}$. In diesem Ausdruck kann man Δ so erklären, als ob es durch das innere molekulare Magnetfeld, d. h. durch die wechselseitige Einwirkung der Molekülmagnete untereinander, bedingt ist. Δ hat die Dimension einer Temperatur, und einen positiven Wert von Δ kann man dadurch deuten, daß Δ die kritische Temperatur ist, bei der das innere Molekularmagnetfeld die molekulare Ordnung gegen die Wärmebewegung gerade noch aufrechterhalten kann. Δ ist unter dem Namen Curiepunkt bekannt und kennzeichnet die Temperatur, bei dem χ sehr groß wird, d. h., bei der der Paramagnetismus in Ferromagnetismus übergeht. Im allgemeinen kann Δ indessen sowohl positiv als auch negativ sein.

Man kann bei der Deutung des magnetischen Moments μ_A des Elementarmagnetes noch einen Schritt weiter gehen. Ein Elektron, das auf seiner Bahn kreist oder sich um seine Achse dreht, ist ein kreisförmiger elektrischer Strom und erzeugt daher ein Magnetfeld mit dem Moment $\mu_e = \frac{h \cdot e}{4\pi \cdot m \cdot c}$. Bei einer doppelt besetzten Bahn wird dieses Moment aber durch das gleiche und entgegengesetzte Moment des zweiten Elektrons, welches nach dem Pauliprinzip das entgegengesetzte Bahnmoment haben muß, aufgehoben. Die Elementarmagnete paramagnetischer Ionen und Moleküle sind mit der magnetischen Wirkung unpaariger Elektronen in dem paramagnetischen Atom oder Ion identisch. Daraus folgt, daß nur solche Atome oder Ionen, die unvollständige Elektronenschalen besitzen, paramagnetisch sind und daß das magnetische Moment paramagnetischer Ionen als ein Vielfaches der Einheit μ_e ausgedrückt werden kann. Diese Einheit, die unter dem Namen BOHRsches Magneton bekannt ist, hat den Wert 5564 Gauß · cm³ pro Gramm-Molekül. WEISS hat schon vorher versucht, experimentell gefundene magnetische Momente als Vielfaches einer Einheit, des WEISSschen Magnetons mit 1123,5 Gauß · cm³, auszudrücken. Diese Einheit läßt sich jedoch bisher nicht theoretisch deuten und hat daher zur Zeit noch keine physikalische Bedeutung.

Zur Darstellung magnetischer Momente von paramagnetischen Ionen sind auf Grund ihrer Atomstruktur eine Reihe theoretischer Ausdrücke vorgeschlagen worden. So soll für die Übergangsmetalle der Ausdruck μ_A (= magnetisches Moment in BOHRschen Magnetonen) = $\sqrt{4\,S\,(S+1)+L\,(L+1)}$ weitgehend anwendbar sein, wobei S das Gesamtspin- (d. h. $2\,S$ = Zahl der unpaaren Elektronen) und L das Gesamtbahnmoment ist. Aus den unten angegebenen Gründen ist aber außer im Falle des Kobalts der Einfluß des Bahnmoments zu vernachlässigen.

Die zweite Erwartung, daß der Paramagnetismus ein Anzeichen für die Gegenwart unpaariger Elektronen ist, ergab sich aus der Tatsache, daß die Übergangsmetalle und seltenen Erden paramagnetische Ionen bilden, also Elemente, bei denen die $3d$- bzw. $4f$-Schalen aufgefüllt werden. In dem ersten Fall ist die unvollständige $3d$-Schale die „äußerste" Schale des Ions; infolgedessen reicht die Einwirkung von anderen Ionen in Lösung oder in kristallinen Salzen dazu aus, den gesamten oder größten Teil des magnetischen Bahnmoments auszugleichen, so daß das magnetische Moment der Ionen der Eisengruppe fast vollständig durch die Wirkung des Elektronenspins hervorgerufen wird, d. h. $\mu = 2\cdot\sqrt{S\cdot(S+1)}$ BOHRsche Magnetonen. Die Verschiedenheit der magnetischen Momente, die bei fortlaufender Auffüllung der $3d$-Schale lediglich aus dem Spin berechnet sind, ist in Abb. 13 gezeigt, aus der auch die experimentell gefundenen magnetischen Momente für einige typische Verbindungen der Übergangsmetalle zu ersehen sind. Die betrachteten Verbindungen sind einfache Salze und Oxyde wie $CoCl_2$, $MnSO_4 \cdot 4\,H_2O$ und Cr_2O_3; bei den Komplexsalzen der Übergangselemente zeigt die magnetische Untersuchung, daß eine weitgehende Auffüllung der Elektronenschalen stattfindet, so daß Verbindungen wie Hexammincobaltichlorid, $Co(NH_3)_6Cl_3$, und Kaliumferrocyanid, $K_4Fe(CN)_6$, diamagnetisch sind. Die Besprechung dieser überraschenden Erscheinung erfolgt in einem späteren Abschnitt (Kapitel 4, S. 155), in dem die Konstitution der Komplexsalze behandelt wird.

Bei den Ionen der seltenen Erden rührt der Magnetismus von der Auffüllung der $4f$-Schale her. Da diese durch die $5s$- und $5p$-Schale abgeschirmt ist, so ergibt sich das magnetische Moment nicht durch Betrachtung des Gesamtspins allein. Die experimentell gefundenen Werte und die Werte, die von VAN VLECK berechnet wurden, sind in Abb. 14 dargestellt.

Freie Radikale und radikalartige Moleküle besitzen ebenfalls paramagnetische Eigenschaften, da in ihnen eines der Valenzelektronen unpaarig ist. So enthalten Stickoxyd und Chlordioxyd beide eine ungerade Zahl von Elektronen und sind somit paramagnetisch. Die Vereinigung zweier solcher „ungerader“ Moleküle hebt den Paramagnetismus auf, so

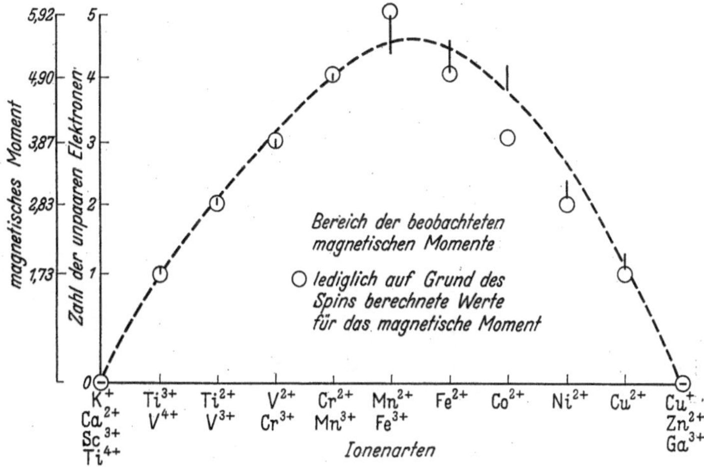

Abb. 13. Magnetische Momente der Ionen aus der Eisengruppe.

daß N_2O_4 diamagnetisch, NO_2 dagegen paramagnetisch ist. Man kann daher in einigen Fällen auf Grund magnetischer Messungen entscheiden, ob derartige Verbindungen durch die einfache oder doppelte Formel

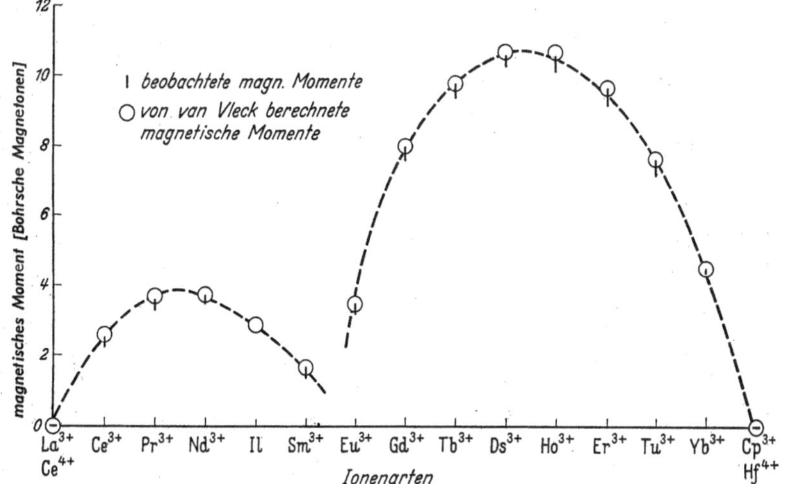

Abb. 14. Magnetische Momente von Ionen der seltenen Erden.

wiederzugeben sind. So besitzen Silber- und Natriumhypophosphat die Summenformeln Ag_2PO_3 und $NaHPO_3$. Das monomere Anion würde eine freie Valenz besitzen (I) und müßte demzufolge paramagnetisch sein. Die Hypophosphate haben sich aber als diamagnetisch erwiesen, so daß

Tabelle 14. Übersichtstabelle.

Magnetische Eigenschaft	Änderung mit der Temperatur	Ursache der Erscheinung	Die Erscheinung tritt auf bei	Beispiel	Größe der Erscheinung
Ferromagnetismus	Geht beim Curiepunkt in Paramagnetismus über	Parallele Anordnung der Molekülmagnete über mikroskopische Bereiche des festen Stoffes, z. B. über jede Kristalliteinheit	Metallen der Eisengruppe und einigen ihrer Verbindungen, HEUSLERschen Legierungen	Fe	Sehr groß $\chi \to \infty$
Ionischer oder normaler Paramagnetismus	$\chi \sim \frac{1}{T}$ oder $\frac{1}{T - \Delta}$	Ein von unvollständigen Elektronenschalen herrührendes Spin- oder Spin-Bahnmoment	Ionen der Übergangsmetalle und seltenen Erden	Cu^{2+}, Co^{2+}, Nd^{3+}	Groß $\chi_A = 10^{-3}$ bis 10^{-2}
Metallischer oder entarteter Paramagnetismus	Temperaturunabhängig	Unkompensierte Spins der die metallische Leitfähigkeit bewirkenden Elektronen	Alkalimetallen, Cu, Ag usw., einigen Einlagerungscarbiden, -nitriden usw.	Na, Ag, TiN	Klein $\chi_M \approx 10^{-5}$
Diamagnetismus	Temperaturunabhängig	Wechselwirkung zwischen dem Magnetfeld und den abgeschlossenen Elektronenschalen	Ionen im Edelgaszustand. Komplexionen der Übergangsmetalle[22]	Na^+, Br^-, Cu^+, $[Co(NH_3)_6]^{3+}$, $[Fe(CN_6)]^{4-}$	Klein $\chi_A \approx -10^{-5}$ bis 10^{-6}
Restlicher Paramagnetismus[23]	Temperaturunabhängig	Unkompensierter Paramagnetismus von Komplexionen	Mehratomigen Ionen(besonders Ionen von Sauerstoffsäuren) der Übergangselemente	MnO_4^-, MoO_4^{2-}	Klein $\chi_A \approx 10^{-5}$

[22] Für diese wird sich vielleicht bei genauen Messungen ein restlicher Paramagnetismus herausstellen.

[23] Anmerkung des Übersetzers. Der Ausdruck „Restlicher Paramagnetismus" (engl.: residual paramagnetism) wird im Englischen zwar für die verschiedenartigsten Begriffe benutzt, gehört aber nicht zu den üblichen Einteilungsmerkmalen. Außer den in der Tabelle genannten Arten, dem Ferromagnetismus, dem Ionen- oder normalen Paramagnetismus, dem metallischen oder entarteten Paramagnetismus und dem Diamagnetismus unterscheidet man gewöhnlich noch den anormalen Diamagnetismus und den Antiferromagnetismus. Der durch die Leitungselektronen verursachte, temperaturunabhängige entartete Paramagnetismus besitzt eine geringe positive Suszeptibilität ($\approx 10^{-5}$). Man findet ihn bei solchen gefärbten Verbindungen der Übergangselemente, die eigentlich diamagnetisch sein müßten, z. B. MnO_4^-, sowie bei den in der Tabelle unter diamagnetisch verzeichneten Komplexen, z. B. $[Co(NH_3)_6]^{3+}$. Daneben gibt es noch — als Gegenstück zum Ferromagnetismus mit paralleler Spin-Spin-Kopplung — den Antiferromagnetismus, bei dem die Spinmomente nicht parallel, sondern antiparallel zueinander stehen, so daß der Magnetismus nahezu verschwindet. Der Antiferromagnetismus hat — wie der entartete Paramagnetismus des Elektronengases — eine kleine, temperaturunabhängige positive Suszeptibilität. Man findet ihn bei vielen Übergangsmetallen, z. B. beim Ti, Mn und bei Verbindungen wie FeS_2, Fe_2O_3 usw. Der anormale Diamagnetismus schließlich zeigt einen anormal hohen Betrag ($\approx 10^{-4}$).

die Formeln der Salze in Wirklichkeit $Na_2H_2P_2O_6$ und $Ag_4P_2O_6$ mit dem Anion (II) sein müssen.

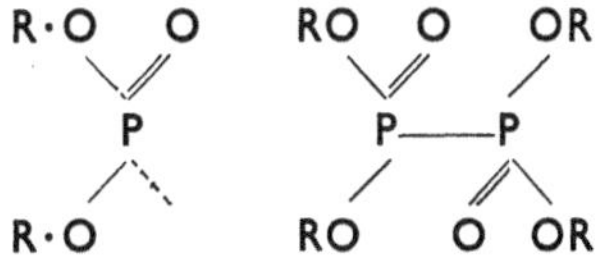

R·O O RO O OR
P P——P
R·O RO O OR
(I) (II)

Ebenso ist das FREMYsche Salz, eine gelbe Verbindung der Formel $(KSO_3)_2NO$, im festen Zustand diamagnetisch, obgleich aus der einfachen Formel die Anwesenheit einer freien Valenz hervorgeht. Seine Lösungen sind tiefblau und paramagnetisch. Danach muß das feste Salz dimer sein, und in der Lösung muß eine Dissoziation stattfinden:

$$\underset{\text{gelb, diamagnetisch}}{(KSO_3)_4N_2O_2} \rightleftharpoons \underset{\text{blau, paramagnetisch}}{2\,(KSO_3)_2NO}$$

Viertes Kapitel.

Koordinationsverbindungen und anorganische Stereochemie.

Einleitung.

In der Chemie der metallischen Elemente haben sich wenige Verallgemeinerungen als so fruchtbar erwiesen wie diejenigen, welche auf der Untersuchung von Komplexverbindungen beruhen; hiermit bezeichnet man Verbindungen, die durch stöchiometrische Vereinigung bereits abgesättigter, selbständig und unabhängig existenzfähiger Moleküle entstehen; als Beispiele für derartige Komplex- oder Molekülverbindungen seien die höchst charakteristischen Ammoniakate des dreiwertigen Kobalts genannt, z. B. $Co(NH_3)_6Cl_3$, sowie die zahlreichen komplexen Cyanide, z. B. $K_4Fe(CN)_6$ oder $4\,KCN \cdot Fe(CN)_2$, sowie die Alaune, z. B. $NH_4Al(SO_4)_2 \cdot 12\,H_2O$, und viele andere Doppelsalze.

Es ist nicht notwendig, die verschiedenen älteren Anschauungen über die Konstitution derartiger Komplexverbindungen zu betrachten, wie sie mit dem Namen BLOMSTRAND und JÖRGENSEN verknüpft sind, da die Koordinationstheorie von WERNER sich als umfassend erwiesen hat und sowohl auf chemischem als auch auf physikalischem Wege vollständig bestätigt werden konnte. Ohne Benutzung irgendeiner besonderen Theorie über die Valenz werden nach WERNER die neutralen Moleküle oder entgegengesetzt geladenen Ionen rund um ein Zentralion in der „ersten Sphäre" oder *Koordinationssphäre* gruppiert oder *koordiniert*. Die Zahl von Gruppen, welche derartig um ein Zentralion angeordnet werden können, nennt man die *Koordinationszahl*; sie ist eine charakteristische Eigenschaft des Ions. Im allgemeinen kann die Koordinationszahl nur solche Werte annehmen (2, 3, 4, 6, 8), die räumlich symmetrische Anordnungen zulassen; die Werte 6 und 4 treten am häufigsten auf. So sind im Hexammincobaltichlorid sechs Ammoniakmoleküle um das Cobalti-Ion koordiniert, wodurch ein neues *Komplexion* $[Co(NH_3)_6]^{3+}$ entsteht; das Chlor ist in „zweiter Sphäre" gebunden, d. h., es liegt nach den modernen Anschauungen als unabhängiges Anion vor. Das Ferrocyanid-Anion $[Fe(CN)_6]^{4-}$ ist ein Beispiel für die Koordination negativer Ionen; in ihm sind sechs CN^--Ionen um ein zentrales Ferro-Ion so koordiniert, daß ein komplexes Anion mit einer negativen Gesamtladung von 4 entsteht.

Eine große Zahl von Komplexverbindungen oder Doppelverbindungen fällt natürlich in den Rahmen dieser Art der Formulierung, bei der es sich, wie unten gezeigt werden soll, um eine definierte chemische Vereinigung zwischen den koordinierten Gruppen und dem Zentralatom handelt. Zur Abgrenzung der Anwendbarkeit und zur Vermeidung einer falschen Anwendung ist es notwendig, den Begriff Komplexverbindungen genauer zu definieren. Das Kennzeichen einer Komplexverbindung besteht darin, daß diese in der Lösung in Form eines koordinierten Komplexes vorliegt. Die Röntgenuntersuchung von Kristallen hat gezeigt, daß das Kristallgitter in einigen Fällen Bausteine enthalten kann, die im chemischen Sinne nicht gebunden sind, die aber im stöchiometrischen Verhältnis zusammenkristallisieren und dabei ein neues Gitter bilden, das wahrscheinlich eine festere Struktur und eine geringere Gitterenergie besitzt als die einzelnen Bestandteile allein. Bei der Auflösung des Kristalls trennen sich die Bausteine voneinander und die stöchiometrische „Verbindung" hört auf zu bestehen. Derartige Verbindungen, die eine einheitliche und stöchiometrisch kristalline Phase bilden, können als *Gitterverbindungen* bezeichnet werden; zu dieser Klasse gehören viele Verbindungen, die man nach der WERNERschen Theorie nur mit großen Schwierigkeiten erklären kann oder bei denen die ungewöhnlichen und unsymmetrischen Koordinationszahlen 5 und 7 auftreten. So bildet Cäsiumchlorid mit Kobaltchlorid ein Doppelsalz der Form Cs_3CoCl_5, in welchem das Kobalt scheinbar die Koordinationszahl 5 besitzt, die außer in Kovalenzverbindungen (PCl_5, JF_5) und in dem vereinzelten Fall des Eisenpentacarbonyls, $Fe(CO)_5$ unbekannt ist. Die Kristallstruktur Cs_3CoCl_5 zeigt indessen[1], daß in dem Gitter sowohl $CoCl_4^{2-}$ als auch Cl^--Anionen unabhängig voneinander vorkommen. In der Lösung gibt es keine Anzeichen für die Beständigkeit eines $CoCl_5^{3-}$-Anions; diese Verbindung muß man demnach als eine Gitterverbindung $Cs_2CoCl_4 + CsCl$ auffassen, die nur im festen Zustand beständig ist. Ebenso sind die Fluozirkonate vom Typus $(NH_4)_3ZrF_7$ nicht Verbindungen mit der Koordinationszahl 7, sondern werden vielmehr dargestellt[2] als $(NH_4)_2[ZrF_6] + NH_4F$. Zu derselben Klasse gehören die Alaune und andere Doppelsalze. Von der Kristallstruktur der Alaune weiß man, daß sie sich aus Alkalimetall-, $[Al(H_2O)_6]^{3+}$- und SO_4^{2-}-Ionen aufbaut, wobei die letzten beiden möglicherweise in der festen Phase durch weitere Wassermoleküle zusammengehalten werden, wie in einem späteren Abschnitt besprochen werden soll. In der Lösung ist aber jede Ionenart unabhängig beständig, das Ganze bildet also nur eine Gitterverbindung. Zu diesem Typ gehört

[1] POWELL u. WELLS: J. chem. Soc. 1935, 359.
[2] HASSEL u. MARK: Z. Physik 1924, **27**, 89.

eine große Zahl von Doppelsalzen und ebenso viele Additionsverbindungen, die neutrale Moleküle enthalten, z. B. die wasserreichen Hydrate vieler Alkalimetallsalze und ebenso viele organische Komplexverbindungen.

Der Unterschied zwischen den Gitterverbindungen und den echten Molekülkomplexen ist ziemlich gut an der Verschiedenheit der Eigenschaften zwischen dem braunen Rhodiumalaun $CsRh(SO_4)_2 \cdot 12H_2O$ und dem roten Doppelsulfat $Cs[Rh(SO_4)_2] \cdot 4H_2O$ zu ersehen, welches entsteht, wenn Lösungen des Alauns eingedunstet werden. Daß das letztere ein echtes komplexes Anion $[Rh(SO_4)_2]^-$, enthält, zeigt sich daran, daß seine Lösung keine sofortige Fällung mit Bariumchlorid ergibt, während der Alaun alle Reaktionen des Sulfatrestes zeigt.

Von den echten Komplexverbindungen, die auch in Lösung beständig sind, kann man zwei Grenzarten deutlich unterscheiden.

a) Verbindungen, wie die Ammoniakate von Metallsalzen — z. B. $CoCl_2 \cdot 6NH_3$ — die entweder im festen Zustand oder in Lösung rückläufig in ihre Komponenten dissoziieren, in denen also die Bestandteile nur lose aneinander gebunden sind. Diese werden von BILTZ[3] als *normale Komplexe* bezeichnet. In diese Gruppe kann man auch viele komplexe Anionen einreihen, bei denen eine ähnliche Dissoziation erfolgt, z. B.

$$\begin{array}{ccc} K_2[Cd(CN)_4] & \rightleftharpoons & 2KCN + Cd(CN)_2 \\ \upharpoonleft\downharpoonright & & \upharpoonleft\downharpoonright \\ 2K^+ + [Cd(CN)_4]^{2-} & & 2K^+ + 2CN^- + Cd^{2+} + 2CN^- \end{array}$$

b) Verbindungen, die keinen Anhalt für eine rückläufige Dissoziation bieten und in denen sich die Koordinationsbindung in ihrer Stärke und dem Vorhandensein ausgeprägter Richtungen nicht von einer normalen Kovalenzbindung unterscheidet. Beispiele für derartige Komplexe, die von BILTZ als *Durchdringungskomplexe*[4] bezeichnet werden, bieten das Hexammincobaltikation, $[Co(NH_3)_6]^{3+}$, und das Ferrocyanidanion, $[Fe(CN)_6]^{4-}$. Offensichtlich handelt es sich hierbei mehr um Grenztypen als um eine scharfe Trennung in zwei verschiedene Gruppen.

Die Grundlagen der WERNERschen Theorie.

Wir wollen vorteilhafterweise zunächst die experimentellen Beweise der Koordinationstheorie etwas näher betrachten und uns dabei hauptsächlich auf die bei den Kobaltamminen gewonnenen Erkenntnisse beziehen. Bei Anwesenheit von Ammoniak und Ammoniumsalzen werden die Kobalt(II)-salze leicht durch Luftsauerstoff oxydiert und geben, je nach den Bedingungen, Mischungen von einer größeren Zahl ammoniakhaltiger Cobaltisalze. Unter diesen kommt ein organgegelbes Salz vor, das als Luteocobaltichlorid bekannt ist und die Zusammensetzung $CoCl_3 \cdot 6NH_3$ hat. Beim Zusatz von Silbernitrat fällt sämtliches Chlor aus und es bleibt in Lösung ein Nitrat der Zusammensetzung $Co(NO_3)_3 \cdot 6NH_3$. Wenn man das feste Chlorid mit konzentrierter Schwefelsäure behandelt,

[3] BILTZ, W.: Z. anorg. allg. Chem. 1927, **164**, 345.

[4] Der Ausdruck Durchdringungskomplex soll das ungewöhnlich kleine molekulare Volumen zum Ausdruck bringen, welches das Ammoniak in derartigen Verbindungen einnimmt (vgl. S. 155).

so wird Salzsäure verdrängt, aber kein Ammoniak entfernt, und es bildet sich das entsprechende Sulfat, $Co_2(SO_4)_3 \cdot 12\,NH_3$; ebenso bewirkt konzentrierte Salzsäure bei 100° keine Zersetzung. Heiße Alkalien zersetzen die Verbindung unter Bildung von Co_2O_3, während feuchtes Silberoxyd eine Lösung einer starken, sehr gut löslichen Base ergibt, die Kohlendioxyd der Luft absorbiert und bei der Behandlung mit Säuren Salze mit der allgemeinen Formel $CoX_3 \cdot 6\,NH_3$ zurückbildet. Offensichtlich bleibt durch sämtliche Reaktionen hindurch eine beständige, fest gebundene Einheit, $[Co(NH_3)_6]^{3+}$, erhalten, und man muß daraus schließen, daß diese Einheit ein komplexes Kation bildet und daß man das Luteocobaltichlorid als $[(Co(NH_3)_6]Cl_3$ formulieren muß; es wird in der Systematik als Hexammincobaltichlorid bezeichnet. Übereinstimmend damit ergab sich für den VAN'T HOFFschen Koeffizienten i auf kryoskopischem Wege der Wert 3,9—4,2 und für die Äquivaltenleitfähigkeit Λ_{1024} der Wert 432. Wie man aus dem Vergleich mit der Tabelle 1 ersehen kann, stimmt die letztere Zahl mit den Werten überein, die man für ein Salz erwarten sollte, das in vier Ionen dissoziiert.

Tabelle 1.

Verdünnung	In zwei Ionen dissoziierende Salze			In drei Ionen dissoziierende Salze		
	$NaCl$ Λ	$KClO_3$ Λ	$AgNO_3$ Λ	$BaCl_2$ Λ	$MgBr_2$ Λ	K_2SO_4 Λ
128	113	122	126	224	215	246
256	115	125	128	237	223	257
512	117	126	130	248	230	265
1024	118	127	131	260	235	273

Verdünnung	In vier Ionen dissoziierende Salze			In fünf Ionen dissoziierende Salze	
	$AlCl_3$ Λ	$CeCl_3$ Λ	$K_3Fe(CN)_6$ Λ	$K_4Fe(CN)_6$ Λ	$[Pt(NH_3)_6]Cl_4$ Λ
128	342	366	372	432	—
256	371	381	397	477	433
512	393	393	418	520	485
1024	413	408	435	558	523

Ein zweites Salz, das man durch Oxydation von Kobaltchlorid in Gegenwart von Ammoniak erhalten kann, ist die Verbindung $CoCl_3 \cdot 5\,NH_3 \cdot H_2O$, die schon lange unter dem Namen *Roseocobaltichlorid* bekannt ist. Aus dieser Verbindung können andere Salze dargestellt werden, z. B. ein Sulfat $Co_2(SO_4)_3 \cdot 10\,NH_3 \cdot 5\,H_2O$, ein Chloroplatinat, $Co_2(PtCl_6)_3 \cdot 10\,NH_3 \cdot 8\,H_2O$ usw. Im Gegensatz zum Chlorid, das kein Wasser abgibt, verlieren diese Salze durch Entwässern bei Zimmertemperatur 3 bzw. $6\,H_2O$, woraus hervorgeht, daß in ihnen ein Molekül Wasser pro Kobaltatom anders und fester gebunden ist als die übrigen. Da dieses Wassermolekül zusammen mit den $5\,NH_3$ in allen Salzen vorliegt, muß man schließen, daß es ein Bestandteil des komplexen Kations $\left[Co{(NH_3)_5 \atop H_2O}\right]^{3+}$ ist; dieses entspricht vollständig dem Hexammincobaltikation, nur ist ein Ammoniakmolekül in der Koordinationsschale durch ein Wassermolekül ersetzt, so daß demnach die Koordinationszahl 6 erhalten bleibt. Roseocobaltichlorid wird demnach als Aquopentammincobaltichlorid bezeichnet. Diese Anschauung wird vollständig durch die chemischen Eigenschaften des Salzes bestätigt, da sämtliches Chlor sofort mit Silbernitrat gefällt werden kann und $\Lambda_{1024} = 394$ ist, woraus hervorgeht, daß das Salz in 4 Ionen dissoziiert. Endlich besteht ein Unterschied zwischen dem Kristallwasser des Salzes, welches über Schwefelsäure bei Zimmertemperatur leicht entfernt werden kann, und dem in dem Komplex gebundenen Wasser, das viel hartnäckiger festgehalten wird. Dieses letzte Wassermolekül kann zwar bei 100° auch noch entfernt werden, aber bei seiner Entfernung entsteht ein neues Salz mit anderen Eigenschaften.

Das Salz, das man durch Entwässerung von Aquopentammincobaltichlorid bei 100° erhält, erweist sich als identisch mit Purpureocobaltichlorid, $CoCl_3 \cdot 5\,NH_3$, das man durch direkte Oxydation ammoniakalischer Kobaltsalze gewinnen kann. Es ist schon sehr früh beobachtet worden, daß sich in dieser Verbindung zwei Chloratome von dem dritten unterscheiden, da Silbernitrat in der Kälte nur 2 Chloratome fällt (KROK 1870); in der Lösung bleibt ein Salz zurück, dessen Chlor beim Kochen langsam gefällt wird. Dementsprechend bildet konzentrierte Schwefelsäure ein Sulfat, $CoClSO_4 \cdot 5\,NH_3$, welches nicht mit Silbernitrat reagiert. Da die Äquivalentleitfähigkeit zeigt, daß das Purpureochlorid in drei Ionen dissoziiert, so wird das indifferente Verhalten des dritten Chloratoms offensichtlich dadurch hervorgerufen, daß es in den Komplex mit hineinbezogen ist; es entsteht so ein neues komplexes Kation, $\left[Co{(NH_3)_5 \atop Cl}\right]^{2+}$, welches zu dem Hexammin-Kation $[Co(NH_3)_6]^{3+}$ dadurch in Beziehung steht, daß ein neutrales Ammoniakmolekül durch ein negatives Chlorion ersetzt ist, welches nicht elektrolytisch abdissoziiert. Während die Koordinationszahl 6 erhalten bleibt, bewirkt der Eintritt eines negativen Ions in den koordinierten Komplex die Verminderung der gesamten Kationenladung um eine Einheit, so daß der gesamte Komplex zweiwertig wird. In der Systematik bezeichnet man diese Verbindungen nach der WERNERschen Nomenklatur als *Chloropentammincobaltisalze*.

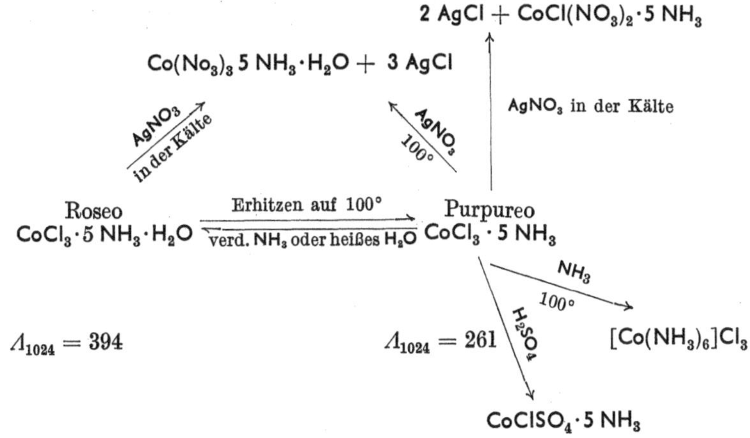

Das Chlorion innerhalb des Komplexes kann durch andere Anionen ersetzt werden, die ganz allgemein durch eine der beiden folgenden Reaktionen eingeführt werden können:

a) Ersatz des Wassers des entsprechenden Aquopentamminsalzes durch Erhitzen über 100°, z. B.

$$[Co(NH_3)_5H_2O](NO_3)_3 \rightarrow \left[Co{(NH_3)_5 \atop (NO_3)}\right](NO_3)_2.$$

b) Aus Aquopentamminsalzen in schwach sauren Lösungen besonders mit solchen Anionen, die eine starke Neigung zur Bildung von Komplexionen zeigen, z. B. CNS^-

$$[Co(NH_3)_5H_2O]Cl_3 + KCNS \xrightarrow[\text{Lösung}]{\text{in essigsaurer}} [Co(NH_3)_5(CNS)]Cl_2 + KCl.$$

Ionisationsisomerie.

In einigen Fällen nehmen zweibasische Säureradikale nur eine Stelle in dem koordinierten Komplex ein. So erhält man bei der Einwirkung von konzentrierter Schwefelsäure auf Chloropentammincobaltichlorid ein saures Sulfat der Zusammensetzung $CoSO_4 \cdot SO_4H \cdot 5\,NH_3 \cdot 2\,H_2O$, in der die Bisulfatgruppe allein leicht gegen andere Säuren ausgetauscht werden kann. Dies führt zu der Formulierung $\left[Co{(NH_3)_5 \atop SO_4}\right]SO_4H \cdot 2\,H_2O$; diese wird durch die Äquivalentleitfähigkeit des entsprechenden Bromids, $\Lambda_{1024} = 114$, erhärtet, aus der sich eine Dissoziation in nur zwei Ionen ergibt. Da die SO_4-Gruppe nur eine Koordinationsstelle besetzt und nicht ionisiert ist, so neutralisiert sie zwei Ionenladungen des Kobalts, wodurch der ganze Komplex einwertig wird.

Andere zweibasische Säuren können sich ähnlich verhalten. So entstehen bei der Einwirkung von Oxalsäure auf Aquopentammincobaltisalze eine Reihe von Oxalato-pentamminsalzen:

$$\left[Co{(NH_3)_5 \atop H_2O}\right]_2(SO_4)_3 + 2\,H_2C_2O_4 = \left[Co{(NH_3)_5 \atop C_2O_4}\right]_2(SO_4) + 2\,H_2SO_4 + 2\,H_2O.$$

Das Vorkommen derartiger Salze eröffnet die Möglichkeit einer neuen Art von Isomerie, welche tatsächlich auftritt und von WERNER als *Ionisationsisomerie* bezeichnet wurde. So ist das rotviolette Sulfatopentamminbromid $\left[Co{(NH_3)_5 \atop SO_4}\right]Br$ ein Ionisationsisomeres des violetten Bromo-pentamminsulfats $\left[Co{(NH_3)_5 \atop Br}\right]SO_4$.

Salzisomerie.

Eine zweite wichtige Art von Isomerie tritt in der Reihe der Acidopentammine auf und wird als *Salzisomerie* bezeichnet; sie hängt mit dem möglichen Auftreten von isomeren Formen des in dem Komplex gebundenen Säureradikals zusammen.

Die Oxydation von ammoniakalischem Kobaltsulfat mit nitrosen Gasen führt zur Bildung eines gelbbraunen Salzes, des Xanthocobaltisulfats, $Co(NO_2)SO_4 \cdot 5\,NH_3$, das gegenüber Mineralsäuren beständig ist und durch verdünnte Salpetersäure in das Nitrat $Co(NO_2)(NO_3)_2 \cdot 5\,NH_3$

umgewandelt wird. Das entsprechende Chlorid zeigt eine Leitfähigkeit $\Lambda_{1024} = 240$ und dissoziiert demnach in drei Ionen, woraus sich ergibt, daß die Xanthocobaltiverbindungen Salze eines komplexen Kations $\left[Co{(NH_3)_5 \atop NO_2}\right]$ sind, welches eine beständige $—NO_2$-Gruppe enthält.

Ein isomeres Salz kann man durch Behandlung einer neutralen Lösung von Aquopentammincobaltichlorid mit Natriumnitrit darstellen. Man erhält auf diese Weise ein rötlich-chamoisfarbenes Chlorid, $Co(NO_2)Cl_2 \cdot 5\,NH_3$, von welchem man durch Zusatz von Ammoniumnitrat ein scharlachrotes Nitrat, $Co(NO_2)(NO_3)_2 \cdot 5\,NH_3$ fällen kann. Daß diese Verbindungen ebenfalls Salze des Kations $\left[Co{(NH_3)_5 \atop NO_2}\right]$ sind, wird durch die Äquivalentleitfähigkeit des Chlorids, $\Lambda_{1024} = 258$ bestätigt. Die roten Salze sind indessen unbeständig und werden durch Einwirkung warmer Mineralsäuren sofort, in wäßriger Lösung oder im festen Zustand langsamer in Salze der Xanthoreihe umgewandelt. Die Beziehungen zwischen diesen beiden Reihen sind in dem folgenden Schema zusammengestellt:

$$CoSO_4 + NH_3 + N_2O_3 \longrightarrow \left[Co{(NH_3)_5 \atop NO_2}\right]SO_4$$

$$\left[Co{(NH_3)_5 \atop Cl}\right]Cl_2 \xrightarrow{\text{verd. } NH_3} \left[Co{(NH_3)_5 \atop H_2O}\right]Cl_3$$

$$\left[Co{(NH_3)_5 \atop Cl}\right]Cl_2 \xrightarrow{NaNO_2 + \text{verd. } HCl} \left[Co{(NH_3)_5 \atop NO_2}\right]Cl_2 \quad \left[Co{(NH_3)_5 \atop H_2O}\right]Cl_3 \xrightarrow{NaNO_2 + \text{konz. } HCl} \left[Co{(NH_3)_5 \atop NO_2}\right]Cl_2 \quad \left[Co{(NH_3)_5 \atop NO_2}\right]SO_4 \xrightarrow{BaCl_2} \left[Co{(NH_3)_5 \atop NO_2}\right]Cl_2$$

$$\left[Co{(NH_3)_5 \atop NO_2}\right]Cl_2 \xrightarrow[\text{oder spontan}]{\text{warme Mineralsäure}} \left[Co{(NH_3)_5 \atop NO_2}\right]Cl_2$$

$$\downarrow NH_4NO_3 \qquad\qquad \downarrow HNO_3$$

$$\left[Co{(NH_3)_5 \atop NO_2}\right](NO_3)_2 \qquad\qquad \left[Co{(NH_3)_5 \atop NO_2}\right](NO_3)_2$$

scharlachrot; unbeständig — gelb-braun; beständig

Die einzige offensichtliche Isomeriemöglichkeit liegt in der $—NO_2$-Gruppe, die wie in den organischen Estern der salpetrigen Säure und den Nitroverbindungen entweder als $—O—N{=}O$ oder als $—N{\nearrow O \atop \searrow O}$ reagieren kann. Bei den anorganischen Nitriten ist eine derartige Isomerie nicht bekannt. Die Xanthosalze bilden die beständigeren Reihen; sie sind gelb gefärbt, wie das Hexammincobaltikation, in dem nur Stickstoffatome an das Kobalt gebunden sind. Aquopentammincobaltichlorid, $\left[Co{(NH_3)_5 \atop OH_2}\right]Cl_3$, und Nitratopentammincobaltichlorid, $\left[Co{(NH_3)_5 \atop ONO_2}\right]Cl_2$, in denen beiden zweifellos das Kobalt an ein Sauerstoffatom gebunden ist, sind rot gefärbt. So werden sowohl auf Grund der Farbe als auch auf Grund der Beständigkeit die roten Salze als *Nitritopentamminsalze*, $\left[Co{(NH_3)_5 \atop ONO}\right]X_2$, und die Xanthosalze als *Nitropentammine*, $\left[Co{(NH_3)_5 \atop NO_2}\right]X_2$, betrachtet. In allen Fällen sind die Nitroverbindungen die beständigeren Isomeren.

Das Auftreten von Salzisomerie sollte man auch bei den Rhodanidverbindungen erwarten, in denen entweder das echte Rhodanidion, $—S—C{\equiv}N$, oder das Isorhodanidion, —N=C=S, enthalten sein kann. Eine derartige Isomerie tritt jedoch nicht auf, obgleich von beiden Typen Verbindungen bekannt sind. In den Kobaltamminen liegt die Gruppe stets unveränderlich in der Isorhodanidform vor, da bei der hydrolytischen Oxydation mit Chlor der Stickstoff weiter an dem Kobaltatom gebunden bleibt, und zwar in Form eines Ammoniakmoleküls.

$$\left[Co\begin{matrix}(NH_3)_5\\ H_2O\end{matrix}\right]Cl_3 \xrightarrow[\text{Essigsäure}]{KCNS+} \left[Co\begin{matrix}(NH_3)_5\\ NCS\end{matrix}\right]Cl_2 \xrightarrow{Cl_2} [Co(NH_3)_6]Cl_3 + CO_2 + H_2SO_4.$$

In den Chromverbindungen andererseits liegt die normale Rhodanidgruppe vor, da durch eine ähnliche Behandlung das —SCN in dem Komplex durch —Cl ersetzt wird:

$$\left[Cr\begin{matrix}(NH_3)_5\\ SCN\end{matrix}\right] \xrightarrow{Cl_2} \left[Cr\begin{matrix}(NH_3)_5\\ Cl\end{matrix}\right]Cl_2 + NH_3 + CO_2 + H_2SO_4.$$

Disubstituierte Komplexe.

In Übereinstimmung mit der Wernerschen Vorstellung von der Gleichwertigkeit der Koordinationsstellen hat sich gezeigt, daß Komplexionen vom Typus $[CoA_5B]$, in denen A z. B. NH_3 und B entweder ein neutrales Molekül, wie H_2O, oder ein Säureradikal ist, nur in einer Form vorkommen, wenn nicht gerade Salzisomerie vorliegt. Die Substitution einer 2. Gruppe, die zu einem Komplex vom Typus $[CoA_4XY]$ führt, ergibt die Möglichkeit des Auftretens von *Stereoisomerie*, wobei aus der Zahl der gebildeten Isomeren die räumliche Anordnung der Gruppen hervorgehen müßte. Von den drei möglichen Anordnungen der sechs äquivalenten Punkte (Abb. 15) sollte sowohl die ebene, secheckige (1) als auch die trigonale prismatische (2) Anordnung zu drei Isomeren des $[CoA_4XY]$-Komplexes führen, in dem X und Y die relativen Stellungen 1,2; 1,3 bzw. 1,4 einnehmen. Eine regelmäßige oktaedrische Anordnung (3) liefert zwei disubstituierte Produkte — 1,2 und 1,6 — und nur zwei dreifach substituierte Formen $[CoA_3X_3]$ (Abb. 16). Die Experimente ergeben in jedem Fall das Auftreten von je zwei stereoisomeren Formen und bestätigen vollauf die Wernersche Theorie der oktaedrischen Anordnung des sechsfach koordinierten Komplexes:

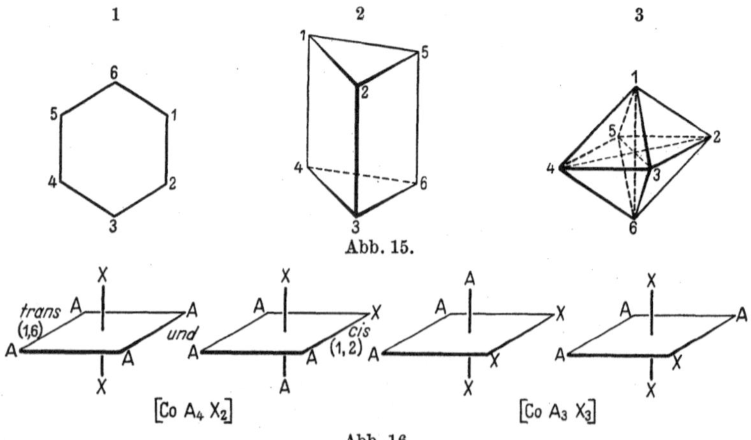

Abb. 15.

Abb. 16.

Cis-trans-Isomerie in Diacido-tetramminkomplexen.

Die Oxydation von Kobalt (II)-Salzen in Gegenwart von Ammoniumcarbonat führt zur Entstehung eines Salzes, das nach seinen Reaktionen ein Carbonato-tetramminkobaltsalz, $\left[\mathrm{Co}{(\mathrm{NH_3})_4 \atop \mathrm{CO_3}}\right]\mathrm{X}$, ist; dieses Salz reagiert leicht mit Säuren, wobei die Carbonato-Gruppe durch andere Säureradikale ersetzt wird.

$$[\mathrm{CO(NH_3)_4CO_3}]\mathrm{NO_3} + 2\,\mathrm{HX} \rightarrow [\mathrm{Co(NH_3)_4X_2}]\mathrm{NO_3} + \mathrm{H_2O} + \mathrm{CO_2}.$$

Auf diese Weise wird durch die Einwirkung von salpetriger Säure ein gelbbraunes Salz, $[\mathrm{Co(NH_3)_4(NO_2)_2}]\mathrm{NO_3}$, das Flavocobaltinitrat gebildet, das eine Äquivalentleitfähigkeit Λ_{1024} von 101 besitzt. Ein isomeres Salz, das Croceocobaltinitrat, entsteht bei der Oxydation von Kobalt (II)-Salzen in Gegenwart von Natriumnitrit oder bei der Einwirkung von Natriumnitrit und Essigsäure auf $[\mathrm{Co(NH_3)_5NO_2}](\mathrm{NO_3})_2$. Dieses Croceosalz ist gelborange gefärbt; Λ_{1024} beträgt 88. Daß sowohl das Flavo- als auch das Croceosalz Nitroverbindungen sind, ergibt sich aus ihrer Beständigkeit gegenüber Säuren. Da beide Salze in zwei Ionen dissoziieren, müssen daher ihre Unterschiede durch Stereoisomerie bedingt sein.

Dieselbe Art von Isomerie zeigt sich bei den Dinitro-diäthylendiamincobaltisalzen, aus deren Reaktionen hervorgeht, daß man bei allen disubstituierten Komplexen zwei isomere Reihen darstellen kann. Äthylendiamin,

$$\mathrm{NH_2 \cdot CH_2CH_2 \cdot NH_2} \text{ (abgekürzt en)},$$

kann bei der Komplexbildung die Stelle von zwei Molekülen Ammoniak einnehmen; seine Komplexverbindungen ähneln weitgehend denAmminen. Im allgemeinen wird durch die Einführung von Äthylendiamin die Beständigkeit der Verbindungen vergrößert. Die Beziehungen zwischen den stereoisomeren Verbindungsreihen gehen aus dem folgenden Reaktionsschema hervor:

$\left[\mathrm{Co}{\mathrm{en_2} \atop (\mathrm{NO_2})_2}\right]\mathrm{X}$ *braun, Flavoreihe*

↓ konz. $\mathrm{HNO_2}$

$\left[\mathrm{Co}{\mathrm{en_2} \atop (\mathrm{NO_3})_2}\right]\mathrm{NO_3}$ $\left[\mathrm{Co}{\mathrm{en_2} \atop (\mathrm{CO_3})}\right]\mathrm{NO_3}$

↓ $\mathrm{H_2O}$ in der Wärme (links); ↙ verd. $\mathrm{HNO_3}$ (vom Carbonatosalz)

$\left[\mathrm{Co}{\mathrm{en_2} \atop (\mathrm{H_2O})_2}\right](\mathrm{NO_3})_3$ $\xrightarrow{\mathrm{KOH}}$ $\left[\mathrm{Co}{\mathrm{en_2} \atop {(\mathrm{H_2O}) \atop \mathrm{OH}}}\right](\mathrm{NO_3})_2$ $\xrightarrow[\mathrm{HNO_2}]{\text{verd.}}$ $\left[\mathrm{Co}{\mathrm{en_2} \atop (\mathrm{H_2O})_2}\right](\mathrm{NO_3})_3$

leuchtend rot — *rötlichbraun*

↓ $\mathrm{NaNO_2 + AcOH}$ — ↓ $\mathrm{NaNO_2 + AcOH}$

$\left[\mathrm{Co}{\mathrm{en_2} \atop (\mathrm{ONO})_2}\right]\mathrm{NO_3}$ *rotbraun, Nitritoverbindung* — $\left[\mathrm{Co}{\mathrm{en_2} \atop (\mathrm{ONO})_2}\right]\mathrm{NO_3}$ *gelbrot, Nitritoverbindung*

↓ — ↓

$\left[\mathrm{Co}{\mathrm{en_2} \atop (\mathrm{NO_2})_2}\right]\mathrm{NO_3}$ *braun, Flavoreihe* — $\left[\mathrm{Co}{\mathrm{en_2} \atop (\mathrm{NO_2})_2}\right]\mathrm{NO_3}$ *gelb, Croceoreihe*

Die Bestimmung der Konfiguration.

Die Bestimmung der Konfiguration stereoisomerer Reihen beruht auf der Tatsache, daß Gruppen mit zwei Funktionen, wie Äthylendiamin oder das Oxalation (die von G. T. MORGAN nach dem griechischen χηλή, Krebsschere, als Chelatgruppen[5] bezeichnet werden) aus Erwägungen über Molekulargrößen nur *cis*- oder 1,2-Stellungen umfassen können. Wenn man annimmt, daß während der Reaktion keine intramolekulare Änderung in der Konfiguration erfolgt, so muß demnach das Isomere, welches mit einer Chelatgruppe reagieren kann oder welches durch Ersatz einer derartigen Gruppe gebildet wird, zur *cis*-Reihe gehören.

Die Anwendung dieser Überlegungen auf die isomeren Dichlorotetrammincobaltisalze ist in den folgenden Reaktionsreihen zusammengefaßt:

$$\left[Co\begin{matrix}(NH_3)_4\\CO_3\end{matrix}\right]Cl \xrightarrow{\text{verd. HCl}} \left[Co\begin{matrix}(NH_3)_4\\(H_2O)\\Cl\end{matrix}\right]Cl_2$$

$$\left[Co\begin{matrix}(NH_3)_4\\CO_3\end{matrix}\right]Cl \xrightarrow{\text{verd. }H_2SO_4} \left[Co\begin{matrix}(NH_3)_4\\(H_2O)_2\end{matrix}\right](SO_4)_{1\cdot5} \xrightarrow[\text{HCl}]{\text{konz. }H_2SO_4+} \left[Co\begin{matrix}(NH_3)_4\\Cl_2\end{matrix}\right]SO_4H$$

$$\left[Co\begin{matrix}(NH_3)_4\\(H_2O)\\Cl\end{matrix}\right]Cl_2 \xrightarrow{H_2SO_4 + HCl} \left[Co\begin{matrix}(NH_3)_4\\Cl_2\end{matrix}\right]SO_4H \xrightarrow{BaCl_2} \left[Co\begin{matrix}(NH_3)_4\\Cl_2\end{matrix}\right]Cl$$

grün, Praseosalz
trans-Reihe

$$\left[Co\begin{matrix}(NH_3)_4\\(H_2O)_2\end{matrix}\right](SO_4)_{1\cdot5} \xrightarrow{NH_3} \left[Co\begin{matrix}(NH_3)_4\\(H_2O)\\OH\end{matrix}\right]SO_4 \xrightarrow{\text{Erhitzen auf }100^\circ} \left[(NH_3)_4Co\begin{matrix}OH\\OH\end{matrix}Co(NH_3)_4\right](SO_4)_2$$

$$\xrightarrow{\text{konz. HCl, }-12^\circ} \left[Co\begin{matrix}(NH_3)_4\\(H_2O)_2\end{matrix}\right]Cl_3 + \left[Co\begin{matrix}(NH_3)_4\\Cl_2\end{matrix}\right]Cl \xrightarrow{H_2O} \left[Co\begin{matrix}(NH_3)_4\\(H_2O)\\Cl\end{matrix}\right]Cl_2$$

blauviolett, Violeosalz
cis-Reihe

$\left[Co\begin{matrix}(NH_3)_4\\CO_3\end{matrix}\right]Cl \xrightarrow{\text{konz. HCl, }-180^\circ}$ cis-Reihe; cis-Reihe $\xrightarrow{\text{konz. HCl, langsame Umwandlung}}$ trans-Reihe

In diesem Falle handelt es sich bei der Bestimmung der Konfiguration um den zweikernigen Komplex $\left[(NH_3)_4Co\begin{matrix}OH\\OH\end{matrix}Co(NH_3)_4\right](SO_4)_2$. Genau wie in dem Fall der Aquopentamminsalze der Verlust von Wasser zum Eintritt eines Säureradikals in den koordinierten Komplex führt, entsteht durch die Entwässerung eines cis-Hydroxo-aquosalzes, wie $\left[Co\begin{matrix}(NH_3)_4\\(H_2O)\\OH\end{matrix}\right]SO_4$, ein mehrkerniger Komplex. Wir können annehmen, daß das so gebildete *Diol-octammin-dicobaltisulfat* eine ganze analoge

[5] Anmerkung des Übersetzers: Die Ausdrücke „chelate" und „chelation" sind in der englischen Literatur sehr verbreitet; sie haben neuerdings auch in geringem Maße Eingang in das deutsche Schrifttum gefunden; die Bezeichnungen *Chelatgruppe* und *Chelatbildung* sind aus der im Text gegebenen Erklärung vollkommen verständlich und sollen daher in dieser Form in die Übersetzung übernommen werden

Konstitution besitzt wie die Äthylendiaminverbindungen und daß der Rest $(NH_3)_4Co\langle{}^{OH}_{OH}\rangle$ als Chelatgruppe wirkt und zwei Koordinationsstellen um das zweite Kobaltatom besetzt. Prinzipiell unterscheidet sich diese Gruppe nicht von einer der anderen schon besprochenen Chelatgruppen, so daß das Violeochlorid, das man durch Spaltung des zweikernigen Komplexes erhält, zu der cis-Reihe gehören muß. Die Beobachtung ist wichtig, daß die Einwirkung von konzentrierter Salzsäure auf Carbonatotetrammincobaltichlorid, außer unter extremen Bedingungen, eine Änderung der Konfiguration herbeiführt; alkoholische Salzsäure ergibt eine Mischung von Violeo- und Praseochlorid, während das Violeochlorid selbst in Gegenwart von Salzsäure einer langsamen Umwandlung in die Praseoverbindung unterliegt.

Die Gültigkeit dieser stereochemischen Ableitungen von der Oktaedertheorie ist nicht auf das Kobalt beschränkt, wie seine Ausdehnung auch auf isomere Reihen der sechsfach koordinierten Verbindungen des Chroms, Platins und Iridiums zeigt. Bei den Reaktionen dieser Verbindungen findet man dieselben Verhältnisse der cis-trans-Isomerie, wie sie für die Kobaltammine beschrieben wurden.

So werden bei der Einwirkung von Äthylendiamin auf Kaliumchromirhodanid zwei Verbindungen mit der Zusammensetzung $Cr\left[{}^{en_2}_{(SCN_2)}\right]CNS$ gebildet, die auf Grund der unten angegebenen Reaktionsfolgen zu den cis- bzw. trans-Reihen gehören[6].

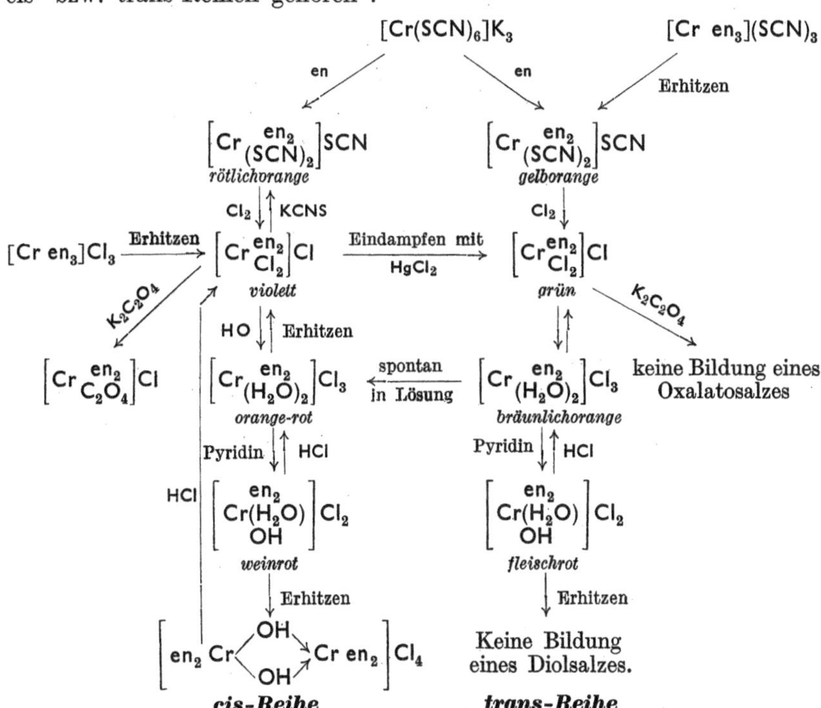

[6] Pfeiffer: Ber. dtsch. chem. Ges. 1904, 37, 4205.

Man sieht, daß die tiefer gefärbte Reihe sowohl zur Entstehung des Diol-mehrkernigen Salzes als auch zu einem Oxalatderivat führt. Daraus geht unzweideutig hervor, daß es sich bei dieser Reihe um 1,2-Verbindungen handelt. Gleichzeitig ergibt sich die Möglichkeit zur Beobachtung eines Konfigurationswechsels. Man sieht, daß sich das trans-Diaquosalz in Lösung freiwillig in die cis-Verbindung umwandelt und daß beim Eindampfen des cis-Dichlorokomplexes mit Mercurichlorid die entgegengesetzte Umwandlung erfolgt. Dieser Wechsel kommt zweifellos durch die große Unlöslichkeit des trans-Dichloro-diäthylendiamin-chromi-mercurichlorids zustande. In Abwesenheit von Quecksilberchlorid können die beiden Dichlorokomplexe mit Salzsäure oder im festen Zustand auf 160° erhitzt werden, ohne daß ein Anzeichen einer gegenseitigen Umwandlung zu bemerken ist. Ebenso sind die verschiedenen Möglichkeiten des Verlaufs bei der Entfernung von Äthylendiamin aus dem Triäthylendiamin-chromichlorid bzw. -rhodanid zu erwähnen.

Triacido-triamminkomplexe.

In den vorhergehenden Abschnitten wurden die Acidopentammin- und die Diacido-tetramminverbindungen besprochen. Wenn nun ein drittes Säureradikal an Stelle eines Ammoniakmoleküls in den Koordinationskomplex eingeführt wird, so muß offensichtlich eine nichtdissoziierbare Verbindung entstehen. Dies ist auch tatsächlich der Fall. Eins der Produkte, die man durch Oxydation von Kobalt (II)-Salzen in Gegenwart von Ammoniak und Natriumnitrit erhält, ist eine gelbbraune, wenig lösliche Verbindung, welche das Trinitrotriamminkobalt, $\left[Co{(NH_3)_3 \atop (NO_2)_3}\right]$, darstellt. In Übereinstimmung mit dieser Formel ist dieser Stoff gegen Essigsäure beständig und zeigt in wäßriger Lösung eine Äquivalentleitfähigkeit $\Lambda_{1024} = 1{,}6$. Selbst dieses geringe elektrische Leitvermögen kann durch Verunreinigungen mit irgendwelchen Elektrolyten verursacht sein. Man kann auch andere Verbindungen darstellen, die in dem Komplex an Stelle der Nitrogruppe andere Säureradikale enthalten; diese sind ebenfalls in allen Fällen Nichtelektrolyte.

Nach der Oktaedertheorie sollen derartige trisubstituierte Komplexe in zwei geometrisch isomeren Formen vorkommen können. Man weiß, daß dies auch in einigen Fällen so ist, wenn auch die Konfiguration der Isomeren nicht in allen Fällen mit Sicherheit bestimmt werden konnte.

$$\left[Co{(NH_3)_3 \atop (NO_2)_3}\right] \xrightarrow{HCl} \underset{\text{(I)}}{\left[Co{(NH_3)_3 \atop {(H_2O) \atop Cl_2}}\right]Cl} \xrightarrow{H_2C_2O_4} \underset{\text{(II) \textit{indogoblau}}}{\left[Co{(NH_3)_3 \atop {C_2O_4 \atop Cl}}\right]}$$

$$\text{(II)} \xrightarrow{H_2O} \underset{\text{(III)}}{\left[Co{(NH_3)_3 \atop {C_2O_4 \atop H_2O}}\right]Cl} \xrightarrow{NH_3} \left[Co{(NH_3)_3 \atop {C_2O_4 \atop OH}}\right] \xrightarrow{HCl} \underset{\text{(IV) \textit{rotviolett}}}{\left[Co{(NH_3)_3 \atop {C_2O_4 \atop Cl}}\right]}$$

Wenn Trinitrotriamminkobalt mit Salzsäure behandelt wird, so entsteht eine tiefblaue, stark lichtbrechende Verbindung (I), aus der man eine indigoblaue Oxalatoverbindung (II) darstellen kann und die, wie andere Chloroverbindungen, in Lösung einer Hydratation unterliegt (die man häufig als Aquotisation[7] bezeichnet) (III). Aus der Aquo-oxalatoverbindung (III) kann man eine Chloro-oxalatoverbindung (IV) zurückgewinnen, wobei das so dargestellte Salz aber rotviolett gefärbt und isomer mit (II) ist. Nach WERNER ist die Dichloroverbindung (I) eine trans-Form, woraus sich die Konfiguration des tiefblauen Chloro-oxalatosalzes ergibt.

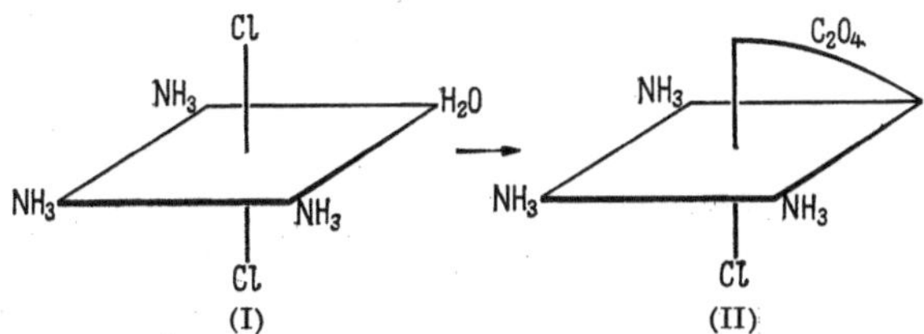

Innere Komplexsalze.

Die eben betrachteten nichtelektrolytischen Komplexe werden gebildet, wenn die gleiche Zahl von Neutralgruppen und Anionen einem Metallion zugeordnet werden. Wenn die Neutralgruppe und das Säureradikal in demselben Molekül vereinigt sind — wie es z. B. beim Glycin, $NH_2 \cdot CH_2COOH$, der Fall ist — dann zeigen die so gebildeten Verbindungen eine außerordentlich große Beständigkeit; in Wasser sind sie meist wenig, in organischen Lösungsmitteln hingegen sehr gut löslich. Derartige komplexe Nichtelektrolyte bezeichnet man als *innere Komplexsalze.* Solche Verbindungen entstehen bei vielen spezifischen analytischen Reagenzien, bei den Beizenfarbstoffen und vielen anderen Reaktionen; sie besitzen daher eine große praktische Bedeutung.

Kobaltoxyd reagiert mit Glycinlösungen und bildet dabei eine Mischung von zwei Verbindungen, welche die Zusammensetzung $[Co(NH_2 \cdot CH_2COO)_3]$ besitzen und bemerkenswert beständig sind. Sie sind unverändert in konzentrierter Schwefelsäure löslich; ihre wäßrigen Lösungen zeigen praktisch keine elektrische Leitfähigkeit, und auf Grund kryoskopischer Messungen ergibt sich, daß sie in Lösung undissoziiert vorliegen. Sie stellen demnach zwei geometrische Isomeren des Triglycinkobalts dar, die sich auch nach der Theorie vorhersagen lassen.

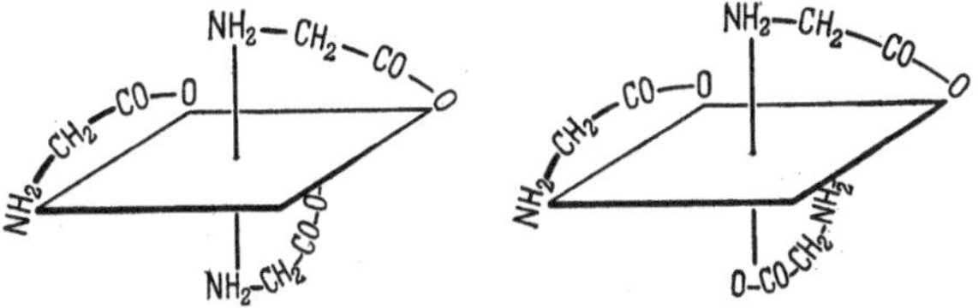

[7] Anmerkung des Übersetzers: Die Bezeichnung Aquotisation ist aus dem englischen Original dieses Buches übernommen worden; man versteht darunter den Eintritt von aus dem Lösungsmittel stammenden Wassermolekülen in den Komplex.

Glycin bildet auch mit anderen Metallen innere Komplexsalze; so entsteht mit Kupfer (Koordinationszahl 4) die Verbindung $\left[Cu\left(\begin{matrix} \swarrow NH_2CH_2 \\ \diagdown O{-}CO \end{matrix}\right)_2\right]$.

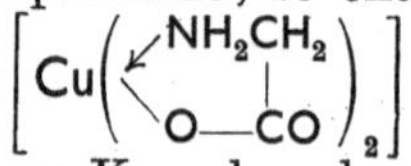

Eine zweite, besonders wichtige Gruppe von inneren Komplexsalzen entsteht aus der Enolform von β-Diketonen, z. B. aus Acetylaceton. Die Enolgruppe ist salzbildend, und die Ketogruppe wird dem Metall koordiniert.

$$CH_3COCH_2COCH_3 \rightarrow \begin{matrix} CH_3C{=}O \\ CH \\ CH_3C{-}OH \end{matrix} \rightarrow \begin{matrix} CH_3C{=}O \searrow \\ CH \quad\quad M \\ CH_3C{-}O \end{matrix} \quad (= M\,\mathrm{Acac})$$

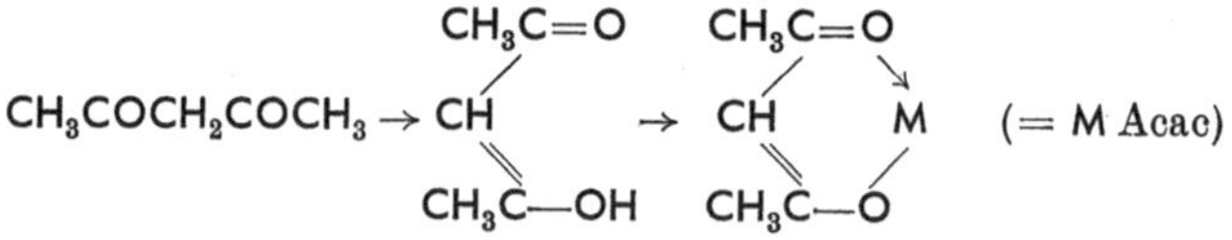

Die Acetylacetonate sind typische Nichtelektrolyte. Sie sind in Wasser praktisch unlöslich, aber leicht löslich in Benzol. Viele besitzen einen niedrigen Schmelzpunkt und sind sogar leicht flüchtig.

[Cr $Acac_3$]	im Vakuum sublimierbar.
[Al $Acac_3$]	Schmp. 192°; Sdp. 314°.
[Be $Acac_2$]	Sdp. 270°.

Die Reaktion von Oxyanthrachinonfarbstoffen — wie z. B. Alizarin — mit Zinn, Aluminium, Chrom und anderen Metallbeizen beruht ebenfalls auf innerer Komplexsalzbildung. Die Hydroxylgruppe in 1-Stellung ist salzbildend, und die benachbarte Carbonylgruppe ist dem Metall koordiniert, so daß man den Aluminium-Alizarinlack folgendermaßen formulieren kann (I).

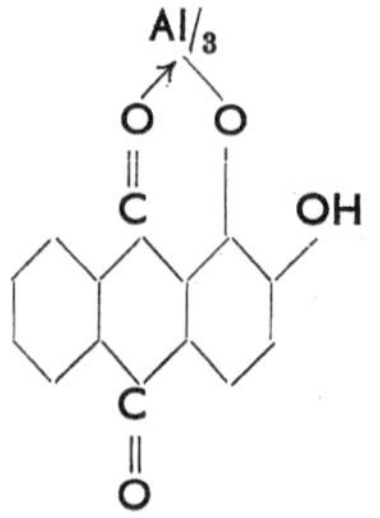

Al/3, O, O, C, OH, C, O

(I)

Die Möglichkeit zur Bildung von inneren Komplexsalzen ist stets dann vorhanden, wenn Säure und Gebergruppen (wie Amino-, Thiol- oder Carbonylgruppen) in demselben Molekül in geeigneter Weise angeordnet sind, d. h., in 1,4- oder 1,5-Stellungen zueinander stehen. Es ist eine merkwürdige und vollkommen ungeklärte Erscheinung, daß die Gegenwart gewisser Atomgruppen die Eigenschaft zur Bildung von inneren, für bestimmte Metalle mehr oder weniger spezifischen Komplexsalzen hervorrufen kann; d. h., das von dem betreffenden Metall gebildete Komplexsalz ist vor allen anderen durch seine größere Beständigkeit, und als Folge davon, durch seine Unlöslichkeit in Wasser ausgezeichnet.

Das bekannteste Beispiel ist die Atomgruppierung (II), die in diesem Sinne auf Nickel spezifisch ist und die Dialkylglyoximverbindungen (III) bildet. Dabei ist interessant, daß o-Chinondioxim (IV) keine derartigen Verbindungen gibt, obgleich nach der Reduktion zu dem entsprechenden Cyclohexanderivat (V) eine stabile Nickelverbindung gebildet wird.

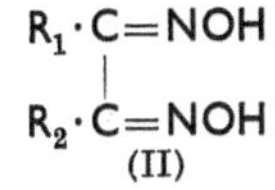

(II) 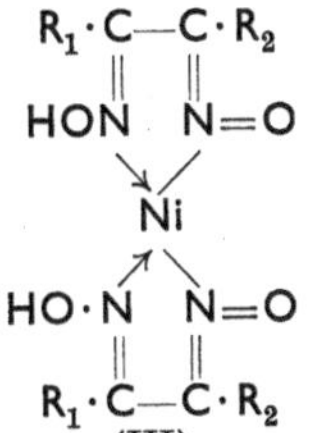 (III) 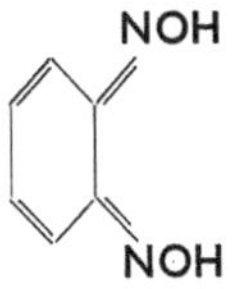 (IV) 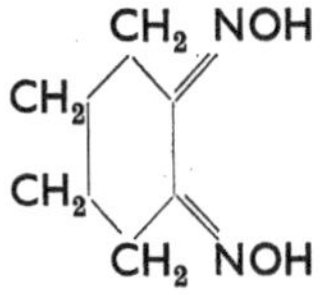 (V)

Die Gruppe VI ist spezifisch auf Kobalt; sie ist besonders wirksam, wenn sie einen Teil einer Ringstruktur bildet, wie es im α-Nitroso-β-naphthol (Oximform) der Fall ist (VII). Ebenso ist die Gruppierung (VIII), die im Cupferron, $C_6H_5 \cdot N(OH) \cdot NO$, vorliegt, in gewisser Weise spezifisch auf Eisen.

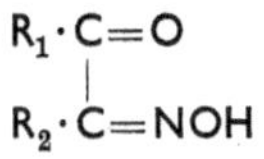

(VI) 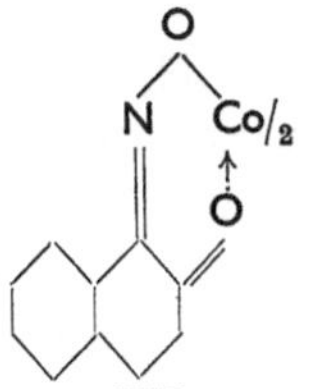 (VII) 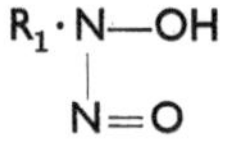 (VIII)

In den bisher betrachteten Fällen war die Zahl der Acidogruppen in dem inneren Komplexsalz so groß wie die Wertigkeit des Zentralatoms. Wenn dies nicht der Fall ist, wird der Komplex selbst ein Ion sein. Verbindungen dieser Art wurden von WERNER als *innere Komplexsalze zweiter Art* bezeichnet.

So hat das vierwertige Silicium die Koordinationszahl 6. Es bildet daher mit drei Molekülen Acetylaceton einen Komplex, in welchem eine Wertigkeit des Siliciums nicht abgesättigt ist, da nur drei Acidogruppen innerhalb des Komplexes angeordnet sind. Das ganze ist daher ein einheitliches, Silicium enthaltendes komplexes Kation (IX). Ebenso liefert Bor (mit der Koordinationszahl 4 und der Wertigkeit 3) durch Koordination mit Acetylaceton ein komplexes Kation (X).

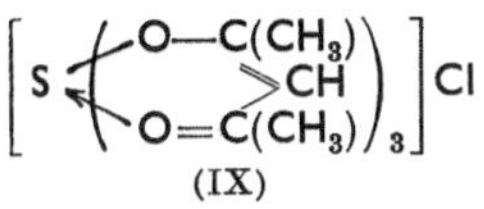

(IX) 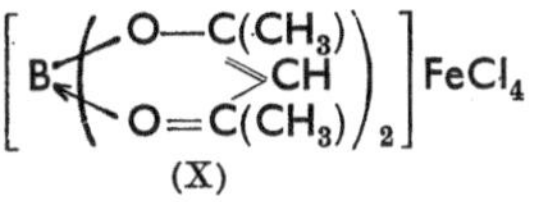 (X)

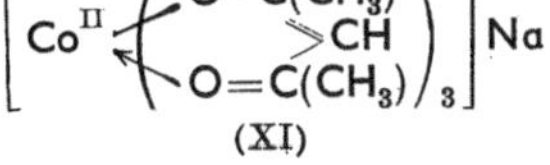

(XI)

Das Gegenteil tritt auf bei den Acetylacetonverbindungen des zweiwertigen Kobalts (Koordinationszahl 6). Das zur Vervollständigung der Koordinationsschale erforderliche dritte Molekül Acetylaceton verleiht dem ganzen Komplex (XI) den Charakter eines Anions.

In einigen Fällen können innere Komplexsalze zweiter Art gebildet werden, wenn die Koordinationsschale nur teilweise durch Acetylaceton besetzt ist. So erhält man durch die Einwirkung von Acetylaceton auf Natriumcobaltinitrit und Kaliumchloroplatinit die Salze (XII) bzw. (XIII).

$$\left[(NO_2)_2Co\left(\begin{matrix} O{-}C(CH_3) \\ \quad >CH \\ O{=}C(CH_3) \end{matrix}\right)_2\right]Na \qquad \left[Cl_2Pt\begin{matrix} O{-}C(CH_3) \\ \quad >CH \\ O{=}C(CH_3) \end{matrix}\right]K$$

(XII) (XIII)

$$\left[Cu\left(\begin{matrix} O{=}C{\cdot}O \\ | \\ O{-}CH \\ | \\ CHOH{\cdot}CO{\cdot}O \end{matrix}\right)_2\right]^{4-}$$

(XIV)

Das Bestreben der organischen Oxysäuren, derartige innere Komplexe zu bilden, erklärt die Wirkung der Weinsäure, Citronensäure usw., welche die Reaktionen der Schwermetalle maskieren. In der FEHLINGschen Lösung ist das Kupfer in dieser Weise in Form des Kupfertartrations (XIV) gebunden, während Eisen bei Gegenwart von Citronensäure in einem zweikernigen Anion, $[Fe_2(C_6H_4O_7)_3]^{6-}$, vorliegt. Diese komplexen Anionen sind in neutralen und ammoniakalischen Lösungen beständig, so daß keine freien Ferri- oder Cupri-Ionen nachgewiesen werden können.

Optische Isomerie.

Die oktaedrische Anordnung der sechsfach koordinierten Komplexe bedingt nicht nur das Auftreten einer geometrischen Isomerie, wie es in den vorhergehenden Abschnitten besprochen wurde, sondern führt auch zu einer Spiegelbildisomerie und damit zu einer optischen Aktivität.

Die trans-Form einer Verbindung $[Coen_2AB]$ (I) besitzt eine Symmetrieebene und ist demzufolge nicht aufspaltbar. Die cis-Form (IIa) läßt sich indessen mit ihrem Spiegelbild (IIb) nicht zur Deckung bringen, so daß bei ihr eine Aufspaltung in optische Isomeren möglich sein müßte.

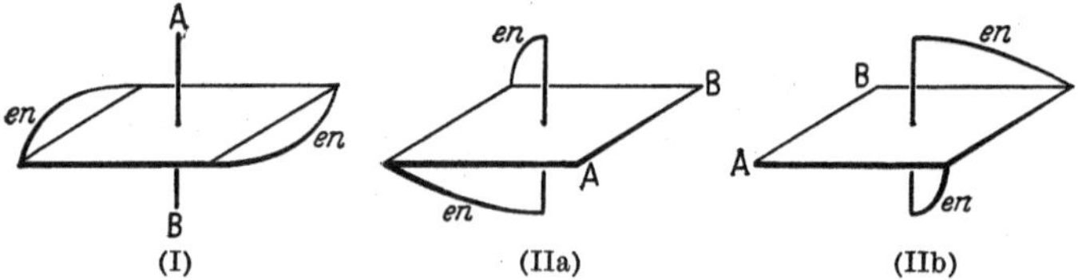

(I) (IIa) (IIb)

Diese Möglichkeit wurde 1911 von WERNER[8] experimentell verwirklicht. WERNER spaltete den $[Coen_2(NH_3)Cl]^{2+}$-Komplex durch seine d-Bromcamphersulfonate und fand für das Bromid $[Coen_2(NH_3)Cl]Br_2$ eine spezifische Drehung $[\alpha]_C = \pm 43°$.

Die molekulare Unsymmetrie verschwindet nicht, wenn $A = B$ ist (III). Als Bestätigung hierfür fand WERNER[9], daß die Violeosalze $[Coen_2Cl_2]X$, und die Flavosalze, $[Coen_2(NO_2)_2]X$, aufgespalten werden können, wodurch die nach anderen Verfahren durchgeführten Konfigurationsbestimmungen bestätigt werden konnten. In allen Fällen erwiesen sich diejenigen Salzreihen, welche man auf Grund ihrer Reaktionen als trans-Verbindungen bezeichnet hatte, als nicht aufspaltbar.

[8] WERNER: Ber. dtsch. chem. Ges. 1911, 44, 1887.
[9] WERNER: Ber. dtsch. chem. Ges. 1911, 44, 2445, 3279.

Zum Zustandekommen der Unsymmetrie ist es nicht einmal notwendig, daß zwei Chelatgruppen vorhanden sind. Cis-Verbindungen vom Typ $[Co\,en\,A_2B_2]$ müssen ebenfalls eine optische Aktivität zeigen. Derartige Überlegungen benutzte SHIBATA zur Bestimmung der Konfiguration des ERDMANNschen Salzes, $[Co(NH_3)_2(NO_2)_4]NH_4$. Dieses Salz selbst kann nicht aufgespalten werden; es läßt sich aber in eine Oxalatoverbindung, $[Co(NH_3)_2(NO_2)_2(C_2O_4)]NH_4$, überführen, welche zu dem besprochenen Typ gehört. Wenn dieses Salz sich von einer trans-Verbindung (IV) ableitet, so dürfte es sich nicht aufspalten lassen. Wenn andererseits das ERDMANNsche Salz eine cis-Verbindung darstellt (V), so müßten zwei Oxalatoverbindungen (VIa) und (VIb) gebildet werden, von denen (VIb) aufspaltbar sein müßte. Da diese letzte Erwartung zutrifft, muß das ERDMANNsche Salz eine cis-Verbindung (V) sein.

Der sichtbarste Erfolg und deutlichste Beweis des Oktaedermodells soll schließlich an der Aufspaltung der Komplexe vom Typus $[Co\,en_3]^{3+}$

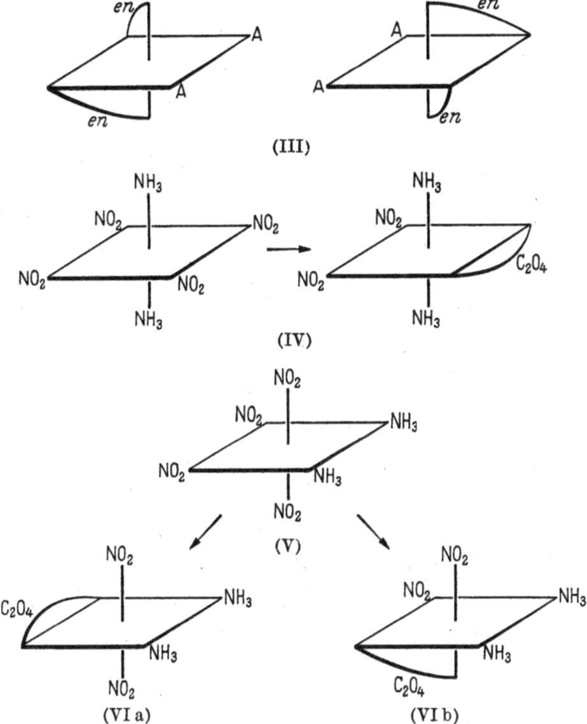

(III)

(IV)

(V)

(VI a) (VI b)

gezeigt werden, in denen keine Asymmetrie irgendeines Atomes vorliegt, sondern nur im ganzen Molekül „ungerade“ Symmetrieelemente vorkommen, und zwar in Form trigonaler Symmetrieachsen, die durch die Mittelpunkte der Oktaederflächen gehen. In Übereinstimmung mit den Forderungen der Theorie fand WERNER[10], daß $[Co\,en_3]Br_3$ in Antipoden aufgespalten werden kann, für die $[M]_D = 600°$ ist.

[10] WERNER: Ber. dtsch. chem. Ges. 1912, **45**, 121.

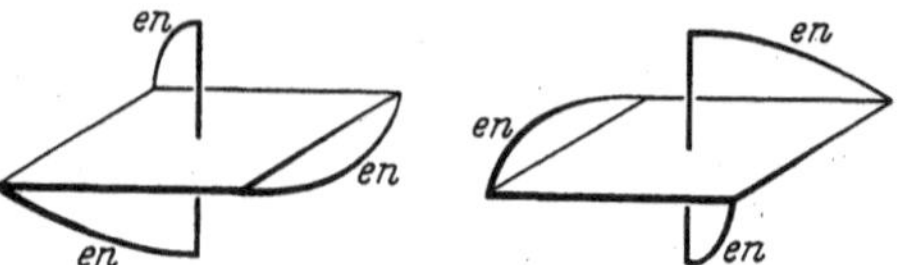

Die Trioxalatokomplexe, $[Co(C_2O_4)_3]M_3$, müssen offensichtlich dieselbe Symmetrie besitzen und daher ebenfalls aufspaltbar sein. Da von diesen beiden Formen mit vielen Metallen beständige Verbindungen gebildet werden, so war ihre Aufspaltung von entscheidender Bedeutung, als es sich darum handelte, die Oktaederkonfiguration der sechsfach koordinierten Verbindungen dieser Elemente festzustellen und zu beweisen. Die dabei gewonnenen Ergebnisse sind in der folgenden Tabelle zusammengestellt.

Tabelle 2.

	Aufgespaltene Verbindungen mit M^n =
$[M^n(C_2O_4)_3]R_{6-n}$ · ·	Cr^{III}, Fe^{III}, Co^{III}, Al^{III}, Rh^{III}, Ir^{III}, Pt^{IV}
$[M^n\,en_3]X$ · · · ·	Co^{III}, Pt^{IV}, Cr^{III}, Rh^{III}, Ir^{III}, Zn^{II}, Cd^{II}
$[M\ \text{Dipyridyl}_3]X_2$ ·	Fe^{II}, Ni^{II}, Ru^{II}
$\left[As\left(\begin{smallmatrix}O\\O\end{smallmatrix}>C_6H_4\right)_3\right]R$	As^V

Außerdem sind zahlreiche Verbindungen vom Typ $[M\,en_2\,AB]$, und zwar besonders Kobalt- und Iridiumverbindungen aufgespalten worden. Zu diesem Typus gehört auch die Verbindung $[Ru(C_2O_4)_2(C_5H_5N)(NO)]K$, durch deren Spaltung die oktaedrische Konfiguration des sechsfach koordinierten Rutheniums bewiesen werden konnte.

Beim Einführen eines Asymmetriezentrums in einen Komplex wird die Möglichkeit zur Isomeriebildung bedeutend vergrößert, und es entstehen Fälle, für die es in der Stereochemie des Kohlenstoffs kein Gegenstück gibt. Ein derartiger Fall, der von WERNER[11] ausführlich untersucht wurde, ist das Salz $[Co\,en\,Pn(NO_2)_2]Br$, wo das Zeichen Pn Propylendiamin, $NH_2 \cdot CH_2\overset{*}{C}H(CH_3) \cdot NH_2$, bedeutet. Da das letztere selbst ein asymmetrisches Kohlenstoffatom (*) enthält, so kann es entweder in seiner d- oder l-Form in die Verbindung eintreten. Der trans-Komplex, der selbst nicht asymmetrisch ist, kann dann entweder mit d- oder mit l-Pn gebildet werden, während zwei verschiedene Reihen von cis-Isomeren auftreten sollten:

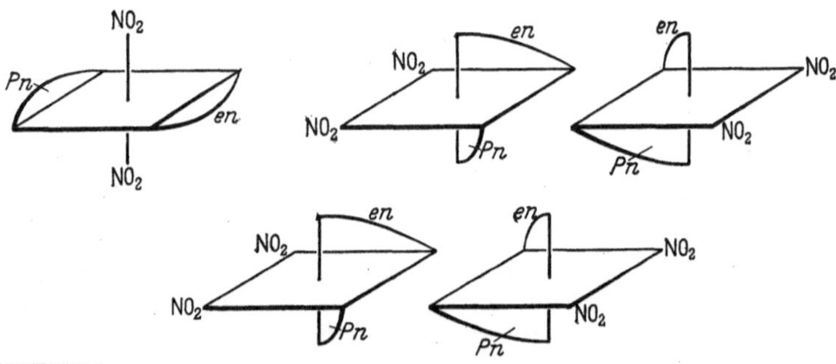

[11] WERNER: Helv. chim. Acta 1918, 1, 5.

trans	d-Pn l-Pn	α-cis	d-Kobalt d-Pn d-Kobalt l-Pn l-Kobalt d-Pn l-Kobalt l-Pn
		β-cis	d-Kobalt d-Pn d-Kobalt l-Pn l-Kobalt d-Pn l-Kobalt l-Pn

Sämtliche vorhergesagten aktiven Isomeren, partiellen und vollständigen Racemate konnten isoliert werden.

Bei zweikernigen Komplexen (s. oben S. 82 und auch S. 116) ist es möglich, daß in dem Molekül zwei asymmetrische Zentren vorhanden sind. Wenn diese Asymmetriezentren strukturell gleich sind, so sollte außer dem rechts- und linksdrehenden Isomeren eine innerlich kompensierte oder Mesoform auftreten. Man findet also genau dieselben Verhältnisse, wie man sie schon bei den aktiven Kohlenstoffverbindungen von der Weinsäure her kennt. Diese Voraussage seiner Theorie konnte WERNER[12] experimentell durch die Spaltung von $\left[en_2Co{<}{}^{NH_2}_{NO_2}{>}Coen_2\right]X_4$ verwirklichen. Wenn man das Bromid dieses Komplexes mit dem Silbersalz der d-Bromcamphersulfonsäure behandelt, so erhält man das entsprechende Bromcamphersulfonat, das man in drei verschieden gut lösliche Anteile spalten kann. Die mittlere Fraktion erwies sich als das Bromcamphersulfonat des inaktiven Mesokomplexes (VII). Das wird dadurch bestätigt, daß sich Löslichkeit und Hydratationsgrad der Salze des Mesoisomeren stark von den entsprechenden Eigenschaften der aus äquimolekularen Mengen der d- und l-Formen dargestellten Racemate unterscheiden (VIIIa und b).

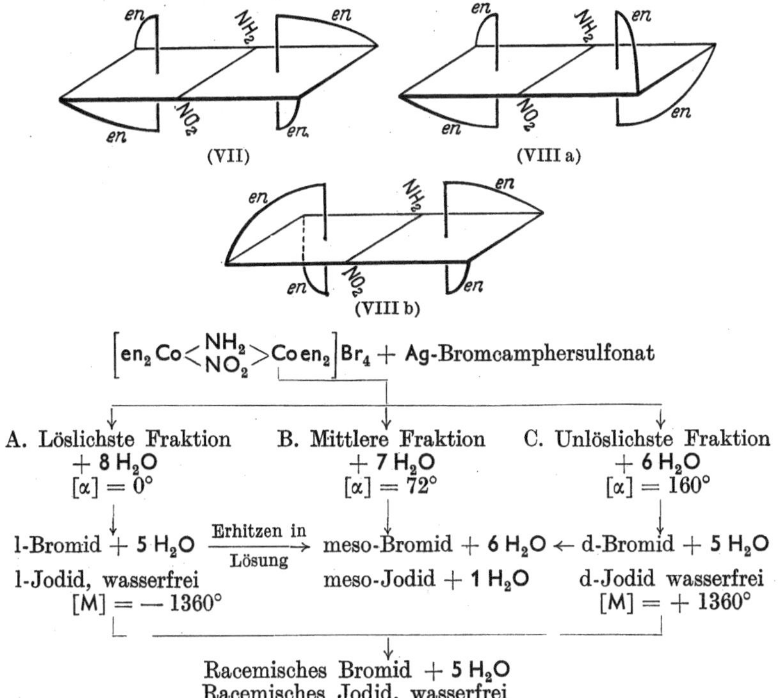

[12] WERNER: Ber. dtsch. chem. Ges. 1913, **46**, 3674.

Das optische Drehungsvermögen von Komplexsalzen ist oft sehr groß. So beträgt für $\left[en_2Co{<}{}^{O_2}_{NH_2}{>}Coen_2\right](NO_3)_4$ $[M]_D = 68{,}550°$ und für $\left[Co\left({}^{HO}_{HO}{>}Co(NH_3)_4\right)_3\right]Br_6$ (s. unten) $[M]_D = 47{,}600°$. Die hohen Werte sind zum Teil konstitutionsbedingt und eine Folge von der besonderen Art der in diesen Verbindungen vorliegenden molekularen Unsymmetrie, wie aus einem Vergleich mit dem Drehungsvermögen der entsprechenden Verbindungen mit verschiedenartigen Zentralatomen hervorgeht. Die außergewöhnlich hohen Werte, die sich besonders für die Kobaltkomplexe ergeben, kann man indessen weitgehend durch die Tatsache erklären, daß die Messungen ganz dicht in der Nähe einer optischen Absorptionsbande durchgeführt wurden. In diesem Gebiet ist die Streuung der Drehungswerte sehr groß, und bei der Wellenlänge der Absorptionsbande selbst ändert die Drehung ihr Vorzeichen[13]. Die Änderung der optischen Drehung in Abhängigkeit von der Wellenlänge wurde systematisch von JAEGER untersucht; als Erläuterung zu dieser Erscheinung sollen die folgenden Daten dienen, die den Kurven von JAEGER für $K_3[Cr(C_2O_4)_3]$ entnommen sind (Abb. 17 und Tabelle 3).

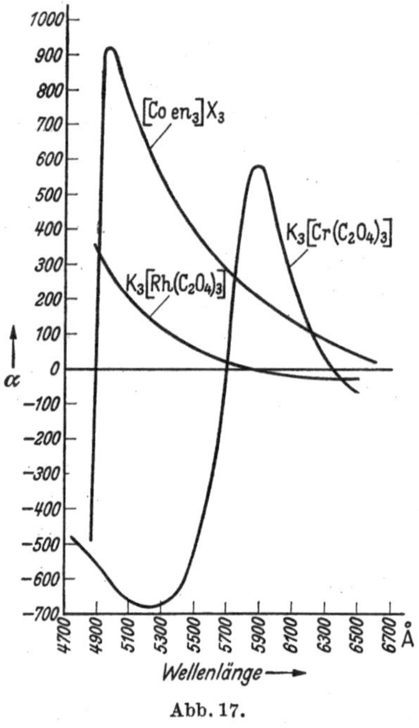

Abb. 17.

Tabelle 3.

λ	[α] °	λ	[α] °	λ	[α]°
4870	— 543	5700	0	6140	+ 185
5180	— 675	5800	+ 515	6340	0
5420	— 620	5910	+ 575	6520	— 66
5610	— 265				

Rein anorganische optisch-aktive Verbindungen.

In allen bisher betrachteten Fällen wurde die optische Aktivität durch solche Komplexe hervorgerufen, die koordinierte Kohlenstoffverbindungen — Äthylendiamin, den Oxalatrest usw. — enthielten. Wenn auch die vollständige Erfüllung aller Voraussagen, die auf der Annahme der Oktaederstruktur beruhen, keinen Zweifel mehr an der räumlichen Anordnung des koordinierten Komplexes und an dem Zustandekommen

[13] Vgl. LOWRY: Optical Rotatory Power, S. 136, 149, 393. London. — JAEGER: Optical Activity and High Temperature Measurement, S. 99. 1930.

der molekularen Asymmetrie lassen kann, so war es trotzdem verständlicherweise wünschenswert, optisch-aktive Verbindungen mit rein anorganischem Charakter darzustellen. Bisher sind nur zwei derartige Verbindungen gespalten worden, und zwar die erste von WERNER im Jahre 1914 und die zweite 1933 von F. G. MANN.

WERNER[14] konnte die Spaltung des Hexol-dodecammin-tetracobalti-Ions, $\left[Co\left(\begin{smallmatrix}HO\\HO\end{smallmatrix}>Co(NH_3)_4\right)_3\right]^{6+}$, durchführen. Die mehrkernigen Verbindungen dieser Reihe, die man durch Einwirkung von Ammoniak auf Chloro-aquo-tetrammincobaltisalze, $\left[Co(NH_3)_4\begin{smallmatrix}H_2O\\Cl\end{smallmatrix}\right]X_2$, erhalten kann, sind im Grunde den Triäthylendiamin-cobaltisalzen, $[Co\,en_3]X_3$, analog. Das schwere $\left[(NH_3)_4Co<\begin{smallmatrix}OH\\OH\end{smallmatrix}\right]$ ordnet sich einfach als Chelatgruppe um das Kobaltzentralatom an. Die Spaltung der Verbindung erfolgte durch Bromcamphersulfonsäure, wobei optisch sehr beständige d- und l-Formen mit dem hohen Drehungswert $[M]_D = \pm 47{,}600°$ entstehen.

Die Verbindung von MANN gehört zu dem allgemeinen Typ $[M\,en_2\,AB]$ und bietet einige besonders interessante Merkmale. MANN[15] wies darauf hin, daß die Chelatgruppen in zwei Klassen eingeteilt werden können, und zwar in

a) diejenigen, die alle sechs Koordinationsstellen einnehmen können, wie Äthylendiamin oder der Oxalatrest;

b) diejenigen, die wohl alle vier Stellen in einem vierfach koordinierten Komplex besetzen können, die aber auch nur vier Stellen ausfüllen können, wenn sie in einen Sechserkomplex eingeführt werden; hierzu gehört beispielsweise Dimethylglyoxim.

TSCHUGAIEFF[16] hat gezeigt, daß Dimethylglyoxim zwar sämtliche vier Koordinationsstellen des Nickels, Palladiums oder Platins vollständig ausfüllt, daß es aber mit den Metallen Kobalt und Rhodium, welche die Koordinationszahl 6 haben, Verbindungen der Art

$$[Co(C_4H_7N_2O_2)_2(NH_3)_2]Cl \qquad [Co(C_4H_7N_2O_2)_2(NO_2)_2]NH_4$$
$$[Rh(C_4H_7N_2O_2)_2(NH_3)_2]Cl$$

bildet, in denen es nur vier Koordinationsstellen besetzt. MANN zeigte, daß Sulfamid, $SO_2(NH_2)_2$, die Eigenschaften einer Chelatgruppe von diesem zweiten Typus besitzt. Es wird mit Rhodium und Platin koordiniert, fungiert dabei als zweibasische Säure, $[SO_2(NH_2)_2]H_2$, und bildet die Komplexsalze

$$[Rh(SO_2N_2H_2)_2(H_2O)_2]Na \quad \text{und} \quad [Pt(SO_2N_2H_2)_2(OH)(NH_3)]Na.$$

Man könnte den Grund dafür, daß die Chelatgruppen nicht imstande sind, alle sechs Koordinationsstellen auszufüllen, vielleicht in der überwiegenden Beständigkeit der trans-Verbindung (IX) suchen. Diese ist nicht asymmetrisch und dürfte sich nicht in optische Isomeren aufspalten lassen. Es hat sich jedoch gezeigt, daß die Rhodiumverbindung mit Hilfe

---

[14] WERNER: Ber. dtsch. chem. Ges. 1914, **47**, 3087.
[15] MANN: J. chem. Soc. 1933, 412.
[16] TSCHUGAIEFF: Z. anorg. allg. Chem. 1905, **46**, 144. Ber. dtsch. chem. Ges. 1906, **39**, 2692; 1907, **40**, 3498; 1908, **41**, 2226.

von α-Phenyl-äthylamin in optisch isomere Formen aufgespalten werden kann, welche die Drehung $[M]_{5780} = \pm 31-34°$ besitzen; daraus ergibt sich, daß in Wirklichkeit vorwiegend die cis-Form (X) gebildet wird. Die optische Beständigkeit des Komplexes, der in Lösung keine Neigung zum Racemisieren zeigte, ist besonders in Anbetracht der Unbeständigkeit bemerkenswert, die man gewöhnlich bei Anwesenheit von Wassermolekülen innerhalb der Koordinationsschale beobachtet.

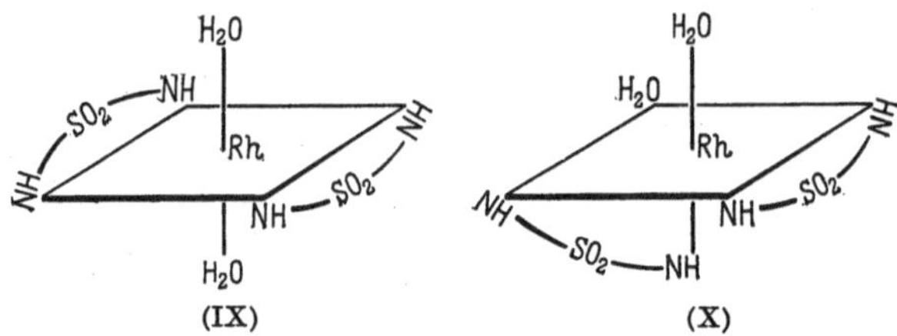

(IX) (X)

Stereochemie vierfach koordinierter Komplexe.

Für die räumliche Anordnung von vier Gruppen rund um ein Koordinationszentrum kommen hauptsächlich zwei Möglichkeiten in Frage: Eine Tetraederkonfiguration, wie sie durch die Verteilung der Valenzen beim Kohlenstoff dargestellt wird, oder eine ebene, quadratische Anordnung. Aus den sich daraus ergebenden Folgerungen forderte WERNER beim Aufstellen seiner Koordinationstheorie, daß die Ammine des zweiwertigen Platins eine ebene Konfiguration besitzen sollten. Diese Hypothese, die zwar allgemein angenommen wird, ist bis in die neueste Zeit hinein keiner genauen Nachprüfung unterzogen worden.

Einige Jahre lang nahm man an, daß ein zweites bewiesenes Beispiel für eine Verteilung der Valenzen in einer ebenen Anordnung beim Tellur vorkäme. VERNON[17] erhielt das Dimethyltellurdijodid, $(CH_3)_2TeJ_2$, und die entsprechende Base in zwei scheinbar monomeren Formen, deren Beziehungen zueinander in den folgenden Reaktionen ausgedrückt sind:

$$Te + CH_3J \xrightarrow{80°} \underset{\substack{\alpha\text{-Dijodid,}\\ \textit{rot}}}{(CH_3)_2TeJ_2} \xrightarrow{Ag_2O} \underset{\alpha\text{-Base}}{(CH_3)_2Te(OH)_2} \xrightarrow{\text{Erhitzen im Vakuum}}$$

$$\longrightarrow \underset{\beta\text{-Base}}{(CH_3)_2TeO} \xrightarrow{HJ} \underset{\substack{\beta\text{-Dijodid,}\\ \textit{grün}}}{(CH_3)_2TeJ_2}$$

Unter der Annahme, daß die Valenzen in einer Ebene lägen, erklärte VERNON diese Ergebnisse dahingehend, daß sie das Auftreten von cis-(β)- und trans-(α)-Isomeren anzeigten. LOWRY u. a. wiesen darauf hin, daß der Unterschied zwischen den α- und β-Reihen größer wäre, als man für geometrische Isomeren erwarten sollte. Endlich zeigte DREW[18], daß die β-Base und das β-Dijodid in Wirklichkeit dimer sind und daß das

[17] VERNON: J. chem. Soc. 1920, **86**, 897; 1921, **105**, 687.
[18] DREW, H. D. K.: J. chem. Soc. 1929, 560.

Dijodid ein Salz oder eine Doppelverbindung der Form $(CH_3)_3TeJ \cdot CH_3TeJ_3$ ist. Die dimere β-Base reagiert mit einer beschränkten Menge Jodwasserstoffsäure und liefert dabei eine Mischung von $(CH_3)_3TeJ$ und $CH_3TeO \cdot OH$, die beide isoliert werden können. Die letztgenannte Verbindung wiederum bildet mit Jodwasserstoff Methyltelluroniumtrijodid, CH_3TeJ_3, welches sich mit Kaliumjodid zu einem Doppelsalz vereinigt oder mit Trimethyltelluroniumjodid wieder das VERNONsche β-Dijodid ergibt:

$$(CH_3)_2Te(OH)_2 \xrightarrow{95^\circ} (CH_3)_3TeOTe(CH_3)O \xrightarrow{HI} (CH_3)_3TeJ + CH_3TeOOH$$

$$CH_3TeOOH \xrightarrow{HJ} CH_3TeJ_3$$

$$CH_3TeJ_3 \xrightarrow{KJ} K[CH_3TeJ_4]$$

$$CH_3TeJ_3 \xrightarrow{(CH_3)_3TeJ} [(CH_3)_3Te][CH_3TeJ_4]$$

Es steht daher mit Sicherheit fest, daß um vierfach koordiniertes Tellur tatsächlich eine tetraederförmige Gruppenverteilung vorliegt.

Die Stereochemie des Platins. Die wichtigsten Erkenntnisse über die Beziehungen zwischen den Amminen des zweiwertigen Platins sind in der folgenden Tabelle anschaulich dargestellt. Bei der Einwirkung von Ammoniak auf Kalium- oder Ammoniumchloroplatinit werden unmittelbar drei Verbindungen gebildet, nämlich: eine grüne, unlösliche, höchst charakteristische Verbindung, die als MAGNUS-Salz (IV) bekannt ist; ein lösliches Kalium- oder Ammonium-ammino-trichloroplatinit (I), das gewöhnlich als COSSAsches Salz bezeichnet wird, und schließlich eine gelbe, unlösliche kristalline Verbindung (II) mit derselben Bruttoformel wie das MAGNUS-Salz, welche das β-Diamminplatin (II)-chlorid darstellt. Dieses löst sich in einem Überschuß von Ammoniak, wobei Tetrammin-platin (II)-chlorid (III) entsteht; bei vorsichtiger Behandlung mit Ammoniak — z. B. beim Kochen von (II) mit Kaliumcyanid, das infolge Hydrolyse langsam Ammoniak frei macht — kann man die Zwischenverbindung (VI), das Chloro-triammin-platin (II)-chlorid, erhalten. Die Natur dieser Verbindungen und der Übergang von den Tetracidoverbindungen über den Nichtelektrolyten Diamminplatin (II)-chlorid zu den Tetramminsalzen ist an Hand der Äquivalentleitfähigkeiten der gelösten Salze zu erkennen.

Verbindung	Λ	Zahl der Ionen
K_2PtCl_4	268	3
$K[PtCl_3(NH_3)]$	107	2
(α)-$PtCl_2(NH_3)_2$	1,2	nicht dissoziiert
(β)-$PtCl_2(NH_3)_2$	22	
$[Pt(NH_3)_3Cl]Cl$	116	2
$[Pt(NH_3)_4]Cl_2$	261	3

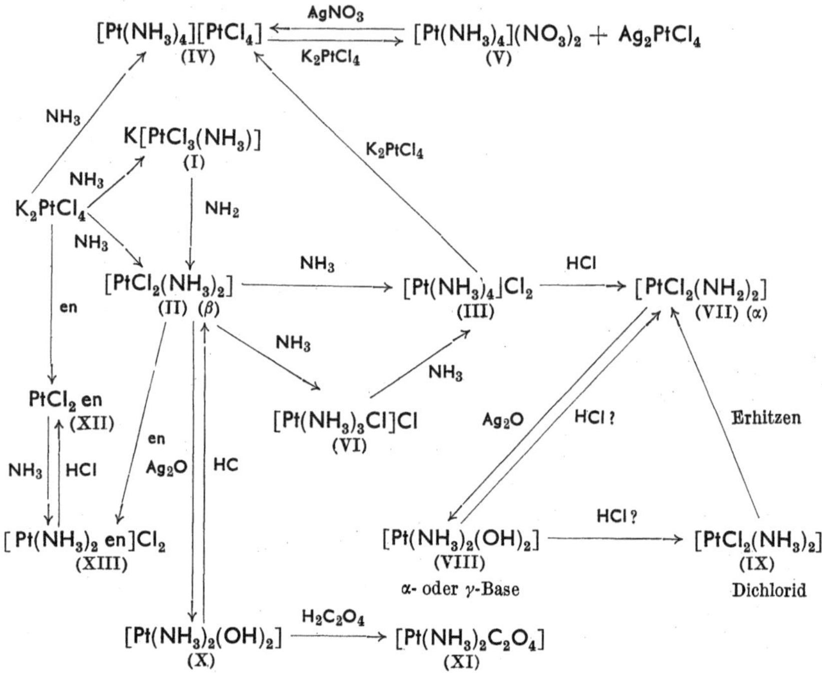

Die Konstitution des MAGNUS-Salzes (IV) folgt aus der Tatsache, daß es quantitativ durch die Reaktion äquimolekularer Mengen von Tetramminplatin (II)-chlorid (III) und Kaliumchloroplatinit gebildet wird. Eine Bestätigung dafür und ein Beweis, daß während der Reaktion keine intermolekulare Umwandlung stattfindet, ergibt sich daraus, daß beim Verreiben der Verbindung (IV) mit Silbernitrat Silberchloroplatinit gebildet wird und in Lösung das Salz (V) entsteht, wie daraus hervorgeht, daß bei weiterer Behandlung mit Chloroplatinit die Verbindung (IV) zurückgebildet wird. Wenn man Tetramminplatin (II)-chlorid (III) mit Salzsäure kocht, so verliert es zwei Moleküle Ammoniak. Dabei erfolgt keine Rückbildung des β-Diammins (II), sondern es entsteht eine zweite Verbindung (VIII) mit derselben Bruttoformel, die viel schwächer löslich ist und andere physikalische und chemische Eigenschaften aufweist und die als α-Diamminplatin (II)-chlorid bezeichnet wird. Die Nomenklatur dieser Verbindungen ist verwirrend und wechselnd: Das β-Diammin ist teilweise als PEYRONEs Chlorid bekannt oder wird auch Platosemidiamminchlorid oder α-Diamminchlorid genannt; das α-Diammin wurde als REISET-Chlorid, Platosamminchlorid und als β-Diammin-chlorid bezeichnet. Die hier verwendete Nomenklatur ist die, welche in der englischen Literatur gebräuchlich ist, wenn auch einige Chemiker[19] selbst heutzutage noch die Namen vertauschen.

Unter der Annahme, daß die α- und β-Diammine als cis-trans-Isomeren miteinander in Beziehung stehen, ergibt sich die Festlegung ihrer Konfigurationen ganz einfach auf Grund ihrer Reaktionen. Das β-Diammin

[19] Vgl. K. A. JENSEN: Z. anorg. allg. Chem. 1935, 225, 123.

reagiert mit Silberoxyd unter Bildung einer Base (X), die bei der Einwirkung von Oxalsäure ein β-Diamminoxalat (XI) ergibt. Das α-Chlorid (VII) reagiert in entsprechender Weise mit Silberoxyd, wobei eine zweite Base (VIII) gebildet wird. Während aber die Einwirkung von Salzsäure auf die β-Base (X) zur Rückbildung des ursprünglichen β-Chlorids (II) führt, entsteht hierbei aus der Base (VIII) nach DREW, WARDLAW und Mitarbeitern[20] ein neues, unbeständiges γ-Chlorid (IX), welches leicht in das α-Chlorid (VII) zurückverwandelt werden kann. Das Vorkommen des γ-Chlorids ist von anderen Forschern[21] bestritten worden; seine physikalischen und chemischen Eigenschaften sind auch nicht überzeugend von denen des α-Chlorids unterschieden. Wenn diese Verbindung tatsächlich vorkommt, so läßt sich ihr Auftreten nur schwer mit der ebenen Anordnung der koordinierten Gruppen in Einklang bringen, nach der ja nur zwei geometrische Isomeren möglich sind, es sei denn, man führt eine willkürliche Hypothese ein und nimmt an, daß zwei benachbarte Bindungen sich voneinander unterscheiden können.

Bei der Einwirkung von Äthylendiamin auf Kaliumchloroplatinit entsteht eine Diamminverbindung (XII), die mit Ammoniak reagiert und dabei ein gemischtes Tetrammin bildet (XIII), welches mit der durch Einwirkung von Äthylendiamin auf das β-Diamminchlorid (II) gewonnenen Verbindung identisch ist. Im Vergleich hierzu reagiert das α-Chlorid (VII) nicht mit Äthylendiamin, ebensowenig wie die α- (oder γ-) Base (VIII) mit Oxalsäure. Hieraus ergibt sich der Beweis dafür, daß das β-Diammin das cis-Chlorid $\begin{matrix}NH_3\\NH_3\end{matrix}>Pt<\begin{matrix}Cl\\Cl\end{matrix}$ ist, während die α-Verbindung trans-Konfiguration $\begin{matrix}NH_3\\Cl\end{matrix}>Pt<\begin{matrix}Cl\\NH_3\end{matrix}$ besitzt. Dieser Festlegung der Stereoisomeren wird durch die Beobachtung von PINKARD, SAENGER und WARDLAW[22] ein weiterer Nachdruck verliehen; diese fanden, daß Äthylendiamin tatsächlich mit gemischten α-Diamminen — z. B. mit α-$[Pt(NH_3)(NH_2OH)Cl_2]$ — reagiert; bei dieser Reaktion werden aber die ursprünglich mit dem Platin koordinierten Gruppen vollständig entfernt und es entsteht $[Pt\,en_2]Cl_2$.

Eine ähnliche geometrische Isomerie, wie hier für die Ammine gezeigt wurde, tritt auch bei anderen Platinverbindungen vom Typus $PtCl_2X_2$ auf, wobei besonders die Thioätherverbindungen oder Sulfine[23], $(R_2S)_2PtCl_2$, zu erwähnen sind. Die Übereinstimmung der chemischen Beweise bezüglich der Struktur der Sulfine mit der für die Ammine abgeleiteten ist insofern von besonderer Bedeutung, als zwei unabhängige Methoden der physikalischen Beweisführung für die Konfiguration dieser Verbindungen herangezogen werden können.

Die Einwirkung von Diäthylsulfid auf Kaliumchloroplatinit liefert drei Produkte: eine rote, kleinkristalline Verbindung (XIV), von der man

[20] DREW, WARDLAW u. a.: J. chem. Soc. 1932, 988.

[21] Vgl. ROSENBLATT u. SCHLEEDE: Ber. dtsch. chem. Ges. 1933, **66**, 472. — JENSEN, K. A.: Z. anorg. allg. Chem. 1936, **229**, 252.

[22] PINKARD, SAENGER u. WARDLAW: J. chem. Soc. 1933, 1056.

[23] BLOMSTRAND: J. pract. Chem. 1888, **38**, 352. — TSCHUGAEV: Z. anorg. allg. Chem. 1913, **82**, 420. — DREW, WARDLAW u. a.: J. chem. Soc. 1933, 1294. — COX, WARDLAW u. a.: J. chem. Soc. 1934, 182. — JENSEN: Z. anorg. allg. Chem. 1935, **225**, 97, 115. — DREW u. WYATT: J. chem. Soc. 1934, 56.

auf synthetischem Wege zeigen kann, daß sie vollständig dem MAGNUS-Salz entspricht, und zwei gelbe, monomere Stoffe, die α- und β-Disulfinplatin (II)-chloride, die sich von den α- und β-Amminen dadurch unterscheiden, daß sie sich leicht ineinander umwandeln. Es hat sich gezeigt, daß von diesen das besser lösliche β-Sulfin (XV) dem β-Diammin entspricht, da es mit Äthylendiamin unter Bildung von $[Pt(Aet_2S)_2en]Cl_2$ (XVI) reagiert und seine Base (XVII) eine Oxalatoverbindung (XVIII) bildet. Das α-Sulfin (XIX) liefert demgegenüber bei der Reaktion mit Äthylendiamin als einzige Verbindung das Diäthylendiamin-platin (II)-chlorid, $[Pt en_2]Cl_2$, (XX). In diesem Falle entspricht also ebenfalls die α-Verbindung der trans- und die β-Verbindung der cis-Form.

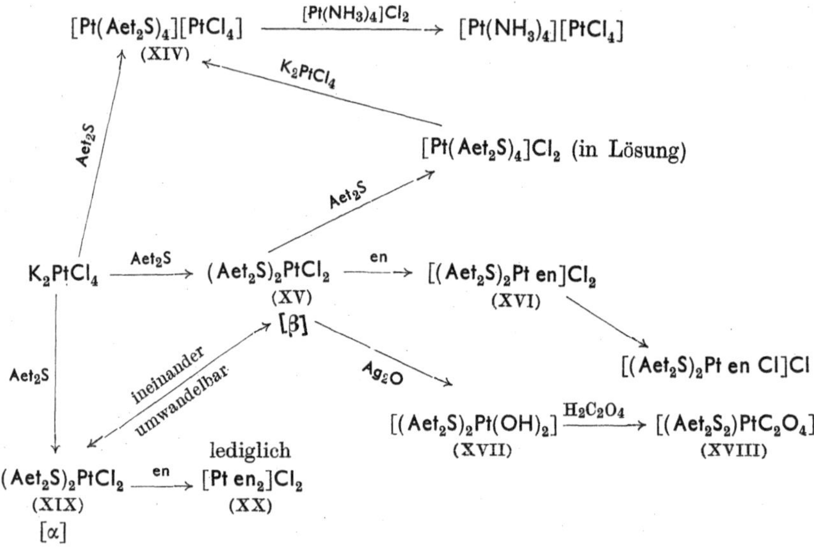

Die Ergebnisse der Röntgenuntersuchungen der Kristallstruktur stützen nicht nur die Annahme, daß die Valenzen in einer Ebene angeordnet sind, sondern ebenso die auf dem betrachteten chemischen Wege erhaltene Erkenntnis über die Festlegung der einzelnen Stellen in der Konfiguration. So fand DICKENSON[24], daß das Platinatom und die Halogene im K_2PtCl_4 genau in einer Ebene liegen; eine entsprechende Anordnung der Ammoniakmoleküle liegt, wie COX[25] zeigte, im $[Pt(NH_3)_4]Cl_2$ vor. Dies gilt zwar für diese symmetrischen komplexen Ionen (wenigstens im festen Zustande), doch kann man daraus nicht ohne weiteres folgern, daß auch bei sämtlichen substituierten Komplexen eine ebene Konfiguration vorhanden sein muß. COX, SAENGER und WARDLAW[26] haben jedoch an Hand von Röntgenuntersuchungen gezeigt, daß das Molekül des α-Disulfins eine Symmetrieebene senkrecht zu einer zweizähligen Symmetrieachse besitzen muß, eine Forderung, die sich nur mit einer ebenen trans-Anordnung der Gruppen vereinbaren läßt.

[24] DICKENSON: J. Amer. chem. Soc. 1922, 44, 774, 2404.
[25] COX: J. chem. Soc. 1932, 1912, 2527; 1933, 1089.
[26] COX, SAENGER u. WARDLAW: J. chem. Soc. 1934, 1012.

Dieses Ergebnis stimmt vollständig mit den chemischen Beweisen für die α-Reihe überein. Eine entsprechende Bestätigung für die β-Reihe fehlt, nur haben dieselben Autoren gezeigt, daß in diesem Falle eine niedrigere molekulare Symmetrie vorhanden ist.

Ein zweites physikalisches Beweisverfahren für die Konfiguration der Platin (II)-Komplexe bilden Dipolmessungen. JENSEN[27] fand, daß die α-tertiären Phosphin- und Arsinderivate, $(R_3As)_2PtCl_2$ und $(R_3P)_2PtCl_2$, kein Dipolmoment besitzen. Das kann nur der Fall sein, wenn jedes Paar von Pt—Cl- oder Pt—As- oder Pt—P-Bindungen in einer Geraden liegt, d.h. also, wenn der Komplex wieder eine trans-Konfiguration besitzt. Die β-Komplexe haben, wie man auch erwarten sollte, ein hohes Dipolmoment. Die tertiären Phosphin- und Arsinverbindungen wurden statt der Sulfine gewählt, weil die AsR_3- oder PR_3-Gruppe (R = Äthyl, Butyl usw.), wenn sie pyramidenförmig angeordnet ist, ein resultierendes Moment längs der Richtung der Koordinationsbindung besitzen muß. Das sich bei der SR_2-Gruppe in den Sulfinen ergebende Moment muß irgendeinen Winkel zu der Koordinationsbindung bilden; der ganze Komplex wird dann — unter der sehr wahrscheinlichen Annahme einer freien Drehbarkeit um die Koordinationsbindung — ein Moment besitzen, selbst wenn die Gruppen in einer ebenen trans-Konfiguration angeordnet sind; eine Parallele dazu findet man bei dem resultierenden Dipolmoment des Hydrochinon-dimethyläthers, p-$CH_3 \cdot O \cdot C_6H_4 \cdot OCH_3$.

Wie man sieht, ist also in bezug auf die α- oder trans-Verbindungen des Platins der Konstitutionsbeweis mit vollständiger Sicherheit erbracht. Der Fall der β-Isomeren ist nicht so schlüssig bewiesen, und von einigen Forschern ist die Ansicht vertreten worden, daß der Unterschied ihrer Eigenschaften von denen der α-Reihe zur Rechtfertigung der Annahme einer Struktur- statt einer geometrischen Isomerie ausreiche. Es drängt sich aber sofort die Erkenntnis auf, daß die dichte Nachbarschaft der negativen Atome bereits zur Erklärung der erheblich größeren Reaktionsfähigkeit und des stärkeren elektrolytischen Leitvermögens derartiger Verbindungen genügt.

Von einigen Chemikern wurde entgegen der WERNERschen Hypothese die Annahme hartnäckig aufrecht erhalten, daß die Konfiguration der Platin (II)-Komplexe tetraedrisch und nicht eben wäre, oder aber, daß beide, sowohl die tetraedrische als auch die ebene Form, möglich wären. Der Beweis, welcher endlich zur Festlegung der ebenen Konfiguration führte, soll nun geprüft werden. So hat REIHLEN[28] behauptet, daß in der von RAMBERG und TIBERG dargestellten Platin (II)-Verbindung des Äthylen-bis-thioglykoläthers eine ebene Anordnung der beiden miteinander verbundenen Chelatringe (XXI) eine starke Spannung in dem mittleren Ring B hervorrufen würde, die nur ausbliebe, wenn die beiden Ringe A und C rechtwinklig angeordnet sind, wie es bei einer tetraedrischen Verteilung der Platinvalenzen der Fall ist (XXII) (s. Formel S. 100).

Ein sehr elegantes Verfahren zur Bestätigung der ebenen Anordnung der Platin (II)-Komplexe, das an die von LADENBURG auf das Benzol-

[27] JENSEN: Z. anorg. allg. Chem. 1936, **229**, 225.
[28] REIHLEN: Lieb. Ann. Chem. 1926, **448**, 312; 1931, **489**, 42.

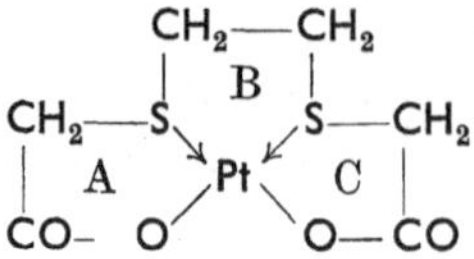

CH_2—CH_2 | B | CH_2—S→Pt←S—CH_2 | A | C | CO– O—Pt—O—CO

(XXI)

CH_2 B S—CH_2 | CO— O→Pt←S | A | C | CH_2—S→Pt—O—CO

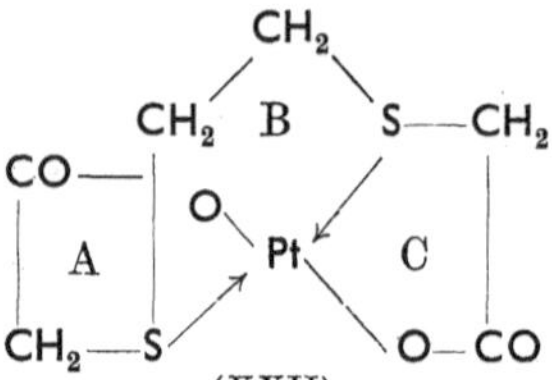

(XXII)

problem angewandten Methoden erinnert, wurde von TSCHERNIAEV[29] ausgearbeitet. In jedem ebenen Komplex [Pt ABCD), der vier verschiedene Substituenten enthält, sollte es drei isomere Anordnungen der koordinierten Gruppen geben:

A		B		A		B		A		C
	Pt				Pt				Pt	
D		C		C		D		D		B

In einer Tetraederstruktur ist natürlich nur eine Anordnung möglich.

TSCHERNIAEV ging aus von dem cis-Dihydroxylamino-platin (II)-nitrit (XXIII) und erhielt daraus durch Einwirkung von Ammoniak

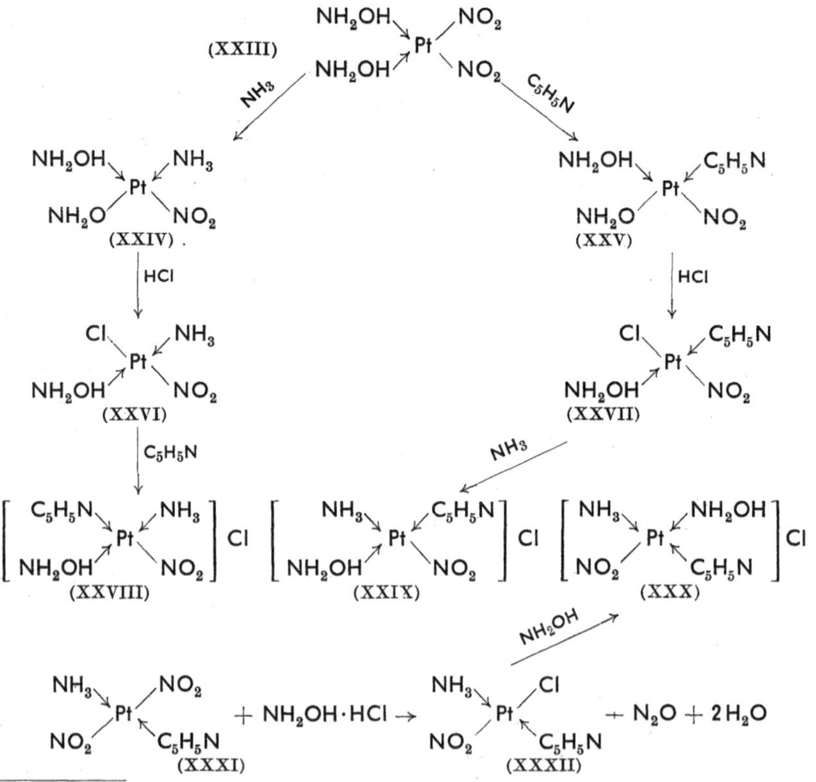

(XXIII) $[Pt(NH_2OH)_2(NO_2)_2]$

NH_3 → (XXIV) $Pt(NH_2OH)(NH_2O)(NH_3)(NO_2)$; C_5H_5N → (XXV) $Pt(NH_2OH)(NH_2O)(C_5H_5N)(NO_2)$

HCl → (XXVI) $Pt(Cl)(NH_3)(NH_2OH)(NO_2)$; HCl → (XXVII) $Pt(Cl)(C_5H_5N)(NH_2OH)(NO_2)$

C_5H_5N → (XXVIII) $[Pt(C_5H_5N)(NH_3)(NH_2OH)(NO_2)]Cl$; NH_3 → (XXIX) $[Pt(NH_3)(C_5H_5N)(NH_2OH)(NO_2)]Cl$; (XXX) $[Pt(NH_3)(NH_2OH)(NO_2)(C_5H_5N)]Cl$

(XXXI) $Pt(NH_3)(NO_2)(NO_2)(C_5H_5N)$ + $NH_2OH \cdot HCl$ → (XXXII) $Pt(NH_3)(Cl)(NO_2)(C_5H_5N)$ + N_2O + $2 H_2O$; NH_2OH → (XXX)

[29] TSCHERNIAEV: Ann. Inst. Platine Mét. préc. 1928, 6, 55. Chem. Ztrbl. 1929, I, 1204.

und Pyridin die Diamminverbindungen (XXIV) und (XXV). Wenn diese Verbindungen nacheinander mit Salzsäure und Pyridin behandelt werden, so werden sie in die Diammine (XXVI) und (XXVII) und dann in die isomeren Triammine (XXVIII) und (XXIX) umgewandelt. Das dritte Isomere (XXX) wurde aus trans-Ammino-pyridino-platin (II)-chlorid (XXXI) erhalten. Eine der Nitritogruppen reagiert mit Hydroxylaminchlorhydrat, wobei ein Chlorion in den Komplex eintritt (XXXII). Die Verbindung XXXII wird dann durch Einwirkung von Hydroxylamin in das gewünschte dritte Isomere XXX umgewandelt.

Es wurde versucht, die Frage durch Überlegungen hinsichtlich der Möglichkeit des Auftretens optisch aktiver Formen beim Einführen unsymmetrischer Chelatgruppen zu klären. In einem ebenen Modell müssen dann Komplexe vom Typus [Pt(a—b)$_2$], in denen a—b eine unsymmetrische Chelatgruppe ist, in zwei Formen vorkommen, von denen keine aufspaltbar sein dürfte und die als cis-trans-Isomeren zueinander in Beziehung stehen müßten. In dem tetraedrischen Modell wären keine geometrischen Isomeren möglich, aber der Komplex müßte in die optisch enantiomorphen Formen (XXXIII) und (XXXIV) aufgespalten werden können.

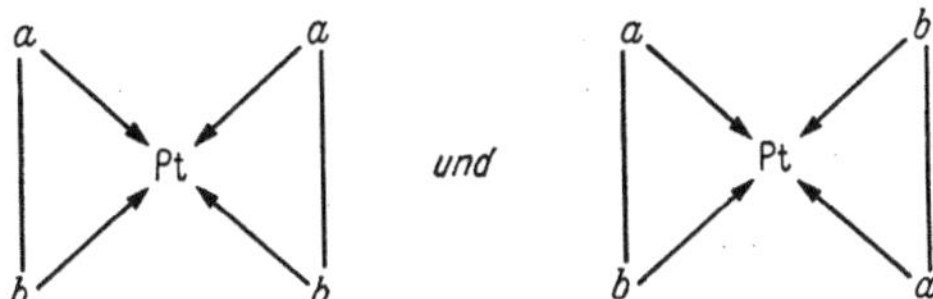

Eine dritte Möglichkeit, die an sich weniger wahrscheinlich ist, besteht in einer pyramidenförmigen Verteilung der Valenzen. Danach müßten zwei geometrische Isomeren, (XXXV) und (XXXVI), gebildet werden, von denen die eine — entsprechend der ebenen trans-Form — ebenfalls optische Isomerie aufweisen sollte.

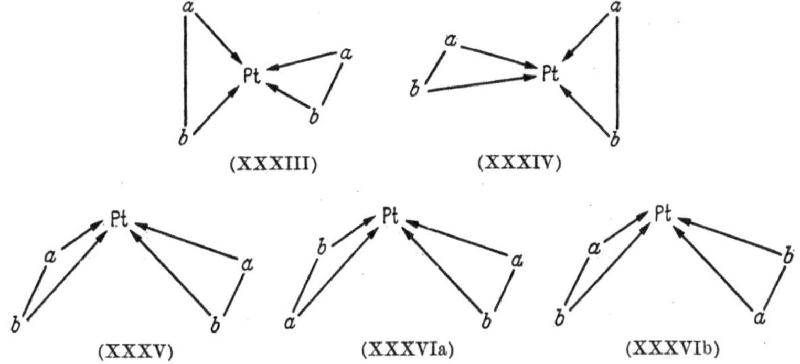

Es sind verschiedene Fälle der angeführten Aufspaltung von vierfach koordinierten Verbindungen der Platinmetalle beschrieben worden. Reihlen[30] erklärte die Bromcamphersulfonate der Reihe XXXVIIa aufgespalten zu haben, wenn auch keine aktiven Salze einer inaktiven

[30] Reihlen: Lieb. Ann. Chem. 1931, **489**, 42; 1935, **519**, 80; 1935, **520**, 256.

Säure erhalten werden konnten. Eine ähnliche Behauptung stellte ROSENHEIM und GERB[31] bezüglich des Salicylato-palladitanions (XXXVIII) auf. Die geringe optische Beständigkeit derartiger Verbindungen ist bemerkenswert; unter dem Gesichtspunkt der somit vorliegenden Beweise kann man nicht sagen, daß sie irgendeine Möglichkeit einer Tetraederkonfiguration anzeigen.

Von größerem Interesse ist die Tatsache, daß REIHLEN behauptete, Phenyläthylendiamin enthaltende Komplexe vom Typus (XXXVII b) und (XXXVII c) aufgespalten zu haben, da die Salze, wenigstens bei der Verbindungsreihe (XXXVII c), optisch so beständig sind, daß sie umkristallisiert werden können, ohne daß Racemisierung erfolgt. Jede sich daraus ableitende Schlußfolgerung, daß die koordinierten Valenzen anders als in einer Ebene angeordnet sind, muß indessen mit Vorbehalt hingenommen werden. Es wurde bereits darauf hingewiesen, daß die Einführung einer optisch aktiven Gruppe die Möglichkeit einer optischen Isomeriebildung weitgehend vergrößert; Phenyläthylendiamin enthält selbst ein asymmetrisches Kohlenstoffatom, und die Benutzung eines optisch inhomogenen Amins würde die Deutung der Ergebnisse bedeutend erschweren. Abgesehen von diesen technischen Schwierigkeiten würde die Projektion einer Phenylgruppe von einer Seite der Ebene, welche die beiden Chelatringe enthält, mit Sicherheit selbst in einem vollkommen ebenen Molekül eine Unsymmetrie hervorrufen.

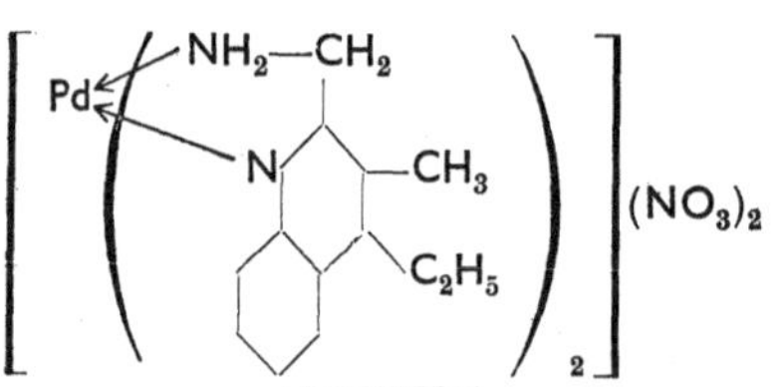

(XXXVII a)

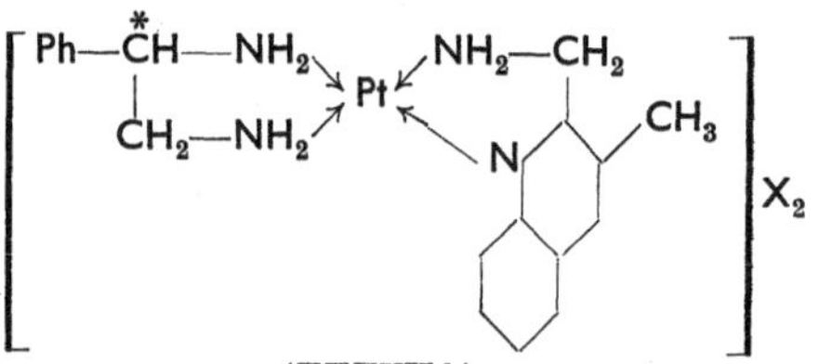

(XXXVII b)

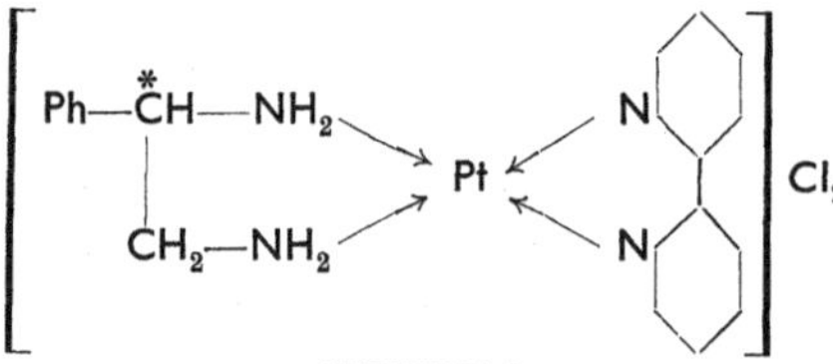

(XXXVII c)

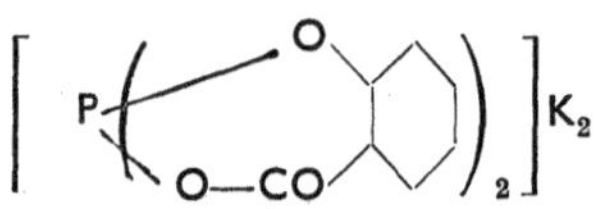

(XXXVIII)

DREW[32] benutzte Isobutylendiamin, $NH_2 \cdot CH_2C(CH_3)_2 \cdot NH_2$, als unsymmetrische Chelatgruppe und fand, daß die beiden vorhergesagten geometrischen Isomeren von $[Pt(a\text{—}b)_2]X_2$ dargestellt werden können. Beide Isomeren können nicht aufgespalten werden. Wenn man nun eins der Moleküle a—b durch zwei verschiedene Gruppen mit einwertiger Funktion c und d ersetzt, dann ergeben sich für die Konfiguration des so gebildeten Komplexes $\left[{}^{a}_{b}Pt(c)(d)\right]$ folgende Möglichkeiten:

a) Wenn sowohl eine tetraedrische als auch eine ebene Form vorkommen, dann müssen zwei Isomeren auftreten, unabhängig davon,

[31] ROSENHEIM und GERB: Z. anorg. allg. Chem. 1933, 210, 289.
[32] DREW: J. chem. Soc. 1934, 221; 1937, 1549.

ob die Chelatgruppe unsymmetrisch ist, wie beim Isobutylendiamin, oder symmetrisch wie beim Äthylendiamin.

b) Wenn eine ebene Konfiguration vorliegt, so gibt es nur eine Verbindung, wenn a—b symmetrisch ist, hingegen sind zwei Isomeren möglich, wenn a—b unsymmetrisch ist; in keinem Fall sind die Verbindungen aufspaltbar[32].

c) Wenn eine tetraedrische Konfiguration vorliegt, dann ist nur eine Form möglich, welche sich aufspalten läßt, wenn a—b unsymmetrisch ist, welche hingegen bei einem symmetrischen a—b nicht aufspaltbar ist.

Als Chelatgruppen benutzte DREW Isobutylendiamin und Äthylendiamin, als Gruppen mit einwertiger Funktion (c und d) Ammoniak und Äthylenamin.

$$K_2PtCl_4 \longrightarrow K[PtCl_3 \cdot NH_3] \longrightarrow [PtCl_2(NH_3)(C_2H_5NH_2)]$$

en → $\left[\begin{matrix} AetNH_2 \searrow & & \swarrow NH_2CH_2 \\ & Pt & | \\ NH_3 \nearrow & & \nwarrow NH_2CH_2 \end{matrix}\right]Cl_2$

Nur eine Form

Jb → $\left[\begin{matrix} AetNH_2 \searrow & & \swarrow NH_2CH_2 \\ & Pt & | \\ NH_3 \nearrow & & \nwarrow NH_2C(CH_3)_2 \end{matrix}\right]Cl_2$ $\left[\begin{matrix} AetNH_2 \searrow & & \swarrow NH_2C(CH_3)_2 \\ & Pt & | \\ NH_3 \nearrow & & \nwarrow NH_2CH_2 \end{matrix}\right]Cl$

Zwei isomere Formen isoliert

Die experimentellen Ergebnisse, die in den oben dargestellten Reaktionen zusammengefaßt sind, stimmen vollkommen mit der Annahme überein, daß nur die ebene Anordnung möglich ist.

Endlich haben MILLS und QUIBELL[33] den endgültigen Beweis erbracht, indem sie eine Verbindung mit zwei Chelatgruppen aufspalteten; bei einer derartigen Verbindung kann dann keine Spiegelbildisomerie auftreten, wenn die Chelatringe in zueinander senkrechten Ebenen angeordnet sind. Isobutylendiamin reagiert mit Kaliumchloroplatinit und bildet Isobutylendiamin-platin (II)-chlorid (XXXIX), aus dem man durch Einwirkung von meso-Stilbendiamin das gemischte Tetrammin (XL) erhalten kann.

$$K_2PtCl_4 \longrightarrow \begin{matrix} CH_3C\cdot NH_2 \searrow \\ | \qquad\quad PtCl_2 \\ CH_2NH_2 \nearrow \end{matrix} \longrightarrow \begin{matrix} (CH_3)_2C\cdot NH_2 \searrow & & \swarrow NH_2CH\cdot C_6H_5 \\ | & Pt & | \\ CH_2NH_2 \nearrow & & \nwarrow NH_2CH\cdot C_6H_5 \end{matrix}$$

(XXXIX) (XL)

Wenn die Anordnung der Platinvalenzen tetraedrisch ist, so muß das Tetrammin die molekulare Konfiguration besitzen, die schematisch von vorne und von der Seite in XLIa und XLIb dargestellt ist. Diese hat, wie man sehen kann, eine mittlere Symmetrieebene und kann nicht zur Entstehung einer optischen Isomerie führen. Wenn aber die beiden Chelatringe in einer Ebene liegen, so ist das Molekül unsymmetrisch, wie aus den Formelbildern (XLIIa) und (XLIIb) hervorgeht.

---

[32] DREW: J. chem. Soc. 1934, 221: 1937, 1549.

[33] MILLS u. QUIBELL: J. chem. Soc. 1935, 839.

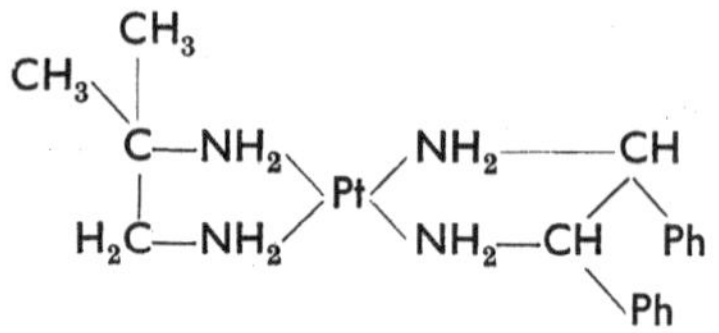

CH_3 CH_3 C—NH_2 H_2C—NH_2 Pt NH_2—CH NH_2—CH Ph Ph

(XLIa)

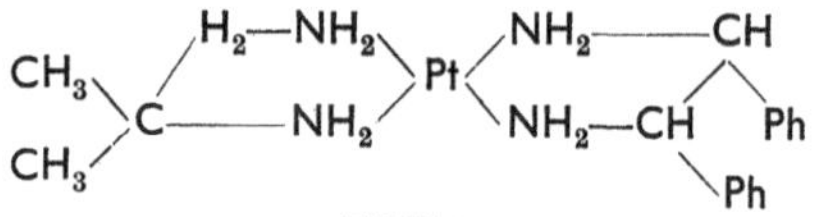

CH_3 CH_3 C H_2—NH_2 NH_2 Pt NH_2—CH NH_2—CH Ph Ph

(XLIIa)

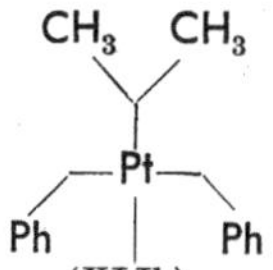

CH_3 CH_3 Pt Ph Ph

(XLIb)

CH_3 CH_3 Pt Ph Ph

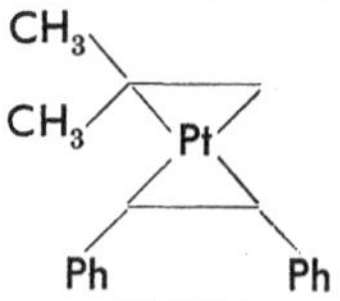

(XLIIb)

Das Tetrammin wurde von MILLS und QUIBELL in die beständigen enantiomorphen Formen aufgespalten, für die $[M]_{5461} = \pm 48,5°$ ist. Da einfache Komplexe wie $[Pt\,en\,Ib]Cl_2$ (Ib = Isobutylendiamin) niemals aufgespalten werden konnten, so besteht kein Beweis für die an sich schon unwahrscheinliche pyramidenförmige Konfiguration. Die ebene Verteilung der rund um das Zentralatom angeordneten Gruppen in den komplexen Verbindungen des zweiwertigen Platins kann man daher als endgültig gesichert betrachten.

Die Stereochemie des Palladiums. Auf Grund der chemischen Ähnlichkeit zwischen Platin und Palladium sollte man erwarten, daß das letztere Element ebenfalls eine ebene Anordnung der Valenzen besitzt. Dies ist auch tatsächlich der Fall. Die allgemeinen Reaktionen von Palladium(II)-Verbindungen mit Ammoniak und Thioäthern stimmen gut mit den für Platin beschriebenen überein, wenn auch in den meisten Fällen nur eines der möglichen Paare von Isomeren gebildet wird, nämlich — unter Außerachtlassung der Chelatgruppen — das α- oder trans-Isomere, wie aus den Reaktionen dieser Verbindungen und aus dem Isomorphismus von $(Aet_2S)_2PdCl_2$ mit α-$(Aet_2S)_2PtCl_2$ hervorgeht. Die Untersuchungen der Palladium (II)-verbindungen wird indessen dadurch kompliziert, daß leicht intramolekulare Rückverwandlungen stattfinden; so reagiert $(NH_3)_2PdCl_2$, obwohl es zweifellos eine trans-Verbindung ist, leicht mit Kaliumoxalat und bildet $[NH_3)_2PdC_2O_4]$, welches notwendigerweise eine cis-Konfiguration haben muß. Ebenso ist, wie bereits betont wurde, $(Aet_2S)_2PdCl_2$ isomorph mit α-$(Aet_2S)_2PtCl_2$; es reagiert aber mit $S \cdot C_2H_4 \cdot AetS$ unter Bildung der Chelatverbindung $C_2H_4{<}^{(AetS)}_{(AetS)}PdCl_2$. In einigen Fällen wurde das Vorkommen der cis- und trans-Isomeren sichergestellt. WARDLAW, SHARRATT und PINKARD [34] erhielten cis- und trans-Formen von Diglycinpalladium.

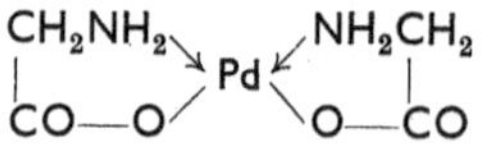

CH_2NH_2 / CO—O → Pd ← NH_2CH_2 / O—CO und CH_2NH_2 / CO—O → Pd ← O—CO / NH_2CH_2

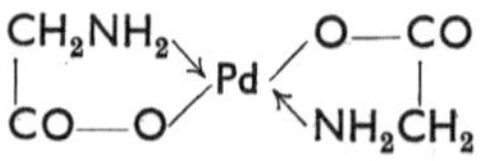

MANN [35] hat sowohl die cis- als auch die trans-Formen von $(NH_3)_2Pd(NO_2)_2$ dargestellt, während GRUNBERG und SCHULMANN [36] neuerdings das bis

[34] WARDLAW, SHARRATT u. PINKARD: J. chem. Soc. 1934, 1012.
[35] MANN: J. chem. Soc. 1935, 1642.
[36] GRUNBERG u. SCHULMANN: C. R. Acad. Sci. URSS 1933, 218.

dahin unbekannte β-Diammin-palladium (II)-chlorid, $(NH_3)_2PdCl_2$, erhalten konnten.

Die Stereochemie des Nickels. Die Komplexchemie des Nickels zeigt wie die des Palladiums eine gewisse Ähnlichkeit mit der des Platins. So bilden alle drei Metalle mit Dialkylglyoximen charakteristische innere Komplexe; ebenso sind die hydratisierten Doppelcyanide, z. B. $Ba[M(CN)_4]\cdot 4H_2O$ — wo $M = Ni$, Pd oder Pt ist — sämtlich isomorph. Anscheinend wurde zuerst von PAULING[37] aus theoretischen Erwägungen, die später betrachtet werden sollen, eindeutig darauf hingewiesen, daß Nickel in seinen vierfach koordinierten Verbindungen ebenfalls eine ebene Anordnung besitzt. TSCHUGAIEFF[38] hatte bereits zwei ineinander umwandelbare Verbindungen des Nickels mit Methylglyoxim erhalten, und SUGDEN[39] isolierte kurz nach der Voraussage von PAULING zwei Formen der Verbindung von Nickel mit Benzyl-methylglyoxim (XLIII), die sich ebenfalls leicht ineinander umwandeln und vermutlich als cis- und trans-Isomere zueinander in Beziehung stehen. Diese Vermutung stützt sich auf eine große Zahl physikalischer Beweise. Die komplexen Dithio-oxalate $K_2\left[\begin{matrix} CO\cdot S \\ | \\ CO\cdot S \end{matrix} \rangle M \langle \begin{matrix} S\cdot CO \\ | \\ S\cdot CO \end{matrix}\right]$, in denen $M = Ni$, Pd oder Pt ist, sind vollständig isomorph, und COX, WARDLAW und WEBSTER[40] haben durch Röntgenuntersuchungen bewiesen, daß das Anion der Nickelverbindungen streng in einer Ebene liegt. Dieselben Autoren[41] haben auch gezeigt, daß die Salicylaldoximverbindungen (XLIV) ebene trans-Strukturen besitzen.

```
PhCH2·C———C·Me           PhCH2·C———C·Me
      ||     ||                 ||     ||
    HON↘   ↙NO                HON↘   ↙NO
        Ni                         Ni
    HON↗   ↖NO                 ON↗   ↖NOH
      ||     ||                 ||     ||
PhCH2·C———C·Me              Me·C———C·CH2Ph
```

(XLIII)

α-Form, Schmp. 168°.
β-Form, Schmp. 75—77°.

```
      CH=NOH   O———C6H4
  C6H4/    ↘  /       \
            M          \
     \O———/  ↖        /
            NOH=CH
```

(XLIV)

Die Stereochemie des Kupfers. Eine Zeitlang nahm man an, daß Kupfer zu den Elementen gehört, die eine tetraedrische Konfiguration besitzen, da MILLS und GOTTS[42] ein Strychninsalz der Cupri-benzolbrenztraubensäure (XLV) erhalten haben, welches die Erscheinung der

---

[37] PAULING: J. Amer. chem. Soc. 1931, **53**, 1367.
[38] TSCHUGAIEFF: J. russ. physic. chem. Soc. 1910, **42**, 1466; Chem. Ztrbl. 1911, I, 871.
[39] SUGDEN: J. chem. Soc. 1932, 246.
[40] COX, WARDLAW u. WEBSTER: J. chem. Soc. 1935, 1475.
[41] COX, WARDLAW u. WEBSTER: J. chem. Soc. 1935, 459.
[42] MILLS u. GOTTS: J. chem. Soc. 1926, 3121.

Mutarotation aufwies. Sie waren nicht imstande, das Strychnin zu entfernen, ohne daß vollständige Racemisierung eintrat; aus Analogie zu dem Verhalten des entsprechenden Berylliumkomplexes, der zweifellos tetraedrisch ist und ebenfalls Mutarotation zeigt, schloß man jedoch, daß die Kupferverbindung aufgespalten worden ist. Eine Aufspaltung ist nur möglich, wenn die Valenzen um das Kupferatom tetraedrisch gerichtet sind (vgl. XXIII und XXIV, oben). Aus der Kristallstruktur von $CuSO_4 \cdot 5H_2O$, die von BEEVERS und LIPSON[43] bestimmt wurde, ergab sich, daß in dem hydratisierten Ion $[Cu(H_2O)_4]^{2+}$ die Wassermoleküle mit dem Kupferatom in einer Ebene liegen, und danach wurde gezeigt[44], daß andere Cuprikomplexe, wie die Salicylaldoximverbindung und das Pikolinat, ebenfalls ebene Anordnungen besitzen. Dasselbe gilt auch für innere Komplexsalze, wie Benzoylacetonat, die eng mit der von MILLS und GOTTS untersuchten Verbindung verwandt sind. Es scheint demnach mit Sicherheit festzustehen, daß die Schlußfolgerungen der beiden letztgenannten Autoren irrig ist und daß das Kupfer in seinen vierfach koordinierten Verbindungen stets eine ebene Konfiguration besitzt. In keinem Fall ist eine geometrische Isomerie unter den Kupferverbindungen bekannt. So kommt $CuCl_2(C_5H_5N)_2$ in nur einer, und zwar der trans-Form vor.

$C_6H_5 \cdot C{=}O$ $O{-}C \cdot C_6H_5$
CH   Cu   CH
$C{-}O$ $O{=}C$
COOH   COOH

(XLV)

N $O{-}CO$
Ag
$CO{-}O$ N

(XLVI)

Wie man erwarten sollte, hat zweiwertiges Silber dieselbe Konfiguration wie zweiwertiges Kupfer, wie am Silber (II)-Pikolinat (XLVI) gezeigt wurde[45]. Dieselbe ebene Anordnung des Komplexes findet sich auch beim dreiwertigen Gold im $KAuBr_4$[46] und im Diäthyl-auribromid,

$$\left[Aet_2Au \begin{smallmatrix} Br \\ \\ Br \end{smallmatrix} AuAet_2 \right].$$

Danach scheint also für die Metalle der Platin-Nickel- und Kupfer-Silbergruppe im zweiwertigen Zustand die ebene Konfiguration die normale Form zu sein. Es muß aber betont werden, daß die jeweils auftretende Konfiguration von der Wertigkeit des Metalls abhängt. So liegt beim vierwertigen Platin im $(CH_3)_3PtCl$ eine tetraedrische Anordnung vor[47], ebenso wie beim einwertigen Kupfer im $\left[Cu\left(S{=}C{<}{}^{CH_3}_{NH_2}\right)_4\right]Cl$ und im $K_3[Cu(CN)_4]$[48]. Dasselbe gilt offensichtlich für Zinn und Blei, deren

[43] BEEVERS u. LIPSON: Proc. Roy. Soc. 1934 A, **146**, 570.
[44] COX u. a.: J. chem. Soc. 1935, 731; 1936, 775.
[45] COX, WARDLAW u. WEBSTER: J. chem. Soc. 1936, 775.
[46] COX u. WEBSTER: J. chem. Soc. 1936, 1635.
[47] COX u. WEBSTER: Z. Kristallogr., Kristallgeometr., Kristallphysik, Kristallchem. A 1935, **90**, 561.
[48] COX, WARDLAW u. WEBSTER: J. chem. Soc. 1936, 775.

vierwertige Verbindungen tetraedrisch angeordnet sind, während im zweiwertigen Zustand eine ebene Konfiguration vorhanden ist[49].

Der interessanteste Fall tritt indessen bei einigen Verbindungen des zweiwertigen Kupfers auf, wie z. B. beim $(C_2H_5)_3As \cdot CuJ$, in denen die Koordinationszahl offenbar 2 beträgt. Verbindungen mit der Koordinationszahl 2 werden von einwertigem Silber gebildet, und es konnte gezeigt werden, daß im $K[Ag(CN)_2]$ das Komplexion $[Ag(CN)_2]$ in einer Geraden liegt. Die Komplexe des zweiwertigen Kupfers gehören hingegen nicht zu diesem Typus; sie haben sich vielmehr auf Grund von Molekulargewichtsbestimmungen als vierfache Polymere erwiesen[50], $[Aet_3As \cdot CuJ]_4$. Die Verbindung polymerisiert, um so die beständige höchste Koordinationsstufe einzunehmen, und bietet daher ein Beispiel von der Art und Weise, wie die Chemie der metallischen Elemente von dem Bestreben und der Notwendigkeit beherrscht wird, daß die beständigste Koordinationszahl erreicht wird. Im Falle dieser Kupfer(II)-Verbindungen ergibt sich aus der Kristallstruktur der festen Stoffe, daß die vier Kupferatome in den Ecken eines regelmäßigen Tetraeders angeordnet sind, und zwar so, daß jedes Kupferatom selbst tetraedrisch von drei Jodatomen — von denen jedes noch zwei anderen Kupferatomen gemeinsam ist — und einem Arsinmolekül umgeben wird (XLVII).

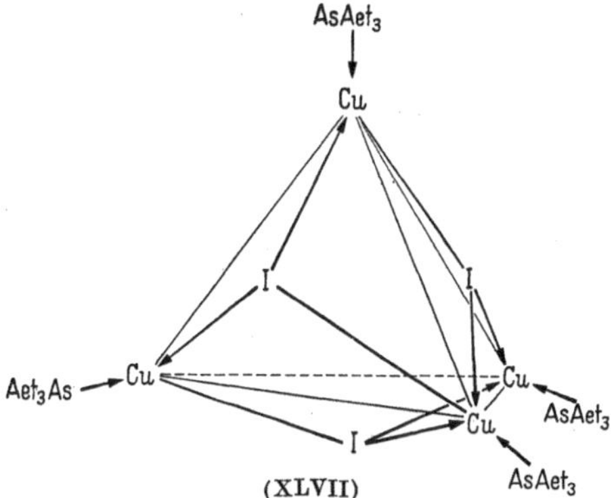

(XLVII)

Dasselbe Bestreben, vierfach koordinierte Komplexe zu bilden, trifft man auch bei anderen Kupfer (II)-Komplexen. So bildet Cuprojodid ein Ammin von der Form $[(NH_3)_3CuJ]$, das leicht Ammoniak verliert (BILTZ und STOLLENWERK[51]). Amine mit einem größeren Koordinationsvermögen, wie beispielsweise Dipyridyl, ergeben beständige Verbindungen von demselben Typus, und mit den bereits erwähnten Arsin- und Phosphinverbindungen werden leicht monomere Formen mit der Koordinationszahl 4 gebildet. Wenn diese Stoffe die Alkylphosphingruppe verlieren, so entstehen mehrkernige Verbindungen, wobei die Koordinationszahl aufrechterhalten bleibt.

$$[R_3P \cdot CuJ]_4 + 4\,\text{Dipy} \rightarrow \left[\text{DipyCu}\begin{smallmatrix}\swarrow PR_3 \\ \nwarrow J\end{smallmatrix}\right] \rightarrow \left[\text{DipyCu}\begin{smallmatrix}J \searrow \\ \searrow J\end{smallmatrix}\text{CuDipy}\right].$$

[49] COX, SHORTER u. WARDLAW: Nature 1937, **139**, 72.
[50] MANN, PURDIE u. WELLS: J. chem. Soc. **1936**, 1503.
[51] BILTZ u. STOLLENWERK: Z. anorg. allg. Chem. 1921, **119**, 97.

Bereits in der Literatur erwähnte Verbindungen, wie das von ARBUSOW beschriebene $CuJ \cdot 2P(C_2H_5)_3$ müssen zweifellos ebenso formuliert werden:

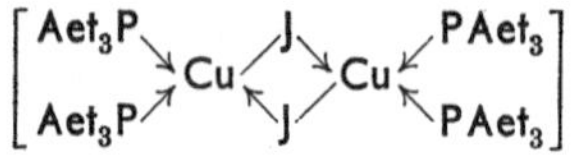

$$\left[\begin{matrix} Aet_3P \searrow & & J & & \swarrow PAet_3 \\ & Cu & & Cu & \\ Aet_3P \nearrow & & J & & \nwarrow PAet_3 \end{matrix}\right]$$

Die Stereochemie anderer Metalle. Ein anderes Beispiel für eine Polymerisation, die durch die Notwendigkeit zur Einnahme einer beständigen Koordinationszahl zustande kommt, ist das Diäthylcyangold, Aet_2AuCN[52]. Wenn diese Verbindung monomer wäre, so würde sie die Koordinationszahl 3 besitzen und wäre koordinativ ungesättigt. Da bei dreiwertigem Gold die beständige Anordnung eine ebene ist und da die CN-Gruppe mit beiden Enden koordiniert werden kann, ist es möglich, daß die höchste Koordinationsstufe durch vierfache Polymerisation (XLVIII) erreicht wird. In Übereinstimmung damit zeigt die Verbindung in Lösung tatsächlich ein Molekulargewicht, daß der vierfach aggregierten Form entspricht. Eine ähnliche Erscheinung findet man bei den interessanten Alkoholaten

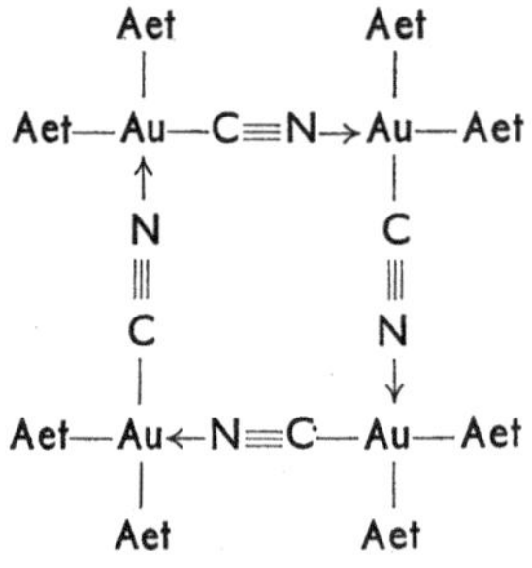

$$\begin{matrix} & Aet & & & & Aet & \\ & | & & & & | & \\ Aet- & Au & -C\equiv N\rightarrow & & & Au & -Aet \\ & \uparrow & & & & | & \\ & N & & & & C & \\ & ||| & & & & ||| & \\ & C & & & & N & \\ & | & & & & \downarrow & \\ Aet- & Au & \leftarrow N\equiv C- & & & Au & -Aet \\ & | & & & & | & \\ & Aet & & & & Aet & \end{matrix}$$

(XLVIII)

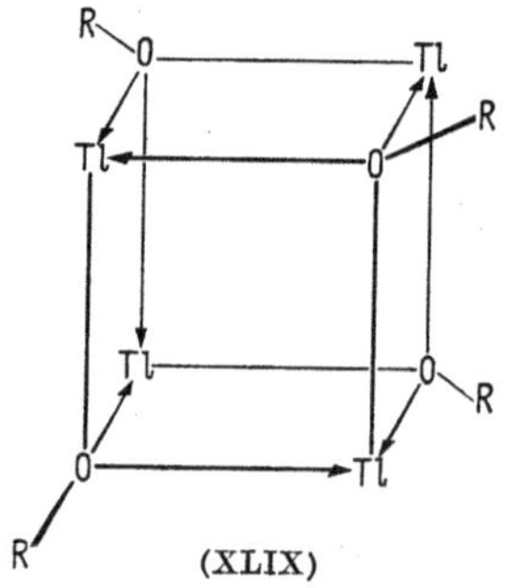

(XLIX)

des Thalliums[53]. Diese Verbindungen, die man durch Behandlung von metallischem Thallium mit wasserfreien Alkoholen in Gegenwart von Sauerstoff erhält, zeichnen sich durch ihre niedrigen Schmelzpunkte und durch ihre Löslichkeit im Benzol aus. So schmilzt die Benzylalkoholatverbindung bei 74—78° und das o-Methoxyphenolderivat bei 164°. Die Verbindungen, die selbstverständlich keinen salzartigen Charakter besitzen, zeigen im Benzol gelöst ein vierfaches Molekulargewicht. SIDGWICK und SUTTON nahmen demzufolge eine solche Polymerisation an, nach deren Verlauf jedes Thalliumatom seine höchste Koordinationsstufe erreicht hätte (XLIX).

Die Konfiguration der meisten vierfach koordinierten Elemente ist — außer in den oben angeführten Fällen — tetraedrisch. Überraschenderweise gehört dazu auch zweiwertiges Kobalt, wenigstens in einigen seiner Verbindungen. POWELL und WELLS[54] haben gezeigt, daß beim $Cs_3CoCl_5(=Cs_2CoCl_4+CsCl)$ das Kobalt in dem Anion $[CoCl_4]^{2-}$ den Mittelpunkt eines aus Chlorionen gebildeten Tetraeders bildet. Andererseits

---

[52] GIBSON u. a.: J. chem. Soc. 1935, 1024.

[53] MENZIES: J. chem. Soc. 1925, 127, 2369. — SIDGWICK u. SUTTON: J. chem. Soc. 1930, 1461.

[54] POWELL u. WELLS: J. chem. Soc. 1935, 359.

seits liegt ein Beweis dafür vor[55], daß aus dimensionalen Gründen der beständigen violetten α-Form von $CoCl_2 \cdot (C_5H_5N)_2$ eine ebene Konfiguration zugrunde liegen muß. Dipyridinocobalt (II)-chlorid kann man durch Erhitzen der α-Form auf 110° oder durch Kristallisation aus organischen Lösungsmitteln bei höherer Temperatur auch in einer unbeständigen, blauen β-Form erhalten. Diese beiden Formen wurden von einigen Autoren[56] ohne jede experimentelle Begründung als cis- und trans-Formen eines ebenen Komplexes betrachtet. Eine andere Anschauung, daß nämlich die eine der beiden Formen ein Salz von der Art $[CoPyr_4]$ $[CoCl_4]$ ist, läßt sich schwer mit dem in Lösung gefundenen monomeren Molekulargewicht der β-Form sowie der monomeren, ebenen trans-Natur der α-Form und mit den beobachteten magnetischen Suszeptibilitäten der Verbindungen in Einklang bringen[57]. Die Natur der β-Verbindung bleibt danach ungeklärt. Es steht jedoch fest, daß zweiwertiges Kobalt sowohl in ebener als auch in tetraedrischer Konfiguration auftreten kann, je nach der Natur des ganzen Komplexes und der gebundenen Gruppen.

Der Beweis für die tetraedrische Konfiguration der meisten Elemente gründet sich auf der Kristallstruktur von Komplexsalzen, wie beispielsweise bei der Reihe $K_2[M(CN)_4]$, bei der $M = Zn$, Cd oder Hg sein kann, oder auf der optischen Spaltung von Verbindungen, die zwei Chelatringe enthalten. So spalteten Mills und Gotts[58] benzoylbrenztraubensaures Zink und Beryllium (s. oben XLV) und Boëseken[59] Disalicyl-borsäure (L) (S. 110). Eine Bestätigung der Tetraederstruktur von Berylliumkomplexen ergibt sich aus dem Bau des basischen Berylliumacetats, $Be_4O(O \cdot COCH_3)_6$. Wie die anderen sogenannten „basischen Berylliumsalze“ der Fettsäuren ist diese interessante Verbindung in organischen Lösungsmitteln löslich, schmilzt bei niedriger Temperatur und läßt sich unzersetzt destillieren. Sie muß demzufolge eine reine Kovalenzstruktur besitzen. Es wurde gezeigt[60], daß sich die Berylliumatome in dem basischen Acetat in einer regelmäßigen tetraedrischen Anordnung um das zentrale Sauerstoffatom befinden und weiterhin koordinativ mit den sechs Acetatgruppen verbunden sind, so daß jedes Berylliumatom selbst vierfach koordiniert ist (LI) (S. 110). Es sei erwähnt, daß das Sauerstoffzentralatom ebenfalls der Mittelpunkt einer vierfachen tetraedrischen Koordination ist. Diese Erscheinung, die man häufiger beobachtet, wird uns später noch im Zusammenhang mit den kristallinen (festen) und pseudokristallinen (flüssigen) Formen des Wassers und bei der Bildung von Hydroxylbindungen in Hydraten und Hydroxyden interessieren.

Es erhebt sich nun die wichtige Frage, ob diese charakteristischen Konfigurationen unveränderlich sind oder ob auch das Auftreten von anderen Formen möglich ist. Theoretische Richtlinien hierzu fehlen, jedoch scheint das vorliegende experimentelle Material Beispiele dafür

[55] Cox, Wardlaw u. a.: J. chem. Soc. 1937, 1556.
[56] Vgl. Biltz u. Fetkenheuer: Z. anorg. allg. Chem. 1914, **89**, 97.
[57] Barkworth u. Sugden: Nature 1937, **139**, 374.
[58] Mills u. Gotts: J. chem. Soc. 1926, 3121.
[59] Boëseken, J. J.: Proc. Acad. Sci., Amsterdam 1924, **27**, 174.
[60] Bragg, W. H. u. G. T. Morgan: Proc. Roy. Soc. 1923 A, **104**, 437.

zu bieten, daß sowohl „ebene“ Elemente tetraedrische Komplexe bilden, als auch umgekehrt die entgegengesetzte Erscheinung auftreten kann.

F. G. MANN[61] untersuchte im Jahre 1926 die Bildung von Komplexverbindungen durch $\beta\beta'\beta''$-Triaminotriäthylamin, $N(CH_2CH_2NH_2)_3$ und fand dabei, daß dieses mit Nickel- und Platin (II)-jodid Verbindungen bildet, in denen es als vierzählige[62] Gruppe auftritt und alle vier Koordinationsstellen besetzt. Hierdurch entsteht ein sehr interessantes Problem, da deutlich festgestellt werden konnte, daß diese Elemente normalerweise eine ebene Konfiguration besitzen. Das Triaminotriäthylamin kann nun aber nicht alle vier Stellen in einer quadratischen ebenen Anordnung umfassen; es läßt sich aber wohl, ohne daß allzu große Spannungen auftreten, einer Tetraederstruktur anpassen (LII). Scheinbar können also die „ebenen“ Elemente unter dem Zwang von Gruppen mit hohem Koordinationsvermögen dazu veranlaßt werden, die andere Struktur einzunehmen.

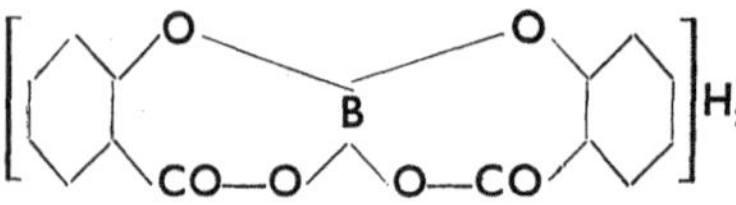

(L)

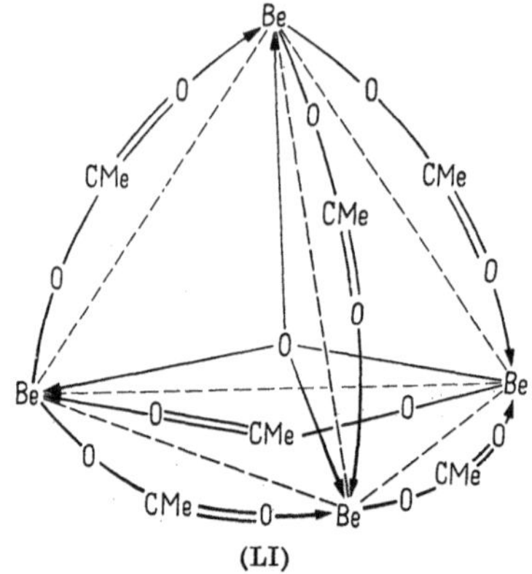

(LI)

Das Umgekehrte muß für die Phthalocyaninverbindungen des Berylliums, Zinks, Magnesiums und anderer „tetraedrischer“ Elemente gelten[63], da nicht nur das gesamte Skelett des Moleküls streng in einer Ebene liegt

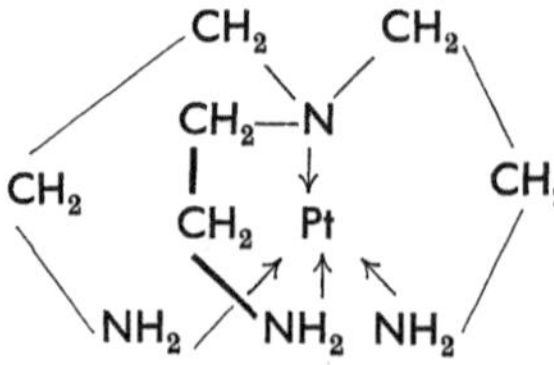

(LII)

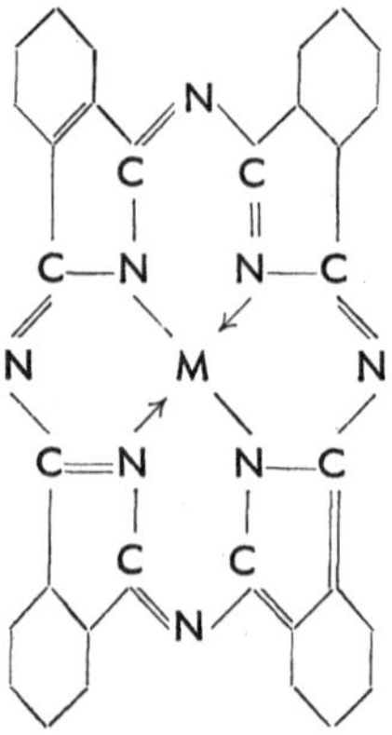

(LIII)

[61] MANN, F. G.: J. chem. Soc. 1926, 482.

[62] Anmerkung des Übersetzers: Gruppen mit dem Koordinationsvermögen 2, 3, 4 sind als zwei-, drei- und vierzählige Gruppen bezeichnet, wobei die zweizählige Gruppe der Chelatgruppe entspricht. Die entsprechenden englischen Ausdrücke sind tridendate, quadridendate usw., wörtlich drei- und vier*zähnig*.

[63] LINSTEAD u. a.: J. chem. Soc. 1936, 1719; sowie frühere Arbeiten.

(LIII), sondern auch durch Röntgenuntersuchungen erwiesen wurde[64], daß diese kristallinen Verbindungen dieselbe Struktur besitzen wie die Phthalocyanine des Nickels und Kupfers. In einigen Fällen — z. B. bei den Magnesiumverbindungen — nimmt das Metall leicht zwei Moleküle Wasser oder Lösungsmittel auf und geht so in den sechsfach koordinierten Zustand über, wodurch die durch die Phthalocyaningruppe hervorgerufene quadratisch-ebene Konfiguration stabilisiert wird.

Anormale Isomerien in ebenen Verbindungen.

Bei einigen ebenen Verbindungen sind mehr isomere Formen bekannt, als unter der Annahme einer ebenen Konfiguration möglich sind. Der Grund dieser Anomalien bedarf noch der vollständigen Deutung. Das grüne MAGNUS-Salz, $[Pt(NH_3)_4][PtCl_4]$, das auch in einer unbeständigen roten Form vorkommt, ist das bekannteste Beispiel für derartige überzählige Isomerieformen. Es wurde angenommen[65], daß dieses rote Salz nicht das MAGNUSsche Salz, sondern vielmehr das Triamminplatosalz, $[Pt(NH_3)_3Cl]_2[PtCl_4]$, wäre, welches die gleiche Bruttoformel wie die Salze $[Pt(NH_3)_4][PtCl_3(NH_3)]_2$ und $[Pt(NH_3)_3Cl][PtCl_3(NH_3)]$ besitzt. Diese Anschauung läßt sich aber nicht mit den Ergebnissen von JÖRGENSEN und SORENSEN[66] und mit der späteren Arbeit von DREW[67] vereinbaren. Besonders ergeben die Tetrammin- und Triamminkationen vollständig verschiedene Palladiumsalze, wie aus den folgenden Reaktionen zu ersehen ist.

$$\underset{\textit{grüne oder rote Form}}{[Pt(NH_3)_4]PtCl_4} \xrightarrow{AgNO_3} Ag_2PtCl_4 + [Pt(NH_3)_4](NO_3)_2 \xrightarrow{K_2PdCl_4} \underset{\textit{graurosafarbene Nadeln}}{[Pt(NH_3)_4]PdCl_4}$$

$$\underset{\textit{rot}}{[Pt(NH_3)_3Cl]_2PtCl_4} \xrightarrow{AgNO_3} Ag_2PtCl_4 + [Pt(NH_3)_3Cl]NO_3 \xrightarrow{K_2PdCl_4} \underset{\textit{goldbraune Plättchen}}{[Pt(NH_3)_3Cl]_2PdCl_4}$$

Weiterhin ist die Bildung der roten Form des MAGNUS-Salzes im allgemeinen in ammoniakalischer Lösung begünstigt, in welcher an sich das Triammin leicht in das Tetrammin verwandelt werden sollte. Die Identität der beiden Formen ist somit sichergestellt, wenn auch die Beziehungen zwischen ihnen noch unklar sind. Es ist interessant, die Farben der Platosalze zu vergleichen, die von solchen Tetramminen gebildet werden, welche an Stelle von Ammoniak aliphatische Amine enthalten. Die Salze vom Typus $[Pt(NH_2R)_4]PtCl_4$, in denen $R = CH_3$, n-C_4H_9, iso-C_4H_9 oder C_5H_{11} bedeutet, sind grün wie die beständige Form des MAGNUS Salzes, während das analoge Äthylaminplatosalz ($R = C_2H_5$) rot ist. Das entsprechende Bromplatinit, $[Pt(NH_2Aet)_4]PtBr_4$, ist indessen grün.

Das 2,2′-Dipyridyl[68] und Tripyridyl[69] führen ebenfalls zur Bildung von anormalen Isomeren; dieser Fall ist besonders interessant, da die

[64] LINSTEAD u. ROBERTSON: J. chem. Soc. 1936, 1736. — ROBERTSON: J. chem. Soc. 1935, 615; 1936, 1195.

[65] HERTEL u. SCHNEIDER: Z. anorg. allg. Chem. 1931, **202**, 77. — COX, WARDLAW u. a.: J. chem. Soc. 1932, 2527.

[66] JÖRGENSEN u. SORENSEN: Z. anorg. allg. Chem. 1906, 48, 441.

[67] DREW u. TRESS: J. chem. Soc. 1935, 1586.

[68] MORGAN u. BURSTALL: J. chem. Soc. 1934, 965. — Siehe auch ROSENBLATT u. SCHLEEDE: Lieb. Ann. Chem. 1935, **505**, 58.

[69] MORGAN u. BURSTALL: J. chem. Soc. 1934, 1498.

Struktur durch die Chelatgruppen unzweideutig festgelegt ist. Das gelbe Diammin $PtCl_2$Dipy (A) bildet mit Äthylendiamin oder mit Pyridin die gemischten Tetrammine (B) und (C), die bei Einwirkung von heißer, konzentrierter Salzsäure das $PtCl_2$Dipy wieder zurückbilden, jedoch in einer roten Modifikation (D). Sämtliche Reaktionen dieser Form sind mit denjenigen der gelben Form (A) identisch; durch Lösen in Chloroform wird sie auch in diese umgewandelt. Vom Tetramminjodid $[PtDipy_2]J_2 \cdot H_2O$ sind ebenfalls rote und schwarze Formen beschrieben worden.

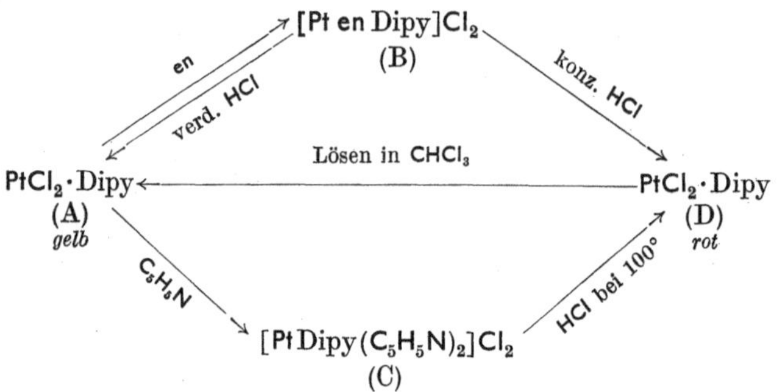

Im Falle der Tripyridylverbindungen sind zwei Formen von [PtTripy Cl]Cl und [PtTripy $Cl]_2PtCl_4$ bekannt, wobei Tripy Tripyridyl bedeutet (LIV). Die geringere Löslichkeit der tief gefärbten Formen (G) und [H] deutet darauf hin, daß in diesem Falle irgendeine Polymerisation stattgefunden hat. Die Beziehung zwischen den Verbindungen ergibt sich aus den folgenden Reaktionen:

$$K_2PtCl_4 + \text{Tripy} \xrightarrow{\text{in } H_2O} [\text{Pt Tripy Cl}]Cl \cdot 3\,H_2O \xrightarrow{K_2PtCl_4} [\text{Pt Tripy Cl}]_2PtCl_4$$

(E) *rot* (F) *rot*

$\downarrow$ in HCl $\qquad$ $\uparrow$ H_2O bei 100°

$$\text{Tripy } H_2PtCl_4 \longrightarrow [\text{Pt Tripy Cl}]Cl \cdot 3\,H_2O \xrightarrow{K_2PtCl_4} [\text{Pt Tripy Cl}]_2PtCl_4$$

(G) *schwarz* (H) *blau*

Daß das Auftreten von anormalen Isomerien höchst spezifisch ist, zeigt sich daran, das o-Phenanthrolin (LV), obwohl es strukturell dem 2,2′-Dipyridyl (LVI) eng verwandt ist, zur Entstehung einer ganz entsprechenden Reihe von Verbindungen führt, bei denen keine zusätzlichen Isomeren entdeckt werden konnten[70].

Diammin-palladium (II)-chlorid und -jodid, $Pd(NH_3)_2Cl_2$ und $Pd(NH_3)_2J_2$, kommen auch in zwei Formen vor. Die erste Verbindung wandelt sich gewöhnlich, wenn sie bei 200° getrocknet wird, in eine tiefrot gefärbte Modifikation um; dieses Verhalten wurde zuerst von der Mond-Nickel-Company bei der technischen Trennung des Palladiums von anderen im elektrolytischen Nickelschwamm enthaltenen Edelmetallen beobachtet[71]. Hier handelt es sich weder um eine Polymerisation, da die chemischen Reaktionen der beiden Modifikationen identisch sind, noch liegt ein Fall von geometrischer Isomerie vor, da das cis-Isomere als gelbes

[70] ANDERSON, J. S.: Unveröffentlicht.

[71] MANN, F. G. u. a.: J. chem. Soc. 1935, 1642.

Pulver von GRUNBERG und SCHULMANN[72] isoliert werden konnte. Das gelbe Jodid $Pd(NH_3)_2J_2$ verwandelt sich in ähnlicher Weise bei der Behandlung mit Aceton in eine rote Modifikation. In diesen beiden Fällen sind die beiden Formen kristallographisch verschieden; ihre Existenz kann aber nicht dadurch gedeutet werden, daß man sie im Rahmen des kristallinen Dimorphismus zu erklären versucht.

(LIV) (LV) (LVI)

Ringgröße und Chelatbildung*.

Aus dem vorhergehenden Abschnitt ging die Art und Weise hervor, in der die Chelatbildung ganz allgemein die Beständigkeit von Koordinationsverbindungen verändert. Wenn ein Molekül mit zwei zur Koordinationsbildung fähigen Gruppen — wie z. B. ein Diamin, $NH_2 \cdot (CH_2)_n \cdot NH_2$, oder eine Aminosäure, $NH_2(CH_2)_nCOOH$ — als Chelatgruppe fungiert, so muß — genau wie im Falle der Kohlenstoffringe in der organischen Chemie — geometrisch eine Ringbildung mit geringer Spannung möglich sein. Eine derartige Chelatbildung wird dann besonders begünstigt, wenn sich die Gruppen in 1,4- oder in 1,5-Stellung befinden.

Wenn gesättigte Ringe — d. h. Ringe, die lediglich Einfachbindungen enthalten — auftreten wie bei der Koordination der Diamine, so sind die fünfgliedrigen Ringe, wie sie beispielsweise von Äthylendiamin gebildet werden (I), am beständigsten. DREW[73] konnte dies objektiv beweisen; er fand, daß Äthylendiamin — weniger leicht 1,3-Propylendiamin (II) — mit Platin Koordinationsverbindungen bildet, wohingegen die höheren Polymethylendiamine nur amorphe, schlecht definierte Produkte liefern, bei denen die beiden Aminogruppen eines jeden Moleküls des Diamins wahrscheinlich mit verschiedenen Metallatomen verbunden sind.

$$M \leftarrow NH_2—CH_2,\ M \leftarrow NH_2—CH_2 \quad \text{(I)}$$

$$M \leftarrow NH_2—CH_2—CH_2—CH_2—NH_2 \rightarrow M \quad \text{(II)}$$

Auf besonders elegante Weise konnte MANN[74], die größere Beständigkeit der fünfgliedrigen Ringe im Vergleich zu den sechsgliedrigen Ringen darlegen, und zwar indem er die Koordinationsverbindungen des 1,2,3-Triaminopropans, $NH_2CH_2CH(NH_2)CH_2NH_2$ untersuchte. Dieses kann so reagieren, daß nur zwei Koordinationsstellen besetzt werden und die dritte Aminogruppe zur Salzbildung fähig ist. Die in dieser Weise mit

* Vergleiche Anmerkung 5, Seite 82.

72 GRUNBERG u. SCHULMANN: C. R. Acad. Sci. URSS 1933, 218.

73 DREW u. TRESS: J. chem. Soc. 1933, 1335.

74 MANN: J. chem. Soc. 1926, **129**, 2681.

Platin (IV)-Chlorid gebildete Verbindung ist dann entweder unsymmetrisch (III) oder symmetrisch (IV), je nachdem, ob durch Chelatbildung bevorzugt ein fünf- oder sechsgliedriger Ring gebildet wird. MANN spaltete die Verbindung in optische Isomeren und bestätigte damit die Struktur (III) mit einem fünfgliedrigen Chelatring.

Dieselben Betrachtungen lassen sich auf die inneren Komplexsalze anwenden.

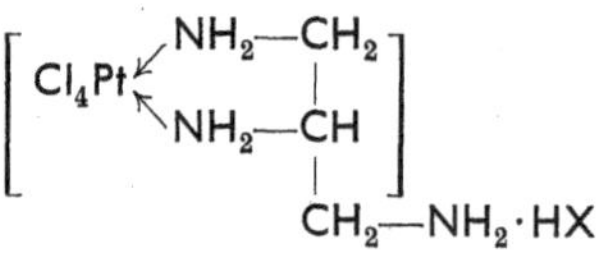

$$\left[Cl_4Pt\begin{matrix}\swarrow NH_2\text{—}CH_2\\ \nwarrow NH_2\text{—}CH\end{matrix}\right] \quad \begin{matrix}|\\CH_2\text{—}NH_2\cdot HX\end{matrix} \qquad \text{(III)}$$

$$\left[Cl_4Pt\begin{matrix}\swarrow NH_2\text{—}CH_2\diagdown\\ \nwarrow NH_2\text{—}CH_2\diagup\end{matrix}CH\right] \quad \begin{matrix}|\\NH_2\cdot HX\end{matrix} \qquad \text{(IV)}$$

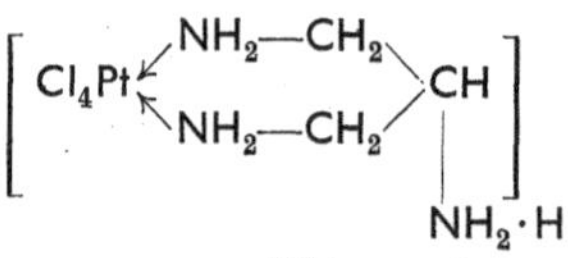

PFEIFFER[75] zeigte, daß von den Aminosäuren $NH_2(CH_2)_nCOOH$ diejenigen, bei denen n = 1 oder 2 ist, zur Entstehung von fünf- bzw. sechsgliedrigen Ringen führen, wobei sie lediglich als Chelatgruppen wirken. Wenn es sich aber um starke Säuren handelt, so fand er[76], daß dann sterische Überlegungen keine Bedeutung mehr besitzen und verschiedenartige Komplexsalze entstehen. So bilden die o-, m- und p-Aminobenzolsulfonsäuren sämtlich Kupfersalze von der Formel $(NH_2\cdot C_6H_4\cdot SO_3)_2Cu\cdot 4H_2O$, die auf Grund ihrer Farbe in naher Beziehung zu der einfachen Anilinverbindung, $(C_6H_5SO_3)_2Cu(NH_2C_6H_5)_2$, stehen. Offensichtlich erfolgt in diesen Fällen die Koordination nur durch die Aminogruppe, wobei eine den Betaïnen entsprechende Struktur entsteht.

$$({}^-SO_3\cdot C_6H_4\cdot NH_2 \rightarrow Cu^{2+} \leftarrow NH_2\cdot C_6H_4\cdot SO_3{}^-).$$

Die sterische Beziehung zwischen Säure- und Aminogruppen ist dann unerheblich.

Merkwürdig ist folgende Beobachtung: Während die gesättigten 1,2-Diamine (z. B. Äthylendiamin oder 1,2-Diaminocyclohexan) sämtlich als Chelatgruppen fungieren, scheint o-Phenylen gewöhnlich nur eine Koordinationsstelle ausfüllen zu können[77].

Bei der Entstehung von Chelatringen mit Doppelbindungen ist die Bildung von Sechsringen begünstigt. So entstehen bei den β-Diketonen leicht Komplexsalze aus der Enolform.

Die Bildung größerer Ringe ist nicht vollständig ausgeschlossen: Es wurden Verbindungen beschrieben[78, 79], (V) und (VI), die den Rest der Bernsteinsäure oder Sulfonyl-diessigsäure enthalten und in denen sieben- und achtgliedrige Ringe vorliegen.

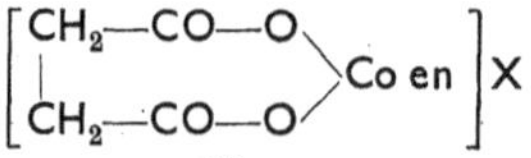

$$\left[\begin{matrix}CH_2\text{—}CO\text{—}O\diagdown\\ |\qquad\qquad\quad\\ CH_2\text{—}CO\text{—}O\diagup\end{matrix}Co\ en\right]X \qquad \text{(V)}$$

$$\left[SO_2\begin{matrix}\diagup CH_2\text{—}CO\text{—}O\diagdown\\ \diagdown CH_2\text{—}CO\text{—}O\diagup\end{matrix}Co\ en_2\right]X \qquad \text{(VI)}$$

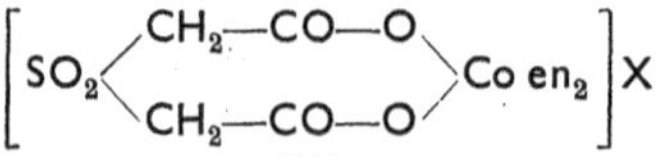

---

75 PFEIFFER: Lieb. Ann. Chem. 1933, **503**, 84; J. pract. Chem. 1933, [II], **136**, 321.

76 PFEIFFER: Z. anorg. allg. Chem. 1936, **230**, 97. — Vgl. LEY: Ber. dtsch. chem. Ges. 1924, **57**, 1700.

77 HIEBER, SCHLIESSMANN u. RIES: Z. anorg. allg. Chem. 1929, **180**, 89. — HIEBER u. WAGNER: Lieb. Ann. Chem. 1925, **444**, 249.

78 DUFF, J. C.: J. chem. Soc. 1921, **119**, 385.

79 DUFF, J. C.: J. chem. Soc. 1921, **119**, 1982. — SLATER-PRICE u. BRAZIER: J. chem. Soc. 1915, **107**, 1367.

Dreizählige und vierzählige Gruppen[80].

Außer den zahlreichen bifunktionellen „zweizähligen“ oder „chelaten“ Gruppen kennt man einige wenige Verbindungen, die drei — also dreizählige Gruppen — oder selbst vier — vierzählige Gruppen — Stellen in der Koordinationsschale auszufüllen vermögen.

Als typische dreizählige Gruppen können das bereits erwähnte Tripyridyl und $\alpha\beta\gamma$-Triaminopropan genannt werden[81]; diese vereinigen sich mit sechsfach koordinierten Metallen zu beständigen Verbindungen vom Typus $[\mathrm{M\,Tripy_2}]X_n$ und $[\mathrm{Co\{C_3H_5(NH_2)_3\}_2}]X_3$. In diesen Verbindungen ist die koordinierte Gruppe wahrscheinlich in den 1,2,6-Stellungen längs einer Oktaederkante (VII) gebunden und nicht in den benachbarten 1,2,3-Stellungen, die eine Oktaederfläche begrenzen; das ergibt sich aus der Tatsache, daß dieselben dreizähligen Gruppen leicht drei Koordinationsstellen in einem ebenen, vierfach koordinierten Komplex, wie im $[\mathrm{Pt\,Tripy\,Cl}]\mathrm{Cl}$ besetzen können; es läßt sich zeigen, daß eine derartige Struktur tatsächlich nur dann spannungsfrei ist, wenn das Platinatom und das ganze Tripyridylmolekül in einer Ebene liegen.

Eine Bildung von inneren Komplexsalzen durch dreizählige Gruppen ist ebenfalls bekannt; derartige Verbindungen entstehen beispielsweise aus Diäthanolamin, $\mathrm{NH(CH_2CH_2OH)_2}$, und zweiwertigem Kobalt (VIII).

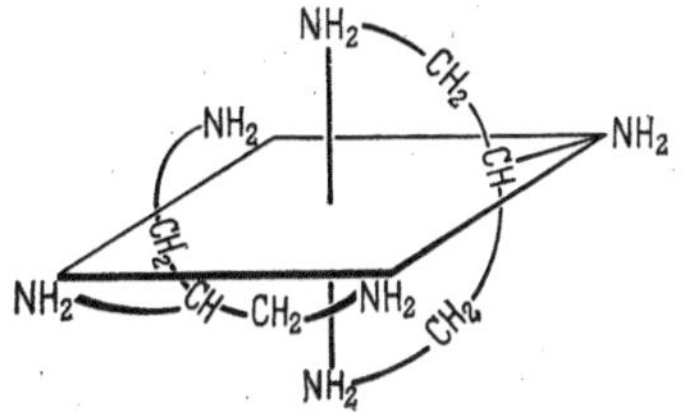

(VII)

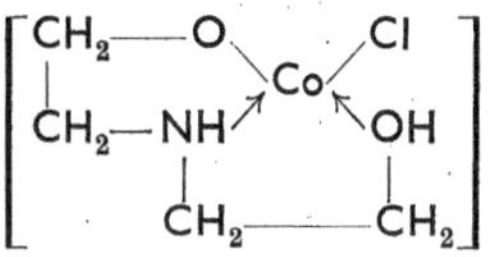

(VIII)

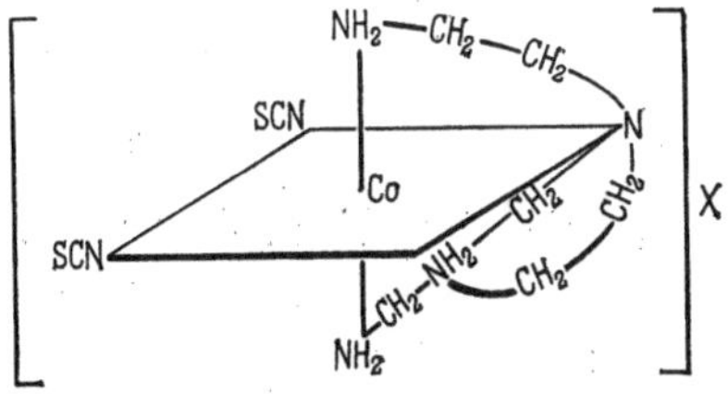

(IX)

Es sind nur wenige vierzählige Gruppen bekannt, da zu einer solchen Koordination besondere geometrische Voraussetzungen erforderlich sind, wenn eine spannungsfreie Struktur entstehen soll. Über das Verhalten von $\beta\beta'\beta''$-Triamino-triäthylamin als tetraedrische vierzählige Gruppe wurde bereits berichtet (S. 110); diese Gruppe tritt ebenfalls in Sechserkoordinationsstrukturen, z. B. bei den Kobaltverbindungen, auf (IX)[82].

[80] Vgl. die Anmerkung des Übersetzers auf S. 110.

[81] Pope, W. J. u. F. G. Mann: Proc. Roy. Soc. 1925, A, **109**, 444; J. chem. Soc. 1926, 2675, 2681; 1927, 1224.

[82] Pope, W. J. u. F. G. Mann: J. Soc. chem. Ind., Chem. and Ind. 1925, **44**, 834. — Jaeger u. Koets: Z. anorg. allg. Chem. 1928, **170**, 347.

Von besonderer Bedeutung sind die Metallderivate des Porphyrinskeletts, da sie tief mit den Lebensprozessen im Tier- und Pflanzenreich verwurzelt sind. Chlorophyll (X) und das Hämin des Blutes enthalten innere Magnesium- und Eisenkomplexsalze von Porphyrinderivaten. Die Oxydations-Reduktionseigenschaften der Eisen-Porphyinderivate und verwandter Verbindungen scheinen den verwickelten Erscheinungen der biologischen Oxydation zugrunde zu liegen. Im Porphyrin und in den schon früher besprochenen Phthalocyaninen bilden die koordinierten Gruppen eine streng ebene Struktur, die gerade die Abmessungen besitzt, daß ein Metallion hineinpaßt. Ein derartiger Bau zeigt eine sehr große Beständigkeit. Einige der Metallphthalocyanine lassen sich bei hoher Temperatur sublimieren; bei der Kupferverbindung ist der Komplex im Dampfzustand noch bei 500° beständig.

Dieselbe große Beständigkeit zeigen auch die Derivate von Äthylendiamin-di-acetylaceton (XI)[83]. Die von diesem Stoff gebildete Kupferverbindung kann fast bis auf Rotglut erhitzt werden, ohne daß Zersetzung erfolgt.

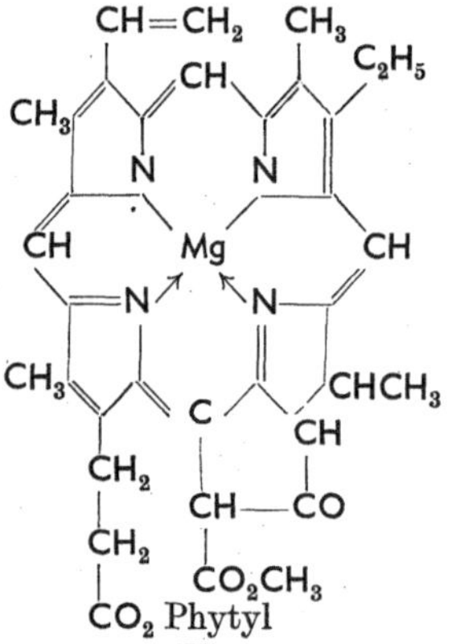

(X)

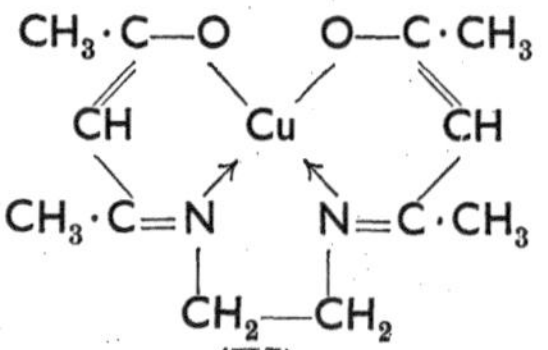

(XI)

Mehrkernige Komplexsalze.

Bei der Besprechung der Stereochemie der Kobaltammine wurde die Gruppe der mehrkernigen Komplexe bereits erwähnt. In diesen Verbindungen sind die Koordinationsschalen von zwei oder mehreren Metallatomen dadurch verbunden, daß sie eine oder mehrere „Brücken“-gruppen — wie die —OH-Gruppen in den schon besprochenen Salzen — gemeinsam haben. Es ist klar, daß im Falle der sechsfach koordinierten Komplexe zwei Koordinationsoktaeder eine Ecke, eine Kante oder eine Fläche gemeinsam haben, je nach dem, ob eine, zwei oder drei — aber nicht mehr als drei — Brücken vorhanden sind. Von allen diesen drei Klassen sind Verbindungen bekannt; sie sollen im folgenden Absatz besprochen werden.

Jedes neutrale Molekül oder Anion, das selbst koordinativ ungesättigt ist, kann als Brückengruppe auftreten. Es muß nachdrücklich darauf

[83] MORGAN, G. T. u. MAIN SMITH: J. chem. Soc. 1925, 127, 2030.

hingewiesen werden, daß der Unterschied in den Funktionen, die das Zentralatom und die koordinierten Gruppen im Komplex ausüben, in gewisser Weise willkürlich festgelegt und eine Sache der Übereinkunft ist. Das Ammoniakmolekül besetzt eine Stelle in der Koordinationsschale, weil dadurch das Koordinationsmaximum 4 des Stickstoffs erreicht wird; die alte Annahme von der engen Beziehung zwischen den Amminen und Ammoniumsalzen, die von JÖRGENSEN betont wurde, war in diesem Sinne zutreffend. Ebenso beträgt die gewöhnliche Koordinationszahl des Sauerstoffs 3, wie man es bei den Oxoniumsalzen, $[R_3O]X$, findet, so daß ein Wassermolekül nur eine Koordinationsbindung, $H_2O \rightarrow M$, eingehen kann. Wenn aber ein Wasserstoffatom entfernt wird und eine Amido- oder Hydroxoverbindung, $M—NH_2$ bzw. $M—OH$ entsteht, so werden die Stickstoff- und Sauerstoffatome koordinativ ungesättigt und erhalten die Fähigkeit, zusätzliche Koordinationsbindungen mit anderen Metallatomen einzugehen. Sie wirken dabei als Brücken zur Bildung mehrkerniger Komplexe, z. B.

$$\left[\begin{matrix} H_2O \\ (NH_3)_4 \end{matrix} Co—NH_2 \rightarrow Co \begin{matrix} Cl \\ (NH_3)_4 \end{matrix}\right] Cl_4; \qquad \left[en_2Co \begin{matrix} \diagup OH \searrow \\ \diagdown OH \nearrow \end{matrix} Co\ en_2 \right] Cl_4.$$

Auch die Nitro-, $—NO_2$, Peroxo-, $—O_2—$, Oxo-, $—O—$, $—O \cdot SO \cdot O—$, Acetato-, $—O \cdot C(CH_3){:}O$, und andere Gruppen treten bei der Brückenbildung auf und ergeben Verbindungen von der Art, wie sie durch die Formulierungen I, II und III wiedergegeben sind. Die etwas verwickelte Chemie dieser mehrkernigen Kobalt- und Chromamminverbindungen wurde ausführlich von WERNER[84] ausgearbeitet.

$$\underset{(I)}{\left[en_2Co \begin{matrix} \diagup NH_2 \searrow \\ \diagdown NO_2 \nearrow \end{matrix} Co\ en_2 \right] Cl_4} \qquad \underset{(II)}{\left[(NH_3)_4Co \begin{matrix} \diagup NH_2 \searrow \\ \diagdown SO_4 \diagup \end{matrix} Co(NH_3)_4 \right] (NO_3)_3}$$

$$\underset{(III)}{[(NH_3)_5Co—O_2—Co(NH_3)_5](NO_3)_4}$$

Außer den oben aufgeführten Gruppen können auch die Halogene als Brückengruppe fungieren. Die Bildung mehrkerniger Komplexe durch Cl- und OH-Brücken ist, wie in den nächsten beiden Abschnitten gezeigt werden soll, ein sehr wesentliches Prinzip der anorganischen Chemie.

Basische Salze.

WERNER[85] hat gezeigt, daß die Anwendung der Koordinationstheorie auf dem verwickelten Gebiet der Bildung basischer Salze eine eindrucksvolle allgemeine Strukturgrundlage für diese Verbindungen liefert. Die wohldefinierten basischen Salze der zweiwertigen Metalle, z. B.

Atacamit	$CuCl_2 \cdot 3\,Cu(OH)_2$
Langit	$CuSO_4 \cdot 3\,Cu(OH)_2 \cdot H_2O$
Basisches Zinknitrat	$Zn(NO_3)_2 \cdot 3\,Zn(OH)_2$
Basisches Kobaltkarbonat	$CoCO_3 \cdot 3\,Co(OH)_2$
Basische Bleisalze	$PbX_2 \cdot 2\,Pb(OH)_2$

[84] WERNER: Lieb. Ann. Chem. 1910, **375**, 1.
[85] WERNER: Ber. dtsch. chem. Ges. 1907, **40**, 4441.

enthalten sämtlich normales Salz und Hydroxyd in einfachen Verhältnissen, und zwar sehr häufig im Verhältnis 1:3. Die Menge des in einem basischen Salz vorhandenen Wassers reicht stets aus, daß das Oxyd in hydratisierter Form vorliegen kann; wenn nach der Literatur Anzeichen für das Auftreten von Ausnahmen zu dieser Regel zu bestehen scheinen, so müssen diese Verbindungen wahrscheinlich genauer charakterisiert werden.

Nach der WERNERschen Anschauung spielen demnach die Metallhydroxyde in den basischen Salzen dieselbe Rolle wie die Diolgruppe, $\left[(NH_3)_4Co\begin{smallmatrix}OH\\OH\end{smallmatrix}\right]$, in den mehrkernigen Kobaltamminen; die Hydroxyde sind durch ihren Sauerstoff dem Zentralatom koordiniert. Auf dieser Grundlage kann man die basischen Kupfersalze durch die unter (I) angegebene Formel darstellen und ganz entsprechend die Zink-, Kobalt-, Bleisalze usw. formulieren. Wenn noch überzähliges Wasser vorhanden ist, so nimmt WERNER an, daß dieses um die äußeren „hydroxydischen" Metallatome angeordnet wird. So kann $CaCl_2\cdot 3\,CaO\cdot 15\,H_2O$ nach der Formulierung (II) geschrieben werden, bei der alle Calciumatome die Koordinationszahl 6 besitzen. In derselben Weise kann der Alunit, $KAl(SO_4)_2\cdot 2\,Al(OH)_3$, nach WERNER durch das Formelbild (III) wiedergegeben werden, während ein ähnliches basisches Ferrikation in dem Mineral Beudantit auftritt.

$$Fe^{III}Pb(SO_4)(AsO_4)\cdot Fe_2O_3\cdot 3\,H_2O \quad \text{oder} \quad [Fe\{(HO)_3Fe\}_2)]^{SO_4}_{AsO_4Pb}.$$

WEINLAND, STROH und PAUL[86] haben gezeigt, daß die WERNERsche Ansicht wenigstens in einigen Fällen im wesentlichen richtig ist. Blei bildet eine gut bekannte Reihe basischer Salze, die häufig als $Pb(OH)X$ formuliert werden und nach der Koordinationstheorie dimer sind (IV); außerdem kommt eine zweite Reihe vor, nämlich $PbX_2\cdot 2\,Pb(OH)_2$ (V). Im allgemeinen sind die basischen Salze wegen ihrer Unlöslichkeit bekannt; die genannten Verfasser berichten aber, daß sie unbeständige, lösliche Chlorate und Perchlorate von beiden Reihen der Bleisalze erhalten haben. Durch Messungen der elektrischen Leitfähigkeit konnte gezeigt werden, daß in allen Fällen ein zweiwertiges Kation vorliegt.

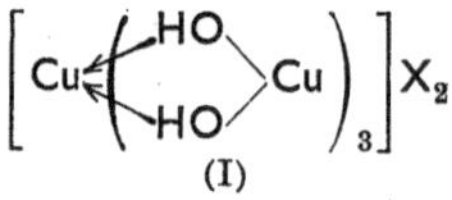

$$\left[Cu\left(\begin{smallmatrix}HO\\HO\end{smallmatrix}Cu\right)_3\right]X_2 \quad \text{(I)} \qquad \left[Ca\left(\begin{smallmatrix}HO\\HO\end{smallmatrix}Ca(H_2O)_4\right)_3\right]Cl_2 \quad \text{(II)}$$

$$\left[Al\left(\begin{smallmatrix}HO\\HO\\HO\end{smallmatrix}Al\right)_2\right](SO_4)_2K \quad \text{(III)} \qquad \left[Pb\left(\begin{smallmatrix}HO\\HO\end{smallmatrix}Pb\right)\right]X_2 \quad \text{(IV)} \qquad \left[Pb\left(\begin{smallmatrix}HO\\HO\end{smallmatrix}Pb\right)_2\right]X_2 \quad \text{(V)}$$

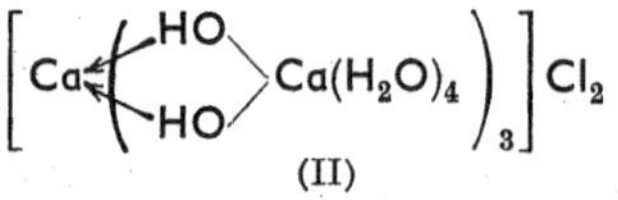

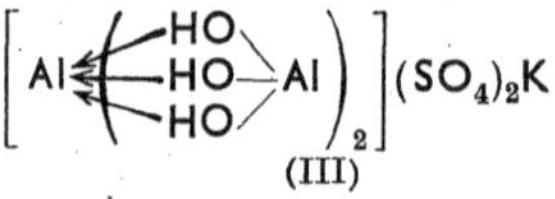

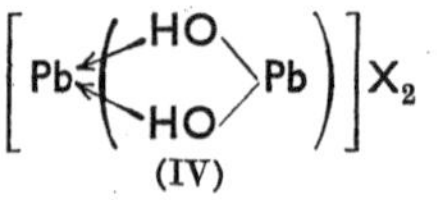

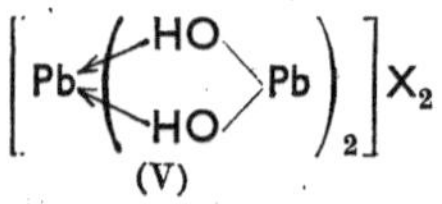

Auf Grund der neuesten Arbeiten, besonders von FEITKNECHT[87], über den Bau der basischen Salze zweiwertiger Metalle muß die WERNERsche Anschauung über die Natur der basischen Salze allerdings eine gewisse Abänderung erfahren. Die Hydroxyde der zweiwertigen Metalle kristalli-

[86] WEINLAND, STROH u. PAUL: Ber. dtsch. chem. Ges. 1922, **55**, 2706; Z. anorg. allg. Chem. 1923, **129**, 243.

[87] FEITKNECHT: Helv. chim. Acta 1933, **16**, 427, 1302; 1930, **13**, 22; 1935, **18**, 28, 40; 1936, **19**, 448, 467, 831.

sieren im hexagonalen System und bilden Schichtgitter vom Cadmiumjodidtyp: d. h., die Hydroxyde bilden Schichten von Sauerstoffatomen, in deren Zwischenräume die Metallatome so eingefügt sind, daß jedes zwischen sechs Sauerstoffatomen liegt. Jede Schicht stellt dann ein Riesenmolekül des Hydroxyds dar; auf dieser Tatsache beruht die Unlöslichkeit der Hydroxyde. Die Bedeutung eines dieser Glieder aus der Gruppe von Hydroxyden, des Brucits, $Mg(OH)_2$, für die Struktur der Silikate und Tone wird in einem späteren Kapitel behandelt.

Feitknecht hat festgestellt, daß in den basischen Salzen die Hydroxydstruktur in ihrer Grundlage erhalten bleibt, so daß in den basischen Zinksalzen Schichten von Hydroxyden vorliegen, die mit Schichten durchsetzt sind, welche die Metallionen und Säureanionen enthalten. Die Zwischenräume zwischen den Schichten können verschieden sein, und die Zwischenschichten besitzen meistens eine ungeordnete Struktur. Es entsteht so die Möglichkeit, daß leicht Metallsalze in wechselndem Verhältnis in die Zwischenschichten eintreten und so auf diese Weise nicht stöchiometrisch zusammengesetzte Verbindungen gebildet werden. Nach der Arbeit von Feitknecht scheint es aber so zu sein, daß diese Doppelschichtgitter-Struktur metastabil ist und stets danach strebt, eine Verbindung von der Form des Grenztypus $MX_2 \cdot 3M(OH)_2$ zu bilden. Der Struktur dieser Grenzsalze liegen beinahe die ursprünglichen Hydroxyde zugrunde. Wie vorher sind die Metallatome in die Zwischenräume einer von Hydroxylionen gebildeten Doppelschicht hineingepaßt. Wenn durch Isomorphismus (s. Kapitel 5, S. 180) ein Viertel der Hydroxyle durch Chlor oder andere einwertige Ionen ersetzt ist, so entsteht ein etwas erweitertes Hydroxydgitter von der Zusammensetzung $M(OH)_{1,5}X_{0,5}$ oder $MX_2 \cdot 3M(OH)_2$. Dieses ist anscheinend die charakteristische Struktur der basischen Salze. Wie bei den Hydroxyden ist jede Schicht ein Riesenmolekül. Das Auftreten von Verbindungen mit stark wechselnden Verhältnissen von Normalsalz zu Hydroxyd, die Unlöslichkeit der basischen Salze und ihr wechselnder Wassergehalt können auf diese Weise erklärt werden.

Diese modifizierte Auffassung darf man nicht als einen Widerspruch zu der Wernerschen Ansicht betrachten. Nach dem Schema von Werner sind die Metallatome an das Zentralatom als koordinierte Hydroxyde gebunden und selbst koordinativ ungesättigt. Bei der Übertragung unserer neuen Erkenntnis über die Struktur der basischen Salze in den Rahmen der Wernerschen Theorie zeigt sich, daß die äußeren Metallatome ebenfalls das Maximum ihrer Koordination einnehmen, was durch den Vorgang weiterer gemeinsamer Sauerstoffbindungen zustande kommt. Es entsteht eine Art anorganischer Polymerisation, so daß jede makromolekulare Schicht des Kirstallgitters einen unendlich großen mehrkernigen Komplex vorstellt.

Mehrkernige Halogenverbindungen.

Wie bereits erwähnt wurde, können die Halogenatome — besonders zwischen den Atomen der Platinmetalle — als Brückengruppen wirken. Es gibt beispielsweise eine Reihe von Platin (II)-Verbindungen mit der allgemeinen Formel $PtCl_2 \cdot X$, in denen $X = PCl_3$, $P(OCH_3)_3$, PR_3, AsR_3, CO,

C_2H_4 usw. bedeutet (R = Alkylrest). ROSENHEIM und LÖWEN[88] konnten für $PtCl_2 \cdot P(OCH_3)_3$, ANDERSON[89] für $PtCl_2 \cdot C_2H_4$ und MANN und PURDIE[90] für die entsprechenden Palladiumverbindungen der Alkylphosphine und -arsine nachweisen, daß diese Verbindungen tatsächlich dimer sind. Unter Außerachtlassung der geometrischen Isomerie, welche ausführlicher weiter unten besprochen werden soll, kann man sie nach einem allgemeinen Plan nur dann formulieren, wenn man annimmt, daß in allen diesen Verbindungen die Platin- oder Palladiumatome durch zwei Chloratome brückenartig verbunden sind (I).

```
R↘     Cl↘     Cl          ⎡Cl↘     Cl↘     Cl⎤
   Pt       Pt              ⎢Cl→ W ←Cl→ W ←Cl ⎥K₃
Cl↗     Cl↗     ↖R          ⎣Cl↗     Cl↗     Cl⎦
       (I)                           (II)
```

Ein unabhängiger physikalischer Beweis über eine derartige Funktion der Chloratome wurde durch Röntgenuntersuchungen an $K_3W_2Cl_9$[91] und $Cs_3Tl_2Cl_9$[92] erbracht. Wenn die Metallatome in diesen Anionen oktaedrisch koordiniert sind, so muß die in (II) wiedergegebene Struktur mit drei Cl-Brücken vorliegen. Das ist im festen Zustand tatsächlich der Fall. Die Chloratome sind in Gruppen zu dreien so angeordnet, daß rund um zwei Wolfram- oder Thalliumatome, welche auf den dreizähligen Symmetrieachsen der Struktur liegen, ein Chloroktaeder gebildet wird. Ein Salz mit derselben Bruttoformel ist das $K_3As_2Cl_9$; hierbei haben aber Röntgenuntersuchungen ergeben, daß kein mehrkerniges Anion vorliegt[93].

Die oben beschriebenen Platin- oder Palladiumkomplexe müssen eine ebene Struktur besitzen, so daß von jeder Verbindung eine unsymmetrische Form (III) und zwei symmetrische (IV) und (V) auftreten sollten. In keinem Fall sind derartige Isomeren bekannt, jedoch besteht bei den Palladiumverbindungen ein bemerkenswertes Tautomeriegleichgewicht zwischen den möglichen Formen[94].

```
R↘     Cl↘     Cl        R↘     Cl↘     R        R↘     Cl↘     Cl
   Pt       Pt              Pt       Pt             Pt       Pt
R↗     Cl↗     Cl        Cl↗    ↖Cl     Cl       Cl↗    ↖Cl     ↖R
      (III)                    (IV)                     (V)
```

Einerseits ergeben die im folgenden unter A zusammengefaßten Reaktionen eine sehr große Wahrscheinlichkeit für die unsymmetrische Formulierung, da die Phosphinverbindung auf den verschiedenen angegebenen Wegen in Verbindungen überführt werden kann, in denen die beiden Alkylphosphinmoleküle an demselben Palladiumatom gebunden sind. Die Arsinverbindungen scheinen ebenfalls in einigen ihrer Reaktionen die unsymmetrische Formel B zu besitzen. Interessant ist die Tatsache, daß die Brückenatome ebenfalls so reaktionsfähig sein können wie die äußeren Halogenatome des Komplexes.

---

88 ROSENHEIM u. LÖWEN: Z. anorg. allg. Chem. 1903, **37**, 394; 1905, **43**, 35.
89 ANDERSON: J. chem. Soc. 1934, 971.
90 MANN u. PURDIE: J. chem. Soc. 1936, 873.
91 BROSSET, C.: Nature 1935, **135**, 874.
92 POWELL u. WELLS: J. chem. Soc. 1935, 1008.
93 HOARDE, J. L. u. L. GOLDSTEIN: J. chem. Physics 1935, **3**, 117.
94 MANN u. PURDIE: J. chem. Soc. 1936, 873.

(A)

$$[(Bu_3P)_2PdCl_2PdCl_2] \xrightarrow{Dipy} [(Bu_3P)_2PdCl_2] + [PdCl_2\,Dipy]$$

$$[(Bu_3P)_2PdCl_2PdCl_2] \xrightarrow{K_2C_2O_4} [(Bu_3P)_2PdCl_2PdC_2O_4] \xrightarrow{Dipy} [(Bu_3P)_2PdCl_2] + [PdC_2O_4\,Dipy]$$

$$[(Bu_3P)_2PdCl_2PdCl_2] \xrightarrow{NaNO_2} [(Bu_3P)_2Pd(NO_2)_2Pd(NO_2)_2] \xrightarrow{Dipy} [(Bu_3P)_2Pd(NO_2)_2] + [Pd(NO_2)_2\,Dipy]$$

(B)

$$[(Bu_3As)_2PdCl_2PdCl_2] \xrightarrow{KNO_2} [(Bu_3As)_2Pd(NO_2)_2] + K_2Pd(NO_2)_4$$

$$[(Bu_3As)_2PdCl_2PdCl_2] \xrightarrow{NH_4SCN} [(Bu_3As)_2Pd(SCN)_2PdCl_2]$$

$$[(Bu_3As)_2Pd(SCN)_2PdCl_2] \underset{(NH_4)_2PdCl_4}{\overset{KSCN}{\rightleftarrows}} [(Bu_3As)_2Pd(SCN)_2]$$

$$[(Bu_3As)_2PdCl_2] \xrightarrow{KSCN} [(Bu_3As)_2Pd(SCN)_2]$$

Andererseits liefern dieselben Verbindungen, mit denen diese Reaktionen durchgeführt wurden, ganz offensichtlich und unzweideutig den Beweis, daß sie in der symmetrischen Form (IV) und (V) vorliegen. So werden die Tetrachloro- und Tetranitro-butyl-phosphinverbindungen durch Anilin bzw. p-Toluidin aufgespalten, wobei die angegebenen Monophosphinpalladiumverbindungen entstehen:

$$\left[\begin{matrix} Bu_3P \searrow & & Cl \searrow & & \swarrow Bu_3P \\ & Pd & & Pd & \\ Cl \nearrow & & \nwarrow Cl & & \searrow Cl \end{matrix}\right] \xrightarrow{PhNH_2} 2\left[\begin{matrix} Bu_3P \searrow & & Cl \\ & Pd & \\ Cl \nearrow & & \nwarrow NH_2Ph \end{matrix}\right]$$

$$\left[\begin{matrix} Bu_3P \searrow & & NO_2 \searrow & & \swarrow Bu_3P \\ & Pd & & Pd & \\ NO_2 \nearrow & & \nwarrow NO_2 & & \searrow NO_2 \end{matrix}\right] \xrightarrow{CH_3C_6H_4NH_2} 2\left[\begin{matrix} Bu_3P \searrow & & NO_2 \\ & Pd & \\ NO_2 \nearrow & & \nwarrow NH_2C_6H_4CH_3 \end{matrix}\right]$$

Bei der Einwirkung von Ammoniak auf die Phosphinverbindungen erhält man dieselben Ergebnisse, während die Arsine in der unsymmetrischen Form reagieren, wie aus dem folgenden Schema zu ersehen ist:

$$\left[\begin{matrix} Bu_3P \searrow & & Cl \searrow & & Cl \\ & Pd & & Pd & \\ Cl \nearrow & & \nwarrow Cl & & \nwarrow PBu_3 \end{matrix}\right] \xrightarrow{NH_3} 2\,[Bu_3P \cdot Pd(NH_3)_3]Cl_2$$

$$2\,[Bu_3P \cdot Pd(NH_3)_3]Cl_2 \rightleftarrows [Bu_3P \cdot Pd(NH_3)Cl_2] \quad (NH_3)$$

$$[Bu_3P \cdot Pd(NH_3)Cl_2] \xrightarrow{\text{Vakuum oder } HCl} \left[\begin{matrix} Bu_3P \searrow & & Cl \searrow & & Cl \\ & Pd & & Pd & \\ Cl \nearrow & & \nwarrow Cl & & \nwarrow PBu_3 \end{matrix}\right]$$

$$[(Bu_3As)_2PdCl_2PdCl_2] \xrightarrow{NH_3} [(Bu_3As)_2Pd(NH_3)_2]Cl_2 \underset{NH_3}{\rightleftarrows} [(Bu_3As)_2PdCl_2]$$

Mit Äthylendiamin reagieren die Phosphin-tetrachloroverbindungen in beiden Formen, je nachdem, welches Lösungsmittel benutzt wird. In alkoholischer Lösung verhält sich die Verbindung so, als ob die symmetrische Form vorliegt, während in Benzol Derivate der unsymmetrischen Form entstehen.

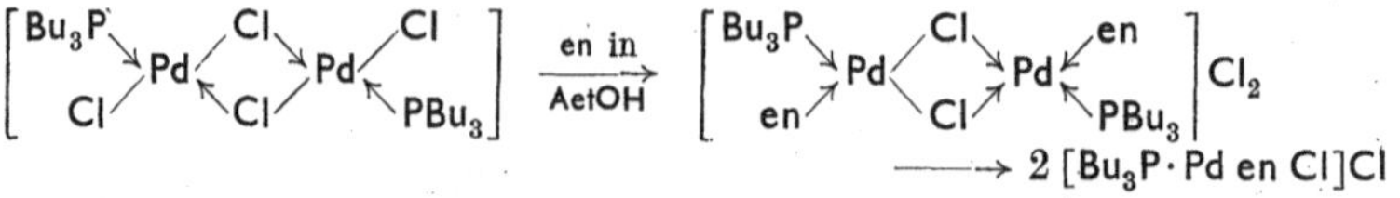

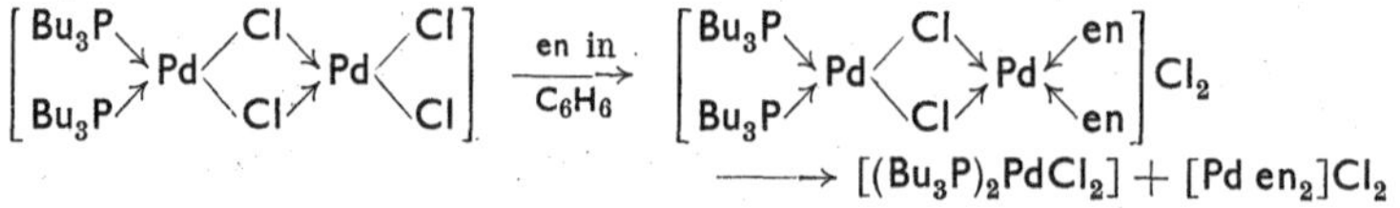

$$\left[\begin{matrix}Bu_3P & & Cl & & Cl\\ & \searrow Pd \swarrow & & \searrow Pd \swarrow & \\ Cl & & Cl & & PBu_3\end{matrix}\right] \xrightarrow[\text{AetOH}]{\text{en in}} \left[\begin{matrix}Bu_3P & & Cl & & en\\ & \searrow Pd & & \searrow Pd \swarrow & \\ en & & Cl & & PBu_3\end{matrix}\right]Cl_2 \longrightarrow 2\,[Bu_3P\cdot Pd\,en\,Cl]Cl$$

$$\left[\begin{matrix}Bu_3P & & Cl & & Cl\\ & \searrow Pd & & \searrow Pd & \\ Bu_3P & & Cl & & Cl\end{matrix}\right] \xrightarrow[C_6H_6]{\text{en in}} \left[\begin{matrix}Bu_3P & & Cl & & en\\ & \searrow Pd & & \searrow Pd \swarrow & \\ Bu_3P & & Cl & & en\end{matrix}\right]Cl_2 \longrightarrow [(Bu_3P)_2PdCl_2] + [Pd\,en_2]Cl_2$$

Wenn man die leichte Umlagerungsfähigkeit zwischen der symmetrischen und der unsymmetrischen Form berücksichtigt, so ist es nicht verwunderlich, daß jedes Anzeichen für die geometrische Isomerie zwischen den beiden theoretisch möglichen symmetrischen Formen (IV) und (V) fehlt. Bis jetzt besteht aber noch kein Beweis für eine gleiche Beweglichkeit zwischen den entsprechenden Platinverbindungen. Es ist möglich, daß hierbei die verschiedenen Formen als beständige Isomeren auftreten können, analog der größeren Beständigkeit bei den cis-trans-Isomeren der Platinammine gegenüber den Palladiumamminen.

Mehrkernige Halogenverbindungen anderer Metalle.

Das Auftreten von mehrkernigen Komplexen mit Halogenbrücken liefert den Schlüssel zum Verständnis der dimeren Halogenide des Eisens, Aluminiums, wahrscheinlich Chroms und Golds, die alle dem Typus M_2X_6 entsprechen. Im Falle des Aluminium- und Eisen (III)-chlorids ist dies durch Dampfdichtemessungen festgestellt worden; für Goldbromid wurde das Molekulargewicht in der Lösung von Benzol bestimmt[95]. Alle diese Verbindungen erweisen sich durch ihre Flüchtigkeit, ihre geringe elektrische Leitfähigkeit im geschmolzenen Zustand und ihre Löslichkeit in organischen Lösungsmitteln als Nichtelektrolyte. Man muß sie offensichtlich als zweikernige Komplexe betrachten (VI), die im Falle des Aluminium- und Ferrihalogenids, aber nicht beim Goldbromid, einfach durch hydrolytische Spaltung in ihre elektrolytische Form umgewandelt werden können, wobei ein Aquo-Kation entsteht:

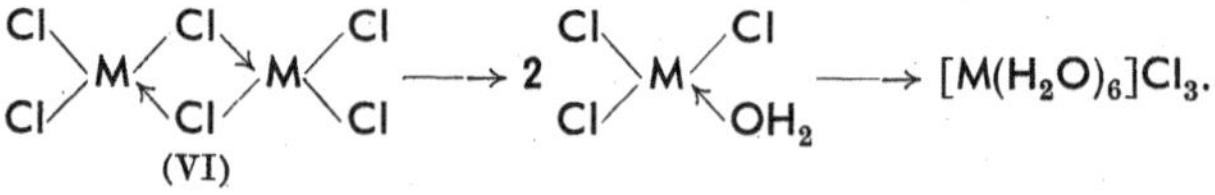

$$\underset{\text{(VI)}}{\begin{matrix}Cl & & Cl & & Cl\\ & M & & M & \\ Cl & & Cl & & Cl\end{matrix}} \longrightarrow 2 \begin{matrix}Cl & & Cl\\ & M & \\ Cl & & OH_2\end{matrix} \longrightarrow [M(H_2O)_6]Cl_3.$$

Eine besonders interessante Gruppe mehrkerniger Halogenide wird von den niederen Halogenverbindungen des Molybdäns und Tantals gebildet. Beim Erhitzen von Molybdäntrichlorid und -tribromid in einer indifferenten Atmosphäre erfolgt eine Disproportionierung[96], bei der die sogenannten Dihalogenide entstehen:

$$2\,MoCl_3 \rightarrow MoCl_4 + MoCl_2\,.$$

Das so gebildete Dichlorid ist in Wasser unlöslich, wird aber von Alkalien und konzentrierter Salz- und Bromwasserstoffsäure gelöst. Ebenso ist das Chlorid in Alkohol löslich. Aus ihrem in alkoholischer Lösung ebullio-

---

[95] BURAWOY u. GIBSON: J. chem. Soc. 1935, 217.

[96] BLOMSTRAND: J. pract. Chem. 1857, **71**, 449; 1859, **77**, 88; 1861, **82**, 433; Ber. dtsch. chem. Ges. 1873, **6**, 1464.

skopisch bestimmten Molekulargewicht[97] geht hervor, daß den Verbindungen die dreifachen Formeln, Mo_3Cl_6 und Mo_3Br_6, zuzuschreiben sind.

Die trimere Formulierung stimmt mit den chemischen Ergebnissen überein[98], da beim Hinzufügen von Essigsäure oder Ammoniumchlorid zu den in Laugen gelösten Dihalogeniden wohldefinierte Hydroxyde gefällt werden, z. B. $Mo_3Br_4(OH)_2 \cdot 8H_2O$. Diese Hydroxyde sind in Säuren löslich und ergeben beispielsweise folgende Salze:

$$Mo_3Cl_4Br_2 \cdot 3 \text{ und } 6\,H_2O, \quad Mo_3Br_4SO_4 \cdot 3\,H_2O,$$
$$Mo_3Cl_4J_2 \cdot 6\,H_2O, \quad Mo_3Br_4F_2 \cdot 3\,H_2O\,.$$

Es ist klar, daß zwei von den sechs Halogenatomen beweglich sind und ionisiert werden können und daß die übrigen in einem mehrkernigen Kation gebunden sind. Ebenso ist von Bedeutung, daß alle Salze hydratisiert sind und daß nach LINDNER zwei Moleküle Wasser in dem Komplexion enthalten sind, welches man vielleicht, wie unter (VII) angegeben formulieren und von dem ursprünglichen „Dichlorid" (VIII) ableiten kann.

$$\left[\begin{matrix} & & H_2O & & \\ & & \downarrow & & \\ Mo\!<\!{}^{Cl}_{Cl}\!>\! & & Mo & & \!<\!{}^{Cl}_{Cl}\!>\!Mo \\ & & \uparrow & & \\ & & H_2O & & \end{matrix}\right]X_2 \qquad \left[\begin{matrix} & & Cl & & \\ & & | & & \\ Mo\!<\!{}^{Cl}_{Cl}\!>\! & & Mo & & \!<\!{}^{Cl}_{Cl}\!>\!Mo \\ & & | & & \\ & & Cl & & \end{matrix}\right]$$

(VII) (VIII)

Beim Zusatz von Halogenwasserstoffsäure zu den alkalischen Lösungen der Chloride erhält man Verbindungen von einem zweiten Typus, nämlich die Alkalisalze dreikerniger Säuren. So wurden auf diese Weise die Salze

$$[Mo_3Cl_8]K_2 \cdot 2\,H_2O \qquad [Mo_3Cl_4Br_4]K_2 \cdot 3\,H_2O \qquad [Mo_3Cl_4J_4]K_2 \cdot 3\,H_2O$$

gewonnen, während man aus der salzsauren Lösung des ursprünglichen Dichlorids die komplexe Säure

$$[Mo_3Cl_7 \cdot H_2O]H \cdot 3H_2O$$

und ihre Pyridin-, Äthylendiamin- und Anilinsalze erhalten kann. Die allgemeine Natur der Reaktionen der Dichloride kann man demnach in der folgenden Tabelle zusammenfassen:

$$[Mo_3Cl_6] \xrightarrow{HCl} \left[{}^{Cl}_{Cl}Mo{}^{Cl}_{Cl}Mo{}^{Cl}_{Cl}Mo{}^{Cl}_{OH_2}\right]H \xrightarrow{KCl} \left[{}^{Cl}_{Cl}Mo{}^{Cl}_{Cl}Mo{}^{Cl}_{Cl}Mo{}^{Cl}_{Cl}\right]K_2$$

$$[Mo_3Cl_6] \xrightarrow{KOH} \left[{}^{HO}_{HO}Mo{}^{Cl}_{Cl}Mo{}^{Cl}_{Cl}Mo{}^{OH}_{OH_2}\right]K \xrightarrow{HCl} \left[{}^{Cl}_{Cl}Mo{}^{Cl}_{Cl}Mo{}^{Cl}_{Cl}Mo{}^{Cl}_{Cl}\right]K_2$$

$$\left[{}^{HO}_{HO}Mo{}^{Cl}_{Cl}Mo{}^{Cl}_{Cl}Mo{}^{OH}_{OH_2}\right]K \xrightarrow{AcOH} \left[Mo{}^{Cl}_{Cl}Mo{}^{Cl}_{Cl}Mo{}^{OH_2}_{OH_2}\right](OH)_2 \xrightarrow{HX} \left[Mo{}^{Cl}_{Cl}Mo{}^{Cl}_{Cl}Mo{}^{OH_2}_{OH_2}\right]X_2$$

Die genaue Struktur der dreikernigen Komplexe ist noch nicht bestimmt worden. Die hier benutzten Formulierungen sind im wesentlichen hypothetisch und schematisch.

---

[97] Ber. dtsch. chem. Ges. 1898, **31**, 2009.

[98] LINDNER: Ber. dtsch. chem. Ges. 1922, **55**, 1458; Z. anorg. allg. Chem. 1923, **130**, 209. — ROSENHEIM u. KOHN: Z. anorg. allg. Chem. 1910, **66**, 1.

Verwandt mit diesen Verbindungen sind die Chlorowolframsäure, $[W_3Cl_7]H \cdot 4H_2O$, die von HILL[99] dargestellt wurde, und die Tantalverbindungen, die CHAPIN[100] erhalten hat und die dann von LINDNER[101] wieder untersucht wurden. Die letztere Verbindung wurde dadurch hergestellt, daß man Tantalpentachlorid bei 600° mit metallischem Blei reduzierte. Wenn man die Schmelze mit Salzsäure auszieht, so erhält man eine dunkelgrüne, kristalline Verbindung, $Ta_3Cl_4 \cdot HCl \cdot 4H_2O$, die unterhalb von 200° nur drei Moleküle Wasser verliert. Ein Molekül Wasser gehört demnach zur Konstitution, und die Substanz ist vermutlich eine Säure mit dem Anion $[Ta_3Cl_7 \cdot H_2O]^-$ und entspricht der Chloromolybdänsäure. In diesem Anion ist ein Chlor durch besondere Eigenschaften ausgezeichnet; wenn man nämlich Bromwasserstoff- oder Schwefelsäure zum Ausziehen der ursprünglichen Schmelze benutzt, so entstehen die entsprechenden Verbindungen

$$[Ta_3Cl_6Br \cdot H_2O]H \quad \text{und} \quad [Ta_3Cl_6SO_4]H_2.$$

Bei der Einwirkung von Pyridin bilden sich Salze, bei denen gleichzeitig das Wasser innerhalb des Komplexes durch Pyridin ersetzt ist und die folgendermaßen zu formulieren sind:

$$[Ta_3Cl_7 \cdot C_5H_5N](C_5H_5NH).$$

Wenn auch diese Deutung der Reaktionen von RUFF und THOMAS[102] bestritten wird, so muß man sie wahrscheinlich doch als richtig annehmen, da sie in bester Übereinstimmung mit der Koordinationstheorie und mit den analogen Molybdänverbindungen stehen.

Berlinerblau (Preußischblau).

Ein gutes Beispiel für die Art und Weise, in der das Streben nach der beständigen Koordinationszahl eine anorganische Polymerisation hervorrufen kann, findet man beim Berlinerblau und seinen verwandten Verbindungen. Die Aufklärung der mehrere Jahre hindurch umstrittenen Struktur dieser Verbindungen erfolgte durch die Röntgenanalyse.

In der Literatur sind Stoffe beschrieben, die als lösliches α-, β- und γ-Berlinerblau bezeichnet sind. Diese Verbindungen sind in Wirklichkeit alle unlöslich und unterscheiden sich nur durch die Leichtigkeit, mit der sie in kolloidale Verteilung gebracht werden können; sie besitzen sämtlich die identische Formel $RFe[Fe(CN)_6]$, in der R ein Alkalimetall, gewöhnlich Kalium, bedeutet. Da das lösliche Berlinerblau entweder durch die Einwirkung von Ferrosalzen auf Ferricyanide oder von Ferrisalzen auf Ferrocyanide gebildet wird, so kann man die Formeln entweder als $KFe^{III}[Fe^{II}(CN)_6]$ oder als $KFe^{II}[Fe^{III}(CN)_6]$ schreiben. Die hierüber vorliegenden chemischen Beweise widersprechen einander[103]. So

[99] HILL: J. Amer. chem. Soc. 1916, **38**, 2383. — Vgl. LINDNER: Ber. dtsch. chem. Ges. 1922, **55**, 1458; Z. anorg. allg. Chem. 1923, **130**, 209.

[100] CHAPIN: J. Amer. chem. Soc. 1910, **32**, 324.

[101] LINDNER: Ber. dtsch. chem. Ges. 1922, **55**, 1458; Z. anorg. allg. Chem. 1924, **137**, 66.

[102] RUFF u. THOMAS: Ber. dtsch. chem. Ges. 1922, **55**, 1466; Z. anorg. allg. Chem. 1925, **148**, 1, 19.

[103] Vgl. K. A. HOFMANN u. a.: Lieb. Ann. Chem. 1904, **337**, 1; 1907, **352**, 54. — EIBNER u. GERSTACKER: Chemiker-Ztg. 1913, **37**, 137, 178, 195. — MÜLLER: Chemiker-Ztg. 1914, **38**, 281, 328. — WORINGER: J. pract. Chem. 1914, II, **89**, 51

verwandelt Natriumhydroxyd Berlinerblau in Ferrihydroxyd und Natriumferrocyanid, während Ammoniumcarbonat Ammoniumferricyanid bildet. Ebenso zweideutig ist die Darstellung des Berlinerblau aus Ferriferricyanid $Fe^{III}[Fe^{III}(CN)_6]$, durch Reduktion entweder mit Wasserstoffperoxyd (welches Ferricyanide, aber nicht Ferri-Eisen reduziert) oder mit Schwefeldioxyd (durch das Ferriionen, aber nicht Ferricyanide reduziert werden). Die chemische Identifizierung des Berlinerblau als Derivat des Ferriferrocyanids scheint aber dadurch sichergestellt zu sein, daß die Bildung des löslichen Berlinerblau eine langsame Zeitreaktion ist, die durch die Ionen Fe^{2+}, $[Fe(CN)_6]^{3-}$ und $[Fe(CN)_6]^{4-}$ beschleunigt, aber durch Ferriionen verzögert wird. Diese letzte Wirkung kann nur dadurch zustande kommen, daß in der Gleichgewichtsreaktion

$$Fe^{3+} + [Fe(CN)_6]^{4-} \rightleftharpoons Fe^{2+} + [Fe(CN)_6]^{3-}$$

Ferrocyanid aus dem Gleichgewicht entfernt wird.

Eine Durchsicht der Literatur über die Ferrocyanide ergibt, daß man außer dem löslichen Berlinerblau und dem weißen, unlöslichen Ferroferrocyanid, $R_2Fe[Fe(CN)_6]$, andere Schwermetallverbindungen auf Grund

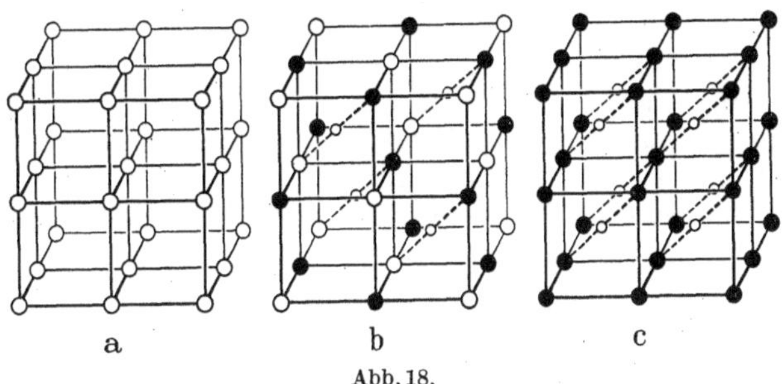

Abb. 18.

ihrer Farbe und Unlöslichkeit von den echten Salzen unterscheiden muß. Die einfachen Ferrocyanide — z. B. die Alkalisalze und $Ca_2Fe(CN)_6$ — sind gelbe, ziemlich gut lösliche Verbindungen, ebenso wie die Ferrocyanide der komplexen Ammine, welche Mischfarben besitzen. Als typisches Beispiel für die Schwermetallferrocyanide kann das braune, unlösliche Kupfersalz gelten, das gewöhnlich als $Cu_2Fe(CN)_6 \cdot 7$ oder $10\,H_2O$ formuliert wird (HATCHETTs Braun). Daß diese Verbindung kein einfaches Salz ist, ergibt sich sowohl aus ihren Reaktionen als auch aus ihrer Farbe. Wenn man beispielsweise diese Verbindung mit Lösungen von Erdalkaliferrocyaniden kocht, erhält man die gut kristallisierenden Salze, $R[CuFe(CN)_6]$, ($R = Ca$, Sr oder Ba), während mit verdünnten, wäßrigem Ammoniak das Ammin $Cu_2Fe(CN)_6 \cdot 4\,NH_3 \cdot H_2O$ oder $[Cu(NH_3)_4][CuFe(CN)_6] \cdot H_2O$ gebildet wird. Das ursprüngliche Kupferferrocyanid sollte man demnach als $[Cu(H_2O)_4][CuFe(CN)_6] \cdot 3$ oder $6\,H_2O$ formulieren, d. h. als ein Salz des mehrkernigen, komplexen Anions, $[CuFe(CN)_6]^{2-}$, welches man mit dem Komplex des Ferroferrocyanids oder des Berlinerblau vergleichen kann.

Die Natur des komplexen Anions im Berlinerblau wurde durch KEGGINs Röntgenanalyse aufgedeckt[104]. Man kann bei allen diesen

[104] KEGGIN: Nature 1936, 137, 577.

Verbindungen annehmen, daß sie sich von der Struktur des Ferriferricyanids oder Berlinergrün, $Fe[Fe(CN)_6]$ ableiten. Dieses besitzt ein würfelförmiges Kristallgitter mit einer 5,1 Å großen Elementarzelle. Ein Würfel mit acht Elementarzellen ist in Abb. 18a (S. 125) dargestellt und im Vergleich dazu das lösliche Berlinerblau (18b) und das Ferroferrocyanid (18c). Im Berlinerblau, bei dem die Kantenlänge des Elementarwürfels $a = 10{,}2$ Å beträgt, ist das Wesentliche des Skeletts erhalten geblieben, nur sind die Eisenatome abwechselnd zur Ferrostufe reduziert worden, wodurch die Größen der Elementarzellen verdoppelt sind. Ein Ion eines Alkalimetalls ist in jeden zweiten kleinen Würfel eingefügt und führt so zur Formel $KFeFe(CN)_6$. Im Ferroferrocyanid sind alle Eisenatome zur Ferrostufe reduziert. Die Zellgröße beträgt wieder 5,1 Å, und in jedem Würfelchen befindet sich ein Alkalimetallion, wie es die Formel $K_2FeFe(CN)_6$ erfordert (Abb. 18c). Die Eisenatome des Berlinerblau können nicht als Ferro- und Ferriionen unterschieden werden. Es ist vielmehr wahrscheinlich so, daß die Eisenatome gleichwertig sind und der Wertigkeitszustand und die Ladungsverteilung durch einen Resonanzvorgang in der Weise ausgeglichen wird, wie es an einer anderen Stelle dieses Kapitels beschrieben ist. Mit dieser Anschauung stehen der bronzeartige Glanz und die tiefe Färbung des Pigments im vollen Einklang. Abgesehen von kleinen Unterschieden in den Gittergrößen findet man genau dieselbe Struktur in den Cupriferricyaniden, $MCuFe(CN)_6$, und im Ruthenium-Purpur[105], $MFeRu(CN)_6$; in allen Fällen wird das in zweiwertiger Form vorliegende Eisen Atom für Atom durch das zweite Metall ersetzt.

Die Lage der Cyanidgruppen wurde durch Röntgenanalyse nicht festgestellt; sie läßt sich aber durch folgende Betrachtungen mit Sicherheit festlegen, wobei man zu der wichtigen Annahme der *Überkomplexbildung* gelangt. Die Überkomplexbildung entsteht dadurch, daß die $(CN)^-$-Gruppe als Koordinationseinheit, wie wir bereits gesehen haben, an beiden Enden, also sowohl mit dem Kohlenstoff- als auch mit dem Stickstoffatom, koordinativ gebunden werden kann. Bei den Ferrocyaniden läßt sich durch Alkylierung beweisen, daß die Kohlenstoffatome an dem Eisenzentralatom gebunden sind. Der Stickstoff jeder Cyanidgruppe kann dann mit einem anderen Schwermetallatom (d. h. mit einem Kation) koordiniert werden und auf diese Weise eine Koordinationsstelle besetzen.

$$\rangle\!\!-\mathrm{Fe}\!-\!\mathrm{C}\!\equiv\!\mathrm{N}\!\rightarrow\!\mathrm{Fe}\!\leftarrow.$$

Jedes $[Fe(CN)_6]$-Anion wird dann von sechs daran gebundenen Kationen umgeben und jedes Kation wiederum von sechs $[Fe(CN)_6]$-Gruppen. Das Ganze baut ein riesiges, dreidimensionales Netzwerk auf, das mit dem von Keggin gefundenen identisch ist. Die Vereinigung von Ferricyanidionen mit Eisen (III)-Kationen ergibt dann Berlinergrün; aus Ferrocyanid und Ferri- oder Ferroionen entstehen Anionen mit überkomplexem Charakter, die man durch die Strukturelemente

[105] Howe, J. L.: J. Amer. chem. Soc. 1898, 18, 981.

$[Fe^{III}[Fe^{II}(CN)_6]]^-$ bzw. $[Fe^{II}[Fe^{II}(CN)_6]]^{2-}$ ausdrücken kann. Die erste Form kann man nach dem Vorschlag von DAVIDSON[106] als Berliner Säure bezeichnen; die löslichen Berlinerblauverbindungen sind dann die Berlinate. Die Einwirkung eines Überschusses von Ferriionen auf Ferrocyanide kann man besser durch die Annahme einer Bildung eines Ferri-Berlinates, $Fe[Fe[Fe(CN)_6]]_3$, als durch die übliche Schreibweise eines echten Ferriferrocyanids, $Fe_4[Fe(CN)_6]_3$ darstellen, ebenso ergibt die Einwirkung von Ferroionen auf Ferricyanid kein echtes Ferroferricyanid, sondern wohl eher die entsprechende Verbindung $Fe[Fe[Fe(CN)_6]]_2$; auf diese Weise läßt sich die Bildung der alkalifreien Berlinerblauverbindungen erklären.

In den Schwermetallferrocyaniden liegen genau vergleichbare heterometallische Überkomplexe vor; so hat beispielsweise die Kupferverbindung die Zusammensetzung $R_2[Cu[Fe(CN)_6]]$. Wenn aber das zweite Metallatom eine Koordinationszahl besitzt, die kleiner ist als 6, so kann der Überkomplex nicht ganz so einfach zusammengesetzt sein. Beispielsweise reagiert Zinkferrocyanid, dem angeblich die Formel $Zn_2[Fe(CN)_6]$ zukommen soll, mit Kaliumferrocyanid und bildet die Verbindung $K_2Zn_3[Fe(CN)_6]_2$. Die Wertigkeit des Zinks beträgt 2, seine Koordinationszahl 4. Somit können im Durchschnitt zwei Ferrocyanidreste mit drei Zinkatomen einen Überkomplex bilden, $[Zn_3[Fe(CN)_6]_2]^{2-}$; daraus ergibt sich für die Formel des gewöhnlichen Zinkferrocyanids: $Zn[Zn_3[Fe(CN)_6]_2]$. Das gleiche gilt für den Aufbau der Kupfer (I)-ferrocyanide, und auf dieselbe Weise führt Silberferrocyanid zur Entstehung von $KAg_3[Fe(CN)_6]$. Da die Koordinationszahl des Silbers gewöhnlich 2 beträgt, so hat der Überkomplex hier die Formel $[Ag_3[Fe(CN)_6]]^-$, und das normale Silbersalz, $Ag_4[Fe(CN_6)]$, muß wahrscheinlich als $Ag[Ag_3[Fe(CN)_6]]$ formuliert werden.

Die Bildung derartiger Überkomplexe bietet einen Anhalt zum Verständnis einer Reihe von Anomalien, die bei den komplexen Cyaniden der Nichteisenmetalle auftreten. Hierauf wiesen schon früher REIHLEN und ZIMMERMANN[107] hin, wenn auch diese Verfasser die fraglichen Strukturen von einer falschen Grundlage aus zu formulieren versuchten. So entsteht bei der Einwirkung eines Unterschusses von Alkalicyanid auf Manganosalze eine grüne, unlösliche Verbindung mit der Bruttoformel $KMn(CN)_3$. Aus Analogie zum Ferro-kaliumferrocyanid kann man diese Verbindung nun als $K_2[Mn[Mn(CN)_6]]$ auffassen, wodurch sofort ihre große Unlöslichkeit verständlich wird. Die Verbindung $NaZn(CN)_3 \cdot 2{,}5\,H_2O$ kann man wahrscheinlich ebenso formulieren. In den STRÖMHOLMschen Salzen[108], $R_4Fe(CN)_6 \cdot 3\,Hg(CN)_2$, liegt möglicherweise — wie es STRÖMHOLM vorschlug — das mehrkernige Anion

$$\left[\mathrm{Fe}\left(\begin{matrix}\mathrm{CN}\searrow & & \mathrm{CN}\\ & \mathrm{Hg} & \\ \mathrm{CN}\nearrow & & \mathrm{CN}\end{matrix}\right)_3\right]^{4-},$$

vor, welches eine Zwischenstellung zwischen einem einfachen komplexen Cyanid und den oben besprochenen Überkomplexstrukturen einnimmt.

[106] DAVIDSON: J. chem. Educat. 1937, **14**, 238, 277.
[107] REIHLEN u. ZIMMERMANN: Lieb. Ann. Chem. 1927, **451**, 75.
[108] STRÖMHOLM: Z. anorg. allg. Chem. 1914, **84**, 208.

Mehrkernige Verbindungen und anormale Wertigkeit.

In den bisher betrachteten Fällen besaßen die als Koordinationszentren fungierenden Metalle stets dieselbe Wertigkeitsstufe. Wenn man aber die Bildung mehrkerniger Komplexe durch zwei Atome verschiedener Wertigkeit in Betracht zieht, so lassen sich die in dem vorhergehenden Abschnitt besprochenen und angewandten Grundregeln auch auf einige Fälle von anormaler Wertigkeit und zu deren Erklärung ausdehnen.

Es sind z. B. eine Reihe von Verbindungen des scheinbar dreiwertigen Platins und Palladiums bekannt, in denen die Koordinationszahl des Metalls offenbar 5 beträgt. Zu dieser Verbindungsklasse gehören JÖRGENSENS $(NH_3)(C_2H_5NH_2)PtBr_3$[109] und die entsprechenden Verbindungen $(NH_3)(C_5H_5N)PtCl_3$ und $(NH_3)_2PdCl_3$[110], welche durch vorsichtige Oxydation der dazugehörigen Diamminplatin (II)-salze entstehen. Diese Verbindungen stellen zweifellos nichtelektrolytische Komplexe dar und besitzen auffallend tiefe Färbungen, die genannte Palladiumverbindung ist z. B. schwarz. DREW, PINKARD, WARDLAW und COX[110] versuchten, die Formulierung (I) anzunehmen, bei der eine Bindung von Metall zu Metall besteht. Es scheint jedoch eine allgemeine Regel zu sein, daß zwischen Metallatomen niemals Kovalenzbindungen gebildet werden. Eine derartige Formulierung kann man vermeiden, wenn man nach dem Vorschlag von MANN[111] die Strukturen (II) und (III) annimmt, in denen ein vierwertiges und ein zweiwertiges Metall durch Cl-Brücken miteinander verbunden sind. Diese Zustände der beiden Atome unterscheiden sich nur dadurch, daß das eine zwei Elektronen mehr besitzt als das andere; in einem solchen Fall kann ein „Resonanz"-Zustand auftreten, bei dem die Verteilung der Elektronendichte statisch ausgeglichen ist. Wo sich eine derartige Möglichkeit aus der Gegenwart verschiedenwertiger Atome desselben Elementes ergibt — z. B. im Pb_3O_4, Mo_3O_8, Berlinerblau usw. — entsteht häufig eine intensive Färbung. Die Dreiwertigkeit des Platins und Palladiums ist somit nur formal. Eine Stütze für die hier aufgeführten Ansichten besteht darin, daß die verwandten Verbindungen $[en\,PtCl_3]$ und $[(NH_3)_3(Aet\,NH_2)PtCl_3]$ sich nicht nur bei der Oxydation der entsprechenden Platin (II)-Salze bilden, sondern auch durch direkte Vereinigung von $[en\,PtCl_2]$ mit $[en\,PtCl_4]$ und von $[(NH_3)(Aet\,NH_2)PtCl_2]$ mit $[(NH_3)(Aet\,NH_2)PtCl_4]$ entstehen[112].

```
      Cl  Cl                        Cl          Cl
 Pyr↘  |   |  ↙Pyr           Pyr↘  |   ╱Cl╲    |  ↙Pyr
      Pt—Pt                        Pt         ↘Pt
Cl·NH3↗ |   | ↖NH3·Cl        NH3↗  |   ╲Cl↗    |  ↖NH3
      Cl  Cl                        Cl          Cl
        (I)                               (II)

                     Cl          Cl
               NH3↘  |   ╱Cl╲    |  ↙NH3
                     Pd         ↘Pd
               NH3↗  |   ╲Cl↗    |  ↖NH3
                     Cl          Cl
                           (III)
```

109 JÖRGENSEN: J. pract. Chem. 1886, **33**, 489.
110 DREW, PINKARD, WARDLAW u. COX: J. chem. Soc. 1932, 1013, 1898.
111 MANN: J. chem. Soc. 1936, 873.
112 DREW u. a.: J. chem. Soc. 1935, 1246.

Ein weiterer Fall, bei dem wahrscheinlich eine derartige Struktur vorliegt, ist das rote WOLFFRAMsche Salz $(\mathrm{Aet\,NH_2})_4\mathrm{PtCl_3 \cdot H_2O}$, welches man durch milde Oxydation von $[\mathrm{Pt(Aet\,NH_2)_4}]\mathrm{Cl_2 \cdot 2\,H_2O}$ erhält. REIHLEN und FLOHR[113] fanden, daß dieselbe Verbindung aus einer Lösung auskristallisiert, die $[\mathrm{Pt(Aet\,NH_2)_4}]\mathrm{Cl_2}$ und $[\mathrm{Pt(Aet\,NH_2)_4Cl_2}]\mathrm{Cl_2}$ in äquimolekularen Verhältnissen enthält, während die Lösung des WOLFFRAMschen Salzes die charakteristischen Reaktionen dieser beiden Stoffe zeigte; sie kamen zu dem Schluß, daß das WOLFFRAMsche Salz nur eine Gitterverbindung der Platin (II)- und (IV)-Komponente wäre. DREW und TRESS[114] zeigten, daß das Salz in Lösung tatsächlich weitgehend oder vollständig aufgespalten ist und daß nur zwei Drittel des Chlors ionisiert sind. Wahrscheinlich kommt die Verbindung nur im festen, kristallisierten Zustand vor und kann durch die Formulierung (IV) in derselben Weise wie die anderen Verbindungen des „dreiwertigen" Platins durch koordinative Vereinigung von vierwertigem und zweiwertigem Platin dargestellt werden.

$$\left[\begin{array}{ccccc} & \mathrm{AetNH_2} & & \mathrm{AetNH_2} & \\ \mathrm{AetNH_2} & \downarrow & \mathrm{Cl} & \downarrow & \mathrm{AetNH_2} \\ & \searrow \mathrm{Pt} & & \searrow \mathrm{Pt} \swarrow & \\ \mathrm{AetNH_2} & \uparrow & \mathrm{Cl} & \uparrow & \mathrm{AetNH_2} \\ & \mathrm{AetNH_2} & & \mathrm{AetNH_2} & \end{array}\right]\mathrm{Cl_4 \cdot 4\,H_2O}$$

(IV)

$$\begin{array}{c}\mathrm{Pr} \\ \mathrm{Pr}\end{array}\!\!>\mathrm{Au}\!<\!\begin{array}{l}\mathrm{Br} \\ \nwarrow \mathrm{NH_2 \cdot C_2H_4 \cdot NH_2} \nearrow\end{array}\!\!\begin{array}{r}\mathrm{Br} \\ \ \end{array}\!\!>\mathrm{Au}\!<\!\begin{array}{c}\mathrm{Pr} \\ \mathrm{Pr}\end{array}$$

(V) Erhitzen ↓

$$\begin{array}{c}\mathrm{Pr} \\ \mathrm{Pr}\end{array}\!\!>\mathrm{Au}\!<\!\begin{array}{l}\mathrm{Br} \\ \nwarrow \mathrm{NH_2 \cdot C_2H_4 \cdot NH_2} \nearrow\end{array}\!\!\begin{array}{r}\mathrm{Br} \\ \ \end{array}\!\!>\mathrm{Au}$$

(VI)

Eine Goldverbindung, die zweifellos sowohl einwertiges als auch dreiwertiges Gold in koordinierter Bindung enthält, wurde von GIBSON[115] beschrieben. Die n-Propyl-auriverbindung (V) verliert beim Erhitzen ihrer Chloroform- oder Benzollösung zwei Propylreste (in Form von Hexan); das Reaktionsprodukt kann nur durch die Formulierung (VI) wiedergegeben werden. Das Gold (II)-atom hat in dieser Verbindung wie im $\mathrm{K[Au(CN)_2]}$ die Koordinationszahl 2.

Komplexe Halogenide, Cyanide usw.

Eine große Zahl sogenannter Doppelsalze besitzt die Zusammensetzung, welche zum Zustandekommen des beständigen Koordinationsmaximums der in ihnen enthaltenen Schwermetallkomponente erforderlich ist. Übereinstimmend mit diesem Prinzip bildet bei den am häufigsten auftretenden und wichtigsten Reihen von Doppelsalzen die Koordinationszahl 6 und 4 des Zentralatoms die Grundlage des komplexen Anions. Aus der untenstehenden Tabelle ergibt sich die Einteilung der Doppelcyanide in die Typen $[\mathrm{M(CN)_6}]^{6-n}$ und $[\mathrm{M(CN)_4}]^{4-n}$ wobei n die Wertigkeit des Atoms M bedeutet.

[113] REIHLEN u. FLOHR: Ber. dtsch. chem. Ges. 1934, **67**, 2010.
[114] DREW u. TRESS: J. chem. Soc. 1935, 1244.
[115] GIBSON: J. chem. Soc. 1935, 219.

Tabelle 4.

$[M(CN)_6]^{6-n}$	V^{III}, V^{IV}, Cr^{II}, Cr^{III}, Mn^{I}, Mn^{II}, Mn^{III}, Fe^{II}, Fe^{III}, Co^{II}, Co^{III}, Rh^{III}, Ru^{II}, Os^{II}, Ir^{III}
$[M(CN)_4]^{4-n}$	Ni^{II}, Cu^{I}, Zn, Cd, Hg^{II}, Pd^{II}, Pt^{II}.

Außer diesen Metallen gibt es noch einige wenige Elemente, die Rhodanidverbindungen vom gleichen Typus bilden, von denen aber die Cyanverbindungen unbekannt sind. Das kann von der stärkeren Polarisierbarkeit des $(SCN)^-$-Ions herrühren (s. unten S. 151), durch welche es noch mit solchen Kationen beständige Komplexe bilden kann, deren polarisierende Wirkung zu klein ist — die also einen zu großen Ionenradius besitzen — als daß sie sich noch mit dem CN^--Ion verbinden können. Scandium paßt sich so durch die Verbindung $K_3[Sc(SCN)_6]\cdot 4H_2O$ der Hexacidoreihe der Komplexionenbildung an, und auf Grund der Verbindung $R_2[Co(SCN)_4]$ gehört das zweiwertige Kobalt zu dem Tetracido-Typ.

Neben diesen Hauptgruppen gibt es noch andere Arten von geringerer Bedeutung. Von Molybdän und Wolfram wird im $K_4[Mo(CN)_8]$, $K_3[Mo(CN)_8]$ und im $K_4[W(CN)_8]$ die Koordinationszahl 8 erreicht. Außerdem bilden Ni^{I}, Cu^{I}, Hg^{II} und Mn^{II} Cyanide vom Typus $[M(CN)_3]^{3-n}$ [116]. Von den Kupfercyaniden ist das $[Cu(CN)_3]^{2-}$-Ion unbeständiger als das $[Cu(CN)_4]^{3-}$-Ion. Das $[Ni(CN)_3]^{2-}$-Ion ist koordinativ ungesättigt und lagert sich leicht an andere neutrale Moleküle wie Kohlenmonoxyd und Stickstoffdioxyd an.

Von den Doppelhalogeniden werden ebenfalls am häufigsten die Hexacido- — $[MX_6]^{6-n}$ — und Tetracidoverbindungen — $[MX_4]^{4-n}$ — gebildet. Besonders entsteht aus den vierwertigen Metallen und Alkalihalogeniden eine wichtige isomorphe Reihe der allgemeinen Form R_2MX_6. Diese Salze kristallisieren im kubischen System und sind zum größten Teil durch die geringe Löslichkeit ihrer Kalium-, Ammonium-, Rubidium- und Cäsiumverbindungen ausgezeichnet.

Tabelle 5. Einteilung der Doppelhalogenide.

$[MX_6]^{6-n}$	dreiwertige Elemente	M = Al, Rh, Sc, V, Mo, Os, Ir, In, Tl
	vierwertige Elemente	Si, Ti, Ge, Zr, Sn, Pb, Hf, Sb, Te, Pd, Ir, Os, Pt, Re
	fünfwertige Elemente	Sb, Ta, (Nb)
$[MX_4]^{4-n}$	zweiwertige Elemente	M = Co, Cu, Pd, Pt, Be, Zn, Cd, Hg
	dreiwertige Elemente	Au, Tl, Y, V, Re, In, Bi, B

Zu den Hexafluoroverbindungen gehören auch die interessanten und schon lange bekannten Oxofluo-Verbindungen des Niobs und Wolframs, in denen das Fluor teilweise durch Sauerstoff ersetzt ist und die mit den entsprechenden Fluotitanaten isomorph sind:

$K_2[TiF_6]\cdot H_2O$ $K_2[NbOF_5]\cdot H_2O$ $K_2[WO_2F]\cdot H_2O$

[116] Vgl. jedoch den Abschnitt über Berlinerblau, wo eine andere Anschauung über diese Verbindungen wiedergegeben ist.

Die Möglichkeit eines derartigen isomorphen Ersatzes des Fluors durch Sauerstoff ergibt sich aus der Ähnlichkeit der Ionenradien von F_4^- und O^{2-}.

Daß in den Doppelhalogeniden echte komplexe Anionen vorliegen, wurde durch die isomorphen Beziehungen zwischen verschiedenen Salzen vom Typus K_2MX_4 mit den Sulfaten überzeugend bestätigt. So zeigte BARKER[117], daß K_2SO_4, K_2BeF_4 und K_2HgCl_4 isomorph sind, und CURJEL[118] stellte die merkwürdigen Alaune

$$K_2BeF_4 \cdot Al_2(SO_4)_3 \cdot 24\,H_2O \quad \text{und} \quad K_2ZnCl_4 \cdot Al_2(SO_4)_3 \cdot 24\,H_2O$$

dar. Daraus ergibt sich mit Gewißheit, daß $[BeFe_4]^{2-}$ und $[ZnCl_4]^{2-}$ als komplexe Anionen mit tetraedrischer Konfiguration auftreten und ganz genau dem SO_4^{2-}-Ion entsprechen.

Die zweiwertigen Metalle Kupfer, Zink, Cadmium, Quecksilber und Nickel bilden außer den Tetracido- und Hexacidoverbindungen noch Doppelhalogenide vom Typus $R[MX_3]$, von denen die Kupfersalze, $[CuCl_3](K, Cs, Li)$ wegen ihrer roten Farbe bemerkenswert sind. Die dazugehörige Säure, $[CuCl_3]H \cdot 3\,H_2O$, konnte ebenfalls dargestellt werden.

Die dreiwertigen Metalle Cr, Fe, Ir, Rh, Bi, In, Tl, Mn und Al bilden eine Reihe von Doppelhalogeniden, der die allgemeine Formel $2\,RCl \cdot MCl_3 \cdot xH_2O$ zukommt. Ein Molekül Wasser ist in allen Fällen sehr fest gebunden und muß dem komplexen Anion zugeordnet werden; die Salze enthalten demnach ein Pentacido-aquo-Anion, $\left[M^{Cl_5}_{(H_2O)}\right]^{2-}$.

Bildung von Autokomplexen.

Aus den vorstehenden Ausführungen geht hervor, daß die Schwermetalle eine ausgesprochene Tendenz zeigen, komplexe Halogenoanionen zu bilden. Diese Neigung kommt auch bei den einfachen Halogeniden der Metalle selbst zum Ausdruck, wie sich in einigen Fällen an den anormalen Färbungen erkennen läßt. So ist beispielsweise wasserfreies Cuprichlorid braun und das Bromid fast schwarz. Wahrscheinlich ist in solchen Fällen die beobachtete Färbung die Mischfarbe eines *autokomplexen Salzes*, z. B. $Cu[CuCl_4]$ oder $Cu[CuCl_3]_2$. Ein besonderer Fall, für den das wahrscheinlich zutrifft, ist das Kobaltchlorid. Im wasserfreien Zustand ist das Salz blau, genau wie seine Lösungen in Gegenwart einer hohen Chlorionenkonzentration (z. B. in Salzsäure). Wie man bei der Elektrolyse an der Wanderung nach der Anode erkennen kann, wird die blaue Färbung in der Lösung durch das Auftreten komplexer $CoCl_4^{2-}$-Anionen hervorgerufen. Hieraus und aus anderen Beweisen[119] kann man schließen, daß bei der Entwässerung des rosafarbenen, hydratisierten Kobaltchlorids folgende Umwandlung erfolgt:

$$2\,[Co(H_2O)_6]Cl_2 \underset{\text{Hydratation}}{\overset{\text{Entwässerung}}{\rightleftharpoons}} Co[CoCl_4].$$

117 BARKER, T. V.: J. chem. Soc. 1912, 2484.
118 CURJEL: Nature 1929, **123**, 206.
119 Vgl. HOWELL u. a.: Philos. Mag. J. Sci. 1924, **48**, 833; J. chem. Soc. 1929, 162; Proc. Roy. Soc. 1933, A, **142**, 587; 1936, **155**, 33.

Wenn zwischen zwei Atomen, die demelben Element, aber einem verschiedenen Wertigkeitszustand angehören, ein Autokomplex gebildet wird, so leitet sich das entstehende Halogenid scheinbar von einem anormalen Wertigkeitszustand ab. Auf diese Weise kann man die Halogenide des „zweiwertigen" Indiums erklären, indem nämlich $InX_2 = In^{I}[In^{III}X_4]$ ist. Der Übergang des einwertigen Indiums zu einer höheren Wertigkeit bedingt, daß das s^2-Elektronenpaar des höchsten Quantenniveaus unpaarig und ein Elektron auf das p-Niveau befördert wird. Allgemein wird die Dreiwertigkeit von den beiden, auf diese Weise verfügbaren äußeren, unpaarigen Elektronen herrühren. Weiterhin würde in Verbindungen des zweiwertigen Indiums bei dem Ion ein unpaariges Elektron erhalten bleiben und das Ion somit paramagnetisch sein. Die Dihalogenide des Indiums sind jedoch diamagnetisch[120], was nur mit der Formulierung als Autokomplex in Einklang steht. $TlCl_2$ und das merkwürdige Tl_2Cl_3 besitzen zweifellos eine ähnliche Konstitution und sind als $Tl^{I}[Tl^{III}Cl_4]$ bzw. $Tl^{I}_3[Tl^{III}Cl_6]$ zu formulieren.

Sauerstoffsäuren.

Bei der Betrachtung der Sauerstoffsäuren zeigt sich, daß man diese ungefähr in drei Hauptgruppen einteilen kann:

a) *Einfache Sauerstoffsäuren*, die von den leichten, stark elektronegativen Elementen gebildet werden. Die Zusammensetzung dieser Sauerstoffsäuren wird vorwiegend direkt durch die Wertigkeit des Zentralatoms beherrscht. Das Bestreben zur Bildung echter Orthosäuren ist nur wenig ausgeprägt.

b) *Komplexe Sauerstoffsäuren*, die von den schwereren, schwach elektronegativen oder amphoteren Elementen wie Tellur, Jod und Antimon gebildet werden. Ihre Zusammensetzung ergibt sich aus dem Bestreben und der Notwendigkeit, die Koordinationssphäre des Zentralatoms zu vervollständigen. Zu dieser Gruppe gehören die von den amphoteren Metallhydroxyden gebildeten Salze.

c) *Polysäuren*, die von den Elementen der 5. und 6. Nebengruppe des Periodischen Systems, nämlich V, Nb, Ta, Mo, W und U, gebildet werden. Sie werden im einzelnen in einem späteren Kapitel besprochen.

Die zweite Gruppe, die hier als komplexe Sauerstoffsäuren bezeichnet wurde, ist deshalb von Wichtigkeit, weil hier schon frühzeitig ein Zusammenhang zwischen der Chemie der Koordinationskomplexe und den durch Hauptvalenzen gebildeten Verbindungen festgestellt wurde. Zu dieser Gruppe gehören die Sauerstoffsäuren des Sn^{IV}, Pb^{IV}, Pt^{IV}, Sb^{V}, Te^{VI} und J^{VII}. Die Alkaliplumbate und -stannate enthalten sämtlich drei Moleküle Wasser — z. B. $Na_2O \cdot SnO_2 \cdot 3H_2O$ — das sie nur bei einer Temperatur beträchtlich oberhalb von 100° verlieren, womit gleichzeitig eine Zersetzung des Salzes verbunden ist[121]. Es sind keine Salze dargestellt worden, die weniger als $3H_2O$ enthalten; Salze mit einem höheren Wassergehalt — z. B. $BaO \cdot SnO_2 \cdot 7H_2O$ — geben dieses über-

---

120 Vgl. Klemm: Z. anorg. allg. Chem. 1936, **229**, 337.
121 Belucci u. Parravano: Z. anorg. allg. Chem. 1905, **45**, 142.

schüssige Wasser leicht bis zu der angegebenen Menge ab. Die Salze müssen sich also von einem Anion $[Sn(OH)_6]^{2-}$ herleiten, in welchem die Koordinationsschale des Zinns mit 6 ausgefüllt ist; die Entfernung des Konstitutionswassers führt zum vollständigen Zusammenbruch des komplexen Anions. Die gleichen Betrachtungen lassen sich auf die Plumbate, Platinate usw. anwenden, welches Salze der folgenden Säuren sind:

$$[Sn(OH)]_6H_2 \qquad [Pb(OH)_6]H_2 \qquad [Pt(OH)_6]H_2$$
$$[Sb(OH)_6]H \qquad [Te\,O_6]H_6 \qquad [J\,O_6]H_5$$

Wie es im Falle der Tellur- und Perjodsäure klar zu ersehen ist, besitzen die Säuren eine verschiedene Basizität. Die Zusammensetzung der Salze ändert sich hauptsächlich mit der Größe (dem Ionenradius) des betreffenden Kations. Die größtmögliche Basizität findet man häufig bei den Silbersalzen, z. B. im Ag_6TeO_6 und Ag_5JO_6; die großen Alkaliionen bilden gewöhnlich saure Salze, wie z. B. $K_2\left[Te{(OH)_4 \atop O_2}\right]$ und $Na_3\left[J{(OH)_2 \atop O_4}\right]$. Normalerweise treten zwar diese Säuren mit der Koordinationszahl 6 auf, jedoch sind andere Formen nicht ausgeschlossen, wie man aus dem Vorkommen der Metaperjodsäure, HJO_4 und Mesoperjodsäure, $H_4J_2O_9$ ersehen kann.

Die enge Beziehung zwischen den Sauerstoffsäuren und denjenigen Verbindungen, die man gewöhnlich als Koordinationsverbindungen auffaßt, wird besonders durch die nahezu lückenlose Reihe von Übergängen zwischen $H_2[PtCl_6]$ und $H_2[Pt(OH)_6]$ betont, die von MIOLATI[122] ausgearbeitet wurde und aus dem folgenden zu ersehen ist.

a) Beim Erhitzen von hydratisierter Hexachloroplatinsäure, $H_2[PtCl_6]\cdot 6H_2O$ auf 98° bei 100 mm Druck verliert die Verbindung ein Molekül Salzsäure, und es bleibt eine Verbindung von der Form $PtCl_4\cdot HCl\cdot H_2O$ zurück, die in Wasser löslich ist und deren Äquivalentleitfähigkeit in wäßriger Lösung ($\Lambda = 393$) etwa so groß ist wie die der Oxalsäure. Die Verbindung verhält sich wie eine zweibasische Säure, und man muß ihr die Formel $\left[Pt{Cl_5 \atop OH}\right]H_2$ zuschreiben. In Übereinstimmung damit erhält man aus den Lösungen das Barium- und Silbersalz

$$\left[Pt{Cl_5 \atop OH}\right]Ba\cdot 4\,H_2O \text{ und } \left[Pt{Cl_5 \atop OH}\right]Ag_2.$$

b) Das Hydrat des Platinchlorids selbst, $PtCl_4\cdot 5\,H_2O$, bildet eine stark saure wäßrige Lösung, die zur Neutralisation zwei Äquivalente Natriumhydroxyd erfordert. Die Verbindung reagiert somit als Dihydroxosäure,

$$\left[Pt{Cl_4 \atop (OH)_2}\right]H_2\cdot 3H_2O,$$

und bildet als solche beim Zusatz von Silbernitrat das gelbe Silbersalz

$$\left[Pt{Cl_4 \atop (OH)_2}\right]Ag_2.$$

c) Diese Dihydroxosäure reagiert mit einer kleinen Menge Ammoniak unter Bildung von Ammoniumchloroplatinat und einer neuen Verbindung mit der Bruttoformel $PtCl_2(OH)_2\cdot 2\,H_2O$:

$$2\,[PtCl_4(OH)_2]H_2 + 2\,NH_3 = (NH_4)_2PtCl_6 + PtCl_2(OH)_2\cdot 2\,H_2O.$$

[122] MIOLATI: Z. anorg. allg. Chem. 1900, **22**, 445; 1901, **26**, 209; 1903, **33**, 251.

Da die wäßrige Lösung dieser Verbindung sauer reagiert, so muß man sie als Tetrahydroxosäure, $\left[Pt{Cl_2 \atop (OH)_4}\right]H_2$, auffassen; sie bildet die Silber-, Blei- und Quecksilbersalze $\left[Pt{Cl_2 \atop (OH)_4}\right]Ag_2$, Pb, Hg.

d) Die Erdalkalihydroxyde reagieren im Sonnenlicht mit den entsprechenden Chloroplatinaten und bilden Salze einer Pentahydroxochloroplatinsäure:

$$2\,[PtCl_6]Ba + 5\,Ba(OH)_2 = 2\left[Pt{Cl \atop (OH)_5}\right]Ba + 5\,BaCl_2 + 5\,H_2O.$$

Aus den Erdalkalisalzen kann man durch direkte Umsetzung die Schwermetallsalze herstellen.

e) Der Endzustand der fortschreitenden Substitution wird in der Platinsäure selbst erreicht, deren gut kristallisierte Alkalisalze man durch Einwirkung von Alkalien auf Natriumchloroplatinat erhält. Aus diesen Salzen, welche drei Moleküle Konstitutionswasser enthalten — z. B. $K_2O \cdot PtO_2 \cdot 3H_2O$ — erhält man durch Einwirkung von Essigsäure hydratisiertes Platinoxyd, $PtO_2 \cdot 4H_2O$. Die Zusammensetzung dieser Salze stimmt so mit den Erfordernissen der Koordinationsformel $[Pt(OH)_6]R_2$ überein.

Neben diese Übergangsreihe

$$[PtCl_6]H_2;\quad \left[Pt{Cl_5 \atop H_2O}\right]H \text{ oder } \left[Pt{Cl_5 \atop OH}\right]H_2;\quad \left[Pt{Cl_4 \atop (H_2O)_2}\right] \text{ oder } \left[Pt{Cl_4 \atop (OH_2)}\right]H_2$$

$$\left[Pt\begin{matrix}Cl_2\\(OH)_2\\(H_2O)_2\end{matrix}\right] \text{ oder } \left[Pt{Cl_2 \atop (OH)_4}\right]H_2;\quad \left[Pt\begin{matrix}Cl\\(OH)_3\\(H_2O)_2\end{matrix}\right] \text{ oder } \left[Pt{Cl \atop (OH)_5}\right]H_2;$$

$$\left[Pt{(OH)_4 \atop (H_2O)_2}\right] \text{ oder } [Pt(OH)_6]H_2$$

kann man die charakteristische Reaktion der Aquoammine setzen, die bei der Behandlung mit Basen ein Wasserstoffion aus dem komplex gebundenen Wasser verlieren:

$$\left[Co{(NH_3)_5 \atop H_2O}\right]Cl_3 \xrightarrow{\text{Pyridin}} \left[Co{(NH_3)_5 \atop OH}\right]Cl_2$$

$$\left[Cr{(C_2O_4)_2 \atop (OH_2)_2}\right]K \xrightarrow{KOH} \left[Cr\begin{matrix}(C_2O_4)_2\\OH_2\\OH\end{matrix}\right]K_2$$

Offensichtlich sind die koordiniertes Wasser enthaltenden Verbindungen, vor allem Säuren in dem von Brönsted definierten Sinne. Im Grunde besteht indessen in dem Koordinationskomplex zwischen den Funktionen des Wassers und des Ammoniaks kein Unterschied, nur ist der Ionisationsgrad beim koordinierten Ammoniak bedeutend geringer als beim Wasser. So bilden beispielsweise die Platinammine leicht Hydroxosalze, von denen die Verbindung $\left[Pt{(NH_3)_4 \atop OH_2}\right]Cl_2$ viel beständiger ist als das Aquo-hydroxo-Salz, $\left[Pt\begin{matrix}(NH_3)_4\\H_2O\\OH\end{matrix}\right]Cl_3$. In Übereinstimmung mit diesem Verhalten sind die Amido-Ammine des vierwertigen Platins ebenfalls beständig, wie z. B. das Salz $\left[Pt\begin{matrix}(NH_3)_4\\NH_2\\Cl\end{matrix}\right]Cl_2$, das direkt durch Einwirkung von Alkalien auf

$\left[Pt{(NH_3)_5 \atop Cl}\right]Cl_3$ entsteht[123]. Bei den Kobaltamminen sind die Amidoverbindungen unbekannt; einen Beweis für die Reaktion

$$[Co(NH_3)_6]^{3+} \rightleftharpoons \left[Co{(NH_3)_5 \atop NH_2}\right]^{2+} + H^+$$

ergeben die Austauschreaktionen der Kobaltammine mit schwerem Wasser[124].

Nunmehr soll eine Anwendung der obigen Betrachtungen auf den Hydrolysemechanismus kovalenter Halogenide erfolgen. Die Vorstufe der Hydrolyse besteht in einer koordinativen Wasseraufnahme; darauf folgt eine intramolekulare Abspaltung von Halogenwasserstoff; bei diesem zweiten Schritt bildet die Dissoziation des koordinierten Wassers als Säure den hauptsächlich wirksamen Mechanismus. Dies soll am Beispiel der Hydrolyse von Stannichlorid erläutert werden:

$$SnCl_4 \xrightarrow[\text{von } H_2O]{\text{Aufnahme}} \underset{(I)}{\left[Sn{Cl_4 \atop (H_2O)_2}\right]} \underset{}{\overset{\text{Ionisation}}{\rightleftharpoons}} \underset{(Ia)}{\left[Sn{Cl_4 \atop (OH)_2}\right]H_2} \xrightarrow[\text{von HCl}]{\text{Abspaltung}} \underset{(II)}{\left[Sn{Cl_3 \atop (OH)_2}\right]H}$$

$$\xrightarrow[\text{von } H_2O]{\text{Aufnahme}} \underset{(III)}{\left[Sn(H_2O)_2{Cl_3 \atop OH}\right]} \rightleftharpoons \underset{(III\,a)}{\left[Sn{Cl_3 \atop (OH)_3}\right]H_2} \longrightarrow \ldots\ldots \underset{(IV)}{[Sn(OH)_6]H_2}$$

$$(III\,a) \xrightarrow{\text{Cineol}} \underset{(V)}{\left[Sn{Cl_3 \atop (OH)_3}\right](C_{10}H_{16}O \cdot H)_2}$$

Da das unmittelbar nach der Entfernung des Halogenwasserstoffs entstehende Produkt (II) koordinativ ungesättigt ist, so wird sofort wieder Wasser aufgenommen; dieser Vorgang wiederholt sich so lange, bis die Hydrolyse vollständig ist (IV). Im Falle des Stannichlorids kennt man sowohl die anfänglich auftretende Additionsverbindung

$$SnCl_4 \cdot 5\,H_2O \;[= (I) + 3\,H_2O]$$

als auch das als erste Stufe der Hydrolyse gebildete Produkt

$$SnCl_3(OH) \cdot 3\,H_2O \;[= (III) + H_2O].$$

Die nach dem obigen Mechanismus zu erwartende saure Natur dieser letzten Verbindung wird durch die Salzbildung mit Cineol (V) bestätigt[125].

An einem derartigen Hydrolysemechanismus kovalenter Halogenide wird sofort der grundlegende Unterschied zwischen diesen Halogeniden und den elektrovalenten Halogensalzen, den eigentlichen Metallhalogeniden, klar. Für die letzteren Verbindungen ist charakteristisch, daß bei der Auflösung in Wasser ein Aquokation gebildet wird, z. B.

$$CoCl_2 + aq \rightarrow [Co(H_2O)_6]^{2+} + 2\,Cl^-.$$

[123] TSCHUGAEV: Z. anorg. allg. Chem. 1924, **137**, 1, 401; C. R. hebd. Séances Acad. Sci. 1915, **160**, 840; **161**, 699. — GRÜNBERG, A.: Z. anorg. allg. Chem. 1924, **138**, 333; 1930, **193**, 193.

[124] ANDERSON, SPOOR u. BRISCOE: Nature 1937, **139**, 507.

[125] PFEIFFER u. ANGERN: Z. anorg. allg. Chem. 1929, **183**, 189.

Ebenso wird sofort die Sonderstellung des Schwefelhexafluorids und des Tetrachlorkohlenstoffs unter den metalloiden Halogeniden verständlich, da bei diesen Verbindungen das Koordinationsmaximum des Zentralatoms ohnehin bereits erreicht ist, so daß der erforderliche anfängliche Anlagerungsschritt gar nicht erst erfolgt. Wolframhexachlorid ist hingegen wieder hydrolysierbar, da das Koordinationsmaximum des Wolframs 8 beträgt (wie man an der Verbindung $K_4[W(CN)_8]$ sieht). Eine Hydrolysenbeständigkeit kann man wieder beim OsF_8 erwarten, wo ebenfalls die Wasseranlagerung ausgeschlossen ist, da die maximale Koordination schon vorher erreicht wird.

Die in diesem Abschnitt entwickelte Theorie der Sauerstoffsäuren läßt sich auch auf die Salzbildung der Hydroxyde von amphoteren Metallen anwenden. Die Löslichkeit der Hydroxyde der Übergangselemente in Alkalilaugen ist längst bekannt. Die Reindarstellung der so gebildeten Salze ist mit einigen experimentellen Schwierigkeiten verbunden; eine Zeitlang hat daher die Ansicht bestanden, daß die Erscheinung eher auf einer kolloidalen Peptisation als auf einer echten Salzbildung beruhe. SCHOLDER und Mitarbeiter[126] haben neuerdings die reinen, kristallinen Zinkate, Plumbite, Stannite, Kobaltite, Cuprite, Chromite und Ferrite erhalten; sie konnten zeigen, daß in allen Fällen die Verbindungen so viel Wasser festgebunden (als Konstitutionswasser) enthalten, wie ihre Formulierung als Hydroxokomplex entspricht.

Aus den Lösungen der Alkalizinkate kann man so je nach den Bedingungen Salze vom Typus $Na[Zn(OH)_3]\cdot 3H_2O$ und $Na_2[Zn(OH)_4]\cdot 2\,H_2O$ gewinnen. Durch doppelte Umsetzung mit Barium- und Strontiumhydroxyd bilden sich Salze mit der Koordinationszahl 6, z. B. $Ba_2[Zn(OH)_6]$. Es ist interessant, daß $Na_2[Zn(OH)_4]$ eine kontinuierliche Reihe von Mischkristallen mit $NaOH\cdot H_2O$ bildet, von welcher Verbindung SCHOLDER annimmt, daß sie als $Na_2[H_2(OH)_4]$ zu formulieren ist; diese hypothetische Hydroxosäure, die um Wasserstoff koordiniert ist, werden wir bei den Betrachtungen über die Theorie der Polysäuren wiedertreffen (Kapitel 5). Die Kobaltite und Cuprite gehören zu derselben Gruppe; die typischen Verbindungen sind $Na_2[M(OH)_4]$ und $Ba_2[M(OH)_6]$, worin $M = Cu^{II}$, Co^{II} oder Fe^{II} ist.

Dreiwertiges Eisen und Chrom sollen in den Ferriten[127] und Chromiten die Koordinationszahl 8 erreichen und die isomorphen Verbindungen

$$Na_5[M(OH)_8]\cdot 4H_2O \text{ und } Na_4\left[M\begin{matrix}(OH)_7\\ H_2O\end{matrix}\right]\cdot 2\text{—}3H_2O,$$

bilden, sowie den einfacheren Typus $[Na_3[Cr(OH)_6$. Die Stannite und Plumbite sind von besonderem Interesse, da HANTZSCH[128] versuchte, aus Analogie zum Kohlenstoff die Formulierung dieser Verbindungen als Gegenstück zu den Formiaten, $H\cdot M{<}\begin{matrix}O\\ O\cdot Na\end{matrix}$, zu begründen. SCHOLDER[129] fand, daß bei den Alkalisalzen als einziger Typ die Verbindung

[126] SCHOLDER u. Mitarb.: Z. anorg. allg. Chem. 1933, **215**, 355; **216**, 138, 159, 176; 1934, **217**, 214; **220**, 411.
[127] SCHOLDER: Z. ange. Chem. 1936, **49**, 255.
[128] HANTZSCH: Z. anorg. allg. Chem. 1902, **30**, 289.
[129] SCHOLDER: Z. anorg. allg. Chem. 1933, **216**, 176.

$Na[Sn(OH)_3]$ auftritt, während von den Erdalkalien sowohl die Trihydroxosalze — z. B. $Ba[Sn(OH)_3]_2$ — als auch bei höheren Temperaturen ein Anhydro-Salz mit der Zusammensetzung $Ba[(HO)_2Sn \cdot O \cdot Sn(OH)_2]$ entsteht. Die Beziehung zwischen den in Lösung gebildeten und den durch Schmelzprozesse entstandenen Hydroxosalzen zeigt sich klar bei der Zersetzung der Stannite. Das wasserfreie Bariumsalz, $Ba[Sn(OH)_3]_2$, verliert bei 90—100° ein halbes Molekül Wasser je Zinnatom, wobei Umwandlung in das Anhydrosalz erfolgt. Dieses verliert bei 110—150° ein weiteres halbes Molekül Wasser, was der zweiten Reaktionsstufe entspricht, während bei Temperaturen oberhalb von 200° sehr langsam das restliche halbe Wassermolekül verschwindet, wobei $BaSnO_2$ entsteht:

90—100°: $Ba[Sn(OH)_3]_2 \rightarrow Ba[(HO)_2Sn \cdot O \cdot Sn(OH)_2] + H_2O$
110—150°: $Ba[(HO)_2Sn \cdot O \cdot Sn(OH)_2] \rightarrow Ba(OH)_2 + 2\,SnO + H_2O$
über 200°: $Ba(OH)_2 + SnO \rightarrow BaSnO_2 + H_2O$

Bei der Oxydation der kochenden Lösungen von $Na_2[Fe(OH)_4]$ in hochkonzentriertem (60%igem) Natriumhydroxyd entsteht ein rotes Natriumferrit, $NaFeO_2$, das mit dem durch Schmelzen von Ferrioxyd und Natriumhydroxyd erhaltenen identisch ist. Die Oxydation in verdünnteren Laugen (50%igen) führt zur Bildung eines offensichtlich isomeren grünen $NaFeO_2$, welches sich von dem anderen dadurch unterscheidet, daß es durch verdünnte Alkalien zersetzt wird[130].

Die Stabilisierung von Wertigkeitsstufen durch Komplexbildung.

Besonders interessante Gesichtspunkte über die Komplexbildung ergeben sich aus der Art und Weise, in der die Bindung stark koordinierender Gruppen zur Stabilisierung eines Wertigkeitszustandes führen kann, von dem man sonst keine beständigen Derivate kennt; d. h. also, daß das Oxydations-Reduktionspotential grundlegend geändert werden kann.

Kobalt. Ein geläufiges und eindrucksvolles Beispiel dieser Erscheinung findet man bei den Kobaltamminen. Kobalt läßt sich elektrolytisch zum dreiwertigen Zustand oxydieren und bildet dann das Sulfat $Co_2(SO_4)_3 \cdot 18\,H_2O$ und die sehr beständigen Alaune — z. B. $CsCo(SO_4)_2 \cdot 12\,H_2O$. Ebenso konnte das Fluorid, CoF_3, dargestellt werden. Alle diese Verbindungen wirken auf Grund der Leichtigkeit, mit der das Kobalt in den zweiwertigen Zustand zurückkehrt, stark oxydierend. Bei Gegenwart von Ammoniak sind die relativen Beständigkeiten des $[Co(NH_3)_6]^{3+}$ und $[Co(NH_3)_6]^{2+}$ gerade umgekehrt, so daß bereits atmosphärischer Sauerstoff bei Zimmertemperatur eine Oxydation des zweiwertigen Zustandes bewirkt. Dieselbe stabilisierende Wirkung ergibt sich auch bei der Koordination von Anionen, wie man an den stark reduzierenden Eigenschaften des Kaliumcobaltocyanids ersehen kann. Die Größe dieses Effektes kommt in der starken Verschiebung des Oxydations-Reduktionspotentials zum Ausdruck.

Die Stabilsierung von höheren Wertigkeitsstufen des Kobalts durch Komplexbildung ist so groß, daß das Auftreten von vierwertigen Kobalt-

[130] SCHOLDER: Z. angew. Chem. 1936, 49, 255.

verbindungen möglich wird; eine Reihe derartiger Derivate sind unter den μ-Peroxo-mehrkernigen Kobaltamminen bekannt, die man durch atmosphärische Oxydation ammoniakalischer Kobaltlösungen erhält, z. B.

$$\left[(NH_3)_4Co^{III}\begin{matrix}\diagup NH_2 \searrow \\ \nwarrow O_2 \diagup\end{matrix}Co^{IV}(NH_3)_4\right](NO_3)_4{}^{131}.$$

In diesen Verbindungen ist ein Kobaltatom formal dreiwertig, während das andere vierwertig ist; wie in anderen derartigen Fällen kann man annehmen, daß die Zustände der beiden Atome durch einen Resonanzvorgang ausgeglichen und gleichwertig werden. Die Verbindungen sind durch ihre tiefe Färbung ausgezeichnet.

Kupfer. Sowohl die höheren als auch die niedrigeren Wertigkeitsstufen des Kupfers können durch geeignete Koordinationsgruppen stabilisiert werden. So ist die Unbeständigkeit des Cuprijodids und Cupricyanids eine bekannte Tatsache, die ihre Anwendung in der Analyse findet. Das Jodid, $[Cu\,en_2]J_2 \cdot 1$ oder $2\,H_2O$ ist dagegen beständig und zeigt kein Bestreben, in den Cuprozustand zurückzukehren[132]. Im Falle des entsprechenden Cyanids ist die Stabilisierung des zweiwertigen Zustandes nicht so vollständig, so daß man eine Verbindung $[Cu\,en_2][Cu(CN)_2]_2$ erhalten kann, die zugleich ein Derivat des einwertigen als auch des zweiwertigen Kupfers ist. Die Bildung dieser Verbindung kann man der konkurrierenden Wirkung der Stabilisierung des Cuprozustandes in dem komplexen Anion zuschreiben. Ebenso läßt sich das $[Cu\,en_2]$-Kation nicht mit Hypophosphit reduzieren (man vergleiche dazu die leichte Reduzierbarkeit des Cupriions!), sondern bildet ein beständiges Salz, $[Cu\,en_2](H_2PO_2)_2$.

Die Koordination von Acetonitril[133], Thiocarbamid[134] oder Äthylenthiocarbamid[135] stabilisiert umgekehrt den Cuprozustand, so daß die Nitrate, Sulfate und Acetate der komplexen Cuproionen gebildet werden:

$$[Cu(NC\cdot CH_3)_4]NO_3; \quad [Cu\{SC(NH_2)_2\}_2]NO_3;$$

$$\left[Cu\left\{SC\begin{matrix}\diagup NH-CH_2 \\ | \\ \diagdown NH-CH_2\end{matrix}\right\}_4\right]NO_3; \quad [Cu\{SC(NH_2)_2\}_3]_2SO_4;$$

$$\left[Cu\;SC\begin{matrix}\diagup NH-CH_2 \\ | \\ \diagdown NH-CH_2\end{matrix}\right]OAc.$$

Die komplexen Cuprothiosulfate[136], in denen — wie bei den Thiocarbamidverbindungen — das Kupfer mit dem Schwefel koordiniert ist, zeigen gleichfalls eine auffallende Beständigkeit:

$$Na[Cu(S_2O_3)] + 1{,}5\,H_2O; \quad (NH_4)_5[Cu(S_2O_3)_3].$$

Silber. Einwertiges Silber wird ebenfalls durch Koordination mit Schwefelverbindungen stabilisiert, und zwar in der Weise, daß die Verbin-

---

131 WERNER: Lieb. Ann. Chem. 1910, **375**, 15.

132 MORGAN, G. T. u. BURSTALL: J. chem. Soc. 1926, 2018, 2027; 1927, 1259.

133 MORGAN, H. H.: J. chem. Soc. 1923, 2901.

134 ROSENHEIM u. LOEWENSTAMM: Z. anorg. allg. Chem. 1903, **34**, 62. — KOHLSCHÜTTER: Ber. dtsch. chem. Ges. 1903, **36**, 1151; Lieb. Ann. Chem. 1906, **349**, 232.

135 MORGAN u. BURSTALL: J. chem. Soc. 1928, 143.

136 SPACU u. MURGULESCU: Chem. Ztrbl. 1930, I, 3422; II, 535; 1931, I, 1426.

dungen mit Äthylenthiocarbamid (abgekürzt Aeti) ein Chlorid und Bromid $[Ag\,Aeti_3]Cl$, $[Ag\,Aeti_2]Br$ ergeben, die nicht lichtempfindlich sind[136]. Der zweiwertige Zustand wird leicht durch Koordination — vor allem mit Pyridinderivaten — stabilisiert. BARBIERI[137] erhielt im Jahre 1912 durch Oxydation von Silbernitrat mit Persulfat in Gegenwart von Pyridin die Verbindung $[Ag(Pyr)_4]S_2O_8$, während das entsprechende Nitrat durch elektrolytische Oxydation dargestellt werden kann. Die komplexen Silber (II)-Kationen, die o-Phenanthrolin[138] und Dipyridyl[139] enthalten, $[Ag\,Phth_2]^{2+}$ und $[Ag\,Dipy_2]^{2+}$, sind sehr beständig; es sind zahlreiche Salze dieser Kationen dargestellt worden. Ein inneres Komplexsalz, das Silberpicolinat, wurde bereits erwähnt (S. 106), und zwar wurde gezeigt, daß es eine ebene Konfiguration besitzt.

Mangan. Die Reduktion von Alkalimanganocyaniden mit Aluminium (oder DEVARDAscher Legierung) und Alkali liefert Derivate des einwertigen Mangans, $R_5[Mn(CN)_6]$ (s. Kapitel 12, S. 390). Dreiwertiges Mangan liegt in unbeständiger Form in den Halogeniden, MnF_3, $MnCl_3$[140] und in den roten Alaunen, $RMn(SO_4)_4 \cdot 12H_2O$, vor; es ist aber bemerkenswert, daß Acetylaceton innere Komplexsalze nur mit dreiwertigem Mangan bildet[141]. Analog liegen die Verhältnisse beim Eisen, das sich mit β-Diketonen nur im dreiwertigen Zustand verbindet. Auch in den Manganicyaniden, $R_3[Mn(CN)_6]$, den beständigsten der drei komplexen Cyanide des Mangans, ist das dreiwertige Mangan stabilisiert.

Eisen. Die Ferrostufe, die in den einfachen Salzen leicht durch atmosphärischen Sauerstoff oxydiert werden kann, wird durch Koordination mit Dipyridyl oder α-Phenanthrolin erheblich stabilisiert, so daß die Salze $[Fe\,Phth_3]X_2$ und $[Fe\,Dipy_3]X_2$ viel beständiger sind als die Ferriverbindungen und als Redox-Indikatoren bei der oxydimetrischen Titration Verwendung finden[142]. Die Größe der Verschiebung des Oxydations-Reduktionspotentials Ferro/Ferri ist für einige Komplexverbindungen aus der beigegebenen Tabelle zu ersehen. Die ausgesprochen selektive Wirkung der koordinierten Gruppen zeigt sich indessen daran, daß die zweizähligen Chelatgruppen α-Pyridylhydrazin[143] (I) und α-Pyridylpyrrol[144] (II) ebenso wie die β-Diketone die Beständigkeit des Ferrizustandes erhöhen.

NH—N₂H, N → Fe,]3+, 3 (I)

N, N → Fe, 3 (II)

[137] BARBIERI: Gazz. chim. ital. 1912, **42**, 7; Ber. dtsch. chem. Ges. 1927, **60**, 2424.
[138] HIEBER u. MÜHLBAUER: Ber. dtsch. chem. Ges. 1928, **61**, 2149.
[139] SUGDEN: J. chen. Soc. 1932, 161.
[140] KŘEPELKA u. KUBIS: Collect. czech. chem. Commun. 1935, **7**, 105.
[141] URBAIN u. DEBIERNE: C. R. hebd. Séances Acad. Sci. 1899, **129**, 302.
[142] BLAU: Mh. Chem. 1898, **19**, 647. — HAMMETT u. WALDEN: J. Amer. chem. Soc. 1933, **55**, 2649; 1936, **58**, 1668. — SIMON u. HAUFE: Z. anorg. allg. Chem. 1936, **230**, 160.
[143] EMMERT u. SCHNEIDER: Ber. dtsch. chem. Ges. 1933, **66**, 1875.
[144] EMMERT u. BRANDT: Ber. dtsch. chem. Ges. 1927, **60**, 2211.

Tabelle 6. Einfluß der Koordination auf die Oxydations-Reduktionspotentiale.

System	Oxydations-Reduktions-potential in Volt
Co^{2+}/Co^{3+}	+ 1,8
$[Co(CN)_6]^{4-}/[Co(CN)_6]^{3-}$	— 0,8
Fe^{2+}/Fe^{3+}	+ 0,74
$[Fe(CN)_6]^{4-}/[Fe(CN)_6]^{3-}$	+ 0,49
$[Fe\,Phth_3]^{2+}/[Fe\,Phth_3]^{3+}$	+ 1,14
$[Fe\,Dipy_3]^{2+}/[Fe\,Dipy_3]^{3+}$	etwa + 1,1
$[Fe\text{-}Nitro\text{-}Phth_3]^{2+}/[Fe\text{-}Nitro\text{-}Phth_3]^{3+}$	+ 1,25

Kristallwasser.

Die Bildung von Salzhydraten zeigt eine gewisse Analogie zu der Bildung der Ammoniakate, und WERNER wandte daher seine Theorie auf die Formulierung der Hydrate an[145]. Eine vollkommen befriedigende Einteilung ist jedoch im Rahmen der Koordinationstheorie allein nicht möglich; die Sammlung von tieferen Einblicken in die Struktur kristalliner Körper hat Richtlinien ergeben, nach denen man eine vollständigere Einteilung entwickeln kann. Es erscheint demnach so, daß in dem allgemeinen Begriff Kristallwasser ungefähr fünf Untergruppen enthalten sind, die in ungefährer Reihenfolge der Abnahme ihrer Bindungsfestigkeiten im folgenden aufgeführt sind:

1. *Konstitutionswasser*, das in Form von Hydroxylgruppen vorliegt.
2. *Koordiniertes Wasser*, das a) als neutrale Komponente in Amminen und Acidokomplexen fungiert, oder das b) unter Bildung eines Aquokations koordiniert ist.
3. *Anionen-Wasser*, das im festen Zustand mit dem Anion assoziiert ist, mit dem es durch Hydroxylbindungen verknüpft ist.
4. *Gitter-Wasser*, das sind Wassermoleküle, die bestimmte Stellen in der Kristallstruktur besetzen, die aber nicht direkt chemisch, weder an das Anion, noch an das Kation gebunden sind.
5. *Zeolithartiges Wasser*. Dieser Ausdruck wird hier im erweiterten Sinne gebraucht und soll das Kristallwasser bezeichnen, das wahllos beliebige Stellen des Gitters besetzt, und außerdem solches Wasser, welches bei der Entwässerung zur Entstehung eines bivarianten Systems führt.

1. Konstitutionswasser.

Die Rolle, die das Wasser in den Sauerstoffsäuren der schweren und amphoteren Elemente spielt, wurde bereits besprochen. In derselben Form liegt das Wasser in den hydratisierten Oxyden der Übergangselemente vor — z. B. im $Ni(OH)_2$ — die echte Hydroxyde sind und Schichtgitter bilden, in welchen im wesentlichen Schichten von Hydroxylionen vorliegen. Wie bereits gezeigt wurde, gehört ein Teil des in den basischen Salzen vorhandenen Wassers zu derselben Klasse.

[145] Vgl. WERNER: Neuere Anschauungen auf dem Gebiete der anorganischen Chemie 1923. — WEINLAND: Komplexverbindungen, 1924, S. 18f.

2. Koordiniertes Wasser: Aquokationen.

Das häufige Auftreten von einigen definierten Gruppen von Kristallwasser — z. B. vier oder sechs Moleküle je Metallatom — führt sofort zu der Annahme, daß eine Bindung innerhalb eines komplexen Kations vorliegt. So bilden die zweiwertigen Metalle eine große Zahl von Salzen, die Metall und Wasser im Verhältnis 1 : 6 enthalten und bei denen man annehmen muß, daß sie das gemeinsame Kation $[M(H_2O)_6]^{2+}$ enthalten. Als Beispiel hierfür kann die große Zahl der zu diesem Typus gehörenden Kobaltsalze gelten:

$[Co(H_2O)_6]Cl_2$; $—Br_2$; $—J_2$; $—(ClO_3)_2$; $—(BrO_3)_2$; $—(JO_3)_2$; $—(NO_3)_2$; $—SO_3$; $—SO_4$; $—CO_3$; $—SnCl_6$; $—PtCl_6$; $—SiF_6$; $—SeO_4$; $—S_2O_6$; $—S_2O_3$.

Die gleichen Aquokationen werden von Ni, Zn, Cd, Fe, Mg, Ca, Sr und bei den dreiwertigen Metallen von Al, Cr, Fe, Mn, Tl und anderen Elementen gebildet. In entsprechender Weise kommen Tetraquokationen, $[M(H_2O)_4]$, in den Salzen des Kupfers — z. B. $[Cu(H_2O)_4]SO_4 + H_2O$; $—(ClO_3)_2$; $—Br_2$; $—SiF_6$ —, des Berylliums — $[Be(H_2O)_4SO_4$; $—(ClO_4)_2$ — und in einigen anderen Fällen, z. B. bei den Elementen Cr^{II}, Mn, Fe^{II}, Co und Ni vor.

Bei den Schwermetallen steht die Fähigkeit zur Bildung von Aquokationen mit den kleinen Ionenradien und dem hohen Komplexbildungsvermögen dieser Elemente in Einklang; aber auch die Alkalimetalle scheinen sich mit Wasser vereinigen zu können, so kann man bei den Verbindungen $Na_3PO_4 \cdot 12\,H_2O$, $Na_3AsO_4 \cdot 12\,H_2O$, $NaBO_2 \cdot 4\,H_2O$, $Na_3Cr(CNS)_6 \cdot 12\,H_2O$, $NaNH_4HPO_4 \cdot 4\,H_2O$ usw. das Auftreten eines $[Na(H_2O)_4]^+$-Kations annehmen.

Bei den Verbindungen, denen man die $[M(H_2O)_6]$-Kationen zuordnet, konnte man eine oktaedrische Gruppierung der Wassermoleküle um das Metallatom auf röntgenkristallographischem Wege bestätigen. Es steht mit Gewißheit fest, daß dieselben Kationen in Lösung ebenfalls hydratisiert sind, und einige Verfahren zur Bestimmung von Ionengewichten — z. B. die Dialysenmethode[146] — liefern Ergebnisse, die in vielen Fällen auf das Vorhandensein von sechsfach oder vierfach koordinierten Hydraten hindeuten. Wie aber wohl bekannt ist, liefern die verschiedenen Verfahren zur Bestimmung der Hydratation von Ionen in Lösung stark voneinander abweichende Ergebnisse.

Somit ist das Auftreten koordinierter Aquokationen, wie es WERNER gefordert hat, festgestellt worden. Es ist jedoch bis heute noch nicht klar, wie man eine große Zahl von Salzhydraten nach der Koordinationstheorie formulieren kann. Vor allem ist wahrscheinlich die Annahme eines mehrkernigen Aquokations vollkommen ungerechtfertigt. Das Cadmiumsulfat, $3\,CdSO_4 \cdot 8\,H_2O$, kann man so formulieren, als ob es vierfach koordiniertes Cadmium enthält, wenn man der Verbindung das Kation

$$\left[\begin{matrix} H_2O \searrow & & \swarrow H_2O \searrow & & \swarrow H_2O \searrow & & \swarrow H_2O \\ & Cd & & Cd & & Cd & \\ H_2O \nearrow & & \nwarrow H_2O \nearrow & & \nwarrow H_2O \nearrow & & \nwarrow H_2O \end{matrix}\right]$$

[146] BRINTZINGER u. a.: Z. anorg. allg. Chem. 1935, **222**, 113, wo auch auf andere Methoden zur Molekulargewichtsbestimmung Bezug genommen wird. — Vgl. SCHMITZ-DUMONT: Z. anorg. allg. Chem. 1935, **226**, 33.

zugrunde legt. Tatsächlich liegen die Verhältnisse aber so — wie sich aus der Struktur der kristallinen Salze ergibt — daß kein mehrkerniges Kation auftritt und daß das Cadmiumion in Wirklichkeit gar nicht hydratisiert ist. Bei der Bildung von festen Lösungen in ternären Systemen[147] gibt es eine Reihe von wichtigen Punkten, die man durch die Annahme derartiger mehrkerniger Ionen erklärte. Es ist jedoch unwahrscheinlich, daß diese Strukturen, die sich lediglich auf die Koordinationstheorie gründen, durch Untersuchungen der Kristallstruktur bestätigt werden können. Ein Beispiel für die abnorme Bildung fester Lösungen liegt im System der Mischkristalle von $LiCl \cdot H_2O$ und dem Doppelsalz $2\,LiCl \cdot CoCl_2 \cdot 2\,H_2O$ vor, welches sich zweifellos von dem Anion $[CoCl_4]^{2-}$ ableitet. BASSET faßt dieses Doppelsalz als $\left[Li\begin{smallmatrix}H_2O\\H_2O\end{smallmatrix}Li\right][CoCl_4]$ auf und zieht — unter der Annahme, daß bei der Bildung der festen Lösungen dieselbe Struktur vorliegt — den Schluß, daß das $LiCl \cdot H_2O$ trimer ist und die Konstitution

$$[Li_2(H_2O)_2][LiCl_3(H_2O)]$$

besitzt. Ein zweiter unerwarteter Fall von Isomorphismus tritt beim $SrCl_2 \cdot 2\,H_2O$ und $SrCl_2 \cdot 3\,HgCl_2 \cdot 8\,H_2O$ auf, welches man als $[Sr(H_2O)_8]$ $[Hg_3Cl_8]$ mit einem dreikernigen Anion betrachtet. Jede Folgerung indessen, daß das Dihydrat des Strontiumchlorids eine analoge Konstitution besitzt — $[Sr(H_2O)_8][Sr_3Cl_8]$ — ist offensichtlich vollkommen unzulässig. Da die Alkali- und Erdalkalimetalle große Ionendurchmesser besitzen und nur eine geringe Neigung zur Bildung komplexer Ionen zeigen, ist es sehr unwahrscheinlich und so gut wie ausgeschlossen, daß so stark elektropositive Metalle wie Strontium oder Lithium sich an der Bildung eines komplexen Anions beteiligen können. Weiterhin ist das Auftreten von mehrkernigen, durch Wassermoleküle miteinander verbundenen Ionen in allen Fällen unbewiesen; unter den Amminen des Kobalts oder Chroms ist kein Fall bekannt, bei dem Wassermoleküle als Brückengruppen dienen.

Man kommt zu der Überzeugung, daß Überlegungen, die sich nur auf die Koordinationstheorie gründen und keinen Bezug auf die anderweitige Funktion des Wassers im Kristallgitter nehmen, zu willkürlichen Formulierungen führen können. Dies zeigt sich weiter an dem Versuch von WERNER u. a., die ihm darin nachfolgten[148], das häufige Auftreten von zwölf Molekülen Kristallwasser je Schwermetallatom — z. B. in den Alaunen — durch die Annahme zu erklären, daß Doppelmoleküle von Wasser, H_4O_2, eingebaut wären, also z. B. $[Al(H_4O_2)_6](SO_4)_2K$. Diese willkürliche Annahme ist ebenfalls durch die Ergebnisse der Röntgenkristallographie widerlegt worden.

Ganz allgemein entsprechen die Aquokationen eher den reversibel dissozierbaren Salzammoniakaten, wie $Co(NH_3)_6Cl_2$, als den eigentlichen Amminen, wie z. B. $[Co(NH_3)_6]Cl_3$, da sie einen bestimmten Wasserdampf-Dissoziationsdruck ausüben und ihre Entwässerung längs einer unstetigen, isothermen oder isobaren Kurve verläuft. Nur im Falle der

[147] Vgl. BASSETT u. a.: J. chem. Soc. 1930, 1784; 1932, 1855; 1933, 151, 1423; 1934, 1116; 1936, 1412.

[148] Vgl. SIDGWICK: Electronic Theory of Valency, 1927, S. 188, 199.

Hydrate des Chromichlorids ist die Bindungsfestigkeit des Wassers mit der des Ammoniaks in den Kobaltamminen vergleichbar, so daß Ionisationsisomerie auftritt, und zwar:

a) Das violette, hydratisierte Chromichlorid, $CrCl_3 \cdot 6H_2O$, das man durch Einleiten von Salzsäure in kalte wäßrige Chrominitratlösung erhält, verliert über Schwefelsäure kein Kristallwasser; bei der Behandlung mit Silbernitrat wird sofort sämtliches Chlor gefällt. Da $\Lambda_{1000} = 435$ beträgt, ist es offensichtlich in vier Ionen dissoziiert. Mit Schwefelsäure bildet es ein Chlorosulfat, $CrSO_4Cl \cdot 8H_2O$, das leicht 2 Moleküle H_2O, aber nicht mehr, verliert. Diese Salze enthalten demnach ein sehr beständiges komplexes Kation $[Cr(H_2O)_6]^{3+}$.

b) Aus heißen Lösungen von Chromichlorid scheidet sich ein grünes Hexahydrat ab, das über Schwefelsäure im Vakuum Wasser verliert und in $CrCl_3 \cdot 4H_2O$ übergeht. In der Kälte erfolgt nur Fällung von einem Chloratom, während der Rest langsam unter gleichzeitiger Bildung von $[Cr(H_2O)_6]^{3+}$ ausfällt, wie sich aus dem Farbwechsel ergibt. Diese Eigenschaften deuten darauf hin, daß ein Dichloro-tetraquokomplex, $[Cr(H_2O)_4Cl_2]^+$, vorliegt, was damit übereinstimmt, daß das Chlorid, gemäß der Äquivalentleitfähigkeit $\Lambda_{125} = 126$, in zwei Ionen dissoziiert. Demnach besitzt das Hexahydrat die Formel $[Cr(H_2O)_4Cl_2]Cl \cdot 2H_2O$.

c) Wenn man eine konzentrierte Lösung der obigen Verbindung mit Schwefelsäure behandelt, so entsteht ein zweites Chlorosulfat der Zusammensetzung $CrClSO_4 \cdot 8H_2O$, das leicht drei Moleküle Wasser verliert und bei gewöhnlicher Temperatur nicht mit Silbernitrat reagiert. Das wäre ein Anzeichen dafür, daß dem Chlorosulfat die Formel $[Cr(H_2O)_5Cl]SO_4 \cdot 3H_2O$ zukommt; diese Form sollte in zwei Ionen dissoziieren. Übereinstimmend damit beträgt die Äquivalentleitfähigkeit $\Lambda_{125} = 77$. Wenn man die Lösung dieses Sulfates in Salzsäure mit ätherischer Salzsäure behandelt, so entsteht ein drittes, grünes Chromichlorid-Hexahydrat $[Cr(H_2O)_5Cl]Cl_2 \cdot H_2O$.

Das Auftreten von zwei Acido-aquo-chromikationen zeigt die Stärke der $Cr—H_2O$-Koordinationsbindung. Die Hydrate der anderen Metallionen dissoziieren mehr oder weniger leicht, so daß kein anderes Analogon zu den Amminen bekannt ist. Die Stelle des Ammoniaks in den Amminen kann fortschreitend durch Wasser ersetzt werden, so daß bei den Amminen des Chroms die Verbindungen

$[Cr(NH_3)_6]$	$\left[Cr\begin{smallmatrix}(NH_3)_5\\H_2O\end{smallmatrix}\right]X_3$	$\left[Cr\begin{smallmatrix}(NH_3)_4\\(H_2O)_2\end{smallmatrix}\right]X_3$	$\left[Cr\begin{smallmatrix}(NH_3)_3\\(H_2O)_3\end{smallmatrix}\right]X_3$	$\left[Cr\begin{smallmatrix}(NH_3)_2\\(H_2O)_4\end{smallmatrix}\right]X_3$
gelb	orangegelb	orangerot	leuchtend-rot	violettrot

sämtlich bekannt sind.

Das in derartigen komplexen Anionen gebundene Wasser ist dadurch ausgezeichnet,

a) daß es innerhalb des Komplexes leicht und reversibel durch Anionen, z. B. Cl^-, ersetzt werden kann:

$$[Co(NH_3)_4Cl_2]Cl \rightleftharpoons \left[Co(NH_3)_4\begin{smallmatrix}Cl\\H_2O\end{smallmatrix}\right]Cl_2 \rightleftharpoons [Co(NH_3)_4(H_2O)_2]Cl_3$$

b) daß der gebildete Aquo-Amminkomplex eine Säure darstellt, die zu einem geringen Teil dissoziiert ist und einen Hydroxokomplex ergibt:

$$[Co(NH_3)_5H_2O]^{3+} \rightleftharpoons [Co(NH_3)_5OH]^{2+} + H^+.$$

Die Lösungen der Aquo-pentammincobaltisalze sind deutlich sauer; bei Zusatz von Alkali entstehen sofort die alkalisch reagierenden Hydroxosalze. In den Verbindungen der schweren Platinmetalle ist der saure Charakter der Komplexe verstärkt; so reagiert das Hydroxosalz $[Ru(NO)(NH_3)_4OH]Br_2$, das man durch Einwirkung von Ammoniak und Kaliumbromid auf $K_2[Ru(NO)Cl_5]$ erhält, neutral[149], während sich die entsprechenden Aquosalze $[Ru(NO)(NH_3)_4H_2O]X_3$ nur unter der Einwirkung von starken Säuren bilden und leicht in die Hydroxosalze zurückverwandelt werden. Ebenso ist nur Salzsäure im Stande, aus dem Platin (IV)-dihydroxo-tetramminkomplex, $[Pt(NH_3)_4(OH)_2]SO_4$, ein Aquohydroxosalz zu bilden:

$$[Pt(NH_3)_4(H_2O)(OH)]Cl_3$$ [150].

Bei den Platinamminen wurde die Verstärkung der sauren Eigenschaften bereits erwähnt; $[Pt(NH_3)_6]^{4+}$ ist eine Säure von der Stärke des Aquopentammin-cobaltikations, $[Co(NH_3)_5H_2O]^{3+}$; seine 0,001 n-Lösung zeigt ein p_H von 5,9[151]. Diesen Anstieg der Acidität des Komplexes kann man mit der wachsenden Elektronenaffinität des Zentralatoms in der Reihe

$$Co < Ru < Pt$$

in Beziehung bringen, welche zu einer zunehmenden Beständigkeit der Kovalenzbindung M—OH im Vergleich zu der Koordinationsbindung $M \leftarrow OH_2$ führt. Hierzu parallel geht wieder die steigende Tendenz zur Bildung kovalenzmäßig gebundener Verbindungen (z. B. Organometallverbindungen) und komplexer Anionen.

Die deutliche Analogie zwischen den Hexaquo-chromikomplexen und den Amminen kommt in der Bildung von $[Cr(H_2O)_4(OH)_2]_2SO_4$ ebenso wie bei den bereits betrachteten Aquo-amminkomplexen zum Ausdruck[152]. Dieses Salz bildet sich bei der Einwirkung von Pyridin auf Chromalaun oder beim Zusatz von Natriumsulfat zu Chromacetat; dieses Acetat ist auf Grund der umkehrbaren Hydrolysenreaktion

$$[Cr(H_2O)_6](OCOCH_3)_3 \rightleftharpoons [Cr(H_2O)_4(OH)_2]OCOCH_3 + 2\,CH_3COOH$$

schon in verdünnten Lösungen grün.

3. Anionenwasser.

Die Hydratation der Kationen, die entweder durch eine rein elektrostatische Anziehung oder durch chemische Valenzkräfte erfolgt, führt, wie bereits gezeigt wurde, zur Bildung von in Lösungen beständigen Komplexen. Einige Anionen — besonders das Sulfation — treten in den kristallisierten Salzen sehr häufig mit Kristallwasser auf, wenn auch kein Beweis dafür vorliegt, daß in Lösungen eine wohldefinierte Hydratation der Anionen erfolgt. In den Vitriolen, $MSO_4 \cdot 7H_2O$, oder $[M(H_2O)_6]SO_4 \cdot H_2O$, im Kupfersulfat, $[Cu(H_2O)_4]SO_4 \cdot H_2O$, sowie im

[149] WERNER: Ber. dtsch. chem. Ges. 1907, **40**, 2614.

[150] CARLGREEN u. CLEVE: Z. anorg. allg. Chem. 1892, **1**, 65. — WERNER: Ber. dtsch chem. Ges. 1907, **40**, 4093.

[151] Vgl. GRÜNBERG u. FAERMANN: Z. anorg. allg. Chem. 1930, **193**, 223ff.; Acad. Sci. URSS, Mendeléef Jubilee, 1936, 479.

[152] WERNER: Ber. dtsch. chem Ges. 1908, **41**, 3451.

Lithiumsulfat, $Li_2SO_4 \cdot H_2O$, ist auf jeden Fall ein Wassermolekül nicht mit dem Kation vereinigt. SIDGWICK[153] nahm an, daß dieses Molekül an die Sulfat-Sauerstoffatome durch „Wasserstoffbindungen“ gebunden ist; diese Ansicht wurde durch die Feststellung der genauen Kristallstruktur des Kupfer- und Nickelsulfates erhärtet.

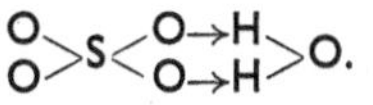

Die Koordination des Wasserstoffs und die Struktur des Wassers. Es liegt eine große Zahl von Beweispunkten vor, die darauf hindeuten, daß das Koordinationsmaximum des Wasserstoffs = 2 ist[154]. Zum Beispiel kann man die Assoziation von Fluorwasserstoff und die Bildung von sauren Fluoriden, das dimere Auftreten von Carbonsäuren, die Assoziation von Hydroxylverbindungen und die Tatsache, daß bei o-Nitrophenol und Salicylaldehyd keine Zusammenlagerung stattfindet, nur auf Grund folgender Formulierungen erklären:

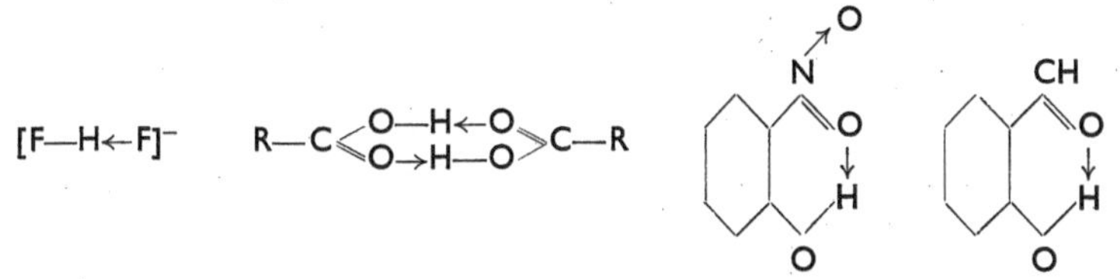

Ein unabhängiger Beweis für diese Erscheinung ergibt sich aus der Kristallstruktur von Verbindungen wie Natriumbicarbonat und Kaliumhydrophosphat. Man findet allgemein, daß der kleinste Abstand in einem Kristall zwischen den Sauerstoffatomen unabhängiger Gruppen (d. h. von Gruppen, die nicht an ein und dasselbe Atom gebunden sind) 3,15 Å beträgt. Beim Natriumbicarbonat hat ein Paar von Sauerstoffatomen, die an zwei benachbarte Kohlenstoffatome gebunden sind, nur den Abstand 2,55 Å voneinander; derselbe Abstand tritt beim KH_2PO_4 auf. Eine gleich starke Annäherung, 2,36 Å, findet man für die beiden Fluoratome des sauren Fluoridanions, $R[HF_2]$. Diese Abstände sind tatsächlich kleiner als die doppelten Radien der Sauerstoff- und Fluorionen und deuten darauf hin, daß die Atome in irgendeiner Weise gebunden sind. Diese Bindung kann nur so erklärt werden, daß sich ein Wasserstoffatom zwischen den fraglichen Atomen befindet und ihnen beiden koordiniert ist.

Die Koordination des Wasserstoffs bietet ein besonderes Merkmal, da die erste Quantenschale des Wasserstoffatoms durch die Bildung einer Kovalenz besetzt ist; es besteht demnach keine Möglichkeit, daß das Wasserstoffatom mit vier Elektronen gleichzeitig vereinigt wird, um den zweifach koordinierten Zustand einzunehmen. Demzufolge muß man annehmen, daß die *Wasserstoffbindung* einen Mesomeriezustand darstellt (Kapitel 1, S. 23), bei dem man den Wasserstoff als wechselnd an eines der beiden Sauerstoffatome gebunden betrachten muß. So sehen die Grenzstrukturen in den Enolformen der β-Diketone, in denen

[153] SIDGWICK: Electronic Theory of Valency, 1927, S. 194.
[154] Vgl. SIDGWICK: Chem. Soc. annu. Rep. 1933, 112; 1934, 40.

Wasserstoff mit dem Koordinationswert 2 auftritt, z. B. folgendermaßen aus:

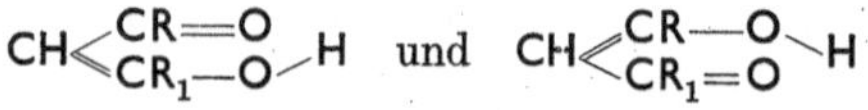

$$CH{<}\begin{matrix}CR{=}O\\CR_1{-}O\end{matrix}{\diagup}H \quad \text{und} \quad CH{<}\begin{matrix}CR{-}O\\CR_1{=}O\end{matrix}{\diagdown}H$$

Die Lage der Atome in den beiden Strukturen sind identisch und erfüllen dabei eine der notwendigen Bedingungen für die Mesomerie. Es steht nicht fest, ob irgendeine Schwingung oder ein Tautomeriegleichgewicht zwischen den beiden Grenzzuständen auftritt, doch entspricht die Verteilung der Elektronendichte einem Zwischenzustand zwischen den beiden Strukturformen.

Die Bildung von Wasserstoffbindungen muß auch für die Assoziation von Wasser und Hydroxyl enthaltenden Flüssigkeiten verantwortlich sein; in diesem Falle stellt eine der Resonanzformen (b) die Bildung eines Oxonium-Ions dar:

$$H{-}O{\diagup}R \quad {}_{H\diagup}O{-}R \qquad\qquad H{-}\overset{+}{O}{<}\begin{matrix}R\\H\end{matrix} \quad \overset{-}{O}{-}R$$

(a) (b)

Es ist klar, daß in dem besonderen Fall des Wassers, in dem $R = H$ ist, die Möglichkeit zur Bildung von Wasserstoffbindungen stark vergrößert wird. Es folgt ebenso, daß die Beweglichkeit des Wasserstoffions, das man stets hydratisiert als Oxonium-Ion, $(H_3O)^+$, findet, sehr groß ist, da das Ion unter vorübergehender Bildung von Wasserstoffbindungen über eine Reihe intermolekularer Zwischenverbindungen wandern kann.

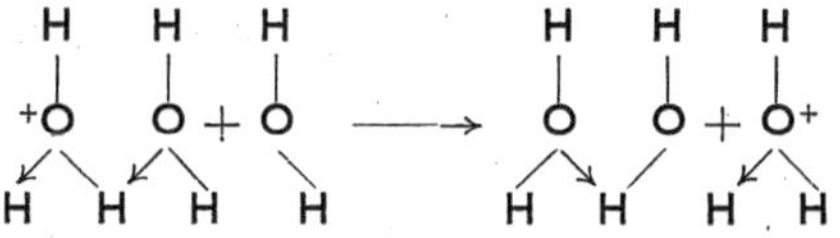

[Formelschema: ^+O $O + O \longrightarrow O$ $O + O^+$ (je mit H-Atomen)]

Das Hydroxylion ist in Wasser ebenso durch eine abnorme Beweglichkeit ausgezeichnet, da es sich an der Bildung entsprechender Zwischenstufen beteiligt.

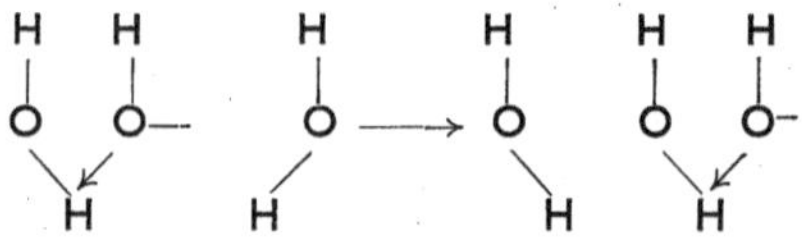

[Formelschema: O O^- $O \longrightarrow O$ O O^- (je mit H-Atomen)]

Diese qualitative Vorstellung über die Rolle des Wasserstoffs in hydroxylhaltigen Flüssigkeiten wurde von BERNAL und FOWLER[155] zu einer sehr interessanten Theorie des Wassers entwickelt; danach soll das Wasser über mikroskopische Bereiche eine geordnete oder pseudokristalline Struktur besitzen, in der einige Zehn oder einige Hundert Moleküle enthalten sind. Aus der Art der Röntgenbrechung an Wasser hatte man geschlossen, daß dieses keine Flüssigkeit mit einer idealen „dichtesten Packung" wäre wie Quecksilber oder Methan, in denen sich die Moleküle wie isotrope Kugeln verhalten. Die gewinkelte Form

[155] BERNAL u. FOWLER: J. chem. Physics 1933, **1**, 515; Trans. Faraday Soc. 1933, **29**, 1049. — Vgl. auch P. A. LEIGHTON u. a.: J. Amer. chem. Soc. 1937, **59**, 1134.

und das Dipolmoment des Wassermoleküls muß eine gegenseitige orientierende Wirkung der Moleküle bedingen, und BERNAL und FOWLER schlossen, daß dies zu einer vierfachen tetraedrischen Koordination[156] um jedes Wassermolekül führen müsse (Abb. 19). Die Wasserstoffatome sind Zentren positiver Ladung, die beiden anderen Ecken enthalten die negative Ladung, so daß die Gruppen von Wassermolekülen durch elektrostatische Anziehungskräfte zusammengehalten werden. Eine derartige tetraedrische Anordnung in unendlicher Wiederholung findet man beim Eiskristall, der mit dem Tridymit isomorph ist; im Tridymit bilden die Silicium- und Sauerstoffatome eine gleichartige Struktur. Man nimmt an, daß sich im Wasser so zusammengesetzte, cybotaktische Gruppen für kurze Zeit bilden.

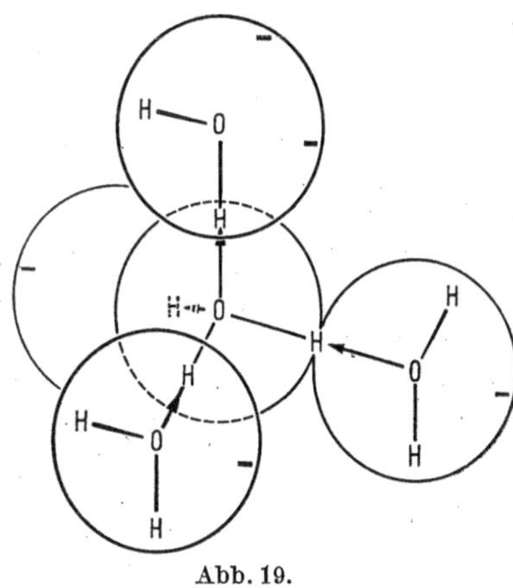

Abb. 19.

Wenn Wasser lediglich eine ungeordnete Form der Eisstruktur wäre, so müßte es notwendigerweise eine geringere Dichte als das Eis besitzen. Da dies nicht der Fall ist, nehmen BERNAL und FOWLER an, daß im Wasser eine ungeordnete Form der dichteren Quarzstruktur vorliegt und erklären die eigentümliche, beim Wasser auftretende Folge von Dichteänderungen durch Übergänge zwischen verschiedenen cybotaktischen Anordnungen:

Wasser I ⟷	Wasser II ⟷	Wasser III
Tridymitstruktur	Quarzartig	Ideal oder ammoniakartig
Leicht, viskos	Schwer, halbviskos	Leicht, nichtviskos
Eis und unterkühltes Wasser	Bei gewöhnlicher Temperatur vorherrschend	Von 100° bis zum kritischen Punkt

Bei BERNAL und FOWLER heißt es wörtlich: „Es besteht fraglos kein Unterschied zwischen den Molekülen von I, II und III. Die Natur des Wassers wird bestimmt durch verschiedene geometrische Anordnungen derselben Moleküle in kleinen Bezirken der Flüssigkeit, die durch die verschiedenen von der Temperatur hervorgerufenen molekularen Geschwindigkeiten zustande kommen.“ Die ältere Vorstellung von einer definierten dimeren oder trimeren Form des Wassers, „Dihydrol“ $(H_2O)_2$ und „Trihydrol“ $(H_2O)_3$, ist somit hinfällig. Die Folgerungen aus dieser Theorie sind ausführlich den Originalarbeiten der genannten Autoren zu entnehmen.

Wasserstoffbindungen, die — wie bei der pseudokristallinen Wasserstruktur — durch Koordination mit einem bereits an Wasserstoff ge-

[156] Die Kristallographen meinen mit der Koordinationszahl nur die Zahl der nächsten Nachbarn, ohne Bezug auf die chemische Vereinigung. In dem hier von BERNAL und FOWLER angewandten Sinne nähert sich die Bedeutung der Koordinationszahl dem üblichen chemischen Gebrauch.

bundenen Sauerstoffatom entstehen, werden nach der Nomenklatur von BERNAL treffender als *Hydroxylbindungen* bezeichnet, da durch das Vorliegen des zweiten Wasserstoffatoms die entstehende Bindung bedeutend schwächer ist als die eigentliche Wasserstoffbindung; demzufolge ist das Wasserstoffatom ungleichmäßig zwischen den beiden Sauerstoffatomen verteilt, an die es gebunden ist.

Hydroxylbindungen in Salzhydraten. Die Tatsache, daß Wassermoleküle aneinander oder an andere Sauerstoffatome durch Hyrdoxylbindungen nur schwach gebunden sind, scheint für die Bestimmung der Konstitution von Hydraten, Hydroxyden und hydroxylhaltigen Verbindungen allgemein von großer Bedeutung zu sein[157]. Ein deutliches Beispiel für die Wirkung der Hydroxylbindungen liegt in dem „anionischen Wasser" vor, das an das SO_4-Ion gebunden ist und oben besprochen wurde.

So sind im Kupfersulfat-Pentahydrat vier Wassermoleküle in ebener Anordnung um das Metallatom koordiniert. Das fünfte ist (in tetraedrischer Anordnung) an zwei von diesen Kationen-Wasser und an zwei der Sulfatsauerstoffatome gebunden, so daß Kation und Anion lose durch die Bildung einer Hydroxylbindung miteinander verknüpft sind. Ein Teil dieser Struktur ist schematisch unten dargestellt:

$$\begin{array}{ccccc}
H_2O & HO\text{—}H & & & \\
\searrow\swarrow & & \nwarrow & & \\
Cu & & & O{<}\begin{matrix}H\leftarrow O\\ H\leftarrow O\end{matrix}{>}S{<}\begin{matrix}O\\ O\end{matrix} & \\
\nearrow\nwarrow & & \swarrow & & \\
H_2O & HO\text{—}H & & &
\end{array}$$

Es ist vielleicht charakteristisch, daß bei dem ersten Schritt der Entwässerung gerade zwei Moleküle Wasser entfernt werden, wahrscheinlich die beiden Kationen-Wasser, welche nicht an das Anionen-Wasser gebunden sind. Es kann auch gezeigt werden, daß die feste Bindung des fünften Wassermoleküls an die Anionengruppe sowohl mit dem physikalischen als auch chemischen Verhalten übereinstimmt. Eine ähnliche Bindung von Wasser an das Anion einer Sauerstoffsäure kann man bei der Hydratation der Oxalate beobachten.

4. Gitterwasser.

In vielen Stoffen ist Kristallwasser enthalten, dessen Vorkommen man nicht durch die Annahme einer direkten Bindung und Zuordnung an einen der Hauptbestandteile des Gitters erklären kann. Zum Beispiel bilden die Edelgase sowie Methan definierte Hydrate vom Typus $R \cdot 6H_2O$, in denen unmöglich eine Bindung vorliegen kann. Hier kann man vielleicht eher annehmen, daß das Edelgas in die Zwischenräume der Eisstruktur eingefügt ist.

Es gibt eine Reihe von Hydraten, bei denen auf jedes Halogenatom ein Molekül Kristallwasser kommt, z. B.

$$[Ni\,en_3](Cl, Br, J)_2 \cdot 2H_2O; \quad [Co\,en_3](Cl, Br)_3 \cdot 3H_2O; \quad [Cr(H_2O)_6]Cl_3 \cdot 3H_2O.$$

[157] Siehe BERNAL u. MEGAW: Proc. Roy. Soc. 1935, A, **151**, 384.

Bei den hydratisierten Salzen des Chromichlorids ist häufig für jedes Chloratom ein Molekül Wasser in dem Komplex enthalten:

$$[Cr(H_2O)_4Cl_2]Cl\cdot 2H_2O;\quad [Cr(H_2O)_4Cl_2][Co(NO_2)_4(NH_3)_2]\cdot 2H_2O;$$
$$[Cr(H_2O)_5Cl]Cl_2\cdot H_2O.$$

Eine Bindung des Wassers an die Halogene ist unwahrscheinlich, und man muß annehmen, daß es als freies Wasser in der Kristallstruktur vorliegt[158]. Dieselben Betrachtungen lassen sich auf die bei vielen Salzen beobachtete ungewöhnlich starke Hydratation anwenden. Es ist überraschend, daß häufig Fälle auftreten, bei denen die Zahl der vorkommenden Wassermoleküle doppelt so groß ist wie die Koordinationszahl des Kations, und daher stellte WERNER die Hypothese auf, daß bereits Doppelmoleküle von Wasser vorgebildet wären. Die Feststellung, daß das Wasser nicht einfach in dimerer Form assoziiert ist, hat die plausiblen Anschauungen von WERNER stark zurückgedrängt. Im Fall der Alaune[159] haben die Untersuchungen der Kristallstruktur unzweideutig ergeben, daß sechs Wassermoleküle um das Aluminium koordiniert sind und daß die übrigen unabhängig und frei vorliegen. Im Kaliumalaun sind beispielsweise diese restlichen sechs Wassermoleküle, die bei der Entwässerung leicht abgegeben werden können, oktaedrisch um die Kaliumatome angeordnet, und zwar in einem solchen Abstand (2,94 Å), daß man nur die allerloseste Form einer bindenden Wirkung annehmen kann. Bis jetzt fehlen noch Einblicke in andere Kristallstrukturen mit einer typischen überstarken Hydratation, es ist aber wahrscheinlich, daß in allen Fällen das überschüssige Wasser an keines der Ionen gebunden ist.

Tabelle 7. Mit Wasserdoppelmolekülen formulierte Salze.

WERNERsche Formulierung	Verbindung
$BePtCl_6\cdot 8\,H_2O$	$[Be(H_4O_2)_4]PtCl_6$
CoS_2O_3, $—PtBr_6$, $—(ClO_3)_2$, sämtlich $+\,12\,H_2O$	$[Co(H_4O_2)_6]X_2$
$MgCl_2$, $—Br_2$, $—PtCl_6$, $—SO_4$, $—(ClO_3)_2$, sämtlich $+\,12\,H_2O$	$[Mg(H_4O_2)_6]X_2$
$Zn(ClO_3)_2$, $—(BrO_3)_2$, $—(AuCl_4)_2$, $+\,12\,H_2O$	$[Zn(H_4O_2)_6]X_2$
$Al_2(SO_4)_3\cdot 19\,H_2O$	$[Al(H_4O_2)_6]_2(SO_4\cdot H_2O)_3 + 4\,H_2O$
$KAl(SO_4)_2\cdot 12\,H_2O$	$[Al(H_4O_2)_6](SO_4)_2K$
$Ce_2(S_2O_6)_3\cdot 24\,H_2O$	$[Ce(H_4O_2)_6]_2(S_2O_6)_3$

Die Art, wie das Wasser dazu dienen kann, die leeren Zwischenräume im Kristallgitter auszufüllen, zeigt sich besonders gut an den Hydraten der Heteropolysäuren — z. B. $H_3[PW_{12}O_{40}]\cdot 29\,H_2O$. Wie im Kapitel 5 erklärt wird, besitzen die Anionen ungefähr Oktaederstruktur und bilden die Bausteine eines kubischen Gitters; sie lassen so zwischen sich ungefähr würfelförmige Zwischenräume, die annähernd ihrer eigenen Größe und Gestalt entsprechen. In diesen Zwischenräumen sind die 29 Wasser-

[158] Derartiges Wasser kann durch Hydroxylbindungen an anderen vorhandenen Wassermolekülen od. dgl. gebunden sein, ohne daß allerdings eine direkte Bindung an das Anion oder Kation vorliegt.

[159] BEEVERS u. LIPSON: Proc. Roy. Soc. 1935, A, 148, 664.

moleküle angeordnet. Auf Grund des Abstandes der Sauerstoffatome voneinander kann man annehmen, daß die Moleküle aneinander und an den Sauerstoff des Anions durch Hydroxylbindungen gebunden sind[160].

5. Zeolithwasser.

Die besprochenen Hydratationstypen haben die gemeinsame Eigenschaft, daß bei der Entfernung des Wassers eine neue feste Phase entsteht, so daß das System [Hydrat + Entwässerungsprodukt + Wasserdampf] somit univariant ist und bei jeder Temperatur einen bestimmten Wasserdampfdruck ausübt. Die isotherme p—x-Kurve und die isobare T—x-Kurve weisen demnach Knickpunkte auf, die den beobachteten Hydraten entsprechen (Abb. 20a). Vom energetischen Gesichtspunkt aus kann

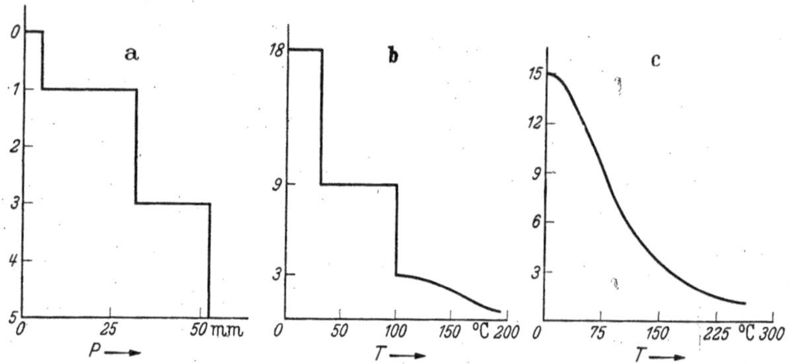

Abb. 20. Univariante und divariante Entwässerungskurven. a Isotheme p—x-Kurve für $CuSO_4$ bei 50°. b Isobare T—x-Kurve für $Cr_2(SO_4)_3 \cdot 18\,H_2O$. Die Entwässerung der ersten 15 H_2O verläuft längs einer univarianten Kurve, die restlichen 3 H_2O sind Zeolithwasser. c Abgabe von Zeolithwasser beim grünen $Cr_2(SO_4)_2 \cdot 15\,H_2O$.

man sagen, daß jede Stufe ihre eigene, definierte Reaktionswärme besitzt, da jeder Entwässerungsreaktion eine Trennung von Valenzkräften oder die Entfernung des Wassers aus ganz bestimmten Gitterpunkten gegen die Wirkung der Kristallkräfte entspricht.

Bei einigen Schichtgitterstrukturen, wie bei den Tonmineralien, den basischen Salzen und Hydroxyden der zweiwertigen Metalle, dem Calciumsulfat-Hemihydrat und bei den offenen zeolithartigen Strukturen bildet sich bei der Entfernung des Wassers keine neue Phase. Das Wasser ist — häufig in ungeordnetem Zustand — zwischen den Schichten oder in den Zwischenräumen der Struktur angeordnet; bei seiner Entfernung bleibt sowohl das Gitter vollständig unverändert, noch ändert sich auch nur der Abstand zwischen den aufeinanderfolgenden Schichten des Gitters. Das System [Hydrat + Entwässerungsprodukt + Wasserdampf] ist also divariant, und der Dissoziationsdruck ist eine fortlaufende, ununterbrochene Funktion der Zusammensetzung (Abb. 20, Kurve c). Die diesen Hydraten zugeschriebenen stöchiometrischen Formeln können nur Grenzverbindungen der hydratisierten Stoffe darstellen.

---

160 BRADLEY u. ILLINGWORTH: Proc. Roy. Soc. 1936, **157**, 113.

Das Wesen der Koordinationsbindung.

In den vorhergehenden Abschnitten wurde der Ausdruck Koordination soweit wie möglich ohne Bezugnahme auf irgendeine spezielle Valenzvorstellung und ohne Unterscheidung zwischen der Wirkung der echten chemischen Valenzen und der ungerichteten elektrostatischen Anziehungskräfte benutzt. Es wurde nur die von BILTZ vorgenommene Einteilung der Salzammoniakate in zwei Gruppen erwähnt, von denen ein typisches Beispiel das Hexammincobaltichlorid einerseits und das Ammoniakat des Kobalt (II)-chlorids andererseits ist. Der deutlichste Unterschied zwischen diesen beiden Gruppen ist folgender: Während die Ammoniakate und die mit ihnen verwandten Verbindungen (die BILTZ als *normale* Komplexe bezeichnet) reversibel in ihre Komponenten dissoziieren, üben Hexammincobaltichlorid und ähnliche Komplexe unterhalb einer bestimmten Temperatur keinen Ammoniakdissoziationsdruck aus; erst oberhalb von dieser Temperatur erfolgt eine vollständige, irreversible Aufspaltung, wobei Ammoniak teilweise zu Stickstoff oxydiert wird.

$$[Co(NH_3)_6]Cl_2 \rightleftharpoons CoCl_2 + 6\,NH_3$$

$$3\,[Co(NH_3)_6]Cl_3 \rightarrow 3\,CoCl_2 + 3\,NH_4Cl + {}^1/_2\,N_2 + 14\,NH_3.$$

Einige Beweispunkte, die auf größenmäßigen, optischen, magnetischen und stereochemischen Überlegungen beruhen, lassen sich zusammenfassen und ergeben dann, daß bei den *Durchdringungskomplexen* der koordinierte Komplex durch echte, gerichtete chemische Valenzen zusammengehalten wird, und es ist vielleicht statthaft, die beiden von BILTZ geforderten Gruppen durch die Wirkung von chemischen bzw. elektrostatischen Bindungskräften zu erklären.

Bevor wir versuchen, diesen Punkt näher zu beweisen, wollen wir vorteilhafterweise diejenigen Faktoren betrachten, die für die Bildung von Komplexverbindungen günstig sind, und dabei besonders die Ionenradien und die Möglichkeit des Übergangs von rein elektrostatischen in rein homöopolare Bindungen berücksichtigen.

Eine Prüfung der Frage, welche Metallionen zur Bildung von Hydraten, Ammoniakaten und beständigen Komplexsalzen fähig sind, zeigt sofort, daß dieses Bestreben bei den Metallen mit kleinen Ionenradien am größten ist. Die Tabelle 8 (S. 152) zeigt, wenn auch nur unvollständig, wie die Ionenradien das Bestreben der Ionen beherrschen, sowohl dissoziierende Hydrate und Ammoniakate, als auch echte Ammine und innere Komplexsalze zu bilden.

Nach der Theorie von FAJANS über die Verzerrung von Ionen ist die Deformation dann am stärksten, wenn kleine Kationen mit hoher Ionenladung auf große, polarisierbare Anionen einwirken. Wie man sieht, begünstigen also kleine Gestalt und hohe Ladung die Komplexbildung, bei der ja, an Stelle der Anionen, polarisierbare Moleküle mit einem Dipol, wie Ammoniak oder Wasser, der Wirkung des positiv geladenen Zentralions ausgesetzt sind. Weiterhin geht im allgemeinen die Festigkeit, mit der die einwertigen negativen Ionen in dem Koordinationskomplex gebunden sind, parallel der Reihenfolge ihrer Polarisierbarkeiten, also $Cl < Br < CN$ und NO_2.

Tabelle 8.

Ion	Ionenradius in Å	Ionenpotential = Ladung/Radius	
Cs^{+}	1,67	0,61	↑ Ionen nicht hydratisiert; keine Bildung von Komplexverbindungen ↓
Rb^{+}	1,48	0,67	
K^{+}	1,33	0,71	
Na^{+}	0,98	1,0	
Ba^{2+}	1,31	1,4	
Hg^{2+}	1,12	1,8	↑ Stets hydratisierte Ionen
Cd^{2+}	1,03	1,9	↑ Leichte Ammoniakatbildung der Ionen
Ca^{2+}	0,98	1,9	
Zn^{2+}	0,83	2,4	
Co^{2+}	0,82	2,4	
Ni^{2+}	0,78	2,5	↑ Leichte Bildung von Amminen und inneren Komplexsalzen ↓
Fe^{3+}	0,67	4,5	
Co^{3+}	0,66	4,5	
Cr^{3+}	0,65	4,6	
Al^{3+}	0,57	5,3	
Pt^{4+}	0,66	6,0	
Be^{2+}	0,39	5,9	

Auf der Grundlage der Fajansschen Theorie kann man daher annehmen, daß im Grenzfall ein Koordinationskomplex durch elektrostatische Kräfte zusammengehalten wird. Wenn die polarisierende Wirkung des zentralen Kations zunimmt, kann ein Zustand erreicht werden, bei dem die wechselseitige Verzerrung so groß ist, daß die elektrostatische in eine Kovalenzbindung übergeht. Wir haben dieses Beispiel an den mehrwertigen Metallen erläutert und finden es besonders beim Kobalt, bei dem die zwei- und dreiwertigen Zustände direkt als Beispiele für die beiden Arten von Komplexbildung dienen können. Man kann erwarten, daß der Übergang von der einen Bindungsart zu der anderen in der chemischen Beständigkeit, dem optischen Verhalten, den interatomaren Abständen und in anderen konstitutionsbedingten Eigenschaften der entstehenden Verbindung zum Ausdruck kommt.

Es muß aber darauf hingewiesen werden, daß die koordinierenden Eigenschaften der Ionen nicht allein durch das Ionenpotential bestimmt werden, durch das man den Verzerrungseffekt von Fajans quantitativ messen kann. Wenn dies nämlich so wäre, dann müßte das Ferriion genau so zur Komplexbildung geeignet sein wie das Cobaltiion, während das Aluminiumion dasjenige unter den dreiwertigen Ionen sein sollte, das am leichtesten Komplexverbindungen eingeht. Ebenso müßte das Cuproion (mit einem Ionenpotential von ungefähr 1,0) eine ebenso geringe Neigung zur Komplexbildung zeigen wie das Natrium. Diese Folgerungen widersprechen dem tatsächlichen chemischen Verhalten. Es ergibt sich also, daß noch ein spezieller Faktor hinzukommen muß, der den Metallen der Übergangsreihe ihre Eigenschaft verleiht, mit neutralen Molekülen oder Anionen über das durch ihr Ionenpotential bedingte Verhältnis hinaus Komplexe zu bilden.

a) Beweise durch Betrachtungen der größenmäßigen Zusammenhänge. Biltz und seine Schule haben gezeigt, daß die Molvolumina fester Verbindungen bei niederen Temperaturen als additive Funktionen behandelt werden können. Das gesamte Molvolumen von $[Co(NH_3)_6]Cl_2$ und von $[Co(NH_3)_6]Cl_3$ ist indessen praktisch gleich, und man kann den Beweis erbringen, daß dies einer Kontraktion (d. h. einem kleineren wahren Molvolumen) des Ammoniaks im Luteocobaltichlorid zuzuschreiben ist. In den substituierten Kobaltamminen ist die Kontraktion geringer, aber doch noch deutlich wahrnehmbar. Die Änderung im Molvolumen des Ammoniaks kann man zu der Abnahme der Beständigkeit, vom Hexammincobaltichlorid zu der Triacido-triamminverbindung in Beziehung setzen.

	Molvolumen von NH_3 cm³		Molvolumen von NH_3 cm³
$[Co(NH_3)_6]Cl_2$	20,0	$[Co(NH_3)_4Cl_2]Cl$	17,8
$[Co(NH_3)_6]Cl_3$	17,0	$[Co(NH_3)_3Cl_3]$	19,2
$[Co(NH_3)_5Cl]Cl_2$	17,2		

Der Grund für die offensichtliche Kontraktion des Ammoniaks in dem Luteocobaltisalz ergibt sich aus den röntgenographisch gemessenen interatomaren Abständen:

$[Co(NH_3)_6]Cl_2$ Co—N = 2,5 Å Radius von Co^{2+} 0,82 Å
$[Co(NH_3)_6]Cl_3$ Co—N = 1,9 Å Radius von Co^{3+} 0,66 Å.

Man sieht, daß eine beträchtliche Verkürzung des Co—N-Abstandes erfolgt ist; diese Kürzung muß zur Bildung einer echten chemischen Bindung zwischen den beiden Atomen führen. Der Co—N-Abstand in dem Hexammincobaltiion ist tatsächlich ungefähr gleich der Summe der Radien der Kovalenzbindungen von Kobalt und Stickstoff.

b) Optische Beweisführung. Aus dem starken Einfluß, den die Koordination auf die Farbe von Salzen ausübt, kann man sofort ersehen, daß die Bindung koordinierter Gruppen die Elektronenbahnen des Zentralatoms verändert. Es ist allgemein bekannt, daß „edelgasähnliche" Ionen farblos sind, d. h. daß sie im sichtbaren Gebiete keine selektive Absorption besitzen; die gefärbten Ionen der Übergangsmetalle verdanken ihre selektive Absorption der Einwirkung auf die unvollständig besetzten *d*-Bahnen. Nach den herrschenden Anschauungen sind gerade diese Bahnen an der Koordination beteiligt, so daß das Auffüllen dieser Bahnen eine Änderung im Absorptionsspektrum bedingen muß. Die Wirkung der beständigen Koordination zeigt sich, wenn man die rote Farbe des $[\text{Ni Phenanthrolin}_3]^{2+}$-Ions oder die scharlachrote des Dimethylglyoximnickels mit der hellgrünen des dissoziierbaren $[Ni(H_2O)_6]^{2+}$- oder $[Ni(NH_3)_6]^{2+}$-Ions vergleicht. Ebenso kann man die rosafarbenen Hydrate und Ammoniakate des zweiwertigen Kobalts mit der gelben Farbe von $[Co(NH_3)_6]^{3+}$ oder $[Co(NO_2)_6]^{3-}$ gegenüberstellen.

Ein zweites optisches Beweisverfahren leitet sich von der Untersuchung des Ramanspektrums her. Bei vielen anorganischen Komplexverbindungen konnte wegen der Eigenfärbung die Ramanuntersuchung nicht durchgeführt werden; aber bei den komplexen Cyaniden $K_3[M(CN)_6]$, bei denen M = Co, Cr oder Rh ist, und bei einigen wenigen Amminen, wie $[Cu(NH_3)_4]X_2$ und $[Zn(NH_3)_6]X_2$, wurden Ramanverschiebungen gefunden, welche den

Schwingungsfrequenzen der Koordinationsbindung zugeordnet werden müssen. Eine derartige Komplexstruktur, wie sie z. B. im Chromicyanidion vorliegt, besitzt natürlich verschiedene normale Schwingungsarten; unter der wahrscheinlichen Annahme, daß die stärkste Ramanlinie derjenigen symmetrischen Schwingung entspricht, bei der alle Atome des Komplexes gleichzeitig nach innen und nach außen schwingen, ist es möglich, die Konstanten für die Bindungsstärken zu berechnen. Wie in Kapitel 3 gezeigt wurde, befinden sich die Konstanten für die Stärke von Einfach-, Doppel- und Dreifachbindungen in angenähert arithmetischer Progression. Die Konstanten für die Kräfte typischer Koordinationsverbindungen sind größenordnungsgemäß gleich denen für Einfachbindungen (Tabelle 9); im allgemeinen sind sie eher etwas kleiner als diese.

Tabelle 9.

Verbindung	Ramanverschiebung cm^{-1}	Konstanten für die Bindungsstärken in Dyn
$K_3[Cr(CN)_6]$ . . .	619	$1{,}23 \cdot 10^{-4}$
$K_4[Ru(CN)_6]$ . . .	381	$0{,}85 \cdot 10^{-4}$
$K_3[Rh(CN)_6]$ . . .	593	$1{,}58 \cdot 10^{-4}$
$K_3[Co(CN)_6]$ . . .	405	$0{,}83 \cdot 10^{-4}$
$Ni(CO)_4$	382	$0{,}78 \cdot 10^{-4}$
$[Cu(NH_3)_4]Cl_2$ . .	410	$0{,}74 \cdot 10^{-4}$
$[Zn(NH_3)_6]Cl_2$ . .	420	$0{,}77 \cdot 10^{-4}$
$[Cd(NH_3)_6]Cl_2$ . .	340	$0{,}58 \cdot 10^{-4}$
Einfachbindung . .	—	1,98—2,7
Doppelbindung . .	—	4,18—4,44

c) Magnetische Beweisführung. Im Kapitel 3 haben wir gesehen, daß die Gegenwart eines unpaarigen Elektrons in einem Atom oder Molekül ein magnetisches Moment hervorrufen und so zum Auftreten von Paramagnetismus führen muß. Es hat sich gezeigt, daß wenigstens für die Metalle der ersten Übergangsreihe das Prinzip der maximalen Multiplizität von Hund gültig ist, so daß man die magnetischen Momente der entsprechenden Ionen aus den resultierenden Elektronenspins berechnen kann. Umgekehrt muß bei der Bildung von Komplexverbindungen jede Änderung des magnetischen Momentes der Ionen mit einer Änderung in der Zahl der einzeln besetzten Elektronenbahnen verbunden sein; es muß also ein Auffüllen der Elektronenbahnen stattgefunden haben.

Wenn man die Suszeptibilitäten der einfachen und der Komplexsalze der Übergangsmetalle vergleicht (Tabelle 10), so ergibt sich die überraschende Tatsache, daß gerade diejenigen Verbindungen des sechsfach koordinierten, dreiwertigen Kobalts und zweiwertigen Eisens und die des vierfach koordinierten Nickels diamagnetisch sind, die man auf Grund ihrer chemischen Eigenschaften in die Gruppe der Durchdringungskomplexe einreihen kann. In diesen Verbindungen haben die zunächst nach dem Prinzip von Hund auf die $3d$-Bahnen verteilten Elektronen eine vollständig paarige Anordnung erreicht, und man kann nur den Schluß ziehen, daß die verfügbar gewordenen Bahnen für die direkte kovalente Bindung der koordinierten Gruppen oder Ionen benutzt werden. Somit wird eine scharfe Unterscheidungslinie zwischen diesen Verbindungen und den in chemischer Hinsicht weniger beständigen „normalen" Komplexsalzen gezogen, bei denen der gesamte Paramagnetismus des Zentralions unverändert erhalten ist. Hierbei können nur ganz geringe Wechselwirkungen zwischen dem Elektronensystem des Zentralatoms und dem der gebundenen Gruppen stattfinden; die Bindungskräfte besitzen demnach einen vorwiegend oder vollständig elektrostatischen Charakter.

Tabelle 10.

Verbindung	μ_A, BOHRsche Magnetonen	Verbindung	μ_A, BOHRsche Magnetonen
$FeCl_2$	5,23	$[Co(N_2H_4)_2]Cl_2$	4,93
$[Fe(NH_3)_6]Cl_2$	5,25	$[Co(NH_3)_6]Cl_3$	diamagnetisch
$[Fe\text{-}Dipyridyl_3)Cl_2$	diamagnetisch	$[Co(NH_3)_4CO_3]Cl$	diamagnetisch
$Fe_2(SO_4)_3$	5,86	$Co_2(CO)_8$	diamagnetisch
$K_3[Fe(CN)_6]$	etwa 2	$NiCl_2$	3,42
$K_4[Fe(CN)_6]$	diamagnetisch	Ni-Dimethylglyoxim	diamagnetisch
$Fe(CO)_5$	diamagnetisch	$Ni(CO)_4$	diamagnetisch
$CoCl_2$	5,04		

Die Anschauung, daß die Koordination eine elektrostatische Erscheinung ist, läßt sich wahrscheinlich auf alle hydratisierten Kationen (möglicherweise mit Ausnahme des Hexaquochromi- und -cobalti-Ions, $[Cr(H_2O)_6]^{3+}$ und $[Co(H_2O)_6]^{3+}$) anwenden, wie es sich aus den schönen und erfolgreichen Versuchen von MAGNUS[161], GARRICK[162] u. a.[163] ergeben hat, welche die Hydratationswärmen und die beständigen Koordinationszahlen auf rein physikalischer Grundlage berechnet haben. Selbst bei den Hydraten und losen Ammoniakaten stellt jedoch die rein elektrostatische Bindung anscheinend einen Grenztypus dar, und es ist wahrscheinlich, daß die Koordinationsbindung in vielen Fällen eine Bindung „gebrochener Ordnung“ ist und eine Zwischenstellung zwischen einer rein physikalischen und einer echten chemischen Bindung einnimmt.

d) Stereochemische Beweisführung. Die Stereochemie der Koordinationsverbindungen erfordert zweifellos die Annahme, daß diese durch die Wirkung gerichteter Valenzkräfte gebildet werden. Die Wirkung elektrostatischer Kräfte ist notwendigerweise ungerichtet, so daß die Konfiguration, die durch eine Anhäufung derartig zusammengehaltener Teilchen gebildet wird — z. B. eines hydratisierten Metallions — durch die Symmetrie beherrscht und nur durch die gegenseitige Abstoßung der gebundenen Ionen oder Dipole hervorgerufen wird. Je nach dem, ob vier oder sechs Gruppen um das Zentralatom angeordnet sind, wird daher eine tetraedrische oder oktaedrische Konfiguration entstehen. Es hat sich jedoch gezeigt, daß solche Atome, deren Koordinationsverbindungen am beständigsten mit der Koordinationszahl 4 sind, keine tetraedrische, sondern eine ebene Anordnung besitzen; in dieser Tatsache kommt die Wirkung gerichteter Valenzkräfte zum Ausdruck.

Ein weiterer zwingender Beweis ergibt sich aus der Beständigkeit der Stereoisomeren. In einigen Fällen kennt man das Auftreten stereoisomerer Zwischenverbindungen beim Ablauf chemischer Reaktionen; im allgemeinen aber bilden die cis- und trans-Reihe von sowohl sechsfach als auch vierfach koordinierten Verbindungen beständige und vollkommen verschiedene Formen. Weiterhin zeigen die optisch-aktiven

[161] MAGNUS: Z. anorg. allg. Chem. 1922, **124**, 289.
[162] GARRICK: Philos. Mag. J. Sci. 1930, [VII], **9**, 131.
[163] Vgl. BERNAL u. FOWLER: Trans. Faraday Soc. **1933**, **29**, 1049.

Komplexsalze in vielen Fällen wenig oder gar keine Neigung, sich von selbst zu racemisieren, was man aber, besonders bei Verbindungen mit einer vierfach-ebenen Koordination, erwarten sollte; somit ergibt sich ein weiterer Anhalt dafür, daß die Koordinationsbindung richtende Eigenschaften besitzt.

WERNER war der Ansicht, daß man innerhalb der Koordinationskomplexe keinen Unterschied zwischen der Wirkung der Hauptvalenzkräfte und der Koordinationsvalenzen machen sollte. Diese Anschauung, welche der logische Schluß der in den vorhergehenden Abschnitten zusammengefaßten Beweise ist, wird durch das Auftreten nichtspaltbarer meso- oder innerlich kompensierter Formen mehrkerniger Komplexsalze, wie $\left[en_2Co\begin{matrix}\diagup NH_2 \searrow \\ \diagdown NO_2 \nearrow\end{matrix}Co\,en_2\right]Br_4$, gestützt. Wenn irgendein Unterschied zwischen den beiden Valenzen bestünde, welche jede Brückengruppe an die beiden Metallatome bindet, so würden sich die beiden Hälften des Moleküls nicht genau wie Bild und Spiegelbild verhalten und demnach könnten keine meso-Formen auftreten. Die Beobachtung aber, daß tatsächlich eine meso-Form vorkommt, beweist die Gleichwertigkeit der beiden Valenzen.

Theorien über die Koordinationsbindung.

Die ersten Versuche, die Koordination im Rahmen der Elektronentheorie der. Valenz zu deuten, unternahm SIDGWICK[164]. Alle Moleküle oder Ionen, die von Metallatomen koordiniert werden können, zeigen das gemeinsame und charakteristische Merkmal, daß sie mindestens ein „einzelnes Paar" von Elektronen besitzen; eine Betrachtung der mehrkernigen Komplexverbindungen zeigt, daß die Zahl der Koordinationsbindungen, die von irgendeiner koordinierten Gruppe gebildet werden kann, niemals größer ist als die Zahl der vorhandenen „einzelnen Paare"[165]. SIDGWICK stellte danach die Hypothese auf, daß die Koordinationsbindung ein spezieller Fall der semipolaren Bindungsart wäre, bei der die koordinierten Gruppen als Donator und das Zentralatom als Akzeptor dienen:

$$\begin{matrix} & H & \\ & \cdot\cdot & \\ H: & N & : \\ & \cdot\cdot & \\ & H & \end{matrix} + M \rightarrow \begin{matrix} & H & \\ & \cdot\cdot & \\ H: & N & :M. \\ & \cdot\cdot & \\ & H & \end{matrix}$$

Die Anwendung dieser Theorie erwies sich als fruchtbar. Es ergab sich, daß die Bildung der beständigen Komplexverbindungen in einigen Fällen dem Erfordernis entsprach, daß das Zentralatom dieselbe „effektive Atomnummer" einnahm wie das zunächst stehende Edelgas, wobei sich eine plausible formale Erklärung der Beständigkeit und der Eigenschaften derartiger Verbindungen ergab. So sind in den Ionen des Hexammincobaltichlorids und anderer Kobaltammine und in dem Ferrocyanidion enthalten:

$[Co(NH_3)_6]^{3+}$		$[Fe(CN)_6]^{4-}$	
Co^{3+}	24 Elektronen	Fe^{2+}	24 Elektronen
$6\,NH_3$ liefern	12 Elektronen	$6\,CN^-$ liefern	12 Elektronen
Insgesamt: Effektive Atomnummer. . . .	36	Insgesamt: Effektive Atomnummer	36

[164] SIDGWICK: Electronic Theory of Valency, S. 109ff., 163ff., 204ff.

[165] Anmerkung des Übersetzers: „Lone-pair", vgl. Anmerkung 8, S. 16.

Weiterhin kann, wie in Kapitel 12 besprochen wird, die Systematik der interessanten Gruppe von Metallcarbonylen auf dieser Grundlage erklärt werden, daß nämlich die Bildung der „Edelgaskonfiguration" den Verbindungen ihre Beständigkeit verleiht. Es ist besonders überraschend, daß die Verbindungen, bei denen diese Bedingung erfüllt ist, ausnahmslos diamagnetisch sind.

Daß das Erreichen dieser Konfiguration nicht das beherrschende Moment ist, ergibt sich indessen aus der Tatsache, daß bei den gleich beständigen, vierfach koordinierten Verbindungen des Nickels, Platins und Golds die effektive Atomnummer um zwei kleiner ist als die des nächsten Edelgases [Kr = 36, Nt = 86]:

$K_2Ni(CN)_4$	
Ni^{2+}	26 Elektronen
4 CN^- liefern	8 Elektronen
Insgesamt: Effektive Atomnummer . . .	34

$Pt(NH_3)_2Cl_2$	
Pt^{2+}	76 Elektronen
2 NH_3 liefern	4 Elektronen
2 Cl^- liefern	4 Elektronen
Insgesamt: Effektive Atomnummer . . .	84

$KAuBr_4$	
Au^{3+}	76 Elektronen
4 Br^- liefern	8 Elektronen
Insgesamt: Effektive Atomnummer . . .	84

Diese Verbindungen sind ebenfalls diamagnetisch. SIDGWICK und BOSE versuchten schon frühzeitig, den Paramagnetismus der komplexen Ionen mit dem Unterschied zwischen der effektiven Atomnummer der Metallatome (die wie in den obigen Beispielen berechnet wurden) und der Atomnummer des Edelgases in Beziehung zu bringen, indem sie diesen Unterschied als gleich der Zahl der unpaarigen Elektronen ansahen. Die Regel von SIDGWICK und BOSE, die den gleichen Wert wie das Prinzip der größtmöglichen Multiplizität von HUND besitzt, gibt richtige Ergebnisse für die Komplexsalze des Kupfers, Chroms und sechsfach koordinierten Nickels; man muß aber ad hoc geschaffene Hypothesen einführen, um den Diamagnetismus der gerade besprochenen, vierfach koordinierten Verbindungen mit ebener Anordnung zu erklären. Die erfolgreiche Anwendung der Regel mögen die folgenden Beispiele erläutern:

$[Cu(NH_3)_4]^{2+}$	
Cu^{2+}	27 Elektronen
4 NH_3 liefern	8 Elektronen
Insgesamt: Effektive Atomnummer . . .	35
36 — effektive Atomnummer . . . . . . =	1 unpaariges Elektron
μ_A berechnet	1,73 BOHRsche Magnetonen
μ_A gefunden	1,82 BOHRsche Magnetonen

[Ni-Dipyridil$_3$]$^{2+}$	
Ni^{2+}	26 Elektronen
3 Dipyridyl	12 Elektronen
Insgesamt: Effektive Atomnummer . . .	38
Effektive Atomnummer — 36	2 unpaarige Elektronen
μ_A berechnet	2,83 BOHRsche Magnetonen
μ_A gefunden	etwa 2,8 BOHRsche Magnetonen

Die Voraussetzung für die Beständigkeit und den Diamagnetismus von Komplexverbindungen besteht zwar in der Ausbildung einer geschlossenen Elektronenschale; das Erreichen einer Edelgaszahl als solches kann jedoch nicht das wesentliche Kriterium bilden. Dies ergibt sich auch aus der Gleichwertigkeit der Koordinationsbindungen; z. B. sind für den Aufbau des Co^{3+}-Ions zu einem kryptonähnlichen Atom nicht die Bahnen für die zwölf vollständig äquivalenten Elektronen vorhanden.

Zwei andere Einwendungen sind gegen die oben ausgeführte Theorie der einfachen Elektronenpaarbindung erhoben worden.

a) Die Theorie bedingt eine unwahrscheinliche Anhäufung von negativer Ladung auf dem Zentralatom. So beträgt in dem $[Co(NH_3)_6]^{3+}$-Ion die absolute Ladung des Kobaltatoms $+3-6=-3$ Einheiten, während jedes NH_3 eine Ladung von $+1$ besitzt. Im $[Co(NO_2)_6]^{3-}$-Anion trägt das Kobalt wieder eine negative Ladung von -3 Einheiten, während die NO_2-Reste ungeladen sind. Eine derartige Verteilung ist außerordentlich unwahrscheinlich.

b) Das „einzelne Paar" von Elektronen, welches im Wasser, Ammoniak und in anderen neutralen, koordinierten Gruppen vorliegt, und das sich für die Bildung von Koordinationsbindungen als verantwortlich erwies, ist das $2s^2$-Paar. Ein vollständiges Unterniveau wie dieses besitzt keine bindenden Eigenschaften und könnte die angenommene Bindung nicht bilden[166]. Zur Anregung eines Elektrons des s^2-Paares würde indessen eine beträchtliche Energie erforderlich sein, so daß man diese Möglichkeit nicht als den ersten Schritt zum Zustandekommen einer Koordinationsbildung annehmen kann.

Die Antwort auf den zweiten Einwurf kann man aus einer Betrachtung des einfachsten Falles der Koordination, nämlich der Bildung des Ammoniumions, entnehmen:

$$\begin{array}{c} H \\ H + :N:H \\ H \end{array} \longrightarrow \begin{array}{c} H \\ H:N:H \\ H \end{array}$$

Das gebildete Ammoniumion hat die gleiche Zahl von Elektronen wie das Methan und besitzt zweifellos dieselbe Struktur. Die Wasserstoffatome sind vollkommen gleichwertig, und jeder Unterschied zwischen den ursprünglichen *s*- und *p*-Elektronen des Stickstoff- bzw. Kohlenstoffatoms ist verschwunden. Jede Bahn nimmt an den ursprünglich vorhandenen *s*- und den drei *p*-Bahnen teil, so daß vier $[sp^3]$-Zwitterbahnen gebildet werden. Auf diese paßt gerade ein Elektronenpaar, das einem Wasserstoffatom gemeinsam ist, so daß vier vollkommen gleichwertige Bindungen entstehen. Diese Anschauung, die man für den Fall des Methans allgemein annimmt, muß auch für das Ammonium gültig sein; es besteht nur der Unterschied, daß die Koordination des Ammoniaks an ein Metallion statt an ein Wasserstoffion prinzipiell in vollkommen gleicher Weise verläuft. Hier handelt es sich ebenfalls nicht um die direkte Abgabe des $2s^2$-Elektronenpaares, sondern vielmehr um die Neugestaltung der Bahnen des Stickstoffatoms und die Bildung von $[sp^3]$-Zwitterbindungen. Auf Grund der verschiedenen Elektronenaffini-

[166] Hunter u. Samuel: J. chem. Soc. 1934, 1180; Chem. and Ind. 1935, 635.

täten des Metallions und des Wasserstoffs sind diese Bindungen nicht mehr gleichwertig. Bei Ionen von großer Elektronenaffinität — z. B. bei schweren Ionen mit höherer Wertigkeit, wie Pt^{4+} — kann die Stärke der Metall-Stickstoffbindung die Festigkeit der Wasserstoff-Stickstoffbindungen so stark überwiegen, daß die Dissoziation in Metallamid und Wasserstoffion (*a*) leichter erfolgt als die Dissoziation in Metallion und Ammoniak (*b*).

$$(M{-}NH_3)^+ \rightleftharpoons (MNH_2) + H^+ \quad \text{(a)}$$

$$(M{-}NH_3)^+ \rightleftharpoons M^+ + NH_3 \quad \text{(b)}$$

Um dem ersten Einwand zu begegnen, entwickelte SUGDEN eine „Einzelbindungs“-Theorie der Koordination[167], nach der die koordinierten Gruppen ein Elektron an das Zentralatom abgeben. Nach diesem Schema wäre das Kobaltatom im $[Co(NH_3)_6]^{3+}$ und im $[Co(NO_2)_6]^{3-}$ elektrisch neutral, während die NH_3- und NO_2-Gruppen jeweils Ladungen von $+\frac{1}{2}$ bzw. $-\frac{1}{2}$ Einheit tragen:

$$\begin{array}{ccc} {}^{+\frac{1}{2}}NH_3 & & NH_3{}^{+\frac{1}{2}} \\ & \cdot\ \cdot & \\ {}^{+\frac{1}{2}}NH_3 \cdot & Co & \cdot NH_3{}^{+\frac{1}{2}} \\ & \cdot\ \cdot & \\ {}^{+\frac{1}{2}}NH_3 & & NH_3{}^{+\frac{1}{2}} \end{array} \qquad \begin{array}{ccc} {}^{-\frac{1}{2}}NO_2 & & NO_2{}^{-\frac{1}{2}} \\ & \cdot\ \cdot & \\ {}^{-\frac{1}{2}}NO_2 \cdot & Co & \cdot NO_2{}^{-\frac{1}{2}} \\ & \cdot\ \cdot & \\ {}^{-\frac{1}{2}}NO_2 & & NO^{-\frac{1}{2}} \end{array}$$

Die Darstellung der Koordinationsbindung als Einzelelektronenbindung läßt die Möglichkeit zu vielen Einwendungen bestehen. So müßte das das s^2-Einzelpaar von Elektronen gespalten werden, was energetisch nicht möglich ist, während die Anordnung der ungeradzahligen Elektronen in den Bahnen des gebundenen Atoms vernachlässigt wird. Die Wirkungen des Zentralatoms und der gebundenen Gruppen in den Koordinationsverbindungen sind einander reziprok: Man kann ebensogut annehmen, daß das Kobaltatom im Hexammincobaltichlorid die vierfache Koordinationsschale jedes Stickstoffatoms vervollständigt, wie man auch das Kobalt als Zentralatom des Komplexes ansehen kann. Eine Elektronenpaartheorie der Koordination, die dies berücksichtigt, ist deshalb zweifellos wahrscheinlicher als die Einzelbindungstheorie. Weiterhin ist gerade das Auftreten von Einzelbindungen, welche wahrscheinlich eine geringe Bindungsenergie besitzen müßten, zweifelhaft, und die fraglichen unpaarigen Elektronen müssen notwendigerweise zur Entstehung von Paramagnetismus führen. Wenn andererseits die Koordinationsbindung eine Zwischenstellung zwischen einer echten Elektronenpaarbindung und dem Zustand einer elektrostatischen Anziehung vorstellt, so müßte sich der Wert jeder Bindung auf den statistischen Betrag der Verteilung eines einzelnen Elektrons zwischen Zentralatom und gebundener Gruppe belaufen. Die Konstanten für die Bindungsstärken, die man aus dem Ramaneffekt berechnen kann, liegen dann, wie zu erwarten ist, in der Größe von einer halben Bindungsstärke einer typischen Einzelbindung. Auf diese Weise kann man die Anomalie der Ladungsverteilung in komplexen Ionen erklären.

[167] SUGDEN: The Parachor and Valency, 1930, S. 138ff.

PAULING hat aus quantenmechanischen Überlegungen eine Theorie der Komplexverbindungen der Übergangsmetalle aufgestellt, welche zur Entwicklung der SIDGWICKschen Elektronenpaarbindungstheorie führte[168]. Bei den schwereren Atomen findet, wie wir in Kapitel 2 gesehen haben, ein gewisses Überschneiden der Energieniveaus zwischen den verschiedenen Hauptquantengruppen statt. In der ersten Übergangsreihe werden z. B. die $4s^2$-Bahnen gefüllt, bevor eine der $3d$-Schalen begonnen wird, und die wechselnde Wertigkeit der Übergangsmetalle zeigt, daß sich die $3d$- und $4s$-Niveaus in ihrer Energie nur wenig voneinander unterscheiden können. Wenn ein derartiger Zustand besteht, kann nach der Ansicht von PAULING die normale Quantelung aufhören, und es können neue Zwitterbahnen gebildet werden. Es ist möglich, auf diese Weise vier oder sechs gleichwertige Bahnen zu erhalten, je nach der Zahl der unbesetzten Bahnen, die für die Zwitterbildung verfügbar sind.

Die HUNDsche Regel der maximalen Multiplizität, die besagt, daß zunächst möglichst viele Bahnen einzel besetzt werden, ehe eine paarige Anordnung der Elektronen erfolgt, gilt wenigstens für die erste Übergangsreihe. Der auffallende Wechsel von Paramagnetismus zu Diamagnetismus bei der Bildung von Komplexionen läßt erkennen, daß eine neue Verteilung der Elektronen stattfindet und eine vollständige paarige Anordnung erfolgt. Auf diese Weise werden einige Bahnen leer und zur Zwitterbildung verfügbar.

PAULING fand, daß, wenn sechs Bindungsfunktionen — zwei d-, eine s- und drei p-Bindungsfunktionen — verfügbar sind, sechs neue, einander äquivalente Bahnen gebildet werden können, die nach den Ecken eines regelmäßigen Oktaeders gerichtet sind. Bei vier Bindungsfunktionen können zwei bestimmte Konfigurationen entstehen, was von den symmetrischen Eigenschaften der entsprechenden Bahnen abhängt. Von drei d- und einer s-Bahn oder von drei p- und einer s-Bahn können vier gleichwertige Bindungen mit tetraedrischer Anordnung erfolgen. Wenn indessen eine d-Bahn verfügbar ist, so kann sie mit einer s- und zwei p-Bahnen vereinigt werden und vier neue Bindungen ergeben, die in einer Ebene liegen und nach den Ecken eines Quadrates gerichtet sind. Jede dieser so gebildeten neuen Bahnen kann zwei Elektronen aufnehmen, die man — im Rahmen der Theorie von SIDGWICK — dadurch erhalten kann, daß sie entweder einem negativen Ion, wie CN^-, oder einem „Einzelpaar" eines neutralen Moleküls, wie Ammoniak, gemeinsam sind. Es ist besonders zu erwähnen, daß jede dieser Reihe von Zwitterbahnen eine geschlossene Konfiguration darstellt und daß die Schalen unterhalb der komplexbildenden Zwitterbahnen sämtlich vollständig aufgefüllt sind, so daß der entstehende Komplex notwendigerweise diamagnetisch ist. Auf diese Weise konnte PAULING den Diamagnetismus von vierfach koordiniertem Nickel vorhersagen.

Die Anwendung dieser Theorie erklärt die experimentellen Tatsachen durchaus befriedigend, wie man aus der Abb. 21 entnehmen kann. Wenn in dem Ferroion die Elektronen in den drei niedrigsten d-Niveaus vollständig paarig angeordnet sind, so werden zwei d-Bahnen für die

[168] SIDGWICK: J. Amer. chem. Soc. 1931, **53**, 1367, 3225.

Vereinigung mit den $4s$- und $4p$-Bahnen verfügbar. Dann können sechs neue, oktaedrisch angeordnete Bindungen gebildet werden und, wie man sieht, zu einer vollständig geschlossenen Konfiguration führen. Damit ist das $[Fe(CN)_6]^{4-}$-Ion diamagnetisch. Das Ferriion hat anfangs ein Elektron weniger, so daß das durch denselben Vorgang entstehende Komplexion paramagnetisch ist, wobei $\mu_A = 1{,}73$ BOHRsche Magnetonen betragen sollte; der experimentelle Wert für $K_3[Fe(CN)_6]$ beträgt ungefähr zwei BOHRsche Magnetonen und läßt erkennen, daß das Bahnmoment einen kleinen Einfluß ausübt.

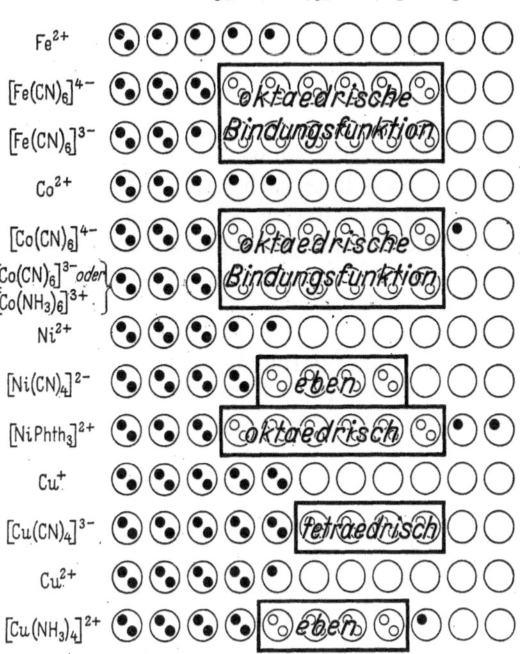

Abb. 21.

Ganz analog wie beim zweiwertigen Eisen liegen die Verhältnisse bei den Verbindungen des dreiwertigen Kobalts; besonders interessant ist aber das zweiwertige Kobalt; wenn hier zwei d-Bahnen verfügbar werden sollen, dann muß ein Elektron auf ein höheres ($5s$-) Niveau befördert werden. Man kann daher erwarten, daß dieses Elektron leicht ionisiert werden kann, d. h., daß sich die echten Komplexverbindungen des zweiwertigen Kobalts leicht zum dreiwertigen Zustand oxydieren lassen. Dies wird durch die stark reduzierenden Eigenschaften des $K_4[Co(CN_6)]$ und durch die große Änderung des Oxydations-Reduktionspotentials des Kobalts in ammoniakalischen Lösungen bestätigt. Diese Annahme, daß erst Elektronen befördert werden müssen, damit Bahnen für die Bindung verfügbar werden, ist in gewisser Hinsicht ein Nachteil der Theorie, da man ebenso erwarten sollte, daß Nickel in seinen sechsfach koordinierten Komplexen leicht zum vierwertigen Zustand oxydiert werden könnte. Dies ist natürlich nicht der Fall, wenn auch der Paramagnetismus von $[Ni\ Dipyridyl_3]Cl_2$ erkennen läßt, daß die beiden vorhergesagten unpaarigen Elektronen vorhanden sind. Beim Platin, wo dasselbe Auffüllen der $5d$-, $6s$- und $6p$-Bahnen stattfindet, tritt eine sechsfache Koordination der Platin (II)-Verbindungen selten auf; sie ist gewöhnlich mit der erwarteten Oxydation zur Vierwertigkeit verbunden.

Es läßt sich zeigen, daß im Falle der vierfach koordinierten Verbindungen durch paarige Anordnung der d-Niveaus des Ni^{2+} eine d-Bahn für die Bildung eines diamagnetischen Komplexes mit ebener Anordnung verfügbar wird. Beim Cu^{2+} kann dieselbe Anordnung durch Beförderung eines Elektrons erfolgen (obgleich dreiwertiges Kupfer unbekannt ist — vergleiche den vorhergehenden Abschnitt — wird dreiwertiges Gold nur in vierfach koordinierten, ebenen Komplexen gefunden, worauf GIBSON hingewissen hat). Der ebene Cuprikomplex hat noch ein unpaariges Elektron und ist somit paramagnetisch.

Bei dem Cuproion, Cu^+, und dem Zinkion, Zn^{2+}, die beide die gleiche Zahl von Elektronen besitzen, sind die $3d$-Niveaus aufgefüllt. Es kann demnach eine Zwitterbildung nur mit den $4s$- und den $4p$-Bahnen erfolgen, wobei diamagnetische, vierfach koordinierte Komplexe mit tetraedrischer Anordnung entstehen müssen. Da weiterhin das neutrale Nickelatom (im $3d^{10}$-Zustand) dieselbe Zahl von Elektronen wie Cu^+ und Zn^{2+} besitzt, so sollte Nickeltetracarbonyl, $Ni(CO)_4$, dieselbe Elektronenzahl wie das $[Zn(CN)_4]^{-2}$-Ion haben. Seine Struktur sollte daher tetraedrisch sein, was sich auch tatsächlich als zutreffend erwiesen hat.

In dem Cr^{6+}-Ion endlich ist das $3d$-Niveau vollkommen unbesetzt. Bei der Bildung von Bindungen kommen als niedrigste Bahnen für die Zwitterbildung die $3d$- und $4s$-Niveaus in Frage, so daß eine $[sd^3]$-Zwitterbildung stattfindet; Derivate des sechswertigen Chroms wie das Chromation CrO_4^{2-} besitzen demnach eine tetraedrische Konfiguration.

Die Beziehung zwischen den bindenden Elektronen in Koordinationsverbindungen und der Quantelung des Zentralatoms kann man also in einer Weise formulieren, die mit der quantenmechanischen Theorie der Valenz in Einklang steht, wenn auch, wie angedeutet wurde, die Theorie noch nicht in allen Punkten abgeschlossen ist. Der wahre Wert der Vorstellung über die Komplexbildung, wie sie WERNER auffaßt, liegt aber vor allem darin, daß sie ein vereinheitlichendes Prinzip durch das ganze große Gebiet der anorganischen Chemie bildet, gänzlich unabhängig von der Gültigkeit oder Ungültigkeit der herrschenden Anschauungen über den Mechanismus der chemischen Verbindungsbildung.

Fünftes Kapitel.

Polysäuren und Silikate.

Einführung.

In dem vorhergehenden Kapitel wurde gezeigt, daß sich die Sauerstoffsäuren bis zu einem gewissen Grade in drei Gruppen einteilen lassen:

a) Die Sauerstoffsäuren der leichteren Nichtmetalle, z. B. HNO_3, H_2SO_4. Der Aufbau dieser Säuren wird vorwiegend durch die Wertigkeit des Zentralatoms bedingt; es besteht wenig Neigung zur Bildung von wahren Orthosäuren oder Salzen.

b) Die Sauerstoffsäuren, welche sich von den schwächer elektronegativen und amphoteren Elementen ableiten, sind in ihrer Konstitution durch die Koordinationszahl ihrer Zentralatome bestimmt. Daher sind — entsprechend der Koordinationszahl 6 für Zinn, Antimon, Jod, Platin und Tellur — die Sauerstoffsäuren dieser

Elemente durch die Formulierungen $[Sn(OH)_6]H_2$, $[SbO_6]H_7$, $[TeO_6]H_6$, $[IO_6]H_5$, $[Pt(OH)_6]H_2$ richtig wiedergegeben. Im Fall der Antimon-, Tellur- und Perjodsäure kann die Basizität der Säure verschieden sein und von der Natur und dem Volumen des betreffenden Kations abhängen. Auf diese Weise können die amphoteren Metallhydroxyde und Amide in ihrer Säurefunktion als Hydroxo- oder Amidokomplexe betrachtet werden, die Zinkate z. B. als $X_2[Zn(OH)_4]$.

c) *Die schwachen Säuren der amphoteren Metalle der 5. und 6. Nebengruppe des Periodischen Systems* sind dadurch gekennzeichnet, daß sie leicht kondensieren und Anionen bilden, die verschiedene Moleküle des Säureanhydrids enthalten. So werden im Falle des Molybdäns die Molybdate in alkalischer Lösung durch die Formel R_2MoO_4 dargestellt, während in sauren Lösungen kompliziertere Anionen gebildet werden; in der älteren Literatur wurde die Darstellung von Salzen des Typs $R_2O \cdot nMoO_3 \cdot aq$ beschrieben, in welchen — abhängig vom Säuregrad und der Konzentration der Lösung — $n = 1$, 2, 2,4, 3, 4, 8, 10 und 16 ist.

Derartig kondensierte Säuren, die nur eine einzige Art von Säureanhydrid enthalten, werden als *Isopolysäuren* bezeichnet. Dieselben Säureanhydride besitzen die Fähigkeit, mit anderen Säuren — z. B. mit Phosphor- oder Kieselsäure — zusammenzutreten und *Heteropolysäuren* zu bilden. Kieselsäure selbst zeigt zwar das Bestreben, feste Silikate zu bilden, die sich von höher kondensierten Anionen ableiten; diese hochmolekularen Formen können aber nicht unter die Isopolysäuren eingereiht, sondern müssen in eine Klasse für sich gestellt werden, da — wie in den späteren Abschnitten gezeigt wird — der Struktur der Silikate ein vollständig anderer Plan gegenüber dem Aufbau der Iso- und Heteropolysäuren zugrunde liegt.

Die Polysäuren.

Die Theorie von MIOLATI-ROSENHEIM.

Geschichtlich hat sich die Erklärung und Klassifizierung der Isopolysäuren nach der Theorie über die Heteropolysäuren entwickelt und sich auf dieser aufgebaut. Es ist daher vorteilhaft, diese Verbindungen zunächst zu besprechen und die Isopolysäuren im Lichte der neueren Arbeiten zu behandeln.

Die Heteropolysäuren werden durch die Vereinigung einer wechselnden Zahl von Säureanhydridmolekülen — am häufigsten WO_3, MoO_3 oder V_2O_5 — mit einer zweiten Säure gebildet, die nach der neueren Anschauung als Bildner des Zentralatoms oder Zentralions des ganzen komplexen Anions betrachtet werden muß. Die Fähigkeit, das Zentralatom von Polysäuren zu bilden, ist, wie in Tabelle 1 gezeigt wird, unter den Metalloiden und amphoteren Elementen weit verbreitet und selbst bei echten Metallen zu finden.

Die Salze der Polysäuren werden im allgemeinen aus den bis zu einer geeigneten Wasserstoffionenkonzentration angesäuerten Lösungen der Komponenten erhalten. Die weniger beständigen Polysäuren können durch Wasser zersetzt werden; alle Polysäuren werden durch Hydroxylionen fortschreitend abgebaut und durch starke Alkalien vollständig zerstört.

Tabelle 1. Elemente, die als Zentralatom bei der Polysäurebildung fungieren können.

Gruppe	Element
I	H, Cu
II	Be
III	B, Al
IV	C, Si, Ge, Sn, Ti, Zr, Ce, Th
V	M, P, As, Sb, V, Nb, Ta
VI	Cr, Mo, W, U, S, Se, Te
VII	Mn, J
VIII	Fe, Co, Ni, Rh, Os, Ir, Pt

Wechselnde Zahlen von WO_3-, MoO_3- oder V_2O_5-Molekülen können sich mit der Stammsäure verbinden, z. B. 8,5, 9, 10,5, 11 und 12 WO_3 mit einem PO_4^{3-}-Ion in den phosphorwolframsauren Salzen. Indessen gibt es zwei Klassen, die auf Grund ihrer häufigen Wiederkehr von besonderer Bedeutung für die Aufklärung der Polysäuren sind. Dies sind die Säuren mit 6 und 12 MoO_3-, WO_3- oder $\frac{V_2O_5}{2}$-Gruppen auf jedes Anion der Stammsäure, z. B.

6-Polysäuren: $3(NH_4)_2O \cdot Ce_2O_3 \cdot 12\,MoO_3 \cdot 20\,H_2O$
$4\,K_2O : Fe_2O_3 \cdot 12\,WO_3 \cdot 23\,H_2O$

12-Polysäuren: $H_3PO_4 \cdot 12\,MoO_3 \cdot aq$
$H_3AsO_4 \cdot 12\,MoO_3 \cdot aq$
$4\,R_2O \cdot SiO_2 \cdot 12\,WO_3 \cdot aq$
$4\,R_2O \cdot SnO_2 \cdot 12 MoO_3 \cdot aq$
$7(NH_4)_2O \cdot P_2O_5 \cdot 12 V_2O_5 \cdot 26\,H_2O$.

Die bevorzugte Verbindung mit 6 oder 2 × 6 Molekülen Säureanhydrid führte zu der Einteilung der Polysäuren unter dem Gesichtspunkt der WERNERschen Theorie, wie nacheinander von MIOLATI, COPAUX und ROSENHEIM[1] entwickelt wurde. Nach der Anschauung von ROSENHEIM leitet sich die Polysäure, die von einem Element X (mit der Wertigkeit n) als Zentralatom gebildet wird, von einer hypothetischen Form $H_{12-n}[XO_6]$ der Stammsäure ab. Die Sauerstoffatome dieses Komplexes können teilweise oder vollständig durch Säurereste — z. B. MoO_4 — oder durch Pyrosäuregruppen — Mo_2O_7 — ersetzt werden. Auf diese Weise können zwei „Grenzreihen" formuliert werden: $H_{12-n}[X(MoO_4)_6]$ und $H_{12-n}[X(Mo_2O_7)_6]$. 6-Polysäuren, die ROSENHEIM diesem Typus zuordnet, werden z. B. erhalten, wenn für X eines der Elemente J, Te, Fe, Cr, Al, Co, Ni, Rh, Cu, Mn oder H_2 gesetzt wird; 12-Polysäuren für P, As, Si, Ti, Ge, Sn, Zr, Th, Ce, B und H_2 (Tabelle 2).

Als zwangsläufige Folgerung der ROSENHEIMschen Theorie müssen die Polysäuren eine sehr hohe Basizität besitzen; die höchstmögliche Basizität wird jedoch sehr selten erreicht; dies ist z. B. der Fall bei dem Guanidinsalz

$$(CN_3H_5 \cdot H)_7[P(Mo_2O_7)_6] \cdot 8\,H_2O,$$

[1] Eine sehr ausführliche Besprechung der Polysäuren unter diesem Gesichtspunkt von ROSENHEIM befindet sich in ABEGGs Handbuch, Bd. IV, Teil I, II, S. 977 bis 1065. 1921.

Tabelle 2. ROSENHEIMsche Formulierungen.

Zentral-atom	Wertigkeit	Stammsäure	Heteropolysäure
J	7	$H_5[JO_6]$	$H_5[J(MoO_4)_6]$
Te	6	$H_6[TeO_6]$	$H_6[Te(MoO_4)_6]$
P	5	$H_7[PO_6]$	$H_7[P(Mo_2O_7)_6]$
Si	4	$H_8[SiO_6]$	$H_8[Si(Mo_2O_7)_6]$
B	3	$H_9[BO_6]$	$H_9[B(W_2O_7)_6]$

in dem Silbersalz der 1-Phosphorsäure-10-Molybdänsäure,

$$7\,Ag_2O\cdot P_2O_5\cdot 20\,MoO_3\cdot 24\,H_2O,$$

das ROSENHEIM formuliert als

$$Ag_7\left[P\begin{matrix}(Mo_2O_7)_5\\ O\end{matrix}\right]\cdot 12\,H_2O,$$

in dem Salz der 1-Borsäure-12-Wolframsäure,

$$18\,HgO\cdot B_2O_3\cdot 24\,WO_3\cdot 24\,H_2O \quad \text{oder} \quad Hg_9[B(W_2O_7)_6]_2\cdot 24\,H_2O,$$

und in dem Salz der 1-Kieselsäure-10-Wolframsäure,

$$4\,BaO\cdot SiO_2\cdot 10\,WO_3\cdot 22\,H_2O \quad \text{oder} \quad Ba_4\left[Si\begin{matrix}(W_2O_7)_5\\ O\end{matrix}\right]\cdot 22\,H_2O,$$

das MARIGNAC dargestellt hat. Im allgemeinen können die Salze der Polysäuren in das ROSENHEIMsche Schema nur als saure Salze eingeordnet werden. Da die Salze meist stark hydratisiert sind und einen Teil des Wassers sehr fest halten, ist eine derartige Anschauung mit ihrem chemischen Verhalten nicht unvereinbar. COPAUX zeigte, daß die bevorzugte Basizität gewöhnlich um vier geringer ist, als sich aus der Formel maximal ergeben würde.

Weitgehende Ähnlichkeiten in den physikalischen und chemischen Eigenschaften bestehen zwischen den 6-Heteropolysäuren und den sogenannten Parawolframaten und Paramolybdaten einerseits und zwischen den 12-Heteropolysäuren und den Metawolframaten und den Metamolybdaten andererseits. So zeigen die Salze der Metawolframsäure dasselbe ausgeprägte Kristallisationsvermögen und dieselbe Kristallstruktur wie die Salze der 1-Kieselsäure-12-Wolframsäure, Phosphorsäure-12-Wolframsäure oder Borsäure-12-Wolframsäure. Die Ähnlichkeit erstreckt sich sogar selbst bis zu dem Aufbau der Elementarzellen der Kristalle hinab. In chemischer Hinsicht zeigt sich die Ähnlichkeit in der guten Löslichkeit in sauerstoffhaltigen Lösungsmitteln (Wasser, Alkohol, Äther), in der Bildung von Ätheraten, die wahrscheinlich als schlecht definierte Oxoniumsalze aufzufassen sind, ferner in der Eigenschaft, Eiweiß zu koagulieren und unlösliche Alkaloidsalze zu bilden. Zur Erklärung dieser nahen Beziehungen reihte COPAUX die Isopolysäuren in das MIOLATI-ROSENHEIMsche Schema als Derivate von hypothetischen „Aquaten" der Form $R_{10}[H_2O_6]$ ein. Danach wäre die Metawolframsäure als $H_{10}[H_2(W_2O_7)_6]\cdot$ aq zu formulieren. Ebenso ähneln die Hexapolysäuren sehr stark der Parawolfram- bzw. Paramolybdänsäure, besonders darin, daß sie beide leicht durch Hydroxylionen direkt in normale Wolframate und Molybdate, R_2WO_4 und R_2MoO_4, abgebaut werden. Nach ROSENHEIM sind z. B. die Salze der 1-Aluminium- und 1-Chrom-6-molybdänsäure, $3\,R_2O\cdot M_2O_3\cdot 12\,MoO_3\cdot 20\,H_2O$, ganz analog den komplexen

Oxalaten dieser Metalle, $R_3[M(C_2O_4)_3]$, in denen der Komplex die Basizität der Stammsäure zeigt und nur sehr locker gebunden ist, so daß er alle Reaktionen auf das Molybdation gibt.

Obgleich die ROSENHEIMsche Theorie dem Zweck diente, die große Zahl der dargestellten Heteropolysäuren zu vergleichen und zu ordnen, so blieb sie doch vorwiegend hypothetisch und ohne experimentelle Begründung. Besonders hat die wichtige Gruppe der 12-Polysäuren die Annahme des $Mo_2O_7^{2-}$- und $W_2O_7^{2-}$-Ions zur Voraussetzung. Es gibt aber außer der Analogie zu den Bichromaten keinen Beweis für die Existenz dieser Ionen[2], ebenso nimmt der alkalische Abbau keineswegs den Verlauf, den die Existenz des Pyrowolframat- und Pyromolybdations erwarten ließe. Weiterhin können die beobachteten Basizitäten der Säuren, die Menge des gefundenen Konstitutionswassers und die korrigierte Formulierung der Polyvanadatkomplexe (s. unten) nur schwer mit der Theorie in Übereinstimmung gebracht werden. Die neuen Arbeiten sind daher nach zwei Hauptrichtungen hin durchgeführt worden, nämlich: die Untersuchung der zur Polysäurebildung führenden Aggregations- und Desaggregationsprozesse und weiter die Anwendung der stereochemischen Strukturlehre, die von der kristallographischen Chemie entwickelt wurde. Diese beiden Behandlungsweisen des Problems führten leider zu etwas verschiedenen Schlußfolgerungen[3].

Die Aggregations- und Desaggregationsprozesse sind auf mannigfache Weise, besonders durch Bestimmung des Ionengewichtes der verschiedenen Arten, untersucht worden. Diese Arbeiten wurden von JANDER und seiner Schule[4] durch Messung der Diffusionsgeschwindigkeit des betreffenden Ions in Gegenwart eines großen Überschusses von Fremdelektrolyt, gewöhnlich Natriumnitrat, durchgeführt. Der beobachtete Diffusionskoeffizient D steht dann in Beziehung zu dem Molekular- bzw. Ionengewicht M nach einem dem GRAHAMschen Gesetz analogen Ausdruck: $D \cdot z \cdot \sqrt{M} = \text{konst.}$, in dem z die relative Viscosität ist, d. h. $z = \frac{\eta\ \text{Lösung}}{\eta\ \text{Wasser}}$ bedeutet. BRINTZINGER[5] und seine Mitarbeiter haben durch Messung der Dialysengeschwindigkeit der Ionen das Ionengewicht in Wolframat- und Molybdatlösungen bestimmt; seine Ergebnisse stimmen vollkommen mit denen JANDERs überein.

JANDERs Methode in Verbindung mit den Ergebnissen konduktometrischer und potentiometrischer Titrationen wurde ausführlich auf die Untersuchung der Isopolysäuren angewandt und dann auf die Heteropolysäuren ausgedehnt. Die sich daraus ergebenden Folgerungen sollen im folgenden unter besonderer Berücksichtigung des Molybdat- und Vanadatsystems geschildert werden.

---

[2] Anmerkung des Übersetzers: Gemeint ist in wäßriger Lösung; in wasserfreien Schmelzen sind diese Ionenarten bekannt; hier aber liegen naturgemäß ganz andere Verhältnisse vor.

[3] Vgl. Anmerkung 12, S. 171.

[4] JANDER, G. u. Mitarb.: Kolloid-Z. 1925, **36**, 109. Z. anorg. allg. Chem. 1925, **144**, 225; 1929, **180**, 129; 1930, **187**, 60; **194**, 383; 1931, **201**, 361; 1933, **211**, 49; **212**, 1; **214**, 145, 275; **215**, 310; 1934, **217**, 65; **220**, 201; 1935, **225**, 162; 1936, **229**, 129. Zusammenfassung vgl. Kolloid-Beihefte 1934, **41**, 1, 297.

[5] BRINTZINGER: Z. anorg. allg. Chem. 1935, **224**, 97.

Die Molybdate.

Die bekannten Metallmolybdate, die in der älteren Literatur ohne Berücksichtigung ihrer Komplexizität und ihres wirklichen molekularen Aufbaues lediglich nach dem Verhältnis MoO_3 zu Metalloxyd geordnet sind, ergeben folgende Nomenklaturgruppen:

Die normalen Molybdate, $R_2O \cdot MoO_3 \cdot aq$. Ihre Alkalisalze werden aus neutralen oder alkalischen Lösungen erhalten und sind nur wenig hydratisiert. Das K-, Li- und NH_4-Salz kann wasserfrei dargestellt werden.

Die Dimolybdate, $R_2O \cdot 2MoO_3 \cdot aq$ sind sämtlich hydratisiert und nur innerhalb eines engen Bereiches um $p_H = 6$ herum beständig. Sie werden gewöhnlich, aber vollkommen willkürlich, wie die Dichromate formuliert.

Die Paramolybdate, $5R_2O \cdot 12MoO_3 \cdot aq$ oder $3R_2O \cdot 7MoO_3 \cdot aq$. Diese sind die in Lösung am beständigsten Polymolybdate. Sie werden durch Einwirkung der berechneten Menge Molybdänoxyd auf Alkalikarbonat oder -hydroxyd dargestellt. Ihre gesättigten Lösungen haben ein p_H von 4,5. KLASON[6] formulierte sie, als ob sie sich von $H_6[Mo_3O_{12}]$, SAND und EISENLOHR[7], als ob sie sich von $H_{10}[Mo_{12}O_{41}]$ ableiteten. Ihre wahre Bruttoformel soll später diskutiert werden.

Die Trimolybdate, $R_2O \cdot 3MoO_3 \cdot aq$, bilden sich, wenn man Alkalilösungen mit Molybdänoxyd sättigt. Das p_H der gesättigten Lösungen beträgt 4,4. Sie kristallisieren auch aus Paramolybdatlösungen in Gegenwart von Essigsäure.

Die Metamolybdate, $R_2O \cdot 4MoO_3 \cdot aq$, entstehen, wenn konzentrierte Alkalimolybdatlösungen mit 1,5 Mol Salzsäure behandelt werden. Sie sind sämtlich hydratisiert und behalten selbst noch oberhalb von 120° etwas Wasser. Das p_H ihrer gesättigten Lösungen liegt bei 3,0.

Die Oktomolybdate, $R_2O \cdot 8MoO_3 \cdot aq$, erhält man aus konzentrierten Alkalimolybdatlösungen durch Zusatz von 1,75 Mol Salzsäure. Sie bilden eine stark hydratisierte, schön kristalline isomorphe Gruppe, verlieren aber unter gleichzeitiger Zersetzung leicht ihr Kristallwasser. Nach der Anschauung von ROSENHEIM werden sowohl die Meta- als auch die Oktomolybdate als Salze der 12-Molybdänsäure, $H_{10}[H_2(Mo_2O_7)_6]$, aufgefaßt.

Die Dekamolybdate, $R_2O \cdot 10MoO_3 \cdot aq$, entstehen aus konzentrierten Alkalimolybdatlösungen und Salzsäure. Die Barium-, Kalium- und Ammoniumsalze zeigen die Besonderheit, daß jedes zwei Hydrate verschiedener Löslichkeit bildet, von denen beim Erhitzen das besser lösliche irreversibel in das weniger gut lösliche umgewandelt wird. Die Fähigkeit zur Eiweißfällung ist bei den Dekamolybdaten — im Gegensatz zu den Meta- und Oktomolybdaten — nur schwach ausgeprägt.

Die 16-Molybdate, $R_2O \cdot 16MoO_3 \cdot aq$, werden durch die Einwirkung eines Überschusses von Mineralsäure erhalten.

Außerdem sind noch zwei andere Verbindungen erwähnenswert: Eine wasserfreie Verbindung, $2Li_2O \cdot 3MoO_3$, und ein schwer lösliches Ammoniumsalz, $(NH_4)_2O \cdot 6MoO_3 \cdot 5H_2O$, das von KLASON durch Einwirkung

[6] KLASON: Ber. dtsch. chem. Ges. 1901, **34**, 153.

[7] SAND u. EISENLOHR: Z. anorg. allg. Chem. 1907, **52**, 68, 87.

von zwei Molen Salzsäure auf eine verdünnte Ammoniumparamolybdatlösung erhalten wurde. Diese Verbindung betrachtet KLASON als ein dreifach aggregiertes Salz, entsprechend der Formel $NH_4H_5[Mo_3O_{12}]$.

Die von JANDER [8] erhaltenen Ergebnisse über den Aggregationsverlauf in Molybdatlösungen sind in Abb. 22a, b und c zusammengestellt. Den Einfluß der steigenden Wasserstoffionenkonzentration auf den Diffusionskoeffizienten des Anions zeigt Abb. 22a. Zwischen dem $p_H = 14$ und dem $p_H = 6{,}5$ ist der Diffusionskoeffizient konstant. Dann setzt plötzlich ein starker Abfall ein, und zwischen p_H 6,1 und p_H 4,5 liegt ein zweites Beständigkeitsgebiet. Darauf folgt ein zweiter Sprung, dem ein anderes Gebiet eines gleichbleibenden Wertes zwischen p_H 4,5 und 1,5 folgt. Beim p_H 1,25 fällt *Dz* von 0,25 auf 0,205, und um das p_H 1 herum ergeben sich wechselnde Werte von 0,16—0,19. Nach Überschreiten des isoelektrischen Punktes steigt der Diffusionskoeffizient schließlich wieder an.

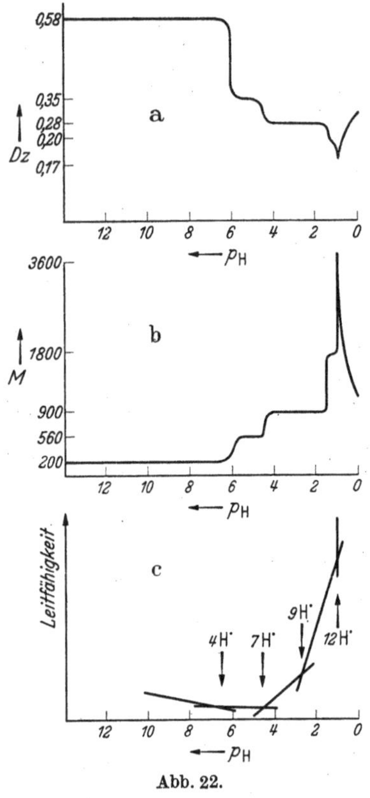

Abb. 22.

Der physikalische Vorgang, der diese Änderungen bewirkt, ist die fortschreitende Aggregation der negativen Ionen, die in dem Maße stattfindet, wie die negative Ionenladung durch die Wasserstoffionen neutralisiert wird. Da das Verhältnis von Ionengewicht (und damit auch Ionengröße) zu Ionenladung ansteigt, nimmt das elektrostatische Potential der Ionen ab, so daß die Aggregation zunehmend begünstigt wird. Schließlich wird am isoelektrischen Punkt der Quotient unendlich groß, und es tritt Fällung ein. Beim Überschreiten des isoelektrischen Punktes ändert die Ionenladung ihr Vorzeichen, und die komplexen Anionen gehen in komplexe Kationen über, die darauf aufgespalten werden. Die p_H-Bereiche mit konstanten Diffusionskoeffizienten müssen Lösungen von angenähert konstanter Ionenzusammensetzung entsprechen, d. h.: Innerhalb gewisser Aciditätsbereiche sind gewisse, definierte Ionenkomplexe merklich vorherrschend. Die Sprünge in den Kurven zeigen dann Übergänge von einer vorherrschenden Art zu einer anderen an.

In Abb. 22b ist die p_H-Abhängigkeit der mittleren, aus den Diffusionskoeffizienten berechneten Ionengewichte wiedergegeben. Die den verschiedenen p_H-Bereichen mit konstanten Diffusionskoeffizienten entsprechenden Werte sind in Tabelle 3 zusammengestellt, gleichzeitig mit den Ionenarten, die nach JANDERS Ansicht innerhalb dieser Bereiche vorliegen.

[8] JANDER: Z. anorg. allg. Chem. 1930, **194**, 383.

Tabelle 3.

p_H	Dz gemessen	Ionenart	Ionengewicht gefunden	Ionengewicht berechnet	D berechnet
14—6,5	0,58	$[MoO_4]^{2-}$	200	160	0,66
6,3—4,5	0,35	$[Mo_3O_{11}]^{4-}$	560	464	0,38
4,5—1,5	0,28	$[Mo_6O_{21}]^{6-}$	900	912	0,28
1,25	0,205	$[Mo_{12}O_{41}]^{10-}$	1700—1800	1808	0,196
1,0	0,16—0,19	$[Mo_{24}O_{78}]^{12-}$	—	3552	0,14

Für leichte Ionen sind diese Meßmethoden stets einem verhältnismäßig großen Fehler unterworfen, so daß sich zu hohe Ionengewichte ergeben. JANDERs Ergebnisse sind jedoch mit Ausnahme des p_H-Bereichs zwischen 6 und 5 durch BRINTZINGER bestätigt worden, der die genauere Methode der Dialyse benutzte[9]. In dem fraglichen Gebiet ist nach BRINTZINGER und RATANARAT der Diffusionskoeffizient veränderlich, und es besteht kein zuverlässiger Beweis für das Auftreten des Trimolybdations.

Einen weiteren Beweis für den Verlauf der Aggregation liefert die konduktometrische Titration (Abb. 22c), welche Knickpunkte aufweist, die dem Zusatz von 4, 7, 9 und 12 H^+-Ionen auf je 6 der ursprünglich in Lösung vorhandenen MoO_4^{2-}-Ionen entsprechen.

Auf dieser Grundlage hat JANDER folgende Deutungen und Formulierungen gegeben:

Das normale Molybdation, MoO_4^{2-}, ist bis zum p_H 6,5 beständig. Dann erfolgt die Umwandlung

a) $$6\,MoO_4^{2-} + 4H^+ \rightleftharpoons 2\,[Mo_3O_{11}]^{4-} + 2\,H_2O.$$

Aus diesen Lösungen kristallisieren die „Dimolybdate", $R_2O \cdot 2\,MoO_3 \cdot aq$. Diese müssen daher die Zusammensetzung $R_3H[Mo_3O_{11}] \cdot aq$ besitzen, während EPHRAIMs $Li_4Mo_3O_{11}$ ein neutrales Salz der Trimolybdänsäure ist. Es ist jedoch zu bemerken, daß BRINTZINGER die Existenz des Trimolybdations nicht bestätigen konnte, so daß die Konstitution der Dimolybdate immer noch zweifelhaft ist.

b) Beim p_H 4,5 erfolgt die zweite Umwandlung nach:

$$2\,[Mo_3O_{11}]^{4-} + 3\,H^+ \rightleftharpoons [HMo_6O_{21}]^{5-} + H_2O.$$

Da die Paramolybdate aus dieser Lösung auskristallisieren, werden sie als $R_5[HMo_6O_{11}] \cdot aq$ formuliert.

[9] Anmerkung des Übersetzers: In späteren vom Autor des Buches offenbar noch nicht berücksichtigten Veröffentlichungen ist von G. JANDER, K. F. JAHR und H. WITZMANN (Z. anorg. allg. Chem. 1934, **217**, 65 u. Kolloid-Beihefte 1934, **41**, 27) gezeigt worden, daß der Trimolybdänsäure $H_4(Mo_3O_{11} \cdot aq)$ doch kein breiteres Gebiet der $[H^+]$ als Existenzbereich zukommt. Es sind aber zahlreiche Gründe angeführt worden, welche alle sehr dafür sprechen, daß sich die Trimolybdänsäure bzw. ihre Salze im Übergangsgebiet zwischen der Monomolybdänsäure $H_2(MoO_4 \cdot aq)$ und der Hexamolybdänsäure $H_6(Mo_6O_{21} \cdot aq)$ als Zwischenverbindungen bilden. — Nach den neuesten Untersuchungen (G. JANDER und H. SPANDAU, Z. physik. Chem., A 1939, **185**, 335) hat sich übrigens herausgestellt, daß die Dialysenmethode zur Molekulargewichtsbestimmung in der von BRINTZINGER angegebenen Form keineswegs genauer ist als das Diffusionsverfahren und daß man die auf diese Weise durch Dialyse gewonnenen Werte nur mit größter Vorsicht benutzen und auswerten darf.

c) Im p_H-Bereich 2,9—1,5 ergibt sich aus den Diffusionsmessungen noch das Vorhandensein einer sechsfach aggregierten Form, so daß die Reaktion, die sich aus Leitfähigkeitstitrationen ergibt, durch folgende Gleichung ausgedrückt werden muß:

$$[HMo_6O_{21}]^{5-} + 2H^+ \rightleftharpoons [H_3Mo_6O_{21}]^{3-}.$$

Somit liegt den Metamolybdaten ebenfalls eine Sechserstruktur zugrunde. Das stimmt nicht überein mit ihrer Ähnlichkeit mit den 12-Heteropolysäuren und mit den kristallographischen Theorien von PAULING und KEGGIN. Die „Trimolybdate" kristallisieren zwischen den Para- und Metasalzen und leiten sich daher nach JANDER ebenfalls von $H_6Mo_6O_{21}$ ab.

d) Die Oktomolybdate erweisen sich nach Diffusionsmessungen als zwölffach aggregiert und bilden sich nach der Gleichung:

$$2[H_3Mo_6O_{21}]^{3-} + 3H^+ \rightleftharpoons [H_7Mo_{12}O_{41}]^{3-} + H_2O.$$

Die Oktomolybdate sind daher $R_3[H_7Mo_{12}O_{41}]$, und KLASONs Ammoniumsalz muß als $(NH_4)_4[H_6Mo_{12}O_{41}]\cdot 2H_2O$ aufgefaßt werden.

e) Den sogenannten Dekamolybdaten müssen auf Grund der analytischen Daten die Formel $2{,}5\,R_2O\cdot 24\,MoO_3\cdot aq$ entsprechen, und es werden Salze der Mo_{24}-Säure in sehr stark saurer Lösung gefunden, die durch die weitere Reaktion

$$2[H_7Mo_{12}O_{41}]^{3-} + H^+ \rightleftharpoons [H_7Mo_{24}O_{78}]^{5-} + 4H_2O$$

gebildet werden. Die 16-Molybdate sind ebenfalls Salze der Säure $R_3[H_9Mo_{24}O_{78}]$.

Die weitere Beweisführung für die Zusammensetzung der Molybdate und Wolframate in Lösungen wird weiter unten erfolgen.

Die Polyvanadate.

Ein zweites komplexes System, dessen Aggregationsverlauf durch die Arbeiten von JANDER[10] geklärt wurde, ist das der Iso-Polyvanadate. Wenn man zu der farblosen Lösung von Natriumorthovanadat, Na_3VO_4, Säure zufügt, so entsteht eine unbeständige, rotbraune Färbung, welche in gelborange übergeht. Da derartige angesäuerte Vanadatlösungen erst nach einiger Zeit einen konstanten p_H-Wert annehmen, verläuft die Aggregation offensichtlich über irgendwelche unbeständigen Zwischenverbindungen. In der Literatur werden Salze mit verschiedenen Verhältnissen von R_2O zu V_2O_5 beschrieben, die aus angesäuerten Lösungen erhalten wurden[11]. Nach JANDER entsprechen indessen die aus Lösungen gewonnenen Kalium-, Natrium-, Calcium- und Strontiumsalze, die mehr als 2 Mol Säure auf 1 Mol M_3VO_4 enthalten, sämtlich dem Typus $nM_2O\cdot 5\,V_2O_5\cdot aq$ und zeigen große Ähnlichkeit in der Kristallform. Beim Barium sind außer der Verbindung $4\,BaO\cdot 5\,V_2O_5\cdot aq$ auch Salze bekannt, bei denen das Verhältnis $BaO:V_2O_5 = 3:4$ oder $2:3$ beträgt. Die Hauptgruppe dieser Salze ähnelt jedoch den Pentatantalaten (z. B. $7\,Na_2O\cdot 5\,Ta_2O_5\cdot aq$) und weist somit auf die in stark saurer Lösung

[10] JANDER, G. u. K. F. JAHR: Z. anorg. allgem. Chem. 1933, **211**, 49; **212**, 1; 1934, **217**, 65.

[11] FRIEDHEIM: Ber. dtsch. chem. Ges. 1890, **23**, 1530; 2600. Z. anorg. allg. Chem. 1894, **5**, 437. — ROSENHEIM: Z. anorg. allg. Chem. 1912, **98**, 223.

vorliegenden Pentavanadat-Anionen, $[V_5O_{16}]^{7-}$ oder $[V_5O_{17}]^{9-}$, hin. In den sich von diesem Typus ableitenden Bariumsalzen liegt die überschüssige Vanadin wahrscheinlich in Form von Vanadylkationen, VO_2^+, vor; diese Anionen entstehen in saurer Lösung, wenn der isoelektrische Punkt überschritten wird, ohne daß V_2O_5 ausfällt. Ihre Formeln sind demnach: $Ba_2(VO_2)H_2\,[V_5O_{17}]\cdot aq$ und $Ba_3(VO_2)_3[V_5O_{17}]\cdot aq$. Auf dieser Grundlage kann der Aggregationsverlauf in Tabelle 4 zusammengefaßt werden.

Tabelle 4.

	pH-Bereich	Mole H+ je Mol Na_3VO_4	Reaktionsverlauf	Gebildete Art
1	12,5 bis 11	1	$2(VO_4)^{3-} + 2H^+ \rightleftharpoons (V_2O_7)^{4-} + H_2O$	Di-(Pyro-) vanadate
2	9,2 bis 8,8	1,75	$2(V_2O_7)^{4-} + 3H^+ \rightleftharpoons (HV_4O_{13})^{5-} + H_2O$	Meta-vanadate
		2,0	$(HV_4O_{13})^{5-} + H^+ \rightleftharpoons (H_2V_4O_{13})^{4-}$	
3a	7	2,25	$10(H_2V_4O_{13})^{4-} + 10H^+ \rightleftharpoons 5(H_4V_8O_{25})^{6-} + 5H_2O$	
3b		2,2	$5(H_4V_8O_{25})^{6-} + 3H_2O \rightleftharpoons 8(H_3V_5O_{16})^{4-} + 2H^+$	
		2,4	$(H_3V_5O_{16})^{4-} + H^+ \rightleftharpoons (H_4V_5O_{16})^{3-}$	
4	2,3	3	$(H_4V_5O_{16})^{3-} + 3H^+ \rightleftharpoons (H_7V_5O_{16})$	
5	1		$(H_7V_5O_{16}) + 5H^+ \rightleftharpoons 5VO_2^+ + 6H_2O$	

Aus der obigen Tabelle kann man erkennen, daß in steigend saurer Lösung die folgenden beständigen Vanadationen gebildet werden: VO_4^{3-}, $V_2O_7^{4-}$, $[H_2V_4O_{13}]^{4-}$ und $[H_3V_5O_{16}]^{4-}$. Das Oktovanadat-Ion ist in reiner Vanadatlösung unbeständig; auf seiner Bildung beruht die oben beschriebene tiefe, aber vorübergehende Färbung. Die Aufeinanderfolge der schnellen Ionenreaktion 3a und der langsameren Hydrolyse 3b ist für die alternden Eigenschaften der Vanadatlösungen verantwortlich.

Die Heteropolysäuren.

Der vorhergehende Abschnitt gibt eine zusammenhängende Erklärung des Verlaufs der Isopolysäurebildung. Die Ausdehnung dieser Anschauungen auf die Heteropolysäuren hat jedoch Ergebnisse gezeitigt, die nicht mit den gut fundierten Ergebnissen übereinstimmen, welche man auf anderen Wegen erhalten hat[12]. JANDER hat gezeigt, daß beim Zusatz von Phosphationen oder anderer zur Bildung von Polysäuren

[12] Anmerkung des Übersetzers: G. JANDER und K. F. JAHR sind diesbezüglich anderer Ansicht. Sie sehen durchaus keine unüberwindlichen Schwierigkeiten in der Möglichkeit, ihre für die *Lösungen* von Iso- und Heteropolyverbindungen festgestellten Befunde und Beziehungen in Einklang zu bringen mit den Ergebnissen der röntgenographischen Untersuchungen an *festen*, kristallisierten Iso- und Heteropolyverbindungen, z. B. von KEGGIN. Die Tri-, Hexa- und Dodekagruppierung bzw. Tri-, Ditri- und Tetratrigruppierung spielt bei beiden Darlegungen die gleiche wichtige Rolle. G. JANDER und seine Mitarbeiter haben sich absichtlich niemals festgelegt hinsichtlich der Zahl der „sauren" Wasserstoffatome in den Komplexverbindungen, hinsichtlich der Art und Weise, wie die Wolfram- oder Molybdänsäurereste im Komplex untereinander gebunden sind und hinsichtlich der Zahl der im Komplex notwendigerweise enthaltenen Hydroxylgruppen oder Wassermoleküle [Kolloid-Beihefte 1935, 41, 297ff.). Die Hydrolyse der Dodekasäuren

fähiger Ionen zur Lösung von Natriumwolframat, -molybdat oder -vanadat die Diffusionskoeffizienten in einem weiten Bereich mit denen identisch sind, die in Abwesenheit des zugefügten Ions erhalten werden. Die sauren Lösungen der mit Orthophosphorsäure versetzten Molybdatlösungen scheinen nur ein Mo_6-Anion zu enthalten. Die Existenz dieses Ions ist sichergestellt, da der Diffusionskoeffizient bis hinauf zum $p_H = 0{,}0$ konstant bleibt, anstatt mit fortschreitender Aggregation zu $[Mo_{12}O_{41}]^{10-}$ und $[Mo_{24}O_{78}]^{12-}$ abzunehmen. Ähnlich scheint der Zusatz von Phosphat in Vanadatlösungen das $(V_8O_{25})^{4-}$-Anion zu stabilisieren. In Übereinstimmung damit entsprechen die „Purpureo-Phosphovanadate" alle der Formel $xM_2O \cdot mP_2O_5 \cdot 8nV_2O_5 \cdot aq$, z. B.

$$10\,SrO \cdot P_2O_5 \cdot 8\,V_2O_5 \cdot aq \quad PO_4^{3-} : (V_8O_{25}) = 1:1$$
$$5\,(NH_4)_2O \cdot 2\,P_2O_5 \cdot 24\,V_2O_5 \cdot aq \quad PO_4^{3-} : (V_8O_{25}) = 2:3$$
$$10\,Na_2O \cdot P_2O_5 \cdot 24\,V_2O_5 \cdot aq \quad PO_4^{3-} : (V_8O_{25}) = 1:3$$

Es hat sich gezeigt, daß die „Luteo-Phosphovanadate", die aus stark sauren, phosphatreichen Lösungen entstehen, Vanadin nur als Kation enthalten und in Wirklichkeit doppelte Alkali-Vanadylphosphate vorstellen. So wird die wasserfreie Grenzverbindung, $V_2O_5 \cdot P_2O_5$ oder $(VO)PO_4$, beim $p_H < 1$ erhalten.

Aus den hier angedeuteten Ergebnissen schloß JANDER, daß die Heteropolysäuren tatsächlich nur Molekularkomplexe der Mo_6-, W_6- und V_8-Polysäuren mit den entsprechenden Stammsäuren sind. Er formuliert daher die 1-Phosphorsäure-12-Molybdänsäure folgendermaßen:

$$R_7\left[\begin{pmatrix} H_3Mo_6O_{21} \\ H_2PO_4 \\ H_3Mo_6O_{21} \end{pmatrix} aq\right]$$

Dieser Gesichtspunkt ist nicht mit dem Ergebnis vereinbar, welches aus der Natur der beständigen und festen Polysäureanionen des Wolframs und Molybdäns folgt; es besteht aber kein Zweifel, daß JANDERs Arbeiten einen tieferen Einblick in die Bildungsweise der Isopolysäuren geben, als die formalen Beziehungen der ROSENHEIM-MIOLATIschen Theorie.

Eine vollständig andere Auffassung der Polysäuren hat ihren historischen Ursprung in der Theorie von PFEIFFER[13], nach der Komplexe mit höherer Koordinationszahl sich leichter um ein mehratomiges Zentralion als um ein Zentralatom anordnen. Unter Benutzung der ROSENHEIM-MIOLATIschen Ansichten, daß Polysäuren sich von hypothetischen Säuren $H_{12-n}[XO_6]$ ableiten, schlug PFEIFFER die Annahme vor, daß um das $[XO_6]$-Ion WO_3- oder MoO_3-Moleküle koordinativ in einer zweiten Schale angeordnet wären, so daß sich z. B. die Formulierung $H_7[PO_6(WO_3)_{12}]$

könnte in Abhängigkeit von der Eigenkonzentration und der $[H^+]$ etwa nach folgendem Schema vor sich gehen:

$$H_3[PO_4(W_3O_9)_4 \cdot aq] + 4\,H_2O = H_3PO_4 + H_6[H_2O_4(W_3O_9)_4 \cdot aq] = H_3PO_4 + 2\,H_6[W_6O_{21} \cdot aq].$$

In relativ konzentrierten Lösungen sind also die Heteropolyverbindungen mit der Dodeka(Tetratri)gruppierung existenzfähig, in verdünnteren liegen ihre Spaltstücke, u. a. die Hexa(Ditri)säuren vor. Arbeiten hierüber werden zur Zeit durchgeführt und sollen demnächst veröffentlicht werden.

[13] PFEIFFER: Z. anorg. allg. Chem. 1918, **105**, 26.

ergibt. In diesem Sinne sind auch die auf den Röntgenuntersuchungen der Kristallstrukturen beruhenden stereochemischen Vorstellungen auf die Theorie der 12-Polysäuren zuerst von PAULING und dann sehr erfolgreich von KEGGIN angewandt worden.

Es wurde — hauptsächlich von W. L. BRAGG und seiner Schule — gezeigt, daß die Strukturen der Silikate und ähnlicher komplexer Kristalle sich aus positiven Ionen (z. B. Al^{3+}, Ca^{2+}, Si^{4+}) und negativen Ionen (z. B. O^{2-}, OH^-) aufbauen können, die so angeordnet sind, daß jedes positive Ion von negativen Ionen in regelmäßiger, geometrischer Anordnung umgeben ist. Die *Koordinationszahl* des positiven Ions in diesem kristallographischen Sinne, wie es V. M. GOLDSCHMIDT[14] auffaßt, hängt nur von dem Verhältnis des Radius des positiven Ions, R_A, zu dem des negativen Ions, R_B, ab (Tabelle 5).

Tabelle 5.

Grenzverhältnisse der Radien R_A/R_B	Koordinationszahl	Geometrische Anordnung
—	2	linear
0,15	3	dreieckig
0,22	4	tetraedrisch
0,41	4	quadratisch
0,41	6	oktaedrisch
0,73	8	würfelförmig

Für die mit Sauerstoff koordinierten metallischen Ionen sind die GOLDSCHMIDTschen Koordinationszahlen 4 und 6 bevorzugt (Tabelle 6), so daß man sich die entstehenden Strukturen aus Sauerstofftetraedern oder -oktaedern aufgebaut vorstellen kann; die Kanten, Ecken und Flächen dieser Formen sind so angeordnet, daß sich die richtige Bruttozusammensetzung und die richtige Symmetrie ergibt.

Tabelle 6. Koordinationszahlen der Ionen in den Oxyden.

Ion	Radienverhältnis	GOLDTSCHMIDTsche Koordinationszahl	
		vorhergesagt	beobachtet
B^{3+} . . .	0,20	3 oder 4	3 und 4
Be^{2+} . .	0,25	4	4
Li^{+} . . .	0,34	4	4
Si^{4+} . . .	0,37	4	4
Al^{3+} . .	0,41	4 oder 6	4 und 6
Mg^{2+} . .	0,47	6	6
Ti^{4+} . .	0,55	6	6
Sc^{3+} . .	0,60	6	6
Mo^{6+} . .	0,53	6	6
Zr^{4+} . .	0,62	6	6 und 8

Aus der Tabelle 6 geht hervor, daß um ein Mo^{6+}- oder W^{6+}-Ion für ein Sauerstoffoktaeder Platz ist. PAULING[15] schlug demzufolge vor, anzunehmen, daß in den 12-Polysäuren 12 solcher Mo_6-Oktaeder dadurch miteinander verbunden sind, daß jedes drei Ecken mit dem benachbarten Oktaeder gemeinsam hat. Jedes behält dann drei unbesetzte Ecken. Um diese abzusättigen, nimmt PAULING[15] an, daß Wasserstoffionen aufgenommen werden (ein Teil des Kristallwassers wird dann Konstitutionswasser), wodurch eine beständige, neutrale $M_{12}O_{18}(OH)_{36}$-Gruppe entsteht (Abb. 23a und b). In Abb. 23b sind die Oktaeder schematisch durch kleine Kreise dargestellt. Im Mittelpunkt der so gebildeten Struktur ist Platz für ein tetraedrisches Ion XO_4. Die gesamte Basizität des Anions ist dann $8-n$, wobei n die Wertigkeit des Atoms X bedeutet. Nach COPAUX und ROSENHEIM

[14] GOLDSCHMIDT, V. M.: Ber. dtsch. chem. Ges. 1927, **60**, 1263.

[15] PAULING: J. Amer. chem. Soc. 1929, **51**, 2868.

gibt PAULING den Metamolybdaten und Metawolframaten ein $[H_2O_4]^{6-}$-Zentralion als Grundlage. Die sich daraus ergebenden Formeln sind dann:

Metamolybdate	$X = H_2$	$H_6[H_2O_4 \cdot Mo_{12}O_{18}(OH)_{36}]$
Salze der 1-Borsäure-12-Molybdänsäure . .	$X = B$	$H_5[BO_4 \cdot Mo_{12}O_{18}(OH)_{36}]$
Salze der 1-Kieselsäure-12-Molybdänsäure .	$X = Si$	$H_4[SiO_4 \cdot Mo_{12}O_{18}(OH)_{36}]$

Die Basizitäten stimmen mit den experimentellen Werten überein. Es zeigt sich indessen, daß es keine Säuren oder Salze geben dürfte, welche weniger als 18 Moleküle Konstitutionswasser enthalten; dies stimmt nicht mit den bekannten Tatsachen überein. So fanden SCROGGIE und CLARK [16], daß 1-Kieselsäure-12-Wolframsäure, die bei 100° getrocknet ist,

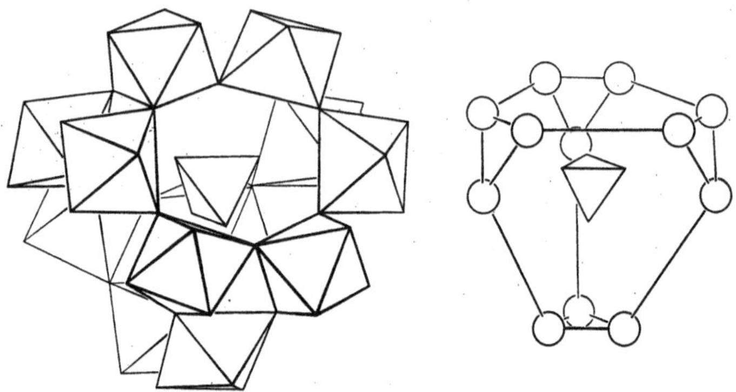

Abb. 23. Die Struktur des 1-Kieselsäure-2-Wolframsäure- und verwandter Ions nach PAULING. 12 gegeneinander verdrehte Oktaeder sind dadurch miteinander verbunden, daß sich die Ecken in der angegebenen Weise berühren. Die entstehende Struktur wird, wie schematisch in b gezeigt ist, zusammengehalten. Die vollständige Struktur hat die Zusammensetzung $[SiO_4W_{12}O_{18}(OH)_{36}]^{4-}$.

einschließlich der 4 ionisierbaren Wasserstoffatome 8 Moleküle H_2O enthält, so daß ihre Bruttoformel $H_{16}SiW_{12}O_{46}$ lautet. Sechs Moleküle dieses sehr fest gebundenen Wassers — aber nicht mehr — können durch Entwässern entfernt werden, ohne daß die Polysäure zerstört wird; es ergibt sich eine Verbindung $H_4SiW_{12}O_{40}$, die als wasserfreie Säure betrachtet werden muß. Diese Form des Anions, $[RM_{12}O_{40}]$, scheint tatsächlich ganz allgemein die niedrigste Stufe zu sein, die durch Entwässerung der 12-Polysäuren erhalten werden kann. Es gibt auch von den 12-Heteropolysäuren Salze, die im wasserfreien Zustand dargestellt werden können, z. B.

$K_3PW_{12}O_{40}$	$K_3PMo_{12}O_{40}$
$(NH_4)_3AsW_{12}O_{40}$ . .	$K_3HSiMo_{12}O_{40}$
$Tl_3HSiW_{12}O_{40}$ . . .	$(NH_4)_3HMnMo_{12}O_{40}$
	$(NH_4)_3HTiMo_{12}O_{40}$

Die Existenz dieser Form des Anions setzt sowohl die ROSENHEIMsche als auch die PAULINGsche Theorie außer Kraft; sie ergab aber die Grundlage zu einer ähnlichen Struktur, die von KEGGIN aufgestellt wurde.

[16] SCROGGIE u. CLARK: Proc. Nat. Acad. Sci. USA 1929, 15, 1. — Siehe auch ROSENHEIM: Z. anorg. allg. Chem. 1934, 220, 73. — KAHANE: Bull. Soc. chim. France 1931, IV, 49, 557.

KEGGIN[17] baut wie PAULING das Polysäureanion auf einer Koordinationsstruktur auf. Ein tetraedrisches XO_4-Ion als Zentrum ist von MoO_6- oder Wo_6-Oktaedern umgeben. Jedes Eckatom dieser XO_4-Gruppe wird von drei Oktaedern berührt (Abb. 24a), von denen ebenfalls jedes ein Sauerstoffatom mit jedem seiner zwei Nachbarn gemeinsam hat. Die vier Mo_3O_{13}-Gruppen, die man so erhält, werden durch sich berührende Ecken verbunden (Abb. 24b) und ergeben ein Anion der Form $[XM_{12}O_{40}]^{8-n}$. Die Anordnung derartiger Anionen im Kristall läßt weite Zwischenräume offen, die ausgefüllt werden können und so die Existenz

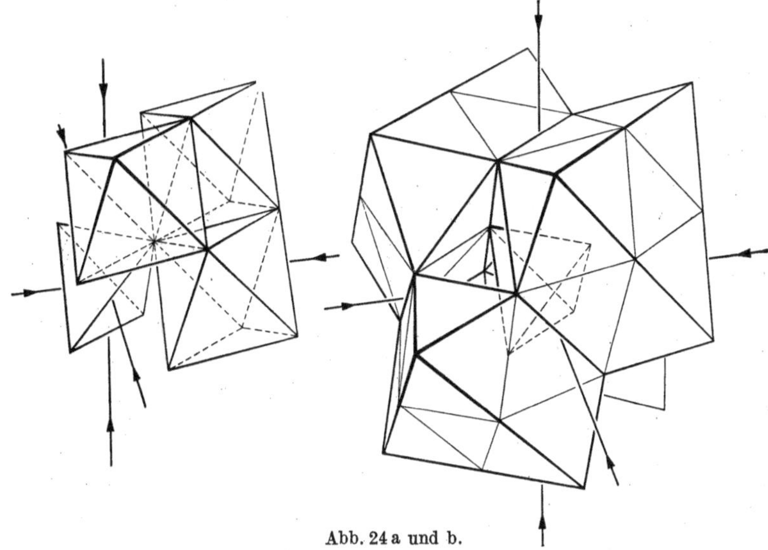

Abb. 24a und b.

von wasserreichen Hydraten, beispielsweise $H_3[PW_{12}O_{40}] \cdot 29H_2O$, zulassen. Dieses Hydrat verliert leicht sein Wasser bis zu $H_3[PW_{12}O_{40}] \cdot 5H_2O$. In den Salzen treten in den durch drei von diesen Wassermolekülen angefüllten Zwischenraum drei Kationen; dadurch findet die bevorzugte Bildung von Salzen des Typus $K_3[SiMo_{12}O_{40}]$ ihre Erklärung, die man selbst in den Fällen beobachtet, in denen man einen vollständigen Ersatz der Wasserstoffe erwarten sollte[18].

Diese Theorie von KEGGIN ist durch Röntgenuntersuchungen an zahlreichen 12-Polysäuren und ihren Salzen[19] erhärtet worden, so daß die Struktur dieser Verbindungen mit einem hohen Grad von Wahrscheinlichkeit als gesichert gelten kann. Es muß aber zugegeben werden, daß diese Struktur in völligem Widerspruch zu den offensichtlich übereinstimmenden Ergebnissen von JANDER und BRINTZINGER über die Lösungen der Isopolysäuren steht[20]. Ferner bleibt die Struktur anderer

[17] KEGGIN: Proc. Roy. Soc. 1934, A, **144**, 75.

[18] BRADLEY, A. J. u. J. W. ILLINGWORTH: Proc. Roy. Soc. 1936, A, **157**, 113.

[19] ILLINGWORTH, J. W. u. J. F. KEGGIN: J. chem. Soc. 1935, 575. — SANTOS, J. A.: Proc. Roy. Soc. 1935, A, **150**, 309. — KRAUS, O.: Z. Kristallogr., Kristallgeometr., Kristallphysik, Kristallchem. 1935, **91**, 402; 1936, **93**, 379.

[20] Anmerkung des Übersetzers: Vergleiche die Anmerkung des Übersetzers auf S. 171.

Reihen von Polysäuren, z. B. mit 9 und 11 MoO_3 oder WO_3 auf jedes Zentralion, vollkommen ungeklärt. PAULING schlägt im Rahmen seiner eigenen Strukturtheorie vor, diese Verbindungen als mehrkernig aufzufassen; eine derartige Struktur soll dadurch zustande kommen, daß ein ganzes MoO_6-Oktaeder zwei solchen anionischen Gruppen gemeinsam ist. Ob diese Annahme im wesentlichen richtig ist, bedarf noch der experimentellen Untersuchung.

Die Versuche zur Deutung der 6-Polysäuren haben bisher noch keinen befriedigenden Abschluß gefunden, wenn auch die Anwendung der von KEGGIN erfolgreich benutzten Hauptgesichtspunkte einen gewissen Fortschritt auf diesem Gebiet bedeuten. Nach ROSENHEIMS Formulierung sind die 6-Polysäuren nach dem Typus $R_n[X(MO_4)_6]$ aufgebaut; in ihnen liegen die W^{6+}- und Mo^{6+}-Ionen im Mittelpunkt von aus Sauerstoffionen gebildeten Tetraedern. Wie aber die Tabelle 6 erkennen läßt und wie es auch für die 12-Polysäuren zutrifft, ist das W^{6+}- und Mo^{6+}-Ion normalerweise mit 6 Sauerstoffatomen koordiniert. Die einzige geometrische Anordnung, welche diese Bedingung für die $[XM_6O_{24}]$-Gruppe erfüllt, ist die in Abb. 25 dargestellte; hier sind sechs MO_6-Oktaeder in einem hexagonalen Ring so angeordnet, daß sich zwei Ecken mit je zwei der benachbarten Oktaeder berühren [21].

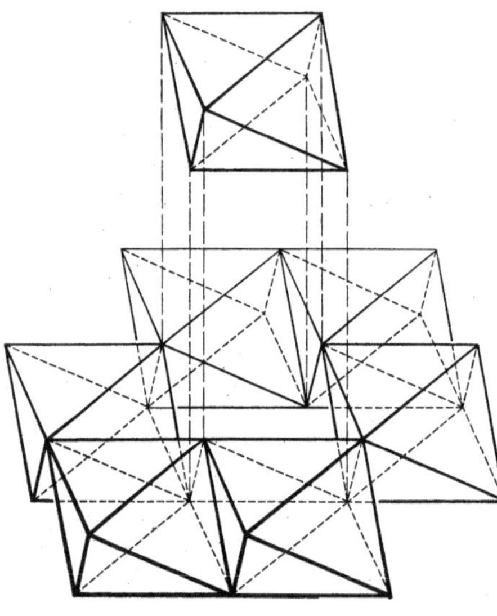

Abb. 25.

Der zentrale Hohlraum der entstehenden $[M_6O_{24}]^{12-}$-Struktur gibt gerade Raum für ein Oktaeder, so daß das übrigbleibende Kation X^{n+} in derselben Art mit sechsfacher Aggregation eingeführt werden kann. Die Basizität des so gebildeten Anions beträgt, wie bei ROSENHEIMS Formulierung, $12-n$, wobei n die Wertigkeit des Elements X bedeutet. In dieser Struktur spielt somit das XO_6-Oktaeder dieselbe Rolle wie das zentrale XO_4-Tetraeder in der KEGGINschen Struktur bei den 12-Polysäuren. Nach geometrischen Gesichtspunkten gibt die in Abb. 25 dargestellte Struktur den wahrscheinlichen Aufbau des Anions der 6-Polysäuren wieder, wenn auch der experimentelle Beweis zur Zeit noch fehlt.

Für die Parawolframate und -molybdate wurden zwei Formeln vorgeschlagen, nämlich $3R_2O \cdot 7MO_3 \cdot aq$ und $5R_2O \cdot 12MO_3 \cdot aq$. ROSENHEIM [22] zieht aus analytischen Gründen die zweite Formulierung vor und stellt nach COPAUX die Paramolybdate als $R_5H_5[H_2(MoO_4)_6] \cdot aq$ dar.

[21] ANDERSON, J. S.: Nature 1937, **140**, 850.
[22] ROSENHEIM: Z. anorg. allg. Chem. 1916, **96**, 139.

Die analytischen Unterschiede, die sich aus den verschiedenen Verhältnissen $R_2O:MoO_3 = 1:2{,}33$ bzw. $1:2{,}40$ ergeben, sind sehr gering, außer für den Fall, daß R ein Kation mit hohem Ionengewicht ist. GARELLI und TETTAMANZI[23] erhielten gemischte Paramolybdate des Ammoniums und Triäthanolamins, $N(CH_2CH_2OH)_3$, welche einen deutlichen Beweis für die ältere Formulierung ergaben. Ihre Schlußfolgerung wurde später durch Röntgendichtenuntersuchungen der Zellgrößen und Dichten von Ammoniumparamolybdat durch STURTEVANT[24] bestätigt. Das Gewicht einer Elementarzelle beträgt — in Atomgewichtseinheiten gemessen — 4958 ± 20, woraus sich bei der wahrscheinlichen Annahme von vier Molekülen je Elementarzelle $M = 1239{,}5$ ergibt. ROSENHEIMS Formulierung $(NH_4)_5H_5[H_2MoO_4)_6] \cdot 7\,H_2O$ ergibt $M = 1057$. Der älteren Formulierung, $(NH_4)_6[Mo_7O_{24}] \cdot 4\,H_2O$, die von GARELLI und TETTAMANZI bevorzugt wird, entspricht $M = 1236$. Danach ist die letztgenannte Formulierung unzweideutig bestätigt.

Die nahe Beziehung zwischen den Paramolybdaten und den 6-Molybdän-Heteropolysäuren kann leicht an Hand der oben beschriebenen Struktur gedeutet werden, wenn man annimmt, daß ein Molybdänatom sich in der Mitte des Anions befindet und eine oktaedrische MoO_6-Zentralgruppe bildet. Die Formel kann dann als $R_6[Mo(Mo_6O_{24})]$ geschrieben und mit den Formeln $R_5[J(Mo_6O_{24})]$ für die Salze der 1-Perjod-6-Molybdänsäure verglichen werden, welche um eine JO_6-Zentralgruppe aufgebaut sind.

Es bleibt noch ein sehr beachtlicher Widerspruch bestehen zwischen den Formeln der Paramolybdate und -wolframate, die durch die Röntgenuntersuchungen unzweideutig festgelegt sind, und den zahlreichen Untersuchungen an Lösungen der Polysäuren. Wie gezeigt wurde, scheinen Messungen des Ionengewichtes deutlich die Anwesenheit von Mo_6- und nicht Mo_7-Anionen in Lösung der Paramolybdate anzuzeigen. Wenn dies endgültig bewiesen werden könnte, ließe sich diese Tatsache vielleicht damit vereinbaren, daß JANDER vergeblich versuchte, in Lösungen Heteropolysäuren nachzuweisen; man könnte dies vielleicht durch die Annahme erklären, daß irgendeine Art Hydrolyse stattfindet, etwa in der Weise, wie es durch die Gleichungen

$$[J(Mo_6O_{24})]^{5-} + 3\,H_2O \rightleftharpoons [Mo_6O_{21}]^{6-} + H_5JO_6 + H^+$$
$$[Mo(Mo_6O_{24})]^{6-} + H_2O \rightleftharpoons [Mo_6O_{21}]^{6-} + H_2MoO_4$$

ausgedrückt werden kann.

Zusammenfassend ist festzustellen, daß ein gewisser Abschluß erst in Hinsicht auf die 12-Polysäuren erreicht wurde. Das gesamte übrige Gebiet bedarf noch der Klärung.

Die Silikate.

Die komplizierte Zusammensetzung der natürlich vorkommenden Silikatgesteine war ein Problem, das sich durch chemische Verfahren alleine als vollkommen unlösbar erwies. Die Anwendung der röntgen-

[23] GARELLI u. TETTAMANZI: Atti R. Acad. Sci. Torino 1935, **70**, 382. Chem. Abstr. 1935, 7864.

[24] STURTEVANT: J. Amer. chem. Soc. 1937, **59**, 630.

kristallographischen Methoden hat jedoch einige wichtige Grundlagen offenbart, auf denen die Strukturen der Silikate beruhen.

Unter den Hindernissen, die der Erforschung der Silikatstrukturen entgegenstanden, befand sich früher vor allem die Schwierigkeit, den Verbindungen richtige und kennzeichnende Molekülformeln zuzuordnen. Diese Schwierigkeit hat verschiedene Gründe. In erster Linie besteht bei den natürlich vorkommenden Stoffen eine gewisse Unsicherheit hinsichtlich ihrer Homogenität und Reproduzierbarkeit; dadurch wird die Möglichkeit beschränkt, lediglich auf analytischer Grundlage eine Entscheidung über die Formulierung zu treffen, da sich die analytischen Daten für derartig komplizierte Stoffe mit mehreren verschiedenen Molekülformeln vereinbaren lassen. Zweitens wird, wie allgemein bekannt ist, die Frage durch den isomorphen Ersatz der einzelnen Elemente untereinander, im Sinne des Gesetzes von MITSCHERLICH, erschwert. So können Magnesium, Calcium, zweiwertiges Eisen und andere zweiwertige Metalle sich gegenseitig in mehr oder weniger starkem Maße ersetzen ebenso Al^{3+} und Fe^{3+} oder OH^- und F^-. Bei einem derartigen Ersatz bleibt die Zahl der Ionen jeder Wertigkeitsart unverändert, wenn auch hinsichtlich der richtigen Zuordnung von Elementen mit wechselnder Wertigkeit Schwierigkeiten entstehen können. Es gibt aber auch eine zweite Art von isomorphem Ersatz, den man häufig antrifft und der einen sehr weitgehenden Einfluß ausübt, wobei die ganze Formulierung der Verbindung geändert wird. Diese Erscheinung spielt beim Aufbau von Silikatstrukturen eine außerordentlich große Rolle. Wie unten ausführlich behandelt werden soll, führt beispielsweise die Ähnlichkeit der Ionenradien zwischen Aluminium und Silicium zu der Möglichkeit, daß das Silicium in dem Anion Atom für Atom durch Aluminium ersetzt wird. Die Wertigkeit des Anions wird dadurch um eine Einheit erhöht; dieser Zuwachs muß durch einen entsprechenden Anstieg der gesamten Kationenladung kompensiert werden. Dies kann dadurch erfolgen, daß entweder zusätzlich Kationen eingeführt werden oder daß irgendein Vorgang wie der entsprechende isomorphe Ersatz des Natriums durch Calcium stattfindet. Wenn man in solchen Fällen auf Grund der Analysen den Verbindungen eine Formel zuordnen will, so muß man wissen, wie die einzelnen Elemente in ihren anionischen und kationischen Funktionen verteilt sind.

Es ist deshalb nicht überraschend, daß sich auf Grund von Röntgenuntersuchungen in einigen Fällen geänderte Formulierungen ergeben haben. Diese Untersuchungen haben auch die Erkenntnis vertieft, daß solche Silikatformulierungen nicht den Charakter des einzelnen bestimmten Moleküls kennzeichnen, sondern vielmehr die atomare Zusammensetzung derjenigen einfachsten Strukturelemente wiedergeben, aus denen sich das ganze dreidimensionale Gefüge der Silikatkristalle aufbaut.

Strukturprinzipien der Silikate[25].

Man kann annehmen, daß die Struktur der Silikate in allen Fällen auf der Bildung von Koordinationsgittern beruht, bei denen große

[25] Siehe W. L. BRAGG: Trans. Faraday Soc. 1929, **25**, 291. The Structure of the Silicates. Z. Kristallogr. **74**, 237, 1930; Proc. Roy. Soc. 1927, 121; und besonders Atomic Structure of Minerals. Ithaca 1937.

Anionen um kleine Kationen angeordnet sind. Dabei muß man sich vorstellen, daß das Silicium in der Form eines Si^{4+}-Ions vorliegt; die Anionen sind im allgemeinen O^{2-}-Ionen. Da diese eine viel größere Gestalt besitzen als irgendeines der anderen in Frage kommenden positiven Ionen (Tabelle 7), so bestimmen sie die Größen und das allgemeine Skelett der ganzen Struktur. Nach W. L. BRAGG beträgt der Zwischenraum zwischen den Sauerstoffionen ein und derselben Strukturgruppe stets 2,6—2,8 Å; der zwischen benachbarten Sauerstoffatomen verschiedener Gruppen ist ungefähr gleich groß. Daher kann man im Falle der einfacheren Silikate die Struktur als eine dicht gepackte Anhäufung von Sauerstoffionen ansehen, bei der die verhältnismäßig kleinen Silicium- und anderen Kationen so in die Zwischenräume eingefügt sind, daß jedes mit der geeigneten Zahl von Sauerstoffionen koordiniert ist (koordiniert im kristallographischen Sinne). Die Koordinationszahl eines Kations in einer solchen Struktur wird lediglich durch das Radienverhältnis des Zentralkations und der umgebenden Anionen beherrscht, ganz entsprechend der von V. M. GOLDSCHMIDT ausgearbeiteten Beziehung, die kurz vorher in diesem Kapitel betrachtet wurde[26] (s. Tabelle 5 und 6 oben).

Beim Vergleich der Tabelle 7 mit den Tabellen 5 und 6 kann man feststellen, daß Silicium die Koordinationszahl 4 besitzt und somit stets im Mittelpunkt einer tetraedrischen Anordnung von Sauerstoffatomen angetroffen werden muß. Magnesium wird entsprechend immer oktaedrisch koordiniert sein. Beim Aluminium ist hingegen auf Grund

Tabelle 7. Ionenradien, wie sie gewöhnlich in Silikatmineralien enthalten sind.

Ionenart	Å	Ionenart	Å	Ionenart	Å
Be^{2+}	0,39	Mg^{2+}	0,71	K^{+}	1,33
Si^{4+}	0,50	Fe^{2+}	0,83	O^{2-}	1,40
Al^{3+}	0,55	Ca^{2+}	0,98	OH^{-}	1,40
Fe^{3+}	0,67	Na^{+}	0,98	F^{-}	1,33

seines Radius entweder eine Koordination mit vier oder mit sechs Sauerstoffatomen möglich. Es ergibt sich somit, daß das Aluminium beim isomorphen Ersatz des Siliciums innerhalb der tetraedrischen Einheiten bezw. des Magnesiums innerhalb des Oktaeders eine zweifache Rolle spielen kann.

Vom chemischen Gesichtspunkt aus ist das Anion des ganzen Gitters eine Anhäufung von Sauerstoffionen, mit welchen die zwischen ihnen liegenden Siliciumionen (und in den Aluminosilikaten die Aluminiumionen) koordiniert sind; das Anion wird durch die Zahl der Sauerstoffatome in diesen Bauelementen charakterisiert, woraus sich auch seine Formel ergibt; die Basizität der Verbindung wird durch die unkompensierte Ionenladung bestimmt. Die Sauerstoffionen können verschiedenen Koordinationspolyedern gemeinsam angehören, so daß bei der Formulierung der Silikate die folgenden möglichen Typen entstehen können:

[26] GOLDSCHMIDT, V. M.: Ber. dtsch. chem. Ges. 1927, **60**, 1263.

A. Silikate mit *diskreten Anionen.*
 1. Orthosilikate. SiO_4^{4-}.
 2. Kompliziertere Einheiten. $Si_2O_7^{6-}$, $Si_3O_9^{6-}$. $Si_6O_{18}^{12-}$.

B. Silikate mit *einfach oder doppelt gekoppelten Anionen.*
 1. Ketten von miteinander verbundenen SiO_4-Tetraedern. SiO_3^{2-}, $Si_4O_{11}^{6-}$.
 2. Schichten, die durch kreuzweise Bindung von Ketten entstehen. $Si_2O_5^{2-}$.

C. *Dreidimensionale Netzwerke,* die durch kreuzweise Bindung von übereinanderliegenden Schichten gebildet werden.

A. 1. Orthosilikate.

Die Struktur der Orthosilikate baut sich, wie bereits angedeutet wurde, aus voneinander unabhängigen SiO_4^{4-}-Tetraedern auf (Abb. 26). Die Sauerstoffatome dieser kompakten Tetraeder sind den metallischen Kationen koordiniert; jedes Sauerstoffatom gehört dann gleichzeitig zu verschiedenen Kationenpolyedern. Aus der Möglichkeit, daß eine derartige Verknüpfung mit gemeinsamen Sauerstoffatomen auf verschiedene Weise zustande kommen kann, ergibt sich das Auftreten von verschiedenen, bestimmten Orthosilikatstrukturen.

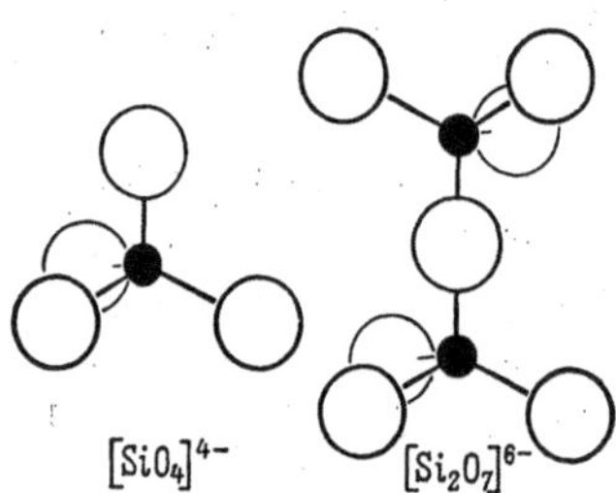

Abb. 26. Diskrete Silikatanionen, z. B. das Orthosilikatanion.

So sind im Olivin, $(Mg, Fe)_2SiO_4$, die Magnesiumionen so zwischen den SiO_4-Tetraedern verteilt, daß jedes Magnesiumion sich zwischen sechs Sauerstoffatomen befindet. Jeder Sauerstoff ist dann direkt mit einem Siliciumatom verbunden und gemeinsam drei Magnesiumatomen koordiniert. Pauling [27] hat eine Regel aufgestellt, welche die Bildung derartiger Koordinationsgitter beherrscht und die besagt, daß in beständigen Strukturen die Ladung auf jedem Anion gleich und entgegengesetzt der Summe der elektrostatischen Valenzbindungen ist, die es von den zugehörigen Kationen des Polyeders erreichen. So erstreckt sich von einem Magnesiumion (Ladung $+2$), das in einem Oktaeder koordiniert ist, eine elektrostatische Valenzbindung von der Stärke $^1/_3$ nach jedem Sauerstoffion. In der Olivinstruktur betragen demnach die Elektrovalenzen, die jedes Sauerstoffion erreichen

$$\left.\begin{array}{l}\text{von } 3\,Mg^{2+}\text{-Ionen } 3\cdot{}^1/_3 = +1 \;\ldots\ldots\ldots\ldots \\ \text{von dem zentralen } Si^{4+}\text{-Ion jedes Tetraeders } +1 \;\ldots\end{array}\right\} = +2 \text{ insgesamt,}$$

die die Eigenladung von -2 Einheiten auf jedem Sauerstoffion ausgleichen.

Verschiedene andere Silikatgesteine bauen sich auf der Struktur des Olivins auf. So besteht beispielsweise die Chondrodit-Gruppe [28], $Mg(OH, F)_2 \cdot nMg_2SiO_4$, wobei $n = 1$, 2, 3 oder 4 ist, aus Schichten der

[27] Pauling: J. Amer. chem. Soc. 1929, **51**, 1010.
[28] Siehe W. L. Bragg: Trans. Faraday Soc. 1929, **25**, 291.

Olivinstruktur, welche mit Schichten von OH-Ionen oder F-Ionen — die beide nahezu die gleiche Größe besitzen — durchsetzt sind. Die OH- und F-Ionen bilden nicht einen Teil des Siliciumtetraeders; sie sind aber so gelagert, daß sie — zusammen mit den Sauerstoffen der SiO_4-Gruppen — Oktaeder bilden, welche die Magnesiumionen umgeben. Die Strukturen

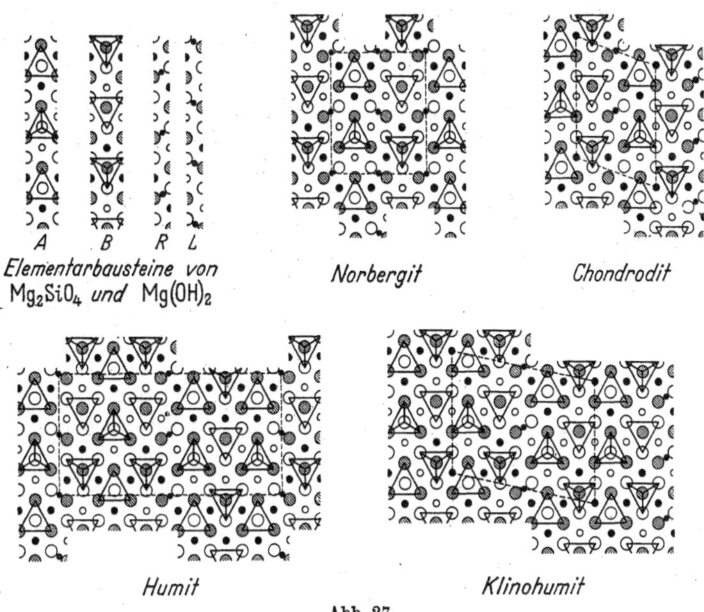

Abb. 27.

der verschiedenen Mineralien dieser Gruppe gehören alle diesem Typus an und leiten sich dadurch voneinander ab, daß die relativen Lagen der Olivin- und OH-Schichten geändert sind (s. Abb. 27).

Im Phenakit, Be_2SiO_4, und Willemit, Zn_2SiO_4, ergibt sich eine vollkommen andere Struktur, da die Metallionen hier tetraedrisch koordiniert sein müssen. Jedes Sauerstoffatom ist dann einem Siliciumtetraeder und zwei MO_4-Tetraedern gemeinsam. Wie man leicht einsehen kann, ist die PAULINGsche Regel wieder bestätigt.

A. 2. Kompliziertere Bausteine.

Die Einführung von größeren, selbständigen (diskreten) Anionen ergibt verwickeltere Strukturen. Von diesen ist die $(Si_6O_{18})^{12-}$-Einheit, die man beispielsweise im Beryll, $Be_3Al_2Si_6O_{18}$, findet, besonders wichtig. Genau wie alle diese komplizierteren Strukturen sich auf SiO_4-Tetraedern mit gemeinsamen Ecken gründen, kann die Si_6O_{18}-Einheit, die aus sechs ringförmig gebundenen SiO_4-Tetraedern besteht (Abb. 28), in die Struktur der höher kondensierten, schichtartigen und dreidimensionalen Silikatstrukturen eintreten. Im Beryll werden diese Ringe

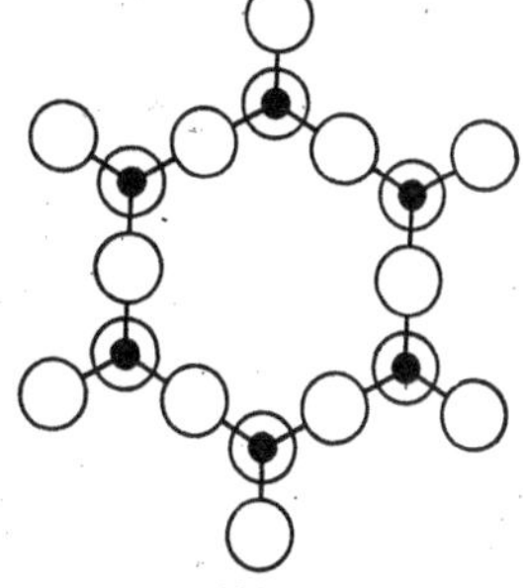

Abb. 28. Die im Beryll vorliegende $(Si_6O_{18})^{12-}$-Strukturgruppe.

dadurch zusammengehalten, daß ihre Sauerstoffatome dem Metallkation koordiniert sind. Die Si_6O_{18}-Gruppen in den verschiedenen Schichten sind so verteilt, daß breite Kanäle zu dem Mittelpunkt der übereinanderliegenden Si_6O_{18}-Sechsecke gebildet werden, wobei die Kanäle ungefähr so groß sind, daß ein Sauerstoffatom hineinpaßt. Es ist interessant, diese offene Struktur mit der Durchlässigkeit gegenüber kleinen Gasmolekülen zu vergleichen, also z. B. mit dem allgemein bekannten Einschluß von Helium durch Beryll.

B. 1. Kettenstruktur; Metasilikate.

Das Metasilikatanion, SiO_3^{2-}, entsteht dadurch, daß sich SiO_4-Tetraeder zu einer endlosen Kette miteinander verbinden (Abb. 29). Zwei Sauerstoffatome gehören jeweils nur einer Tetraedergruppe an, und zwei sind zwei benachbarten Siliciumatomen gemeinsam. Die entstehende Kette kann unendlich lang sein und erstreckt sich tatsächlich durch den ganzen Kristall. Ein derartiges Makroanion findet man im Diopsid,

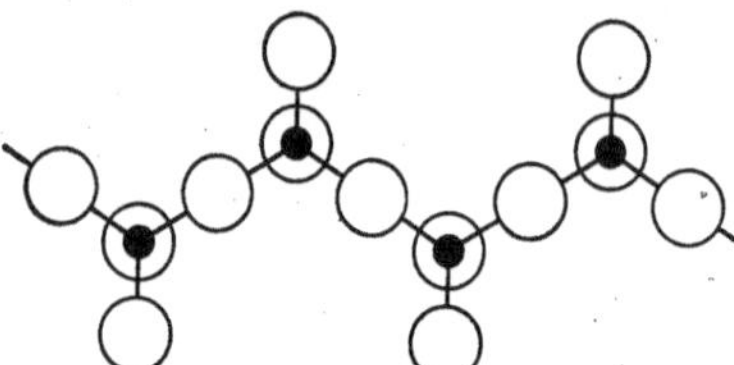

Abb. 29. Kettenförmige Metasilikat-$(SiO_2)^{2-}$-Gruppe.

$$MgCa(SiO_3)_2.$$

Das Amphibolmineral Tremolit, das früher als $H_2Ca_2Mg_5(SiO_3)_8$ formuliert wurde, besitzt eine dem Diobsid nahe verwandte Kristallstruktur. Der Hauptunterschied besteht darin, daß die Länge der *b*-Achse des Kristalls doppelt so groß ist. WARREN hat gezeigt, daß man Tremolit richtig als $(HO)_2Ca_2Mg_5(Si_4O_{11})_2$ mit einem $Si_4O_{11}^{6-}$-Anion formulieren muß. Dieses Anion wird dadurch gebildet, daß zwei Diobsidketten kreuzweise miteinander verbunden sind; diese Bindung erfolgt durch weiteres Berühren von Tetraederecken (Abb. 30).

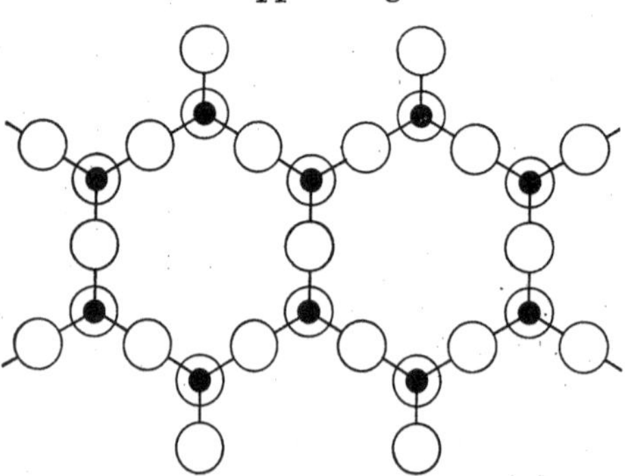

Abb. 30. Kreuzweise gebundene $(Si_4O_{11})^{6-}$-Gruppen.

In diesen Metasilikaten tritt die wichtige Beziehung zwischen der Kristallstruktur und den physikalischen Eigenschaften deutlich in Erscheinung. Die Ketten sind in allen Fällen parallel zur *c*-Achse des Kristalls angeordnet und durch Koordination ihrer Sauerstoffatome an Calcium- oder Magnesiumionen seitlich aneinander gebunden. Die entstehende Struktur zeigt eine mechanische Schwäche in den parallel zu den Ketten verlaufenden Richtungen, da ein Bruch längs dieser Ketten nur über die Metall-Sauerstoffbindungen verläuft. Rechtwinklig zu den Ketten müßte bei einer Spaltung ein Bruch der Ketten selbst erfolgen und die starken Siliciumsauerstoffbindungen getrennt werden. Übereinstimmend mit dieser Vorstellung zeigen die Kristalle ein stark ausgeprägtes Spaltungsvermögen parallel zu den *c*-Achsen. Die Mineralien besitzen häufig eine Fasernatur, die besonders gut im Asbest, einer Form des Amphibols, in Erscheinung tritt. Prinzipiell besteht natürlich kein Unterschied zwischen der Art der elektrostatischen Bindung zwischen Silicium und Sauerstoff und der zwischen den metallischen Kationen und Sauerstoff. Da Silicium, mit einer Koordinationszahl von 4, vierwertig ist, so hat jede Si—O-Bindung die Stärke einer Einheit (vgl. S. 180). Die Ca—O- oder Mg—O-Bindungen besitzen nur die Bindungsstärke $^1/_3$, da das zweiwertige Metall die Koordinationszahl 6 hat. Es ist deshalb bequem, wenn auch im gewissen Sinne willkürlich, die Si—O-Bindung als angenähert so stark wie die homöopolaren Bindungsarten und die Metall-Sauerstoffbindungen als entsprechend schwächer zu betrachten.

B. 2. Schichtstrukturen.

Der beim Si_4O_{11}-Anion beschriebene Vorgang der kreuzweisen Bindungsbildung zwischen den Reihen von SiO_4-Tetraedern kann noch eine Stufe weiter entwickelt werden, so daß ganze Schichten von aneinandergebundenen Tetraedern entstehen. Jede Schicht baut sich so aus Si_6O_{18}-Ringen auf, die sich beliebig oft wiederholen (Abb. 31), und besitzt eine pseudohexagonale Symmetrie. Das ganze Plättchen mit der Gesamtzusammensetzung $(Si_2O_5)^{2-}$ stellt ein Riesenanion dar. Derartige Silicium-Sauerstoffschichten, die durch die oben besprochenen starken Valenzkräfte zusammengehalten werden, besitzen eine große mechanische Festigkeit. Parallele Schichten werden lockerer durch die schwächeren, bei den Kationen wirksamen elektrostatischen Bindungen zusammengehalten; die Kationen müssen zwischen den Schichten gelagert sein. Die Silicium-Sauerstoffschichten sollten demnach mit ausgesprochenen Spaltebenen des Kristalls übereinstimmen und die Silikate von diesem Strukturtypus umgekehrt eine gut entwickelte Spaltbarkeit in Plättchen aufweisen. Wenn man, wie es in Abb. 31 geschehen ist, die bekannten interatomaren Abstände berücksichtigt, so gelangt man zu Zwischenräumen für die Elementarzelle, die mit den beobachteten Abständen der Spaltebenen von Glimmer, Talk und solchen verwandten Mineralien übereinstimmen, welche eine ausgesprochene Spaltbarkeit und eine pseudohexagonale Symmetrie besitzen. Der große dritte Hauptabstand von der Größenordnung 20 Å, der sich zwischen den Spaltebenen befindet, entspricht den schwachen Bindungen zwischen den Schichten.

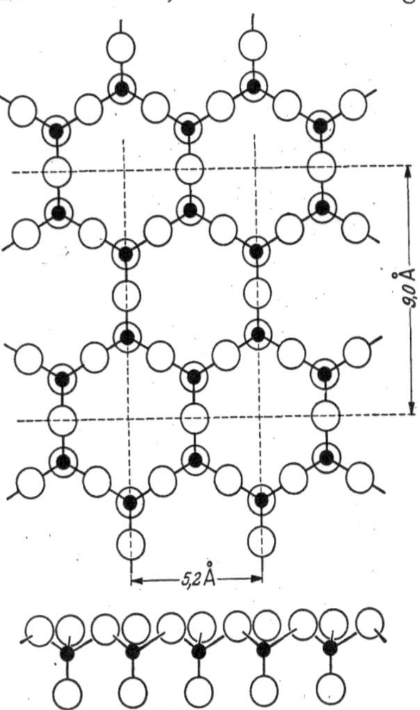

Abb. 31. Die Bildung eines schichtartigen Silicium-Sauerstoffnetzwerks. Die untere Abbildung stellt einen Querschnitt durch die Schicht dar.

Aluminosilikate.

Ein derartiges einfaches Skelett erklärt zwar die markantesten Eigenschaften der glimmerartigen Strukturen, läßt sich aber nicht direkt im einzelnen auf die Mineralien dieser Gruppe anwenden. Diese sind nicht einfache Silikate, sondern Aluminosilikate, bei denen Aluminium durch einen isomorphen Ersatz des Siliciums in den Aufbau der aus gebundenen SiO_4-Tetraedern bestehenden Schichten eintritt. Nach PAULINGs[29] Ansicht kann man sich vorstellen, daß den Aluminosilikaten und Tonmineralien ein einheitlicher Bauplan zugrunde liegt; in diesen Strukturen sollen Lagen von $Si_2O_5^{2-}$-Schichten (die man den einzelnen Schichten der β-Christobalitstruktur als äquivalent betrachten muß), von Brucit-, $Mg(OH)_2$, und von Hydrargillit- oder Gibbsitschichten, $Al(OH)_3$, übereinandergepackt sein; dabei besteht die Möglichkeit, daß jede Schicht durch den Vorgang eines isomorphen Ersatzes verändert ist. Alle diese besprochenen Schichtstrukturen besitzen ungefähr die gleichen Größen; das kommt daher, daß die passende Zahl von Si^{4+}-, Mg^{2+}- oder Al^{3+}-Ionen in die Zwischenräume einer Doppelschicht von dicht gepackten O^{2-}- oder OH^--Ionen eingefügt werden. So kann beispielsweise ein Teil des Siliciums durch Aluminium ersetzt sein, während sechs Magnesiumatome ihrerseits wieder vier Aluminiumatome ersetzen können. Die Schichten bauen sich dann durch Verteilung gemeinsamer Sauerstoffatome auf, wie es in den schematischen Profilen der Abb. 32 gezeigt ist.

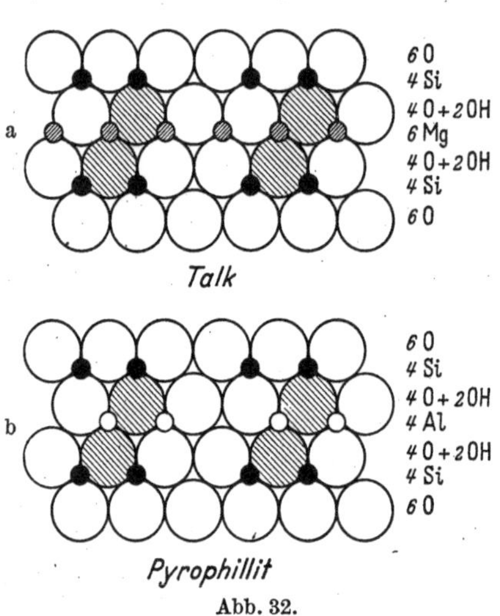

Abb. 32.

Auf diese Weise stellte PAULING für Talk, $3MgO \cdot 4SiO_2 \cdot H_2O$, die in Abb. 32a wiedergegebene Struktur auf. Schichten von Brucit werden in der Weise zwischen zwei Lagen von Christobalit eingefügt, daß sämtliche benachbarten Schichten jeweils gemeinsame Sauerstoffatome besitzen. Auf diese Weise entstehen zusammengesetzte Schichten, die man als $\ldots O_6Si_4 \cdot O_4(OH)_2 \cdot Mg_6 \cdot O_4(OH)_2 \cdot Si_4 \cdot O_6 \ldots$ darstellen kann. Im Pyrophillit, $Al_2O_3 \cdot 4SiO_2 \cdot H_2O$, (Abb. 32b) ersetzen vier Aluminiumatome das Magnesium des Talks. Die Gleichwertigkeit der positiven und negativen Ionen der zusammengesetzten Schicht bleibt dabei unverändert, während der Ersatz des Magnesiums durch Aluminium $^1/_3$ der Stellen in der Mittelschicht ungefüllt läßt. Die Gesamtzusammensetzung ergibt sich dann durch die Formulierung $\ldots O_6 \cdot Si_4 \cdot O_4(OH)_2 \cdot Al_4 \cdot O_4(OH)_2 \cdot Si_4 \cdot O_6 \ldots$ In diesen beiden Strukturen ist jede zusammengesetzte Schicht elektrisch neutral, so daß die zwischen den Schichten wirksamen Kräfte klein sind. Als Folge davon besteht wenig Widerstand, wenn eine Ebene über die

[29] PAULING: Proc. Nat. Acad. Sci. USA 1928, **14**, 603; 1930, **16**, 123.

nächste gleitet, wie man an der außerordentlich großen Weichheit des Talks erkennen kann.

Im Phlogopit, $K_2O \cdot 6MgO \cdot Al_2O_3 \cdot 6SiO_2 \cdot H_2O$, ist ein Teil des Siliciums isomorph durch Aluminium ersetzt, wodurch jede zusammengesetzte Schicht eine anionische Ladung trägt. Demzufolge wird eine entsprechende Zahl von Alkalimetallionen zwischen den Schichten eingelagert. Die Konstitution des Phlogopits stellt sich demzufolge dar als

$$\ldots K_2 \ldots O_6 \cdot Si_3Al \cdot O_4(OH)_2 \cdot Mg_6 \cdot O_4(OH)_2 \cdot Si_3Al \cdot O_6 \ldots K_2 \ldots$$

Muskovit, gewöhnlicher Glimmer, besitzt eine analoge Struktur, nur ist das Magnesium isomorph durch Aluminium ersetzt:

$$\ldots K_2 \ldots O_6 \cdot Si_3Al \cdot O_4(OH)_2 \cdot Al_4 \cdot O_4(OH)_2 \cdot Si_3Al \cdot O_6 \ldots K_2 \ldots$$

Wenn das Silicium in den Christobalitschichten Atom für Atom durch Aluminium ersetzt wird, findet eine Zunahme der Anionenwertigkeit statt; in genau derselben Weise steigt die Kationenladung, wenn in den Brucitschichten ein isomorpher Ersatz des Magnesiums durch Aluminium erfolgt. Chlorit baut sich nach PAULING so auf, daß glimmerartige anionische mit brucitartigen, kationischen Schichten durchsetzt sind (Abb. 33a).

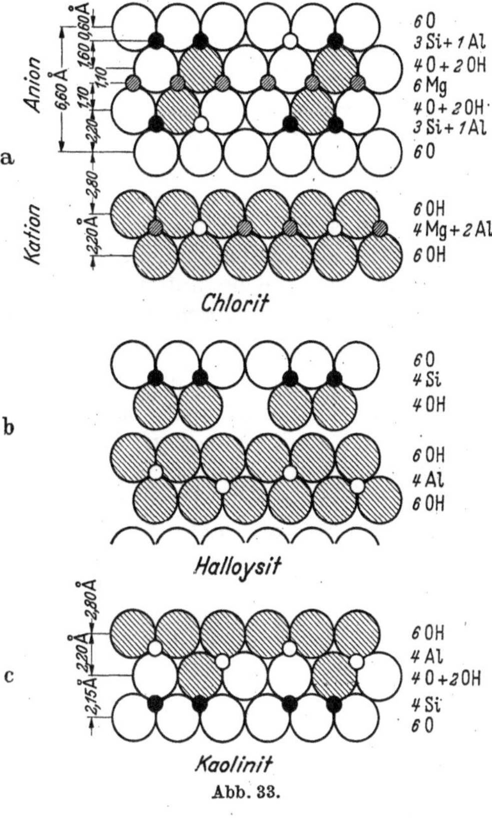

Abb. 33.

Sehr interessant sind die bei der fortschreitenden Änderung der Struktur auftretenden Abwandlungen der Eigenschaften. Es wurde bereits darauf hingewiesen, daß Talk und Pyrophillit mit elektrisch neutralen Schichten äußerst weich sind (Härte 1—2) und sich ebenso gut spalten lassen wie Graphit. Im Glimmer sind die geladenen Schichten elektrostatisch durch die dazwischenliegenden Kaliumionen gebunden und spalten so weniger leicht (Härte 2—3). Endlich sind in den brüchigen Glimmern die anionischen Schichten fester durch doppelt geladene Ca^{2+}-Ionen gebunden, so daß sich infolgedessen die Härte auf 3,5—6 erhöht und das Ganze brüchig wird.

Dieser Theorie der Glimmergruppe fehlt noch die strenge experimentelle Stütze, wie man sie bei den einfachen Silikatstrukturen durch die BRAGGsche Einteilung findet. Sie stellt aber durchaus eine bequeme und einheitliche Grundlage zum Vergleich der chemischen Zusammensetzung und der höchst charakteristischen Eigenschaften dieser Mineralien mit ihren Kristallstrukturen dar und läßt sich mit den Ergebnissen der Röntgenuntersuchungen vereinbaren. Man kann sie als logische Entwicklung der allgemeinen, sich aus den BRAGGschen Arbeiten ergebenden Grundlagen betrachten, da sie sich, wie alle Silikatstrukturen, von einer dicht gepackten Anordnung von Sauerstoffionen ableiten.

Einen chemischen Beweis, der gut mit den PAULINGschen Gesichtspunkten übereinstimmt, liefert die Arbeit von THILO über die Reaktion von Pyrophillit, $Al_2O_3 \cdot 4SiO_2 \cdot H_2O$, mit Metalloxyden und -chloriden bei hohen Temperaturen[30]. THILO fand, daß beim Erhitzen von Pyrophillit mit Magnesiumoxyd oder -chlorid auf 700—1000° Wasser oder Salzsäure aus den vorliegenden Hydroxylgruppen in Freiheit gesetzt wird und daß für je zwei Aluminiumatome ein Magnesium in die Verbindung eintritt, ohne daß irgendwelche auffallenden Änderungen in der allgemeinen Struktur und den Eigenschaften wahrnehmbar sind.

$$(HO)_2Al_2Si_4O_{10} + MgCl_2 \rightarrow Al_2O_3 \cdot 4\,SiO_2 \cdot MgO + 2\,HCl.$$

Es wurde oben gezeigt, daß die Pyrophillitstruktur zu der des Talks dadurch in Beziehung steht, daß sechs Mg^{2+}-Ionen durch vier Al^{3+}-Ionen ersetzt sind, so daß in der Mittelschicht von jeder zusammengesetzten Lage gerade zwei freie Stellen für jeweils vier Aluminiumatome vorhanden sein sollten. Diese Erwartung steht mit der Beobachtung von THILO in Einklang und deutet darauf hin, daß jedes zweiwertige Ion, welches normalerweise sechsfach koordiniert und ungefähr so groß wie das Mg^{2+}-Ion ist, auf dieselbe Weise eingeführt werden kann, nicht hingegen Ionen, die normalerweise vierfach koordiniert sind. Dies konnte experimentell bestätigt werden. Zweiwertiges Eisen oder Kobalt können leicht in genau der gleichen Weise wie das Magnesium eingeführt werden. Beim Erhitzen von Pyrophillit mit Zinkoxyd oder Zinkchlorid bricht indessen die ganze Struktur zusammen, und es bildet sich Zinkspinell, $ZnAl_2O_4$, und Zinkorthosilikat, Zn_2SiO_4, wo in beiden Fällen das Zink vierfache Koordination einnehmen kann. Nach der GOLDSCHMIDTschen Regel über das Radienverhältnis sollten Ca^{2+} und Cd^{2+} nur in achtfach koordinierte Gruppen eintreten und nicht in der Lage sein, sich an der Pyrophillitstruktur zu beteiligen. Dies wurde ebenfalls experimentell bestätigt, da Calcium- und Cadmiumchlorid nicht auf Pyrophillit einwirken.

Die Tonmineralien[31].

Besonders fruchtbar haben sich die PAULINGschen Anschauungen auf dem Gebiet der tonbildenden Mineralien erwiesen. Die Isolierung und Identifizierung einzelner chemischer Arten ist hier besonders schwierig, doch konnte die Kaolinitgruppe, vor allem durch Anwendung mikroskopischer und optischer Untersuchungsverfahren, zunächst in Kaolinit, $Al_2O_3 \cdot 2SiO_2 \cdot 2H_2O$, in Halloysit, $Al_2O_3 \cdot 2SiO_2 \cdot 2$—$4H_2O$, und Allophan, $Al_2O_3 \cdot nSiO_2 \cdot mH_2O$, unterteilt werden. Von diesen hat sich

[30] THILO: Z. anorg. allg. Chem. 1933, **212**, 369.

[31] Einen Überblick über das Gebiet vgl. C. E. MARSHALL: Sci. Progr. 1936, **119**, 422.

der Allophan als amorph erwiesen, während die Zusammensetzung $Al_2O_3 \cdot 2SiO_2 \cdot 2H_2O$, späterhin drei optisch verschiedenen Arten zugeordnet wurde, dem eigentlichen Kaolinit, dem Nakrit und dem Dickit. Eine zweite wichtige Gruppe von Tonen, die Bentonite, die durch ihre stark ausgeprägte Absorptionsfähigkeit und ihr hohes Quellungsvermögen ausgezeichnet sind, enthalten als vorwiegenden Bestandteil den Montmorillonit. Auf Grund der analytischen Daten wurde Montmorillonit ursprünglich als $MgO \cdot Al_2O_3 \cdot 5SiO_2 \cdot nH_2O$ formuliert, wobei das Magnesium teilweise durch Natrium, Calcium oder Kalium ersetzt ist. Wie wir sehen werden, mußte diese Formel später auf Grund röntgenographischer Untersuchungen eine Abänderung erfahren. Ein zweites Bentonitmineral ist der höchst kolloidale Beidellit, der ursprünglich als $Al_2O_3 \cdot 3SiO_2 \cdot nH_2O$ formuliert wurde und der ebenfalls in Tonböden vorkommt. Der in blättrigen Kristallen auftretende Pyrophillit gehört auch zu den Tonmineralien. Es gibt eine Gruppe von Tonbestandteilen, bei denen Aluminiumoxyd vollständig oder teilweise durch dreiwertiges Eisenoxyd ersetzt ist; so besteht eine vollständig isomorphe Reihe zwischen Beidellit und Nontronit, $Fe_2O_3 \cdot 3SiO_2 \cdot nH_2O$. Im allgemeinen besitzen die Eisen-Tonmineralien weniger stark ausgeprägte kolloidale Eigenschaften als die reinen Aluminiummineralien.

Nach den vorliegenden Röntgenuntersuchungen an Tonen liefern — abgesehen von den Abständen der c-Achse — Montmorillonit und Pyrophillit identische Beugungsbilder. Die großen Abstände der c-Achsen, die den Zwischenräumen zwischen den Schichten der Pyrophillitstruktur entsprechen, zeigen bei der Entwässerung des Montmorillonits ein interessantes und charakteristisches Verhalten. Montmorillonit nimmt eine beträchtliche Menge Wasser auf, das zwischen den pyrophillitartigen Schichten eingelagert sein muß. Der Abstand zwischen diesen Schichten hängt lediglich von der Menge des durch die Struktur gebundenen Wassers ab, so daß bei der Entwässerung ein Schrumpfen längs der c-Achse stattfindet. Dasselbe in einer Richtung erfolgende Anschwellen und Schrumpfen in Abhängigkeit vom Wassergehalt beobachtet man auch beim Nontronit.

Aus der Identität ihrer Beugungsbilder ergibt sich, daß die einzelnen Schichten von Pyrophillit und Montmorillonit gleichartig zu formulieren sind als $Al_2O_3 \cdot 4SiO_2 \cdot H_2O + mH_2O$. Diese „ideale" Formel weicht von der ab, die sich aus den chemischen Analysendaten ergibt; aber HOFMANN, ENDELL und WILM[32] nehmen an, daß das Aluminum teilweise in der bereits besprochenen Art durch Magnesium ersetzt werden kann und daß andere Basen aufgenommen werden können. Weiterhin geht aus den Arbeiten von THILO klar hervor, daß beim Pyrophillit durch Reaktion mit den Hydroxylgruppen weitere Magnesiumionen in die Hydrargillitschicht eingelagert werden können.

Beidellit muß nach den Röntgenuntersuchungen dieselbe ideale Formel besitzen. Diese Ergebnisse lassen nicht erkennen, welche Unterschiede an dem verschiedenartigen optischen und physikalischen Ver-

[32] HOFMANN, ENDELL u. WILM: Z. Kristallogr., Kristallgeometr., Kristallphysik, Kristallchem. 1933, **86**, 340.

halten der Mineralien schuld sind, ebensowenig, ob sie als echte und definierte Verbindungen aufzufassen sind.

Im Halloysit liegen abwechselnd Schichten von hydratisierter Kieselsäure, $Si_2O_3(OH)_2$, und von Hydrargillit, $Al(OH)_3$, vor, so daß die ideale Formel $Al_2O_3 \cdot 2SiO_2 \cdot 4H_2O$ ist. Bei 50° werden zwei Moleküle Wasser je Formeleinheit abgegeben, aber der so entstehende Metahaloysit unterscheidet sich vom Kaolinit, Nakrit und Dickit, welche dieselbe Summenzusammensetzung besitzen. Wie man aus dem schematischen Diagramm (Abb. 33b und c) ersehen kann, würde sich der Kaolinit dadurch vom Halloysit ableiten, daß zwischen den Schichten des Hydrargillits und der hydratisierten Kieselsäure Wasser entfernt ist.

Viele Punkte in bezug auf die Struktur der Tone sind noch unbekannt; es haben sich aber Richtlinien zum Verständnis einiger ihrer noch nicht geklärten physikalischen Eigenschaften ergeben. Die Schichtgitterstruktur bricht — wie sich aus dem in einer Richtung erfolgenden Anschwellen des Montmorillonits ergibt — durch den Eintritt von Wasser in Plättchen zusammen, welche theoretisch im Grenzfall Makromoleküle von einer Schichtendicke sein müßten. Auf jeden Fall bilden sich dünne, schuppige Teilchen, auf denen die thixotropen Eigenschaften der Tonstreifen beruhen, während die Leichtigkeit, mit der die übereinanderliegenden elektrisch neutralen Schichten gegeneinander verschoben werden können, außerdem eine leichte Formbarkeit hervorruft. Der hydrophile Charakter der Tone und ihr Schrumpfen beim Trocknen kann wiederum mit der Art und Weise in Zusammenhang gebracht werden, mit der verschiedene Mengen von Wasser zwischen den Ebenen eingelagert werden können, wodurch eine Ausdehnung des ganzen Gitters in einer Richtung hervorgerufen wird.

C. Dreidimensionale Netzwerke.

Wenn der Vorgang der Zuordnung und des Besitzes gemeinsamer Sauerstoffatome so weit fortgesetzt wird, daß jede Schicht mit den

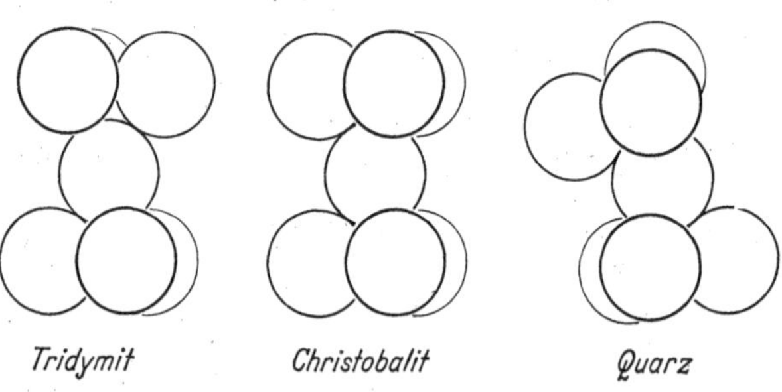

Abb. 34.

benachbarten Schichten oben und unten verbunden ist, so erhält man ein Netzwerk, in dem jedes Sauerstoffatom zwei tetraedrischen SiO_4-Gruppen gemeinsam ist. Das ganze Netzwerk hat dann die Zusammensetzung SiO_2 und bildet ein Riesenkieselsäuremolekül. Die drei Hauptkristallformen der Kieselsäure — Christobalit, Tridymit und Quarz —

gehen auf diesen Strukturtyp zurück [33]. Christobalit und Tridymit sind genau in der beschriebenen Weise aufgebaut und unterscheiden sich nur in der Art voneinander, wie die kreuzweise Bindung zustande kommt. Im Quarz ist die regelmäßige Anordnung etwas verzerrt, so daß Spiralen von O—Si—O—Si—O—-Ketten rund um dreizählige Schraubenachsen liegen (Abb. 34).

Feldspate, Zeolithe usw.

Das dreidimensionale Silicium-Sauerstoff-Gitterwerk ist elektrostatisch neutral; aber wie in den bereits betrachteten Strukturen können die Si^{4+}-Ionen, um die die Sauerstofftetraeder zentriert sind, durch Al^{3+}-Ionen ersetzt werden. Da jede derartige Substitution zu einer unausgeglichenen Anionenladung führt, müssen positive Ionen eingefügt werden, um die elektrische Neutralität aufrecht zu erhalten. Nach MACHATSCHKI [34] ist dies das Wesentliche in der Struktur der Feldspate und Zeolithe.

Das entstehende Netzwerk enthält, wie man aus den vorhergehenden Abschnitten verstehen wird, Ringe von sechs Tetraedern (von denen jeder die Summenformel $Al_nSi_{12-n}O_{18}$ besitzt). Es wird eine ausgedehnte, hoch symmetrische, wabenförmige Struktur aufgebaut, bei der sich breite Kanäle durch die Ringe ziehen und in der große Hohlräume vorhanden sind. Auf diese Art von offenem Gitterwerk beruhen die charakteristischen Eigenschaften der Aluminosilikate vom Feldspattypus, einschließlich der Zeolithe und der Ultramarine. Die beiden auffallendsten, allgemeinen Eigenschaften dieser Stoffklassen bestehen darin, daß sie einen Basenaustausch ausüben können, sowie in der Fähigkeit der hydratisierten Stoffe, Wasser abzugeben oder sich wieder zu hydratisieren, ohne daß irgendeine Änderung der optischen oder kristallographischen Eigenschaften stattfindet [35]. Mit „Basenaustausch" bezeichnet man in diesen Substanzen den beim einfachen Behandeln mit einem Salz des betreffenden Metalls erfolgenden Ersatz einer kationischen Komponente durch eine andere. Wenn man beispielsweise einen Natriumzeolith, wie Analcim, $NaAlSi_2O_6 \cdot H_2O$, mit einer Lösung eines Salzes von irgendeinem anderen Metall — z. B. Silbernitrat — behandelt, so wird das Natrium durch eine äquivalente Menge des zweiten Kations ersetzt und es ergibt sich in dem betrachteten Fall ein Silberzeolith. Die fraglichen Reaktionen sind umkehrbar und führen zu einem Gleichgewichtszustand.

Die Möglichkeit eines derartigen Basenaustausches muß mit der offenen Gitterwerkstruktur des Kristalls zusammenhängen, in deren Kanäle die Kationen hinunterwandern können. Daher ist ein Ersatz eines Kations durch ein anderes sehr leicht möglich und kann stattfinden, ohne daß der Charakter oder die Größen des Kristallgitters geändert

---

33 GIBBS, R. E.: Proc. Roy. Soc. 1925, A, **109**, 405; 1926, **110**, 443; 1927, **113**, 351.

34 MACHATSCHKI: Zbl. Mineral., Geol., Paläont. 1928, A, 97.

35 Anmerkung des Übersetzers: Die äußere Form der Kristalle bleibt zwar häufig erhalten; wegen der Änderung der optischen Eigenschaften vgl. z. B. F. RINNE: Neues Jb. Mineral., Geol., Paläont. 1897, I, 48 u. MALLARD: Bull. Soc. franc. Minéral 1882, **5**, 255.

werden. Die Diffusion von Wasser in die Hohlräume des Kristallgitters kann ebenfalls in die Kanäle hinein erfolgen. Wie man erwarten sollte, besitzen entwässerte Zeolithe — besonders ausgeprägt der Chabasit — ein beträchtliches Absorptionsvermögen für Gase.

Synthetische Zeolithkörper. Dieselbe Erscheinung des Basenaustausches üben auch einige synthetische Silikatmassen aus, besonders diejenigen, die unter dem Namen „Permutit" hergestellt und bekanntlich zur Enthärtung des Wassers benutzt werden. In diesem Falle unterliegen die in dem Wasser vorhandenen Calciumsalze einem Basenaustausch mit einem Natriumzeolith, wobei gelöstes Calcium durch Natrium ersetzt wird. Da die Konzentration des Calciums in der Wasserenthärtungsmasse bei fortschreitendem Austausch zunimmt, regeneriert man die Substanz durch Behandlung mit Natriumchlorid.

$$Na_2O \cdot Al_2O_3 \cdot nSiO_2 \cdot mH_2O + CaSO_4 \rightarrow CaO \cdot Al_2O_3 \cdot nSiO_2 \cdot mH_2O + NaSO_4 \text{ ... Enthärtung}$$

$$CaO \cdot Al_2O_3 \cdot nSiO_2 \cdot mH_2O + 2\,NaCl \rightarrow Na_2O \cdot Al_2O_3 \cdot nSiO_2 \cdot mH_2O + CaSO_4 \text{ ... Regenerierung.}$$

Auf Grund ihrer chemischen Eigenschaften kann man annehmen, daß sich diese künstlichen Basenaustauschzeolithe, die Aluminosilikate von der allgemeinen Form $Na_2O \cdot Al_2O_3 \cdot nSiO_2 \cdot mH_2O$ sind, auf einer ähnlichen Strukturform aufbauen wie die natürlichen Zeolithe. In dem Maße, wie der Gehalt an Kieselsäure zunimmt, ändern sich die physikalischen Eigenschaften; die leichte Basenaustauschmöglichkeit geht verloren und die Stoffe werden brüchig und glasig, wenn n größer als 3 ist. Die silikatreichen Substanzen, z. B. die, bei denen $n = 3$ oder 4 und $m = 4$ ist, scheinen sich von der einbasischen Verbindung $Na_2O \cdot Al_2O_3 \cdot 2\,SiO_2 \cdot 2\,H_2O$ dadurch abzuleiten, daß sich diese mit ungefähr stöchiometrischen Mengen von Ortho- oder Metakieselsäure vereinigt oder diese einschließt. Sie werden bei der Hydrolyse mit 10%igem Natriumhydroxyd unter Druck zu den Stammsubstanzen Natriummetasilikat und Kieselsäure abgebaut. Während die siliciumreichen Stoffe normale Basenaustauschreaktionen ausüben, z. B.

$$Na_2O \cdot Al_2O_3 \cdot 3\,SiO_2 \cdot 4\,H_2O + 2\,NH_4Cl \rightleftharpoons 2\,NaCl + (NH_4)_2O \cdot Al_2O_3 \cdot 3\,SiO_2 \cdot 4\,H_2O$$

stehen die angenommenen Stammsubstanzen in einem anormalen Austausch mit dem Ammoniumion[36]. Anstatt des Ammoniumzeoliths mit der analogen Formel entsteht eine neue Art, $0{,}5(NH_4)_2O \cdot Al_2O_3 \cdot 2\,SiO_2 \cdot 2{,}5\,H_2O$. Die gleichen Ergebnisse erhält man beim Basenaustausch mit Hydrazinsalzen. Der so erhaltene neue Strukturtypus übt einen normalen Austausch mit den Lösungen von Neutralsalzen aus und bildet beispielsweise die Verbindungen $0{,}5\,K_2O \cdot Al_2O_3 \cdot 2\,SiO_2 \cdot 2{,}5\,H_2O$ und $0{,}5\,Tl_2O \cdot Al_2O_3 \cdot 2\,SiO_2 \cdot 2{,}5\,H_2O$; mit Alkalien entsteht jedoch wieder ein Salz der ursprünglichen Reihe. Bei Anwesenheit von Ammoniak werden beim Basenaustausch mit Neutralsalzen die neuen Kationen aufgenommen, ohne daß das Ammonium verdrängt wird; Kaliumsalze ergeben so die Verbindung $0{,}5\,K_2O \cdot Al_2O_3 \cdot 2\,SiO_2 \cdot 2{,}5\,H_2O \cdot NH_3$; wenn man ein halbes

[36] GRUNER u. HIRSCH: Z. anorg. allg. Chem. 1931, **202**, 337. — GRUNER: Z. anorg. allg. Chem. 1931, **202**, 358.

Molekül Wasser in dem Rest besonders unterscheidet, so kann man diese als

$$0{,}5\, K_2O \cdot 0{,}5\, (NH_4)_2O \cdot Al_2O_3 \cdot 2\, SiO_2 \cdot 2\, H_2O$$

formulieren.

Die Hydrazinverbindung der neuen Reihe

$$0{,}5\, (N_2H_5)_2O \cdot Al_2O_3 \cdot 2\, SiO_2 \cdot 2{,}5\, H_2O$$

läßt sich mit Wasserstoffperoxyd oxydieren, wobei die Verbindung $Al_2O_3 \cdot 2SiO_2 \cdot 3H_2O + H_2O_2$ gebildet wird; diese enthält Wasserstoffperoxyd, das beim Ersatz durch Schwefeldioxyd zur Entstehung der Verbindung $Al_2O_3 \cdot 2SiO_2 \cdot 3H_2O \cdot SO_2$ führt. In derselben lose gebundenen Form kann man Wasser oder Ammoniak einführen. Wenn diese Verbindungen mit Wasser auf 125° erhitzt werden, so verlieren sie Schwefeldioxyd oder Wasserstoffsuperoxyd, und das entstehende Produkt $Al_2O_3 \cdot 2SiO_2 \cdot 3H_2O$ ist vollkommen kationenfrei. Die so gewonnenen Stoffe unterliegen keinen Basenaustauschreaktionen mit Neutralsalzen. Ätznatron reagiert aber mit ihnen und bildet die Natriumverbindung $Na_2O \cdot Al_2O_3 \cdot 2SiO_2 \cdot 2H_2O$. Das überzählige Wassermolekül in der basenfreien Verbindung enthält somit den Wasserstoff, der durch Kationen ersetzt werden kann, und die basenfreie Verbindung ist die Stammsubstanz einer Reihe von Verbindungen, die sich auf der Struktureinheit $[Al_2Si_2O_{10}H_4]^{2-}$ aufbaut. Die ganze Reaktionsfolge kann man dem nachstehenden Schema entnehmen.

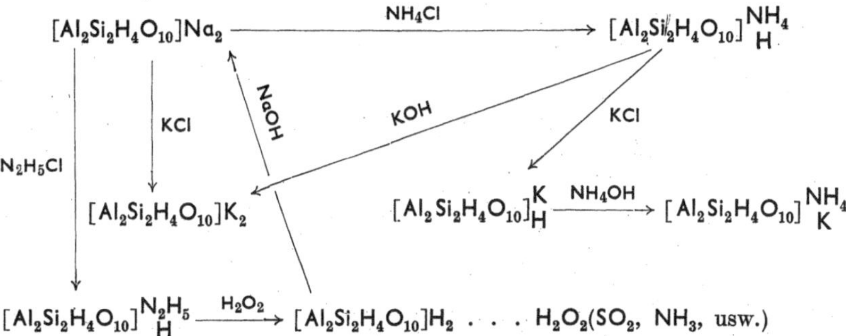

Ein weiterer Beweis für die den Verbindungen zugrunde liegende Struktur ergibt sich aus folgenden Überlegungen. Die wäßrigen Suspensionen der Natriumverbindung reagieren infolge von Hydrolyse alkalisch. Wenn man das so freiwerdende Alkali in der Weise titriert, daß die Lösung sich stets im alkalischen Gebiet befindet, so kann man zeigen, daß genau ein Drittel des Natriums hydrolytisch abgespalten wird und ein Rückstand von der Zusammensetzung $^2/_3 Na_2O \cdot Al_2O_3 \cdot 2SiO_2 \cdot 2^1/_3 H_2O$ übrig bleibt. Das würde bedeuten, daß die Gesamtformel verdreifacht werden muß; danach kann man die Natriumverbindung als $[Al_6Si_6H_{12}O_{30}]Na_6$ formulieren, das zu

$$[Al_6Si_6H_{12}O_{30}]Na_4H_2$$

hydrolisiert. Auf rein chemischer Grundlage gelangt man so zu dem Schluß, daß in diesen Verbindungen die typischen Basenaustauscheigenschaften mit einer Einheit verknüpft sind, welche insgesamt zwölf

Aluminium- und Siliciumatome enthält. Dabei ergibt sich sofort eine direkte Analogie zu denjenigen natürlich vorkommenden Zeolithen und verwandten Verbindungen, bei denen genau dasselbe dodekaedrische Strukturelement, das sich in endloser Folge durch den Kristall hindurch wiederholt, für die Ausübung der zeolithischen Eigenschaften verantwortlich ist. In den künstlichen Zeolithen ist die Größe des Anions wahrscheinlich begrenzt, so daß die Beziehung

(Zahl der Sauerstoffatome je Einheit) = 2 · (Al-Atome + Si-Atome),

die für das vollständige Aluminosilikatnetzwerk gültig ist, nicht mehr zutrifft.

Die Ultramarine.

Zu den interessantesten Aluminosilikatmineralien gehört das blaue, schwefelhaltige Natriumaluminosilikat, das als Ultramarin bezeichnet wird. Die Fragen nach der Konstitution und nach dem Ursprung der tiefen Färbung einer derartigen Verbindung sind noch nicht vollständig gelöst, wenn auch, wie wir sehen werden, in den letzten Jahren viel getan ist, um ihre Struktur zu klären.

Das tiefblaue Mineral Lazurit, das im Mittelalter Lapis lazuli genannt wurde, war schon lange als Halbedelstein bekannt und geschätzt. Das Mineral ist oft mit Stücken von Pyrit durchsetzt, welchen die Alten irrtümlicherweise für Goldflitter hielten, so daß Plinius (im Jahre 70) und bereits andere lange vor ihm den Lazurit mit dem tiefblauen Nachthimmel und der Unzahl glitzernder Sterne verglich. Der bereits in der Bibel erwähnte und von Theophrastus beschriebene Saphir ist mit dem Lapis lazuli identisch. Vom Mittelalter an wurde Lapis lazuli als Stein für Mosaiks und als höchst wertvolles Pigment aus dem Orient nach Europa importiert; da es von weither eingeführt wurde, bezeichnete man es als „Azurrum ultramarinum", d. h. das Blaue von jenseits des Meeres. Die wertvollsten Lazuritvorkommen lagen in Asien, besonders bei Badakshan in Afghanistan. Von dort aus wurden die Steine über Persien oder Bockhara und Rußland nach den europäischen Märkten gebracht. Marco Polo beschrieb im Jahre 1271 das Verfahren, nach dem das Pigment aus dem Stein extrahiert wurde.

Der Wert, den das Ultramarin als Pigment besaß, führte zu vielen Versuchen, es künstlich herzustellen. Nach den chemischen Analysen des Ultramarins von Clément und Désormes im Jahre 1806 wurde in Frankreich für ein wirtschaftlich durchführbares Verfahren zur Herstellung des synthetischen Ultramarins ein Preis ausgesetzt. Der Preis wurde 1828 von Guimet gewonnen, und sämtliches Ultramarin des Handels ist heutzutage künstlichen Ursprungs. Durch geeignete Wahl des Herstellungsverfahrens ist es möglich, Ultramarine jeder Schattierung von weiß oder blaßblaugrün bis rot oder violett herzustellen.

Prinzipiell besteht die Herstellung des Ultramarins darin, daß man Kaolin unter Ausschluß von Luft mit Schwefel oder Natriumsulfat und kohlenstoffhaltigen Reduktionsmitteln auf Rotglut erhitzt. Dabei entsteht eine gelbgrüne Masse, die an der Luft wieder erhitzt wird; die Färbung vertieft sich und wird endlich dunkelblau. Die löslichen Natriumsalze werden dann ausgelaugt, wobei das Pigment zurückbleibt. Die drei

Hauptvariationsmöglichkeiten des Verfahrens sind a) das Sulfatverfahren, bei dem Kaolin (oder Töpfertone, die ungefähr die Zusammensetzung des Kaolins besitzen) mit Natriumsulfat und Holzkohle erhitzt werden; b) der Soda-Sulfatprozeß, bei welchem eine Mischung von Kaolin mit Natriumsulfat, Natriumkarbonat, Schwefel und Teer benutzt wird, und c) das Sodaverfahren, das endlich eine Mischung des Silikats mit Natriumkarbonat, Schwefel, Kolophonium und Teer verwendet. Diese Abwandlungen des Verfahrens sind in der Reihenfolge ihrer zunehmenden Farbtiefe und des Alkali- bezw. Schwefelgehaltes der Produkte aufgeführt.

Die Zusammensetzung der Ultramarine ist sehr wechselnd und niemals stöchiometrisch; nach R. HOFFMANN erhält man jedoch je nach dem angewandten Verfahren Produkte mit folgenden „idealen" Zusammensetzungen:

Sulfatprozeß	Sulfat-Sodaprozeß	Sodaprozeß
$Na_{10}Al_6Si_6O_{24}S_2$ *weiß*	$Na_{12}Al_6Si_6O_{24}S_3$ *weiß*	$Na_{14}Al_6Si_6O_{24}S_4$ *weiß*
$Na_8Al_6Si_6O_{24}S_2$ *grün*	$Na_9Al_6Si_6O_{24}S_3$ *grün*	$Na_{10}Al_6Si_6O_{24}S_4$ *grün*
$Na_6Al_6Si_6O_{24}S_2$ *blau*	$Na_7Al_6Si_6O_{24}S_3$ *blau*	$Na_8Al_6Si_6O_{24}S_4$ *blau*

Dem Lapis lazuli selbst kommt dagegen die Formel $Na_{10}Al_6Si_6O_{24}S_6$ zu. Man kann auch Ultramarine mit einer tieferen Färbung erhalten, in denen das Verhältnis von $Al:Si$ ungefähr 1:1,5 beträgt. Diese sind gegen die Einwirkung von Alaunlösungen bedeutend widerstandsfähiger und werden durch Alaun viel weniger leicht entfärbt als diejenigen Ultramarine, bei denen das Verhältnis $Al:Si = 1:1$ ist.

Wie bei den Zeolithen ist das Alkali im Ultramarin durch andere Basen ersetzbar[37]. So reagiert die blaue Natriumverbindung mit Silbernitrat und gibt ein gelbes Silberultramarin, von dem sich durch Einwirkung von Metallsalzen Ultramarine verschiedener anderer Metalle darstellen lassen. Wie bei den Zeolithen ist der Grad, bis zu dem Austausch stattfinden kann, sehr verschieden; er hängt von der Konzentration der Lösungen, der Erhitzungsdauer und ähnlichen Faktoren ab. Das Wesentliche ist jedoch, daß es dabei keine Rolle spielt, ob man Natrium-Ultramarine mit hohem oder solche mit niedrigem Siliciumgehalt verwendet; die entstehenden Silberultramarine enthalten nach JAEGER stets das Verhältnis $Al:Si = 1:1$. Diese Beobachtung bedeutet eine wesentliche Stütze für die HOFFMANNsche Formulierung des Aluminosilikatskeletts.

Ultramarin ist gegenüber Alkalien ziemlich beständig, während Säuren unter Ausscheidung von Schwefel und Entwicklung von Schwefelwasserstoff den schwefelhaltigen Teil des Moleküls zerstören. Die Menge des entwickelten Schwefelwasserstoffs gibt den sogenannten „Reduktionsgrad" des Schwefels an. Wasser unter Druck löst bei 300° Natriumsulfid und hinterläßt einen farblosen Rückstand. Ein langsamer Säureabbau wird durch Äthylenchlorhydrin hervorgerufen, das beim Siedepunkt Alkali entfernt, ohne daß ein Verlust von Schwefel oder eine Änderung

[37] Eine zusammenfassende Darstellung findet man bei F. M. JAEGER: Trans. Faraday Soc. 1929, **25**, 320.

des Reduktionsgrades des Schwefels erfolgt. Während dieses Vorganges ändert sich die Färbung nach rosa und endlich zu weiß. Bei genügend langer Einwirkung wird praktisch das ganze Alkali entfernt und schließlich das Kristallgitter zerstört[38]. Wenn man das teilweise extrahierte Material mit verschiedenen Reagenzien behandelt, kann man eine Wiederaufnahme des Alkalis herbeiführen; das weiße Produkt färbt sich durch Einwirkung einer wäßrigen Lösung von Natriumsulfid grün und beim Schmelzen mit Natriumsulfid blaßblau. Natriumhydroxyd ruft eine gelbe Färbung hervor und bewirkt eine gewisse Zersetzung, da Natriumpolysulfid gelöst wird. Beim Schmelzen mit Natriumnitrat unterhalb von 550° können bis zu 12,5% Natrium aufgenommen werden, ohne daß ein Verlust von Schwefel eintritt; die Farbe geht dabei in ein intensives Gelbgrün über. Wenn nun der Überschuß von Natriumnitrat entfernt wird, so bildet das Produkt, beim Erhitzen unter begrenztem Luftzutritt ein tiefblaues, kristallines Ultramarin; diese Umwandlung erfolgt nicht, wenn es im reinen Stickstoff oder im reinen Sauerstoff erhitzt wird; es scheint also für die Färbung ein bestimmter Oxydationsgrad erforderlich zu sein, was mit der Annahme übereinstimmt, daß die Farbe auf unvollständig oxydierten Schwefelverbindungen beruht (s. unten).

Die Farbe des Ultramarins wird auch durch Schmelzen mit Natriumformiat zerstört, wobei ein weißes Reduktionsprodukt entsteht, das mehr Natrium enthält und bei der Behandlung mit Säuren doppelt soviel Schwefelwasserstoff ergibt wie Ultramarin. Röntgenuntersuchungen zeigen, daß hierbei das Ultramarin-Kristallgitter unverändert erhalten bleibt. Reagenzien, welche das überschüssige Alkali entfernen — z. B. Äthylenchlorhydrin, Chlorwasserstoff, heißes Wasser — stellen die blaue Färbung ebenfalls wieder her; ebenso tritt die Farbe wieder auf, wenn die Substanz in Luft oder im Vakuum über 200° hoch erhitzt wird. Der Farbwechsel beim Erhitzen ist demnach nicht an einen Oxydationsvorgang gebunden.

Ebenso wird bei der Chlorierung von Ultramarin bei 400° Alkali entfernt, wobei farblose Produkte entstehen. Wenn der Prozeß unterbrochen wird, bevor eine Zerstörung des Kristallgitters stattfindet, so erhält man ein farbloses Produkt, das seine blaue Färbung beim Schmelzen mit Alkali wieder erhält. Es scheint demnach so zu sein, daß das Alkali im Ultramarin beweglicher ist als der Schwefel und daß sowohl ein Überschuß als auch ein Mangel an Alkali die Färbung zerstören kann.

Von LESCHEWSKI und MÖLLER[39] sind Versuche unternommen worden, die Form, in der der Schwefel vorliegt, festzustellen. Wasserstoff reduziert Ultramarin bei 400° und gibt dabei ein blaßblaues Produkt, welches das Ultramarin-Kristallgitter beibehält. Während der Reduktion geht wenig Schwefel verloren, aber der Reduktionsgrad nimmt zu, z. B. stieg bei einem Ultramarin mit einem Schwefelgehalt von 7,8% der sulfidische Schwefel von 0,9 auf 6%. Oberhalb von 400° wird mehr Schwefel abgeschieden als Schwefelwasserstoff gebildet, wobei wieder eine Farbvertiefung auftritt. Der umgekehrte Vorgang, die Oxydation mit Sauerstoff

[38] LESCHEWSKI u. MÖLLER: Z. anorg. allg. Chem. 1932, **209**; 369, 1934, **220**. 317.

[39] LESCHEWSKI u. MÖLLER: Z. anorg. allg. Chem. 1933, **212**, 420; 1932, **209**, 377. Ber. dtsch. chem. Ges. 1932, **65**, 250.

bei 500°, verringert den Reduktionsgrad des Schwefels, zerstört aber weder das Kristallgitter noch die Färbung. Abwechselnde Oxydation und Reduktion mit Sauerstoff bzw. Wasserstoff liefert abwechselnd dunkelblaue und lichtblaue Produkte.

Die Eigenschaften der Ultramarine deuten darauf hin, daß sie mit natürlich vorkommenden, basenaustauschbewirkenden Mineralien verwandt sein müssen, und zwar — wie Brögger und Backström im Jahre 1890 feststellten — besonders mit dem Sodalith, $Na_8Al_6Si_6O_{24}Cl_2$, dem Nosean oder Hauyn, $Na_4(Na_2, Ca)Al_6Si_6O_{24}(SO_4)_2$, und dem Cancrinit, $(Na_2, Ca)_5Al_6Si_6O_{24}(CO_3)_2$. Alle diese Mineralien wurden als Additionsverbindungen eines Natriumaluminosilikats mit $NaCl$, Na_2SO_4 (oder $CaSO_4$) bzw. Na_2CO_3 aufgefaßt. Ultramarin scheint somit in der gleichen Weise durch Anlagerung von Natriumpolysulfid an dasselbe Stammaluminosilikat gebildet zu sein. Nach einer anderen Auffassung wurde Nephelith als Stammverbindung dieser Gruppe aufgefaßt. Die Beziehung zwischen den verschiedenen Stoffen ergibt sich dann aus den beiden folgenden Formulierungsreihen (bei denen die Formeln zur Vereinfachung halbiert sind):

$$\underset{\text{Sodalith}}{\left\{ Al(SiO_4)_3 \left\{ \begin{matrix} Na_2 \\ Al \\ Al\ldots Cl \end{matrix} \right. \right.} \qquad \underset{\text{Hauyn}}{\left\{ Al(SiO_4)_3 \left\{ \begin{matrix} Na_2 \\ Ca \\ Al \\ Al\ldots SO_4Na \end{matrix} \right. \right.} \qquad \underset{\text{Ultramarin}}{\left\{ Al(SiO_4)_3 \left\{ \begin{matrix} Na_4 \\ Al \\ Al\ldots S_3Na \end{matrix} \right. \right.}$$

oder

$$\underset{\text{Nephelith}}{\left\{ Al(SiO_4)_3 \left\{ \begin{matrix} Na_3 \\ \\ Al_2 \end{matrix} \right. \right.} \qquad \underset{\text{Sodalith}}{\left\{ Al(SiO_4)_3 \left\{ \begin{matrix} Na_3 \\ \\ Al_2\ldots NaCl \end{matrix} \right. \right.} \qquad \underset{\text{Ultramarin}}{\left[\left\{ Al(SiO_4)_3 \left\{ \begin{matrix} Na_3 \\ \\ Al_2 \end{matrix} \right. \right. \right]_2 \ldots 2\ NaS_2}$$

Die Analogie zu den Zeolithen stützt sich auf die Beobachtung von Singer und Gruner[40] bei der Einwirkung von Alkalisulfiden auf synthetische Zeolithe. Dabei bilden sich blaue Stoffe, und zwar ist die Färbung im Falle der Erdalkaliverbindungen besonders tief. Im Gegensatz zu den echten Ultramarinen sind die Stoffe nicht sehr beständig. Schwefel kann durch Waschen unter Entfärbung der Substanz entfernt werden; durch Trocknen bei 100° oder bei gewöhnlicher Temperatur wird Schwefelwasserstoff entwickelt. Die Menge des aufgenommenen Schwefels wechselt zwischen drei und vier Atomen je Einheit der Formel $Na_6[Al_6Si_6A_{12}O_{30}]$ (s. oben die Grunersche Formulierung der künstlichen Zeolithe). Da bei der Behandlung mit Alkalisulfid das Säureäquivalent der Substanzen unverändert bleibt, so ergibt sich, daß S^{2-} oder SH^--Ionen als solche aufgenommen werden, wenn auch eine Oxydation von Natriumsulfid zu Polysulfiden möglich ist. Daß irgendeine derartige Oxydation stattfindet und mit der Ausbildung der Farbe im Zusammenhang steht, sieht man daran, daß bei der Behandlung von vollständig entgastem Zeolith mit Natriumsulfid in einer Stickstoffatmosphäre ein farbloses Produkt gebildet wird, das genau zwei Atome Schwefel je Molekül $Na_6[Al_6Si_6H_{12}O_{36}]$ enthält. Man nimmt an, daß der Schwefel durch direkten Ersatz von OH^-- durch SH^--Gruppen in das Molekül eingeführt

[40] Singer u. Gruner: Z. anorg. allg. Chem. 1932, **204**, 232, 247.

wird und sich so der Komplex $[Al_6Si_6H_{10}O_{28}(SH)_2]^{6-}$ bildet. Der Verlust des Schwefels beim Trocknen beruht dann auf Hydrolyse:

$$[Al_6Si_6H_{10}O_{28}(SH)_2]^{6-} + 2\,H_2O \rightleftharpoons [Al_6Si_6H_{10}O_{28}(OH)_2]^{6-} + 2\,H_2S.$$

In Gegenwart von Luft wird Natriumhydrosulfid leicht zu Polysulfid oxydiert, so daß durch die Reaktion von Zeolith bei Luftzutritt ohne Schwierigkeiten S_2H^-- oder $S_2{}^{2-}$-Gruppen eingeführt werden können. Blaue Stoffe von größerer Beständigkeit, die mit den echten Ultramarinen näher verwandt sind, erhält man durch Einwirkung von Natriumsulfidlösungen unter Druck bei Temperaturen oberhalb von 200°. Diese katalysieren, wie die echten Ultramarine, die Reaktion von Jod mit Natriumazid; sie ergeben gut definierte Röntgendiagramme, die identisch oder wenigstens sehr ähnlich sind mit denjenigen, welche man von den echten Ultramarinen erhält.

Der röntgenologische Beweis über die Konstitution des Ultramarins wurde zuerst von JAEGER erbracht[41], welcher zeigte, daß die Pulverdiagramme sämtlicher Ultramarine, unabhängig von ihrer Färbung und chemischen Konstitution, untereinander und mit den Diagrammen des Noseans und Hauyns identisch sind. Sodalith gab indessen vollkommen andere Beugungsbilder[42] und darf daher nicht in der oben beschriebenen Weise mit Nosean und Ultramarin in eine Gruppe gestellt werden. Ein Wechsel der Kationen im Ultramarin — z. B. Ersatz von Natrium durch Silber — verursachte nur Änderungen in den relativen Intensitäten der verschiedenen Beugungen, ohne daß irgendeine merkbare Änderung in den Abständen auftrat. Ein kleiner Einfluß auf die Größen der Struktur besteht darin, daß durch das Einfügen eines kleineren Kations (z. B. beim Ersatz von Natrium durch Lithium) eine geringe Schrumpfung des Aluminosilikatskeletts verursacht wird. Der Schwefel des Ultramarins kann durch Selen ersetzt werden, ohne daß die Struktur beeinflußt wird oder eine Änderung der relativen Intensitäten erfolgt.

Die Struktur der Verbindungen beruht auf einem körperzentrierten Würfelgitter mit 9,13 Å Kantenlänge. Die Elementarzelle enthält 24 Sauerstoffatome, 6 Silicium- und 6 Aluminiumatome. Die beobachtete Symmetrie dieses $[Al_6Si_6O_{24}]^{6-}$-Bauelementes erfordert, daß es eine regelmäßige oktaedrische Einheit in dem dreidimensionalen (Si, Al)—O-Gitterwerk mit den für die Zeolithe charakteristischen breiten Kanälen und Hohlräumen bildet. JAEGER konnte die Lage der Kationen oder der Schwefelatome in dieser Struktur nicht feststellen und nahm an, daß diese durch die Gitter wandern und willkürlich irgendwelche Stellen besetzen könnten. Neuere Strukturuntersuchungen zeigen indessen, daß eine derartige Annahme nicht erforderlich ist.

Nach PODSCHUS, LESCHEWSKI und HOFMANN[43] muß die oben angegebene ideale Formel für die Ultramarine und verwandte Verbindungen geändert werden, da in jeder Elementarzelle nur für acht große Kationen wie Na^+ Platz ist. Ein höherer Natriumgehalt läßt sich nur

---

[41] JAEGER, F. M.: Trans. Faraday Soc. 1929, **25**, 320. Proc. Acad. Amsterdam 1927, **30**, 249.

[42] Siehe PAULING: Proc. Nat. Acad. Sci. USA 1930, **16**, 453.

[43] PODSCHUS, LESCHEWSKI u. HOFMANN: Z. anorg. allg. Chem. 1936, **228**, 305.

durch die Annahme gemischter Natriumsalze erklären. In den Ultramarinen selbst sind stets nur weniger als acht Natriumatome vorhanden; eine typische, von den genannten Autoren analysierte Substanz besaß die Zusammensetzung $Na_{6,63}Al_{5,87}Si_{6,13}O_{24}S_{2,45}$ mit der Summe $Al + Si = 12$, wie es die Theorie erfordert. In der Kristallstruktur ist Platz für acht Kationen, und man nimmt an, daß die Natriumionen statistisch über die verfügbaren Stellen verteilt sind. Der Schwefel liegt wahrscheinlich in Form von S_2-Gruppen vor, die sehr wohl Polysulfidionen vorstellen können. Diese sind zu oktaedrischen Gruppen angeordnet und

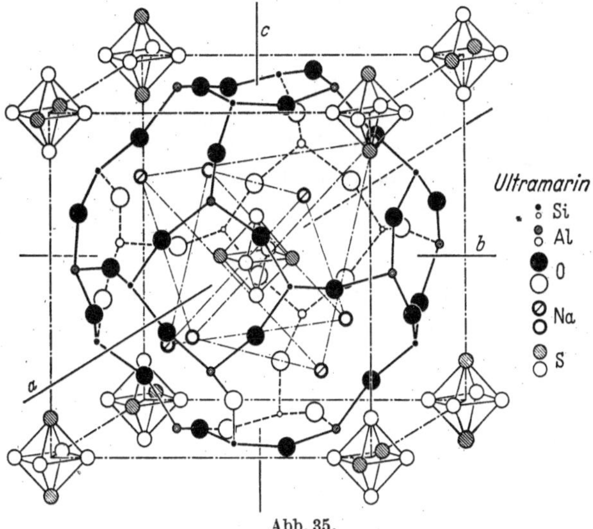

Abb. 35.

besetzen den Mittelpunkt und die Ecken der würfelförmigen Elementarzelle. Von diesen Gruppen sind wieder nicht mehr als zwei von den sechs möglichen Stellen besetzt, und Überlegungen hinsichtlich des tatsächlich für die Besetzung durch den Schwefel vorhandenen Raumes machen es unwahrscheinlich, daß irgendeine größere Polysulfidgruppe als S_3^{2-} auftreten kann (Abb. 35).

Aus dem vorhergehenden Absatz geht hervor, daß die Ultramarine strukturell in enger Beziehung zu den Zeolithen stehen; jetzt muß nur noch der Ursprung ihrer Farbe besprochen werden. Die auf chemischem Wege gewonnenen Ergebnisse zeigen, daß die Färbung mit der Gegenwart bestimmter Mengen von Alkali und Schwefel verknüpft ist; von diesem liegt ein Teil in Form von Sulfidionen, der Rest als Polysulfid vor. Ältere Theorien[44] schreiben die blaue Farbe dem Auftreten von kolloidem Schwefel zu. Derartig gefärbte Produkte, die kolloidalen Schwefel enthalten, bilden sich aus Ferrichlorid und Natriumthiosulfat oder beim Zusatz von Schwefel zu geschmolzenem Natrium- oder Kaliumchlorid. Geschmolzenes Kaliumrhodanid besitzt ebenfalls eine blaue Farbe.

Durch Schmelzen von Borax mit Natriumsulfid oder Schwefel erhält man Stoffe, von denen man annahm, daß sie mit den Ultramarinen

[44] Hofmann, K. A.: Ber. dtsch. chem. Ges. 1905, 38, 2482. — Ostwald, Wo. u. Auerbach: Kolloid-Z. 1926, **38**, 336; s. auch Z. anorg. allg. Chem. 1929, **183**, 37.

verwandt wären[45]. Während des Schmelzens entstehen gelbe, rote und dunkelbraune Färbungen, die beim Zusatz von Borsäure dunkler werden und in grün übergehen. Wenn man die höheren Polyborate — z. B. $Na_2B_{10}O_{16}$ — im gelösten Zustand mit Schwefelwasserstoff behandelt und anschließend schmilzt, so erhält man blaue Schmelzen. Die Färbung vertieft sich, wenn die Produkte in Schwefelkohlenstoffdampf erhitzt werden. In diesen sogenannten „Borultramarinen“ kann die Borsäure teilweise durch die Oxyde des Aluminiums oder Siliciums ersetzt werden, während an Stelle des Schwefels Selen treten kann, wobei sich rosa bis braune Färbungen ergeben, oder Tellur, welches zur Entstehung von grauen oder schwarzen Produkten führt. Hydratisiertes Natriumsulfid bildet mit Natriumphosphat und Phosphorpentoxyd eine analoge himmelblaue Schmelze. Alle diese Färbungen treten aber nur vorübergehend auf und sind unbeständig. Ihre Entstehung wird möglicherweise durch hochdispersen kolloidalen Schwefel hervorgerufen; Wo. Ostwald und Auerbach versuchten diese Hypothese auf die echten Ultramarine auszudehnen und brachten Unterschiede in der Farbe mit verschiedenen Dispersionsgraden des kolloidalen Schwefels in Zusammenhang. Ihre Annahme ist jedoch nicht zutreffend; Podschus, Leschewski und Hofmann zeigten, daß die Kristallstruktur jede Möglichkeit des Auftretens von kolloidalen Teilchen ausschließt; wie gezeigt wurde, ist der Schwefel ganz und gar nicht flüchtig und gegen Oxydation in Nitratschmelzen bis 550° beständig. Der wahre Ursprung der intensiv blauen Färbung der Ultramarine ist somit noch ungeklärt, wenn auch mit Sicherheit ein Zusammenhang mit dem Vorkommen von polysulfidischem Schwefel besteht.

Sechstes Kapitel.

Wasserstoff und die Hydride.

Das Interesse des Chemikers am Wasserstoff wurde in den letzten Jahren durch zwei Entdeckungen von außerordentlicher Bedeutung wieder geweckt, und zwar durch die Feststellung des Auftretens von „Spinisomerie“ des Wasserstoffmoleküls, als deren Folge Ortho- und Parawasserstoff vorkommen, und zweitens durch die Existenz von Wasserstoffisotopen. Diese beiden Abschnitte sollen in diesem Kapitel für sich zusammengefaßt werden, bevor das weitere Gebiet der Darstellung und Eigenschaften der Hydride und einiger anderer verwandter Verbindungen behandelt wird.

Ortho- und Parawasserstoff.

Das Auftreten zweier verschiedener Formen von molekularem Wasserstoff, die als Ortho- und Parawasserstoff bezeichnet werden, rührt von der Tatsache her, daß in einem Wasserstoffatom der Kern sich wie ein

[45] Z. anorg. allg. Chem. 1929, **183**, 37.

Kreisel dreht, wobei sein Kreismoment $\frac{h}{4\pi}$ ist[1]. Wenn zwei derartige Kerne sich vereinigen und ein Molekül bilden, so können die Spins entweder gleich oder entgegengesetzt gerichtet sein. Wenn sie gleich gerichtet sind, wie in dem folgenden Diagramm, so nennt man sie unsymmetrisch und das entstehende Molekül Orthowasserstoff, wenn sie entgegengesetzt gerichtet sind, so nennt man sie symmetrisch, und das Molekül heißt Parawasserstoff. Diese Art von Spinisomerie tritt auch bei anderen symmetrischen Molekülen auf, deren Kerne ein Spinmoment besitzen; sie kommt auch beim Deuterium vor, aber wir wollen diese Besprechung auf den Wasserstoff beschränken, da abgesehen vom Deuterium bei keinem der anderen isomeren Molekülpaare irgendein nachweisbarer chemischer Unterschied besteht.

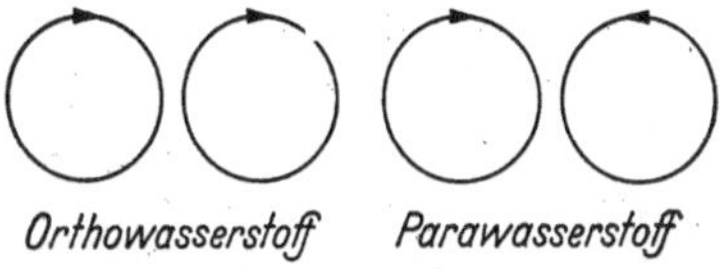

Orthowasserstoff Parawasserstoff

Abb. 36.

Ortho- und Parawasserstoff unterscheiden sich in ihrer inneren Molekularenergie, und zwar ist diese bei der symmetrischen Paraform geringer als in der Orthoform. Diese Energiedifferenz macht sich durch Unterschiede in der Intensität des Bandenspektrums von molekularem Wasserstoff bemerkbar, was zuerst im Jahre 1924 von MECKE beobachtet wurde und zu der daraufhin folgenden Entwicklung dieses Gebietes führte. Der Energieunterschied verursacht auch eine Temperaturabhängigkeit der relativen Verhältnisse von Ortho- und Paraform. Beim absoluten Nullpunkt würde Parawasserstoff in reiner Form vorliegen, weil er die geringste innere Energie besitzt; beim Temperaturanstieg würde der Anteil der Orthoform zunehmen. So hat sich aus theoretischen Erwägungen zeigen lassen, daß sich bei sehr hohen Temperaturen die Grenzverhältnisse der beiden Formen zueinander (Ortho : Para) wie 3 : 1 verhalten. Die nebenstehende Tabelle zeigt, wie sich die Zusammensetzung des Gleichgewichtsgemisches mit der Temperatur ändert. Die Gleichgewichte können sowohl theoretisch berechnet als auch experimentell bestimmt werden.

Tabelle 1.

Temperatur ° abs.	Para-H_2 %	Ortho-H_2 %
20	99,82	0,18
40	88,61	11,39
80	48,39	51,61
120	32,87	67,13
273	25,13	74,87
∞	25,00	75,00

Das Wärmeleitvermögen und die spezifischen Wärmen der beiden Formen sind voneinander verschieden, und man kann diese Eigenschaften dazu benutzen, die Zusammensetzung eines Gemisches zu bestimmen. Das Gleichgewichtsverhältnis von Ortho- zu Paraform stellt sich bei einer Temperaturänderung nicht ohne weiteres von selbst ein, sondern nur dann, wenn man irgendeinen Katalysator benutzt. BONHOEFFER und HARTECK[2] zeigten durch Messungen der Wärmeleitfähigkeit bei geringen

---

[1] Einen Überblick über die physikalischen Grundlagen dieses Gebietes findet man bei S. GLASSTONE: Recent Advances in General Chemistry (1936) und bei A. FARKAS: Orthohydrogen, Parahydrogen and Heavy Hydrogen (1935).

[2] BONHOEFFER u. HARTECK: Naturwiss. 1929, **17**, 182.

Drucken, daß sich unter gewissen Bedingungen das Gleichgewicht innerhalb eines Jahres noch nicht eingestellt hatte. Wenn man aber gewöhnlichen Wasserstoff bei 20° abs. in Berührung mit aktiver Kohle läßt, so war das Gleichgewicht sofort erreicht, und das abgesaugte Gas bestand aus Parawasserstoff mit einem Reinheitsgrad von 99,7%. Dieser Parawasserstoff konnte eine Woche lang bei Zimmertemperatur in Glasgefäßen aufbewahrt werden, ohne daß eine merkliche Umwandlung erfolgte. Das Gleichgewichtsgemisch, welches ungefähr 25% Parawasserstoff enthält, bildet sich auf einem der folgenden Wege zurück:

1. Durch Behandlung mit Metallkatalysatoren (z. B. Fe oder Pt);
2. Beim Durchtritt durch eine elektrische Entladungszone;
3. Durch Zusatz von atomarem Wasserstoff;
4. Durch Erhitzen auf Temperaturen von 800° oder mehr.

Es sei darauf hingewiesen, daß eine Anreicherung von Orthowasserstoff über das Verhältnis des Gleichgewichtsgemisches 3 : 1 hinaus nicht möglich ist. Demzufolge kann man auch die physikalischen Eigenschaften der beiden Formen nicht miteinander vergleichen, wohl aber ist ein Vergleich zwischen der Paraform und gewöhnlichem Wasserstoff möglich.

Parawasserstoff und gewöhnlicher Wasserstoff weisen einen deutlichen Unterschied im Dampfdruck auf, wie man an den in Tabelle 2 aufgeführten Werten bei den Temperaturen 13,95° abs. und 20,39° abs. erkennen kann; diese Temperaturen sind der Tripel- bzw. Siedepunkt des gewöhnlichen Wasserstoffs.

Tabelle 2.

Temperatur ° abs.	Dampfdruck mm	
	Normaler Wasserstoff	Parawasserstoff
13,95	53,9	57,0
20,39	760,0	787,0

Der Schmelzpunkt der reinen Paraform liegt bei 13,83° abs. Die magnetischen Eigenschaften der beiden Formen unterscheiden sich ebenfalls. Im Parawasserstoff heben die Kernspins einander auf, so daß das magnetische Moment des Moleküls Null ist, während im Orthowasserstoff die Spins sich verstärken und das Moment für die Orthoform, das man aus den für Ortho-Paragemischen gemessenen Werten extrapolieren kann, ungefähr doppelt so groß ist wie das Moment eines Protons[3]. Der durch den Kernspin verursachte Magnetismus muß jedoch kleiner sein als der, welcher durch Vorgänge in der Hülle hervorgerufen wird.

Die Tatsache, daß das Wärmeleitvermögen und die Wärmekapazitäten der beiden Wasserstoffarten verschieden sind, wurde schon erwähnt. Verschiedene Forscher haben daraufhin Verfahren ausgearbeitet, um diese Unterschiede zur Analyse von Ortho-Paragemischen zu benutzen. Die Form der verwendeten Apparatur ist in Abb. 37 gezeigt.

Die Leitfähigkeitszelle, welche in flüssige Luft oder in flüssigen Wasserstoff getaucht ist, enthält einen dünnen Draht, der durch eine kleine Batterie auf 160—180° abs. geheizt wird und den einen Abschnitt einer Wheatstoneschen Brücke bildet. Sein elektrischer Widerstand ist ein Maß für seine Temperatur, welche durch die Wärmeleitfähigkeit des

[3] Die magnetischen Eigenschaften der Moleküle sind ausführlicher im Kapitel III auf S. 67 behandelt.

den Draht umgebenden Gases bestimmt wird. Bei konstantem Druck und konstantem Heizstrom erreicht der Draht im normalen Wasserstoff eine höhere Temperatur als im Parawasserstoff, weil die Paraform eine größere Wärmeleitfähigkeit besitzt. Wenn man so zuerst die Zelle mit gewöhnlichem Wasserstoff und mit reinem Parawasserstoff eicht, ist es möglich, unbekannte Gemische der beiden Wasserstoff-Formen zu analysieren, da eine lineare Beziehung zwischen der Leitfähigkeit und dem Gehalt an Parawasserstoff in der Mischung besteht. In besonderen Fällen wurden bei der Anwendung des Verfahrens verschiedene Änderungen benutzt.

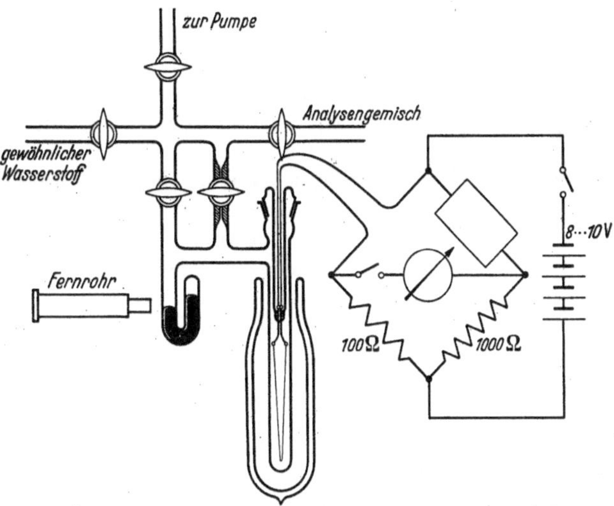

Abb. 37. Apparat zur Analyse von Ortho-Parawasserstoffgemischen. (Aus A. FARKAS: Orthohydrogen, Parahydrogen and Heavy Hydrogen.)

So werden gewöhnlich die Messungen bei einem Druck von 20—40 mm ausgeführt, während A. FARKAS[4] ein Verfahren entwickelt hat, bei dem er mit einer Zelle von 2 cm³ Inhalt und einem Gasdruck von 0,05 mm Quecksilber arbeitet.

Die katalytischen Eigenschaften verschiedener Stoffe in bezug auf die gegenseitige Umwandlung von Ortho- und Parawasserstoff sind ausführlich untersucht worden. Die thermische Umwandlung bei 800 bis 1000° ist eine homogene Reaktion, und man nimmt an, daß sie über die Bildung von Wasserstoffatomen auf Grund einer thermischen Dissoziation des Wasserstoffs verläuft. Es hat sich gezeigt, daß einige paramagnetische Stoffe die Umwandlung katalysieren. So wirken Sauerstoff, Stickoxyd und Stickstoffdioxyd, welche sämtlich paramagnetisch sind, aktivierend (L. FARKAS und SACHSSE[5]). Dank der Entwicklung bequemer und zuverlässiger Analysenmethoden können derartige Untersuchungen leicht durchgeführt werden. Viele diamagnetische Gase, wie N_2, N_2O, CO_2, NH_3, HJ und SO_2, sind nicht imstande, eine Umwandlung hervorzurufen. Es hat sich weiterhin ergeben, daß in Lösungen paramagnetische Ionen Parawasserstoff in das Gleichgewichtsgemisch umwandeln können,

[4] FARKAS, A.: Z. physik. Chem. 1933, B, **22**, 344.
[5] FARKAS, L. u. SACHSSE: Z. physik. Chem. 1933, B, **23**, 1, 19.

wobei die Wirkung um so größer ist, je größer die magnetischen Momente der fraglichen Ionen sind. In der folgenden Tabelle sind die Geschwindigkeitskonstanten für die durch halbmolare Lösungen verschiedener Ionen bewirkte Umwandlung und gleichzeitig die magnetischen Momente der entsprechenden Ionen angegeben[6].

Die heterogene Umwandlung wurde zuerst bei Verwendung von Holzkohle als Katalysator beobachtet. Wenn man gewöhnlichen Wasserstoff durch ein mit Holzkohle gefülltes und in flüssiger Luft gekühltes Rohr hindurchleitet, so stellt sich das der Temperatur der flüssigen Luft entsprechende Gleichgewichtsverhältnis von Ortho- zu Parawasserstoff sofort ein. Bei gewöhnlicher Temperatur ist jedoch Holzkohle als Katalysator nicht wirksam, was man daraus ersieht, daß Parawasserstoff bei Zimmertemperatur in Berührung mit Holzkohle aufbewahrt werden kann, ohne daß der dem Gleichgewicht entsprechende Anteil der Orthoform gebildet wird. Platinschwarz hingegen ist bei Zimmertemperatur ein guter Katalysator, während es bei der Temperatur der flüssigen Luft unwirksam ist.

Tabelle 3.

Ion	Magnetisches Moment in Magnetonen	k in $\frac{\text{Liter}}{\text{Mol} \cdot \text{min}}$
Zn_2^+ . .	0	0
Cu_2^+ . .	1,9	1,15
Ni_2^+ . .	3,2	1,95
Co_2^+ . .	5,1	5,56
Fe_2^+ . .	5,3	6,05
Mn_2^+ . .	5,8	8,05

Der Einfluß der Temperatur auf die Aktivität verschiedener Katalysatoren ist ziemlich verwickelt. Wie bereits erwähnt wurde, ist Holzkohle bei Zimmertemperatur nicht aktiv, wohl dagegen bei tiefen Temperaturen; ihre Aktivität steigt allmählich bei Temperaturen oberhalb 200° an. Natriumchlorid und Kupferpulver zeigen ebenfalls ein Minimum der Aktivität bei Zimmertemperatur. TAYLOR und DIAMOND[7] haben die katalytische Aktivität von verschiedenen Oxyden (z. B. Cr_2O_3, Gd_2O_3, Nd_2O_3, V_2O_3, V_2O_5, CeO_2, ZnO, La_2O_3) bei 86° abs. untersucht und gezeigt, daß die paramagnetischen Oxyde bei dieser Temperatur eine stärkere katalytische Wirksamkeit entfalten. Es wurde auch beobachtet, daß die Katalysatoren für die Ortho-Parawasserstoffumwandlung durch einige Stoffe vergiftet werden können. Eine ausführlichere Besprechung dieses Problems befindet sich an anderer Stelle[8]; aus dem Gesagten geht aber schon hervor, daß das Gebiet außerordentlich interessant und für die Theorien der katalytischen Wirkung von nicht geringer Bedeutung ist.

Die Umwandlung von Parawasserstoff durch atomaren Wasserstoff in ein Gleichgewichtsgemisch wurde direkt von GEIB und HARTECK[9] nachgewiesen. Durch Desorption von in flüssiger Luft oder flüssigem Wasserstoff gekühlter Holzkohle wurde ein an Parawasserstoff reicher Wasserstoff dargestellt; dieses Gemisch wurde einem Wasserstoffstrom

[6] Die Daten sind der Arbeit von FARKAS: Orthohydrogen, Parahydrogen and Heavy Hydrogen, S. 84, entnommen.

[7] TAYLOR u. DIAMOND: J. Amer. chem. Soc. 1933, 55, 2613.

[8] Vgl. z. B. A. FARKAS: Orthohydrogen, Parahydrogen and Heavy Hydrogen, S. 89.

[9] GEIB u. HARTECK: Z. physik. Chem. 1931, BODENSTEIN-Festband, 849.

zugeleitet, welcher ein Entladungsrohr passiert hatte und deshalb freie Wasserstoffatome mit sich führte (vgl. S. 246). Dabei wurde eine teilweise Umwandlung bis zum Ortho-Para-Gleichgewichtsgemisch beobachtet; zur Analyse wurden bei diesen Messungen das bereits beschriebene Verfahren benutzt. Indem man die Reaktionen $p\text{-}H_2 + H = o\text{-}H_2 + H$ bei verschiedenen Temperaturen durchführte, konnte man die Aktivierungsenergie dieses Prozesses mit 7250 ± 250 cal feststellen. Diese Erscheinung, daß atomarer Wasserstoff die Umwandlung von Ortho- und Parawasserstoff zustande bringen kann, ist zur Messung der stationären Konzentration von Wasserstoffatomen bei photochemischen Reaktionen zwischen Wasserstoff und Chlor benutzt worden[10]. Man brachte zu diesem Zweck Chlor in einen großen Kolben, welcher zuvor mit Parawasserstoff unter einem Druck von verschiedenen 100 mm Quecksilber gefüllt war; beim Einlassen des Chlors wurde so stark belichtet, daß sämtliches Chlor gleich nach Eintritt in den Kolben in Chlorwasserstoff umgewandelt war. Die Wasserstoffatome, die an der Kettenreaktion

$$Cl + H_2 = HCl + H$$
$$H + Cl_2 = HCl + Cl$$

teilnehmen, konnten eine Sekundärwirkung ausüben und die Umwandlung $H_2 + p\text{-}H_2 = o\text{-}H_2 + H$ zustande bringen. Aus der Größe dieser Umwandlung, die durch die Analyse des Ortho-Paragemisches bestimmt werden kann, läßt sich die stationäre Konzentration der H-Atome bei der H_2—Cl_2-Reaktion berechnen, wenn man die Stoßausbeute für die Reaktion zwischen H und $p\text{-}H_2$ kennt.

Dasselbe Prinzip wurde von FARKAS und HARTECK zur Bestimmung der Konzentration von Wasserstoffatomen bei der photochemischen Zersetzung von gasförmigem Ammoniak durch Licht von Wellenlängen unter 2000 Å benutzt. Es bestehen andere Gründe zu der Annahme, daß der primäre photochemische Vorgang in diesem Falle die Reaktion $NH_3 + h\nu = NH_2 + H$ ist; die Tatsache aber, daß das der Photolyse unterworfene System die Umwandlung von Ortho- in Parawasserstoff hervorrufen kann, ist ein direkter Beweis dafür, daß tatsächlich Wasserstoffatome auftreten (natürlich nur, wenn sich zeigen läßt, daß Radikale wie NH und NH_2 nicht dieselbe Wirkung ausüben können wie atomarer H). CREMER, CURRY und POLANYI[11] haben dasselbe Verfahren benutzt, um die Reaktionsfähigkeit einfacher Moleküle (z. B. CCl_4, $CHCl_3$, CH_2Cl_2, CH_3Cl) mit atomarem Wasserstoff zu untersuchen.

Deuterium und seine Verbindungen.

Daß ein schweres Isotop des Wasserstoffs existiert, wurde sofort nach der Entdeckung einer Diskrepanz in den Atomgewichtswerten vermutet. Der von ASTON gefundene Wert für das Atomgewicht des Wasserstoffs bezogen auf $0 = 16{,}000$ betrug $1{,}00778 \pm 0{,}00015$. Dieser Wert wurde im Jahre 1927 auf massenspektroskopischem Wege bestimmt und steht gut mit dem chemisch gefundenen Wert 1,00780 in Einklang.

[10] GEIB u. HARTECK: Z. physik. Chem. 1931, B, **15**, 116.
[11] CREMER, CURRY and POLANYI: Z. physik. Chem. 1933, B, **23**, 445.

Im Jahre 1929 zeigten indessen GIAUQUE und JOHNSTON durch bandenspektroskopische Untersuchungen an Sauerstoff, daß dieser kein Reinelement ist, sondern sich aus Isotopen mit den Massen 17 und 18 zusammensetzt. Das Atomgewicht des Sauerstoffs ergab sich zu 16,0035, wenn man es nach der relativen Häufigkeit dieser Isotopen berechnete. Bezieht man aber die Berechnung des chemischen Atomgewichtes von Wasserstoff nicht auf das System $O = 16{,}000$ sondern auf $O = 16{,}0035$, so ergibt sich ein Wert von 1,00799, der deutlich höher ist als der von ASTON auf physikalischem Wege gefundene. Diese Unstimmigkeit wurde mit der Annahme erklärt, daß gewöhnlicher Wasserstoff einen schwereren Bestandteil mit der Masse 2 enthält, und zwar etwa im Verhältnis 1 : 4500[12].

Diese Annahme wurde schnell nachgeprüft und ihre Richtigkeit durch Untersuchungen des beim Verdampfen von flüssigem Wasserstoff übrigbleibenden Rückstandes bewiesen; ebenso ergab sich auf massenspektroskopischem Wege eine Bestätigung. Für den Chemiker aber blieb immer noch ein großes Problem bestehen, wie man nämlich das neue Wasserstoffisotop in ausreichender Menge zur Untersuchung seiner chemischen Reaktionen darstellen könnte. Theoretisch waren selbstverständlich viele Methoden möglich, die praktisch alle versucht wurden. Hierzu gehört die fraktionierte Destillation von Wasser zu dem Zweck, auf diese Weise D_2O von H_2O und HDO zu trennen. Die Unterschiede in den Siedepunkten sind nur sehr klein, jedoch wurde trotzdem von verschiedenen Forschern in den Endfraktionen eine Anreicherung an D_2O beobachtet. Ebenso wurde die Destillation anderer Deuteriumverbindungen (z. B. CH_4—CD_4-Gemische) untersucht, wobei man ebenso wie bei dem fraktionierten Ausfrieren von gewöhnlichem Wasser und wie bei der fraktionierten Desorption des Wasserstoffs von Tierkohle bei der Temperatur der flüssigen Luft zu positiven Ergebnissen gelangte. Die Wasserstoffisotope lassen sich auch teilweise trennen, wenn man sie durch Palladium diffundieren läßt; ebenso konnte bei der Benutzung der Diffusionsapparatur von HERTZ (vgl. S. 35) eine kleine Menge reinen Deuteriums erhalten werden.

Die oben beschriebenen Verfahren sind fast ausnahmslos sehr mühselig, und der erzielte Trennungserfolg ist nur gering. Die Darstellung von reinem Deuterium in größeren Mengen wurde erst möglich, als sich auf Grund einer Beobachtung von WASHBURN und UREY[13] ergab, daß bei der Elektrolyse von Wasser der Rückstand an Deuteriumoxyd angereichert wird. In industriellen Elektrolysenanlagen wurden verschieden starke Anreicherungen beobachtet; der Anreicherungsgrad war nicht davon abhängig, ob die Elektrolyse im sauren oder alkalischen Gebiet durchgeführt wurde. Kleine Anreicherungen findet man auch bei manchen aus natürlichen Quellen stammenden Wässern; sie können leicht durch bevorzugte Verdampfung, bevorzugte Diffusion oder irgendwelche anderen Gründe erklärt werden.

Die durch die Elektrolyse von Wasser erfolgten Anreicherungen an Deuterium kann man aus den folgenden Zahlen ersehen, die sich auf

[12] BIRGE u. MENZEL: Physic. Rev. 1931, **37**, 1669.
[13] WASHBURN u. UREY: Proc. Nat. Acad. Sci. USA 1932, **18**, 496.

die Elektrolyse von Natriumhydroxydlösungen beziehen, zu deren Herstellung man aus Elektrolysezellen des Handels stammendes Wasser verwendet hat; die Elektrolyse erfolgte zwischen Schichtelektroden aus Nickel; die Rückstände wurden von Zeit zu Zeit destilliert, um sie von dem angesammelten Alkali zu befreien. Die Zahlen in der letzten Spalte zeigen die in jeder Stufe des Vorganges enthaltene Flüssigkeitsmenge an. Das während des letzten Teiles der Elektrolyse entwickelte Gas wurde verbrannt und wieder in den Prozeß zurückgeführt; es bestand aus einer Deuterium-Wasserstoffmischung, die eine beträchtliche Menge von Deuterium enthielt. Die Zahlen sind einer Arbeit von TAYLOR, EYRING und FROST entnommen[14].

Tabelle 4.

Elektrolysenstufe	Dichte des Produktes $d^{20°}_{4°}$	Prozentualer Anteil an schwerem Wasserstoff	Elektrolysiertes Volumen in Litern
1	0,998	—	2750
2	0,999	0,5	410
3	1,001	2,5	52
4	1,007	8	10,15
5	1,031	30	2,00
6	1,098	93	0,420
7	1,104	99	0,082

Die elektrolytische Gewinnung von reinem Deuteriumoxyd wird nunmehr handelsmäßig durchgeführt. Die Dichten von D_2O und H_2O unterscheiden sich ungefähr um 10%; Dichtemessungen bieten daher ein bequemes Verfahren zur Bestimmung der Zusammensetzung einer gegebenen Probe. Die Dichte ist aber kein genauer Maßstab für die Zusammensetzung, wenn man sich nicht überzeugt hat, daß bei der Elektrolyse keine Anreicherung in bezug auf das schwere Sauerstoffisotop erfolgt ist. Dies kann man dadurch prüfen, daß man das Wasser durch mehrmalige Behandlung mit Ammoniumchlorid, welches infolge einer Austauschreaktion das Deuterium entfernt (diese Reaktion ist weiter unten beschrieben), „normalisiert" und feststellt, ob die Dichte des zurückbleibenden Wassers der des gewöhnlichen Wassers entspricht. Dichtemessungen lassen sich mit sehr kleinen Wassermengen ausführen; wenn man daher wissen will, wie viel Deuterium eine nur in geringen Mengen verfügbare organische Verbindung enthält, so braucht man nur die Verbindung zu verbrennen und die Dichte des gebildeten Wassers zu messen. Man kann auch Analysen durch Messungen anderer physikalischer Eigenschaften durchführen, wie z. B. durch Bestimmung des Brechungsindex oder Gefrierpunktes. Die Zusammensetzung von Gemischen aus Deuterium und Wasserstoff kann man auch aus den Werten des Wärmeleitvermögens feststellen; diese Messungen sind im wesentlichen dieselben, die zur Analyse von Mischungen aus Ortho- und Parawasserstoff benutzt werden.

Physikalische Eigenschaften von Deuterium und Deuteriumoxyd. Aus dem bisher Gesagten geht bereits hervor, daß Deuterium und seine Verbindungen sich in ihren physikalischen (und auch in ihren chemischen) Eigenschaften vom Wasserstoff und seinen Verbindungen unterscheiden. Diese Unterschiede sind gewöhnlich nur sehr gering, besitzen aber nichtsdestoweniger ganz bestimmte Werte.

[14] TAYLOR, EYRING u. FROST: J. chem. Physics 1933, 1, 823.

Einige physikalische Daten für Wasserstoff und Deuterium sind unten angegeben[15].

Die Verdampfungswärmen in cal/Mol beim absoluten Nullpunkt betragen für H_2 183 und für D_2 276, während sich die entsprechenden Schmelzwärmen auf 28 bezw. 47 cal/Mol belaufen. Die Molvolumina beim Tripelpunkt sind 26,15 (H_2) und 23,17 (D_2). In den Spektren von Deuterium und Wasserstoff und ihrer Verbindungen treten sehr stark ausgeprägte Unterschiede auf; diese stimmen vollständig mit dem überein, was man auf Grund ihrer verschiedenen Massen erwarten sollte.

Tabelle 5.

Temperatur ° abs.	Dampfdruck in mm Hg	
	H_2	D_2
23,5	1740	760
20,38	760	257
18,58	429	121
13,92	54	5

In der folgenden Tabelle sind einige Eigenschaften des Wassers und Deuteriumoxyds aufgeführt; wie man sieht, sind die Unterschiede recht beträchtlich.

Tabelle 6.

Eigenschaften	H_2O	D_2O
Siedepunkt	100°	101,42°
Schmelzpunkt	0°	3,82°
Spezifisches Gewicht bei 20°	0,9982	1,1059
Temperatur der maximalen Dichte	4°	11,6°
Verdampfungswärme in cal/Mol	9700	9960
Dielektrizitätskonstante	82	80,5
Viskosität bei 20°	10,09	12,6
Oberflächenspannung bei 20° in Dyn/cm	72,75	67,8
Brechungsindex	1,33300	1,32844
Ionenbeweglichkeiten bei 18°:		
K^+	64,2	54,5
Cl^-	65,2	55,3
H^+ bzw. D^+	315,2	213,7
Löslichkeiten bei 25° in g je g Lösungsmittel:		
$NaCl$	0,359	0,305
$BaCl_2$	0,357	0,289

Einige Reaktionen von Deuterium und seinen Verbindungen. Die einfachste chemische Reaktion von Deuterium ist die mit gasförmigem Wasserstoff, $D_2 + H_2 \rightleftharpoons 2HD$, die als homogene Reaktion bei 600—750° oder heterogen an Katalysatoren, wie fein verteiltem Nickel oder Chromsequioxyd, bei Temperaturen bis hinab zu —190° verläuft. Die Lage des Gleichgewichts bei verschiedenen Temperaturen ist sorgfältig untersucht worden, ebenso wie das Gleichgewicht zwischen Wasserstoff, Deuterium und Wasser. In dem letzten Falle sind die in Frage kommenden Molekülarten H_2, D_2, HD, H_2O, D_2O und HDO. Gasförmiges Deuterium reagiert mit flüssigem Wasser nur in Gegenwart eines Katalysators wie Platinschwarz. Ebenso reagiert Deuterium leicht bei 200—400° mit Wasser, welches an der Oberfläche eines Katalysators wie Zink- oder Aluminiumoxyd absorbiert ist. Die homogene Reaktion zwischen

[15] Eine Literaturzusammenstellung findet man bei A. FARKAS: Orthohydrogen, Parahydrogen and Heavy Hydrogen. Diese Daten stammen aus den dort angegebenen Quellen.

Deuterium und Wasserdampf verläuft nur bei hohen Temperaturen und benötigt also eine hohe Aktivierungsenergie.

Auch andere Reaktionen des Deuteriums sind untersucht worden, darunter die mit Chlor und Brom. Die Aktivierungsenergien für die thermischen Reaktionen von Wasserstoff und Deuterium mit Brom betragen 17700 bzw. 19900 cal; wegen dieses Unterschiedes sind die absoluten Geschwindigkeiten der beiden Reaktionen merklich verschieden, und zwar verläuft die Reaktion mit Deuterium langsamer. Die Geschwindigkeiten der photochemischen Reaktionen zwischen Chlor und Wasserstoff bzw. Deuterium unterscheiden sich gleichfalls, ebenso wie es bei der Reaktion von Stickoxydul oder Sauerstoff mit Deuterium oder Wasserstoff der Fall ist.

Die Reaktion zwischen einem ungesättigten Kohlenwasserstoff, wie Äthylen, und Deuterium in Gegenwart eines Nickelkatalysators führt teilweise zu einer Additionsreaktion — bei der in dem angegebenen Fall $C_2H_4D_2$ gebildet wird — und zum Teil zu einer Substitution, wobei Produkte wie C_2H_3D und schließlich auch $C_2H_3D_3$ usw. entstehen. Man hat Nickel- und Platinkatalysatoren benutzt, um auf diese Weise Deuterium in das Benzolmolekül einzuführen. Deuterium und Ammoniak reagieren an einem Eisenkatalysator bei 160—230° oder in homogener Reaktion bei 700—800°; dabei stellen sich wieder, je nach den Versuchsbedingungen, Gleichgewichte zwischen den Molekülen NH_3, NH_2D, NHD_2 und ND_3 ein.

Die obigen Beispiele für die Reaktionen von gasförmigem Deuterium finden ihr Gegenstück in den Reaktionen des Deuteriumoxyds, das in Lösung eine große Zahl sehr interessanter Austauschreaktionen eingeht. Einige davon sind offensichtlich Ionenreaktionen. So kann man beobachten, daß beim Lösen von Natriumhydroxyd in schwerem Wasser die Austauschreaktion $NaOH + D_2O \rightleftharpoons NaOD + HDO$ stattfindet. Der Austausch läßt sich dadurch quantitativ verfolgen, daß man fortlaufend das verdünnte Deuteriumoxyd abtrennt und seine Dichte bestimmt. Wenn man Natriumhydroxyd in einer Mischung von Wasser und Deuteriumoxyd löst, so verteilt sich das vorhandene Deuterium zwischen Lösungsmittel und Gelöstem im Verhältnis der vorliegenden molaren Mengen. Auf dieselbe Weise wird Ammoniumchlorid bei der Behandlung mit Deuteriumoxyd in ein Gemisch von NH_3DCl, NH_2D_2Cl, NHD_3Cl und ND_4Cl verwandelt; eine fortgesetzte und wiederholte Einwirkung führt schließlich zu ND_4Cl. Das NH_4^+-Ion muß dabei an diesem Austausch beteiligt sein. Bei den Aminen üben die Wasserstoffatome in der Aminogruppe den Austausch aus, und es hat sich gezeigt, daß bei Stoffen wie Trimethylamin kein Austausch mehr erfolgt.

Aceton geht bei Gegenwart von freiem Alkali eine Austauschreaktion mit schwerem Wasser ein, was man auf die Reaktion der Enolform des Ketons, $CH_3C(OD){=}CH_2$, zurückführen zu können glaubt. Wenn man Acetylen durch alkalisches Deuteriumoxyd hindurchperlen läßt, so tauscht es ebenfalls Wasserstoffatome gegen Deuterium aus; diese Reaktion findet aber nur in alkalischer, nicht dagegen in neutraler Lösung statt, was mit den bekannten, beispielsweise in der Bildung der Acetylenide zum Ausdruck kommenden sauren Eigenschaften des Acetylens übereinstimmt.

Zum größten Teil verlaufen diese Austauschreaktionen sehr schnell, wie es für Ionenreaktionen charakteristisch ist. In anderen Fällen erfolgt der Austausch mit meßbarer Geschwindigkeit, und eine Untersuchung der Kinetik dieser Reaktionen zeigt, daß der Ionenreaktion des eigentlichen Wasserstoffaustausches noch irgendein Schritt vorausgehen muß, der die Geschwindigkeit der gesamten Reaktion bestimmt. Hierzu gehört der bereits erwähnte Ersatz des Wasserstoffs durch Deuterium im Aceton, bei dem die Austauschgeschwindigkeit von der Enolisierungsgeschwindigkeit abhängt und mit der Geschwindigkeit anderer die Enolform betreffenden Reaktionen verglichen werden kann, wie z. B. mit der Einwirkung von Jod auf Aceton in alkalischer Lösung. Unter den langsam verlaufenden anorganischen Austauschreaktionen soll der Ersatz des Wasserstoffs durch Deuterium in Komplexsalzen erwähnt werden. Verbindungen wie Hexammincobaltichlorid, $[Co(NH_3)_6]Cl_3$, Triäthylendiamin-cobaltichlorid, $[Co(C_2H_4(NH_2)_2)_3]Cl_3$, oder Tetrammin-platin (II)-chlorid, $[Pt(NH_3)_4]Cl_2$, werden zu den entsprechenden Deuteriumverbindungen — z. B. $[Pt(ND_3)_4]Cl_2$ — umgewandelt, wenn sie in schwerem Wasser gelöst werden; dabei werden sämtliche Ammin-Wasserstoffatome ausgetauscht. Die Geschwindigkeit des Austauschvorganges wurde gemessen, indem man durch geeignete Reagenzien zu verschiedenen Zeitpunkten das Salz aus der Lösung ausfällte — z. B. Tetrammin-platin-(II)-chlorid als MAGNUS-Salz, $[Pt(NH_3)_4]PtCl_4$ — und in dem zurückbleibenden Lösungsmittel die Konzentrationsänderung des Deuteriumoxyds feststellte. Die wichtigste Erkenntnis, die man aus diesen Messungen gewonnen hat, besteht darin, daß der Reaktionsverlauf in diesen Fällen mit den Wasserstoffionen in Zusammenhang steht, da die Reaktionsgeschwindigkeit der Wasserstoffionenkonzentration umgekehrt proportional ist. Demzufolge nimmt man an, daß die Amminkationen zu einem kleinen Bruchteil einer Säuredissoziation unterliegen und daß die dissoziierte Form mit schwerem Wasser reagiert und den Austauschkreislauf bildet, z. B.

$$[Co(NH_3)_6]^{3+} \rightleftharpoons [Co(NH_3)_5NH_2]^{2+} + H^+$$
$$[Co(NH_3)_5NH_2]^{2+} + D_2O \rightarrow [Co(NH_3)_5NH_2D]^{3+} + OD^-$$
$$H^+ + OD^- \rightleftharpoons HOD\,.$$

Dieser Mechanismus entspricht völlig der Dissoziationsweise des Wassers in den Koordinationskomplexen:

$$[Co(NH_3)_5(H_2O)]^{3+} \rightleftharpoons [Co(NH_3)_5(OH)]^{2+} + H^+\,.$$

Seine Bedeutung für die Theorie der Komplexsalze ist an anderer Stelle besprochen worden (S. 135).

Vom Standpunkt der präparativen Chemie bietet die Darstellung reiner Deuteriumverbindungen keine besonderen Schwierigkeiten. Es sollen nur zwei einfache Beispiele genannt werden: Trideuteroammoniak, ND_3, kann man leicht durch Einwirkung von reinem Deuteriumoxyd auf Magnesiumnitrid darstellen, und Deuteroacetylen erhält man, wenn man Calciumcarbid mit schwerem Wasser reagieren läßt. Deuteriumchlorid wurde gewonnen, indem man den Dampf von reinem Deuteriumoxyd bei 600° auf wasserfreies Magnesiumchlorid einwirken ließ. Säuren, wie D_3PO_4, D_2SO_4 oder DNO_3, entstehen beim Lösen des entsprechenden Anhydrids in Deuteriumoxyd.

Bei den organischen Verbindungen bestehen bedeutend größere Schwierigkeiten, vor allem, wenn man Deuterium in eine Alkylgruppe einführen will. CH_3ND_2 kann man leicht durch Austausch von Methyl-amin-chlorhydrat mit Deuteriumoxyd darstellen, welches man mehrfach zusetzen muß; die Behandlung muß so lange wiederholt werden, bis das Salz in CH_3ND_2DCl verwandelt ist. In dieser Stufe kann man die freie Base durch Erhitzen mit Kalk freimachen. Wenn man aber CD_3ND_2 darstellen will, so muß man von CH_3NO_2 ausgehen und es bei Gegenwart von Alkali mit einem Überschuß von flüssigem Deuteriumoxyd behandeln, wobei es in der Enolform $CH_2{=}N{<}^{OH}_{O}$ reagiert und alle Wasserstoffatome in dem Molekül unter Bildung von CD_3NO_2 gegen Deuterium ausgetauscht werden. Diese Nitroverbindung läßt sich zu der Aminoverbindung reduzieren, und endlich können die Wasserstoffatome der Aminogruppe in der üblichen Weise gegen Deuterium ausgetauscht werden. Deuteriumessigsäure, CH_3COOD, wurde aus Acetaten und Deuteriumchlorid erhalten und Deuteroblausäure, DCN, durch Einwirkung von Deuteroschwefelsäure auf Cyanide.

Die Hydride im allgemeinen.

Die Verbindungen der Elemente mit Wasserstoff lassen sich in drei ziemlich gut voneinander unterschiedene Gruppen einteilen, nämlich in die flüchtigen Hydride, die salzartigen Hydride und schließlich eine Gruppe von Verbindungen, die sich von den Metallen ableiten und bei denen der Wasserstoffgehalt sich mit der Temperatur und dem Druck ändert; die Hydride dieser Gruppe sind wahrscheinlich Einlagerungsverbindungen. Bei den flüchtigen Hydriden wirken zwischen dem Wasserstoff und dem Verbindungspartner Kovalenzbindungen, während die salzartigen Hydride Elektrovalenzbindungen enthalten. Flüchtige Hydride werden von den in Tabelle 7 aufgeführten Elementen gebildet. Zu der zweiten Gruppe gehören die Hydride der Alkali- und Erdalkalimetalle und möglicherweise auch die des Lanthans, Cers, Praseodyms und Neodyms. In der letzten Gruppe der Hydride stehen Elemente wie Titan, Zirkonium, Thorium, Vanadin und Tantal. Die Abgrenzung und Einteilung ist allerdings nicht ganz scharf, vor allem in bezug auf die zur zweiten Gruppe gehörenden Hydride. Derartige Fälle wollen wir indessen an den Stellen besprechen, an denen die einzelnen Hydride für sich behandelt werden.

Tabelle 7.

Gruppe				
III	IV	V	VI	VII
B	C	N	O	F
	Si	P	S	Cl
	Ge	As	Se	Br
	Sn	Sb	Te	J
	Pb	Bi	Po	

Die Hydride des Bors.

Die Bildung von Hydriden des Bors durch Einwirkung von Säuren auf Magnesiumborid ist schon ungefähr 60 Jahre lang bekannt; aber die Abtrennung und Untersuchung der einzelnen Hydride wurde erst möglich, als ein besonderes Arbeitsverfahren von STOCK und seinen Mitarbeitern[16] entwickelt wurde. Dieses Verfahren ist weitgehend anwendbar, wenn man mit flüchtigen Substanzen zu arbeiten hat, die gegen Luft, Hahnenfett oder Feuchtigkeit empfindlich sind. Wegen der vielseitigen Anwendungsmöglichkeiten dieser Technik wurde hier auf die Beschreibung der Darstellung von Borhydriden ziemlich ausführlich eingegangen.

Die Schmelz- und Siedepunkte der zur Zeit bekannten flüchtigen Borhydride sind in der folgenden Tabelle zusammengestellt. Außerdem gibt es eine Anzahl weniger gut definierter fester, nichtflüchtiger Hydride des Bors, die in einem späteren Abschnitt beschrieben werden.

Tabelle 8.

Hydrid	Schmelzpunkt ° C	Siedepunkt ° C	Dampfdruck bei 0° in mm Hg
B_2H_6	— 165,5	— 92,5	
B_4H_{10}	— 120	18	
B_5H_9	— 46,6		66
B_5H_{11}	etwa — 129		
B_6H_{10}	— 65,1		7,2
B_6H_{12}	etwa — 90		
$B_{10}H_{14}$	— 99,7	etwa 213	

Für die Darstellung dieser Hydride sind zwei experimentelle Verfahren möglich, nämlich

1. die Reaktion von Magnesiumborid mit Säuren,
2. die Reaktionen von Bortrichlorid oder -tribromid mit Wasserstoff im elektrischen Entladungsrohr und anschließender Zersetzung des dabei gebildeten Halogenderivats.

Das erste dieser Verfahren erfordert die Verwendung von Ausgangsmaterialien, die möglichst weitgehend frei von Silicium sind, da sonst eine sehr starke Verunreinigung der Borhydride mit Siliciumwasserstoffen erfolgt und diese sich nachträglich nur schwer entfernen lassen. Magnesiumborid wird durch die Reaktion

$$B_2O_3 + 6\,Mg = 3\,MgO + Mg_3B_2$$

dargestellt. Die Reaktionsteilnehmer werden in einem Tiegel im Wasserstoffstrom erhitzt; man muß einen mäßigen Überschuß von Magnesium gegenüber den nach der Gleichung erforderlichen Mengen benutzen, da die Reaktion sehr heftig ist und durch Verdampfung ein beträchtlicher Metallverlust erfolgt. Das gepulverte Borid wird zersetzt, indem man es vorsichtig zu 10%iger Salzsäure zufügt; die Säure befindet sich dabei in einer großen Flasche, durch welche ein langsamer Wasserstoffstrom hindurchgeleitet wird. Wenn man große Mengen des Borids zugeben muß, so benutzt man vorteilhafterweise eine automatische Einrichtung,

[16] Die Arbeiten von STOCK über dieses Gebiet sind in seiner Monographie The Hydrides of Boron and Silicon, Cornell University Press 1933, zusammengefaßt. Dort sind auch die einzelnen Arbeitsverfahren ausführlich beschrieben; ein umfangreiches Literaturverzeichnis ist in dem Werk ebenfalls enthalten.

um einen allmählichen Zusatz des Borids zu erreichen. Bei seinen späteren Arbeiten benutzte STOCK zur Zersetzung des Borids 8n-Phosphorsäure von 70°. Das entwickelte Gas besteht aus Wasserstoff und enthält kleine Mengen von Borhydriden zusammen mit verschiedenen Verunreigungen wie Schwefelwasserstoff, Siliciumhydrid und Phosphorwasserstoff. Es wird mit Wasser gewaschen, getrocknet und durch eine mit flüssiger Luft oder besser mit flüssigem Stickstoff gekühlte Falle hindurchgeleitet, wobei die kondensierbaren Bestandteile ausgefroren werden.

Das gesamte Kondensat wird dann im Vakuum in eine ganz aus Glas bestehende Spezialfraktionierapparatur destilliert, in der die verschiedenen Bestandteile des Hydridgemisches durch einen besonderen Fraktionierprozeß voneinander getrennt werden. Die von STOCK bei seinen präparativen Arbeiten mit Bor- und Siliciumwasserstoff entwickelten Verfahren sind grundlegend für die moderne anorganische Chemie, und dem Leser wird nachdrücklich empfohlen, die Monographie von STOCK und einige seiner Originalveröffentlichungen zu lesen. An dieser Stelle können die experimentellen Gesichtspunkte seiner Arbeiten nur kurz gestreift werden.

Der Fraktioniervorgang für ein Gemisch flüchtiger Verbindungen, wie es beispielsweise bei der Einwirkung von Säuren auf Magnesiumborid entsteht, wird im Hochvakuum ausgeführt, und zwar in einer Apparatur, die vollständig aus Glas besteht und bei der alle Hähne durch besonders konstruierte Quecksilberventile ersetzt sind[17]. Die beiden wesentlichen Prozesse zur Trennung der gasförmigen Mischung bestehen

1. in einer *fraktionierten Destillation* bei niedrigen Drucken,
2. in einer *fraktionierten Kondensation*, bei der das zu untersuchende Material im Vakuum durch U-Rohre destilliert wird. Die U-Rohre sind auf geeignete Temperaturen gekühlt, welche man so wählt, daß die einzelnen Bestandteile jeweils kondensiert werden.

Die fraktionierte *Destillation* wird in der Weise ausgeführt, daß man das zu destillierende Gemisch durch flüssige Luft in einem U-Rohr (das einen Teil der Glasapparatur bildet) kondensiert und dann das U-Rohr in ein Tieftemperaturbad senkt, dessen Temperatur so bemessen ist, daß das Kondensat einen Druck von ungefähr 1 mm ausübt. Dieses U-Rohr nun verbindet man mit einem zweiten Rohr, das durch flüssige Luft gekühlt ist, und läßt die bei der Temperatur des ersten U-Rohres flüchtigen Bestandteile im Vakuum in das zweite U-Rohr überdestillieren. Diese Fraktion wird in einen anderen Teil der Apparatur destilliert und dann eine zweite Fraktionierung durchgeführt, bei der die Temperatur des Bades von dem ersten U-Rohr ein wenig erhöht wird. Die gewonnene Fraktion wird wieder abgetrennt, dann eine dritte hergestellt usw. Darauf werden die Dampfdruckkurven der verschiedenen Fraktionen untersucht. Diese dienen als ungefähres Maß für die Zusammensetzung der Mischungen. Die Volumina der verschiedenen Fraktionen können ebenfalls gemessen werden, indem man

[17] Vgl. STOCK: Z. Elektrochem. angew. physik. Chem. 1917, **23**, 33.

diese wieder in ein Gefäß mit bekanntem Volumen destilliert und mittels eines angeschlossenen Manometers den Druck mißt. Die Destillation der Gase von einem Teil der Vakuumapparatur in einen anderen erfolgt schnell und quantitativ (vorausgesetzt, daß kein nichtkondensierbares Gas anwesend ist), wenn der entsprechende Teil der Vakuumapparatur mit flüssiger Luft gekühlt ist. Nach Durchführung der ersten Fraktionierungen werden gewöhnlich einige Fraktionen vereinigt und einem weiteren Fraktionierprozeß unterworfen, bis der Dampfdruck der einzelnen Fraktion sich bei weiteren Reinigungsversuchen nicht mehr ändert. Dies nimmt man als Kriterium für die Reinheit.

Eine fraktionierte *Kondensation* benutzt man in den Fällen, wo die zu untersuchenden Stoffe bei der für die Destillation geeigneten Temperatur fest sind. Das Gemisch, das getrennt werden soll, wird im Vakuum durch eine Reihe von auf geeignet tiefe Temperaturen gekühlte U-Rohre destilliert, wobei das letzte U-Rohr durch flüssige Luft gekühlt wird. In jedem U-Rohr kondensiert sich ein bestimmter Bestandteil, und jedes Kondensat wird getrennt für sich untersucht und, wenn nötig, einer neuen Destillation oder Kondensation unterworfen, bis es homogen ist. Tieftemperaturbäder bis —130° hinab erhält man, wenn man ein Äther-Alkoholgemisch 2 : 1 direkt mit flüssiger Luft kühlt. Für noch tiefere Temperaturen benutzt man Pentan als Badflüssigkeit oder einen Metallblock, dessen unterer Teil in flüssige Luft taucht. Bäder aus festem Kohlendioxyd und Aceton kann man bis zu —80° benutzen. Beim Arbeiten mit explosiven Stoffen wie Siliciumwasserstoff verwendet man vorteilhafter an Stelle von flüssiger Luft flüssigen Stickstoff.

Bei einem Darstellungsverfahren von Borhydriden, bei dem man von 2000 g Borid ausging[18], besaß das Kondensat im flüssigen Zustand ein Volumen von ungefähr 7 cm³. Dieses unterwarf man zunächst einer fraktionierten Kondensation, indem man es aus einem Bad, das allmählich von —150° auf —30° erwärmt wurde, durch U-Rohre destillierte; diese U-Rohre waren dabei auf —60°, —95°, —120°, —140°, —160° und schließlich mit flüssiger Luft gekühlt. Die so getrennten Fraktionen enthielten folgende Bestandteile:

1. Rückstand	— 30°	B_6H_{10}, $B_{10}H_{14}$ und höhere Silane
2. „	— 60°	B_6H_{10}, SiH_{10}
3. „	— 95°	B_5H_9, Si_3H_8 und etwas B_4H_{10}
4. „	—120°	B_4H_{10}, Si_3H_8, Si_2H_6, Spuren von H_2S
5. „	—140°	Si_2H_6, H_2S, Spuren von B_4H_{10}
6. „	—160°	H_2S, CO_2, Spuren von PH_3
7. Flüssige Luft		SiH_4 und etwas CO_2.

Die Fraktionen 5, 6 und 7 wurden vereinigt und ergaben ein Volumen von 300 cm³. Sie enthielten eine Spur von B_4H_{10}. Alle diese angegebenen Bestandteile konnten isoliert und identifiziert werden; der ganze Prozeß läßt sich jedoch an dieser Stelle nicht im einzelnen besprechen. Die Fraktionen 3 und 4 wurden verschiedene Male einer fraktionierten Kondensation unterworfen. Eine vollständige Entfernung des Si_2H_6 und

[18] Stock u. Kuss: Ber. dtsch. chem. Ges. 1923, **56**, 789.

Si_3H_8 hat einen beträchtlichen Verlust von B_4H_{10} zur Folge. Bei einer späteren Darstellung wurden 2500 cm³ B_4H_{10} aus 4200 g Magnesiumborid gewonnen.

Es ist nicht nötig, die Abtrennung jedes dieser Hydride für sich im einzelnen zu besprechen. Von Anfang bis zum Ende des Arbeitsverfahrens bleiben die 7 cm³ des Ausgangsmaterials in der Vakuumapparatur. Jede Fraktion wird für sich in ihrer eigenen Vorratskugel aufbewahrt, die von der übrigen Apparatur durch ein Quecksilberventil abgeschlossen ist.

Die Darstellung der Borhydride aus Magnesiumborid liefert nicht die Verbindung B_2H_6, wahrscheinlich weil dieses Hydrid leicht durch Wasser zersetzt wird. B_2H_6 ist indessen dasjenige feste Hydrid, welches sich bei der elektrischen Entladung nach dem Verfahren von SCHLESINGER und BURG bildet[19].

Ein Gemisch von Bortrichlorid oder noch besser von Bortribromid und Wasserstoff wird mit einer Geschwindigkeit von 300 cm³ pro Minute bei einem Gesamtdruck von 5—10 mm Quecksilber durch ein wassergekühltes Entladungsrohr zwischen ebenfalls mit Wasser gekühlten Kupferelektroden hindurchgepumpt, welche sich 10 cm voneinander entfernt befinden und mit der Sekundärseite eines 15000-Volt-Transformators verbunden sind. Das aus dem Entladungsrohr austretende Gas enthält Wasserstoff, Chlorwasserstoff, etwas Diboran, unverändertes Bortrichlorid und das Monochlorderivat des Diborans, B_2H_5Cl. Das Gas wird in einem mit flüssiger Luft gekühlten U-Rohr kondensiert. HCl und B_2H_6 werden im Vakuum von dem bei etwa $-110°$ gehaltenen Kondensat abdestilliert. Der Rückstand besteht aus einer Mischung von B_2H_5Cl und BCl_3. Beim Erwärmen des Rückstandes auf 0° erfolgt die eigenartige Disproportionierung

$$6\,B_2H_5Cl = 5\,B_2H_6 + 2\,BCl_3.$$

Das gebildete B_2H_6 ist bedeutend flüchtiger als Bortrichlorid und läßt sich leicht schon bei Temperaturen im Vakuum abdestillieren, bei denen das Trichlorid noch keinerlei Flüchtigkeit erkennen läßt. B_2H_6 kann auch aus der Chlorwasserstoff-Fraktion abgetrennt werden, aber die Trennung dieser beiden Gase ist ziemlich schwierig. Am besten gelangt man zum Ziele, wenn man Chlorwasserstoff mit einem Alkalimetall reagieren läßt. Die Schwierigkeit der Trennung besteht jedoch nicht, wenn man Bortribromid statt des Trichlorids verwendet, da Bromwasserstoff weniger leicht flüchtig ist als Chlorwasserstoff. Das Monobromderivat des Diborans zersetzt sich in derselben Weise wie das Monochlorderivat.

Eigenschaften der Borhydride[20]. *Diboran*, B_2H_6 (Sdp. $-92{,}5°$), kann man direkt nach dem Verfahren von BURG und SCHLESINGER darstellen. Es entsteht auch, wenn das Hydrid B_4H_{10} fünf Stunden lang in einem großen Glaskolben auf 100° erhitzt wird, wobei sich Diboran, Wasserstoff und das flüchtige feste Hydrid $B_{10}H_{14}$ neben Spuren von

[19] SCHLESINGER u. BURG: J. amer. chem. Soc. 1931, **53**, 4321. — Siehe auch STOCK, MARTINI u. SUTTERLIN: Ber. dtsch. chem. Ges. 1934, **67**, 396. — STOCK u. SUTTERLIN: Ber. dtsch. chem. Ges. 1934, **67**, 407.

[20] Eine Literaturzusammenstellung der neuen Arbeiten über die Borhydride gibt WIBERG: Ber. dtsch. chem. Ges. 1936, **69**, 2816.

anderen flüchtigen Hydriden und nichtflüchtigen Verbindungen bilden. Die Dichte des Diborans wurde bestimmt und beweist deutlich, daß die Molekularformel B_2H_6 und nicht BH_3 heißen muß. Das Hydrid wird bei Rotglut zu Bor und Wasserstoff zersetzt; in Gegenwart von Sauerstoff explodiert es beim Erhitzen oder durch Funkenzündung, wobei Bortrioxyd und Wasser entstehen. Durch Wasser tritt unter Wasserstoffentwicklung schnell Zersetzung ein nach der Gleichung

$$B_2H_6 + 6H_2O = 2H_3BO_3 + 6H_2 .$$

Das Hydrid reagiert explosionsartig mit Chlor und etwas weniger heftig mit Brom und Jod unter Bildung verschiedener Substitutionsprodukte. Bei Gegenwart von Aluminiumchlorid findet auch mit Chlorwasserstoff eine Reaktion statt, welche zur Entstehung eines einfach halogenierten Produktes, B_2H_5Cl, führt. Andere Reaktionen sollen noch bei der Besprechung der Struktur dieser Hydride erwähnt werden.

Das Hydrid B_4H_{10} (Sdp. 18°) bildet den Hauptbestandteil der bei der Einwirkung von Säuren auf Magnesiumborid entstehenden Produkte. Man erhält es auch bei der Reaktion

$$2\,B_2H_5J + 2\,Na = 2\,NaJ + B_4H_{10} ,$$

die der Darstellung des Butans aus Äthyljodid nach der WURTZschen Synthese entspricht. Die Festlegung der Formel erfolgt durch Spaltung in Bor und Wasserstoff bei Rotglut und durch Bestimmung der Gasdichte. Die Zersetzung bei 100° liefert Diboran und andere Produkte. Die Hydrolyse durch Wasser verläuft bedeutend langsamer, als es beim Diboran der Fall ist; bei der Hydrolyse entsteht Borsäure und Wasserstoff. Durch teilweise oder vollständige Halogenierung erfolgt sehr leicht eine Substitution. Die Darstellung von B_4H_{10} aus Magnesiumborid verdient besonders erwähnt zu werden. Man glaubt, daß dabei als erste Stufe die Reaktion

$$B_4Mg_6 + 6\,HOH = [B_4H_6]\{Mg(OH)\}_6$$

verläuft. Die Verbindung $[B_4H_6]\{Mg(OH)\}_6$ entspricht der von SCHWARZ und KONRAD[21] bei der Darstellung der Silane aus Magnesiumsilicid gewonnenen Verbindung $SiH_2[Mg(OH)]_2$; sie konnte tatsächlich isoliert werden[22] und soll nach den beiden Gleichungen a) und b) hydrolysieren, wobei in Gegenwart von Säure hauptsächlich die Reaktion b) verläuft.

a) $[B_4H_6]\{Mg(OH)\}_6 + 6\,HOH = [B_4(OH)_6]\{Mg(OH)\}_6 + 6\,H_2$

b) $[B_4H_6]\{Mg(OH)\}_6 + 6\,HOH = B_4H_{12} + 6\,Mg(OH)_2 .$

Das Hydrid B_4H_{12} zersetzt sich dann zu B_4H_{10} und H_2. Die Bildung von Spuren anderer Hydride wird einem Crackvorgang zugeschrieben (z. B. $B_4 \overset{H}{\rightarrow} B_1 + B_3$; $B_4 + B_1 \rightarrow B_5$; $B_5 + B_5 \rightarrow B_{10}$). Die Reaktion von Magnesiumborid mit Wasser ist im Zusammenhang mit den Suboxyden des Bors an anderer Stelle besprochen (S. 259).

Das Hydrid B_5H_9 ist eines der beständigsten Borane. Es entsteht in kleinen Mengen bei der Zersetzung des Magnesiumborids und auch bei dem bei 100° erfolgenden Zerfall des B_4H_{10}. Durch Wasser wird es nur bei langem Erhitzen hydrolysiert.

[21] SCHWARZ u. u. KONRAD: Ber. dtsch. chem. Ges. 1922, **55**, 3242.
[22] RAY u. SINHA: J. chem. Soc. 1935, 1694.

Das Hydrid B_5H_{11} bildet sich in geringer Menge beim langsamen spontanen Zerfall von Diboran. Es konnten stets nur kleinere Mengen dieses Hydrids erhalten werden, wobei sich ergab, daß es sich beim Aufbewahren nach der Gleichung

$$2\,B_5H_{11} \rightarrow B_{10}H_{14} + 4\,H_2$$

zersetzt.

Das Hydrid B_6H_{10} konnte in kleiner Ausbeute gewonnen werden, wenn man das bei der Reaktion von Magnesiumborid mit Säuren gewonnene Gemisch der Hydride fraktioniert. Die Verbindung ist eine farblose, stark lichtbrechende Flüssigkeit und besitzt bei 0° einen Dampfdruck von 7,2 mm. Bei Zimmertemperatur zersetzt es sich langsam zu Wasserstoff und nichtflüchtigen Produkten; durch Wasser wird es ebenfalls langsam hydrolysiert.

Das Hydrid $B_{10}H_{14}$ ist trotz seines hohen Molekulargewichtes eines der am besten definierten Borane. Es bildet farblose und stark lichtbrechende Kristalle (Schmp. 99,6—99,7°) und kann durch 48 Stunden langes Erhitzen von B_2H_6 auf 115—120° oder durch 5-stündiges Erhitzen von B_4H_{10} auf 90—95° dargestellt werden. Die Ausbeute an $B_{10}H_{14}$ beträgt etwa 50 mg je 100 cm³ B_2H_6 oder B_4H_{10}. Die Formel ließ sich auf Grund der thermischen Spaltung in die Elemente aufstellen, weiterhin durch Hydrolyse mit Wasser bei 200° ($B_{10}H_{14} + 30\,H_2O = 10\,H_3BO_3 + 22\,H_2$), durch Bestimmung des Molekulargewichtes in Benzol und schließlich durch direkte Messung der Dampfdichte. Genau wie alle Borhydride wird $B_{10}H_{14}$ bei Rotglut in seine Elemente gespalten und liefert mit den Halogenen Substitutionsprodukte.

Nichtflüchtige Borhydride. Außer den in Tabelle 8 aufgeführten Formen sind keine flüchtigen Borhydride bekannt; wohl sind dagegen verschiedene nichtflüchtige feste Hydride durch Erhitzen flüchtiger Verbindungen hergestellt worden. So ergibt Diboran beim Erhitzen auf 120° einen farblosen Film eines in Schwefelkohlenstoff unlöslichen Hydrids von der ungefähren Zusammensetzung $[BH_{1,5}]_x$. Beim weiteren Erhitzen wird dieses Hydrid in einen gelben unlöslichen Stoff verwandelt. Wenn man B_4H_{10} erhitzt, so entsteht ein gelbes unlösliches Hydrid neben einem farblosen festen Hydrid, welches in Schwefelkohlenstoff löslich ist und ein Molekulargewicht von ungefähr 140 ($\equiv B_{12}$) besitzt. Bei Zimmertemperatur erfolgt teilweise Zersetzung unter Bildung eines gelben kristallinen Hydrids, das auf Grund kryoskopischer Messungen in Benzol die Formel $B_{26}H_{36}$ haben muß. Über die Beziehungen zwischen diesen verschiedenen festen Hydriden ist noch wenig bekannt, so daß dieses interessante Gebiet zweifellos weitere Untersuchung und Aufklärung verdient.

Die Konstitution der Borhydride. Die Konstitution der Borane ist eines der interessantesten Probleme der anorganischen Chemie. Den Grund dafür erkennt man sofort bei einer kurzen Betrachtung des Diborans. Dieses zeigt zwar denselben Formeltypus wie das Äthan, besitzt aber in seinem Molekül zwei Valenzelektronen weniger. So hat $B_2H_6 (2 \times 3 + 6) = 12$ Valenzelektronen, während $C_2H_6 (2 \times 4 + 6) = 14$ Valenzelektronen besitzt. Wenn man Diboran ebenso wie das Äthan formuliert, so müssen mindestens sieben Bindungen für das Molekül verfügbar sein, d. h. es ist nicht möglich, jeder Valenzbindung zwei gemeinsame Elektronen zuzuordnen, wie es die Elektronentheorie der Valenz erfordert. Diese Tatsache führte zu der Annahme, daß im Molekül des Diborans „Singlett“-Bindungen vorliegen müssen, d. h. Bindungen, die nur durch *ein* gemeinsames Elektron an Stelle von zweien gebildet werden. Derartige im Jahre 1927 von SUGDEN und SIDGWICK vorgeschlagene Formulierungen sehen folgendermaßen aus:

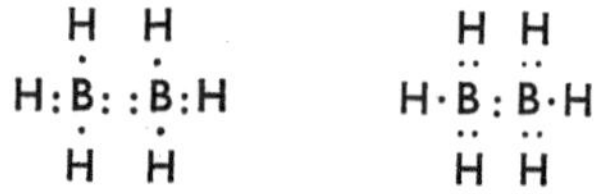

$$\begin{array}{ccccc} & H & & H & \\ & \cdot & & \cdot & \\ H: & B & :: & B & :H \\ & \cdot & & \cdot & \\ & H & & H & \end{array} \qquad \begin{array}{ccccc} & H & & H & \\ & : & & : & \\ H\cdot & B & : & B & \cdot H \\ & : & & : & \\ & H & & H & \end{array}$$

(SUGDEN, 1927) (SIDGWICK, 1927)

Viele andere Formulierungen sind für Diboran vorgeschlagen worden[23], von denen die Vorstellung, welche die stärkste Stütze gefunden hat, darin besteht, daß nur vier von den sechs Wasserstoffatomen durch gewöhnliche Kovalenzen gebunden sind und bei den beiden anderen Ionenbindungen vorliegen. Auf diese Weise kann man die Verbindung folgendermaßen formulieren:

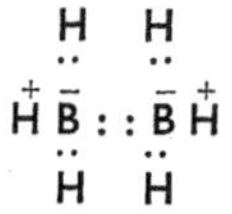

$$\begin{array}{cccccc} & H & & & H & \\ & : & & & : & \\ \overset{+}{H} & \overset{-}{B} & :: & & \overset{-}{B} & \overset{+}{H} \\ & : & & & : & \\ & H & & & H & \end{array} \quad [B_2H_4]^{--}\,2\,H^{++} \text{ oder } \overset{-}{B}\overset{+}{H}H_2{=}\overset{-}{B}\overset{+}{H}H_2$$

Nach dieser Formulierung müssen im Diboran zwei saure Wasserstoffatome vorliegen, während BURG[24] der Ansicht ist, daß nur ein derartiges Wasserstoffatom vorhanden ist. Die Struktur von B_4H_{10} ergibt sich aus der des B_2H_6, wenn man die Reaktion $2\,B_2H_5J + 2\,Na = B_4H_{10} + 2\,NaJ$ betrachtet; man kann dabei B_4H_{10} als

$$H_2\overset{-}{B}\overset{+}{H}{=}\overset{-}{B}\overset{+}{H}H{-}\overset{-}{B}\overset{+}{H}H{=}\overset{-}{B}\overset{+}{H}H_2$$

formulieren. Dieses Molekül müßte vier saure Wasserstoffatome besitzen.

Über die Konstitution der höheren Borhydride ist gegenwärtig wenig bekannt. Sie lassen sich in zwei Gruppen einteilen, nämlich in die verhältnismäßig beständige Reihe vom Typus B_nH_{n+4}, zu der die Verbindungen B_2H_6, B_5H_9, B_6H_{10} und $B_{10}H_{14}$ gehören, und in die weniger beständige Reihe von der allgemeinen Form B_nH_{n+6}, zu der die Verbindungen B_4H_{10}, B_5H_{11} und B_6H_{12} gehören. Diese Verbindungen kann man durch Kettenformeln folgendermaßen darstellen:

$$\begin{array}{lll}
B_nH_{n+4} & B_2H_6 & \overset{-}{B}\overset{+}{H}H_2{=}\overset{-}{B}\overset{+}{H}H_2 \\
 & B_5H_9 & \overset{-}{B}\overset{+}{H}H_2{=}\overset{-}{B}\overset{+}{H}{=}\overset{-}{B}\overset{+}{H}{=}\overset{-}{B}\overset{+}{H}{=}\overset{-}{B}\overset{+}{H}H_2 \\
 & B_6H_{10} & \overset{-}{B}\overset{+}{H}H_2{=}\overset{-}{B}\overset{+}{H}{=}\overset{-}{B}\overset{+}{H}{=}\overset{-}{B}\overset{+}{H}{=}\overset{-}{B}\overset{+}{H}{=}\overset{-}{B}\overset{+}{H}H_2 \\
 & B_{10}H_{14} & \overset{-}{B}\overset{+}{H}H_2{=}\overset{-}{B}\overset{+}{H}{=}\overset{-}{B}\overset{+}{H}\ \ldots\ \overset{-}{B}\overset{+}{H}{=}\overset{-}{B}\overset{+}{H}H_2 \\
B_nH_{n+6} & B_4H_{10} & \overset{-}{B}\overset{+}{H}H_2{=}\overset{-}{B}\overset{+}{H}H{-}\overset{-}{B}\overset{+}{H}H{=}\overset{-}{B}\overset{+}{H}H_2 \\
 & B_5H_{11} & \overset{-}{B}\overset{+}{H}H_2{=}\overset{-}{B}\overset{+}{H}H{-}\overset{-}{B}\overset{+}{H}H{=}\overset{-}{B}\overset{+}{H}{=}\overset{-}{B}\overset{+}{H}H_2 \\
 & B_6H_{12} & \overset{-}{B}\overset{+}{H}H_2{=}\overset{-}{B}\overset{+}{H}H{-}\overset{-}{B}\overset{+}{H}H{-}\overset{-}{B}\overset{+}{H}{=}\overset{-}{B}\overset{+}{H}{=}\overset{-}{B}\overset{+}{H}H_2
\end{array}$$

---

[23] Vgl. WIBERG: Ber. dtsch. chem. Ges. 1936, **69**, 2816.

[24] BURG: J. physic. Chem. 1937, **41**, 306; s. weiter unten S. 241; vgl. auch J. Amer. chem. Soc. 1938, **60**, 290.

Es steht jedoch keineswegs fest, daß diese Formulierungen ganz genau richtig sind. So haben BAUER und PAULING auf Grund von Elektronenbeugungsversuchen unlängst für B_5H_9 eine Ringform vorgeschlagen[25], die in A wiedergegeben ist. Bei dieser Formulierung ist zwischen den Boratomen eine gewöhnliche, aus zwei Elektronen bestehende Bindung gezeichnet, während eines der Wasserstoffatome an jedes Boratom durch ein einzelnes Elektron gebunden ist. Diese Auffassung läßt sich mit der von SIDGWICK zuerst für Diboran vorgeschlagenen Formulierung vereinbaren (B):

```
      H\   .H
   H . /B\      /H          H       H
     B    B—B·H              \     /
   H/ \B/      \H            H·B—B·H
       .\                    H/     \H
      B   H
        (A)                     (B)
```

Auf derselben Grundlage beruhen die Formulierungen C und D, die man für die Hydride B_6H_{10} und $B_{10}H_{14}$ annimmt.

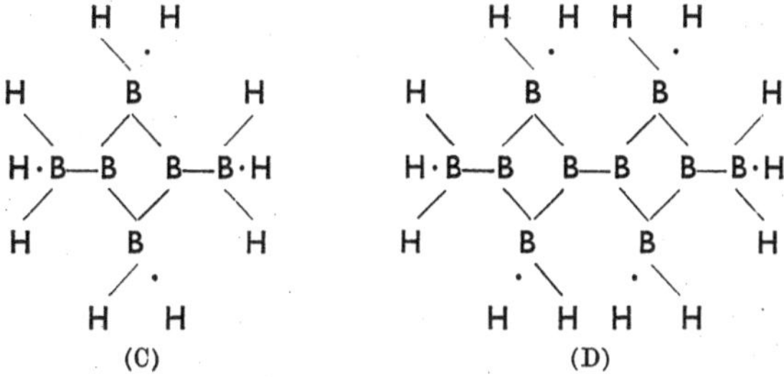

(C) (D)

Eine der größten Schwierigkeiten, für das Diboran diese Formulierung mit den zwei ionogen gebundenen Wasserstoffatomen anzunehmen, besteht darin, daß das Hydrid ein Gas mit einem niedrigen Siedepunkt ist. Die Formulierung mit Singlettbindungen schaltet diese Schwierigkeit aus, da man unter der Annahme, daß in dem Molekül ein Resonanzvorgang stattfindet, alle Bindungen als gleichartig ansehen kann, wobei jede einzelne eine geringere Stärke als eine durch zwei Elektronen hervorgerufene besitzt. Der saure Charakter des Diborans kommt deutlich in seinen Reaktionen zum Ausdruck.

In späteren Veröffentlichungen stellte BAUER[26] fest, daß die Valenzen im Diboran wahrscheinlich tetraedrisch mit einem Winkel von 3° angeordnet sind und daß die Bindungslängen $B—B = 1,86 \pm 0,04$ und $B—H = 1,27 \pm 0,03$ Å betragen. Für das Borincarbonyl (s. weiter unten) ergeben sich die Werte $B—H = 1,20 \pm 0,03$; $B—C = 1,57 \pm 0,03$; $C—O = 1,13 \pm 0,03$ Å.

Die saure Natur von B_2H_6 und B_4H_{10}. Der saure Charakter von B_2H_6 und B_4H_{10} wurde bereits oben erwähnt. Er läßt sich deutlich an der

[25] BAUER u. PAULING: J. Amer. chem. Soc. 1936, 58, 2403.
[26] BAUER: J. Amer. chem. Soc. 1937, 59, 1096, 1804.

Bildung von Metallsalzen oder bei der Behandlung mit Ammoniak an der Bildung von Ammoniumsalzen erkennen. Beim Behandeln von B_4H_{10} mit Barytwasser bildet sich ein Salz von der Zusammensetzung $Ba_2[B_4H_6]$, während B_2H_6 durch Alkali zu leicht hydrolysiert wird, als daß man auf diese Weise ein derartiges Derivat erhalten könnte. Man ist deshalb auf die Reaktion des Hydrids mit gasförmigem Ammoniak angewiesen. B_2H_6 und B_4H_{10} nehmen beide in der Kälte leicht Ammoniak auf und bilden salzartige Verbindungen, $[B_2H_4](NH_4)_2$ und $[B_4H_6](NH_4)_4$. Diese Reaktionen sind mit der Reaktion zwischen Ammoniak und Fluoborsäure ($HBF_4 + NH_3 = NH_4BF_4$) vergleichbar; in allen Fällen sind die Produkte echte Ammoniumsalze. Diese sich von den Borhydriden ableitenden Ammoniumsalze werden durch Wasser unter Entwicklung von Wasserstoff zersetzt, z. B.

$$[B_2H_4](NH_4)_2 + 2\,HOH = [B_2H_4(OH)_2](NH_4)_2 + H_2.$$

Die aus B_2H_6 und B_4H_{10} dargestellten Ammoniumverbindungen lösen sich im flüssigen Ammoniak und ergeben dabei leitende Lösungen[27]. An der Kathode wird bei der Elektrolyse Wasserstoff entwickelt, was, wie man annimmt, auf der Zerstörung des Ammoniumrestes beruht. Man ist der Ansicht, daß sich das an der Anode entwickelte B_2H_4 durch Anlagerung von Ammoniak zu $B_2H_5NH_3$ vereinigt, welches seinerseits das Salz $[B_2H_3NH_2](NH_4)_2$ bildet. Die Eigenschaft, sich mit Ammoniak zu verbinden, ist allen Borhydriden gemeinsam; die von B_2H_6 und B_5H_9 erhaltenen Produkte sind jedoch besonders beständig. Das zweite von diesen Hydriden liefert das Derivat $B_5H_9 \cdot 4\,NH_3$. Die von B_4H_{10} und $B_{10}H_{14}$ gewonnenen Verbindungen verlieren Ammoniak, wenn sie bei Zimmertemperatur aufbewahrt werden. Burg[28] hat neuerdings Versuche beschrieben, die einigen Zweifel an der zweisäurigen Natur des Diborans aufkommen lassen. Wenn man nämlich eine Lösung vom Diammoniakat des Diborans in flüssigem Ammoniak bei —75° mit Natrium behandelt, so wird Wasserstoff entwickelt, jedoch in einer Menge, die dem Vorhandensein von nur einem Molekül Ammoniak je Molekül Diboran entspricht. Auf Grund dieser Experimente, deren Einzelheiten noch nicht ausführlich veröffentlicht sind, nimmt Burg[28] an, daß das Diboran folgendermaßen ionisiert:

$$B_2H_6 \rightarrow H^+ + B_2H_5^-.$$

Das Elektronenoktett eines der Boratome in dem negativen Ion ist nicht vollständig, da ein Elektronenpaar fehlt. So kommt man zu der Annahme, daß mit Ammoniak das Salz $NH_4^+(BH_3NH_2BH_3)^-$ gebildet wird. Das negative Ion dieser Verbindung würde dieselbe Elektronenkonfiguration wie das Dimethylammonium besitzen.

Die thermische Zersetzung der Ammoniumsalze von B_2H_6, B_4H_{10} oder B_5H_9 bei 200° liefert in jedem Fall neben Wasserstoff eine bemerkenswert beständige Verbindung von der Form $B_3N_3H_6$:

$$3\,[B_2H_4](NH_4)_2 = 2\,B_3N_3H_6 + 12\,H_2$$
$$3\,[B_4H_6](NH_4)_4 = 4\,B_3N_3H_6 + 21\,H_2.$$

27 Stock u. a.: Z. physik. Chem. 1931, Bodenstein-Festband, 93. Ber. dtsch. chem. Ges. 1932, **65**, 1711.

28 Burg: J. physic. Chem. 1937, **41**, 306. — Schlesinger, H. I. u. A. B. Burg: J. Amer. chem. Soc. 1938, **60**, 290.

$B_3N_3H_6$* ist eine farblose Flüssigkeit, die bei 53° siedet. Beim Erhitzen mit Salzsäure auf 150° wird sie vollständig hydrolysiert ($B_3N_3H_6 + 9H_2O = 3H_3BO_3 + 3NH_3 + 3H_2$). Auf Grund ihrer chemischen Eigenschaften und auf Grund von Elektronenbeugungsmessungen von STOCK und WIERL[29] schreibt man ihnen die unter (I) angegebene Ringformel zu.

Daß zwischen den Boratomen keine direkte Bindung besteht, stimmt mit der großen thermischen Beständigkeit der Verbindung überein, die unzersetzt auf 200° erhitzt werden kann; das Vorhandensein von B—N-Bindungen kommt demgegenüber in der Bildung von Borimid, $(B_2NH)_3$, zum Ausdruck; das Imid entsteht beim Erhitzen von $B_3N_3H_6$ mit Ammoniak auf 400°. Bei zwölfstündigem Erhitzen auf 500° bleibt ein Teil des $B_3N_3H_6$ unzersetzt, während das übrige zu Wasserstoff und einem farblosen, nichtflüchtigen festen Stoff mit der Bruttoformel BNH abgebaut wird.

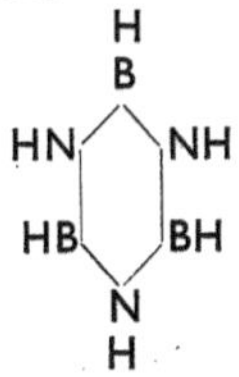

```
        H                   H(OH)                  HCl
        B                     B                     B
   HN/    \NH          H2N/     \NH2          N2H/     \NH2
   HB\    /BH     (OH)H·B\      /B·H(OH)     ClHB\     /BHCl
        N                     N                    NH2
        H                     H2
       (I)                   (II)                 (III)
```

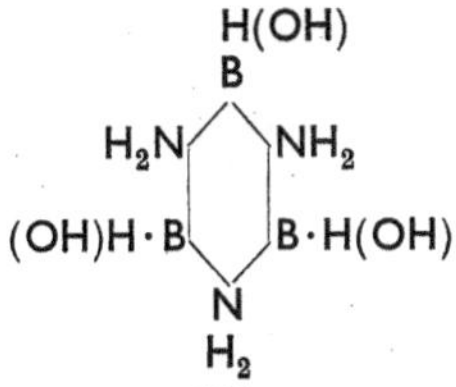

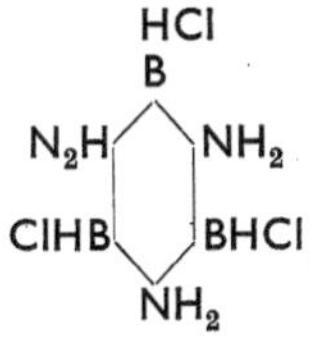

Es hat sich gezeigt, daß bei der Reaktion von $B_3N_3H_6$ mit eiskaltem Wasser ein nichtflüchtiger Stoff mit der Zusammensetzung $B_3N_3H_6 \cdot 3H_2O$ gebildet wird, dem man die Formel (II) zuschreibt. Diese Verbindung reagiert mit trocknem Chlorwasserstoff folgendermaßen:

$$B_3N_3H_6 \cdot 3H_2O + 3HCl = B_3N_3H_3Cl_3 \cdot 3H_2O + 3H_2.$$

$B_3N_3H_6$ selbst reagiert mit trockner Salzsäure bei Zimmertemperatur unter Bildung einer nichtflüchtigen Verbindung mit der Bruttoformel $B_3N_3H_6 \cdot 3HCl$, der die Formel (III) zukommen soll.

Der ungesättigte Charakter von B_2H_6 und B_4H_{10}. Wenn man B_2H_6 oder B_4H_{10} mit Natrium- oder Kaliumamalgam schüttelt, so werden je Molekül Borhydrid zwei Alkaliatome aufgenommen, und es entstehen die Verbindungen $B_2H_6K_2$ und $B_4H_{10}K_2$ bzw. die entsprechenden Natriumverbindungen. Diese Alkaliderivate sind im Vergleich zu den Stammhydriden sehr beständig. So läßt sich das Kaliumadditionsprodukt des Diborans unzersetzt bei 400° sublimieren. Das Kaliumsalz, $B_4H_{10}K_2$, verliert jedoch bei 170° Wasserstoff, wobei die Verbindung $B_4H_8K_2$ gebildet wird, die man als Kaliumderivat des bisher unbekannten Hydrides B_4H_8 auffassen kann.

Die Alkaliderivate dieser beiden Borhydride sind weiße, nichtflüchtige, feste Verbindungen, die in Wasser unter langsamer Zersetzung löslich sind. Sie besitzen einen salzartigen Charakter, so daß sich beispielsweise die beiden Alkalimetalle in dem Molekül durch ein Calciumatom ersetzen lassen (STOCK und LAUDENKLOS[30]). Man nimmt an, daß dem Kalium-

* Anmerkung des Übersetzers: Näheres über das sehr interessante „Borazol" s. WIBERG u. BOLZ: Das anorganische Benzol. Ber. dtsch. chem. Ges. 1940, **73**, 209.

29 STOCK u. WIERL: Z. anorg. allg. Chem. 1931, **203**, 228.

30 STOCK u. LAUDENKLOS: Z. anorg. allg. Chem. 1936, **228**, 178.

derivat des Diborans die Struktur $K^+[B_2H_6]^{2-}K^+$ zukommt; das dabei auftretende $[B_2H_6]^{2-}$-Ion hat zwei Elektronen mehr als das Diboran selbst, d. h. alle seine Wasserstoffatome sind durch normale Kovalenzen an das Bor gebunden, was ganz genau dem Äthan entsprechen würde. Hierdurch wird die Tatsache verständlich, daß die Alkaliderivate des Diborans keine Ammoniumderivate mehr bilden; ebenso findet die Beständigkeit gegen Wärmeeinflüsse, durch die die Verbindungen ausgezeichnet sind, eine befriedigende Erklärung.

In wäßriger Lösung hydrolysieren diese Alkaliderivate, und zwar wahrscheinlich in erster Linie nach folgender Gleichung:

$$B_2H_6^{2-} + 2\,H_2O \rightleftharpoons B_2H_8 + 2\,OH^-.$$

B_2H_8 verliert Wasserstoff, und das so gebildete B_2H_6 wird ebenfalls zersetzt. Die wäßrigen Lösungen der Alkaliderivate besitzen stark reduzierende Eigenschaften, die man ebenfalls auf die Hydrolyse zu B_2H_8 zurückführen kann. So finden folgende Reaktionen statt:

$$B_2H_8 + 2\,Ag^+ = B_2H_6 + 2\,Ag + 2\,H^+$$
$$2\,B_2H_8 + Cu^{2+} = 2\,B_2H_6 + CuH_2 + 2\,H^+$$
$$B_2H_8 + 4\,Ni^{2+} = Ni_4B_2 + 8\,H^+.$$

Die Einwirkung von Wasser auf die Borhydride. Die Reaktion zwischen den Hydriden des Bors und dem Wasser scheint nach einem ganz bestimmten Schema zu verlaufen, das in einer Addition von Wasser und anschließender Wasserstoffabspaltung besteht. Tatsächlich erfolgt also bei dem Vorgang ein Ersatz von H durch OH. Im Falle des Diborans kann man die erste Stufe der Reaktion folgendermaßen formulieren:

$$BH_3{=}BH_3 + H\cdot OH = BH_4{-}BH_3OH$$
$$BH_4{-}BH_3OH = BH_3{=}BH_2OH + H_2.$$

Dieser Vorgang wiederholt sich Schritt für Schritt, bis das Endprodukt $B(OH)_3$ gebildet ist. Dieselbe Art der Reaktion findet man beim B_4H_{10}. Einige der sauren Zwischenprodukte konnten dabei in Form ihrer Kaliumsalze isoliert werden (z. B. $K[BH_2OH\cdot BH_2OH]K$). Bemerkenswerterweise behalten diese Hydride bei der Substitution so lange ihren sauren Charakter und ihre aus Boratomen bestehende Kette bei, wie noch zwei ionisierbare Wasserstoffatome in dem Molekül vorhanden sind. Wenn jedoch darüber hinaus substituiert werden soll, so erfolgt sofort von selbst Spaltung in die einfachen Moleküle, also z. B. beim $B_2(OH)_6$ oder $B_2(CH_3)_6$ in $B(OH)_3$ bzw. $B(CH_3)_3$.

Borincarbonyl. Das Borinradikal, BH_3, ist bisher noch unbekannt. Wenn man aber Diboran bei 100° mit einem Überschuß von Kohlenmonoxyd behandelt, so bildet sich, wie unlängst festgestellt werden konnte, ein Gleichgewichtszustand, bei dem ein großer Teil des Borhydrids in die als Borincarbonyl bezeichnete Verbindung BH_3CO umgewandelt wird[31]:

$$B_2H_6 + 2\,CO \rightleftharpoons 2\,BH_3CO.$$

Wenn man ein derartiges Gleichgewichtsgemisch schnell auf Zimmertemperatur abkühlt, so verläuft die rückläufige Reaktion so langsam, daß man die Carbonylverbindung abtrennen und untersuchen kann. Ihre Dampfdichte wurde gemessen und dabei festgestellt, daß sie der

[31] Burg u. Schlesinger: J. Amer. chem. Soc. 1937, **59**, 780.

einfachen Formel entspricht. Das Carbonyl ist ein Gas, welches bei ungefähr —64° siedet. Bei Zimmertemperatur zersetzt es sich langsam zu Diboran und Kohlenmonoxyd. Man schreibt ihm die Formel $H_3B \leftarrow C\equiv O$ zu.

Bei Behandlung mit Trimethylamin reagiert das Borincarbonyl sehr leicht, wobei die Verbindung $BH_3 \cdot N(CH_3)_3$ gebildet wird. Diese Verbindung ist außerordentlich beständig und kann mehrere Stunden lang auf 125° erhitzt werden, ohne daß sich irgendeine Zersetzung bemerkbar macht. Ihr Schmelzpunkt liegt bei 94°; der Siedepunkt ergibt sich durch Extrapolation zu 171°.

Die Hydride des Siliciums.

Silicium ähnelt bei der Bildung seiner Wasserstoffverbindungen dem Kohlenstoff; wie bei diesem gibt es beim Silicium eine Reihe flüchtiger Hydride, deren Formeln denen der gesättigten Paraffine entsprechen. Die Formeln und Siedepunkte der bisher dargestellten Siliciumhydride, die man als Silane bezeichnet, sind zusammen mit den Daten der entsprechenden Kohlenwasserstoffe in der folgenden Tabelle aufgeführt. Es steht nicht mit Sicherheit fest, ob Si_4H_{10} aus einem Gemisch von Isomeren besteht, während das beim Si_5H_{12} und Si_6H_{14} zweifellos der Fall ist. Eine vollständige Trennung durch fraktionierte Destillation ist augenblicklich nicht möglich, da es sehr schwierig ist, größere Mengen der höheren Hydride zu erhalten.

Tabelle 9.

Hydrid	Sdp. °	Kohlenwasserstoff	Sdp. °
SiH_4 . .	—111,9	CH_4 . . .	—161,3
Si_2H_6 . .	— 14,5	C_2H_6 . .	— 88,7
Si_3H_8 . .	52,9	C_3H_8 . .	— 44,5
Si_4H_{10} . .	109	n-C_4H_{10} .	0,5
Si_5H_{12} . .	$>$100		
Si_6H_{14} . .	$>$100		

Die Hydride des Siliciums wurden von STOCK und Mitarbeitern[32] dargestellt, indem sie 20%ige Salzsäure auf gepulvertes Magnesiumsilicid einwirken ließen; Magnesiumsilicid erhält man durch Erhitzen von Quarz oder Silicium mit Magnesium unter Luftausschluß. Der Zusatz von Salzsäure erfolgt in einer Apparatur, durch die man einen langsamen Strom gereinigten Wasserstoffs streichen läßt. Man erhält so aus dem Silicid ein Gemisch von Wasserstoff und Silanen, das gewaschen, getrocknet und in flüssigem Stickstoff kondensiert wird. Schließlich nimmt man genau wie bei den Boranen eine Fraktionierung in einer Vakuumapparatur vor. Annähernd 25% des Siliciums wird in Silane überführt; das Gemisch setzt sich ungefähr folgendermaßen zusammen: SiH_4 40%, Si_2H_6 30%, Si_3H_8 15%, Si_4H_{10} 10% und höhere Hydride 5%.

Eine wesentliche Verbesserung des Verfahrens besteht darin, daß man zur Zersetzung der Silicide an Stelle der wäßrigen Säure eine Lösung von Ammoniumbromid in flüssigem Ammoniak verwendet[33]. Man läßt das Silicid bei ungefähr —30° in diese Lösung eintropfen und leitet

[32] STOCK und Mitarbeiter: Z. physikal. Chem., 1931, BODENSTEIN-Festband, 93; Ber. dtsch. chem. Ges. 1932, **65**, 1711.

[33] JOHNSON u. HOGNESS: J. Amer. chem. Soc. 1934, **56**, 1252.

dabei einen langsamen Wasserstoffstrom durch die Apparatur; es findet eine lebhafte Reaktion statt, wobei das Gemisch der Silane entwickelt wird. Die Lösung des Ammoniumbromids in flüssigem Ammoniak wirkt bei diesen Reaktionen als Bromwasserstoffsäure (vgl. S. 431). Das Verfahren ist besonders zur Darstellung von Monosilan, SiH_4, benutzt worden, dessen Siedepunkt (—111,9°) so verschieden von dem des Ammoniaks ist (—33,3°), daß man die beiden Gase leicht durch fraktionierte Destillation voneinander trennen kann. Schwieriger liegen die Verhältnisse, wenn es sich um die Reindarstellung von Disilan und den höheren Hydriden handelt.

Bei der Reaktion des Magnesiumsilicids mit Säure entsteht zunächst die Verbindung $SiH_2[Mg(OH)]_2$, welche auch isoliert werden konnte[34]. Man glaubt, daß diese dann mit Säure weiter reagiert entsprechend der Gleichung

$$H_2Si[Mg(OH)]_2 + 4\,HCl = 2\,MgCl_2 + 2\,H_2O + H_2 + SiH_2.$$

Als nächste Stufe der Reaktionsfolge nimmt man die Polymerisation des SiH_2-Radikals an, auf die eine Reaktion der Polymeren mit Wasser folgt, so daß sich ergibt:

$$SiH_2 \rightarrow (SiH_2)_2 \rightarrow (SiH_2)_3 \rightarrow \ldots$$
$$(SiH_2)_2 + H_2O = SiH_2O + SiH_4$$
$$(SiH_2)_3 + H_2O = SiH_2O + Si_2H_6$$
$$(SiH_2)_4 + H_2O = SiH_2O + Si_3H_8\text{, usw.}$$

Der bei der Reaktion gebildete Siliciumformaldehyd, SiH_2O, polymerisiert sofort. Der angegebene Mechanismus kann jedoch nicht für die Einwirkung der Lösung von Ammoniumbromid in flüssigem Ammoniak auf das Silicid gelten. Möglicherweise läßt sich aber dieser Mechanismus aus dem System der wäßrigen Lösungen, dem Aquosystem, auf das System der Lösungen in flüssigem Ammoniak, das Ammonosystem übertragen. Dann würde als Primärprodukt $H_2Si[Mg(NH_2)]_2$ auftreten, jedoch fehlt für einen derartigen Mechanismus noch jede weitere Begründung und Bestätigung.

Eigenschaften der Silane. Die Eigenschaften einiger Siliciumverbindungen wie Siloxen sind im Kapitel 9 (S. 284) besprochen, so daß sie an dieser Stelle nicht weiter erwähnt zu werden brauchen. Die Besprechung soll daher hier nur auf die Eigenschaften der Silane selbst und auf Verbindungen, die eng mit ihnen verwandt sind, beschränkt werden.

Es besteht kein Grund, daran zu zweifeln, daß die Struktur der Siliciumhydride ganz analog der der gesättigten Kohlenwasserstoffe ist. Monosilan und Disilan sind farblose Gase, während die höheren Hydride bei Zimmertemperatur flüssig sind. Die Siedepunkte der Silane liegen stets etwas höher als die der entsprechenden Kohlenwasserstoffe; außerdem sind die Hydride des Siliciums bedeutend reaktionsfähiger. So liegt beispielsweise der Entzündungspunkt des Monosilans in Sauerstoff je nach dem Verhältnis, in dem es mit Sauerstoff gemischt ist, zwischen 0° und 100°; die höheren Silane werden mit steigendem Atomgewicht immer leichter entflammbar. Diese Entflammungstemperaturen liegen bedeutend niedriger, als es bei den analogen Kohlenstoffverbindungen

[34] SCHWARZ u. KONRAD: Ber. dtsch. chem. Ges. 1922, **55**, 3242.

der Fall ist. Man kann annehmen, daß eine unvollständige Oxydation des Monosilans zunächst ein Polymeres des Siliciumformaldehyds ergibt, genau wie man Methan zum Formaldehyd oxydieren kann.

Die Wärmebeständigkeit der Verbindungen nimmt mit steigendem Molekulargewicht ab. So sind Mono- und Disilan bei Zimmertemperatur unbegrenzt haltbar; Trisilan zerfällt bereits unter Entwicklung von Wasserstoff und Bildung eines Gemisches von Hydriden, und die höheren Hydride werden beim Aufbewahren sehr erheblich zersetzt. Die Zersetzung der höheren Silane ist eine Art Crackvorgang, der etwa durch die Gleichung

$$Si_5H_{12} = 2(SiH)_x + Si_2H_6 + SiH_4$$

dargestellt werden kann. Bei Pentan und anderen Kohlenwasserstoffen tritt beim Erhitzen eine ähnliche Spaltung auf, wobei die dazu erforderliche Temperatur allerdings wesentlich höher liegt (etwa 600°). Bei Rotglut zerfallen sämtliche Siliciumhydride in Silicium und Wasserstoff.

Ein bedeutender Unterschied zwischen den Silanen und den Kohlenwasserstoffen besteht darin, daß beim Silicium keine flüchtigen Verbindungen auftreten, die den Olefinen, Acetylenen und aromatischen Derivaten entsprechen. Alle Versuche zur Darstellung derartiger Verbindungen sind fehlgeschlagen, und alle Siliciumhydride, von denen man auf Grund ihrer Formel annimmt, daß sie ungesättigt sind, bilden feste, nichtflüchtige Stoffe, die man als hochpolymerisiert betrachten muß.

Die Siliciumhydride reagieren nicht mit reinem Wasser; von verdünnten Alkalilösungen werden sie jedoch unter Wasserstoffentwicklung und Bildung des entsprechenden Silikats leicht zersetzt, z. B.

$$SiH_4 + 2\,NaOH + H_2O = Na_2SiO_3 + 4\,H_2.$$

Die Silane wirken sämtlich stark reduzierend; sie reduzieren Kaliumpermanganatlösung unter Abscheidung von Braunstein sowie Mercurisalze zur Mercurostufe, Ferri zu Ferro und Cuprisalze zu Kupferhydrid (vgl. S. 236). Mit Chlor oder Brom tritt bei Zimmertemperatur direkte Reaktion unter Explosion ein; durch Abkühlen oder durch Verdünnen mit einem indifferenten Gase läßt sich die Reaktion langsamer gestalten. Am besten stellt man jedoch mono- oder dihalogenierte Silane dar, indem man Chlor- oder Bromwasserstoff bei 100° mit Monosilan in Gegenwart von Aluminiumchlorid bzw. -bromid als Katalysator reagieren läßt. Die Reaktion verläuft dabei nach folgenden Gleichungen:

$$SiH_4 + HCl = SiH_3Cl + H_2$$
$$SiH_3Cl + HCl = SiH_2Cl_2 + H_2.$$

Diese Reaktion verläuft ziemlich glatt und liefert nur geringe Mengen des trihalogenierten Derivates. Siliciumchloroform, $SiHCl_3$, kann man jedoch leicht durch Einwirkung von Chlorwasserstoff auf gepulvertes Silicium bei 350° erhalten; dabei bildet sich in der Hauptmenge ein Gemisch von Siliciumtetrachlorid und Silicochloroform, das man unter Verwendung einer wirksamen Fraktionierkolonne durch Destillation trennen kann.

Feste Siliciumhydride. Es wurde bereits erwähnt, daß flüchtige Hydride des Siliciums, die dem Äthylen und Acetylen entsprechen, nicht vorkommen. Ein Hydrid der Form SiH_2 wurde jedoch als Zwischenprodukt bei der Bildung der Silane durch Zersetzung von Magnesiumsilicid mit Säuren angenommen[35] und tatsächlich isoliert. Das präparative Verfahren bestand darin, daß man Calciummonosilicid, $CaSi$, mit absolutem Alkohol behandelte, der mit Salzsäure gesättigt war, oder indem man Eisessig auf das Silicid einwirken ließ; dabei bildete sich eine hellbraune, amorphe Masse mit der Summenformel SiH_2, welche sich an der Luft sofort von selbst entzündete. Durch Mineralsäuren wird die Verbindung unter Entwicklung von Wasserstoff hydrolysiert ($SiH_2 + 2H_2O = SiO_2 + 3H_2$). Ein wesentliches Merkmal dieser Hydrolyse besteht darin, daß keine Siliciumwasserstoffverbindungen gebildet werden, während die Zersetzung der entsprechenden Germaniumverbindung, GeH_2, (s. weiter unten) Germanochlorid, Wasserstoff und ein Gemisch der Hydride liefert. Beim Erhitzen von $(SiH_2)_x$ auf 380° findet ein Crackprozeß statt, bei dem eine Reihe gesättigter Siliciumhydride entstehen. Eine ähnliche Reaktion findet man bei der analogen Germaniumverbindung.

Die Zersetzung von Monosilan bei der elektrischen Entladung liefert einen festen Rückstand, dessen Zusammensetzung zwischen $SiH_{1,2}$ und $SiH_{1,4}$ schwankt und mehr dem Acetylen- als dem Olefintypus entspricht. Eine ähnliche Verbindung bildet sich bei der Zersetzung des Monosilans in Gegenwart von Quecksilber, wenn man zur Bestrahlung ein Quecksilberlicht von 2536 Å verwendet (EMELÉUS und STEWART[36]). Keines dieser festen Hydride des Siliciums ist flüchtig oder in einem Lösungsmittel löslich, ohne daß eine Reaktion erfolgt, so daß das Molekulargewicht dieser Stoffe und ihre Homogenität nicht untersucht werden konnten. Von Alkalien werden sie alle leicht unter Wasserstoffentwicklung gelöst.

Die Hydride des Germaniums.

In ganz entsprechender Weise wie beim Silicium findet man beim Germanium eine Fähigkeit zur Hydridbildung; bisher sind drei flüchtige Hydride mit Sicherheit dargestellt, deren Siede- und Schmelzpunkte in der nebenstehenden Tabelle aufgeführt sind. Durch Einwirkung von verdünnter Salzsäure auf Magnesiumgermanid erhielten DENNIS, COREY und MOORE[37] ein Gemisch dieser Hydride. Das Germanid kann man leicht durch Erhitzen der Elemente in einer Wasserstoffatmosphäre darstellen; 40,5 g Germanid ergaben 7,15 g Monogerman, GeH_4, 2,12 g Digerman, Ge_2H_6, und 0,43 g Trigerman, Ge_3H_8, was einer 22,7%igen Umwandlung des Germaniums in flüchtige Hydride entspricht. Ein Teil des zurückbleibenden Germaniums liegt in einer Verbindung vor, die der Oxalsäure entspricht, also die Formel $(GeOOH)_2$ besitzt. Die Trennung und Reinigung der Germaniumwasserstoffe wurde durch fraktionierte Destillation und Kondensation im Hochvakuum durchgeführt, und zwar unter Benutzung von Apparaturen, die im großen und ganzen

Tabelle 10.

Hydrid	Schmp. ° C	Sdp. ° C
GeH_4 . . .	—165	—88,1
Ge_2H_6 . . .	—109	31
Ge_3H_8 . . .	—105,6	110,5

[35] SCHWARZ u. HEINRICH: Z. anorg. allg. Chem. 1935, **221**, 277.
[36] EMELÉUS u. STEWART: Trans. Faraday Soc. 1936, **32**, 1577.
[37] DENNIS, COREY u. MOORE: J. Amer. chem. Soc. 1924, **46**, 657.

denen von STOCK bei der Darstellung der Bor- und Siliciumhydride verwendeten entsprachen. Da die Germaniumhydride Hahnenfett bedeutend weniger stark angreifen als die Hydride des Bors, kann man beim Arbeiten mit den Germaniumverbindungen in vielen Fällen die Quecksilberventile durch Vakuumhähne ersetzen.

Monogerman wurde ebenfalls durch Einwirkung von Magnesiumgermanid auf eine Lösung von Ammoniumbromid in flüssigem Ammoniak dargestellt[38]. Das Verfahren ist mit dem für die Darstellung des Monosilans beschriebenen identisch und liefert wie dort eine größere Ausbeute an Hydrid, als man bei der Behandlung mit wäßrigen Säurelösungen erzielen kann.

Das polymerisierte Hydrid, $(GeH_2)_x$, ist eine gelbe, amorphe Substanz, die entsteht, wenn man Calciumgermanid (dieses erhält man bei 950° aus den Elementen) mit Salzsäure zersetzt[39]. Die dabei stattfindende Reaktion wird durch die Gleichung

$$CaGe + 2HCl = CaCl_2 + GeH_2$$

wiedergegeben.

Eigenschaften der Germaniumhydride. Die drei Hydride GeH_4, Ge_2H_6 und Ge_3H_8 werden thermisch bei ungefähr 280° bzw. 200° und 190° zersetzt, wobei als Endprodukte der Zersetzung Germanium und Wasserstoff entstehen. Wahrscheinlich lassen sich jedoch durch Cracken bei mäßiger Temperatur gesättigte und ungesättigte Hydride darstellen. Monogerman wird bei 160—200° zu Germaniumdioxyd und Wasser oxydiert. Die Germaniumhydride sind weniger leicht entzündlich als die Hydride des Siliciums, wenn auch vom Monogerman zum Trigerman ein Anstieg in der Entflammbarkeit festzustellen ist. Die Germane werden von Wasser nicht angegriffen; Monogerman wird selbst durch 33%ige Alkalilösung nicht zersetzt, wogegen Digerman bei der Behandlung mit Alkali Wasserstoff entwickelt. Dies ist ein wesentlicher Unterschied zwischen dem Monosilan und der entsprechenden Germaniumverbindung.

Von dem Monogerman sind zahlreiche Halogenderivate dargestellt worden, von denen eines der interessantesten das Germaniumchloroform, $GeHCl_3$, ist. Es entsteht als farblose Flüssigkeit, wenn man bei 40° Chlorwasserstoff auf Germanochlorid einwirken läßt[40]. Germanochlorid wird durch Überleiten von Germaniumtetrachlorid über Germanium bei einer Temperatur von 350° gewonnen[41].

Die Struktur der flüchtigen Germaniumhydride bietet kein besonderes Interesse, da sie mit ziemlicher Sicherheit der Konstitution der Silane und der gesättigten Kohlenwasserstoffe entspricht. Es erscheint zweifelhaft, ob höhere Glieder der homologen Reihe isoliert werden können. Offensichtlich wird nämlich sowohl bei den Hydriden des Siliciums als auch bei den Germaniumwasserstoffen mit zunehmender Kettenlänge eine Beständigkeitsgrenze erreicht. Hinzu kommt die ungeheuer große Schwierigkeit der Trennung der isomeren Silane und Germane, die man nur durch das Aufarbeiten sehr großer Mengen umgehen kann.

---

[38] KRAUS u. CARNEY: J. Amer. chem. Soc. 1934, **56**, 765.
[39] ROYEN u. SCHWARZ: Z. anorg. allg. Chem. 1933, **211**, 412.
[40] DENNIS, ORNDORFF u. TABERN: J. physic. Chem. 1926, **30**, 1049.
[41] DENNIS u. HUNTER: J. Amer. chem. Soc. 1929, **51**, 1151.

Die Verbindung $(GeH_2)_x$ ist wegen des genau definierten und gut ausgeprägten zweiwertigen Zustandes des Germaniums von besonderem Interesse. Die thermische Zersetzung von $(GeH_2)_x$ liefert bei 120—220° ein aus Wasserstoff und den Hydriden GeH_4, Ge_2H_6 und Ge_3H_8 bestehendes Gemisch[42]; die Reaktion stellt im wesentlichen einen Crackprozeß dar. Es hat sich kein Anhaltspunkt für das Auftreten einer monomeren Form von $(GeH_2)_x$ ergeben, und es wurde vorgeschlagen anzunehmen, daß das Hydrid ein kettenartiges Polymeres sei. Die Verbindung reagiert mit Brom und bildet dabei neben Bromwasserstoff Germaniumtetrabromid. Mit einer wäßrigen Lösung von Natriumhydroxyd entsteht Monogerman, Wasserstoff und Natriumgermanit, Na_2GeO_2. Es gibt dabei Zwischenstufen, bei denen H durch OH ersetzt ist, ein Vorgang, der eine zunehmende Dunkelfärbung des festen Hydrids zur Folge hat. Im trocknen Zustand reagiert $(GeH_2)_x$ explosionsartig mit Sauerstoff; dabei entsteht bei einem Unterschuß von Sauerstoff Germanium und Wasser.

Zinnwasserstoff.

Diese interessante Verbindung ist ein Gas; der Siedepunkt liegt —52°. Analysen und Molekulargewichtsbestimmungen ergeben für den Zinnwasserstoff die Formel SnH_4. Das Hydrid wurde von PANETH und Mitarbeitern[43] durch Zersetzung einer Zinn-Magnesiumlegierung mit verdünnten Säuren dargestellt oder dadurch, daß Zinn in verdünnter Schwefelsäure gelöst und durch Zusatz von Magnesiumpulver reduziert wurde. Schließlich kann man es auch noch durch kathodische Reduktion von Zinnsalzlösungen gewinnen.

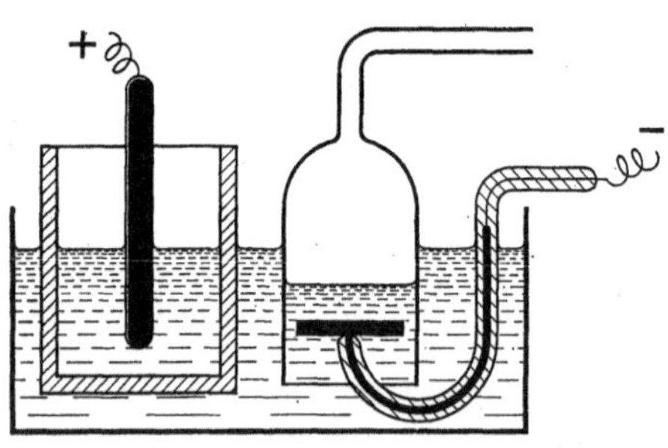

Abb. 38. Zelle zur elektrolytischen Darstellung von Zinnwasserstoff.

Die Darstellung des Hydrids in größeren Mengen wird in einer Reihe von Zellen durchgeführt, von denen eine in der obigen Skizze abgebildet ist. Anode und Kathode bestehen aus reinem Blei, die Anode ist von einem porösen Zylinder umgeben. Als Elektrolyt wurde eine Lösung benutzt, die 75 cm³ arsenfreie konzentrierte Schwefelsäure, 3 cm³ 2,5%ige Stannosulfatlösung, 2 g Dextrin oder 5 g Traubenzucker und 425 cm³ Wasser enthielt. Durch die mit Wasser gekühlte Zelle wurde ein Strom von 12—15 Ampère hindurchgeleitet. Das an der Kathode entwickelte Gas wurde mit Wasser und basischer Bleiacetatlösung gewaschen und durch Abkühlen getrocknet; zur Trennung des Zinnhydrids vom Wasserstoff wurde das Gemisch durch ein mit flüssiger Luft gekühltes U-Rohr geleitet, in welchem sich der ausgefrorene Zinnwasserstoff ansammelte. Die so erhaltenen Ausbeuten waren sehr gering. Um die zur Reinigung durch Vakuumdestillation erforderliche Menge des

[42] ROYEN u. SCHWARZ: Z. anorg. allg. Chem. 1933, **215**, 295.
[43] PANETH u. Mitarb.: Ber. dtsch. chem. Ges. 1919, **52**, 2020; 1922, **55**, 769.

rohen Hydrids zu erhalten, mußte man eine Batterie von acht Zellen ungefähr eine Woche lang arbeiten lassen.

Zinnwasserstoff ist eine verhältnismäßig beständige Verbindung. Bei Zimmertemperatur zersetzt er sich nur sehr langsam, während bei 145 bis 150° sehr schnelle Zersetzung erfolgt. Von 15%iger Kalilauge wird er nicht angegriffen, ebenso ist er gegen verdünnte Schwefelsäure, verdünnte und konzentrierte Salpetersäure und gegen Lösungen von Kupfersulfat und Ferrichlorid beständig. Er wird jedoch von Silbernitrat- und Mercurichloridlösungen vollständig absorbiert. Andere Hydride des Zinns sind nicht bekannt, wobei es allerdings nicht ausgeschlossen ist, daß sich vielleicht höhere Homologe darstellen ließen, wenn die Aufarbeitung größerer Mengen des rohen Ausgangsmaterials möglich wäre. Ebenso ist nicht bekannt, ob der Wasserstoff in dem Hydrid durch andere Atome oder Gruppen, wie beispielsweise NH_2 und CH_3, ersetzt werden kann.

Bleiwasserstoff.

Die Bildung eines flüchtigen Hydrids des Bleies wurde von PANETH und NÖRRING[44] beschrieben. Eine flüchtige Bleiverbindung, die man für das Hydrid hielt, bildet sich in geringen Mengen beim Lösen einer Magnesium-Bleilegierung in verdünnten Säuren oder bei der kathodischen Reduktion von Bleisalzlösungen. Die Verbindung wurde durch Verwendung eines radioaktiven Indikators nachgewiesen. Mit diesem eleganten Verfahren lassen sich außerordentlich kleine Mengen eines Stoffes feststellen, und es hat sich dabei gezeigt, daß man die fragliche flüchtige Bleiverbindung mittels flüssiger Luft aus einem Gasstrom ausfrieren kann.

PEARSON, ROBINSON und STODDART[45] haben versucht, Bleihydrid durch Einwirkung von atomarem Wasserstoff auf Blei darzustellen; sie zeigten, daß zur Bildung einer flüchtigen Bleiverbindung nach diesem Verfahren die Anwesenheit von Kohle erforderlich ist.

Die Hydride der V. Gruppe.

Die flüchtigen Hydride, die von den Elementen der V. Gruppe gebildet werden, sind zum größten Teil ganz allgemein bekannt, so daß eine ausführliche Beschreibung ihrer Darstellung und ihrer Eigenschaften nicht erforderlich ist. *Stickstoff* bildet fünf Wasserstoffverbindungen und zwar

$$N_3H,\ N_2H_4,\ NH_3,\ N_4H_4 \text{ und } N_5H_5 .$$

Die erste Verbindung, die *Stickstoffwasserstoffsäure*, ist ein saurer Stoff, während N_4H_4 und N_5H_5, *Ammoniumazid* bzw. *Hydrazinazid* keine eigentlichen Hydride sind. Die chemischen Reaktionen des *Ammoniaks* sind gut und allgemein bekannt; die interessanten Eigenschaften des verflüssigten Ammoniaks als Lösungsmittel wollen wir im Kapitel 14 besprechen; dort soll gezeigt werden, daß sich flüssiges Ammoniak in chemischer Hinsicht so verhält, als ob es in H^+ und NH_2^--Ionen dissoziiert. Das H^+ befindet sich mit dem neutralen Ammoniak und dem

44 PANETH u. NÖRRING: Ber. dtsch. chem. Ges. 1920, **53**, 1693.
45 PEARSON, ROBINSON u. STODDART: Proc. Roy. Soc. 1933, A, **142**, 275.

Ammoniumion im Gleichgewicht ($NH_3 + H^+ \rightleftharpoons (NH_4)^+$), während das NH_2^--Ion das Gegenstück zu dem Hydroxylion in wäßriger Lösung darstellt und Amide von der Form M^INH_2 bildet, die den Hydroxyden M^IOH in wäßriger Lösung entsprechen.

Die flüchtigen *Wasserstoffverbindungen des Phosphors* besitzen die Formeln PH_3 und P_2H_4. Die erste dieser beiden Verbindungen ist sehr gut bekannt, wenn auch, wie nebenbei bemerkt werden soll, einige Derivate wie die teilweise halogenierten Phosphine noch nicht dargestellt werden konnten. Die physikalischen Eigenschaften von P_2H_4 sind erst in neuester Zeit an sorgfältig gereinigten Präparaten untersucht worden[46].

Im Hinblick auf die neueren Untersuchungen ist das Vorkommen fester Hydride des Phosphors sehr ungewiß. Früher nahm man an, daß bei der Zersetzung von Metallphosphiden durch Wasser und bei anderen Reaktionen, die zur Entstehung von Phosphinen führen, sowie auch bei der Zersetzung von P_2H_4 ein unlösliches, gelbes Hydrid von der Form $(P_2H)_x$ gebildet würde. Das Molekulargewicht dieser Verbindung wurde durch Schmelzpunktserniedrigung des gelben Phosphors bestimmt und entsprach der Formel $P_{12}H_6$. Das Hydrid dissoziiert in der Hitze zu gelbem Phosphor und zu Phosphorwasserstoff. Es entzündet sich an der Luft bei ungefähr 120° und bildet mit alkoholischen Alkalilösungen eine rote Lösung. Aus dieser Tatsache schloß man, daß wenigstens ein Wasserstoffatom in dem Molekül sauer wäre.

Diese Schlußfolgerungen sind neuerdings von Royen und Hill[47] widerlegt worden; die Autoren stellten fest, daß der bei der Zersetzung von P_2H_4 entstehende gelbe Stoff eine wechselnde Zusammensetzung besaß und sich bei der Röntgenuntersuchung als amorph erwies. Die Verbindung entwickelt zwar beim Erhitzen leicht Phosphin; es bildet sich jedoch kein Wasserstoff, bis die Zersetzungstemperatur des Phosphins selbst erreicht ist. Diese Verfasser betrachten das feste Hydrid als Adsorptionskomplex von Phosphin und einer gelben, amorphen Form des Phosphors; die Lösung des Stoffes in alkoholischer Alkalilösung wird dann als Peptisierung erklärt. Ebenso wurden die in der Literatur beschriebenen Methyl- und Phenylderivate des $P_{12}H_6$ nicht als Verbindungen, sondern als Adsorbate von Methyl- und Phenylphosphin an gelben amorphen Phosphor betrachtet. Man kann in diesem Zusammenhang hinzufügen, daß die Folgerungen von Royen und Hill ziemlich überzeugend sind, daß sie aber nicht für sämtliche möglichen Darstellungsverfahren des festen „Hydrids" gelten können. Die Möglichkeit des Auftretens von festen Hydriden wird durch die Tatsache wahrscheinlicher gemacht, daß Arsen ähnliche Derivate bildet, die unzweideutig als echte Verbindungen bestätigt werden konnten.

Die Hydride des Arsens, Antimons und Wismuts. Die flüchtigen Hydride des Arsens und Antimons brauchen hier nicht näher beschrieben zu werden, da sie beide sehr gut bekannt sind. Aus der Stellung des Wismuts im Periodischen System kann man erwarten, daß das Hydrid dieses Elementes sehr unbeständig ist und nur mit großen Schwierigkeiten nachgewiesen werden kann. Seine Bildung wurde zuerst von Paneth unter

[46] Royen u. Hill: Z. anorg. allg. Chem. 1936, **229**, 97.
[47] Royen u. Hill: Z. anorg. allg. Chem. 1936, **229**, 369; 1938, **235**, 324.

Benutzung des radioaktiven Indikatorverfahrens bewiesen[48]. Eine Legierung von Magnesium und Thorium C, welches ein radioaktives Isotop des Wismuts ist, wurde in verdünnter Salzsäure gelöst; es zeigte sich, daß der entwickelte Wasserstoff mit einem kondensierbaren Gas gemischt war, welches die radioaktiven Eigenschaften des Thorium C besaß. Späterhin wurde das Hydrid durch Auflösen einer Magnesium-Wismutlegierung in Salzsäure dargestellt; bei diesem Vorgang wurde das Auftreten einer flüchtigen Verbindung beobachtet, die sich bei Temperaturen oberhalb von 150° unter Abscheidung von Wismut schnell zersetzte. Diese Verbindung konnte nicht in einer zur Untersuchung ihrer physikalischen Eigenschaften ausreichenden Menge hergestellt werden; der Siedepunkt wurde durch Extrapolieren aus den für die anderen Hydride der Reihe bestimmten Werten zu +22° ermittelt[49].

Die Bildung eines festen Arsenwasserstoffes von der Form As_2H_2 ist schon seit den Zeiten von Davy bekannt, jedoch wurde die Verbindung erst neuerdings systematisch untersucht. Weeks und Druce[50] stellten die Verbindung in guter Ausbeute dar, indem sie eine Lösung von Arsentrichlorid in Salzsäure zu einer ätherischen Lösung von Stannochlorid hinzugaben.

$$2\,AsCl_3 + 4\,SnCl_2 + 2\,HCl = As_2H_2 + 4\,SnCl_4\,.$$

Das Hydrid scheidet sich bei dieser Reaktion als braunes, amorphes Pulver ab, das man filtrieren, mit Äther und Alkohol waschen und im Vakuum trocknen kann. Montignie[51] hat einige Reaktionen dieser Verbindung untersucht. Sie ist in kaltem Wasser unlöslich, wird aber durch kochendes Wasser unter Wasserstoffentwicklung zersetzt ($As_2H_2 + 3H_2O = As_2O_3 + 4H_2$). In kochenden Alkalilaugen und Mineralsäuren, mit Ausnahme von Königswasser und Salpetersäure, ist die Verbindung ebenfalls unlöslich. Das Hydrid zerfällt bei Zimmertemperatur langsam in Arsen und Wasserstoff und besitzt stark reduzierende Eigenschaften, so daß aus Silbernitrat- und Mercurichloridlösungen die Metalle abgeschieden werden. Kaliumpermanganat- und Kaliumdichromatlösungen werden entfärbt, während mit wäßrigem Jod in der Kälte Arsentrijodid und Jodwasserstoff entstehen. Beim Erhitzen mit Schwefel bildet das Hydrid Arsentrisulfid und Schwefelwasserstoff; mit heißem Natrium wird gemäß der Gleichung

$$As_2H_2 + 6\,Na = 2\,AsNa_3 + H_2$$

Wasserstoff entwickelt.

Die Hydride der VI. Gruppe.

Die Wasserstoffpolysulfide. Die Hydride der VI. Gruppe sind schon jahrelang bekannt; an dieser Stelle sollen nur einige Abschnitte aus ihrer Chemie besprochen werden; zunächst wollen wir die Polysulfidverbindungen des Wasserstoffs betrachten. Durch Erhitzen von $Na_2S \cdot 9H_2O$ mit Schwefel auf 100° erhält man ein Natriumpolysulfid mit

[48] Paneth: Ber. dtsch. chem. Ges. 1918, **51**, 1704. Z. Elektrochem. angew. physik. Chem. 1918, **24**, 298.

[49] Vgl. Paneth: Radio Elements as Indicator. Cornell University Press. 1928.

[50] Weeks u. Druce: Chem. News. 1924, **129**, 31. Recueil Trav. chim. Pays-Bas 1925, **44**, 970.

[51] Montignie: Bull. Soc. chim. France 1935, **2**, 1020.

einer Zusammensetzung, die zwischen Na_2S_4 und Na_2S_5 liegt; wenn man dieses Polysulfid mit Wasser mischt und in auf —4 bis —10° gekühlte Salzsäure vom spezifischen Gewicht 1,19 gießt, so scheidet sich ein gelbes Öl ab (WALTON und PARSONS[52]). Dieses Öl ist schon zur Zeit von SCHEELE bekannt gewesen; schon zeitig konnte nachgewiesen werden, daß es Polyschwefelwasserstoffverbindungen enthielt. Das Öl läßt sich leicht abtrennen und mit Phosphorpentoxyd trocknen. Beim Destillieren unter einem Druck von 2 mm Hg erhält man zwei ziemlich gut definierte Polysulfide mit der Formel H_2S_3 und H_2S_2. Die erste Verbindung kann man in einer mit Wasser gekühlten Vorlage kondensieren, während die zweite flüchtiger ist und sich nur mit Kältemischungen kondensieren läßt. Ein drittes Sulfid mit gut definierten Eigenschaften ist das Pentasulfid H_2S_5, das beim Zersetzen von kristallinem Ammoniumpentasulfid mit wasserfreier Ameisensäure entsteht. Das Ammoniumpentasulfid stellt man dar, indem man Schwefelwasserstoff unter Ausschluß von Luft in eine Suspension von Schwefel in wäßrigem Ammoniak einleitet[53]. Die Existenz eines vierten Sulfides, H_2S_6, ist nicht ganz so bestimmt. Sein Vorhandensein wurde von WALTON und WHITFORD[54] auf Grund eines Knicks in der Löslichkeitskurve von Schwefel in H_2S_2 und H_2S_3 vermutet; es ist jedoch oberhalb von —1,45° unbeständig und konnte nicht isoliert und analysiert werden.

Diese sämtlichen Polysulfide sind ziemlich unbeständige, gelbe Flüssigkeiten, die gegen Alkalien äußerst empfindlich sind, da bereits eine Spur Alkali die Zersetzung in Schwefelwasserstoff und Schwefel katalysiert. Viele andere anorganische und organische Substanzen katalysieren diese Zersetzung ebenfalls; beständige Lösungen erhält man aber in Lösungsmitteln wie Benzol, Chloroform, Schwefelkohlenstoff und Äther, so daß die Molekulargewichte von H_2S_5, H_2S_3 und H_2S_2 durch kryoskopische Messungen in diesen Lösungsmitteln bestätigt werden konnten. Alle diese Sulfide sind imstande, Schwefel zu lösen. Mit einigen organischen Substanzen bilden die Wasserstoffpolysulfide definierte kristalline Additionsverbindungen; so entsteht z. B. mit Brucin die Verbindung $[C_{21}H_{22}N_2O_2 \cdot H_2S_6]$, mit Strychnin $[C_{23}H_{26}N_2O_4 \cdot H_2S_6]$, mit Benzaldehyd $[C_6H_5CHO \cdot H_2S_3]$ und mit Chinon $[C_6H_4O_2 \cdot H_2S_5]$. Über die Konstitution dieser Verbindungen ist gegenwärtig noch nichts bekannt.

Die Struktur der Wasserstoffpolysulfide selbst ist ebenfalls ungeklärt. Es besteht die Annahme, daß das Disulfid H_2S_2 dieselbe Struktur wie Wasserstoffperoxyd besitzt, nämlich H—S—S—H, und daß in dem Molekül der höheren Sulfide eine Kette von Schwefelatomen enthalten ist. Zwei Anordnungen, a und b, sind möglich, von denen man vielleicht aus Analogie zu den organischen Polysulfiden die erste bevorzugen möchte.

H—S—S—S—S—S—H (a) $\genfrac{}{}{0pt}{}{H}{H}\!>$S—S—S—S—S (b)

Augenblicklich sind jedoch diese Formulierungen rein spekulativ. Weder von den Wasserstoffpolysulfidverbindungen noch von anderen Poly-

[52] WALTON u. PARSONS: J. Amer. chem. Soc. 1921, 43, 2539.
[53] MILLS u. ROBINSON: J. chem. Soc. 1928, 2326.
[54] WALTON u. WHITFORD: J. Amer. chem. Soc. 1923, 45, 601.

sulfiden sind Kristallstrukturen untersucht worden, so daß keine ausreichende Grundlage besteht, auf der man das Strukturproblem besprechen kann.

Die Hydride des Selens und Tellurs. Im Gegensatz zum Schwefel ist vom Selen und Tellur bis jetzt nur je eine Wasserstoffverbindung dargestellt worden. Das im Jahre 1817 entdeckte Hydrid H_2Se ist ein Gas, dessen Siedepunkt bei —42° liegt und das man bequem durch Zersetzung von Aluminiumselenid mit Wasser darstellen kann. Wasserstoff und Selen reagieren bei Temperaturen oberhalb von 250° unter Bildung einer gewissen Menge von Selenwasserstoff. Dieser unterscheidet sich dadurch vom Schwefelwasserstoff, daß er durch feuchten Sauerstoff leicht zersetzt wird, wobei Selen ausgeschieden und Wasser gebildet wird. Mit Selendioxyd und Schwefeldioxyd reagiert er nach folgenden Gleichungen:

$$2\,H_2Se + SeO_2 = 2\,H_2O + 3\,Se$$
$$2\,H_2Se + SO_2 = 2\,H_2O + S + 2\,Se\,.$$

Die wäßrige Lösung des Selenwasserstoffs ist eine stärkere Säure als Schwefelwasserstofflösung. Selenwasserstoff reagiert mit Metallsalzen in Lösungen unter Abscheidung von Seleniden, die jedoch im allgemeinen mit freiem Selen verunreinigt sind. Polyselenwasserstoffverbindungen sind zwar unbekannt, jedoch kennt man Polyselenide vom Typus $M^I_2Se_x$, bei denen man für x Werte bis zu 5 annehmen kann; weiterhin wurden beständige organische Derivate wie Benzyldiselenid dargestellt.

Tellurwasserstoff, H_2Te, ist ein Gas, dessen Siedepunkt bei —1,8° liegt; es ist weniger beständig als die Selenverbindung, da es endotherm ist und eine Bildungsenergie von —35000 cal benötigt, während die von Selenwasserstoff bedeutend geringer ist (ungefähr —18000 cal). Die wäßrigen Lösungen des Tellurwasserstoffs zeigen eine bessere elektrische Leitfähigkeit als die des Selenwasserstoffs. Durch feuchte Luft wird das Hydrid sofort unter Abscheidung von Tellur zersetzt. Ebenso ist es sehr empfindlich gegen Halogene; wenn man es mit Chlor, Brom oder Jod mischt, so entsteht der entsprechende Halogenwasserstoff. Die Unbeständigkeit des Tellurwasserstoffs kommt auch in der Tatsache zum Ausdruck, daß er Ferrisalze zu Ferrosalzen oder Mercuri- zu Mercurosalzen reduziert, wobei elementares Tellur abgeschieden wird.

Poloniumhydrid. Nach seiner Stellung im Periodischen System war die Bildung eines Hydrids des Poloniums zu erwarten; diese wurde tatsächlich beobachtet[55], als man zum Nachweis einer flüchtigen Verbindung die Radioaktivität des Poloniums selbst als Indikator benutzte. Das Hydrid entsteht zusammen mit Wasserstoff, wenn man Polonium auf eine Magnesiumfolie niederschlägt und anschließend die Folie in Säure löst. Bei diesem Versuch zeigte sich, daß das beim Lösen des Metalls entwickelte Gas radioaktiv war. Durch Abkühlung des Wasserstoffstromes konnte der radioaktive Bestandteil bei —80° ausgefroren werden; bei Erhöhung der Temperatur ließ er sich wieder verdampfen. Die Menge des gewonnenen Hydrids war äußerst klein und betrug ungefähr 10^{-13} bis 10^{-16} g. Die Formel konnte daher noch nicht bestimmt werden; nach der Stellung des Poloniums im Periodischen System sollte man erwarten, daß der Verbindung die Formel PoH_2 zukommt.

[55] Paneth: Ber. dtsch. chem. Ges. 1922, **55**, 2622.

Salzartige Hydride der Alkali- und Erdalkalimetalle.

Die salzartigen Hydride bilden eine Gruppe für sich, die von den übrigen Wasserstoffverbindungen ziemlich gut unterschieden ist. Zu dieser Klasse gehören die Verbindungen der Alkali- und Erdalkalimetalle mit Wasserstoff und möglicherweise auch einige andere Metallhydride. Die Hydride der Alkalien und Erdalkalien sind definierte, kristalline Verbindungen; bei einigen von ihnen konnte durch Elektrolyse nachgewiesen werden, daß der Wasserstoff sich als negativer Bestandteil der Verbindung verhält. Sie bilden sich sämtlich leicht beim direkten Erhitzen der Elemente; für die Hydride der Alkalien konnte durch Röntgenverfahren nachgewiesen werden, daß sie dasselbe Kristallgitter wie Natriumchlorid besitzen. Die Formeln dieser Hydride sind in der Tabelle 11 angegeben. Die Wärmebeständigkeit nimmt von LiH zu CsH und ebenso von CaH_2 zu BaH_2 ab. Die in der dritten Spalte aufgeführten Verbindungen sind typisch für eine Reihe von „Hydriden", die möglicherweise zu den Alkalimetallderivaten in Beziehung stehen; wahrscheinlicher handelt es sich aber in diesen Fällen um Einlagerungsverbindungen. Die einzelnen Beweispunkte werden später besprochen.

Tabelle 11.

LiH	CaH_2	$LaH_{2,8}$
NaH	SrH_2	$CeH_{2,8}$
KH	BaH_2	$PrH_{2,7}$
RbH		$ZrH_{1,98}$
CsH		$TaH_{0,78}$
		$TiH_{1,73}$

Lithium reagiert bei 600—700° sehr heftig mit Wasserstoff und bildet dabei einen glasigen festen Stoff, der bei 680° schmilzt und bei seinem Schmelzpunkt einen Wasserstoffpartialdruck von 27 mm aufweist. Auf den salzartigen Charakter des Lithiumhydrids wurde zuerst von LEWIS[56] hingewiesen. LEWIS zeigte, daß geschmolzenes Lithiumhydrid den elektrischen Strom leitet; er wies auch darauf hin, daß der Wasserstoff tatsächlich zur Vervollständigung seiner K-Schale ein Elektron aufnehmen und als Halogen auftreten könne. Die Elektrolyse des geschmolzenen Lithiumhydrids wurde einige Jahre später von MOERS[57] untersucht, wobei sich ergab, daß an der Kathode metallisches Lithium gebildet wird. Die Wasserstoffentwicklung an der Anode war wegen des starken Dissoziationsdruckes des Wasserstoffs über dem geschmolzenen Salz nur schwer mit Sicherheit nachzuweisen. PETERS nahm jedoch die Arbeiten von MOERS wieder auf[58]; er benutzte eine Kathode und Anode von Stahl und arbeitete bei Temperaturen zwischen 550 und 650°. In diesem Bereich ist das Hydrid fest und sein Dissoziationsdruck nur gering. Bei diesen Versuchen konnte nicht nur die Wasserstoffentwicklung an der Anode nachgewiesen werden, sondern es ergab sich auch die Bestätigung, daß das entwickelte Gas der nach dem FARADAYschen Gesetz erwarteten Menge entsprach. Im Zusammenhang mit diesen Arbeiten soll erwähnt werden, daß sowohl Lithium als auch Lithiumhydrid bei hohen Temperaturen die Gefäße, in denen sie aufbewahrt werden, angriffen und daß sich dadurch die Versuche noch schwieriger gestalten.

Die übrigen Hydride der Alkalimetalle werden in derselben Weise wie die Lithiumverbindung dargestellt. Natriumhydrid entsteht, wenn man metallisches Natrium in Wasserstoff auf 400° erhitzt. Die Reaktion

[56] LEWIS: J. Amer. chem. Soc. 1916, **38**, 774.
[57] MOERS: Z. anorg. allg. Chem. 1920, **113**, 179.
[58] PETERS: Z. anorg. allg. Chem. 1923, **131**, 140.

wird durch die Gegenwart von Calcium beschleunigt. Für die Durchführung der Reaktion mit Kalium, Rubidium und Cäsium sind schon etwas niedrigere Temperaturen ausreichend. Diese Hydride reagieren sämtlich leicht mit Wasser, wobei Wasserstoff entwickelt und das entsprechende Metallhydroxyd gebildet wird. Sie wirken stark reduzierend; so reagiert Natriumhydrid beim Erhitzen mit dem Sauerstoff des Kohlendioxyds, wobei freier Kohlenstoff entsteht, während Kohlendioxyd die Hydride des Kaliums, Rubidiums und Cäsiums in die entsprechenden Formiate verwandelt. Beim Erhitzen in Sauerstoff sind die Hydride brennbar; durch sehr hohe Temperaturen werden sie in ihre Elemente zerlegt.

Calciumhydrid entsteht, wenn metallisches Calcium in Wasserstoff auf 150—300° erhitzt wird. Es ist ein weißer fester Stoff, der die Elektrizität nicht leitet und bis zu 600° beständig ist. Bei höheren Temperaturen verliert es Wasserstoff. Calciumhydrid wird unter dem Namen „Hydrolith“ zur Erzeugung von Wasserstoff benutzt; wenn man auf 1 kg des unreinen Hydrids Wasser einwirken läßt, erhält man auf diese Weise ungefähr 1 Kubikmeter Wasserstoff. Die Calcium-, Strontium- und Bariumhydride wirken sämtlich stark reduzierend. Die salzartige Natur des Calciumhydrids wurde von BARDWELL[59] bewiesen, indem er eine Lösung von Calciumhydrid im Eutektikum von Kaliumchlorid-Lithiumchlorid in einer Porzellanschale bei 360° elektrolysierte. Die Benutzung einer Lösung des Hydrids an Stelle des geschmolzenen Hydrids selbst gestattet es, die Elektrolyse bei relativ niedrigen Temperaturen durchzuführen; dadurch wird die Möglichkeit verringert, daß die Ergebnisse durch thermische Dissoziation beeinflußt werden. Bei der Elektrolyse wurde an der Kathode kein Gas entwickelt, während an der Anode Wasserstoff entstand, und zwar übereinstimmend mit dem FARADAYschen Gesetz. Dieser Versuch bestätigt den negativen Charakter des Wasserstoffs in dem Molekül.

Einschluß von Wasserstoff durch Metalle.

Eine Anzahl von Metallen besitzt die merkwürdige Eigenschaft, entweder bei Zimmertemperatur oder bei etwas höherer Temperatur eine verhältnismäßig große Menge von Wasserstoff zu absorbieren. Der genaue Zustand, in dem der Wasserstoff in diesen Metallen vorliegt, war Gegenstand vieler sich widersprechender Ansichten. Es wird jedoch mehr und mehr wahrscheinlich, daß in keinem Fall eine definierte chemische Verbindung gebildet wird. Man nimmt an, daß der Wasserstoff in „fester Lösung“ vorliegt oder, um einen neueren Ausdruck zu gebrauchen, daß zwischen dem Wasserstoff und dem Metall *Einlagerungsverbindungen* gebildet werden; bei diesem Vorgang erfolgt gleichzeitig eine Dissoziation von Wasserstoffmolekülen in Atome oder Ionen. Bei einer geeigneten Temperatur können die Wasserstoffatome in die Zwischenräume zwischen den Metallatomen des Kristallgitters eingelagert werden. Hierbei wird das Gitter stets geweitet, wie sich sowohl an Röntgenuntersuchungen als auch an Hand von Dichtemessungen erkennen läßt. Durch Erhöhung

[59] BARDWELL: J. Amer. chem. Soc. 1922, 44, 2499.

der Temperatur wird der Wasserstoff aus dem Metall herausgetrieben, während bei einer Steigerung des Gasdruckes weiterer Wasserstoff aufgenommen wird, bis für jede bestimmte Temperatur und jeden bestimmten Druck ein Sättigungswert erreicht ist. Diese Tatsache ist schon lange bekannt und läßt sich am besten vom Standpunkt der Phasenregel aus beschreiben. Die magnetischen Eigenschaften der Palladium-Wasserstofflegierung werden in Kapitel 13 (S. 408) besprochen.

Die Menge des vom Palladium absorbierten Wasserstoffs hängt von dem physikalischen Zustand des Metalls ab und ist am größten, wenn das Metall fein verteilt ist. Eine Palladiumkathode adsorbiert bei der Elektrolyse eine Menge Wasserstoff, die ungefähr dem tausendfachen seines eigenen Volumens entspricht; das so mit Wasserstoff beladene Metall zeigt stark reduzierende Eigenschaften. So scheidet es z. B. aus einer Mercurichloridlösung metallisches Quecksilber ab und reduziert Ferrisalze zur Ferrostufe. Diese ungewöhnliche chemische Reaktionsfähigkeit deutet darauf hin, daß der Wasserstoff in dem Metall und an seiner Oberfläche im atomaren Zustand vorliegt. Die Unterschiede in den Temperaturen, bei denen der Wasserstoff von den einzelnen Metallen aufgenommen wird, sind vermutlich in der Differenz der Aktivierungsenergien an den verschiedenen Metalloberflächen bei dem Vorgang $H_2 = 2\,H$ begründet.

Die Menge des von Palladium bei Zimmertemperatur aufgenommenen Wasserstoffs nähert sich der Formel $PdH_{0,6}$; diese besitzt allerdings als Molekularformel nur eine geringe Bedeutung, wenn das Gas in fester Lösung vorliegt. Der Gehalt an gebundenem Wasserstoff nimmt mit steigender Temperatur schnell ab und ist oberhalb von 200° nur noch gering. In diesem Zusammenhang drängt sich die Erkenntnis auf, daß ein Hydrid mit salzartigen Eigenschaften, wie z. B. Lithiumhydrid, bei höheren Temperaturen ebenfalls dissoziiert und daß daher die Unterschiede zwischen einem derartigen Hydrid und dem Palladiumhydrid mehr in der Bindungs*festigkeit* als in der Bindungs*art* liegen.

Bei der Betrachtung anderer typischer Fälle zeigt sich, daß die Adsorption des Wasserstoffs durch Thorium bei 400° beginnt, wobei ein Hydrid der Formel $ThH_{3,07}$ gebildet wird[60]. Wenn man metallisches Zirkon in Wasserstoff von 900° auf Zimmertemperatur abkühlen läßt, so entsteht ein Hydrid mit der Zusammensetzung $ZrH_{1,92}$. Die entsprechende, beim Tantal vorkommende Verbindung zeigt die Formel $TaH_{0,76}$, während Titan das Hydrid $TiH_{1,73}$ bildet[61]. Die in diesen Fällen gewonnenen Stoffe sind luftbeständige schwarze Pulver. Vanadin absorbiert bei Zimmertemperatur Wasserstoff, wobei dem Hydrid die ungefähre Formel $VH_{0,6}$ zukommt. Das gebildete Produkt wird an der Luft leicht oxydiert[62].

Zu den interessantesten dieser Stoffe gehören die Produkte, die man mit den Metallen der seltenen Erden — Cer, Lanthan und Praseodym — erhält. Das Cer des Handels absorbiert bei 300° Wasserstoff oder auch bei

[60] Sieverts u. Roell: Z. anorg. allg. Chem. 1926, **153**, 289.
[61] Sieverts u. Roell: Z. anorg. allg. Chem. 1926, **153**, 289. — Sieverts u. Gotta: Z. anorg. allg. Chem. 1930, **187**, 155; 1931, **199**, 384.
[62] Huber, Kirschfeld u. Sieverts: Ber. dtsch. chem. Ges. 1926, **59**, 2891.

Zimmertemperatur, wenn das Metall zunächst im Vakuum geschmolzen wird. Lanthan absorbiert das Gas bei Zimmertemperatur, während im Falle des Praseodyms eine Temperatur von über 300° erforderlich ist, wenn eine schnelle Absorption stattfinden soll. Die Zusammensetzung der gebildeten Produkte nähert sich den Formeln $CeH_{2,8}$, $PrH_{2,7}$ und $LaH_{2,8}$, wenn auch hier wieder darauf hingewiesen werden muß, daß jede Annäherung an ein stöchiometrisches Verhältnis wahrscheinlich zufällig ist. In jedem Fall kann der Wasserstoff vollständig im Vakuum durch Erhitzen auf eine Temperatur von 1000° oder darüber entfernt werden.

SIEVERTS und Mitarbeiter haben die Bildungswärmen einer Reihe dieser Hydride untersucht und dabei gezeigt, daß diese in der Mehrzahl der Fälle positiv und in einigen Fällen größenordnungsmäßig mit den Werten für die salzartige Hydridbildung vergleichbar sind. Dies ist auch aus der vorstehenden Tabelle zu ersehen. Die Daten für die Bildungswärmen beziehen sich auf die Vereinigung von einem Mol Wasserstoff mit dem Metall.

Tabelle 12.

Hydrid	Bildungswärme in cal	Hydrid	Bildungswärme in cal
$LaH_{2,76}$ . .	40090	LiH . . .	43200
$CeH_{2,69}$ . .	42260	NaH . . .	33200
$PrH_{2,85}$ . .	39520	CaH_2 . . .	46000
$TiH_{1,73}$ . .	31100	SrH_2 . . .	42200
$ZrH_{1,98}$ . .	38900	BaH_2 . . .	40960
$TaH_{0,78}$ . .	schwach positiv		
$PdH_{0,6}$ . .	9280		

Die Zahlenwerte dieser Bildungswärmen wurden in einigen Fällen durch direkte Messung der Verbrennungswärmen festgestellt und in anderen durch calorimetrische Bestimmung der Lösungwärme des Metalls und seines Hydrids in einem geeigneten Lösungsmittel, z. B. in einer Säure, ermittelt. Die dabei für einige Hydride gefundenen hohen Werte deuten darauf hin, daß zwischen der chemischen Bindungsart in einem Stoff wie z. B. Lanthanhydrid und der des Calciumhydrids nur ein kleiner Unterschied bestehen kann. Dies ist eine der verwirrendsten Erscheinungen dieser Verbindungsklasse.

Von SIEVERTS und Mitarbeitern[63] wurden sowohl an den salzartigen als auch an den anderen Hydriden Dichtebestimmungen durchgeführt. Diese Messungen zeigen deutlich, daß die salzartigen Hydride stets eine größere Dichte besitzen als das Metall, von dem sie sich ableiten; im zweiten Fall erfolgt hingegen bei der Aufnahme von Wasserstoff durch das Metall eine Abnahme der Dichte. Zur näheren Erläuterung dieser Erscheinung sind in der vorstehenden Tabelle einige Zahlenwerte aufgeführt, wobei

Tabelle 13.

Hydrid	Δd bei der Hydridbildung %	Hydrid	Δd bei der Hydridbildung %
LiH . . .	+ 52,8	$TiH_{1,73}$ . .	— 15,5
NaH . . .	+ 44	$ZrH_{1,92}$ . .	— 13,2
CaH_2 . . .	+ 10	$TaH_{0,76}$ . .	— 9,1
BaH_2 . . .	+ 20	$CeH_{2,69}$ . .	— 17,5
		$VH_{0,56}$ . .	— 6,7

[63] SIEVERTS u. GOTTA: Z. Elektrochem. angew. physik. Chem. 1926, **32**, 102. Z. anorg. allg. Chem. 1930, **187**, 155.

die bei der Hydridbildung aus den Metallen erfolgende prozentuale Änderung der Dichte angegeben ist.

Der obige Beweis läßt noch eine beträchtliche Unklarheit in bezug auf die Bindungsart zwischen den Metallatomen und dem Wasserstoff in diesen Verbindungen bestehen. Die Frage wird weiterhin durch das Auftreten von solchen anderen Systemen, wie z. B. fein verteiltes Nickel und Wasserstoff, erschwert, bei denen zweifellos nur ein loser Zusammenhalt zwischen dem Metall und dem Gas besteht; hierauf muß die katalytische Wirkung des Nickels bei Hydrierungsreaktionen beruhen. Man neigt daher zu der Annahme, daß der Wasserstoff sich an die einzelnen Metalle mit einem verschiedenen Festigkeitsgrad anlagern kann, wobei eine fortlaufende Reihe von Produkten gebildet wird, beginnend mit den definierten Verbindungen der Alkalimetalle über die Hydride der seltenen Erden und andere „fest gebundene" Einlagerungsverbindungen zu weniger fest gebundenen Stoffen derselben Art und schließlich bis zu den Oberflächen- und Adsorptionsverbindungen.

Andere Metallhydride.

Kupferhydrid. Die Bildung eines Hydrids des Kupfers von der Formel CuH ist schon einige Zeit bekannt. Es wurde durch Einwirkung von Natriumhypophosphit auf eine mäßig verdünnte Lösung von Kupfersulfat bei 70° hergestellt. Das Produkt, das man erhält, wenn diese Reaktion bei gewöhnlicher Temperatur durchgeführt wird, ist mit Cuprooxyd und Cupriphosphat verunreinigt. Bei höherer Temperatur wird aber nur Kupferhydrid gebildet. Dieses ist ein unbeständiger, rotbrauner Stoff, dessen Wasserstoffgehalt im trocknen Zustand immer etwas unterhalb des der Formel CuH entsprechenden Wertes liegt[64]. Beim Erhitzen im trocknen Zustand zersetzt es sich oberhalb von 60° in Kupfer und Wasserstoff. Es entzündet sich in Chlor und liefert bei Behandlung mit verdünnter Salzsäure, aber nicht bei der Einwirkung von Wasser Wasserstoff. Die Bildungswärme wurde von SIEVERTS und GOTTA[65] gemessen, indem sie erst CuH in einer Lösung von Cuprichlorid in Salzsäure und dann Kupfer in demselben Lösungsmittel lösten und die Differenz der Lösungswärmen ermittelten. Der so gemessene Wert betrug —5120 cal pro Mol.

Die Natur des Kupferhydrids ist noch nicht mit voller Sicherheit festgestellt. Metallisches Kupfer besitzt eine geringere Adsorptionsfähigkeit für Wasserstoff, und es ist sehr zweifelhaft, ob die so dargestellte Verbindung in irgendwelcher Beziehung zu den Adsorptionsprodukten steht, die man von dem Metall erhalten kann. Eine Einordnung in die Gruppe der salzartigen Hydride erscheint im Hinblick auf die negative Bildungswärme kaum gerechtfertigt. Nach Röntgenuntersuchungen[66] liegt im Kupferhydrid ein ähnliches flächenzentriertes Würfelgitter vor wie im Kupfer selbst, nur sind — wahrscheinlich durch den Eintritt von Wasserstoff in das Gitter — die Kupferatome weiter voneinander

---

[64] HÜTTIG u. BRODKORB: Z. anorg. allg. Chem. 1926, **153**, 235.
[65] SIEVERTS u. GOTTA: Lieb. Ann. Chem. 1927, **453**, 289.
[66] HÜTTIG u. BRODKORB: Z. anorg. allg. Chem. 1926, **153**, 242.

entfernt. Kupferwasserstoff gehört vielleicht zusammen mit den von WEICHSELFELDER dargestellten Hydriden des Nickels, Kobalts, Eisens und Chroms, die im nächsten Abschnitt beschrieben werden, in eine Gruppe; der vollständige Beweis für eine endgültige Entscheidung hierüber liegt jedoch zur Zeit noch nicht vor.

Die Hydride des Nickels, Kobalts, Eisens und Chroms. WEICHSELFELDER[67] fand, daß beim Durchleiten von Wasserstoff durch eine Aufschwemmung von gepulvertem, wasserfreiem Nickelchlorid in einer ätherischen Lösung von Phenylmagnesiumbromid vier Wasserstoffatome pro Nickelatom aufgenommen wurden; es schied sich ein schwarzer Niederschlag ab, der beim Behandeln mit Wasser, Alkohol oder verdünnten Säuren Wasserstoff entwickelte. Im trocknen Zustand ergab sich für den schwarzen Stoff eine Formel, die der Zusammensetzung NiH_2 entsprach. Man nimmt an, daß das Anfangsprodukt dieser Reaktion Nickeldiphenyl, $Ni(C_6H_5)_2$, ist und daß dieses mit Wasserstoff unter Bildung von Nickelhydrid und Benzol weiter reagiert.

$$NiCl_2 + 2\,C_6H_5MgBr = Ni(C_6H_5)_2 + MgBr_2 + MgCl_2$$
$$Ni(C_6H_5)_2 + 2\,H_2 = 2\,C_6H_6 + NiH_2\,.$$

Die Reaktion zwischen wasserfreiem Kobaltchlorid und Phenylmagnesiumbromid entspricht ganz der obigen Gleichung, wenn auch in diesem Falle die Absorption des Wasserstoffs langsamer erfolgt. Die Analyse dieses Produkts entspricht der Formel CoH_2. In derselben Weise konnte mit wasserfreiem Ferrochlorid das Hydrid FeH_2 dargestellt werden; mit Ferrichlorid hingegen verlief die Absorption bedeutend heftiger. Es entstand ein Niederschlag, der beim Trocknen Wasserstoff abgab. Die Analysenwerte deuten darauf hin, daß in diesem Fall das Hydrid FeH_6 gebildet wird. In einer ätherischen Lösung von Phenylmagnesiumbromid gelöstes wasserfreies Chromichlorid absorbiert ebenfalls langsam Wasserstoff. Das dabei gebildete Produkt besitzt die Zusammensetzung CrH_3.

Gegenwärtig liegen noch keine Anhaltspunkte über die wahre Natur dieser Hydride vor. Ihre Darstellungsverfahren ergeben keine Analogie zu den Hydriden der seltenen Erden und verwandten Stoffen, noch besteht irgendein Grund zu der Annahme, daß z. B. das nach der Reaktion von WEICHSELFELDER dargestellte Chromhydrid mit den bei der Adsorption von Wasserstoff durch metallisches Chrom gewonnenen Produkten im Zusammenhang steht. Solange noch die wesentlichen Daten wie Bildungswärmen und Kristallgrößen derartiger Verbindungen fehlen, besteht keine Aussicht, der Möglichkeit ihrer richtigen Einordnung näher zu kommen.

---

[67] WEICHSELFELDER: Lieb. Ann. Chem. 1926, **447**, 64.

Siebentes Kapitel.

Freie Radikale mit kurzer Lebensdauer.

Organische freie Radikale.

Der Begriff des chemischen Radikals ist im Jahre 1832 von LIEBIG und WÖHLER geprägt worden; es wurden damit Atomgruppen bezeichnet, die in einer Reihe von Verbindungen unverändert vorliegen und erhalten bleiben und die durch andere Elemente oder Radikale ersetzt werden können. Diese Vorstellung wurde durch die Arbeiten von KOLBE (1849) über die Elektrolyse von Natriumacetat gestützt; hierbei nahm man an, daß „freies Methyl" gebildet würde; eine weitere Bestätigung ergab sich aus der von FRANKLAND durch Einwirkung von Zink auf Äthyljodid durchgeführten Darstellung von „freiem Äthyl". Wir wissen jetzt, daß diese Substanzen Doppelradikale sind und daß dasselbe für BUNSENS „freies Kakodyl" und ebenso für das von GAY-LUSSAC entdeckte „freie Cyan" gilt. Die Einstellung der Chemiker zu diesen ersten Experimenten bestand darin, daß sie wohl das Vorhandensein von Radikalen in chemischen Verbindungen zuließen, deren Isolierung jedoch für unmöglich hielten. Tatsächlich ergab sich erst im Jahre 1900 der erste direkte Beweis für das Auftreten freier Radikale, als GOMBERG Triphenylmethyl, $C(C_6H_5)_3$, darstellte.

Man konnte feststellen, daß sich Triphenylmethyl wie eine stark ungesättigte Verbindung verhielt. So reagierte es leicht mit Sauerstoff unter Bildung von

$$(C_6H_5)_3C{-}O{-}O{-}C(C_6H_5)_3;$$

ebenso war es imstande, bei 0° Halogene anzulagern. Aus Bestimmungen des Molekulargewichtes in verschiedenen Lösungsmitteln ergab sich, daß die Substanz aus einem Gleichgewichtsgemisch von Triphenylmethyl und Hexaphenyläthan bestand. Der Isolierung von Triphenylmethyl folgten eine große Reihe von Untersuchungen, bei denen viele ähnliche Stoffe dargestellt wurden und als deren Ergebnis der Beweis erbracht war, daß „freie langlebige Radikale" als chemische Individuen auftreten können.

Es war das Postulat aufgestellt worden, daß freie Radikale wie Methyl, CH_3, und Äthyl, C_2H_5, als Zwischenverbindungen bei chemischen Reaktionen vorkämen; der erste direkte Beweis ihres vorübergehenden Auftretens geht auf die Arbeiten von PANETH und HOFEDITZ zurück[1]. Bei diesen Untersuchungen wurde der mit reinem Wasserstoff oder Stickstoff als Trägergas gemischte Dampf vom Bleitetramethyl, bei einem Gesamtdruck von 1,5—2,0 mm Quecksilber durch ein erhitztes Quarzrohr gepumpt. Durch Verwendung hochleistungsfähiger Pumpen erhielt man sehr hohe Strömungsgeschwindigkeiten. Ein kleiner Teil des Quarzrohres wurde mit einem Bunsenbrenner erhitzt. Dadurch erfolgte eine Zersetzung des Bleialkyls, so daß sich direkt hinter der erhitzten Zone Blei abschied. Das von der heißen Stelle fortströmende Gas war sehr reaktionsfähig; es war imstande, kalte Spiegel von Blei, Zink, Wismut

[1] PANETH u. HOFEDITZ: Ber. dtsch. chem. Ges. 1929, **62**, 1335.

oder Antimon aufzulösen; beim Antimon erfolgte sogar noch eine Auflösung des Metalls, wenn sich der Spiegel in einer Entfernung bis zu 30 cm von der erhitzten Stelle befand. Die Reaktion mit dem Spiegel führte zur Bildung des entsprechenden Metallmethyls. Das reaktionsfähige Gas mußte demnach freies Methyl gewesen sein, welches sich nach der Gleichung

$$Pb(CH_3)_4 = Pb + 4\,CH_3$$

gebildet hatte. Dieses Verfahren zur Darstellung des freien Methylradikals ist in der untenstehenden Zeichnung erklärt (Abb. 39).

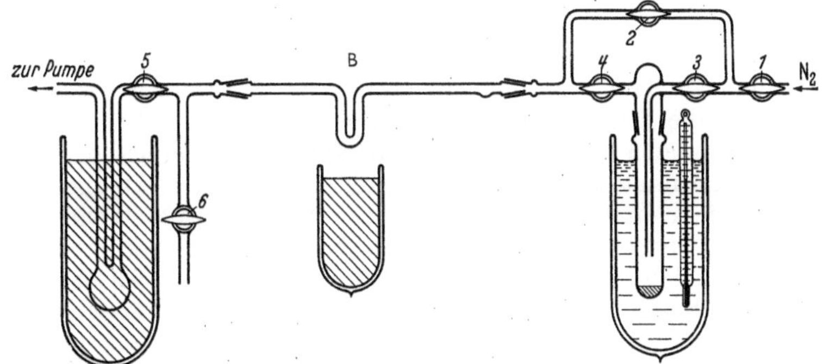

Abb. 39. Apparatur zur Darstellung von freiem Methyl aus Bleitetramethyl.

Man ließ reinen trocknen Wasserstoff über die Oberfläche von auf —70 bis —80° abgekühltes Bleitetramethyl strömen; durch geeignete Regulierung der Hähne *2*, *3* und *4* konnte man ein Gemisch von Wasserstoff und Bleitetramethyl unter einem Druck von 1,5—2 mm Quecksilber durch die Apparatur leiten. Ein kleiner Abschnitt des Quarzrohres *B* wurde mit einem Bunsenbrenner oder durch eine elektrische Heizspirale erhitzt, so daß sich an dieser Stelle das Bleialkyl zersetzte und eine Abscheidung von Blei entstand. Man ließ diesen Bleispiegel abkühlen und erhitzte dann ein zweites Stück des Quarzrohres, und zwar rechts von der ersten Stelle. Während sich an der erhitzten Stelle ein zweiter Bleispiegel abschied, konnte man beobachten, daß der erste sich auflöste. Dieser Versuch beweist, daß bei der Zersetzung des Metallalkyls ein das Blei angreifender Stoff entsteht.

Dieser Stoff, welcher tatsächlich freies Methyl ist, wird auch durch Zersetzung anderer Metallmethyle gebildet. Bei der Zersetzung des Wismutmethyls entstand beispielsweise ein Stoff, der Bleispiegel auflöste; das bei der Zersetzung des Bleimethyls gebildete Produkt konnte wiederum Wismutspiegel auflösen. Antimon- und Zinkspiegel wurden ebenfalls zur Auflösung gebracht, und im Falle des Zinks konnte nachgewiesen werden, daß die bei der Auflösung des Spiegels gewonnene Verbindung Dimethylzink ist. Danach wurden auch zahlreiche andere, bei diesem Verfahren entstandene Methylderivate identifiziert, so daß das Auftreten des freien Methylradikals unter diesen Versuchsbedingungen unzweideutig erwiesen ist.

Die Konzentration des freien Methyls in dem Gasstrom kann man nach der Zeit beurteilen, die zur Auflösung eines Spiegels bestimmter

Stärke erforderlich ist. Je weiter sich der Spiegel von der erhitzten Zone befindet, desto mehr Zeit ist zu dem Auflösungsvorgang nötig. PANETH fand, daß bei Benutzung von Wasserstoff als Trägergas die aus Tetramethylblei gebildeten Methylradikale durch die folgenden Reaktionen verschwanden:

$$CH_3 + H_2 = CH_4 + H$$
$$CH_3 + CH_3 = C_2H_6.$$

Bei geringer Konzentration der Radikale und bei höherer Temperatur wird weniger Äthan und dafür mehr Methan gebildet. Wenn man als Trägergas Helium statt Wasserstoff verwendet, so ist, wie man auch erwarten sollte, die Bildung von Methan vollkommen ausgeschlossen und die Lebensdauer des Radikals bedeutend erhöht. Unter Benutzung von Helium als Trägergas und bei gleichzeitigem Erhitzen des Quarzrohres kann die Halbwertszeit des Methyls auf 0,1 sec erhöht werden.

Die Lebensdauer dieses freien Radikals drückt man durch die Zeit aus, in der eine bestimmte Konzentration auf die Hälfte ihres Wertes gesunken ist, wobei die Konzentration in der oben beschriebenen Weise durch die zur Auflösung eines Standardspiegels benötigte Zeit bestimmt wird. Experimentell läßt sich eine derartige Bestimmung ganz leicht durchführen. Der Spiegel wird hergestellt, indem man die zu untersuchende Substanz sorgfältig verdampft, bis ein Film gebildet ist, der in seiner Undurchsichtigkeit und Ausdehnung einem als Bezugselement dienenden Spiegel gleichkommt. Dieser Vergleichsvorgang ähnelt dem Vergleich der bei der MARSHschen Arsenprobe benutzten Spiegel. Derartige Spiegel werden dann in mehreren Versuchen in verschiedenen Abständen von der erhitzten Zone hergestellt; dabei wird für jede Entfernung die Zeit gemessen, die bis zum Verschwinden des Spiegels vergeht. Das Reziproke dieser Zeiten ist ein Maß für die Konzentration des gebildeten Radikals. Die Halbwertszeit läßt sich berechnen, wenn man die Strömungsgeschwindigkeit und die Abstände der Spiegel von der erhitzten Zone kennt.

Das soeben beschriebene experimentelle Verfahren wurde von PANETH und LAUTSCH[2] dazu erweitert, die Entstehung von freiem Äthyl bei der thermischen Spaltung von Bleitetraäthyl nachzuweisen und auch dieses zu identifizieren. Darüber hinaus durchgeführte Versuche, auf diese Weise Radikale wie Propyl und Butyl darzustellen, indem man von den entsprechenden Metallalkylen ausging, schlugen fehl und lieferten stets nur Methyl- und Äthylradikale; daraus geht hervor, daß diese höheren Radikale, wenn sie überhaupt gebildet werden, sofort oder kurz nach ihrer Entstehung in einfachere Radikale zerfallen. Mit diesem experimentellen Verfahren ist es natürlich nicht möglich, Radikale festzustellen, die bereits Verbindungen eingegangen sind oder anderweitig reagiert haben, bevor sie bei der größtmöglichen Strömungsgeschwindigkeit an den Metallspiegel gelangen konnten. FREY und HEPP konnten aber die vorübergehende Bildung von freiem Butyl bei der thermischen Zersetzung von Quecksilberdibutyl bei 350—450° nachweisen[3], wobei allerdings keine Derivate des Radikals isoliert werden konnten. Die

---

[2] PANETH u. LAUTSCH: Ber. dtsch. chem. Ges. 1931, **64**, 2702.
[3] FREY u. HEPP: J. Amer. chem. Soc. 1933, **55**, 3357.

Zersetzungsprodukte des Quecksilberalkyls sind sehr sorgfältig analysiert worden; man kam dabei zu der Annahme, daß sich das Radikal wahrscheinlich nach der Gleichung

$$CH_3CH_2 \cdot CH_2CH_2 = CH_2{=}CH_2 + CH_3CH_2$$

zersetzt. Diese Gleichung stimmt auch mit den Anschauungen von RICE über den Mechanismus der thermischen Spaltung organischer Verbindungen überein; hierüber wollen wir im nächsten Abschnitt berichten. Das Benzylradikal, $C_6H_5CH_2$, konnte auch nachgewiesen werden: Es entsteht beim Erhitzen des Dampfes von Zinntetrabenzyl. Man fand, daß das Benzyl Selen-, Tellur- und Quecksilberspiegel angreift; im Falle des Quecksilbers konnte die dabei gebildete Verbindung als Dibenzylquecksilber identifiziert werden, während man mit der entsprechenden Selenverbindung ein Produkt erhielt, aus der sich Dibenzylselen isolieren ließ[4]. Die Lebensdauer von Benzyl in einem kalten Rohr ist bedeutend kürzer als die des Methyls; im erhitzten Rohr ergab sich aber nahezu dieselbe Halbwertszeit, nämlich $6 \cdot 10^{-3}$ sec.

PANETH und LOLEIT[5] benutzten die Methyl- und Äthylradikale zur Darstellung von zwei Antimonverbindungen, die vordem noch nicht dargestellt worden sind; und zwar handelt es sich um Antimonkakodyl und die analoge Äthylverbindung. Die von dem Methylradikal (Me) und dem Äthylradikal (Aet) mit Arsen-, Antimon- und Wismutspiegeln gebildeten Verbindungen sind in der folgenden Tabelle aufgeführt.

	Radikal	Trialkyl	Dialkyl	Andere Produkte
Arsen . . .	Me	$AsMe_3$	$(AsMe_2)_2$	$AsMe_5$
	Aet	$As\,Aet_3$	$(As\,Aet_2)_2$	$As\,Aet_5$
Antimon . .	Me	$SbMe_3$	$(SbMe_2)_2$	
	Aet	$Sb\,Aet_3$	$(Sb\,Aet_2)_2$	
Wismut . .	Me	$BiMe_3$	$(BiMe_2)_2$	
	Aet	$Bi\,Aet_3$		

Die Verbindungen wurden durch Einwirkung der Radikale auf die kalten Spiegel gewonnen. Eine Ausnahme bildete $(Sb\,Aet_2)_2$ und $(BiMe_2)_2$, die beträchtlich weniger leichtflüchtig sind als die übrigen und bei deren Darstellung der Spiegel erhitzt werden mußte.

Darstellung freier Radikale durch thermische Spaltung organischer Verbindungen.

Der Beweis, daß bei der thermischen Spaltung organischer Verbindungen freie Radikale gebildet werden, wurde durch die Arbeiten von F. O. RICE[6] erbracht. Die Dämpfe organischer Verbindungen, wie z. B. von Kohlenwasserstoffen, Ketonen, Aldehyden, Aminen und Äthern, wurden durch ein auf 700—1000° erhitztes Quarzrohr geleitet. Nachdem das Gas den Ofen verlassen hatte, traf es auf eine kalte Quecksilberoberfläche. Die dabei entstehenden Quecksilberalkyle wurden abdestilliert und in einer Falle mit flüssiger Luft kondensiert. Bei der darauf-

[4] PANETH u. LAUTSCH: J. chem. Soc. 1935, 380.
[5] PANETH u. LOLEIT: J. chem. Soc. 1935, 366.
[6] Vgl. F. O. RICE: Trans. Faraday Soc. 1934, 30, 152.

folgenden Behandlung mit einer alkoholischen Lösung von Mercuribromid bildeten sich Alkylquecksilberbromide vom Typus RHgBr. Diese Derivate des Quecksilberbromids konnten nötigenfalls durch fraktioniertes Sublimieren voneinander getrennt und auf Grund ihrer Schmelzpunkte identifiziert werden. Die für diese Versuche benutzte Apparatur ist in Abb. 40 gezeigt. Durch Erhitzen des Gefäßes *A* wurde das Quecksilber an dem mit Wasser gekühlten Rohr *B* kondensiert. Das Hauptheizrohr und das Rohr, an dem sich das Quecksilber befand, bestanden aus Quarz.

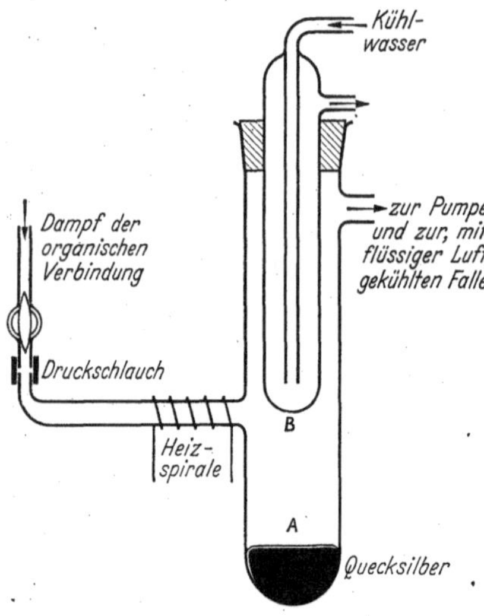

Abb. 40. Apparatur zum Identifizieren freier Radikale, die durch thermische Spaltung organischer Verbindungen entstehen.

Dieses Verfahren zur Durchführung der thermischen Zersetzung organischer Verbindungen lieferte verhältnismäßig große Ausbeuten an Radikalen; jedoch konnten auf diese Weise lediglich freies Methyl- und freies Äthyl als Radikale nachgewiesen werden. Die Sachlage kann man mit Rices eigenen Worten kennzeichnen: „Wir versuchten sehr sorgfältig die Bildung von Propyl und höheren Radikalen festzustellen, konnten aber keinerlei Beweis ihres Vorkommens erbringen. Die höheren Alkylquecksilberbromide sind bedeutend stärker flüchtig als die Methyl- und Äthylverbindungen und müßten demnach, selbst in kleinen Mengen, leicht nachzuweisen sein.“

Die große Zahl der von Rice und seinen Mitarbeitern untersuchten Verbindungen und die verhältnismäßig große Menge von Substanz, die bei ihrem Verfahren verwendet werden konnte, hätte sicher die Anwesenheit von höheren Radikalen angezeigt, wenn diese entstanden wären. Man muß daraus schließen, daß Radikale wie Propyl oder Butyl, wenn sie überhaupt entstehen, bei den für die Versuche von Paneth und Rice benötigten hohen Temperaturen in Methyl und Äthyl gespalten werden. Das führt natürlich zu dem Versuch, sich Methoden zuzuwenden, welche diese höhermolekularen Radikale bei niedriger Temperatur ergeben, um so zu verhindern, daß sie sich sofort nach ihrer Bildung zersetzen. Ein solches Verfahren bestände darin, daß man die organischen Stoffe im Dampfzustand durch ein Entladungsrohr leitet. Einige derartige Vorversuche sind von Rice und Whaley[7] durchgeführt worden, haben aber außer der Tatsache, daß bei der Entladung freie Radikale entstehen, keine genaueren Ergebnisse geliefert. Ein zweites Verfahren zur Darstellung von Radikalen bei niedriger Temperatur besteht darin, daß man organische Verbindungen durch Einwirkung von Licht zersetzt. In dem nächsten Abschnitt wird gezeigt, daß dieses Verfahren von

[7] Rice u. Whaley: J. Amer. chem. Soc. 1934, **56**, 1311.

PEARSON mit gutem Erfolg angewandt wurde und daß auf diesem Wege die Zahl der dem Chemiker bekannten freien Radikale vermehrt werden konnte.

Photochemische Darstellung freier Radikale.

Daß bei photochemischen Prozessen freie Radikale gebildet werden, schloß man zunächst aus der Natur der bei der photochemischen Spaltung auftretenden Produkte. Wenn man beispielsweise die Zersetzung von Methyl-äthylketon durch Licht von Wellenlängen unterhalb von 3100 Å untersucht, so zeigt sich, daß die dabei gebildeten Produkte größtenteils aus einer Mischung von Äthan, Propan und Butan in ungefähr gleichem Verhältnis bestehen und daß daneben eine äquivalente Menge von Kohlenmonoxyd gebildet wird[8]. Das sieht man als Beweis dafür an, daß das Keton durch Licht nach folgendem Schema zersetzt wird:

$$2\,CH_3{-}CO{-}C_2H \begin{cases} \nearrow CH_3 + C_2H_5CO \\ \searrow C_2H_5 + CH_3CO \end{cases} \rightarrow CH_3\cdot CH_3 + CH_3\cdot C_2H_5 + C_2H_5\cdot C_2H_5 + CO$$

Diese Reaktion ist typisch für viele andere, bei denen man das Auftreten freier Radikale vermutet. Unter diesen soll die Bildung von freiem Methylen, CH_2, und von freiem Methin, CH, erwähnt werden. Man nahm an, daß sich freies Methylen als Zwischenprodukt bei der photochemischen Spaltung von Diazomethan, CH_2N_2, und von Keten, CH_2CO, bildet[9], während Methin, CH, bei der photochemischen Zersetzung von Acethylen entsteht[10].

Der erste direkte Beweis über die Bildung freier Radikale bei photochemischen Reaktionen wurde von PEARSON erbracht, der zu diesem Zweck die Arbeitsweise von PANETH etwas abänderte[11]. Die von PEARSON zur Untersuchung der Photolyse von Aceton benutzte Apparatur ist in der untenstehenden Zeichnung abgebildet. Das Aceton wurde bei *J* eingefroren und darauf die Apparatur leer gesaugt. Dann stellte man in dem Quarzrohr durch Erhitzen des Metalls (Te, Sb oder Pb) in *B* bei *C* einen Metallspiegel geeigneter Größe her. Anschließend wurde Acetondampf mit einem Druck von ungefähr 0,5—2,5 mm schnell durch das Quarzrohr gepumpt, wobei man einen kleinen Abschnitt des Rohres durch eine geeignet abgeschirmte Quecksilberdampflampe belichtete. Die bei der photochemischen Zersetzung gebildeten freien Radikale konnten auf den Metallspiegel bei *C* einwirken und lösten diesen, wie sich zeigte, tatsächlich auf. Dazu war eine umso längere Zeit erforderlich, je mehr der Abstand des Spiegels von der bestrahlten Stelle vergrößert wurde. Die bei der Einwirkung der freien Radikale auf den Spiegel gebildeten flüchtigen Produkte konnten zusammen mit unverändertem Aceton und Spaltprodukten der Photolyse in *A* gesammelt werden. Bei den Versuchen mit Aceton ließ sich zeigen, daß sich durch Einwirkung der freien Radikale auf Tellur Dimethyltellurid gebildet hatte. Selbst-

[8] NORRISH u. APPLEYARD: J. chem. Soc. 1934, 874.
[9] KIRKBRIDGE u. NORRISH: J. chem. Soc. 1933, 119. — NORRISH, CRONE u. SALTMARSH: J. chem. Soc. 1933, 1533.
[10] NORRISH: Trans. Faraday Soc. 1934, **30**, 111.
[11] PANETH: J. chem. Soc. 1934, 1718.

verständlich wurden Kontrollversuche durchgeführt, um festzustellen, daß die Auflösung des Spiegels nicht durch unzersetzten Acetondampf hervorgerufen wird.

Nach diesem experimentellen Verfahren ist es auch möglich, auf dem üblichen Wege die Lebensdauer von bei der photochemischen Zersetzung gebildeten freien Radikalen zu messen. Dies wurde von PEARSON an den aus Aceton hergestellten Radikalen durchgeführt, wobei sich ergab, daß die Halbwertszeit ungefähr $5 \cdot 10^{-3}$ sec betrug; dieser Wert stimmt ungefähr mit den Ergebnissen der Versuche von PANETH überein. Dasselbe Verfahren wurde erfolgreich auf die Untersuchungen anderer Radikale angewandt. Hierbei stellte sich heraus, daß ihm eine

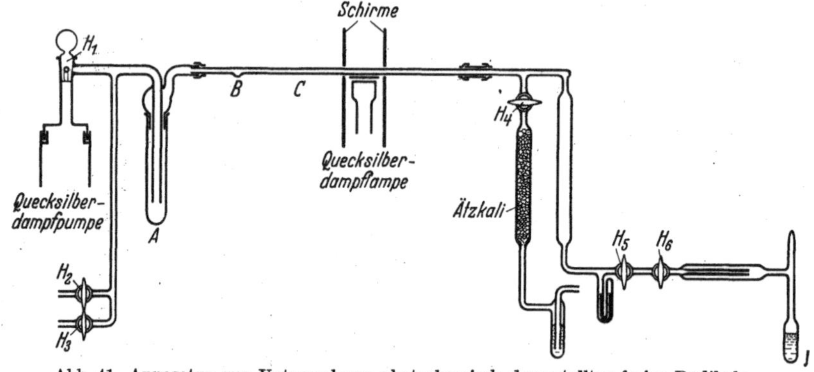

Abb. 41. Apparatur zur Untersuchung photochemisch dargestellter freier Radikale.

größere Anwendungsmöglichkeit zukommt als den Verfahren, bei denen man Radikale durch thermische Spaltung von Metallalkylen oder von organischen Verbindungen darstellt; dies ist darauf zurückzuführen, daß die Radikale bei der Photolyse bei Zimmertemperatur hergestellt werden können und demzufolge ihre Beständigkeit und die Möglichkeit ihrer Existenz vergrößert ist.

Anschließend an die Arbeit der Photolyse von Aceton konnten PEARSON und PURCELL [12] bei der Spaltung von Dimethyl- bzw. Diäthylketon auftretenden Radikale als Methyl und Äthyl identifizieren, indem sie die gebildeten Produkte mit Tellur-, Quecksilber- und Arsenspiegeln reagieren ließen. Ebenso bewiesen sie zum ersten Male, daß das normale Propylradikal entsteht [13], wenn man Di-n-propylketon mit ultraviolettem Licht bestrahlt; die dabei entstehenden Radikale konnten durch ihre bei der Einwirkung auf Quecksilber stattfindende Reaktion identifiziert werden. Das gebildete Quecksilberalkyl wurde in das Quecksilberalkylbromid umgewandelt, wobei sich zeigte, daß dieses mit Quecksilber-α-propylbromid identisch ist. Die neuen Arbeiten aus demselben Laboratorium führten bei Benutzung dieser photochemischen Technik zur Identifizierung von Phenyl, C_6H_5, Benzyl, $C_6H_5CH_2$, tertiärem Butyl, $C(CH_3)_3$, Acetyl, CH_3CO, und Benzoyl, C_6H_5CO.

[12] PEARSON u. PURCELL: J. chem. Soc. 1935, 1151.
[13] PEARSON u. PURCELL: J. chem. Soc. 1936, 253.

Das Ammoniumradikal.

Es ist ausführlich diskutiert worden, ob das Ammoniumradikal, NH_4, im freien Zustande auftritt. Schon seit langem weiß man, daß bei der Elektrolyse von in Wasser oder verflüssigtem Ammoniak gelösten Ammoniumsalzen unter Verwendung einer Quecksilberelektrode ein merkwürdiges „Amalgam" gebildet wird. Dasselbe Produkt entsteht bei der Einwirkung von Ammoniumsalzen auf die Amalgame von Alkalimetallen. Diese Amalgame besitzen ein aufgeblähtes Aussehen und werden oft als Schaum betrachtet. Es konnte mit Gewißheit festgestellt werden, daß sie nur Quecksilber, Stickstoff und Wasserstoff enthalten und daß bei ihrem freiwilligen Zerfall die beiden letztgenannten Elemente in einem Verhältnis entwickelt werden, das der Bildung des Ammoniums entspricht. Der dabei entstehende Wasserstoff befindet sich im Status nascendi. Elektrochemische Messungen stützen ebenfalls die Annahme, daß an einer Quecksilberkathode ein definiertes Radikal wie NH_4 gebildet wird und sich mit dem Quecksilber verbindet; Messungen von Gefrierpunktserniedrigungen einer Reihe von Amalgamen erhärten gleichfalls die Anschauung, daß eine Lösung von Ammonium in Quecksilber vorliegt. Die von alkylsubstituierten Ammoniakverbindungen gebildeten Amalgame sind beständiger als die aus Ammoniumsalzen erhaltenen.

Der Beweis für das vorübergehende Auftreten von Ammonium erscheint somit ziemlich überzeugend erbracht zu sein, wenn er auch noch nicht zwingend ist. Die Verhältnisse liegen somit ähnlich wie seinerzeit bei der Frage nach der Existenz von Alkylradikalen, als der einzige experimentelle Beweis auf den Ergebnissen der Elektrolyse von Fettsäuren beruhte. Aller Wahrscheinlichkeit nach wird es notwendig sein, bei der Untersuchung des „Ammonium" das Amalgamverfahren zu verlassen, ehe man weitere Aussagen über die Existenz des Radikals machen kann. Augenblicklich liegt auch noch kein Beweis dafür vor, daß in der Gasphase vorübergehend Ammoniumradikale gebildet werden.

Atomarer Wasserstoff.

Um atomaren Wasserstoff in einer zu seiner Untersuchung geeigneten Form darzustellen, stehen zwei Verfahren zur Verfügung. Das erste besteht darin, daß man molekularen Wasserstoff bei einem Druck von ungefähr 1 mm Quecksilber durch ein elektrisches Entladungsrohr strömen läßt. Bei der Entladung wird der Wasserstoff teilweise in Atome aufgespalten, die unter gewissen Bedingungen genügend lange beständig sind, daß sie aus der Entladungszone abgesaugt und untersucht werden können. Das zweite Verfahren beruht auf der Tatsache, daß bei sehr hohen Temperaturen Wasserstoffmoleküle in Atome dissoziieren. Wenn man einen Wasserstoffstrom gegen ein erhitztes Wolframfaserwerk leitet, so zeigt sich, daß Wasserstoffatome gebildet werden. Diese Methode wurde von LANGMUIR zu Schweißzwecken entwickelt und wird ausführlicher unten besprochen.

Die Darstellung von atomarem Wasserstoff bei der elektrischen Entladung wurde zuerst von WOOD[14] beschrieben, welcher Wasserstoff durch

[14] WOOD: Philos. Mag. J. Sci. 1922, [VI], 44, 538.

ein Entladungsrohr leitete und die Entladung durch die Sekundärseite eines Transformators anregte. Er fand, daß das ausströmende Gas stark ausgeprägte reduzierende Eigenschaften besitzt, die auch noch in einiger Entfernung von der Entladungszone bestehen bleiben. Dieser Abstand hing ab von der Pumpgeschwindigkeit, dem Druck, dem Rohrdurchmesser und der Natur der Rohrwände. Die Bildung von Wasserstoffatomen direkt in der Entladungszone läßt sich durch das Linienspektrum des Wasserstoffs nachweisen, das deutlich von dem Bandenspektrum unterschieden ist. Das Linienspektrum rührt von Wasserstoff*atomen* her, während das Bandenspektrum durch Wasserstoff*moleküle* hervorgerufen wird. Der deutlichste Beweis besteht darin, daß einige dieser Wasserstoffatome von der Entladungszone fortgeführt werden. Der Grund für ihre Beständigkeit liegt darin, daß die Reaktion $H + H = H_2$ exotherm ist, und zwar mit einem Wert von 101 Kilocalorien, so daß das neu gebildete Wasserstoffmolekül genügend Energie zu seiner eigenen Dissoziation besitzt, außer wenn seine Bildung durch einen Dreierstoß oder an den Gefäßwänden zustande kommt. Ein drittes Teilchen beim Zusammenstoß oder die Nähe einer festen Oberfläche bietet den Wasserstoffmolekülen die Möglichkeit, ihre hohe Bildungsenergie abzugeben, wodurch das neu gebildete Molekül stabilisiert wird. Wenn die Energie nicht in irgendeiner Weise abgegeben werden kann, so führt der Zusammenstoß zweier Wasserstoffatome nicht zu einer Vereinigung.

Der Zusammentritt der Wasserstoffatome wird durch verschiedene Stoffe katalysiert. Wenn man z. B. ein Stück Platinfolie in den Gasstrom bringt, so daß das Gas, welches die Entladungszone verläßt, darauf trifft, wird es schnell durch die bei der Vereinigung der Wasserstoffatome an der metallischen Oberfläche auftretende Hitze zur Weißglut gebracht. Die katalytische Wirkung der Metalle nimmt ab in der Reihenfolge Pt, Pd, W, Fe, Cr, Ag, Cu, Pb[15]. Zu den bisher untersuchten Reaktionen von atomarem Wasserstoff gehören die mit Phosphor, Arsen und Antimon; diese Elemente werden dabei sämtlich in ihre Hydride verwandelt. Stickstoff ist gegenüber atomarem Wasserstoff vollständig indifferent; bei der Einwirkung von atomarem Wasserstoff auf Stickstoff entsteht kein Ammoniak. Wenn man hinter der Entladungszone Schwefel dem Gasstrom aussetzt, so bildet sich sehr leicht Schwefelwasserstoff. Von der Reaktionsgeschwindigkeit kann man sich eine Vorstellung machen, wenn man weiß, daß 6 mg Schwefel im Verlauf von 5 min zu Schwefelwasserstoff umgesetzt werden. Chlor, Brom und Jod sind durch atomaren Wasserstoff ebenfalls in ihre Hydride verwandelt worden.

Aus qualitativen Untersuchungen geht hervor, daß atomarer Wasserstoff mit einer Reihe von Metalloxyden, -sulfiden und -halogeniden reagiert. So werden beispielsweise die Oxyde und Chloride des Kupfers, Bleies, Wismuts und Quecksilbers leicht reduziert, was bei denen des Aluminiums, Magnesiums, Chroms und Zinks nicht der Fall ist. Cadmium- und Kupfersulfid wurden gleichfalls zum freien Metall reduziert, ebenso wie die Nitrate und Sulfate von Blei und Kupfer. Bariumsulfat

[15] Bonhoeffer: Erg. exakt. Naturwiss. 1927, 219.

ließ sich durch atomaren Wasserstoff zu Bariumsulfid reduzieren. Diese Reaktionen wurden ohne äußere Wärmezufuhr durchgeführt, allerdings war es nicht zu vermeiden, daß infolge der Vereinigung von Wasserstoffatomen an der Oberfläche des zu reduzierenden Stoffes lokale Temperaturerhöhungen auftraten[16].

Auch die Reaktionen zwischen einigen organischen Verbindungen und atomarem Wasserstoff sind ausführlich untersucht worden. Bei der Reaktion mit Kohlenwasserstoffen findet gleichzeitig Hydrierung, Dehydrierung und Abbruch der Kohlenstoffkette statt. Bei monohalogenierten Kohlenwasserstoffen besteht wahrscheinlich die Hauptreaktion in der Bildung eines Moleküls Halogenwasserstoff, z. B.

$$CH_3X + H = CH_3 + HX.$$

Darüber hinaus sind andere kompliziertere Reaktionen untersucht worden. So wird Ölsäure beispielsweise schnell hydriert; weiterhin haben UREY und LAVIN[17] gezeigt, daß atomarer Wasserstoff Azoxybenzol folgendermaßen reduzieren kann:

$$\text{Azoxybenzol} \rightarrow \text{Azobenzol} \rightarrow \text{Hydrazobenzol} \rightarrow \text{Anilin}.$$

Die Darstellung von atomarem Wasserstoff durch Bestrahlung eines Gemisches von molekularem Wasserstoff und Quecksilberdampf mit einer Quecksilberstrahlung von der Wellenlänge 2537 Å ist im Zusammenhang mit Problemen wie z. B. der photochemischen Polymerisation von Kohlenwasserstoffen genau untersucht worden. Eine breitere Darstellung der mehr physikalischen Grundlagen dieser Arbeit kann hier nicht gegeben werden[18].

Das Verfahren von LANGMUIR zur Darstellung von atomarem Wasserstoff durch thermische Spaltung von molekularem Wasserstoff[19] ist bisher wahrscheinlich die einzige direkte technische Anwendung atomarer Gase. Deshalb soll das Verfahren hier etwas ausführlicher behandelt werden. Die Grundlage der Methode besteht darin, daß man einen Wasserstoffstrom durch einen Lichtbogen (20 A bei 300—800 V) bläst; der Lichtbogen wird zwischen Wolframelektroden in einer Wasserstoffatmosphäre erzeugt. Man kann den Dissoziationsgrad des Wasserstoffs berechnen und findet dabei, daß bei 3000° 9,03% und bei 5000° 94,7% dissoziiert sind. Wenn man diesen atomaren Wasserstoff enthaltenden Gasstrom auf eine einige Zentimeter von dem Lichtbogen entfernte Metalloberfläche richtet, so erfolgt auf Grund der katalytischen Vereinigung der Atome eine intensive lokale Erhitzung. Auf diese Weise kann man einige der widerstandsfähigsten Stoffe zum Schmelzen bringen. So konnten Wolfram, Tantal und Thoriumdioxyd auf diese Weise geschmolzen werden. Das Verfahren wird zum Schweißen benutzt und besitzt dabei den großen Vorteil, daß der Wasserstoff eine Schutzatmosphäre bildet, so daß ein Angriff der Schweißfläche durch Oxydation ausgeschlossen ist.

---

[16] BONHOEFFER: Z. physik. Chem. 1924, **113**, 99. — BONHOEFFER u. BOEHM: Z. physik. Chem. 1926, **119**, 385.

[17] UREY u. LAVIN: J. Amer. chem. Soc. 1929, **51**, 3286.

[18] Siehe K. F. BONHOEFFER u. P. HARTECK: Grundlagen der Photochemie. Dresden: Theodor Steinkopff 1933.

[19] Vgl. LANGMUIR: Gen. electr. Rev. 1926, **29**, 153.

Pietsch hat in neuerer Zeit die Reaktion zwischen atomarem Wasserstoff und einigen Metallen untersucht, wozu er die schematisch in Abb. 42 gezeichnete Apparatur benutzte[20]. Die zu untersuchenden Metalle wurden in dem auf der rechten Seite des Entladungsrohres gezeichneten Kugelrohr befestigt und so der Einwirkung des atomaren Wasserstoffs ausgesetzt. Es ergab sich, daß sich Silberfolie im Verlauf von 2 Stunden mit einem weißen Film bedeckte. Wenn man dieses Produkt mit Wasser behandelte, so entstand Silberhydroxyd, und es entwickelte sich ein Gas, das man für Wasserstoff hielt. Gepulvertes Silber ergab bei 250—350°

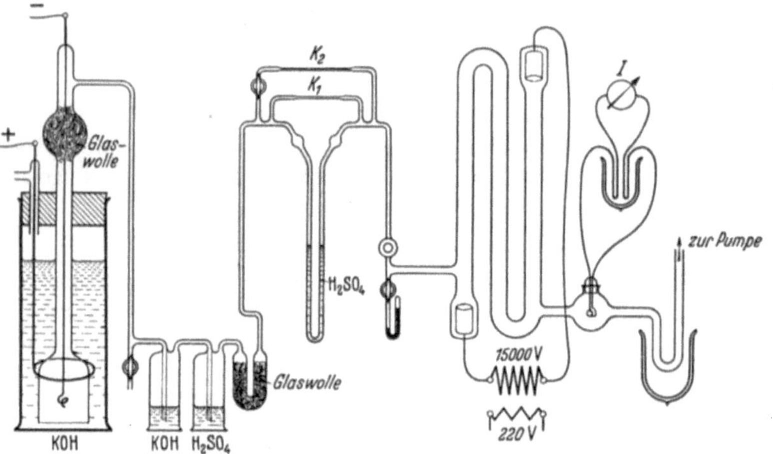

Abb. 42. Apparatur zur Untersuchung der Reaktionen von atomarem Wasserstoff mit Metallen.

einen weißen Stoff, der wahrscheinlich aus einer Mischung von Silberhydrid und unverändertem Silber bestand und dessen Wasserstoffdissoziationsdruck sich von $3{,}5 \cdot 10^{-2}$ mm bei 289° auf 72 mm bei 1173° änderte.

Infolge der Reaktion und der Vereinigung der Wasserstoffatome an seiner Oberfläche erhitzt sich das Untersuchungsmetall; doch kann man die Stärke der Erhitzung regeln, wenn man die Entladungsbedingungen, den Druck und damit die Konzentration an Wasserstoffatomen in dem Gasstrom verändert. Kupfer und Gold ergaben ähnliche Resultate wie das Silber, die gebildeten Hydride werden jedoch bedeutend leichter durch Hitze zersetzt, so daß man eine geringere Konzentration an atomarem Wasserstoff benutzen mußte, um eine Überhitzung des Metalls zu vermeiden. Beryllium wurde ebenfalls angegriffen. Gallium bedeckte sich bei 100—170° mit einem Film des Hydrids, und im Falle des Indiums fand eine Reaktion zwischen dem Element im Dampfzustand und atomarem Wasserstoff statt, bei dem eine blaue Lumineszenz beobachtet wurde und ein weißgraues Hydrid aus dem Gasstrom ausgefroren werden konnte. Dieses Hydrid zersetzte sich beim Erwärmen und schied dabei an den Glaswandungen Indium ab. Metallisches Tantal wurde durch atomaren Wasserstoff in eine brüchige Substanz

[20] Pietsch: Z. Elektrochem. angew. physik. Chem. 1933, **39**, 577.

umgewandelt, über der sich ein definierter Wasserstoffdissoziationsdruck ausbildete. Wenn man die Bedeutung dieser präparativen Arbeiten richtig beurteilen will, so muß man bedenken, daß zwar keine definierten Verbindungen abgetrennt und analysiert werden konnten, daß jedoch die Beobachtungen mit kleinen Mengen des Stoffes durchgeführt wurden. Zweifellos kann atomarer Wasserstoff Hydride bilden, welche direkt mit gewöhnlichem Wasserstoff nicht entstehen. Dies ist z. B. beim Silber, Beryllium, Gallium und Indium der Fall. PIETSCH ist der Ansicht, daß die durch atomaren Wasserstoff gebildeten Hydride einen salzartigen Charakter besitzen, jedoch trifft das möglicherweise nicht allgemein zu. So ist beispielsweise beim Tantal die Bildung einer Einlagerungsverbindung ebenso wahrscheinlich.

Aus atomarem Wasserstoff und Quecksilberdampf konnte ebenfalls ein Quecksilberhydrid hergestellt werden[21]. Man leitete Quecksilberdampf durch ein Mantelrohr und vermischte ihn mit einem Wasserstoffstrom der atomaren Wasserstoff enthielt; die Vermischungsstelle wurde durch flüssige Luft gekühlt. An der gekühlten Oberfläche schied sich ein schwarzer Stoff ab, der sich aber bei —125° bis —100° zu Quecksilber und Wasserstoff zersetzte. Aus der Menge des entwickelten Wasserstoffs und des zurückbleibenden Quecksilbers konnte man schließen, daß die Abscheidung zu 70% aus einem Hydrid HgH und zu 30% aus metallischem Quecksilber bestand.

Verschiedene andere interessante bei niedrigen Temperaturen erfolgende Anlagerungsreaktionen von atomarem Wasserstoff sind beschrieben worden. Diese Anlagerungen verlaufen wahrscheinlich deshalb leichter bei niederer Temperatur, weil dann die kinetische Energie der Reaktionsteilnehmer gering ist. Wasserstoffatome, die man für sich im elektrischen Entladungsrohr herstellt und mit molekularem Sauerstoff mischt, ergeben bei der Temperatur des flüssigen Wasserstoffs eine quantitative Ausbeute an Wasserstoffperoxyd[22]. Dieses Produkt ist jedoch nicht die gewöhnliche Form des Wasserstoffperoxyds; beim Erwärmen auf —80° setzt nämlich eine heftige exotherme Reaktion ein, die von einem teilweisen Zerfall in Wasser und Sauerstoff begleitet wird und gewöhnliches Wasserstoffsuperoxyd zurückläßt.

Stickoxyd und atomarer Wasserstoff reagieren bei der Temperatur der flüssigen Luft unter Bildung eines explosiven Stoffes der Zusammensetzung $(HNO)_n$[23]. Dieses Produkt scheidet sich bei der Temperatur der flüssigen Luft als hellgelber Niederschlag ab; es konnten 250 mg hergestellt werden, und es scheint sich um dasselbe Produkt zu handeln, das man bei der Einwirkung von atomarem Sauerstoff auf Ammoniak erhält. Bei Temperaturerhöhung färbt sich der Niederschlag weiß, und bei —95° erfolgt eine Umwandlung unter teilweiser Zersetzung in Stickoxydul und in Spuren von Wasserstoff und Stickoxyd. Die Substanz wurde analysiert, indem man den Dampf an einer glühenden Platinspirale zersetzte. Es wurde dabei das Verhältnis $H:N:O=1:1:1$ gefunden. Man nahm an, daß das bei niederer Temperatur beständige

---

21 GEIB u. HARTECK: Ber. dtsch. chem. Ges. 1932, **65**, 1550.
22 GEIB u. HARTECK: Ber. dtsch. chem. Ges. 1932, **65**, 1551.
23 HARTECK: Ber. dtsch. chem. Ges. 1933, **66**, 423.

Produkt eine Additionsverbindung wäre, die jedoch bei —95° untersalpetrige Säure, $H_2N_2O_2$, und Nitramid, NH_2NO_2, ergab; diese beiden Stoffe konnten auf Grund ihrer qualitativen Reaktionen identifiziert werden. Die Umwandlung bei —95° wurde von einer geringfügigen Zersetzung in die obenerwähnten Produkte begleitet.

Wasserstoffatome reagieren mit Cyanwasserstoff bei niedrigen Temperaturen und bilden einen Stoff mit der Formel H_3CN, der sich beim langsamen Erhitzen zersetzt und dabei Ammoniak, Methylamin und verschiedene Kondensationsprodukte liefert. Schwefeldioxyd bildet ebenfalls eine Additionsverbindung von der Formel $H_2S_2O_2$, welche bei höherer Temperatur zu SO_2 und H_2S zersetzt wird[24].

Harteck hat ein neues Verfahren zur Darstellung von atomarem Wasserstoff, Sauerstoff und Stickstoff bei Gasdrucken bis zu 20 mm beschrieben[25]. Das Prinzip besteht darin, daß man in der Entladungsapparatur ein Gasgemisch mit einem Neonpartialdruck von 15—20 mm und einem Wasserstoffdruck in der Größe von 0,3 mm zirkulieren läßt. Das Edelgas ermöglicht es, die Entladung bei bedeutend höherem Druck durchzuführen als es sonst möglich wäre, während die Dissoziation des Wasserstoffs in Atome durch den Entladungsvorgang ganz normal verläuft. Der besondere Vorteil des Verfahrens besteht darin, daß es möglich ist, das atomaren Wasserstoff enthaltende Gas durch Flüssigkeiten und Lösungen hindurchzuleiten. Auf diese Weise konnte man zeigen, daß Lösungen von Silbersulfat oder -nitrat zu metallischem Silber reduziert werden. Cuprichlorid liefert Kupfer und Salzsäure, Mercurichlorid ergibt Mercurochlorid und Salzsäure, während Wasserstoffperoxyd zu Wasser umgesetzt wird.

Atomarer Sauerstoff.

Atomaren Sauerstoff kann man darstellen, indem man molekularen Sauerstoff bei einem Druck von ungefähr 1 mm durch ein elektrisches Entladungsrohr strömen läßt. Die Apparatur ähnelt der, welche man zur Untersuchung von atomarem Wasserstoff benutzt; das die Entladungszone verlassende Gas besteht aus einem Gemisch von molekularem und atomarem Sauerstoff[26]. Die Vereinigung der Atome wird durch verschiedene Stoffe katalysiert, und Metalle wie Platin können bei der Einwirkung des mit atomarem Sauerstoff beladenen Gases durch die bei der Vereinigung der Atome entstehende Hitze zum Schmelzen gebracht werden. Die Lebensdauer der Atome hängt ab von dem Durchmesser des Rohres, durch welches das Gas strömt, von der Natur der Rohrwände, von der Gegenwart indifferenter Gase und von dem Sauerstoffdruck.

Ein anderes Verfahren zur Darstellung von atomarem Sauerstoff besteht darin, daß man mit einem Licht bestrahlt, dessen Wellenlänge in das Gebiet der kontinuierlichen Absorption des Sauerstoffs fällt, d. h. mit einer Wellenlänge unter 1900 Å. Eine derartige Strahlung erhält man durch eine (kondensierte) Funkenentladung zwischen Aluminium-

[24] Geib u. Harteck: Trans. Faraday Soc. 1934, **30**, 131.
[25] Harteck: Z. Elektrochem. angew. physik. Chem. 1936, **42**, 536.
[26] Harteck u. Kopsch: Z. physik. Chem. 1931, B, 12, 327.

elektroden in Luft oder durch Verwendung einer neuartigen Xenonentladungslampe[27]. Diese Lampe sendet die Linien des Xenons von 1495 und 1295 Å aus; diese Wellenlänge entsprechen Energien von 193 bzw. 219 Kilocalorien. In beiden Fällen erfolgt eine Dissoziation der Sauerstoffmoleküle in Atome.

Atomarer Sauerstoff entsteht auch mit Sicherheit in einem gewöhnlichen Ozonisierungsapparat als Zwischenprodukt bei der Darstellung von Ozon. Zur Vereinigung zweier Atome zu einem Sauerstoffmolekül und zum Zusammentritt eines Atoms und eines Moleküls zur Bildung von Ozon ist ein Dreierstoß oder die Gegenwart einer festen Oberfläche erforderlich. Nach Untersuchungen von KISTIAKOWSKY[28] sind die einzelnen Moleküle als Partner bei einem derartigen zur Ozonbildung führenden Dreierstoß verschieden stark wirksam, und zwar ergeben sich für die Wirksamkeiten folgende relativen Zahlenwerte:

O_2	CO_2	CO	N_2	Ar
1	0,8	0,62	0,28	0,13.

Die Aktivierungsenergie der Reaktion $O + O_2 = O_3$ beträgt nur 4 Kilocalorien; somit hat man in der Reaktion von im elektrischen Entladungsrohr hergestellten Sauerstoffatomen mit Sauerstoffmolekülen ein bequemes Mittel, um hohe Konzentrationen an Ozon zu erhalten. Beim Arbeiten mit atomarem Sauerstoff im Entladungsrohr kann eine zufällige Bildung von flüssigem Ozon leicht zu schweren Explosionen führen.

Über die Reaktionen mit atomarem Sauerstoff sind umfangreiche Untersuchungen durchgeführt worden[29]. Als Endprodukt bei der Reaktion mit Wasserstoff entsteht, wie man auch erwarten sollte, Wasser, wenn auch in bezug auf den Mechanismus seiner Bildung noch einige Unsicherheit besteht. Schwefelwasserstoff und Schwefelkohlenstoff reagieren unter niederen Drucken beide mit atomarem Sauerstoff, wobei eine blaue Luminescenz auftritt und S, SO_2, SO_3, H_2SO_4, H_2O, CO und CO_2 gebildet werden. Die Reaktion von Sauerstoffatomen mit Kohlenmonoxyd verläuft bei Zimmertemperatur sehr langsam. Chlorwasserstoff und Bromwasserstoff werden unter Bildung der freien Halogene zersetzt. Bei allen Kohlenwasserstoffen erfolgt ein mehr oder weniger langsamer Angriff, wobei die Reaktion von einer Luminescenzerscheinung begleitet ist, deren Spektrum OH-, CH- und manchmal auch CC-Banden zeigt.

Wie beim atomaren Wasserstoff konnten beim Sauerstoff im atomaren Zustand bei tiefen Temperaturen ebenfalls Additionsreaktionen beobachtet werden. So bildet Acetylen einen Stoff, dessen Zusammensetzung sich ungefähr der Formel $C_2H_2O_2$ nähert und welcher sich bei Temperaturen über $-90°$ zersetzt und dabei hauptsächlich Wasser, Ameisensäure und Glyoxal ergibt. Benzol lagert bei $-80°$ 3 Sauerstoffatome pro Molekül an, aber der gebildete Stoff zersetzt sich bei höherer Temperatur. Ammoniak reagiert mit Sauerstoffatomen, wobei ein explosives Produkt, wahrscheinlich HNO oder NH_3O entsteht. Es gibt noch

[27] GROTH: Z. Elektrochem. angew. physik. Chem. 1936, **42**, 533.
[28] KISTIAKOWSKY: Z. physik. Chem. 1925, **117**, 337.
[29] Vgl. GEIB: Ergebn. exakt. Naturwiss. 1935, **44**.

viele Möglichkeiten auf diesem Untersuchungsgebiet. Das Verfahren, zu dem atomaren Gas Helium mit einem verhältnismäßig hohen Druck als Träger hinzuzusetzen, in der Weise, wie es für das Arbeiten mit atomarem Wasserstoff beschrieben wurde, erscheint auch im Falle des Sauerstoffs außerordentlich vielversprechend. Dieser Kunstgriff ermöglicht die Untersuchung von Reaktionen zwischen Sauerstoffatomen und Flüssigkeiten, und es hat sich ergeben, daß unter diesen Bedingungen wäßriges Kaliumjodid unter Bildung von Jod und Kaliumjodat angegriffen wird, um nur ein Beispiel aus den neueren Arbeiten zu erwähnen.

Atomares Chlor und Brom.

Das Auftreten von freien Chloratomen als Zwischenstufe bei chemischen Reaktionen ist schon jahrelang bekannt, und zwar besonders im Fall der photochemischen Vereinigung von Wasserstoff und Chlor, für die NERNST folgende Kettenreaktion vorgeschlagen hat:

$$\begin{aligned} Cl_2 + h\nu &= Cl + Cl \\ Cl + H_2 &= HCl + H \\ H + Cl_2 &= HCl + Cl \end{aligned}$$

Die Chloratome werden in diesem Fall durch die photochemische Dissoziation des Chlors erzeugt, und in dem Maße, wie die Reaktion vorschreitet, wird eine kleine, aber definierte Konzentration an Atomen im Reaktionsgemisch vorhanden sein. Ähnlich liegt der Fall bei der thermischen Reaktion von Natriumdampf und Chlor, wo man annimmt, daß die Reaktion über die Anfangsstufe:

$$Na + Cl_2 = NaCl + Cl$$

verläuft. Wenn man zu dem Reaktionsgemisch in der Dunkelheit Wasserstoff oder Methan zufügt, so kann man die Bildung von Chlorwasser stoff oder von Methylchlorid schon unterhalb derjenigen Temperatur beobachten, die zur direkten thermischen Chlorierung erforderlich ist; das ist wiederum ein indirekter Beweis für das Vorhandensein von atomarem Chlor. Diese Verfahren sind aber nicht zur Untersuchung der Reaktionen von atomarem Chlor geeignet. Selbst wenn man zur Bestrahlung des Chlors eine Wellenlänge verwendet, durch die das Gas in Atome gespalten wird (d. h. $\lambda\lambda <$ etwa 4785 Å), so findet sehr schnell eine Wiedervereinigung der Atome statt; wenn man nicht gerade sehr geringe Drucke und sehr große Reaktionsgefäße benutzt, ist die Geschwindigkeit der Wiedervereinigung so groß und sind die Atome so unbeständig, daß eine Untersuchung ihrer Reaktionen nicht möglich ist. Bei der Verwendung von niedrigen Drucken wird die Vereinigung durch Dreierstöße in der Gasphase sehr stark herabgesetzt, während man durch die Wahl großer Reaktionsgefäße dafür sorgen kann, daß die Geschwindigkeit der Vereinigung der Chloratome an den Wänden verringert wird.

Die Darstellung von atomarem Chlor bei der elektrischen Entladung wurde zuerst von RODEBUSH und KLINGELHOEFER[30] durchgeführt, die einen Chlorstrom von einem Druck unter 1 mm Hg einer elektrodenlosen

[30] RODEBUSH u. KLINGELHOEFER: J. Amer. chem. Soc. 1933, 55, 130.

Entladung aussetzten. Dabei wurde das katalytische Verhalten verschiedener Stoffe, welche die Vereinigung der Chloratome beschleunigten, untersucht; die Untersuchung erfolgte in der Weise, daß man die Kugel eines Thermometers mit den fraglichen Stoffen belegte; man brachte dann das Thermometer in das die Entladungszone verlassende Gas und beobachtete den Temperaturanstieg. Silber und Kupfer erwiesen sich als gute Katalysatoren, wurden aber schnell angegriffen, wobei sich auf ihrer Oberfläche eine Chloridschicht bildete. Nickel und Retortenkohle zeigten ebenfalls gute katalytische Eigenschaften, während an den Oberflächen von Glas, Natriumchlorid, Kaliumchlorid und Platin nur in geringem Maße eine Vereinigung stattfindet. Wenn man im Dunkeln ein Gemisch von molekularem und atomarem Chlor in Wasserstoff bringt, so setzt, wie man beobachten konnte, eine sehr schnelle Reaktion unter Bildung von Chlorwasserstoff ein. Dieser Versuch ergibt eine direkte Bestätigung des NERNSTschen Mechanismus der photochemischen Reaktion von Wasserstoff und Chlor.

SCHWAB und FRIESS[31] benutzten zur Erzeugung von atomarem Chlor eine Glimmentladung in Chlor bei einem Druck von < 1 mm. In derselben Weise wie bei der Darstellung des atomaren Wasserstoffs ließen sie Chlor schnell durch ein Quarzentladungsrohr von 23 mm Weite und 230 cm Länge strömen, das mit wassergekühlten Eisenelektroden versehen war. Nach dem Verlassen der Entladungszone enthielt das Gas eine geringe Konzentration an Chloratomen, die — infolge der Vereinigung der Gasatome an den Rohrwänden — mit steigender Entfernung von der Entladungsstelle abnahm. In der Entladungszone selbst konnte das Linienspektrum des Chlors beobachtet werden, wodurch die Anwesenheit freier Chloratome bewiesen war. Die Strömungsgeschwindigkeit des Chlors durch das Entladungsrohr betrug ungefähr 400 cm/sec und die Zeit, in der die Aktivität des Chlors auf die Hälfte gesunken war, lag in der Größe von $3 \cdot 10^{-3}$ Sekunden. Die relative Konzentration in jedem einzelnen Zeitpunkt konnte ermittelt werden, indem man ein Thermoelement in das Gas einführte und den Temperaturanstieg feststellte.

Die chemischen Reaktionen von atomarem Chlor sind nicht sehr ausführlich untersucht worden. Es hat sich jedoch gezeigt, daß Schwefel und roter Phosphor langsam mit dem aus Chlor und Chloratomen bestehenden Gemisch reagieren. Kupfer und Chromtrioxyd reagierten schneller, und metallisches Zinn wurde sehr heftig angegriffen, wobei ein beträchtlicher Temperaturanstieg erfolgte. Atomares Chlor reagiert auch mit Methan, Chloroform und Kohlenmonoxyd.

SCHWAB[32] hat unter Verwendung einer ähnlichen Technik, wie sie bei den Untersuchungen mit atomarem Chlor benutzt wurde, Versuche mit atomarem Brom durchgeführt. Das Verfahren bestand darin, daß man einen Strom von Bromdampf bei einem Druck von 0,1 mm durch eine elektrische Entladungszone leitete. Bei der Entladung wurde das Linienspektrum des Broms beobachtet, was darauf hindeutet, daß Bromatome vorhanden sind, deren Menge auf 10—40 Prozent des in der Entladungszone vorhandenen Broms geschätzt wird. Eine weitere

[31] SCHWAB u. FRIES: Z. Elektrochem. angew. physik. Chem. 1933, **39**, 586.
[32] SCHWAB: Z. physik. Chem. 1934, B, **27**, 452.

Untersuchung der Reaktionen des atomaren Broms wurde indessen durch die Tatsache verhindert, daß sich die Bromatome an den Wänden bei jedem Stoß wieder zu Brommolekülen vereinigen. Es war daher unmöglich, das Gas mit den freien Atomen aus der Entladungszone zu entfernen und mit ausreichenden Atomkonzentrationen Versuche in der Art anzustellen, wie sie bei dem atomaren Wasserstoff, Sauerstoff und Chlor durchgeführt wurden.

Andere kurzlebige Radikale.

Das Hydroxylradikal. Eine Reihe anderer freier Radikale läßt sich unter Bedingungen erhalten, bei denen bisher eine ins Einzelne gehende Untersuchung über die Eigenschaften der gebildeten Radikale nicht möglich war. Das interessanteste Beispiel ist wohl das Hydroxylradikal, OH; dieses wurde schon lange mit einer Reihe von Emissionsbanden in Zusammenhang gebracht, welche in dem bei Entladungen in Wasserdampf beobachteten Spektrum oder in den Flammenspektren von in Luft oder in Sauerstoff brennendem Wasserstoff oder Wasserstoffverbindungen enthalten sind; die stärkste Bande dieses Spektrums liegt bei ungefähr 3064 Å. Das Hydroxylradikal entsteht auch bei der thermischen Dissoziation von Wasserdampf oberhalb von 1000°. BONHOEFFER und REICHARDT[33] haben im Ultravioletten das Absorptionsspektrum des auf 1000—1600° erhitzten Wasserdampfes gemessen und unter diesen Bedingungen die OH-Banden im Absorptionsspektrum beobachtet. Der Partialdruck des freien Hydroxyls betrug bei ihren Experimenten bei 1600° 8 mm und bei 1150° 0,3 mm Quecksilber.

Die Bildung freier Hydroxylradikale bei der elektrischen Entladung in Wasserdampf, welche sich an der Emission von OH-Banden erkennen läßt, wurde von OLDENBERG[34] durch Photographieren des Absorptionsspektrums des Gases in einem derartigen Entladungsrohr direkt nach Ausschaltung der elektrischen Entladung bestätigt. Die OH-Radikale konnten durch ihr Absorptionsspektrum bis zu 0,4 Sekunden nach der Unterbrechung der Entladung nachgewiesen werden. Diese Beobachtung zeigt, daß sie eine Lebensdauer haben, die ungefähr der des atomaren Wasserstoffs entspricht, und deutet ferner darauf hin, daß es möglich sein müßte, ihre Reaktionen zu untersuchen, indem man Wasserdampf mit hoher Geschwindigkeit und geringem Druck durch eine elektrische Entladungszone strömen läßt.

UREY und LAVIN versuchten, die chemischen Reaktionen freier Hydroxylradikale zu untersuchen, die sie erhielten, indem sie Wasserdampf durch ein Entladungsrohr streichen ließen und dieselbe Technik wie bei der Untersuchung des atomaren Wasserstoffs anwandten[35]. Sie fanden, daß das aus dem Entladungsrohr austretende Gas reaktionsfähiger als atomarer Wasserstoff war, obgleich zweifellos auch Wasserstoffatome vorhanden waren. Beim Vermischen mit Äthylen bildete sich beispielsweise eine Spur von Acetaldehyd. In einer späteren Arbeit

[33] BONHOEFFER u. REICHARDT: Z. physik. Chem. 1928, **139**, 75.
[34] OLDENBERG: J. physic. Chem. 1937, **41**, 293.
[35] UREY u. LAVIN: J. Amer. chem. Soc. 1929, **51**, 3290.

wiesen LAVIN und STEWART[36] darauf hin, daß ein ungefähr proportionaler Zusammenhang zwischen der Menge des beim Durchtritt des Wasserdampfes durch die Entladungszone gebildeten Wasserstoffperoxyds und der Intensität der OH-Emissionsbanden in der Entladungszone besteht.

Eine der größten Schwierigkeiten bei der Untersuchung des freien Hydroxylradikals besteht darin, daß man es nicht erhalten kann, ohne daß gleichzeitig andere Radikale gebildet werden. Wenn man es aus Wasserdampf darstellt, so ist es mit atomarem Wasserstoff vermischt, und RODEBUSH[37] zeigte, daß das Hydroxyl, selbst wenn es anfangs frei von anderen Produkten ist, eine Oberflächenreaktion $OH + OH = H_2O + O$ eingehen kann, welche zur Bildung von atomarem Sauerstoff führt.

Das freie Iminradikal, NH, liefert charakteristische Emissionsbanden; diese findet man im Spektrum von unter niedrigem Druck in einem elektrischen Entladungsrohr befindlichen Ammoniak oder Stickstoff-Wasserstoffgemischen.

Die Kenntnis der chemischen Reaktionen dieses Stoffes ist jedoch besonders unvollständig. LAVIN und BATES stellten das Radikal her, indem sie Ammoniak bei geringem Druck durch ein Entladungsrohr hindurchströmen ließen[38]. Wenn man zu dem von der Entladungszone abströmenden Gas Äthylen zusetzt, so entsteht eine gelbe Luminescenz, und es scheidet sich ein weißer, fester Stoff ab, der sich allmählich in ein Öl und dann in eine schwarze, feste Substanz umwandelt. Beim Zusatz von Sauerstoff zu dem Gas tritt eine blaugrüne Luminescenz auf, wobei sich die Bildung von Stickstoffoxyden nachweisen läßt. Wenn man Metallteile in den Gasstrom bringt, so wird der aktive Stoff zerstört; Zink- und Chromoxyd, welche die Vereinigung von Wasserstoffatomen bewirken, üben jedoch keinen Einfluß auf das aus dem Ammoniak entstehende Gas aus. Daher steht die Aktivität vermutlich nicht mit der Gegenwart von atomarem Wasserstoff in Zusammenhang; vielmehr ist wahrscheinlich das Iminradikal der wirksame Bestandteil. Bei diesem Problem sollte es möglich sein, den vorliegenden experimentellen Beweis zu ergänzen und die Frage nach der Existenz des Iminradikals auf eine sichere Grundlage zu stellen.

Aktiver Stickstoff.

Aktiver Stickstoff wird dargestellt, indem man Stickstoff bei einem Druck unter 1 mm Hg einer Funkenentladung aussetzt; man führt unter Verwendung eines Funkeninduktors eine kondensierte Entladung durch, wobei in den Stromkreis zwischen dem Induktor und der eigentlichen Entladungsstelle eine Funkenstrecke in Serie geschaltet ist. Nach einem anderen Verfahren läßt man auf den Stickstoff eine hochfrequente elektrodenlose Entladung einwirken. Auf jeden Fall zeigt sich, daß beim Abschalten der elektrischen Entladung an der Entladungszone und deren Nähe eine schwache gelbliche Luminescenz eine Zeitlang bestehen bleibt.

[36] LAVIN u. STEWART: Proc. Nat. Acad. Sci. USA 1929, **15**, 829.
[37] RODEBUSH: J. physic. Chem. 1937, **41**, 283.
[38] LAVIN u. BATES: Proc. Nat. Acad. Sci. USA 1930, **16**, 804.

Wenn man Stickstoff durch das Entladungsrohr leitet, so sendet das Gas nach Passieren der Entladungszone ein gelbes Glimmlicht aus, dessen Beständigkeit vollständig durch die Versuchsbedingungen (Druck, Temperatur, anwesende Fremdgase und Eigenschaften der Gefäßwände) bestimmt ist; in großen, an der Innenseite mit Metaphosphorsäure ausgekleideten Kolben zeigte sich, daß die Strahlung 6 Stunden oder noch länger erhalten bleibt[39]. Selbstverständlich wird sie gegen Ende dieser Zeit außerordentlich schwach.

Dieser leuchtende Stickstoff erwies sich als ungewöhnlich reaktionsfähig und wurde als aktiver Stickstoff bezeichnet. Es ist jedoch zweifelhaft, ob man diese aktive Form direkt als kurzlebiges freies Radikal bezeichnen kann. Der aktive Stickstoff steht aber durch seine Reaktionsfähigkeit in so naher Beziehung zu Stoffen wie atomarem Wasserstoff

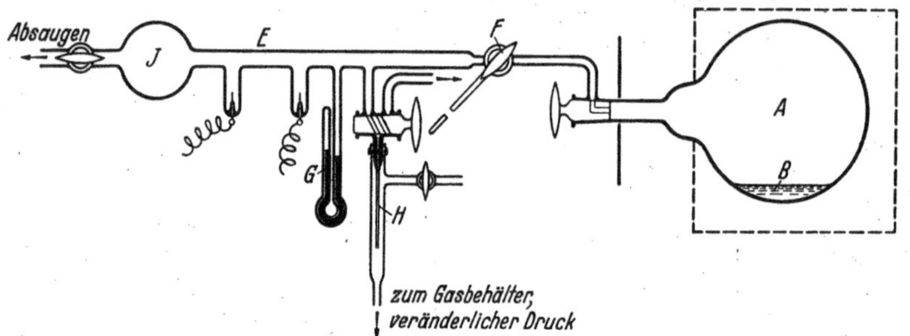

Abb. 43. Apparatur zur Darstellung von aktivem Stickstoff.

oder zu den freien Alkylradikalen, daß seine Besprechung in diesem Zusammenhang unbedingt gerechtfertigt ist. Die ersten systematischen Untersuchungen an aktivem Stickstoff wurden von Lord RAYLEIGH[40] durchgeführt. Die dabei verwendete Apparatur ist in der untenstehenden Zeichnung abgebildet. Man ließ Stickstoff, den man in dem Kolben *A* durch Erhitzen mit einer flüssigen Kalium-Natriumlegierung *B* auf 300° gereinigt hatte, durch den Sperrhahn *F* in das Entladungsrohr eintreten. Die Wirkung des Sauerstoffzusatzes zu dem Stickstoff konnte durch die feine Kapillare *H* untersucht werden. Die Entladung fand bei *E* zwischen zwei Platinelektroden statt; die chemischen Reaktionen des aktiven Stickstoffs konnten in dem Kolben *J* beobachtet werden, der je nach der Art des vorliegenden Problems geändert und den Verhältnissen angepaßt werden konnte. Das Manometer *G* diente dazu, den Druck in der Apparatur anzuzeigen. Dieser ließ sich durch Änderung der Stellung des Hahnes *F* regulieren.

Die chemischen Reaktionen des aktiven Stickstoffs wurden größtenteils qualitativ untersucht. Mit gelbem Phosphor bildet sich ein Phosphornitrid neben einer gewissen Menge von rotem Phosphor. Arsen ergab ein Nitrid, welches man durch Kochen mit Natriumhydroxyd an der Bildung von Ammoniak nachweisen konnte. Aus Schwefelchlorür, Schwefelwasserstoff oder Schwefelkohlenstoff und aktivem Stickstoff

---

[39] RAYLEIGH: Proc. Roy. Soc. 1935, A, **151**, 567.
[40] RAYLEIGH: Proc. Roy. Soc. 1911, A, **85**, 219.

entstand eine blaue feste Substanz, die man für Schwefelstickstoff, $(NS)_x$, hielt. Schwefelkohlenstoff bildete neben dem Schwefelstickstoff einen braunen Stoff, den man für polymerisiertes Kohlenstoffmonosulfid hält. Einige Metalle wurden durch aktiven Stickstoff in ihre Nitride umgewandelt; so bildeten Quecksilber, Zink, Cadmium und Natrium sämtlich Nitride, welche qualitativ nachgewiesen werden konnten. Mit Stickoxyd reagierte aktiver Stickstoff unter Bildung von Stickstoffdioxyd und Stickstoff. Die Absorption von aktivem Stickstoff durch Phosphor wurde von STRUTT (Lord RAYLEIGH) zur Feststellung der Konzentration an aktivem Stickstoff in dem die Entladungszone verlassenen Gas benutzt; dabei ergab sich ein Gehalt von ungefähr 0,5 Prozent. Der genaue Wert hängt natürlich von den jeweiligen Bedingungen ab.

WILLEY entdeckte, daß das Leuchten des aktiven Stickstoffs durch Metalle wie Platin, Eisen und Silber katalytisch ausgeschaltet wird[41]. Bei der Untersuchung der Reaktionen von aktivem Stickstoff mit einigen Gasen fanden WILLEY und RIDEAL, daß Reaktionen stattfinden konnten, deren Zustandekommen ungefähr eine Energie von 50000 cal pro Mol erfordert. So wurde beispielsweise Jodwasserstoff leicht zersetzt. Die kritische, zu seiner Zersetzung erforderliche Energiemenge beträgt 45700 cal. Bromwasserstoff (kritische Energie 50000 cal) wurde weniger leicht zersetzt) und Chlorwasserstoff (kritische Energie 90000 cal wurde von aktivem Stickstoff überhaupt nicht angegriffen. Diese Beobachtungen liefern ein Maß für die in dem aktiven Gas verfügbare Energiemenge.

Die Wirksamkeit des aktiven Stickstoffs war nicht nur auf die Möglichkeit des Zustandekommens chemischer Reaktionen beschränkt, sondern führte auch zur Entstehung von Spektren, die auftraten, ohne daß chemische Umwandlungen erfolgten. So ergab beispielsweise der Zusatz von Joddampf eine schöne blaue Luminescenz, während die Dämpfe der Quecksilber- und Zinnhalogenide zur Emission des Bandenspektrums der Moleküle HgCl und SnCl veranlaßt wurden. In diesen Fällen trat keine chemische Reaktion ein. Die Bildung des Nitrides mit Natrium andererseits war von der Anregung des Linienspektrums des Metalls begleitet, und bei vielen Kohlenstoffverbindungen entstanden die Cyanbanden. Andere Stoffe, darunter Wasserstoff und Kohlendioxyd, wirkten lediglich verdünnend und schwächend auf das Leuchten.

Die Darstellung von aktivem Stickstoff wird durch die Anwesenheit von ungefähr 0,1 Prozent Verunreinigungen, wie Sauerstoff oder Methan, katalysiert, jedoch ließ sich feststellen, daß das Nachleuchten auch in chemisch reinem Stickstoff erfolgte[42]. Das von dem aktiven Stickstoff herrührende Leuchten kann durch Erhitzen auf 300° zerstört werden. Es hat sich gezeigt, daß aktiver Stickstoff den elektrischen Strom leitet, d. h., daß er Ionen enthält. Dies hat sich jedoch als ein Sekundäreffekt erwiesen, der durch das Einführen von Elektroden in den Gasstrom

---

[41] WILLEY: J. chem. Soc. 1927, 2188.
[42] BAKER u. STRUTT: Ber. dtsch. chem. Ges. 1914, 47, 2283.

hervorgerufen wird, und es ist ziemlich sicher, daß geladene Teilchen bei den chemischen Reaktionen des aktiven Gases keine Rolle spielen[43].

Die Natur des aktiven Stickstoffs war Gegenstand einer ausführlichen Diskussion. Das gelbe Leuchten zeigt ein Bandenspektrum, welches aus einem Teil der in der ersten positiven Gruppe des Stickstoffs auftretenden Banden besteht. Die Intensität der Banden im roten, gelben und grünen Gebiet ist beträchtlich verstärkt. Dieses Spektrum rührt von einer Lichtemission durch angeregte Stickstoffmoleküle her.

STRUTT nahm an, daß das Leuchten durch die Abgabe der bei der Wiedervereinigung zweier Stickstoffatome in bimolekularer Reaktion freiwerdenden Energie verursacht würde[44]. SPONER[45] war späterhin der Ansicht, daß die Leuchtwirkung durch die chemiluminescente Vereinigung zweier Stickstoffatome in Gegenwart eines Stickstoffmoleküls hervorgerufen wird, also:

$$N + N + N_2 = N_2 + N_2^* \text{ (→ Strahlung).}$$

Das Molekül N_2^* ist das energiereiche Molekül, welche die Strahlung aussendet. Diese Deutung sieht man auch jetzt noch im wesentlichen als richtig an. Allerdings muß die SPONERsche Theorie wegen der Tatsache, daß die bei der Wiedervereinigung der Stickstoffatome freiwerdende Energie nicht zur Erklärung einiger wesentlicher Erscheinungen im Spektrum des Nachleuchtens ausreicht, eine gewisse Änderung erfahren[46].

Wenn man den gegenwärtigen Stand des sich dem Chemiker durch den aktiven Stickstoff darbietenden Problems zusammenfaßt, so muß man zugeben, daß die Frage nach dem Zustandekommen der Luminescenz nicht ausreichend geklärt ist. Die systematischen Untersuchungen der Reaktionen des aktiven Gases sind noch sehr unvollständig. Die vorliegenden Erkenntnisse beruhen weitgehend auf qualitativer Grundlage; über die Natur des aktiven Stickstoffs besteht noch keine endgültige Klarheit; wahrscheinlich enthält jedoch das chemisch reaktionsfähige Gas metastabile Stickstoffatome und ebenso metastabile, energiereiche Moleküle. Der größte Teil der Ergebnisse spricht gegen die Annahme eines aktivierten Moleküls N_3, das dem Ozon entsprechen würde. WILLEY[47] hat gezeigt, daß Stickstoff aktive Eigenschaften besitzen kann und trotzdem kein sichtbares Leuchten zu zeigen braucht, eine Tatsache, die vermuten läßt, daß die Luminescenz des aktiven Stickstoffs eine Sekundärerscheinung ist, die von der hohen, ihm durch die elektrische Entladung erteilten Energie herrührt.

---

43 WILLEY u. SPRINGFELLOW: J. chem. Soc. 1932, 142.
44 STRUTT: Proc. Roy. Soc. 1912, A, **86**, 263.
45 SPONER: Z. Physik 1925, **34**, 622.
46 Eine ausführliche Besprechung der physikalischen Grundlagen dieses Gebietes findet man bei E. J. B. WILLEY: Collisions of the Second Kind. Their Rôle in Physics and Chemistry. Edward Arnold 1937.
47 WILLEY: J. chem. Soc. 1927, 2831.

Achtes Kapitel.

Nichtmetalloxyde und verwandte Stoffe.

Die Nichtmetalloxyde sind für die anorganische Chemie vor allem deshalb wichtig, weil sie die Stammsubstanzen der Sauerstoffsäuren sind. Zum größten Teil handelt es sich bei ihnen um gut ausgebildete Verbindungen; die letzten 10 Jahre haben verschiedene bemerkenswerte Ergänzungen zu der Zahl der bekannten Oxyde gebracht, und man muß zweifellos annehmen, daß die Untersuchungen auf diesem Gebiet noch nicht vollständig abgeschlossen sind. Der in diesem Kapitel enthaltene Überblick über diese Verbindungen soll keineswegs erschöpfend sein. Das Hauptziel bestand vielmehr darin, die *neuen* Verbindungen zu beschreiben, und daher sind die besser bekannten Verbindungen nur aus dem Grunde erwähnt, um einen Rahmen für die Beschreibung der erst in letzter Zeit entdeckten Stoffe zu schaffen.

Die Oxyde und Sauerstoffsäuren des Bors.

Außer der gut bekannten Verbindung Bortrioxyd, B_2O_3, sind verschiedene Suboxyde des Bors beschrieben worden. Diese sind besonders wegen ihrer Beziehung zu den Borhydriden interessant. Die beiden am besten definierten Oxyde besitzen die Formeln B_2O_2 und B_4O_5 und wurden zuerst von TRAVERS und Mitarbeitern untersucht[1]. Die Untersuchungen wurden in neuerer Zeit von WIBERG[2] wegen ihrer Beziehung zu der Chemie der Borhydride wieder aufgenommen. TRAVERS und Mitarbeiter zeigten, daß bei der Behandlung von Magnesiumborid mit Wasser eine Wasserstoffentwicklung stattfindet, daß sich aber nur Spuren von Borhydriden bilden. Bei der sauren Hydrolyse des Borids, die an anderer Stelle beschrieben ist (S. 24), entstehen hingegen beträchtliche Mengen von Borhydriden.

Bei der Reaktion von Magnesiumborid mit Wasser werden auf jedes Molekül Mg_3B_2 drei Moleküle Wasserstoff entwickelt. Es bleibt ein fester Rückstand übrig, aus dem bei der Einwirkung von Ammoniak das Ammoniumsalz eines „Borhydrates" mit der Molekularformel $H_{12}B_4O_6$ gelöst wird. Beim Ansäuern verliert dieses Ammoniumsalz pro Mol zwei Moleküle Wasserstoff. Das gebildete Produkt reagiert mit Jod, wobei zwei Moleküle Jodwasserstoff und die Verbindung $H_6B_4O_6$ gebildet wird.

Die Einwirkung von Hitze auf die Verbindung $H_{12}B_4O_6$ hat vor allem die Abspaltung von fünf Molekülen Wasserstoff zur Folge, wobei $H_2B_4O_6$ entsteht, das bei gelindem Erwärmen Wasser verliert und in das Suboxyd, B_4O_5, übergeht. Auch das Kaliumsalz der Säure $H_2B_4O_6$ konnte von RAY dargestellt werden; das Magnesiumsalz erhielt man zuerst durch Einwirkung von Magnesium auf einen Überschuß von Bortrioxyd[3]. Diese Reaktionsreihen können durch das folgende Schema dargestellt werden. Man

[1] TRAVERS u. RAY: Proc. Roy. Soc. 1913, A, **87**, 163; RAY: J. chem. Soc. 1914, **105**, 2162; 1918, **113**, 803; 1922, **121**, 1088; RAY: J. Indian chem. Soc. 1924, **1**, 125. — TRAVERS, RAY u. GUPTA: Some Compounds of Boron, Oxygen and Hydrogen. London: Lewis 1917.

[2] WIBERG: Z. anorg. allg. Chem. 1930, **191**, 49.

[3] RAY: J. chem. Soc. 1918, **113**, 803.

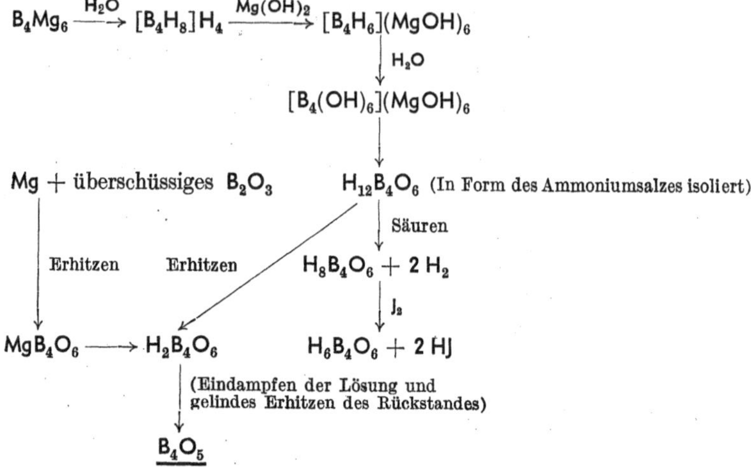

nimmt an, daß die Wirkung der Säure bei der Hydrolyse darin besteht, daß aus dem Magnesiumderivat die Verbindung $[B_4H_6]H_6$ in Freiheit gesetzt wird. Diese führt durch einen Mechanismus, der aus dem zweiten Reaktionsschema zu ersehen ist, zur Bildung der Borhydride sowie zu dem zweiten Borsuboxyd, B_2O_2. Die Zwischenverbindung $H_6B_2O_2$ konnte von Ray in Form ihres Kaliumsalzes, $(K_2H_4B_2O_2)$, isoliert werden[4]. Die Einwirkung von Säuren auf die Lösungen von $K_2H_4B_2O_2$ und die Reaktion der angesäuerten Lösung mit Jod können durch die Gleichungen

$$K_2H_4B_2O_2 + 2\,H_2SO_4 = 2\,KHSO_4 + B_2(OH)_2 + 2\,H_2$$
$$B_2(OH)_2 + J_2 = B_2O_2 + 2\,HJ$$

ausgedrückt werden. Die Verbindung B_2O_2 ließ sich durch Eindampfen und anschließendes gelindes Erhitzen der sauren oder der mit Jod behandelten Lösung gewinnen.

In einer neueren Veröffentlichung[5] hat Ray das Interesse auf die bei diesen Borverbindungen auftretende Isomerie gelenkt und gezeigt, daß die Verbindung $H_6B_2O_2$ in zwei Formen vorkommen kann, die als α- und β-Form bezeichnet werden. Die beiden Formen unterscheiden sich dadurch voneinander, daß die eine, und zwar die β-Form, bei der Behandlung mit Säure ein Molekül Wasser verliert; der zurückbleibende Wasserstoff kann durch Jod unter Bildung von B_2O_2 entfernt werden,

$$H_6B_2O_2 = H_2 + H_4B_2O_2;$$

die α-Form verliert hingegen beim Behandeln mit Säure zwei Moleküle Wasserstoff. Die α-Form entsteht, wenn bei der Darstellung des Borids eine sehr heftige Reaktion erfolgte; die β-Form erhält man aus dem Magnesiumborid, das sich in nicht so heftiger Reaktion gebildet hat. Ray schlägt die unten angegebenen Formulierungen für diese beiden Verbindungen vor, die cis- und trans-Isomere vorstellen.

$$\left[\begin{matrix} H{-}B{-}OH \\ \| \\ H{-}B{-}OH \end{matrix}\right]^{2-} H^+H^+ \qquad \left[\begin{matrix} H{-}B{-}OH \\ \| \\ OH{-}B{-}H \end{matrix}\right]^{2-} H^+H^+$$

α-Form β-Form

[4] Ray: J. chem. Soc. 1922, **121**, 1088.
[5] Ray: Trans. Faraday Soc. 1937, **33**, 1260.

Die Bildung von Borhydriden durch die Einwirkung von Wasser oder Säuren beruht auf einer anderen Art von Hydrolyse, welche, wie bereits gezeigt wurde, durch die Gegenwart von Säuren begünstigt wird. Dieses Schema kann man folgendermaßen darstellen[6]:

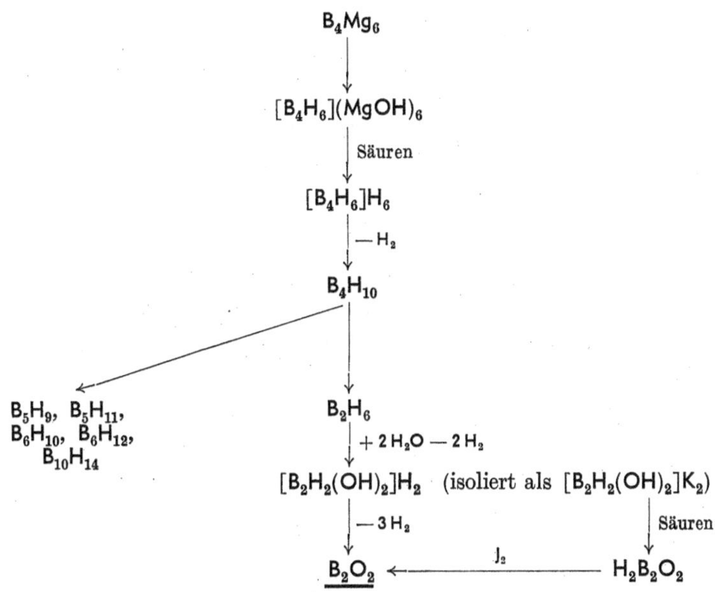

Wiberg und Ruschmann[7] haben neuerdings einen anderen Beweis für die Existenz eines Suboxyds B_2O_2 erbracht, der im wesentlichen indirekt ist, da die Verbindung nicht isoliert werden konnte. So zeigten Stock, Brandt und Fischer[8], daß bei der Hydrolyse des Chlorids B_2Cl_4 kein Wasserstoff entwickelt wird; man kann annehmen, daß die Reaktion folgendermaßen verläuft:

$$B_2Cl_4 + 2\,H_2O = B_2O_2 + 4\,HCl.$$

Das Oxyd B_2O_2 sollte die Säure $B_2(OH)_4$ bilden; diese Verbindung und ihre Ester wurden von Wiberg und Ruschmann[9] isoliert. Der Methylester $B_2(OCH_3)_4$ wurde dargestellt, indem das Chlorid $B(OCH_3)_2Cl$[10] mit Natriumamalgam behandelt wurde. Bei der Hydrolyse erhielt man freies $B_2(OH)_4$ als weißen festen Stoff, der in Wasser löslich ist und dessen Lösungen wie alle Borhydrate stark reduzierend wirken.

Kohlensuboxyd.

Kohlensuboxyd, C_3O_2, ist bei Zimmertemperatur ein Gas. Sein Siedepunkt liegt bei 6° und sein Schmelzpunkt bei —111,3°. Es besitzt einen stechenden Geruch und ist giftig. In einigen älteren Arbeiten wurde

6 Stock: Hydrides of Boron and Silicon. Cornell University Press 1933.
7 Wiberg u. Ruschmann: Ber. dtsch. chem. Ges. 1937, **70**, 1393.
8 Stock, Brandt u. Fischer: Ber. dtsch. chem. Ges. 1925, **58**, 643.
9 Wiberg u. Ruschmann: Ber. dtsch. chem. Ges. 1937, **70**, 1393.
10 Wiberg u. Smedsrud: Z. anorg. allg. Chem. 1935, **225**, 204.

die Darstellung eines Stoffes beschrieben, den die einzelnen Verfasser für Suboxyde des Kohlenstoffs hielten[11]; die Verbindung C_3O_2 konnte jedoch erstmalig von DIELS und WOLF[12] idenditifiziert werden; diese erhielten das Oxyd durch Erhitzen eines Gemisches von Diäthylmalonsäureester in einem großen Überschuß von Phosphorpentoxyd auf 300°.

$$CH_2(COOC_2H_5)_2 = C_3O_2 + 2\,H_2O + 2\,C_2H_4.$$

Das Suboxyd bildet sich auch, wenn man andere Ester der Malonsäure oder Malonsäure selbst mit Phosphorpentoxyd erhitzt; es läßt sich durch fraktionierte Destillation leicht in reinem Zustand darstellen. Gewöhnlich erhält man geringe Ausbeuten, was, wenigstens zum größten Teil, durch die Leichtigkeit bedingt ist, mit der sich das Oxyd beim Erhitzen polymerisiert. Außerdem stehen noch verschiedene andere Verfahren zur Darstellung des Suboxyds zur Verfügung[13]. Bei der thermischen Zersetzung von Diacetylweinsäureanhydrid ergibt sich eine mäßige Ausbeute, während berichtet wurde, daß Kohlenmonoxyd im Ozonisierungsapparat in das Suboxyd und in Kohlendioxyd zersetzt wird[14].

$$4\,CO = C_3O_2 + CO_2.$$

Beim Erhitzen von Kohlensuboxyd verlaufen zwei Reaktionen, von denen die erste eine Polymerisation und die zweite einen Zersetzungsvorgang darstellt. Die Zersetzungsreaktion verläuft bei 200° nach der Gleichung

$$C_3O_2 = CO_2 + C_2.$$

Die Anfangsprodukte dieser Reaktion sind Kohlendioxyd und eine gasförmige Substanz, die KLEMENC, WECHSBERG und WAGNER als *Dicarbon* bezeichneten[15]. Das Absorptionsspektrum des bei 200° zersetzten Kohlensuboxyds wurde photographiert, wobei man die Swan-Banden des Kohlenstoffs beobachtete. Diese Banden in einem Absorptionsspektrum rühren bestimmt davon her, daß in der Gasphase von dem Molekül C_2 Licht absorbiert wird. Ein weiterer Beweis für die oben angegebene Art des Zerfalls des Suboxyds besteht darin, daß bei der Zersetzung des Suboxyds — vorausgesetzt, daß Sauerstoff ausgeschlossen ist — Kohlendioxyd, aber nicht Kohlenmonoxyd gebildet wird. Weiterhin entsteht in den erhitzten Gefäßen, in denen die Zersetzung erfolgt, eine feste Abscheidung von Graphit, da gasförmiges Dicarbon leicht zu Graphit polymerisiert.

Gasförmiges Kohlensuboxyd ist verhältnismäßig beständig, wenn es bei Zimmertemperatur in trocknen Glasapparaturen aufbewahrt wird. Beim Erhitzen polymerisiert es jedoch schnell, und durch die Gegenwart der polymeren Form wird die Polymerisation bei Zimmertemperatur katalysiert. Flüssiges Kohlensuboxyd polymerisiert leicht zu einem dunkelroten wasserlöslichen festen Produkt[16]. Wenn man dieses Polymere auf 37° erhitzt, so verliert es Kohlendioxyd und bildet einen festen Stoff,

[11] Vgl. REYERSON u. KOBE: Chem. Reviews 1930, 7, 479.
[12] DIELS u. WOLF: Ber. dtsch. chem. Ges. 1906, **39**, 689.
[13] Vgl. REYERSON u. KOBE: Chem. Reviews 1930, 7, 479.
[14] OTT: Ber. dtsch. chem. Ges. 1925, **58**, 772.
[15] KLEMENC, WECHSBERG u. WAGNER: Z. physik. Chem. 1934, A, **170**, 97.
[16] DIELS u. WOLF: Ber. dtsch. chem. Ges. 1906, **39**, 689.

der nur teilweise in Wasser löslich ist. In diesem Zusammenhang sei erwähnt, daß Kohlensubsulfid, das Schwefelanaloge des Suboxyds, welches man beim Durchleiten von Schwefelkohlenstoff durch ein auf 600° erhitztes Glasrohr erhält, beim Erwärmen auf 120° ebenfalls zu einem festen Stoff polymerisiert.

Die chemischen Reaktionen des gasförmigen Kohlensuboxyds sind von außerordentlich großem Interesse. So explodiert das Oxyd, wenn es mit Sauerstoff vermischt und angezündet wird; bei dieser Reaktion entsteht Kohlendioxyd. Die Einwirkung von kaltem Wasser führt zur Entstehung von Malonsäure, und mit Ammoniak wird Malonamid, $CH_2(CONH_2)_2$, gebildet. Mit trocknem Chlorwasserstoffgas entsteht Malonylchlorid:

$$C_3O_2 + 2\,HCl = CH_2(COCl_2)_2.$$

Außerdem sind die Reaktionen des Kohlensuboxyds mit zahlreichen organischen Verbindungen untersucht worden.

Über die Konstitution dieses Oxyds kann kaum ein Zweifel bestehen. Seine Dampfdichte und sein Molekulargewicht stimmen mit der Formel C_3O_2 überein. In der letzten Zeit sind die Bindungslängen im gasförmigen Zustand durch Elektronenbeugungsmessungen untersucht worden, wobei sich ergab, daß die C—O- und C—C-Abstände 1,18 bis 1,20 bzw. 1,27—1,30 Å betragen[17]. Das Molekül ist linear; wenn aber die Bindungen gewöhnliche Doppelbindungen wären, so würden die Abstände 1,28 bzw. 1,38 Å betragen. Diese Unstimmigkeit wird dadurch erklärt, daß man einen Resonanzvorgang in dem Molekül des Suboxyds annimmt (vgl. S. 23).

Pentakohlenstoffdioxyd.

Diese sonderbare Substanz, der man die Formel C_5O_2 zuordnet, wurde neuerdings von KLEMENC und WAGNER[18] beschrieben. Durch Zersetzung von Malonsäure (s. oben) wurde reines Kohlensuboxyd dargestellt und auf 200° erhitzt; die Hauptreaktion bestand dabei in einer Polymerisation, jedoch blieb bei der Reaktion stets eine kleine Menge eines Gases zurück, bei dem es sich weder um Kohlenmonoxyd noch um Kohlendioxyd handelt. Sein Geruch ähnelt dem des Kohlensuboxyds; die Verbindung ist jedoch beständiger als Kohlensuboxyd und zeigt vor allem keine Neigung zum Polymerisieren.

Das von mehreren Zersetzungsreaktionen gewonnene Gas wurde gesammelt und durch Destillation gereinigt. Die Ausbeute, bezogen auf das reine, zur Zersetzung benutzte Kohlensuboxyd, betrug ungefähr 3 Prozent. Der Siedepunkt des Oxyds liegt bei 105° ± 3°, und sein Dampfdruck beträgt bei 0° 419 mm. Es wurde durch direkte Verbrennung oder durch Zersetzung mit Wasser analysiert; bei der Einwirkung von Wasser wurde eine Menge Kohlendioxyd gebildet, die der Hälfte des Ausgangsvolumens entsprach. Den analytischen Daten und den Molekulargewichtsbestimmungen entsprach die Formel C_5O_2. Nach der angeführten Veröffentlichung scheint also diese Verbindung zu existieren. Sie bietet jedoch

[17] BOERSCH: Mh. Chem. 1935, **65**, 311. — PAULING u. BROCKWAY: Proc. Nat. Acad. Sci. USA 1933, **19**, 860.

[18] KLEMENC u. WAGNER: Ber. dtsch. chem. Ges. 1937, **70**, 1880.

verschiedene ungewöhnliche Merkmale, die eine Bestätigung der obigen Versuche als wünschenswert erscheinen lassen. Vor allem besteht keine Parallele zu der Formel O=C=C=C=C=C=O, und man sollte kaum erwarten, daß diese einem Stoff gehört, der beständiger ist als Kohlensuboxyd. Zweitens konnten KLEMENC und WAGNER diese Verbindung nicht durch Zersetzung von Kohlensuboxyd erhalten, das sie aus Diacetylweinsäure hergestellt hatten, obgleich sie über 200 Versuche durchgeführt haben. Dadurch könnte man zu der Vermutung gelangen, daß es sich bei dem angeblichen neuen Oxyd in Wirklichkeit um eine Verunreinigung handelt, die bei der Darstellung des Suboxyds aus Malonsäure entsteht; es ist im Augenblick nicht möglich, eine endgültige Entscheidung hierüber zu treffen.

Die Oxyde des Stickstoffs.

Es sind sechs Oxyde des Stickstoffs bekannt, welche die Formeln N_2O, NO, N_2O_3, $NO_2(N_2O_4)$, N_2O_5 und NO_3 besitzen. Nur zwei davon, N_2O_3 und NO_3, sollen besonders erwähnt werden.

Stickstoffsesquioxyd, N_2O_3, wurde früher gewöhnlich als definierte Verbindung betrachtet. Aus den neuen Untersuchungen geht jedoch klar hervor, daß es in der Dampfphase fast vollständig in NO und NO_2 gespalten ist[19] und daß die Verbindung N_2O_3 nur im flüssigen und wahrscheinlich auch im festen Zustande vorkommt.

Stickstofftrioxyd, NO_3, ist von SCHWARZ und ACHENBACH beschrieben worden[20]. Es wurde dargestellt, indem man ein Gemisch von Stickstoffdioxyd und Sauerstoff im Verhältnis 1:20 bei einem Druck von ungefähr 1 mm Quecksilber durch ein U-förmiges Glimmentladungsrohr leitete. Hierbei war das Verhältnis von Stickstoffdioxyd zu Sauerstoff wichtig, da sich gezeigt hatte, daß Sauerstoffüberschuß die Bildung von Ozon zur Folge hatte, während bei zu geringem Sauerstoffgehalt das Kondensat N_2O_3 enthielt. Der untere Teil des Entladungsrohres wurde in flüssiger Luft gekühlt; dort schied sich dann ein weißer, fester Stoff ab, der oberhalb von $-140°$ in Stickstoffdioxyd und Sauerstoff zerfiel. Das weiße Kondensat wurde analysiert, indem man es mit einem Überschuß einer eingestellten Stannochloridlösung behandelte und das Verhältnis von oxydiertem Stannochlorid zu gebildetem Stickoxydul feststellte. Es ergab sich dabei ein Wert von 1:5.

$$(N_2O + 5\,O = N_2O_6).$$

Dieses Oxyd löst sich in Natriumhydroxydlösungen, wirkt aber nicht, wie man erwarten sollte, als Anhydrid der Säure H_2NO_4. Statt dessen liefert es bei der Behandlung mit Natriumhydroxyd Sauerstoff und eine Mischung von Natriumnitrit und Natriumnitrat. Mit Wasser wurde kein Wasserstoffperoxyd gebildet, was darauf hindeutet, daß man die Verbindung richtiger als $O{\leftarrow}N\langle{}^{O}_{O}$ (mit O—O-Bindung), statt $NO_2{-}O{-}O{-}NO_2$ formulieren sollte. Es zeigte sich, daß das Oxydationsvermögen einer wäßrigen Lösung längere Zeit erhalten bleibt. In 0,2 n-H_2SO_4 dauert es beispielsweise etwa 50 Stunden, ehe der Oxydationswert der NO_3-Lösung bei

[19] PURCELL u. CHEESMAN: J. chem. Soc. 1932, 826.
[20] SCHWARZ u. ACHENBACH: Ber. dtsch. chem. Ges. 1935, 68, 343.

15—20° auf Null abgesunken ist. Wenn man das Oxyd in 2 n-HNO_3 löst und Kaliumjodid zufügt, so wird sofort etwas Jod freigemacht; die Reaktion ist aber erst nach ungefähr 30 Minuten vollständig beendet.

Der obige Beweis für die Existenz des NO_3 erscheint überzeugend, und man ist überrascht, daß in einer neuen Veröffentlichung von KLEMENC und NEUMANN[21] Einwendungen erhoben werden. Diese Verfasser behaupten gezeigt zu haben, daß sich Stickstoffdioxyd bei der Glimmentladung vollständig zersetzt[22], und daß das von SCHWARZ und ACHENBACH benutzte Analysenverfahren nicht zuverlässig ist. Sie ließen jedoch Stickstoffdioxyd und Ozon zusammen verdampfen und fanden dabei, daß in dem Gasgemisch neue Absorptionsbanden auftraten, die sie, wie auch schon andere Forscher früher, dem Molekül NO_3 zuschrieben. Der Beweis, daß das Trioxyd nicht gebildet wird, ist allerdings in keiner Weise schlüssig, wenn auch die Isolierung des festen Stoffes zweifelhaft ist. Ein Vergleich der sich widersprechenden experimentellen Ergebnisse wird dadurch erschwert, daß die Bedingungen bei der elektrischen Entladung nicht reproduzierbar sind.

Die Beziehungen zwischen den Oxyden und Sauerstoffsäuren des Stickstoffs zeigen verschiedene Abnormitäten. So bildet Stickoxydul, obgleich es in Wasser löslich ist, in dieser Lösung keine untersalpetrige Säure. Die Lösung zeigt keinerlei saure Eigenschaften. Das Kaliumsalz der untersalpetrige Säure erhält man jedoch in 60prozentiger Ausbeute, wenn man das Kaliumsalz der Hydroxylaminsulfonsäure mit Kaliumhydroxyd schmilzt, die Schmelze in Wasser löst und aus dieser Lösung das Silbersalz ausfällt.

$$2\,HO\cdot NH\cdot SO_3K + 4\,KOH = K_2N_2O_2 + 2\,K_2SO_3 + 4\,H_2O.$$

Freie untersalpetrige Säure erhält man durch Zersetzung des Silbersalzes mit einer ätherischen Salzsäurelösung. Nach dem Verdampfen des Äthers bleiben weiße Kristalle zurück. Die wäßrige Lösung zersetzt sich leicht unter Bildung von Wasser und Stickoxydul und reduziert Kaliumpermanganat. Die doppelte Formulierung als $H_2N_2O_2$ wird durch die Bildung von sauren und normalen Salzen bestätigt und ebenso durch die Tatsache, daß das Molekulargewicht des Äthylesters der untersalpetrigen Säure der Formel $(C_2H_5)_2N_2O_2$ entspricht. Die Formeln der untersalpetrigen Säure und des Stickoxyduls, das sich nach physikalischen Messungen (vgl. S. 66) als lineares Molekül erwiesen hat, kann man als

$$H{-}O{-}N{=}N{-}O{-}H \quad \text{und} \quad N{\equiv}N{=}O$$

schreiben.

Die zweibasische Nitrohydroxylaminsäure, $H_2N_2O_3$, kennt man nur in der Form ihrer Salze. Das Natriumsalz wurde beispielsweise im Jahre 1896 von ANGELI[23] durch Einwirkung von Hydroxylaminchlorhydrat auf Natriumäthylat und Äthylnitrat in alkoholischer Lösung dargestellt.

---

[21] KLEMENC u. NEUMANN: Z. anorg. allg. Chem. 1937, **232**, 216.

[22] Anmerkung des Übersetzers: H. I. SCHUMACHER ist jedoch ebenfalls der Ansicht, daß sich bei der stillen elektrischen Entladung in O_2-NO_2-Gemischen neben N_2O_5 eine stationäre NO_3-Konzentration ausbildet. (Vgl. Z. anorg. allg. Chem. 1937, **233**, 47, wo auch die bei diesen Vorgängen wahrscheinlich stattfindenden Reaktionen beschrieben sind.)

[23] ANGELI: Gazz. chim. ital. 1896, **26**, II, 17.

Die Lösungen des Salzes werden leicht oxydiert und zersetzen sich beim Kochen in folgender Weise:

$$2\,Na_2N_2O_3 + H_2O = 2\,NaNO_2 + N_2O + 2\,NaOH$$

Die freie Säure wird durch Wasser sofort gemäß den Gleichungen

$$H_2N_2O_3 = 2\,NO + H_2O$$
$$2\,H_2N_2O_3 = 2\,HNO_2 + H_2N_2O_2$$

zersetzt. Diese Säure steht in keiner direkten Beziehung zu irgendeinem der Stickstoffoxyde. Theoretisch wäre ihr Anhydrid N_2O_2, jedoch wird die Konstitution der Säure am besten im Zusammenhang mit ihrer Bildung als Zwischenprodukt bei der Oxydation von Hydroxylamin gedeutet.

$$\begin{matrix}H\\ H\end{matrix}\!\!>N{-}OH \rightarrow H{\cdot}O{-}N{=}N{-}O{\cdot}H \rightarrow H{-}O{-}N{=}N\!\!<\!\!\begin{matrix}O\\ OH\end{matrix} \rightarrow 2\,N\!\!<\!\!\begin{matrix}O\\ O{\cdot}H\end{matrix}$$

Die Oxyde und Sauerstoffsäuren des Phosphors.

Die Formeln der bekannten Oxyde des Phosphors und seiner wichtigsten Sauerstoffsäuren, mit Ausnahme der an anderer Stelle beschriebenen Persäuren H_3PO_5 und $H_4P_2O_8$ (S. 319) sind in der nebenstehenden Tabelle aufgeführt. Die Mehrzahl dieser Oxyde und Sauerstoffsäuren sind schon viele Jahre lang bekannt. Die Identität der ersten beiden Oxyde, P_4O und P_2O, ist jedoch noch ziemlich ungewiß. Man nimmt an, daß sie bei der langsamen Oxydation einer ätherischen Lösung von Phosphor entstehen. Die fraglichen Substanzen sind nichtflüchtige, feste Stoffe von rötlichgelber Farbe, und es ist denkbar, daß es sich in Wirklichkeit um Gemische handelt. Phosphortrioxyd ist ebenfalls bemerkenswert, weil erst in jüngerer Zeit festgestellt wurde[24], daß die auf gewöhnlichem Wege dargestellten Verbindungen bis zu 2 Prozent Phosphor enthalten. Dabei zeigte sich, daß die Chemiluminescenz auf den als Verunreinigung vorliegenden Phosphor zurückgeht. Wenn man das Oxyd durch wiederholtes Umkristallisieren aus Schwefelkohlenstoff und durch Einwirkung von Licht reinigt, so ergibt sich ein bedeutend höherer Schmelzpunkt, als von Thorpe und Tutton gefunden wurde (23,8° gegenüber 22,4°).

Tabelle 1.

Oxyde	Sauerstoffsäuren
P_4O	
P_2O	H_3PO_2 . . Unterphosphorige Säure
	H_3PO_3 . . Phosphorige Säure
P_4O_6	HPO_2 . . Metaphosphorige Säure
	$H_4P_2O_5$ . . Pyrophosphorige Säure
PO_2	
	$H_4P_2O_6$ . . Unterphosphorsäure
	H_3PO_4 . . Orthophosphorsäure
P_2O_5	HPO_3 . . Metaphosphorsäure
	$H_4P_2O_7$ . . Pyrophosphorsäure
PO_3	

Das Oxyd $(PO_2)_n$ bildet sich als kristallines Sublimat beim Erhitzen von P_4O_6 und verhält sich bei der Reaktion mit Wasser wie ein gemischtes Anhydrid.

$$2\,PO_2 + 2\,H_2O = H_3PO_3 + HPO_3.$$

[24] Miller: J. chem. Soc. 1928, 1847.

Das Oxyd PO_3 ist erst in allerneuester Zeit beschrieben[25] worden; es wurde dargestellt, indem man ein Gemisch von Phosphorpentoxyd und Sauerstoff bei einem Druck von ungefähr 1 mm Quecksilber durch ein Entladungsrohr leitete. Dabei schied sich an den mit Eis gekühlten Stellen des Entladungsrohres ein blauviolettes Produkt ab, das an trockner Luft bei Zimmertemperatur ungefähr einen Tag beständig war und dessen farblose wäßrige Lösung stark oxydierende Eigenschaften besaß. Es setzte aus Kaliumjodid Jod in Freiheit und oxydierte Anilinchlorhydrat zu Nitrobenzol. Für das neue Oxyd wurde die untenstehende Formel (I) vorgeschlagen, während in Lösung die Persäure (II) vorliegt. Es muß jedoch darauf hingewiesen werden, daß dies noch keineswegs mit Sicherheit festgestellt ist. Beispielsweise ist der Ursprung der Farbe der Verbindung noch ungeklärt, und ehe das neue Oxyd nicht in reinerer Form dargestellt ist, wird es nicht möglich sein, eine Gewißheit über seine Zusammensetzung zu erlangen.

$$\begin{matrix}O \\ O\end{matrix}\!\!>\!P{-}O{-}O{-}P\!<\!\!\begin{matrix}O \\ O\end{matrix} \qquad \text{(I)}$$

$$\begin{matrix}H{-}O \\ H{-}O\end{matrix}\!\!>\!\overset{O}{P}{-}O{-}O{-}\overset{O}{P}\!<\!\!\begin{matrix}O{-}H \\ O{-}H\end{matrix} \qquad \text{(II)}$$

Die Oxyde und Sauerstoffsäuren des Schwefels.

Die bisher bekannten Oxyde des Schwefels sind in der folgenden Tabelle zusammengefaßt, wobei neben jedem Oxyd die Formel derjenigen Säure angegeben ist, als deren Anhydrid man es, wenigstens theoretisch, auffassen kann.

Oxyd	Säure	Oxyd	Säure
SO	H_2SO_2, $H_2S_2O_3$	SO_3	H_2SO_4
S_2O_3	$H_2S_2O_4$	S_2O_7	$H_2S_2O_8$
SO_2	H_2SO_3	SO_4	H_2SO_5

Einige dieser Säuren sind im freien Zustande unbekannt, wenn sie auch durch wohldefinierte Salze oder andere Derivate charakterisiert werden konnten. Die beiden Oxyde SO und SO_4 sind erst in allerletzter Zeit entdeckt worden und verdienen besondere Aufmerksamkeit. Die übrigen Oxyde sind schon viele Jahre lang bekannt, und nur im Falle des Heptoxyds, S_2O_7, kann man sagen, daß noch einige Zweifel an seiner Identität bestehen.

Schwefelmonoxyd, SO. Schwefelmonoxyd wurde zum ersten Male im Jahre 1933 von CORDES und SCHENK[26] dargestellt, und zwar indem sie ein Gemisch von Schwefeldampf und Schwefeldioxyd bei einem Druck zwischen einigen Millimetern und einigen Zentimetern Quecksilber einer elektrischen Entladung aussetzten. Das Gas, welches das Entladungsrohr verließ, wurde durch ein mit flüssiger Luft gekühltes U-Rohr geleitet, in dem sich eine orangerote Abscheidung bildete. Die Farbe hellte sich auf, wenn man den Stoff auf Temperaturen über $-80°$ brachte; dabei erfolgte langsam eine Zersetzung in Schwefeldioxyd und Schwefel. Die Formel des Gases ließ sich feststellen, indem das Oxyd

---

[25] SCHENK u. PLATZ: Naturwiss. 1936, **24**, 651. — SCHENK u. REHAAG: Z. anorg. allg. Chem. 1937, **233**, 403.
[26] CORDES u. SCHENK: Z. anorg. allg. Chem. 1933, **211**, 150.

zersetzt wurde; das dabei beobachtete Verhältnis von $S:SO_2$ betrug 1:1. Der durch diese Zersetzung gebildete Schwefel enthält gebundenen Sauerstoff, welcher beim Erhitzen des Zersetzungsproduktes als Schwefelmonoxyd abgegeben wird[27]. Schwefelmonoxyd bildet sich auch in einer Konzentration bis zu 40 Prozent, wenn Schwefel bei 250—300° unter niederen Drucken an der Luft verbrannt wird[28]. Ebenso entsteht es bei der Reaktion von Thionylchlorid mit Stannochlorid oder mit Metallen wie Zinn, Natrium und Antimon[29]. Das Monoxyd löst sich in Thionylchlorid und erleidet in dieser Lösung eine Zersetzung in Schwefel und Schwefeldioxyd. Auch bei der thermischen Spaltung von Thionylbromid bei 520° oder von Thionylchlorid bei 900° wird Schwefelmonoxyd gebildet[30]. Bei allen diesen Reaktionen kann man das Monoxyd leicht durch sein charakteristisches Ultraviolett-Absorptionsspektrum bei den Wellenlängen 2488—3396 Å nachweisen. Diese Banden findet man auch, wenn man das Absorptionsspektrum des bei der elektrischen Entladung in einem Gemisch von Schwefel und Schwefeldioxyd entstehenden Gases photographiert. Bei der Untersuchung des neuen Oxyds hat dieses Spektrum also wertvolle Dienste geleistet. In einer neueren Veröffentlichung ordnet CORDES[31] die Absorptionsbanden einem metastabilen S_2-Molekül zu[31], wohingegen SCHENK betont[32], daß sie niemals in Abwesenheit von Sauerstoff beobachtet werden.

Wenn man die Zersetzung des Schwefelmonoxyds auf Grund der Intensität der Absorptionsbanden untersucht, so zeigt sich, daß dieser Vorgang in trocknen Glasapparaturen bei Zimmertemperatur langsam verläuft, und daß Spuren des Oxyds noch nach mehreren Tagen nachgewiesen werden können. Die Grenze der spektroskopischen Nachweisbarkeit liegt beim Partialdruck des SO von 10^{-3} mm. Bei 100° wird das Oxyd schnell zersetzt. Beim Durchschlagen eines Funkens durch ein Gemisch von Schwefelmonoxyd und Sauerstoff erfolgt eine Umwandlung des Monoxyds in Dioxyd; ebenso wurde beobachtet, daß die Verbindung mit Wasser bei 0° unter Bildung von Schwefel, Schwefelwasserstoff und Schwefeldioxyd reagiert. Mit wäßriger Kaliumhydroxydlösung entsteht ein Gemisch von Sulfid, Sulfit und Hyposulfit[33]. Diese Tatsache zeigt deutlich, daß das Gas sich nicht wie das Anhydrid von H_2SO_2 oder $H_2S_2O_3$ verhält. Bei der Zersetzung von Natriumhyposulfit oder Natriumthiosulfat oder bei der Reaktion zwischen Schwefelwasserstoff und Schwefeldioxyd konnte kein Schwefelmonoxyd nachgewiesen werden. Schwefelmonoxyd reagiert leicht mit Metallen, wobei Sulfide gebildet werden[34]. Bei der Reaktion mit Chlor und Brom entsteht das entsprechende Thionylhalogenid, während mit Stickoxyd keine Reaktion stattfindet[35]. Es muß aber als Folge der neuesten obenerwähnten

27 SCHENK: Z. anorg. allg. Chem. 1937, **233**, 385.
28 SCHENK: Z. anorg. allg. Chem. 1934, **220**, 268.
29 SCHENK u. PLATZ: Z. anorg. allg. Chem. 1933, **215**, 113.
30 SCHENK u. TRIEBEL: Z. anorg. allg. Chem. 1936, **229**, 305.
31 CORDES: Z. Physik 1937, **105**, 251.
32 SCHENK: Z. Physik 1937, **106**, 271.
33 SCHENK u. PLATZ: Z. anorg. allg. Chem. 1935, **222**, 177.
34 CORDES u. SCHENK: Trans. Faraday Soc. 1934, **30**, 31.
35 SCHENK: Z. anorg. allg. Chem. 1937, **233**, 385.

Arbeiten über das Schwefelmonoxyd, besonders hinsichtlich der Annahme, daß das Absorptionsspektrum auf S_2 und nicht auf SO zurückgeht, eingeräumt werden, daß die tatsächliche Existenz dieses neuen Oxyds jetzt bedeutend weniger gewiß erscheint, als dies vor einigen Jahren der Fall war. Weitere Untersuchungen werden zweifellos eine Klärung der gegenwärtigen ungewissen Lage herbeiführen.

Schwefelsesquioxyd. Von den übrigen Oxyden des Schwefels ist zu erwähnen, daß in letzter Zeit das blaugrüne Sesquioxyd, S_2O_3, untersucht wurde[36]. Es entsteht beim Zusatz von Schwefel zu flüssigem Schwefeltrioxyd, wobei eine heftige Reaktion erfolgt und das gefärbte Oxyd in dem überschüssigen Schwefeltrioxyd suspendiert bleibt. Das Schwefeltrioxyd wird abgegossen und die letzten Spuren im Kohlendioxydstrom entfernt. Unterhalb von 15° ist das Oxyd beständig; bei 40—80° zersetzt es sich aber teilweise in Schwefel und Schwefeltrioxyd und teilweise in Schwefelmonoxyd. Durch Bestimmung des Gesamtschwefels und des bei der Zersetzung gebildeten Schwefeldioxyds war es möglich, das Verhältnis der beiden Reaktionen festzulegen, wobei sich folgende Werte ergaben:

$$\begin{cases} S_2O_3 = S + SO_3 \quad \ldots \quad 20 \text{ Prozent} \\ S_2O_3 = SO + SO_2 \quad \ldots \quad 80 \text{ Prozent.} \end{cases}$$

Das Sesquioxyd wird durch Wasser zersetzt, wobei neben freiem Schwefel Schwefelsäure und Tri-, Tetra- und Pentathionsäuren entstehen. Nach seiner Formel sollte das Sesquioxyd das Anhydrid der unterschwefligen Säure sein, jedoch kann man weder die Säure noch ihre Derivate aus S_2O_3 erhalten. Diese Tatsache beruht wahrscheinlich darauf, daß das Sesquioxyd und die unterschweflige Säure vollkommen verschiedene Strukturen besitzen.

Schwefeltetroxyd. Schwefeltetroxyd, SO_4, wurde von SCHWARZ und ACHENBACH[37] dargestellt, indem ein Gemisch von Schwefeldioxyd und Sauerstoff im Verhältnis 1:10 bei einem Gesamtdruck von 0,5 mm Hg einer Glimmentladung ausgesetzt und das sich dabei bildende Produkt in flüssiger Luft ausgefroren wurde. Der sich beim Kühlen abscheidende weiße Stoff konnte leicht durch Erwärmen im Sauerstoffstrom auf —30° von Schwefeldioxyd und ozonisiertem Sauerstoff getrennt werden, welche beide bei dieser Temperatur verdampfen. Nach sechsstündiger Dauer der Entladung gewinnt man einen weißen festen Rückstand von einigen 100 mg. Die Analyse des weißen Stoffes wurde in der Weise durchgeführt, daß man Kaliumjodid durch einen Tropftrichter zu der Verbindung hinzufügte und das ausgeschiedene Jod titrimetrisch und das Sulfat gravimetrisch bestimmte. Es ergab sich ein Verhältnis von SO_3 zu aktivem Sauerstoff von 1:1, und auf Grund von Bestimmungen der Gefrierpunktserniedrigung in Schwefelsäure entsprach das Molekulargewicht der Formel SO_4.

Die chemischen Reaktionen des Schwefeltetroxyds ergaben, daß es sich um ein starkes Oxydationsmittel handelt. So konnten Manganosalze

---

[36] WÖHLER u. WEGURTZ: Z. anorg. allg. Chem. 1933, **213**, 129.
[37] SCHWARZ u. ACHENBACH: Z. anorg. allg. Chem. 1934, **219**, 271.

zu Permanganat oxydiert und in Benzol gelöstes Anilin in Nitrobenzol verwandelt werden, wobei sich die Reaktion

$$C_6H_5NH_2 + 3\,SO_4 = C_6H_5NO_2 + 2\,SO_3 + H_2SO$$

abspielte. Schwefeltetroxyd löst sich in Wasser, ohne daß dabei anscheinend Sulfomonopersäure gebildet wird. Die Reaktion mit Kaliumjodid bei 0° verläuft nach der Gleichung

$$SO_4 + 2\,HJ = H_2SO_4 + J_2$$

Im festen Zustand entwickelt das Oxyd langsam Sauerstoff; es schmilzt bei 0° und bildet ölige Tropfen, deren Analyse die Formel S_2O_7 ergibt.

Schwefelheptoxyd. Schwefelheptoxyd, S_2O_7, wurde im Jahre 1878 von BERTHELOT durch Einwirkung einer dunklen elektrischen Entladung auf ein Gemisch von Schwefeldioxyd oder -trioxyd mit überschüssigem Sauerstoff dargestellt. Die auf normale Weise dargestellte Verbindung ist eine Flüssigkeit, welche bei ungefähr 0° feste Kristalle bildet und sich bei Zimmertemperatur allmählich in Trioxyd und Sauerstoff zersetzt. Durch Einwirkung von Wasser erfolgt ebenfalls eine teilweise Zersetzung unter Entwicklung von Sauerstoff, von dem jedoch ein Teil unter Bildung von Perschwefelsäure reagiert. Das Heptoxyd ist das Anhydrid dieser Säure (vgl. S. 313).

Diese Beschreibung des Heptoxyds geht auf die Arbeiten von BERTHELOT zurück. MEYER, BAILLEUL und HENKEL[38] fanden jedoch, daß sich der von BERTHELOT beschriebene kristalline Stoff nur bildet, wenn man einen Überschuß an Schwefeltrioxyd verwendet. Sie nahmen an, daß das Produkt ein äquimolekulares Gemisch von Schwefeltrioxyd und Schwefeltetroxyd wäre. Späterhin hat MAISIN[39] versucht, die BERTHELOTschen Arbeiten zu wiederholen; er erhielt ein Oxyd, dem die Formel S_3O_{11} zugeordnet wurde. Dieses wäre ein gemischtes Anhydrid von Sulfomonopersäure und Perschwefelsäure. Der gegenwärtige Stand hinsichtlich der Frage nach der Existenz des Schwefelheptoxyds ist daher vollkommen unbefriedigend. Die Arbeiten mit elektrischen Entladungen haben den Nachteil, daß die experimentellen Bedingungen ziemlich schwierig festzulegen und zu reproduzieren sind, so daß wohl dadurch die verschiedenen Ergebnisse der einzelnen Forscher erklärt werden können.

Gemischte Oxyde des Selens, Tellurs und Schwefels. Der Prototyp dieser Oxyde ist das bereits erwähnte blaugrüne Sesquioxyd, S_2O_3, welches beim Lösen von Schwefel in geschmolzenem Schwefeltrioxyd entsteht. Löst man Selen im flüssigen Schwefeltrioxyd, so scheidet sich ein grüner fester Stoff ab, von dem die Hauptmenge des überschüssigen Schwefeltrioxyds abgegossen werden kann, während sich die letzten Spuren durch Verdampfen im Vakuum entfernen lassen. Der grüne Stoff besitzt die Summenformel $SeSO_3$ und bildet sich wahrscheinlich durch die Anlagerungsreaktion $Se + SO_3 = SeSO_3$. Beim milden Erhitzen zersetzt er sich in Selen und Schwefeltrioxyd, jedoch soll er bedeutend beständiger sein als Schwefelsesquioxyd.

---

38 MEYER, BAILLEUL u. HENKEL: Ber. dtsch. chem. Ges. 1922, **55**, 2923.
39 MAISIN: Bull. Soc. chem. Belg. 1928, **37**, 326.

Tellur-Schwefelsesquioxyd, $TeSO_3$, erhält man auf dieselbe Weise, wenn man von Tellur und geschmolzenem Schwefeltrioxyd ausgeht. Es bildet eine rote Verbindung, die durch Wasser in Tellur und Schwefelsäure gespalten wird; das Oxyd ist gegen Erhitzen bedeutend widerstandsfähiger als S_2O_3 oder $SeSO_3$. Seine Zersetzung in Tellurmonoxyd und Schwefeldioxyd beim Erhitzen im Vakuum auf 180° wird später besprochen. Nach einer neuen Veröffentlichung von SCHENK[40] besteht kein Anzeichen dafür, daß Selenmonoxyd bei der thermischen Zersetzung von $SeSO_3$ oder aber bei anderen Verfahren, wie beim Durchleiten von Selen und Selendioxyd durch ein elektrisches Entladungsrohr, entsteht.

Oxyde und Sauerstoffsäuren des Selens.

Selen bildet zwei Oxyde, SeO_2 und SeO_3. *Selendioxyd*, SeO_2, entsteht bei der Oxydation von Selen in Luft oder Sauerstoff oder beim Erhitzen des Elements mit Salpetersäure; es bildet feine, weiße nadelförmige Kristalle, welche mit Wasser die Säure H_2SeO_3 ergeben. Die *selenige Säure* ist viel beständiger als die schweflige Säure und kann durch Eindunsten ihrer wäßrigen Lösung im Vakuum über Schwefelsäure als kristalliner fester Stoff abgetrennt werden. Weiterhin besteht zwischen den beiden Säuren ein beträchtlicher Unterschied hinsichtlich ihrer Oxydierbarkeit. Die Oxydation der selenigen zur Selensäure wird nur durch starke Oxydationsmittel, z. B. Chlor und Kaliumpermanganat, bewirkt. Mit Salpetersäure läßt sich diese Oxydation zur Selensäure nicht durchführen, hingegen ist die selenige Säure leicht zu elementarem Selen reduzierbar.

Selentrioxyd, SeO_3. Viele Jahre lang waren sämtliche Versuche zur Darstellung von Selentrioxyd vergeblich, obwohl es eine sehr große Bildungswärme besitzt. Neuerdings wurde es gemischt mit dem Dioxyd durch Einwirkung einer Hochfrequenzentladung auf ein Gemisch von Selen und Sauerstoff bei einem Druck von 15—20 mm Hg erhalten[41]. Die Ausbeute an Trioxyd schwankt bei dieser Darstellung zwischen 20–36 Prozent. Das Gemisch der Oxyde ist weiß und hygroskopisch und liefert beim Behandeln mit Wasser eine Mischung von seleniger und Selensäure.

Selenmonoxyd, SeO. SCHENK[42] hat neuerdings Versuche über die Darstellung des Selenmonoxyds durch Einwirkung einer elektrischen Entladung auf eine Mischung von Selendioxyd und Selen oder durch Verbrennen von Selen bei vermindertem Druck und durch die Reaktion von $SeOCl_2$ mit Silber beschrieben. Es wurden jedoch vollkommen negative Ergebnisse erzielt, und man kann daher annehmen, daß diese Verbindung bei Zimmertemperatur nicht beständig ist.

Oxyde und Sauerstoffsäuren des Tellurs.

Tellurmonoxyd. Vom Tellur gibt es vier Oxyde, TeO, TeO_2, Te_3O_7 und TeO_3. Das erste davon, TeO, entsteht bei der Zersetzung des Oxyds $TeSO_3$, das sich aus Schwefeltrioxyd und Tellur im Vakuum bei

40 SCHENK: Z. anorg. allg. Chem. 1937, **233**, 401.

41 RHEINBOLDT, HESSEL u. SCHWENZER: Ber. dtsch. chem. Ges. 1930, **63**, 84, 1865.

42 SCHENK: Z. anorg. allg. Chem. 1937, **233**, 401.

180° bildet. TeO ist ein schwammiger schwarzer Stoff, und DAMIENS[43] stellte fest, daß es sämtliche Eigenschaften eines Gemisches von Tellur und Tellurdioxyd besäße. PARTINGTON und DOOLAN[44] andererseits zeigten, daß das schwarze Pulver in der Kälte Kaliumpermanganat sofort entfärbt. Diese Reaktionen sollte man nicht erwarten, wenn die Annahme von DAMIENS zutrifft. Ebenso ist es überraschend, daß der Tellurgehalt des Produktes genau der Formel TeO entspricht. Bis jetzt bestehen keine Anzeichen für die Exitenz niederer Säuren des Tellurs, die sich von diesem Oxyd ableiten.

Tellurdioxyd, TeO_2, entsteht beim Verbrennen von Tellur in Luft oder Sauerstoff, bei der Oxydation von Tellur mit Salpetersäure, beim Zersetzen von Telluriten mit Säuren oder beim Erhitzen von basischen Salzen des Tellurs (s. unten). Das Tellurdioxyd ist ein kristalliner, fester Stoff, der im Gegensatz zu den analogen Schwefel- und Selenverbindungen in kaltem Wasser nur sehr wenig löslich ist (1:150000). Es läßt sich mit Kohlenstoff oder Wasserstoff bei hoher Temperatur zu Tellur reduzieren und absorbiert Chlorwasserstoff unter Wärmeentwicklung, und zwar wird bei 0° die Verbindung $TeO_2 \cdot 2HCl$ gebildet, die sich beim Erwärmen allmählich in Tellurtetrachlorid umwandelt. Das Oxyd besitzt schwach basische Eigenschaften. So löst es sich beispielsweise in Salzsäure unter Bildung des Tetrachlorids. Mit Salpetersäure erhält man unter gewissen Bedingungen ein basisches Nitrat von der Form $2TeO_2 \cdot HNO_3$. Dieses wird durch Wasser unter Bildung des Dioxyds zersetzt. Mit Schwefelsäure entsteht das basische Sulfat $2TeO_2 \cdot SO_3$.

Tellurige Säure. Die tellurige Säure, H_2TeO_3, ist sehr unbeständig und verliert Wasser, wobei das Dioxyd abgeschieden wird. Am besten erhält man sie, wenn man durch Schmelzen des Dioxyds mit Natriumkarbonat zunächst Natriumtellurit darstellt und dieses mit einer wäßrigen Säurelösung zersetzt. Dabei entsteht ein weißer Niederschlag, der in Wasser schwach löslich ist und Lackmus rötet. Bei Zimmertemperatur verliert er spontan Wasser und geht in das Dioxyd über. Die Tellurite sind beständige Salze; man erhält sie, indem man das Dioxyd entweder mit einer wäßrigen Alkalilösung behandelt oder es mit Alkalikarbonat schmilzt. Es sind eine Reihe von Telluriten bekannt, die sich zum Teil von der Säure H_2TeO_3 ableiten; bei vielen handelt es sich jedoch um Salze von kondensierten Säuren wie $H_2Te_2O_5$ und $H_2Te_4O_9$. In Lösung werden die Tellurite durch Oxydationsmittel wie Wasserstoffperoxyd oder Kaliumpermanganat zu Telluraten oxydiert, während sie sich elektrolytisch oder durch mäßig starke Reduktionsmittel zu elementarem Tellur reduzieren lassen. Selbst schwache Säuren, wie die Kohlensäure, können die Tellurite zersetzen, wobei nacheinander tellurige Säure und Tellurdioxyd gebildet werden.

Tellurtrioxyd, TeO_3, entsteht durch thermische Zersetzung von Tellursäure bei 360°. Bei zu starkem Erhitzen bildet sich etwas Dioxyd, das man aber durch Waschen mit konzentrierter Salzsäure, in der das Trioxyd ziemlich unlöslich ist, entfernen kann. Das Trioxyd ist ein gelber fester Stoff, welcher sich nicht in heißem und kaltem Wasser löst und auch

[43] DAMIENS: C. R. hebd. Séances Acad. Sci. 1924, **179**, 829.
[44] PARTINGTON u. DOOLAN: J. chem. Soc. 1924, 1402.

in kalter Salzsäure sowie in kalten Basen unlöslich ist. Dieses Verhalten steht im scharfen Gegensatz zu dem des Selentrioxyds, welches, soweit man bisher übersehen kann, dem Schwefeltrioxyd näher verwandt ist. Gegenüber heißer konzentrierter Salzsäure, in der sich Tellurtrioxyd unter Chlorentwicklung löst, wirkt es als Oxydationsmittel. Mit heißen konzentrierten Alkalilösungen entstehen Tellurate. Das Trioxyd des Tellurs läßt sich leicht zum Dioxyd reduzieren.

Tellursäure. Im Gegensatz zu Schwefeltrioxyd ist Tellurtrioxyd in Wasser unlöslich, so daß die Tellursäure durch Einwirkung eines starken Oxydationsmittels auf Tellur oder tellurige Säure dargestellt werden muß. Wenn man Telluratlösungen mit Salpetersäure ansäuert und aus dieser Lösung die freie Tellursäure kristallisieren läßt, so findet man die Formel $H_2TeO_4 \cdot 2H_2O$, d. h. H_6TeO_6. Diese Verbindung ist ein weißes kristallines Pulver, das sich leicht in Wasser löst. Beim Verdampfen der wäßrigen Lösung bei 0° erhält man ein Hexahydrat, $H_2TeO_4 \cdot 6H_2O$, während beim Erhitzen des Dihydrates auf 140° die Säure H_2TeO_4 gebildet wird, die man als *Allotellursäure* bezeichnet. Beim weiteren Erhitzen entsteht nacheinander das Dioxyd und das Trioxyd.

Die Tellursäure in der Form H_6TeO_6 ist eine schwache Säure, die man in ihrer Stärke mit dem Schwefelwasserstoff vergleichen kann. Man nimmt an, daß das Wasser in Form von Hydroxylgruppen chemisch gebunden ist und daß der Säure die Formulierung $Te(OH)_6$ zukommt. Wenn man Allotellursäure in Wasser löst, so geht sie allmählich in das Dihydrat über; bei dieser Umwandlung nimmt die elektrische Leitfähigkeit der Lösung ab. Tellursäure wird zwar weniger leicht reduziert als Selensäure, doch bewirken Reagenzien wie Hydrazin eine quantitative Fällung von elementarem Tellur. Tellursäure greift viele Metalle an, was wahrscheinlich mehr auf ihren oxydierenden Eigenschaften als auf ihrem sauren Charakter beruht. Selbst Metalle wie Blei, Zinn, Silber und Quecksilber werden von der Säure angegriffen[45]. Tellursäure bildet eine Reihe verschiedenartiger Salze und zeigt eine starke Neigung zur Bildung von Heteropolysäuren, z. B. Molybdäntellursäuren und Wolframtellursäuren (vgl. S. 165).

Das Telluroxyd Te_3O_7, das beim Lösen von Tellurdioxyd in einer Lösung von Tellursäure und nachfolgendem Verdampfen entsteht, ist eine gut ausgebildete kristalline Substanz, die man sich als Tellurtellurat, $2TeO_2 \cdot TeO_3$, vorstellt. Über dieses Oxyd ist jedoch verhältnismäßig wenig bekannt, so daß es wohl eine weitere Untersuchung verdient.

Die Oxyde der Halogene.

Die folgende Tabelle enthält die Formeln der zur Zeit bekannten Halogenoxyde. Es ist bemerkenswert, daß noch vor etwa 10 Jahren keine Oxyde des Fluors oder Broms bekannt waren. Der schnelle Fortschritt, der beim Auffüllen dieser noch vor kurzem auf dem Gebiet der Halogenoxyde vorhandenen Lücken erreicht wurde, ist eine der hervorragendsten Leistungen der modernen anorganischen Chemie.

[45] Hutchins: J. Amer. chem. Soc. 1905, **27**, 1157.

F_2O	Cl_2O	Br_2O . . .	J_2O_4
F_2O_2. . . .	ClO_2	Br_3O_8 . . .	J_4O_9
	$ClO_3(Cl_2O_6)$	BrO_2 . . .	J_2O_5
	Cl_2O_7		JO_4
	(ClO_4)		

Die Oxyde des Fluors. *Difluormonoxyd*, F_2O. Im Jahre 1927 entdeckten LEBEAU und DAMIENS[46], daß das Fluor ein Oxyd bildet. Sie fanden, daß bei der Elektrolyse von geschmolzenem Kaliumbifluorid unterhalb von 100° in Gegenwart von Wasser eine Sauerstoffverbindung des Fluors gebildet wird, der die Formel F_2O zugeschrieben wurde und die weniger reaktionsfähig war als Fluor selbst. Zwei Jahre später[47] beschrieben dieselben Verfasser die Darstellung von Fluormonoxyd in 70prozentiger Ausbeute nach einem Verfahren, bei dem Fluor mit einer Geschwindigkeit von 1 Liter pro Stunde durch eine 2 prozentige wäßrige Natriumhydroxydlösung hindurchstrich und das Gas durch eine gerade unterhalb der Flüssigkeitsoberfläche endendes Platinrohr eingeleitet wurde. Dabei verlief folgende Reaktion:

$$2\,F_2 + 2\,NaOH = 2\,NaF + F_2O + H_2O\,.$$

Das gebildete Gas wurde über Wasser aufgefangen, durch flüssige Luft kondensiert und fraktioniert. Nach einer späteren Arbeit von RUFF und MENZEL[48] ergab sich der Siedepunkt des Fluormonoxyds zu —144,8°. Die überraschendste Eigenschaft dieses Stoffes besteht darin, daß er im Gegensatz zum Chlormonoxyd, welches sich ja durch seine große Unbeständigkeit auszeichnet, nicht explosiv ist. Immerhin ist Fluormonoxyd noch sehr reaktionsfähig und wird beim Erhitzen fast von allen Metallen unter Bildung der entsprechenden Fluoride und Oxyde zersetzt. Mit Phosphor entsteht Phosphoroxyfluorid, während sich bei der Behandlung mit Schwefel ein Gemisch von Schwefeldioxyd und Schwefeltetrafluorid ergibt. Beim Mischen mit Wasserstoff und Zünden durch einen Funken explodiert es heftig, ebenso beim Erhitzen mit Chlor, wenn auch die Reaktion, bei der Chlormonofluorid entsteht, niemals vollständig verläuft.

Fluormonoxyd ist in Wasser etwas löslich (6,8 cm^3 pro 100 cm^3 bei 0°), aber die Lösung zeigt keine sauren Eigenschaften, wie man erwarten sollte, wenn sich unterfluorige Säure gebildet hätte. Ebenso ist es nicht möglich, durch Einwirkung des Gases auf Alkalilösungen Salze dieser Säure darzustellen. Die wäßrigen Lösungen wirken stark oxydierend und verwandeln beispielsweise dreiwertiges Chrom in Chromat. Im Verlauf ihrer Arbeit konnten RUFF und MENZEL eine verhältnismäßig schwer flüchtige Substanz abtrennen. Diese wurde sorgfältig untersucht, um irgendwelche anderen, in ihr vielleicht noch vorhandenen Oxyde des Fluors zu isolieren. Es zeigte sich jedoch, daß der Stoff — neben Ozon und Sulfurylfluorid — aus den Fluoriden des Kohlenstoffs, CF_4 und C_2F_6, bestand, ein gutes Beispiel für die Irrtumsmöglichkeiten, denen man beim Arbeiten auf diesem Gebiet begegnen kann.

Difluordioxyd. Das zweite Oxyd des Fluors, F_2O_2, wurde von RUFF und MENZEL[49] durch Einführen einer äquimolekularen Mischung von

---

46 LEBEAU u. DAMIENS: C. R. hebd. Séances Acad. Sci. 1927, **185**, 652.
47 LEBEAU u. DAMIENS: C. R. hebd. Séances Acad. Sci. 1929, **188**, 1253.
48 RUFF u. MENZEL: Z. anorg. allg. Chem. 1931, **198**, 39.
49 RUFF u. MENZEL: Z. anorg. allg. Chem. 1933, **211**, 204.

Fluor und Sauerstoff bei 15—20 mm Druck in die in Abb. 44 gezeigte Quarzapparatur dargestellt. In diese waren zwei Elektroden eingeschmolzen, deren Enden sich in einem Abstand von 12 cm voneinander befanden; das Ganze wurde in flüssiger Luft gekühlt. Beim Anlegen eines elektrischen Feldes schied sich ein gelber fester Stoff ab, der bei Temperaturen unterhalb von —100° unzersetzt destilliert werden konnte. Er besaß einen Schmelzpunkt von ungefähr —160° und bei —86° einen Dampfdruck von etwa 162 mm. Durch direkte Bestimmung der Dampfdichte bei diesen tiefen Temperaturen ergab sich für die Verbindung die Formel F_2O_2.

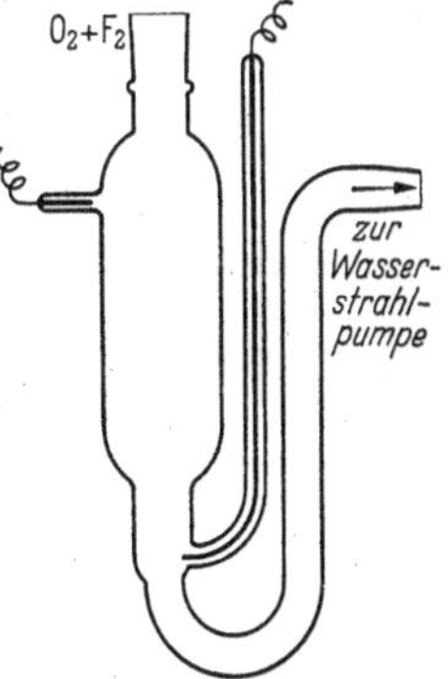

Abb. 44. Apparatur zur Darstellung von F_2O_2.

Oberhalb von —100° zersetzte sich das Oxyd langsam, wobei sich ein Produkt bildete, das man zuerst für ein neues Oxyd des Fluors, FO, hielt. Der so gewonnene Stoff bildete jedoch beim Abkühlen nicht wieder F_2O_2 zurück, und FRISCH und SCHUMACHER[50] konnten zeigen, daß das mutmaßliche neue Oxyd aller Wahrscheinlichkeit nach ein äquimolekulares Gemisch von Fluor und Sauerstoff wäre. Seine physikalischen Eigenschaften stimmen mit denen eines derartigen Gemisches überein, und das Absorptionsspektrum des angeblich neuen Oxyds im sichtbaren und nahen ultravioletten Gebiet ist mit dem des Fluors selbst identisch. Wahrscheinlich ergibt also F_2O_2 bei der Zersetzung Fluor und Sauerstoff.

Sauerstoffsäuren des Fluors. Unterfluorige Säure und Fluorsäure wurden bisher noch nicht dargestellt, aber die neuen Untersuchungen deuten mit Bestimmtheit darauf hin, daß beständige Salze vorkommen, die sich von diesen Säuren ableiten. Man sollte natürlich erwarten, daß die Salze der unterfluorigen Säure bei der Reaktion von Fluor mit wäßrigen Alkalilaugen entstehen. Tatsächlich besitzt eine auf diese Weise dargestellte Lösung stark ausgeprägte oxydierende Eigenschaften, die möglicherweise auf die Zersetzung eines unbeständigen Hypofluorits zu Fluormonoxyd zurückgehen:

$$2\,NaFO + H_2O = 2\,NaOH + F_2O\,.$$

Dieses Oxydationsvermögen wird jedoch unter Bedingungen beobachtet, unter denen es wohl kaum auf der Bildung von Fluormonoxyd beruhen kann. So zeigt sich, daß bei 15 Minuten langem Behandeln von 50prozentiger Kaliumhydroxydlösung mit Fluor bei —50° und Eindampfen des gewonnenen Produktes der Rückstand selbst nach wiederholtem Schmelzen noch ein deutliches Oxydationsvermögen besitzt, woraus hervorgeht, daß er aller Wahrscheinlichkeit nach ein Hypofluorit oder ein Fluorat enthält[51].

Die Elektrolyse einer geschmolzenen Mischung von Kaliumhydroxyd und Kaliumfluorid in einer als Kathode dienenden Silberschale mit einem Graphitstab als Anode ergab einen Stoff, der beim Lösen in Wasser und

[50] FRISCH u. SCHUMACHER: Z. physik. Chem. 1936, B, **34**, 322.
[51] DENNIS u. ROCHOW: J. Amer. chem. Soc. 1933, **55**, 2431.

Ansäuern mit Salpetersäure einen Niederschlag lieferte; dieser enthielt Silber und Fluor und bestand wahrscheinlich aus Silberfluorat. Untersuchungen über diesen Punkt haben noch zu keinem vollständigen Abschluß geführt; es ist jedoch sehr wahrscheinlich, daß man in einiger Zeit die Sauerstoffsäuren des Fluors und ihre Salze sehr gut kennen wird.

Die Oxyde des Chlors. Einige physikalische Eigenschaften der bekannten Oxyde des Chlors sind im folgenden aufgeführt. Die Daten sind einer Arbeit von GOODEVE und RICHARDSON[52] entnommen.

Tabelle 2.

	Cl_2O	ClO_2	Cl_2O_6	Cl_2O_7
Molekulargewicht	87	67,5	167	183
Schmelzpunkt	—116°	—59°	+3,5°	—91,5°
Siedepunkt	2°	11,0°	203° (ber.)	80°
Latente Verdampfungswärme (in Cal)	6,20	6,52	9,50	8,29

Chlormonoxyd und Chlordioxyd. Von diesen vier Oxyden sind die ersten beiden allgemein gut bekannt, so daß ihre Darstellung nicht besprochen zu werden braucht. Wie bereits erwähnt wurde, unterscheidet sich Chlormonoxyd, Cl_2O, vom Fluormonoxyd dadurch, daß es in Wasser sehr gut löslich ist (200 Vol. in einem Vol. H_2O bei 0°) und dabei eine orangerote Lösung von freier unterchloriger Säure bildet; weiterhin ist Cl_2O bedeutend unbeständiger. Sowohl F_2O als auch Cl_2O sind starke Oxydationsmittel. Chlordioxyd erhält man durch Zusatz von Schwefelsäure zu gepulvertem Kaliumchlorat bei tiefen Temperaturen und langsames Erwärmen der Lösung, wobei das Oxyd abdestilliert werden kann. Die Verbindung ist ein starkes Oxydationsmittel und explodiert, wenn sie mit einer Spur eines leichtoxydierbaren Stoffes in Berührung kommt. Ein sicherer Weg zu ihrer Darstellung besteht darin, daß man Kaliumchlorat mit kristallisierter Oxalsäure auf 70° erhitzt, wobei ein Gemisch von Kohlendioxyd, Chlordioxyd und Wasser entsteht. Chlordioxyd wirkt als gemischtes Anhydrid und ergibt mit Wasser, in dem es leicht löslich ist, chlorige Säure und Chlorsäure nach der Gleichung:

$$2\,ClO_2 + H_2O = HClO_2 + HClO_3\,.$$

Die Salze dieser beiden Säuren bilden sich mit großer Leichtigkeit.

Dichlorhexoxyd, Cl_2O_6, das schon ungefähr 100 Jahre lang bekannt ist, wurde kürzlich von GOODEVE und RICHARDSON wieder untersucht[53]. Die Verfasser stellten es her, indem sie ozonisierten Sauerstoff mit einem zweiten, chlordioxydhaltigen Sauerstoffstrom mischten und zur Reinigung des gebildeten Produktes eine fraktionierte Kondensation durchführten. Das Verfahren und die benutzte Apparatur ist deshalb bemerkenswert, weil keine Hähne verwendet wurden und die Apparatur so gebaut war, daß sie eine Reihe dünner Glastrennwände enthielt; diese konnten elektromagnetisch zerbrochen werden, um erforderlichenfalls verschiedene Teile der Apparatur im Verlauf des Arbeitsvorganges miteinander zu ver-

[52] GOODEVE u. RICHARDSON: J. chem. Soc. 1937, 294.
[53] GOODEVE u. RICHARDSON: J. chem. Soc. 1937, 294.

binden. Es ließ sich zeigen, daß Dichlorhexoxyd in der Gasphase dissoziierte und das einfache Molekül ClO_3 bildete, welches sich beim Erhitzen wiederum leicht in Chlordioxyd und Sauerstoff spaltete. Das Molekulargewicht des in Tetrachlorkohlenstoff gelösten Oxyds entspricht der Formel Cl_2O_6, während Messungen der magnetischen Suszeptibilität[54] ergeben, daß im flüssigen und festen Zustand ein Gleichgewichtsgemisch zwischen ClO_3 und Cl_2O_6 vorliegt.

Chlorheptoxyd, Cl_2O_7, kann man durch Entwässern von Perchlorsäure mit Phosphorpentoxyd erhalten, wobei man — unter gewissen Vorsichtsmaßnahmen wegen der explosiven Natur des Oxyds[55] — das Cl_2O_7 direkt abdestillieren kann. Mit Wasser bildet das Oxyd langsam Perchlorsäure zurück. Diese Säuren und ihre Salze sind die beständigsten Sauerstoffsäuren bzw. -salze dieser Gruppe, und die Isomorphie der Perchlorate und Permanganate kann als eine der wenigen Beziehungen zwischen der VII. Haupt- und Nebengruppe des Periodischen Systems erwähnt werden. Auch in den allgemeinen Eigenschaften besteht eine starke Ähnlichkeit zwischen den Manganoxyden, MnO_3 bzw. Mn_2O_7, die starke Oxydationsmittel sind und sich leicht zersetzen, und den beiden Oxyden des Chlors, ClO_3 und Cl_2O_7.

Chlortetroxyd, (ClO_4), kann man kaum als definiertes Oxyd bezeichnen; es ist eher ein freies Radikal. Die Möglichkeit seiner Isolierung beruht darauf, daß Silberperchlorat in einigen organischen Lösungsmitteln löslich ist. Wenn man eine Lösung des Perchlorats beispielsweise in Äther mit Jod behandelt, so fällt Silberjodid aus und man nimmt an, daß die zurückbleibende Lösung das Radikal ClO_4 enthält. Beim Schütteln dieser Lösungen mit Wasser entsteht durch Hydrolyse Perchlorsäure. Die ätherische Lösung reagiert ebenfalls mit Silberoxyd unter Rückbildung von Silberperchlorat und ergibt beim Behandeln mit Zink, Magnesium, Kupfer, Zinn, Eisen, Cadmium, Wismut und Silber die entsprechenden Perchlorate[56]. Die Möglichkeit, daß das ClO_4 mit dem erwähnten Lösungsmittel zuerst reagiert und Äthylperchlorat bildet, kann nicht zutreffen, da sich zeigen läßt, daß Äthylperchlorat in ätherischer Lösung Silberoxyd nicht löst und praktisch keinen Einfluß auf die erwähnten Metalle ausübt. Versuche, andere Lösungsmittel zu verwenden (z. B. Benzol oder Bromoform) mußten aufgegeben werden, weil das Perchlorat das Lösungsmittel stark angreift.

Die Oxyde des Broms. *Brommonoxyd*, Br_2O. Die drei Oxyde des Broms, Br_2O, Br_3O_8 und BrO_2 sind sämtlich in den letzten 7 Jahren dargestellt worden. Das Brommonoxyd wurde von ZINTL und RIENÄCKER[57] durch Einwirkung von Bromdampf auf frisch dargestelltes und sorgfältig getrocknetes Quecksilberoxyd bei 50—60° erhalten. Das Verfahren ähnelt der Darstellung des Chlormonoxyds durch Einwirkung von Chlor auf Quecksilberoxyd, jedoch enthält das Gas nach dem Überleiten über das Oxyd nur wenige Prozent der Verbindung. Das absolute Verhältnis wurde bestimmt, indem man das Brom-Bromoxydgemisch in

---

[54] FARQUHARSON, GOODEVE u. RICHARDSON: Trans. Faraday Soc. 1936, **32**, 790.
[55] Vgl. GOODEVE u. POWNEY: J. chem. Soc. 1932, 2078.
[56] GOMBERG: J. Amer. chem. Soc. 1923, **43**, 398.
[57] ZINTL u. RIENÄCKER: Ber. dtsch. chem. Ges. 1930, **63**, 1098.

Alkalilauge leitete, wobei mehr Hypobromit gebildet wurde, als dem verwendeten Brom entsprechen würde, wenn man annimmt, daß es im freien Zustand vorliegt.

$$Br_2 + 2\,NaOH = NaBr + NaBrO + H_2O : Br_2O + 2\,NaOH = 2\,NaBrO + H_2O.$$

Brommonoxyd ist bedeutend weniger flüchtig als Brom; es konnte jedoch nicht in reinem Zustand erhalten werden, und die ihm zugeordnete Formel beruht lediglich auf der Analogie zu dem Chlormonoxyd. In neuerer Zeit haben BRENSCHEDE und SCHUMACHER[58] das Oxyd von neuem untersucht und es in Tetrachlorkohlenstofflösung durch Behandlung von in diesem Lösungsmittel suspendiertem Quecksilberoxyd mit Brom erhalten. Bei tiefer Temperatur bildet sich das Zwischenprodukt $HgOBr_2$. In Tetrachlorkohlenstoff konnten Konzentrationen bis zu 50 Prozent erhalten werden, und die Formel ließ sich durch Gefrierpunktserniedrigungen in Lösungen bekannten Gehaltes bestätigen.

Das Oxyd Br_3O_8 bildet sich als weiße, kristalline Masse durch Einwirkung von gereinigtem Ozon auf reinen Bromdampf bei —5 bis +10°[59]. Es ist wichtig, bei diesem Versuch einen Überschuß von Ozon zu verwenden. Das Oxyd ist bei —80° ziemlich beständig und läßt sich ohne Explosion durch Erwärmen zersetzen, was man zur Analyse des Stoffes benutzte. Das Oxyd löst sich leicht in Wasser, und man nimmt an, daß dabei als erstes Produkt die Säure $H_4Br_3O_{10}$ gebildet wird, die sich nach folgendem Schema zersetzt. Dieses von LEWIS und SCHUMACHER stammende Schema gibt eine befriedigende Erklärung für die oxydierenden Eigenschaften der gebildeten Lösungen:

$$H_4Br_3O_{10} \rightarrow 2\,HBrO_3 + H_2BrO_4$$
$$2\,H_2BrO_4 \rightarrow HBr + HBrO_3 + H_2O + 2\,O_2.$$

Bromdioxyd, BrO_2, das dritte Oxyd des Broms, wurde von SCHWARZ und SCHMEISSER[60] durch elektrische Entladung in einer Mischung von Bromdampf und Sauerstoff bei niederem Druck erhalten. Das Gasgemisch wurde dabei kontinuierlich durch das U-förmige Entladungsrohr gepumpt, welches so konstruiert war, daß sein unterer Teil in flüssiger Luft gekühlt werden konnte. Wenn man ein Brom-Sauerstoffgemisch mit einem Verhältnis unter 1:5 benutzt, so kann man die Bildung von Ozon vermeiden und 80 Prozent des Broms in das Dioxyd umwandeln; dieses wird dann an den gekühlten Wandteilen des Entladungsrohres kondensiert. Das Oxyd, eine gelbe feste Verbindung, ist so beständig, daß es von freiem Brom durch Destillation bei —30° getrennt werden kann. Bei 0° zersetzt es sich in Brom und Sauerstoff; diese Reaktion konnte man zur Analyse der Verbindung verwenden. Über die Reaktionen des Stoffes ist bisher wenig bekannt. Offensichtlich neigt er jedoch weniger zu explosiver Zersetzung als das Chlordioxyd. Seine Reaktion mit Wasser ist bisher noch nicht beschrieben worden.

Oxyde und Sauerstoffsäuren des Jods. Man nimmt an, daß es vier definierte Oxyde des Jods gibt, deren Formeln J_2O_4, J_4O_9, J_2O_5 und JO_4 sind. Sie unterscheiden sich beträchtlich von den Oxyden der übrigen

[58] BRENSCHEDE u. SCHUMACHER: Z. anorg. allg. Chem. 1936, **226**, 370.
[59] LEWIS u. SCHUMACHER: Z. anorg. allg. Chem. 1929, **182**, 182.
[60] SCHWARZ u. SCHMEISSER: Ber. dtsch. chem. Ges. 1937, **70**, 1163.

Halogene, und zwar besonders dadurch, daß sie in ihren niedrigeren Wertigkeitszuständen Anzeichen einer basischen Eigenschaft aufweisen. So wird das niedrigste Oxyd, J_2O_4, als basisches Jodat des dreiwertigen Jods, $O{=}J{-}JO_3$, aufgefaßt[61].

Joddioxyd, J_2O_4, erhält man als gelbes, körniges Pulver durch Einwirkung von heißer konzentrierter Schwefelsäure auf Jodsäure und anschließender Behandlung des Produktes mit Wasser. Das erste Produkt dieser Reaktion ist eine Mischung der beiden Sulfate $J_2O_3 \cdot H_2SO_4$ und $J_2O_4 \cdot H_2SO_4$. Man nimmt an, daß beim Behandeln dieser Mischung mit Wasser folgende Reaktionen stattfinden:

$$J_2O_4 \cdot H_2SO_4 = J_2O_4 + H_2SO_4 \quad \text{und}$$

$$J_2O_3 \cdot H_2SO_4 + 2\,HJO_3 = 2\,J_2O_4 + H_2SO_4 + H_2O\,.$$

Das Oxyd J_2O_4 ist in kaltem Wasser nur wenig löslich. Es löst sich jedoch in heißem Wasser unter Bildung von Jodsäure und Jod. Beim Erhitzen auf 130° zersetzt sich Joddioxyd nach der Gleichung

$$5\,J_2O_4 = 4\,J_2O_5 + J_2\,.$$

Das Oxyd J_4O_9 entsteht als gelber Stoff bei der Einwirkung von ozonisiertem Sauerstoff auf Jod bei mäßiger Wärme. Die Reaktion verläuft in der Gasphase. Man hat angenommen, daß dieses Oxyd ein normales Jodat des dreiwertigen Jods ist, also $J(JO_3)_3$. Es nimmt leicht Feuchtigkeit auf, wobei Jodsäure und Jod entstehen. Ebenso wie Joddioxyd entwickelt es beim Erhitzen mit Chlorwasserstoff Chlor und zersetzt sich schnell beim Erhitzen auf 120°, wobei eine Reaktion stattfindet, die man durch die Gleichung

$$4\,J_4O_9 = 6\,J_2O_5 + 2\,J_2 + 3\,O_2$$

ausdrücken kann.

Unterjodige Säure, HJO, ist das Analogon der unterbromigen und unterchlorigen Säure und kann als verdünnte wäßrige Lösung durch Schütteln von Jod mit einer Suspension von frisch dargestelltem Quecksilberoxyd und anschließendes Filtrieren erhalten werden.

$$HgO + 2\,J_2 + H_2O = HgJ_2 + 2\,HJO\,.$$

Die Säure ist schwächer als die unterchlorige Säure und weniger beständig als diese; sie zersetzt sich in Jod und Wasser ($3\,HJO = 2\,HJ + HJO_3$; $HJO_3 + 5\,HJ = 3\,H_2O + 3\,J_2$). Die Reaktion von Jod mit heißen und kalten Alkalien verläuft wie bei Chlor und Brom, abgesehen von der Neigung des Hypojodits, sich zu ersetzen.

Jodpentoxyd, J_2O_5, bildet sich bei der thermischen Zersetzung der beiden anderen Oxyde des Jods und ist das einzige säurebildende Oxyd. Es entsteht auch durch Einwirkung von starker Salpetersäure auf Jod. Mit Wasser liefert das Pentoxyd Jodsäure, die als starkes Oxydationsmittel wirkt. Die wäßrige Lösung ergibt beim Verdampfen das Hydrat $3\,J_2O_5 \cdot H_2O$ oder (HJ_3O_8), welcher bis 196° beständig ist.

Die Jodsäure unterscheidet sich dadurch von der Chlor- und Bromsäure, daß sie eine Reihe von sauren und Doppelsalzen bildet (z. B. $KJO_3 \cdot HJO_3$, $KJO_3 \cdot 2\,HJO_3$, $KJO_3 \cdot CrO_3$). In dieser Neigung zur Bildung von Komplexsalzen besteht eine große Ähnlichkeit zwischen Jod und Tellur.

---

[61] PARTINGTON u. BAHL: J. chem. Soc. **1935**, 1258.

Jodtetroxyd, JO_4. Man nimmt an, daß bei der Reaktion zwischen Jod und Silberperchlorat das Oxyd JO_4 gebildet wird[62].

$$2\,AgClO_4 + J_2 = 2\,AgJ + 2\,ClO_4$$
$$ClO_4 + J = JO_4 + Cl\,.$$

Das Tetroxyd zersetzt sich schnell in Jod und Sauerstoff, und es liegt kein ausreichender Beweis für seine Existenz vor.

Perjodsäuren. Weder die Perchlorsäure noch die Perjodsäuren sind Persäuren in dem Sinne, daß sie zum Wasserstoffperoxyd strukturell in Beziehung stehen. Aus diesem Grunde sind sie im Kapitel 10 nicht aufgeführt. Die einfachste Perjodsäure besitzt die Formel H_5JO_6. Sie ist schon über 100 Jahre lang bekannt und kommt in Form von Natriumperjodat im Chilesalpeter vor. Sie entsteht, wenn Jod in Alkali gelöst, zum Kochen erhitzt und dann in die Lösung Chlor eingeleitet wird, wobei sich das Salz $Na_2H_3JO_6$ abscheidet. Dieses Natriumsalz wird in Wasser suspendiert und mit Silbernitrat behandelt; hierbei fällt das Salz Ag_3JO_5 aus, welches in Wasser suspendiert und durch Chlor zersetzt wird. Beim Filtrieren und Eindunsten über konzentrierter Schwefelsäure erhält man zerfließende weiße Kristalle der Säure H_5JO_6[63]. Die Perjodsäuren wirken sämtlich als starke Oxydationsmittel. H_5JO_6 kann man als Orthoperjodsäure auffassen; sie verliert im Vakuum beim Erhitzen auf 100° Wasser, und es entsteht die Metasäure HJO_4.

$$(HO)_5J{=}O \longrightarrow H{-}O{-}J(O)_2{=}O\,.$$

Von der Orthosäure kennt man sowohl normale als auch saure Salze (z. B. Ag_5JO_6 und $Ag_2H_3JO_6$). Eine Zahl teilweise entwässerter Perjodsäuren sind ebenfalls bekannt, neben verschiedenen verwandten Heteropolysäuren, die von Wolfram-, Molybdän- und ähnlichen Oxyden gebildet werden (vgl. Kapitel 5). Ein typisches Beispiel einer derartigen teilweise entwässerten Säure ist die Verbindung H_3JO_5, die normale und saure Salze bildet.

Neuntes Kapitel.

Die neueste Chemie der Nichtmetalle.

Es ist außerordentlich schwierig, bei einer Zusammenfassung der neuen Ergebnisse auf dem Gebiete der Chemie der Nichtmetalle alle neuen Arbeiten zu erwähnen, die, sagen wir in den letzten 10 Jahren, hierüber veröffentlicht wurden. Wenn man dies tun wollte, so erhielte man eine zusammenhanglose Anhäufung von Tatsachen, die sich nur schwer in den Rahmen einer gut fundierten beschreibenden Chemie einpassen ließen. Deshalb wurde die Absicht verfolgt, lieber eine Reihe von Hauptpunkten, die gegenwärtig im Vordergrund des Interesses stehen, getrennt

[62] GOMBERG: J. Amer. chem. Soc. 1923, 45, 398.
[63] VANINO: Präparative Chemie, Bd. I, S. 66.

für sich zu behandeln. Es war nicht zu vermeiden, daß dabei eine ganze Menge ausgelassen werden mußte; nach Möglichkeit wurde jedoch versucht, die neuesten Erkenntnisse auf diesen Gebieten in die Besprechung mit einzubeziehen.

Die Edelgase.

Die einzige erwähnenswerte Entwicklung in bezug auf die Chemie der Edelgase besteht darin, daß das Interesse nach der Frage wieder erweckt wurde, ob die Edelgase Verbindungen bilden oder nicht. BOOTH und WILLSON[1] haben in neuerer Zeit eine thermische Analyse des Systems Argon-Bortrifluorid durchgeführt und schließen aus dem Vorkommen einer Reihe von Maxima in dem Schmelzpunktsdiagramm, daß bei tiefen

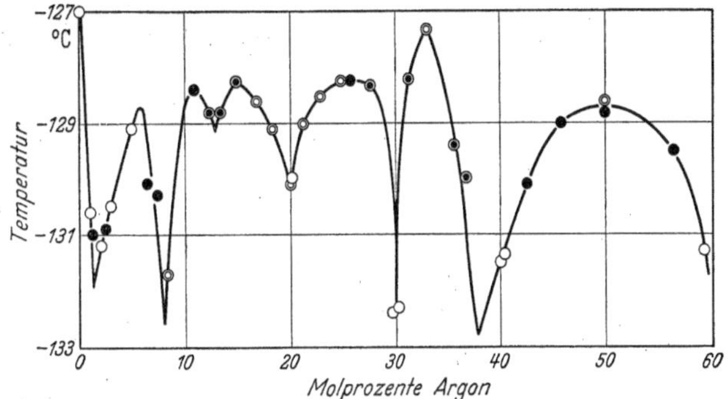

Abb. 45. Schmelzpunkt im System Argon-Bortrifluorid.

Temperaturen folgende Verbindungen gebildet werden: $Ar \cdot BF_3$, $Ar \cdot 2\,BF_3$, $Ar \cdot 3\,BF_3$, $Ar \cdot 6\,BF_3$, $Ar \cdot 8\,BF_3$ und $Ar \cdot 16\,BF_3$.

Die der Veröffentlichung dieser Verfasser entnommene Abb. 45 zeigt die Art dieses Diagramms, auf dem der Beweis für die Existenz dieser Verbindungen beruht. Die Verbindungen sind nur im Bereich von —127° bis —133° unter Drucken von ungefähr 40 Atmosphären beständig, während sie oberhalb ihres Schmelzpunktes in Argon und Bortrifluorid dissoziieren. Trotz ihrer geringen Beständigkeit handelt es sich um definierte Verbindungen; es ist daher notwendig zu untersuchen, warum zwischen dem Argon und anderen Elementen eine derartige Affinität besteht.

Von Bortrifluorid weiß man, daß es eine Reihe von Molekülverbindungen bildet, bei denen das Boratom Elektronen eines Atoms einer anderen Verbindung aufnimmt. So bilden Dimethyläther und Schwefelwasserstoff Verbindungen mit Bortrifluorid, die folgendermaßen formuliert werden können:

$$H_2S \rightarrow BF_3 \text{ und } (CH_3)_2O \rightarrow BF_3$$

Man nimmt an, daß in den Argonverbindungen genau derselbe Verbindungstypus vorliegt und daß das Argon unter Elektronenabgabe das Oktett der Boratome vervollständigt. Auf dieser Grundlage kann man die ersten drei Verbindungen folgendermaßen formulieren:

$$Ar \rightarrow BF_3; \quad F_3B \leftarrow Ar \rightarrow BF_3; \quad F_3B \leftarrow \underset{\substack{\downarrow \\ BF_3}}{Ar} \rightarrow BF_3 .$$

[1] BOOTH u. WILLSON: J. Amer. chem. Soc. 1935, 57, 2273.

Dieser Koordinationsvorgang kann nur auf höchstens vier Bortrifluoridmoleküle ausgedehnt werden, die mit einem einzelnen Argonatom verbunden sind, und man muß annehmen, daß in den Verbindungen $Ar \cdot 6BF_3$, $Ar \cdot 8BF_3$ und $Ar \cdot 16BF_3$ einige Bortrifluoridmoleküle an das Argonatom gebunden sind, während andere durch ihre Fluoratome von diesen inneren BF_3-Molekülen gebunden werden. Eine derartige Formulierung ist unten für einen typischen Fall, für die Verbindung $Ar \cdot 8BF_3$, gezeigt. Die Verfasser stellen die Voraussage auf, daß in dem System Krypton-Bortrifluorid und Xenon-Bortrifluorid Verbindungen gefunden werden, die beständiger sind als die des Argons. Gegen diese Art der Formulierung der höher zusammengesetzten Verbindungen läßt sich einwenden, daß das Bortrifluorid keine Neigung zur Polymerisation zeigt, wie man auf Grund der angegebenen Formulierung dieser Verbindungen erwarten sollte.

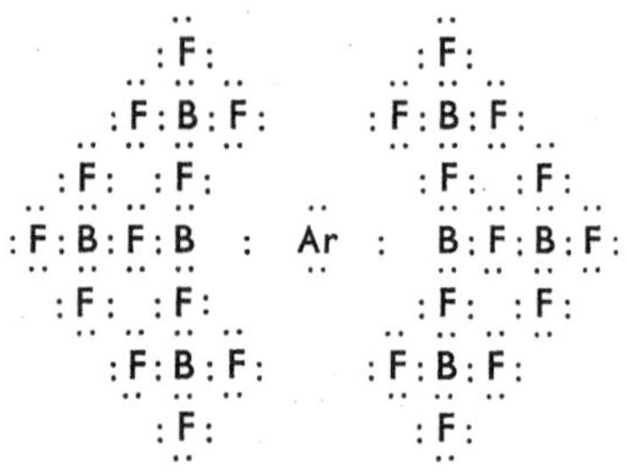

```
            ..              ..
           :F:             :F:
         .. .. ..        .. .. ..
        :F:B:F:         :F:B:F:
      .. .. .. ..        .. .. .. ..
      :F:  :F:             :F:  :F:
    .. .. .. ..      ..     .. .. .. ..
   :F:B:F:B    :    Ar   :  B:F:B:F:
    .. .. .. ..      ..     .. .. .. ..
      :F:  :F:             :F:  :F:
      .. .. .. ..        .. .. .. ..
        :F:B:F:         :F:B:F:
         .. .. ..        .. .. ..
           :F:             :F:
            ..              ..
```

Einige Verbindungen des Siliciums.

Abgesehen von der Untersuchung der Silikate geht die Chemie des Siliciums hauptsächlich auf die Arbeiten von zwei Schulen zurück. Zunächst hatten die Arbeiten von KIPPING über die sogenannte organische Chemie des Siliciums[2] die Darstellung einer außerordentlich großen Zahl von Siliciumverbindungen zur Folge, die zum größten Teil Aryl- oder Alkylgruppen enthalten und meist viele charakteristische Merkmale der gewöhnlichen organischen Verbindungen besitzen. Als Erläuterung zu diesem Untersuchungsgebiet seien Verbindungen wie Hexamethyl-silicoäthan, $Si_2(CH_3)_6$, Tetraphenylsilan, $Si(C_6H_5)_4$, und Silicoessigsäure, $CH_3 \cdot SiOOH$, erwähnt. Die andere wichtige Forschungsgruppe geht auf STOCK und Mitarbeiter zurück, die eine Reihe von Siliciumhydriden isolieren konnten und weiterhin viele interessante halogenierte Produkte und andere Derivate dargestellt haben.

Die Arbeiten von STOCK über die Hydride des Siliciums sind an anderer Stelle besprochen worden (vgl. Kapitel 6). Aus diesen Hydriden kann man teilweise halogenierte Produkte erhalten. Wenn man beispielsweise Monosilan, SiH_4, acht Stunden lang mit der gleichen Menge Chlorwasserstoff in Gegenwart von Aluminiumchlorid auf 120° erhitzt, so entstehen als Hauptprodukte der Reaktion SiH_3Cl und H_2. Bei Verwendung einer größeren Menge von Chlorwasserstoff bildet sich die Zwischenverbindung SiH_2Cl_2. Diese beiden Stoffe können leicht durch

---

[2] KIPPING: Vgl. Text Book of Inorganic Chemistry, herausgeg. von J. NEWTON FRIEND, Bd. XI, Teil 1.

fraktionierte Destillation nach der von STOCK bei den Hydriden des Siliciums entwickelten Technik getrennt werden. Bei dieser Reaktion entsteht Silicochloroform, $SiHCl_3$, nur in geringer Ausbeute. Diese Verbindung läßt sich jedoch leicht darstellen, wenn man Chlorwasserstoff über gepulvertes, auf 350° erhitztes Silicium leitet und das entstehende Gemisch von $SiCl_4$ und $SiHCl_3$ fraktioniert destilliert. Die Einführung eines Halogenatoms in Derivate der Silane durch Erhitzen mit HCl und $AlCl_3$ ist eine allgemeingültige Reaktion. Bei Verwendung von höheren Silanen entstehen Gemische von Substitutionsprodukten (z. B. Si_2H_5Cl und $Si_2H_4Cl_2$), die sich nur sehr schwer trennen lassen. Das Verfahren läßt sich auch auf substituierte Silane, wie $SiH_3(CH_3)$, anwenden; hierbei tritt das Cl-Atom bevorzugt in die SiH_3-Gruppe ein. Aluminiumchlorid katalysiert auch die Chlorierung von Silicopropan durch Chloroform, wobei die Hauptreaktionen nach folgenden Gleichungen verlaufen:

$$Si_3H_8 + 4\,CHCl_3 = Si_3H_4Cl_4 + 4\,CH_2Cl_2$$
$$Si_3H_8 + 5\,CHCl_3 = Si_3H_3Cl_5 + 5\,CH_2Cl_2.$$

Bei der Reaktion von Zinkmethyl mit SiH_3Cl oder SiH_2Cl_2 unter geringen Drucken entstehen die Verbindungen $SiH_3(CH_3)$ und $SiH_2(CH_3)_2$, welche bei —20,1° bzw. —56,8° sieden und Eigenschaften besitzen, die eine Mittelstellung zwischen denen der Silane und Paraffine einnehmen. Entsprechende Verbindungen, die höhere Alkylgruppen enthalten, sind besonders von KIPPING und seiner Schule aus $SiHCl_3$ und $SiCl_4$ dargestellt worden. Der Unterschied im Verhalten der SiH_3- und CH_3-Reste in diesen Verbindungen zeigt sich bei der Hydrolyse mit wäßrigen Alkalilösungen, bei der nur die SiH_3-Gruppen angegriffen werden, z. B.

$$SiH_3(CH_3) + 2\,H_2O = (SiO(OH)CH_3)_x + 3\,H_2.$$

Die Verbindung SiH_3Cl reagiert mit Wasser und bildet dabei die dem Dimethyläther entsprechende Siliciumverbindung, welche ein beständiges Gas mit dem Siedepunkt —15,2° ist.

$$2\,SiH_3Cl + H_2O = (SiH_3)_2O + 2\,HCl.$$

Wenn man bei der Behandlung des Halogenids einen Überschuß von Wasser verwendet, so erfolgt schließlich vollständige Hydrolyse zu Kieselsäure. In entsprechender Weise bildet sich $(Si_2H_5)_2O$ aus Si_2H_5Cl und Wasser; ebenso sind auch andere derartige Verbindungen bekannt. Wenn man $(SiH_3)_2O$ mit wenig Wasser behandelt, so verläuft die merkwürdige Reaktion

$$(SiH_3)_2O = SiH_4 + SiH_2O.$$

Die Verbindung SiH_2O polymerisiert und wird beim Hydrolysieren einer Benzollösung von SiH_2Cl_2 als ein benzollösliches Polymerisat mit sechs SiH_2O-Molekülen erhalten.

Mit Ammoniak reagieren die halogenierten Silane sofort und bilden bei Verwendung von überschüssigem SiH_3Cl das Produkt $N(SiH_3)_3$, welches das Siliciumanaloge des Trimethylamins ist. Diese Verbindung, die sich an der Luft von selbst entzündet, ist die einzige bisher bekannte flüchtige Silicium-Stickstoffverbindung. Die Verbindung $SiH_2(NH)$, die aus SiH_2Cl_2 und Ammoniak durch die Reaktion

$$SiH_2Cl_2 + 3\,NH_3 = SiH_2(NH) + 2\,NH_4Cl$$

entsteht, polymerisiert sehr schnell (vgl. Hexamethylentetramin), während sich bei der Reaktion von Ammoniak mit $SiHCl_3$ und $SiCl_4$ die festen polymeren Verbindungen $\{[SiH(NH)]_2NH\}_x$ und $\{Si(NH_2)_2NH\}_x$ bilden.

Diese Stickstoffverbindungen des Siliciums unterscheiden sich von den entsprechenden Kohlenstoffverbindungen grundlegend durch ihre Reaktion mit den Halogenwasserstoffen. So reagiert beispielsweise trockner Chlorwasserstoff bei gewöhnlicher Temperatur quantitativ mit $(SiH_3)_3N$ und bildet SiH_3Cl zurück.

$$(SiH_3)_3N + 4\,HCl = 3\,SiH_3Cl + NH_4Cl.$$

Es besteht keine Neigung zur Bildung quaternärer Salze. Ebenso kann Chlorwasserstoff aus den polymeren Verbindungen $[SiH_2(NH)]_x$ und $\{[SiH(NH)_2]_2NH\}_x$ SiH_2Cl_2 und $SiHCl_3$ zurückbilden.

Die Halogenide des Siliciums entsprechen vollkommen den analogen Kohlenstoffverbindungen; es wurden Verbindungen dargestellt, die zwei verschiedene Halogene enthalten (z. B. $SiFCl_3$, $SiClBr_3$, $SiBrJ_3$, $SiJCl_3$). Vom präparativen Standpunkt aus bietet die Darstellung dieser Verbindungen keine besonderen Schwierigkeiten. Hexafluordisilan, Si_2F_6, ist beispielsweise ein Gas, das man durch gelindes Erwärmen von Hexachlorodisilan mit wasserfreiem Zinkfluorid und fraktioniertes Destillieren der dabei gebildeten Produkte darstellt. Wenn man diese Verbindung mit Chlor mischt und eine kurze Zeit stark erhitzt, so erfolgt eine leichte Explosion, wobei ein Gemisch aus SiF_3Cl und SiF_2Cl_2 entsteht, das sich leicht in seine Komponenten trennen läßt[3]. Kürzlich sind zwei interessante neue Halogenverbindungen des Siliciums gefunden worden: $Si_{10}Cl_{22}$ erhält man durch Erhitzen von dampfförmigem Siliciumtetrachlorid mit Argon auf 1000—1100°. Das Chlorid ist wegen seiner Molekülgröße bemerkenswert. Sein Molekulargewicht wurde in Benzollösung bestimmt[4]. Die zweite Verbindung, $(SiCl_2)_x$, erhielten SCHWARZ und PIETSCH als feste Produkte bei der Glimmentladung in einem Gemisch von Siliciumtetrachlorid und Wasserstoff[5]. Es ist interessant, daß die Beständigkeit des zweiwertigen Zustandes in der IV. Gruppe von Kohlenstoff zu Blei zunimmt.

Siloxen und verwandte Verbindungen.

Es gibt drei gut bekannte Verbindungen des Siliciums, die Wasserstoff und Sauerstoff enthalten, nämlich

Siliciumameisensäure, $H_2Si_2O_3$,
Siliciumoxalsäure, $H_2Si_2O_4$, und
Siliciummesoxalsäure, $H_4Si_3O_6$.

Das Anhydrid der ersten Verbindung, der Siliciumameisensäure, erhält man durch Einwirkung von eiskaltem Wasser auf Siliciumchloroform.

$$\begin{matrix} SiHCl_3 \\ \\ SiHCl_3 \end{matrix} + 6\,H_2O \rightarrow \begin{matrix} HSi(OH)_3 \\ \\ HSi(OH)_3 \end{matrix} \rightarrow \begin{matrix} H\cdot Si{=}O \\ \quad\rangle O \\ H\cdot Si{=}O \end{matrix} + 3\,H_2O$$

[3] SCHENK u. SANTLE: J. Amer. chem. Soc. 1932, **54**, 583, 3943.
[4] SCHWARZ u. MECKBACH: Z. anorg. allg. Chem. 1937, **232**, 241.
[5] SCHWARZ u. PIETSCH: Z. anorg. allg. Chem. 1937, **232**, 249. — SCHWARZ u. GREGOR: Z. anorg. allg. Chem. 1939, **241**, 1.

Siliciumameisensäure selbst ist im freien Zustand unbeständig. Aus Siliciumchloroform und Äthylalkohol erhält man jedoch ihre beständigen Äthylester.

Die Silicooxalsäure, das Siliciumanaloge der Oxalsäure, entsteht bei der Hydrolyse von Hexachlorodisilan.

$$\begin{array}{l} SiCl_3 \\ | \\ SiCl_3 \end{array} + 4H_2O = \begin{array}{l} SiOOH \\ | \\ SiOOH \end{array} + 6HCl$$

Die Säure bildet ein weißes, in Wasser unlösliches Pulver; von Alkalien wird sie unter Wasserstoffentwicklung gelöst. Beim Erhitzen erfolgt Zersetzung und leichte Explosion. Von der Säure sind keine Salze oder Ester bekannt, so daß man auf ihre Säurenatur lediglich aus der üblichen Art ihrer Formulierung schließen kann. Zweifellos besteht zwischen dieser unlöslichen festen Verbindung und der Oxalsäure ein grundlegender Unterschied, der in der hohen Polymerisation der Siliciumverbindung zum Ausdruck kommt. Silicooxalsäure ist ein Reduktionsmittel. Dasselbe gilt für Silicomesoxalsäure, die durch Einwirkung von feuchter Luft auf Si_3Cl_8 entsteht; diese Verbindung ist ebenfalls ein weißes, in Wasser unlösliches Pulver, das sich bei Einwirkung von Alkali unter Wasserstoffentwicklung zersetzt.

Man nimmt an, daß die Strukturen der Silicooxalsäure und der Silicomesoxalsäure aus parallelen Atomschichten bestehen, die sich aus den unten gezeigten Bauelementen aufbauen; diese sind miteinander durch gemeinsame Wasserstoffatome verbunden und bilden so ein Schichtgitter.

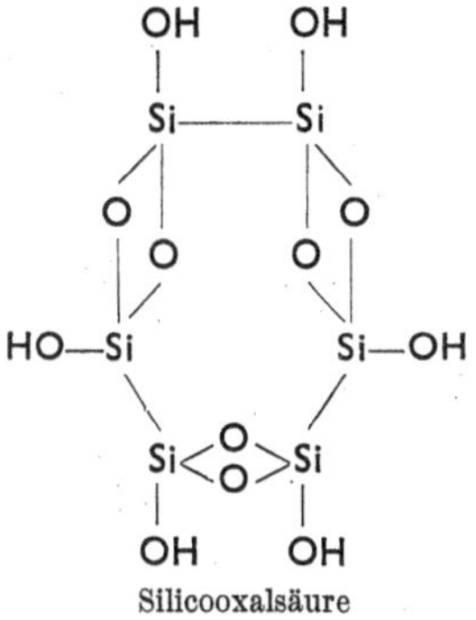

```
        OH    OH
        |     |
        Si————Si
       /|     |\
      O |     | O
      | O     O |
      |/       \|
  HO—Si         Si—OH
      \         /
       Si<O>Si
         O
        |     |
        OH    OH

            OH        OH
            |         |
            Si<O O>Si
           /          \
   HO>Si                Si<OH
   HO                      OH
           \          /
            Si<O O>Si
            |         |
            OH        OH
```

Silicooxalsäure

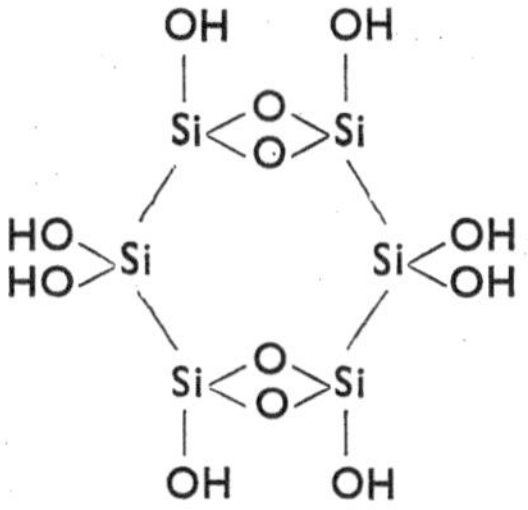

Silicomesoxalsäure

Eng verwandt mit der Struktur dieser Verbindungen ist das Siloxen und seine Derivate, die von KAUTSKY und Mitarbeitern gründlich untersucht wurden. Wenn man Calciumsilicid, $CaSi_2$, mit einem Gemisch von Salzsäure und Alkohol behandelt, so wird Wasserstoff entwickelt, und es bleibt ein weißer, fester Rückstand übrig, der die Bruttoformel Si_2H_2O besitzt und von KAUTSKY als Siloxen bezeichnet wurde. Er entzündet sich von selbst an der Luft und ist ein starkes Reduktionsmittel. Siloxen reagiert bei Zimmertemperatur langsam mit Wasser, schnell dagegen beim Erhitzen.

KAUTSKY schreibt dem Siloxen die auf S. 286 angegebene Ringformel (I) zu[6].

[6] KAUTSKY u. HERZBERG: Ber. dtsch. chem. Ges. 1924, 57, 1665.

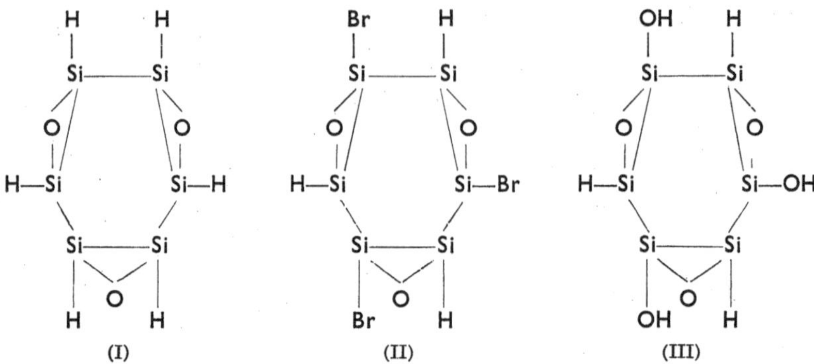

Calciumsilicid ist ein kristalliner Stoff, der ein Schichtgitter besitzt, bei dem die Calciumatome in Schichten angeordnet sind, zwischen denen sich Lagen von gebundenen Siliciumatomen befinden. Bei der Einwirkung der Säure werden die Metallatome aus dem Verband gelöst, und es hinterbleibt ein Rückstand, der noch Siliciumschichten enthält, bei dem aber Wasserstoff- und Sauerstoffatome sich auf den Flächen der Schichten befinden. Die Struktur (I) muß man sich also in unendlicher Wiederholung senkrecht zur Papierebene ausgedehnt vorstellen, wobei noch weiterhin Siliciumatome der einzelnen Strukturen miteinander verbunden sind. Diese Vorstellung der Struktur ist im einzelnen noch nicht von KAUTSKY entwickelt worden, auch machte er keine Angaben über die Lage der Sauerstoff- und Wasserstoffatome in dem Riesenmolekül. Siloxen ist mit dem Calciumsilicid, aus dem es gebildet ist, pseudomorph. Es bildet schuppenförmige Kristalle, die ein hohes Adsorptionsvermögen besitzen; diese Eigenschaft bleibt auch in den weiter unten beschriebenen Derivaten erhalten.

Siloxen reagiert mit Halogenen, wobei die Wasserstoffatome der Struktur (I) teilweise oder vollständig durch Halogenatome ersetzt werden und der entsprechende Halogenwasserstoff entsteht. Das Tribromderivat besitzt beispielsweise die Struktur (II). Die halogenierten Verbindungen sind sämtlich gefärbt. Ihre Farbe ändert sich mit steigender Zahl der Halogenatome im Molekül von hellgrün bis gelb. Wie festgestellt wurde, bildet Jod die Verbindung $Si_6O_3H_5J$; diese ist deshalb wichtig, weil sich aus ihrer Analyse ergibt, daß in dem „Molekül" mindestens 6 Siliciumatome enthalten sind. Die Halogenderivate werden durch Wasser in die stark gefärbten Oxyverbindungen umgewandelt; ein Beispiel dafür ist die Verbindung (III). Die Farbe dieser Verbindungen vertieft sich mit zunehmender Zahl von Hydroxylgruppen von gelb nach schwarz. Das Hexabromderivat, $Si_6O_3Br_6$, erhält man, wenn man Siloxen in einem zugeschmolzenen Rohr mit einer Lösung von Brom in Essigsäure erhitzt; bei der Hydrolyse dieser Verbindung entsteht ein schwarzer, explosiver Stoff von der Zusammensetzung $Si_6O_3(OH)_6$. Diese halogenierten Siloxene und ihre Hydrolysenprodukte sind sämtlich feste Stoffe. Die Bedingungen für eine geregelte Halogenierung sind von KAUTSKY und HIRSCH[7] besprochen. Beim Behandeln

[7] KAUTSKY u. HIRSCH: Z. anorg. allg. Chem. 1928, 170, 1.

der Hydroxylderivate mit Säuren wird eine Säuregruppe (z. B. Cl, Br, CH_3COO) in den Siloxenkern eingeführt. Durch Einwirkung von Ammoniak oder von Aminen auf die halogenierten Siloxene entstehen ebenfalls eine Reihe von Amino- und Alkylaminoderivaten[8]. Bei vollständiger Chlorierung des Siloxens erhält man die Verbindung $(SiCl_3)_2O$, welche das einfachste zur Zeit bekannte Siliciumoxychlorid ist; bei der vollständigen Bromierung entsteht das entsprechende Bromderivat, $(SiBr_3)_2O$. Es ist bemerkenswert, daß bei der Bildung dieses Oxychlorids die Bindungen zwischen den benachbarten Siliciumatomen gespalten werden, bevor eine Spaltung zwischen Silicium und Sauerstoff erfolgt.

Die leichte Oxydierbarkeit von Siloxen wurde bereits erwähnt und auch von KAUTZKY und Mitarbeitern untersucht, wobei sich ergab, daß bei der Oxydation mit Luft oder Kaliumpermanganatlösung eine helle Chemiluminescenz auftritt. Wenn ein Fluorescenzfarbstoff, wie Rhodamin, an Siloxen oder an einem zum Teil oxydierten Produkt des Siloxens adsorbiert wird und man anschließend mit einer Lösung von Kaliumpermanganat behandelt, so entsteht auch eine Luminescenz. Hierbei ist aber das Luminescenzspektrum identisch mit dem Fluorescenzspektrum des angewandten Farbstoffes. Die Energie des Oxydationsvorganges wird auf den adsorbierten Farbstoff übertragen und dadurch dessen charakteristische Fluorescenz angeregt.

Die Schwefel-Stickstoffverbindungen.

Stickstoff bildet mit Schwefel, Selen und Tellur eine Reihe von Verbindungen, die man nach der modernen Theorie der Valenz nur schlecht formulieren kann und die in neuerer Zeit die Aufmerksamkeit auf sich gelenkt haben. Die erste dieser Verbindungen, N_4S_4, die schon seit dem Jahre 1896 bekannt ist, wurde neuerdings von ARNOLD, HUGILL und HUTSON[9] untersucht. Man gewinnt die Verbindung, wenn man ein Ammoniak-Luftgemisch in eine 20prozentige Lösung von Schwefelchlorür in wasserfreiem Benzol leitet. Das Produkt wird filtriert, mit Benzol extrahiert und umkristallisiert, wobei man die Verbindung in Form orangeroter Kristalle erhält, die in der Nähe des Schmelzpunktes leicht sublimieren und beim Erhitzen oder durch Schlag explodieren.

Die Verbindung ist eigentlich ein Nitrid des Schwefels, da bei der Hydrolyse Ammoniak und nicht Schwefelwasserstoff entsteht. Mit Natriumhydroxyd erfolgt quantitative Umsetzung gemäß der Gleichung

$$N_4S_4 + 6\,NaOH + 3\,H_2O = Na_2S_2O_3 + 2\,Na_2SO_3 + 4\,NH_3.$$

Bei der Reduktion entsteht kein Hydrazin, woraus sich ergibt, daß die Stickstoffatome in dem Molekül wahrscheinlich nicht miteinander verbunden sind. Durch Einwirkung von Chlor erhält man die Verbindung $(NSCl)_3$[10]; die dabei stattfindende Reaktion kann man folgendermaßen formulieren:

---

[8] Vgl. KAUTZKY: Ber. dtsch. chem. Ges. 1931, **64**, 1610.
[9] ARNOLD, HUGILL u. HUTSON: J. chem. Soc. 1936, 1645.
[10] MEUWSEN: Ber. dtsch. chem. Ges. 1931, **64**, 2301, 2311.

$$3\,NSCl \longrightarrow (NSCl)_3$$

Es sind zahlreiche Additionsverbindungen, wie $S_4N_4 \cdot SNCl_4$ und $S_4N_4 \cdot MoCl_4$, bekannt[11], die man durch eine Koordination des doppelt gebundenen Schwefelatoms in dem Formelbild (c) erklären kann:

(a) (b) (c)

Diese drei Formeln wurden von ARNOLD, HUGILL und HUTSON[12] vorgeschlagen, und man nimmt an, daß zwischen ihnen ein Resonanzvorgang stattfindet.

Bei der Reduktion mit alkoholischer Stannochloridlösung liefert N_4S_4 die Verbindung $(NSH)_4$, für die man die Strukturen (d) und (e) annimmt.

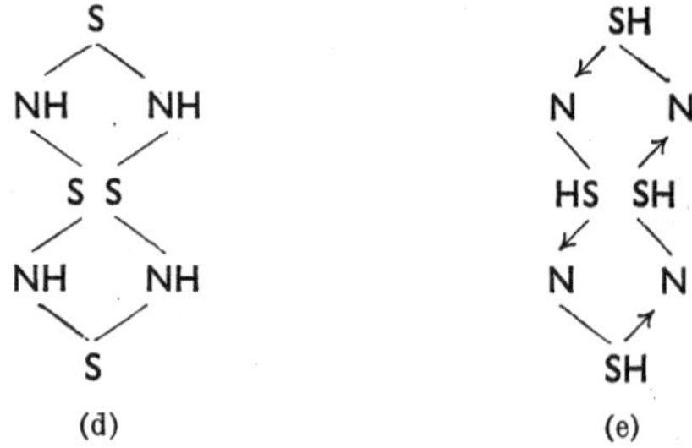

(d) (e)

Wenn man N_4S_4 mit kochendem Acetylchlorid behandelt, so entsteht ein weiterer interessanter Stoff, das Thio-trithiazylchlorid, N_3S_4Cl, das sich wie ein Salz mit dem positiv geladenen Rest $(N_3S_4)^+$ verhält und durch doppelte Umsetzung andere Salze bilden kann. Eine weitere Verbindung kann man aus der bei der Bildung von Schwefelstickstoff entstehenden Mutterlauge erhalten, nämlich „Hexasulfamid“, eine Verbindung, deren Formel und Molekulargewicht ungefähr der Zusammensetzung $S_{18}N_3H_5$ entspricht und die einige Reaktionen eines primären

[11] DAVIS: J. chem. Soc. 1905, 87, 1836.
[12] ARNOLD, HUGILL u. HUTSON: J. chem. Soc. 1936, 1645.

Amins zeigt. Die Konstitution dieses interessanten Stoffes ist noch nicht bekannt.

Die Schwefelstickstoffverbindung mit der Zusammensetzung NS_2 wurde von USHER[13] untersucht; sie entsteht beim Sublimieren von N_4S_4 mit Schwefel bei 125° und bildet eine rote flüchtige Flüssigkeit. Man bezeichnet die Verbindung zwar als Stickstoffpersulfid, doch ist ihre Struktur bisher unbekannt. Noch ungewisser ist die Natur des Sulfides N_2S_5, das beim Erhitzen von N_4S_4 mit Schwefelkohlenstoff auf 100° als blutrotes Öl entsteht und sich beim Aufbewahren von selbst zersetzt. Die Verbindung ist möglicherweise das Analoge des Stickstoffpentoxyds und verdient noch weitere Untersuchung.

Stickstoffselenid, $(N_4Se_4)_x$, erhält man durch Einwirkung von trocknem Ammoniak auf in Benzol gelöstes Methyl- oder Äthylselenit[14]. Es ähnelt dem N_4S_4 und ist höchst explosiv. Die Tellurverbindung Te_3N_4 ist ein gelbes Pulver, das durch längere Einwirkung von flüssigem Ammoniak auf Tellurbromid entsteht[15]. Es explodiert bei der Berührung mit Wasser und entspricht offensichtlich nicht vollständig den Schwefel- und Selenverbindungen.

Phosphornitrilchloride.

Die Phosphornitrilchloride bilden eine Gruppe von Verbindungen, die bei der Reaktion von Phosphorpentachlorid und Ammoniumchlorid bei 125° entstehen; sie werden durch die allgemeine Formel $(PNCl_2)_n$ dargestellt. Entsprechend den verschiedenen Werten von n kennt man eine ganze Reihe von beständigen Polymeren des $(PNCl_2)_3$, das bei 114° schmilzt und dessen Siedepunkt unter 13 mm bei 127° liegt, bis $(PNCl_2)_7$. Beim Erhitzen auf 350° werden diese Polymeren in farbolse, durchsichtige, elastische, ebenfalls polymerisierte Formen umgewandelt, die in neutralen Lösungsmitteln unlöslich sind und zweifellos ein sehr hohes Molekulargewicht besitzen. Die Trennung einiger niederer Polymeren ist von SCHENCK und RÖMER[16] beschrieben worden. Die niederen Polymeren [z. B. $(PNCl_2)_3$ und $(PNCl_2)_4$] lassen sich durch Destillation bei vermindertem Druck trennen und können durch Erhitzen auf 180—350° weiter polymerisiert werden.

Chemisch verhalten sich die niederen Polymeren wie Säurechloride. Mit Wasser tauschen sie ihre Chloratome gegen Hydroxyle aus und ergeben eine Reihe von Verbindungen, die als *Metaphosphimsäuren* bezeichnet werden. Diese Hydrolyse läßt sich bequem in ätherischer Lösung durchführen, und im Falle des einfachsten Gliedes dieser Reihe, $P_3N_3Cl_6$, treten bei dieser stufenweisen Hydrolyse die Verbindungen $P_3N_3Cl_4(OH)_2$, $P_3N_3(OH)_6$ und Ammoniumphosphat auf. Aus dem zweiten dieser Stoffe erhält man das Salz $(NHPOONa)_3 \cdot 4H_2O$.

Bei der Behandlung mit Ammoniak entstehen ganz analoge Produkte. So ergibt $P_3N_3Cl_6$ die Verbindungen $P_3N_3Cl_4(NH_2)_2$ und $P_3N_3(NH_2)_6$;

13 USHER: J. chem. Soc. 1925, 730.
14 STRECKER u. SCHWARZKOPF: Z. anorg. allg. Chem. 1934, **221**, 193.
15 STRECKER u. MAHR: Z. anorg. allg. Chem. 1934, **221**, 199.
16 SCHENCK u. RÖMER: Ber. dtsch. chem. Ges. 1924, **57**, 1343.

die letztgenannte Verbindung liefert beim Erhitzen Phospham, PN_2H, das seinerseits im Vakuum bei 100° das Pentanitrid P_3N_5 und Ammoniak bildet. Wenn man P_3N_5 auf 700° erhitzt, so entsteht schließlich das Nitrid PN.

Anilin und ganz allgemein primäre, sekundäre und tertiäre Amine liefern charakteristische Derivate. So bildet Anilin einen Stoff mit der Zusammensetzung $[PN(NHC_6H_5)_2]_3$. Die einfacheren Glieder dieser Reihe von Nitrilchloriden besitzen wahrscheinlich die unten angegebenen Ringstrukturen.

```
      PCl2                      PCl2
     //  \                     //  \
    N     N                   N     N
    |     ||                 /       \\
  Cl2P   PCl2             Cl2P        PCl2
     \\  /                   \\       /
       N                      N     N
                               \  //
                               PCl2
```

Die gummiartigen Polymeren, die beim Erhitzen der niedriger molekularen entstehen, sind durch Röntgenuntersuchungen erforscht worden[17]. Im gedehnten Zustand ergeben sie ein Röntgendiagramm, das dem des gedehnten Kautschuks entspricht, und es ist sehr wahrscheinlich, daß das Molekül in dieser Form lange Ketten, wie

```
—P=N—P=N—P=
 ‖    ‖    ‖
 Cl2  Cl2  Cl2
```

bildet, die parallel zur Dehnungsrichtung liegen. Im ungedehnten Zustande erhält man ein Beugungsbild, wie man es bei echten amorphen Stoffen findet.

Die Darstellung des Fluors.

Fluor war viele Jahre lang trotz des umfangreichen Gebietes, das sich bei der Untersuchung seiner Reaktionen dem Chemiker darbot, eine chemische Kuriosität. Tatsächlich ist die Chemie des Fluors überhaupt erst in den letzten 10 Jahren ausführlicher untersucht worden. Die Wiederbelebung der Fluorchemie führte dazu, daß viele neue Entwicklungspunkte zu verzeichnen sind. Die präparativen Arbeiten über die Oxyde des Fluors und über die Verbindungen der Halogene untereinander sind an anderer Stelle besprochen worden (vgl. S. 274 und 297); hier sollen nur kurz die Darstellung des Fluors selbst sowie einige seiner wichtigsten Derivate erwähnt werden.

Die Darstellung des Fluors nach dem ursprünglichen Verfahren von MOISSAN geschah unter Benutzung einer Platin- oder Kupferzelle mit Platinelektroden und einem Elektrolyten, der aus Fluorwasserstoff (∢ 12 Mole) und Kaliumfluorid (1 Mol) bestand und auf —30° gekühlt war. Das Prinzip, wasserfreier Flußsäure durch Zusatz eines Metallfluorids eine Leitfähigkeit zu erteilen, wird noch angewandt, doch werden

[17] MEYER, LOTMAR u. PANKOW: Helv. chim. Acta 1936, **19**, 930.

keine Platinelektroden mehr benutzt. Nach RUFF[18] gehen bei der Elektrolyse nach dem alten Verfahren pro Gramm gewonnenes Fluor 5—6 Gramm Platin verloren; der Verlust ist auf den Angriff der Elektroden unter Bildung von K_2PtF_6 zurückzuführen. Zur Zeit werden die Elektrolysen im geschmolzenen KHF_2 (Schmp. 227°) mit Graphitelektroden in einer aus Kupfer-, Graphit-, Silber-, Magnesium- oder Monelmetall bestehenden Apparatur durchgeführt. Außerdem kann man das saure Salz $KF \cdot 3HF$, das bei 65° schmilzt, in einer Kupferapparatur mit Nickelanoden elektrolysieren.

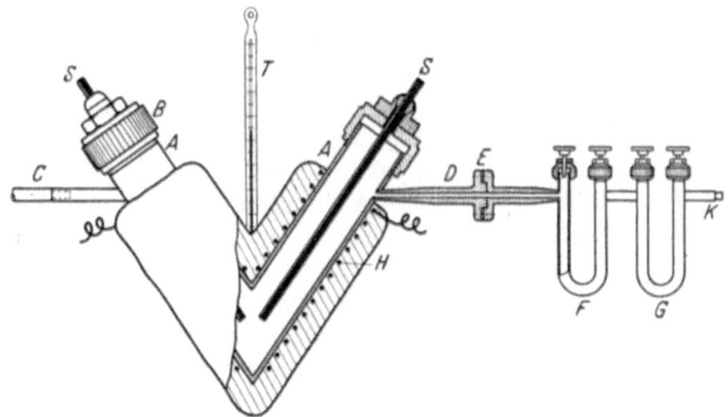

Abb. 46. Zelle zur elektrolytischen Darstellung von Fluor.

Im Laufe der Zeit sind verschiedene Zellen zur laboratoriumsmäßigen Darstellung von Fluor konstruiert worden. Die hervorragendsten Merkmale einiger dieser Zellen sind von CARTER und WARDLAW[19] zusammengestellt, und es genügt, an dieser Stelle ein typisches Beispiel zu beschreiben, das auf DENNIS, VEEDER und ROCHOW[20] zurückgeht. Eine Zeichnung dieser Zelle ist unten eingefügt. Die Apparatur bestand aus einem schweren Kupferrohr *A* von 30 mm innerem Durchmesser und 4 mm Wandstärke, das in der Vereinigungsstelle geschweißt war. Das V-förmige Metallrohr war mit einer isolierenden Asbestzementschicht bedeckt; über dieser befanden sich die Windungen des Widerstandsdrahtes *H* der elektrischen Heizung, welche durch eine Isolierschicht abgedeckt waren. Die Temperatur der Zelle wurde durch das Thermometer *T* kontrolliert. Die Elektroden bestanden aus reinen Graphitstäbchen (*R*) von 30 cm Länge und 5 mm Durchmesser, die von dem Kupfer durch Stopfen aus Bakelitzement isoliert waren. Als Elektrolyt wurde geschmolzenes KHF_2 benutzt, das vor dem Gebrauch 48 Stunden bei 130° getrocknet wurde; es hatte sich nämlich gezeigt, daß die Gegenwart von Wasser eine Polarisation der Zelle, eine Verunreinigung des Fluors durch Sauerstoff und eine erhöhte Korrosion zur Folge hatte. Für eine Füllung wurde gewöhnlich 1 Kilogramm Elektrolyt verwendet. In dem Maße, wie der Elektrolyt bei der Elektrolyse Flußsäure verliert,

[18] RUFF: Ber. dtsch. chem. Ges. 1936, A, **69**, 181.
[19] CARTER u. WARDLAW: Annu. Rep. chem. Soc. 1936, **33**, 145.
[20] DENNIS, VEEDER u. ROCHOW: J. Amer. chem. Soc. 1931, **53**, 3263.

steigt der Schmelzpunkt an. Sobald er 280° überschritt, wurde der Elektrolyt gewechselt. Normalerweise arbeitete die Zelle mit einem Strom von 5 Ampère bei 12 Volt; die Apparatur war so gebaut, daß der Prozeß ohne weiteres unterbrochen werden konnte. Die Kupferrohre *C* und *D* wurden zum Ableiten des Wasserstoffs und Fluors benutzt. Das Rohr *D* an der Anodenseite war durch ein Kupferflansch mit den U-Rohren *F* und *G* verbunden, die gekörntes Natriumfluorid enthielten und dazu dienten, das Fluor vom Fluorwasserstoff zu befreien. Die Stromausbeute der Zelle betrug ungefähr 75 Prozent.

Die Fluoride des Kohlenstoffs.

Kohlenstofftetrafluorid ist im unreinen Zustand zwar schon im Jahre 1890 von MOISSAN hergestellt worden; die Reindarstellung dieser und verwandter Verbindungen wurde jedoch erst in den letzten 10 Jahren erreicht. 1926 isolierten LEBEAU und DAMIENS[21] das reine Tetrafluorid aus dem bei der Elektrolyse einer geschmolzenen Mischung von Berylliumfluorid und KHF_2 an der Anode entstehenden Gase. Vier Jahre später stellten RUFF und KEIM[22] die Verbindung durch die stark exotherme Reaktion von Fluor mit Kohlenstoff dar. Das Fluorid ist ein Gas, das bei —130° siedet und verhältnismäßig reaktionsträge und auch bei erhöhten Temperaturen sehr beständig ist. Bei der Darstellung des CF_4 entstehen auch die Verbindungen C_2F_6, C_3F_8 und wahrscheinlich noch andere Fluoride bis zu der Form C_6F_{14}. Kohlenstofftetrafluorid reagiert bei 500° mit Natrium, ist jedoch gegen viele Metalle ebenso wie gegen Phosphor, Arsen, Schwefel, Selen usw. indifferent. Ein Gemisch von Kohlenstofftetrafluorid und Wasserstoff und auch das Tetrafluorid allein bleibt bei längerer Behandlung im Funkenfeld unverändert. Ebenso wird es von konzentrierter Schwefelsäure oder von Ätzkali nicht angegriffen; es ist in Schwefelkohlenstoff, Tetrachlorkohlenstoff, Chloroform und Benzol unlöslich.

Hexafluoräthan und Tetrafluoräthylen wurden durch einen Kohlelichtbogen im Dampf von Kohlenstofftetrafluorid und anschließendes fraktioniertes Destillieren der dabei entstehenden Produkte dargestellt. C_2F_4 (Sdp. —76,3°), das vollständig fluorierte Äthylen, ähnelte dem C_2F_6 (—78,1°) so weitgehend, daß eine Trennung durch Destillation unmöglich war. Das C_2F_4/C_2F_6-Gemisch wurde deshalb mit Bromwasser behandelt, wobei C_2F_4 das weniger leicht flüchtige $C_2F_4Br_2$ (Sdp. 47,6°) ergab, von dem C_2F_6 sehr leicht in reinem Zustand abgetrennt werden konnte. Das dampfförmige $C_2F_4Br_2$ konnte durch Behandlung mit Zinkstaub und Essigsäure wieder in C_2F_4 zurückverwandelt werden[23]. Das Hexafluoräthan ähnelt in seinen chemischen Eigenschaften dem Tetrafluormethan, während Tetrafluoräthylen sowohl in seiner Beständigkeit als auch in der Bildung von Additionsverbindungen dem Äthylen ähnelt. Es wird von Wasser, Natriumhydroxyd oder konzentrierter Schwefelsäure nicht angegriffen, jedoch durch Natrium bei

---

[21] LEBEAU u. DAMIENS: C. R. hebd. Séances Acad. Sci. 1926, **182**, 1340.
[22] RUFF u. KEIM: Z. anorg. allg. Chem. 1930, **192**, 249.
[23] RUFF u. BRETSCHNEIDER: Z. anorg. allg. Chem. 1933, **210**, 173.

Rotglut zersetzt. Die Verbindung entfärbt Bromwasser und wird von rauchender Schwefelsäure absorbiert.

Kohlenstoffmonofluorid bildet sich als grauer Rückstand, wenn man Norit, die Modifikation des Kohlenstoffs mit der am schlechtesten entwickelten Kristallorientierung, in einem Fluorstrom bei einem Druck von 25 mm auf 280° erhitzt[24]. Das Produkt zeigt stets — unabhängig von der Art der Darstellung — die Zusammensetzung (CF), so daß kein Zweifel bestehen kann, daß es eine definierte Verbindung ist. Das Monofluorid kristallisiert in einem Ionengitter (s. S. 421); es ist in den üblichen Lösungsmitteln unlöslich und wird weder von Säuren noch von Basen angegriffen. Beim Erhitzen im Vakuum zersetzt es sich in eine Mischung von Kohlenstofffluoriden; in dieser Hinsicht verhält sich Kohlenstoff und Fluor ganz analog wie Kohlenstoff und Sauerstoff; eine weitere Analogie besteht in den Kristallstrukturen der beiden Verbindungen. Durch oxydierende Schmelzen oder durch Erhitzen mit Natrium wird Kohlenstoffmonofluorid ebenfalls zersetzt.

Unvollständig fluorierte Kohlenstoffverbindungen. Die Darstellung von Fluorverbindungen des Kohlenstoffs ist nicht auf die oben beschriebenen, vollständig fluorierten Produkte beschränkt. Carbonylfluorid, COF_2, erhält man beispielsweise, indem man Kohlenmonoxyd über erwärmtes Silberdifluorid, (AgF_2), leitet, welches bei der Einwirkung von Fluor auf Silberhalogenide bei 150—200° entsteht[25]. Die Verbindung ist ein Gas, dessen Siedepunkt bei —83° liegt; durch Wasser wird es sofort hydrolysiert. Es greift Glas und viele Metalle an, Quarz bei Zimmertemperatur jedoch nur sehr langsam. Ebenso sind viele Kohlenstoffverbindungen bekannt, die neben Fluor ein zweites Halogen enthalten. Die fluorierten Kohlenwasserstoffe sind als Gefriermittel von technischer Bedeutung. Zu diesem Zweck stellt man gewöhnlich die Verbindungen in der Weise her, daß man halogenierte Kohlenwasserstoffe mit Flußsäure oder mit einem Fluorid behandelt; um willkürlich ein Beispiel aus der ständig wachsenden Patentliteratur zu nehmen, entstehen beispielsweise aus Hexachloräthan bei der Behandlung mit Flußsäure in Gegenwart von Antimonpentachlorid die Verbindungen $C_2Cl_2F_4$ und $C_2Cl_3F_3$. Das Fluor bewirkt eine Erniedrigung des Siedepunktes der Verbindung und macht sie daher zur Verwendung in Kühlanlagen geeignet. Diese fluorierten Kohlenwasserstoffe sind chemisch ziemlich indifferent und ähneln den chlorierten und bromierten Derivaten.

Die Fluoride des Schwefels.

Schwefelhexafluorid, SF_6. Zur Zeit sind fünf Fluoride des Schwefels mit den Formeln SF_6, SF_4, SF_2, S_2F_2 und S_2F_{10} bekannt. Das erste davon, das Schwefelhexafluorid, wurde zuerst von Moissan und Lebeau durch Einwirkung von Fluor auf Schwefel in einem Kupferrohr dargestellt[26]. Es ist ein farbloses Gas, das sich zu einem festen Stoff verdichten läßt, der bei —56° schmilzt und bei —62° den Dampfdruck von einer Atmosphäre

[24] Ruff u. Bretschneider: Z. anorg. allg. Chem. 1934, **217**, 1.
[25] Ruff u. Miltschitzky: Z. anorg. allg. Chem. 1934, **221**, 154.
[26] Moissan u. Lebeau: C. R. hebd. Séances Acad. Sci. 1900, **130**, 865.

besitzt. Das Hexafluorid ist wegen seiner chemischen Reaktionsträgheit bemerkenswert. So kann man es allein oder mit Wasserstoff gemischt erhitzen, ohne daß eine Zersetzung erfolgt. Es reagiert nicht mit Alkalilösungen, greift kein Glas an und ist selbst beim Erhitzen gegen viele Metalle indifferent, jedoch wird es durch heißes Natrium zersetzt. Mit Schwefelwasserstoff erfolgt die merkwürdige Reaktion

$$SF_6 + 3H_2S = 6HF + 4S.$$

Schwefelpentafluorid, S_2F_{10}, konnte ebenfalls in neuerer Zeit isoliert werden, und zwar aus den Produkten der direkten Fluorierung des Schwefels[27]. Große Mengen des unreinen Hexafluorids wurden durch Fluorierung von Schwefel dargestellt und fraktioniert. Aus der weniger flüchtigen Fraktion des rohen Hexafluorids konnte das Fluorid S_2F_{10} gewonnen werden. Der Siedepunkt dieses Fluorids liegt bei 29°. Seine Dampfdichte wurde bestimmt und entspricht der Formel S_2F_{10}. Die chemischen Eigenschaften ähneln bis zu einem gewissen Grade denen des Hexafluorids, jedoch ist es bedeutend reaktionsfähiger. Es wird von Wasser und konzentrierten Alkalilösungen nicht angegriffen, aber von geschmolzenem Alkali zersetzt. Siedendes Quecksilber, heißes Natrium, Kupfer, Eisen oder Platin wurden angegriffen, ebenso wird das Fluorid bei der Funkenentladung in Anwesenheit von Wasserstoff langsam zersetzt.

Die übrigen Fluoride. Die Ergebnisse über die Beobachtungen an den übrigen Fluoriden des Schwefels sind ziemlich widersprechend. Ein Gas, das man für S_2F_2 hielt, entstand beim Erhitzen von trocknem Silberfluorid und Schwefel im Vakuum[28]. Ebenso wurde beschrieben, daß sich ein Tetrafluorid, SF_4, bildet, wenn Kobaltfluorid, Calciumfluorid und Schwefel zusammen erhitzt werden[29]. Nach RUFF ergibt jedoch die thermische Reaktion zwischen Metallfluoriden und Schwefel stets ein Gemisch der Fluoride SF_6, SF_4, S_2F_2 und SF_2. Aus diesem Gemisch kann man S_2F_2 und SF_2 auf Grund ihrer Reaktionsfähigkeit durch Schütteln mit Quecksilber entfernen. SF_6 kann durch fraktionierte Destillation abgetrennt werden, wobei praktisch reines SF_4 zurückbleibt[30]. RUFF ist der Ansicht, daß die beiden Fluoride S_2F_2 und SF_2 wegen ihrer großen Reaktionsfähigkeit bisher noch nicht im reinen Zustand dargestellt werden konnten. Sie greifen sehr leicht Glas und Quarz an, so daß zu ihrer Darstellung und Untersuchung eine vollständig aus Platin konstruierte Apparatur erforderlich wäre.

Die Fluoride des Stickstoffs.

Stickstofftrifluorid wurde zuerst 1928 von RUFF, FISCHER und LUFT[31] durch Elektrolyse von wasserfreiem Ammoniumfluorid, NH_4HF_2, in der abgebildeten Apparatur dargestellt. Das Fluorid wurde bei 125° in der elektrisch geheizten Kupferzelle *G* geschmolzen. Die Kupfer-

[27] DENBIGH u. WHYTLAW GRAY: J. chem. Soc. 1934, 1346.
[28] CENTNERSZWER u. STRENK: Ber. dtsch. chem. Ges. 1925, 58, 914.
[29] FISCHER: Z. angew. allg. Chem. 1929, **42**, 810.
[30] RUFF: Ber. dtsch. chem. Ges. 1936, A, **69**, 191.
[31] RUFF, FISCHER u. LUFT: Z. anorg. allg. Chem. 1928, **172**, 417.

glocke *K* diente als Kathode und der Graphitstab *A* als Anode. Die Elektrolyse wurde bei einem Strom von 10 Ampère bei 7—9 Volt durchgeführt. Die entwickelten Gase bestanden aus H_2, NF_3, N_2O, N_2 und wurden durch die Kupfergefäße *B* und *C* geleitet, welche zur Entfernung von HF und Wasser mit Kaliumfluorid und zur Entfernung von NH_2 und NHF_2 mit Pyrolusit (MnO_2) gefüllt waren (s. u.). Von dieser Stelle an bestand die Apparatur aus Glas. Das U-Rohr *D* wurde in einem massiven Kupferblock gekühlt, dessen unteres Ende in flüssige Luft eintauchte. Dies ist ein bequemes Mittel, eine einigermaßen beständige Temperatur bis hinab zu —180° zu erhalten. In diesem Falle wurde der Block auf eine

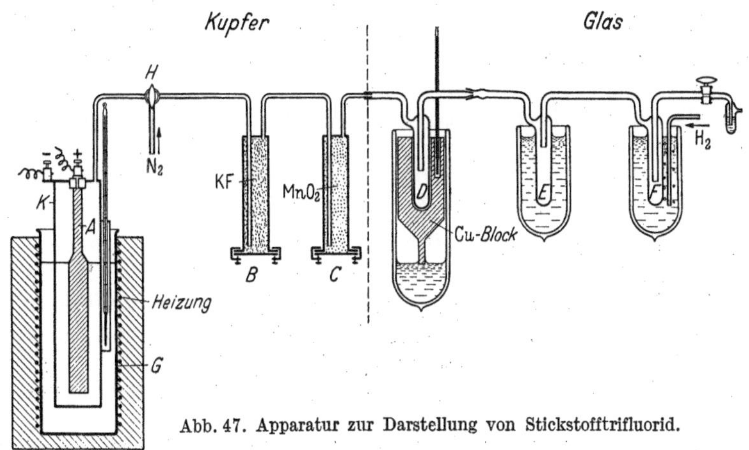

Abb. 47. Apparatur zur Darstellung von Stickstofftrifluorid.

Temperatur von —75° gebracht, um verhältnismäßig leicht kondensierbare Verunreinigungen — hauptsächlich HF — zu entfernen. Das gläserne Kondensationsrohr *E* wurde in flüssiger Luft gekühlt; die zweite Falle *F* wurde auf eine tiefere Temperatur gebracht, indem durch die zur Kühlung verwendete flüssige Luft ein Wasserstoffstrom geleitet und so eine stärkere Verdampfung hervorgerufen wurde. Während der Elektrolyse wurde durch die Apparatur ein Stickstoffstrom geschickt. Das Stickstofftrifluorid kondensiert sich in *E* und *F* neben Stickoxydul und Siliciumtetrafluorid; von diesen konnte es durch einen Fraktioniervorgang getrennt werden, der im wesentlichen dem zur Trennung der Borhydride benutzten Verfahren entsprach.

Stickstofftrifluorid ist ein farbloses, bei —119° siedendes Gas; im Vergleich zu Stickstofftrichlorid ist es äußerst beständig, was mit der positiven Bildungswärme der Verbindung übereinstimmt. Das Fluorid reagiert nicht mit trocknem Glas und wird von Wasser und verdünnten Alkalilösungen nicht zersetzt. Hingegen reagiert ein Gemisch des Gases mit Wasserdampf im Funkenfeld folgendermaßen:

$$2NF_3 + 3H_2O = 6HF + N_2O_3.$$

Bei einer Funkenentladung in einem Stickstofftrifluorid-Wasserstoffgemisch verläuft eine heftige, explosionsartige Reaktion, bei der freier Stickstoff und Fluorwasserstoff gebildet werden:

$$2NF_3 + 3H_2 = N_2 + 6HF.$$

Die Verbindungen NF_2, NHF_2 *und* NH_2F bilden sich auch in kleinen Mengen bei der Elektrolyse von Ammoniumfluorid; sie konnten jedoch nicht im reinen Zustand erhalten werden. Diese drei Stoffe sind bedeutend reaktionsfähiger als Stickstofftrifluorid. Sie neigen dazu, von selbst zu explodieren; deshalb leitet man bei der Darstellung des Trifluorids gewöhnlich das unreine Produkt über Mangandioxyd, welches, wie sich gezeigt hat, die Fähigkeit besitzt, die Verbindungen zu zerstören.

Stickstoffoxyfluoride. Drei gasförmige Verbindungen des Stickstoffs, Sauerstoffs und Fluors sind bekannt, nämlich NOF, NO_2F und NO_3F. Die beiden ersten werden durch direkte Vereinigung von Fluor mit Stickoxyd bzw. Stickstoffdioxyd erhalten. Nitrosylfluorid entsteht auch bei der Umsetzung von Nitrosylchlorid mit Silberfluorid. Beides sind außerordentlich reaktionsfähige Verbindungen, was für NO_2F in stärkerem Maße als für das Nitrosylderivat gilt.

Die Verbindung NO_3F entsteht durch Einwirkung von Fluor auf 100prozentige Salpetersäure, wobei bei 20° fast quantitativ folgende Reaktion verläuft[32]:

$$NO_3H + F_2 = NO_3F + HF.$$

Die Apparatur besteht zum Teil aus Quarz und zum Teil aus gewöhnlichem Glas. Fluorwasserstoff wird von wasserfreiem Natriumfluorid absorbiert, die anderen Produkte werden durch flüssige Luft kondensiert und fraktioniert. Es bilden sich kleine Mengen von Siliciumtetrafluorid, Fluorwasserstoff- und Kieselfluorwasserstoffsäure. Das Molekulargewicht wurde aus der Gasdichte bestimmt und entspricht der Formel NO_3F.

Das Trioxyfluorid ist ein Gas, das sich bei —45,9° verflüssigen läßt und durch mechanische Erschütterungen sowohl im festen als auch im flüssigen Zustand zur Explosion gebracht wird. Es ist in trocknen Glas- oder Quarzgefäßen beständig, wird aber durch Wasser unter Bildung eines Gemisches von Sauerstoff, Fluormonoxyd, Salpetersäure und Fluorwasserstoff zersetzt. Die Reaktion mit 2prozentiger Natriumhydroxydlösung entspricht der Gleichung:

$$2\,NO_3F + 2\,NaOH = 2\,NaNO_3 + F_2O + H_2O.$$

Mit 20prozentiger Natriumhydroxydlösung zersetzt sich das Fluormonoxyd unter Sauerstoffentwicklung. Man kann demnach das Molekül NO_3F als Derivat des Fluormonoxyds ansehen, bei dem ein Fluoratom durch NO_2 ersetzt ist, so daß sich für seine Formel folgende Schreibweise ergibt:

$$\begin{matrix} O \\ & \rangle N—O—F. \\ O \end{matrix}$$

Bei der Berührung mit Alkohol, Äther oder Anilin erfolgt sofortige Explosion; jedoch haben andererseits Glycerin, Essigsäure oder Aceton keine Wirkung; in Aceton ist NO_3F gut löslich.

Die Stickstoff, Kohlenstoff und Fluor enthaltenden Verbindungen sind von Ruff und Mitarbeitern untersucht worden. Dabei entstehen oft recht verwickelte Reaktionsprodukte; das ganze Gebiet steht überhaupt in näherer Beziehung zur organischen als zur anorganischen

[32] Cady: J. Amer. chem. Soc. 1934, **56**, 2635.

Chemie. Ein gutes Beispiel hierfür liefern die Arbeiten von RUFF und GIESE über die Reaktion zwischen Fluor und einem Gemisch von Silbercyanid und Calciumfluorid bei vermindertem Druck[33]. Aus diesen einfachen Ausgangsstoffen erhielten sie eine Mischung von N_2, CF_4, CF_3NO (Sdp. —80°), CF_3NF_2, SiF_4, COF_2, CO_2, N_2O, C_2F_6, $C_2N_2F_6$ und $C_2N_2F_8$. Das Auftreten von sauerstoffhaltigen Verbindungen wurde der Anwesenheit von Sauerstoff und Silbernitrat in dem benutzten Silbercyanid zugeschrieben.

Verbindungen der Halogene untereinander.

Bei flüchtiger Betrachtung erscheint es so, daß die Verbindungen, welche die Halogene miteinander eingehen, auf die einfache Form AB beschränkt sind (z. B. ClF, ClBr, ClJ). Derartige Verbindungen sind zwar tatsächlich bekannt, aber außerdem gibt es noch Halogenverbindungen von drei anderen Typen, nämlich

$$AB_3 \quad AB_5 \quad AB_7.$$

Gegenwärtig ist keine Verbindung bekannt, die mehr als zwei Halogene enthält, wie es beispielsweise dem Typus AB_2C entsprechen würde; es ist jedoch kein Grund einzusehen, warum die Darstellung derartiger Verbindungen nicht möglich sein sollte; formal würden sie vollkommen den Molekülen $SeSO_3$ und $TeSO_3$ entsprechen (vgl. S. 270).

Tabelle 1. Siede- und Schmelzpunkte der binären Interhalogenverbindungen.

	F °C	Cl °C	Br °C	J °C
F	—188 (—219)			
Cl	—100 (—156)	—33,7 (—102,3)		
Br	20 (—33)	5 (—66)	58,8 (—7,2)	
J		97,4 (α, 27,2) (β, 13,9)	116 (36)	184 (114)

Typus AB. Die Siede- und Schmelzpunkte der zu diesem Typus gehörenden Halogenverbindungen sind in Tabelle 1 aufgeführt[34], wobei die eingeklammerten Werte die Schmelzpunkte bedeuten. Die erste von diesen Verbindungen, das *Chlormonofluorid,* erhält man bei der Reaktion von schwach feuchtem Chlor mit Fluor oder beim gemeinsamen Erhitzen von trocknem Chlor und Fluor auf 250°. Die Vereinigung dieser beiden Elemente ist ein exothermer Vorgang, und beim starken Erhitzen erfolgt eine Dissoziation der Verbindung. Chlormonofluorid zeigt die meisten Reaktionen des Fluors, ist aber noch reaktionsfähiger als dieses, was wahrscheinlich darauf zurückzuführen ist, daß die Verbindung leicht dissoziiert und dabei zunächst atomares Fluor entsteht. Das *Monofluorid des Broms* ist unbeständiger und zeigt das Bestreben, sich unter Bromentwicklung von selbst in das Trifluorid, BrF_3, umzulagern. Es wurde von RUFF und BRAIDA[35] durch Sättigen

[33] RUFF u. GIESE: Ber. dtsch. chem. Ges. 1936, **69**, 598.
[34] Diese Daten stammen aus Annual Reports of the Chemical Society, 1933, S. 129.
[35] RUFF u. BRAIDA: Z. anorg. allg. Chem. 1933, **214**, 81.

von Brom mit Fluor bei einer Temperatur von + 10° und anschließendes Fraktionieren des erhaltenen Produktes als hellrotes Gas dargestellt. *Jodmonofluorid* konnte noch nicht erhalten werden, und in Anbetracht der Unbeständigkeit des Monofluorids vom Brom im Vergleich zu der entsprechenden Chlorverbindung ist es unwahrscheinlich, daß es für eine Isolierung genügend beständig ist.

Die drei übrigen Verbindungen von diesem Typus, $BrCl$, JCl und JBr, brauchen nicht ausführlicher besprochen zu werden. Der schlüssigste Beweis dafür, daß in der Gasphase bei einer Mischung der beiden Elemente das Molekül $BrCl$, das *Chlormonobromid*, vorhanden ist, besteht darin, daß das Absorptionsspektrum des Dampfes Banden aufweist, die weder für Chlor noch für Brom charakteristisch sind und die befriedigend durch die Annahme erklärt werden können, daß in dem Gasgemisch ein Gleichgewicht zwischen dem Molekül $BrCl$ einerseits und den beiden freien Halogenen andererseits besteht. *Jodmonochlorid*, JCl, wurde im Jahre 1814 von DAVY und GAY-LUSSAC entdeckt; es entsteht durch direkte Vereinigung der Elemente und kommt im Gaszustand vor, während es im festen Zustand zwei allotrope Formen gibt. *Jodmonobromid* bildet sich ebenfalls aus den Elementen und ähnelt im festen Zustande dem Jod. In der Dampfform ist es bei 25° zu ungefähr 8% dissoziiert. In Tetrachlorkohlenstoff gelöst zeigt es bei dieser Temperatur eine Dissoziation von etwa 9%.

Typus AB_3. Von diesem Typus sind die drei Verbindungen ClF_3, BrF_3 und JCl_3 bekannt. Die erste davon, *Chlortrifluorid*, entsteht, wenn man Chlor oder Chlormonofluorid mit einem Überschuß von Fluor behandelt[36]. Als Reaktionsgefäß benutzt man einen hohlen Kupferblock, der im Ölbad auf 250° erwärmt wird. Bei der Untersuchung dieses Stoffes kommen durchweg Apparaturen aus Kupfer zur Verwendung. Chlortrifluorid ist ein farbloses Gas, das bei + 13° siedet und sich zu einer hellgrünen Flüssigkeit verdichten läßt. Der Schmelzpunkt liegt bei — 83°. Die Verbindung ist außerordentlich reaktionsfähig; die meisten Metalle und Nichtmetalle reagieren mit ihr explosionsartig oder verbrennen in ihrem Dampf. Bei der Reaktion mit Wasser entsteht eine rote Flüssigkeit, die bei — 70° kristallisiert; die Zusammensetzung dieser Verbindung entspricht der Formel $ClFO$.

Bromtrifluorid entsteht aus den Elementen bei 50° und ist sowohl im festen als auch im flüssigen und gasförmigen Zustand farblos. Sein Schmelzpunkt liegt bei 8,8°, sein Siedepunkt bei 127°. Das Trifluorid des Jods ist nicht bekannt, während *Jodtrichlorid* 1814 von GAY-LUSSAC direkt aus den Elementen erhalten wurde. Es bildet zitronengelbe, bei 101° schmelzende Nadeln und ist im Dampfzustand fast vollständig in Jodmonochlorid und Chlor gespalten.

Typus AB_5. *Brompentafluorid*. Von dieser Gruppe kennt man zur Zeit zwei Verbindungen. Die erste, BrF_5 (Sdp. 40,5; Schmp. — 61°), wurde dargestellt, indem man unter Verwendung von Stickstoff als Trägergas Bromdampf einerseits und Fluor andererseits in ein auf 200° erhitztes Kupfergefäß einströmen und miteinander reagieren ließ[37]. Die reine

[36] RUFF u. KRUG: Z. anorg. allg. Chem. 1930, **190**, 270.
[7] RUFF u. MENZEL: Z. anorg. allg. Chem. 1931, **202**, 49.

Verbindung erhielt man durch anschließende fraktionierte Destillation des so gewonnenen Rohproduktes. Sie ist wie die anderen fluorhaltigen Halogenverbindungen außerordentlich reaktionsfähig; viele Metalle und Nichtmetalle entzünden sich, wenn sie in das flüssige Fluorid gebracht werden.

Jodpentafluorid, JF_5, (Schmp. —8°, Sdp. 97°) wurde erstmalig von GORE durch Erhitzen von Jod und Silberfluorid dargestellt[38]. Später konnte es von MOISSAN direkt aus den Elementen gewonnen werden.

Typus AB_7. Die einzige bekannte Verbindung dieses Typs ist das *Jodheptafluorid*, JF_7, das von RUFF und KEIM[39] durch Erhitzen von Jodpentafluorid und Fluor in einer besonders konstruierten Apparatur dargestellt wurde; die Apparatur war so gebaut, daß sich ein Rückfluß des Pentafluorids ergab. Das rohe Heptafluorid wurde dann von Siliciumtetrafluorid und Jodpentafluorid getrennt. Es konnte auf Grund seiner Dampfdichte durch direktes Wägen des Dampfes in einem trocknen Glasgefäß identifiziert werden. Die Verbindung ist ein weißer fester Stoff, der bei 5—6° zu einer farblosen Flüssigkeit schmilzt. Bei 4,5° erreicht sein Dampfdruck den Wert von einer Atmosphäre. Sowohl mit Metallen als auch mit Nichtmetallen finden sehr heftige Reaktionen statt.

Die basischen Eigenschaften des Jods.

Die basischen Eigenschaften des Jods wurden bereits im Kapitel 8 erwähnt. Es wurde darauf hingewiesen, daß das Oxyd J_2O_4 wahrscheinlich ein basisches Jodat des Jods ist, das man als $O{=}J{-}J{\lesssim}^{O}_{O}{}_{O}$ formulieren kann[40]. Versuche, die früheren Arbeiten über die Einwirkung von Schwefelsäure auf Jod und Jodsäure zu wiederholen, führten zu dem Ergebnis, daß bei dieser Reaktion aller Wahrscheinlichkeit nach zwei Sulfate mit den Formeln $J_2O_3 \cdot H_2SO_4$ und $J_2O_4 \cdot H_2SO_4$ gebildet werden. Diese Verbindungen sind gelbe feste Stoffe, die mit kaltem Wasser J_2O_4 ergeben und durch heißes Wasser unter Bildung von Jodsäure, Jod und Schwefelsäure zersetzt werden.

Die basischen Eigenschaften des Jods kommen auch bei der Bildung von Chlorojodsäure, $HJCl_4 \cdot 4H_2O$, die beim Durchleiten von Chlor durch eine Suspension von Jod in konzentrierter Salzsäure entsteht, zum Ausdruck. Diese Säure kristallisiert in Form von orangegelben Täfelchen und bildet Salze, wie z. B. $KJCl_4$, $RbJCl_4$, $CsJCl_4$ und $Mg(JCl_4)_2 \cdot 8H_2O$. Es gibt auch ein Acetat und ein Phosphat des Jods, $J(CH_3COO)_3$ bzw. $J(PO_4)$. Das Acetat entsteht, wenn man eine Lösung von Jod in Essigsäureanhydrid mit rauchender Salpetersäure oxydiert und im Vakuum bei 40—50° den Überschuß an Lösungsmittel und Salpetersäure abdestilliert. Das Phosphat JPO_4 stellt man nach einem ganz entsprechenden Verfahren her, indem ein Gemisch von Jod, Phosphorsäure und Essigsäureanhydrid benutzt und ebenfalls mit rauchender Salpetersäure

---

[38] GORE: Philos. Mag. J. Sci. 1871, [IV], **41**, 309.
[39] RUFF u. KEIM: Z. anorg. allg. Chem. 1930, **193**, 176.
[40] PARTINGTON u. BAHL: J. chem. Soc. 1935, 1258.

oxydiert wird. Das Phosphat ist eine kristalline Substanz, die leicht entsprechend der Gleichung

$$5\,JPO_4 + 9\,H_2O = J_2 + 3\,HJO_3 + 5\,H_3PO_4$$

hydrolysiert. Wenn man bei der obigen Darstellung die Essigsäure durch chlorierte Essigsäure ersetzt, so entstehen Jodmono-, di- und trichloracetate, $J(CH_2ClCOO)_3$, $J(CHCl_2COO)_3$ und $J(CCl_3COO)_3$. Bei der Elektrolyse einer Jodacetatlösung in Essigsäureanhydrid unter Verwendung eines versilberten Platinnetzes als Kathode scheidet sich an der Kathode Silberjodid in einer dem FARADAYschen Gesetz entsprechenden Menge ab. Danach dürfte kaum ein Zweifel bestehen, daß das Jod in derartigen Verbindungen als dreiwertiges Kation auftreten kann.

Die Beständigkeit der einwertigen Jodsalze nimmt durch Koordination mit Pyridin und anderen organischen Basen zu (vgl. S. 138). CARLSOHN[41] hat diese Tatsache zur Darstellung einiger Koordinationsderivate des einwertigen Jods benutzt. Ein Perchlorat von der Form $[J(Pyr)_2]ClO_4$ wurde durch Einwirkung von Jod auf in Chloroform gelöstes $[Ag(Pyr)_2]ClO_4$ dargestellt; außerdem erhielt man eine Reihe ähnlicher Verbindungen, vor allem

$[J(Pyr)_2]X$, wobei X = Nitrat oder Perchlorat ist;
$[J(Pyr)]X$, wobei X = Nitrat, Acetat oder Benzoat ist.

Von demselben Typus kennt man auch Verbindungen, in denen Pyridin durch andere Basen — wie Picolin — ersetzt ist. Bei der Elektrolyse dieser Verbindungen wurde festgestellt, daß das Jod zur Kathode wandert. Entsprechende Salze werden auch von Brom gebildet, darunter die Verbindungen $[Br(Pyr)_2]NO_3$ und $[Br(Pyr)_2]ClO_4$.

Die Pseudohalogene.

Der Ausdruck „Pseudohalogene" wurde von BIRCKENBACH und KELLERMANN[42] auf einige einwertige negative anorganische Radikale angewandt, die in ihren physikalischen und chemischen Eigenschaften eine Ähnlichkeit mit den Halogenen aufweisen. Die wichtigsten Radikale dieser Gruppe sind die Cyanide, Rhodanide, Acidodithiokarbonate, Selenocyanate, Tellurocyanate, Cyanate und Azidreste. Die vier ersten aus dieser Gruppe konnten tatsächlich selbst in freier Form im dimeren Zustand isoliert werden; die übrigen sind sämtlich in Form ihrer Derivate bekannt[43].

Die Chemie der Pseudohalogene stammt zum größten Teil nicht aus neuerer Zeit. Dicyan beispielsweise wurde 1815 von GAY-LUSSAC durch Erhitzen von Quecksilber- oder Silbercyanid dargestellt, und während des neunzehnten Jahrhunderts blieb das Interesse an diesen und verwandten Verbindungen bestehen. Die starke Ähnlichkeit dieser Gruppen mit den Halogenen erkennt man deutlich an ihren Wasserstoffverbindungen; diese sind einbasische Säuren, die unlösliche Blei-, Silber- und Quecksilber(I)-Salze ergeben; weiterhin zeigen die dimeren Radikale

[41] CARLSOHN: Ber. dtsch. chem. Ges. 1935, 68, 2209.
[42] BIRCKENBACH u. KELLERMANN: Ber. dtsch. chem. Ges. 1925, 58, 786, 2377.
[43] Siehe WALDEN u. AUDRIETH: Chem. Reviews 1928, 5, 339; aus dieser Arbeit stammt auch vorwiegend das in diesem Abschnitt enthaltene Material.

selbst, soweit sie bisher dargestellt wurden, in ihren Reaktionen eine allgemeine Ähnlichkeit mit den Halogenen. Um die Analogie zwischen den Formeln der Halogenverbindungen und denen der entsprechenden Pseudohalogenide zu zeigen, kann man als Beispiel für derartige Verbindungen Carbonylazid, $CO(N_3)_2$[44] und Sulfurylazid, $SO_2(N_3)_2$[45], anführen. Eine andere interessante Reaktion, aus der die Beziehung zwischen den Pseudohalogenen und den Halogenen hervorgeht, erfolgt zwischen Mangandioxyd und Rhodanwasserstoffsäure; wie sich gezeigt hat, entsteht bei dieser Reaktion eine kleine Menge Rhodan. Diese Reaktion und die Reaktion zwischen Braunstein und Chlorwasserstoffsäure verlaufen nach folgenden Gleichungen:

$$4HSCN + MnO_2 = 2H_2O + Mn(SCN)_2 + (SCN)_2$$
$$4HCl + MnO_2 = 2H_2O + MnCl_2 + Cl_2.$$

Dicyan, $(CN)_2$, ist das am leichtesten zugängliche Pseudohalogen; seine allgemeinen Reaktionen sind so gut bekannt, daß sie im einzelnen hier nicht erwähnt zu werden brauchen. Dicyan ist eine bei —25° siedende Flüssigkeit. Seine Hydrolyse, die zu seinen interessantesten Reaktionen gehört, verläuft nach folgendem Schema:

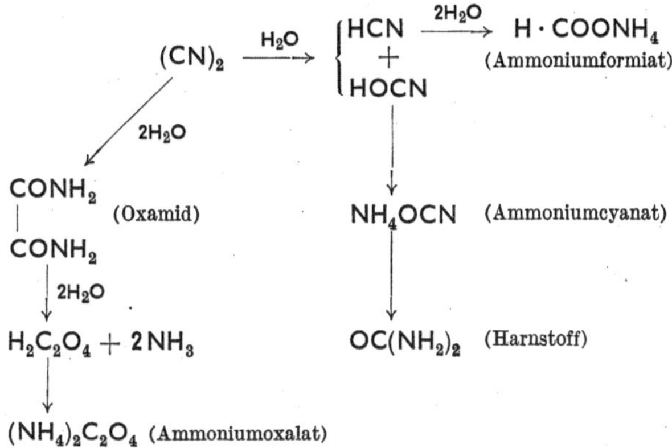

Oxycyan, $(CNO)_2$. BIRCKENBACH und KELLERMANN[46] versuchten vergeblich, durch Elektrolyse einer Lösung von Kaliumcyanat in Methylalkohol Oxycyan zu isolieren; die nach der Elektrolyse an der Anode befindliche Lösung schied aus Kaliumjodidlösung Jod aus und löste Kupfer, Zink und Eisen, ohne daß eine Gasentwicklung erfolgte. Das freie Oxycyan ging auch eine Sekundärreaktion mit dem als Lösungsmittel benutzten Methylalkohol ein. In einer früheren Arbeit beschrieb LIDOV[47] Oxycyan als ein Gas, das dem Kohlendioxyd ähnelt. Er gab an, es auf den drei folgenden Wegen erhalten zu haben: a) durch Reaktion von Bromcyan mit Silberoxyd; b) durch Reduktion von Stickstoffdioxyd mit Kohlenstoff bei 150°; c) durch Einwirkung von Wasserstoffperoxyd,

[44] CURTIUS u. HEIDENREICH: Ber. dtsch. chem. Ges. 1894, **27**, 2684.
[45] CURTIUS u. SCHMIDT: Ber. dtsch. chem. Ges. 1922, **55**, 1571.
[46] BIRCKENBACH u. KELLERMANN: Ber. dtsch. chem. Ges. 1925, **58**, 786.
[47] LIDOV: Chem. Abstr. 1912, **6**, 2368, 2369, 3093, 3094.

Cuprioxyd oder Natriumhypobromit auf Kaliumcyanat, gemäß der Gleichung:

$$4\,KOCN + 2\,O = (OCN)_2 + 2\,K_2CNO_2.$$

Diese Arbeiten sind jedoch nicht wiederholt worden, und es ist sehr unwahrscheinlich, daß Oxycyan eine derartige gasförmige Verbindung ist.

Rhodan, $(SCN)_2$. Dieser Stoff wurde zuerst von SÖDERBÄCK[48] durch Einwirkung von Jod oder besser von Brom auf eine ätherische Lösung von Silberrhodanid dargestellt.

$$2\,Ag(SCN) + Br_2 = 2\,AgBr + (SCN)_2.$$

Die entstehende Lösung von Rhodan scheidet aus Jodiden Jod ab, oxydiert Kupfer vom einwertigen zum zweiwertigen Zustand und reagiert direkt mit den Metallen unter Bildung von Rhodaniden. Festes Rhodan erhält man, wenn man den Äther abdampft und die Flüssigkeit auf —70° kühlt. Die Verbindung schmilzt bei —2 bis —3° zu einem gelben Öl und polymerisiert bei Zimmertemperatur irreversibel zu einem unlöslichen, ziegelroten, amorphen Stoff. Rhodan konnte auch durch Elektrolyse von Rhodaniden dargestellt werden, die man dabei am vorteilhaftesten in Methylalkohol löst[49]. Die bei der Elektrolyse alkoholischer Kalium- oder Ammoniumrhodanidlösungen entstehende Anodenflüssigkeit ergibt beim Abdampfen des Alkohols unreines Rhodan. In diesen Lösungen neigt das Rhodan zur Polymerisation. Durch Wasser wird es unter Bildung von Rhodan- und Cyanwasserstoffsäure zersetzt.

Unter den anderen, den Halogenreaktionen analogen Reaktionen des Rhodans, ist die Bildung eines unbeständigen Nitrosylrhodanids, $NO(SCN)$, durch Einwirkung von Äthylnitrit auf Rhodanwasserstoffsäure und die direkte Anlagerung von Rhodan an ungesättigte Kohlenwasserstoffe[50] zu erwähnen. So findet mit Äthylen folgende Reaktion statt:

$$C_2H_4 + (SCN)_2 = C_2H_4(SCN)_2.$$

Rhodan reagiert mit Ammoniak und bildet die unbeständige Verbindung $SCN \cdot NH_2$[51], während mit Aminen Derivate entstehen, welche den Chloraminen entsprechen:

$$(SCN)_2 + 2\,NHR_2 = (NCS)NR_2 + NHR_2 \cdot HSCN.$$

Selenocyan, $(Se(CN)_2)$. Diese Verbindung konnte durch Elektrolyse einer Lösung von Kaliumselenocyanat in Methylalkohol (BIRCKENBACH und KELLERMANN[52]) oder durch Zersetzen von Bleitetraselenocyanat[53] dargestellt werden. Das Elektrolysenverfahren ist jedoch zur Darstellung der reinen Verbindung ungeeignet, da sehr leicht Selen abgeschieden wird; man muß sich daher bei der Reindarstellung einem Verfahren zuwenden, das auf der Zersetzung von in Äther gelöstem Silberselenocyanat mit Jod beruht. Die Reaktion zwischen diesen beiden Stoffen führt zu einem Gleichgewichtszustand, bei dem nur 80 Prozent des Jods als

---

[48] SÖDERBÄCK: Lieb. Ann. Chem. 1919, **419**, 217.
[49] KERSTEIN u. HOFFMANN: Ber. dtsch. chem. Ges. 1924, **57**, 491.
[50] KAUFMANN: Ber. dtsch. pharmaz. Ges. 1923, **33**, 139.
[51] LECHER, WITTWER u. SPEER: Ber. dtsch. chem. Ges. 1923, **56**, 1104.
[52] BIRCKENBACH u. KELLERMANN: Ber. dtsch. chem. Ges. 1925, **58**, 786, 2377.
[53] KAUFMANN u. KÖGLER: Ber. dtsch. chem. Ges. 1926, **59**, 178.

Silberjodid vorliegen. Man verwendet daher einen Überschuß von Silberselenocyanat und muß die Temperatur unter 10° halten, um eine Zersetzung zu vermeiden. Der Vorgang verläuft nach der Gleichung

$$2\,AgSeCN + J_2 = 2\,AgJ + (SeCN)_2.$$

Selenocyan ist ein gelbes, kristallines Pulver, das im getrockneten Zustand beständig ist und sich in Benzol, Chloroform und Tetrachlorkohlenstoff löst. Die Bestimmung des Molekulargewichtes in Benzollösung ergibt, daß der Verbindung die dimere Formel $(SeCN)_2$ zukommt. Selenocyan hydrolisiert sehr leicht, wobei man für die Hydrolyse folgenden Verlauf annimmt:

$$2(SeCN)_2 + 3H_2O = H_2SeO_3 + 3HSeCN + HCN.$$

Beim Erhitzen einer Lösung von Selenocyan in Schwefelkohlenstoff unter Rückfluß findet Polymerisation statt, und beim Abkühlen scheidet sich die kristalline Verbindung $Se_3(CN)_2$ ab.

Tellurocyan, $(TeCN)_2$, wurde bisher noch nicht dargestellt, obgleich WALDEN und AUDRIETH[54] annehmen, daß man es sowohl bei der Elektrolyse seines Kaliumsalzes in Methylalkohol als auch bei der Reaktion zwischen Kaliumtellurocyanat und Bleitetraacetat in Aceton erhalten kann.

Der folgende Vergleich der Halogensalze des vierwertigen Bleis mit einigen der entsprechenden Pseudohalogenverbindungen zeigt die starke Ähnlichkeit zwischen diesen beiden Gruppen.

PbF_4	Fest; verliert bei hohen Temperaturen Fluor.
$Pb(OCN)_4$	Sirupartige Flüssigkeit; bei Zimmertemperatur kurze Zeit beständig.
$PbCl_4$	Öl. Schmp. —15°. Sehr leicht zersetzlich.
$PbBr_4$	Bei Zimmertemperatur sofortige Zersetzung in $PbBr_2$ und Br_2.
$Pb(SCN)_4$	„ „ „ „ „ $Pb(SCN)_2$ und $(SCN)_2$.
PbJ_4	„ „ „ „ „ PbJ_2 und J_2.
$PB(SeCN)_4$	„ „ „ „ „ $Pb(SeCN)_2$ und $(SeCN)_2$.

Azidodithiokohlenstoffdisulfid, $(SCSN_3)_2$, ist ein sehr unbeständiger, weißer kristalliner Stoff, der zuerst im einzelnen von BROWNE, HOEL, SMITH und SWEZEY[55] untersucht wurde. Sein Kaliumsalz, $KSCSN_3$, entsteht bei der Reaktion einer Lösung von Kaliumazid und Schwefelkohlenstoff bei 40°. Das freie Pseudohalogen erhält man durch Behandeln dieser Kaliumsalzlösung mit Oxydationsmitteln wie Ferrichlorid oder Wasserstoffperoxyd.

Azidodithiokohlenstoffdisulfid ist in Wasser bei 25° bis zu 3 Teilen auf 10000 löslich. Es ist sehr unbeständig und neigt beim Stoß zu heftigen Explosionen. Bei Zimmertemperatur zersetzt es sich von selbst, wobei wahrscheinlich folgende Reaktion verläuft:

$$(SCSN_3)_2 = 2\,N_2 + 2\,S + (SCN)_2.$$

Bei der Reaktion mit verdünnten wäßrigen Alkalien bei —10° nimmt man folgenden Verlauf an:

$$(SCSN_3)_2 + 2\,KOH = KSCSN_3 + KOSCSN_3 + H_2O.$$

---

[54] WALDEN u. AUDRIETH: Chem. Reviews 1928, **5**, 339.
[55] BROWNE, HOEL, SMITH u. SWEZEY: J. Amer. chem. Soc. 1923, **45**, 2541.

Diese Gleichung entspricht der Bildung von Chlorid und Hypochlorit aus Chlor und kalten Alkalilaugen. Die gebildete Sauerstoffverbindung neigt zur Zersetzung, bei der eine neue, dem Chlorat entsprechende Verbindung entsteht:

$$3\,KOSCSN_3 = 2\,KSCSN_3 + KO_3SCSN_3.$$

Die Azide. Die dimere Form der Azidgruppe ist bisher noch nicht im freien Zustand dargestellt worden; ihre Isolierung ist auch außerordentlich unwahrscheinlich. Die Wasserstoffverbindung N_3H erhält man in Form ihres Natriumsalzes durch Einwirkung von Stickoxydul auf Natriumamid bei 190°; das freie Azoimid, das auch als Stickstoffwasserstoffsäure bezeichnet wird, gewinnt man durch Destillieren des so gewonnenen Natriumsalzes mit verdünnter Schwefelsäure (1 : 1) und anschließendes Entwässern des Destillats mit Calciumchlorid. Das Verhalten der Stickstoffwasserstoffsäure und seiner Derivate wird sofort verständlich, wenn man seine hohe negative Bildungswärme (—62000 cal pro Mol) berücksichtigt. Durch Erhitzen oder durch Schlag wird die freie Säure leicht zu heftiger Explosion gebracht. Die Azide der Alkali- und Erdalkalimetalle sind nicht explosiv; beim Erhitzen auf 100 bis 350° verlieren sie Stickstoff. Demgegenüber sind die Azide der Schwermetalle höchst explosiv; Bleiazid wird als Detonator oder Initialzünder benutzt. Die Struktur der Azidgruppe ist an anderer Stelle besprochen (vgl. S. 25).

Polyhalogenide und verwandte Verbindungen. Es sind verschiedene Verbindungen bekannt, in denen man neben dem Pseudohalogen gleichzeitig ein Halogen antrifft oder in denen zwei Pseudohalogengruppen in einem Molekül enthalten sind. Das Auftreten derartiger Verbindungen bietet eine wesentliche Stütze dafür, daß man die Pseudohalogene mit den Halogenen zusammen in eine Gruppe einordnet, was durch eine Reihe von Beispielen belegt werden soll.

Cäsiumdijodcyan, CsJ_2CN, kann man beispielsweise durch Reaktion von Cäsiumjodid und Jodcyan in wäßriger Lösung darstellen[56]. Ammoniumtrithiocyanat, $NH_4(SCN)_3$ hat sich ebenfalls unterhalb von —6° als beständig erwiesen und läßt sich mit einem Polyjodid wie KJ_3 vergleichen[57]. Es bestehen auch Anzeichen dafür, daß unter gewissen Bedingungen die Verbindungen $K(SCN)_3$, $K(SeCN)_3$, $K(SCN)J_2$ und $K(SCN)_2J$ auftreten können.

Zu den Verbindungen der Halogene mit den Pseudohalogenen gehören Chlorazid oder Chlorstickstoff, ClN_3, und das Brom- und Jodanaloge sowie die Halogenide des Cyans und das Mono- und Trichlorid des Rhodans. Die Formeln dieser Verbindungen entsprechen denen der einfacheren Interhalogenverbindungen, wobei allerdings, wie auch zu erwarten ist, für die höher zusammengesetzten fluorhaltigen Verbindungen (z. B. JF_5 und JF_7) kein Gegenstück bekannt ist.

---

[56] Mathewson u. Wells: Amer. chem. J. 1903, 30, 431.

[57] Kerstein u. Hoffmann: Ber. dtsch. chem. Ges. 1924, 57, 491.

Chlorazid, ClN_3[58], Bromazid, BrN_3[59], und Jodazid, JN_3[60], sind alle außerordentlich explosiv. Die Cyanhalogenide sind gut bekannte Verbindungen. Chlorcyan ist eine niedrig siedende Flüssigkeit, die bei der Einwirkung von Chlor auf Cyanwasserstoffsäure oder auf Cyanide entsteht. Das Bromid, eine feste Verbindung, erhält man in ganz analoger Weise. Das Jodid ist gleichfalls fest und bildet sich ebenfalls durch Einwirkung einer ätherischen Jodlösung auf Quecksilbercyanid.

Die Reaktion von Chlorcyan mit Alkalien verläuft nach der unten angegebenen Gleichung und entspricht der Reaktion mit den Halogenen

$$CNCl + 2KOH = KCNO + KCl + H_2O.$$

Beim Stehen polymerisieren die Halogenide zu den trimeren Formen $(CNCl)_3$, $(CNBr)_3$ und $(CNJ)_3$. Der ersten Verbindung, dem Cyanurchlorid wird die unten abgebildete Ringform zugeschrieben.

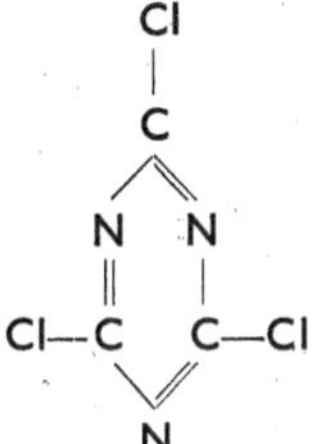

Rhodanchlorid, SCNCl, ist ein weißer kristalliner Stoff, der in Chloroform bei der Vereinigung von Rhodan und Chlor entsteht. Browne und Gardner[61] erhielten auch einen Beweis für die Bildung der Verbindungen $Cl(SCSN_3)$, $Br(SCSN_3)$ und $Br(SCSN_3)$, die bei der Einwirkung der Halogene auf Azidodithiokohlenstoff entstehen sollen.

Auch untereinander bilden die Pseudohalogene einige gut definierte Verbindungen. So reagiert beispielsweise Bromcyan mit einer gut gekühlten wäßrigen Lösung von Natriumazid und liefert dabei Cyanazid, das durch Extrahieren mit Äther als kristalliner Stoff gewonnen werden kann.

$$CNBr + NaN_3 = NaBr + CNN_3.$$

Cyanrhodanid, CN(SCN), und Cyanselenocyanat, CN(SeCN), sind ebenfalls dargestellt worden und erwiesen sich als gut definierte kristalline Stoffe. Neuerdings wurde auch Cyanazidodithiokarbonat erhalten[62]. Es bildet sich in guter Ausbeute beim Zusatz vom Bromcyan zu einer kalten wäßrigen Lösung von Natriumazidodithiokarbonat, wobei folgende Reaktion stattfindet:

$$NaSCSN_3 + CNBr = NaBr + CN \cdot SCSN_3.$$

Diese Verbindung ist ein weißer kristalliner Stoff, der sich bei Zimmertemperatur langsam zersetzt und beim Erhitzen zur Explosion neigt.

58 Raschig: Ber. dtsch. chem. Ges. 1908, **41**, 4194.
59 Spencer: J. chem. Soc. 1925, **127**, 216.
60 Hantzsch: Ber. dtsch. chem. Ges. 1900, **33**, 522.
61 Browne u. Gardner: J. Amer. chem. Soc. 1927, **49**, 2759.
62 Audrieth u. Browne: J. Amer. chem. Soc. 1930, **52**, 2799.

Zehntes Kapitel.

Die Peroxyde und Persäuren.

In diesem Kapitel sind die Peroxyde und Persäuren im Lichte der neueren Untersuchungen zusammenfassend dargestellt. Die Schwermetalle und amphoteren Elemente neigen dazu, nur schlecht definierte Perverbindungen zu bilden, so daß es bei vielen in älteren Arbeiten beschriebenen Stoffen zweifelhaft ist, ob es sich tatsächlich um einzelne definierte Verbindungen handelt. Die neueren Arbeiten von SCHWARZ, ROSENHEIM und anderen haben nun eine weitgehende Klärung der Lage gebracht; die hier wiedergegebenen Ausführungen beruhen größtenteils auf den Untersuchungen der genannten Forscher[1].

Die Peroxyde.

Die Bildung von echten Peroxyden findet man bei der I. und II. Gruppe des Periodischen Systems. Man kann bei diesen Verbindungen drei Hauptgruppen unterscheiden:

1. Wenn im Wasserstoffperoxyd beide Wasserstoffatome durch Metall ersetzt werden, so entstehen Peroxyde von der allgemeinen Form M_2O_2, wobei M ein einwertiges Metall bedeutet. Wie man an Hand der Tabelle 1 erkennen kann, bilden sämtliche Elemente der I. und II. Gruppe mit Ausnahme von Gold Peroxyde von diesem Typus.
2. Die stark elektropositiven Elemente mit großem Ionendurchmesser bilden auch Peroxyde vom Typus M_2O_4, oder richtiger MO_2, deren Konstitution unten besprochen werden soll.
3. Vom Kalium, Rubidium und Cäsium gibt es Oxyde der Form M_2O_3, die sehr wohl „gemischte" Peroxyde $M_2O_2 \cdot 2MO_2$ sein können.

Tabelle 1. Die echten Peroxyde.

Li_2O_2							
Na_2O_2					$MgO_2 \cdot xH_2O$		
K_2O_2	K_2O_3	KO_2	CaO_2	CaO_4	ZnO_2		CuO_2
Rb_2O_2	Rb_2O_3	RbO_2	SrO_2	(SrO_4)	CdO_2		Ag_2O_2
Cs_2O_2	Cs_2O_3	CsO_2	BaO_2	BaO_4	Hg_2O_2	HgO_2	
$(NH_4)_2O_2$							

Die Beständigkeit der Metallperoxyde ändert sich in derselben Reihenfolge wie die der Azide; die Leichtigkeit der Zersetzung und der explosive Charakter der Verbindungen nimmt in dem Maße zu, wie die elektropositive Natur des Metalls von Natrium zu den Schwermetallen Kupfer und Quecksilber kleiner wird. Wie bei den Aziden neigen die Schwermetalle auch hier zur Bildung schlecht definierter Mischoxyde und -peroxyde, die den basischen Salzen entsprechen.

[1] Eine umfassende Monographie ist: W. MACHU: Das Wasserstoffsuperoxyd und die Perverbindungen (Berlin u. Wien: Julius Springer 1937). Die Arbeit von SLATER-PRICE: Per-acids and their Salts (Longmans Green, 1912) ist teilweise durch neuere Erkenntnisse überholt.

Zur Darstellung der Peroxyde stehen drei allgemeine Verfahren zur Verfügung, nämlich:

1. Verbrennung von Metallen in Luft oder Sauerstoff;
2. Einwirkung von Sauerstoff auf die Lösungen der Metalle in verflüssigtem Ammoniak;
3. Einwirkung von Wasserstoffperoxyd auf Metallhydroxyde oder Metallsalze. Dieses dritte Verfahren führt zur Entstehung von Hydroperoxyden, MO_2H, die zum Wasserstoffperoxyd in derselben Beziehung stehen wie die Metallhydroxyde zum Wasser.

Die Alkaliperoxyde.

Bei der Verbrennung der freien Alkalimetalle in einem Überschuß von Sauerstoff entstehen als Endprodukte die Oxyde Li_2O, Na_2O_2, KO_2, RbO_2 und CsO_2; der Sauerstoffgehalt in den beständigsten Oxyden steigt somit mit dem Atomgewicht und — was charakteristischer ist — mit dem Ionenradius des Metalls an. Gleichzeitig damit tritt eine fortschreitende Farbvertiefung auf, von Li_2O (weiß) über KO_2 (orangerot) bis CsO_2 (dunkelbraun). Im Falle des Kaliums, Rubidiums und Cäsiums ist die Beständigkeit der Peroxyde so groß, daß die Verbindungen direkt bei der Einwirkung von Sauerstoff auf die Metallhydroxyde entstehen[2]. Kaliumhydroxyd ergibt bei 375° und 100 Atmosphären Druck eine Ausbeute von 70 Prozent KO_2; Cäsiumhydroxyd bildet unter den gleichen Bedingungen 95 Prozent CsO_2. Die Alkaliperoxyde lassen sich sogar unzersetzt schmelzen; erst etwas oberhalb ihres Schmelzpunktes findet Zersetzung statt.

Natriumperoxyd, Na_2O_2, erhält man durch Einwirkung von Sauerstoff auf Natrium bei 300—400°. Das Metall entzündet sich in mäßig trocknem Sauerstoff bei 180° und verbrennt zu Na_2O, welches dann bei höherer Temperatur zu Na_2O_2 oxydiert wird. Bei der technischen Darstellung des Natriumperoxyds werden die beiden Stufen des Oxydationsvorganges nacheinander in Drehöfen durchgeführt. Das Endprodukt enthält 97—99 Prozent Natriumperoxyd, der Rest besteht aus nichtoxydiertem Natriummonoxyd.

Bei der Einwirkung von konzentrierten Mineralsäuren auf alkoholische Lösungen von Natriumperoxyd entsteht das Hydroperoxyd NaO_2H, das mit Wasserstoffperoxyd leicht die Anlagerungsverbindung $NaO_2H + 0{,}5\,H_2O_2$ ergibt. Das Hydroperoxyd ist bedeutend unbeständiger als das Natriumperoxyd und wird bei gewöhnlicher Temperatur langsam zersetzt.

Kaliumdioxyperoxyd, K_2O_2, kann bei sorgfältig geregelter Oxydation von Kalium (z. B. durch Einwirkung eines Unterschusses von Stickoxyd, durch Oxydation von Kalium mit der berechneten Menge Luft bei 300° oder durch vorsichtige Oxydation von Kalium in flüssigem Ammoniak bei —50°) erhalten werden. Bei hohen Temperaturen erhält man als beständiges Endprodukt der Oxydation das Peroxyd KO_2.

Kaliumperoxyd, KO_2, entsteht, wenn Kalium in überschüssigem Sauerstoff verbrannt oder mit Kaliumnitrat geschmolzen wird. Es bildet

[2] Fischer u. Ploetzer: Z. anorg. allg. Chem. 1912, 75, 1.

sich auch bei der Oxydation von K_2O_2 oder K_2O_3 in Sauerstoff bei höherer Temperatur oder bei längerer Einwirkung von Sauerstoff auf eine Lösung von Kalium in flüssigem Ammoniak.

Bei der Reaktion von Kaliumperoxyd mit Wasser wird Wasserstoffperoxyd gebildet und ein äquivalentes Volumen Sauerstoff entwickelt:

$$2KO_2 + 2H_2O = 2KOH + H_2O_2 + O_2,$$

womit man die Gleichung

$$K_2O_2 + 2H_2O = 2KOH + H_2O_2$$

vergleichen kann.

Nach älteren Anschauungen wurde Kaliumperoxyd als K_2O_4 formuliert und als Salz der hypothetischen „Ozonsäure", H_2O_4, oder als eine Art Molekülverbindung von Kaliumdioxyperoxyd mit Sauerstoff, $K_2O_2 \cdot O_2$, aufgefaßt. Eine derartige Anschauung konnte die große Beständigkeit dieses beim Kalium, Rubidium und Cäsium vorkommenden Peroxydtyps nicht erklären. Die doppelte Formel nahm man auf Grund theoretischer Ableitungen und ferner deshalb an, weil so die sonst erforderliche Annahme von freien Valenzen umgangen wurde. NEUMANN[3] fand jedoch, daß die Verbindung paramagnetisch ist und daß das magnetische Moment der Gegenwart eines unpaarigen Elektrons entspricht. Danach muß die Verbindung als KO_2 oder K—O—O— mit einer freien Valenz formuliert werden, so daß Kaliumperoxyd zum Derivat des hypothetischen HO_2 wird, welches man übrigens bereits früher als Zwischenstufe bei der Oxydation von Wasserstoff vermutet hatte. Diese Anschauung konnte durch Bestimmung der Kristallstruktur von KO_2 erhärtet werden[4]; KO_2 und Calciumcarbid besitzen nämlich dieselbe Kristallstruktur, woraus unzweideutig hervorgeht, daß in dem Peroxyd O_2^--Anioneneinheiten enthalten sind; die relative Beständigkeit der Peroxyde vom Typus M_2O_2 und MO_2 wird also offensichtlich durch die Größe des Kationenradius bestimmt.

BAYER und VILLIGER erhielten ein sogenanntes Kaliumozonat, das sich vom KO_2 dadurch unterscheidet, daß es bei der Reaktion mit Wasser freien Sauerstoff, aber kein Wasserstoffperoxyd ergibt. Kaliumhydroxyd absorbiert bei -10 bis $-20°$ Ozon und bildet einen braunen Stoff, der bei der Behandlung mit Wasser allen Sauerstoff abgibt; beim Stehen wandelt er sich jedoch langsam in KO_2 um. Nach TRAUBE[5] kann man diesen Stoff als Additionsverbindung aus Kaliumhydroxyd und Sauerstoff auffassen, $(KOH)_2O_2$, jedoch muß diese Schlußfolgerung erst noch nachgeprüft werden.

Kaliumtrioxyperoxyd, K_2O_3, stellt eine bei der Oxydation von Kaliumlösung in flüssigem Ammoniak auftretende Zwischenstufe dar und ist durch seine tiefe Färbung als definierte Verbindung gekennzeichnet.

$$\underset{\text{(blau)}}{\text{K in fl. } NH_3} \longrightarrow \underset{\text{(weiß)}}{K_2O_2} \longrightarrow \underset{\text{(rot)}}{K_2O_3} \underset{\text{Erhitzen im Vakuum auf } 480°}{\rightleftarrows} \underset{\text{(orange)}}{KO_2}$$

[3] NEUMANN: J. chem. Physics 1934, **2**, 31.
[4] KASSATOCHKIN u. KOTOV: J. chem. Physics 1936, **4**, 458.
[5] TRAUBE: Ber. dtsch. chem. Ges. 1916, **49**, 1670.

Die Konstitution dieser Verbindung ist unbekannt; da man aber weiß, daß im K_2O_2 und KO_2 O_2^{2-}- bzw. O_2^--Ionen vorhanden sind, so liegt es nahe, K_2O_3 als eine diese beiden Anionenarten enthaltende Gitterverbindung $2KO_2 \cdot K_2O_2$ aufzufassen; die tiefe Färbung steht mit einer solchen Formulierung in Einklang.

Ammoniumhydroperoxyd, NH_4O_2H, erhält man, wenn man bei $-10°$ Ammoniak in eine ätherische Lösung von reinem Wasserstoffperoxyd einleitet. Bei fortgesetzter Einwirkung von Ammoniak entsteht das Peroxyd $(NH_4)_2O_2$. Beides sind farblose Verbindungen, die bei $+14°$ bzw. $-40°$ schmelzen und die sich schon in der Kälte unter Abgabe von Ammoniak zersetzen.

Die Peroxyde der Erdalkalimetalle.

Die beständigen Peroxyde dieser Gruppe sind CaO_2, SrO_2 und BaO_2. Das umkehrbare Gleichgewicht zwischen Bariumoxyd, BaO, und Bariumsuperoxyd, BaO_2 — das früher als Grundlage zur Gewinnung von Sauerstoff aus Luft nach dem Brin-Prozeß diente — zeigt die große Beständigkeit dieses Peroxyds. Der Ionenradius des Ba (1,3—1,4 Å) ist ungefähr so groß wie der des Kaliums (1,33 Å) und Rubidiums (1,48 Å); vom Standpunkt der Kristallchemie aus sollte man daher erwarten, daß die Beständigkeit des BaO_2 etwa der des KO_2 entspricht, da beide zum Gittertyp des Calciumcarbids gehören und gleich große Anionen besitzen, nämlich O—O = 1,28 Å im O_2^--Anion und 1,31 Å im O_2^{2-}-Anion. Mit kleiner werdendem Kationenradius nimmt die relative Beständigkeit der Peroxyde im Verhältnis zu den Monoxyden ab. So entsteht Strontiumperoxyd nicht mehr ohne weiteres, wenn man Strontiumoxyd in Sauerstoff erhitzt; es werden vielmehr bei 400° und 100 Atmosphären Druck nur noch 15—16 Prozent Peroxyd gebildet. Strontiumamalgam vereinigt sich indessen bei einem Druck von 60 Atmosphären mit Sauerstoff und bildet SrO_2; auch durch Einwirkung von Sauerstoff auf Lösungen von Strontium in flüssigem Ammoniak läßt sich Strontiumperoxyd darstellen. Sowohl Strontium- als auch Bariumperoxyd werden aus den Lösungen der entsprechenden Metallsalze durch Zusatz von Natriumperoxyd gefällt, wobei die Octohydrate, $SrO_2 \cdot 8H_2O$ bzw. $BaO_2 \cdot 8H_2O$, entstehen.

Mit weiterer Abnahme des Kationenradius, also beim Calcium, ist es nicht mehr möglich, das Peroxyd CaO_2 durch Oxydation von CaO zu erhalten; die Einwirkung von Sauerstoff auf Calciumlösungen in verflüssigtem Ammoniak liefert ebenfalls nur kleine Ausbeuten. $CaO_2 \cdot 8H_2O$ stellt man aus Wasserstoffperoxyd oder Natriumperoxyd und Kalkmilch oder Calciumsalzen her; technische Produkte, die etwa 60—80 Prozent CaO_2 enthalten, finden jetzt ausgedehnte Verwendung als Bleichmittel und für antiseptische Zwecke.

Vom Calcium und Barium wurden auch dem KO_2 entsprechende Peroxyde beschrieben. BaO_2 bildet mit Wasserstoffperoxyd eine Anlagerungsverbindung, $BaO_2 \cdot H_2O_2$, deren Farbe sich beim Aufbewahren vertieft — besonders wenn die Verbindung ultraviolettem Licht ausgesetzt ist — und die dann beim Behandeln mit Wasser Sauerstoff entwickelt. Die Umwandlung wird der Bildung von BaO_4 zugeschrieben, wenn man auch diese Verbindung nicht im freien Zustand isolieren konnte. CaO_4 soll bei der Oxydation des gewöhnlichen Peroxyds, CaO_2, entstehen, wenn ein großer Überschuß von Wasserstoffperoxyd angewandt wird.

Andere Metallperoxyde.

Magnesiumperoxyd. Während die Alkali- und Erdalkalimetalle die oben beschriebenen, gut definierten Peroxyde bilden, entstehen bei den weniger stark elektropositiven Metallen Magnesium, Zink und Cadmium nur gemischte Oxyde und Peroxyde. So ergeben Magnesiumsalze bei der Behandlung mit Natriumperoxyd verschiedene Mischungen von Magnesiumhydroxyd und Magnesiumperoxydhydrat. In alkalischer Lösung wird mit Wasserstoffperoxyd aus Magnesiumsulfat ein Peroxyd der Zusammensetzung $MgO \cdot MgO_2$ gefällt, das leicht einen Teil seines Sauerstoffs verliert. Derartige gemischte Produkte mit einem Gehalt von 20—30 Prozent MgO_2 werden technisch auf verschiedene Weise dargestellt, z. B. durch Einwirkung von Natriumperoxyd auf Magnesiumoxyd in Gegenwart von einer kleinen Menge Wasser oder aber aus Wasserstoffperoxyd und Magnesiumsalzen. Magnesiumperoxyd ist eine angenehme und leicht zugängliche neutrale Quelle zur Erzeugung von Wasserstoffsuperoxyd und ist deshalb besonders für medizinische Zwecke geeignet.

Peroxydverbindungen des Zinks und Cadmiums. Ähnlich schlecht definierte Verbindungen werden von Zink und Cadmium gebildet. Das am besten definierte Zinkperoxyd enthält ungefähr 86 Prozent ZnO_2 und wurde von EBLER und KRAUSE[6] durch Einwirkung von ätherischem Wasserstoffperoxyd auf Zinkäthyl oder Zinkamid erhalten:

$$2\,Zn(C_2H_5)_2 + 3\,H_2O_2 = 4\,C_2H_6 + 2\,ZnO_2 + H_2O + {}^1/_2O_2.$$

Diese Reaktion läßt sich auch zur Darstellung der Peroxyde des Magnesiums und Cadmiums verwenden. Nach der Literatur sollen verschiedene Peroxyde des Cadmiums vorkommen, z. B. Cd_3O_5, Cd_4O_7 und Cd_5O_8; es kann jedoch kein Zweifel darüber bestehen, daß es sich stets nur um Gemische aus CdO und CdO_2 mit wechselndem Gehalt an CdO_2 handelt. Besser definierte Produkte mit der Zusammensetzung $Cd(OH)_2 \cdot 1—4\,CdO_2$ erhält man durch Einwirkung von Wasserstoffperoxyd auf Cadmiumhydroxyd.

Quecksilberperoxyd, HgO_2, entsteht ohne weiteres bei der Einwirkung von 30prozentigem H_2O_2 auf metallisches Quecksilber, Quecksilberoxyd oder alkoholische Lösungen von Quecksilberchlorid. Die Verbindung ist wie das Quecksilberoxyd stark gefärbt; sie ist das unbeständigste Peroxyd, entwickelt beim Behandeln mit Wasser schon bei gewöhnlicher Temperatur heftig Sauerstoff und explodiert durch Schlag oder beim schnellen Erhitzen.

Silberperoxyd, Ag_2O_2, ist deshalb von Interesse, weil es sich außerordentlich leicht bei der Einwirkung von ozonisiertem Sauerstoff auf metallisches Silber bildet. Die Reaktion verläuft glatt bei 240° oder bei niederen Temperaturen in Gegenwart eines Katalysators wie Eisen(III)-Oxyd oder metallisches Platin. Die Oxydation von Silber zu dem Peroxyd

[6] EBLER u. KRAUSE: Z. anorg. allg. Chem. 1911, **71**, 150.

soll ebenfalls schnell in Lösungen von Ozon in flüssigem Sauerstoff verlaufen. Man kann die Verbindung auch durch starke Oxydationsmittel (Ozon, Persulfate) aus den Lösungen von Silbersalzen ausfällen. Silberperoxyd ist eine wohldefinierte, grauschwarze Verbindung, die sich oberhalb von 100° in Silber und Sauerstoff zersetzt. Es besitzt sehr stark oxydierende Eigenschaften und katalysiert außerordentlich heftig die Zersetzung von Wasserstoffperoxyd. Silberperoxyd löst sich in konzentrierter Salpetersäure und wird aus der Lösung durch Verdünnen wieder abgeschieden. Durch heiße verdünnte Schwefelsäure erfolgt Zersetzung, wobei Sauerstoff entwickelt wird. Es ist noch nicht restlos erwiesen, ob Silberperoxyd tatsächlich eine echte Peroxydverbindung ist; seine Entstehung und seine Reaktionen — besonders die Bildung aus Silbersalzen durch Oxydation mit Persulfaten — deuten darauf hin, daß es sich möglicherweise in Wirklichkeit um das Oxyd des zweiwertigen Silbers, AgO, handelt, da bei der Oxydation mit Persulfat leicht (komplexe) Silber(II)-Salze entstehen (s. Kapitel 4, S. 139).

Die Peroxyde der Metalle der IV. Gruppe.

Peroxydverbindungen des Titans, Zirkons, Hafniums und Cers. Die sehr schwach elektropositiven Metalle der Titan-, Niob- und Molybdängruppe führen zur Bildung einer Reihe von Peroxyverbindungen, die eine Übergangsstufe darstellen zwischen den eigentlichen Peroxyden und den Persäuren.

Wenn man die ammoniakalischen Lösungen der Titanyl-, Zirkonium-, Hafnium- und Cerisalze mit Wasserstoffperoxyd zersetzt, so erhält man stets Verbindungen von der allgemeinen Form $MO_3 \cdot 2H_2O$. Die Beständigkeit dieser Verbindungen nimmt mit steigendem Atomgewicht der Metalle zu. Nach SCHWARZ und GIESE[7] kann man diese Verbindungen als Derivate der Orthoform des entsprechenden Metallhydroxyds oder der Hydroxosäure auffassen.

$$(HO)_2Ti(OH)_2 + H_2O_2 \rightarrow (HO)_2Ti(OOH)(OH) + H_2O.$$

Ein Ortho-peroxyhydrat, $M(OOH)_4$, sollte ebenfalls existenzfähig sein. Diese Verbindung muß jedoch sehr leicht einer Hydrolyse zu der Monoperoxyverbindung, $M(OH)_3(OOH)$, unterliegen, da diese das einzige tatsächlich isolierbare Peroxyd ist. Das wird auch durch die Tatsache bestätigt, daß sich Titanperoxydhydrat in Gegenwart von Wasserstoffperoxyd in Kaliumhydroxyd löst und man aus dieser Lösung ein Kaliumpertitanat, $K_4TiO_8 \cdot 6H_2O$, gewinnen kann. Dieses Salz (I) leitet sich wahrscheinlich von der hypothetischen Ortho-peroxysäure ab. Zirkonperoxydhydrat bildet ein ganz entsprechendes Salz, $K_4ZrO_8 \cdot 6H_2O$, während die stärker elektropositiven Elemente Hafnium und Thorium keine derartigen Derivate liefern.

$$K_4\left[Ti(-O-O-)_4\right] \qquad\qquad (O_2)Th(-O-O-)(-O-)Th(O_2)$$

(I) (II)

[7] SCHWARZ u. GIESE: Z. anorg. allg. Chem. 1928, **176**, 209.

Thoriumperoxyd, das man ebenfalls aus Thoriumsalzlösungen durch Fällung mit Wasserstoffperoxyd erhält, besitzt die Zusammensetzung $Th_2O_7 \cdot 4H_2O$. Auf Grund seines Gehaltes an peroxydischem Sauerstoff läßt es sich nach SCHWARZ und GIESE am besten durch die oben angegebene Formulierung (II) ausdrücken. Möglicherweise ist es jedoch ein Gemisch aus $Th(OH)_3(OOH)$ und $Th(OH)_2(OOH)_2$.

Komplexe Peroxysalze.

Die oben besprochenen Peroxydhydrate erhält man aus ammoniakalischen Lösungen. Aus den Lösungen der entsprechenden Metallhydroxyde in Schwefelsäure lassen sich hingegen Verbindungen von einem anderen Typus isolieren. So ergeben stark saure Lösungen von Zirkonsulfat ein basisches, peroxydisches Sulfat, $Zr_2O_6(SO_4) \cdot 8H_2O$, das man — ganz analog dem Thoriumperoxyd (II) — durch die Formulierung (III) wiedergeben kann.

```
O      O—O      O
|  >Zr<     >Zr<  |
O      \SO4/      O
```

(III)

Eine zweite Art eines komplexen Sulfates, Kalium-peroxy-titanylsulfat, $K_2[(O_2)Ti(SO_4)_2] \cdot 3H_2O$, entsteht aus Titanperoxyd in schwefelsaurer Lösung. Entsprechende Verbindungen erhält man auch vom Zirkon und Hafnium. Die Lösung des Titansalzes ist rötlichgelb, und auf seiner Bildung beruht die übliche kolorimetrische Bestimmung des Titans mit Wasserstoffperoxyd. Die gelbe Färbung wird durch Fluorionen gebleicht, was durch die folgende Reaktion zu erklären ist:

$$K_2[(O_2)Ti(SO_4)_2] + 6HF = K_2TiF_6 + 2H_2SO_4 + H_2O_2.$$

PICCINI[8] isolierte als wahrscheinliches Zwischenprodukt dieser Reaktion die Fluo-peroxytitanate, $(NH_4)[(O_2)_2TiF_4]$ und $(NH_4)_3[(O_2)TiF_5]$. Nach Leitfähigkeitsmessungen von SCHWARZ und GIESE dissoziiert die letztgenannte Verbindung in vier Ionen; danach kommt ihr also die angegebene Formulierung und nicht die einer Additionsverbindung $(NH_4)_2[(O_2)TiF_4] + NH_4F$ zu. Wenn es sich um eine derartige Anlagerung handelte, so müßte die Peroxygruppe in der Verbindung nur eine Koordinationsstelle besetzen statt zwei, wie es bei den Peroxysulfaten der Fall ist.

Über ein Peroxyd des Rheniums, Re_2O_8 oder $ReO_3—O—O—ReO_3$, berichteten I. und W. NODDACK[9]. Die Verbindung soll sich direkt beim Erhitzen von fein verteiltem Rhenium im Sauerstoffstrom bilden, wobei die Temperatur 150° nicht überschreiten darf; das Peroxyd entsteht in Form von weißen Nebeltröpfchen, die sich in einer gekühlten Falle kondensieren lassen. Es schmilzt bei 155° unter Zersetzung und wird dabei in das gelbe Heptoxyd, Re_2O_7, umgewandelt; das Peroxyd ist in chemischer Hinsicht ziemlich beständig. Schwefelwasserstoff fällt aus der wäßrigen Lösung nicht sofort Re_2S_7, sondern wird langsam zu

[8] PICCINI: Z. anorg. allg. Chem. 1895, **10**, 438.
[9] NODDACK, I. u. W.: Z. anorg. allg. Chem. 1929, **181**, 1; s. aber BRISCOE u. a.: Nature 1932, **129**, 618 und auch Kapitel 11, S. 340.

Schwefel oxydiert. In Lösung tritt Hydrolyse ein, wobei man Wasserstoffperoxyd durch seine Reaktionen mit Kaliumpermanganat und Titan nachweisen kann.

Die Persäuren.

Die Persäuren des Schwefels.

Perschwefelsäure. Im Jahre 1832 machte FARADAY die Beobachtung, daß bei der Elektrolyse von ziemlich konzentrierten Schwefelsäurelösungen an der Anode weniger Sauerstoff entwickelt wurde, als der theoretisch berechneten Menge entsprach. Zwanzig Jahre später fand MEIDINGER, daß sich bei einer derartigen Elektrolyse eine stark oxydierend wirkende Lösung bildet. BRODIE machte dann erstmalig 1864 darauf aufmerksam, daß diese Lösung eine Perschwefelsäure und nicht freies Wasserstoffsuperoxyd enthielt, da sie Permanganat nicht entfärbte.

Die Darstellung von Persulfaten und von Perschwefelsäure erfolgt am besten in konzentrierten Lösungen unter Verwendung von hohen Stromdichten. Unter diesen Bedingungen werden an der Anode hauptsächlich Bisulfationen, HSO_4^-, entladen, die sich — bei hohen Stromdichten — unter Bildung von Perschwefelsäure gemäß der Gleichung

$$2HSO_4^- \rightarrow 2e^- + 2HSO_4 \rightarrow H_2S_2O_8$$

zusammenlagern. Diese Reaktion stellt allerdings nur den Primärvorgang dar, denn Perschwefelsäure wird leicht zu Sulfomonopersäure, H_2SO_5 (CAROsche Säure), und endlich zu Wasserstoffperoxyd hydrolysiert. Diese Tatsache verursachte zunächst eine große Verwirrung bei den ersten Untersuchungen über die Persulfate, bis endlich von MARSHALL[10] im Jahre 1891 die Kalium- und Ammoniumsalze isoliert wurden und somit die Perschwefelsäure endgültig charakterisiert werden konnte. Man erhält die Salze, wenn man konzentrierte Lösungen von Ammonium- oder Kaliumsulfat in verdünnter Schwefelsäure elektrolysiert und dabei eine unterteilte Zelle verwendet. Das Kalium- und Ammoniumsalz ist ziemlich schwer löslich — es löst sich 1 Teil Ammoniumpersulfat in 65 Teilen Wasser von 15° oder in 58 Teilen Wasser von 0° — so daß die Salze im Anodenraum auskristallisieren. Ammoniumpersulfat, das man mit einer sehr hohen Stromausbeute erhält, wird jetzt in großem Maßstabe technisch hergestellt, wobei man als Elektrolyten 20 bis 30prozentiges Ammoniumsulfat oder -bisulfat verwendet. Beim Weißenstein-Prozeß benutzt man als Anode einen schmalen, dünnen Platinstreifen, der auf einen Tantalstab aufgeschweißt ist. Da sich das Tantal schnell mit einer nicht leitenden Oxydschicht bedeckt, so dient lediglich das Platin als Anodenoberfläche, so daß man auf diese Weise eine hohe Stromdichte erzielen kann.

Bariumpersulfat unterscheidet sich vom Bariumsulfat durch seine Löslichkeit in Wasser. Die Perschwefelsäure und ihre Salze sind starke Oxydationsmittel und reagieren in Lösung nach der Gleichung

$$S_2O_8^{2-} + H_2O \rightarrow 2H^+ + 2SO_4^{2-} + O.$$

Aus Jodiden wird Jod freigemacht; die Reaktion wird durch Eisen- und Kupfersalze katalysiert. Perschwefelsäure — und ganz allgemein

[10] MARSHALL: J. chem. Soc. 1891, **59**, 771.

sämtliche echten Persäuren — unterscheiden sich vom Wasserstoffperoxyd dadurch, daß sie nicht mit Kaliumpermanganat oder Chromsäure reagieren. Perschwefelsäure bleicht langsam Indigo und oxydiert Anilin zu Anilinschwarz. Ferrosalze werden zur Ferristufe oxydiert und Manganosalze ergeben sofort Mangandioxyd. Hierbei findet eine langsame Weiteroxydation zu Permanganat statt, während in Gegenwart von Silberionen als Katalysator die Manganosalze direkt zu Permanganat oxydiert werden; dieselbe katalytische Wirkung von ganz geringen Silbermengen findet man bei der Oxydation von Ammoniak in konzentrierten Lösungen,

$$3(NH_4)_2S_2O_8 + 8NH_3 \rightarrow 6(NH_4)_2SO_4 + N_2,$$

und in der sofortigen Zersetzung von Ammoniumpersulfat in Gegenwart von Silbersalzen:

$$8(NH_4)_2S_2O_8 + 6H_2O \rightarrow 7(NH_4)_2SO_4 + 9H_2SO_4 + 2HNO_3.$$

Silbernitrat wird von den Persulfaten zu Silberperoxyd, Ag_2O_2, oxydiert.

Thiosulfate werden zu Tetrathionaten oder bei einem Überschuß von Thiosulfat zu Trithionaten oxydiert. Viele Metalle werden von Persulfatlösungen aufgelöst, ohne daß irgendeine Gasentwicklung erfolgt; dabei werden die Sulfate oder — im Falle der amphoteren Elemente wie Chrom und Arsen — die entsprechenden Sauerstoffsäuren gebildet:

$$(NH_4)_2S_2O_8 + Cu \rightarrow (NH_4)_2SO_4 + CuSO_4.$$

Sulfomonopersäure. Die Hydrolyse der Persulfate durch Schwefelsäure ist eine besonders wichtige Reaktion. Persulfatlösungen, die frisch mit verdünnter Schwefelsäure angesäuert sind, besitzen die oben angegebenen Eigenschaften der $H_2S_2O_8$. Wenn man jedoch konzentrierte Schwefelsäure verwendet, so zeigt die Lösung ein anderes Oxydationsvermögen: Anilin wird dann nicht zu Anilinschwarz, sondern zu Nitrosobenzol oxydiert. Die gleiche Änderung zeigt sich beim Aufbewahren von Perschwefelsäurelösungen. In frisch bereiteten Lösungen ist das Verhältnis des *bei der Oxydation gebildeten Sulfats* : *verfügbaren Sauerstoffatomen* = 2 : 1, was der Gleichung

$$H_2S_2O_8 + H_2O = 2H_2SO_4 + O$$

entspricht. Beim Stehen erfolgt Hydrolyse zu einer zweiten Perschwefelsäure, für die das Verhältnis *gebildetes Sulfat* : *verfügbare Sauerstoffatome* = 1 : 1 ist. Diese Tatsache läßt sich mit den folgenden beiden Formulierungen der zweiten (Caroschen) Säure vereinbaren, nämlich entweder H_2SO_5 oder $H_2S_2O_9$;

$$H_2SO_5 = H_2SO_4 + O \quad \text{oder}$$

$$H_2S_2O_9 + H_2O = 2H_2SO_4 + 2O.$$

Willstätter und Hauenstein[11] zeigten, daß der Caroschen Säure die Formel H_2SO_5 zukommt (s. u.); ihre Bildung beruht auf der in Lösung langsam verlaufenden Hydrolyse der Perschwefelsäure,

$$H_2S_2O_8 + H_2O = H_2SO_4 + H_2SO_5.$$

Die Hydrolyse der Perschwefelsäure zu Caroscher Säure und weiter zu Wasserstoffperoxyd,

$$H_2SO_5 + H_2O = H_2SO_4 + H_2O_2,$$

[11] Willstätter u. Hauenstein: Ber. dtsch. chem. Ges. 1909, 42, 1839.

bildet die Grundlage des wichtigsten der heute zur Verwendung gelangenden Verfahren zur technischen Darstellung von Wasserstoffsuperoxyd. In einigen Fällen erfolgt die Darstellung in einem fortlaufenden Kreisprozeß; der aus Schwefelsäure oder Ammoniumbisulfat bestehende Elektrolyt wird aus den Elektrolysierzellen in einen besonderen, hochleistungsfähigen Vakuumverdampfer geleitet, wo wäßriges Wasserstoffsuperoxyd überdestilliert und die regenerierte Schwefelsäure zum Arbeitsprozeß zurückgeführt wird. Die Gesamtausbeute bei einem derartigen Vorgang ist sehr groß. Die elektrolytische Oxydation kann man so leiten, daß man eine 85prozentige Stromausbeute erzielt; bei der Destillation kann man mit einem Verlust — infolge von Zersetzung und unvollständiger Destillation des Wasserstoffperoxyds — von nur etwa 5 Prozent rechnen. Dieses Verfahren zur Darstellung des Wasserstoffsuperoxyds besitzt große Vorteile gegenüber den älteren Methoden, bei denen man Wasserstoffsuperoxyd aus Bariumperoxyd usw. darstellte; der Vorteil besteht vor allem darin, daß man den Stoff sofort in vollkommen reiner, 30—35prozentiger Lösung erhält. Verunreinigungen durch Säureüberschuß, der für manche Zwecke von Nachteil ist, und Spuren von Schwermetallen, welche die Zersetzung der Peroxyde katalysieren und die sich bei den älteren Verfahren nur schwer entfernen ließen, können jetzt gar nicht auftreten und sind vollkommen ausgeschlossen; ebenso ist es nicht erforderlich, die Lösungen durch Eindampfen zu konzentrieren. Die bei diesem Vorgang gewonnenen 30prozentigen Wasserstoffperoxydlösungen zeigen hinsichtlich des Aufbewahrens gute Eigenschaften und sind wegen ihrer Reinheit selbst ohne Zusatz von Stabilisatoren haltbar.

Wenn die Carosche Säure zweibasisch wäre, so würden ihre Reaktionen mit der Formel $H_2S_2O_9$ übereinstimmen. Die Isolierung ihres Kaliumsalzes ergab jedoch, daß sie sich wahrscheinlich wie eine einbasische Säure verhält und das Kaliumsalz $KHSO_5$ bildet. Diese Schlußfolgerung wurde von Willstätter und Hauenstein bestätigt, die durch Einwirkung von Benzoylchlorid auf die neutralisierte Lösung das Benzoylderivat der Säure erhielten. Dabei ergab sich, daß dieses Benzoylderivat eine Benzoylgruppe pro Schwefelatom enthielt; die Verbindung wurde in Form ihres Kaliumsalzes isoliert, das notwendigerweise die Formel $C_6H_5CO \cdot SO_5K$ besitzen muß und sich von der Verbindung H_2SO_5 ableitet, da das Benzoylderivat, welches sich von $H_2S_2O_9$ ableiten würde, $(C_6H_5CO)_2S_2O_9$, keine salzbildenden Eigenschaften besitzen könnte.

Die Formeln und Konstitutionen der beiden Perschwefelsäuren konnten durch die Synthese der reinen Säuren bestätigt werden. d'Ans und Friederich[12] erhielten Sulfomonopersäure in Form farbloser Kristalle mit dem Schmelzpunkt 45°, indem sie allmählich die berechnete Menge wasserfreies Wasserstoffperoxyd zu gut gekühlter Chlorsulfonsäure zusetzten:

$$H_2O_2 + ClSO_3H \rightarrow HO_2 \cdot SO_3H + HCl.$$

Die reine Sulfomonopersäure zersetzt sich bei Zimmertemperatur langsam unter Verlust von Sauerstoff, wobei gleichzeitig etwas $H_2S_2O_8$ gebildet

[12] d'Ans u. Friederich: Ber. dtsch. chem. Ges. 1910, **43**, 1880.

wird. Sie wirkt gegenüber organischen Verbindungen als starkes Oxydationsmittel, jedoch etwas schwächer als reine $H_2S_2O_8$. Ihre Bildung aus Chlorsulfonsäure zeigt, daß ihr die Konstitution (IV) zukommen muß, da sie sich wegen der geringen Acidität der Hydroperoxy-Gruppe wie eine einbasische Säure verhält:

$$O_2S\begin{matrix}\diagup OOH \\ \diagdown OH\end{matrix} \xrightarrow{C_6H_5COCl} \underset{(IV)}{O_2S\begin{matrix}\diagup OO\cdot COC_6H_5 \\ \diagdown OH\end{matrix}} \xrightarrow[\text{ätherische } H_2SO_4]{} O_2S\begin{matrix}\diagup OH \\ \diagdown OH\end{matrix} + HOO\cdot COC_6H_5.$$

Die Benzoylierung erfolgt an der Hydroperoxygruppe, wie sich aus der Bildung des Kaliumsalzes von WILLSTÄTTER und HAUENSTEIN sowie aus der Tatsache ergibt, daß bei der sauren Hydrolyse der Benzoylverbindung in ätherischer Lösung Benzoylperoxyd entsteht.

Von der Perschwefelsäure unterscheidet sich die CAROsche Säure dadurch, daß sie aus neutralem Kaliumjodid sofort Jod frei macht und daß sie Anilin zu Nitrosobenzol oder selbst zu Nitrobenzol oxydiert. Ebenso wie die Perschwefelsäure reduziert sie nicht Permanganat und gibt auch nicht die charakteristische Reaktion des Wasserstoffperoxyds mit Chromsäure und Titansulfat.

Durch Verwendung von zwei Molekülen Chlorsulfonsäure oder Fluorsulfonsäure pro Molekül Wasserstoffperoxyd konnten D'ANS und FRIEDERICH bei diesem Darstellungsverfahren Perschwefelsäure isolieren:

$$2ClSO_3H + H_2O_2 \rightarrow HSO_3\cdot O_2\cdot SO_3H + 2HCl.$$

Die wasserfreie Säure ist eine hygroskopische, kristalline Verbindung (Schmp. 60°), die sich bei gewöhnlicher Temperatur sehr langsam zersetzt. Sie oxydiert die meisten organischen Stoffe, häufig mit explosionsartiger Heftigkeit, und verkohlt langsam sogar festes Paraffin.

Die Struktur der Persulfate konnte neuerdings durch Bestimmung der Kristallstruktur des Kaliumsulfats endgültig geklärt werden. Man hatte stillschweigend angenommen, daß der Peroxydbrücke im $H_2S_2O_8$ und ihren Salzen die Struktur —O—O— zukommt, entsprechend der Formulierung des Wasserstoffperoxyds als HOOH. Die andere Formulierung des Wasserstoffperoxyds als $\begin{matrix}H\\H\end{matrix}{>}O\rightarrow O$, welche die leichte Beweglichkeit des einen Sauerstoffatoms erklären würde, müßte für das Persulfation die Konstitution (V) ergeben. Die Kristallstruktur des Kaliumpersulfats läßt jedoch keinen Zweifel daran bestehen, daß die Formel (VI) die richtige ist; diese stimmt auch mit den anderen neuen Erkenntnissen über die Struktur des Wasserstoffperoxyds überein.

$$\underset{(V)}{HO{-}SO_2{-}\underset{\underset{O}{\downarrow}}{O}{-}SO_2{-}OH} \qquad \underset{(VI)}{\left[\begin{matrix} & O & & & O & \\ & | & \diagup O \diagdown & & | & \\ O{-} & S & & O & S & {-}O \\ & | & & & | & \\ & O & & & O & \end{matrix}\right]^{2-}}$$

Bei der Einwirkung von Fluor auf Schwefelsäure oder auf Sulfatlösungen entsteht ein Stoff, der sehr stark oxydierend wirkt[13] und in

[13] FICHTER u. HUMPERT: Helv. chim. Acta 1926, 9, 467, 602.

kalter Lösung Manganosalze direkt zu Permanganat oxydiert. Dieser Unterschied gegenüber der Sulfomonopersäure und der Perschwefelsäure deutet darauf hin, daß der auf diese Weise gebildete Stoff das Oxyd SO_4 ist, welches man als Anhydrid der CAROschen Säure auffassen kann; dieses Oxyd, das später von SCHWARZ und ACHENBACH[14] nach einem anderen Verfahren dargestellt wurde, ist bereits in einem früheren Kapitel (Kapitel 8, S. 269) beschrieben worden.

Die Persäuren der IV. Gruppe.

Die Perkarbonate. Bei der Elektrolyse konzentrierter Kaliumkarbonatlösungen bei tiefen Temperaturen und hohen Stromdichten verläuft an der Anode eine Reaktion, die vollständig der Bildung der Persulfate entspricht:

$$2HCO_3^- \rightarrow H_2C_2O_6 + 2e^-.$$

Bei dieser Reaktion erhielten CONSTAM und HANSEN (1896) ein hellblaues Kaliumperkarbonat, $K_2C_2O_6$, und ein analoges Rubidiumsalz, $Rb_2C_2O_6$. Natrium- und Ammoniumkarbonat können auf diese Weise nicht elektrolysiert werden, da sie bei den zur Bildung des Perkarbonats erforderlichen niedrigen Temperaturen (—10° bis —15°) viel zu wenig löslich sind.

Die Konstitution des Kaliumperkarbonats ergibt sich direkt — im Zusammenhang mit dem oben in bezug auf die Struktur der Persulfate besprochenen Beweise — aus der Art seiner Darstellung; die Struktur kann durch die Formulierung (VII) wiedergegeben werden.

$$\overset{KO}{\underset{O}{}}\!\!>C—O—O—C<\!\!\overset{OK}{\underset{O}{}}$$

(VII)

Dieselben Verbindungen erhält man nach FICHTER und BLADERGROEN[15] durch Einwirkung von Fluor auf mäßig konzentrierte Lösungen von Kalium- oder Rubidiumkarbonat oder -bikarbonat bei —13° bis —16°; Natriumperkarbonat kann man auf demselben Wege darstellen:

$$2Na_2CO_3 + F_2 = Na_2C_2O_6 + 2NaF.$$

Kaliumperkarbonat wird beim gelinden Erhitzen langsam zersetzt:

$$2K_2C_2O_6 \rightarrow 2K_2CO_3 + 2CO_2 + O_2.$$

Es löst sich ohne größere Zersetzung in eiskaltem Wasser, bildet aber infolge von Hydrolyse langsam Wasserstoffperoxyd:

$$K_2C_2O_6 + 2H_2O \rightarrow 2KHCO_3 + H_2O_2.$$

In alkalischer Lösung erfolgt schon bei niederer Temperatur schnelle Umwandlung zu Kaliumkarbonat und Zersetzung des dabei gebildeten Wasserstoffperoxyds. Kaliumperkarbonat bleicht Indigo, oxydiert Bleisulfid zum Sulfat und reduziert — wie Wasserstoffperoxyd — Mangandioxyd, Bleidioxyd und Silberoxyd. Daß die Verbindung ein Salz einer echten Persäure ist, erkennt man an der sofortigen Abscheidung von Jod aus neutraler Kaliumjodidlösung.

[14] SCHWARZ u. ACHENBACH: Z. anorg. allg. Chem. 1934, **219**, 271.
[15] FICHTER u. BLADERGROEN: Helv. chim. Acta 1927, **10**, 566.

Eine neue Reihe von Perkarbonaten wurde von WOLFFENSTEIN und PELTNER (1908) durch Einwirkung von Kohlendioxyd auf Natriumperoxyd erhalten. Je nachdem, ob ein oder zwei Moleküle Kohlendioxyd aufgenommen wurden, entstand die Verbindung Na_2CO_4 oder $Na_2C_2O_6$. $Na_2C_2O_6$ erhält man am bequemsten durch Einleiten von Kohlendioxyd in eine eiskalte, durch Lösen von Natriumperoxyd in absolutem Alkohol dargestellte Natriumhydroperoxydlösung. Das Kaliumsalz, $K_2C_2O_6$, bildet sich auf ganz analoge Weise.

Während durch elektrolytische Oxydation gewonnenes $K_2C_2O_6$ aus neutralen Kaliumjodidlösungen eine seinem Gesamtgehalt an aktivem Sauerstoff entsprechende Menge Jod freimacht, setzt $Na_2C_2O_6$ nur 50 Prozent der theoretisch berechneten Jodmenge in Freiheit und verliert die Hälfte seines aktiven Sauerstoffs als Gas. Die $[C_2O_6]^{2-}$-Anionen in den beiden Salzreihen sind demnach isomer, und man schreibt den aus Natriumperoxyd gebildeten Verbindungen die Formeln (VIII) und (IX) zu.

$$\begin{matrix}NaO\\O\end{matrix}\!\!>C\!-\!O\!-\!C\!<\!\!\begin{matrix}OONa\\O\end{matrix} \qquad\qquad O\!=\!C\!<\!\!\begin{matrix}OONa\\ONa\end{matrix}$$

(VIII) (IX)

Die zweite Formulierung wird durch die bei der Reaktion von Phosgen mit Natriumperoxyd erfolgende Bildung von Na_2CO_4 bestätigt:

$$2\,Na_2O_2 + COCl_2 \rightarrow Na_2CO_4 + 2\,NaCl + {}^1/_2\,O_2\,.$$

Karbonat-Perhydrate. Die Natriumperkarbonate finden einige technische Anwendungen und werden durch Einwirkung von gasförmigem oder festem Kohlendioxyd auf Natriumperoxyd-Hydrat hergestellt. Natriumhydroperoxyd reagiert ebenfalls mit Kohlendioxyd; die dabei entstehenden Produkte sind jedoch keine einfachen Perkarbonate, sondern enthalten Kristallwasserstoffsuperoxyd:

$$2\,NaOOH + 2\,CO_2 \rightarrow Na_2C_2O_6\cdot H_2O_2$$
$$2\,NaOOH + CO_2 \rightarrow Na_2CO_4\cdot H_2O_2\,.$$

Analoge Perhydrate erhält man auch aus normalen Karbonaten, wenn man beispielsweise Natriumkarbonat mit Wasserstoffperoxyd behandelt und dann mit Alkohol das Salz $Na_2CO_3\cdot H_2O_2\cdot {}^1/_2H_2O$ fällt oder wenn man Natriumbikarbonat mit Wasserstoffperoxyd reagieren läßt. Die Konstitution dieser Verbindung ergibt sich aus der Tatsache, daß man aus den wäßrigen Lösungen mit Äther das Wasserstoffperoxyd ausziehen kann und daß aus neutralen Kaliumjodidlösungen nur sehr langsam Jod abgeschieden wird. Diese Additionsverbindungen sind jedoch beständiger und deshalb technisch wichtiger als die echten Perkarbonate. Während festes $Na_2C_2O_6$ im Monat ungefähr 50 Prozent seines aktiven Sauerstoffgehalts verliert, beträgt der Verlust bei Natriumkarbonat-Perhydrat nur etwa 4 Prozent. Die Verbindung kann durch Zusatz von Stoffen wie Magnesiumsilikat oder Wasserglas noch weiter stabilisiert werden. Derartig stabilisierte Produkte werden zur Herstellung von Waschpulvern und zu ähnlichen Zwecken verwendet. Die Beständigkeit der echten Perkarbonate hängt im starken Maße von der Gegenwart geringer Mengen von Schwermetallen ab, die den Zersetzungsvorgang katalysieren.

Persäuren des Zinns und Germaniums. Von den anderen Elementen der IV. Gruppe bilden nur Zinn und Germanium echte Persäuren. Wasserstoffperoxyd reagiert mit Zinnsäure unter Bildung von Perzinnsäure, $H_2Sn_2O_7 \cdot 3H_2O$, von der sich die Salze $Na_2Sn_2O_7 \cdot 3H_2O$ und $K_2Sn_2O_7 \cdot 3H_2O$ ableiten[16]. Diese entstehen bei der Einwirkung von Wasserstoffperoxyd auf Metastannate.

Die Lösungen von Natrium- und Kaliummetagermanaten ergeben in entsprechender Weise die Verbindungen $Na_2Ge_2O_7 \cdot 4H_2O$ und $K_2Ge_2O_7 \cdot 4H_2O$, wenn sie bei 0° mit 30prozentigem Wasserstoffperoxyd behandelt werden. Diese Salze sind wenig löslich; aus der Mutterlauge des Natriumsalzes kann man ein zweites Natriumpermetagermanat, Na_2GeO_5, isolieren. Wahrscheinlich sind die Salze folgendermaßen zu formulieren:

$$\mathrm{NaOO}\!\!\begin{array}{c}\\ \mathrm{O}\end{array}\!\!>\mathrm{Ge{-}O{-}Ge}<\!\!\begin{array}{l}\mathrm{OONa}\\ \mathrm{O}\end{array} \quad \text{und} \quad \mathrm{O{=}Ge}<\!\!\begin{array}{l}\mathrm{OONa}\\ \mathrm{OONa}\end{array}$$

Blei und Silicium bilden keine echten Persäuren; die Silikatperhydrate werden in einem anderen Abschnitt behandelt.

Persalpeter- und Perphosphorsäuren.

Persalpetersäure, HNO_4, bildet sich nach RASCHIG bei der Oxydation von salpetriger Säure mit Wasserstoffsuperoxyd in verdünnter Lösung; sie entsteht jedoch nicht aus Salpetersäure. Die Lösung scheidet aus Kaliumbromidlösungen Brom ab, was bei Salpetersäure, salpetriger Säure und Wasserstoffsuperoxyd nicht der Fall ist. Die Säure wurde von D'ANS und FRIEDERICH[17] durch Lösen von Stickstoffpentoxyd in wasserfreiem Wasserstoffperoxyd im reinen Zustand isoliert:

$$N_2O_5 + H_2O_2 \rightarrow HNO_3 + HNO_4.$$

Die reine Verbindung ist unbeständig und explosiv; sie oxydiert Anilin zu Nitrosobenzol und besitzt einen Geruch, der dem des Chlorkalks ähnelt.

FICHTER und BRUNNER[18] erhielten Persalpetersäure, indem sie Fluor auf 2prozentige Natriumnitritlösungen einwirken ließen. Wäßrige Salpetersäure bildet mit Fluor ein unbeständiges Dinitrylperoxyd, $NO_2{-}O{-}O{-}NO_2$, das nacheinander zu Persalpetersäure und Wasserstoffperoxyd hydrolysiert (vgl. auch Kapitel 8, S. 264).

$$N_2O_6 + H_2O \rightarrow HNO_3 + HNO_4 \rightarrow HNO_3 + H_2O_2.$$

Persalpetrige Säure. Nach GLEU[19] entsteht durch Einwirkung von Ozon auf Alkaliazide eine persalpetrige Säure, $HOO \cdot NO$. Die Reaktion ergibt eine orangegelbe, nach Hypochlorit riechende Lösung. Es ist wohl anzunehmen, daß es sich bei diesem Produkt, welches bei der Einwirkung von Wasserstoffperoxyd auf Stickstoff entsteht, um diese Verbindung und nicht um Persalpetersäure handelt.

---

[16] SCHWARZ u. GIESE: Ber. dtsch. chem. Ges. 1930, **63**, 781.

[17] D'ANS u. FRIEDERICH: Z. anorg. allg. Chem. 1911, **73**, 344; Z. Elektrochem. angew. physik. Chem. 1911, **17**, 850.

[18] FICHTER u. BRUNNER: Helv. chim. Acta 1929, **12**, 305.

[19] GLEU: Z. anorg. allg. Chem. 1929, **179**, 233; 1935, **223**, 305. — Vgl. SCHMIDLIN u. MASSINI: Ber. dtsch. chem. Ges. 1910, **43**, 1162.

Permonophosphorsäure, H_3PO_5, wurde von d'Ans und Friederich[20] und auch von Schmidlin und Massini[21] durch Lösen von Phosphorpentoxyd in 30prozentigem Wasserstoffperoxyd erhalten, wenn auch Wasserstoffperoxyd ohne Einwirkung auf Orthophosphorsäure ist. Die verdünnte Lösung der so gewonnenen Säure weist stark oxydierende Eigenschaften auf und oxydiert Mangansalze langsam zu Permanganat. Die Heftigkeit der Reaktion der Permonophosphorsäure kann man mäßigen und konzentrierte Lösungen stabilisieren, wenn man als Lösungsmittel für das Wasserstoffperoxyd statt Wasser Acetonitril verwendet[22].

Perdiphosphorsäure. Die Darstellung von Perphosphaten durch anodische Oxydation wurde zum ersten Male experimentell von Fichter[23] durchgeführt, der konzentrierte Lösungen von Kaliumbiphosphat in Gegenwart einer hohen Konzentration von Kaliumfluorid elektrolysierte. Die so erhaltenen Lösungen zeigten die Anwesenheit einer — im Gegensatz zu der unbeständigen Permonophosphorsäure — verhältnismäßig beständigen Perphosphorsäure. Beim Eindampfen der Lösung konnte Kaliumperdiphosphat, $K_4P_2O_8$, isoliert und daraus die Barium-, Zink-, Blei- und Silbersalze dargestellt werden. Kaliumperdiphosphat ist im festen Zustande beständig; seine Lösungen oxydieren Anilin zu Nitrosobenzol oder Nitrobenzol, machen aber, selbst in saurem Medium, nur langsam Jod aus Kaliumjodid frei. Die Lösungen der Perphosphate ergeben weder die Reaktionen des Phosphations noch die des freien Wasserstoffperoxyds; in stark saurer Lösung wird die Perdiphosphorsäure jedoch zu Permonophosphorsäure hydrolysiert, was vollkommen der Bildung von Caroscher Säure aus Perschwefelsäure entspricht.

Persäuren des Niobs, Tantals und Vanadins.

Niob und Tantal bilden ebenfalls echte Persäuren. Die Salze Na_3NbO_8 und Na_3TaO_8 erhält man, wenn man einen Überschuß von Wasserstoffperoxyd auf Lösungen von Alkaliniobaten und -tantalaten einwirken läßt. Nach Sieverts und Müller[24] sind diese Salze die einzigen Perverbindungen des Niobs und Tantals.

Man weiß schon lange, daß die sauren Lösungen der Vanadate mit Wasserstoffperoxyd eine rote Lösung ergeben; eine ähnlich gefärbte Lösung erhält man, wenn man Vanadinpentoxyd oder Kaliummetavanadat in Gegenwart von Schwefelsäure in Wasserstoffperoxyd löst. Scheuer (1898) isolierte Kaliumpervanadat, indem er aus diesen Lösungen das Salz mit Alkohol fällte; auf dieselbe Weise lassen sich auch die anderen Salze darstellen. Nach Meyer und Pawletta[25] enthalten jedoch die roten schwefelsauren Lösungen ein Peroxo-vanadylsulfat, $\left(\begin{smallmatrix}O\\|\\O\end{smallmatrix}\!>\!V\right)_2(SO_4)_3$, das durch einen Überschuß von Wasserstoffperoxyd

[20] d'Ans u. Friederich: Ber. dtsch. chem. Ges. 1910, **43**, 1880.
[21] Schmidlin u. Massini: Ber. dtsch. chem. Ges. 1910, **43**, 1162.
[22] Toennies: J. Amer. chem. Soc. 1937, **59**, 555.
[23] Fichter: Helv. chim. Acta. 1928, **11**, 323.
[24] Sieverts u. Müller: Z. anorg. allg. Chem. 1928, **173**, 297.
[25] Meyer u. Pawletta: Z. anorg. allg. Chem. 1927, **161**, 321.

umkehrbar in eine gelbe Peroxo-orthovanadinsäure, H_3VO_5, verwandelt wird:

$$(VO_2)_2(SO_4)_3 \rightleftharpoons 2\,V(O_2)(OH)_3 + 3\,H_2SO_4.$$

Die Perchromate.

Bei der Reaktion von Wasserstoffperoxyd mit Chromsäure bilden sich verschiedene Perverbindungen[26].

a) Wenn man eine chromsäurehaltige Lösung mit Wasserstoffperoxyd behandelt, so entsteht eine tief indigoblaue Färbung. Die blaue Verbindung ist in Äther löslich und kann daher durch Extraktion mit Äther aus der wäßrigen Schicht entfernt werden.

b) Die blauen, ätherischen „Perchromsäure“lösungen reagieren mit alkoholischen Alkalilösungen unter Bildung blauer Salze, der sogenannten „blauen Perchromate“, welche die Summenformel MH_2CrO_7 besitzen. Dieselben Verbindungen erhält man bei der Einwirkung von 30prozentigem Wasserstoffperoxyd auf saure Alkalichromatlösungen.

c) Die sogenannten „roten Perchromate“ entstehen bei der Reaktion von Wasserstoffperoxyd mit alkalischen Chromsäurelösungen unterhalb von 0°. Diese Salze besitzen die allgemeine Formel M_3CrO_8; sie sind ziemlich schwer löslich und in Lösung verhältnismäßig beständig. Beim Ansäuern ihrer Lösungen wird Sauerstoff entwickelt, und es entsteht die blaue ätherlösliche Perchromsäure a.

d) Die beständigste Verbindung ist das Chromtetroxyd-triammin, $CrO_4 \cdot 3\,NH_3$, welches entsteht, wenn man ammoniakalische Chromatlösungen bei 0° mit Wasserstoffperoxyd behandelt und dann auf 50° erwärmt oder wenn das rote Ammoniumperchromat $(NH_4)_3CrO_8$ bei 40° mit 10%iger Ammoniaklösung versetzt wird.

Die sogenannte blaue Perchromsäure verbindet sich mit organischen Basen — Pyridin, Piperidin, Trimethylamin usw. — und bildet Verbindungen, die unbeständiger sind als die „Perchromsäure“ selbst. Die Stoffe sind in Wasser unlöslich, lösen sich jedoch in organischen Lösungsmitteln, z. B. in Benzol. Wiede[27] deutete die Verbindungen als Salze — beispielsweise $(C_6H_5NH)CrO_5$ — indem er die blaue, ätherlösliche Verbindung als freie Säure $HCrO_5$ auffaßte. Das Molekulargewicht des Pyridinsalzes in Benzol und Bromoform stimmt mit dieser monomeren Formel überein.

Wenn die blaue Perchromsäure die Formel $HCrO_5$ besäße, so könnte man ihr die Formulierung (X) mit siebenwertigem Chrom zuordnen. Aus den vorhergehenden Abschnitten geht jedoch hervor, daß in allen bisher betrachteten Fällen bei der Bildung von Persäuren durch die Einwirkung von Wasserstoffperoxyd kein Wechsel der Wertigkeit erfolgt. Man sollte daher erwarten, daß sich die Perchromsäure vom sechswertigen Chrom ableitet. Diese Forderung wäre erfüllt, wenn man die Wiedesche Formulierung verdoppelt (XI) oder die Säure als H_2CrO_5

---

[26] Eine Bibliographie und Beschreibung findet man bei Slater-Price: Per acids and their Salts (Longmans Green, 1912), S. 92—100.

[27] Wiede: Ber. dtsch. chem. Ges. 1897, **30**, 2178; 1898, **31**, 516, 3139; 1899, **32**, 378.

(XII) formuliert[28]. Diese Formulierung ist jedoch außerordentlich unwahrscheinlich, da eine Verbindungsbildung nur mit einem Basenäquivalent pro Chromatom erfolgt. Weiterhin konnten keine anorganischen Salze der Perchromsäure isoliert werden, auch sind die Löslichkeiten von den scheinbaren Salzen der organischen Basen für echte Salze höchst abnorm.

```
  OOH          HOO          OOH          OOH
   |            |            |            |
O=Cr=O       O=Cr—O—O—Cr=O            O=Cr=O
   ||           ||           ||           |
   O            O            O            OH
  (X)               (XI)                (XII)
```

Auf diese der WIEDEschen Formulierung anhaftenden Unstimmigkeiten wiesen SCHWARZ und GIESE[29] hin; sie zeigten, daß die blaue Verbindung ein Peroxyd von der Form CrO_5 (XIII), daß aber die Pyridinverbindung kein Salz sondern ein komplexer Nichtelektrolyt ist (XIV).

Eine Bestätigung dieser Ansicht ergibt sich aus dem quantitativen Verlauf der Reaktionen der „blauen Perchromsäure" mit verdünnten Säuren, Silbernitrat und Kaliumpermanganat. Für CrO_5 lassen sich diese Reaktionen folgendermaßen formulieren:

(1a) $2\,CrO_5 \xrightarrow{\text{verd. Säure}} Cr_2O_3 + 7\,O$; Entwicklung von 3,5 Atomen O pro Cr-Atom

(2a) $CrO_5 \xrightarrow{AgNO_3} CrO_3 + 2\,O$; Entwicklung von 2 Atomen O pro Cr-Atom

(3a) $CrO_5 \longrightarrow 2\,H_2O_2 \equiv 4$ Äquivalente $KMnO_4$ pro Cr-Atom.

Für die WIEDEsche Formulierung, $HCrO_5$, würden sich folgende Verhältnisse ergeben:

(1b) $2\,HCrO_5 \xrightarrow{\text{verd. Säure}} Cr_2O_3 + H_2O + 6\,O$; Entwicklung von 3 Atomen O pro Cr-Atom

(2b) $2\,HCrO_5 \xrightarrow{AgNO_3} 2\,CrO_3 + H_2O + 3\,O$; Entwicklung von 1,5 Atomen O pro Cr-Atom

(3b) $2\,HCrO_5 \longrightarrow$ 2 Äquivalente $KMnO_4$ pro Cr-Atom.

Die WIEDEsche Formel kann man auch anders (XV), und zwar mit fünfwertigem Chrom ausdrücken. In diesem Falle müßte bei der Reaktion (2) entweder eine Reduktion von Silber oder von Chrom erfolgen, während für die Reaktion (3) fünf Äquivalente Permanganat erforderlich wären. Die experimentellen Ergebnisse bestätigen unzweideutig die Formel CrO_5 mit sechswertigem Chrom.

```
                        O
O     O                 ||                   OOH
| >Cr< |           O2=Cr=O2          O2=Cr<
O  ||  O                ↑                    O
   O                   Pyr
 (XIII)              (XIV)              (XV)
```

[28] Vgl. MOISSAN: C. R. hebd. Séances Acad. Sci. 1883, **97**, 96.
[29] SCHWARZ u. GIESE: Ber. dtsch. chem. Ges. 1932, **65**, 871.

Daher ist eine neue Deutung für die anderen Perchromsäuretypen erforderlich. Die blauen Salze, MH_2CrO_7, kann man als $MCrO_5 \cdot H_2O_2$, nach der WIEDEschen Deutung, oder aber als $MCrO_6 \cdot H_2O$ formulieren. SCHWARZ und GIESE[30] bestätigten die Gültigkeit der WIEDEschen Summenformel, konnten aber durch gleichzeitige Messungen des Sauerstoff- und Wasserverlustes bei der Entwässerung zeigen, daß die Verbindungen Kristallwasser und nicht, wie es von WIEDE angegeben wird, Wasserstoffperoxyd enthalten. Weiterhin konnte das Thalliumsalz wasserfrei hergestellt werden, wobei sich die Zusammensetzung $TlCrO_6$ ergab. Demnach muß die Formel des Kaliumsalzes $KCrO_6 \cdot H_2O$ sein.

Derartige Salze lassen sich nur schwer mit sechswertigem Chrom formulieren. SCHWARZ und GIESE fanden jedoch, daß man den gesamten peroxydischen Sauerstoff in den Persalzen bestimmen kann, wenn man die Reaktion zwischen dem freigemachten Wasserstoffperoxyd und einem Überschuß von Kaliumpermanganat durch eine Spur von Molybdän katalysiert. Auf diese Weise konnten sie nachweisen, daß die blauen Perchromate zur Reduktion fünf Äquivalente Permanganat erforderten, d. h., daß sie 2,5 Peroxogruppen pro Chromatom enthielten. Man muß daher die Formel verdoppeln, $K_2Cr_2O_{12} \cdot 2H_2O$, und kann sie dann leicht, wie unter (XVI) angegeben, mit sechswertigem Chrom schreiben. Gleichzeitig fand man, daß die roten Perchromate 3,5 Peroxobrücken pro Chromatom enthielten. Diese Verbindungen muß man dann also auch durch die doppelte Formulierung $M_6Cr_2O_{16}$, darstellen (XVII).

Die Persäuren des Chroms stimmen also vollkommen mit der allgemeinen Regel überein, daß bei der Bildung von Persäuren kein Wechsel in der Wertigkeit des Zentralatoms stattfindet. Für das Triammin, $CrO_4 \cdot 3NH_3$, trifft das auch zu, und man kann die Verbindung durch die Formel (XVIII) kennzeichnen.

```
    O2          O2              KO2       O2K              O    NH3
    ‖           ‖          KO2\  |         |  /O2K           \\ ↙
KO—Cr—O—O—Cr—OK               >Cr—O2—Cr<                  O2=Cr ← NH3
    ‖           ‖          KO2/  ‖         ‖  \O2K           // ↖
    O2          O2                O         O                O    NH3
       (XVI)                        (XVII)                     (XVIII)
```

Die Persäuren des Molybdäns, Wolframs und Urans.

Ebenso wie Chrom bilden diese drei Metalle leicht eine Reihe gut definierter, echter Persäuren. Die Neigung der normalen Säuren, sich zu kondensieren und dabei Isopolysäuren zu bilden, führt dazu, daß bei der Chemie der Persäuren dieser Elemente ebenfalls einige Schwierigkeiten auftreten. In älteren Arbeiten[31] sind zahlreiche Verbindungen beschrieben worden, doch wurde das Gebiet erst durch die neuen Untersuchungen von GLEU[32] und von ROSENHEIM[33] richtig geklärt.

---

30 SCHWARZ u. GIESE: Ber. dtsch. chem. Ges. 1933, **66**, 310.

31 Vgl. SLATER-PRICE: Peracids and their Salts, Longmans Green, 1912, S. 101—109.

32 GLEU: Z. anorg. allg. Chem. 1932, **204**, 67.

33 ROSENHEIM: Z. anorg. allg. Chem. 1932, **209**, 175.

Die Persäuren des Molybdäns *. Die Lösungen der normalen Molybdate, wie K_2MoO_4, ergeben beim Zusatz von Wasserstoffperoxyd eine tiefrote Färbung. Wenn man zu eiskaltem Wasserstoffperoxyd festes Kaliummolybdat zufügt, so kristallisiert aus der Lösung ein reines, tiefrotes Permolybdat der Zusammensetzung K_2MoO_8. Dieses Salz ist unbeständig und verliert im trocknen Zustand schnell Sauerstoff; es ist höchst explosiv. Die entsprechenden Natrium- und Ammoniumsalze besitzen eine größere Löslichkeit und lassen sich daher nur schwerer isolieren. Aus ihren Lösungen kann man aber die Permolybdate der Metallammine erhalten, z. B. $[Zn(NH_3)_4]MoO_8$. Dieses Salz ist bedeutend beständiger als Kaliumpermolybdat; es ist nicht explosiv und kann in einer Ammoniakatmosphäre aufbewahrt werden, ohne daß eine größere Zersetzung bemerkbar ist. Derartige Verbindungen enthalten vier Atome aktiven Sauerstoff; man kann ihnen daher die Formel (XIX) zuordnen bei der die Sechswertigkeit des Molybdäns bewahrt ist.

$$\left[\begin{matrix} O_2 & & O_2^- \\ & \gg Mo \langle & \\ O_2 & & O_2^- \end{matrix}\right] K_2$$

(XIX)

Die vier O_2-Gruppen in dem Anion sind natürlich statistisch gleichwertig, genau wie die vier Sauerstoffatome in dem Sulfatanion.

Die Reaktion der Polymolybdate — z. B. Ammoniumparamolybdat — mit Wasserstoffperoxyd nimmt einen ganz anderen Verlauf und führt zur Bildung der gelben Permolybdate, welche zuerst von MUTHMANN und NAGEL im Jahre 1898 dargestellt wurden. Unter der Annahme, daß für das Ammoniumparamolybdat die Formel $5(NH_4)_2O \cdot 12\,MoO_3 \cdot 7\,H_2O$ gilt, formuliert ROSENHEIM das gelbe Ammoniumpermolybdat als $5(NH_4)_2O \cdot 12\,MoO_4 \cdot 21\,H_2O$. Wenn man die ältere Formulierung des Ammoniumparamolybdats, $3(NH_4)_2O \cdot 7\,MoO_3 \cdot 4\,H_2O$, die neuerdings von STURTEVANT[34] bestätigt wurde, zugrunde legt, so ergibt sich für das Permolybdat entsprechend die Formel $3(NH_4)_2O \cdot 7\,MoO_4 \cdot 12\,H_2O$. Das Permolybdat zeichnet sich durch seine Beständigkeit aus. Es läßt sich im trocknen Zustand unzersetzt aufbewahren, löst sich in kaltem Wasser ohne Verlust von Sauerstoff und kann aus Wasserstoffperoxyd umkristallisiert werden. Eine zweite, weniger beständige Verbindung, die man auf dieselbe Weise gewonnen hat, besitzt die Formel $3(NH_4)_2O \cdot 5\,MoO_3 \cdot 2\,MoO_4 \cdot 6\,H_2O$. Man erhält die Derivate dieser zweiten Reihe, wenn man versucht, die Guanidin-, Barium- und Silbersalze der zuerst erwähnten gelben Permolybdänsäure zu gewinnen.

Das sogenannte Kaliumdimolybdat, -trimolybdat, -tetramolybdat und -oktomolybdat (s. Kapitel 5) bilden Polypermolybdate, von denen einige mit der Formel $M_2O \cdot 2\,MoO_5 \cdot n\,H_2O$ übereinstimmen. Bevor die Konstitution der Isopolymolybdate mit Sicherheit feststeht, ist es jedoch zwecklos zu versuchen, die sich von ihnen ableitenden Persäuren zu formulieren.

* Anmerkung des Übersetzers: Noch nicht berücksichtigt sind die neueren Veröffentlichungen von K. F. JAHR: Ber. dtsch. chem. Ges. 1938, **71**, 894, 903, 1127; Z. angew. Chem. 1938, **51**, 175; 1940, **53**, 20.

[34] STURTEVANT: J. Amer. chem. Soc. 1937, **59**, 630; s. Kapitel 5, S. 177.

Die Persäuren des Wolframs*. Die normalen Wolframate, M_2WO_4, reagieren mit 30prozentigem Wasserstoffperoxyd unter Bildung einer hellgelben, unbeständigen Reihe von Salzen, der Form M_2WO_8. Diese entsprechen den roten Permolybdaten, sind aber beständiger und weniger stark explosiv. Die Polywolframate liefern ebenfalls eine Reihe von Persalzen. Ammonium- oder Kaliumparawolframat, $5K_2O \cdot 12WO_3 \cdot 4H_2O$ (oder wahrscheinlich richtiger: $K_6[W_7O_{24}] \cdot 2{,}5H_2O$), bilden ein Persalz vom Typus $K_2O \cdot 2WO_5 \cdot 4H_2O$, welches man mit den Per-Paramolybdaten vergleichen kann. Die Konstitution derartiger Polyperwolframate ist ebenso wie im Falle der Polypermolybdate zur Zeit noch unbekannt.

Die Persäuren des Urans. Mit Uranylsalzen reagiert Wasserstoffperoxyd ebenfalls[35], wobei ein amorphes, hydratisiertes Peroxyd, $UO_4 \cdot 2H_2O$, ausfällt. Diese Verbindung, die man im kristallisierten Zustand als Ammoniumuranyloxalat, $(NH_4)_2(UO_2)(C_2O_4)_2 \cdot 3H_2O$, erhalten kann, ist ziemlich beständig. Sie kann auf 100° erhitzt werden, ohne daß Zersetzung erfolgt; auf Grund ihrer Eigenschaften muß man die Verbindung als komplexen Nichtelektrolyten auffassen, der etwa mit $CrO_4 \cdot 3NH_3$ vergleichbar ist.

Die gleichzeitige Einwirkung von Alkalien und Wasserstoffperoxyd auf Uranylsalze führt zur Entstehung von Peruranaten. Je nach der Natur und der Konzentration des verwendeten Reagens kann man Salze von verschiedenen Reihen erhalten. So bildet sich das Natriumperuranat $Na_4UO_8 \cdot 8$—$9H_2O$ in stark alkalischen Lösungen, während man $Na_2U_2O_{10} \cdot 4H_2O$ aus schwach alkalischen Lösungen erhält. In derselben Weise kann man die Salze $K_2UO_6 \cdot 3H_2O$, $K_4UO_8 \cdot 4H_2O_2$ und $K_6U_2O_{13} \cdot 10H_2O$ aus Lösungen gewinnen, die steigende Mengen von Kaliumhydroxyd enthalten.

Tabelle 2.

Verbindung	Aktive Sauerstoffatome pro Atom U	Echte peroxydische Sauerstoffatome pro Atom U
$UO_4 \cdot 2H_2O$ (XX)	1	1
$R_2U_2O_{10} \cdot nH_2O$ (XXI) . .	1,5	1,5
$R_2UO_6 \cdot nH_2O$ (XXII) . . .	2	2
$R_2U_2O_{13} \cdot nH_2O$ (XXIII) . .	2	1
$R_4UO_8 \cdot nH_2O$ (XXIV) . .	3	1

Rosenheim macht einen Unterschied zwischen dem echten peroxydischen Sauerstoff, der aus neutralen Kaliumjodidlösungen sofort Jod frei macht und der seiner Ansicht nach in Form von $\begin{matrix} O \\ | \\ O \end{matrix}\!\!>\!M$-Gruppen vorliegt, und anderem aktiven Sauerstoff, der wie Wasserstoffperoxyd reagiert und wahrscheinlich in Form von salzbildenden M—O—O-Gruppen vorliegt. In der Tabelle 2 ist der Gehalt an gesamtem aktiven Sauerstoff und an echtem peroxydischen Sauerstoff für die verschiedenen Reihen der Peruranate angegeben. Auf dieser Grundlage kann man die Konstitutionsformeln der Verbindungen folgendermaßen wiedergeben:

* Siehe Anmerkung des Übersetzers auf S. 324.

[35] Rosenheim u. Daehr: Z. anorg. allg. Chem. 1932, **208**, 81.

$O_2{=}U{<}^{O}_{O}$ (XX)

$^{O_2}_{RO}{>}U{<}^{O}_{O}{-}^{O}_{O}{>}U{<}^{O_2}_{OR}$ (XXI)

$^{O_2}_{O_2}{>}U{<}^{OR}_{OR}$ (XXII)

$^{RO}_{RO}{>}U(O_2R)(=O_2){-}O{-}U(O_2R)(=O_2){<}^{OR}_{OR}$ (XXIII)

$O_2{=}U(OR)_2{<}^{O_2R}_{O_2R}$ (XXIV)

Die Persäuren der VII. Gruppe.

Die Arbeiten von FICHTER und Mitarbeitern über die Darstellung von Persäuren durch Einwirkung von Fluor auf wäßrige Lösungen von normalen Salzen wurden bereits erwähnt. Die vielfältige Ähnlichkeit zwischen Perchlorsäure und Schwefelsäure deutet darauf hin, daß bei der Einwirkung von Fluor als Anfangsprodukt auf Perchlorsäure das Oxyd ClO_4 oder Cl_2O_8 gebildet wird. Die Darstellung dieses Oxydes aus Jod und Silberperchlorat wurde schon von GOMBERG[36] beschrieben. In Lösung sollte sofort Hydrolyse zu Perchlorsäure und zu einer Persäure der Perchlorsäure, $HClO_5$, erfolgen, welche daher das bei der Einwirkung von Fluor auf Perchlorsäure beobachtete Produkt wäre:

$$2HClO_4 + F_2 \rightarrow Cl_2O_8 + 2HF$$
$$Cl_2O_8 + H_2O \rightarrow HClO_4 + HClO_5.$$

FICHTER und BRUNNER[37] fanden, daß eine 2n-Lösung von Perchlorsäure nach der Behandlung mit Fluor einen typischen Persäuregeruch aufwies und aus Kaliumbromid Brom freimachte — im Unterschied von dem Verhalten des Wassers nach Einwirkung von Fluor — und nachweisbare Mengen von Wasserstoffperoxyd enthielt. Hieraus konnte man schließen, daß sich eine unbeständige Persäure der Perchlorsäure gebildet hätte, jedoch ist es nicht sicher, inwieweit die Deutung der Ergebnisse der Fluoroxydation durch eine etwaige Bildung von Sauerstoffsäuren des Fluors kompliziert wird.

Perhydrat-Verbindungen.

Bei der Besprechung der Perkarbonate wurden Beispiele für Verbindungen angegeben, die Wasserstoffperoxyd in einer dem Kristallwasser entsprechenden Form enthalten. Es wurde erwähnt, daß die Natriumkarbonat-Perhydrate, z. B. $Na_2CO_3 \cdot H_2O \cdot 1{-}1{,}5 H_2O_2$, viel beständiger sind als die echten Perkarbonate und daß ihnen daher eine bedeutend größere technische Anwendungsmöglichkeit zukommt. Ebenso bilden die normalen Alkaliphosphate Perhydrate, welche beständiger sind als die echten Perphosphate.

Übereinstimmend mit dieser allgemeinen Beständigkeitsregel kann man daher in einigen Fällen Perhydrate erhalten, wo die echten persauren Salze entweder unbekannt oder zu unbeständig sind, als daß sie sich im reinen Zustand darstellen lassen. Der Unterschied zwischen den Perhydraten und den Salzen der echten Persäuren besteht darin, daß beim

[36] GOMBERG: J. Amer. chem. Soc. 1923, 45, 398.
[37] FICHTER u. BRUNNER: Helv. chim. Acta 1929, 12, 305.

Lösen der Salze in Wasser von den Perhydraten der aktive Sauerstoff sofort und vollständig in Form von Wasserstoffperoxyd abgegeben wird; die Salze der Persäuren werden demgegenüber in der Regel nur langsam zu Wasserstoffperoxyd hydrolysiert und geben daher zur sofortigen Jodabscheidung aus Kaliumjodid Anlaß; diese Jodabscheidung ist ein charakteristisches Kennzeichen der Persäuren. Die Lösungen der Perhydrate andererseits enthalten nur Wasserstoffperoxyd, welches Jod nicht sofort frei macht.

Die beiden hervorragendsten Fälle, bei denen eine Bildung von Perhydraten erfolgt und keine oder nur schlecht definierte Persäuren bekannt sind, findet man bei der Bor- und Kieselsäure. SCHWARZ und GIESE[38] erhielten einige Anhaltspunkte für das Auftreten eines Persilikats, welches wahrscheinlich die Zusammensetzung K_2SiO_4 besitzt; die Verbindung konnte aber nicht isoliert werden. Wenn man Natriummetasilikat oder andere Metasilikate in 30prozentigem Wasserstoffperoxyd löst, so erhält man Verbindungen mit aktivem Sauerstoff, bei denen es sich aber ausnahmslos um Additionsverbindungen handelt, z. B. $Na_2SiO_3 \cdot H_2O_2 \cdot H_2O$. Ein ähnliches Perhydrat der Kieselsäure, $SiO_2 \cdot H_2O_2 \cdot 2H_2O$, soll aus Wasserstoffperoxyd und Kieselsäure entstehen.

Die wichtigsten Perhydratverbindungen sind diejenigen, welche man gewöhnlich als Perborate bezeichnet. Echte Perborate, $NH_4BO_3 \cdot {}^1/_2H_2O$, $KBO_3 \cdot {}^1/_2H_2O$ werden durch Alkohol aus wasserstoffperoxydhaltigen Metaboratlösungen gefällt, während das entsprechende Natriumperborat $NaBO_3$, bei der Einwirkung von Borsäure auf Natriumhydroperoxyd, NaO_2H, entsteht. Die meisten Verbindungen, die man früher als Perborate bezeichnet hat, einschließlich derjenigen, welche eine weitgehende industrielle Verwendung gefunden haben, sind Anlagerungsverbindungen von Wasserstoffperoxyd an verschiedene Alkaliborate.

Die gewöhnlich als Natriumperborat bezeichnete Verbindung besitzt die Zusammensetzung $NaBO_2 \cdot H_2O_2 \cdot 3H_2O$. Natriumperborat ist schwer löslich; man erhält es, wenn man es unter verschiedenen Bedingungen aus alkalischen Boraxlösungen in Gegenwart von Wasserstoffperoxyd oder Natriumperoxyd auskristallisieren läßt. Ebenso entsteht es bei der Einwirkung von Natriumperkarbonat auf Natriummetaborat; außerdem läßt sich das Perborat elektrolytisch aus natriumkarbonathaltigen Lösungen, jedoch nicht aus reinen Boratlösungen, darstellen. Dieses Elektrolysenverfahren wird zur technischen Darstellung benutzt. Das trockne Perborat ist ziemlich beständig; seine Haltbarkeit wird durch Entfernung des Kristallwassers verbessert; das technische Produkt wird entwässert, indem man es mit absolutem Alkohol behandelt oder im Vakuum bei 100° trocknet. Die wäßrigen Lösungen der Verbindung geben alle Reaktionen des Wasserstoffperoxyds. Oberhalb von 50° findet Sauerstoffentwicklung statt, welche durch Kobaltoxyd, Platin und andere Katalysatoren stark beschleunigt wird. Natriumperborat wird in großem Maßstabe zur Darstellung von Waschpulvern und Bleichmitteln und ebenso als Desinfektionsmittel verwendet.

---

[38] SCHWARZ u. GIESE: Ber. dtsch. chem. Ges. 1930, **63**, 781.

Elftes Kapitel.

Neuere Chemie der Metalle.

Jeder Versuch, einen vollständigen Überblick über die neuere Entwicklung der Metallchemie zu geben, würde zwangsläufig zu einer langen und zusammenhanglosen Darstellung führen. Deshalb haben sich die Verfasser entschlossen, lieber ausführlicher einige einzelne Hauptpunkte zu behandeln, die ihnen besonders interessant erscheinen und die sich bis zu einem gewissen Grade ohne vollständige Erörterung der gesamten systematischen Chemie besprechen lassen.

Element 61.

Im Jahre 1922 gab es fünf Lücken im Periodischen System, welche anzeigten, daß die Elemente mit den Atomnummern 43, 72, 75, 85 und 87 noch nicht entdeckt wären, während außerdem noch bei den seltenen Erden die Existenz des Elements 61 außerordentlich unsicher war. Gegenwärtig sind drei von diesen fehlenden Elementen, nämlich Masurium 43[1], Hafnium 72 und Rhenium 75 mit Sicherheit festgestellt worden; bei den übrigen liegen hingegen sich gegenseitig widersprechende Angaben vor.

Element 61 steht im Periodischen System zwischen dem Neodym, das die Atomnummer 60 besitzt, und dem Samarium mit der Atomnummer 62 und sollte zu den seltenen Erden gehören, worauf auch die ältere Beweisführung[2] hinzudeuten scheint. Eder nahm zunächst bei Untersuchungen des Bogenspektrums vom Samarium an, daß dort ein neues Element vorhanden wäre. Prandtl und Grimm[3] unternahmen jedoch eine sorgfältige Fraktionierung von drei verschiedenen Proben der seltenen Erden aus der Cergruppe und konnten bei der Untersuchung der Röntgenspektren der verschiedenen Fraktionen kein Anzeichen für das Auftreten des fehlenden Elements finden. 1926 führten Harris, Yntema und Hopkins[4] eine systematische Fraktionierung von Neodym- und Samariumsalzen durch. Sie wiesen vor allem darauf hin, daß die Bogenspektren von Neodym- und Samariumpräparaten 135 gemeinsame Linien enthielten und daß diese Linien am stärksten bei den Mittelfraktionen aufträten. In den aus den Zwischenfraktionen gewonnenen Lösungen konnten sie auch neue Absorptionsbanden beobachten. Im allgemeinen sind diese Banden durch breite Banden des Neodyms und Samariums verdeckt, da sich das Element 61 bei der Fraktionierung der Magnesiumdoppelnitrate zwischen diesen beiden Elementen anreichert. Daher wurde ein abgeändertes Verfahren angewandt. Es hatte sich gezeigt, daß bei der Fraktionierung der Bromate die Reihenfolge der Löslichkeiten umgekehrt wird und daß das Gadolinium

[1] Über die Existenz des Masuriums vgl. die Anmerkung 7 des Übersetzers auf S. 329.

[2] Eine zusammenfassende Darstellung des Beweismaterials für und gegen die Existenz dieses Elements befinden sich Chem. Soc. annu. Rep. 1935, **32**, 139.

[3] Prandtl u. Grimm: Z. anorg. allg. Chem. 1924, **136**, 283.

[4] Harris, Yntema u. Hopkins: J. Amer. chem. Soc. 1926, **48**, 1585.

zwischen Nummer 61 und Samarium und daß Terbium zwischen Nummer 61 und Neodym liegt. Die Absorptionsbanden des Gadoliniums und Terbiums störten nicht diejenigen, welche man dem neuen Element zuordnete, und die des Neodyms und Samariums konnten vollständiger entfernt werden. Untersuchungen der Röntgenspektren von den Zwischenfraktionen ergaben ebenfalls Linien, deren Lage annähernd mit den für das Element 61 zu erwartenden übereinstimmte.

Das Auftreten des neuen Elements, das man als Illinium bezeichnete, wurde durch verschiedene, ungefähr zu derselben Zeit erscheinende Veröffentlichungen gestützt. Bei einer kritischen Betrachtung der von HOPKINS und Mitarbeitern gezogenen Folgerungen warf jedoch PRANDTL[5] die Frage auf, ob denn die neuen, dem Illinium zugeschriebenen Absorptionsbanden in Lösungen tatsächlich auf ein neues Element zurückzuführen wären; er wies auch darauf hin, daß die L_α- und L_β-Linien in dem Röntgenspektrum des Elementes 61 wahrscheinlich durch kleine Mengen von Platin, Barium und Brom hervorgerufen wären.

Von da ab konnte die Existenz des Illiniums nicht mehr bestätigt werden, trotzdem verschiedene sorgfältige Untersuchungen durchgeführt wurden. Besonders untersuchte I. NODDACK[6] die Röntgensprekten verschiedener Arten von seltenen Erden, bei denen eine Anreicherung an Illinium wahrscheinlich war; die Ergebnisse waren jedoch vollkommen negativ. Bei der Diskussion über die Möglichkeit, ob dieses Element isoliert werden könnte, wies NODDACK darauf hin, daß das scheinbare Nichtvorhandensein dieses Gliedes in der Gruppe der seltenen Erden möglicherweise auf seine Unbeständigkeit zurückzuführen wäre. Man muß in diesem Zusammenhang berücksichtigen, daß Samarium radioaktiv ist und ein α-Teilchen verliert; es ist daher sehr wohl möglich, daß das Element 61 ebenfalls einen Kernzerfall erleidet. Allerdings hat sich abgesehen vom Zerfall des Samariums selbst kein weiteres Anzeichen für eine derartige Radioaktivität ergeben. Eine andere Annahme besteht darin, daß das Element 61 möglicherweise ebenso wie Europium und Samarium eine starke Neigung zeigt, im zweiwertigen Zustand aufzutreten. Wenn das der Fall wäre, so sollte man erwarten, daß das Element in den Erdalkalien enthaltenden Mineralien angetroffen wird; jedoch hat sich bisher auch hier kein Anzeichen dafür ergeben. Wenn man den gegenwärtigen Stand des Problems zusammenfassen will, so muß man feststellen, daß es höchst zweifelhaft ist, ob das Element bisher überhaupt isoliert worden ist, wenn auch die Arbeiten von HOPKINS und Mitarbeitern als durchaus überzeugend erscheinen[7]. Die Frage verdient noch weiter untersucht und bearbeitet zu werden.

[5] PRANDTL: Z. angew. Chem. 1926, **39**, 897, 1333.

[6] NODDACK, I.: Z. angew. Chem. 1934, **47**, 301.

[7] In neuester Zeit wurden in die Entdeckung des Elements 43 starke Zweifel gesetzt, vor allem auf Grund einer empirisch aufgefundenen, durch HEISENBERGs kernphysikalische Arbeiten begründeten und experimentell vielfach bestätigten Regel (MATTAUCHsche Regel) über die Beständigkeit einzelner Kerne mit bestimmten Massen. Auf Grund dieser Regel muß man zu der Erkenntnis kommen, daß sowohl das Element 43 (Masurium) als auch das Element 61 (Illinium) als stabile Elemente in der Natur nicht vorkommen. Es wurde jedoch inzwischen ein künstliches radioaktives Isotop des Elements 43 von SEGRÈ und Mitarbeitern gefunden (vgl. S. 339).

Element 85 und 87.

Die Suche nach diesen beiden Elementen zeigt im Falle des Elements 87, das ein Alkalimetall sein sollte, einen besseren Erfolg, als es beim Element 85 der Fall ist, welches zu den Halogenen gehören sollte. Im Jahre 1931 arbeiteten PAPISH und WAINER[8] 10 kg eines uranreichen Samarskit auf, der Rubidium und Cäsium enthielt, und stellten ein an Alkali reiches Konzentrat her. Die Darstellung erfolgte durch Erhitzen des fein gemahlenen Minerals im Chlorwasserstoffstrom auf 1000°. Die flüchtigen Bestandteile wurden zu Sulfaten umgesetzt, von Eisen befreit und durch Fällen mit Perchlorsäure daraus ein Konzentrat hergestellt, das einen großen Teil des vorhandenen Kaliums, Rubidiums und Cäsiums enthielt. Die Alkalimetalle wurden in ihre Sulfate überführt und darauf durch Behandlung mit Aluminiumsulfat die Alaune hergestellt, welche dann einer fraktionierten Kristallisation unterworfen wurden. In der unlöslichsten Fraktion der Alaune ergaben Röntgenuntersuchungen die Anwesenheit des Elements 87, da 5 Linien vorhanden waren, deren Lage mit den nach der MOSELEYschen Beziehung berechneten übereinstimmte. Aus diesen Untersuchungen konnte man also schließen, daß das Element 87 ein Alkalimetall wäre, dessen Chlorid bei 1000° flüchtig ist und das den am wenigsten löslichen Alkalialaun bildet.

Andere Forscher konnten dieses Element nicht nachweisen. BAINBRIDGE[9] versuchte beispielsweise vergeblich, es in Cäsiumpräparaten zu entdecken, die er aus Pollucit und Lepidolithglimmer erhalten hatte. Ebenso blieben alle Versuche erfolglos, die von der Annahme ausgingen, daß es sich bei dem fehlenden Element um ein Glied einer radioaktiven Reihe handle.

Der einzige bestätigende Beweis für die Existenz des Elements 87 beruht auf dem magnetooptischen Verfahren von ALLISON[10]. Es wurde auch die Ansicht geäußert, daß dieses Verfahren das Vorkommen des Elements 85 anzeigt. Das magnetooptische Verfahren[11] benutzt die Tatsache, daß die Polarisationsebene des Lichtes durch eine Flüssigkeit gedreht wird, wenn die Flüssigkeit der Wirkung eines magnetischen Feldes ausgesetzt wird. Man bezeichnet diese Erscheinung als Faradayeffekt und nimmt gewöhnlich an, daß zwischen dem Anlegen des Feldes und der Auslösung des Effektes keine Verzögerung auftritt. ALLISON ist jedoch der Ansicht, daß eine Verzögerung erfolgt und daß „jede chemische Verbindung ohne Rücksicht auf die Gegenwart anderer Stoffe ihr charakteristisches Minimum (oder ihre Minima) in der Lichtintensität

---

und mit Hilfe desselben die Chemie des Elements 43 erforscht. Bevor eine Stellungnahme über die Entdeckung des Elements 43 möglich ist, müßte also der Nachweis erbracht werden, daß die chemischen Eigenschaften mit denen des von SEGRÉ aufgefundenen künstlichen Isotops identisch sind. Auf Einzelheiten kann hier nicht weiter eingegangen werden, es sei aber auf folgende Veröffentlichungen hingewiesen: MATTAUCH, J.: Z. Phys. 1934, **91**, 361 — JENSEN, K.: Naturwiss. 1938, **26**, 381; 1939, **27**, 793, 849. — SEGRÉ: Nature 1937, **140**, 193. — SCHINTLMEISTER, J.: Österr. Chem.-Ztg. 1938, **41**, 315.

[8] PAPISH u. WAINER: J. Amer. chem. Soc. 1931, **53**, 3818.

[9] BAINBRIDGE: Physic. Rev. 1929, [II], **34**, 752.

[10] ALLISON: J. Amer. chem. Soc. 1930, **52**, 3796.

[11] Vgl. Chem. Soc. annu. Rep. 1935, **32**, 142.

hervorruft, die noch zu beobachten sind, bis die Konzentration auf 1 Teil auf 10^{11} Teile herabgesetzt ist". Das Verfahren soll eine außerordentlich empfindliche Methode sein, um in Lösungen Ionen mit einem bestimmten Äquivalentgewicht nachzuweisen.

ALLISON und MURPHY[12] erklärten, daß sie auf diesem Wege das Element 87 in einigen Proben von Pollucit- und Lepidolitherzen nachgewiesen hätten. Zwei Jahre später[13] wurden die Ergebnisse einer ausführlicheren Untersuchung über die Elemente 85 und 87 veröffentlicht. Dabei hatte sich ergeben, daß verschiedene Stoffe das Element 87 enthielten; allerdings lagen in allen beobachteten Fällen die Konzentrationen in der Größenordnung von etwa $1:10^{12}$ bis 10^{8}. Das gleiche positive Ergebnis wurde für das Element 85 angegeben, für welches der Name Alabamin vorgeschlagen wurde; weiterhin sind bereits verschiedene Reaktionen des neuen Elements angedeutet worden. So soll ein Konzentrat hergestellt sein, das angeblich $2{,}5 \cdot 10^{-6}$ g Alabamin in Form des Lithiumalabamids enthielt. Die Peralabamate wurden als die beständigsten Oxydationsprodukte der Alabamide bezeichnet. Leider bestehen starke Zweifel an der Richtigkeit der Schlußfolgerungen von ALLISON[14], und man neigt gegenwärtig dazu, die nach dem magnetooptischen Verfahren erhaltenen Ergebnisse als vollkommen spekulativ anzusehen.

In der neuesten Zeit hat man im Röntgenspektrum von aus Pollucit dargestellten Alkalikonzentraten Linien beobachtet, welche dem fehlenden Element 87 zugeschrieben wurden[15]. Man kann zu der Überzeugung gelangen, daß das Element 87 wahrscheinlich radioaktiv ist und infolge des radioaktiven Zerfalls möglicherweise nur in geringer Konzentration in der Erdrinde vorkommt.

Hafnium.

Die Entdeckung des Hafniums im Jahre 1923 war eine natürliche Folge der Entwicklung der BOHR-BURYschen Theorie des Atombaues, nach der das Element 72 ein Homologes des Zirkoniums sein sollte. Nach der älteren Theorie von LANGMUIR müßte dieses Element das letzte aus der Gruppe der seltenen Erden sein. 1923 untersuchten COSTER und HEVESY die Röntgenspektren einer Reihe von Zirkoniummineralien und entdeckten dabei 6 Linien, welche sie dem fehlenden Element zuordnen konnten. Bei diesem Verfahren zeigte sich, daß sämtliche Zirkonmineralien das neue Element enthielten, dem man den Namen Hafnium gab. Alvit, ein kompliziertes Orthosilikat der Zusammensetzung $(ZrHfTh)O_2 \cdot SiO_2$, enthielt 34 Prozent Zirkonoxyd und 13 Prozent Hafniumoxyd, während üblicherweise Konzentrationen von einigen Prozenten gefunden wurden. Man schätzt, daß Hafnium in der Erdrinde so häufig vorkommt wie Thorium und etwa ein Zehntel so häufig wie Zirkonium. Tatsächlich kann nur die außerordentlich große chemische Ähnlichkeit zwischen Zirkonium und Hafnium daran schuld sein, daß das Hafnium nicht bereits früher auf chemischem Wege isoliert wurde.

---

[12] ALLISON u. MURPHY: Physic. Rev. 1930, **35**, 285.

[13] ALLISON, F. E., E. R. BISHOP, A. C. SOMMER und J. H. CHRISTENSEN: J. Amer. chem. Soc. 1932, **54**, 613, 616.

[14] Vgl. Chem. Soc. annu. Rep. 1935, **32**, 142.

[15] HULUBEI: C. R. hebd. Séances Acad. Sci. 1936, **202**, 1927.

COSTER und HEVESY[16] führten die chemische Trennung des Hafniums vom Zirkonium in der Weise durch, daß sie Zirkonium — zusammen mit Hafnium — in der üblichen Weise aus den zu untersuchenden Stoffen isolierten und dann mit Kaliumbifluorid schmolzen. Die so gebildeten Doppelfluoride, K_2ZrF_6 und K_2HfF_6, konnten dann durch fraktionierte Kristallisation aus wäßriger Lösung voneinander getrennt werden, da das Hafniumsalz löslicher ist. Ein anderer Weg besteht darin, daß man zu dieser Fraktionierung die Doppelfluoride $(NH_4)_2ZrF_6$ und $(NH_4)_2HfF_6$ benutzt.

DE BOER und Mitarbeiter erreichten eine befriedigende Trennung des Hafniums und Zirkoniums, indem sie die Tatsache benutzten, daß das Zirkonphosphat in konzentrierten Säuren löslicher ist als das Hafniumphosphat. So kann man ein Gemisch der Zirkonium- und Hafniumphosphate in einer freie Phosphorsäure enthaltenden Lösung von Salzsäure und Ammoniumbifluorid lösen. Danach wurde eine ausreichende Menge Borax zugesetzt, um die Fällung als Phosphat auf die Hälfte des vorhandenen Metalls zurückzudrängen; die Wirkung des Borax bestand darin, daß das p_H der Lösung herabgesetzt wurde. Der an Hafnium angereicherte Niederschlag wird wieder in dem Säuregemisch gelöst und nochmals zur Hälfte ausgefällt. Wenn man von einer Phosphatmischung ausgeht, die 20 Prozent des gesamten Metalls in Form von Hafnium enthält, so gelangt man nach achtmaliger Wiederholung dieser Operationen zu einem Niederschlag mit 85 Prozent Hafnium[17]. Dieser Vorgang läßt sich auch auf weniger Hafnium enthaltende Ausgangsmaterialien anwenden, wobei allerdings eine größere Zahl von Fraktionierungen erforderlich ist. Die Reingewinnung der Hafniumsalze erfolgt schließlich, indem die Phosphate aus diesen mit Schwefelsäure angesäuerten hafniumreichen Konzentraten fraktioniert ausgefällt werden[18].

Ein anderes Darstellungsverfahren besteht darin, daß man die beiden Additionsverbindungen $2ZrCl_4 \cdot PCl_5$ und $2HfCl_4 \cdot PCl_5$, die beim Schmelzen des gemischten Zirkon-Hafniumtetrahalogenids mit Phosphorpentachlorid entstehen, unter vermindertem Druck fraktioniert destilliert. Es hat sich gezeigt, daß bei der Destillation unter vermindertem Druck die flüchtigen Fraktionen an Hafnium angereichert sind. Außerdem sind noch verschiedene andere Verfahren zur Trennung entwickelt worden.

Metallisches Hafnium wurde durch Zersetzung von Kaliumfluohafniat, K_2HfF_6, oder von Hafniumtetrachlorid mit Natrium dargestellt. Ebenso kann man es durch thermische Zersetzung von dampfförmigem Hafniumtetrajodid an einem heißen Netzwerk erhalten[19]. Der Schmelzpunkt des Metalls liegt bei 2220°; seine Dichte schwankt zwischen 12,1 und 13,3. Die entsprechenden Werte für metallisches Zirkon sind 1530° bzw. 6,4. Das Hafnium ähnelt in seinem Aussehen und in seiner Kristallstruktur dem Zirkonium; seine Elektronenemission ist größer als die des Zirkons[20].

---

[16] Vgl. v. HEVESY, G.: Das Element Hafnium. Berlin: Julius Springer 1927.
[17] DE BOER, u. KOETS: Z. anorg. allg. Chem. 1927, **165**, 21.
[18] DE BOER, u. BROOS: Z. anorg. allg. Chem. 1930, **187**, 190.
[19] DE BOER, u. FAST: Z. anorg. allg. Chem. 1930, **187**, 193.
[20] VAN ARKEL, u. DE BOER: Z. anorg. allg. Chem. 1925, **148**, 345.

Es findet eine beschränkte Anwendung bei der Herstellung von Wolframfäden, bei denen es die Rekristallisation des Wolframs verhindert.

Die allgemeinen chemischen Eigenschaften des Hafniums und Zirkoniums sind sich außerordentlich ähnlich. Hafnium bildet ein dem Zirkonoxyd, ZrO_2, analoges amphoteres Oxyd HfO_2, welches basischer ist als das Zirkonoxyd. Man erhält es, wenn man das Hydroxyd, Sulfat oder Oxalat erhitzt; es ist außerordentlich schwer schmelzbar, sein Schmelzpunkt liegt bei ungefähr 2800°. In diesem Zusammenhang sei erwähnt, daß auch das Doppelcarbid, $HfC \cdot 4TaC$, einen außergewöhnlich hohen Schmelzpunkt besitzt (3942°).

Die Halogenide des Hafniums gehören dem normalen Typ HfX_4 an und zeigen eine große Ähnlichkeit mit den entsprechenden Zirkonverbindungen. Das Tetrachlorid ist bei 250° flüchtig und wird durch Wasser unter Bildung der Oxychloride, $HfOCl_2$ und $Hf_2O_3Cl_2 \cdot 5H_2O$, zersetzt, die weniger gut löslich sind als die Zirkoniumoxychloride. Hafniumsulfat, $Hf(SO_4)_2$, wird unterhalb von 500° durch Hitze nicht zersetzt, während bei der Zirkoniumverbindung bei 400° Zersetzung erfolgt. Von den anderen analogen Verbindungen des Hafniums und Zirkoniums sollen die Acetylacetonate $Zr(C_5H_7O_2)_4 \cdot 10H_2O$ und $Hf(C_5H_7O_2)_4 \cdot 10H_2O$ erwähnt werden, die auch beide in wasserfreier Form vorkommen[21]. Die beiden Verbindungen schmelzen bei 193—195°. Ihre Löslichkeiten in Äthylenbromid sind recht verschieden; von der Zirkonverbindung lösen sich bei 25° 0,0907 Grammol pro Liter, während für Hafnium bei derselben Temperatur die Löslichkeit mit 0,620 angegeben ist.

Protaktinium.

Als Mendelejeff zuerst das Periodische System aufstellte, befand sich unter den noch fehlenden Elementen das vor dem Uran stehende Element, welches Mendelejeff als Eka-Tantal bezeichnete. Dieses Element trägt jetzt den Namen Protaktinium (Atomnummer 91) und ist deshalb erwähnenswert, weil es erst in ganz neuer Zeit in einer zur Bestimmung seines Atomgewichtes auf chemischem Wege ausreichenden Menge erhalten werden konnte. Das Element wurde unabhängig von Hahn und Meitner im Jahre 1917 und von Soddy und Cranston im Jahre 1918 entdeckt. Diesen Forschern war es jedoch nur als ein Glied einer radioaktiven Zerfallsreihe bekannt, von dem man damals annahm, daß es aus Uran Y durch Verlust von α-Teilchen entstand und weiter unter Abgabe von α-Strahlung in Aktinium umgewandelt wurde.

Die Halbwertszeit des Protaktiniums beträgt etwa $3 \cdot 10^4$ Jahre; da Uranmineralien ungefähr 8 Gramm Protaktinium auf 10 Gramm Radium enthalten, so müßte die Reindarstellung des Elements in wägbaren Mengen möglich sein. Die Darstellung konnte zum ersten Male im Jahre 1927 von A. von Grosse[22] durchgeführt werden, der 2 Milligramm reines Pa_2O_5 aus Pechblende isolierte. In dem folgenden Jahre wurden 9 Milligramm des reinen Oxyds erhalten, während es Graue und Käding[23]

[21] v. Hevesy u. Lögstrup: Ber. dtsch. chem. Ges. 1926, **59**, 1890.
[22] v. Grosse, A.: Nature 1927, **120**, 621; Ber. dtsch. chem. Ges. 1928, **61**, 233.
[23] Graue u. Käding: Z. angew. Chem. 1934, **47**, 650.

im Jahre 1934 durch Aufarbeiten von 5,5 Tonnen Joachimsthaler Radiumrückstände gelang, 0,5 Gramm Protaktinium in Form des Salzes K_2PaF_7 zu gewinnen. Ungefähr zu derselben Zeit konnten v. GROSSE und AGRUSS weitere 0,1 Gramm des Oxyds darstellen[24]. Die Extraktion des Protaktiniums ist eine mühselige Arbeit, die man nach den folgenden, der Arbeit von v. GROSSE[25] entnommenen Angaben beurteilen kann. Die beschriebene Aufarbeitung wurde in halbtechnischem Maßstab durchgeführt.

Als Ausgangsmaterial wurde ein Pechblenderückstand benutzt, der ungefähr folgende Hauptbestandteile enthielt:

Tabelle 1.

SiO_2 . .	60 Prozent	Al_2O_3 . .	5 Prozent	MgO . .	0,5 Prozent
Fe_2O_3 .	22 „	MnO . .	1 „	Ti	0,3 „
PbO . .	8 „	CaO . .	0,6 „	Zr + Hf .	0,1 „

Der Protaktiniumgehalt des Materials betrug 300 mg Pa_2O_5 pro metrische Tonne, was einer Konzentration von 1:3000000 entspricht. Die reichsten Pechblenden enthalten ungefähr 200 mg pro Tonne. Die drei Hauptschritte bei der im großen Maßstabe durchgeführten Extraktion sind folgende:

1. Zweistündiges Auslaugen mit heißer 25prozentiger Salzsäure bei 95°. Dadurch wird das Eisen ebenso wie die stärker basischen Oxyde und die Hauptmenge des Bleis entfernt. Der Rückstand besteht aus Kieselsäure und kleinen Mengen der weniger basischen Oxyde, wie vor allem Zirkon- und Titanoxyd. Der Gehalt an Protaktinium in diesem Rückstand beträgt etwa 1:2000000.

2. und 3. Der Rückstand wurde darauf mit Natriumhydroxyd geschmolzen, das gebildete Natriumsilikat aus der Schmelze ausgelaugt und die Lösung dann mit Salzsäure angesäuert. Dabei verteilt sich das Protaktinium zwischen der gefällten Kieselsäure — die ungefähr 70 Prozent enthält — und der sauren Lösung, in welcher sich der Rest befindet. Durch Zusatz von Phosphorsäure und einem Zirkonsalz wurde das Protaktinium aus der Lösung zusammen mit dem Zirkon als Phosphat gefällt. Die gleichzeitige Fällung des Zirkoniums und Protaktiniums verläuft unter diesen Bedingungen quantitativ. Vor dieser Fällung muß ein Überschuß von Wasserstoffperoxyd hinzugefügt werden, um das Titan in Pertitansäure zu überführen und so zu vermeiden, daß es mit dem Zirkon zusammen gefällt wird. Der koagulierte Kieselsäurerückstand wurde mit 20prozentigem Natriumhydroxyd behandelt, der Rückstand in Salzsäure gelöst und aus der Lösung wie vorher das Protaktinium zusammen mit Zirkonium als Phosphat gefällt. Wenn man von 1000 kg Rückstand ausging, so erhielt man auf dem beschriebenen Wege 4,9 kg Zirkonphosphat, die 250 mg Protaktinium in einer Konzentration von 1:20000 enthielten. Nach Entfernung der Phosphor- und Kieselsäure wurde diese Konzentration auf 1:5000 erhöht; die Ausbeute betrug etwa 75 Prozent.

---

[24] v. GROSSE, u. AGRUSS: J. Amer. chem. Soc. 1934, **56**, 2200.

[25] v. GROSSE: Ind. Engng. Chem. 1935, **27**, 422; s. auch Chem. Soc. annu. Rep. 1935, **32**, 144.

In dem auf obigem Wege in großem Maßstabe gewonnenen Material kann man laboratoriumsmäßig durch fraktionierte Kristallisation des Zirkonoxychlorids aus Salzsäure eine weitere Anreicherung erzielen, und zwar erfolgt diese in der Lösung. Man kann auch durch fraktionierte Fällung als Zirkonphosphat zu einer Anreicherung gelangen. Wenn die Konzentration an Protaktinium ungefähr den Wert von 10 Prozent erreicht hat, so läßt sich die Hauptmenge des Zirkoniums durch Sublimieren des Chlorids entfernen und aus der sauren Lösung das Protaktiniumpentoxyd mittels Wasserstoffperoxyd ausfällen[26].

Das Protaktiniumpentoxyd erwies sich auf Grund seiner Reaktionen als ein basisches Oxyd, während die Pentoxyde des Tantals, Niobiums und Vanadins sauren oder amphoteren Charakter besitzen. Wenn man beispielsweise eine tantalhaltige Zirkon-Protaktiniummischung mit Kaliumkarbonat schmilzt, so geht wenigstens ein Teil des Tantals in Lösung, während das Protaktinium im Rückstand verbleibt. Protaktiniumpentoxyd wird durch Wasserstoffperoxyd in schwefelsaurer Lösung gefällt, nicht hingegen Tantalpentoxyd. Die Oxyde der beiden Elemente lösen sich leicht in Flußsäure und werden aus dieser Lösung durch Ammoniak wieder ausgefällt. Wenn man das Pentoxyd bei 550° mit Kohlenoxychlorid behandelt, so wird es in das Pentachlorid überführt.

$$Pa_2O_5 + 5\,COCl_2 = 2\,PaCl_5 + 5\,CO_2.$$

Das Halogenid sublimiert dabei in fast farblosen Nadeln, die bei 301° schmelzen und etwas unterhalb dieser Temperatur zu sublimieren beginnen. Das kristalline, komplexe Fluorid, K_2PaF_7, wurde durch Lösen des Oxydes in Flußsäure und Zusatz von Kaliumfluorid dargestellt; die Verbindung entspricht dem Fluotantalat, K_2TaF_7.

Metallisches Protaktinium ist nach zwei Verfahren gewonnen worden[27]. Bei dem ersten wurde das Pentoxyd auf eine Kupferscheibe gebracht und im Hochvakuum mit Elektronen beschossen, wobei nach Abspaltung von Sauerstoff eine glänzende, teilweise gesinterte, luftbeständige Metallmasse zurückblieb. Außerdem erhielt man das Metall durch Zersetzung des Dampfes von Protaktiniumchlorid, -bromid oder -jodid an einem hoch erhitzten Wolframfaden.

Das chemische Atomgewicht des Protaktiniums wurde durch von Grosse[28] aus dem Verhältnis $K_2PaF_7 : Pa_2O_5$ bestimmt. Man erhält das Oxyd aus dem komplexen Fluorid, wenn man dieses mit konzentrierter Schwefelsäure erhitzt, das Hydroxyd durch Zusatz von Ammoniak fällt und dann bis zum konstanten Gewicht glüht. Der für das Atomgewicht gefundene Wert betrug $230{,}6 \pm 0{,}5$. Dieser direkt bestimmte Wert stimmt mit der Stellung des Elements in der radioaktiven Zerfallsreihe überein. Es sei darauf hingewiesen, daß er niedriger ist als der Wert für das Atomgewicht des Thoriums, das mit der Atomnummer 90 dem Protaktinium im Periodischen System vorausgeht. Das Atomgewicht des Thoriums beträgt 232,1 und wir haben somit neben den bekannten Fällen Argon-Kalium, Kobalt-Nickel und Tellur-Jod ein

[26] v. Grosse, u. Agruss: J. Amer. chem. Soc. 1934, **56**, 2200.
[27] v. Grosse: J. Amer. chem. Soc. 1934, **56**, 2200.
[28] v. Grosse: Proc. Roy. Soc. 1935, A, **150**, 363.

weiteres anormales Elementepaar mit der umgekehrten Reihenfolge von Atomnummer und Atomgewicht.

Polonium.

Das Element Polonium oder Radium F mit dem Atomgewicht 210 und der Atomnummer 84 ist ein Glied der radioaktiven Reihe Uran-Radium. Es zersetzt sich unter Abgabe von α- und γ-Strahlung zu Radium G oder Radium-Blei, welches das Endprodukt der Zerfallsreihe ist; die Halbwertszeit des Poloniums beträgt 138 Tage. Im Periodischen System steht das Polonium in der VI. Gruppe, d. h. es ist ein Glied der Sauerstoff-Schwefelreihe und chemisch mit dem Tellur verwandt. In den letzten Jahren hat sich ein beträchtliches Beweismaterial gesammelt, welches diese Stellung im Periodischen System bestätigen soll; deshalb wollen wir dieses Element hier besprechen.

Polonium wurde im Jahre 1898 von Madame CURIE als Bestandteil der Joachimsthaler Pechblende entdeckt. Als Grundlage zu seiner Anreicherung wurde die übliche analytische, gruppenweise Trennung benutzt. Die Pechblende wird durch Rösten mit Natriumkarbonat aufgeschlossen; der Karbonatüberschuß wird dann durch Auslaugen mit warmem Wasser entfernt. Beim Behandeln mit verdünnter Schwefelsäure löst sich das Uran, und es bleibt ein Rückstand übrig, der Blei, Calcium, Barium, Radium und zahlreiche Schwermetalle enthält, unter denen sich auch das Polonium befindet. Der nächste Schritt der Aufarbeitung besteht darin, daß man den Rückstand mit Salzsäure behandelt; dabei bleibt das Radium in Form des unlöslichen Sulfates zurück. Beim Einleiten von Schwefelwasserstoff in die salzsaure Lösung werden die Sulfide des Poloniums, Wismuts, Kupfers, Bleis, Antimons und Arsens gefällt; aus dem Filtrat der Schwefelwasserstoffällung erhält man durch Oxydation mit Chlor und durch Zusatz von Ammoniak einen dritten aktiven Niederschlag, der neben den seltenen Erden Aktinium enthält.

Von Zeit zu Zeit wurden verschiedene Abwandlungen dieses Verfahrens zur Aufarbeitung der Pechblende benutzt. Bald nach der Entdeckung des Poloniums sind auch einige Beobachtungen über seine Chemie mitgeteilt worden. So zeigte sich, daß das Poloniumsulfid weniger gut löslich ist als die Sulfide des Wismuts und Bleis und daß es eine größere Flüchtigkeit als das Wismutsulfid besitzt. Die Verbindungen des Poloniums hydrolysieren leicht und lassen sich ohne Schwierigkeiten reduzieren; ebenso wird es leicht bei der Elektrolyse abgeschieden (vgl. weiter unten). In der Radioaktivität des Poloniums besitzt man ein bequemes Mittel zur Untersuchung seiner Eigenschaften und seines Verhaltens; tatsächlich war dies auch der einzige Weg zu seiner Erforschung, da man das Element selbst niemals in derartig ausreichenden Mengen zur Verfügung hatte, um chemische Untersuchungen im gewöhnlichen Maßstabe durchzuführen.

Die Anreicherung an Polonium wird durch die Tatsache sehr erleichtert, daß sich das Element aus seiner Lösung quantitativ auf einen eingetauchten Silber-, Kupfer- oder Nickelstab niederschlägt. Nach Messungen von HAÏSSINSKY[29] besitzt es unter verschiedenen Aciditäts-

[29] HAÏSSINSKY: J. Chim. Physique Rév. gén. Colloides 1932, **29**, 453; 1933, **30**, 27.

und Alkalitätsbedingungen stets eine niedrige Abscheidungsspannung. Stannochlorid bewirkt ebenfalls eine quantitative Fällung des Elements aus den Lösungen.

Die Trennung der Poloniumkonzentrate läßt sich bequemer durchführen, wenn man vom Radium D, einer Zwischenstufe der radioaktiven Zerfallsreihe Radium — Polonium, ausgeht.

Die Umwandlung wird durch folgende Zerfallsgleichung dargestellt:

$$^{210}_{82}\mathrm{Pb}\ (\text{Radium D}) \xrightarrow{\beta} {}^{210}_{83}\mathrm{Pb} \xrightarrow{\beta} {}^{210}_{84}\mathrm{Pb}\ (\text{Radium F oder Polonium}).$$

Das aus Uranmineralien isolierte Blei enthält Radium D, ein Isotop des Bleis mit einer Halbwertszeit von etwa 20 Jahren. Beim Aufbewahren reichert sich dieses Bleipräparat an Polonium an, und nach einiger Zeit kann man das Element entweder durch Elektrolyse oder, indem man es auf ein Metall niederschlägt, abtrennen. Der aktive Niederschlag, den man in alten Emanationsröhren findet, ist ebenfalls eine bequem zugängliche Quelle zur Darstellung von Radium D oder Polonium; dieser Niederschlag kann ebenfalls in Säure gelöst werden, worauf das Polonium auf einen eingetauchten Metallstreifen abgeschieden wird.

Das Studium der Chemie des Poloniums hat in den letzten Jahren große Fortschritte gemacht, und zwar durch eine interessante Anwendung des Prinzips des Isomorphismus. Es hatte sich gezeigt, daß das Polonium mit einigen Metallsalzen bekannter Zusammensetzung zusammen auskristallisiert; man benutzte dabei die Radioaktivität des Elements zur Bestimmung seiner Konzentration in Kristall und Mutterlauge. Die auf diesem Wege gewonnenen Erkenntnisse ermöglichten es, die Formeln einiger Poloniumverbindungen mit ziemlicher Sicherheit aufzustellen. So konnte man Natriumtellurid erhalten, indem man eine Lösung von Natriumhyposulfit, $Na_2S_2O_4$, auf poloniumhaltiges Tellur einwirken ließ. Die Verteilung des Poloniums zwischen dem kristallinen Natriumtellurid und der Mutterlauge war konstant und zeigte an, daß sich eine Verbindung Na_2Po gebildet hatte, die mit dem Tellurid isomorph war[30]. In Ergänzung dieser Arbeit konnte gezeigt werden, daß Poloniumdibenzyl, $Po(CH_2C_6H_5)_2$, und Tellurdibenzyl, $Te(CH_2C_6H_5)_2$, ebenfalls isomorph sind und daß es vom Polonium auch ein flüchtiges Methylderivat, $Po(CH_3)_2$, gibt. Ebenso liegen auch Anzeichen dafür vor, daß Polonium ein flüchtiges Carbonyl bildet[31].

Die Arbeit von Guillot[32] führte zu der Erkenntnis, daß das Polonium auch im dreiwertigen oder vierwertigen Zustand auftreten kann. Beim Zusatz von Natriumdithiocarbamat zu einer wismutsalzhaltigen Lösung entsteht ein Niederschlag, von dem man annimmt, daß er aus dem Dithiocarbamat des dreiwertigen, sechsfach koordinierten Poloniums besteht. In der Verbindung $(NH_4)_3POCl_6 \cdot H_2O$ soll das Polonium im vierwertigen Zustand vorliegen und mit der entsprechenden Iridiumverbindung isomorph sein. Ebenso ist die Verbindung $(NH_4)_2PoCl_6$

[30] Chlopin u. Samartseva: C. R. Acad. Sci. URSS 1934, **4**, 433.
[31] Curie u. Lecoin: C. R. hebd. Séances Acad. Sci. 1931, **192**, 1453.
[32] Guillot: C. R. hebd. Séances Acad. Sci. 1930, **190**, 127, 590; J. Chim. Physique Rév. gén. Colloides 1931, **28**, 14, 92.

mit den entsprechenden Komplexsalzen $(NH_4)_2PbCl_6$, $(NH_4)_2TeCl_6$ und $(NH_4)_2SnCl_6$ isomorph, wenn gleichzeitig ein Überschuß von Chlor anwesend ist und mit $(NH_4)_2PtCl_6$ sogar in Abwesenheit von Chlor. Polonium soll in diesem Fall vierwertig sein; dasselbe gilt für das Hydroxyd, dem man die Formel $O{=}Po(OH)_2$ zuordnet.

Das Acetylacetonat des Poloniums ist von SERVIGNE[33] untersucht worden; SERVIGNE fand, daß das Hydroxyd in Acetylaceton löslich ist. Das nach dem Abdampfen gewonnene Produkt löst sich in Chloroform, Benzol, Alkohol oder Aceton. Beim fraktionierten Kristallisieren der gemischten Acetylacetonate des Thoriums, Aluminiums und Poloniums zeigt sich, daß sich das Polonium beim Thorium anreichert, eine Tatsache, die wieder darauf hindeutet, daß auch unter diesen Bedingungen das Polonium vierwertig auftritt. Das elektrochemische Verhalten des Poloniums stimmt gleichfalls mit dem Vorhandensein von zwei Valenzzuständen überein[34], wobei das Element mit großer Leichtigkeit von dem einen in den anderen Zustand übergeht. In der Spannungsreihe wurde das Polonium zwischen Tellur und Silber eingereiht.

Masurium.

Das fehlende Element mit der Atomnummer 43, dem man den Namen Masurium gegeben hat, wurde im Jahre 1925 von NODDACK, TACKE und BERG[35] im Verlauf einer Untersuchung der Röntgenspektren von Konzentraten aus den Platinerzen Columbit, Tantalit, Gadolinit und verschiedenen anderen Mineralien entdeckt[36]. Zu derselben Zeit wurde das Element 75, das Rhenium, aufgefunden; diese beiden Elemente kommen in der Natur meist gemeinsam vor. Zu ihrer Konzentrierung benutzt man die Flüchtigkeit der Oxyde oder die Fällung als Sulfid. Als Beispiel für das Anreicherungsverfahren soll die Aufarbeitung von Ural-Platinerz beschrieben werden. Die beim Behandeln von etwa 80 Gramm des Minerals mit Königswasser gewonnene Lösung wurde zur Trockne eingedampft und der Rückstand zur Vertreibung aller sublimierbaren Stoffe abwechselnd in Wasserstoff und in Sauerstoff stark geglüht. Das Sublimat schied sich in Zonen ab, die den verschiedenen Flüchtigkeiten der einzelnen Bestandteile entsprachen; es bestand hauptsächlich aus den Oxyden des Rutheniums, Osmiums und Arsens. Außerdem erhielt man jedoch noch eine kleine, aus weißen Nadeln bestehende Menge des Sublimats; diese Nadeln konnten im Sauerstoffstrom bei 400° von neuem sublimiert werden und wurden von Schwefelwasserstoff geschwärzt. Die gewonnene Menge betrug ungefähr 1 mg, so daß mit den Elementen 43 und 75 Röntgenuntersuchungen durchgeführt werden konnten.

---

[33] SERVIGNE: C. R. hebd. Séances Acad. Sci. 1933, **196**, 264—266.

[34] HAÏSSINSKY u. GUILLOT: J. physic. Radium 1934, [II], **5**, 419.

[35] NODDACK, TACKE u. BERG: Z. angew. allg. Chem. 1925, **38**, 1157; Naturwiss. 1925, **13**, 567.

[36] Anmerkung des Übersetzers: Die Existenz des Masuriums als stabiles Element muß heute als außerordentlich unwahrscheinlich gelten, da festgestellt wurde, daß ein Kern mit der Masse 43 nicht beständig sein kann. Vgl. die Anmerkung des Übersetzers auf S. 329.

Die K_{α_1}-, K_{α_2}- und K_{α_3}-Linien des Elements 43 wurden identifiziert; es ergaben sich die Wellenlängen 0,672, 0,675 und 0,601 Å. Im Vergleich dazu betragen die errechneten Werte 0,6734, 0,6779 und 0,600 Å. Es herrscht also keine vollkommene Übereinstimmung zwischen den berechneten und gefundenen Daten, so daß die beobachteten Linien vielleicht einigen anderen Elementen angehören. Diese Möglichkeit gewinnt noch an Bedeutung, wenn man berücksichtigt, daß weder das Masurium noch irgendeine seiner Verbindungen im reinen Zustande isoliert werden konnten, obgleich es nach der Ansicht seiner Entdecker in der Erdrinde mit ungefähr derselben Häufigkeit vorkommen soll wie das Rhenium. Die höchste bisher erzielte Anreicherung ist ein sulfidisches Konzentrat, das ungefähr 0,2—1 Prozent Masurium enthielt und das von W. und I. NODDACK aus Columbit erhalten wurde[37]. Bei der Untersuchung dieses Konzentrates konnten einige Linien des Funken- und Bogenspektrums des neuen Elements identifiziert werden. Wie an einer anderen Stelle dieses Kapitels besprochen wird, ist die Geschichte des Rheniums, die seiner Entdeckung folgte, außerordentlich verschieden von der des Masuriums, da das Rhenium und viele seiner Verbindungen ausführlich untersucht wurden und im Handel erhältlich sind.

In neuerer Zeit haben PERRIER und SEGRÈ[38] die chemischen Eigenschaften eines Stoffes untersucht, der sehr wahrscheinlich ein künstliches radioaktives Isotop des Masuriums ist. Sie erhielten dieses Produkt, indem sie eine Molybdänplatte mit einem starken Deuteronenstrahl und dann mit Neutronen bombardierten. Nach sechswöchiger Aufbewahrung des Materials waren sämtliche bei dieser Behandlung entstehenden kurzlebigen radioaktiven Produkte durch ihren Eigenzerfall vollständig entfernt; das Molybdän zeigte jedoch auch noch nach sechs Wochen eine starke Aktivität, die hauptsächlich von langsamen Elektronen herrührte.

Es war möglich, daß von Molybdän unter diesen Bedingungen als künstliche radioaktive Produkte Zirkonium, Niob, Molybdän und Masurium gebildet wurden. Von diesen würden Zirkon durch schnelle Neutronen, Masurium durch Deuteronen und Molybdän und Niob durch Neutronen oder Deuteronen entstehen. Außerdem bestand noch die Möglichkeit, daß die Radioaktivität durch irgendeine Verunreinigung hervorgerufen wäre.

Bei einer nun durchgeführten Reihe von Versuchen wurde das radioaktive Molybdän in Königswasser gelöst und mit kleinen Mengen von Niob, Rhenium, Mangan und Zirkonium gemischt. Dabei zeigte sich durch die gewöhnlichen analytischen Trennungsverfahren, daß die langlebige Radioaktivität nicht beim Niob, Zirkonium oder Molybdän erhalten blieb, wenn diese von der Lösung abgetrennt wurden, d. h., daß die Radioaktivität nicht von diesen Elementen oder ihren Isotopen hervorgerufen sein konnte. Die Radioaktivität war vielmehr beim Rhenium verblieben. Aus den bekannten Kernumwandlungen beim

---

[37] NODDACK, W. u. I.: Metallbörse 1926, **16**, 2129; Chem. Soc. annu. Rep. 1935, **32**, 143.

[38] PERRIER u. SEGRÈ: J. chem. Physics 1937, **5**, 712.

Neutronen- und Deuteronenbeschuß könnte man schließen, daß die Radioaktivität nicht auf das Rhenium oder eines seiner Isotope zurückzuführen wäre; somit gelangte man zu der Annahme, daß ein Isotop des Masuriums die Ursache der radioaktiven Erscheinungen wäre.

Durch Fällung als Sulfid erhielt man den aktiven Stoff neben Mangansulfid und Rheniumsulfid, wenn man diese beiden Elemente nach dem Lösen des aktiven Molybdäns in kleinen Mengen zugegeben hatte. Bei einem anderen Versuch wurde das mit etwas Rhenium versetzte aktive Molybdänsäureanhydrid im Sauerstoffstrom auf 550° erhitzt. Dabei war die aktive Komponente in dem als Oxyd verdampften Rhenium enthalten. Vermutlich läßt sich demnach das Oxyd des Elements 43 mit dem Rheniumoxyd verflüchtigen, was mit den Beobachtungen von NODDACK, TACKE und BERG übereinstimmt.

Man kann das Rheniumsulfid, welches das Sulfid des aktiven Elements enthält, mit gelbem Schwefelammonium behandeln, ohne daß die Aktivität verloren geht; jedoch wird das aktive Sulfid von Wasserstoffperoxyd gelöst. Der aktive Bestandteil läßt sich vom Rhenium trennen, wenn man die schwefelsaure Lösung des Gemisches bei 180° im feuchten Chlorwasserstoffstrom destilliert. Das Rhenium verflüchtigt sich dabei als Chlorid, während der aktive Stoff in der Schwefelsäure zurückbleibt. Bei der Fällung als Thalliumperrhenat[39] wurde das aktive Element mitgefällt. Vom Molybdän läßt sich der aktive Stoff durch 8-Hydrochinolin und Nitron trennen; dieses Verfahren ist dasselbe, welches für die Trennung des Rheniums vom Molybdän benutzt wird[40].

Rhenium.

Die Entdeckung des fehlenden Elements mit der Atomnummer 75 erfolgte im Jahre 1925 von W. und I. NODDACK, BERG und TACKE durch Röntgenuntersuchungen einiger Konzentrate von bestimmten Platinmineralien. Man gab dem Element den Namen Rhenium und fand bald, daß es ziemlich weit verbreitet ist, wenn auch kein natürliches Vorkommen gefunden wurde, das mehr als 0,001 Prozent dieses Elements enthält. Von den rheniumhaltigen Mineralien seien Molybdänglanz, Columbit und Gadolinit erwähnt[41]; der erste Stoff ist das rheniumreichste der bis heute bekannten Mineralien.

Die Isolierung des Rheniums kann nicht direkt aus den natürlich vorkommenden Stoffen vorgenommen werden, es muß vielmehr zunächst eine Art vorläufiger Anreicherung erfolgen; die Art dieser Konzentrierung hängt jeweils von dem besonderen Fall ab, der aufgearbeitet werden soll. Im allgemeinen besteht eine solche Anreicherung darin, daß man zunächst das Mineral aufschließt und dann aus saurer Lösung das Rhenium zusammen mit Vanadin, Molybdän, Ruthenium, Germanium, Arsen und den Platinmetallen als Sulfid abtrennt. Eine weitere Anreicherung des Rheniums erzielt man durch vorsichtige Oxydation; dabei wird es als flüchtiges Oxyd sublimiert.

---

[39] KRAUSS u. STEINFELD: Z. anorg. allg. Chem. 1931, **197**, 52.
[40] GEILMANN u. WEIBKE: Z. anorg. allg. Chem. 1931, **199**, 347.
[41] Vgl. I. u. W. NODDACK: Das Rhenium, 1933, S. 7.

Ein Verfahren zur Extraktion von Rhenium aus australischem Molybdänglanz im halbgroßen Maßstabe ist in neuerer Zeit von MORGAN[42] ausgearbeitet worden und soll an dieser Stelle als Beispiel für die Art der dabei angewandten Arbeitsmethoden eingehender beschrieben werden. Das Mineral (25 Kilogramm) wurde in Portionen von 5—6 Kilogramm mit 20—22 Litern Salpetersäure von der Dichte 1,4 behandelt; der Aufschluß erfolgte in einem aus einer Eisen-Tantal-Legierung bestehenden Tiegel, der durch Dampf geheizt wurde. Die Oxydation verläuft außerordentlich heftig. Beim Verdünnen des Oxydationsproduktes mit Wasser schied sich Molybdänoxyd aus und wurde abfiltriert, ebenso wie das sich beim weiteren Konzentrieren der Lösung noch abscheidende Oxyd. Das endgültige Filtrat wurde verdünnt, mit Ammoniak neutralisiert und mit Natriumphosphat und Salpetersäure versetzt, um das Molybdän als Ammoniumphosphormolybdat zu fällen. Der Niederschlag wurde abfiltriert, die Lösung neutralisiert und anschließend mit verdünnter Schwefelsäure und gelbem Schwefelammonium behandelt, wobei das restliche Molybdän und Rhenium als Sulfide ausfielen. Die Sulfide wurden in Salpetersäure gelöst und mit Schwefelsäure eingedampft. Die eingedampfte Lösung wurde unterhalb von 200° im Chlorwasserstoffstrom destilliert. Beim Hydrolysieren des so gewonnenen Destillates, welches die Chloride des Molybdäns und Rheniums enthielt, erhielt man ein Gemisch der hydratisierten Oxyde. Das Rhenium destillierte leichter über als das Molybdän und war demzufolge in dem Oxydgemisch angereichert. Nach Wiederholung des Destillationsvorganges wurden schließlich Molybdän und Rhenium abgetrennt, und zwar kann man das Molybdän mit 8-Hydrochinolin und das Rhenium mittels Nitronals schwerlösliches Nitronperrhenat fällen. Es hat sich auch gezeigt, daß aus dem Gemisch, welches 10 Teile Molybdän und 1 Teil Rhenium enthält, 99,5 Prozent des Molybdäns durch Fällung mit 2,2'-Dipyridyl als Dipyridylmolybdat entfernt werden können.

Das Rhenium ist ein verhältnismäßig seltenes Element; trotzdem hat man es in einer Menge von ungefähr 100 Kilogramm pro Jahr zur Verfügung[43]. Das Ausgangsmaterial zu seiner Darstellung ist ein Nebenprodukt, welches man in Leopoldshall bei der Verarbeitung von Kupfererzen erhält[44]. Man arbeitet diesen Rückstand auf, indem man ihn oxydiert und das Rhenium schließlich als schwer lösliches Kaliumperrhenat fällt; vorher ist es in der Mutterlauge, aus welcher die meisten anderen Metalle als Sulfate auskristallisiert wurden, angereichert worden.

Metallisches Rhenium kann man auf verschiedene Weise darstellen. Man erhält es beispielsweise, wenn man entweder das Sulfid oder Oxyd bei hoher Temperatur reduziert oder wenn man den Dampf der Halogenide an einem erhitzten Maschenwerk zersetzt. Schließlich entsteht es bei der Elektrolyse von Perrhenatlösungen unter Verwendung niedriger Stromdichten. Man hat die galvanische Abscheidung des Rheniums untersucht und kann es dabei in Form eines harten glänzenden Niederschlages erhalten, der gegenüber verdünnter und konzentrierter Salzsäure beständig

[42] MORGAN: J. chem. Soc. 1935, 567.
[43] NODDACK, J. u. W.: Das Rhenium, 1933, S. 24.
[44] FEIT: Z. angew. Chem. 1930, **43**, 459.

ist[45]. Man verwendet zur Elektrolyse Kaliumperrhenat und verdünnte Schwefel- oder Phosphorsäure enthaltende Bäder. Das Metall schmilzt bei einer Temperatur von $3167° \pm 60°$, also bei einer Temperatur, die nur um etwa 250° niedriger liegt als der Schmelzpunkt des Wolframs. Diese Eigenschaft sowie seine Härte, große Dichte und geringe Flüchtigkeit lassen das Metall zur Verwendung in der Glühlampenindustrie als besonders geeignet erscheinen.

Verbindungen des Rheniums. *Rheniumoxyde.* Von den Oxyden des Rheniums bildet sich am leichtesten das Heptoxyd, Re_2O_7. Man erhält es, wenn man Rheniumpulver an der Luft auf 200—300° bringt, oder durch Erhitzen der niederen Rheniumoxyde oder einiger anderer Rheniumverbindungen in Sauerstoff. Seine Beständigkeit steht im starken Gegensatz zu dem explosiven Charakter des Manganheptoxyds. Das Oxyd ist bei 250° leicht flüchtig, zeigt hygroskopische Eigenschaften und löst sich in Wasser unter Bildung von Perrheniumsäure, $HReO_4$. Die Lösung der Perrheniumsäure ist fast farblos; ebenso sind die Perrhenate — wenn nicht ihr Kation gerade selbst gefärbt ist — im Gegensatz zu den Permanganaten ungefärbt. Die Perrhenate sind beständiger als die Permanganate und viel schwächere Oxydationsmittel.

Es finden sich in der Literatur Angaben[46], daß das *Rheniumpentoxyd*, Re_2O_5, durch Reduktion des Heptoxyds mit metallischem Rhenium zu erhalten wäre; andere Forscher[47] halten jedoch das Auftreten dieses Oxyds für fraglich und sind der Ansicht, daß unter den angegebenen Bedingungen das Trioxyd gebildet wird. Das röntgenographisch untersuchte Trioxyd ist isomorph mit dem Wolframtrioxyd, WO_3. Dieses Oxyd ist das Anhydrid der unbeständigen Rheniumsäure, H_2ReO_4. Die Rhenate, die man durch Schmelzen von Perrhenaten mit Alkali erhält, sind in wäßriger Lösung unbeständiger als die Manganate und zersetzen sich gemäß folgender Gleichung:

$$3\,M_2ReO_4 + 2\,H_2O = 2\,MReO_4 + ReO_2 + 4\,MOH.$$

Bei der obigen Reaktion erhält man das *Hydrat des Rheniumdioxyds*, welches auch bei der Hydrolyse von Rheniumpentachlorid entsteht und offensichtlich vollständig dem hydratisierten Mangandioxyd entspricht. Es bildet sich auch, wenn das Metall in einem beschränkten Sauerstoffüberschuß erhitzt wird sowie bei der Reduktion des Heptoxyds. Beim Schmelzen des Dioxyds mit Natriumhydroxyd in einer Stickstoffatmosphäre entsteht Natriumrhenit, Na_2ReO_3.

Das niedrigste bisher beschriebene Oxyd des Rheniums ist das Sesquioxyd, Re_2O_3; man erhält dieses Oxyd in hydratisierter Form, wenn man Rheniumtrichlorid mit wäßrigem Natriumhydroxyd hydrolysiert. Eine Zeitlang nahm man an, daß beim Erhitzen von Rhenium in Sauerstoff das Peroxyd ReO_4 gebildet würde; jetzt ist man der Ansicht, daß es sich bei diesem Produkt um das mit kleinen Mengen von Wasser verunreinigte Heptoxyd handelt.

---

[45] Fink u. Deren: Trans. electrochem. Soc. 1934, **66**, 381.

[46] Briscoe, Robinson u. Rudge: J. chem. Soc. 1931, 3087.

[47] Biltz u. Lehrer: Z. anorg. allg. Chem. 1932, **207**, 113. — Meisel: Z. anorg. allg. Chem. 1932, **207**, 121.

Die Sulfide des Rheniums. Vom Rhenium sind nur zwei Sulfide bekannt, nämlich das Heptasulfid, Re_2S_7, und das Disulfid, ReS_2. Das Heptasulfid entsteht beim Einleiten von Schwefelwasserstoff in eine ammoniakalische Alkaliperrhenatlösung. Das Disulfid erhält man bei der thermischen Zersetzung des Heptasulfids oder durch direktes Erhitzen von Rhenium mit Schwefel.

Die Halogenide des Rheniums. Die größere Beständigkeit der höherwertigen Zustände der Rheniumverbindungen im Vergleich zu den entsprechenden Manganverbindungen erkennt man gut an dem Unterschied der Halogenide dieser beiden Elemente. Rhenium verbindet sich direkt mit den Halogenen; allerdings bestehen in mancher Hinsicht noch Unklarheiten über die dabei gebildeten Produkte. Nach RUFF entsteht das Hexafluorid, ReF_6, wenn metallisches Rhenium mit Fluor auf 125° erhitzt wird. Das so erhaltene Fluorid ist ein farbloses Gas, das sich zu gelben, bei 26,4° schmelzenden Kristallen verdichten läßt. Das Hexafluorid wird durch Wasser hydrolysiert und bildet Perrheniumsäure und das hydratisierte Dioxyd. Eigentlich sollte man erwarten, daß das Rhenium ein Heptafluorid bildet, da es im Periodischen System zwischen Wolfram und Osmium steht, welche die Fluoride WF_6 bzw. OsF_8 bilden. Das Hexafluorid greift Quarz an; mit Kaliumfluorid entsteht das Salz K_2ReF_6. Außerdem sind noch die Oxyfluoride $ReOF_4$ und ReO_2F_2 dargestellt worden.

Das höchste der bisher beschriebenen Chloride des Rheniums ist das Pentachlorid, $ReCl_5$, das durch Erhitzen des Rheniums im Chlorstrom auf 500° dargestellt und durch Sublimation im Vakuum gereinigt werden konnte[48]. Das Tetrachlorid, $ReCl_4$, wurde ebenfalls beschrieben und soll sich bei 250° durch direkte Chlorierung des Rheniums bilden[49]. In den angegebenen Arbeiten von BILTZ und Mitarbeitern wurde jedoch die Richtigkeit dieser Annahme in Frage gestellt. Das Tetrachlorid ist offensichtlich die Stammverbindung der Chlororhenate, M_2ReCl_6, selbst wenn weitere Untersuchungen ergeben sollten, daß es im freien Zustand nicht beständig ist. Nach BILTZ reagiert das Pentachlorid bei 500° mit Kaliumchlorid unter Bildung eines Chlororhenats, K_2ReCl_6, und unter Entwicklung von freiem Chlor:

$$4\,KCl + 2\,ReCl_5 = 2\,K_2ReCl_6 + Cl_2.$$

Eine große Zahl von Stoffen, die demselben Typus wie das Kaliumhexachlororhenat angehören, sind beschrieben worden. Rheniumtrichlorid, $ReCl_3$, entsteht bei der thermischen Zersetzung des Pentachlorids oder des Silberhexachlororhenats[50]. Im letzten Falle entstehen äquimolekulare Mengen des Tri- und Pentachlorids. Man nimmt an, daß in der salzsauren Lösung des Trichlorids die Säure $HReCl_4$ vorliegt; es sind auch Metallderivate bekannt, die sich von dieser Form ableiten[51].

Auch ein Tribromid des Rheniums wurde beschrieben[52], doch konnte bisher noch keine Jodverbindung erhalten werden. Es ist interessant, in

[48] GEILMANN, WRIGGE u. BILTZ: Z. anorg. allg. Chem. 1933, **214**, 244.
[49] BRISCOE, ROBINSON u. STODDART, J. chem. Soc. 1931, [II], 2263.
[50] GEILMANN u. WRIGGE: Z. anorg. allg. Chem. 1933, **214**, 248.
[51] WRIGGE u. BILTZ: Z. anorg. allg. Chem. 1936, **228**, 372.
[52] NODDACK, J. u. W.: Das Rhenium, 1933, S. 71.

diesem Zusammenhang eine neue Veröffentlichung von BILTZ[53] zu erwähnen, aus der hervorgeht, daß bei der Behandlung des Kaliumhexajodorhenats mit Schwefelsäure folgende Reaktion verläuft:

$$K_2ReJ_6 + H_2SO_4 = K_2SO_4 + HJ + HReJ_5.$$

Die bei dieser Reaktion gebildete Säure $HReJ_5$ kann mit Äther extrahiert werden und ergibt eine in diesem Lösungsmittel ziemlich beständige Lösung. Diese Löslichkeit in Äther deutet darauf hin, daß die Verbindung mit Äther eine Koordinationsverbindung eingeht, bei der die normale Koordinationszahl des Rheniums — 6 — auftritt.

Die Extraktion und Gewinnung der Platinmetalle.

Es scheint erforderlich zu sein, bei der Besprechung der neueren Probleme der Chemie metallischer Elemente auch der Betrachtung über die technische Trennung der Platinmetalle eine Stelle einzuräumen. Die vollständige Trennung der Edelmetalle im laboratoriumsmäßigen Maßstabe hielt man lange Zeit für einen sehr schwierigen Vorgang. Die Übertragung des Verfahrens auf technische Bedingungen stellt demnach einen interessanten und wichtigen Erfolg dar.

Trennungsmöglichkeiten.

Die chemischen Trennungsvorgänge der Platinmetalle voneinander — Ruthenium, Rhodium, Palladium, Osmium, Iridium, Platin, die gewöhnlich mit Gold und Silber zusammen vorkommen — liefern im allgemeinen keine scharfen Trennungen. Die Isolierung der einzelnen Metalle beruht daher auf der Abstufung ihrer chemischen, besonders der drei in den folgenden Abschnitten beschriebenen Eigenschaften.

1. Der verhältnismäßig edle Charakter der Metalle gegenüber Säuren, welcher ungefähr in folgender Reihenfolge abnimmt: $Ir > Ru > Rh > Pt(Au) > Os > Pd$. Iridium, Ruthenium und Rhodium sind gegen Königswasser widerstandsfähig, doch wird fein verteiltes Rhodium von kochender konzentrierter Schwefelsäure und sehr leicht von geschmolzenen Alkalibisulfaten angegriffen. Platin löst sich in Königswasser, wird aber von den einzelnen Mineralsäuren allein nicht angegriffen. Gold, welches die natürlich vorkommenden Platinmetalle meistens begleitet, wird ebenfalls von Königswasser aufgelöst. Osmiumschwarz ist in Salpetersäure, in Gegenwart von Sauerstoff sogar in Salzsäure, löslich. Das am stärksten basische der sechs Platinmetalle ist das Palladium, welches sich in Königswasser sehr leicht löst und auch langsam von Salpetersäure oder kochender Schwefelsäure angegriffen wird. Silber kann man von den Platinmetallen — außer von Palladium — durch seine leichte Löslichkeit in Schwefelsäure abtrennen. Der Widerstand der Platinmetalle gegenüber Säuren hängt allerdings in starkem Maße von dem Verteilungszustand des Materials ab. Aus diesem Grunde werden die natürlich vorkommenden Metalle und Schmelzkonzentrate oft aufgeschlossen, indem man sie mit Blei oder Zink legiert und dann abtreibt. Umgekehrt ist Osmiridium trotz des unedlen Charakters des Osmiums, welches den Hauptbestandteil der Mischung bildet, gegen Säuren vollständig widerstandsfähig.

[53] BILTZ: Z. anorg. allg. Chem. 1937, **234**, 142.

2. Die relativen Beständigkeiten der Valenzzustände und die Löslichkeiten der Komplexsalze der Elemente. In Königswasser gelöstes Platin geht als H_2PtCl_6 in den vierwertigen Zustand über und läßt sich dann in saurer Lösung nur schwer reduzieren. Man kann deshalb Gold durch Reduktion mit Ferrosulfat abscheiden, ohne daß auch nur ganz geringe Mengen von Platin mit ausfallen. Vierwertiges Palladium ist unbeständig, so daß das Palladium als H_2PdCl_4 vorliegt. Alle Metalle bilden komplexe Chlorosäuren, von denen die Ammoniumsalze der Elemente im vierwertigen Zustand, $(NH_4)_2MCl_6$, stets mehr oder weniger unlöslich sind, während die Verbindungen der Metalle in zweiwertiger und dreiwertiger Form $(NH_4)_2MCl_4$ bzw. $(NH_4)_3MCl_6$ löslich sind. Eine gute Trennung von Rhodium und Iridium kann man daher erreichen, wenn man das Iridium als $(NH_4)_2IrCl_6$ fällt; gut zu trennen sind auch Palladium und Platin, welches man — zusammen mit einem Teil des möglicherweise noch in der Lösung vorhandenen Iridiums — bei jedem Trennungsvorgang gleich anfangs in Form des Ammoniumchloroplatinats fällt und abtrennt.

3. Die leichte Oxydierbarkeit der Metalle. Diejenigen Metalle, die bei der Behandlung mit Königswasser unangegriffen zurückbleiben — Ruthenium, Rhodium, Iridium und Osmium — kann man durch Oxydationsschmelzen in chemische Verbindung überführen und auf diese Weise abtrennen. Ruthenium und Osmium zeigen ein amphoteres Verhalten und können durch Schmelzen mit Alkaliperoxyden oder mit einem Gemisch aus Kaliumhydroxyd und Kaliumnitrat in die Ruthenate, M_2RuO_4 bzw. Osmate, M_2OsO_4, überführt werden. In entsprechender Weise werden die gegen Säuren unempfindlichen Metalle Rhodium und Iridium bei Rotglut in Gegenwart von Natriumchlorid leicht von Chlor angegriffen, wobei die Komplexsalze Na_3RhCl_6 und Na_3IrCl_6 entstehen. Platin ist das einzige gegen Sauerstoff vollkommen widerstandsfähige Metall der Gruppe. Iridium und Palladium werden beide bei Rotglut langsam in die Oxyde umgewandelt, am leichtesten verläuft jedoch die Reaktion mit Sauerstoff beim Ruthenium und vor allem beim Osmium. Beim Erhitzen mit Sauerstoff bildet Ruthenium das Dioxyd RuO_2, welches oberhalb von 600° teilweise in das Tetroxyd RuO_4 übergeht. Osmium wird mit außerordentlicher Leichtigkeit zu dem interessanten flüchtigen OsO_4 oxydiert, das bereits bei gewöhnlicher Temperatur durch Einwirkung von atmosphärischem Sauerstoff auf fein verteiltes Osmium selbst entsteht. Ebenso bildet es sich bei der Behandlung des Metalls mit Wasserdampf.

Das natürliche Vorkommen der Platinmetalle.

Bis vor wenigen Jahren stammte sämtliches auf der Welt gewonnene Platin ausschließlich von den alluvialen Ablagerungen des natürlichen Metalls. Derartige Vorkommen in Kolumbien wurden in Europa durch die spanischen Eroberer bekannt; in Südamerika entdeckte WOLLASTON im Jahre 1804 Palladium und Rhodium als neue Elemente, während SMITHSON TENNANT in demselben Jahre Osmium und Iridium isolierte. Das Vorkommen des Platins im Ural wurde erstmalig zu Beginn des neunzehnten Jahrhunderts festgestellt; das letzte der Platinmetalle, das Ruthenium, wurde dann 1845 von CLAUS im russischen Platin aufgefunden. Das Vorkommen des Platins im Ural wurde sehr schnell die wichtigste Quelle zur Gewinnung des Metalls; von dort stammte im Jahre 1913 über 90 Prozent der Welterzeugung. Kleine Mengen alluvialen Platins sind ziemlich weit verbreitet, jedoch ist das Vorkommen in wirtschaftlich aufarbeitbaren Mengen ziemlich selten. Das natürlich vorkommende Platinmetall besteht, wie aus der Tabelle 2 zu ersehen ist, vorwiegend aus Platin, das mit 2—18 Prozent Eisenerz und meist einer etwas geringeren Menge Kupfer oder Nickel verunreinigt ist. Der Gehalt an Palladium ist stets nur sehr klein.

Tabelle 2. Typische Zusammensetzung natürlich vorkommender Platinmetalle.

Herkunft	Pt	Pd	Os	Ru	Rh	Ir	Au	Osmiridium	Fe, C
Platin									
Ural	73—86	0,3—1,8	0—2,3	?	0,3—3,5	2,6—4,3	0,4	0,5	8—1
Südafrika . .	80—84	0,4	← Insgesamt 0,5—1,0 →					—	11
Kolumbien . .	84—86	0,5—1,0	—	—	1,4	0,8	1,0	1	5—
Osmiridium									
Südafrika . .	8,6	—	33,8	12,5	0,4	28,7	0,5	—	—
Tasmanien . .	1,9	—	45,6	7,9	0,2	42,2	0,01	—	—
Ural	10,1	—	27,2	5,9	1,5	55,2	—	—	—
Platiniridium									
Brasilien . . .	55,4	—	—	—	6,9	27,8	—	—	7,4

Osmium und Iridium kommen direkt vereinigt als Osmiridium und Iridosmium vor; sie sind in zur wirtschaftlichen Gewinnung ausreichenden Mengen im Ural, in Tasmanien und in den goldhaltigen Konglomeraten des Rand enthalten. Dieses Vorkommen zeigt gut, in welchen geringen Konzentrationen die Platinmetalle in den ursprünglichen Lagern vorhanden sind (in den alluvialen Ablagerungen ist auf natürlichem Wege im Laufe der Zeit eine gewisse mechanische Anreicherung erfolgt), so daß selbst in den reichsten Ablagerungsschichten nur 100 Gramm auf 3600—6000 Tonnen gemahlenes Erz enthalten sind. Daß diese kleine Menge überhaupt als Nebenprodukt bei der Goldgewinnung in Erscheinung tritt, ist nur den besonderen Eigenschaften des Platinmetalls zuzuschreiben, also seinem hohen spezifischen Gewicht (19—21), seinem indifferenten chemischen Verhalten und der Tatsache, daß mit Quecksilber keine Amalgambildung erfolgt. Die südafrikanischen Vorkommen sind jetzt die wirtschaftlich wichtigsten Quellen zur Gewinnung des Osmiridiums.

Die primären Ablagerungen des Platins enthalten sowohl das natürlich vorkommende Platin als auch die wenigen Platinmineralien. Diese finden sich mit olivinreichen, ultrabasischen Eruptivgesteinen — wie in Transvaal — und in sulfidischen Erzen des Nickels, Kupfers und Eisens, besonders im nickelhaltigen Magnetkies. Sulfidische Ablagerungen, die Platin hauptsächlich als Sperrylith und Cooperit enthalten, werden im Rustenburg- und Potgietersrust-Distrikt von Transvaal aufgearbeitet. Die wichtigsten Urablagerungen sind jedoch die Nickelerze von Sudbury,

Ontario, die aus Magnetkies, Fe_3S_4, mit Kupferkies, $CuFeS_2$, bestehen und über ein Prozent Pentlandit, NiS, enthalten.

Natürlich vorkommende platinhaltige Mineralien sind das Arsenid Sperrylith, $PtAs_2$, das Sulfid Cooperit, PtS, und ein gemischtes Sulfid des Palladiums, Platins und Nickels, der Braggit, (Pd, Pt, Ni)S. Palladium kommt mit dem Sperrylith als Antimonid, Stibiopalladinit, Pd_3Sb, in den südafrikanischen Ablagerungen vor. An einigen Stellen findet man ein Mercurid, PdHg. Das einzige sonst noch auftretende Mineral der Platinmetalle ist das Rutheniumanaloge des Pyrrits, der Laurit, RuS_2, der auch etwas Osmium enthält. Die Hauptquelle zur Gewinnung des Rutheniums ist jedoch das Osmiridium.

Es ist interessant, die verschiedenen der relativen Zusammensetzungen der Platinmetalle in den einzelnen Formen ihres Vorkommens unter dem Gesichtspunkt der V. M. GOLDSCHMIDTschen Anschauungen über die geochemische Verteilung zu betrachten[54]. Man kann erkennen, daß in den natürlich vorkommenden Metallen das Verhältnis von Palladium zu Platin klein ist, während in den Platinmetallen, die man durch Extraktion aus sulfidischen Erzen gewonnen hat, das Palladium in gleicher Menge oder in größerer Menge wie das Platin enthalten ist. Das hängt möglicherweise mit dem stärker ausgeprägten chalkophilen Charakter des Palladiums im Vergleich zu dem des Platins zusammen. Osmium, das im natürlichen Platin fast stets in größerer Konzentration[55] vorhanden ist als das Ruthenium und den Hauptbestandteil des Osmiridiums bildet, ist in den aus Sudbury-Erzen gewonnenen Platinmetallen nur in kleiner Menge enthalten, was durchaus mit dem rein siderophilen[55] Charakter übereinstimmt, der dem Element von GOLDSCHMIDT zugeschrieben wird.

Tabelle 3.

Konzentration $\times 10^6$	Pt	Ir	Rh	Pd	Au	Ag	Ni
Erdrinde	0,005	0,001	0,001	0,01	0,005	0,1	100
Meteoreisen . . .	20	5	5	10	5	5	80 000
Eisen von Basalt aus Ovifak . .	5	—	0,5	1	1—5	5—10	—

Sämtliche Platinmetalle zeigen vorwiegend siderophilen Charakter und müssen daher im Eisenkern der Erde angereichert sein. Zu diesem Schluß kommt man, wenn man die verhältnismäßig starke Anreicherung der Platinmetalle im meteorischen Eisen und die Verteilung des Platins zwischen dem natürlich vorkommenden Eisen und dem es umgebenden Silikatgestein berücksichtigt (Tabelle 3).

[54] Vgl. J. chem. Soc. 1937, 655; dort findet man auch eine Bibliographie.

[55] Nach der GOLDSCHMIDTschen Einteilung kann man die Elemente drei Klassen zuordnen, der siderophilen, der chalkophilen oder der lithophilen, je nach dem Verteilungsgleichgewicht zwischen geschmolzenem Eisen, geschmolzenen Sulfiden und geschmolzenen Silikaten. So sind Aluminium oder die Alkalimetalle rein lithophile Elemente, während Molybdän, das dazu neigt, sowohl in die Phasen des flüssigen Eisens als auch in die der flüssigen Sulfide einzutreten, siderophile und chalkophile Eigenschaften besitzt.

Die Extraktion der Platinmetalle.

1. Die Extraktion der Platinmetalle aus Sudbury-Nickelerzen. Die Gewinnung der Platinmetalle aus den sulfidischen Erzen von Sudbury bildet eine vollkommen neue Industrie, die sich schnell entwickelt hat. Im Jahre 1919 wurden in Kanada insgesamt etwas über 900 Gramm Platin alluvialen Ursprungs gewonnen. Im Jahre 1935 betrug die Gewinnung des kanadischen Platins ungefähr 3250 Kilogramm, was über 40 Prozent der Weltproduktion ausmacht. Die Urablagerungen des Platins sind zusammen mit den Ontario-Nickelerzen heute von ebenso großer Bedeutung wie das Vorkommen des alluvialen Platins in Rußland und Kolumbien.

Wie bereits erwähnt wurde, begleitet das Platin das Nickel und Kupfer des Magnetkieses von Sudbury in Form des Sperryliths, wobei wahrscheinlich eine gleich große Menge von Palladium als Selenid vorliegt. Die tatsächliche Menge des vorhandenen Platins ist aber nur sehr gering; der Gesamtgehalt an Platinmetall beträgt nur wenig mehr als ein Teil auf zwei Millionen; die Konzentration an Platin ist also etwa so groß wie der Radiumgehalt der Pechblende. Daher ist es sehr beachtlich, daß die Ausbeute bei der Gewinnung etwa 90 Prozent der Edelmetalle beträgt, wobei der Verlust fast vollständig bei der anfänglichen metallurgischen Aufarbeitung der Erze erfolgt.

Dieses Ergebnis ist durch den Schmelzprozeß und die Art der dabei erfolgenden Anreicherung der Platinmetalle im Kupfer-Nickel und schließlich durch die Art und Weise möglich, in der die bei der Reinigung des Nickels und Kupfers erhaltenen Platinmetalle aus dem Rückstand gewonnen werden. Bei der Reinigung des Nickels nach dem Nickelcarbonylverfahren erhält man einen Rückstand, der geröstet und zur Entfernung des noch darin enthaltenen Nickels und Kupfers mit Schwefelsäure ausgelaugt wird. Das bei diesem Prozeß zurückbleibende Material ist beträchtlich an Edelmetallen angereichert und besitzt typischerweise die Zusammensetzung 1,85 Prozent Platin, 1,91 Prozent Palladium, 0,20 Prozent Rhodium, 0,16 Prozent Ruthenium, 0,04 Prozent Iridium, 0,56 Prozent Gold und 15,42 Prozent Silber. Bei der elektrolytischen Nickelreinigung sammeln sich die Platinmetalle im Anodenschlamm. Der zunächst gewonnene Schlamm wird geschmolzen und von neuem elektrolysiert, wobei sich ein zweiter Schlamm ergibt, der ungefähr 2 Prozent Platinmetalle enthält; durch Behandlung mit Säuren erfolgt eine weitere Anreicherung bis zu einem Gehalt von 50 Prozent an Gesamtplatinmetallen. Demnach ist dieses Produkt bedeutend reicher als die Rückstände des Nickelcarbonylverfahrens, so daß es in den Trennungsvorgang erst in einem späteren Stadium eingefügt wird.

Zur vorläufigen Anreicherung der Nickelcarbonylrückstände werden diese mit Bleiglätte, einem Flußmittel und Holzkohle geschmolzen. Kieselsäure und basische Metalle werden dabei als Schlacken entfernt; nach dem Abtreiben erhält man eine bedeutend silberreichere Legierung, die ungefähr einer vierfachen Anreicherung der ursprünglichen Rückstände entspricht. Diese Legierung wird mit kochender konzentrierter Schwefelsäure behandelt, wobei Silber fast quantitativ entfernt wird; bei diesem Vorgang löst sich auch etwa ein Drittel des Palladiums. Die zurückbleibenden Platinmetalle befinden sich in einem Zustand, der für die Behandlung mit Königswasser außerordentlich geeignet ist. Bei dieser Phase des Trennungsvorganges werden die angereicherten Anodenschlämme zur Aufarbeitung hinzugegeben. Bei der Extraktion mit Königswasser erhält man eine Lösung der Chloride des Golds, Platins und Palladiums, aus der das Gold durch Reduktion mit Ferrosulfat gefällt wird. Platin kann als Ammoniumhexachloroplatinat und Palladium schließlich als Diammin-palladium(II)-chlorid abgeschieden werden. Das Diammin läßt sich reinigen, indem man es in Ammoniak löst und wieder ausfällt. Das Platinsalz wird zum Metall geglüht, welches man nach dem Lösen in Königswasser von neuem mit Ammoniumchlorid fällen kann.

Der bei der Behandlung mit Königswasser zurückbleibende unlösliche Rückstand wird mit Blei geschmolzen und abgetrieben. Die entstehende Bleilegierung unterwirft man einer Scheidung mit Salpetersäure, wobei der größte Teil des noch vorhandenen Palladiums, Platins und Silbers entfernt wird und ein Rückstand übrigbleibt, der ziemlich konzentriert an Rhodium, Ruthenium und Iridium ist. Durch Schmelzen mit Natriumbisulfat wird das Rhodium als Doppelsulfat entfernt; es läßt sich schließlich durch Fällung als Hexanitrorhodat, $K_3Rh(NO_2)_6$, reinigen, welches ebenso wie $K_3Co(NO_2)_6$ unlöslich ist. Das Konzentrat des Rutheniums und Iridiums wird mit Ätzkali und Kaliumnitrat geschmolzen, wobei Ruthenium in das lösliche Ruthenat, K_2RuO_4, übergeht. Bei der Oxydation des Iridiums entsteht ebenfalls eine unlösliche Verbindung, die leicht von Königswasser angegriffen wird; aus der dabei gebildeten Lösung kann das Ammoniumchloriridat, $(NH_4)_2IrCl_6$, gefällt werden. Dieser Niederschlag enthält noch dasjenige Platin, das bei den obigen Trennungen nicht abgeschieden ist. Man reinigt die Verbindung durch fraktionierte Kristallisation und glüht das Iridium zum Metall.

Die aus der alkalischen Schmelze gewonnene wäßrige Lösung wird mit einem Chlorstrom behandelt, wodurch Ruthenium zu dem flüchtigen Tetroxyd, RuO_4, oxydiert wird. Durch Erhöhung der Temperatur wird dieses Oxyd in verdünnte, methylalkoholhaltige Salzsäure destilliert. Das Tetroxyd wird dabei reduziert, so daß man beim Verdampfen das Ruthenium als Oxychlorid, $RuOCl_2$, erhält. Dieses kann man endlich mit Wasserstoff zum Metall reduzieren.

Die kleine Menge Osmium, die nicht mehr als ein Prozent des vorliegenden Rutheniums ausmacht, begleitet das Ruthenium bei dem vorstehend beschriebenen Vorgang. Man kann das Osmium abtrennen, indem man die Oxychloride im Luftstrom zur Rotglut erhitzt. Dabei destilliert das Osmiumtetroxyd ab und kann in alkoholischer Natronlauge aufgefangen werden. Schließlich läßt sich das Osmium als Osmyltetramminchlorid, $[OsO_2(NH_3)_4]Cl_2$, isolieren; durch Reduktion mit Wasserstoff erhält man aus dieser Verbindung endlich das metallische Osmium.

2. Die Extraktion des Platins aus sulfidischen Erzen mit niederem Gehalt. In den sulfidhaltigen Gesteinen der südafrikanischen Ablagerungen kommt das Platin sowohl im metallischen Zustand als auch

Übersichtsschema I. Die Extraktion der Platinmetalle aus Sudbury-Nickelrückständen.

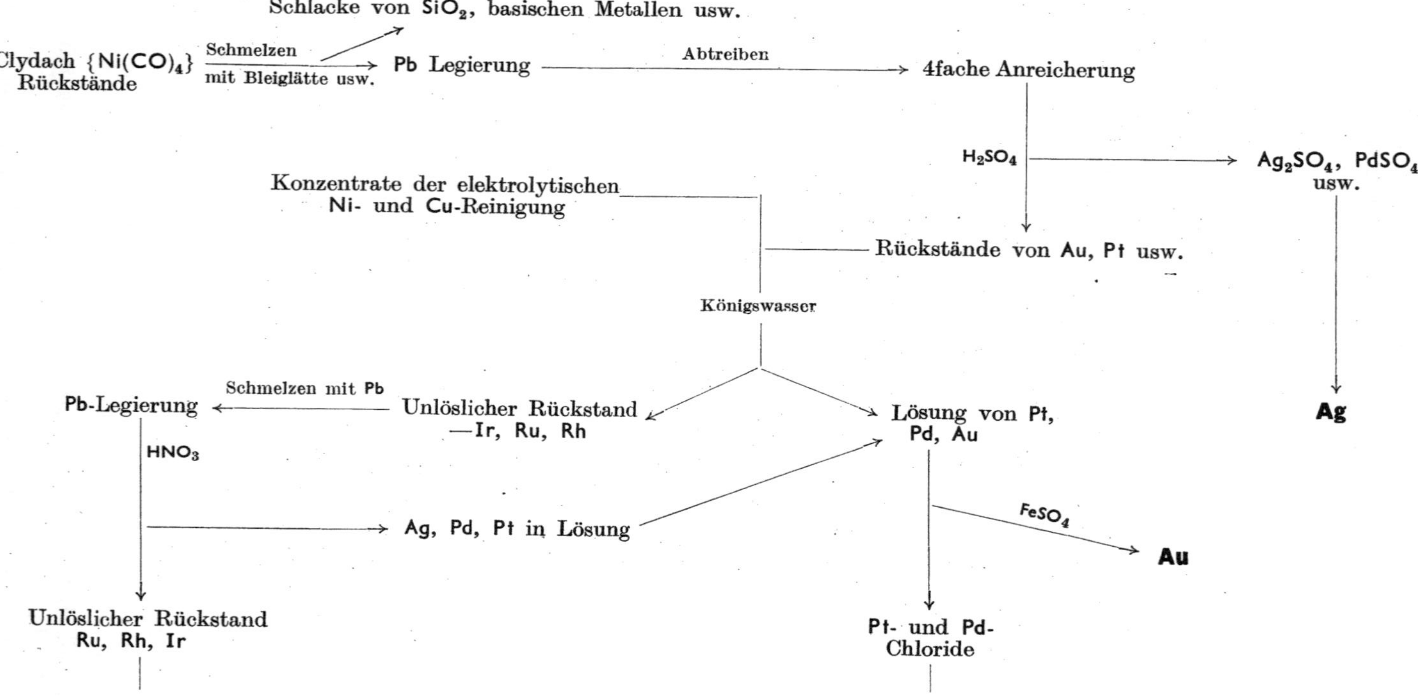

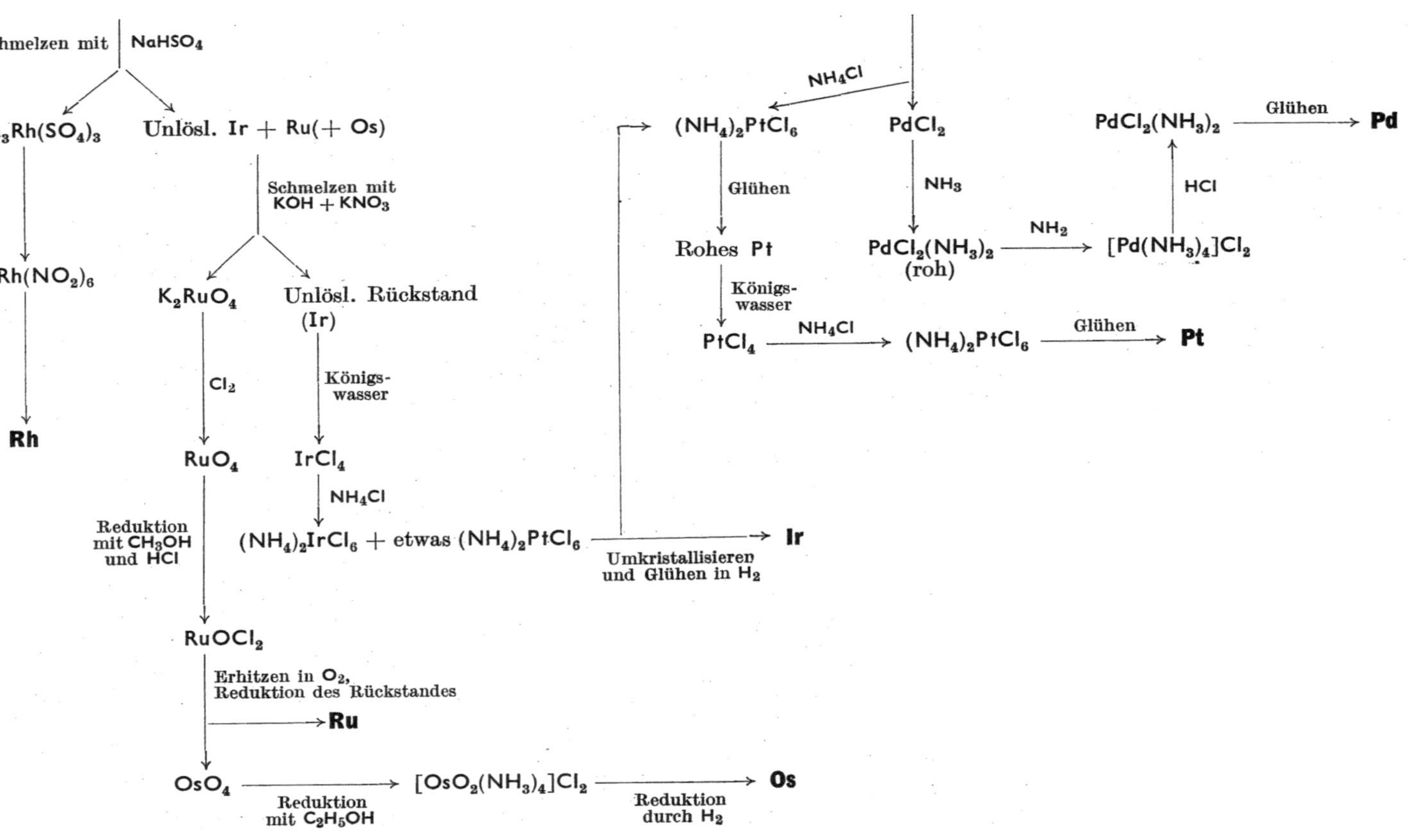
Schmelzen mit $NaHSO_4$
$Na_3Rh(SO_4)_3$
Unlösl. Ir + Ru(+ Os)
$K_3Rh(NO_2)_6$
Rh
Schmelzen mit $KOH + KNO_3$
K_2RuO_4
Unlösl. Rückstand (Ir)
Cl_2
Königswasser
RuO_4
$IrCl_4$
NH_4Cl
Reduktion mit CH_3OH und HCl
$(NH_4)_2IrCl_6$ + etwas $(NH_4)_2PtCl_6$
Umkristallisieren und Glühen in H_2
Ir
$RuOCl_2$
Erhitzen in O_2, Reduktion des Rückstandes
Ru
OsO_4
Reduktion mit C_2H_5OH
$[OsO_2(NH_3)_4]Cl_2$
Reduktion durch H_2
Os
NH_4Cl
$(NH_4)_2PtCl_6$
$PdCl_2$
Glühen
NH_3
Rohes Pt
$PdCl_2(NH_3)_2$ (roh)
NH_2
$[Pd(NH_3)_4]Cl_2$
HCl
$PdCl_2(NH_3)_2$
Glühen
Pd
Königswasser
$PtCl_4$
NH_4Cl
$(NH_4)_2PtCl_6$
Glühen
Pt

Übersichtsschema II. Die wichtigsten Stufen bei der Behandlung des natürlich vorkommenden Platins.

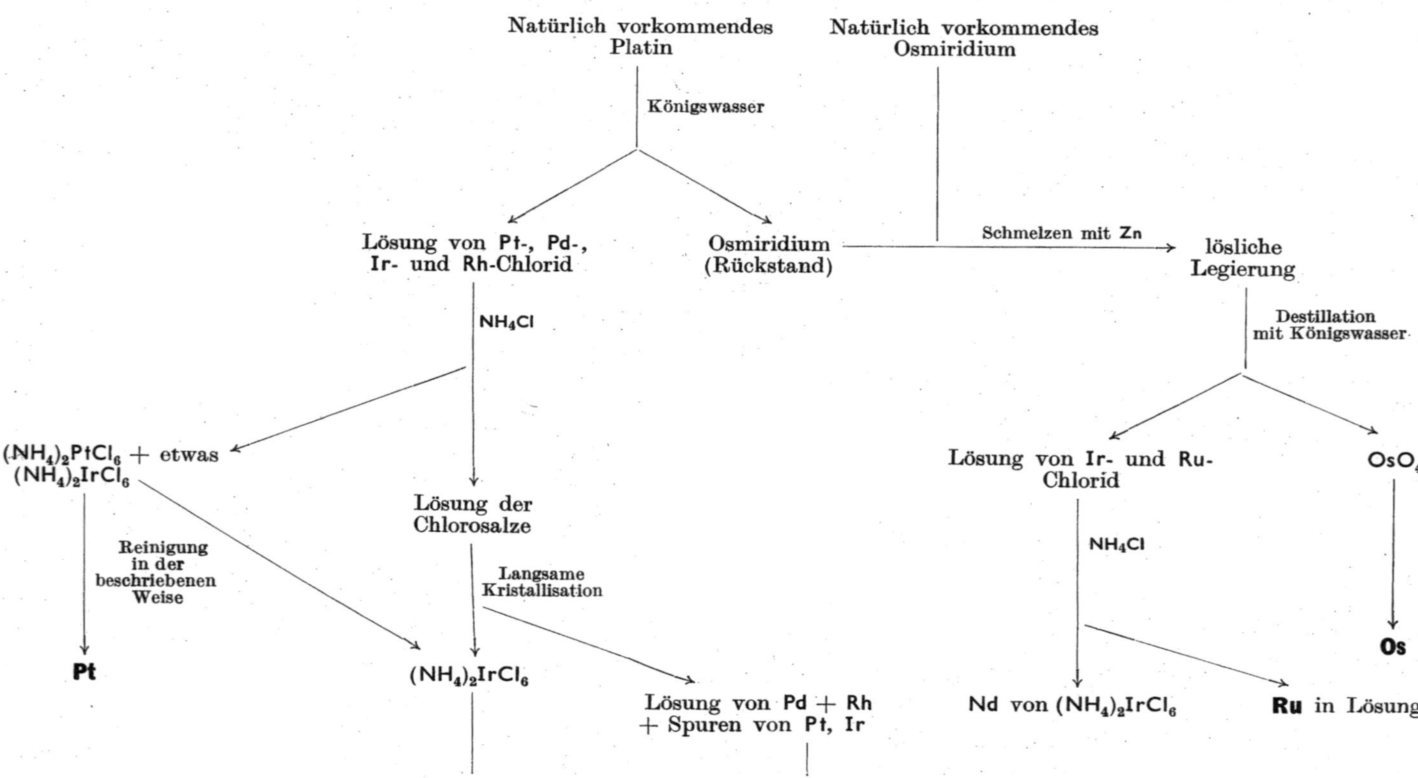

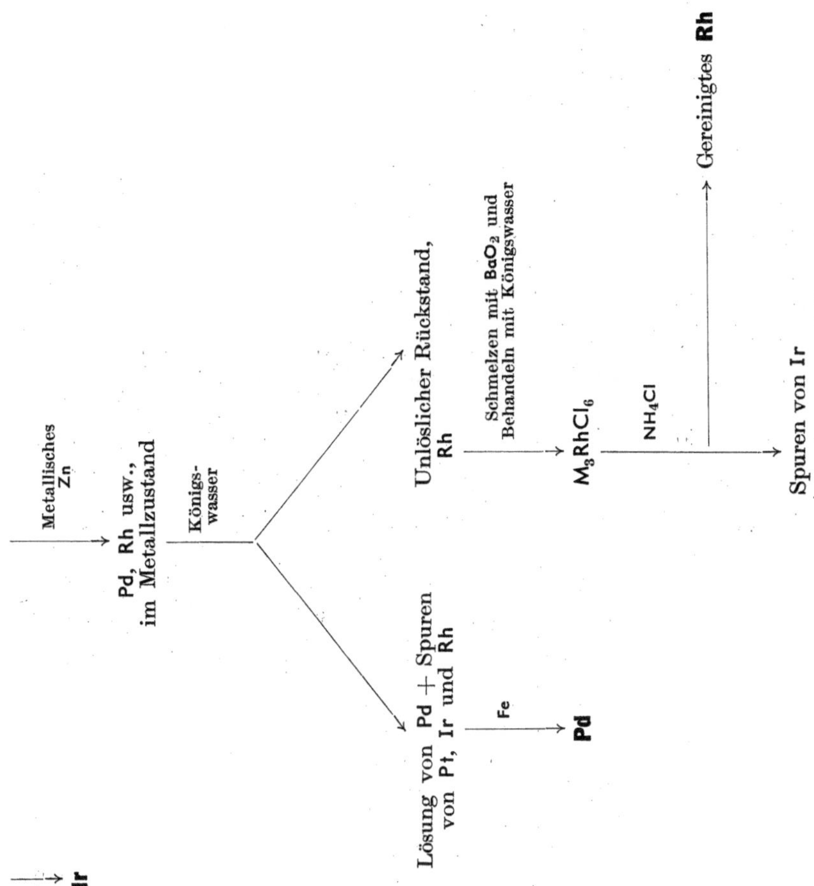
Ir
Metallisches Zn
Pd, Rh usw., im Metallzustand
Königs-wasser
Lösung von Pd + Spuren von Pt, Ir und Rh
Fe
Pd
Unlöslicher Rückstand, Rh
Schmelzen mit BaO_2 und Behandeln mit Königswasser
M_3RhCl_6
NH_4Cl
Spuren von Ir
Gereinigtes Rh

gebunden vor. Der Gehalt an basischen Metallen ist bei derartig Erzen so gering, daß sich eine Aufarbeitung nicht lohnt; somit fällt bei diesen Erzen die bei der Gewinnung der anderen Metalle erfolgende automatische Anreicherung des Platins und das Auftreten platinhaltiger Rückstände als Nebenprodukt fort. Daher unterscheiden sich die ersten Phasen des Gewinnungsvorganges von den bei der Isolierung des Platins aus Sudbury-Erzen benutzten Ausgangsstufen. Der erste Schritt bei der Aufarbeitung der Erze, die im Durchschnitt 4—10 Teile Platinmetall pro Million enthalten, besteht in einer mechanischen Anreicherung. Eine gewichtsmäßige Anreicherung auf Grund der spezifischen Gewichte liefert ein Konzentrat von metallischem Platin, das bis zu zwei Drittel des vorliegenden Metalls enthält; bei Anwendung des Flotationsverfahrens gewinnt man ein platinhaltiges Gemisch von Kupfer-, Nickel- und Eisensulfid, das zu einem Regulus zusammengeschmolzen wird.

Die weitere Behandlung des Konzentrats beruht darauf, daß die Platinmetalle eine größere Affinität gegenüber Eisen als gegen die Sulfide des platinhaltigen Regulus zeigen, d. h. daß sie einen mehr siderophilen als einen chalkophilen Charakter besitzen. Der Regulus wird demzufolge unter Zusatz von Natriumkarbonat nochmals reduzierend geschmolzen, wobei eine vorher bestimmte Menge Eisen und Nickel freigemacht wird, in der sich die Platinmetalle quantitativ sammeln. Man läßt dann den Regulus an der Luft verwittern und erhält wegen der Anwesenheit des Natriumkarbonats schnell eine bröcklige Masse; aus dieser kann man durch Anreicherung auf Grund der Unterschiede im spezifischen Gewicht und durch magnetische Trennung die Eisen-Nickel-Platinlegierung gewinnen. Wenn diese Legierung sehr eisenreich ist, so schmilzt man sie mit Natriumsulfat und Quarz; dabei kann das meiste Eisen als Schlacke entfernt werden, und ein an Platinmetallen reicher Regulus bleibt zurück. Wenn jedoch die Legierung sehr stark nickelhaltig ist, so erreicht man eine Anreicherung, wenn man eine ausreichende Menge schwefelhaltigen Materials schmilzt und auf diese Weise 80—90 Prozent des Nickels in das Sulfid überführt. Nach beiden Verfahren erhält man schließlich eine platinhaltige Legierung, die sich elektrolytisch weiterverarbeiten läßt; bei der Elektrolyse wird ein Anodenschlamm gewonnen, welcher ähnlich, wie es bereits beschrieben wurde, auf nassem Wege gereinigt werden kann. Die Bedingungen, unter denen man diese Aufarbeitung auf nassem Wege durchführt, müssen jeweils der Zusammensetzung des Erzes und dem Gehalt an den verschiedenen Platinmetallen angepaßt werden; in diesem Zusammenhang sei erwähnt, daß einige der südafrikanischen Erze Palladium in derselben hohen Konzentration wie die Sudbury-Erze enthalten.

3. Die Behandlung der natürlich vorkommenden Platinmetalle. Da das natürlich vorkommende Platinmetall im Durchschnitt 70—85 Prozent Platin enthält, so ist die Gewinnung dieses Metalls ein verhältnismäßig einfacher Vorgang. Das Erz wird mit Königswasser behandelt, wobei bis auf das vorhandene Osmiridium alles gelöst wird. Aus der Lösung kann man sofort mit Ammoniumchlorid rohes Ammoniumhexachloroplatinat abscheiden, das hauptsächlich mit Chloriridiat verunreinigt ist. Das mitgefällte Iridium läßt sich durch geeignete Wiederholung des

Glühens zum Metall, Lösen in Säure und Wiederausfällen oder aber durch fraktionierte Kristallisation des Natriumchloroplatinats entfernen.

Die übrigen Metalle kann man aus der Lösung in Königswasser durch Behandlung mit metallischem Eisen oder Zink abscheiden. Über den anschließenden technischen Trennungsvorgang ist nicht viel zu sagen. Rhodium und Iridium lassen sich durch Erhitzen der reduzierten Metalle mit Natriumchlorid in Chlor abtrennen. Bei der darauffolgenden Oxydation des Chloriridiats, Na_3IrCl_6, mit Salpetersäure und Fällung mit Ammoniumchlorid wird das Iridium als Ammoniumchloriridiat, $(NH_4)_2IrCl_6$, entfernt, während Chlororhodit, $(NH_4)_3RhCl_6$, in Lösung zurückbleibt. Schließlich soll noch ein anderes Verfahren zum Aufschluß des Osmiridiums erläutert werden[56].

Der Aufschluß des Osmiridiums erfolgt durch Legieren mit Zink. Beim Destillieren der gelösten Schmelze in Königswasser wird das Osmium quantitativ als Tetroxyd abgeschieden. Nachdem die Hauptmenge des Iridiums als Ammoniumchloriridiat gefällt ist, kann man das zurückbleibende Ruthenium und Rhodium mit Zink aus der Lösung entfernen und schließlich in ähnlicher Weise trennen, wie es bei den Endstufen des im Abschnitt 1 beschriebenen Prozesses der Mond Companys Acton angegeben ist (s. S. 349).

Zwölftes Kapitel.

Metallcarbonyle, -nitrosyle und verwandte Verbindungen.

Die Gruppe der Metallcarbonyle nimmt in der Chemie der Metalle eine besonders interessante Stellung ein. Die Carbonyle sind durch außergewöhnliche physikalische Eigenschaften — z. B. durch ihre leichte Flüchtigkeit — ausgezeichnet, und ihre Konstitution bot vom Standpunkt der Valenztheorien aus ein schwieriges und widerspruchsvolles Problem, da sie selbst und ihre Derivate eine besondere Klasse von Verbindungen zu bilden scheinen, bei denen keine „Hauptvalenzen“ wirksam sind. Die Carbonyle nehmen auch deshalb unter den Komplexverbindungen eine einzigartige Stellung ein, weil ihre Zusammensetzung nicht durch das Streben nach der beständigen Koordinationszahl der fraglichen Metalle, sondern vorwiegend durch die Tendenz zur Bildung abgeschlossener Elektronenschalen bestimmt wird.

Aus einer großen Zahl von neueren Arbeiten über die Carbonyle und über die mit ihnen eng verwandten Nitrosylderivate haben sich ihre Beziehungen zu der übrigen Chemie der Metalle und vor allem zu den schon lange bekannten Nitrosylverbindungen des Eisens ergeben. In Tabelle 1 sind die physikalischen Eigenschaften der bekannten Metallcarbonyle zusammengestellt.

---

[56] Platinum and Allied Metals. London: Imperial Institute 1936. — McDonald, D.: Chem. and Ind. 1931, **50**, 1031. — Literaturzusammenstellungen findet man in diesen Arbeiten sowie auch bei R. H. Atkinson u. A. R. Raper: J. Inst. Metals 1936, **3**, 207.

Tabelle 1.

Cr ... 24 $Cr(CO)_6$ krist., fest, subl.	**Mn ... 25** unbekannt	**Fe ... 26** $Fe(CO)_5$ gelbe Flüssigkeit, Schmp. —20° Sdp. 103° $Fe_2(CO)_9$ gelb krist., fest, Zers. bei 100° $Fe_3(CO)_{12}$ grün-schwarz, krist., fest, Zers. bei 140°	**Co ... 27** $Co_2(CO)_8$ orange, fest; Schmp. 51°; sublim. im Vakuum $Co_4(CO)_{12}$ schwarz, fest Zers. bei 60°	**Ni ... 28** $Ni(CO)_4$ farblos, flüssig, Schmp. —23°, Sdp. 43°
Mo ... 42 $Mo(CO)_6$ farblos, krist., sublim.	**(Ma) ... 43** unbekannt	**Ru ... 44** $Ru(CO)_5$ farblos, flüssig; Schmp. —22° $Ru_2(CO)_9$ gelb, krist., fest $[Ru(CO)_4]_x$ grün, fest	**Rh ... 45**	**Pd ... 46**
W ... 78 $W(CO)_6$ farblos, krist.; sublim.				

Die Carbonyle des Nickels und Eisens.

Bei einer Untersuchung über den katalytischen Einfluß von Nickel auf die Disproportionierung von Kohlenmonoxyd in Kohlendioxyd und freien Kohlenstoff beobachteten MOND und LANGER in den Jahren 1888 bis 1890, daß Kohlenmonoxyd mit einer grünlichen, stark leuchtenden Flamme brennt, wenn man es vorher über reduziertes Nickel geleitet hat[1]. Wenn man das Gas durch ein erhitztes Rohr leitete, so schied sich metallisches Nickel in Form eines Spiegels ab; beim Abkühlen des Gases in einer Kältemischung konnte das Nickelcarbonyl $Ni(CO)_4$ als farblose Flüssigkeit gewonnen werden. Wie MOND, HIRTZ und COWAP[2] später fanden, vereinigt sich reduziertes Kobalt unter hohen Drucken zwar ebenfalls mit Kohlenmonoxyd, jedoch tritt bei gewöhnlichem Druck keine Carbonylbildung ein, so daß durch Umwandlung des Nickels in das Carbonyl eine vollständige Trennung von Kobalt und Nickel erreicht werden kann. Dieser Weg zur Reinigung des Nickels wurde von MOND auf ein technisches Verfahren übertragen und bei der Extraktion, Reinigung und Trennung des Nickels vom Kupfer in den aus Sudbury (Ontario) stammenden sulfidischen Erzen angewandt. Auf das unter bestimmten Bedingungen reduzierte rohe Metall ließ man Kohlenmonoxyd einwirken. Das gebildete Nickelcarbonyl wird durch einen zirkulierenden Gasstrom

[1] MOND u. LANGER: J. chem. Soc. 1890, **57**, 749.
[2] MOND, HIRTZ u. COWAP: J. chem. Soc. 1910, **97**, 798.

in Zersetzungsapparate geleitet, deren Temperatur auf 180—200° gehalten wird; hier scheidet sich das Metall auf Scheiben aus reinem Nickel ab, die einen Durchmesser von 2—5 mm besitzen und in dauernder Bewegung gehalten werden. Das so abgeschiedene Nickel ist vollkommen frei von Kobalt, enthält aber wegen der gleichzeitigen Bildung und Verflüchtigung von Eisencarbonyl 0,25 Prozent Eisen.

Berthelot und gleichzeitig Mond und Quincke fanden, daß reduziertes Eisen ebenfalls Kohlenmonoxyd absorbiert und das entsprechende Eisenpentacarbonyl, $Fe(CO)_5$, bildet. Während jedoch aktives, durch Reduktion des Oxalats oder Hydroxyds bei Temperaturen unterhalb von 300° gewonnenes Nickel heftig und exotherm mit Kohlenmonoxyd reagiert, ist Eisen in dieser Beziehung bedeutend weniger reaktionsfähig. Nach Mittasch[3] hängt die Reaktionsfähigkeit weitgehend von der Gegenwart geringfügiger Verunreinigungen des Gases oder Metalls ab, so daß reines Eisen ebenso reaktionsfähig ist wie Nickel. Da bei der Reaktion eine starke Volumenabnahme erfolgt, so wird die Bildung des Metallcarbonyls durch Anwendung höherer Drucke gefördert. Bei hohen Drucken ist auch tatsächlich die Einwirkung von Kohlenmonoxyd selbst auf massives Eisen ziemlich beträchtlich; daher bildet sich in Gasflaschen oder Zylindern, in denen sich Kohlenmonoxyd oder ein technisches, Kohlenmonoxyd enthaltendes Gasgemisch — z. B. technischer Wasserstoff — unter Druck befindet, stets Eisencarbonyl. Eisenpentacarbonyl wird jetzt in größerem Maßstabe technisch aus Eisen dargestellt, das man durch Reduktion von Ferrioxyd mit Wasserstoff bei 500° gewonnen hat und auf das man bei 180—200° unter 50—200 Atmosphären Druck Kohlenmonoxyd einwirken läßt. Man verwendet hohe Strömungsgeschwindigkeiten, um eine Adsorption des Eisencarbonyls an das Eisen zu verhindern, weil dadurch der Ablauf der Reaktion gestört wird. Von dem austretenden Gasstrom, welcher bis zu 2 Prozent Eisenpentacarbonyl enthalten kann, wird das flüssige Carbonyl durch Abkühlen kondensiert.

Eisenpentacarbonyl wurde früher als Antiklopfmittel verwendet; gegenwärtig liegt jedoch seine hauptsächliche technische Bedeutung darin, daß es ein Ausgangsstoff zur Darstellung von sehr reinem Eisen ist. Bei der Zersetzung von Eisencarbonyl an heißen Oberflächen besteht die Neigung zur Bildung eines inhomogenen, mit Kohlenstoff verunreinigten Produktes, während bei der Zersetzung in der Gasphase — bei der man den Dampf durch einen Spalt treten läßt, der durch Bestrahlung auf 200—250° erhitzt wird — ein außerordentlich fein verteiltes Eisen entsteht, das man als „Carbonyleisen" bezeichnet und das bis auf einen ganz geringen Oxyd- und Kohlenstoffgehalt sehr rein ist. Das fein verteilte Material ist sehr gut zur Herstellung von Magnetkernen und für katalytische Zwecke geeignet. Die geringen Verunreinigungen kann man fast vollständig entfernen, wenn man das Eisen mit der erforderlichen Menge reinen Eisenoxyds im Induktionsofen schmilzt; das dazu erforderliche Eisenoxyd stellt man ebenfalls durch Oxydation von Eisencarbonyl her. Auf diese Weise kann der Kohlenstoffgehalt unter 0,0007 Prozent und der Sauerstoffgehalt unter 0,01 Prozent herabgesetzt werden.

[3] Mittasch: Z. angew. Chem. 1928, **41**, 827.

Eisenpentacarbonyl ist lichtempfindlich und verliert unter dem Einfluß von langwelligem ultraviolettem Licht ein halbes Molekül Kohlenmonoxyd, wobei das gelbe, kristalline Enneacarbonyl, $Fe_2(CO)_9$, gebildet wird[4]. Dieses besitzt wiederum einen begrenzten Beständigkeitsbereich und zersetzt sich beim Erhitzen unter Bildung von etwas Pentacarbonyl und eines dritten, höher kondensierten Eisentetracarbonyls; auf Grund von Molekulargewichtsbestimmungen hat sich dieses als trimer erwiesen, so daß ihm die Formel $Fe_3(CO)_{12}$ zukommt. Man erhält es leicht in reiner Form durch Oxydation von Eisencarbonylhydrid (s. unten) mit Braunstein oder Wasserstoffperoxyd[5]:

$$3Fe(CO)_4H_2 + 3H_2O_2 \rightarrow Fe_3(CO)_{12} + 6H_2O.$$

Indirekte Bildung von Metallcarbonylen.

Die Bildung von Metallcarbonylen durch direkte Einwirkung von Kohlenmonoxyd auf das Metall ist praktisch auf diejenigen Metalle beschränkt, die man durch Reduktion bei niedriger Temperatur in reaktionsfähigem Zustand erhalten kann. Selbst im Falle des Nickels, welches gegenüber Kohlenmonoxyd das reaktionsfähigste Metall ist, geht die Reaktionsfähigkeit zum großen Teil verloren, wenn man zur Reduktion des Oxyds Wasserstoff verwendet oder das Metall nach der Reduktion auf 350° oder höher erhitzt. Es gibt jedoch noch eine Anzahl von anderen Reaktionen, bei denen Metallcarbonyle entstehen und bei denen ebenfalls eine Disproportionierung eines unbeständigen niederen Wertigkeitszustandes zu einer höheren Wertigkeit und zur tatsächlichen Wertigkeit Null erfolgt.

So nimmt das komplexe Cyanid des einwertigen Nickels, $K_2[Ni(CN)_3]$, bei —9° leicht Kohlenmonoxyd auf und bildet wahrscheinlich die Verbindung $K_2[Ni(CN)_3CO]$; diese Verbindung selbst kann man nicht isolieren; beim Ansäuern wird sie jedoch zu Nickelcarbonyl und Kaliumnickel(II)-cyanid, $K_2[Ni(CN)_4]$, zersetzt[6]. Eine ähnliche Reaktion findet man bei einer alkalischen Suspension von Nickelcyanid und Nickelsulfid[7]. In beiden Fällen wird Kohlenmonoxyd absorbiert, und es entsteht direkt Nickelcarbonyl. Der Mechanismus dieser Reaktion ist nicht klar, doch kann man qualitativ sagen, daß das Alkali als Akzeptor für das Säureradikal dient. Unter den gleichen Bedingungen absorbieren auch alkalische Suspensionen von Kobaltcyanid Kohlenmonoxyd, doch wird dabei kein Kobaltcarbonyl gebildet. Wahrscheinlich entsteht als erstes Produkt dieser Reaktion das ziemlich beständige Carbonylcobalticyanid, $K_3[Co(CN)_4CO]$. Beim Ansäuern in Gegenwart von Stickoxyd wird jedoch NO aufgenommen und es entsteht Kobaltnitrosocarbonyl, $Co(CO)_3NO$[8]. Ein weiterer Fall, bei dem Nickelcarbonyl aus einer Verbindung des einwertigen Nickels gebildet wird, findet man beim Nitrosylmercaptid, $Ni(NO)SC_2H_5$, das in Gegenwart von

[4] Dewar, J. u. H. O. Jones: Proc. Roy. Soc. 1906, A, **79**, 66.
[5] Hieber, W.: Z. anorg. allg. Chem. 1932, **204**, 165.
[6] Manchot, W. u. H. Gall.: Ber. dtsch. chem. Ges. 1926, **59**, 1060.
[7] Manchot, W. u. H. Gall: Ber. dtsch. chem. Ges. 1929, **62**, 678.
[8] Blanchard, A. A., J. R. Rafter u. W. B. Adams: J. Amer. chem. Soc. 1934, **56**, 16.

Methanoldampf als Katalysator bei 100—140° mit Kohlenmonoxyd reagiert[9].

Die Carbonyle der Metalle aus der Chromgruppe.

Die bisher beschriebenen Verfahren ergeben die Carbonyle der leicht reduzierbaren Metalle Eisen, Kobalt und Nickel; sie lassen sich jedoch nicht ohne weiteres auf die anderen Metalle der Übergangsreihe ausdehnen. R. L. MOND erhielt bei sorgfältiger Reduktion von Molybdänoxychlorid das Metall in einem solchen reaktionsfähigen Zustand, daß es bei hohen Drucken langsam mit Kohlenmonoxyd reagierte, wobei sich die Bildung und das Vorkommen eines Molybdäncarbonyls nachweisen ließ. Wenn man Molybdän und Wolfram in Gegenwart anderer Schwermetalle — vor allem von Eisen und Kupfer — reduziert hat, so reagieren sie nach MITTASCH[10] bei 225° und 200 Atmosphären Druck leicht mit Kohlenmonoxyd. Die Darstellung der Chrom-, Molybdän- und Wolframcarbonyle mit der allgemeinen Formel $M(CO)_6$ wurde erst durch die Beobachtung von JOB ermöglicht, welcher feststellte, daß Kohlenmonoxyd in Gegenwart von sublimiertem Chromtrichlorid mit Grignard-Reagenzien reagiert. Während dieser Reaktion treten sehr komplizierte organische Produkte auf; bei sorgfältig geregelter Durchführung der heftigen Reaktion fand JOB[11], daß eine kleine Menge einer ätherlöslichen Chromverbindung gebildet wird. Diese erwies sich als Chromhexacarbonyl; später hat sich ergeben, daß man in derselben Weise Molybdän- und Wolframcarbonyl aus $MoCl_5$ bzw. WCl_6 darstellen kann.

Den Schlüssel zum Verständnis des Mechanismus dieser Reaktionen liefern zweifellos die Arbeiten von HEIN über die organometallischen Verbindungen, die bei der Einwirkung von Phenylmagnesiumbromid auf Chromtrichlorid entstehen, worüber etwas später in diesem Kapitel berichtet werden soll. Die Arbeiten von HEIN ergaben, daß neben den sich vom fünfwertigen Chrom ableitenden Organo-Chromhalogeniden durch Disproportionierung des Chromichlorids Chromochlorid und eine Verbindung des anscheinend einwertigen Chroms gebildet werden. HIEBER und ROMBERG[12] fanden, daß nur in der letzten Stufe der Reaktion mit Kohlenmonoxyd, also bei der Einwirkung von Wasser oder Säure auf irgendein Zwischenprodukt, Chromcarbonyl entsteht. Danach besteht die Anfangsreaktion des Kohlenmonoxyds in der Bildung von Additionsverbindungen entweder mit dem hypothetischen einwertigen Chrom oder — wie es HIEBER annimmt — mit den Chromarylen, also z. B. mit Verbindungen von der Art $Cr(CO)_2R_4$. In beiden Fällen tritt bei der Zersetzung mit Säure eine Rückverwandlung ein, bei der Chromcarbonyl, Chromisalze und freier Wasserstoff gebildet werden, also z. B.:

$$3Cr(CO)_2R_4 + 6H^+ \rightarrow Cr(CO)_6 + 2Cr^{3+} + 12R + 3H_2.$$

---

[9] MANCHOT, W. u. H. GALL: Ber. dtsch. chem. Ges. 1929, **62**, 678.
[10] MITTASCH: Z. angew. Chem. 1928, **41**, 827.
[11] JOB: Bull. Soc. chim. France 1927, **41**, 1041.
[12] HIEBER u. ROMBERG: Z. anorg. allg. Chem. 1935, **221**, 321.

Die Zwischenverbindungen ließen sich jedoch noch in keiner Weise charakterisieren, so daß der oben beschriebene Mechanismus vollkommen hypothetisch ist. Es konnten bisher keine den Chromphenylen entsprechenden Organometallverbindungen des Molybdäns oder Wolframs dargestellt werden; man muß jedoch annehmen, daß die Reaktion mit Kohlenmonoxyd einen ähnlichen Verlauf nimmt. Die Ausbeute an Carbonyl ist im Falle des Wolframs bedeutend besser als beim Chromhexacarbonyl.

Die Hexacarbonyle sind farblose, kristalline Stoffe, die viel beständiger sind als die Carbonyle des Eisens und Nickels. Sie werden an der Luft nicht oxydiert und lassen sich unzersetzt sublimieren; eine Abscheidung von Chrom aus Chromcarbonyl ist erst bei Temperaturen oberhalb von 140° wahrnehmbar. Auch in chemischer Hinsicht sind die Verbindungen ziemlich beständig. Chromcarbonyl ist gegen Brom unempfindlich, wird aber von Chlor oder Salpetersäure zersetzt. Die Molybdänverbindung ist weniger widerstandsfähig, jedoch immer noch beständiger als die Carbonyle der Eisengruppe.

Rutheniumcarbonyle.

Über die Bildung von Rutheniumcarbonylen wurde zuerst von R. L. Mond[13] berichtet, der eine ziemlich uneinheitliche amorphe Masse mit der ungefähren Zusammensetzung $Ru(CO)_2$ beschrieb. Erst in neuerer Zeit haben Manchot und Manchot[14] drei wohldefinierte Verbindungen isoliert, aus denen die große Ähnlichkeit zwischen Ruthenium und Eisen hervorgeht. Bei der Isolierung des Rutheniumcarbonyls wurde eine neue Reaktion entdeckt, die möglicherweise eine breitere Anwendungsmöglichkeit besitzt. Im Gegensatz zu der Feststellung von Mond fanden Manchot und Manchot, daß reduziertes Ruthenium bei 180° und 200 Atmosphären Druck leicht mit Kohlenmonoxyd reagiert, wobei ein flüchtiges, flüssiges Carbonyl, $Ru(CO)_5$, gebildet wird, dessen Schmelzpunkt bei —21° liegt. Die Reaktion verläuft jedoch nur recht unvollständig, da das Carbonyl sehr hartnäckig an der Oberfläche des Metalls adsorbiert wird und so den weiteren Reaktionsverlauf hemmt.

Die Halogenide des Rutheniums bilden wie die der anderen Platinmetalle leicht Additionsverbindungen mit Kohlenmonoxyd. Wenn man Rutheniumcarbonyljodid, $Ru(CO)_2J_2$, mit einem Überschuß von „molekularem" Silber mischt und in Kohlenmonoxyd auf 170° erhitzt, so wird das Jod von der Verbindung abgegeben, und es bildet sich Silberjodid; das übrigbleibende $Ru(CO)_2$ vereinigt sich mit Kohlenmonoxyd, und es entsteht das Pentacarbonyl. Diese Reaktion verläuft selbst bei Atmosphärendruck mit nachweisbarer Geschwindigkeit; sie wird durch hohe Drucke beschleunigt und erfolgt bei 100° und 250 Atmosphären Druck sehr schnell. Es ist nicht erforderlich, bei diesem Vorgang der gleichzeitigen Reduktion und Carbonylbildung das Carbonyljodid zu isolieren. Man kann das Rutheniumcarbonyl sehr leicht über das Carbonyljodid darstellen, wenn man bei 170° und sehr hohen Drucken (450 Atmosphären) Rutheniumjodid mit Kohlenmonoxyd und Silber reagieren läßt.

[13] Mond, R. L.: J. chem. Soc. 1910, **97**, 798; Z. anorg. allg. Chem. 1910, **68**, 207.
[14] Manchot u. Manchot: Z. anorg. allg. Chem. 1936, **226**, 385.

Für die Analogie zwischen Eisen und Ruthenium gibt es in der bisher bekannten Chemie des Rutheniumcarbonyls auch noch weitere Anhaltspunkte. Das Rutheniumpentacarbonyl ist wie die entsprechende Eisenverbindung lichtempfindlich und verliert bei der Einwirkung von Licht ein halbes Molekül Kohlenmonoxyd unter Bildung des zweikernigen $Ru_2(CO)_9$. Im Gegensatz zum Eisen entsteht das Enneacarbonyl auch, wenn man $Ru(CO)_5$ auf 50° erwärmt. Außerdem bildet sich dabei eine geringe Menge eines lichtbrechenden, grünen, amorphen Produktes, das weniger Kohlenoxyd enthält und bisher noch nicht im reinen Zustand erhalten werden konnte. Auf Grund seiner Bildungsweise und seiner Reaktionen steht mit ziemlicher Sicherheit fest, daß es sich hierbei um das Tetracarbonyl, $[Ru(CO)_4]_x$, handelt, aus Analogiegründen kann man annehmen, daß wahrscheinlich $x = 3$ ist. Möglicherweise läßt sich die Verbindung bequemer nach dem beim Eisen angewandten Verfahren erhalten, da sich Rutheniumpentacarbonyl wie das Eisenpentacarbonyl unter Bildung einer sehr stark reduzierend wirkenden Lösung in Kaliumhydroxyd löst. Diese Lösung muß das Kaliumsalz eines Carbonylhydrids, $[Ru(CO)_4H_2]$, enthalten, wodurch die Möglichkeit zur Entwicklung einer interessanten und verwickelten Chemie der Rutheniumcarbonyle gegeben wird, wie sie im Falle des Eisens bereits ausgearbeitet ist.

Substitutionsreaktionen der Metallcarbonyle.

Abgesehen von den neuesten, hauptsächlich auf HIEBER und Mitarbeiter zurückgehenden Untersuchungen sind die einzigen beschriebenen Reaktionen der Carbonyle nur Zersetzungen durch verschiedene Reagenzien wie Halogene, Oxydationsmittel usw. Bei den früheren Untersuchungen hatte man die außerordentliche Empfindlichkeit der Zwischenprodukte besonders gegenüber Oxydationsmitteln nicht berücksichtigt. Erst durch die Anwendung einer besonderen experimentellen Technik, die von SCHLENK zunächst zur Untersuchung höchst reaktionsfähiger, organischer freier Radikale angewandt wurde und bei der man in einer trocknen, vollkommen sauerstofffreien Atmosphäre arbeitet, war es möglich, eine Klärung der Chemie der Metallcarbonyle herbeizuführen. Sehr wesentlich ist die Feststellung von DEWAR und JONES, daß die grüne Lösung des Eisentetracarbonyls in Pyridin schnell rot und nur bei der vollständigen Oxydation des Eisens durch Luft schließlich farblos wird. Die Verfasser zogen aber nicht den naheliegenden Schluß, daß der Farbwechsel mit dem Auftreten eines Zwischenproduktes in Zusammenhang steht. Bei den neueren Arbeiten über die Carbonyle hat das Eisencarbonyl wegen seiner mannigfaltigen Reaktionen eine besondere Rolle gespielt; diese Reaktionsfähigkeit kann man im wesentlichen der Tatsache zuschreiben, daß das Eisen im $Fe(CO)_5$ und wahrscheinlich auch in den kondensierten Carbonylen $Fe_2(CO)_9$ und $Fe_3(CO)_{12}$ die Koordinationszahl 5 besitzt und somit koordinativ ungesättigt ist.

Eisen- und Kobaltcarbonylhydride. HOCK und STUHLMANN[15] fanden, daß Eisenpentacarbonyl mit Lösungen von Quecksilbersalzen reagiert, wobei unter gleichzeitiger Entwicklung eines Moleküls Kohlendioxyd

[15] HOCK u. STUHLMANN: Ber. dtsch. chem. Ges. 1928, **61**, 2097; 1929, **62**, 431, 2690.

sehr beständige, unlösliche, quecksilberhaltige Substitutionsprodukte gebildet werden. Mit einem Molekül Quecksilbersulfat entsteht zunächst die Verbindung $Fe(CO)_4Hg$, die mit weiteren Mercurisalzen Verbindungen vom Typus $Fe(CO)_4Hg \cdot HgX_2$ bildet. So führt die Einwirkung von Eisenpentacarbonyl auf Mercuri- oder Mercurochlorid direkt zur Bildung von $Fe(CO)_4Hg \cdot HgCl_2$:

$$Fe(CO)_5 + 2HgCl_2 + H_2O = Fe(CO)_4Hg \cdot HgCl_2 + 2HCl + CO_2$$

$$Fe(CO)_5 + 2Hg_2Cl_2 + H_2O = Fe(CO)_4Hg \cdot HgCl_2 + 2HCl + CO_2 + 2Hg.$$

Bei tiefer Temperatur kann man in Acetonlösungen die Bildung einer Zwischenverbindung von $Fe(CO)_5 \cdot HgCl_2$ nachweisen. Diese Verbindung erleidet bei gewöhnlicher Temperatur oder in Gegenwart von Mercurichlorid, eine Zersetzung bei der die obengenannten Produkte entstehen.

Quecksilbereisentetracarbonyl, $Fe(CO)_4Hg$, ist eine beständige gelbe Substanz, die sich an der Luft nicht verändert, jedoch bei 150° in Quecksilber, Eisen und Kohlenmonoxyd zersetzt wird. Es reagiert bei Zimmertemperatur mit den Halogenen und bildet Mercurihalogenide und die entsprechenden Eisencarbonylhalogenide (s. unten):

$$Fe(CO)_4Hg + 2J_2 = Fe(CO)_4J_2 + HgJ_2.$$

Zum Unterschied von den meisten Carbonylverbindungen wird es von kochendem Pyridin nicht angegriffen.

Die genaue Natur des Quecksilbereisentetracarbonyls war eine Zeitlang umstritten. Die Neigung des Quecksilbers zur Bildung organometallischer Verbindungen schien darauf hinzudeuten, daß das Quecksilber in irgendeiner Weise kovalenzmäßig mit dem Kohlenoxyd verbunden wäre. Die genaue Untersuchung zeigt nun, daß der Stoff tatsächlich das Mercurisalz des merkwürdigen *Eisencarbonylhydrids* ist, welchem die Formel $Fe(CO)_4H_2$ zukommt.

Dewar und Jones[16] haben festgestellt, daß das Eisenpentacarbonyl in alkoholischer Kalilauge gelöst werden kann, wobei eine Lösung entsteht, die sich an der Luft schnell rot färbt. Freundlich und Malchow[17] konnten nachweisen, daß die so erhaltene Lösung stark reduzierende Eigenschaften besitzt und daß beim Ansäuern bis zu 40 Prozent durch atmosphärische Oxydation gebildetes Eisentetracarbonyl entsteht. Bei Zusatz eines milden Oxydationsmittels wie Braunstein kann man die Ausbeute an Eisentetracarbonyl bis zu 90 Prozent erhöhen. Hieber[18] fand, daß bei der Einwirkung von Basen — z. B. von Barytlauge — auf Eisenpentacarbonyl Karbonat gebildet wird, und zwar in einer Menge, die bei Anwendung eines gewissen Basenüberschusses ungefähr einem Molekül pro Mol Eisenpentacarbonyl entsprach. Beim Ansäuern der durch Einwirkung von Alkalien entstandenen Lösungen unter vollständigem Ausschluß von Sauerstoff wird eine neue, flüchtige, sehr unbeständige Eisenverbindung in Freiheit gesetzt, nämlich das Eisencarbonylhydrid.

$$Fe(CO)_5 + 4OH^- = [Fe(CO)_4]^{2-} + CO_3^{2-} + 2H_2O$$

$$[Fe(CO)_4]^{2-} + 2H^+ = [Fe(CO)_4H_2].$$

16 Dewar u. Jones: Proc. Roy. Soc. 1905, A, **76**, 558; 1906, **79**, 66.

17 Freundlich u. Malchow: Ber. dtsch. chem. Ges. 1923, **56**, 2264; Z. anorg. allg. Chem. 1924, **141**, 317.

18 Hieber: Ber. dtsch. chem. Ges. 1931, **64**, 2832; Z. anorg. allg. Chem. 1931, **204**, 145, 165.

Der tatsächliche Verlauf der Reaktion mit Alkali wurde von FEIGL und KRUMHOLZ[19] verfolgt; sie zeigten, daß Eisencarbonylhydrid gewöhnlich als einbasische Säure fungiert. So werden beispielsweise mit den Alkalimethylaten nach folgendem Schema saure Salze gebildet:

$$Fe(CO)_5 \xrightarrow[\text{in } CH_3OH]{CH_3ONa} Fe(CO)_5 \cdot 2\,NaOCH_3 \xrightarrow{H_2O} Fe(CO)_4HNa \cdot CH_3OH + NaCO_3CH_3$$

$$Fe(CO)_5 \cdot 2\,NaOCH_3 \xrightarrow{HgCl_2} Fe(CO)_4Hg_2Cl_2; \quad Fe(CO)_4HNa \cdot CH_3OH \xrightarrow{HgCl_2} Fe(CO)_4Hg_2Cl_2$$

$$Fe(CO)_4HNa \cdot CH_3OH \xrightarrow{\text{Säurezusatz}} Fe(CO)_4H_2 + Na^+ + CH_3OH$$

Man sieht, daß mit Mercurichlorid dieselbe Verbindung entsteht, die man bei der direkten Einwirkung von Mercurichlorid auf Eisenpentacarbonyl erhält. Andere schwerlösliche Salze kann man leicht durch Einwirkung von Schwermetallen oder von Metallamminsalzen auf in Basen gelöstes Eisenpentacarbonyl, z. B. auf eine durch Schütteln von Eisenpentacarbonyl mit Ammoniak gewonnene Lösung, erhalten. Auf diese Weise[20] wurden u. a. die Verbindungen $[Fe(CO)_4H]_2[Ni(NH_3)_6]$, $[Fe(CO)_4H]_2[Fe\,Phth_3]$, (Phth = o-Phenanthrolin $C_{12}H_8N_2$) und $[Fe(CO)_4]Cd$ dargestellt, wobei das Cadmiumsalz das Analogon zu der von HOCK und STUHLMANN gewonnenen Quecksilberverbindung ist. Die Bildung derartiger Salze mit den Amminen des Eisens wirft die Frage auf, ob man einige der aminsubstituierten Produkte des Eisencarbonyls so auffassen muß. Viele der Verbindungen liefern bei der Zersetzung durch Säure Ferroion und Eisencarbonylhydrid in ungefähr äquivalenten Mengen, wenn man auch nur wenige als Salze des Eisencarbonylhydrids mit plausiblen Kationen auffassen kann. Eine Ausnahme bildet die Äthylendiaminverbindung $Fe(CO)_4en_3$. Diese ergibt, wie die Metallamminsalze von FEIGL und KRUMHOLZ, bei der Zersetzung mit Säuren quantitativ Eisencarbonylhydrid[21] und ist somit höchstwahrscheinlich das Salz $[Fe(CO)_4][Fe\,en_3]$; der größte Teil der substituierten Carbonyle sind komplexe Nichtelektrolyte, die denselben besonderen Charakter wie die Metallcarbonyle besitzen, also reine Koordinationsverbindungen sind:

$$Fe_2(CO)_4en_3 + 8H^+ = Fe(CO)_4H_2 + Fe^{2+} + 3(en \cdot H_2)^{2+}.$$

Eisencarbonylhydrid ist eine blaßgelbe, flüchtige Flüssigkeit (Schmp. —70°) mit einem charakteristischen, höchst unangenehmen Geruch. Oberhalb von —10° zersetzt es sich schnell, wobei Eisenpentacarbonyl und ein schlecht definiertes, sehr hoch polymerisiertes Tricarbonyl entsteht:

$$2\,Fe(CO)_4H_2 \rightarrow Fe(CO)_5 + Fe(CO)_3\,(\text{polymer}) + 2\,H_2.$$

Die Verbindung besitzt stark reduzierende Eigenschaften und läßt sich durch die Entfärbung von Methylenblau quantitativ bestimmen. Wie sein Quecksilbersalz reagiert das Carbonylhydrid mit Jod und bildet Eisencarbonyljodid. Am auffälligsten — im Vergleich zu den Eisencarbonylen — ist seine Reaktion mit organischen Aminen. Pyridin und o-Phenanthrolin bewirken keine Substitution des Kohlenmonoxyds,

---

[19] FEIGL, F. u. P. KRUMHOLZ: Mh. Chem. 1932, **59**, 314.

[20] FEIGL, F. u. P. KRUMHOLZ: Z. anorg. allg. Chem. 1933, **215**, 242.

[21] HIEBER, W. u. F. LEUTERT: Ber. dtsch. chem. Ges. 1931, **64**, 2832.

sondern bilden die sehr beständigen Salze $[Fe(CO)_4](C_5H_5NH)_2$ und $[Fe(CO)_4](PhthH_2)$[22].

Eine Betrachtung der Valenzregeln, welche die Konstitution der Metallcarbonyle beherrschen, d. h., daß die effektive Atomnummer des Metallatoms durch das Vorhandensein gemeinsamer Elektronen die Atomnummer eines Edelgases erreicht[23], deutet darauf hin, daß zwischen den Verbindungen $Fe(CO)_4H_2$ und $Ni(CO)_4$ eine Kobaltverbindung $Co(CO)_4H$ auftreten sollte. Ein derartiges Kobaltcarbonylhydrid kennt man seit einiger Zeit in Form seiner Salze; das freie Hydrid konnte allerdings erst in allerneuester Zeit isoliert werden. Es entsteht entsprechend dem Eisencarbonylhydrid bei der alkalischen Hydrolyse von Kobalttetracarbonyl[24]:

$$3\,Co_2(CO)_8 + 4\,OH^- \rightarrow 4\,Co(CO)_4H + 2\,CO_3^{2-} + 2\,Co(CO)_3\ \text{(polymer)}.$$

In diesem Falle ist der Vorgang durch eine Nebenreaktion etwas verwickelter:

$$3\,Co_2(CO)_8 + 4\,H_2O \rightarrow 4\,Co(CO)_4H + Co(OH)_2 + 4\,CO.$$

Wenn man zur Hydrolyse statt einer starken Base, wie Barytwasser oder Kalilauge, Ammoniak benutzt, verläuft lediglich die zweite Reaktion.

Die bei diesen Hydrolysenreaktionen entstehenden verdünnten Lösungen, ähneln in ihren chemischen Eigenschaften den Lösungen des Eisencarbonylhydrids. Sie reduzieren Methylenblau und ergeben bei der Oxydation mit Luftsauerstoff oder mit Braunstein Kobalttetracarbonyl.

Mit Schwermetallsalzlösungen werden Salze von Kobaltcarbonylhydrid gefällt[25]. So liefert Mercurichlorid den Niederschlag $[Co(CO)_4]_2Hg$, während mit ammoniakalischen Nickel- und Kobaltlösungen die ziemlich gut löslichen Ammine $[Co(CO)_4]_2[Ni(NH_3)_6]$ und $[Co(CO)_4]_2[Co(NH_3)_6]$ entstehen. Das letztgenannte Salz bildet sich in geringen Mengen bei der Hydrolyse von Kobaltcarbonyl mit Ammoniak, was auf die Lösung von etwas Kobalt(II)-hydroxyd zurückzuführen ist. Man kann die Verbindung auch durch direkte Einwirkung von gasförmigem Ammoniak auf Kobalttetracarbonyl erhalten.

$$3\,Co_2(CO)_8 + 12\,NH_3 \rightarrow 2\,[Co(CO)_4]_2[Co(NH_3)_6] + 8\,CO.$$

Die großen tris-o-Phenanthrolinnickel- und -kobaltkationen werden sofort in Form ihrer Carbonylhydridsalze, $[Co(CO)_4]_2[M\,Phth_3]$, gefällt.

Freies $Co(CO)_4H$[26] erhält man, wenn man die bei der Hydrolyse von Kobaltcarbonyl mit Barytwasser erhaltene Lösung mit Phosphorsäure ansäuert. Das Hydrid läßt sich als gelbe kristalline Verbindung kondensieren; es schmilzt bei —26,2° und wird bei etwas höherer Temperatur unter Wasserstoffentwicklung und Bildung von Kobalttetracarbonyl zersetzt; diese Zerfallsreaktion verläuft bei —18° schon sehr schnell. Mit einer alkoholischen Lösung von o-Phenanthrolin entsteht das Salz $[Co(CO)_4](H\,Phth_2)$, welches wie die entsprechende Eisenverbindung ziemlich beständig ist.

---

[22] HIEBER, W. u. H. VETTER: Z. anorg. allg. Chem. 1933, **212**, 145.
[23] LANGMUIR, I.: Science 1921, **54**, 65.
[24] HIEBER, W.: Z. Elektrochem. angew. physik. Chem. 1934, **40**, 158.
[25] HIEBER, W. u. SCHULTEN: Z. anorg. allg. Chem. 1937, **232**, 17.
[26] HIEBER, W. u. SCHULTEN: Z. anorg. allg. Chem. 1937, **232**, 29.

Kobaltcarbonylhydrid bildet sich auch bei einer zweiten, besonders interessanten Reaktion, bei der zwischendurch kein Kobaltcarbonyl auftritt. Cystein, $HS \cdot CH_2CH(NH_2) \cdot COOH$, liefert mit zweiwertigem Eisen und Kobalt Komplexsalze vom Typus (I) und (II). Diese gegen Sauerstoff außerordentlich empfindlichen Salze sind dadurch interessant, daß ihre alkalischen Lösungen Kohlenoxyd absorbieren.

$$K_2\left[Fe\left(\begin{matrix} S\text{——}CH_2 \\ \qquad | \\ NH_2\text{—}CH\text{—}CO_2\text{—} \end{matrix}\right)_2\right] \quad \text{(I)} \qquad K_4\left[Co\left(\begin{matrix} S\text{——}CH_2 \\ \qquad | \\ NH_2\text{—}CH\text{—}CO_2\text{—} \end{matrix}\right)_3\right] \quad \text{(II)}$$

$$K_2\left[(CO)_2Fe\left(\begin{matrix} S\text{——}CH_2 \\ \qquad | \\ NH_2\text{—}CH\text{—}CO_2\text{—} \end{matrix}\right)_2\right] \quad \text{(III)}$$

Der Ferro-Cysteinkomplex verbindet sich mit zwei Molekülen Kohlenmonoxyd unter Bildung des Salzes (III), das gegen Sauerstoff ziemlich beständig ist; wie Eisenpentacarbonyl und die Kohlenmonoxydverbindung des Atmungsfermentes wird es jedoch photochemisch zersetzt. Bei dem Kobalt-Cysteinkomplex läßt sich keine analoge Verbindung gewinnen, die ein Molekül Kohlenoxyd pro Kobaltatom aufnimmt; dafür unterliegt aber die Verbindung einer Disproportionierung, wobei eines der gebildeten Produkte das Cobaltisalz, $K_3[Co(SR)_3] \cdot 3H_2O$, ist. (Cystein ist hierbei durch die Formel H_2SR dargestellt.) Wenn man dieses Salz mit Aceton fällt, so erhält man durch Behandlung der zurückbleibenden Lösung mit Mercurichlorid oder ammoniakalischem Silbernitrat Niederschläge von $[Co(CO)_4]_2Hg$ bzw. $[Co(CO)_4]Ag$[27]. Dieselben Produkte gewinnt man in größerer Ausbeute durch fortgesetzte Einwirkung von Kohlenmonoxyd auf das zuerst gebildete Kalium-cobalti-triscysteinat:

$$9\,K_2[Co(SR)_2] + 8\,CO + 2\,H_2O \rightarrow 6\,K_3[Co(SR)_3] + Co(OH)_2 + 2\,Co(CO)_4H$$
$$K_3[Co(SR)_3] + 6\,CO + 7\,KOH \rightarrow Co(CO)_4H + 2\,K_2CO_3 + 3\,K_2R + 3\,H_2O.$$

Beim Ansäuern des Reaktionsgemisches wird Kobaltcarbonylhydrid aus seinen Salzen in Freiheit gesetzt; es zersetzt sich jedoch sofort durch Oxydation oder durch Verlust von Wasserstoff, wobei Kobaltcarbonyl entsteht.

In alkalischer Lösung reagiert Kobaltcarbonyl mit Cystein, wobei eine Disproportionierung erfolgt und Kobaltcarbonylhydrid und der tris-Cystein-cobaltikomplex entsteht:

$$2\,Co_2(CO)_8 + 3\,H_2SR + 3\,KOH \rightarrow 3\,Co(CO)_4H + K_3[Co(SR)_3] + 4\,CO + 3\,H_2O.$$

Eine analoge Reaktion findet mit Kobalt(II)-Salzen und alkoholischen Alkalixanthogenatlösungen statt[28]. In Gegenwart von Kohlenmonoxyd entsteht ein Kobaltcarbonylalkoholat (s. unten, S. 367). Dieses liefert bei der Zersetzung mit Säuren Kobaltcarbonylhydrid.

$$6\,CoCl_2 + 12\,KXa + 5\,CO + C_2H_5OH \rightarrow Co_2(CO)_5 \cdot C_2H_5OH + 4\,CoXa_3 + 12\,KCl$$
$$(Xa = C_2H_5O \cdot CS \cdot S\text{—})$$
$$Co_2(CO)_5 \cdot C_2H_5OH + 2\,H^+ \rightarrow Co(CO)_4H + Co^{2+} + {}^1\!/_2H_2 + C_2H_5OH.$$

---

27 SCHUBERT, M. P.: J. Amer. chem. Soc. 1933, **55**, 4563.

28 HIEBER, W.: Z. Elektrochem. angew. physik. Chem. 1937, **43**, 390; Z. angew. Chem. 1936, **49**, 463.

Die gleichen Reaktionen mit anschließender Disproportionierung müssen bei der indirekten Bildung der Metallcarbonyle stattfinden, deren Verlauf auf einer der vorhergehenden Seiten geschildert wurde.

Die von Eisencarbonylhydrid mit den Nickel- und Kobaltamminen gebildeten Salze reagieren direkt mit Kohlenmonoxyd[29]. Die dabei entstehenden Reaktionsprodukte sind im ersten Falle Eisencarbonylhydrid, Eisentetracarbonyl und Nickelcarbonyl, was man durch folgendes Reaktionsschema erklären kann:

$$[Fe(CO)_4H]_2[Ni(NH_3)_6] + 4\,CO \rightarrow [Fe(CO)_4H]_2[Ni(CO)_4] + 6\,NH_3$$
$$\downarrow$$
$$Fe(CO)_4H_2 + Fe(CO)_4\ \text{(polymer)} + Ni(CO)_4.$$

Das Kobalt(II)-Salz ergibt in der gleichen Weise Kobaltcarbonylhydrid und dann Kobaltcarbonyl.

$$2\,[Fe(CO)_4H]_2[Co(NH_3)_6] \rightarrow 2\,[Fe(CO)_4H]_2[Co(CO)_4]$$
$$\downarrow$$
$$Fe(CO)_4H_2 + Fe_3(CO)_{12} + 2\,Co(CO)_4H \rightarrow Co_2(CO)_8.$$

Somit ist es möglich, direkt von Eisenpentacarbonyl und wäßrigem Ammoniak ausgehend, die Carbonyle des Nickels und Kobalts zu erhalten. In Anbetracht der Tatsache, daß Kobaltcarbonyl nur schwer zugänglich ist, bietet diese Reaktion ein brauchbares und willkommenes Verfahren zu seiner Darstellung.

Aminsubstituierte Metallcarbonyle. Eine höchst charakteristische Eigenschaft der Metallcarbonyle besteht darin, daß das Kohlenmonoxyd durch andere neutrale Moleküle wie z. B. Amine oder Thioäther ersetzt werden kann. So entsteht eine Vielzahl von Verbindungen, welche wie die nichtsubstituierten Carbonyle vollkommen durch Kovalenzkräfte gebunden zu sein scheinen.

Wir wollen vorteilhafterweise zunächst das Verhalten der Eisencarbonyle betrachten. Übereinstimmend mit der verhältnismäßig starken Indifferenz der ein Metallatom enthaltenden Carbonyle reagiert Eisenpentacarbonyl nur träge mit irgendwelchen Substituenten. Weder Ammoniak noch Äthylendiamin bewirken unter gewöhnlichen Bedingungen eine Substitution; es entstehen vielmehr Anlagerungsverbindungen von der Form $Fe(CO)_5NH_3$ und $Fe(CO)_5en$. Die Bildung derartiger Anlagerungsverbindungen ist eine häufig auftretende Vorstufe — man vergleiche die Bildung von $Fe(CO)_5 \cdot J_2$, $Fe(CO)_5 \cdot Hg(OAc)_2$ — jedoch sind die Aminverbindungen dadurch ausgezeichnet, daß sie sich bei der Behandlung mit Säuren zu Eisentetracarbonyl (oder möglicherweise zu Eisencarbonylhydrid) und zu Ferrosalz zersetzen.

Pyridin reagiert bei 80° langsam mit Eisenpentacarbonyl, wobei eine Verbindung $Fe_2(CO)_4Pyr_3$ entsteht[30]. Diese und viele andere substituierte Carbonyle absorbieren so heftig Sauerstoff, als ob sie pyrophor wären. Die Verbindung wird durch Brom vollständig zersetzt, während Jod bei —21° oder Dicyan bei 60° dieselben Verbindungen bilden, wie man sie auch bei der Einwirkung von Pyridin auf die Eisencarbonylhalogenide erhält, nämlich $Fe(CO)_2Pyr_2J_2$ und $Fe(CO)_2Pyr(CN)_2$. In

[29] Hieber, W.: Z. Elektrochem. angew. physik. Chem. 1937, **43**, 390; Z. angew. Chem. 1936, **49**, 463.

[30] Hieber, W. u. a.: Ber. dtsch. chem. Ges. 1928, **61**, 2421; 1930, **63**, 973.

Gegenwart von Pyridin kann das Kohlenmonoxyd auch durch andere Amine ersetzt werden, z. B. bildet Ammoniak die Verbindung $Fe(CO)_3(NH_3)_2$, und Äthylendiamin ergibt $Fe_2(CO)_5en_2$. Bei der Zersetzung durch Säuren bildet diese letztgenannte Verbindung $Fe_2(CO)_5en_2$, äquivalente Mengen von Eisenpentacarbonyl, Ferrosalz und Wasserstoff; das würde darauf hindeuten, daß ihr die Konstitution $Fe(CO)_5 \cdot Fe\,en_2$ zukommt.

Die größere Reaktionsfähigkeit des Eisentetracarbonyls, $Fe_3(CO)_{12}$, führt dazu, daß bereits unter milderen Bedingungen eine Reaktion eintritt, als es beim Pentacarbonyl der Fall ist[31]. Als Anfangsprodukt entsteht dabei gewöhnlich ein Tricarbonylderivat von der Form $Fe(CO)_3 \cdot X$, bei dem $X =$ Pyridin, o-Phenanthrolin, CH_3OH, CH_3CN usw. sein kann; seltener ist die Bildung eines Dicarbonylderivats, wie man es häufig bei den Reaktionen von Eisenpentacarbonyl beobachtet. Die weiteren Reaktionen der Substituenten können dann zu Verbindungen mit einem kleineren Verhältnis von Fe : CO führen. Bei den Substitutionsreaktionen wird stets bis zu 33—50 Prozent Eisenpentacarbonyl gebildet.

$$2\,Fe_3(CO)_{12} + 3\,\text{Pyr} \rightarrow 3\,Fe(CO)_3 \cdot \text{Pyr} + 3\,Fe(CO)_5$$
$$Fe_3(CO)_{12} + CH_3OH \rightarrow 2\,Fe(CO)_3 \cdot CH_3OH + Fe(CO)_5 + CO.$$

Die Bildung von Eisenpentacarbonyl kann entweder dadurch zustande kommen, daß die Eisenatome im $Fe_3(CO)_{12}$ nicht alle gleichwertig sind (vgl. das Modell von SIDGWICK und BAILEY auf S. 376) oder daß bei der Reaktion vorübergehend ein $Fe(CO)_4$-Radikal gebildet wird, welches durch nascierendes Kohlenmonoxyd reduziert wird; die Existenz eines derartigen $Fe(CO)_4$-Radikals hatte man bereits auf Grund photochemischer Erscheinungen angenommen.

Die Reaktionen der Tricarbonylderivate sind verwickelt; es besteht die Neigung zur gleichzeitigen Bildung von zweiwertigem Eisen, Eisenpentacarbonyl und Eisencarbonylhydrid, was man durch folgende Teilreaktionen ausdrücken kann:

$$3\,Fe(CO)_3 \rightarrow Fe(CO)_5 + 2\,Fe(CO)_2$$
$$2\,Fe(CO)_3 + 2\,H^+ \rightarrow Fe^{2+} + Fe(CO)_4H_2 + 2\,CO$$
$$3\,Fe(CO)_3 + 2\,H^+ \rightarrow Fe^{2+} + Fe(CO)_4H_2 + Fe(CO)_5$$

Ob diese verschiedenen Produkte durch intramolekulare Zersetzung oder durch den reduzierenden Einfluß des entwickelten CO entstehen, ist unbekannt. In Benzol oder Wasser gelöst ist die Methanolverbindung $Fe(CO)_3 \cdot CH_3OH$ monomer, wenn auch zweifellos viele Verbindungen in polymerer Form vorliegen.

Andere Metallcarbonyle führen zur Entstehung einer ähnlichen Reihe von Derivaten. So ergibt die Einwirkung von Pyridin auf Nickelcarbonyl[32] schließlich $Ni_2(CO)_3\text{Pyr}_2$. Der Ersatz des Kohlenmonoxyds durch Pyridin ist ein umkehrbarer Vorgang, der die Beweglichkeit des Systems Metall-CO kennzeichnet. Nickelcarbonyl bildet mit o-Phenanthrolin das sehr beständige $Ni(CO)_2\text{Phth}$.

Bei den Hexacarbonylen des Chroms, Molybdäns und Wolframs besteht insofern eine größere Regelmäßigkeit der gebildeten Substitutions-

[31] HIEBER, W. u. a.: Ber. dtsch. chem. Ges. 1930, **63**, 1405; 1931, **64**, 2340.
[32] HIEBER, W.: Ber. dtsch. chem. Ges. 1932, **65**, 1090.

produkte[33], als bei ihrer Zusammensetzung größtenteils die Koordinationszahl 6 erhalten bleibt. Beim Chromcarbonyl war es möglich, den fortschreitenden Ersatz des Kohlenmonoxyds zu verfolgen, der von einer zunehmenden Farbvertiefung begleitet ist.

$$Cr(CO)_6 \rightarrow \underset{\text{gelb}}{Cr(CO)_4Pyr_2} \rightarrow \underset{\text{gelbrot}}{Cr_2(CO)_7Pyr_5} \rightarrow \underset{\text{glänzendrot}}{Cr(CO)_3Pyr_3} \quad (I)$$

$$Cr(CO)_3Pyr_3 \xrightarrow{\text{Phth}} Cr(CO)_3Pyr \cdot Phth$$

$$Cr(CO)_3Pyr_3 \underset{\text{Pyr}}{\overset{\text{Erhitzen im Vakuum}}{\rightleftarrows}} \underset{(II)}{Cr_2(CO)_6Pyr_3}$$

Die Verbindung (I) verliert in umkehrbarer Reaktion Pyridin; dabei entsteht das kondensierte Produkt (II), welches koordinativ ungesättigt und daher weniger beständig ist. Wie die Derivate des Eisencarbonyls ist es pyrophor, während die Verbindung (I) an Luft beständig ist.

Die substituierten Hexacarbonyle lassen sich durch Säure zersetzen, wobei unter gleichzeitiger Wasserstoffentwicklung Salze der dreiwertigen Metalle gebildet werden:

$$Mo(CO)_3Pyr_3 + 6HCl \rightarrow [MoCl_6](Pyr \cdot H)_3 + 3CO + 1{,}5H_2.$$

Gleichzeitig führt eine Nebenreaktion zur Entstehung von etwas freiem Carbonyl, genau wie es bei den Eisencarbonylverbindungen der Fall ist:

$$3Cr(CO)_3Pyr_3 + 15HCl + 2H_2O \rightarrow Cr(CO)_6 + 2[CrCl_5(H_2O)](Pyr \cdot H)_2 + 5Pyr \cdot HCl + 3CO + 3H_2.$$

Metallcarbonylhalogenide. Die Bildung des Eisencarbonyljodids, $Fe(CO)_4J_2$, durch Einwirkung von Jod auf Salze des Eisencarbonylhydrids wurde bereits erwähnt. Verbindungen von demselben Typus erhält man, wenn man Halogene unmittelbar auf Eisenpentacarbonyl einwirken läßt[34], und ebenso bei der direkten Vereinigung von wasserfreien Ferrohalogeniden mit Kohlenmonoxyd unter hohem Druck[35]. Aus Eisenpentacarbonyl und Halogenen entstehen als erste Produkte die unbeständigen Additionsverbindungen $Fe(CO)_5X_2$, die von selbst ein Molekül Kohlenmonoxyd verlieren und die Tetracarbonylhalogenide bilden.

Wie bei den freien Carbonylen kann auch in diesen Verbindungen das Kohlenmonoxyd teilweise durch Amine ersetzt werden. Die Tabelle 2 läßt erkennen, daß durch die schrittweise Entfernung von Kohlenmonoxyd und besonders bei dessen Ersatz durch Chelatgruppen die Verbindungen sowohl gegen thermische als auch gegen photochemische Zersetzung fortlaufend stabilisiert werden. Der Beständigkeitsanstieg vom Chlorid zum Jodid geht der Reihenfolge der Polarisierbarkeiten der Ionen parallel und ist eine Folge der Aufnahme von Halogenen in den

[33] Hieber, W. u. F. Mühlbauer: Z. anorg. allg. Chem. 1935, **221**, 337. — Hieber u. Romberg: Z. anorg. allg. Chem. 1935, **221**, 349.

[34] Hieber, W. u. G. Bader: Ber. dtsch. chem. Ges. 1928, **61**, 1717; Z. anorg. allg. Chem. 1931, **190**, 193; **201**, 329.

[35] Hieber, W.: Z. Elektrochem. angew. physik. Chem. 1937, **43**, 390.

Koordinationskomplex. Die Löslichkeit der Verbindungen in organischen Lösungsmitteln deutet auf ihren nichtelektrolytischen Charakter hin.

Tabelle 2. Zersetzungstemperaturen der Eisencarbonylhalogenide.

	X=Cl °C	X=Br °C	X=J °C	X=CN
$Fe(CO)_5X_2$ . . .	—35	—10	0	—
$Fe(CO)_4X_2$ . . .	+10	+55	+75	—
$Fe(CO)_2Pyr_2X_2$.	nicht bekannt	0	beständig, lichtempfindlich	beständig, nicht lichtempfindlich
$Fe(CO)_2PhthX_2$.	—10	beständig, lichtempfindlich	beständig, nicht lichtempfindlich	—

Interessant ist die Lichtempfindlichkeit der Verbindungen, da diese Eigenschaft vielen Kohlenoxydverbindungen des Eisens gemeinsam ist. Die vollständige Zersetzung der Eisencarbonylhalogenide bietet ein bequemes Verfahren zur Darstellung vollkommen wasserfreier Ferrohalogenide. Auch die aminsubstituierten Carbonylhalogenide werden durch Licht zersetzt; die Dicarbonylverbindung, $Fe(CO)_2Pyr_2J_2$, wird bereits im diffusen Tageslicht in die Monocarbonylverbindung $Fe(CO)Pyr_2J_2$ umgewandelt.

Infolge der dreifachen Polymerisation des Eisentetracarbonyls verläuft dessen Reaktion mit den Halogenen nicht ganz so einfach. Aus Eisentetracarbonyl und Brom entsteht ein Gemisch des Tetracarbonylbromids und der trimeren Verbindung $[Fe(CO)_3Br_2]_3$. Diese kann man so auffassen, als ob sie sich von dem Tetracarbonyl durch Ersatz von drei Molekülen Kohlenmonoxyd ableitet, wobei jedes durch zwei Bromatome ersetzt ist, so daß dieselbe Beziehung besteht wie zwischen dem Tetracarbonylbromid und dem Eisentetracarbonyl.

Aus anderen Metallcarbonylen sind noch keine Carbonylhalogenide dargestellt worden. Die Bildung der Eisencarbonylhalogenide bildet jedoch eine Brücke zu der klassischen Chemie der schwereren Übergangsmetalle. SCHÜTZENBERGER[36] fand im Jahre 1869, daß Platinschwamm bei 250° mit einem Gemisch von Kohlenmonoxyd und Chlor reagiert; dabei entsteht ein blaßgelbes kristallines Sublimat, aus dem er die drei Verbindungen $PtCl_2 \cdot CO$, $PtCl_2(CO)_2$ und $2PtCl_2 \cdot 3CO$ isolieren konnte. Dieselben Produkte erhält man bei der Einwirkung von Kohlenmonoxyd auf Platin(II)-chlorid bei 250° oder auf Platin(IV)-chlorid bei 140°. Wenn man die höheren Carbonylchloride durch ein auf 250° erhitztes Rohr sublimiert, so erhält man das gelbe $PtCl_2 \cdot CO$ im reinen Zustand. Es schmilzt bei 195° und zersetzt sich erst oberhalb von 300°. Die Verbindung vereinigt sich bei 150° mit Kohlenmonoxyd, wobei reines $PtCl_2(CO)_2$ als fast farbloser Stoff gebildet wird, dessen Schmelzpunkt bei 142° liegt und der oberhalb von 150° langsam sublimiert. Diese Verbindung ist monomer und besitzt Nichtelektrolytcharakter. Das Monocarbonylchlorid ist analog zu anderen Verbindungen des Platin(II)-chlorids vom Typus $PtCl_2 \cdot X$ (vgl. Kapitel 4, S. 119) zweifellos dimer und besitzt die Struktur

[36] SCHÜTZENBERGER: Ann. Chim. 1871, [IV], **15**, 100; **21**, 250.

$$\begin{matrix}Cl & & Cl & & Cl \\ & \searrow Pt \swarrow & & \searrow Pt \swarrow & \\ CO & & Cl & & CO\end{matrix} \quad \text{oder} \quad \begin{matrix}CO & & Cl & & Cl \\ & \searrow Pt \swarrow & & \searrow Pt \swarrow & \\ CO & & Cl & & Cl\end{matrix}$$

Beide Verbindungen lagern in Tetrachlorkohlenstofflösung zwei Moleküle Ammoniak an, wobei Platino-ammin-carbonylchloride entstehen, welche wahrscheinlich Salze von der Form $[Pt(CO)_2(NH_3)_2]Cl_2$ bzw. $[PtCl(NH_3)_2CO]Cl$ sind. Eine Parallele zur Bildung von Verbindungen des zweiten Typs findet man bei den analogen Verbindungen der Ester der phosphorigen Säure, $[PtCl(NH_3)_2(P(OR)_3)]Cl$, die man in entsprechender Weise aus $[PtCl_2 \cdot P(OR)_3]_2$ erhält, sowie in der Palladiumverbindung $[PdCl(CO)en][PdCl_3(CO)]$. Auch Phosphortrichlorid reagiert mit den Carbonylchloriden und tritt unter Ersatz des Kohlenoxyds in die Verbindungen ein:

$$[PtCl_2(CO)]_2 + 2\,PCl_3 \rightarrow [PtCl_2(PCl_3)]_2 + 2\,CO.$$

Gegen Wasser sind alle diese Stoffe sehr empfindlich; sie werden durch Feuchtigkeit zu metallischem Platin reduziert, z. B.:

$$PtCl_2(CO)_2 + H_2O \rightarrow Pt + 2\,HCl + CO_2 + CO.$$

Sie lösen sich ohne Zersetzung in Salzsäure, wobei die komplexe Säure $H[PtCl_3 \cdot CO]$ entsteht; man kann die Säure in Form ihrer Salze gewinnen, die wie die Stammcarbonylchloride durch Wasser leicht zersetzt werden.

Mit Brom- und Jodwasserstoffsäure bilden sich die entsprechenden Carbonylbromide und -jodide[37]. Sie zeigen eine geringere thermische Beständigkeit, jedoch eine höhere Beständigkeit gegen chemische Zersetzung, z. B. durch Wasser.

$PtCl_2CO$	$PtBr_2CO$	PtJ_2CO
gelb; unzersetzt flüchtig. Schmp. 195°. Hygroskopisch, durch Wasser sofortige Zersetzung	Orangerot Schwer flüchtig. Schmp. 181°. Hygroskopisch, durch Wasser ebenfalls Zersetzung	Rot. Nicht flüchtig, beim Erhitzen Zersetzung. Schmp. 140°. Durch Wasser tritt nicht ohne weiteres Zersetzung ein

Bemerkenswert ist das Verhalten des Palladiums, das eine Zwischenstellung einnimmt zwischen dem Nickel, von welchem man keine Carbonylhalogenide kennt, und dem Platin, welches die oben betrachteten Verbindungen bildet. Palladium(II)-chlorid ergibt bei der Einwirkung von Kohlenmonoxyd unter der Katalyse von Methanoldampf bei gewöhnlicher Temperatur nur die Verbindung $PdCl_2 \cdot CO$[38], reagiert aber bei höheren Temperaturen nicht mit Kohlenoxyd. Palladium(II)-carbonylchlorid ist gegen Wasser bedeutend unempfindlicher als die Platinverbindungen, jedoch ist das Kohlenmonoxyd nur lose gebunden und wird durch Brom- oder Jodwasserstoffsäure vollständig ersetzt. Wie beim Platin löst sich die Verbindung in Salzsäure unter Bildung von $H[PdCl_3 \cdot CO]$; die Salze dieser Säure werden außerordentlich leicht durch Wasser zersetzt. Äthylendiaminchlorhydrat zeigt ein anormales Verhalten und bildet das Salz $[PdCl(CO)en][PdCl_3(CO)]$[39].

---

[37] Mylius, F. u. F. Foerster: Ber. dtsch. chem. Ges. 1891, **24**, 2424, 3751.
[38] Manchot, W. u. J. König: Ber. dtsch. chem. Ges. 1926, **59**, 883.
[39] Anderson, J. S.: Unveröffentlicht.

Mit Ausnahme von Kobalt und Nickel findet man die Bildung von Carbonylhalogeniden bei sämtlichen Metallen der VIII. Gruppe; allerdings sind die Reaktionen dieser Verbindungen nur wenig untersucht worden. Vom Rhodium wurde eine Verbindung beschrieben, welcher die Formel $RhCl_2 \cdot RhO \cdot 3CO$ entsprechen soll; es ist jedoch unmöglich, daß sich eine derartige Verbindung durch eine so starke Flüchtigkeit auszeichnet, wie es bei dem beschriebenen Rhodiumchlorocarbonyl der Fall ist. Die Fähigkeit der Übergangsmetalle, Carbonylhalogenide zu bilden, ist in Tabelle 3 zusammengefaßt; wie man sieht, erstreckt sie sich auch auf die einwertigen Metalle der 1. Nebengruppe. Die Carbonylverbindungen des einwertigen Kupfers sowie deren Hydrate und Ammine bilden sich bekanntlich durch Einwirkung von Kohlenmonoxyd auf ammoniakalische Cuprosalzlösungen[40]. Sie üben einen beträchtlichen Kohlenmonoxyd-Dissoziationsdruck aus; bei Abwesenheit von Wasser oder Ammoniak verbindet sich Kohlenoxyd mit den Cuprohalogeniden nur bei Anwendung von Druck. Mit Gold tritt leicht Verbindungsbildung ein, wobei das beständige und flüchtige Aurocarbonylchlorid, $AuCl(CO)$, entsteht[41]. Dieses bildet sich bei gewöhnlicher Temperatur durch direkte Anlagerung von Kohlenoxyd an Aurochlorid oder aber durch Einwirkung von Kohlenoxyd auf in Tetrachloräthylen gelöstes Aurichlorid bei 140°. Durch Wasser wird die Verbindung wie die Platinderivate zersetzt und reduziert; ebenso läßt sich auch das Kohlenmonoxyd leicht durch andere koordinierende Gruppen wie z. B. Pyridin ersetzen.

$$2\,AuCl(CO) + H_2O \rightarrow 2\,Au + 2\,HCl + CO + CO_2$$
$$AuCl(CO) + \mathrm{Pyr} \rightarrow AuCl \cdot \mathrm{Pyr} + CO.$$

Tabelle 3. Carbonylhalogenide der Übergangsmetalle.

$Fe(CO)_5X_2$ $Fe(CO)_4X_2$	Co —	Ni —	$Cu(CO)Cl \cdot 2H_2O$
$Ru(CO)Br$ $Ru(CO)_2X_2$	Rh ?	$[Pd(CO)Cl_2]_x$	$Ag_2SO_4 \cdot CO$
$Os(CO)_3X_2$	$Ir(CO)_2Cl_2$	$Pt(CO)_2Cl_2$ $[Pt(CO)Cl_2]_2$	$Au(CO)Cl$

Nitrosylcarbonyle. Bei der Reaktion zwischen den mehrkernigen Carbonylen des Kobalts und Eisens einerseits und Stickoxyd andererseits entstehen die Nitrosylverbindungen $Co(CO)_3NO$[42] und $Fe(CO)_2(NO)_2$[43] in Form von flüchtigen, roten Flüssigkeiten. Die Reaktion mit Kobaltcarbonyl verläuft praktisch quantitativ gemäß der Gleichung

$$Co_2(CO)_8 + 2\,NO \rightarrow 2\,Co(CO)_3NO + 2\,CO.$$

Die Bildung von Kobaltnitrosylcarbonyl durch eine indirekte Reaktion, die wahrscheinlich über die Disproportionierung von $K_3[Co(CN)_5CO]$ verläuft, wurde bereits früher erwähnt. Sowohl beim Eisenenneacarbonyl als auch bei Eisentetracarbonyl findet mit Stickoxyd eine ziemlich verwickelte Reaktion statt, bei der gleichzeitig Eisenpentacarbonyl und Nitrosylcarbonyl gebildet werden.

40 WAGNER, O. H.: Z. anorg. allg. Chem. 1931, **196**, 364.

41 MANCHOT, W. u. H. GALL: Ber. dtsch. chem. Ges. 1925, 58, 2175. — KHARASCH, M. S. u. ISBELL: J. Amer. chem. Soc. 1930, **52**, 2918.

42 MOND, R. u. A. WALLIS: J. chem. Soc. 1922, **121**, 34.

43 ANDERSON, J. S.: Z. anorg. allg. Chem. 1932, **208**, 238.

Man kann zeigen, daß in dieser Weise die Metalle Nickel, Kobalt und Eisen eine stufenweise Reihe von flüchtigen Verbindungen bilden,

$Ni(CO)_4$ $Co(CO)_3NO$ $Fe(CO)_2(NO)_2$,

in denen mit abnehmender Atomnummer des Zentralatoms das Kohlenmonoxyd Schritt für Schritt durch Stickoxyd ersetzt ist. Die physikalischen Eigenschaften dieser Stoffe zeigen dementsprechend eine stetige Abstufung, die in dem Anstieg des durch die Substitution von CO durch NO hervorgerufenen Dipolmoments zum Ausdruck kommt (Tabelle 4).

Tabelle 4.

	$Ni(CO)_4$	$Co(CO)_3NO$	$Fe(CO)_2(NO)_2$
Siedepunkt	43°	78,6°	[110°]
Schmelzpunkt	—23°	—1,1°	+18,4°
TROUTONsche Konstante .	21,9	22,6	24,0
Dichte bei 20°	1,31	1,47	1,56
Parachor	255,3	249,8	252,5
Nullpunktsvolumen . . .	94,4	91,1	87,6

Wie bei den gewöhnlichen Carbonylen läßt sich auch in den Nitrosylcarbonylen das Kohlenoxyd durch andere neutrale Moleküle ersetzen, doch findet dabei kein Ersatz der Nitrosylgruppe statt[44]. Weiterhin tritt die Ähnlichkeit dieser Verbindungen mit dem Nickelcarbonyl in der Tatsache in Erscheinung, daß die zur Bildung von $Co_2(NO)_2(CO)Pyr_2$ und $Fe_2(NO)_4Pyr_3$ führende Reaktion mit Pyridin umkehrbar und unvollständig verläuft, während bei der Reaktion mit o-Phenanthrolin die beständigen Verbindungen $Fe(NO)_2Phth$ und $Co(NO)(CO)Phth$ entstehen. Hier zeigt ebenfalls ein Vergleich mit der Nickelverbindung $Ni(CO)_2Phth$ einen schrittweisen Ersatz des Kohlenmonoxyds durch Stickoxyd unter Beibehaltung desselben Strukturtypus.

Auch Jod kann das Kohlenmonoxyd des Eisennitrosylcarbonyls ersetzen, wobei Eisen-dinitrosyl-jodid, $Fe(NO)_2I$ entsteht. Die Nitrosylcarbonyle stehen somit mit den anderen Eisennitrosylverbindungen und besonders mit den „roten Salzen von Roussin", $Fe(NO)_2SR$, in Zusammenhang; diese leiten sich gleichfalls von dem einwertigen Radikal $Fe(NO)_2$— ab und werden in einem späteren Abschnitt besprochen.

Die ein Metallatom enthaltenden Carbonyle reagieren mit Stickoxyd in einer vollkommen anderen Weise. Es erfolgt nämlich nur dann eine Reaktion, wenn gleichzeitig die Möglichkeit zu einer Oxydation vorhanden ist. Die sehr beständigen Hexacarbonyle des Chroms, Molybdäns und Wolframs gehen mit Stickoxyd — in Übereinstimmung mit ihrer verhältnismäßig großen Indifferenz — unter keiner der angewandten Bedingungen eine Reaktion ein.

MANCHOT hat die Bildung eines schwarzen kristallinen Eisentetranitrosyls, $Fe(NO)_4$, beschrieben[45], das aus Stickoxyd und Eisenpentacarbonyl unter Verwendung höherer Drucke entsteht. Die Verbindung besitzt einen erheblichen Stickoxyd-Dissoziationsdruck und bildet bei

[44] HIEBER, W. u. J. S. ANDERSON: Z. anorg. allg. Chem. 1933, **211**, 132.
[45] MANCHOT: Lieb. Ann. Chem. 1929, **470**, 275.

der Behandlung mit Kaliumbisulfid das schwarze ROUSSINsche Salz, $K[Fe_4(NO)_7S_3]$; mit verdünnter Schwefelsäure entsteht in ähnlicher Weise $Fe(NO)SO_4$. Man kann das Tetranitrosyl vielleicht als Eisen-dinitrosyl-hyponitrit, $[Fe(NO)_2]N_2O_2$, auffassen, das dem von MANCHOT[46] beschriebenem Dinitrosyl-äthylxanthogenat, $Fe(NO)_2(S \cdot CS \cdot OAet)_2$ analog ist; tatsächlich wird es auch bei der Behandlung mit Kaliumäthylxanthogenat in jene Verbindug umgewandelt. Es ist schwierig, das Tetranitrosyl in irgendeiner anderen Weise in ein Strukturschema einzuordnen.

Ein ähnlicher Reaktionsverlauf ist für das Rutheniumcarbonyl beschrieben worden. Aus Analogie zu der entsprechenden Eisenverbindung sollte man erwarten, daß das Enneacarbonyl $Ru_2(CO)_9$ ein Nitrosylcarbonyl von der Form $Ru(CO)_2(NO)_2$ bildet. Oberhalb von 100° findet eine Reaktion statt, bei der ein dunkler, fester Stoff entsteht, den MANCHOT für das Tetranitrosyl, $Ru(NO)_4$, hält. Bei hohen Drucken (100° und 200 Atmosphären) entsteht ein homogenes, rotes kristallines Produkt, das man als $Ru(NO)_5$ auffaßt. Die ganze Chemie der Nitrosyle und Carbonyle zeigt jedoch, daß im allgemeinen nicht ein Molekül Stickoxyd ein Molekül Kohlenmonoxyd ersetzen kann. Es besteht also kaum ein Zweifel, daß die Rutheniumcarbonyle wie die Eisenverbindungen unter geeigneten Bedingungen mit Stickoxyd Nitrosylcarbonyle bilden, so daß die obigen Ergebnisse erst noch einer Bestätigung bedürfen.

Nickelcarbonyl reagiert mit Stickoxyd in Gegenwart kleiner Feuchtigkeitsmengen in einem indifferenten Lösungsmittel oder auch ohne Lösungsmittel und bildet eine geringe Menge eines blauen Stoffes, dem man die Formel $Ni(NO)OH$ zuordnet[47] und den man als Hydroxyd eines einwertigen Radikals $Ni(NO)-$ auffassen kann. Die Verbindung ist in Wasser und Alkohol löslich und ergibt dabei eine alkalische Lösung. Als Verbindung des ursprünglich einwertigen Nickels reduziert sie Silbernitrat zu metallischem Silber; das beim Ansäuern entwickelte Gas enthält Stickoxydul oder Stickstoff in einer Menge, die dem Reduktionsvermögen des einwertigen Metalls entspricht.

$$2\,Ni(NO)OH + 4\,HCl \rightarrow 2\,NiCl_2 + 3\,H_2O + N_2O\ (= N_2 + 2\,NO).$$

Während die Reaktion in einem indifferenten Lösungsmittel nur soweit verläuft, wie es die Menge des zufällig vorhandenen Wassers zuläßt, reagieren alkoholische Lösungen von Nickelcarbonyl in demselben Sinne leicht und vollständig mit Stickoxyd. In Äthylalkohol bildet sich die Verbindung $Ni(NO)OH \cdot AetOH$ oder $Ni(NO)OAet \cdot H_2O$, deren Farbe und Eigenschaften dem oben beschriebenen $Ni(NO)OH$ ähneln. In entsprechender Weise entsteht in Methylalkohol zunächst die analoge blaue Verbindung $Ni(NO)OH \cdot 2\,CH_3OH$ oder $Ni(NO)OCH_3 \cdot CH_3OH \cdot H_2O$, die sich jedoch leicht in eine isomere grüne Verbindung gleicher Zusammensetzung umwandelt. Diese Verbindung muß man auf Grund der Farbe und des Fehlens der reduzierenden Eigenschaften als ein Salz des zweiwertigen Nickels auffassen, jedoch ist ihre Konstitution noch ungeklärt.

Die obige Deutung der Reaktion zwischen Nickelcarbonyl und Stickoxyd wird durch die Umwandlung der Verbindungen in die schon

[46] MANCHOT, W. u. S. DAVIDSON: Ber. dtsch. chem. Ges. 1929, **62**, 681.
[47] ANDERSON, J. S.: Z. anorg. allg. Chem. 1936, **229**, 357.

vorher bekannten Nickelnitrosylderivate bestätigt, welche ausführlicher weiter unten besprochen werden sollen. So liefert die Einwirkung von Kaliumcyanid auf das blaue Nitrosylhydroxyd das gleiche Salz, $K_2[Ni(CN)_3NO]$, das bei der direkten Reaktion zwischen Stickoxyd und dem Cyanid des einwertigen Nickels, $K_2[Ni(CN)_3]$, entsteht, während Kaliumthiosulfat die Verbindung $K_3[Ni(NO)(S_2O_3)_2]\cdot 2H_2O$ ergibt.

Bei in Methanol gelöstem Eisenpentacarbonyl erfolgt eine ähnliche Reaktion, jedoch ist die Natur des dabei gebildeten Produktes stark umstritten[48]. Die so gewonnene Verbindung enthält NO zu Fe im Verhältnis 1:1; man hat die Verbindung verschiedentlich als Eisennitrosyl, $FeNO\cdot nCH_3OH$, oder als Nitrosylhydroxyd-methylat, $Fe(NO)(OH)(OCH_3)\cdot CH_3OH$, formuliert, wobei aus Analogie zu den Nickelverbindungen die letzte Annahme die zutreffendere sein dürfte.

Eisen- und Kobaltcarbonylmercaptide. Die mehrere Metallatome enthaltenden Carbonyle des Eisens und Kobalts reagieren mit Mercaptanen, wobei eine Reihe von Verbindungen gebildet werden, die wegen ihrer Beziehung zu den roten Salzen von ROUSSIN (s. unten S. 379) von Interesse sind; außerdem entstehen dabei Metallcarbonyle der bereits erwähnten thiosauren Komplexe.

Thiophenol liefert mit Eisentetracarbonyl das Tricarbonylmercaptid $Fe(CO)_3SC_6H_5$:

$$^1/_3Fe_3(CO)_{12} + HSC_6H_5 \rightarrow Fe(CO)_3SC_6H_5 + CO + {}^1/_2H_2.$$

Diese Verbindung, die in organischen Lösungsmitteln in monomerer Form auftritt, zeichnet sich durch eine bemerkenswerte Beständigkeit aus[49]. Im Gegensatz zu den meisten Carbonylverbindungen wird sie durch Luftsauerstoff nicht angegriffen; sie reagiert auch nicht mit Stickoxyd; selbst konzentrierte Schwefelsäure und alkalisches Perhydrol üben keine Wirkung aus. Von Chlorwasserstoff wird die Verbindung bei 100—140° unter Bildung von Ferrochlorid zersetzt. Aus Kobalttetracarbonyl erhält man die entsprechende Verbindung, $Co(CO)_3SC_6H_5$.

Andere Mercaptane reagieren in der gleichen Weise, doch sind die analogen Äthylmercaptide in Lösung dimer (I). Man kann diesen Verbindungen die Ester der roten ROUSSINschen Salze, z. B. $Fe_2(NO)_4(SAet)_2$ (II), an die Seite stellen. Diese beiden Verbindungsklassen stehen, wie man sieht, in genau derselben Beziehung zueinander wie $Fe(CO)_5$ zu $Fe(CO)_2(NO)_2$ oder wie $Fe(CO)_3$Phth zu $Fe(NO)_2$Phth; es nehmen stets zwei Moleküle Stickoxyd die Stelle von drei Molekülen Kohlenoxyd ein.

Aet S $(CO)_3Fe$ ⇄ $Fe(CO)_3$ S Aet	Aet S $(NO)_2Fe$ ⇄ $Fe(NO)_2$ S Aet
(I)	(II)

Wie man auf Grund ihrer Beständigkeiten erwarten sollte, können die Carbonylmercaptide nicht in ROUSSINsche Salze umgewandelt werden, doch läßt sich das Kohlenmonoxyd durch Amine ersetzen, z. B.

---

48 Vgl. H. REIHLEN u. a.: Lieb. Ann. Chem. 1930, **482**, 161.
49 HIEBER, W. u. G. SPACU: Z. anorg. allg. Chem. 1937, **233**, 353.

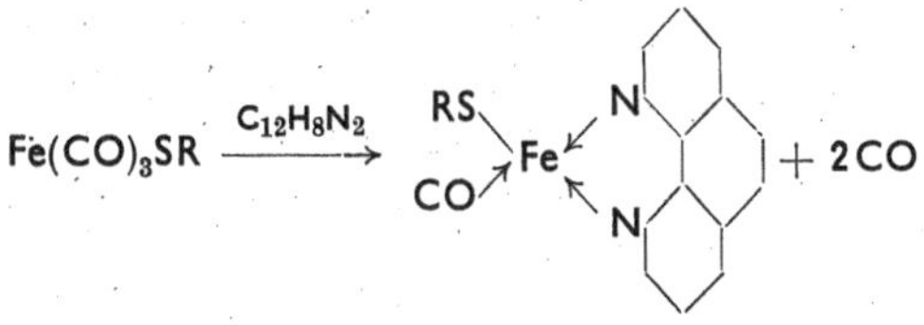

$$Fe(CO)_3SR \xrightarrow{C_{12}H_8N_2} \begin{matrix} RS \\ CO \end{matrix}\!\!>\!Fe\!\begin{matrix} \leftarrow N \\ \leftarrow N \end{matrix}(C_{12}H_8) + 2CO$$

Die Konstitution der Metallcarbonyle.

Seit der Entdeckung der Metallcarbonyle ist häufig versucht worden, Vorschläge zur Deutung ihrer Konstitution zu entwickeln. Eine befriedigende Formulierung muß die verschiedenen besonderen Merkmale und Eigenschaften der Verbindungen erklären, wie ihre Flüchtigkeit, den Diamagnetismus sowohl der Carbonyle als auch ihrer Substitutionsprodukte, die Leichtigkeit, mit der das Kohlenoxyd als solches abgegeben wird, die teilweise Ersetzbarkeit von Kohlenmonoxyd durch neutrale Moleküle und die Art, wie sich die Zusammensetzung der einfachsten Carbonyle beim Wechsel der Atomnummer des zentralen Metallatoms ändert (vgl. Tabelle 1, S. 356).

Durch die obigen Betrachtungen verlieren die älteren Anschauungen, wie z. B. die von DA SILVA vorgeschlagene Ringform (I), sofort ihre Gültigkeit.

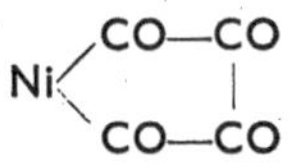

$$Ni\begin{matrix} \diagup CO-CO \\ \quad\quad\;\; | \\ \diagdown CO-CO \end{matrix}$$

(I)

Die Ansicht, daß das Kohlenmonoxyd möglicherweise durch die beiden restlichen Kohlenstoffvalenzen, $>M=C=O$, gebunden ist, erscheint wohl für das Nickel als Element der VIII. Gruppe möglich, führt aber im Falle des Eisens und Molybdäns zu unwahrscheinlichen und unmöglich hohen Wertigkeiten, wenn man nicht dafür besondere ad hoc geschaffene Theorien einführt. Die übrigbleibende Möglichkeit, daß das Kohlenmonoxyd in irgendeiner Form mit dem Metallatom verbunden oder koordiniert ist, wie z. B. die Ammoniakmoleküle in den komplexen Amminverbindungen, wurde in gewisser Weise im Jahre 1892 von L. MOND vorhergesagt.

Verschiedene physikalische Beweispunkte bestätigen vollkommen die letztgenannte Anschauung. SUTTON und BENTLEY[50] fanden, daß Nickelcarbonyl ein Dipolmoment von Null besitzt. Daraus geht hervor, daß die M—C—O-Gruppe in einer Geraden liegen muß, da bei der freien Drehung gewinkelter Gruppen ein resultierendes Dipolmoment entstehen würde, wie man es beim $C(OAet)_4$ findet. Eine Anordnung in einer Geraden, bei der das Metall nicht durch Doppelbindungen an die CO-Gruppe gebunden ist, läßt sich nur mit der Annahme einer dreifachen C—O-Bindung in Einklang bringen, wie sie im Kohlenmonoxyd selbst vorliegt (s. Kap. 1, S. 23). Aus dem Ramanspektrum geht dann auch tatsächlich das Vorhandensein einer derartigen Dreifachbindung hervor. Die stärkste Ramanlinie entspricht einer Verschiebung von 2,039 cm^{-1},

[50] SUTTON u. BENTLEY: J. chem. Soc. 1933, 652.

während im Vergleich dazu die Änderung im Ramanspektrum des Kohlenmonoxyds 2,155 cm^{-1} beträgt. Ein Vergleich dieser Daten mit den für Doppel- und Dreifachbindungen charakteristischen Ramanverschiebungen ergibt, daß sowohl im Kohlenmonoxyd als auch in den Carbonylen eine Dreifachbindung vorliegt[51]. Die neuen Messungen der Bindungsabstände nach dem Elektronenbeugungsverfahren stimmen vollkommen mit diesen Ergebnissen überein.

Aus der Anschauung, daß das Kohlenmonoxyd koordinativ an die Zentralatome gebunden ist, ergibt sich eine wichtige, die Zusammensetzung der nur ein Metallatom enthaltenden Carbonyle beherrschenden Regel. Diese Regel, auf die zuerst LANGMUIR hingewiesen hat, besagt: In den fraglichen Verbindungen ist die Zahl der Kohlenmonoxydmoleküle stets so groß, daß die effektive Atomnummer des Metalls — im Sinne der Vorstellung von SIDGWICK über die Koordinationsbindung — gerade die Atomnummer des im Periodischen Systems folgenden Edelgases erreicht (Tabelle 5).

Tabelle 5.

$Ni(CO)_4$	Effektive	Atomnummer	$=28+4\times 2=36$
$Fe(CO)_5$	„	„	$=26+5\times 2=36$
$Cr(CO)_6$	„	„	$=24+6\times 2=36$
$Mo(CO)_6$	„	„	$=42+6\times 2=54$
$Ru(CO)_5$	„	„	$=44+5\times 2=54$

Es ist charakteristisch, daß das „ungerade“ Element Kobalt ($Z=27$) kein einmetallisches Carbonyl, sondern nur das Carbonyl $Co_2(CO)_8$ bildet.

SIDGWICK und BAILEY[52] haben gezeigt, daß die Formeln der Carbonyle, welche mehrere Metallatome enthalten, bis zu einem gewissen Grade derselben Regel angepaßt werden können. In einer Metallcarbonylverbindung der Zusammensetzung $M_x(CO)_y$ ergibt sich für jedes Metallatom die Abweichung von der wahren Atomnummer des nächsten Edelgases ($=E$) durch den Ausdruck:

$$E-\frac{x\cdot M+2\,y}{x}=x-1.$$

Für $x=1$ stimmt dieser Ausdruck mit der LANGMUIRschen Regel für die einmetallischen Carbonyle überein. Bei $x>1$ ergibt sich, daß zusätzlich $x\,(x-1)$ Elektronen gemeinsam auftreten, oder daß noch $^1/_2\,x\,(x-1)$ Koordinationsbindungen gebildet werden müssen. So ergibt sich für $Fe_2(CO)_9$

$$36-\frac{2\times 26+2\times 9}{2}=1.$$

Es muß somit *eine* zusätzliche Koordinationsbindung gebildet werden, wobei die Formel (II) für das Enneacarbonyl entsteht. Umgekehrt kann man die molekulare Zusammensetzung der Verbindungen berechnen. Für Kobalttricarbonyl ist beispielsweise

$$36-(27+3\times 2)=x-1=3.$$

---

[51] ANDERSON, J. S.: Nature 1932, **130**, 1002.
[52] SIDGWICK u. BAILEY: Proc. roy. Soc. 1934, **144**, 521.

Danach ist $x = 4$, und die Formel muß $Co_4(CO)_{12}$ lauten, wie es sich auch experimentell durch kryoskopische Messungen in Eisenpentacarbonyl ergeben hat. Auf diese Weise läßt sich feststellen, daß Eisenenneacarbonyl und Kobaltetracarbonyl lineare Strukturen besitzen, während im $Fe_3(CO)_{12}$ und $Co_4(CO)_{12}$ alle Metallatome in dem Molekül durch CO miteinander verbunden sind (IV), wodurch sich eine dreieckige bzw. tetraedrische Konfiguration ergibt. HIEBER und KLEMM[53] haben die beiden anderen Strukturen (III) und (V) vorgeschlagen, die auf die sehr unvollständigen röntgenkristallographischen Ergebnisse von BRILL an $Fe_2(CO)_9$ bzw. $Fe_3(CO)_{12}$ zurückgehen; diese Strukturen erweisen sich jedoch auf Grund stereochemischer Überlegungen als unzutreffend, da die mit der CO-Gruppe koordinierten Atome in einer Geraden liegen müssen.

$$(CO)_4Fe \leftarrow CO \rightarrow Fe(CO)_4$$

(II)

$$\begin{array}{ccccccc} CO\searrow & & \swarrow CO \searrow & & \swarrow CO \\ CO \rightarrow & Fe & \leftarrow CO \rightarrow & Fe & \leftarrow CO \\ CO \nearrow & & \nwarrow CO \nearrow & & \nwarrow CO \end{array}$$

(III)

$$\begin{array}{ccccc} & & Fe(CO)_3 & & \\ & & \nearrow \; \nwarrow & & \\ & O & & O & \\ & /\!/\!/ & & \backslash\!\backslash\!\backslash & \\ & C & & C & \\ \swarrow & & & & \searrow \\ (CO)_3Fe \longleftarrow & C & \equiv\!\equiv\!\equiv & O \longrightarrow & Fe(CO)_3 \end{array}$$

(IV)

$$\begin{array}{ccccccccc} CO\searrow & & \swarrow CO \searrow & & \swarrow CO \searrow & & \swarrow CO \\ CO \rightarrow & Fe & \leftarrow CO \rightarrow & Fe & \leftarrow CO \rightarrow & Fe & \leftarrow CO \\ CO \nearrow & & \nwarrow CO \nearrow & & \nwarrow CO \nearrow & & \nwarrow CO \end{array}$$

(V)

Die so gewonnenen Erkenntnisse kann man auf die nahe verwandten Nitrosylcarbonyle übertragen. Eine $(NO)^+$-Gruppe besitzt dieselbe Zahl von Elektronen wie das neutrale CO- oder wie das $(CN)^-$-Ion und kann daher durch dieselbe Struktur mit Dreifachbindungen ausgedrückt werden. Da das neutrale Stickoxyd ein Elektron mehr besitzt als das Kohlenmonoxyd, so kann man annehmen, daß bei der Bildung einer Metallnitrosylverbindung zunächst ein Elektron von dem NO auf das Metall übergeht, worauf eine Koordination des so gebildeten $(N{\equiv}O)^+$ erfolgt. Die effektive Atomnummer des Metallatoms wird durch diesen Vorgang vergrößert und seine Elektrovalenz, wenn es sich um ein Ion handelt, verkleinert, und zwar beides um eine Einheit. Auf dieselbe Weise wird durch die Koordination einer $(CN)^-$-Gruppe die Elektrovalenz um eine Einheit erhöht. Daraus ist klar zu ersehen, warum die Nitrosylcarbonyle des Kobalts und Eisens zu demselben Strukturtyp gehören wie das Nickelcarbonyl; in allen Fällen wird das Zentralatom zu einem „Pseudonickelatom".

$$\left.\begin{array}{l} Ni(CO)_4 \\ Co(CO)_3NO \\ Fe(CO)_2(NO)_2 \end{array}\right\} \begin{array}{c} \text{Summe der effektiven} \\ \text{Atomnummer der Metallatome} \end{array} \left\{\begin{array}{l} = 28 + 4 \times 2 = 36 \\ = 27 + 1 \times 3 + 3 \times 2 = 36 \\ = 26 + 2 \times 3 + 2 \times 2 = 36 \end{array}\right.$$

Die gleichen einheitlichen Strukturtyp der Nickelcarbonylverbindung findet man bei den o-Phenanthrolinverbindungen $Ni(CO)_2$Phth, $Co(CO)(NO)$Phth und $Fe(NO)_2$Phth.

[53] HIEBER u. KLEMM: Z. anorg. allg. Chem. 1931, **201**, 1. — Man vgl. dagegen POWELL u. EWENS: J. chem. Soc. 1939, 286.

Diese sich auf die Koordination von NO-, CO- und CN-Gruppen beziehende Regel läßt sich ganz allgemein anwenden und ist nicht auf die Carbonylverbindungen beschränkt. Dies soll am Beispiel der sechsfach koordinierten Pentacyanoverbindungen einer Reihe von Metallen gezeigt werden (Tabelle 6).

Tabelle 6.

$M-(NO)^+$	$M-(CO)$	$M-(CN)^-$
$K_3[Mn(CN)_5NO]$		$K_5[Mn(CN)_6]$
$K_2[Fe(CN)_5NO]$	$K_3[Fe(CN)_5CO]$ $K_3[Fe(CN)_5NH_3]$	$K_4[Fe(CN)_6]$
$K_2[Ru(CN)_5NO]$ $K_2[RuCl_5NO]$		$K_4[Ru(CN)_6]$
$K_2[OsCl_5NO]$		$K_4[OsCl_6]$

Nach den obigen Erkenntnissen muß man die Nitroprussidverbindungen als Ferroderivate auffassen und darf nicht annehmen, daß sie sich von dem Ferricyanidkomplex durch Ersatz von neutralem NO ableiten. Dies wird nicht nur durch ihre chemische Beständigkeit gegenüber den unbeständigen Eigenschaften der Pentacyano-ferriverbindungen, $[Fe(CN)_5X]^{3-}$ ($X = H_2O$, NH_3 usw.) sondern auch durch ihren Diamagnetismus erhärtet; der Diamagnetismus läßt nämlich erkennen, daß das $3d$-Quantenniveau vollständig besetzt ist, wie man es bei den sechsfach koordinierten Derivaten des zweiwertigen Eisens findet; demgegenüber sind die Ferrikomplexe — z. B. die Ferricyanide — paramagnetisch (Tabelle 7). Weiterhin hat die Einwirkung von Alkali auf Nitroprussidderivate die Bildung von Ferro-nitritopentacyanoverbindungen zur Folge.

$$Na_2[Fe(CN)_5NO] + 2\,NaOH \rightarrow Na_4\left[Fe(CN)_5N\begin{smallmatrix}\nearrow O\\ \searrow O\end{smallmatrix}\right] + H_2O.$$

Trotz ihrer anscheinend so unregelmäßigen Formel können die substituierten Carbonyle mit in den Rahmen der SIDGWICK-BAILEYschen Regel einbezogen werden, so daß sich auf diese Weise ihre wahrscheinliche Bruttozusammensetzung berechnen läßt.

Tabelle 7.

		Magnetisches Moment in WEISSschen Magnetonen
$K_4[Fe(CN_6]$	Praktisch diamagnetisch	0
$K_2[Fe(CN)_5NO]$	Diamagnetisch	0
$K_3[Fe(CN)_6]$	$\chi_A = + 2500 \times 10^{-6}$	12
$K_3[Fe(CN)_5NO]$	$\chi_A = + 2100 \times 10^{-6}$	11

Bevor aber die so abgeleiteten Strukturen durch Molekulargewichtsbestimmungen oder durch Untersuchungen der Kristallstruktur nachgeprüft werden können, ist es allerdings noch ungewiß, welche Bedeutung man ihnen nun tatsächlich beilegen kann.

Wir müssen nun noch die Molekularkonfigurationen der monomeren Carbonyle betrachten. Für die Hexacarbonyle des Chroms, Molybdäns und Wolframs wurde durch röntgenographische Untersuchungen der Kristallstruktur gezeigt, daß das Kohlenmonoxyd in oktaedrischer

Koordination eng um das Metallatom koordiniert ist. Der Metall-CO-Abstand, der ein Maß für die Bindungsfestigkeit des CO ist, nimmt von Chrom zu Wolfram in stärkerem Maße zu, als es der Vergrößerung der Atomradien entspricht, was mit der deutlichen Beständigkeitsabnahme der Carbonyle übereinstimmt[54].

Im Nickelcarbonyl ergibt sich ein interessanter stereochemischer Vergleich mit anderen Nickelkomplexen; die Verbindung leitet sich nämlich nicht von einem Ni^{2+}-Ion, sondern von einem neutralen Nickelatom mit vollständiger $3d$-Quantenschale ab. Als derartiges Derivat ist es isomer mit dem $[Zn(CN)_4]^{2-}$-Ion. Nach der Theorie von PAULING müssen die Koordinationsbindungen demnach von den $4s4p^3$-Zwitterbahnen herrühren; danach sollte sich eine tetraedrische Konfiguration ergeben, wie man sie tatsächlich beim $[Zn(CN)_4]^{2-}$-Ion findet. Die auf diese Weise vorhergesagte tetraedrische Konfiguration des Nickelcarbonyls hat sich unabhängig davon aus der Natur des Ramanspektrums ergeben und konnte auch von BROCKWAY und CROSS[55] durch Elektronenbeugungsmessungen an Nickelcarbonyldampf bestätigt werden. Nach der im vorhergehenden Abschnitt entwickelten Anschauung haben die Eisen- und Kobaltnitrosocarbonyle die gleiche Elektronenzahl wie Nickelcarbonyl; sie sollten demnach auch die gleiche tetraedrische Konfiguration besitzen. Dies wurde ebenfalls durch die Ergebnisse des Elektronenbeugungsverfahrens bestätigt[56], welches weiterhin die starke Ähnlichkeit zwischen den C—O- und N—O-Bindungen der gebundenen Gruppen erkennen läßt. Die Abstände nähern sich beide, soweit man den Beweisen über die Bindungslängen entnehmen kann, dem dreifach gebundenen Zustand.

Beim Eisenpentacarbonyl liegt der fast einzigartig dastehende Fall vor, daß die Koordinationszahl des Zentralatoms 5 beträgt. Diese Koordinationszahl schließt jedoch jede Konfiguration aus, bei der die CO-Gruppen gleichwertig sind. Diesem Umstand ist zum Teil die große Reaktionsfähigkeit des Eisenpentacarbonyls im Vergleich zu den Nickel- und Chromverbindungen zuzuschreiben. Für das Molekül sind zwei Strukturen möglich, eine tetragonale Pyramide und eine trigonale Doppelpyramide. Eisenpentacarbonyl besitzt ein kleines Dipolmoment, was man als Beweis für die erste Struktur ansehen könnte; die trigonalbipyramidale Struktur scheint jedoch besser mit seinem Parachor[57], mit seiner Beziehung zu dem Enneacarbonyl und mit allgemeinen Symmetriegründen übereinzustimmen.

ROUSSINsche Salze und verwandte Verbindungen.

Mit welcher Leichtigkeit aus Ferrosalzen und Stickoxyd Anlagerungsverbindungen entstehen, weiß man von der analytischen Chemie her, wo die Bildung des aus Ferrosulfat entstehenden dunkelbraunen $Fe(NO)SO_4$ allgemein bekannt ist. In dieser Verbindung ist das

[54] RÜDORFF, E. u. U. HOFFMANN: Z. physik. Chem. B, 1935, **28**, 351.
[55] BROCKWAY u. CROSS: J. chem. Physics 1935, **3**, 828.
[56] BROCKWAY, L. O. u. J. S. ANDERSON: Trans. Faraday Soc. 1937, **33**, 1233.
[57] ANDERSON, J. S.: J. chem. Soc. 1936, 1283.

Stickoxyd nur lose gebunden, so daß sich der reine Stoff nicht isolieren läßt; hingegen kann man das entsprechende Selenat, $Fe(NO)SeO_4$, in kristalliner Form erhalten[58]. Es gibt jedoch eine Reihe von beständigeren komplizierten Komplexverbindungen des Stickoxyds; diese sind dadurch ausgezeichnet, daß ihre Bildung auf Schwefelverbindungen — Sulfide, Thiosulfate, Mercaptide usw. — der Eisenmetalle beschränkt ist. Es hat sich gezeigt, daß außer Eisen nur Kobalt und Nickel derartige Verbindungen zu bilden vermag.

Am besten bekannt von diesen Nitrosylverbindungen sind die sogenannten roten und schwarzen Salze von ROUSSIN, der sie erstmalig im Jahre 1857 durch Einwirkung von Kaliumnitrit und Ammoniumsulfid auf Ferrosalze erhielt. Sie wurden von MARCHLEWSKI und SACHS (1892)[59] und HOFMANN und WIEDE (1895)[60] charakterisiert und richtig formuliert, wobei sich ergab, daß der weniger beständigen, roten Reihe die Formel $MFe(NO)_2S$ entsprach, während die beständigen schwarzen Salze dem Typus $MFe_4(NO)_7S_3$ angehören, wobei M ein einwertiges Metall (K, Na oder NH_4) bedeutet. Man kann die ROUSSINschen Salze durch Einwirkung von Stickoxyd auf Ferrosalze unter verschiedenen Bedingungen darstellen, z. B. durch Einwirkung auf wäßrige Suspensionen von frisch gefälltem Ferrosulfid oder auf Gemische von Ferrochlorid und Alkalipolysulfiden. In dem letzten Falle entsteht zunächst das rote ROUSSINsche Salz, das sich bei weiterer Reaktion in das beständigere schwarze Salz umwandelt. MANCHOT[61] hat gezeigt, daß sich die roten Salze durch Einwirkung von Ferronitrosylsulfat in die schwarzen Salze überführen lassen:

$$3\,NaFe(NO)_2S + Fe(NO)SO_4 \rightarrow NaFe_4(NO)_7S_3 + Na_2SO_4.$$

Diese Reaktion, sowie die Tatsache, daß sich das schwarze Salz und Natriumnitroprussid ineinander umwandeln, scheinen darauf hinzudeuten, daß die ROUSSINschen Salze einzelne NO-Gruppen enthalten, während einige andere Reaktionen dagegen mit dem Auftreten paariger $(NO)_2$-Gruppen, wie sie z. B. in den Hyponitriten vorliegen, übereinstimmen. So entsteht bei Anwendung von überschüssigem Silbernitrat Silberhyponitrit. Silbersulfat wird reduziert, ebenso erfolgt teilweise Reduktion des dabei entwickelten Stickoxyds zu Stickstoff. Durch warme Alkalilaugen werden die schwarzen ROUSSINschen Salze unter gleichzeitiger Entwicklung von Stickoxydul zu den roten Verbindungen umgesetzt:

$$2\,KFe_4(NO)_7S_3 + 4\,KOH \rightarrow 6\,KFe(NO)_2S + Fe_2O_3 + N_2O + 2\,H_2O.$$

In dem folgenden Schema sind die wichtigsten Reaktionen der beiden Reihen zusammengefaßt.

[58] MANCHOT, W. u. a.: Lieb. Ann. Chem. 1910, **372**, 165; Ber. dtsch. chem. Ges. 1914, **47**, 1601; Z. anorg. allg. Chem. 1924, **140**, 37.

[59] MARCHLEWSKY u. SACHS: Z. anorg. allg. Chem. 1892, **2**, 175; s. GMELIN-KRAUT: Eisen, B, S. 471—477.

[60] HOFMANN u. WIEDE: Z. anorg. allg. Chem. 1895, **9**, 295.

[61] MANCHOT, W.: Ber. dtsch. chem. Ges. 1926, **59**, 2445; 1927, **60**, 2175; 1928, **61**, 2393; 1929, **62**, 681; Lieb. Ann. Chem. 1927, **459**, 47; 1928, **465**, 304; 1929, **470**, 255, 261. — Vgl. H. REIHLEN: Lieb. Ann. Chem. 1927, **457**, 71; 1928, **465**, 72; 1929, **472**, 268; 1930, **482**, 161.

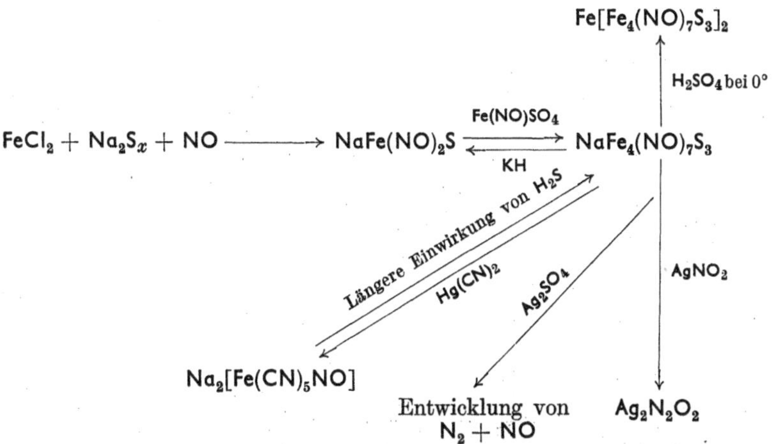

Die roten ROUSSINschen Salze gehören zu einer Gruppe von Nitrosylverbindungen mit der allgemeinen Formel $Fe(NO)_2S \cdot X$, in denen X Wasserstoff, ein Metall (wie in den roten Salzen), die Gruppe $-SO_3M$ oder eine Alkylgruppe sein kann. Die Einwirkung von Stickoxyd auf Ferromercaptid liefert die Äthylverbindung, welche ein Ester des roten ROUSSINschen Salzes vorstellt. Die Verbindung ist in Benzollösung bimolekular, so daß man die Metallsalze wahrscheinlich durch die doppelte Formel ausdrücken muß:

$$2\,FeSO_4 + 2\,AetSH + 4\,NO \rightarrow Aet_2Fe_2(NO)_4S_2 \xleftarrow{NO} Fe(SAet)_2.$$

Eine ganz analoge Reaktion findet auch mit Natriumthiosulfat statt, wobei die entsprechenden Thiosulfatoverbindungen gebildet werden. Beim Kochen mit Wasser werden diese unter Aufspaltung der Thiosulfatgruppe zersetzt und es entsteht schließlich das rote ROUSSINsche Salz.

$$2\,FeSO_4 + 4\,NO + 4\,Na_2S_2O_3 \rightarrow 2\,Na[Fe(NO)_2S_2O_3] + Na_2SO_4 + Na_2S_4O_6.$$

Kobalt und Nickel bilden zwar keine den schwarzen ROUSSINschen Salzen entsprechende Verbindungen, doch entstehen leicht Thiosulfato- und Mercaptonitrosyle vom Typus $Co(NO)_2SR$ bzw. $Ni(NO)SR$[62].

Wie bereits angedeutet wurde, sind zwei Vorschläge hinsichtlich der Konstitution dieser Nitrosylverbindungen zur Diskussion gestellt worden: Nach a) soll es sich bei diesen Verbindungen um Derivate der untersalpetrigen Säure handeln, während der Vorschlag b) annimmt, daß das Stickoxyd — wie das Kohlenoxyd in den Carbonylen — als neutraler Bestandteil in der Verbindung vorliegt. Wie wir bereits gesehen haben, besteht ja zwischen der Chemie der Nitrosyle und der der Carbonyle tatsächlich ein enger Zusammenhang.

Die Hauptpunkte zur Stütze der ersten Hypothese liegen darin, daß bei den Reaktionen der Nitrosyle gewöhnlich untersalpetrige Säure gebildet wird, weiterhin in dem Wunsch, die übliche Wertigkeit des Metallatoms beizubehalten und schließlich in den unklaren, sich aus den Absorptionsspektren ergebenden Anhaltspunkten. Unter dieser Annahme ergibt sich für das Eisendinitrosylmercaptid die Formu-

[62] REIHLEN, H.: Lieb. Ann. Chem. 1927, **457**, 71; 1928, **465**, 72; 1929, **472**, 268; 1930, **482**, 161.

lierung (I) mit dreiwertigem Eisen. Gegen diese Anschauung sprechen eine große Zahl verschiedenartiger experimenteller Tatsachen.

$$\left[\begin{matrix} NO \\ \| \\ NO \end{matrix} > Fe \begin{matrix} \swarrow SAet \searrow \\ \nwarrow AetS \nearrow \end{matrix} Fe < \begin{matrix} ON \\ \| \\ ON \end{matrix}\right]$$

(I)

So ist es beispielsweise nicht möglich, derartige Verbindungen darzustellen, indem man von Hyponitriten statt Stickoxyd ausgeht; wenn man Nickelnitrosylthiosulfat, $K_3(Ni(NO)(S_2O_3)_2]$, mit Säuren zersetzt, so entstehen Stickoxyd und Stickstoff, aber nur wenig Stickoxydul; bei der Zersetzung von untersalpetriger Säure wird hingegen vorwiegend Stickoxydul gebildet. Weiterhin wäre, wenn es sich bei den Nitrosylen um Ferriverbindungen handelte, die Bildung der Eisennitrosyle aus Ferrosalzen ein Oxydationsvorgang; damit ließe sich die experimentell beobachtete Tatsache nicht erklären, daß gleichzeitig eine Oxydation des Thiosulfats zu Sulfat und Tetrathionat erfolgt. Nach MANCHOT stimmt die Annahme, daß das Stickoxyd als solches in Form eines neutralen Moleküls koordiniert ist, besser mit den experimentellen Ergebnissen überein. Die Verbindungen enthalten dann ursprünglich einwertiges Nickel, Kobalt oder Eisen, so daß die bei der Zersetzung mit Säuren erfolgende Reduktion des Stickoxyds vollständig erklärt ist. Eine direkte Stütze dieser Annahme besteht in der Umwandlung von Kaliumnickelnitrosyl-thiosulfat in die Verbindung $K_2[Ni(CN)_3NO]$; diese Verbindung entsteht auch durch Zusatz von Stickoxyd zu dem einwertigen Nickelcyanid von BELUCCI.

$$K_3[Ni(NO)(S_2O_3)_2] \xrightarrow{KCN} K_2[Ni(CN)_3NO] \xleftarrow{NO} K_2[Ni(CN)_3].$$

Der Annahme, daß diese Stoffe tatsächlich einwertiges Eisen oder Nickel enthalten, stehen die Überlegungen über die Koordination der Nitrosylgruppen unter den bereits erwähnten Gesichtspunkten entgegen. Die Beziehung zwischen den Nitrosylen und den Metallcarbonylen bleibt dabei vollkommen unberücksichtigt. Beim Übergang eines Elektrons wird die effektive Atomnummer des Metallatoms erhöht und seine Wertigkeit erniedrigt, beides um eine Einheit, da das Stickoxyd in einer $(NO)^+$-Gruppe koordiniert wird. Danach sollte auf Grund derselben für die Nitrosocarbonyle und Carbonyle gültigen „Verschiebungsregel" bei den Nickelnitrosylen die Gruppe $(Ni(NO)X$ mit den Carbonylderivaten des einwertigen Kupfers, $Cu(CO)X$, vergleichbar sein. Tatsächlich sind auch derartige Kupfercarbonylderivate bekannt. Aus Analogie zu den Arsin- und Phosphinderivaten des Cuprochlorids kann man annehmen, daß die unbeständige, dissoziierbare Cuprochlorid-Kohlenmonoxydverbindung in polymerisierter Form als Nichtelektrolytkomplex vorliegt (s. $CuJ \cdot AsR_3$, Kapitel 4, S. 107).

Polyphenyl-Chromverbindungen.

Es erscheint zweckmäßig, in diesem Kapitel auch die interessanten Reihen der von HEIN[63] entdeckten und sorgfältig untersuchten Organo-

[63] HEIN, F.: Ber. dtsch. chem. Ges. 1921, **54**, 1905, 2708; 1924, **57**, 8, 899; 1926, **59**, 751, 362; 1927, **60**, 679, 749, 2388; 1928, **61**, 730, 2255; 1929, **62**, 1151; eine Zusammenfassung findet man im J. pract. Chem. 1931, **132**, 59.

Chromverbindungen zu berücksichtigen, da diese Verbindungen bei der oben besprochenen Darstellung der Chromcarbonyle mit Hilfe von Grignard-Reagenzien als Zwischenprodukte der in recht komplizierter Form verlaufenden Reaktionen auftreten müssen.

Sublimiertes Chromtrichlorid reagiert zwar heftig mit Grignard-Reagenzien, doch konnten bei älteren Untersuchungen keine Organo-Chromderivate isoliert werden; man kam daher zu dem Schluß, daß Chrom keine Organometallverbindungen bilden könnte. HEIN fand jedoch, daß sich beim Arbeiten bei tiefen Temperaturen (—10°) eine ätherische, Chromverbindungen enthaltende Emulsion ergab, wenn man das Reaktionsgemisch ansäuerte; aus dieser Emulsion ließ sich in geringer Ausbeute ein orange-brauner Stoff abtrennen, der sich in Chloroform, Alkohol und polaren Lösungsmitteln löste, der jedoch in Äther unlöslich war. Es zeigte sich, daß dieser Stoff aus dem unreinen Gemisch von Bromiden einer Zahl unbeständiger Organo-Chromkationen bestand. Aus dieser Mischung isolierte HEIN drei Reihen von Verbindungen: Die Pentaphenylchromsalze, $[(C_6H_5)_5Cr]X$; die Salze der Tetraphenylchromreihe, $[(C_6H_5)_4Cr]X$; und die Triphenylchromverbindungen, $[(C_6H_5)_3Cr]X$. Diese Nomenklatur und die angegebenen Formulierungen gehen auf HEIN zurück. Wie jedoch in dem letzten Abschnitt gezeigt werden soll, ist die Konstitution dieser Verbindungen noch nicht vollständig geklärt, und es steht mit ziemlicher Sicherheit fest, daß die Formulierung von HEIN noch eine gewisse Änderung erfahren muß.

Die Pentaphenylchromsalze. Aus einer alkoholischen Lösung des rohen Bromids werden beim Zusatz von Mercurichlorid, Goldchlorid oder Platin(IV)-chlorid unlösliche Verbindungen gefällt. Der mit Quecksilberchlorid gewonnene Niederschlag besteht nach Entfernung der im Alkohol am besten löslichen Anteile aus ziemlich reinem Pentaphenylchrom-mercurichlorobromid, $(C_6H_5)_5CrBr \cdot HgCl_2$. Aus diesem Niederschlag kann man das entsprechende Bromid im reinen Zustand als schmelzbaren, kristallinen Stoff herstellen, der dieselbe Farbe und ein sehr ähnliches Absorptionsspektrum wie Kaliumbichromat besitzt. Wie alle Chromphenylverbindungen ist dieses Bromid unbeständig und wird durch Licht oder Luft schnell zersetzt, wobei vorwiegend Diphenyl entsteht.

Beim Schütteln von Pentaphenylchrombromid mit einer Aufschwemmung von Silberoxyd erhält man eine stark alkalische Lösung; auf Grund von Nebenreaktionen enthält diese jedoch ein Gemisch verschiedener Basen. Durch Einwirkung von Kaliumhydroxyd auf gereinigtes Pentaphenylchrombromid oder selbst auf das rohe Bromidgemisch konnte HEIN ein schön kristallines hydratisiertes Pentaphenylchromhydroxyd, $(C_6H_5)_5CrOH \cdot 4H_2O$ erhalten, das alle Eigenschaften einer starken Base zeigte. Seine Äquivalentleitfähigkeit in Methylalkohol entspricht der des Natriumhydroxyds. Über Calciumchlorid geht ein Teil des Kristallwassers verloren, ohne daß eine merkliche Änderung der Farbe oder der Löslichkeit der Verbindung wahrzunehmen ist; die letzten beiden Wassermoleküle sind hingegen sehr fest gebunden. Über Phosphorpentoxyd erfolgt vollständige Entwässerung, wobei gleichzeitig ein Farbwechsel von goldorange zu dunkelbraun stattfindet und die Löslichkeit in unpolaren Lösungsmitteln zunimmt. Bei Einwirkung von Wasserdampf findet die rückläufige Umwandlung statt. Es scheint demnach so zu sein, daß bei der vollständigen Entwässerung die Hydroxylgruppe an Stelle von zwei Molekülen Kristallwasser in die Koordinationsschale aufgenommen wird, wobei ein Nichtelektrolyt, eine Anhydrobase, entsteht:

$$[(C_6H_5)_5Cr(H_2O)_2]OH \cdot 2H_2O \rightleftharpoons [(C_6H_5)_5Cr(H_2O)_2]OH \rightleftharpoons [(C_6H_5)_5CrOH].$$

Wie man leicht erkennen kann, besäße nach dieser Formulierung von HEIN das Chrom in der Hydroxydverbindung die sonst vollkommen unbekannte Koordinationszahl 7. Vielleicht läßt sich jedoch diese Annahme einer derartigen anomalen Koordinationszahl durch eine neue Anschauung über die Konstitution der Chromphenylverbindungen beseitigen; über diese Konstitutionsmöglichkeit wollen wir noch später sprechen.

Anormale Salzbildung von Pentaphenylchromhydroxyd. Die Lösungen von reinem Pentaphenylchromhydroxyd reagieren leicht mit Säuren und Neutralsalzen, wobei gut kristallisierte Chromphenylsalze entstehen. In den meisten Fällen enthalten jedoch die so gebildeten Salze nur vier Phenylgruppen pro Chromatom, während ihre Farbe und ihr Absorptionsspektrum mit dem Pentaphenylchrombromid identisch sind; das würde also bedeuten, daß bei der einfachen Reaktion der Salzbildung unter den mildesten Bedingungen eine Phenylgruppe aus dem Koordinationskomplex entfernt wird. Man könnte annehmen, daß dem Mechanismus einer solchen Reaktion vielleicht eine Hydrolyse nach folgendem Schema zugrunde läge:

$$2[Ph_5Cr(H_2O)_2]OH + 2KBr = [(C_6H_5)_4Cr \cdot O \cdot Cr(C_6H_5)_4]Br_2 + 2C_6H_6 + 2KOH.$$

Bei genauerer Überlegung muß man jedoch feststellen, daß eine derartige Deutung ausgeschlossen ist, da Salze von der angegebenen Form in drei Ionen dissoziieren würden. Eine Molekulargewichtsbestimmung des entsprechenden REINECKEschen Salzes in Nitrobenzol lieferte Werte, die je nach der Konzentration zwischen 354 und 417 lagen. Die Verbindung $[(C_6H_5)_4Cr \cdot O \cdot Cr(C_6H_5)_4][Cr(CNS)_4(NH_3)_2]_2$ besitzt ein Molekulargewicht von 1374, so daß sich bei vollständiger Dissoziation ein scheinbares Molekulargewicht von 458 ergeben würde. Das Salz eines neuen Tetraphenylchromkations, $[(C_6H_5)_4Cr][Cr(CNS)_4(NH_3)_2]$ würde hingegen bei vollständiger Dissoziation ein scheinbares Molekulargewicht von 339 zeigen, was gut mit den beobachteten Werten übereinstimmt.

Diese merkwürdige Entfernung einer Phenylgruppe, wobei ein Salz einer neuen Reihe entsteht, findet man bei fast sämtlichen Säuren. Nur in einigen wenigen Fällen — z. B. bei den Acetaten, Chloracetaten, Bikarbonaten und Sulfaten — wird ein Pentaphenylchromsalz zurückgebildet. Ebenso ergibt Anthranilsäure das Pentaphenylchromsalz, während m- und p-Aminobenzoesäure das anormale Verhalten zeigen und Tetraphenylchromsalze liefern.

Der Mechanismus dieser abnormen Salzbildung ist nicht restlos geklärt, es scheint sich jedoch um die Bildung eines besonderen, sonst unbekannten Verbindungstyps zu handeln. Die abgespaltene Phenylgruppe wird fast vollständig in Phenol verwandelt; die Bildung von Diphenyl ist außerordentlich gering. Die Entstehung des Phenols geht nicht auf eine Oxydation zurück, da $[(C_6H_5)_5Cr(H_2O)_2]OH$ in einer Stickstoffatmosphäre mit Kaliumbromid reagiert und nahezu 100 Prozent Phenol ergibt. Daher muß das Phenol durch eine Reaktion mit Wasser,

$$C_6H_5 + H_2O \rightarrow C_6H_5OH + H,$$

entstehen. Wenn die Reaktion diesen Verlauf nimmt, so dürfte bei der Salzbildung in Abwesenheit von Wasser nur ein halbes Molekül Phenol gebildet werden.

$$2(C_6H_5)_5CrOH + 2MeX = 2(C_6H_5)_4CrX + C_6H_5OH + Me_2O + H + {}^1/_2(C_6H_5)_2.$$

Übereinstimmend mit dieser Überlegung führt die Reaktion der Anhydrobase in Chloroform mit Zink- oder Kaliumjodid nur zur Entstehung von 48—58 Prozent Phenol.

Somit ist erwiesen, daß das Phenyl durch einen intramolekularen Hydrolysevorgang abgespalten wird; bei einem derartigen Vorgang muß jedoch ein Atom Wasserstoff frei werden, dessen Verbleib ein neues Problem ist. In keinem Falle — nicht einmal bei der zur Bildung von Tetraphenylchromhydroxyd führenden Auflösung des freien Tetraphenylchromradikals in Wasser — wird molekularer Wasserstoff entwickelt; auch kann der Wasserstoff nicht zur Reduktion eines Teiles der Organo-Chromverbindung verbraucht sein, da sich Pentaphenylchromhydroxyd vollständig und quantitativ zu Tetraphenylchromsalzen umwandeln läßt. Der Wasserstoff muß also in irgendeiner Weise an dem Komplex gebunden bleiben. Er ist weiterhin, wie HEIN feststellte, irgendwie „beweglich"; frisch bereitete Tetraphenylchromverbindungen reduzieren langsam Methylenblau, wobei die Reaktion durch Palladium katalysiert wird. Die Tetraphenylchromsalze werden dabei nicht zersetzt, sondern lassen sich beispielsweise als REINECKEs Salz $[(C_6H_5)_4Cr][Cr(CNS)_4(NH_3)_2]$, fällen, welches sonderbarerweise in Farbe, Schmelzpunkt und anderen Eigenschaften identisch ist mit demjenigen Salz, das man aus dem ursprünglichen, Wasserstoff enthaltenden Tetraphenylchromsalz dargestellt hat. Niemals entspricht jedoch das gefundene Reduktionsvermögen der Reduktionswirkung von einem Wasserstoffatom pro Chromatom, vielmehr beträgt der höchste beobachtete Wert der Reduktion 33 Prozent. Beim Aufbewahren des Stoffes nimmt das Reduktionsvermögen ständig ab.

Da der Wasserstoff so lose gebunden ist, daß er keinen Einfluß auf die physikalischen Eigenschaften der Verbindungen ausübt, ist es interessant der Frage nachzugehen, warum der Wasserstoff, nachdem er einmal entfernt ist, wieder in die Verbindungen eintreten kann. Tetraphenylchromsalze nehmen nämlich in Gegenwart von Palladium als Katalysator Wasserstoff auf; eine Probe des Chlorids, von dessen Wasserstoffgehalt 21,5 Prozent entfernt wurden, nahm auf diese Weise wieder 21,4 Prozent Wasserstoff auf.

Es ergibt sich zwangsläufig der Schluß, daß der Wasserstoff lose und reversibel an das Tetraphenylchromradikal gebunden ist, doch bleibt die Art der Bindung noch vollkommen ungeklärt. Qualitativ nahm HEIN an, daß der Wasserstoff in atomarer Form vorläge und in der vom Palladiumhydrid her bekannten Weise gebunden wäre, so daß sich die Formulierung $[(C_6H_5)_4Cr...H)X$ ergibt. Vom Palladiumwasserstoff weiß man, daß es sich um eine Einlagerungsverbindung oder Legierung handelt, die als solche nur im festen Zustand auftreten kann. Das Chromphenyl„hydrid" entsteht hingegen in Lösung und ist auch im gelösten Zustand beständig.

Freie Chromphenylradikale. Bei der Elektrolyse alkoholischer Lösungen von Tetraphenylchromjodid entsteht an der Kathode eine orangefarbene, kristalline Abscheidung. Bei der Unterbrechung der Elektrolyse löst sich diese Abscheidung sofort wieder auf und bildet das Tetraphenylchromsalz zurück. Die Eigenschaften des beobachteten Stoffes deuten darauf hin, daß es sich um das Tetraphenylchromradikal, $(C_6H_5)_4Cr—$, handelt. Der Stoff läßt sich isolieren, wenn man die Elektrolyse in flüssigem Ammoniak durchführt und dabei eine unterteilte Zelle verwendet. Er wird auch bei der Elektrolyse von Pentaphenylchromhydroxyd in flüssigem Ammoniak kathodisch niedergeschlagen. Hierbei erfolgt dieselbe Abspaltung einer Phenylgruppe, wie man sie bei der anormalen Salzbildung aus der Pentaphenylbase beobachtet.

Eine analoge Abscheidung einer orangefarbenen Substanz beobachtet man auch bei der Elektrolyse von Triphenylchromjodid; die Analyse des dabei gebildeten Produktes stimmt mit der Annahme überein, daß es sich um das freie Triphenylchrom, $(C_6H_5)_3Cr—$, handelt. Dieses Radikal entsteht auch nach Art von organischen freien Radikalen durch Reduktion des entsprechenden Jodids mit metallischem Natrium:

$$(C_6H_5)_3CrJ + Na \rightarrow NaJ + (C_6H_5)_3Cr.$$

Man erhält auf diese Weise einen flockigen braunen Niederschlag. Mit Wasser oder Alkohol entsteht Triphenylchromhydroxyd.

Die beiden auf diese Weise gewonnenen „Metallradikale" enthalten stets etwas Ammoniak, jedoch nicht in stöchiometrischen Mengen (der NH_3-Gehalt liegt unter ein Drittel Molekül). Die Verbindungen werden bei Zimmertemperatur — selbst unter Ausschluß von Licht und Luft — leicht zersetzt. Tetraphenylchrom bildet jedoch eine beständige Pyridinlösung; in dieser Lösung durchgeführte Molekulargewichtsbestimmungen ergeben, daß der Stoff in Pyridin in monomerer Form vorliegt. Es folgt daraus aber nicht mit vollständiger Sicherheit, daß die orangefarbene Verbindung unbedingt ein echtes freies Radikal sein muß, da der Vorgang der Auflösung in Pyridin möglicherweise eine Aufspaltung einer dimeren Form bewirken kann.

$$[(C_6H_5)_3Cr]_2 \xrightarrow{C_5H_5N} 2(C_6H_5)_3Cr \rightarrow C_5H_5N.$$

Im flüssigen Ammoniak verhält sich Tetraphenylchrom wie ein Alkalimetall und bildet langsam ein Amid von der Form $[(C_6H_5)_4Cr]NH_2$. Die Eigenschaften des Tetraphenyl- und Triphenylchroms unterscheiden sich wesentlich von denen der echten Pseudo-Metallradikale wie z. B. Tetramethylammonium. So bilden sie mit Quecksilber kein Amalgam. Bei der elektrolytischen Abscheidung der Stoffe auf einer Quecksilberkathode entsteht vielmehr auf dem Metall ein den elektrischen Strom nicht leitender Überzug. Die Radikale sind auch in flüssigem Ammoniak unlöslich, während die Ammoniumderivate in flüssigem Ammoniak ebenso wie Natrium und Kalium blaue Lösungen ergeben.

Die Bildung von Polyphenylchromverbindungen. Die Wertigkeit des Chroms in den Penta- und Tetraphenylchromsalzen beträgt 6 bzw. 5. Somit muß bei der Darstellung dieser Verbindungen aus Chromtrichlorid eine Disproportionierungsreaktion verlaufen, die man durch die folgende Gleichung ausdrücken kann:

$$3\,CrCl_3 + 4\,C_6H_5MgBr = (C_6H_5)_4CrCl + 2\,MgBr_2 + 2\,MgCl_2 + 2\,CrCl_2.$$

In dieser Gleichung stellt $(C_6H_5)_4CrCl$ die mittlere Zusammensetzung eines die Verbindungen $(C_6H_5)_5CrCl$ und $(C_6H_5)_3CrCl$ enthaltenden Gemisches dar. Die Anwesenheit eines Chrom(II)-Salzes wurde durch die gegen Ende der Reaktion beim Ansäuern des Reaktionsgemisches erfolgende Wasserstoffentwicklung bestätigt. HEIN stellte jedoch bereits bei der Einwirkung von Wasser allein sowie beim Zusatz einer gesättigten Natriumacetatlösung, durch welches zweiwertiges Chrom als schwerlösliches Acetat gefällt wird, eine gewisse Wasserstoffentwicklung fest. Diese Wasserstoffentwicklung deutet auf das Vorhandensein von in einer noch niedrigeren Wertigkeitsstufe vorliegendem Chrom hin, und man muß annehmen, daß es sich hierbei um einwertiges Chrom handelt. Eine Bestätigung für diese Annahme findet man in der Tatsache, daß wasserfreies Chrom(II)-chlorid ebenfalls mit dem Grignard-Reagens reagiert; bei der Reaktion erhält man eine verhältnismäßig geringe Ausbeute an Organo-Chromverbindungen; es entstehen aber ebenfalls wieder Chromverbindungen, welche bei der Behandlung mit Wasser Wasserstoff entwickeln. Damit ist die reduzierende Rolle des Grignard-Reagens bei der Darstellung des Chromcarbonyls weitgehend geklärt. Die bei der Grignard-Reaktion entstehenden Verbindungen des einwertigen Chroms können mit Kohlenmonoxyd eine Anlagerungsverbindung eingehen; hierbei erfolgt genau wie beim Cyanid des einwertigen Nickels, eine weitere Disproportionierung.

Da bei der Bildung der Organo-Chromverbindungen aus Chromtrichlorid eine Disproportionierung zu dem höheren Wertigkeitszustand erfolgen muß, so darf man erwarten, daß die Reaktion dann besonders leicht vonstatten ginge, wenn man als Ausgangsmaterial gleich Verbindungen des sechswertigen Chroms — z. B. CrO_2Cl_2 — benutzt. Dies ist auch in der Tat der Fall.

Sowohl im sublimierten Chromtrichlorid als auch im Chromylchlorid ist das Chlor kovalenzmäßig an das Chrom gebunden. Die Untersuchung einer großen Zahl von Chromverbindungen hat ergeben, daß diese Tatsache, also das Vorhandensein einer derartigen Kovalenzbindung, eine notwendige Voraussetzung zur Reaktion mit dem Grignard-Reagens ist. Mit Ausnahme des hydratisierten Chlorids $[CrCl_2(H_2O)_4]Cl$ erfolgt bei keiner Verbindung mit weniger als drei Chloratomen innerhalb der Koordinationsschale eine Reaktion; reaktionsfähig sind also beispielsweise die Verbindungen $K_2[CrCl_5 \cdot H_2O]$ und $[CrCl_3(C_5H_5 \cdot N)_3]$. Innere Komplexsalze, wie die zu dem Triacido-triammintypus gehörenden Acetylacetonate, reagieren ebenfalls; allerdings ist hierbei auffällig, daß auch einige Verbindungen, von denen man allgemein annahm, daß es innere

Komplexsalze wären, keine Organo-Chromverbindungen geben; dies gilt z. B. für das Glycinsalz $[Cr(O \cdot CO \cdot CH_2NH_2)_3]$. Auf Grund dieses Unterschiedes in der Reaktionsfähigkeit gelangt HEIN zu der Ansicht, daß man das Glycinsalz und einige ähnliche, sich auch durch ihre schwere Flüchtigkeit und Schwerlöslichkeit von den Acetylacetonaten unterscheidenden Verbindungen nicht als innere Komplexsalze ansehen darf. Seiner Ansicht nach muß man vielmehr annehmen, daß sich die Koordination durch das Gitter hindurch erstreckt und daß die Säure- und Aminfunktion des Glycinrestes jeweils an verschiedene Metallatome gebunden sind. Diese Annahme ist jedoch nicht durch irgendwelche anderen Beweise bestätigt worden.

Die Konstitution der Chromphenylverbindungen. Im vorstehenden sind die Deutungen und Formulierungen von HEIN besprochen worden. Danach müssen die Penta-, Tetra- und Triphenylchromverbindungen Derivate des sechs-, fünf- bzw. vierwertigen Chroms sein. Eine auffällige Eigenschaft der Verbindungen besteht jedoch darin, daß sie sämtlich, unabhängig von der jeweils anscheinend vorliegenden Wertigkeitsstufe des Chroms, eine fast gleiche Färbung besitzen.

Einen direkten Beweis über die Wertigkeit des Chroms in den drei Reihen erhält man aus den Messungen der magnetischen Suszeptibilität[64]; die Ergebnisse derartiger Messungen sind in der Tabelle 8 zusammengestellt. Man sieht hierbei, daß die Verbindungen von allen drei Reihen übereinstimmend dasselbe magnetische Moment von etwa 1,8 BOHRschen Magnetonen aufweisen. Ein Moment von dieser Größe läßt erkennen (Kapitel 3), daß in dem Molekül ein unpaariges Elektron enthalten ist. Man muß daher zwangsläufig zu dem Schluß gelangen, daß das Chrom in allen den geschilderten Verbindungen in derselben Wertigkeitsstufe vorliegt, worauf auch die Absorptionsspektren hinzudeuten scheinen. Wahrscheinlich handelt es sich bei allen Derivaten um Verbindungen des fünfwertigen Chroms, das ja auch bereits von dem Komplexsalz $K_2[CrOCl_5]$ von WEINLAND und FIEDERER her bekannt ist.

Tabelle 8.

		μ_A
Pentaphenylreihe . .	$(C_6H_5)_5CrOH \cdot 4H_2O$	1,72
	$(C_6H_5)_5CrOH \cdot 2H_2O$	1,74
	$(C_6H_5)_5CrOH$	2
	$(C_6H_5)_5CrO \cdot CO \cdot C_6H_4NH_2 \cdot NH_2C_6H_4CO_2H$	1,78
Tetraphenylreihe . . .	$(C_6H_5)_4CrJ$	1,68
Triphenylreihe . . .	$(C_6H_5)_3CrJ, (C_2H_5)_2O$	1,78
	$(C_6H_5)_3Cr[Cr(SCN)_4(NH_3)_2] \cdot H_2O$	1,75

Aus diesem zwingenden Beweis, daß das Chrom in den geschilderten Verbindungen allgemein im fünfwertigen Zustand auftritt, ergibt sich die Notwendigkeit, die HEINschen Formulierungen einer Revision zu unterziehen. KLEMM hat zwei Möglichkeiten zur Deutung der Strukturen dieser Verbindungsreihen vorgeschlagen; bei diesen Formulierungen ist allerdings die Annahme einer geringfügigen Änderung der Bruttozusammensetzung erforderlich.

[64] KLEMM u. NEUBER: Z. anorg. allg. Chem. 1936, **227**, 261.

	(A)		(B)
Pentaphenyl-chromhydroxyd	$\begin{matrix} C_6H_5 & & C_6H_5 \\ & Cr & \\ C_6H_5 & \vert & C_6H_5 \\ & C_6H_4OH & \end{matrix}$	oder	$\left[\begin{matrix} C_6H_5 \cdot C_6H_4 & & C_6H_5 \\ & Cr & \\ C_6H_5 & & C_6H_5 \end{matrix}\right] OH$
Tetraphenyl-chromhydroxyd	$\left[\begin{matrix} C_6H_5 & & C_6H_5 \\ & Cr & \\ C_6H_5 & & C_6H_5 \end{matrix}\right] OH$		$\left[\begin{matrix} C_6H_5 \cdot C_6H_4 & & C_6H_5 \\ & Cr & \\ C_6H_5 & & H \end{matrix}\right] OH$
Triphenyl-chromhydroxyd	$\left[\begin{matrix} C_6H_5 & & C_6H_5 \\ & Cr & \\ C_6H_5 & & H \end{matrix}\right] OH$		$\left[\begin{matrix} C_6H_5 \cdot C_6H_4 & & H \\ & Cr & \\ C_6H_5 & & H \end{matrix}\right] OH$

Von diesen beiden Formulierungsreihen sind die Formeln (A) nicht befriedigend. Die Hydroxylgruppe in dem Pentaphenylchromhydroxyd wäre nach dieser Formulierung sauer und nicht alkalisch; weiterhin bliebe das Verhalten der Base bei der Entwässerung ungeklärt. Man könnte das Hydroxyd allerdings als $[(C_6H_5)_4Cr \cdots C_6H_5OH]OH \cdot 1$ oder $3H_2O$ formulieren, doch versagt eine derartige Deutung für das wasserfreie Acetat und andere derartige Salze. Weiterhin läßt sich diese Formulierung der Tetraphenylchromsalze nur sehr schwer mit den eigenen Arbeiten von HEIN über ihr Reduktionsvermögen vereinbaren. Daß dieses nicht nur auf Sekundärreaktionen zurückzuführen ist, scheint dadurch mit Sicherheit erwiesen zu sein, daß in Gegenwart von Palladium wieder Wasserstoff absorbiert wird.

Der zweite Strukturtyp erscheint weniger gezwungen, wenn er auch die Beweglichkeit des Wasserstoffs in den Tetraphenylchromsalzen nicht erklärt. Die Annahme, daß gerade *ein* Diphenylrest vorhanden ist, muß man jedoch als willkürlich bezeichnen; sie ist gegenwärtig experimentell in keiner Weise begründet. Es ist richtig, daß unter gewissen Umständen im Verlauf der Grignard-Reaktionen eine Neigung zur Bildung von Polyphenylketten besteht. So liefert p-Bromphenyl-magnesiumbromid neben anderen Produkten folgende Verbindungen:

$$[(Br \cdot C_6H_4 \cdot C_6H_4 \cdot C_6H_4)_5Cr]Br \quad \text{und} \quad (Br \cdot C_6H_4 \cdot C_6H_4 \cdot C_6H_4 \cdot C_6H_4)_2CrOH$$

(nach der HEINschen Formulierung); es ist jedoch nicht zu erwarten, daß stets nur eine Diphenylgruppe in den Komplex eingeführt wird. Die endgültige Klärung dieser interessanten Verbindungen muß daher von einer neuen experimentellen Seite her in Angriff genommen werden.

Kohlenoxydkalium und die Carbonyle der Alkalimetalle.

Der Ausdruck „Carbonyl" wird auch — allerdings fälschlicherweise — auf eine Klasse von Verbindungen angewandt, die vollkommen von den oben beschriebenen Stoffen verschieden sind. Es handelt sich um Verbindungen der Alkali- und Erdalkalimetalle, welche die Summenformel MCO besitzen, wobei M ein einwertiges Metall bedeutet.

Kaliumcarbonyl oder Kohlenoxydkalium, $(KCO)_n$, war schon lange als explosives Nebenprodukt bei dem alten Verfahren zur Darstellung von Kalium durch Reduktion des Karbonats mit Kohle bekannt. LIEBIG und HELLER (1834—1840), sowie BRODIE (1860) und LERCH (1862) zeigten, daß Kalium bei 80° Kohlenoxyd absorbiert, wobei ein dunkles

Produkt entsteht, das in trockner Luft oder trocknem Sauerstoff nicht zersetzt wird, aber in Gegenwart von Feuchtigkeit Sauerstoff aufnimmt und oxydiert wird. Die Natur dieser Verbindung wurde endlich von NIETZKI und BENCKISSER[65] aufgeklärt; diese zeigten, daß es sich um die Verbindung $K_6C_6O_6$, also um das Kaliumsalz des Hexahydroxybenzols, $C_6(OH)_6$, handelt. Diese, durch Einwirkung von verdünnter Salzsäure auf reines Kohlenoxydkalium dargestellte Verbindung ist mit dem synthetisch gewonnenen Derivat identisch. Durch fortschreitende Oxydation entstehen die Salze des Tetrahydrochinons, der Rhodizonsäure und endlich das interessante Trichinon, $C_6O_6 \cdot 8H_2O$.

$$K + CO \rightarrow (KO)_6C_6 \xrightarrow[\text{durch Luft}]{\text{Oxydation}} \underset{\textit{Tetraoxychinon}}{(KO)_4C_6O_2} \xrightarrow[\text{durch Luft}]{\text{Oxydation}} \underset{\textit{Kaliumrhodizonat}}{(KO)_2C_6O_4} \underset{\text{Reduktion mit } SO_2}{\overset{Cl_2 \text{ oder } HNO_3}{\rightleftarrows}} C_6O_6$$

Eine zweite Verbindung mit derselben Bruttozusammensetzung wurde von JOANNIS[66] durch Einwirkung von Kohlenoxyd auf in flüssigem Ammoniak gelöstes Kalium gewonnen. Nach demselben Verfahren sind Carbonylverbindungen des Natriums, Bariums, Strontiums, Calciums, Lithiums und Rubidiums dargestellt worden[67]. Diese Verbindungen zersetzen sich beim Erhitzen auf 250—300° und ergeben dabei die Metallkarbonate sowie Metalloxyd und freien Kohlenstoff:

$$4LiCO \rightarrow Li_2CO_3 + Li_2O + 3C.$$

Die Einwirkung von flüssigem Wasser führt zu heftigen Detonationen, doch wird Wasserdampf ruhig aufgenommen, wobei die Verbindungen vorwiegend nach der Gleichung

$$LiCO + H_2O \rightarrow Li_2CO_3 + H_2$$

zersetzt werden. Daneben entsteht hierbei etwas Kohlenmonoxyd. JOANNIS faßt diese Verbindungen ohne jeden hinreichenden Beweis als Derivate einer unbekannten Säure $H_2C_2O_2$ auf. Die beschriebenen Eigenschaften deuten darauf hin, daß sich die Konstitution dieser Verbindungen von der des „Kaliumcarbonyls" von BRODIE, NIETZKI und BENCKISSER unterscheidet; der wahre Charakter der Verbindungen ist jedoch noch ungeklärt und es läßt sich keineswegs mit Sicherheit angeben, ob tatsächlich ein derartiger Unterschied zwischen den beiden Verbindungen besteht.

Einwertige Metalle der Übergangsreihe.

Die Bildung von Verbindungen mit einwertigem Nickel wurde bereits erwähnt. Aber auch andere Metalle können im einwertigen Zustand erhalten werden, wie vor allen MANCHOT und Mitarbeiter gezeigt haben; meistens gewinnt man diese Verbindungen in Form ihrer komplexen Cyanide, in denen die anomale Wertigkeit durch den einfachen Vorgang der Komplexbildung stabilisiert ist. Natriumamalgam sowie Aluminiumpulver oder DEVARDAsche Legierung und Alkalilaugen sind besonders für

[65] NIETZKY u. BENCKISSER: Ber. dtsch. chem. Ges. 1885, **18**, 499, 1833.

[66] JOANNIS: C. R. hebd. Séances Acad. Sci. 1893, **116**, 1518.

[67] PEARSON, T. G.: Nature **1933**, **131**, 166. — GUNTZ u. MENTREL: Bull. Soc. chim. France 1903, [III], **29**, 585. — ROEDERER: Bull. Soc. chem. France 1906, **35**, 715.

teilweise Reduktionsvorgänge gut wirksame Reduktionsmittel. Von folgenden Verbindungen ist die Darstellung einwertiger Derivate beschrieben worden:

Chrom	(s. HEINS oben zitierte Arbeiten) Verbindungen nicht isoliert
Mangan[68]	$K_5[Mn(CN)_6]$, $K_3[Mn(CN)_5NO]$
Nickel[69].	$K_2[Ni(CN)_3]$, $NiCN$, $K_2[Ni(CN)_3CO]$ usw.
Palladium[70] . . .	Verbindungen nicht isoliert
Platin[71].	Verbindungen nicht isoliert
Ruthenium . . .	$Ru(CO)Br$

Die Nickelverbindung $K_2[Ni(CN)_3]$ wurde von BELUCCI und CORELLI aus der roten, bei der Reduktion von Kalium-nickelocyanid mit Kaliumamalgam entstehenden Lösung isoliert. Durch Zusatz von Säure wird das orangefarbene $NiCN$ gefällt; bei der Behandlung einer wäßrigen Suspension dieses Gemisches mit Wasserstoff unterliegt die Verbindung einer Disproportionierung zu metallischem Nickel und Nickel(II)-cyanid. Über das entsprechende Hydroxyd, $NiOH$, berichteten TSCHUGAEFF und CHLOPIN[72]; sie erhielten es durch Reduktion von Nickelsalzen mit Natriumhyposulfit.

Das komplexe Cyanid des einwertigen Mangans, das man durch Reduktion von Manganocyaniden mit Aluminiumpulver oder DEVARDAscher Legierung und Alkalihydroxyd erhält, ist ein starkes Reduktionsmittel, welches Wasser bei gewöhnlicher Temperatur unter Wasserstoffentwicklung zersetzt. Das Nitrosocyanid, $K_3[Mn(CN)_5NO]$, kann man nach der schon weiter oben besprochenen Theorie von SIDGWICK-BAILEY als Verbindung des einwertigen Mangans auffassen. Es entsteht durch direkte Einwirkung von Stickoxyd auf Kaliummanganocyanid.

Das Auftreten von Verbindungen des einwertigen Platins und Palladiums ist im Hinblick auf die außerordentliche Leichtigkeit von Interesse, mit der die Salze der Edelmetalle zum freien Metall reduziert werden. Bei der Reduktion von Kaliumplatin(II)-cyanid, $K_2Pt(CN)_4$, mit Natriumamalgam entsteht eine farblose klare Lösung, die kein kolloides Platin enthält und stark reduzierend wirkt. Die Lösung reduziert Indigo zu Indisch-Weiß und Mercurichlorid zu metallischem Quecksilber. Wenn man die Lösung ansäuert, erfolgt Wasserstoffentwicklung. Beim Aufbewahren an der Luft wird langsam Sauerstoff aufgenommen. Aus der Tatsache, daß die Lösung eine positive Reaktion auf CN^--Ionen gibt — was beim $K_2Pt(CN)_4$ nicht der Fall ist — muß man schließen, daß in diesen Lösungen Verbindungen des einwertigen Platins vorliegen, z. B. ein Analogon des Nickelsalzes von BELUCCI, also $K_2[Pt(CN)_3]$. Kaliumpalladocyanid, $K_2Pd(CN)_4$ läßt sich in ähnlicher Weise reduzieren, doch konnten in keinem Fall irgendwelche Derivate isoliert werden.

---

[68] MANCHOT, W. u. H. GALL: Ber. dtsch. chem. Ges. 1927, **60**, 191; 1928, **61**, 1135.

[69] BELUCCI, J. u. R. CORELLI: Atti R. Acad. naz. Lincei, Remd. 1913, **22**, 485; Gazz. chim. ital. 1919, **49**, [II], 70.

[70] MANCHOT, W. u. SCHMID: Ber. dtsch. chem. Ges. 1930, **63**, 2782.

[71] MANCHOT, W. u. A. LEHMANN: Ber. dtsch. chem. Ges. 1930, **63**, 2775.

[72] TSCHUGAEFF u. CHLOPIN: C. R. hebd. Séances Acad. Sci. 1914, **159**, 62.

Komplexverbindungen ungesättigter Kohlenstoffverbindungen.

In Anbetracht der Leichtigkeit, mit der Kohlenmonoxyd Additionsverbindungen mit den Übergangsmetallen eingeht, erhebt sich die Frage, ob andere ungesättigte Kohlenstoffverbindungen dieselbe Eigenschaft besitzen. Eine Reihe derartiger Verbindungen sind tatsächlich bekannt, wenn auch das Koordinationsvermögen beispielsweise von ungesättigten Kohlenwasserstoffen bedeutend geringer ist als das des Kohlenmonoxyds.

In den Isonitrilen, $R—N\equiv C$, befindet sich das Kohlenstoffatom in demselben Zustand wie im Kohlenmonoxyd $C\leftarrow\!\!\!=O$. Die Isonitrile bilden jedoch nicht im gleichen Maße Koordinationsverbindungen wie Kohlenmonoxyd, sondern liefern vielmehr mit Platin und anderen Metallen eine Zahl von Verbindungen — z. B. $PtCl_2(CH_3NC)_2$, $[Pt(CH_3NC)_4]PtCl_4$ — die vollständig den Aminen entsprechen.

Eine größere Analogie zu den Carbonylen findet man bei den Anlagerungsverbindungen der ungesättigten Kohlenwasserstoffe. REIHLEN[73] hat Verbindungen beschrieben, die beim Erhitzen von Eisenpentacarbonyl mit Diolefinen — z. B. Dimethylbutadien, $CH_3\cdot CH{=}CH—CH{=}CH\cdot CH_3$ — entstehen; in diesen Verbindungen sind zwei Moleküle Kohlenmonoxyd durch ein Molekül des Olefins ersetzt, so daß sich also in dem erwähnten Fall die Formel $Fe(CO)_3\cdot C_6H_{10}$ ergibt.

Dieselbe Erscheinung, daß eine Doppelbindung an Stelle eines Moleküls Kohlenmonoxyd fungiert, findet man bei den Verbindungen des Platins. ZEISE stellte im Jahre 1829 fest, daß man aus den bei der Reduktion des Platin(IV)-chlorids mit Alkohol entstehenden Produkten ein Salz mit der Zusammensetzung $K[PtCl_3\cdot C_2H_4]\cdot H_2O$ isolieren kann. Dieselbe Verbindung läßt sich direkt durch Einwirkung von Äthylen auf in alkoholischer Salzsäure gelöstes Platin(II)-chlorid darstellen.

Andere Olefinkohlenwasserstoffe können das Äthylen in den ZEISEschen Salzen oder in der Stammverbindung[74], dem Äthylen-Platin(II)-chlorid, $[PtCl_2\cdot C_2H_4]_2$ ersetzen. Diese zuletzt genannte Verbindung ist das Äthylenanaloge des $[PtCl_2\cdot CO]_2$ und einer Reihe ähnlich gebauter Verbindungen vom Typus $PtCl_2\cdot X$, in denen $X = PCl_3$, $P(OCH_3)_3$, $S(CH_3)_2$ usw. ist. Im Zusammenhang mit den Olefinverbindungen ist besonders die Leichtigkeit interessant, mit der die ungesättigten Bestandteile durch andere Koordinationsgruppen ersetzt werden können (vgl. das Schema der Hauptreaktionen auf S. 393). So kann man durch direkte Einwirkung der Olefine aus dem ZEISEschen Salz und dem Äthylenplatin(II)-chlorid die analogen Verbindungen des Styrols und anderer ungesättigter Verbindungen darstellen.

Eine merkwürdige, möglicherweise zu derselben Gruppe gehörende Verbindung ist das von HOFMANN und KUSPERT[75] dargestellte Benzolderivat des Nickelcyanids, $Ni(CN)_2\cdot NH_3\cdot C_6H_6$. In dieser Verbindung, die leicht durch Einwirkung von Benzol auf ammoniakalische Lösungen

---

73 REIHLEN: Lieb. Ann. Chem. 1930, **482**, 169.

74 ANDERSON, J. S.: J. chem. Soc. 1934, 971; 1936, 1042.

75 HOFMANN u. KUSPERT: Z. anorg. allg. Chem. 1897, **15**, 204; Ber. dtsch. chem. Ges. 1903, **36**, 1149.

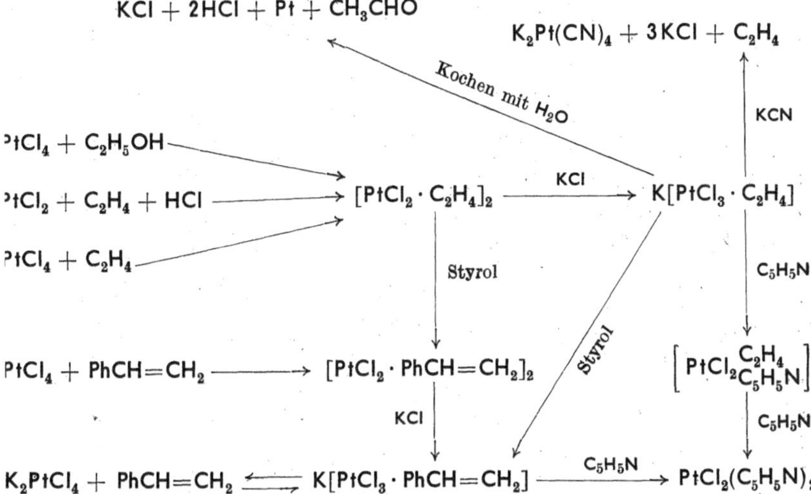

von Nickelcyanid zu erhalten ist, kann das Benzol durch Anilin, Phenol, oder Thiophen, aber nicht durch Toluidin, Kresol und andere Kohlenwasserstoffe ersetzt werden. HOFMANN zog den Schluß, daß die Koordination stets an dem Benzolring erfolge, doch ist die eigentliche Konstitution der Verbindungen nicht bekannt. Sie gehören wahrscheinlich zu der Klasse der Gitterverbindungen.

Einige gemischte Nitrosylverbindungen.

Stickoxyd—Schweflige Säure. Stickoxyd wird von alkalischen Sulfitlösungen absorbiert, wobei man z. B. beim Kaliumsulfit dasselbe Salz erhält, $K_2SO_3 \cdot 2NO$, das bei der Einwirkung von Stickoxyd auf Hyposulfite entsteht. Diese Salze wurden in verschiedener Weise zu formulieren versucht; so schlugen HANTZSCH und RASCHIG die Formulierung $RO \cdot \underbrace{N{-}N}_{O} \cdot SO_3R$ vor, während man nach DIVERS und HAGA die Verbindungen als $RO \cdot N{=}N \cdot O \cdot SO_3R$ darstellen kann. Beide Formulierungen sind jedoch nicht befriedigend, da die Verbindungen im Gegensatz zu den organischen Isonitraminen gegen Säuren unbeständig sind, während ihre Reduktion zur amido- oder hydrazinoschwefligen Säure das Vorhandensein einer N—S-Bindung erkennen läßt. Durch Säuren werden die Verbindungen unter quantitativer Abgabe des Stickstoffs in Form von Stickoxydul zersetzt.

$$Na_2SO_3 \cdot 2NO \rightarrow Na_2SO_4 + N_2O.$$

WEITZ und ACHTERBERG[76] zeigten, daß $K_2SO_3 \cdot N_2O_2$ mit frisch gefälltem Eisensulfid reagiert und daß bei dieser Reaktion das schwarze ROUSSINsche Salz, $K[Fe_4(NO)_7S_3]$, entsteht. Da dieses — wie bereits gezeigt wurde — wenigstens einen Teil seines NO in Form einzelner NO-Gruppen enthalten muß, so kann man schließen, daß die Nitrosylgruppen als

[76] WEITZ u. ACHTERBERG: Ber. dtsch. chem. Ges. 1933, **66**, 1718, 1728.

solche von dem $K_2SO_3 \cdot N_2O_2$ übernommen sind. WEITZ und ACHTERBERG nehmen daher an, daß die Nitrosyle dem Schwefel koordiniert sind und schlagen folgende Formel vor:

$$H_2\left[\begin{matrix}O\\O\end{matrix}\!\!>S<\!\!\begin{matrix}O\\(NO)_2\end{matrix}\right].$$

Man kann eine gewisse Analogie zwischen dieser Verbindung und der unterschwefligen Säure, $H_2S_2O_3$, ziehen. Wie die unterschweflige Säure zeigt die dinitrosylschweflige Säure eine ausgesprochene Neigung zur Bildung von Komplexsalzen. Einfache Schwermetallsalze konnten nicht isoliert werden, doch sind von den zweiwertigen Metallen Zink, Mangan, Kobalt und Eisen Komplexsalze der allgemeinen Form $K_4[M(SO_3 \cdot N_2O_2)_3] \cdot 2H_2O$ bekannt.

FREMYs **Salz**[77], $ON(SO_3K)_2$, ist deshalb interessant, weil es ein ungerades Molekül ist, d. h., man muß es entweder mit vierwertigem Stickstoff oder mit einer freien Wertigkeit formulieren. In beiden Fällen bleibt ein unpaariges Elektron übrig. Das Salz entsteht durch Oxydation von Kalium-hydroxylamindisulfonat, $HON(SO_3K)_2$, und besteht aus tiefgelben, schwer löslichen Kristallen, die in Wasser eine tiefviolettblaue Lösung ergeben. Magnetische Messungen lassen erkennen, daß bei diesem Lösungsvorgang eine chemische Umwandlung erfolgt[78]. Im festen Zustand ist die Verbindung nämlich diamagnetisch, in Lösung hingegen paramagnetisch. Diese Tatsache entspricht dem Vorhandensein einer tief gefärbten Form des Salzes mit dem Charakter eines freien Radikals.

$$\underset{\text{gelb, diamagnetisch}}{(KSO_3)_2NO{-}NO(SO_3K)_2} \rightarrow \underset{\text{tief blauviolett, paramagnetisch}}{2\,{-}ON(SO_3K)_2}$$

Als „ungerades" Molekül ist das gelöste Salz reaktionsfähig; es lagert Stickoxyd an und wird dabei entfärbt. Seine alkalische Lösung benutzt man bei der Gasanalyse als gutes Mittel zur Absorption von Stickoxyd:

$$(KSO_3)_2NO + NO \rightarrow (KSO_3)_2NO{-}NO \xrightarrow{H_2O} (KSO_3)_2NOH + HNO_2.$$

Dreizehntes Kapitel.

Intermetallische und Einlagerungsverbindungen.

Die meisten chemischen Verbindungen unterliegen den einfachen Valenzregeln, die auf Grund der Elektronentheorie der Valenz in einem früheren Kapitel auseinandergesetzt worden sind. Nach diesen Valenztheorien wird die Zusammensetzung der Verbindungen durch die Zahl der von den einzelnen Atomen gebildeten Elektronenpaar-Kovalenzbindungen oder von der Wertigkeit der aus diesen Atomen entstehenden Ionen bestimmt. Das Gesetz der konstanten Proportionen ist dann eine Folge der beständigen Art der für die chemische Verbindungsbildung verantwortlichen Valenzkräfte. Eine Untersuchung des gesamten Gebietes der chemischen Verbindungen zeigt jedoch, daß dieses allgemeine Prinzip nicht zur Erklärung jedes einzelnen Falles ausreicht

[77] GEHLEN, H.: Ber. dtsch. chem. Ges. 1931, **64**, 1267; 1932, **65**, 1130; 1933, **66**, 292. [78] ASMUSSEN, R.: Z. anorg. allg. Chem. 1933, **212**, 317.

und daß Ausnahmen von diesen allgemeinen Regeln vorhanden sind. So kennt man einerseits gewisse Klassen von Verbindungen wie die Nitride und Carbide der Schwermetalle oder wie die meisten intermetallischen Verbindungen, welche eine Deutung im Rahmen irgendeiner rationalen Valenzregel nicht zulassen. Weiterhin zeigt eine genauere Untersuchung, daß es Gruppen von Verbindungen gibt, für die das Gesetz der konstanten Proportionen nicht streng gültig ist. Die intermetallischen Verbindungen liefern ein besonders gutes Beispiel dafür, jedoch haben es neuere Untersuchungen immer deutlicher werden lassen, daß sich diese Erscheinung auch auf andere Verbindungsklassen erstreckt, wie z. B. auf die Sulfide und Oxyde der Übergangsmetalle, von denen man nicht erwarten sollte, daß sie von den genau stöchiometrischen Zusammensetzungen abweichen. Unsere Kenntnis über diese möglichen Verbindungskräfte zwischen den Atomen ist durch die quantenmechanische Entwicklung der Elektronentheorie so weit vertieft worden, daß wir mit Sicherheit sagen können, daß diese „Ausnahmeklassen" von Verbindungen mit in den allgemeinen Rahmen der Valenztheorie einbezogen werden können. In diesem Kapitel sollen die wesentlichen Merkmale dieser intermetallischen und Einlagerungsverbindungen (s. unten S. 413) beschrieben und die Theorie ihrer Natur kurz und qualitativ besprochen werden.

Die Untersuchung der intermetallischen und der Einlagerungsverbindungen ist im wesentlichen eine Untersuchung des festen Zustandes, daher müssen diese Verbindungen notwendigerweise unter dem Gesichtspunkt ihrer Kristallstruktur besprochen werden. Hierin liegt tatsächlich der Kernpunkt des Problems in bezug auf die Gültigkeit der DALTONschen und PROUSTschen Vorstellungen über die Konstanz der chemischen Zusammensetzung. Wenn eine Verbindung in Form bestimmter Moleküle als Gas, als Flüssigkeit oder in Lösung auftreten kann, so müssen die stöchiometrischen Gesetze streng gültig sein. In den in diesem Kapitel betrachteten Fällen kann man jedoch sagen, daß die Verbindungen nur im festen Zustande vorliegen. In diesem Sinne kann eine Verbindung nur als Phase einer bestimmten und charakteristischen Struktur definiert werden, welche sich im allgemeinen sehr genau einer einfachen chemischen Formel nähert, welche jedoch in manchen Fällen über einen größeren, wenn auch begrenzten Bereich der chemischen Zusammensetzung auftreten kann. Die Anwendung dieser Vorstellung wird aus den folgenden Abschnitten mit Deutlichkeit hervorgehen.

Intermetallische Verbindungen[1].

Die systematische Untersuchung intermetallischer Verbindungen geht auf die Forschungen von HEYCOCK und NEVILLE zurück, welche zum ersten Male unzweideutig in dem System Kupfer-Zinn eine Verbindungsbildung nachwiesen. In den letzten Jahren sind die Verfahren der thermischen Analyse und der mikrographischen Erforschung weitgehend ergänzt

[1] Als maßgebende Monographien über dieses Gebiet und die Theorie der Metalle seien genannt: W. HUME-ROTHERY: The Structure of Metals and Alloys. Institute of Metals, 1936. — N. F. MOTT u. H. JONES: The Theory of the Properties of Metals and Alloys. Clarendon Press, Oxford 1936.

worden; hier sind vor allem die wirksamen Methoden der Röntgenkristallographie zu nennen, deren besonderer Wert darin besteht, daß sie die wichtigen Reaktionen und Umwandlungen im festen Zustande zu untersuchen gestatten. Sie bieten weiterhin ein genaueres Verfahren zur Feststellung des Beständigkeitsbereiches und damit zur Formulierung der gebildeten Phasen als die klassischen Methoden.

Die intermetallischen Verbindungen sind nicht gemäß den normalen Wertigkeitsregeln aufgebaut. So handelt es sich bei den in dem Kupfer-Zinksystem gebildeten Verbindungen um $CuZn$, Cu_5Zn_8 und $CuZn_3$, und im Kupfer-Zinnsystem um Cu_5Sn, $Cu_{31}Sn_8$ und Cu_3Sn. Die eigenartige Zusammensetzung, welche die Verbindungen in diesen und anderen Systemen besitzen, findet jedoch ihre Erklärung in zwei Verallgemeinerungen, die sich aus der Unzahl von modernen Arbeiten ergeben haben.

a) Die Bedeutung der Struktur der festen kristallinen Phase bei der Untersuchung dieser Verbindungen wurde bereits erwähnt. Es hat sich gezeigt, daß in vielen binären Metallsystemen die mittlere Zusammensetzung der intermetallischen Verbindungsphasen der einzelnen Systeme zwar erheblich voneinander verschieden sein kann — wie es z. B. in den oben angegebenen Systemen Kupfer-Zink und Kupfer-Zinn der Fall ist — daß jedoch die Aufeinanderfolge der von den Legierungen bei der Änderung ihrer Zusammensetzung gebildeten Strukturen für viele Systeme dieselbe ist.

b) Von Hume-Rothery wurde festgestellt, daß der Faktor, welcher die Zusammensetzung der Verbindungen bestimmt, das Verhältnis der Zahl der Valenzelektronen zur Gesamtsumme der in der Einheit der Formel enthaltenen Atome ist.

Diese Verallgemeinerungen sollen nun im einzelnen betrachtet werden.

Die Aufeinanderfolge der Phasen in Legierungssystemen.

In binären Legierungen, die durch zwei Metalle derselben Gruppe des Periodischen Systems gebildet werden, wird beim Ersatz eines Atoms des einen Metalls durch ein Atom des anderen Metalls die Zahl der Valenzelektronen nicht geändert. Wenn demnach die Radien der beiden betrachteten Atome nicht zu verschieden voneinander sind, so wird die Substitution nur eine geringe Verzerrung in dem Kristallgitter zur Folge haben. Es ergibt sich daraus, daß Metalle, die in derselben Gruppe und vor allem in derselben Untergruppe des Periodischen Systems stehen, dazu neigen, eine vollständige Reihe von festen Lösungen zu bilden, und daß sie sich im allgemeinen nicht unter Bildung intermetallischer

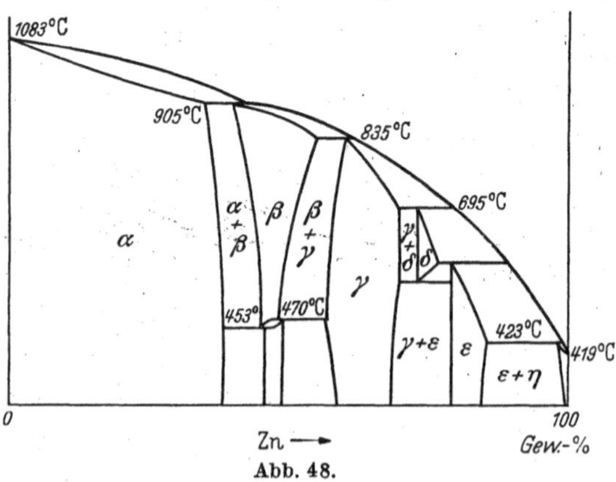

Abb. 48.

Verbindungen vereinigen. Weiterhin müssen aus demselben Grunde die Elemente irgendeiner Untergruppe ganz allgemein zur Entstehung desselben Gleichgewichtstyps führen und sich in denselben Gleichgewichtsverhältnissen mit irgendeinem anderen Metall verbinden. Daß dies so

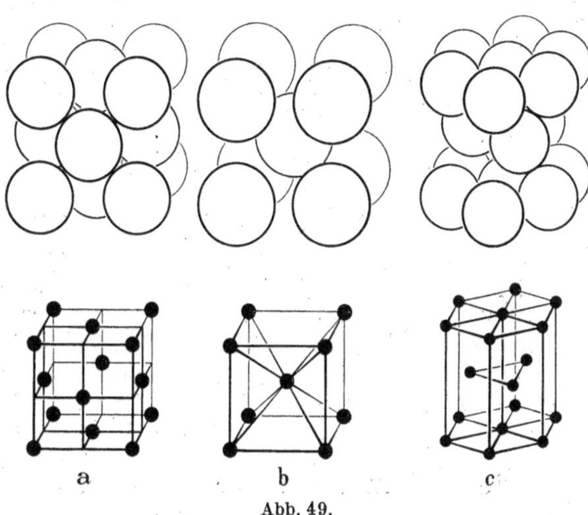

Abb. 49.

ist, zeigt sich am Beispiel der Verbindungen CuZn, AgZn, AuZn; Cu_5Zn_8, Ag_5Zn_8, Au_5Zn_8; $CuZn_3$, $AgZn_3$, $AuZn_3$. Wenn jedoch ein großer Unterschied zwischen den Radien der homologen Elemente besteht, so können Abweichungen von dieser Regel auftreten.

Wenn nun aber ein Atom des Metalls durch ein Atom mit anderer Wertigkeit ersetzt wird, so ändert sich das Verhältnis von Valenzelektronen zu Atomen. Es gibt eine gewisse Freiheit und einen bestimmten Bereich dieses Verhältnisses, über welchen feste Lösungen gebildet werden; wenn dieser Bereich überschritten wird, so entsteht übereinstimmend mit den HUME-ROTHERYschen Regeln eine neue Phase. Wenn man von dem Element mit der niederen Wertigkeit ausgeht und steigende Mengen des zweiten Elements zufügt, so besitzen bei vielen Systemen die nacheinander gebildeten Phasen dieselbe Kristallstruktur.

Tabelle 1.

β-Strukturen		γ-Strukturen	ε-Strukturen
β-Messing	β-Mangan		
CuZn		Cu_5Zn_8	$CuZn_3$
AgZn		Ag_5Zn_8	$AgZn_3$
AuZn		Au_5Zn_8	$AuZn_3$
AgCd			$AgCd_3$
Cu_3Al		Cu_9Al_4	
	Ag_3Al		Ag_5Al_3
Cu_5Sn		$Cu_{31}Sn_8$	Cu_3Sn
	Cu_5Si	$Cu_{31}Si_8$	Cu_3Si
CoAl			
	$CoZn_3$	Co_5Zn_{21}	
		Ni_5Zn_{21}	
		Pt_5Zn_{21}	
		Rh_5Zn_{21}	
FeAl			
NiAl			
		$Na_{31}Pb_8$	

Diese Aufeinanderfolge der Phasen soll am System Kupfer-Zink gezeigt werden (Abb. 48). Reines Kupfer besitzt eine flächenzentrierte, kubische Struktur (Abb. 49a); wenn man nun steigende Mengen von Zink hinzufügt, so werden zunächst die Zinkatome nur die Kupferatome in dem flächenzentrierten Würfelgitter ersetzen. Wenn die

Grenze dieser einfachen festen Lösung erreicht ist, so ergibt sich eine neue Phase mit einer körperzentrierten Würfelstruktur (Abb. 49b), die als β-Messing bezeichnet wird. Diese wird wiederum von einer sogenannten γ-Phase abgelöst, die ebenfalls zum kubischen System gehört, jedoch eine kompliziertere Struktur besitzt. Die nächste auftretende Phase, die ε-Phase, besitzt die hexagonale dicht gepackte Struktur (Abb. 49c), d. h. eine Struktur, die man erhält, wenn man Kugeln so zusammensetzt, daß sie mit möglichst vielen Nachbarn in Berührung kommen.

Diese Aufeinanderfolge von flächenzentriertem Würfel → körperzentriertem Würfel (β-Phase) → γ-Phase → dichtgepackter hexagonaler (ε-)Phase trifft man sehr häufig an. In einigen Fällen (s. Tabelle 1) ist die β-Messing-körperzentrierte Würfelstruktur durch eine verwandte, kompliziertere kubische Phase ersetzt, die man als β-Manganstruktur bezeichnet. Die aufeinanderfolgenden Phasen nähern sich der Zusammensetzung, die ihnen von den intermetallischen Verbindungen in den fraglichen binären Legierungssystemen zugeordnet werden, erstrecken sich aber tatsächlich in allen Fällen über einen gewissen Bereich der Zusammensetzung.

Die Regeln von Hume-Rothery.

Während sich die Zusammensetzungen der einander entsprechenden, aufeinanderfolgenden Phasen verschiedener Systeme jeweils stark voneinander unterscheiden, ist das Verhältnis von Gesamtsumme der Valenzelektronen zur Gesamtzahl der Atome für jeden Phasentyp konstant[2]. Für die Strukturen des β-Messings und β-Mangans beträgt dieses Verhältnis 3:2. Wie man aus der obigen Tabelle ersehen kann, wird dieses Verhältnis bei allen aufgeführten Kupferlegierungen dann erreicht, wenn das Kupfer ein Valenzelektron zu der Struktur beiträgt. So haben wir im $CuZn$ (2 Atome) $1+2=3$ Elektronen, im Cu_5Si (6 Atome) $5+4=9$ Elektronen, im Cu_3Al oder im Ag_3Al (4 Atome) 6 Elektronen.

In der γ-Phase beträgt das Verhältnis durchweg 21:13. Besonders interessant ist die Feststellung, daß die Neigung zur Erreichung der charakteristischen γ-Struktur die normalen Verbindungsverhältnisse, die man erwarten sollte, umstoßen kann. So besitzt im System $Na—Pb$, wo man die Bildung eines Plumbits, Na_4Pb, erwarten sollte, die tatsächlich gebildete Verbindung die Zusammensetzung $Na_{31}Pb_8$, was mit der Hume-Rotheryschen Regel in Einklang steht[3]. Die Bildung einer γ-Struktur mit dem Verhältnis von Elektronen zu Atomen $=21:13$ beobachtet man selbst in ternären Legierungen, so daß in dem System $Cu—Al—Zn$ die Legierungen Cu_6Zn_6Al und $Cu_8Zn_2Al_3$ γ-Phasen bilden. Ein ähnliches konstantes Verhältnis von Elektronen zu Atomen, 7:4 findet man in der dicht gepackten hexagonalen ε-Phase.

Man kann beobachten, daß die Regel von Hume-Rothery für die Verbindungen der β- und γ-Phase der Übergangsmetalle Fe, Co, Ni, Pd

[2] Hume-Rothery: J. Inst. Metals 1926, **35**, 295; Philos. Mag. J. Sci. 1927 [VII], **3**, 301. — Westgren, A. F. u. G. Phragmén: Trans. Faraday Soc. 1929, **25**, 379.

[3] Stillwell, C. W. u. W. K. Robinson: J. Amer. chem. Soc. 1933, **55**, 127.

nur gelten, wenn diese Elemente der Struktur der Legierung keine Valenzelektronen zur Verfügung stellen[4]. Dieses Verhalten in Legierungen kann man mit der Art und Weise in Zusammenhang bringen, mit der gerade diese Elemente in den Metallcarbonylen eine Nullwertigkeit ausüben; es läßt sich quantitativ auf Grund ihrer Atomstruktur erklären.

Die Atome der Übergangsmetalle sind so gebaut, daß sich — wenn man die erste Übergangsreihe betrachtet — das $3d$-Quantenniveau seiner Vollendung nähert. So sind für Nickel folgende drei Elektronenkonfigurationen möglich, die man — unter Auslassung der bereits aufgefüllten Schalen — durch die Symbole $3d^8 4s^2$, $3d^9 4s$ und $3d^{10}$ ausdrücken kann. In diesen Konfigurationen besitzt das Nickelatom zwei bzw. ein oder keine wirksamen Valenzelektronen. Der Grundzustand der Atome ist der $3d^9 4s$-Zustand, jedoch liegt die Konfiguration $3d^{10}$ nur ungefähr um 1,25 Elektronenvolt höher. Die Bindungsenergie eines Nickelatoms im Metallgitter liegt in der Größenordnung von 4 Elektronenvolt, so daß es vollkommen verständlich ist, daß das Atom die $3d^{10}$ Konfiguration einnimmt, ohne daß es irgendein Valenzelektron zu der Struktur beiträgt.

Die Aufeinanderfolge von β-, γ- und ε-Phase gilt nicht für alle binären Legierungssysteme. In einigen scheint der durch den Atomradius zum Ausdruck kommende Faktor einen überwiegenden Einfluß auf die Zusammensetzung der gebildeten Verbindungen auszuüben. Dies kann man gut an den Verbindungen erkennen, die Cadmium mit den Alkalimetallen eingeht, Cd_2Li, Cd_6Na, $Cd_{11}K$[5]. Die Zahl der Cadmiumatome in der Verbindung nimmt mit dem Atomvolumen der Alkalimetalle zu.

Die Grundlagen der Theorie des metallischen Zustandes.

Die auffallenden ganzzahligen Verhältnisse von Elektronen zu Atomen in den intermetallischen Verbindungen, auf die in dem vorhergehenden Abschnitt hingewiesen wurde, deuten darauf hin, daß, wie Bernal[6] schon frühzeitig feststellte, irgendeine Art homöopolarer Bindung vorliegt. Eine derartige Vorstellung ist jedoch nicht vollständig befriedigend, da die intermetallischen Verbindungen mit den reinen Metallen diejenigen charakteristischen metallischen, optischen und elektrischen Eigenschaften besitzen, die, wie noch besprochen werden soll, ihren Ursprung in dem mehr oder weniger freien Zustand der Valenzelektronen haben. Weiterhin kristallisieren die Metalle und die intermetallischen Verbindungen gewöhnlich in Strukturen, bei denen jedes Atom von einer großen Zahl gleichmäßig voneinander entfernter Nachbaratome umgeben ist; so ist in der hexagonalen dicht gepackten Struktur und im flächenzentrierten Würfelgitter jedes Atom der Mittelpunkt einer Gruppe von zwölf gleich weit entfernten Nachbarn. Diese Zahl überschreitet bei weitem die Anzahl der verfügbaren Valenzelektronen, so daß es nicht möglich ist, von irgendwelchen lokalisierten homöopolaren Bindungen zu sprechen.

---

[4] Ekmann, W.: Z. physik. Chem. 1931, B, **12**, 57. — Westgren u. Phragmén: Trans. Faraday Soc. 1929, **25**, 379.
[5] Bernal, J. D.: Trans. Faraday Soc. 1929, **25**, 367.
[6] Bernal, J. D.: Trans. Faraday Soc. 1929, **25**, 367.

Wenn man zum Verständnis für die der Regel von HUME-ROTHERY zugrunde liegenden Ursachen gelangen will, so ist es erforderlich, kurz die Grundlagen der modernen Theorien des metallischen Zustandes zu betrachten. Eine ausführliche Besprechung der Theorie über die Metalle geht weit über den Rahmen dieses Buches hinaus, jedoch ist eine qualitative Betrachtung dieses Gebietes wertvoll, weil sie nicht nur zur Kenntnis der intermetallischen Verbindungsbildung, sondern auch zur Deutung der charakteristischen elektrischen und magnetischen Eigenschaften der Metalle beiträgt.

Die elektrischen und optischen Eigenschaften der Metalle machen die Annahme erforderlich, daß die Metalle freie Elektronen enthalten, deren Zahl mit der Anzahl der vorhandenen Atome in Zusammenhang steht. Nach der klassischen elektromagnetischen Theorie bilden die freien Elektronen ein „Elektronengas", welches frei durch das von den positiven Ionen des metallischen Elements gebildete Gitter diffundiert. Eine derartige Anschauung bietet sofort eine grundlegende Schwierigkeit, die erst durch die Anwendung der neueren quantenmechanischen Vorstellungen überwunden werden konnte[7]. Die Energie der Elektronen in dem Elektronengas müßte notwendigerweise dem MAXWELL-BOLTZMANNschen Verteilungsgesetz gehorchen, und die grundlegende Arbeit von O. W. RICHARDSON über die thermisch erzeugten Ionen zeigte, daß die Energieverteilung der schnellsten Elektronen tatsächlich der MAXWELLschen Funktion entspricht. Wenn dies so ist, so muß andererseits jedes Elektron einen Betrag $\frac{3}{2} k T$ zu der spezifischen Wärme beitragen (k = BOLTZMANNsche Konstante), so daß die gesamte Atomwärme den Wert $\frac{9}{2} R$ erreicht. Tatsächlich gilt jedoch die DULONG-PETITsche Regel (welche bekanntlich besagt, daß die Atomwärme $= 3\,R$ ist) sowohl für Leiter als auch für Isolatoren, welche keine freien Elektronen besitzen können. So ergibt sich, daß entweder die Elektronen gar nichts zu der spezifischen Wärme beitragen, was zu der Annahme eines Elektronengases im Widerspruch steht, oder daß andererseits bedeutend weniger freie Elektronen vorhanden sind, als es die optische Theorie erfordert.

Die Lösung des sich so darbietenden Problems beruht auf den Arbeiten von SOMMERFELD, FERMI und BLOCH; wie wir sehen werden, folgt sie im wesentlichen direkt aus der Anwendung des PAULIschen Eindeutigkeitsprinzips (S. 8) auf die metallischen Elektronen, nach welchem jeder Elektronenzustand höchstens von zwei Elektronen mit entgegengesetztem Drehimpuls (Spin) besetzt werden kann.

Der grundlegende Gedanke läßt sich schematisch zeigen, wenn man die Energieverteilung der Elektronen beispielsweise in den Atomen des Elements Neon betrachtet. Das Neonatom enthält zehn Elektronen, welche durch ein geeignetes elektrisches oder magnetisches Feld in zehn diskrete Energiebahnen aufgespalten werden. Bei einer Anhäufung

[7] Gute und brauchbare Zusammenfassungen findet man bei BECKER: Z. Elektrochem. angew. physik. Chem. 1931, **37**, 403 und U. DEHLINGER: Z. Elektrochem. angew. physik. Chem. 1932, **38**, 148.

von Neonatomen kann man die Besetzungszahl $f(E)$ jedes dieser Zustände gegen die Energie E des Zustandes auftragen (Abb. 50). Beim absoluten Nullpunkt besitzen sämtliche Elektronen den niedrigstmöglichen Energiezustand, so daß bei Einführung des Pauli-Prinzips die Verteilung längs der ausgezogenen Linie verläuft. Jeder Zustand ist dann entweder vollständig aufgefüllt oder vollständig unbesetzt, $f(E) = 0$ oder 1 für jedes Niveau. Bei Temperaturen, die hoch genug sind, daß die Wärmeenergie mit der Anregungsenergie der äußersten Elektronen vergleichbar ist, können in einigen Atomen Elektronen von der 10ten, 9ten, usw. Energieschale auf die 11te, 12te usw. (angeregte) Schale befördert werden. Diese statistische Energieverteilung wird dann durch die gestrichelte Kurve dargestellt. Wenn nicht gerade sehr große Energiemengen zur Verfügung stehen, so bleiben die Zustände der inneren Elektronen unverändert.

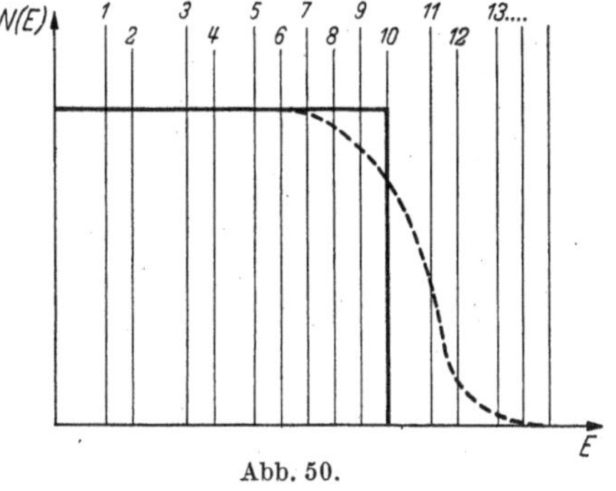

Abb. 50.

Diese Vorstellung kann man nun auf den metallischen Zustand übertragen. Genau wie bei dem Molekül einer Verbindung muß man auch hier die Elektronen bestimmten Molekularbahnen und nicht den Quantenschalen, die sie ursprünglich in den freien Atomen besetzten, zuordnen; unter diesen Annahmen bildet also ein Stück Metall — z. B. ein Einkristall — ein Riesenmolekül. Die Elektronen sind im allgemeinen von allen in der Einheit enthaltenen Atomen gebunden und müssen in einer sehr großen, aber bestimmten Zahl von Energiezuständen oder „Zellen" untergebracht werden. Jede dieser Zellen bindet in Übereinstimmung mit dem Pauli-Prinzip zwei Elektronen. Wenn die Einheit N Elektronen enthält, so sind am absoluten Nullpunkt die ersten $N/2$ Zellen sämtlich doppelt besetzt.

Das Elektron hat nicht nur einen korpuskularen Charakter, sondern besitzt auch die Eigenschaften einer Wellenbewegung, wie sich beispielsweise aus der Elektronenbeugung an Oberflächen ergibt (Kapitel 3). Jeder mögliche Elektronenzustand läßt sich daher im Rahmen einer Wellenfunktion beschreiben, welche eine Lösung der zugehörigen Schrödingerschen Differentialgleichung ist. Wenn man für den einfachsten Fall annimmt, daß das Potential im Innern des Metalls gleichmäßig 0 ist und an seiner Grenze zu einem endlichen Wert ansteigt, so wird das Elektron durch eine stehende Welle in dem Metallkristall dargestellt. Aus der Lösung der Wellengleichung ergibt sich, daß die Wellenlänge des Elektrons in den höchsten Zuständen in der Größenordnung der Atomabstände liegt; daraus folgt, daß die Energie eines derartigen Elektrons verschiedene Elektronenvolt beträgt und die Wärmeenergie eines Atoms bei Zimmertemperatur weitgehend überschreitet ($3\,kT \sim 0{,}07$ Elektronenvolt). Übereinstimmend mit der in dieser einfachen Form entwickelten Vorstellung können einige Elektronen bei Temperaturen oberhalb des absoluten Nullpunktes auf Energieniveaus befördert werden, die höher liegen als das $N/2$-fache; die Energieverteilung zwischen diesen Elektronen wird dann angenähert durch die gestrichelte Linie von Abb. 50 dargestellt, welche — für die höchsten Anregungszustände — ungefähr dem MAXWELL-BOLTZMANNschen Gesetz folgt. Nur diese Elektronen, also bei Zimmertemperatur im Vergleich zur Gesamtelektronenzahl nur eine sehr geringe Anzahl, treten bei der spezifischen Wärme des Metalls in Erscheinung, so daß der Elektronenanteil an der spezifischen Wärme notwendigerweise gering ist. Der größere Teil der spezifischen Wärme wird zur Erhöhung der Wärmeenergie der Atome verbraucht, so daß die Metalle der DULONG-PETITschen Regel gehorchen.

In einem wirklichen Metallkristall ist das Potentialfeld nicht gleichmäßig, sondern periodisch verteilt. Das Potential erreicht bei jedem positiven Ion ein Maximum und zwischen den Ionen ein Minimum. In einem derartigen Fall liefert die Lösung der Wellengleichung ein wichtiges Ergebnis. Die Energie der Elektronen kann nicht jeden Wert zwischen 0 und $E_{\max}$ einnehmen, es gibt vielmehr gewisse Diskontinuitäten oder Bänder verbotener Energien. Zwischen diesen befinden sich Bänder mit erlaubten Energiewerten.

Diese Anhäufung von Elektronenenergien beruht auf der Wellennatur des Elektrons, da sich aus dieser ergibt, daß die Elektronendichte nicht durch eine lineare Bahn lokalisiert wird, sondern nach irgendeiner Exponentialfunktion abnimmt. So ist die Wellenfunktion für ein s-Elektron kugelförmig symmetrisch und besitzt die Form $\Psi = e^{-x}$. Somit überlappen sich in einem Kristallgitter die Wellenfunktionen der äußeren Elektronen von dicht gepackten Atomen. Das bedeutet folgendes: Während im freien Atom, wo der Zustand eines Elektrons — abgesehen von seinem Spin — lediglich durch seine drei Quantenzahlen bestimmt ist, wird im Kristall jeder *Quantenzustand* des Elektrons des freien Atoms durch ein *Band* von erlaubten Elektronenzuständen ersetzt. Wie schon erwähnt wurde, hängt die Breite des Bandes von der Stärke des Überschneidens zwischen den Wellenfunktionen ab, so daß für die inneren Elektronen die Breite des Bandes außerordentlich klein ist; die K-Elektronen des Natriums streuen beispielsweise nur um $2 \cdot 10^{-19}$ Elektronenvolt. Die inneren Elektronen — z. B. die K-Elektronen — besitzen im wesentlichen dieselbe Energie wie in den freien Atomen. Bei den äußersten (Valenz-)Elektronen findet jedoch ein starkes Überschneiden statt, so daß das einzelne Valenzelektron des Natriums, dessen Energie im freien Natriumatom genau durch seinen *Quantenzustand* ($3s$) bestimmt ist, im Kristall des metallischen Natriums irgendeinen der vielen in dem entsprechenden $3s$-*Energieband* enthaltenen, dicht beieinanderliegenden Energiewerte einnehmen kann. Innerhalb jedes Energiebandes ändern sich die erlaubten Energiewerte nicht kontinuierlich, allerdings sind — außer wenn es sich nur um sehr wenige Atome handelt — die Zwischenräume außerordentlich klein. Für Kristalle mit endlicher Größe ist die Energiezunahme zwischen einem Wert und dem nächsten innerhalb eines Bandes kaum wahrnehmbar. Grundsätzlich entspricht jedes Energieband einem Quantenniveau des freien Atoms, und die Bänder verbotener Energie kann man mit den Energiesprüngen zwischen zwei Quantenzuständen vergleichen.

Brillouin-Zonen.

Da das Auftreten von Banden erlaubter Elektronenenergien mit dem Überschneiden von Elektronenwellenfunktionen im Zusammenhang steht, ergibt sich, daß die „Breite“ jedes Bandes in irgendeiner Weise eine Funktion der Kristallstruktur ist, da durch die Kristallstruktur die Zahl der nächsten Nachbarn im Kristallgitter bestimmt wird. Von diesem Standpunkt aus betrachtet bezeichnet man die Energiebänder, innerhalb derer ein Elektron von einem Energiezustand zu einem anderen übergehen kann, ohne eins der Bänder zu überspringen — d. h. ohne daß irgendeine große Energiezunahme auftritt — als *Brillouin-Zonen*. Die Beziehungen zwischen den Brillouin-Zonen und der Kristallstruktur lassen sich innerhalb dieses Kapitels nur schwer besprechen. Es soll qualitativ gesagt werden, daß sich für jeden Typ der Kristallstruktur die Zahl der Elektronen pro Atom bestimmen läßt, die in die niedrigste Brillouin-Zone eintreten kann. Wenn wir annehmen, daß fortlaufend Elektronen in das Gitter eines Metallkristalls eingefügt werden, so nehmen die Elektronen nacheinander die Elektronenzustände in der ersten Brillouin-Zone ein. Wenn alle diese Zustände doppelt besetzt sind, so ist die Zone vollständig aufgefüllt, und alle weiter hinzukommenden Elektronen werden in eine zweite Brillouin-Zone eingeordnet, die von der ersten durch einen Energiesprung getrennt ist.

Die Theorie zeigt jedoch, daß vor dem Auffüllen der ersten Zone ein Zustand erreicht wird, wo bei der Besetzung der aufeinanderfolgenden Zustände die Energie der Elektronen schnell anzusteigen beginnt. Diese Tatsache ist außerordentlich wesentlich und zum Verständnis der Beziehung von Hume-Rothery von grundsätzlicher Bedeutung: In diesem Zustand tritt nämlich die Neigung der Elektronen in Erscheinung, in eine zweite Brillouin-Zone überzugehen, wenn der Energiesprung nicht zu groß ist. Andererseits kann das Kristallgitter selbst eine Umwandlung in eine solche Struktur erfahren, die in der ersten Brilluoin-Zone mehr Elektronenzustände je Atom zuläßt. Diese letzte Erscheinung bewirkt die charakteristische Aufeinanderfolge der Phasen in binären Legierungen. Für das flächenzentrierte Würfelgitter, d. h. für die α-Phase in Legierungssystemen, sollte das berechnete kritische Verhältnis von Elektronen : Atomen erreicht werden, wenn die erste Brillouin-Zone 1,362 Elektronen je Atom enthält; für die nahe verwandten β-Messing- und β-Manganstrukturen beträgt $n_k = 1{,}480$ Elektronen je Atom, für die komplizierte γ-Phase ist $n_k = 1{,}538$ und für die ε-Phase 1,75 Elektronen je Atom. Die Hume-Rothery-Verhältnisse betragen, wie es in dem vorhergehenden Abschnitt besprochen wurde, 1,50, 1,615 und 1,75 Elektronen pro Atom der β-, γ- bzw. ε-Phase. Diese Verhältnisse (3:2, 21:13 und 7:4) ergeben die nächsten ganzen Zahlen, welche in den verschiedenen Systemen enthalten sind; jede Phase umfaßt einen gewissen Konzentrationsbereich, da eine Bildung von festen Lösungen erfolgt. Wenn sich, wie es bei einigen Systemen der Fall ist, die Phasengrenzen nähern bis sie sich berühren, so kann man dem Verhältnis von Elektronen zu Atomen eine genauere Bedeutung zuordnen. In der Tabelle 2 sind Werte aufgeführt, die sich für einige Systeme ergeben haben, und zum Vergleich dazu die theoretischen n_k-Werte für die entsprechenden Strukturen.

Man sieht, daß das unten entwickelte Schema, das zum größten Teil auf die Arbeiten von H. JONES zurückgeht, ein folgerichtiges Bild der Umwandlungen liefert. Wie man erwarten sollte, besteht die Neigung, daß die Phasenumwandlungen bei beträchtlich höheren Elektronenverhältnissen stattfinden, als es dem theoretischen n_k entspricht; es ist nämlich durchaus möglich, daß auch nach dem Überschreiten des n_k-Wertes zunächst noch einige Elektronenzustände mehr besetzt werden müssen, bevor der erreichte Energiewert zu einer Neuordnung der Kristallstruktur ausreicht.

Tabelle 2.

	Maximales Elektronenverhältnis in der α-Phase	Unterer Grenzwert der β-Phase	Grenzen der γ-Phase
n_k theoretisch . .	1,362	1,480	1,538
Hume-Rothery-Verhältnis . .	—	1,50	1,615
Cu-Zn	1,384	1,48	1,58—1,66
Cu-Sn	1,270	1,49	1,67—1,67
Ag-Cd	1,425	1,50	1,59—1,63
Cu-Si	1,420	1,49	—
Ag-Zn	1,378	—	1,58—1,63
Cu-Al	1,408	1,48	1,63—1,77

Metallische Leitfähigkeit.

Es ist von Interesse, zum Abschluß dieses Abschnittes zwei der charakteristischsten Eigenschaften der Metalle unter dem Gesichtspunkt der vorstehend dargelegten Theorien zu besprechen, und zwar die elektrische Leitfähigkeit und die magnetischen Eigenschaften.

Das elektrische Leitvermögen der Metalle beruht auf der Bewegung von Elektronen durch das Kristallgitter und setzt die Möglichkeit einer derartigen Bewegung in einer bestimmten Richtung unter dem Einfluß des elektrischen Feldes voraus. Der wesentliche Unterschied zwischen Leitern und Isolatoren muß demnach darin bestehen, daß im Falle der Leiter Elektronen zum Stromtransport verfügbar sind. Es ist jedoch nicht so, daß in Isolatoren die Elektronen im Innern soviel fester gebunden sind, daß sie überhaupt nicht wandern können, da derartige Unterschiede nicht den außerordentlich großen Bereich der elektrischen Leitfähigkeit erklären würden (beispielsweise ergibt sich beim Unterschied des Leitvermögens von Silber und geschmolzenem Quarz ein Faktor von 10^{24}). Das Wesentliche liegt vielmehr darin, daß nur die Elektronen in einfach besetzten Zuständen — d. h. in unvollständig gefüllten Brillouin-Zonen — für den Stromtransport in Frage kommen. Bei einer aufgefüllten Brillouin-Zone wird nach dem Pauli-Prinzip die Bewegung irgendeines Elektrons durch die entgegengesetzt gerichtete des im selben Niveau befindlichen Partners ausgeglichen, so daß insgesamt kein Stromtransport in Erscheinung tritt.

Demnach ist also ein Isolator ein fester Stoff, in dem sämtliche besetzten Brillouin-Zonen vollständig aufgefüllt sind. Andererseits muß ein Kristall mit unvollständig besetzter Brillouin-Zone eine metallische Leitfähigkeit aufweisen. Dadurch wird sofort der Grund verständlich, warum man die höchste elektrische Leitfähigkeit bei den einwertigen

Metallen Kupfer, Silber und Gold antrifft. Bei N Atomen ist die erste Brillouin-Zone des kubischen Kristalls imstande, $2\,N$ Elektronen zu binden; sie enthält jedoch tatsächlich nur N Valenzelektronen. Diese Bedingung ist in Abb. 51a dargestellt. Die zweiwertigen Metalle andererseits besitzen gerade genügend Elektronen, um die erste Brillouin-Zone aufzufüllen, so daß diese Metalle die Elektrizität nicht leiten würden, wenn nur die erste Zone allein besetzt wäre. Da diese Metalle aber Leiter sind, so muß die zweite Brillouin-Zone die erste überlappen (Abb. 51b), so daß unpaarige Elektronen zur Stromleitung verfügbar

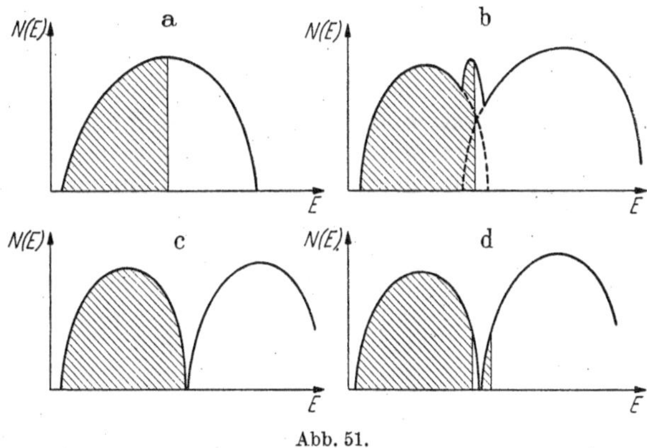

Abb. 51.

sind. Ihre Zahl ist jedoch im allgemeinen geringer als bei den einwertigen Metallen, so daß also die zweiwertigen Metalle — die Erdalkalimetalle, Zink, Cadmium usw. — nicht so gute Leiter sind wie Kupfer, Silber, Gold und die Alkalimetalle.

In diesem Zusammenhang ist die Struktur des Diamants von Interesse. Theoretisch können in der ersten Brillouin-Zone vier Elektronen pro Atom enthalten sein. Die Diamantstruktur findet man gerade bei denjenigen Elementen — Kohlenstoff, Silicium, Germanium und grauem Zinn — welche außerhalb der abgeschlossenen Elektronenschale vier Valenzelektronen besitzen; die Brillouin-Zone ist demnach gerade besetzt, und da die nächste Zone — besonders beim Diamant und Quarz — bei einer bedeutend höheren Energiestufe liegt, so sind diese Stoffe vollkommene Isolatoren oder Halbleiter (Fall d in der Abb. 51). Ähnliche Betrachtungen gelten für einige intermetallische und metalloide Verbindungen, z. B. Mg_2Sn, Mg_2Pb, Mg_2Si, Mg_2Ge, Li_2S, Cu_2S, Be_2C. Sie kristallisieren sämtlich in der Struktur des Flußspats, bei dem es möglich sein muß, daß die erste Brillouin-Zone 8/3 Elektronen je Atom aufnimmt. Da dieses Verhältnis von Elektronen zu Atomen in sämtlichen fraglichen Verbindungen auftritt, so ist die erste Brillouin-Zone gerade gefüllt, und der kristalline Stoff muß ein Isolator sein. Tatsächlich handelt es sich bei diesen Stoffen auch entweder um Isolatoren oder um Halbleiter. Die geschmolzenen Kristalle zeigen hingegen ein gutes Leitvermögen, da bei ihnen die zur Entstehung der besonderen Zonenbeziehungen führende geordnete Kristallstruktur zusammengebrochen ist.

Es soll nun noch eine weitere mögliche Verteilung der Brillouin-Zonen besprochen werden, und zwar die, welche zu der interessanten Eigenschaft der schon erwähnten Halbleitfähigkeit führt. Wenn die erste Brillouin-Zone gerade gefüllt ist und die zweite Zone sehr dicht daneben liegt, ohne allerdings die erste zu überlappen, so ist zum Übergang eines Elektrons über die Lücke zur zweiten Zone nur eine geringe Energie erforderlich. Eine derartige Energieaufnahme kann durch die Zufuhr von Wärme oder durch Lichtabsorption erfolgen. Beim absoluten Nullpunkt befinden sich alle Elektronen in den niedrigstmöglichen Zuständen (Abb. 51c); die erste Zone ist dabei vollständig gefüllt, so daß der Stoff einen Isolator darstellt. Bei höheren Temperaturen kann die Wärmeenergie einige Elektronen auf die nächsthöhere Zone befördern (Abb. 51d); das hat zur Folge, daß der Stoff ein geringes, bei Temperaturerhöhung zunehmendes Leitvermögen besitzt. Wenn ein ähnlicher Elektronenübergang durch Absorption eines Lichtquants erfolgen kann, so entsteht die Erscheinung der lichtelektrischen Leitfähigkeit, welche man beim Selen und Cuprooxyd findet.

Die bei den Halbleitern beobachtete Zunahme der Leitfähigkeit durch Temperaturerhöhung stellt einen Gegensatz zu den bei der metallischen Leitfähigkeit auftretenden Erscheinungen dar. Ein ideales Metallgitter würde keinen elektrischen Widerstand besitzen, da der Widerstand nach der modernen Theorie des metallischen Zustandes eine Streuungserscheinung von Elektronen an Lockerstellen in dem Kristallgitter vorstellt. Da die Wärmebewegung der Atome stark an diesen Streuungserscheinungen beteiligt ist, so muß dieser Einfluß und damit der Widerstand mit der Temperatur zunehmen. Es ist ein charakteristisches Kennzeichen der metallischen Leiter, daß ihr spezifischer Widerstand eine lineare Funktion der Temperatur ist.

Metallischer Paramagnetismus.

Im Kapitel 3 wurde gezeigt, daß die magnetische Suszeptibilität der von den Übergangsmetallen gebildeten Ionen, welche ein oder mehrere unpaarige Elektronen enthalten, durch die Formel

$$\chi = \frac{\mu^2}{3kT}$$

wiedergegeben wird; in dieser Formel ist μ, das magnetische Moment, durch den Ausdruck $\mu = \frac{eh}{2\pi mc}\sqrt{S(S+1)}$, mit dem gesamten resultierenden Spin S verknüpft, wobei e und m die Elektronenladung bzw. -masse bedeuten. Der Ionen-Paramagnetismus ändert sich, wie man sieht, umgekehrt mit der Temperatur.

Der Paramagnetismus der Alkali- und Erdalkalimetalle, von Kupfer, Silber, Gold, Magnesium, Aluminium, den schwer schmelzbaren Carbiden (z. B. TiC, VC) und Nitriden ist außerordentlich schwach und temperaturunabhängig. Da die nach Abgabe der Elektronen zurückbleibenden Ionenrümpfe der Metalle, die nur aus vollständig aufgefüllten Schalen bestehen, diamagnetisch sind, so muß dieser Paramagnetismus von dem Leitungselektronengas herrühren. Diese magnetischen Eigenschaften ergeben sich aus der oben entwickelten Theorie über die Metalle.

Da bei jedem doppelt besetzten Elektronenzustand das resultierende Bahnmoment gleich Null ist, so können nur die einzeln besetzten Zustände — d. h. die äußersten unpaarigen Elektronen in unvollständigen Brillouin-Zonen — einen Beitrag zum Paramagnetismus liefern. Wenn die Energie an der oberen Grenze der Brillouin-Zone gleich der Wärmeenergie bei einer Temperatur T_1 ist und das Energiemaximum der besetzten Zustände beim absoluten Nullpunkt einer Temperatur T_2 entspricht, dann wird $T_1 - T_2$ als FERMIsche Grenztemperatur T_0 bezeichnet; T_0 kann sehr große Werte annehmen, z. B. beim Silber 6400°. Bei jeder Temperatur T besitzen — solange T im Vergleich zu T_0 klein ist — ungefähr T/T_0 Elektronen angeregte Zustände, d. h. Zustände, deren Energie größer als T_2 ist. Jedes dieser Elektronen liefert zu dem gesamten Paramagnetismus einen Beitrag von $\frac{\mu_e^2}{3kT}$; hierin bedeutet μ_e das magnetische Moment des Elektrons (s. oben). Der gesamte Paramagnetismus ist dann $\frac{\mu_e^2}{3kT} \cdot \frac{T}{T_0} \cdot N = \frac{N\mu_e^2}{3kT_0}$ und damit temperaturunabhängig.

Die Übergangsmetalle sind durch einen bedeutend stärkeren Paramagnetismus gekennzeichnet, welcher in der ersten Übergangsreihe in Ferromagnetismus übergeht. Dieser hohe Paramagnetismus, der mit den unvollständig besetzten d-Schalen dieser Atome in Zusammenhang steht, ist wegen seiner Bedeutung in bezug auf die Frage von Legierungen und intermetallischen Verbindungen von Interesse. Es wurde bereits erwähnt, daß beispielsweise das Nickelatom im Gitter eine der Konfigurationen $3d^8 4s^2$, $3d^9 4s$ oder $3d^{10}$ besitzen kann. Es ist klar, daß jedes Elektron, das von dem $3d$- auf das $4s$-Niveau befördert wird, in der d-Schale eine „positive Lücke" zurückläßt, welche einen Beitrag zum Paramagnetismus des Ions liefert. Im Falle des Nickels und Palladiums liegen Anhaltspunkte dafür vor, daß sich, statistisch gesehen, 0,6 unbesetzte d-Zustände oder 0,6 Elektronen pro Atom in den s-Zuständen befinden.

In den Legierungssystemen dieser Metalle kann man den Magnetismus direkt aus der sich ergebenden Zahl von „positiven Lücken" in dem paramagnetischen Rumpf berechnen. So bilden in den Kupfer-Nickellegierungen die Komponenten eine vollständige Reihe von Mischkristallen. Der fortschreitende Ersatz von Nickel ($Z = 28$) durch Kupfer ($Z = 29$) besteht demnach im wesentlichen darin, daß Elektronen zum Kristallgitter hinzukommen. Diese Elektronen gehen aus energetischen Gründen zum größten Teil in das d-Band, solange in diesem noch irgendwelche „positiven Lücken" gefüllt werden können. Bei einer Zusammensetzung von 60 Prozent Cu und 40 Prozent Ni sind in das Gitter 0,6 Elektronen pro Atom eingefügt worden. Das d-Band sollte demnach an diesem Punkt besetzt sein und der Paramagnetismus verschwinden. Übereinstimmend damit nimmt der Paramagnetismus von Nickel-Kupferlegierungen mit steigendem Kupfergehalt ab, und man kann extrapolieren, daß er bei ungefähr 60 Prozent Kupfer den Wert 0 erreicht, obgleich allerdings in der Praxis die völlige Aufhebung des ursprünglichen Paramagnetismus nicht erreicht wird.

Bei Legierungen von Nickel und Zink ($Z = 30$), bei denen zwei Elektronen je eingeführtes Zinkatom hinzukommmen, findet man eine entsprechend stärkere Herabsetzung der Suszeptibilität; dagegen wird durch Legieren des Zinks mit Kobalt und Eisen die Zahl der „positiven Lücken" in dem d-Band vergrößert und damit der Paramagnetismus verstärkt.

Es ist besonders interessant, daß man dieselben Gründe auf die Konstitution des Systems Palladium—Wasserstoff anwenden kann. Die paramagnetische Suszeptibilität des „Palladiumhydrids" nimmt linear mit der Menge des absorbierten Wasserstoffs ab und verschwindet schließlich, wenn der aufgenommene Wasserstoff den Wert 0,6 Atome pro Palladiumatom überschreitet. Wie bereits erwähnt wurde, weiß man, daß in dem d-Band des Palladiums ungefähr 0,55—0,6 „positive Lücken" je Atom vorhanden sind. Die Änderung der Suszeptibilität bei der Absorption von Wasserstoff zeigt, daß das Elektron jedes zugeführten Wasserstoffatoms in das d-Band geht und der Wasserstoff als Wasserstoffion von dem Gitter aufgenommen wird. Dadurch wird das alte Problem der Konstitution des Palladiumhydrids von einem neuen Standpunkt aus erhellt und die Frage, ob die Verbindung einen salzartigen oder homöopolaren Charakter besitzt, bedeutungslos; man kann den Absorptionskomplex aus dem angeführten Grunde als typisches Legierungssystem betrachten.

Polyanionische Verbindungen des Bleis, Zinns und Antimons.

Einen Übergang von den intermetallischen Verbindungen, für die die gewöhnlichen Valenzregeln nicht gelten, zu dem normalen chemischen Verbindungstyp findet man bei einer interessanten Gruppe von Verbindungen, die von ZINTL und Mitarbeitern[8] untersucht wurden. Diese polyanionischen Salze bilden auch eine Brücke zu den ihrer Konstitution nach noch unbekannten Polysulfiden und Polyjodiden.

Es wurde zuerst von JOANNIS beobachtet und später von KRAUS, BERGSTRÖM und SMYTH[9] bestätigt, daß eine Lösung von Natrium in flüssigem Ammoniak metallisches Blei unter Bildung einer leitenden Lösung aufnehmen kann. Die Verfasser nehmen mit Recht an, daß dabei eine den Polysulfiden ähnelnde Verbindung gebildet wird; die Klärung der Zusammensetzung der Substanz gelang jedoch erst durch Anwendung einer neuen, eleganten experimentellen Technik, die von ZINTL entwickelt wurde. ZINTL benutzte ein zweites Verfahren zur Bildung der Polyplumbide, und zwar die Einwirkung eines Überschusses von Natrium auf eine Lösung von Bleijodid in flüssigem Ammoniak. Der Reaktionsverlauf wurde durch konduktometrische und potentio-

---

[8] ZINTL: Naturwiss. 1929, **17**, 782; Z. physik. Chem. A, 1931, **154**, 1, 47; B, 1932, **16**, 183, 195, 206; Z. anorg. allg. Chem. 1933, **211**, 113.

[9] JOANNIS, A.: C. R. hebd. Séances Acad. Sci. 1892, **114**, 587; Lieb. Ann. Chem. 1906 [VIII], **7**, 75. — KRAUS, C. A. u. a.: J. Amer. chem. Soc. 1922, **44**, 1216, 1999, 2722; 1925, **47**, 43. — SMYTH, F. H.: J. Amer. chem. Soc. 1917, **39**, 1299. — BERGSTRÖM: J. Amer. chem. Soc. 1926, **48**, 146.

metrische Titration in der Lösung in flüssigem Ammoniak untersucht; dabei ergab sich, daß nicht nur beim Blei sondern auch bei den anderen Metallen der IV., V. und VI. Hauptgruppe, also bei den flüchtige Hydride bildenden Elementen, Anzeichen einer Polyanionenbildung nachweisbar sind. Andererseits werden von den Elementen der Gruppe I—III bei demselben Reaktionstyp mit Natrium in flüssigem Ammoniak metallische Legierungsphasen gebildet, welche in flüssigem Ammoniak unlöslich sind. Die so gebildeten Verbindungen sind in Tabelle 3 zusammengefaßt.

Tabelle 3.

IV. Gruppe	V. Gruppe	VI. Gruppe
		Na_2S
		Na_2S_2
		Na_2S_3
		Na_2S_4
		Na_2S_5
		Na_2S_6
		Na_2S_7
	Na_3As	*Na_2Se*
	Na_3As_3	Na_2Se_2
	Na_3As_5	Na_2Se_3
	Na_3As_7	Na_2Se_4
		Na_2Se_5
		Na_2Se_6
Na_4Sn_9	*Na_3Sb*	*Na_2Te*
	Na_3Sb_3	Na_2Te_2
	Na_3Sb_7	Na_2Te_3
		Na_2Te_4
Na_4Pb_7	*Na_3Bi*	
Na_4Pb_9	Na_3Bi_3	
	Na_3Bi_5	

Von den aufgeführten Verbindungen sind die kursiv gedruckten in flüssigem Ammoniak nicht löslich. Sie stellen, wie bereits in einem früheren Abschnitt (S. 404) besprochen wurde, intermetallische Verbindungsphasen mit vollständig besetzten Brillouin-Zonen dar und besitzen somit einen vorwiegend homöopolaren Charakter. Die anderen Verbindungen sind jedoch löslich; sie neigen zur Bildung intensiv gefärbter Lösungen. So entspricht die Färbung einer Na_3Bi_3-Lösung der Farbe des Permanganats, während Na_4Sn_9 eine blutrote Lösung bildet. In einigen Fällen ist die bei der Reflexion der Lösung erscheinende Farbe komplementär zu der, welche die Lösung im durchfallenden Licht zeigt. Die Lösungen in flüssigem Ammoniak sind daher wahrscheinlich keine echten Lösungen, sondern eher Sole aggregierter Polyanionen.

Der Zusatz von Bleiionen (z. B. in Form von zugefügtem Bleijodid) zu einer Polyplumbidlösung neutralisiert die Anionenladung, bis eine Aggregation erfolgt; die Reaktionen verlaufen nach folgenden Gleichungen:

$$\begin{aligned} 7\,Pb + 4\,Na &= 4\,Na^+ + [Pb_7]^{4-} \\ [Pb_7]^{4-} + 2\,Pb &= [Pb_9]^{4-} \\ [Pb_7]^{4-} + 2\,Pb^{2+} &= 9\,Pb \\ [Pb_9]^{4-} + 2\,Pb^{2+} &= 11\,Pb \end{aligned}$$

Übereinstimmend mit diesem typischen Schema scheidet sich bei der Elektrolyse der Lösungen mit niedrigstem Natriumgehalt das Element mit der Anionenladung an der Anode ab; Blei wird so anodisch aus Na_4Pb_9 abgeschieden, jedoch nicht aus Na_4Pb_7, welches an der Anode in die höhere Verbindung umgewandelt wird. An der Kathode reagiert Natrium mit der höheren Verbindung (Na_4Pb_9), oder es erfolgt — bei Verwendung einer Bleielektrode — kathodische Auflösung.

Die Reaktion von metallischem Natrium mit Metallsalzen ist nicht zur Darstellung von Verbindungen geeignet, da eine Trennung von den gleichzeitig gebildeten Natriumhalogeniden nicht möglich ist. Dieselben polyanionischen Salze kann man jedoch mit Hilfe von flüssigem Ammoniak aus Legierungen von Natrium mit den fraglichen Metallen herauslösen. Natrium-Bleilegierungen, die man beim Erstarren in Form eines feinkörnigen Gefüges erhält, lösen sich leicht in flüssigem Ammoniak; wenn das Atomverhältnis $Pb:Na$ in der Legierung geringer ist als $9:4$, so entsteht ein Gemisch von Na_4Pb_7 und Na_4Pb_9. Legierungen, bei denen $Pb:Na > 9:4$ ist, ergeben reines Na_4Pb_9; eventuell überschüssiges Blei bleibt unverändert zurück, obgleich man durch Röntgenuntersuchungen zeigen kann, daß eine Legierung mit der Zusammensetzung Na_4Pb_{10} als homogene Metallphase existenzfähig ist. Ein ähnliches Verhalten zeigen Natrium-Antimon- und Natrium-Wismutlegierungen, bei denen der Schwermetallgehalt 75 Atomprozent beträgt.

Wenn man die nach dem im letzten Abschnitt beschriebenen Verfahren gewonnenen Lösungen in flüssigem Ammoniak verdampft, so erhält man die Legierungen als pyrophore Stoffe von metallischem Aussehen, die leicht und vollständig in flüssigem Ammoniak löslich sind. Die festen Stoffe enthalten in allen Fällen Ammoniak. Sie scheinen eine amorphe Struktur zu besitzen, jedoch erfolgt bei der Entfernung des Ammoniaks eine Umwandlung der entstehenden Legierung unter Bildung eines Atom-(Legierungs-)gitters.

Dieses Verhalten kommt gut bei den Polyantimoniden und Polybismutiden zum Ausdruck. Die niederen Verbindungen, $[Na(NH_3)_x]_3Sb_3$ und $[Na(NH_3)_x]_3Bi_3$, bilden bei Entfernung des Ammoniaks sofort die Legierungsphasen $NaSb$ und $NaBi$, die man bereits von den Schmelzgleichgewichten der binären Systeme her kennt. Wie sich auf Grund der Röntgenanalyse ergibt, bilden die höheren Antimonide und Bismutide, $[Na(NH_3)_x]_3Sb_7$ und $[Na(NH_3)_x]_3Bi_{5-7}$, genau wie die Schmelzen mit weniger als 50 Atomprozent Natrium gemischte Produkte mit den zwei Phasen $NaSb + Sb$ bzw. $NaBi + Bi$. Daß diese Umwandlung einer vollständigen Neuordnung des Moleküls entspricht, erkennt man an der Kristallstruktur der Legierungsphasen. $NaSb$ besitzt in der Elementarzelle acht Atome von jedem Element, $NaBi$ bildet ein körperzentriertes tetragonales Atomgitter und kann deshalb keinen aus mehreren Anionen bestehenden Komplex, wie z. B. Sb_3^{3-}, enthalten.

Es ist klar, daß bei der Entfernung des Ammoniaks von den Natriumionen und der damit verbundenen Abnahme der Ionengrößen, das Potential und damit die verzerrende Wirkung der Anionen — in dem von Fajans besprochenen Sinne (vgl. Kapitel 1, S. 13) — soweit ansteigt, daß ein vollständiger Zusammenbruch des Anions erfolgt. Nur bei sehr großen einwertigen Kationen ist die polarisierende Wirkung soweit herabgesetzt, daß die außerordentlich leicht deformierbaren Polyanionen beständig sind. Die Bildung von Polyanionen ist daher auf die Alkalimetalle beschränkt; allerdings scheinen Anhaltspunkte dafür vorzuliegen, daß auch das sehr große Tetramethylammoniumion in Lösung ein unbeständiges Polyplumbid bilden kann. Das Maximum einer Polyanionenbildung mit Schwermetallen wird beim Natrium erreicht, was wahrscheinlich auf die Wirkung zweier entgegengesetzt gerichteter Faktoren zurückzuführen ist.

a) Mit zunehmender Größe (K, Rb, Cs) ist das Potential der Alkaliionen zu niedrig geworden, um noch eine beständige Ammoniakatbildung zu ermöglichen; b) die Größe der nicht mit Ammoniak behafteten Kationen ist dann, selbst (im Falle des Cäsiums) zur Bildung von Polyplumbiden usw. zu gering. Bis zu einem gewissen Grade findet man eine Parallele zu diesem Verhalten bei den bekannten Fällen der Polyanionenbildung des Schwefels und besonders des Jods. Hier scheint ebenfalls eine minimale Kationengröße maßgebend zu sein, da nur die größten Alkalimetallionen, Rubidium und Cäsium, wasserfreie Trijodide bilden. Die einzigen beständigen Kalium- und Natriumverbindungen besitzen die Zusammensetzung $KJ_3 \cdot H_2O$ bzw. $NaJ_3 \cdot H_2O$ und werden beim Entwässern genau wie die polyanionischen Salze von ZINTL bei der Entfernung des Ammoniaks zersetzt. Von den höheren Polyjodiden bildet nur Cäsium ein wasserfreies Salz vom Typus CsJ_4, während die Salze vom Typus MJ_7 und MJ_9 stets entweder Konstitutionswasser oder -benzol enthalten. In dieser Hinsicht ist die Heptajodidverbindung $[Ni(NH_3)_4]J_{14}$ mit dem großen Kation $[Ni(NH_3)_4]^{2+}$ bemerkenswert[10].

Die metallischen Carbide und verwandte Verbindungen.

1. Die schwerschmelzbaren Carbide, Nitride und Boride[11]. Die Carbide, Nitride und Boride der Metalle der IV., V. und VI. Gruppe des Periodischen Systems bilden eine verwandte Klasse von Verbindungen, die wegen ihres außerordentlich hohen Schmelzpunktes und wegen ihrer echten Metalleigenschaften bemerkenswert sind. Sie sind, wie wir sehen werden, mit den intermetallischen Verbindungen nahe verwandt und gehören zu den sogenannten Einlagerungsverbindungen (s. unten S. 413).

Alle diese Verbindungen kann man erhalten, wenn man das gepulverte Metall mit Kohlenstoff, Bor bzw. im Stickstoff- oder Ammoniakstrom auf hohe Temperaturen erhitzt, und zwar auf 2200° im Falle der Carbide, auf 1800—2000° bei den Boriden und 1100—1200° bei den Nitriden. Man erhält die Verbindungen dabei in pulverförmigem Zustande. Sie lassen sich reinigen und durch Sintern im Vakuum oder in einer indifferenten Atmosphäre — z. B. in Argon — bei Temperaturen, die zwischen 2500° und ihrem Schmelzpunkt liegen, in feste Barren überführen. Sämtliche Verunreinigungen, die vorkommen können, sind flüchtiger als die Verbindungen selbst und werden auf diese Weise verdampft.

Ein bequemeres Darstellungsverfahren, das sich in allen Fällen anwenden läßt, besteht in der Reaktion mit Kohlenstoff oder Stickstoff in der Gasphase. Ein Metallfaden aus Tantal, Hafnium oder Wolfram, für welche Elemente das Verfahren besonders geeignet ist, wird in einer Atmosphäre von Kohlenwasserstoffdampf oder Stickstoff erhitzt. Im ersten Falle muß der Partialdruck des Kohlenwasserstoffs klein genug sein, um zu vermeiden, daß sich freier Kohlenstoff in Form von Graphit an dem heißen Draht abscheidet. Bei dieser Darstellung erhält man

[10] EPHRAIM u. MOSIMANN: Ber. dtsch. chem. Ges. 1921, **54**, 385. — Vgl. auch N. S. GRACE: J. chem. Soc. 1931, 594. — ABEGG u. HAMBURGER: Z. anorg. allg. Chem. 1906, **50**, 403. — BRIGGS u. GEIGLE: J. physic. Chem. 1930, **34**, 2250.

[11] Einen ausgezeichneten Überblick findet man bei BECKER: Physik. Z. 1933, **34**, 185.

auf bequeme Weise die Verbindungen in Form von Fäden. Ein anderes Verfahren besteht darin, daß man eine Trägerfaser irgendeines anderen Stoffes — z. B. Platin, Kohlenstoff oder Wolfram — benutzt und diese in einem aus Toluol, Methan und einem flüchtigen Metallhalogenid bestehenden Dampfgemisch erhitzt; sämtliche in Frage kommenden Metalle bilden flüchtige Halogenverbindungen. Bei der an der Oberfläche des weißglühenden Fadens stattfindenden Reaktion scheidet sich ein Belag des gesuchten Metallcarbids ab. In derselben Weise entstehen bei Benutzung von Stickstoff Nitride und bei Verwendung von Bortribromid als Bestandteil des Dampfes die entsprechenden Boride. Man kann die Metallcarbide bzw. die anderen Verbindungen bei diesem Verfahren in Form von Einkristallen erhalten. Der zentrale Trägerfaden, an dem sich der Niederschlag abgeschieden hat, kann schließlich durch Verdampfen entfernt werden, wenn das gesamte Maschenwerk bis nahe an den Schmelzpunkt des fraglichen Metalls erhitzt wird.

Die wichtigen physikalischen Eigenschaften dieser Verbindungen sind in Tabelle 4 zusammengestellt. Man sieht, daß die Härte im allgemeinen zwischen der des Diamants (Härte = 10) und der des Topas (Härte = 8) liegt und daß die Carbide des Zirkons, Hafniums, Niobs (NbC, Schmp. 3770° abs.) und Tantals einen höheren Schmelzpunkt besitzen als Wolfram, Rhenium oder selbst freier Kohlenstoff. Es ist tatsächlich möglich, Kohlenstoff in einem aus gesintertem Tantalcarbid bestehenden Tiegel zu schmelzen und zu verdampfen[12].

Tabelle 4.

Carbide	Schmp. abs.	Härte	Nitride	Schmp. abs.	Härte	Boride	Schmp. abs.	Härte
TiC	3410	8—9	TiN	3220	8—9	TiB		9
ZrC	3805	8—9	ZrN	3255	8	ZrB	3265	9
HfC	4160							
TaC	4150		TaN	3360				
W_2C	3130 *	9—10						
WC	3130	9						
Mo_2C	2600 *							
MoC	2840							

* Unter Zersetzung.

Die binären Systeme dieser hochschmelzenden Verbindungen bieten einige interessante Merkmale. Tantalcarbid und Niobiumcarbid bilden eine vollständige Reihe von festen Lösungen, die zwischen 3770 und 4150° abs. schmelzen. Tantalcarbid und Zirkoncarbid bilden ein binäres System, das bei der Zusammensetzung $4TaC + ZrC$ einen Schmelzpunkt von 4215° abs. besitzt; dieses ist der höchste Schmelzpunkt, den man überhaupt kennt.

Alle diese Verbindungen sind chemisch außerordentlich indifferent. So wird Titancarbid bei 600° von Wasser oder Chlorwasserstoff nicht angegriffen; Chlor und Schwefel wirken auf Vanadincarbid erst bei Rotglut ein. Oxydationsmittel wie Königswasser oder gasförmiger Sauerstoff greifen die Verbindungen bei hohen Temperaturen leichter

[12] BECKER: Physik. Z. 1933, 34, 185.

an. In der Literatur heißt es, daß Vanadincarbid langsam von kalter Salpetersäure angegriffen wird. Die Carbide des Molybdäns und Wolframs sind etwas reaktionsfähiger als die Metalle selbst. In beiden Fällen sind zwei Carbide, Mo_2C und MoC, W_2C und WC, mit Sicherheit festgestellt worden; MoC und WC zersetzen sich bei ihrem Schmelzpunkt und ergeben das niedere Carbid und Graphit.

Es ist klar, daß die Zusammensetzung dieser Stoffe wie die der intermetallischen Verbindungen nicht durch die übliche Wertigkeit des Metall- und Nichtmetallbestandteils bestimmt wird. Die Verbindungen zeigen viele Gemeinsamkeiten mit den echten Metallen; so besitzen sie eine hohe elektrische Leitfähigkeit mit einem negativen Temperaturkoeffizienten; daraus geht also hervor, daß es sich um eine echte metallische Leitfähigkeit handelt. Die Reihenfolge der Leitfähigkeiten der Verbindungen irgendeines Metalls ist gewöhnlich

$$\text{freies Metall} \gg \text{Carbid} > \text{Nitrid} > \text{Borid}.$$

Der metallische Charakter geht soweit, daß auch die Erscheinung der Supraleitfähigkeit auftritt und man das erste Beispiel von supraleitenden Verbindungen hat. In einigen Fällen setzt die Supraleitfähigkeit bei Temperaturen ein, die höher liegen als bei irgendeinem reinen Metall, so z. B. beim Niobiumcarbid bei 10,1° abs. und beim Zirkoniumnitrid bei 9,45° abs. Endlich sind sämtliche Verbindungen schwach paramagnetisch; ihre Suszeptibilität ändert sich nur wenig mit der Temperatur. Wie bereits an einer früheren Stelle dieses Kapitels besprochen wurde, ist der Paramagnetismus des Leitungselektronengases eine charakteristische Eigenschaft des Metallgitters.

Diese Eigenschaften kommen in der Kristallstruktur der Verbindungen zum Ausdruck. In Kapitel 5 wurde festgestellt, daß in einem Ionengitter, z. B. im Kristallgitter der Silikate, die kleinen Metallkationen in den Hohlräumen einer dicht gepackten Struktur von großen Anionen eingefügt sind. Dasselbe gilt für die salzartigen Carbide, die in dem nächsten Abschnitt behandelt werden sollen. Bei den augenblicklich betrachteten Verbindungen ist das Umgekehrte der Fall: Die Metallatome bestimmen die Struktur und die kleinen Atome der Nichtmetalle sind dazwischen eingefügt. Die Ableitung der Kristallstruktur durch eine genügend kleine Ausdehnung des Gitters des ursprünglichen Metalls und die beobachteten interatomaren Abstände zeigen, daß dies tatsächlich so ist; die Bestandteile sind in dem Gitter nicht in Form ihrer Ionen vorhanden, sondern das Ganze bildet ein typisches Metall- oder Atomgitter. Nach der Art, wie sich diese Verbindungen von der Struktur des Stammetalls ableiten, werden sie als *Einlagerungsverbindungen* bezeichnet.

Die schwer schmelzbaren Carbide finden auf Grund ihrer Härte einige technische Anwendungsmöglichkeiten. Besonders können die Carbide des Wolframs und Tantals mit den Metallen der Eisengruppe legiert werden; die Legierungen von Kobalt mit Wolframcarbid sind zur Darstellung von Hochleistungswerkzeugen geeignet.

2. Die salzartigen Carbide. Die stärker elektropositiven Metalle bilden Carbide, die einem gerade entgegengesetzten Typus angehören wie die eben behandelten metallischen Verbindungen. Es sind farblose, durchsichtige, kristalline Stoffe, welche die Elektrizität nicht leiten und durch Wasser oder verdünnte Mineralsäuren unter Bildung von Kohlenwasserstoffen zersetzt werden. Eine Betrachtung der bei der hydrolytischen Zersetzung entstehenden Produkte ergibt, daß man die salzartigen Carbide in drei Gruppen einteilen kann:

a) Carbide, die bei der Hydrolyse Methan ergeben, Be_2C, Al_4C_3;

b) Carbide, die bei der Hydrolyse Acetylen liefern, Na_2C_2, K_2C_2, CaC_2, SrC_2, BaC_2, Cu_2C_2, Ag_2C_2;

c) Carbide, die ein Gemisch von Kohlenwasserstoffen ergeben; hier sind zwei Typen zu unterscheiden, wobei die Produkte 1. hauptsächlich aus Acetylen und einigen ungesättigten Kohlenwasserstoffen bestehen, UC_2, LaC_2, NdC_2 usw.; oder 2. vor allem Methan und Wasserstoff als Zersetzungsprodukte auftreten Fe_3C, Mn_3C, Ni_3C.

Die Beziehung zwischen der Hydrolysenreaktion und der Konstitution der festen Carbide ist durch die Arbeiten von STACKELBERG weitgehend geklärt worden[13].

Die salzartigen Carbide besitzen im Gegensatz zu den Einlagerungscarbiden *Ionengitter*, bei denen die metallischen Kationen in den Zwischenräumen zwischen den Kohlenstoffanionen gelagert sind. In dieser Weise hängt der salzartige Charakter von der Stärke der elektropositiven Natur des Metalls ab. So geht bei den einfachen Substitutionsprodukten des Methans, Be_2C, Al_4C_3, SiC, der Übergang vom echten Salz zum vollständigen homöopolaren Charakter der Abnahme der elektropositiven Eigenschaften zwischen Beryllium und Silicium parallel.

Der zweite Faktor, welcher die Natur der Carbide bestimmt, ist die Größe des metallischen Kations; daneben spielt auch seine Wertigkeit eine Rolle. Die dicht gepackte Struktur der Anionen bietet für jedes Anion zwei gleichwertige „tetraedrische" Hohlräume, die von den Kationen besetzt werden können. Wenn daher zu viele Kationen erforderlich sind, so ist kein Raum verfügbar; dies ist — vom kristallographischen Gesichtspunkte aus — der Grund, warum es von den Alkalimetallen keine Methansalze wie z. B. Na_4C gibt. Die zweiwertigen Erdalkalimetalle könnten zwar ihrer Zahl nach in die Hohlräume eingepaßt werden; sie besitzen aber eine derartige Größe, daß das Anionengitter außerordentlich stark deformiert würde. Infolgedessen spaltet das Kohlenstoffgitter in einzelne C_2^{2-}-Anionen auf, und die bekannten Carbide der Erdalkalimetalle sind die Acetylenide; die Alkalikationen können in ähnlicher Weise angeordnet werden. Das Acetylenidion liegt daher als solches in dem Kristall vor, so daß bei der Hydrolyse notwendigerweise Acetylen entsteht und bei der Bromierung C_2Br_6 gebildet wird, wobei die Kohlenstoffatome aneinander gebunden bleiben:

$$CaC_2 \xrightarrow{2H_2O} HC{\equiv}CH + Ca(OH)_2$$
$$CaC_2 \xrightarrow{Br_2} Br_3C{-}CBr_3 + CaBr_2.$$

[13] STACKELBERG: Z. physik. Chem. B, 1934, 27, 53.

Es ist interessant, diesen Strukturtyp und diese Reaktionsart mit dem entsprechenden Silicid, $CaSi_2$, zu vergleichen. Hierbei entsteht durch die ausgesprochene Neigung des Siliciums, vier homöopolare Bindungen zu bilden, eine Schichtgitterstruktur, in welcher die Calciumionen zwischen Schichten von unlösbar gebundenen Siliciumatomen gelegen sind. Bei der Hydrolyse des Calciumsilicids erhält man daher notwendigerweise ein hochmolekulares, ungesättigtes Silan, und das Auftreten eines echten Silicoacetylens, Si_2H_2, ist daher durch die Struktur seines mutmaßlichen Derivats von vornherein ausgeschlossen (vgl. Kapitel 6, S. 224).

Ein Magnesiumcarbid, Mg_2C_3, welches bei der Hydrolyse hauptsächlich Allylen, $CH_3 \cdot C \equiv CH$, bilden soll[14], muß eine den Acetyleniden verwandte Struktur besitzen. Dies würde darauf hindeuten, daß in dem Kristallgitter bereits C_3^{2-}-Bausteine vorliegen.

Die Carbide der seltenen Erden, des Thoriums und Urans mit der allgemeinen Zusammensetzung MC_2 enthalten ebenfalls diskrete C_2^{2-}-Anionen. Ihre Hydrolyse nimmt einen etwas anderen Verlauf als die der Acetylide, da die Metalle schließlich im dreiwertigen oder vierwertigen Zustande vorliegen. Bei der Reaktion mit Säuren wird daher Wasserstoff entwickelt; als Folge davon wird das als Anfangsprodukt gebildete Acetylen teilweise zu Äthylen, Äthan, Methan oder anderen Kohlenwasserstoffen reduziert.

3. Carbide der Eisengruppe. Eisen und verwandte Elemente bilden Carbide, die im gewissen Sinne eine Zwischenstellung zwischen den Einlagerungsverbindungen und den salzartigen Carbiden einnehmen. Strukturell stehen sie in näherer Beziehung zu den Einlagerungsverbindungen; sie besitzen jedoch nicht die chemische Beständigkeit und den vollkommen metallischen Charakter der oben behandelten schwerschmelzenden Carbide. Diese Tatsache hängt wahrscheinlich mit dem kleineren Atomradius der Elemente aus der Eisengruppe zusammen. Eine Bildung von Einlagerungsverbindungen ohne stärkere Verzerrung des Metallgitters ist nur möglich, wenn das *Radienverhältnis von Metall zu Kohlenstoff* größer als 1,7 ist, also bei Metallen, deren Radius größer als 1,3 Å ist. Beim Eisen ($r = 1{,}26$ Å), ist der Radius gerade etwas kleiner, und die anderen Metalle haben einen Durchmesser — z. B. Mangan: $r = 1{,}18$ Å — der noch weiter von diesem Grenzverhältnis entfernt ist. Daher besitzen die Carbide dieser Metalle, die zwar ebenfalls die metallischen Merkmale der Einlagerungsverbindungen aufweisen, Kristallstrukturen, die sich von den Strukturen der Metalle unterscheiden; auch ihre übrigen Eigenschaften sind etwas abgewandelt.

Zementit, Fe_3C, und die analogen Mangan- und Nickelcarbide haben daher Strukturen, bei denen die Kohlenstoffatome als unabhängige Einheiten in dem Gitter vorliegen. Sie werden jedoch leicht durch Säuren und Wasser gespalten. Während Mangancarbid durch Wasser unter Bildung von Methan und Wasserstoff zersetzt wird, erfolgt beim Zementit eine etwas verwickeltere Reaktion, bei der Methan, Äthan, Äthylen, Wasserstoff und selbst feste und flüssige Kohlenwasserstoffe

[14] NOVÁK: Z. physik. Chem. 1910, 73, 513.

entstehen und freier Kohlenstoff abgeschieden wird. Der Mechanismus dieser Reaktionen ist nicht bekannt. Nickelcarbid, Ni_3C, ist bedeutend unbeständiger als Zementit, während Co_3C, dessen Existenz sich zwar durch thermische Analyse des Systems Kobalt—Kohlenstoff nachweisen läßt, überhaupt nicht isoliert werden kann.

Die C_2- und C_3-Struktureinheiten, welche man in den salzartigen Carbiden findet, kann man sich als aus Kohlenwasserstoffketten bestehend vorstellen, bei denen die Wasserstoffatome entfernt sind. Eine Zwischenstufe zwischen diesem letztgenannten Anion und dem Atomgitter der eigentlichen Einlagerungscarbide ist das merkwürdige Chromcarbid, Cr_3C_2. Die Kristallstruktur dieser Verbindung zeigt, daß der Kohlenstoff lange zickzackförmige Ketten in einem aus Chromatomen bestehenden Gitter bildet. Der Abstand der Kohlenstoffatome voneinander in den Ketten beträgt ungefähr 1,64 Å, ist also etwas größer als der C—C-Abstand in den Paraffinkohlenwasserstoffen. Das Ganze stellt eine Vereinigung von Chrom mit einem unendlich langen Paraffinkohlenwasserstoff-Skelett dar, bei welchem der Wasserstoff fehlt. Im gewissen Sinne bildet Cr_3C_2 eine aliphatische Parallele zu den Kalium-Graphitverbindungen, welche im nächsten Abschnitt besprochen werden sollen; bei diesen handelt es sich tatsächlich um Verbindungen des Metalls mit einem unendlich ausgedehnten, kondensierten aromatischen Netzwerk.

Graphitverbindungen.

1. Graphit. Die vollkommenste Entwicklung des Schichtgitter-Strukturtyps findet man beim Graphit. Dieser besteht aus Schichten von Kohlenstoffatomen, die in hexagonaler Anordnung, wie in kondensierten aromatischen Skeletten (z. B. Pyren), gebunden sind, so daß jede Schicht ein aromatisches Riesenmolekül darstellt (Abb. 52). Die Abstände der Kohlenstoffatome in jeder Schicht betragen 1,4 Å; der Abstand ist ungefähr derselbe wie zwischen den Kohlenstoffatomen aromatischer Ringsysteme. Derartige Schichten von Kohlenstoffatomen liegen übereinander; der Abstand zwischen zwei übereinanderliegenden Schichten beträgt ungefähr 3,4 Å. Der Abstand zwischen den Ebenen ist etwas veränderlich und nimmt deutlich zu, wenn die Oberfläche der Schichten sehr klein wird, d. h. bei sehr kleinen Kristalliten. Statistisch gesehen werden etwas mehr als drei Valenzen von jedem Kohlenstoffatom zu Kohlenstoff-Kohlenstoffbindungen in jeder Schicht benutzt. Die übrigen Bindungen bilden eine Art metallischer Bindung zwischen den übereinanderliegenden Schichten, welche — wie der ziemlich beträchtliche Abstand zeigt — nur lose aneinander gebunden sind.

Die charakteristischen Eigenschaften des Graphits bestehen demnach darin, daß eine metallische Leitfähigkeit und vor allem eine leichte Spaltbarkeit gegen die zwischen den Schichten wirksamen schwachen Kräfte vorhanden ist, so daß die Schichten als solche übereinander gleiten können. Aus dieser zweiten Folgerung über die Graphitstruktur ergeben sich die Eigenschaften des Graphits als Schmiermittel. Die Besonderheiten der Struktur kommen auch in den chemischen Eigenschaften des Graphits zum Ausdruck und führen zur Bildung von Verbindungen, bei denen Atome oder Radikale zwischen den Graphitschichten eingefügt sind.

Alle Arten von Kohlenstoff außer Diamant besitzen, wie sich gezeigt hat, einen graphitartigen Charakter. Die Verschiedenheit der Eigenschaften und der offensichtlich amorphe Charakter von Holzkohle rührt her von der wechselnden Größe der Kristalliteinheiten und dem verschiedenen Grade, bis zu welchem eine regelmäßige Ordnung in den Teilchen erfolgt ist. Im feinsten Lampenruß oder im Norit sollen die Kristallite nur eine Länge von etwa 40—50 Å und eine Stärke von 10 Å besitzen, d. h. jeder Kristallit enthält nur zwei oder drei Lagen von Kohlenstoffschichten, die aus einigen hundert Ringen bestehen. In der rötlichen Form des Kohlenstoffs, die sich aus Kohlensuboxyd abscheidet, ist die Größe der Teilchen sogar noch kleiner (vgl. S. 262).

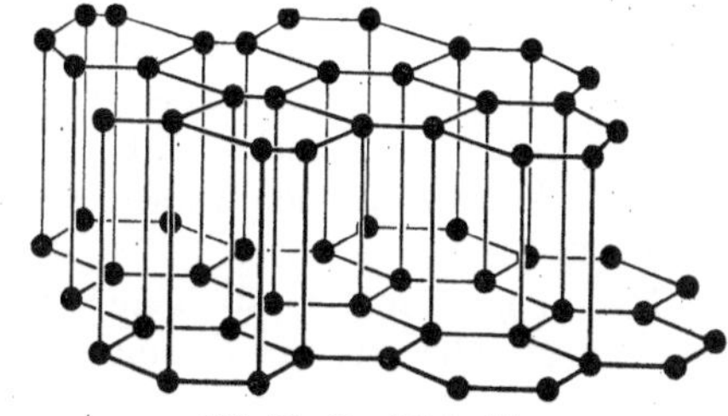
Abb. 52. Graphitstruktur.

2. Graphit-Kaliumlegierungen. FREDENHAGEN[15] hat zuerst beobachtet, daß flüssiges Kalium Graphit benetzt und in dessen Struktur sofort eindringt, wobei gleichzeitig ein Anschwellen und Zerfall erfolgt. Wenn man sämtliches überschüssiges Kalium im Vakuum abdampft, so bleibt eine pyrophore kupferrote Masse zurück; beim stärkeren Erhitzen bildet sich ein blauschwarzer Stoff und schließlich die ursprüngliche amorphe Holzkohle oder Graphit zurück. Es ist kennzeichnend, daß bei Verwendung von kristallinem Graphit die Kristallform vollkommen beibehalten wird; das Anschwellen erfolgt nur in der Richtung senkrecht zu den Lamellen. Sowohl bei Verwendung fein verteilter Holzkohle als auch beim Graphit kann man zwei bestimmte Zustände unterscheiden, eine bronzefarbene, kaliumreiche Stufe und ein stahlblaues Produkt, das man durch teilweise Entfernung des Kaliums erhält. FREDENHAGEN zeigte, daß diese beiden Zustände bestimmten Dissoziationsdrucken des Kaliums entsprechen und zwei definierte Verbindungen C_8K und $C_{16}K$ darstellen. Aus diesen Verbindungen kann das Kalium mit Quecksilber ausgewaschen werden, woraus hervorgeht, daß das Metall nur lose gebunden ist. Bei dieser Behandlung wird Graphit zurückgebildet.

Die Röntgenuntersuchungen der Verbindungen ergeben, daß bei der Reaktion mit Kalium die Graphitschichten nicht verändert werden[16]. Wie bereits erwähnt wurde, erfolgt das Anschwellen nur in einer Richtung und hat eine Zunahme der Abstände zwischen den Lagen zur Folge; die Erscheinung wird durch den Eintritt von Kaliumatomen in die Schichten hervorgerufen. Bei der kaliumreichen Stufe, C_8K, ist ein Kaliumatom auf acht Kohlenstoffatome zwischen je zwei Graphitschichten eingefügt. In der zweiten Stufe, $C_{16}K$, sind die Kaliumatome in ähnlicher Weise angeordnet, jedoch sind sie nur abwechselnd zwischen zwei Schichten eingefügt.

[15] FREDENHAGEN: Z. anorg. allg. Chem. 1926, 158, 249; 1929, 178, 353.
[16] SCHLEEDE u. WELLMANN: Z. physik. Chem. B, 1932, 18, 1.

3. Graphitoxyd. Schon viele Jahre lang ist bekannt, daß Graphit beim Behandeln mit starken Oxydationsmitteln — z. B. mit Kaliumchlorat und Salpetersäure oder mit Kaliumchlorat, Salpeter- und Schwefelsäure — sowohl Sauerstoff als auch Wasserstoff aufnimmt. Das dabei gebildete Produkt ist ein Stoff mit wechselnder Farbe, die sich im Bereich von grün bis braun ändert; er behält die äußere Kristallform des ursprünglichen Graphits bei, wenn auch ein starkes Anschwellen erfolgt. In Anbetracht der Leichtigkeit, mit der das Produkt von Alkalien gelöst oder peptisiert werden kann, nahm man bei früheren Untersuchungen an, daß eine oder mehrere *Graphitsäuren* gebildet würden[17]. BRODIE schrieb der Graphitsäure die Formel $C_{11}H_4O_5$ zu; andere Forscher waren jedoch der Ansicht, daß man mehrere Oxydationsstufen unterscheiden könnte, die den verschiedenen Färbungen des Produktes entsprächen.

Diese sogenannte Graphitsäure läßt sich mit Zinnchlorür, Schwefelwasserstoff oder Hydroxylamin zu einem Stoff reduzieren, der nach den früheren Angaben in seinen physikalischen Eigenschaften in naher Beziehung zum Graphit steht, jedoch noch Wasserstoff und Sauerstoff enthalten sollte. Graphitsäure selbst zersetzt sich beim Erhitzen fast explosionsartig. Es wird kein Sauerstoff entwickelt, jedoch entsteht Kohlenmonoxyd und Kohlendioxyd, und es bleibt ein Rückstand übrig, der entweder aus amorphem Kohlenstoff oder aus einem kohlenstoffhaltigen Stoff besteht, der bedeutend ärmer an Sauerstoff ist als Graphitsäure. Dieser feste Rückstand, den BRODIE Pyrographitsäure nannte, wird leicht durch Oxydationsmittel angegriffen und bildet schließlich neben anderen Produkten Melitsäure, $C_6(COOH)_6$. Jetzt läßt sich zeigen, daß dieser möglicherweise noch etwas Sauerstoff enthaltende Rückstand aus Graphit bestehen muß, welcher wegen der geringen Größe und des Zerfallscharakters seiner Kristallite gegenüber Oxydationsmitteln sehr reaktionsfähig ist.

Die wahre Natur der Graphitsäure und ihre chemischen Reaktionen sind im großen Maßstab durch die Arbeiten von U. HOFMANN und seiner Schule[18] aufgeklärt worden. HOFMANN und Mitarbeiter zeigten, daß die Graphitsäure genau wie die Kalium-Graphitlegierung eine Verbindung ist, bei der die Graphitschichten eine chemische Verbindung eingehen, ohne daß eine Trennung derjenigen Bindungen erfolgt, welche ihr Kohlenstoffskelett bilden. Die schwachen Kräfte zwischen den Schichten werden zerstört und Sauerstoff wird von den Kohlenstoffatomen durch die nicht bei den Kohlenstoff-Kohlenstoffbindungen beteiligte vierte Valenz gebunden. Als Folge davon gehen der metallische Charakter, der Glanz und die hydrophoben Eigenschaften des Graphits verloren. Graphitsäure ist hygroskopisch und wird von nichtwäßrigen Lösungsmitteln weniger leicht benetzt als Graphit; statt eines metallischen Glanzes besitzt sie eine Farbe, die je nach der Zusammensetzung sich von grün bis braun ändert.

---

[17] Siehe z. B. MELLOR: Comprehensive Treatise, Bd. V, S. 828.

[18] HOFMANN, U. und Mitarbeiter: Ber. dtsch. chem. Ges. 1928, **61**, 435; 1930, **63**, 1248; Z. Eektrochem. angew. physik. Chem. 1931, **37**, 613; Kolloid-Z. 1932, **58**, 8; **61**, 297; Lieb. Ann. Chem. 1934, **510**, 1.

Die ältere Annahme, daß man Graphitsäure durch eine Formel wie $C_{11}H_4O_{5-6}$ darstellen könnte, wurde widerlegt; es ließ sich zeigen, daß sämtlicher vorhandener Wasserstoff als Wasser und nicht in Form von Hydroxylgruppen vorliegt, da der Wassergehalt bei der Reduktion der Säure stets abnimmt. Eine derartige Ansicht wurde von HULETT und NELSON auf Grund des Entwässerungsverlaufs der Graphitsäure vorgeschlagen. Die Forscher nahmen an, daß die Säure in Wirklichkeit die Zusammensetzung $C_{2,7-3}O$ besäße, wobei Wasser an der verhältnismäßig großen Oberfläche des kolloidalen Materials adsorbiert wäre. Der Wassergehalt kann bis zu 35 Prozent schwanken; eine Änderung des Wassergehalts wird nicht nur von einem Farbwechsel begleitet, welcher dazu

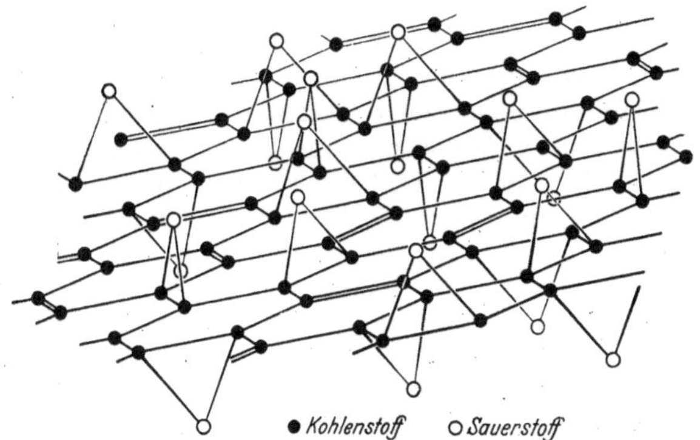

Abb. 53. Die Struktur des Graphitoxyds.

führte, daß in den älteren Arbeiten irrtümlicherweise das Auftreten von mehreren verschiedenen Verbindungen angenommen wurde, sondern es tritt auch die Erscheinung des bereits erwähnten Anschwellens in einer Richtung auf. Die Abstände zwischen den Kohlenstoffatomen in den Graphitschichten ändern sich nicht, da die Schichten erhalten bleiben; durch das Einfügen von Sauerstoffatomen werden aber die Schichten voneinander entfernt, so daß sich die Abstände von 3,4 Å auf einen Wert erhöhen, der zwischen 6 und 11 Å liegt; dieser Abstand zwischen den Schichten nimmt regelmäßig mit der Menge des in dem Stoff enthaltenen Wassers zu.

Bei Gegenwart von Alkalien verläuft das Anschwellen noch weiter und entspricht möglicherweise einer vollständigen Auflösung des Skeletts in einzelne Atomschichten. Die Viskosität der Suspension ist sehr groß, und der Graphit geht in eine kolloidale Lösung über. Es ist klar, daß jede Graphitoxydschicht ein Riesenmolekül bildet, wobei die Oxydschichten durch intermolekulare VAN DER WAALSsche Kräfte zusammengehalten werden. Der Schwellungsvorgang erreicht seine Endstufe, wenn zwischen den Schichten Platz für zwei Lagen von Wassermolekülen vorhanden ist, d. h. wenn jede Schicht auf beiden Seiten mit einem monomolekularen Wasserfilm bedeckt ist.

Die sogenannte Graphitsäure ist daher in Wirklichkeit ein *Graphitoxyd,* in dem das Atomverhältnis von Kohlenstoff zu Sauerstoff zwischen 2,9—3,5:1 schwankt. Die Sauerstoffatome sind anscheinend an je zwei Kohlenstoffatome wie im Äthylenoxyd, mit einem Abstand von 1,4 Å oberhalb oder unter den Kohlenstoffschichten gebunden (Abb. 53). Am interessantesten an dieser Struktur ist die Tatsache, daß die Verbindung keine stöchiometrische Zusammensetzung besitzt. Es konnte gezeigt und bewiesen werden, daß die Symmetrie jeder Schicht durch eine statistische Verteilung der Sauerstoffatome erreicht wird und daß die Homogenität des Stoffes vollkommen unabhängig von seiner verschiedenartigen Zusammensetzung ist. Graphitoxyd bietet somit ein interessantes Beispiel für den Berthollid-Verbindungstyp, der zu Anfang des Kapitels besprochen wurde.

4. Graphitbisulfat. Ein Gegenstück zu der Graphitoxydstruktur findet man in gewisser Hinsicht bei einer anderen schon lange bekannten Graphitverbindung, deren Natur neuerdings durch die Arbeiten von HOFMANN aufgeklärt wurde. Wenn man Graphit in Gegenwart einer kleinen Menge eines starken Oxydationsmittels in Schwefelsäure suspendiert, so erfolgt ein Schwellen oder Aufblähen, wobei der Stoff gleichzeitig purpurfarben oder blau wird. Dieser „blaue Graphit" kann nur schwer isoliert werden, da er sich beim Versuch, die Schwefelsäure mit Wasser auszuwaschen, zu gewöhnlichem Graphit zurückverwandelt: es war jedoch schon lange bekannt, daß die teilweise umgewandelten Produkte geringe Mengen sehr fest gebundene Schwefelsäure enthalten. Die Bildung des „blauen Graphits" und seine anschließende Zersetzung durch Wärme wurde zur technischen Reinigung des Graphits benutzt; wir werden noch sehen, daß bei einer derartigen Behandlung die hydrophobe Natur des Materials sich ändert.

Wenn man die anhaftende Schwefelsäure aus dem „blauen Graphit" mit Phosphorsäure auswäscht, so enthält das Produkt noch bis ungefähr 0,32 g Schwefelsäure pro Gramm Graphit. Diese kann man allmählich entfernen, wenn man den „blauen Graphit" mit Reduktionsmitteln oder auch mit einer Suspension von Graphit behandelt. Der Grad des Anschwellens wird dabei vermindert; er geht genau parallel der Menge der gebundenen Schwefelsäure.

HOFMANN und FRENZEL[19] zeigten, daß in dem schwefelsäurereichsten Zustand der Abstand zwischen den einzelnen Graphitschichten von 3,4 Å auf 4,55 Å ansteigt, was dem Eintritt von SO_4H^--Gruppen in das Gitter entspricht. Im Gegensatz zum Graphitoxyd ist bei dieser Verbindung die Änderung der Zusammensetzung nicht von einem statistischen Zustand der Homogenität begleitet; der Abbau verläuft über bestimmte Stufen. Die Entfernung der Schwefelsäure erfolgt in der Weise, daß die Graphitabstände und die geweiteten Zwischenräume regelmäßig angeordnet sind, wodurch bei dem Schwellungsvorgang verschiedene definierte Stufen auftreten:

	c-Achse Å	Aufeinanderfolge der Abstände in Å	HSO_4^- eingefügt zwischen
Blauer Graphit .	7,99	| 3,44 : 4,55 | 3,44 : 4,55 | 3,44 : . . .	jedes 2. Paar
Stufe 2	14,6	| 3,35 : 3,35 : 3,35 : 4,55 | 3,35 : 3,35 : . . .	jedes 4. Paar
Stufe 5	55,1	| 15 × 3,39 : 4,3 | 15 × 3,39 : 4,3 | . . .	jedes 16. Paar
Graphit	3,2	| 3,4 | 3,4 | 3,4 | 3,4 | . . .	kein HSO_4'

[19] HOFMANN u. FRENZEL: Z. Elektrochem. angew. physik. Chem. 1934, 40, 511.

Die Eigenschaften des Stoffes kann man durch die Annahme erklären, daß ein Graphitbisulfat mit vorwiegend salzartigem Charakter gebildet wird, welches maximal ungefähr eine HSO_4^--Gruppe auf je 32 Kohlenstoffatome enthält. In gewissem Sinne ist es ein Salz eines Graphitoxyds, und bei seiner Bildung handelt es sich um eine Oxydation des Graphits. Seine Rückverwandlung zu Graphit durch Einwirkung von Wasser ist eine Reduktion; Sauerstoff wird jedoch nicht als solcher freigemacht, sondern bleibt zum Teil als oberflächliches Oxyd gebunden, so daß der regenerierte Graphit stets 1—2 Prozent Sauerstoff enthält. Eine direkte Oxydation zu Graphitoxyd erfolgt bei der Bildung des blauen Graphits. Bei beiden Arten von Sauerstoffbindungen werden in dem entstehenden Graphit hydrophile Gruppen eingeführt. Die Behandlung von Graphit mit Schwefelsäure unter oxydierenden Bedingungen ist daher besonders zu Darstellung von kolloidalem Graphit geeignet.

5. Kohlenstoffmonofluorid. Bei den neuen Untersuchungen von Ruff und Mitarbeitern über die Chemie des Fluors ist das zur Darstellung benutzte Elektrolysenverfahren, welches zuerst von Moissan durchgeführt wurde, dahingehend abgewandelt worden, daß das ursprünglich als Material benutzte kostbare Platin-Iridium durch Kupfergefäße und Kohleelektroden ersetzt wurde (s. Kapitel 9, S. 290). Unter diesen Bedingungen wurde häufig beobachtet, daß die Fluorentwicklung an der Anode von einem beträchtlichen Anschwellen der Kohlenstoffelektroden begleitet war und ein starker Anstieg des Widerstandes der Zelle erfolgte. Gleichzeitig traten dabei häufig Explosionen auf.

Bei der Untersuchung nach dem Ursprung dieser Erscheinungen fanden Ruff und Bretschneider[20], daß bei ziemlich tiefen Temperaturen und vor allem bei niedrigen Drucken sowohl Graphit als auch amorpher Kohlenstoff (d. h. fein kristalliner, ungeordneter Graphit) Fluor absorbieren, ohne daß es zu einer Entzündung kommt. Aus Graphit bei Temperaturen unterhalb von 500° oder aus Norit, der Form des Kohlenstoffs mit den am wenigsten gut ausgebildeten Kristalleigenschaften, bei 280—450° erhält man ein graues, hydrophobes Produkt mit der Zusammensetzung CF. Die Eigenschaften dieses Kohlenstoffmonofluorids ändern sich etwas mit der Art des zu seiner Darstellung benutzten Kohlenstoffs; das Fluorid besitzt einen spezifischen Widerstand, der 10^5-mal so groß ist wie der des Graphits; auf seiner Bildung und anschließenden Zersetzung beruhen die bei der Darstellung des Fluros beobachteten Erscheinungen. Die Verbindung zersetzt sich beim Erhitzen explosionsartig, wobei das aus Graphit gewonnene Produkt neben freiem Kohlenstoff die flüchtigen Fluoride CF_4 und C_2F_6 ergibt. Das Kohlenstoffmonofluorid, das man aus Norit gewinnt, liefert bei der Zersetzung Produkte mit einem niedrigeren mittleren Verhältnis von $C:F$ als die aus Graphit erhaltenen Produkte; unter den von Ruff und Bretschneider identifizierten flüchtigen Produkten befindet sich auch das ungesättigte C_2F_4. Kohlenstoffmonofluorid reagiert bei 400° nicht mit Wasserstoff, woraus sich ergibt, daß das Fluor chemisch gebunden und nicht adsorbiert ist; mit Zinkstaub und Essigsäure läßt es sich jedoch zu gewöhnlichem Kohlenstoff reduzieren. Seine Adsorptions-

[20] Ruff u. Bretschneider: Z. anorg. allg. Chem. 1934, **217**, 1.

eigenschaften unterscheiden sich auffallend von denen des Graphits oder der Holzkohle und sind bedeutend weniger ausgeprägt. Die saure Natur der Oberfläche erkennt man an der peptisierenden Wirkung von Alkalien.

Bei der Bildung von Kohlenstoffmonofluorid erfolgt im Vergleich zu dem ursprünglichen Kohlenstoff eine Volumenzunahme von 140 Prozent. Diese entspricht auch genau dem Zuwachs, der durch Fluoratome hervorgerufen wird, wenn sie in dichtester Packung zwischen den Graphitschichten eingefügt werden. Die Röntgenuntersuchung der Verbindung zeigt, daß auch hier, wie bei den anderen bereits betrachteten Graphitverbindungen, die Graphitschichten unverändert erhalten bleiben; ihr Abstand wird aber von 3,4 auf 8,17 Å vergrößert, damit das Fluor eingeordnet werden kann. Wegen der Größe der Fluoratome können diese nicht derartig in einer einzelnen Schicht angeordnet werden, daß sie sämtlich in direkter Berührung mit dem Kohlenstoffskelett sind; sie müssen vielmehr in einer dicht gepackten Anordnung von sechs Schichten mit einem Abstand von 1,01 Å vorliegen; die äußeren Schichten sind 1,46 Å von den Graphitlagen entfernt. Die Bindung des Fluors an den Kohlenstoff ist demzufolge eine elektrostatische, d. h. die Verbindung muß einen vorwiegend salzartigen Charakter besitzen.

Die Wolframbronzen und Wolframoxyde.

Von Wöhler wurde erstmalig im Jahre 1824 festgestellt, daß bei der Reduktion von saurem Natriumwolframat mit Wasserstoff bei Rotglut eine chemisch indifferente Substanz mit metallischem, bronzeartigem Aussehen entsteht. Ähnliche Produkte sind danach von zahlreichen Forschern erhalten worden, welche verschiedene Gemische von Natrium-, Kalium- oder Erdalkaliwolframaten oder -polywolframaten in Wasserstoff erhitzten oder die geschmolzenen Salze elektrolytisch reduzierten oder aber die Darstellung durch Schmelzen der Alkaliwolframate mit Wolframdioxyd, WO_2, in einer indifferenten Atmosphäre durchführten. Die bei diesen Reduktionen entstehenden Produkte besitzen je nach der Natur der Ausgangsmaterialien und den Reduktionsbedingungen verschiedene Färbungen und Zusammensetzungen[21]. In allen Fällen gehören die Formeln der Verbindungen dem allgemeinen Typ $R_2O \cdot nWO_3 \cdot WO_2$ oder $R_2(WO_3)_{n+1}$ an.

Diese sogenannten Wolframbronzen sind intensiv gefärbte, außerordentlich reaktionsträge Stoffe mit halbmetallischen Eigenschaften: sie besitzen eine hohe Dichte und zeigen eine gute elektrische Leitfähigkeit. Wegen ihrer Indifferenz und ihres metallischen Glanzes finden sie Anwendung als Pigmente in Bronzefarben. Die Wolframbronzen sind sehr widerstandsfähig gegen Säuren und werden nur von Flußsäure oder in einigen Fällen von Königswasser angegriffen. Sie lassen sich jedoch beim Erhitzen in Luft oder mit Quecksilberoxyd verhältnismäßig leicht zu Wolframaten oxydieren und scheiden aus ammoniakalischen Silbernitratlösungen quantitativ metallisches Silber ab.

---

[21] Siehe Mellor: Comprehensive Treatise, Bd. XI, S. 750. — Spitzin u. Kaschtanoff: Z. anorg. allg. Chem. 1925, **148**, 69; 1926, **157**, 141. — Engels: Z. anorg. allg. Chem. 1903, **37**, 125.

In älteren Arbeiten wurde versucht, die Unterschiede in der Farbe der Wolframbronzen mit verschiedenen, definierten Verhältnissen von $R_2O:WO_3$ in Zusammenhang zu bringen; dabei wurden beispielsweise die folgenden Stufen aufgestellt und vorgeschlagen:

$$\underset{\text{blau}}{Na_2W_5O_{15}} \longrightarrow \underset{\text{violett}}{Na_2W_4O_{12}} \longrightarrow \underset{\text{rot}}{Na_2W_3O_9} \longrightarrow \underset{\text{gelb}}{Na_2W_2O_5}$$

Die Verschiedenheit der Farbe und Dichte in Abhängigkeit von der Zusammensetzung der Bronzen ändert sich jedoch ganz kontinuierlich und bietet keinen Anhalt dafür, daß bei dem Reduktionsvorgang bestimmte Stufen auftreten. HÄGG[22] hat gezeigt, daß die Verschiedenheit der Zusammensetzung tatsächlich ein wesentliches Merkmal der Verbindungen ist. Die Natriumbronzen Na_xWO_3, in denen x Werte von 0,95—0,30 annehmen kann, kristallisieren sämtlich im kubischen System; der bei kleiner werdendem x beobachteten Farbänderung geht ein Schrumpfen der Kristallzelle parallel; dadurch sind die beobachteten Dichteänderungen der Verbindungen zu erklären (Tabelle 5). Die obere

Tabelle 5.

Na_xWO_3	$x = 0{,}93$	goldgelb	$a = 3{,}850$ Å
	0,64	orangerot	3,834
	0,46	rotviolett	3,825
	0,32	dunkelblauviolett	3,813

praktisch nicht erreichbare Grenzzusammensetzung wäre $NaWO_3$ mit fünfwertigem Wolfram. Die tatsächlich vorkommenden Bronzen leiten sich von diesem hypothetischen Endglied dadurch ab, daß einfach Natriumionen in dem Kristallgitter fehlen. Eine entsprechende Zahl von W^{5+}-Ionen werden in den sechswertigen Zustand, W^{6+}, erhoben, um die Gleichwertigkeit der gesamten Anionen- und Kationenladung aufrechtzuerhalten; auf dieser gleichzeitigen Anwesenheit von fünfwertigem und sechswertigem Wolfram beruht die tiefe Färbung der Verbindungen. Der Zusammenhang zwischen einer tiefen Färbung und der Anwesenheit des gleichen Elements in verschiedenen Wertigkeitsstufen innerhalb derselben Verbindung ist eine bekannte Erscheinung, welche an verschiedenen Stellen dieses Buches erwähnt wird.

Das kubische Kristallgitter bleibt beständig, wenn zwischen 7 Prozent und 70 Prozent der Natriumstellen leer sind; allerdings bewirkt die Entfernung des Natriums eine fortschreitende Schrumpfung. Wenn mehr als 70 Prozent Natriumionen fehlen, so ist die Verzerrung so groß, daß die kubische Symmetrie zerstört wird und man Wolframbronzen erhält, welche in niedrigeren Kristallsystemen kristallisieren. So kann man Natriumbronzen Na_xWO_3 mit $x = 0{,}3$—$0{,}2$ darstellen, die im tetragonalen System kristallisieren. Das hypothetische niedrigste Grenzglied der Reihe ($x = 0$) ist naturgemäß das Wolframoxyd, WO_3, welches nur sechswertiges Wolfram enthält. Die Zellgrößen und die Struktur des Wolframoxyds sind tatsächlich eng verwandt mit denen der Bronzen, doch hat der Vorgang des Symmetrieverlustes hier seine Grenze erreicht, denn Wolframoxyd kristallisiert im triklinen System.

[22] HÄGG: Nature 1935, **135**, 874; Z. physik. Chem. B, 1935, **29**, 192.

Man kann den W^{5+}- und W^{6+}-Ionen nicht bestimmte, verschiedene Stellen in dem Kristallgitter zuordnen, sondern muß annehmen, daß alle Wolframatome gleichwertig sind. Die überzähligen Valenzelektronen, welche auf das W^{5+}-Ion zurückgehen, sind in genau derselben Weise wie die Valenzelektronen eines Metallkristalls statistisch durch das Kristallgitter verteilt; dadurch kommen die metallisch-optischen Eigenschaften und das elektrische Leitvermögen der Wolframbronzen zustande. Die W^{5+}- und W^{6+}-Ionen sind demnach durch einen Resonanzvorgang gleichwertig geworden.

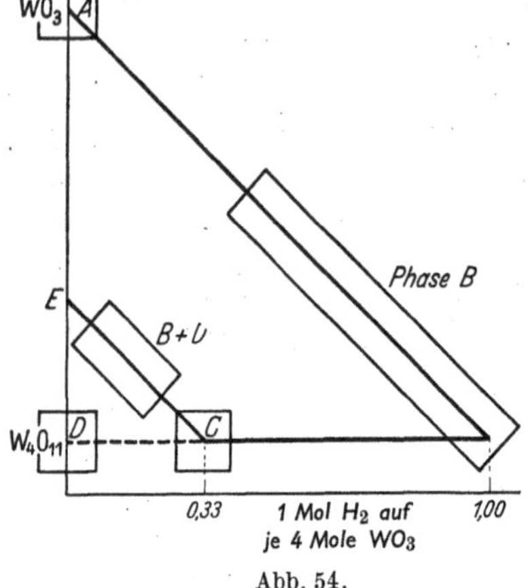

Abb. 54.

Eine eng verwandte Reihe von Erscheinungen, bei denen eine Reduktion des Wolframoxyds durch Wasserstoff in Abwesenheit von basischen Oxyden erfolgt, ist von Ebert und Flasch[23] untersucht worden. Die Reduktion von Wolframoxyd mit Kohlenmonoxyd oder molekularem Wasserstoff bei 800° ergibt das violette Oxyd W_4O_{11}, von dem van Liempt[24] im Gegensatz zu unklaren früheren Feststellungen zeigen konnte, daß es die einzige isolierbare Stufe zwischen WO_3 und WO_2 ist. Ebert und Flasch fanden, daß das bei der Reduktion von Wolframoxyd mit atomarem Wasserstoff bei gewöhnlicher Temperatur gebildete Produkt ein violettes Oxyd ist, welches dieselben reduzierenden Eigenschaften wie das erwähnte W_4O_{11} besitzt, das sich jedoch in seiner Kristallstruktur von diesem unterscheidet. Mit atomarem Wasserstoff bildet sich eine wasserstoffhaltige Verbindung mit der Zusammensetzung $W_4O_{10}(OH)_2$. Diese Verbindung stellt die erste Stufe bei der Reduktion mit atomarem Wasserstoff als direkte Anlagerung von Wasserstoff an Wolframoxyd dar.

Der Abbau dieses Hydroxyds durch Hitze ist sehr interessant. Zwischen 100 und 500° werden genau zwei Drittel des gebundenen Wassers verloren (Abb. 54), wodurch eine neue Phase *C* mit der Zusammensetzung $W_{12}O_{32}(OH)_2$ entsteht. Bei fortschreitender einfacher Entwässerung dieses Produktes würde W_4O_{11} (Phase *D*) entstehen, jedoch wird oberhalb von 500° Wasserstoff als solcher entwickelt, so daß das Endprodukt *E* ein Gemisch aus WO_3 und W_4O_{11} ist. Bei Zwischenstufen zwischen *A* und *B* tritt *B* über ein weites Bereich als homogene, aber nicht stöchiometrisch zusammengesetzte Phase auf. Bei dem Vorgang des letzten Abbaus *CE*, identifizierten Ebert und Flasch die Produkte durch Röntgenanalysen und fanden, daß sie die Phase $B+W_4O_{11}$, aber merkwürdigerweise weder die Phase *C* — mutmaßlich $W_{12}O_{32}(OH)_2$ — noch freies Wolframoxyd, WO_3, enthielten. Es wurden dabei starke Zweifel hinsichtlich der Existenz von $W_{12}O_{32}(OH)_2$ als getrennte Einheit erhoben. Ebert und Flasch betrachten aber die

[23] Ebert u. Flasch: Z. anorg. allg. Chem. 1934, **217**, 95; 1935, **226**, 65.
[24] van Liempt: Recueil Trav. chim. Pays-Bas 1931, **50**, 343.

Phase *B* als eine Phase von Mischkristallen aus WO_3 und $W_4O_{10}(OH)_2$ und deuten die ganze Folge der Reaktionen durch die Gleichungen:

$$4WO_3 + 2H \rightarrow W_4O_{10}(OH)_2 \quad \text{(Phase } B\text{, Grenzzusammensetzung),}$$
$$3W_4O_{10}(OH)_2 \rightarrow W_{12}O_{32}(OH)_2 + 2H_2O \quad \text{(Phase } C\text{),}$$
$$\left.\begin{array}{l} W_{12}O_{32}(OH)_2 \rightarrow 3W_4O_{11} + H_2O \\ W_4O_{11} + H_2O \rightarrow 4WO_3 + H_2 \end{array}\right\} \quad \text{(Reaktion } CE\text{).}$$

Die erwähnten Tatsachen — das sehr begrenzte Auftreten der Phase *C*, der große Existenzbereich und das Wiederauftreten der Phase *B*, wo man die Bildung der Phase *C* erwarten sollte, und die Tatsache, daß längs der Reaktionslinien *CE* kein WO_3 gebildet wird — lassen diese Deutung als zweifelhaft erscheinen. Wie EBERT und FLASCH erwähnt haben, kann man die Phase *B* möglicherweise als Phase mit wechselnder Zusammensetzung $W_4O_{12} \cdot nH_2$ auffassen, wobei $n < 1$ ist. Es ist nicht ausgeschlossen, daß es sich hierbei um das genaue Wasserstoffanaloge der Wolframbronzen handelt; es ist durchaus möglich, daß eine derartige Verbindung unterhalb von 500° durch die Reduktion des Wolframs abgebaut wird und bei höheren Temperaturen gleichzeitig reduzierende Wirkung besitzt und direkt Wasserstoff verliert. Das Auftreten von $W_4O_{10}(OH)_2$ und $W_{12}O_{32}(OH)_2$ als stöchiometrische Hydroxydverbindung ist daher nicht bewiesen.

Einige andere „Berthollid“-Verbindungen.

Wir haben gesehen, daß durch das Auftreten von verschiedenen Wertigkeitsmöglichkeiten des Wolframs in den Wolframbronzen eine wechselnde Zusammensetzung der Verbindungen möglich ist, da die gesamte Ionenladung durch eine größere oder kleinere Zahl von Kationen erreicht wird. Diese Erscheinung beobachtet man häufig, wenn ein Ion in verschiedenen Wertigkeitsstufen auftreten kann. So zeigen die niederen Oxyde und Sulfide des Eisens, Kobalts und Nickels eine Erscheinung, die man gewöhnlich als Bildung eines Grenzbereichs von festen Lösungen mit den höheren Oxyden und Sulfiden auffaßt. Das charakteristische Merkmal besteht jedoch darin, daß die stöchiometrischen Verbindungen NiO, FeS usw. unbeständig sind und nicht dargestellt werden können[25]. Einer der klarsten Fälle, nämlich das Nickeloxyd, NiO, wurde auf magneto-chemischem Wege von KLEMM und HASS untersucht[26]. Es hat sich gezeigt, daß durch Glühen von Nickelkarbonat dargestelltes Nickeloxyd eine außerordentlich verschiedene, von der Feldstärke abhängige Suszeptibilität — ein Charakteristikum lediglich ferromagnetischer Stoffe — und denselben Curie-Punkt besitzt wie metallisches Nickel. Wenn man ein derartiges Präparat mit der stöchiometrischen Zusammensetzung $NiO_{1,000}$ in Sauerstoff erhitzt, so fällt die Suszeptibilität und erreicht bei der ungefähren Zusammensetzung $NiO_{1,005}$ einen konstanten, nunmehr von der Feldstärke unabhängigen Wert (Abb. 55). Es ist klar, daß diese Zahl die Grenzzusammensetzung des beständigen

[25] Vgl. HÄGG: Nature 1933, **131**, 167; Z. physik. Chem. B, 1933, **22**, 453. — JETTE u. FOOTE: J. chem. Physics 1933, **1**, 29; Chem. Soc. annu. Rep. 1933, 381. — WAGNER: Z. angew. Chem. 1936, **49**, 737.

[26] KLEMM u. HASS: Z. anorg. allg. Chem. 1934, **219**, 82.

Nickeloxyds darstellt und daß das stöchiometrische $NiO_{1,000}$ unbeständig ist und eine Disproportionierung zu $NiO_{1,005} + Ni$ erleidet. Die beständige Phase des Ferrooxyds weicht noch weiter von der stöchiometrischen Zusammensetzung ab, während beim Cuprioxyd, bei dem das Kupfer seine höchste Wertigkeit besitzt, kein Bereich dieser Zusammensetzung vorhanden ist, wenigstens nicht auf der sauerstoffreichen Seite. Cuprooxyd nimmt andererseits leicht Sauerstoff auf bis zu der ungefähren Zusammensetzung $Cu_2O_{1,002}$.

Bei der Besprechung derartiger Verbindungen ist es nicht möglich, unzweideutig zwischen Verbindungsbildung und festen Lösungen zu unterscheiden. Verbindungen mit verschiedener Zusammensetzung, die durch Ausfall einiger Atome aus der Kristallstruktur gebildet werden, sind von HÄGG als *subtraktive feste Lösungen* bezeichnet worden. Wie in dem ersten Abschnitt dieses Kapitels gezeigt wurde, ist die im Ionen- und Atomgitter vorliegende Struktureinheit die Elementarzelle; die Vorstellung eines Moleküls muß dabei aufgegeben werden. Die Zusammensetzung der Elementarzelle wird vorwiegend durch Betrachtungen der Atompackungen und durch das Gleichgewicht der Ionenladungen beherrscht. Wenn daher eine Atomart wechselnde Wertigkeit besitzt, so ist eine gewisse Freiheit der Zusammensetzung möglich; wenn derartige Fälle dem Gesetz der konstanten Proportionen gehorchen, so ist dies im gewissen Sinne zufällig. Allerdings ist diese Variationsmöglichkeit nur in Ausnahmefällen, z. B. bei den Wolframbronzen, etwas größer. Im allgemeinen würde bei Fortfall einer etwas größeren Menge einer Art aus dem Gitter die Kristallstruktur verzerrt werden und zusammenbrechen, so daß die Zusammensetzung mit der größten Beständigkeit gewöhnlich ungefähr der idealen chemischen Formel entspricht.

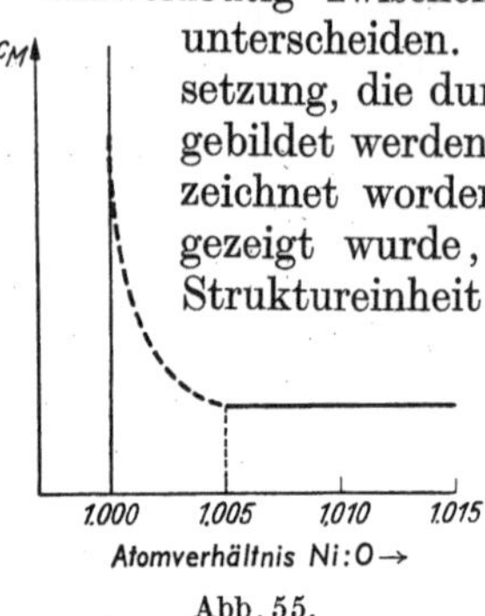

Abb. 55.

Vierzehntes Kapitel.

Reaktionen im flüssigen Ammoniak und verflüssigten Schwefeldioxyd.

Der Chemiker ist so damit vertraut, das Wasser als Lösungsmittel zu benutzen und Reaktionen darin auszuführen, daß er dazu neigt, Reaktionen in anderen Medien zu übersehen. Unter den Stoffen, die man als möglichen Ersatz für Wasser ansehen kann, sind zwei besonders interessant, nämlich verflüssigtes Ammoniak und verflüssigtes Schwefeldioxyd, weil sie ziemlich ausführlich untersucht worden sind. Die Parallele zwischen flüssigem Ammoniak und Wasser ist schon lange bekannt und besonders in den Vereinigten Staaten gründlich untersucht[1]. Die Verwendung von verflüssigtem Schwefeldioxyd als Lösungs-

[1] Ein großer Teil des in diesem Kapitel enthaltenen Tatsachenmaterials stammt aus der ausgezeichneten Monographie von E. C. FRANKLIN: The Nitrogen System of Compounds, American Chemical Society Monograph Series Nr. 68.

mittel bei der Durchführung von Reaktionen hingegen ist erst neueren Datums, wenn auch schon seit Beginn des Jahrhunderts bekannt ist, daß Lösungen in flüssigem Schwefeldioxyd den elektrischen Strom leiten.

Die Ionisation von Wasser, Ammoniak und Schwefeldioxyd, wie man sie sich heute vorstellt, wird durch die drei folgenden Gleichungen wiedergegeben:

$$2H_2O \rightleftarrows (H \cdot H_2O)^+ + (OH)^- \rightleftarrows (H_3O)^+ + (OH)^-$$
$$2NH_3 \rightleftarrows (H \cdot NH_3)^+ + (NH_2)^- \rightleftarrows (NH_4)^+ + (NH_2)^-$$
$$2SO_2 \rightleftarrows (SO)^{2+} + (O \cdot SO_2)^{2-} \rightleftarrows (SO)^{2+} + (SO_3)^{2-}$$

In diesen Gleichungen ist der Wasserstoff mit einem Wassermolekül vereinigt als $(H_3O)^+$-Ion dargestellt. Das Analogon dieses Ions im flüssigen Ammoniak ist das Ammoniumion, $(NH_4)^+$, während das Gegenstück des alkalischen Hydroxylions $(OH)^-$ das negativ geladene $(NH_2)^-$-Ion ist. Im flüssigen Schwefeldioxyd entspricht das $(SO)^{2+}$-Ion dem Wasserstoffion in wäßriger Lösung, während das Sulfition, $(SO_3)^{2-}$, das Anion bildet. Wie gut diese Vorstellungen die Reaktionen im verflüssigten Ammoniak und verflüssigten Schwefeldioxyd erklären, kann man am besten beurteilen, wenn man die experimentell durchgeführten, beweisenden Untersuchungen durchsieht. Bei der Beschreibung dieser Arbeiten soll das Verhalten des Ammoniaks und Schwefeldioxyds getrennt für sich besprochen werden, da zwischen den beiden Systemen nur eine formale Analogie besteht.

Die Chemie des flüssigen Ammoniaks.

Die lösende Wirkung des flüssigen Ammoniaks.

Die lösende Wirkung des flüssigen Ammoniaks erstreckt sich auf eine außerordentlich große Zahl anorganischer Stoffe[2]. Von den Elementen werden die Alkalimetalle leicht gelöst, wobei sich zeigt, daß sie nach dem Abdampfen des Lösungsmittels unverändert erhalten sind, wenn man nicht gerade die Lösung hat längere Zeit stehen lassen. Die Erdalkalimetalle sind ebenfalls löslich; der Verdampfungsrückstand enthält aber die Ammoniakate $Ca(NH_3)_6$, $Sr(NH_3)_6$ und $Ba(NH_3)_6$; Magnesium ist wenig löslich; Kupfer wird von flüssigem Ammoniak in Gegenwart von Sauerstoff angegriffen. Jod, Schwefel und Phosphor reagieren mit flüssigem Ammoniak und werden dabei gelöst. Von den Metallhalogeniden sind Ammoniumchlorid und Berylliumchlorid sehr gut löslich, Natriumchlorid ist gut löslich, während die anderen Chloride wenig oder gar nicht löslich sind. Die Chloride des Silbers, Bleis, Zinks, Mangans, Kobalts, Nickels, Calciums, Strontiums und Bariums reagieren mit flüssigem Ammoniak, wobei in einigen Fällen definierte Ammoniakadditionsprodukte isoliert werden konnten (z. B. $CaCl_2 \cdot 8NH_3$). Von den Fluoriden sind nur wenige schwach löslich, während die Mehrzahl dieser Verbindungen fast unlöslich ist. Die Bromide sind löslicher als die Chloride und die meisten Metalljodide sind mehr oder weniger gut löslich.

---

[2] Vgl. CADY: J. physic. Chem. 1897, **1**, 707. — FRANKLIN u. KRAUS: J. Amer. chem Soc. 1898, **20**, 820. — FRANKLIN: The Nitrogen System of Compounds, American Chemical Society Monograph Series Nr. 68, S. 19—23.

Die Metalloxyde und -hydroxyde sind in flüssigem Ammoniak unlöslich, ebenso die Sulfate und im allgemeinen die Sulfite. Die meisten der untersuchten Metallsulfide sind ebenfalls unlöslich, nur Ammoniumsulfid und die Sulfide des Arsens sowie einige Polysulfide lösen sich leicht. Die Sulfide der Erdalkalimetalle sind auch etwas löslich. Die Karbonate, einschließlich Ammoniumkarbonat, und die Phosphate sind unlöslich; die Nitrate und Nitrite sind ganz allgemein löslich, ebenso die Cyanide der Alkalimetalle, des Quecksilbers, Zinks und Silbers. Die Rhodanide erwiesen sich, soweit sie untersucht wurden, als außerordentlich gut löslich.

Die Löslichkeit organischer Stoffe im flüssigen Ammoniak ist auch weitgehend untersucht worden. Die Paraffinkohlenwasserstoffe sind bei —33° fast unlöslich, während die aromatischen Kohlenwasserstoffe eine geringe Löslichkeit besitzen. Unter den leicht löslichen Stoffen befinden sich einige Alkohole und Phenole sowie Halogenderivate von Methan und Äthan, Diäthyläther, Ester und viele Ketone, Amine, Nitroverbindungen und Sulfonsäuren. Diese Zusammenstellung, die keineswegs vollständig ist, gibt einen guten Einblick in das weite Gebiet, das der Forschung hier offen steht.

Es sollen an dieser Stelle einige Worte über die Art der Apparatur eingefügt werden, die man gewöhnlich bei der Untersuchung von Reaktionen im verflüssigten Ammoniak benutzt[3]. Der Siedepunkt des Ammoniaks liegt bei —33,3°, so daß man bei verhältnismäßig niederen Temperaturen arbeiten muß, wenn man hohe Ammoniakdrucke vermeiden will. Flüssiges Ammoniak ist in Stahlflaschen im Handel erhältlich und kann in verschiedenartige Gefäße mit Vakuummantel abgelassen werden. Das flüssige Ammoniak läßt sich leicht wasserfrei erhalten, indem man es mit Natrium oder Kalium behandelt und anschließend destilliert.

Wenn man Reaktionen zwischen Lösungen im verflüssigten Ammoniak untersuchen will, so stellt man die Lösungen oft getrennt in den beiden Schenkeln eines umgekehrten U-Rohres her und mischt sie darin, indem man das U-Rohr umdreht. Das Ammoniak läßt sich erforderlichenfalls leicht durch Verdampfen von dem Reaktionsprodukt entfernen. Einige Reaktionen wurden auch in zugeschmolzenen Rohren unter Druck untersucht. Dieses Verfahren ist jedoch keineswegs so angenehm wie das Arbeiten bei tiefen Temperaturen. Beim Arbeiten mit flüssigem Schwefeldioxyd (Schmp. —10,0°) lassen sich diese für Ammoniak beschriebenen Verfahren in gleicher Weise anwenden.

Die im flüssigen Ammoniak stattfindenden Reaktionen ähneln in vieler Hinsicht denen, die in wäßriger Lösung verlaufen; es gibt jedoch einige scharfe Unterschiede, die auf die Verschiedenheiten der Löslichkeit einiger Stoffe in Wasser bzw. flüssigem Ammoniak zurückzuführen sind. Wenn man beispielsweise die Lösungen von Calciumnitrat und Natriumchlorid in flüssigem Ammoniak mischt, so entsteht ein Niederschlag von Calciumchlorid, da dieses in flüssigem Ammoniak unlöslich

[3] Eine ausführliche Beschreibung der angewandten Technik findet man bei Franklin: The Nitrogen System of Compounds, American Chemical Society, Monograph Series Nr. 68, Anhang S. 317.

ist. In derselben Weise kann man aus den ammoniakalischen Lösungen der Nitrate durch Zusatz von Natrium- oder Ammoniumchlorid die Chloride von verschiedenen anderen Metallen ausfällen. Man kann auch die Lösungen von Ammoniumbromid, -jodid, -chromat oder -borat in flüssigem Ammoniak zur Fällung vieler Metalle aus den ammoniakalischen Lösungen ihrer Nitrate benutzen. In flüssigem Ammoniak gelöstes Ammoniumsulfid ist ebenfalls ein ausgezeichnetes Fällungsmittel; mit den Lösungen der Nitrate des Calciums, Strontiums, Bariums, Magnesiums, Zinks, Mangans, Nickels oder Cadmiums werden farblose Sulfide gefällt. Blei, Silber, Quecksilber und Wismut ergeben schwarze Sulfide, während Kupfersulfid gelblichbraun ist und aus Kobaltnitratlösungen ein rosafarbener Niederschlag entsteht. Der Magnesiumniederschlag besitzt die Zusammensetzung $2MgS \cdot (NH_4)_2S \cdot 9$—$10NH_3$; in anderen Fällen wurde der Charakter der Fällung noch nicht sorgfältig untersucht. Bei einigen kann man jedoch mit ziemlicher Sicherheit annehmen, daß sie mit den durch Schwefelwasserstoff aus wäßriger Lösung gefällten Sulfiden identisch sind. In diesem Zusammenhang sei eine merkwürdige Umkehrung der normalen Fällungserscheinungen erwähnt. Beim Zusatz einer Lösung von Silberbromid in flüssigem Ammoniak zu einer ammoniakalischen Bariumnitratlösung entsteht ein Niederschlag von Bariumbromid-Ammoniakat, $BaBr_2 \cdot 8NH_3$. Ebenso ergibt gesättigte Bariumnitratlösung mit einer gesättigten Lösung von Silberchlorid einen Niederschlag von Bariumchlorid.

Lösungen von Metallen in flüssigem Ammoniak.

Es wurde bereits erwähnt, daß sich die Alkalimetalle leicht in flüssigem Ammoniak lösen und eine blaue Lösung ergeben, aus der man das Metall unverändert zurückerhalten kann. Diese Lösungen leiten den elektrischen Strom und sind stark paramagnetisch. Ebenso lösen sich Calcium, Strontium und Barium unter Bildung von blauen Lösungen, jedoch hinterbleiben beim Verdampfen des Lösungsmittels Rückstände, die sich als Metall-Ammoniakverbindungen, $Ca(NH_3)_6$, $Sr(NH_3)_6$ und $Ba(NH_3)_6$ erwiesen. Die Lösungen der Metalle in Ammoniak sind ziemlich beständig, und die Natriumlösung kann beispielsweise mehrere Wochen aufbewahrt werden, ohne daß eine Zersetzung erfolgt. Die Umwandlung zu dem entsprechenden Metallamid und Wasserstoff ($2M + 2NH_3 = 2MNH_2 + H_2$) wird jedoch durch einige Metalle und Metalloxyde (z. B. Fe, Pt oder Fe_2O_3) katalysiert und auch durch Bestrahlung mit ultraviolettem Licht der Wellenlänge zwischen 2150—2550 Å stark beschleunigt[4]. Die obigen Metalle lösen sich auch in einigen Aminen von niederem Molekulargewicht, wobei jedoch die Reaktion mit dem Lösungsmittel leichter erfolgt als im Falle des Ammoniaks; dabei entstehen Wasserstoff und substituierte Metallamide.

Die Reaktionen dieser Metallösungen sind sorgfältig untersucht[5]; ihre Natur bietet viele ungewöhnliche Merkmale. Die Ammoniumsalze

[4] Ogg, Leighton u. Bergström: J. Amer. chem. Soc. 1933, 55, 1754.

[5] Eine ausführliche Bibliographie über dieses Gebiet befindet sich in einer Abhandlung von Fernelius u. Watt (Chem. Reviews 1937, 20, 195), die als wesentliche Grundlage dieses Abschnittes diente.

wirken beispielsweise in Lösungen von flüssigem Ammoniak als Säuren und bilden Metallsalze, wie z. B.

$$2\,NH_4Cl + 2\,Li = 2\,LiCl + 2\,NH_3 + H_2$$
$$2\,NH_4Br + 2\,Na = 2\,NaBr + 2\,NH_3 + H_2$$
$$2\,NH_4N_3 + 2\,K = 2\,KN_3 + 2\,NH_3 + H_2$$
$$2\,NH_4CN + Ca = Ca(CN)_2 \cdot 2\,NH_3 + H_2$$
$$(NH_4)_2S + 2\,Li = Li_2S + 2\,NH_3 + H_2$$

In der folgenden Tabelle sind typische Beispiele für die Reaktionen zwischen den Metallösungen und einigen Elementen aufgeführt und die dabei entstehenden Produkte angegeben.

Tabelle 1.

Element	Metall	Reaktionsprodukt	Element	Metall	Reaktionsprodukt
O	Na	Na_2O_2	P	K	$KP_5 \cdot 3\,NH_3$
	Ba	BaO, BaO_2	As	K	$K_3As \cdot NH_3$
S	Li	Li_2S, $Li_2S_2 \ldots Li_2S_x$			$K_2As_4 \cdot NH_3$
	Ca	$CaS, \ldots CaS_x$	Sb	Na	Na_3Sb_{5-7}
Se	Na	Na_2Se, $Na_2Se_2, \ldots Na_2Se_6$	Pb	Na	$NaPb$, $NaPb_2$, Na_4Pb_9
Te	K	K_2Te, K_2Te_3			

Die Reaktion dieser Metalle mit Metallhalogeniden in der Lösung von verflüssigtem Ammoniak führt entweder zur Bildung des freien Metalls oder zur Entstehung einer intermetallischen Verbindung[6]. So sind folgende Reaktionsgleichungen bekannt:

$$CuJ + Na \rightarrow Cu$$
$$AgCl + Na \rightarrow Ag$$
$$AgJ + Ca \rightarrow Ag$$
$$AuJ + Na \rightarrow AuNa$$
$$ZnJ_2 + Na \rightarrow NaZn_4$$
$$Zn(CN)_2 + Ca \rightarrow Ca_7Zn$$
$$BiCl_3 + Na \rightarrow NaBi_{3,3}$$

Diese intermetallischen Verbindungen entsprechen den im Kapitel 13 besprochenen Stoffen; ihre Konstitution wird nicht durch die normalen Wertigkeiten der fraglichen Elemente bestimmt. Nach einigen verhältnismäßig alten Beobachtungen von JOANNIS[7] reagiert Phosphorwasserstoff mit Kalium- und Natriumlösungen in flüssigem Ammoniak unter Bildung der Verbindung KPH_2 und $NaPH_2$. In ähnlicher Weise reagieren Monogerman und Digerman mit einer Natriumlösung, wobei $NaGeH_3$ und Wasserstoff entsteht[8].

Von den anderen Reaktionen dieser ammoniakalischen Metallösungen verdient die Einwirkung von Kohlenmonoxyd besonders erwähnt zu werden, da sich gezeigt hat, daß dabei eine Reihe explosiver Carbonyle von der Form $LiCO$, $Na_2(CO)_2$, $K_2(CO)_2$, $Rb(CO)$, $Ca(CO)_2$ und $Ba(CO)_2$ entstehen[9]. Die Konstitution dieser Verbindungen ist

[6] KRAUS u. KURTZ: J. Amer. chem. Soc. 1925, **47**, 43. — ZINTL u. a.: Z. physik. Chem A, 1931, **154**, 1.

[7] JOANNIS: C. R. hebd. Séances Acad. Sci. 1894, **119**, 557; Ann. Chim. Phys. 1906 [8], **7**, 101.

[8] KRAUS u. CARNEY: J. Amer. chem. Soc. 1934, **56**, 765.

[9] PEARSON: Nature 1933, **131**, 166.

an einer anderen Stelle dieses Buches besprochen (vgl. S. 389). Mit Stickoxyd wurden die Verbindungen $NaNO$, KNO und $Ba(NO)_2$ als gallertartige Fällungen erhalten[10]. Die Formeln dieser Stoffe deuten darauf hin, daß es sich um Hyponitrite handelt, die sich von der Säure $H_2N_2O_2$ ableiten; ZINTL und HARDER[11] haben jedoch gezeigt, daß sich das Röntgendiagramm des Natriumderivats, $(NaNO)_x$, von dem des Natriumhyponitrits unterscheidet. In Anbetracht dieser Tatsache muß man wahrscheinlich diese Verbindungen als Nitrosyl auffassen. Die Stoffe sind so interessant, daß sie wohl einer weiteren Untersuchung wert sind. Zur Zeit ist über die Reaktionen dieser Metallösungen in flüssigem Ammoniak mit komplizierteren anorganischen Verbindungen noch wenig bekannt. Wenn man die Natriumlösung mit Natriumnitrit behandelt, so entsteht die Verbindung Na_2NO_2, während man von den Nitraten des Eisens, Kobalts, Nickels und Kupfers weiß, daß sie durch eine Natriumlösung in flüssigem Ammoniak zu den Metallen reduziert werden[12]. Die Betrachtung der Reaktionen mit organischen Verbindungen fällt nicht in den Rahmen dieses Buches; diese sind ausführlich in einer Arbeit von FERNELIUS und WATT behandelt[13].

Ammoniumsalze in flüssigem Ammoniak und ihr Charakter als Säure.

In flüssigem Ammoniak gelöste Ammoniumsalze greifen einige Metalle an und lösen Oxyde und Hydroxyde auf. Außerdem leiten diese Lösungen von Ammoniumsalzen den elektrischen Strom, so daß man annehmen kann, daß folgende Dissoziation erfolgt:

$$NH_4Cl \rightleftarrows NH_4^+ + Cl^-$$
$$NH_4^+ \rightleftarrows NH_3 + H^+$$

Es wurde schon erwähnt (S. 428), daß bei der Reaktion zwischen ammoniakalischen Lösungen der Alkali- und Erdalkalimetalle mit Lösungen von Ammoniumsalzen in flüssigem Ammoniak Wasserstoff entwickelt wird (z. B. $2\,Na + 2\,NH_4Cl = 2\,NaCl + H_2 + 2\,NH_3$). Ammoniakalische Lösungen von Ammoniumnitrat und Ammoniumjodid greifen Magnesium unter Bildung von Salzammoniakaten, $Mg(NO_3)_2 \cdot 6\,NH_3$ und $MgJ_2 \cdot 6\,NH_3$, an[14], während im flüssigen Ammoniak gelöstes Ammoniumnitrat sogar auf Stahl einwirkt[15]. Die Einwirkung von Ammoniumsalzen in flüssigem Ammoniak auf Metalle ist ziemlich allgemein zu finden. So werden Mangan, Lanthan, Cer, Kobalt, Nickel und Beryllium aufgelöst[16].

Die Metallhydroxyde und Oxyde lösen sich ebenfalls in konzentrierten Lösungen von Ammoniumnitrat in flüssigem Ammoniak. Die letztgenannte Lösung wird als DIVERS-Flüssigkeit bezeichnet; ihre lösende Wirkung ist schon über 50 Jahre lang bekannt[17]. Der saure

[10] JOANNIS: Ann. Chim. Phys. 1906 [8], 7, 84. — MENTREL: C. R. hebd. Séances Acad. Sci. 1902, **135**, 740.
[11] ZINTL u. HARDER: Ber. dtsch. chem. Ges. **1933**, **66**, 760.
[12] LOOMIS: J. Amer. chem. Soc. 1922, **44**, 8.
[13] FERNELIUS u. WATT: Chem. Reviews 1937, **20**, 195.
[14] FRANKLIN: J. Amer. chen. Soc. 1913, **35**, 1455.
[15] DAVIS, OLMSTEAD u. LUNDSTRUM: J. Amer. chem. Soc. 1921, **43**, 1583.
[16] BERGSTRÖM: J. physic. Chem. 1925, **29**, 160; J. Amer. chem. Soc. 1928, **50**, 657. [17] Vgl. DIVERS: Proc. Roy. Soc. 1875, **21**, 109.

Charakter von Ammoniumbromidlösungen in Ammoniak ist im Zusammenhang mit ihrer Einwirkung auf Magnesiumsilicid und Magnesiumgermanid an anderer Stelle besprochen.

Metallamide, -imide und -nitride reagieren auch mit ammoniakalischen Ammoniumlösungen, wie man auch schon auf Grund der basischen Natur dieser Stoffe erwarten sollte. Die folgenden Beispiele, welche der Arbeit von FRANKLIN entnommen sind[18], erläutern diese Tatsache.

$$NH_4NO_3 + KNH_2 = KNO_3 + 2\,NH_3$$
$$NH_4N_3 + KNH_2 = KN_3 + 2\,NH_3$$
$$NH_4Cl + KNH_2 = KCl + 2\,NH_3$$
$$NH_4NO_3 + AgNH_2 = AgNO_3 + 2\,NH_3$$
$$2\,NH_4J + PbNH = PbJ_2 + 3\,NH_3$$
$$3\,NH_4J + BiN = BiJ_3 + 4\,NH_3$$

Säuren, Basen und Salze im Ammonosystem.

Es wurde bereits die Forderung aufgestellt, daß in Lösungen von flüssigem Ammoniak das dem Wasserstoffion in wäßriger Lösung entsprechende Kation das $(NH_4)^+$-Ion sein muß. Dieses entsteht durch Vereinigung eines Wasserstoffions mit einem Ammoniakmolekül, und es besteht ein Gleichgewichtszustand, der durch die Gleichung $NH_4^+ \rightleftharpoons NH_3 + H^+$ ausgedrückt wird. Die tatsächliche Wasserstoffionenkonzentration ist außerordentlich gering. Das Gegenstück zum Hydroxylion in wäßriger Lösung ist das NH_2^--Ion; auf dieser Grundlage kann man einige Stoffe im System des flüssigen Ammoniaks als Säuren, andere als Basen und Oxyde und wieder andere als Salze auffassen. Hierfür sind im folgenden einige von FRANKLIN aufgeführte Beispiele zusammengestellt. Aus der Tabelle 2 ist zu ersehen, daß die Metallamide oder -imide den Hydroxyden entsprechen, die Nitride den Oxyden und daß die Amide und Imide metalloider Stoffe Säuren sind. Wie wir später sehen werden, wird die Analogie zwischen dem Ammonosystem und dem Aquosystem durch das Auftreten verschiedener Stoffe

Tabelle 2.

Metallhydroxyde und -oxyde		Metallamide, -imide und -nitride	
Lithiumhydroxyd . .	$LiOH$	Lithiumamid	$LiNH_2$
		Lithiumimid	Li_2NH
Calciumhydroxyd . .	$Ca(OH)_2$	Calciumamid	$Ca(NH_2)_2$
Calciumoxyd	CaO	Calciumnitrid	Ca_3N_2
Aluminiumoxyd . .	Al_2O_3	Aluminiumnitrid	AlN
Säuren und saure Oxyde		Säuren und Nitridsäure	
Kohlensäure	$(HO)_2CO$	Guanidin	$(H_2N)_2C{=}NH$
		Cyanamid	$H_2N(CN)$
		Dicyanimid	$HN(CN)_2$
Salpetersäure	$HO \cdot NO_2$	Stickstoffwasserstoffsäure .	$HN{=}N{\equiv}N$
Metaphosphorsäure .	$HO \cdot PO_2$	Phospham.	$HN{=}PN$
Chlormonoxyd . . .	Cl_2O	Chlorstickstoff	Cl_3N

[18] FRANKLIN: The Nitrogen System of Compounds, American Chemical Society, Monograph Series **68**, S. 29.

mit amphoterem Charakter vervollständigt. Bei der Reaktion zwischen einer Säure und einer Base im Ammonosystem entsteht ein Salz und Ammoniak. Als Beispiel hierfür sei die Reaktion zwischen Kaliumamid und Cyanamid erwähnt, die folgendermaßen verläuft:

$$2\,KNH_2 + H_2CN_2 = K_2CN_2 + 2\,NH_3.$$

Kaliumcyanamid ist ein Salz des Cyanamids, das zwei saure Wasserstoffatome besitzt, während H^+ und NH_2^- sich unter Bildung von NH_3 vereinigen, ebenso wie H^+ und OH^- beim Neutralisationsvorgang in wäßriger Lösung unter Bildung von H_2O zusammentreten. Daß es sich tatsächlich um einen Neutralisationsvorgang handelt, läßt sich durch Verwendung von Indikatoren zeigen. So ist eine Lösung von Phenolphthalein in flüssigem Ammoniak farblos, während beim Zusatz von Kaliumamid eine intensiv rote Färbung auftritt. Diese verschwindet wiederum, wenn die erforderliche Menge einer Lösung von Dicyanimid, $HN(CN)_2$, zugefügt wird.

Durch Zusatz von Kaliumamidlösungen in flüssigem Ammoniak kann man die Metallamide, -imide und -nitride aus den ammoniakalischen Lösungen einiger Metallsalze ausfällen. Das verwendete Kaliumamid in flüssigem Ammoniak entspricht dem Kaliumhydroxyd in wäßriger Lösung. Beispiele für solche Reaktionen sind[19]:

$$
\begin{array}{lll}
AgNO_3 + KNH_2 & = AgNH_2 + KNO_3 & (\text{in } NH_3)\\
2\,AgNO_3 + 2\,KOH & = Ag_2O + 2\,KNO_3 + H_2O & (\text{in } H_2O)\\
PbJ_2 + 2\,KNH_2 & = PbNH + 2\,KJ + NH_3 & (\text{in } NH_3)\\
Pb(NO_3)_2 + 2\,KOH & = Pb(OH)_2 + 2\,KNO_3 & (\text{in } H_2O)\\
BiJ_3 + 3\,KNH_2 & = BiN + 3\,KJ + 2\,NH_3 & (\text{in } NH_3)\\
Ba(NO_3)_2 + 2\,KNH_2 & = Ba(NH_2)_2 + 2\,KNO_3 & (\text{in } NH_3)
\end{array}
$$

Die in einigen Fällen erfolgende Bildung eines Imids oder Nitrids an Stelle des Amids ist das Gegenstück zu der teilweisen oder vollständigen Entwässerung eines in wäßriger Lösung gefällten Hydroxyds. Ebenso wie einige amphotere Hydroxyde in Natriumhydroxyd löslich sind, so besitzen auch einige Metallamide und -imide in flüssigem Ammoniak die Fähigkeit, mit Kaliumamid unter Bildung von Derivaten zu reagieren, bei denen der Wasserstoff der Amino- oder Iminogruppe durch Kalium ersetzt ist. Dieses amphotere Verhalten wollen wir später besprechen; hier soll nur die Gleichung für die Reaktion zwischen Kaliumamid und Zinkamid sowie Bleiimid wiedergegeben werden.

$$
\begin{array}{rl}
Zn(NH_2)_2 + 2\,KNH_2 & = K_2[Zn(NH_2)_4]\\
PbNH + KNH_2 & = PbNK + NH_3.
\end{array}
$$

Metallamide und verwandte Verbindungen.

Die Metallamide spielen in der Chemie der Lösungen in flüssigem Ammoniak eine wichtige Rolle, und es ist notwendig, sich mit der Entstehungsweise dieser Verbindungen etwas näher zu befassen. Die Alkali- und Erdalkalimetalle reagieren sehr langsam in flüssigem Ammoniak; die Reaktion wird jedoch durch die Gegenwart einer Spur gewisser Metalle wie Platinschwarz oder Eisen katalysiert. Kalium löst sich in flüssigem

[19] Diese Reaktionen sind von Franklin in seiner Monographie The Nitrogen System of Compounds, American Chemical Society, Monograph Series 68, erwähnt.

Ammoniak bei —33° und bildet eine blaue Lösung; die Umwandlung zum Amid ist ein langsamer Vorgang. Dieser unterscheidet sich natürlich stark von der Reaktion zwischen Kalium und Wasser. Wenn man jedoch einen Metallkatalysator zugibt, dann erfolgt eine heftige Wasserstoffentwicklung, und in wenigen Minuten ist die Umwandlung zu KNH_2 quantitativ erfolgt.

$$2K + 2NH_3 = 2KNH_2 + H_2.$$

Das Amid wurde zuerst vor über 100 Jahren durch Erhitzen von Kalium in einem Strom von gasförmigem Ammoniak dargestellt. Es ist in flüssigem Ammoniak bei —33° zu etwa 45 g in 100 cm^3 Lösung löslich; die Lösung leitet den elektrischen Strom. Magnesium wird sowohl von der Lösung als auch von dem geschmolzenen Amid (Schmp. 329°) angegriffen:

$$Mg + 2KNH_2 = Mg(NHK)_2 + H_2.$$

Das Amid wird leicht durch Wasser hydrolysiert, wobei Ammoniak und Kaliumhydroxyd entstehen; an Luft wird es unter Bildung von Kaliumnitrit und Wasser oxydiert.

Natriumamid kann man durch dieselben für Kaliumamid beschriebenen Reaktionen darstellen. Die Natriumverbindung unterscheidet sich dadurch, daß sie in flüssigem Ammoniak bedeutend weniger gut löslich ist. Aus diesem Grunde bildet sie sich in Form eines kristallinen Niederschlags, wenn man die Lösungen von Kaliumamid und Natriumjodid in flüssigem Ammoniak miteinander mischt ($KNH_2 + NaJ \rightleftharpoons KJ + NaNH_2$). Sowohl in ammoniakalischer Lösung als auch im geschmolzenen Zustand leitet das Amid den elektrischen Strom. Das geschmolzene Amid ist sehr reaktionsfähig[20]. Beim Einleiten von Stickoxydul in geschmolzenes Natriumamid entsteht Natriumazid:

$$N_2O + 2NaNH_2 = NaN_3 + NH_3 + NaOH.$$

Kohlenmonoxyd ergibt Natriumcyanid; mit Kohlendioxyd entsteht Natriumcyanamid, Natriumkarbonat und Natriumcyanat. Das geschmolzene Amid greift sogar Glas an.

In einer Wasserstoffatmosphäre bei 200—300° wird Natriumamid teilweise in Natriumhydrid und Ammoniak umgewandelt. Mit Magnesium bildet sich bei der Einwirkung einer Lösung des Amids in flüssigem Ammoniak Natriumammonomagnesiat, $Na_2[Mg(NH_2)_4]$. Eine ähnliche Reaktion verläuft zwischen dem geschmolzenen Amid und Magnesium. Auch andere Metalle — z. B. Aluminium, Germanium und Zinn — werden ebenfalls angegriffen. Es ist kein Imid oder Nitrid des Natriums bekannt.

Lithiumamid, $LiNH_2$, Lithiumimid, Li_2NH, und Lithiumnitrid, Li_3N, sind sämtlich bekannt. Das Amid stellt man auf dieselbe Weise dar wie die Natrium- und Kaliumderivate. Beim Erhitzen auf 360—640° verliert es Ammoniak und geht in das Imid, Li_2NH, über. Das Nitrid entsteht, wenn man metallisches Lithium in Stickstoff erhitzt.

Außer den oben angegebenen Verbindungen sind sehr viele andere Metallamide, -imide und -nitride beschrieben worden. Ein paar Beispiele

[20] BERGSTRÖM u. FERNELIUS: Chem. Reviews 1933, 12, 77.

sollen einige der verwendeten Reaktionen erläutern. Silberamid bildet sich leicht in Lösung von flüssigem Ammoniak gemäß der Gleichung

$$AgNO_3 + KNH_2 = AgNH_2 + KNO_3.$$

Die Verbindung ist im trocknen Zustand explosiv. Vom Gold gibt es ein Amid-Imid-Derivat von der Form $AuNH(NH_2)$, das bei der Behandlung von Kaliumauribromid, $KAuBr_4$, mit einer Lösung von Kaliumamid in flüssigem Ammoniak entsteht. Man kann annehmen, daß sich diese Verbindung durch Verlust eines Moleküls Ammoniak von dem hypothetischen Amid $Au(NH_2)_3$ ableitet. Beim Beryllium ist weder die Bildung eines Amids noch die eines Imids bekannt, jedoch konnte ein Nitrid, Be_3N_2, dargestellt werden. Magnesiumamid erhält man bei der Reaktion von Magnesium und Natriumamid im flüssigen Ammoniak und auch nach anderen Verfahren, z. B. durch die Einwirkung von Ammoniak auf Diäthylmagnesium in ätherischer Lösung

$$Mg(C_2H_5)_2 + 2\,NH_3 = Mg(NH_2)_2 + 2\,C_2H_6.$$

Das Zinkamid, $Zn(NH_2)_2$, kann man nach genau derselben Reaktion herstellen. Magnesiumnitrid bildet sich direkt aus den Elementen, während Zinknitrid, Zn_3N_2, entsteht, wenn man das Amid auf Rotglut erhitzt.

Mercurinitrid, Hg_3N_2, bildet sich als dichter brauner Niederschlag beim Zusatz einer ammoniakalischen Quecksilberjodid- oder -bromidlösung zu einem Überschuß von in flüssigem Ammoniak gelöstem Kaliumamid. Thallonitrid, Tl_3N, und Wismutnitrid, BiN, entstehen nach denselben Reaktionen. Im Falle von Bleisalzen ergibt dieses Verfahren das Bleiimid, $PbNH$. Molybdännitrid, Mo_3N_2, stellt man durch Erhitzen von Molybdäntrichlorid im Ammoniakstrom dar. Bei der Reaktion von Molybdänbromid in flüssigem Ammoniak mit Kaliumamid entsteht kein Amid; statt dessen erhält man ein Gemisch von Produkten unbestimmter Zusammensetzung.

Aus den obigen Beispielen ist klar ersichtlich, daß die Darstellungsverfahren dieser Stoffe höchst spezifisch sind. Bisher konnten noch keine Verallgemeinerungen gefunden werden, und die einzige Tatsache, die aus allen Beobachtungen hervorgeht, ist die, daß die Analogie zwischen den Amiden, Imiden und Hydroxyden und zwischen den Nitriden und Oxyden in allen Fällen bestätigt ist.

Alkalisalze von amphoteren Amiden und Imiden.

Die Löslichkeit des Zinkamids in einer ammoniakalischen Kaliumamidlösung und die dabei auftretende Bildung des Kaliumammonozinkats wurde bereits erwähnt:

$$Zn(NH_2)_2 + 2\,KNH_2 = K_2[Zn(NH_2)_4].$$

Die Verbindung wird nicht in Form von $Zn(NHK)_2$ isoliert, sondern scheidet sich als $Zn(NHK)_2 \cdot 2\,NH_3$ ab, wobei das Ammoniak zur Konstitution gehört und nicht entfernt werden kann, ohne daß vollständige Zersetzung erfolgt. Dies entspricht vollkommen dem Verhalten des Kaliumzinkats, das man auch nicht ohne Konstitutionskristallwasser erhalten kann. Es kann demnach kein Zweifel daran bestehen, daß man das Ammonozinkat eigentlich als $K_2[Zn(NH_2)_4]$ mit einem vierfach koordinierten Amidokomplex formulieren muß; diese Formulierung entspräche vollkommen den Zinkaten und ähnlichen Verbindungen, die als Hydroxokomplexe (Kapitel 4, S. 136) aufzufassen sind. Ganz entsprechend ist das Kaliumammonostannat nicht, wie man es gewöhnlich formuliert, $K_2SnN_2 + 4\,NH_3$, sondern enthält vielmehr das sechsfach koordinierte Amidoanion, $[Sn(NH_2)_6]^{2-}$.

In diesem Kapitel ist der Versuch unternommen worden, die Reaktionen der amphoteren Amide auf Grund dieser Anschauungen zu deuten. Es hat sich gezeigt, daß das amphotere Verhalten im flüssigen Ammoniak ziemlich weit verbreitet auftritt. So sind die Amide der elektropositiven Elemente wie Magnesium, Barium, Strontium, Calcium, Natrium und Lithium in diesem Sinne amphoter, obgleich ihre Hydroxyde im Aquosystem ausgesprochene Basen sind. Im folgenden sollen einige dieser Verbindungen als Beispiele der ganzen Klasse beschrieben werden.

Kaliumammonozinkat, $K_2[Zn(NH_2)_4]$, entsteht nach der bereits angegebenen Reaktion, wenn auch das bequemste Verfahren zu seiner Darstellung in der Reaktion zwischen Zinkjodid und Kaliumamid in der Lösung von flüssigem Ammoniak besteht. Es unterscheidet sich in einer wesentlichen Hinsicht von dem Aquozinkat, $K_2[Zn(OH)_4]$, und zwar dadurch, daß es in Gegenwart von flüssigem Ammoniak beständig ist, während das Aquosalz leicht hydrolysiert. Bleiimid, $PbNH$, ist in ammoniakalischer Kaliumamidlösung ziemlich gut löslich und bildet ein Kaliumammonoplumbit der Zusammensetzung $PbNK \cdot 2{,}5\,NH_3$, das man zur fortschreitenden Abgabe von Ammoniak veranlassen kann; dabei entstehen die Verbindungen $PbNK \cdot 2\,NH_3$ oder $K[Pb(NH_2)_3]$ und $PbNK \cdot NH_3$. Hier ist wiederum das Ammoniak in der Verbindung wahrscheinlich zur Konstitution gehörig. Aluminiumamalgam reagiert in fast derselben Weise, wobei sich die Verbindung $Al(NH)NHK \cdot 2\,NH_3$ oder richtiger $K[Al(NH_2)_4]$ bildet; diese verliert Ammoniak, wenn sie im Vakuum auf 55° erhitzt wird, und liefert dabei die Verbindungen $Al(NH)NHK \cdot NH_3$ oder $K[NH{=}Al(NH_2)_2]$. Kaliumammonomagnesiat entsteht bei der Reaktion zwischen Kaliumamid und metallischem Magnesium oder einem Magnesiumsalz in flüssigem Ammoniak. Man nimmt an, daß sich zunächst das unlösliche Magnesiumamid bildet, das dann wieder aufgelöst wird. Interessanter als die obigen Beispiele sind Derivate wie z. B. die Verbindung $NaNK_2 \cdot 2\,NH_3$ oder $K_2[Na(NH_2)_3]$, welches bei der Einwirkung von Kaliumamid auf Natriumamid in flüssigem Ammoniak entsteht.

$$NaNH_2 + 2\,KNH_2 = NaNK_2 + 2\,NH_3.$$

In analoger Weise bildet sich bei der Reaktion zwischen Kaliumamid und einem in flüssigem Ammoniak löslichen Bariumsalz eine entsprechende Ammono-Bariumverbindung. Es sind noch sehr viele Metallderivate mit einem derartigen amphoteren Charakter bekannt. Sie bilden feste Stoffe mit gut definierter Zusammensetzung, die zum Teil kristallin sind. Beim Erhitzen zersetzen sie sich; einige der Verbindungen, wie z. B. das Thalliumderivat, $TlNK_2 \cdot 4\,NH_3$, sind in der Hitze explosiv.

Basische Salze.

Die Einwirkung von Wasser und die Hydrolyse normaler Salze zu basischen Salzen findet ein genaues Gegenstück in der Einwirkung von Ammoniak auf einige Schwermetallsalze. Diese Erscheinung soll am Fall des in flüssigem Ammoniak ziemlich gut löslichen Bleijodids erläutert werden. Aus der entstehenden Lösung kann man eine Verbindung der Zusammensetzung $PbN \cdot PbJ \cdot 2\,NH_3$ abtrennen. Diese Verbindung ist ein Typ eines basischen Salzes und nimmt eine Zwischenstellung zwischen Bleiimid, $Pb{=}NH$, und Bleijodid ein. Wenn man Bleinitrat mit flüssigem Ammoniak behandelt, so erfolgt ebenfalls keine vollständige Lösung. Es hinterbleibt ein Rückstand, dem man die Formel $H_2N \cdot Pb \cdot NH \cdot Pb \cdot NO_3$ zuordnen kann. Beim Zusatz von mehr Kaliumamid entsteht weiteres basisches Salz, während Ammoniumnitrat, das ja einen sauren Charakter besitzt, den Rückstand wieder aufzulösen vermag. Wir haben daher tatsächlich eine genaue Parallele zu den Fällungen gewöhnlicher basischer Salze, die durch Zugabe von Alkali ausgelöst und durch Säuren verhindert werden.

Bei der Behandlung von Quecksilberchlorid mit flüssigem Ammoniak entstehen zwei Flüssigkeitsschichten; die obere besteht aus einer verdünnten Lösung von Quecksilberchlorid in flüssigem Ammoniak, während die dichtere, untere Schicht die ungefähre Zusammensetzung $HgCl_2 \cdot 12\,NH_3$ besitzt. Bis zu einem gewissen Grade erfolgt ebenfalls Ammonolyse, die durch die Gleichung

$$HgCl_2 + NH_3 = H_2N \cdot HgCl + HCl$$

ausgedrückt werden kann. Das basische Salz $HgClNH_2$ ist mit dem gut bekannten, unschmelzbaren weißen Präzipitat identisch. Aus Quecksilberbromid und flüssigem Ammoniak entsteht ein gelber Niederschlag von $Hg{=}N{-}HgBr$. Dieser löst sich durch Zusatz kleiner Mengen von Ammoniumbromid und wird wieder ausgefällt, wenn man Kaliumamid zufügt. FRANKLIN hat gezeigt, daß die Ammoniakderivate der Mercurisalze in drei voneinander unterschiedene Gruppen zerfallen, nämlich

1. die normalen Quecksilbersalze mit Kristallammoniakgehalt,
2. die ammonobasischen Mercurisalze und
3. die gemischten aquobasisch-ammonobasischen Mercurisalze.

Zu der ersten Gruppe gehören Salze wie $HgCl_2 \cdot 2\,NH_3$, $HgBr_2 \cdot 2\,NH_3$ und $HgJ_2 \cdot 2\,NH_3$, die bei der Einwirkung von Ammoniak auf die entsprechenden Halogenide entstehen, wobei zur Vermeidung von Ammonolyse ein Überschuß des sauren Ammoniumhalogenids vorhanden sein muß. Die ammonobasischen Quecksilbersalze gehören zu derselben Gruppe wie das unschmelzbare weiße Präzipitat $HgClNH_2$. Wenn man zu einer wäßrigen Mercurichloridlösung in Gegenwart eines starken Überschusses von Ammoniumchlorid wäßriges Ammoniak hinzufügt, so entsteht die Verbindung $HgCl_2 \cdot 2\,NH_3$. In Abwesenheit von Ammoniumchlorid bildet sich dagegen die Verbindung $HgCl \cdot NH_2$. Viele derartige ammonobasische Salze sind beschrieben worden; allerdings muß man bei einigen der beschriebenen Stoffe annehmen, daß es sich wahrscheinlich um Gemische handelt. Längere Behandlung des unschmelzbaren weißen Präzipitats mit Wasser oder wäßrigem Ammoniak führt zur Entstehung eines gelben, unlöslichen Stoffes, der das Chlorid der MILLONschen Base ist und dessen Molekül eine Hydroxylgruppe enthält.

$$2HgClNH_2 + H_2O = HO \cdot Hg \cdot NH \cdot HgCl + NH_3 + HCl.$$

Diese Verbindung wird nach FRANKLIN als gemischtes aquobasisch-amonobasisches Salz bezeichnet. Mit Wasser oder Natriumhydroxyd erfolgt unter Bildung von Quecksilberhydroxyd langsam vollständige Hydrolyse, während mit Ammoniumchlorid das unschmelzbare weiße Präzipitat zurückgebildet wird.

Säureamide und -imide.

Die Reaktion zwischen den Nichtmetallhalogeniden und Wasser hat den Ersatz des Halogens durch Hydroxylgruppen zur Folge. Eine vergleichbare Reaktion tritt zwischen diesen Halogeniden und Ammoniak auf, wobei Säureamide und -imide gebildet werden; aus diesen Verbindungen kann man in einigen Fällen durch Erhitzen die dazugehörigen Nitride erhalten. Mit Siliciumtetrachlorid finden folgende Umwandlungen statt:

$$SiCl_4 \longrightarrow Si(NH_2)_4 \xrightarrow{0^\circ} HN \cdot Si(NH_2)_2 \xrightarrow{100^\circ} N{:}SiNH_2$$

$$N{:}SiNH_2 \xrightarrow{900^\circ} HN(SiN)_2 \xrightarrow[1200^\circ]{} Si_3N_4$$

Das erste Produkt, $Si(NH_2)_4$, Siliciumtetramid, ist das Gegenstück der Orthokieselsäure, von der man annimmt, daß sie sich als erste Stufe bei der Hydrolyse von Siliciumtetrachlorid bildet. Die zweite Verbindung, $HNSi(NH_2)_2$, ist das Siliciumanaloge des Guanidins. Wie Silico-cyanamid, $NSiNH_2$, wird sie leicht durch Wasser hydrolysiert, während Silicam, $HN(SiN)_2$, nur sehr langsam hydrolysiert. Wenn man Ammoniak durch Amine ersetzt, so entstehen Stoffe, die man als Ester der obigen Ammonokieselsäuren auffassen kann; so reagieren sowohl Äthylamin als auch Anilin mit Siliciumtetrachlorid, wobei die beiden Verbindungen $Si(NHC_2H_5)_4$ und $Si(NHC_6H_5)_4$ entstehen. Trotz der formalen Analogie zwischen dieser Verbindungsklasse und den Silikaten sind von diesen Stoffen bedeutend weniger untersucht worden, als es bei den Sauerstoffverbindungen der Fall ist. Unter den interessanten Problemen, die sich den künftigen Untersuchungen darbieten, ist vor allem die Röntgenuntersuchung von Stoffen, wie z. B. des Nitrids, Si_3N_4, zu erwähnen, von dem man erwarten sollte, daß es eine Analogie zum SiO_2 besitzt.

Titantetrachlorid bildet mit flüssigem Ammoniak ein Tetramid, $Ti(NH_2)_4$, welches beim Erhitzen in ein Diimid, $Ti(NH)_2$ übergeht. Beides sind saure Stoffe; aus Titannitrid-bromid und Kaliumamid konnte man ein dem Diimid entsprechendes Kaliumsalz erhalten:

$$TiNBr + 2KNH_2 = TiN_2HK + KBr + NH_3.$$

Die Halogenide des Germaniums zeigen ein ähnliches Verhalten. So bildet Germaniumjodid mit flüssigem Ammoniak ein Imid von der

Form $Ge(NH)_2$[21]. Wenn man dieses auf 150° erhitzt, so entsteht Germanam[22], $(GeN)_2NH$, das Analogon des Silicams, $(SiN)_2NH$, und des Cyanimids, $(CN)_2NH$. Beim Erhitzen von Germanam auf 350° entsteht das Nitrid Ge_3N_4. Aus Germanojodid und flüssigem Ammoniak bildet sich eine Ammono-germanosäure, $Ge{=}NH$, in Form eines unlöslichen, gelben Pulvers. Diese Verbindung ist das Germaniumanaloge der Blausäure. Zur Zeit ist jedoch praktisch nichts über das Auftreten von Salzen und Estern von irgendeiner dieser Germaniumverbindungen bekannt. Ähnlich liegen die Dinge bei der Reaktion der Zirkonhalogenide mit flüssigem Ammoniak. Vor über 30 Jahren erhielt man aus flüssigem Ammoniak und Zirkonjodid einen Stoff, den man für ein unreines Tetramid hielt[23], jedoch wurde die Beobachtung nicht weiter verfolgt. Es sollten auch Amide und Imide des zwei- und vierwertigen Zinns vorkommen, doch ist das einzige, gegenwärtig bekannte Derivat des vierwertigen Zinns das Kaliumammonostannat, $K_2[Sn(NH_2)_6]$, das man beim Zusatz von überschüssigem Kaliumamid zu einer Lösung von Stannijodid in flüssigem Ammoniak erhält:

$$SnJ_4 + 6\,KNH_2 = K_2[Sn(NH_2)_6] + 4\,KJ.$$

Kaliumammonostannit, $K[Sn(NH_2)_3]$, entsteht bei der Behandlung von Zinn mit einer ammoniakalischen Lösung von Kaliumamid[24]. Die dabei stattfindende Reaktion wird durch die Gleichung

$$10\,Sn + 6\,KNH_2 = 2\,K[Sn(NH_2)_3] + K_4Sn_8$$

wiedergegeben. Eine Oxydation von zweiwertigem zum vierwertigen Zustand kann man erreichen, wenn man das Kaliumammonostannit mit Jod und einem Überschuß von Kaliumamid in flüssigem Ammoniak behandelt:

$$KNSn + 3\,KNH_2 + J_2 = Sn(NK)_2 + 2\,KJ + 2\,NH_3.$$

Aus dem Kaliumsalz wird durch Einwirkung von Ammoniumbromid freies Stannoimid, $Sn{=}NH$, in Freiheit gesetzt, welches, wie nochmals betont werden muß, im flüssigen Ammoniak einer Säure entspricht. Die Reaktion verläuft nach der Gleichung:

$$KNSn \cdot 2\,NH_3 + NH_4Br = SnNH + KBr + 3\,NH_3.$$

Diese Gleichung läßt sich vereinfacht in der Form

$$KNSn + HBr = HNSn + KBr$$

schreiben, da man das Ammoniumbromid einfach als Quelle von Bromwasserstoffsäure auffassen kann. Das freie Stannoimid ist ein brauner amorpher Stoff[25]. Es zeigt einen amphoteren Charakter und löst sich in einer flüssigen Ammoniaklösung von Kaliumamid unter Bildung von Kaliumammonostannit, oder in einer ammoniakalischen Lösung von Ammoniumrhodanid, wobei Stannorhodanid entsteht. Bei 340° verliert Stannoimid Ammoniak und geht in das Stannonitrid, Sn_3N_2, über. Dieser Vorgang entspricht dem beim Erhitzen eines Hydroxyds auftretenden Verlust von Wasser und dem Übergang in das Oxyd.

---

21 Johnson u. Sidwell: J. Amer. chem. Soc. **1933**, **55**, 1884.
22 Schwarz u. Schenk: Ber. dtsch. chem. Ges. **1930**, **63**, 296.
23 Stähler u. Denk: Ber. dtsch. chem. Ges. 1905, **38**, 2611.
24 Bergström: J. physic. Chem. 1926, **30**, 15.
25 Bergström: J. physic. Chem. 1928, **32**, 438.

Ammonophosphor- und phosphorige Säuren.

Nach dem über die Reaktionen zwischen Nichtmetallhalogeniden und Ammoniak Gesagten kann man erwarten, daß Phosphorpentachlorid eine Reihe von Produkten liefert, die sich von der Verbindung $P(NH_2)_5$ bis zum Nitrid, P_3N_5, erstreckt. Drei Glieder dieser Reihe sind tatsächlich bekannt, nämlich:

$NP(NH_2)_2$ . . . Phosphornitrid-Diamid
$NP{=}NH$ . . . Phospham
P_3N_5 . . . . . Phosphornitrid

Das erste, aus Phosphorpentachlorid und Ammoniak entstehende Produkt ist das Phosphornitrilchlorid (vgl. S. 289); dieses bildet bei weiterer Behandlung mit Ammoniak das Diamid des Phosphornitrids, $NP(NH_2)_2$. Diese Verbindung ist eine Säure, von der zwar keine Salze dargestellt wurden, dafür aber mehrere Ester bekannt sind. Das zweite der obigen Produkte, das Phospham, entsteht beim Erhitzen des Diamids des Phosphornitrids:

$$NP(NH_2)_2 = NP:NH + NH_3.$$

Davy kannte diese Verbindung bereits und stellte sie durch Erhitzen von Phosphorpentachlorid mit Ammoniak dar; sie ist ein weißes, unschmelzbares Pulver, welches in Wasser und verdünnten Säuren unlöslich ist und von wäßriger Alkalilösung langsam angegriffen wird. Beim Erhitzen mit Wasser im zugeschmolzenen Rohr läßt sie sich zu Phosphorsäure und Ammoniak hydrolysieren.

Neben den Amino- oder Iminogruppen enthaltenden Derivaten kennt man eine Reihe von Verbindungen, in denen sowohl Hydroxyl- als auch Aminogruppen enthalten sind. Dieses sind gemischte Aquo-ammono-phosphorsäuren; an dieser Stelle sollen zwar nicht die Eigenschaften und Bildungsweisen dieser Verbindungen besprochen werden, doch mögen folgende Formeln zur Erläuterung des Zusammenhanges zwischen diesen Verbindungen und den Phosphorsäuren erwähnt werden:

$H_2NPO(OH)_2$ . . . . Amido-orthophosphorsäure
$(H_2N)_2POOH$ . . . . Diamido-orthophosphorsäure
$(H_2N)_3PO$ . . . . . Triamido-orthophosphorsäure
$(NH)(H_2N)PO$ . . . Orthophosphorsäureamid-imid
H_2NPO_2 . . . . Amido-metaphosphorsäure

Die Halogenide des dreiwertigen Phosphors ergeben mit Ammoniak Reaktionsprodukte, die denen des Pentachlorids ähneln. Flüssiges Ammoniak und Phosphortribromid bildet z. B. das Triamid, $P(NH_2)_3$. Dieses verliert bei 0° Ammoniak und bildet das Imid $P_2(NH)_3$. Ebenso kennt man die Säuren $HO \cdot P(NH_2)_2$, $(HO)_2P \cdot NH_2$ und $O{=}P \cdot NH_2$.

Derivate des Schwefels.

Bisher haben die Versuche zur Darstellung von Derivaten wie $S(NH_2)_6$, $S(NH_2)_4NH$ oder $S(NH_2)_2$ aus den Halogeniden des Schwefels und Ammoniaks zu keinem Erfolg geführt. Man kennt jedoch eine beträchtliche Zahl von sauren Verbindungen, in denen sowohl Hydroxyl- als auch Amidogruppen enthalten sind. Die einfachste dieser Verbindungen ist die Amidosulfonsäure, die beim Erhitzen des Ammoniumsalzes der Fluorsulfonsäure mit konzentriertem, wäßrigem Ammoniak entsteht[26]:

$$FSO_2OH + NH_3 = NH_2 \cdot SO_2OH + HF.$$

Diese Verbindung ist eine starke Säure und deshalb von Interesse, weil nicht nur der Wasserstoff der Hydroxylgruppe, sondern auch der der Amidogruppe unter Salzbildung durch Metallatome ersetzt werden kann. So gibt es beispielsweise ein Monokaliumsalz, $H_2N \cdot SO_2OK$, ein Kaliumsilbersalz, $AgHN \cdot SO_2OK$ und ein Quecksilbernatriumsalz, $HgN \cdot SO_2ONa$.

Imidosulfonsäure, $NH(SO_2OH)_2$, kann im freien Zustand nicht isoliert werden; in Lösung ist jedoch die Verbindung bekannt und liefert eine Reihe von Salzen, z. B. $NK(SO_2OK)_2 \cdot H_2O$. Die Nitridosulfonsäure, $N(SO_2OH)_3$ kennt man ebenfalls nur in Form ihrer Salze. Die sauren Eigenschaften der Amidogruppe sind im Sulfamid, $SO_2(NH_2)_2$, erhalten, welches eine kristalline Substanz ist, die sich in Wasser und flüssigem Ammoniak löst und durch Einwirkung von Ammoniak auf Sulfurylfluorid entsteht[27]. Beim Erhitzen verliert das Sulfamid Ammoniak und bildet unter anderen Produkten Imidodisulfamid, $NH_2 \cdot SO_2 \cdot NH \cdot SO_2 \cdot NH_2$, und ein trimolekulares Sulfimid, $(SO_2NH)_3$. Von dem Sulfamid sind Metallsalze und Ester bekannt, von denen das Disilbersalz $SO_2(NHAg)_2$ erwähnt werden soll; es entsteht beim Behandeln einer ammoniakalischen Silbernitratlösung mit wäßrigem Sulfamid. Sulfimid ist wegen der ihm zugeschriebenen, unten abgebildeten Ringformel interessant:

$$O_2S{<}{\begin{matrix} NH{-}SO_2 \\ NH{-}SO_2 \end{matrix}}{>}NH$$

Sulfimid

Das freie Sulfimid kennt man nur in Lösungen, wo es sich wie eine mäßig starke Säure verhält. Es liefert gut ausgebildete Salze, wie z. B. das Natriumsalz $(SO_2NNa)_3$, und das Silbersalz $(SO_2NAg)_3$.

Die Chemie von Auflösungen in verflüssigtem Schwefeldioxyd.

Schon seit den frühzeitigen Untersuchungen von WALDEN und CENTNERSZWER[28] ist bekannt, daß wasserfreies verflüssigtes Schwefeldioxyd ein gutes Lösungsmittel für eine große Zahl anorganischer und organischer Stoffe ist. Derartige Lösungen leiten den elektrischen Strom, während reines flüssiges Schwefeldioxyd nur ein sehr geringes Leitvermögen zeigt. In den allerletzten Jahren ist dieses Gebiet von JANDER und seinen Mitarbeitern[29] von neuem aufgenommen worden, mit dem Ergebnis, daß die Chemie des verflüssigten Schwefeldioxyds dieselbe Grundlage erhalten hat wie die im flüssigen Ammoniak.

---

[26] TRAUBE u. BREHMER: Ber. dtsch. chem. Ges. 1919, **52**, 1284.

[27] TRAUBE u. REUBKE: Ber. dtsch. chem. Ges. 1923, **56**, 1656.

[28] WALDEN u. CENTERSZWER: Ber. dtsch. chem. Ges. 1899, **32**, 2862.

[29] Vgl. JANDER u. WICKERT: Z. physik. Chem. A, 1936, **178**, 57; Ber. dtsch. chem. Ges. 1937, **70**, 251. — JANDER u. ULLMANN: Z. anorg. allg. Chem. 1937, **230**, 405. — JANDER, KNÖLL u. IMMIG: Z. anorg. allg. Chem. 1937, **232**, 229. — JANDER u. RUPPOLT: Z. physik. Chem. A, 1937, **179**, 43. — JANDER u. IMMIG: Z. anorg. allg. Chem. 1937, **233**, 295.

JANDERs Deutung der Reaktionen im verflüssigten Schwefeldioxyd beruht auf dem unten angegebenen Dissoziationsschema, nach dem $(SO)^{2+}$- und $(SO_3)^{2-}$-Ionen gebildet werden:

$$2SO_2 \rightleftarrows (O\cdot SO_2)^{2-} + (SO)^{2+} \rightleftarrows (SO_3)^{2-} + (SO)^{2+}$$

$$2H_2O \rightleftarrows (OH)^- + (H\cdot H_2O)^+ \rightleftarrows OH^- + (H_3O)^+.$$

Das Schema für die Ionisation des Wassers ist ebenfalls mit aufgeführt, und man sieht ohne weiteres, daß das SO^{2+}-Ion das Gegenstück zu dem Wasserstoffion ist, während das Sulfition, $(SO_3)^{2-}$, dem Hydroxylion entspricht. Unter dieser Voraussetzung können wir erwarten, daß im flüssigen Schwefeldioxyd gelöste Stoffe, also z. B. Thionylchlorid, wie eine Säure ionisieren, während Alkali- oder Ammoniumsulfite sowie die organischen Sulfite als Basen fungieren. Weiterhin sollte ein Sulfit mit Thionylchlorid reagieren und dabei ein Salz und Schwefeldioxyd bilden. Es hat sich gezeigt, daß dies tatsächlich der Fall ist und daß beispielsweise die Reaktion zwischen Cäsiumsulfit und Thionylchlorid quantitativ verläuft und auf konduktometrischem Wege verfolgt werden kann:

$$Cs_2SO_3 + SOCl_2 = 2CsCl + 2SO_2.$$

Diese Reaktionsart kann man mit der Reaktion zwischen einer Säure und einer Base in wäßriger Lösung und ebenfalls mit der zwischen einem Amid und einem Ammoniumsalz in flüssigem Ammoniak vergleichen, z. B.

$$KNH_2 + NH_4Cl = KCl + 2NH_3.$$

Die Löslichkeiten in flüssigem Schwefeldioxyd.

Die Löslichkeiten im flüssigen Schwefeldioxyd sind außerordentlich verschieden. So zeigen die Alkalisulfite bei 0° Löslichkeiten in der Größe von 0,02—0,05 g in 100 g Schwefeldioxyd. Tetramethylammoniumsulfit ist andererseits leicht löslich; Thionylchlorid und Thionylacetat mischen sich mit flüssigem Schwefeldioxyd in jedem Verhältnis. Die Alkali- und Erdalkalijodide zeigen Löslichkeiten, die sich über einen Bereich von 1,71—41,3 g pro 100 cm³ Schwefeldioxyd von 0° erstrecken. Die Bromide dieser Metalle sind nur sehr wenig löslich, die Chloride sind verhältnismäßig unlöslich und die Fluoride lösen sich nur in ganz geringen Mengen. Eine große Zahl anorganischer Salze besitzen in ihren gesättigten Lösungen 10^{-2} bis 10^{-3} molare Konzentrationen. Viele Oxyde (z. B. MgO, CaO, Al_2O_3), Sulfide (z. B. K_2S, CaS, BaS, ZnS) und Hydroxyde (z. B. $NaOH$ und KOH) sind praktisch unlöslich. Bariumsulfit und Mangansulfit sind ebenfalls praktisch unlöslich, auch Kalium und Natrium lösen sich nicht. Von den leicht löslichen Stoffen sind Ammoniumrhodanid, Bleijodid und Ferrichlorid zu erwähnen; außerdem ist flüssiges Schwefeldioxyd ein ausgezeichnetes Lösungsmittel für viele organische Verbindungen.

Eine Reihe anorganischer Salze bilden mit Schwefeldioxyd definierte Additionsverbindungen, die den Hydraten und Ammoniakaten entsprechen. Der Dissoziationsdruck des Schwefeldioxyds in diesen Verbindungen ist allgemein recht beträchtlich und erreicht in verschiedenen

Fällen im Temperaturbereich von 5° bis 34° den Druck von einer Atmosphäre. Die Formeln einiger dieser Verbindungen sind unten wiedergegeben; wie man sieht, handelt es sich bei den in dieser Zusammenstellung aufgeführten Stoffen um stärker lösliche Verbindungen. In einigen Fällen kann man die Bildung mehrerer verschiedener Verbindungen beobachten (z. B. $LiJ \cdot SO_2 \cdot 2SO_2 \cdot 4SO_2$)

Tabelle 3.

$NaJ \cdot 4SO_2$	$LiJ \cdot 2SO_2$	$LiJ \cdot SO_2$	$K(SCN) \cdot 0{,}5SO_2$
$KJ \cdot 4SO_2$	$NaJ \cdot 2SO_2$	$AlCl_3 \cdot SO_2$	$Rb(SCN) \cdot 0{,}5SO_2$
$SrJ_2 \cdot 4SO_2$	$SrJ_2 \cdot 2SO_2$	$K(SCN) \cdot SO_2$	$Cs(SCN) \cdot 0{,}5SO_2$
$BaJ_2 \cdot 4SO_2$	$BaJ_2 \cdot 2SO_2$		$Ca(SCN)_2 \cdot 0{,}5SO_2$

Einige Reaktionen in flüssigem Schwefeldioxyd.

Die Kenntnis der Löslichkeitsverhältnisse hat die Durchführung einer Reihe von Fällungsreaktionen ermöglicht. So gelang auf diesem Wege die Darstellung von Thionylrhodanid, Thionylacetat und Thionylbromid, für deren Bildung folgende Reaktionsgleichungen gelten:

$$2\,NH_4SCN + SOCl_2 = SO(SCN)_2 + 2\,NH_4Cl$$
$$2\,Ag(CH_3COO) + SOCl_2 = SO(CH_3COO)_2 + 2\,AgCl$$
$$2\,KBr + SOCl_2 = SOBr_2 + 2\,KCl.$$

Die Halogenide werden in allen Fällen fast vollständig gefällt, wobei eine Lösung des Thionylderivats in Schwefeldioxyd zurückbleibt. Die erste der genannten Verbindungen ist nicht mit vollständiger Sicherheit isoliert worden, wenn man auch beim Abkühlen auf —80° einen kristallinen Stoff erhält, bei dem es sich möglicherweise um die fragliche Verbindung handelt. Das Rhodanid zersetzt sich, wenn seine Lösung in Schwefeldioxyd auf —10° erwärmt wird, wobei eines der Zersetzungsprodukte wahrscheinlich polymerisiertes Rhodan ist. Das Acetat zerfällt beim Abdampfen des Schwefeldioxyds ebenfalls; bei dieser Zersetzung entsteht Essigsäureanhydrid und Schwefeldioxyd. Versuche zur Darstellung des Thionyljodids nach der Reaktion $2\,KJ + SOCl_2 = 2\,KCl + SOJ_2$ im flüssigen Schwefeldioxyd führten lediglich zu einer Jodabscheidung.

Wenn man Triäthylamin in flüssigem Schwefeldioyd löst, so erfolgt eine heftige Reaktion; die entstehende Lösung leitet den elektrischen Strom. JANDER hat gezeigt, daß dabei die Verbindung (I) gebildet wird:

$$\left[{(C_2H_5)_3N \atop (C_2H_5)_3N}{>}S{=}O\right]SO_3 \quad \text{(I)} \qquad \left[{(C_2H_5)_3N \atop (C_2H_5)_3N}{>}S{=}O\right]Br_2 \quad \text{(II)} \qquad \left[{C_9H_7N \atop C_9H_7N}{>}S{=}O\right]SO_3 \quad \text{(III)}$$

Diese Verbindung ist eine Base, welche man nach ihrer Bildungsweise und auf Grund ihrer Konstitution mit der Verbindung $NH(C_2H_5)_3OH$ vergleichen kann. Beim Behandeln mit Kaliumbromid entsteht ein Bromid (II). Die Reaktion von Diäthylamin mit flüssigem Schwefeldioxyd verläuft sehr ähnlich; auch Chinolin löst sich in flüssigem Schwefeldioxyd, wobei sich eine leitende Lösung ergibt, aus der die Verbindung (III) gewonnen werden kann.

Die Reaktion zwischen trocknem Ammoniak und getrocknetem gasförmigem Schwefeldioxyd liefert zwei feste kristalline Produkte, von denen das erste gelb ist und die Zusammensetzung $SO_2 \cdot NH_3$ besitzt, während dem zweiten orangeroten die Formel $SO_2 \cdot 2NH_3$ zukommt. Diese beiden Stoffe wurden ebenfalls von JANDER als Thionylammoniumsulfite formuliert. Die Reaktion zwischen Ammoniak und Schwefeldioxyd kann man folgendermaßen ausdrücken:

$$2NH_3 + 2SO_2 = \left[\begin{matrix}H_3N\\H_3N\end{matrix}\!\!>S{=}O\right]SO_3.$$

Die analoge Reaktion in Wasser lautet:

$$2NH_3 + 2H_2O = 2[NH_3H]OH.$$

Der Hauptunterschied zwischen den Verbindungen $[((C_2H_5)_3N)_2SO]SO_3$ und $[(NH_3)_2SO]SO_3$ besteht darin, daß die erste in flüssigem Schwefeldioxyd löslich ist und die letzte nicht. Dieses Verhalten entspricht den substituierten und nichtsubstituierten Ammoniumsulfiten, da sich die Verbindung $(N(CH_3)_4)_2SO_3$ sehr gut in flüssigem Schwefeldioxyd löst, während $(NH_4)_2SO_3$ nur wenig löslich ist.

Thionyl-diammoniumsulfit ist ein basenartiger Stoff und reagiert in flüssigem Schwefeldioxyd mit der Säure Thionylchlorid:

$$[(NH_3)_2SO]SO_3 + SOCl_2 = [(NH_3)_2SO]Cl_2 + 2SO_2.$$

Die Verbindung $SO_2 \cdot 2NH_3$ steht in derselben Beziehung zu $[(NH_3)_2SO]SO_3$ wie $(NH_4)_2O$ zu $(NH_4)OH$ oder HgO zu $HgO(OH)_2$; ihre Formel kann als $[(NH_3)_2SO]O$ geschrieben werden. Wenn man die Verbindung in Schwefeldioxyd suspendiert und mit Thionylchlorid behandelt, so verläuft folgende Reaktion:

$$[(NH_3)_2SO]O + SOCl_2 = [(NH_3)_2SO]Cl_2 + SO_2.$$

Diese Gleichung entspricht folgender Reaktion in wäßriger Lösung:

$$Ag_2O + 2HCl = 2AgCl + H_2O.$$

Bei den JANDERschen Untersuchungen ist die Erforschung einiger Oxydations-Reduktionsprozesse in der Lösung in flüssigem Schwefeldioxyd berücksichtigt. Flüssiges Schwefeldioxyd selbst wirkt nicht als Reduktionsmittel; das zeigt sich beispielsweise daran, daß sich Brom, Jod und andere Oxydationsmittel auflösen und unverändert zurückgewinnen lassen. Wenn man jedoch eine Lösung von Kaliumjodid in Schwefeldioxyd mit Ferrichlorid oder mit Antimonpentachlorid behandelt, so erfolgt eine sofortige Abscheidung von Jod. Die Reaktion mit Antimonpentachlorid verläuft nach den unten angegebenen Gleichungen; diese Gleichungen lassen erkennen, daß in der Schwefeldioxydlösung ein Komplexsalz gebildet wird, welches nur wenig löslich ist und daher ausfällt.

$$6KJ + 3SbCl_5 = 3J_2 + SbCl_3 + 6KCl$$
$$6KCl + 2SbCl_3 = 2K_3SbCl_6.$$

Den Reaktionsverlauf kann man konduktometrisch verfolgen, indem man in einem Leitfähigkeitsgefäß eine Lösung von Antimonpentachlorid in Schwefeldioxyd mit einer Schwefeldioxydlösung von Kaliumjodid titriert. Die in flüssigem Schwefeldioxyd nach folgender Reaktionsgleichung verlaufende Reduktion von Jod durch ein Sulfit wurde ebenfalls untersucht.

$$J_2 + 2[((C_2H_5)_3N)_2SO]SO_3 = [((C_2H_5)_3N)_2SO]SO_4 + [((C_2H_5)_3N)_2SO]J_2 + SO_2.$$

Diese Reaktion ist allgemein gültig; die Sulfite werden in flüssigem Schwefeldioxyd durch Jod zu Sulfaten oxydiert. Die Reaktion wird durch die Thionylionenkonzentration, $[SO^{2+}]$, genau in derselben Weise beeinflußt, wie es bei zahlreichen Reaktionen in wäßriger Lösung in bezug auf das p_H der Fall ist.

Bildung von komplexen Halogenverbindungen in flüssigem Schwefeldioxyd.

Walden und Centnerszwer[30] haben zuerst festgestellt, daß die Löslichkeiten von Cadmiumjodid und Mercurijodid in flüssigem Schwefeldioxyd durch Zusatz von Kaliumjodid einen starken Anstieg erfahren. Sie schlossen aus den Löslichkeitsverhältnissen und der elektrischen Leitfähigkeit der Lösungen, daß es sich hierbei um eine Komplexbildung handelt. Es wurde bereits darauf hingewiesen, daß sich aus $SbCl_3$ und KCl in Schwefeldioxyd der Komplex K_3SbCl_6 bildet. Dieser Stoff ist nur wenig löslich und kann isoliert und analysiert werden. Antimonpentachlorid und Kaliumchlorid ergeben eine entsprechende Verbindung, $KSbCl_6$, die jedoch bedeutend besser löslich ist.

Es bestehen erhebliche Beweispunkte für die Bildung anderer, verwandter Komplexe. Aluminiumchlorid erhöht weitgehend die Löslichkeit von Kaliumchlorid in Schwefeldioxyd. Aluminiumchlorid und die Tetrachloride des Siliciums, Titans und Zinns sind in Gegenwart von Thionylchlorid sämtlich in Schwefeldioxyd besser löslich. In diesem Zusammenhang sei erwähnt, daß Bond und Stephens[31] aus Zirkontetrachlorid und flüssigem Schwefeldioxyd eine kristalline Verbindung erhielten, $ZrCl_4 \cdot SO_2$, während die Halogenide der anderen Elemente der IV. Gruppe auf Grund ihrer Löslichkeitsbeziehungen keine Anzeichen einer Verbindungsbildung erkennen lassen. Die Löslichkeit von Antimonpentachlorid sowie die des Trichlorids wird durch Zusatz von Thionylchlorid erhöht, wobei sich im Falle des Trichlorids die Bildung der Verbindung $(SO)_3(SbCl_6)_2$ an der beim Titrieren des gelösten Trichlorids mit einer Lösung von Thionylchlorid in Schwefeldioxyd erfolgenden Leitfähigkeitsänderung nachweisen ließ. Die Kenntnis über diese Verbindungen ist vorläufig noch außerordentlich unvollständig, jedoch kann man mit Sicherheit sagen, daß auch hier eine Komplexbildung erfolgt.

Aluminiumsulfit als amphoterer Elektrolyt.

Zu dem gut bekannten amphoteren Charakter von Hydroxyden, wie Aluminiumhydroxyd und Zinkhydroxyd in wäßriger Lösung, gibt es ein interessantes Gegenstück im System des flüssigen Schwefeldioxyds. Ein derartiges Beispiel findet man beim Aluminiumsulfit, das im flüssigen Schwefeldioxyd amphotere Eigenschaften erkennen läßt.

Man erhält das Sulfit als weißen Niederschlag, wenn man Tetramethylammoniumsulfit zu einer Lösung von Aluminiumchlorid in Schwefeldioxyd hinzufügt.

$$2\,AlCl_3 + 3[N(CH_3)_4]_2SO_3 = Al_2(SO_3)_3 + 6\,[N(CH_3)_4]Cl.$$

Beim Zusatz von überschüssigem Tetramethylammoniumsulfit löst sich der weiße Niederschlag wieder auf, sogar, wenn man ihn vorher stehen

[30] Walden u. Centnerszwer: Z. anorg. allg. Chem. 1902, 30, 179.
[31] Bond u. Stephens: J. Amer. chem. Soc. 1929, 51, 2916.

und altern läßt, wodurch er — genau wie es beim Aluminiumhydroxyd der Fall ist — unlöslicher wird.

$$Al_2(SO_3)_3 + 3[N(CH_3)_4]_2SO_3 = 2[N(CH_3)_4]_3Al(SO_3)_3.$$

Durch Zusatz von Thionylchlorid läßt sich Aluminiumsulfit wieder ausfällen:

$$2[N(CH_3)_4]_3Al(SO_3)_3 + 3SOCl_2 = Al_2(SO_3)_3 + 6[N(CH_3)_4]Cl + 3SO_2.$$

Fünfzehntes Kapitel.

Radioaktivität und Atomzerfall.

Natürliche Radioaktivität und die Grundlagen der klassischen Radioaktivität.

Während die Struktur der äußeren Elektronen des Atoms der experimentellen Erforschung durch physikalische und chemische Methoden zugänglich ist, beruht unsere gesamte Kenntnis über den Atomkern auf der Untersuchung des freiwilligen Vorganges der Radioaktivität. Sämtliche Elemente mit Atomgewichten, die größer sind als das des Wismuts, sind radioaktiv. Ihre Atome sind unbeständig und unterliegen einem freiwilligen Zerfall. Bis vor kurzem schien es so, daß nur die schwersten, d. h. die am stärksten zusammengesetzten Atomkerne diese Unbeständigkeit zeigten; eines der überraschendsten Ergebnisse der neueren Untersuchungen über die Radioaktivität ist die Erkenntnis, daß auch kurzlebige Isotope der leichten Elemente auftreten können. In diesem Kapitel sind die Grundlagen der klassischen Radioaktivität kurz auseinandergesetzt, um einen Rahmen für die Besprechung der neueren Arbeiten über den Atomzerfall zu bilden[1].

Die äußeren Wirkungen der Radioaktivität, wie sie beispielsweise durch die Salze des Radiums ausgeübt werden, kann man folgendermaßen zusammenfassen: Schwärzung von photographischen Platten, Ionisierung von Luft und Hervorrufen einer Luminescenz an Zinksulfid, Bariumplatincyanür und anderen Stoffen. Diese Wirkungen werden durch die Aussendung von Strahlungen hervorgerufen, bei denen man drei Komponenten unterscheiden kann, welche in ihrem Durchdringungsvermögen und in der Art, wie sie von elektrischen und Magnetfeldern abgelenkt werden, voneinander verschieden sind. Die am leichtesten absorbierbaren α-Strahlen werden so abgelenkt, daß sich erkennen läßt, daß die „Strahlen" eine positive elektrische Ladung besitzen. Die durchdringendsten γ-Strahlen werden überhaupt nicht abgelenkt und entsprechen in ihren Eigenschaften den elektromagnetischen Strahlungen von der Art der Röntgenstrahlen, jedoch besitzen sie kürzere Wellenlängen als diese. Die dritte Art der Strahlungen, deren Durchdringungsvermögen eine Mittelstellung zwischen den beiden anderen Strahlenarten einnimmt, sind die β-Strahlen. Im Magnetfeld

[1] Bezüglich einer vollständigen Behandlung dieses Gebietes sei auf die Standardwerke hingewiesen, z. B. G. v. Hevesy u. F. Paneth: Lehrbuch der Radioaktivität, 2. Aufl. Leipzig 1931.

werden sie stark abgelenkt, und zwar läßt die Art der Ablenkung ihre negative Ladung erkennen. Sowohl die α- als auch die β-Strahlen sind daher mit einem Elektrizitätstransport verbunden und können demnach nicht aus echten elektromagnetischen Schwingungen bestehen, sondern müssen vielmehr einen korpuskularen Charakter besitzen. Die ungefähre Größe des Durchdringungsvermögens der drei Strahlungen ist am Beispiel der α-, β- und γ-Strahlen des Radiums aus nebenstehenden Daten zu ersehen.

Tabelle 1.

Strahlung	Dicke der Al-Schicht, welche die Ionisation auf die Hälfte herabsetzt cm	Durchdringungsvermögen
α	0,0005	1
β	0,05	100
γ	8	10000

α-Strahlung.

Die korpuskulare Natur der α-Strahlen läßt sich z. B. durch die am Zinksulfid hervorgerufene Luminescenz nachweisen. Bei starker Vergrößerung kann man erkennen, daß sich das Aufleuchten aus einzelnen Lichtpunkten zusammensetzt, von denen jeder durch den Aufprall eines einzelnen α-Teilchens hervorgerufen wird. Die Ionisation, die durch ein einzelnes Teilchen bewirkt wird, kann man ebenfalls nachweisen und auf diese Weise die tatsächliche Emissionsgeschwindigkeit der α-Teilchen berechnen. So wurde bestimmt, daß ein Gramm Radium, welches frei von seinen Zerfallsprodukten ist, in der Sekunde $3{,}70 \cdot 10^{10}$ α-Teilchen aussendet.

Das Verhältnis von Ladung zu Masse, e/m, ist für jedes einzelne Teilchen ungefähr halb so groß wie der Wert e/m bei einem Wasserstoffion; das heißt also, wenn die Ladung des Teilchens nur eine Einheit beträgt, ist seine Masse $= 2$; beträgt e das Doppelte der Elektronenladung, so muß $m = 4$ sein. Die absolute Ladung des α-Teilchens wurde durch direkte Messung des Ladungstransportes bestimmt, wobei sich ergab, daß sie doppelt so groß wie die Ladung eines Elektrons ist. Die Masse ist somit viermal so groß wie die des Wasserstoffes, so daß man das α-Teilchen als doppelt ionisiertes Heliumatom, He^{2+}, auffassen kann. Ein Beweis dafür ergibt sich aus der direkten Bildung des Heliums aus Radium und dadurch, daß man zeigen kann, daß das dabei entstehende Helium tatsächlich von den emittierten α-Teilchen herrührt. Ein Gramm Radium liefert pro Jahr 0,167 mm^3 Helium, die $4{,}53 \cdot 10^{18}$ Heliumatomen entsprechen. In derselben Zeit beträgt die Zahl der emittierten α-Teilchen $4{,}53 \cdot 10^{18}$, so daß also zwischen diesen beiden Werten eine gute Übereinstimmung besteht. Wenn man weiterhin einen α-Strahlen aussendenden Stoff in ein Glasrohr einschmilzt, dessen Wandungen so dünn sind, daß die α-Teilchen durchtreten können, und wenn man dann dieses Rohr in ein evakuiertes äußeres Rohr bringt, so läßt sich in diesem das im Laufe der Zeit gebildete Helium spektroskopisch nachweisen.

Die ionisierenden und Fluorescenzwirkungen der α-Strahlen hören bei einer gewissen Entfernung von der Strahlungsquelle plötzlich auf, woraus sich ergibt, daß die meisten α-Teilchen, die von irgendeinem radioaktiven Stoff ausgesandt werden, nur eine bestimmte Reichweite besitzen; diese Reichweite hängt von der Geschwindigkeit der Strahlen ab (nach dem Gesetz $r \sim v^3$) und ist für jede radioaktive Art charakteristisch. Die Reichweite der α-Strahlen von einigen radioaktiven Elementen in Luft von 15° bei 760 mm Druck sind in der Tabelle 2 aufgeführt.

Wegen ihrer Masse und hohen Geschwindigkeit wirken die α-Teilchen durch Zusammenstoß mit den Molekülen des durchstrahlten Gases sehr stark ionisierend. So erzeugt ein α-Teilchen des Radium C′ in Luft bei 0° auf seiner Bahn $2{,}37 \cdot 10^5$ Ionenpaare. Dieser Verbrauch von Energie zur Anregung und Ionisation des bestrahlten Mediums übt eine verlangsamende Wirkung auf die α-Teilchen aus. Die Ionisationserscheinung erreicht kurz vor Ende der Reichweite ein scharfes Maximum, so daß bei einer Quelle mit verschiedenen Arten von α-Strahlern jede Art durch einen Knick in der Ionisations-Abstandskurve ausgezeichnet ist.

Tabelle 2.

Reihe	Reichweite in cm	Geschwindigkeit in $cm \cdot sec^{-1}$
Uran I	2,83	$1{,}423 \cdot 10^9$
Uran II	2,91	$1{,}437 \cdot 10^9$
Radium	3,389	$1{,}511 \cdot 10^9$
Radium-Emanation	4,122	$1{,}613 \cdot 10^9$
Radium A	4,722	$1{,}688 \cdot 10^9$
Radium C′	6,971	$1{,}922 \cdot 10^9$
Thorium-Emanation	5,063	$1{,}728 \cdot 10^9$
Thorium C′	8,617	$2{,}063 \cdot 10^9$

β-Strahlen.

Bei den β-Strahlen handelt es sich, wie man an ihrer magnetischen Ablenkung und ihrer Ladung erkennen kann, um Elektronen mit sehr hohen Geschwindigkeiten. Die Geschwindigkeit ist im Falle einiger radioaktiver Elemente so groß, daß die durch die Relativitätstheorie vorausgesagte Massenzunahme mit der Geschwindigkeit deutlich in Erscheinung tritt. Radium C emittiert beispielsweise β-Strahlen, deren Geschwindigkeit bis zu 0,998 der Lichtgeschwindigkeit beträgt.

Die β-Strahlen wirken bedeutend weniger ionisierend als die α-Strahlen; ein β-Teilchen, das sich mit einer Geschwindigkeit bewegt, die $^9/_{10}$ der Lichtgeschwindigkeit entspricht, führt auf einer Bahnlänge von 1 cm zur Entstehung von 55 Ionenpaaren, d. h. es ionisiert ungefähr 1 Prozent der Atome, mit denen es zusammentrifft.

Radioaktiver Rückstoß.

Da bei der Emission eines α- oder β-Teilchens der gesamte Impuls erhalten bleiben muß, so wird das Atom, welches ein Teilchen emittiert, mit einer bedeutend kleineren Geschwindigkeit, $\frac{m}{M} \cdot v$, zurückgestoßen, wobei m die Masse des α- oder β-Teilchens, M die Masse des Atoms und v die Geschwindigkeit des emittierten Partikels ist. Die bei der Emission von α-Teilchen entstehenden Rückstoßatome besitzen eine meßbare Reichweite und eine stark ionisierende Wirkung. Rückstoßatome von β-Strahlen haben nur thermische Energie und rufen keine Ionisation hervor. Die praktische Bedeutung des radioaktiven Rückstoßes liegt darin, daß er ein Mittel zur Isolierung von Zerfallsprodukten bietet, selbst wenn diese nur in unendlich kleinen Mengen vorhanden sind. Die Emission eines α-Teilchens hinterläßt zwar ein negativ geladenes Atom, doch nimmt das Rückstoßatom durch Ionisation des umgebenden Mediums sofort eine positive Ladung an; dieses Verhalten stimmt damit überein, daß die metallischen Elemente nicht in Form negativer Ionen auftreten können. Die Rückstoßatome lassen sich daher auf einer Metallplatte sammeln, die auf ein geeignetes negatives Potential geladen ist, wodurch eine Trennung von dem ursprünglichen radioaktiven Material möglich ist.

Die Zerfallstheorie.

Die Erscheinungen der Radioaktivität gehen auf einen spontanen Zerfall der Atome radioaktiver Elemente zurück, wobei neue Atomarten entstehen. Bei einem derartigen Zerfallsprozeß ist die Zahl der in der Zeiteinheit zerfallenden Atome stets ein bestimmter Bruchteil λ der in diesem Zeitpunkt vorhandenen Atomzahl N. Daraus ergibt sich, daß die Zahl der Atome des unbeständigen zurückbleibenden radioaktiven Elements exponentiell mit der Zeit abnimmt; für die Abnahme ergibt sich der Ausdruck $N_0 = N\, e^{-\lambda T}$, in dem N_0 die Zahl der ursprünglich vorhandenen Atome bedeutet. Der Wert der Größe λ, die man als *Zerfallkonstante* bezeichnet, ist für jedes radioaktive Element charakteristisch. Die Größe $1/\lambda$ besitzt die Dimension einer Zeit und stellt die *statistische mittlere Lebensdauer* der Atome des unbeständigen Elements dar. Von größerem praktischen Interesse ist die *Halbwertszeit* T, welches die Zeit ist, in der die Aktivität auf die Hälfte ihres ursprünglichen Wertes abgesunken ist. Aus der exponentiellen Natur des Zerfalls ergibt sich, daß $T = 0{,}69/\lambda$ ist.

Kurzlebige radioaktive Elemente. Uran X.

Die Radioaktivität des Urans, Thoriums und Radiums ist in meßbaren Bereichen konstant, woraus sich ergibt, daß die Halbwertszeiten dieser Elemente sehr lang sein müssen. Die bei ihrem Zerfall gebildeten Produkte sind jedoch keine beständigen Atomarten, sondern selbst radioaktive Elemente, welche in den erwähnten Fällen sämtlich kurzlebig sind. Nur im Endzustand des radioaktiven Zerfalls werden, wie noch gezeigt wird, Isotope des Bleis gebildet, so daß dort beständige Elemente durch einen radioaktiven Vorgang entstehen.

Daß das radioaktive Zerfallsprodukt ein neues Element ist, zeigt sich daran, daß man es auf chemischem Wege von dem Stammelement trennen kann. Dies soll am Fall des Urans erläutert werden. Gewöhnliche Uransalze sind sowohl α- als auch β-aktiv. Wenn man jedoch ein Uransalz in Gegenwart von Eisen mit Ammoniumkarbonat behandelt, so zeigt sich, daß der β-aktive Teil vollständig zusammen mit dem Eisen gefällt wird und daß das zurückbleibende Uransalz nur noch α-aktiv ist. Die β-Aktivität des Niederschlages nimmt jedoch exponentiell mit einer Halbwertzeit von 23,8 Tagen ab, während das Uransalz von neuem eine β-Aktivität entwickelt, welche nach demselben Gesetz exponentiell zunimmt. Es ist klar, daß die β-Aktivität der Uransalze auf die Anwesenheit eines neuen Elements, des Uran X, zurückgeht, welches mit einer Halbwertszeit T von 23,8 Tagen zerfällt; die

Rückbildung der Aktivität in dem reinen Uransalz muß durch die Neubildung von Uran X durch Zerfall des Urans selbst hervorgerufen sein. Da die Halbwertszeit des Urans größer als 10^9 Jahre ist, so ist in einem bestimmten Präparat die Zahl der Uranatome, welche in der Zeiteinheit zerfallen und Uran X bilden, stets konstant. Die Anzahl der in der Zeiteinheit zerfallenden Uran X-Atome steigt mit der vorhandenen Zahl der Atome direkt an. In einem von Uran X befreiten Uransalz nimmt die Menge des Uran X im Laufe der Zeit von 0 an zu, bis so viele Atome des Uran X in jeder Sekunde zerfallen, wie durch den Zerfall des Urans gebildet werden. In diesem Punkt ist somit ein *radioaktives Gleichgewicht* erreicht, bei dem die Konzentration des Uran X konstant bleibt.

Wenn λ_1 und λ_2 die Zerfallskonstanten des Urans bzw. Uran X und N_1 bzw. N_2 die Zahl der von jeder Art vorhandenen Atome ist, so ergibt sich für den Gleichgewichtszustand

$$\lambda_1 N_1 = \lambda_2 N_2,$$

d. h. $N_2 = \frac{\lambda_1}{\lambda_2} N_1$. Somit liegen im Gleichgewicht Uran und Uran X im Verhältnis ihrer mittleren Lebensdauern vor. In diesem Falle und auch ganz allgemein ist das neue Zerfallsprodukt selbst radioaktiv, so daß eine Reihe von aufeinanderfolgenden radioaktiven Elementen miteinander im Gleichgewicht sein müssen; es ist somit stets:

$$\lambda_1 N_1 = \lambda_2 N_2 = \lambda_3 N_3 = \text{usw.},$$

wobei die Zahl der von jeder Art in der Zeiteinheit zerfallenden Atome durch die Zerfallsgeschwindigkeit des langlebigsten ersten Gliedes bestimmt wird. Die Gleichgewichtskonzentration jeder Art ist stets proportional $1/\lambda$.

Da λ_1 (beim Uran) $= 4{,}9 \cdot 10^{-18}$, λ_2 (für Uran X) $= 3{,}4 \cdot 10^{-7}$ ist, so sind im Gleichgewichtszustand bei einem Gramm Uran (welches $2{,}52 \cdot 10^{21}$ Atome enthält),

$$N_2 = \frac{2{,}52 \cdot 10^{21} \times 4{,}9 \cdot 10^{-18}}{3{,}4 \cdot 10^{-7}} \text{ Atome Uran X}$$

oder $1{,}4 \cdot 10^{-11}$ Gramm Uran X vorhanden. Wenn auch die Menge des Uran X klein ist, so läßt sich seine Radioaktivität doch leicht nachweisen, da sie der α-Strahlenaktivität von 1 Gramm Uran äquivalent ist.

Radioaktive Emanationen und aktive Niederschläge.

Das unmittelbare Zerfallsprodukt des Radiums ist ein gasförmiges Element, welches man auf Grund seines reaktionsträgen chemischen Verhaltens in die Gruppe der atmosphärischen Edelgase einordnen muß. Dieser Radiumemanation entsprechend entstehen beim Zerfall des Thoriums und Aktiniums ebenfalls gasförmige Zerfallsprodukte, die sämtlich kurzlebige radioaktive Elemente sind und unter Aussendung

Radium-Emanation	Halbwertszeit	3,85 Tage
Thorium-Emanation	,,	54,9 Sekunden
Aktinium-Emanation . . .	,,	3,92 Sekunden

von α-Strahlen zerfallen. Die Zerfallsprodukte der Emanationen sind metallische Elemente, die ebenfalls eine kurze Lebensdauer besitzen und die sich auf Oberflächen, welche man der Emanation aussetzt, in Form aktiver Abscheidungen niederschlagen. Da diese Produkte in atomarer Verteilung entstehen, so scheiden sie sich nur langsam ab, doch lassen sie sich in der bereits erwähnten Art auf einer negativ geladenen Oberfläche sammeln. Der aktive Niederschlag erleidet eine Folge radioaktiver Umwandlungen; je nachdem, ob die Abscheidung innerhalb einer kürzeren oder einer längeren Zeit erfolgt, erhält man demnach verschiedene Zerfallskurven. Wenn sich die Abscheidung über einen längeren Zeitraum erstreckt, so zeigt der Niederschlag eine α-, β- und γ-Strahlaktivität, welche — im Falle des aus Thoriumemanation erhaltenen Niederschlages — für alle Arten mit einer Halbwertszeit von 10,6 Stunden abnimmt. Wenn man die Oberfläche, an der die Abscheidung erfolgt, der Emanation nur wenige Minuten aussetzt, so ist die α-Aktivität anfangs Null, steigt jedoch im Laufe der Zeit zu einem Maximalwert an, der nach ungefähr 4 Stunden erreicht ist. Danach nimmt die Zerfallskurve denselben Verlauf wie im Falle der langen Einwirkung. Dieses verschiedenartige Verhalten läßt sich durch die Annahme erklären, daß das an dem Draht gesammelte Produkt (Thorium B) eine β-Strahlumwandlung erleidet; der Zerfall unter Aussendung von α-Strahlung rührt von dessen Zerfallsprodukt, dem Thorium C, her. Bei längerer Einwirkung der Emanation haben Thorium B und Thorium C ein radioaktives Gleichgewicht erreicht, und da die Halbwertszeit des ThC (60,8 Minuten) bedeutend kleiner ist als die des ThB (10,6 Stunden), so folgt der gesamte Zerfall der Zerfallskurve des ThB. Bei kurzer Einwirkung der Emanation nimmt die Menge des ThC mit der Zeit zu, bis das radioaktive Gleichgewicht erreicht ist. Übereinstimmend mit dieser Erklärung sinkt die Aktivität der β-Strahlung von Anfang an mit einer Halbwertszeit von 10,6 Stunden ab.

Aus der Art, wie der aktive Niederschlag des Radiums und auch des Thoriums zerfällt, geht hervor, daß es sich um verschiedene aufeinanderfolgende Umwandlungen handelt. Im Falle des Radiums entsteht beim Zerfall des kurzlebigen RaC eine verhältnismäßig langlebige Art, das RaD, mit einer Halbwertszeit von 16—20 Jahren.

Kurze und lange Halbwertszeiten.

Die Halbwertszeiten der radioaktiven Elemente erstrecken sich über den sehr weiten Bereich von 10^{-11} Sekunden für ThC′ bis $2{,}2 \cdot 10^{10}$ Jahre für Thorium. In diesen extremen Fällen können die Halbwertszeiten natürlich nicht direkt ermittelt werden; sie lassen sich aber aus den Lebensdauern von experimentell bestimmbaren Umwandlungen berechnen. Die Halbwertszeit langlebiger radioaktiver Elemente kann man bestimmen, wenn man das Prinzip des radioaktiven Gleichgewichtes benutzt. In Mineralien mit einem hohen geologischen Alter muß sich zwischen dem Uran und dem Radium ein radioaktives Gleichgewicht eingestellt haben. Das Verhältnis der Gewichtsmengen von Ra : U in den Urangesteinen ist tatsächlich stets $3{,}3 \cdot 10^{-7} : 1$. Die Zerfallskonstante des Radiums, wie sie durch direkte Zählung von α-Teilchen bestimmt wurde, beträgt $1{,}39 \cdot 10^{-11}$ pro Sekunde, so daß wir aus denselben Gründen, die wir zur Berechnung der im Uran vorliegenden Gleichgewichtsmenge von UX benutzt haben, folgende Gleichung schreiben können:

$$\lambda_{\mathrm{UI}} = 3{,}3 \cdot 10^{-7} \times 1{,}39 \cdot 10^{-11} \times \frac{238}{226},$$

woraus sich ergibt, daß $T = 4{,}51 \cdot 10^9$ Jahre ist. Eine unabhängige Bestätigung der so berechneten Halbwertszeit ergibt sich durch direkte Messungen der Emissionsgeschwindigkeit von α-Teilchen. Ein Gramm Uran, welches $2{,}55 \cdot 10^{21}$ Atome enthält, emittiert pro Sekunde $2{,}3 \cdot 10^4$ α-Teilchen. Da zwei α-aktive Isotope, UI und UII, auftreten, so wird die Hälfte dieser Teilchen von dem UI ausgesandt, wobei jedes Atom bei seinem Zerfall ein α-Teilchen emittiert. Danach ergibt sich

$$\lambda_{\mathrm{UI}} = \frac{1{,}15 \cdot 10^4}{2{,}25 \cdot 10^{21}} = 4{,}5 \cdot 10^{-18} \text{ pro Sekunde},$$

so daß man für die Halbwertszeit erhält

$$T_{\mathrm{UI}} = 4{,}77 \cdot 10^9 \text{ Jahre}.$$

Kurze Halbwertszeiten aktiver Elemente mit α-Strahlung werden durch Anwendung einer empirischen Beziehung zwischen der Geschwindigkeit (oder der Reichweite) des α-Teilchens und der Zerfallskonstanten des Vorganges, bei dem er ausgesandt wird, bestimmt; diese Beziehung wird als GEIGER-NUTTALLsche Beziehung bezeichnet. Wenn man den Logarithmus der Reichweite der α-Teilchen gegen den Logarithmus der Zerfallskonstanten aufträgt, so erhält man für jede der drei Zerfallsreihen eine Gerade. Wenn man dann die Reichweite eines α-Teilchens mißt, so kann man durch Interpolieren die Zerfallskonstante des fraglichen Prozesses finden. Dasselbe allgemeine Prinzip — daß eine große Geschwindigkeit dem Zerfall einer kurzlebigen Art entspricht — läßt sich auch auf β-Strahlumwandlungen anwenden; da aber die von irgendeinem radioaktiven Element emittierten β-Strahlen stets Bestandteile mit verschiedenen Geschwindigkeiten enthalten, so ist die quantitative Anwendung von Messungen der Geschwindigkeiten oder Reichweiten zur Bestimmung der Zerfallskonstanten hierbei schwieriger.

Radioaktive Zerfallsreihen und Verschiebungsgesetz.

Die Art und die Aufeinanderfolge der einzelnen radioaktiven Zerfallsprozesse wurde für jede der drei vom Uran, Thorium bzw. Aktinium ausgehenden Reihen durch die oben kurz erwähnten Verfahren festgestellt. Die Deutung der Erscheinungen, welche zur Entdeckung der Isotope und zum Aufstellen der „Verschiebungssätze" führte, bietet einen der glänzendsten Beiträge zu der grundlegenden Theorie der Physik und Chemie.

Die Isotopie der radioaktiven Elemente läßt sich gut an den anfänglichen Umwandlungen der Uranreihe erkennen. Wie bereits festgestellt wurde, bildet Uran durch eine α-Umwandlung ein Element UX_1, welches so beständig ist, daß es sich in einer zwar sehr kleinen, aber immerhin zur chemischen Trennung vom Uran ausreichenden Menge sammelt. UX_1 erwies sich als ein Isotop des Thoriums und läßt sich auf chemischem Wege nicht von diesem trennen; durch zwei aufeinanderfolgende

β-Strahlumwandlungen ergibt es UII, das ein Isotop des UI ist und daher von diesem nicht getrennt werden kann. UII sendet wie UI ein α-Teilchen aus und bildet Ionium, ein zweites Isotop des Thoriums. Man sieht, daß die Aufeinanderfolge eines α-Zerfalls und zweier β-Strahlumwandlungen zur Entstehung eines Elements führt, welches mit dem ersten Glied der Reihe isotop ist.

Die Zerfallsgesetze oder Verschiebungssätze, welche die Natur des Zerfallsvorganges mit diesen Umwandlungen des chemischen Charakters der fraglichen Atome in Zusammenhang bringen, sind mit Hilfe der gegenwärtigen Atomtheorie leicht verständlich. Der radioaktive Zerfall ist ein Kernprozeß, bei dem aus dem Kern des zerfallenden Atoms entweder a) ein α-Teilchen, d. h. ein doppelt positiv geladener Heliumkern, oder b) ein β-Teilchen, also ein negatives Elektron, emittiert wird.

Wenn man den Einfluß dieser beiden verschiedenen Möglichkeiten auf die Atomnummer und das Atomgewicht des zerfallenden Atoms berücksichtigt, so wird sofort klar, daß

a) durch eine Umwandlung unter Emission von α-Strahlung das Atomgewicht um die Masse eines Heliumatoms, d. h. um vier Einheiten, abnimmt, während die Kernladung, also die Atomnummer, um 2 kleiner wird. Das Zerfallsprodukt ist daher ein Element, das im Periodischen System zwei Stellen von dem Stammelement entfernt ist. Daher muß UI (Atomgewicht = 238, Atomnummer = 92) in der VI. Gruppe als Produkt seiner α-Strahlumwandlung ein Element mit dem Atomgewicht 234 und der Atomnummer 90 bilden, welches in der IV. Gruppe des Periodischen Systems steht. UX_1 ist somit ein Isotop des Thoriums (Atomgewicht = 232, Atomnummer = 90).

b) Der Verlust eines β-Teilchens aus dem Kern vergrößert die gesamte positive Ladung um eine Einheit, ohne daß das Atomgewicht wesentlich geändert wird, da man die Masse des Elektrons vernachlässigen kann. Das bei der β-Umwandlung entstehende Produkt steht im Periodischen System somit eine Stelle vor dem Stammelement. UX_2, das durch eine β-Strahlumwandlung aus UX_1 entsteht, ist demnach ein Element mit der Atomnummer 91 und gehört in die V. Gruppe des Periodischen Systems; sein β-Strahlzerfallsprodukt UII besitzt die Atomnummer 92 und ist ein Isotop des UI. UX_2 und UII müssen dasselbe Atomgewicht, nämlich 234, besitzen, da sie aus UX_1 durch aufeinanderfolgende β-Strahlumwandlungen entstehen.

Die radioaktiven Elemente bilden in dieser Weise drei Zerfallsreihen (Tabelle 3—5), die sich vom Uran, Thorium und Protaktinium ableiten; Radium ist ein Glied der Uranreihe. Da in den Urangesteinen die auf die Aktiniumelemente zurückgehende Aktivität ein konstanter Teil (3 Prozent) von derjenigen ist, die von der Uranreihe herrührt, so scheint eine gewisse genetische Beziehung zwischen Uran und Protaktinium zu bestehen. So lange die Atomgewichte des Aktiniums und seiner Zerfallsprodukte unbekannt blieben, hielt man es für wahrscheinlich, daß sich das Protaktinium durch einen β-Strahlzerfall vom Uran Y ableitet, welches einen kleinen Prozentteil als Zweig der Hauptreihe ergibt. Die Darstellung von Protaktinium in aufarbeitbaren

Tabelle 3. Uran-Radium-Zerfallsreihe.

III	IV	V	VI	VII	0	I	II	III	IV	V	VI
											$^{238}_{92}$UI 5·10^{9} Jhr.
									$^{234}_{90}$UX$_1$ 24,5 Tage	$^{234}_{91}$UX$_2$ 1,175 Min.	$^{234}_{92}$UII < 10^{6} Jhr.
	$^{214}_{82}$RaB 26,8 Min.		$^{218}_{84}$RaA 3,05 Min.		$^{222}_{86}$RaEm (Nt) 3,82 Tage		$^{226}_{88}$Ra 1580 Jhr.		$^{230}_{90}$Io 8·10^{4} Jhr.		
		$^{214}_{83}$RaC 19,5 Min.	$^{214}_{84}$RaC′ 10^{-6} Sek.								
$^{210}_{81}$RaC″ 1,38 Min.	$^{210}_{82}$RaD 20–22 Jhr.	$^{210}_{83}$RaE 4,87 Tage	$^{210}_{84}$RaF (Po) 138 Tage								
	$^{206}_{82}$RaG (Radiumblei oder Uranblei) beständig										

Tabelle 4. Thorium-Zerfallsreihe.

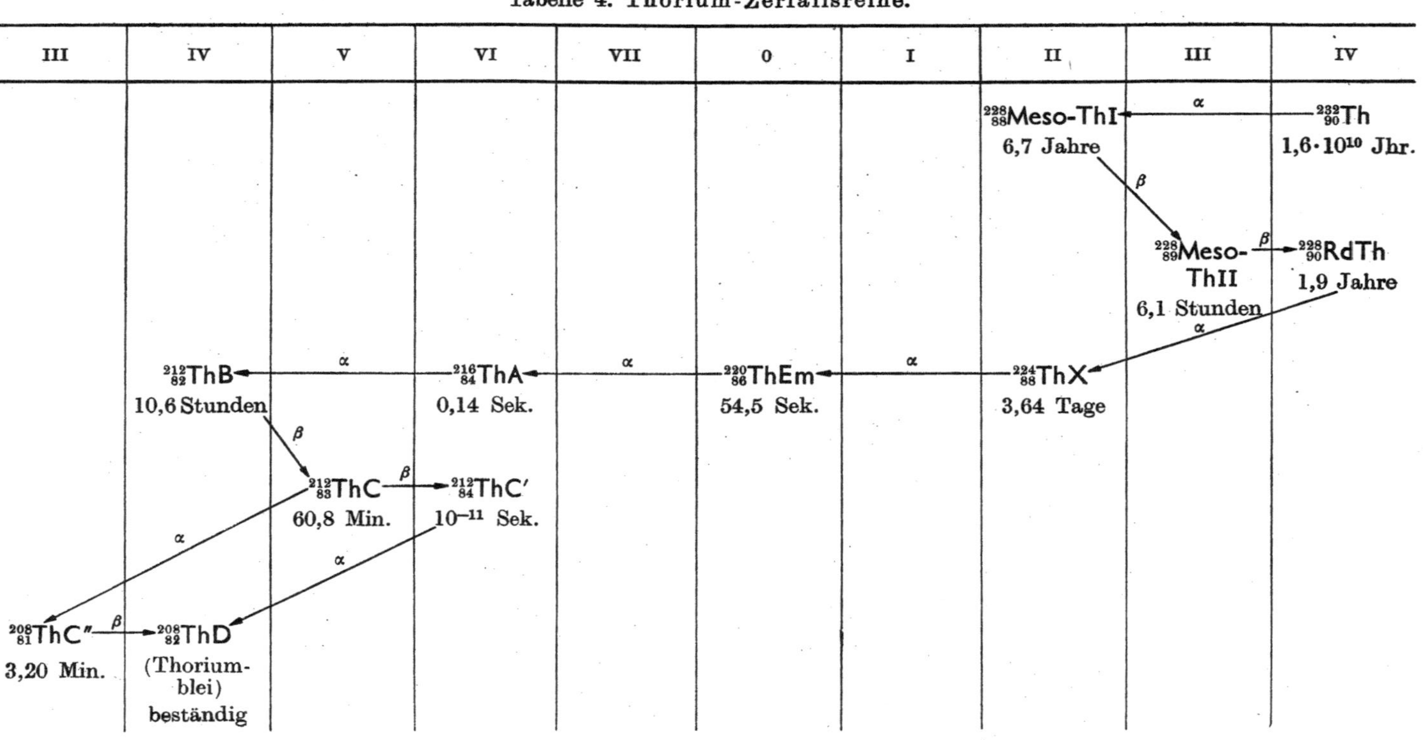

Tabelle 5. Aktinium-Zerfallsreihe.

III	IV	V	VI	VII	0	I	II	III	IV	V
								$^{227}_{89}\mathrm{Ac}$?		$^{231}_{91}\mathrm{Pa}$ 3·10⁴ Jahre
	$^{211}_{82}\mathrm{AcB}$ 36,1 Min.		$^{215}_{84}\mathrm{AcA}$ $2\cdot10^{-3}$ Sek.		$^{219}_{86}\mathrm{AcEm}$ 3,92 Sek.		$^{223}_{88}\mathrm{AcX}$ 11,2 Tage		$^{227}_{90}\mathrm{RdAc}$ 18,9 Tage	
		$^{211}_{83}\mathrm{AcC}$ 2,16 Min.	$^{211}_{84}\mathrm{AcC'}$ $5\cdot10^{-3}$ Sek.							
$^{207}_{81}\mathrm{AcC''}$ 4,76 Min.	$^{207}_{82}\mathrm{AcD}$ (Aktiniumblei) beständig									

Mengen durch von GROSSE[2] hat die Bestimmung des Atomgewichtes dieses Elements ermöglicht und einen Wert von $230{,}6 \pm 0{,}5$ ergeben; das aus Aktinium-Blei[3] berechnete Atomgewicht beträgt 231. Da eine Änderung des Atomgewichtes schrittweise nur um jeweils vier Einheiten erfolgen kann (durch α-Strahlumwandlungen), so ist es klar, daß die Aktiniumreihe ihren Ursprung nur in einem Uranisotop mit dem Atomgewicht 235 oder 239 haben kann. DEMPSTER[4] hat neuerdings gefunden, daß Uran ein Isotop mit der Masse 235 in einer Menge von weniger als 1 Prozent enthält; dieses Isotop stellt möglicherweise den Ausgangspunkt der Aktiniumzerfallsreihe dar.

Das gemeinsame inaktive Endprodukt aller drei Zerfallsreihen ist das Blei. Das Atomgewicht des Bleis, welches sich aus Uran bildet, sollte $238 - 8 \times 4 = 206$ sein; das aus Thorium entstehende sollte den Wert 208 besitzen. Beide Daten unterscheiden sich deutlich von dem Atomgewicht des gewöhnlichen Bleis (207,20). Im Verlauf geologischer Zeiträume haben sich durch radioaktive Prozesse bedeutende Mengen von Blei gebildet, und zwar oft in ursprünglich bleifreien Gesteinen. In diesen Fällen bietet das Atomgewicht des in dem Gestein enthaltenen Bleis eine gute Bestätigung für die Zerfallstheorie, da sich das Atomgewicht des Bleis aus Urangesteinen dicht dem Wert 206 nähert, während das Atomgewicht von aus Thoriumgesteinen stammendem Blei größer als das des gewöhnlichen Bleis ist (Tabelle 6).

Tabelle 6.

Gewöhnliches Blei	Atomgewicht	207,20
Uranblei aus Curit von Katanga . . .	„	206,09
Thoriumblei aus norwegischem Thorit .	„	207,9

Das Atomgewicht des Aktinium-Bleis wurde mit dem Massenspektrographen zu 207 ermittelt. Neben den behandelten beständigen Isotopen gibt es vier radioaktive Bleiisotope, RaB, RaD, ThB und AcB.

Die Chemie der radioaktiven Elemente.

Die chemischen Reaktionen der radioaktiven Elemente unterscheiden sich in keiner Weise von denen der übrigen Elemente; daher kann man ihre Chemie unter Berücksichtigung der benachbarten Elemente im Periodischen System kurz zusammenfassen. Uran und Thorium waren als chemische Elemente schon ungefähr ein Jahrhundert lang bekannt, ehe ihre radioaktiven Eigenschaften entdeckt wurden.

Sonst gibt es nur wenige radioaktive Elemente, die in wägbaren Mengen abgetrennt werden konnten. Von ihnen ist Radium das wichtigste; Radium besitzt die typischen Eigenschaften eines Erdalkalimetalls und ähnelt sehr stark dem Barium. Deswegen begleitet Radium das Barium bei allen chemischen Trennungsvorgängen; kleine Mengen von Radium kann man vor Verlust schützen und in bequemer Weise chemisch damit

[2] von GROSSE: Proc. Roy. Soc. A 1935, **150**, 363.
[3] ASTON, F. W.: Proc. Roy. Soc. A 1933, **140**, 535.
[4] Vgl. G. v. HEVESY u. F. PANETH: Lehrbuch der Radioaktivität, 2. Aufl., S. 137. Leipzig 1931.

arbeiten, indem man Barium als „Träger“ zusetzt. Dies tut man bei der technischen Gewinnung des Radiums aus Pechblende und anderen Gesteinen, z. B. aus Carnotit[5]. Die Erze werden in der Weise aufgearbeitet, daß man Barium — in welchem das Radium enthalten ist — und Blei als Sulfate erhält und dann anschließend das Blei als Sulfid entfernt. Schließlich gewinnt man das Barium und Radium in Form ihrer Chloride oder Bromide, die durch fraktionierte Kristallisation getrennt werden, da die Radiumsalze weniger gut löslich sind.

Die radioaktiven Isotope des Radiums besitzen sämtlich nur eine kurze Lebensdauer; bei dem langlebigsten von ihnen, dem Mesothorium I ($T = 6{,}7$ Jahre) reicht jedoch die Lebensdauer aus, um in Thoriummineralien eine Anreicherung in nachweisbaren Mengen zu ermöglichen. Beim Gleichgewicht liegen für jedes Gramm Thorium $3 \cdot 10^{-10}$ Gramm Mesothorium I vor. Da Thoriumgesteine stets etwas Uran enthalten, so ist in ihnen auch Radium bis zu $3{,}4 \cdot 10^{-7}$ Gramm pro Gramm Uran vorhanden. Das Gemisch aus Radium-Mesothor-Isotopen wird auf Mesothorium in der gleichen Weise aufgearbeitet, wie es für die Gewinnung des Radiums aus Uranerzen beschrieben ist.

Das Aktinium steht chemisch zum Lanthan in derselben Beziehung wie das Radium zum Barium. Es besitzt die typischen Eigenschaften eines seltenen Erdmetalls, ist aber stärker basisch als das Lanthan. Bei chemischen Trennungsvorgängen bleibt das Aktinium stets bei den seltenen Erden und läßt sich vom Lanthan nur unter Schwierigkeiten trennen. Den Vorgang der Trennung oder Anreicherung kleiner Mengen radioaktiver Elemente kann man im allgemeinen sehr bequem durch Messung der Aktivität verfolgen. Im Falle des Aktiniums ist dies jedoch schwierig, da dessen β-Strahlen außerordentlich weich sind und ihre Reichweite für einen Nachweis zu kurz ist. Der Nachweis und die Bestimmung des Aktiniums beruht daher auf der Ausbildung des radioaktiven Gleichgewichtes mit seinem kurzlebigeren Zerfallsprodukt, dem Radioaktinium, einem Isotop des Thoriums. Ein anderes Verfahren besteht darin, daß man ein aktives Isotop des Aktiniums, das Mesothor II, hinzufügt.

Blei, Wismut und Thallium besitzen radioaktive Isotope, die man auf chemischem Wege von aktiven Präparaten abtrennen kann, wenn man das gewöhnliche inaktive Element als Träger für die kleinen Mengen der aktiven Isotope hinzufügt. Umgekehrt kann man die so dem Blei, Wismut oder Thallium erteilte Aktivität als Indikator für das Verhalten der Elemente bei chemischen Reaktionen benutzen.

Unter den radioaktiven Stoffen, die von dem Ehepaar Curie bei der Isolierung des Radiums aus Pechblende erhalten wurden, befand sich in der Schwefelwasserstoff-Fällung ein höchst aktiver Anteil. Die Aktivität dieses Stoffes beruht auf der Anwesenheit eines Elements, das von Madame Curie als *Polonium* benannt wurde; dieses hat sich später als identisch mit dem Radium F erwiesen, dem vorletzten Glied der Uranzerfallsreihe. Die Halbwertszeit des Poloniums ist ziemlich kurz (138 Tage), so daß in Uranmineralien nur sehr kleine Mengen im radio-

[5] Vgl. G. v. Hevesy u. F. Paneth: Lehrbuch der Radioaktivität, 2. Aufl., S. 199. Leipzig 1931.

aktiven Gleichgewicht vorhanden sind. Der Verlauf der Zerfallsreihe ordnet dem RaF eine Stelle in der VI. Gruppe des Periodischen Systems mit der Atomnummer 84 zu. Von diesem Element ist kein beständiges Isotop bekannt, jedoch stimmt die bisher bekannte Chemie des RaF mit dieser Stellung überein. Wie man erwarten sollte, bildet es ein gasförmiges Hydrid, das dem des homologen Tellurs in seiner Unbeständigkeit ähnelt. Das Polonium bildet auch mit Kohlenoxyd eine flüchtige Verbindung, die wahrscheinlich dem Carbonylselenid entspricht. In den letzten Jahren haben französische Forscher unsere Kenntnis über die Chemie dieses interessanten Elements erheblich erweitert; diese Arbeiten, zusammen mit der Chemie des Protaktiniums, sind in einem anderen Kapitel behandelt (Kapitel 11, S. 333).

Künstlich hervorgerufener Zerfall.

Zertrümmerung durch α-Teilchen.

Die bisher betrachteten radioaktiven Vorgänge sind mit dem spontanen Zerfall metastabiler Atomkerne verknüpft. Das erste Anzeichen dafür, daß beständige Kerne zerstört werden können, wurde von Rutherford im Jahre 1919 gefunden; Rutherford beobachtete nämlich, daß schnelle α-Teilchen des RaC in Stickstoff zur Entstehung einer kleinen Menge von Teilchen mit sehr großen Reichweiten (in Luft bis zu 40 cm) führten. Nach der magnetischen Ablenkung dieser weitreichenden Teilchen mußte es sich um Protonen handeln; wegen ihrer großen Reichweite und auf Grund der Tatsache, daß ebensoviel Teilchen nach rückwärts emittiert werden wie nach vorwärts, können sie unmöglich von elastischen Zusammenstößen mit zufällig vorhandenem Wasserstoff herrühren. Vielmehr müssen diese schnellen Protonen ihren Ursprung im Stickstoffkern haben und durch irgendeinen Kernzerfall in Freiheit gesetzt werden. Eine derartige Anschauung fand ihre Bestätigung, als Rutherford und Chadwick[6] zeigten, daß alle Elemente zwischen Bor und Kalium mit Ausnahme von Kohlenstoff und Sauerstoff einen solchen Zerfall erlitten. In allen Fällen wurden sehr schnelle Protonen mit charakteristischen Reichweiten nachgewiesen. Die im Falle des Aluminiums entstehenden Protonen mit einer maximalen Reichweite von 90 cm besitzen eine größere Energie als die des einfallenden α-Teilchens; das beweist mit Sicherheit, daß es sich um Kernprozesse und um eine Neuverteilung der Energie handeln muß.

Die Art der bei solchen durch Zusammenstöße hervorgerufenen Umwandlungen verlaufenden Vorgänge kann man durch Gleichungen ausdrücken, bei denen die oberen und unteren Indices die Kernmassen bzw. Kernladungen der verschiedenen Teilchen darstellen. Die Summe der oberen und auch der unteren Indices muß auf beiden Seiten derartiger Gleichungen dieselbe sein, da die Summen von Masse einerseits und von Ladung andererseits erhalten bleiben. Für den Zusammenstoß eines

---

[6] Rutherford u. Chadwick: Philos. Mag. J. Sci. 1921, 42, 809; 1922, 44, 817. — Rutherford, Chadwick u. Ellis: Radiations from Radioactive Substances. Cambridge 1930.

α-Teilchens mit einem Stickstoffkern ergeben sich zwei Prozesse, bei denen ein Proton entstehen kann:

(a) $^{4}_{2}He + {}^{14}_{7}N = {}^{4}_{2}He + {}^{13}_{6}C + {}^{1}_{1}H$

(b) $^{4}_{2}He + {}^{14}_{7}N = {}^{17}_{8}O + {}^{1}_{1}H$

In der Gleichung (a) wird der Zerfall durch den Stoß bewirkt; in (b) erfolgt Einfangen des α-Teilchens. BLACKETT[7] zeigte an Photographien der Teilchenbahnen in einer WILSONschen Nebelkammer, daß bei den seltenen, zum Zerfall führenden Zusammenstößen ein α-Teilchen verschwindet und statt dessen zwei neue Bahnen in Erscheinung treten. Von diesen ist die eine lang und entspricht dem fortgeschleuderten Proton; die andere ist sehr kurz und gehört zu dem zurückprallenden Sauerstoffisotop, das bei dieser Reaktion entsteht. Es sei erwähnt, daß das so gebildete Sauerstoffisotop bereits bekannt ist und im gewöhnlichen Sauerstoff in einer Menge von 1 : 3150 vorkommt. Die zum Zerfall führenden Stöße treten nur selten auf, und zwar nur zwanzigmal für je eine Million das Gas durchfliegende α-Teilchen.

Bei dem Beschuß von leichten Atomen mit α-Teilchen, welcher zur Emission eines Protons führt, erfolgt somit die Aufnahme des α-Teilchens und Bildung eines Isotops des nächst schwereren Elements. Dadurch wird auch die Tatsache erklärt, daß diese Erscheinung nur selten auftritt und auf die leichtesten Kerne beschränkt ist; der Eintritt eines α-Teilchens in den Kern kann nur durch einen genau diametral gerichteten Stoß eines α-Teilchens erfolgen, dessen Energie zur Überwindung der starken elektrostatischen Abstoßung durch die positive Kernladung ausreicht. Mit steigender Atomnummer wird die Abstoßung schließlich so groß, daß die verfügbare Energie der α-Teilchen nicht mehr zur Überwindung dieser Potentialschwelle ausreicht. Eine merkwürdige selektive Wirkung besteht darin, daß α-Teilchen mit geeigneter Energie infolge eines „Resonanz"vorganges durch die Potentialschranke hindurchtreten können. So sind α-Teilchen mit einer Energie unter 6,5 Millionen Elektronenvolt im allgemeinen nicht imstande, einen Zerfall des Magnesiums hervorzurufen, doch erfolgt durch α-Teilchen von 5,7 oder 6,3 Millionen Elektronenvolt ein Zerfall, da sie durch den erwähnten „Resonanz"-Effekt in den Kern eindringen.

Das Neutron.

Eine zweite durch α-Teilchen bewirkte Zerfallsart beobachtet man beim Beschuß von Beryllium mit α-Teilchen des Poloniums. Unter diesen Bedingungen wird eine Strahlung mit großem Durchdringungsvermögen emittiert, welche auf ihrer Bahn keine Ionisation hervorruft, jedoch nicht nur aus wasserstoffhaltigen Stoffen, sondern auch aus Lithium, Kohlenstoff und anderen Elementen Protonen in Freiheit setzt. Aus Überlegungen über die Erhaltung der Energie und des Impulses dieser Prozesse zeigte CHADWICK[8], daß diese Erscheinungen nicht mit der Annahme einer echten Strahlung zu erklären wären, sondern daß man eine neue Teilchenart mit der Masse 1 und der Ladung 0 annehmen

[7] BLACKETT: Proc. Roy. Soc. A 1925, **107**, 349.
[8] CHADWICK: Proc. Roy. Soc. A 1932, **136**, 692; 1933, **142**, 1.

müsse, das Neutron. Da diese Teilchen keine Ladung besitzen, so verursachen sie bei ihrem Durchtritt durch ein Medium nur eine geringe Ionisation; aus diesem Grunde besitzen sie ein großes Durchdringungsvermögen. Durch direkten Stoß können sie zur Entstehung schneller Protonen führen. Das Neutron bildet sich durch die Kernreaktion:

$$^{9}_{4}\mathrm{Be} + ^{4}_{2}\mathrm{He} \rightarrow ^{12}_{6}\mathrm{C} + ^{1}_{0}n\,.$$

Wenn man die Massen und Energien der verschiedenen Teilchen berücksichtigt, so läßt sich zeigen, daß das gebildete Neutron eine maximale kinetische Energie von 7,8 Millionen Elektronenvolt besitzt, was einer Geschwindigkeit von $3{,}9 \cdot 10^9$ cm pro Sekunde entspricht.

Der Beschuß des Berylliums liefert ungefähr 30 Neutronen auf je eine Million α-Teilchen. Lithium, Bor, Fluor, Natrium, Magnesium, Aluminium und Phosphor führen ebenfalls zur Entstehung von Neutronen. Bei den einzelnen Elementen kann der Zerfall auf die beiden folgenden Arten verlaufen:

$$^{23}_{11}\mathrm{Na} + ^{4}_{2}\mathrm{He} \begin{cases} \nearrow ^{26}_{12}\mathrm{Mg} + ^{1}_{1}\mathrm{H} \\ \searrow ^{26}_{13}\mathrm{Al} + ^{1}_{0}n \end{cases}$$

Weitere Fälle, bei denen mehrere Zerfallsmöglichkeiten bestehen, gibt es beim $^{7}\mathrm{Li}$, $^{14}\mathrm{N}$, $^{19}\mathrm{F}$, $^{24}\mathrm{Mg}$, $^{27}\mathrm{Al}$. Diese besitzen eine andere sehr interessante Eigenschaft und werden in einem späteren Abschnitt behandelt. Beim Bor zerfallen die beiden Isotope auf verschiedene Weise:

$$^{11}_{5}\mathrm{B} + ^{4}_{2}\mathrm{He} \rightarrow ^{14}_{7}\mathrm{N} + ^{1}_{0}n$$
$$^{10}_{5}\mathrm{B} + ^{4}_{2}\mathrm{He} \rightarrow ^{13}_{6}\mathrm{C} + ^{1}_{1}\mathrm{H}$$

Eine zweite Bildungsweise von Neutronen besteht in einer Art photoelektrischen Kerneffekts[9] am Kern des Deuteriums und Berylliums:

$$^{2}_{1}\mathrm{H} + h\nu \rightarrow ^{1}_{1}\mathrm{H} + ^{1}_{0}n$$
$$^{9}_{4}\mathrm{Be} + h\nu \rightarrow ^{8}_{4}\mathrm{Be} + ^{1}_{0}n$$

Als Anregungsstrahlung bei der ersten Reaktion wirken die γ-Strahlen des ThC″ (Energie = 2,62 Millionen Elektronenvolt), jedoch nicht die γ-Strahlung des Poloniums (1,8 Millionen Elektronenvolt). Eine Energiebilanz dieser Reaktion ermöglicht es, die Masse des Neutrons mit einiger Genauigkeit festzustellen. Das gebildete Proton besitzt eine kinetische Energie von ungefähr 0,25 Millionen Elektronenvolt; das Neutron, welches dieselbe Masse besitzt, hat auch die gleiche Energie. Ungefähr 2,12 Millionen Elektronenvolt sind daher für den Zerfallsvorgang verbraucht; diese Energie entspricht einer Masse von 0,0022 Atomgewichtseinheiten. Wenn man für Deuterium und Wasserstoff die Massen 2,0144 bzw. 1,0082 annimmt, so ergibt sich für die Masse des Neutrons 1,0084.

Auch beim Beschuß einer Reihe von Elementen mit schnellen Protonen werden Neutronen gebildet. Eine Betrachtung dieser Reaktion erfolgt in einem späteren Abschnitt.

Durch Protonen und Deuteronen hervorgerufener Zerfall.

Auf Grund seiner kleineren Ladung muß man erwarten, daß ein Proton die Potentialschwelle am Atomkern bei niedrigeren Energien

[9] CHADWICK u. GOLDHABER: Proc. Roy. Soc. A 1935, **151**, 479.

überschreiten kann als ein α-Teilchen. Wie zuerst durch die Arbeiten von COCKCROFT und WALTON im Jahre 1932 gezeigt wurde[10], ist dies tatsächlich der Fall. Die beiden Forscher haben danach Zerfallsreaktionen, die durch Beschuß mit Protonen hoher Geschwindigkeit ausgelöst werden, untersucht und zu diesem Zweck Protonen benutzt, die durch direktes Anlegen von Spannungen bis zu 600000 Volt beschleunigt waren; LAWRENCE[11] hat hingegen eine sinnreiche Apparatur verwendet, das Cyclotron, bei der man durch Verwendung bedeutend niedrigerer Wechselpotentiale eine Vervielfältigung der Spannung erreicht.

COCKCROFT und WALTON fanden, daß beim Protonenbeschuß von Lithiumsalzen mit einem beschleunigenden Potential von 125000 Volt feste Teilchen emittiert werden. Die Reichweite der Teilchen war unabhängig von der zum Beschuß benutzten Protonenenergie, doch wurde die Ausbeute beträchtlich gesteigert, wenn man das Potential erhöhte. Aus verschiedenen Überlegungen, besonders aber auf Grund von Nebelkammeraufnahmen konnte man feststellen, daß bei diesem Vorgang zwei gleichartige, und zwar α-Teilchen entstehen; diese müssen aus dem ^{7}Li-Isotop nach der Reaktion

$$^{7}_{3}\text{Li} + {}^{1}_{1}\text{H} \rightarrow 2\,{}^{4}_{2}\text{He}$$

gebildet werden. Eine Energiebilanz auf Grund des Massenverlustes der Reaktionsprodukte ergibt, daß jedes emittierte α-Teilchen eine Energie von ungefähr 8,5 Millionen Elektronenvolt besitzen sollte; andererseits kann ein Teil dieser überschüssigen Energie als γ-Strahlung ausgesandt werden.

Daß bei diesem Vorgang tatsächlich das ^{7}Li-Isotop die angegebene Rolle spielt, wurde durch den unabhängigen Beschuß der Lithiumisotope bestätigt[12]; diese Isotope konnten, allerdings nur in sehr kleinen Mengen, mit dem Massenspektrographen abgetrennt werden. Bei dem Beschuß des ^{6}Li wurden zwei verschiedene Teilchen gefunden, von denen jedes die Kernladung 2 besitzt. Es ergibt sich daher, daß bei dieser Kernreaktion ein Isotop des Heliums mit der Masse 3 entstanden ist.

$$^{6}_{3}\text{Li} + {}^{1}_{1}\text{H} \rightarrow {}^{4}_{2}\text{He} + {}^{3}_{2}\text{He}.$$

Andere Fälle, bei denen ein Zerfall unter Aussendung von α-Strahlung erfolgt, findet man beim Bor, Fluor, Natrium und Magnesium (bei dem ^{24}Mg-Isotop), z. B.

$$^{11}_{5}\text{B} + {}^{1}_{1}\text{H} \rightarrow 3\,{}^{4}_{2}\text{He}.$$

Stickstoff reagiert in ähnlicher Weise und bildet ein Kohlenstoffisotop mit der Masse 11:

$$^{14}_{7}\text{N} + {}^{1}_{1}\text{H} \rightarrow {}^{11}_{6}\text{C} + {}^{4}_{2}\text{He}.$$

Neben solchen Zerfallsreaktionen, bei denen ein α-Teilchen emittiert wird, führt der Protonenbeschuß in einigen Fällen zur Aufnahme des Protons, ohne daß irgendein Masseteilchen ausgesandt wird. Eine derartige Protonenaufnahme erfolgt beim Beryllium,

$$^{9}_{4}\text{Be} + {}^{1}_{1}\text{H} \rightarrow {}^{10}_{5}\text{B} + \gamma,$$

sowie beim Kohlenstoff und Fluor.

[10] COCKCROFT u. WALTON: Proc. Roy. Soc. 1932, **137**, 229; 1934, **144**, 704; 1935, **148**, 225; 1936, **154**, 246, 261.

[11] LAWRENCE: Physic. Rev. 1932, **40**, 19; 1934, **45**, 220, 346, 428, 608.

[12] OLIPHANT, SHIRE u. CROWTHER: Proc. Roy. Soc. A 1934, **146**, 922.

Deuteronen besitzen eine stärkere Wirksamkeit beim Hervorrufen eines Zerfalls als Protonen. Bei ihren Reaktionen können α-Teilchen, Neutronen oder — sehr häufig — Protonen abgespalten werden.

So zerfällt beim Beschuß des Lithiums das leichtere Isotop ohne Schwierigkeiten (vgl. die Reaktion des ^{7}Li mit Protonen):

$$^{6}_{3}Li + ^{2}_{1}H \rightarrow 2\,^{4}_{2}He.$$

Wie man aus dem Massenverlust berechnen kann, besitzen die so gebildeten α-Teilchen eine höhere kinetische Energie (11 Millionen Elektronenvolt) als irgendwelche anderen α-Teilchen, die bei gewöhnlichen radioaktiven Vorgängen emittiert werden. Das ^{7}Li-Isotop zerfällt andererseits und ergibt ein Proton und ein drittes unbeständiges Lithiumisotop, über welches später berichtet werden soll.

$$^{7}_{3}Li + ^{2}_{1}H \rightarrow ^{1}_{1}H + ^{8}_{3}Li.$$

Eine Abspaltung von Teilchen wurde beim ^{9}Be, ^{10}B, ^{11}B, ^{12}C, ^{14}N, ^{19}F, ^{23}Na und ^{27}Al beobachtet, und zwar erfolgt beim ^{11}B, ^{14}N, ^{19}F und in anderen Fällen Protonenemission. Beim Kohlenstoff wird ein Teil der Energie in Form von γ-Strahlung frei:

$$^{12}_{6}C + ^{2}_{1}H \rightarrow ^{13}_{6}C + ^{1}_{1}H + \gamma.$$

Beryllium liefert Neutronen in sehr hoher Ausbeute:

$$^{9}_{4}Be + ^{2}_{1}H \rightarrow ^{10}_{5}B + ^{1}_{0}n + \gamma;$$

dasselbe gilt für ^{11}B, ^{19}F, ^{23}Na und ^{27}Al.

Es zeigt sich also, daß in einer Reihe von Fällen ein und derselbe Kern in verschiedenartiger Weise zerfallen kann. Beispielsweise sind beim ^{11}B-Isotop folgende vier Reaktionsarten möglich:

$$^{11}_{5}B + ^{2}_{1}H \begin{cases} \rightarrow ^{9}_{4}Be + ^{4}_{2}He \\ \rightarrow ^{12}_{6}C + ^{1}_{0}n + \gamma \\ \rightarrow 3\,^{4}_{2}He + ^{1}_{0}n \\ \rightarrow ^{12}_{5}B + ^{1}_{1}H \end{cases}$$

Ein Vergleich des zweiten und dritten Reaktionstyps ist besonders eindrucksvoll. Offensichtlich entsteht der $^{12}_{6}C$-Kern in einem angeregten Zustand; er kann dann seine überschüssige Energie durch Aussendung eines Quants γ-Strahlung abgeben oder aber vollständig zerfallen und dabei drei α-Teilchen liefern.

Deuterium selbst unterliegt beim Deuteronenbeschuß einem Zerfall; der Beschuß wird ausgeführt, indem man eine Deuteriumverbindung wie ND_4Cl oder D_3PO_4 auf der Scheibe der Entladungsapparatur verteilt. Der Zerfall kann auf zweierlei Weise erfolgen. Im ersten Falle entsteht ein drittes Wasserstoffisotop, das Tritium:

$$^{2}_{1}H + ^{2}_{1}H \rightarrow ^{3}_{1}H + ^{1}_{1}H.$$

Das Tritium, $^{3}_{1}H$ oder T, wurde bereits als sehr seltenes Isotop erwähnt, das im gewöhnlichen Wasserstoff in einer Menge unter $1:10^7$ vorhanden ist[13]. Taylor, Bleakney und Mitarbeiter fanden, daß sich das Tritium in den letzten Fraktionen der vollständigen Elektrolyse von schwerem

[13] Taylor, H. S., Bleakney u. a.: J. Amer. chem. Soc. 1935, 57, 780.

Wasser anreichert und massenspektrographisch nachgewiesen werden kann.

Bei der zweiten Art des Deuteriumzerfalls entsteht das bereits erwähnte Heliumisotop ^{3}He:

$$^{2}_{1}H + ^{2}_{1}H \rightarrow ^{3}_{2}He + ^{1}_{0}n.$$

Diese Kernumwandlungsprozesse kann man bequem darstellen, wenn man eine Nomenklatur benutzt, die von FLEISCHMANN und BOTHE eingeführt wurde, bei der die Reaktionen nach der Natur des zum Beschuß verwendeten und nach der des emittierten Teilchens eingeteilt werden. So wird die Reaktion

$$^{14}_{7}N + ^{4}_{2}He \rightarrow ^{17}_{8}O + ^{1}_{1}H,$$

bei der infolge eines α-Teilchenbeschusses ein Proton entsteht, als (α;p)-Reaktion bezeichnet. Die Abspaltung eines Neutrons bei der Einwirkung stark beschleunigter Protonen wäre entsprechend eine (p;n)-Reaktion. Wir können in dieser Weise die Umwandlungen, welche durch α-Teilchen, Protonen und Deuteronen bewirkt werden, zusammenfassen (Tabelle 7). Zerfallsvorgänge durch Neutronen, die beispielsweise zu (n;α)- und (n;p)-Umwandlungen führen, werden ebenso wie die Bildung unbeständiger Kernarten bei diesen Reaktionen in einem späteren Abschnitt besprochen:

Tabelle 7.

Reaktionstyp	Beispiel	Kerne, die beständige Produkte liefern	Kerne, die unbeständige Produkte liefern
(α;p)	$^{19}_{9}F + ^{4}_{2}He \rightarrow ^{22}_{10}Ne + ^{1}_{1}H$	^{10}B, ^{14}N, ^{19}F, ^{23}Na, ^{24}Mg, ^{27}Al, ^{27}Si	^{7}Li, ^{25}Mg, ^{26}Mg, ^{40}Ca
(α;n)	$^{23}_{11}Na + ^{4}_{2}He \rightarrow ^{26}_{13}Al + ^{1}_{0}n$	^{7}Li, ^{9}Be, ^{23}Na	^{6}Li, ^{10}B, ^{14}N, ^{19}F, ^{26}Mg, ^{27}Al, ^{31}P, ^{39}K
(p;α)	$^{14}_{7}N + ^{1}_{1}H \rightarrow ^{11}_{6}C + ^{4}_{2}He$	^{6}Li, ^{7}Li, ^{9}Be, ^{11}B, ^{19}F, ^{23}Na, ^{26}Mg	^{14}N
(p;—)	$^{12}_{6}C + ^{1}_{1}H \rightarrow ^{13}_{7}N + \gamma$	^{9}Be, ^{19}Fe	^{12}C
(d;α)	$^{12}_{6}C + ^{2}_{1}H \rightarrow ^{10}_{5}B + ^{4}_{2}He$	^{6}Li, ^{9}Be, ^{10}B, ^{11}B, ^{12}C, ^{14}N, ^{19}F, ^{23}Na, ^{27}Al	^{24}Mg
(d;n)	$^{9}_{4}Be + ^{2}_{1}H \rightarrow ^{10}_{5}B + ^{1}_{0}n + \gamma$	^{2}H, ^{7}Li, ^{9}Be, ^{11}B, ^{23}Na, ^{27}Al	^{10}B, ^{14}N
(d;p)	$^{10}_{5}B + ^{2}_{1}H \rightarrow ^{11}_{5}B + ^{1}_{1}H$	^{2}H, ^{10}B, ^{12}C, ^{14}N	^{7}Li, ^{9}Be, ^{11}B, ^{23}Na, ^{27}Al

Künstliche Radioaktivität.

α-Teilchenbeschuß. In den bereits erwähnten Arbeiten von RUTHERFORD und CHADWICK führt die Umwandlung durch α-Teilchen unter gleichzeitiger Abgabe eines Protons zur Entstehung von beständigen Kernen. Im Jahre 1934 wurde von Madame I. CURIE und M. JOLIOT[14]

[14] CURIE, I. u. M. JOLIOT: C. R. hebd. Séances Acad. Sci. 1934, **198**, 254, 559, 2089; J. Chim. Physique Rév. gén. Colloides 1934, **31**, 611.

eine neue Erscheinung von grundlegender Bedeutung entdeckt, nämlich die Tatsache, daß die unbeständigen Isotope der leichten Elemente in einigen Fällen als Folge eines Beschusses mit α-Teilchen gebildet werden können und daß diese metastabilen Kerne in einer Art zerfallen, die ganz dem Zerfall der schweren radioaktiven Elemente entspricht. Bei diesen Untersuchungen wurde beobachtet, daß beim Beschuß von Bor und Aluminium mit α-Teilchen neben Protonen und Neutronen positive Elektronen emittiert werden. Das positive Elektron oder *Positron*, ein Teilchen von der Masse eines Elektrons, aber mit der positiven Ladung 1, wurde erstmalig im Jahre 1932 nachgewiesen und zusammen mit einem negativen Elektron bei der Einwirkung von stark durchdringender kosmischer Strahlung gefunden. Durchdringende γ-Strahlung kann bei der Absorption in Materie ebenfalls zur Entstehung von Positronen führen, wobei ein Quant γ- oder kosmische Strahlung offensichtlich in ein Paar von positiven und negativen Elektronen umgewandelt wird. Die für diesen Vorgang erforderliche Energie, die man aus der Masse der beiden Elektronen erhält, beträgt ungefähr 1,02 Millionen Elektronenvolt. Es zeigt sich, daß das Positron im Gegensatz zu dem negativen Elektron vorwiegend kurzlebig ist. Wenn die Energie eines Positrons einen niedrigeren Wert erreicht hat, so kann es durch Zusammenstoß mit einem Elektron verschwinden, wobei zwei Strahlungsquanten entstehen.

Bei den Untersuchungen des Ehepaars CURIE wurde beobachtet, daß die Emission der Positronen während der Bestrahlung einen Grenzwert erreicht. Wenn man die Quelle der α-Teilchen entfernte, so hörte die Emission der Protonen und Neutronen auf, während Positronen weiter ausgesandt wurden; die Menge der emittierten Positronen nahm exponentiell mit der Zeit ab. Der Vorgang besaß demnach sämtliche Merkmale der Bildung und des Zerfalls eines kurzlebigen, radioaktiven Elements. Da die von den α-Teilchen unmittelbar bewirkte Umwandlung die Abgabe entweder eines Protons oder eines Neutrons zur Folge haben kann, so ist es klar, daß im letzten Falle ein unbeständiges Teilchen entstehen muß, das anschließend ein Positron verliert. Das Endprodukt ist dann identisch mit dem, das man direkt durch die (α;p)-Reaktionen erhält. So gibt es im Falle des Aluminiums die folgenden beiden Möglichkeiten: entweder

$$^{27}_{13}\mathrm{Al} + {}^{4}_{2}\mathrm{He} \rightarrow {}^{30}_{14}\mathrm{Si} + {}^{1}_{1}\mathrm{H}$$

oder

$$^{27}_{13}\mathrm{Al} + {}^{4}_{2}\mathrm{He} \rightarrow {}^{30}_{15}\mathrm{P} + {}^{1}_{0}n$$

woran sich die Reaktion

$$^{30}_{15}\mathrm{P} \rightarrow {}^{30}_{14}\mathrm{Si} + e^{+}$$

anschließt. In dem erwähnten Falle erfolgt der Gesamtzerfall zu ungefähr 5 Prozent nach dem zweiten Vorgang; das radioaktive Phosphorisotop besitzt eine Halbwertszeit von 3,2 Minuten.

Auf chemischem Wege konnte nachgewiesen werden, daß die Radioaktivität auf ein Isotop des Phosphors zurückging. Wenn man die bestrahlte Aluminiumfolie in Salzsäure löste, so war der entwickelte Wasserstoff Träger der Radioaktivität, die wahrscheinlich als Phosphin zur Wirkung gelangte; wenn man die Folie in einem Gemisch von Salzsäure und Salpetersäure löste und Natriumphosphat als Träger zufügte, so wurde beim Zusatz von Zirkonsalz die Radioaktivität quantitativ mit der Fällung des Zirkonphosphats entfernt. In gleicher Weise ließ sich zeigen, daß die beim Bor hervorgerufene Radioaktivität auf ein Isotop des Stickstoffs zurückgeht:

$$^{10}_{5}\mathrm{B} + ^{4}_{2}\mathrm{He} \begin{cases} \nearrow ^{13}_{6}\mathrm{C} + ^{1}_{1}\mathrm{H} \\ \searrow ^{13}_{7}\mathrm{N} + ^{1}_{0}n; \quad ^{13}_{7}\mathrm{N} \xrightarrow{11\text{ Min.}} ^{13}_{6}\mathrm{C} + e^{+} \end{cases}$$

Bei bestrahltem Bornitrid, das nach der Bestrahlung schnell in heißen Alkalien gelöst wurde, ging die gesamte Positronenaktivität mit dem entweichenden Ammoniak verloren. Die Bildung von kurzlebigen radioaktiven Elementen durch (α;n)-Umwandlungen ist seitdem auch bei anderen Elementen nachgewiesen worden; diese sind in der vierten Spalte der Tabelle 7 aufgeführt.

Auch als Produkte von (α;p)-Reaktionen können radioaktive Isotope entstehen, wobei die Nummer des gebildeten Atoms um 1 größer ist als die des ursprünglichen Elements. So ergibt sich beim $^{7}\mathrm{Li}$ folgende Umwandlung:

$$^{7}_{3}\mathrm{Li} + ^{4}_{2}\mathrm{He} \rightarrow ^{10}_{4}\mathrm{Be} + ^{1}_{1}\mathrm{H}; \quad ^{10}_{4}\mathrm{Be} \rightarrow ^{10}_{5}\mathrm{B} + e^{-}.$$

Auf diese Weise gebildete metastabile Kernarten verwandeln sich durch Abgabe eines negativen Elektrons, d. h. durch eine β-Strahlumwandlung, in beständige Arten zurück. Da jedes Isotop eines Mischelements beim Beschuß unabhängig reagiert, so müssen derartige Elemente recht verwickelte Wirkungen ausüben und positive und negative Elektronen mit verschiedenen Zerfallsgeschwindigkeiten aussenden. Magnesium besitzt beispielsweise nach der Bestrahlung zwei β-Aktivitäten und eine Positronenaktivität, die durch die folgenden Vorgänge gekennzeichnet sind:

$$^{24}_{12}\mathrm{Mg} + ^{4}_{2}\mathrm{He} \rightarrow ^{27}_{14}\mathrm{Si} + ^{1}_{0}n; \quad ^{27}_{14}\mathrm{Si} \xrightarrow{7\text{ Min.}} ^{27}_{13}\mathrm{Al} + e^{+}$$

$$^{25}_{12}\mathrm{Mg} + ^{4}_{2}\mathrm{He} \rightarrow ^{28}_{13}\mathrm{Al} + ^{1}_{1}\mathrm{H}; \quad ^{28}_{13}\mathrm{Al} \xrightarrow{2{,}1\text{ Min.}} ^{28}_{14}\mathrm{Si} + e^{-}$$

$$^{26}_{12}\mathrm{Mg} + ^{4}_{2}\mathrm{He} \rightarrow ^{29}_{13}\mathrm{Al} + ^{1}_{1}\mathrm{H}; \quad ^{29}_{13}\mathrm{Al} \xrightarrow{11\text{ Min.}} ^{29}_{14}\mathrm{Si} + e^{-}$$

Beschuß mit Protonen und Deuteronen. Anschließend an die Arbeiten von CURIE und JOLIOT über die Bildung radioaktiver Elemente durch α-Teilchenumwandlungen hat sich ergeben, daß andere Formen von Kernreaktionen ebenfalls zur Entstehung metastabiler Arten führen können. In einer Reihe von Fällen wurde nachgewiesen, daß sich durch Beschuß mit stark beschleunigten Deuteronen radioaktive Elemente gebildet hatten. Ein ähnliches Ergebnis des Beschusses mit sehr schnellen Protonen wurde nur in einem Fall, nämlich beim Kohlenstoff, beobachtet, doch ist dieser besonders interessant, da die chemische Identität des aktiven Materials mit vollständiger Sicherheit festgestellt werden konnte.

Aufnahmen in der WILSONschen Nebelkammer zeigen, daß Protonen von Kohlenstoff eingefangen werden können, ohne daß irgendein Teilchen abgegeben wird; nach der Gleichung für die Kernreaktion muß daher ein Stickstoffisotop entstehen:

$$^{12}_{6}\mathrm{C} + ^{1}_{1}\mathrm{H} \rightarrow ^{13}_{7}\mathrm{N} + \gamma.$$

Das gebildete Produkt ist radioaktiv; es sendet Positronen aus und besitzt eine Halbwertszeit von 11 Minuten. Diese stimmt bemerkenswerterweise mit der Halbwertszeit des radioaktiven Stickstoffs überein, der aus Bor nach der obenerwähnten Gleichung, (α;n)-Reaktion, entsteht. COCKCROFT und WALTON[15] fanden, daß die Temperatur, bei der der aktive Stoff aus der gasförmigen Phase kondensiert wurde, den Eigenschaften des Stickstoffs entsprach. Die Bildung von radioaktivem Stickstoff aus Kohlenstoff durch Aufnahme eines Protons ist ein Vorgang von geringer Wahrscheinlichkeit, der bei Verwendung von 550 Kilovolt-Protonen nur bei einem unter $5 \cdot 10^9$ Protonen stattfindet. Derselbe Kern entsteht jedoch bedeutend leichter beim Beschuß mit Deuteronen.

$$^{12}_{6}\mathrm{C} + ^{2}_{1}\mathrm{H} \rightarrow ^{13}_{7}\mathrm{N} + ^{1}_{0}n;\quad ^{13}_{7}\mathrm{N} \xrightarrow{\text{11 Min.}} ^{13}_{6}\mathrm{C} + e^{+}.$$

Eine endgültige Identifizierung des radioaktiven Stickstoffs erfolgte durch YOST, RIEDENOUR und SHINOHARA[16], die eine Graphitscheibe mit 800 Kilovolt-Deuteronen beschossen. Die Oberflächenschicht der bestrahlten Scheibe wurde abgeschabt und in einem Luftstrom verbrannt. Durch geeignete Absorptionsmittel wurden Kohlendioxyd, Wasser und schließlich Sauerstoff aus dem Gas entfernt. Die Aktivität blieb in dem Gas erhalten, und die Absorptionsmittel waren noch nach Beendigung des Vorganges völlig inaktiv. Danach ist es vollkommen ausgeschlossen, daß es sich bei den radioaktiven Arten um Wasserstoff, Sauerstoff, Kohlenstoff oder Bor handelt. Eine zweite Menge des beschossenen Kohlenstoffs wurde in einem Helium-Luftgemisch verbrannt. Nach Entfernung des Kohlendioxyds und Sauerstoffs wurde das aktive Gas über erhitztes Calcium geleitet. Das so gebildete Calciumnitrid war stark aktiv; die Aktivität wurde bei der Behandlung mit Wasser auf das entstehende Ammoniak übertragen. Die Identifizierung des aktiven Stoffes als ein Isotop des Stickstoffs war daher mit vollkommener Sicherheit erbracht, da durch den ersten Versuch sämtliche Elemente der ersten Kurzperiode mit Ausnahme von Stickstoff und Fluor ausgeschaltet sind. Hätte es sich bei dem radioaktiven Stoff um beispielsweise als CF_4 vorliegendes Fluor gehandelt, so könnte die Radioaktivität nicht auf das aus dem Calciumnitrid gebildete Ammoniak übergehen.

In entsprechender Weise ergibt der Beschuß des Bors mit Deuteronen durch eine (d;n)-Umwandlung radioaktiven Kohlenstoff:

$$^{10}_{5}\mathrm{B} + ^{2}_{1}\mathrm{H} \rightarrow ^{11}_{6}\mathrm{C} + ^{1}_{0}n;\quad ^{11}_{6}\mathrm{C} \xrightarrow{\text{20 Min.}} ^{11}_{5}\mathrm{B} + e^{+}.$$

Die Identität des Produktes konnte durch seine chemischen Reaktionen bestätigt werden. Wenn man sämtliche Gase von dem bestrahlten Bortrioxyd durch Erhitzen austreibt und mit Kohlendioxyd mischt, so bleibt die Radioaktivität, wie YOST[17] zeigte, in dem Kohlendioxyd erhalten, wenn man dieses mit Kaliumhydroxyd absorbiert. Die Absorption des radioaktiven Bestandteiles verlief bei diesen Versuchen nicht vollständig, sondern es blieb ein aktiver Stoff mit derselben Halbwertszeit in dem zurückbleibenden Gas übrig. Es erwies sich, daß es

[15] COCKCROFT u. WALTON: Proc. Roy. Soc. 1934, **144**, 704.
[16] YOST, RIEDENOUR u. SHINOHARA: J. chem. Physics 1935, **3**, 133.
[17] YOST: J. chem. Physics 1935, **3**, 133.

sich dabei um radioaktives Kohlenmonoxyd handelte, da die Aktivität vollständig entfernt wurde, wenn man etwas Kohlenmonoxyd hinzusetzte, die Gase über Kupferoxyd leitete und anschließend in Kaliumhydroxyd absorbierte. Daß kein Isotop des Stickstoffs — welches möglicherweise in Form von Stickstoffpentoxyd vorliegen könnte — gebildet war, erkennt man, wenn man das Gas mit Kohlenmonoxyd und Stickstoffpentoxyd mischt und dann das Gemisch wie vordem über erhitztes Kupferoxyd und dann durch angesäuerte Kaliumpermanganatlösung leitet. Die Stickstoffoxyde wurden in dieser Lösung quantitativ absorbiert, doch blieb die Aktivität des Gases erhalten.

Es sollen noch zwei andere Fälle der Darstellung radioaktiver Formen durch (d;n)-Reaktionen erwähnt werden, und zwar die Darstellung von radioaktivem Sauerstoff aus Stickstoff durch Beschuß mit Deuteronen von einer Energie über 1 Million Elektronenvolt und die Bildung radioaktiven Fluors durch Beschuß von Sauerstoff, der in Form von Wasser zur Bestrahlung gelangt:

$$^{14}_{7}\mathrm{N} + ^{2}_{1}\mathrm{H} \rightarrow ^{15}_{8}\mathrm{O} + ^{1}_{0}n; \quad ^{15}_{8}\mathrm{O} \xrightarrow{126\ \text{Sek.}} ^{15}_{7}\mathrm{N} + e^{+},$$

$$^{16}_{8}\mathrm{O} + ^{2}_{1}\mathrm{H} \rightarrow ^{17}_{9}\mathrm{F} + ^{1}_{0}n; \quad ^{17}_{9}\mathrm{F} \xrightarrow{1{,}16\ \text{Min.}} ^{17}_{8}\mathrm{O} + e^{+}.$$

Im letzten Falle blieb die Radioaktivität beim Zusatz von Kaliumfluorid und Fällen mit Calciumchlorid in dem Calciumfluoridniederschlag erhalten.

Es wird aufgefallen sein, daß in den erwähnten Fällen, in denen eine (d;p)-Umwandlung zur Bildung beständiger Arten führt, eine (d;n)-Seitenreaktion mit einem weniger wahrscheinlichen Mechanismus erfolgt, der höchstens 5—10 Prozent der Umwandlungen ausmacht und zur Entstehung eines metastabilen Kernes führt. Durch Verlust eines Positrons entsteht dann eine beständige Kernart. Sowohl durch den Haupt-(d;p)-Vorgang als auch den Neben-(d;n)-Prozeß entsteht schließlich ein beständiges Isotop des beschossenen Elements. In ganz analoger Weise kann beim Auftreten einer (d;n)-Reaktion ein beständiges Isotop des nächsthöheren Elements gebildet werden. In solchen Fällen entsteht, wenn eine (d;p)-Umwandlung ebenfalls möglich ist, ein metastabiles Isotop des ursprünglichen Elements, welches radioaktiv ist und eine β-Strahlumwandlung erfahren muß.

Ein Beispiel hierfür findet man beim Natrium[18]:

$$(\mathrm{d;n})\quad ^{23}_{11}\mathrm{Na} + ^{2}_{1}\mathrm{H} \rightarrow ^{24}_{12}\mathrm{Mg} + ^{1}_{0}n$$

$$(\mathrm{d;p})\quad ^{23}_{11}\mathrm{Na} + ^{2}_{1}\mathrm{H} \rightarrow ^{24}_{11}\mathrm{Na} + ^{1}_{1}\mathrm{H} + \gamma; \quad ^{24}_{11}\mathrm{Na} \xrightarrow{15{,}5\ \text{Std.}} ^{24}_{12}\mathrm{Mg} + e^{-}$$

Bei dem Beschuß wird eine sehr intensive γ-Strahlung mit einer Energie von 5,5 Millionen Elektronenvolt ausgesandt. Dieser Fall ist deshalb besonders interessant, weil man auf diese Weise in verhältnismäßig hoher Ausbeute radioaktives Natrium gewinnen kann. Im Jahre 1935 erhielt LAWRENCE Präparate, deren Aktivität derjenigen von 1 mg Radium äquivalent war, so daß sich die Möglichkeit ergab, „synthetische" radioaktive Stoffe für therapeutische und experimentelle Zwecke zu gewinnen. Wenn man einen Deuteronenstrom von 1 Mikroampere

[18] Physic. Rev. 1934, 47, 17.

benutzt, wobei die Deuteronen durch 1,7 Millionen Volt beschleunigt sind, so werden in der Sekunde ungefähr 4 Millionen Atome radioaktiven Natriums gebildet. Die verhältnismäßig lange Lebensdauer ermöglicht es, beträchtliche Mengen anzusammeln, bevor das Grenzgleichgewicht erreicht ist.

In zwei Fällen gelang die Darstellung sehr kurzlebiger radioaktiver Elemente auch durch (d;p)-Reaktionen, und zwar konnten durch Beschuß von Lithium bzw. Bor die Atome ^{8}Li mit einer Halbwertszeit von 0,5 Sekunden und ^{12}B mit einer Halbwertszeit von 0,02 Sekunden dargestellt werden.

Bestrahlung mit Neutronen. Es wurde bereits darauf hingewiesen, daß die starken abstoßenden Kräfte zwischen den beschossenen Atomkernen und den positiv geladenen Teilchen die umwandelnde Wirkung der α-Teilchen, Protonen und Deuteronen auf die leichteren Elemente beschränken. Daher konnte auf diese Weise kein Element mit höherer Atomnummer als 19 (Kalium) zum Zerfall gebracht werden. Bei dem eine hohe Energie besitzenden Neutron treten solche Abstoßungserscheinungen nicht auf, da es ungeladen ist. Es kann demzufolge sogar in die Kerne der schwersten Elemente eindringen und dort Umwandlungen hervorrufen.

Nach der Entdeckung der Neutronen hat sich durch Anwendung der WILSONschen Nebelkammer zeigen lassen, daß beim Zusammenstoß verschiedener Elemente mit Neutronen die Kerne unter Abgabe eines α-Teilchens zerstört werden. Stickstoff, Sauerstoff und Fluor unterliegen derartigen (n;α)-Reaktionen:

$$^{14}_{7}N + ^{1}_{0}n \rightarrow ^{11}_{5}B + ^{4}_{2}He$$
$$^{20}_{10}Ne + ^{1}_{0}n \rightarrow ^{17}_{8}O + ^{4}_{2}He$$

Auf schwerere Elemente wurde der Neutronenbeschuß erstmalig von FERMI angewandt; bei seinen Untersuchungen ergab sich, daß in vielen Fällen metastabile radioaktive Elemente entstehen. Die Zerfallsreaktionen können bei derselben Kernart auf drei Arten verlaufen:

$$[I]\ (n;\alpha)\quad ^{27}_{13}Al + ^{1}_{0}n \rightarrow ^{24}_{11}Na + ^{4}_{2}He;\quad ^{24}_{11}Na \xrightarrow{15\ \text{Std.}} ^{24}_{12}Mg + e^-$$
$$[II]\ (n;p)\quad ^{27}_{13}Al + ^{1}_{0}n \rightarrow ^{27}_{12}Mg + ^{1}_{1}H;\quad ^{27}_{12}Mg \xrightarrow{10\ \text{Min.}} ^{27}_{13}Al + e^-$$
$$[III]\ (n;—)\quad ^{27}_{13}Al + ^{1}_{0}n \rightarrow ^{28}_{13}Al;\quad ^{28}_{13}Al \xrightarrow{2{,}3\ \text{Min.}} ^{28}_{14}Si + e^-$$

Die hohe kinetische Energie (7,8 Millionen Elektronenvolt) der aus Beryllium stammenden Neutronen begünstigt die Reaktionen vom Typus 1 und 2, bei denen gleichzeitig ein Teilchen abgespalten wird. Reaktionen mit Teilchenaufnahme durch direkten Beschuß (also vom Typus 3) findet man bei den schwereren Elementen nur sehr selten und bei den leichten Elementen überhaupt nicht.

FERMI und Mitarbeiter machten die wichtige Entdeckung, daß Neutronen beim Durchtritt durch Wasser oder festes Paraffin verlangsamt werden. Da das Neutron ungefähr dieselbe Masse wie das Wasserstoffatom besitzt, so verliert es beim Durchtritt durch wasserstoffreiche Stoffe infolge elastischer Stöße kinetische Energie; seine Energie kann praktisch auf die Wärmeenergie von Gasmolekülen herabgesetzt werden.

Wenn langsame Neutronen mit Atomen zusammenstoßen, die schwerer sind als das Natriumatom, so können sie eingefangen werden, wobei ein Atom gebildet wird, das mit dem einfangenden Atom isotop ist, aber eine um 1 größere Masse besitzt (Reaktion vom Typus 3). Selbst bei den schweren Atomen, die auch schnelle Neutronen schon aufnehmen können, kann die Wahrscheinlichkeit von (n; —)-Umwandlungen durch Verwendung langsamer Neutronen beträchtlich erhöht werden. Wenn man dieses Verfahren zur Bestrahlung anwendet, legt man gewöhnlich die Neutronenquelle — die im allgemeinen aus einem zugeschmolzenen, Niton und gepulvertes Beryllium enthaltenden Glasrohr besteht — und die zu untersuchende Probe in eine geeignete Höhlung eines Paraffinblocks. Die Aufnahme langsamer Neutronen bietet eine Reihe theoretischer Probleme. Der scheinbare Querschnitt des Kernes ändert sich weitgehend von einem Element zum anderen und kann überraschend groß sein. So beträgt der Querschnitt beim Gadolinium $3 \cdot 10^{-20}$ cm². Weiterhin werden in einigen Fällen bevorzugt langsame Neutronen aufgenommen, deren Geschwindigkeit innerhalb eines gewissen spezifischen Bereiches liegt.

Von 60 Elementen, die FERMI[19] einem Neutronenbeschuß unterwarf, lieferten 40 radioaktive Produkte. Dabei können die drei für den Fall des Aluminiums beschriebenen Vorgänge auftreten, doch nimmt die Wahrscheinlichkeit der (n; —)-Reaktion mit der Masse des beschossenen Elements zu und ist bei den schweren Elementen fast ausschließlich zu finden. In allen Fällen besitzen die künstlich gebildeten Elemente eine β-Strahlaktivität; nur über einen interessanten Ausnahmefall wurde berichtet, welcher, wenn sich seine Richtigkeit bestätigen läßt, ein Beispiel für aufeinanderfolgende Zerfallsvorgänge bietet. LIBBY, PETERSON und LATIMER[20] fanden im Silberchlorid nach der Bestrahlung mit Neutronen eine α-Strahlaktivität, die folgenden Umwandlungen zugeschrieben wurde:

$$^{37}_{17}\mathrm{Cl} + {}^{1}_{0}n \rightarrow {}^{38}_{17}\mathrm{Cl}; \quad {}^{38}_{17}\mathrm{Cl} \rightarrow {}^{38}_{18}\mathrm{Ar} + e^-$$
$$^{38}_{18}\mathrm{Ar} \rightarrow {}^{34}_{16}\mathrm{S} + {}^{4}_{2}\mathrm{He}$$

Weitere Fälle, bei denen man aufeinanderfolgende Umwandlungen unter den schwersten Elementen annimmt, werden später behandelt.

Da der Zerfall der leichten Elemente auf drei unterschiedliche Arten erfolgen kann, ist es möglich, daß dasselbe radioaktive Element aus dem Beschuß mehrerer verschiedener Elemente entsteht. Deshalb ist die Feststellung wichtig, daß die Halbwertszeit eines radioaktiven Elements stets dieselbe ist, unabhängig von der Kernreaktion, nach welcher der unbeständige Kern gebildet wurde. Ein Beispiel hierfür liefert das ^{28}Al-Isotop, das durch Neutronenbeschuß von Aluminium — (n; —)-Prozeß — von Phosphor — (n; α) — oder von Silicium — (n; p) — entstehen kann. Es bildet sich auch aus dem ^{25}Mg-Isotop beim Beschuß mit α-Teilchen und aus Aluminium durch Einwirkung schneller Deuteronen. In allen Fällen ist das entstehende Produkt β-aktiv und besitzt stets die gleiche Halbwertszeit von 2,1 Minuten.

---

[19] FERMI: Proc. Roy. Soc. 1934, **146**, 483; 1935, **149**, 522.
[20] LIBBY, PETERSON u. LATIMER: Physic. Rev. 1935, **48**, 571.

$$\left.\begin{array}{lll}(n;-) & {}^{27}_{13}\mathrm{Al} + {}^{1}_{0}n \rightarrow {}^{28}_{13}\mathrm{Al} & \\ (n;\alpha) & {}^{31}_{15}\mathrm{P} + {}^{1}_{0}n \rightarrow {}^{28}_{13}\mathrm{Al} + {}^{4}_{2}\mathrm{He} & \\ (n;p) & {}^{28}_{14}\mathrm{Si} + {}^{1}_{0}n \rightarrow {}^{28}_{13}\mathrm{Al} + {}^{1}_{1}\mathrm{H} & \\ (\alpha;p) & {}^{25}_{12}\mathrm{Mg} + {}^{4}_{2}\mathrm{He} \rightarrow {}^{28}_{13}\mathrm{Al} + {}^{1}_{1}\mathrm{H} & \\ (d;p) & {}^{27}_{13}\mathrm{Al} + {}^{2}_{1}\mathrm{H} \rightarrow {}^{28}_{13}\mathrm{Al} + {}^{1}_{1}\mathrm{H} & \end{array}\right\} {}^{28}_{13}\mathrm{Al} \xrightarrow{2{,}1\ \mathrm{Min.}} {}^{28}_{14}\mathrm{Si} + e^-$$

Wenn, wie es bei der bereits erwähnten Bestrahlung des Aluminiums der Fall ist, alle drei Neutronenreaktionen in mehr oder weniger großem Maßstabe erfolgen, so ist die Zerfallskurve sehr kompliziert, da gleichzeitig drei unabhängige Aktivitäten mit verschiedenen Zerfallsgeschwindigkeiten vorliegen. Dieselbe verwickelte Lage findet man in solchen Fällen, in denen jedes der verschiedenen Isotope zur Entstehung eines radioaktiven Umwandlungsproduktes führt, also beispielsweise beim Magnesium.

$${}^{24}_{12}\mathrm{Mg} + {}^{1}_{0}n \rightarrow {}^{24}_{11}\mathrm{Na} + {}^{1}_{1}\mathrm{H}; \quad {}^{24}_{11}\mathrm{Na} \xrightarrow{15\ \mathrm{Std.}} {}^{24}_{12}\mathrm{Mg} + e^-$$

$${}^{26}_{12}\mathrm{Mg} + {}^{1}_{0}n \rightarrow {}^{23}_{10}\mathrm{Ne} + {}^{4}_{2}\mathrm{He}; \quad {}^{23}_{10}\mathrm{Ne} \xrightarrow{40\ \mathrm{Sek.}} {}^{23}_{11}\mathrm{Na} + e^-$$

$${}^{26}_{12}\mathrm{Mg} + {}^{1}_{0}n \rightarrow {}^{27}_{12}\mathrm{Mg}; \quad {}^{27}_{12}\mathrm{Mg} \xrightarrow{10\ \mathrm{Min.}} {}^{27}_{13}\mathrm{Al} + e^-$$

In einigen derartigen Fällen kann man mit chemischen Mitteln eine Trennung durchführen und auf diesem Wege die Natur der verschiedenen radioaktiven Produkte feststellen. Man setzt zu diesem Zweck ein normales inaktives Element, von dem man annimmt, daß es mit der aktiven Art isotop ist, als Träger zu; das Ganze wird dann einem geeigneten chemischen Trennungsverfahren unterworfen. In anderen Fällen kann man den Anteil der verschiedenen Kernreaktionen am Gesamtzerfall ändern und den Verlauf der Reaktionen klären, indem man z. B. die durch Bestrahlung mit schnellen bzw. langsamen Elektronen gewonnenen Ergebnisse miteinander vergleicht.

Photoelektrischer Kerneffekt.

Die zertrümmernde Wirkung der härtesten γ-Strahlung, die wir in der Natur zur Verfügung haben — nämlich die γ-Strahlung des Thorium C″ mit einer Energie von 2,6 Millionen Elektronenvolt — auf Deuterium und Beryllium wurde bereits erwähnt. Auch bei verschiedenen künstlich hervorgerufenen Zerfalls- und Beschußvorgängen wird eine γ-Strahlung emittiert. Da die Kerne mit den Massenzahlen $g = 4\,n$ (d. h. $^{8}\mathrm{Be}$, $^{16}\mathrm{O}$, $^{12}\mathrm{C}$, $^{20}\mathrm{Ne}$) besonders beständig sind, was sich beispielsweise aus ihrer Lage auf der ASTONschen Packungsanteil-Kurve ergibt, so ist zu erwarten, daß bei allen unter Bildung dieser Kerne verlaufenden Kernreaktionen eine sehr harte γ-Strahlung ausgesandt wird. Die Reaktionen, welche zu den fraglichen vier Kernen führen, sind (p; —)-Reaktionen mit den Atomarten $^{7}\mathrm{Li}$, $^{11}\mathrm{B}$, $^{15}\mathrm{N}$ und $^{19}\mathrm{F}$:

$${}^{7}_{3}\mathrm{Li} + {}^{1}_{1}\mathrm{H} \rightarrow {}^{8}_{4}\mathrm{Be} + \gamma.$$

BOTHE und GENTNER[21] konnten nachweisen, daß beim Beschuß von Lithium mit 440 Kilovolt-Protonen tatsächlich diese letzte Reaktion erfolgt; die dabei gleichzeitig ausgesandte γ-Strahlung besitzt eine

[21] BOTHE u. GENTNER: Z. angew. Chem. 1937, **50**, 600.

Energie von 17 Millionen Elektronenvolt. Die Bindungsenergie der Bestandteile des Atomkerns liegt in der Größe von 8—9 Millionen Elektronenvolt. Daher sollte diese sehr harte γ-Strahlung den Zerfall selbst der schwersten Kerne zustande bringen, während die γ-Strahlen des Thorium C″ nur auf die erwähnten leichten Elemente einwirken. Die Erscheinung ist das Kernanaloge zu der Abgabe von Valenzelektronen durch Absorption eines Lichtquants und kann somit als photoelektrischer Kerneffekt bezeichnet werden.

Erwartungsgemäß können von vielen Atomen durch einen (γ;n)-Vorgang Neutronen abgespalten werden, wodurch mit dem bestrahlten Element isotope β-aktive Elemente entstehen. In einigen Fällen waren die Halbwertszeiten der so gebildeten Elemente identisch mit denen, die sich von demselben Element durch Neutronenaufnahme, also durch (n;γ)-Umwandlung ableiten. Dies ist der Fall bei Gallium, Brom und Silber, von denen jedes aus zwei Isotopen besteht, deren Massen sich um zwei Einheiten unterscheiden. Danach kann man in diesen Fällen den radioaktiven Isotopen unzweideutig Massenzahlen zuordnen, da die Massenzahl des radioaktiven Elements, welches sowohl durch die (n;γ)- als auch durch die (γ;n)-Reaktion entsteht, zwischen denen der beständigen Isotope liegt. Das radioaktive Element, welches nur durch die (γ;n)-Reaktion gebildet wird, muß in entsprechender Weise eine Massenzahl besitzen, die um eine Einheit niedriger ist als die des leichteren, beständigen Isotops:

$$\left\{\begin{array}{l} {}^{107}\mathrm{Ag} + \gamma \nearrow {}^{106}\mathrm{Ag} + {}^{1}_{0}n \\ {}^{107}\mathrm{Ag} + {}^{1}_{0}n \searrow {}^{108}\mathrm{Ag} + \gamma \end{array}\right.$$

${}^{106}\mathrm{Ag}$ entsteht nur durch eine (γ;n)-Reaktion

$$\begin{array}{l} {}^{109}\mathrm{Ag} + \gamma \nearrow {}^{108}\mathrm{Ag} + {}^{1}_{0}n \\ {}^{109}\mathrm{Ag} + {}^{1}_{0}n \searrow {}^{110}\mathrm{Ag} + \gamma \end{array}$$

${}^{108}\mathrm{Ag}$ entsteht sowohl durch eine (γ;n)- als auch durch (n;γ)-Reaktion

${}^{110}\mathrm{Ag}$ entsteht nur durch (n;γ)-Reaktion

Im Falle des Broms fanden BOTHE und GENTNER, daß sowohl durch den (n;γ)- als auch den (γ;n)-Mechanismus zwei verschiedene Isotope gebildet werden, d. h., daß es zwei radioaktive Elemente mit verschiedenen Halbwertszeiten aber mit derselben Massenzahl — 80 — gibt. Dies scheint der erste zweifellos bewiesene Fall von „Kernisomerie" zu sein, d. h. von Kernen, welche dieselbe Masse besitzen, aber mit verschiedenen Geschwindigkeiten zerfallen und irgendeinen Unterschied in der inneren Kernstruktur besitzen. Bei den natürlichen radioaktiven Elementen liegen anscheinend bei den Beziehungen zwischen UX_2 und UZ dieselben Verhältnisse vor:

$$\mathrm{UI} \xrightarrow{\alpha} \mathrm{UX_1} \begin{array}{c} \xrightarrow[\beta]{99{,}65\%} \mathrm{UX_2} \xrightarrow{\beta} \\ \xrightarrow[\beta]{0{,}35\%} \mathrm{UZ} \xrightarrow{\beta} \end{array} \mathrm{UII}$$

Neutronenbeschuß von Uran und Thorium [22].

Die Darstellung künstlicher radioaktiver Elemente aus Uran und Thorium ist ein Gebiet von besonderem Interesse, da sie die Möglichkeit bietet, Elemente mit einer Atomnummer darzustellen, die größer als 92 ist. Die ersten Beobachtungen über den Neutronenbeschuß dieser beiden Stoffe zeigten, daß tatsächlich künstliche Elemente hergestellt werden können, doch sind viele der älteren Schlußfolgerungen hinsichtlich ihrer Natur nochmals überprüft und berichtigt worden.

Im Jahre 1934 untersuchten Fermi und Mitarbeiter erstmalig den Neutronenbeschuß von Uran und Thorium und erhielten dabei aktive Produkte, welche negative Elektronen aussandten. Diese Beobachtung führte sie zu der Annahme, daß durch Neutronenaufnahme ein unbeständiges Produkt gebildet würde, bei dessen Zerfall ein Kern mit der Atomnummer 93 entstünde. Eine genauere Untersuchung ergab die interessante Tatsache, daß mehrere verschiedene radioaktive Elemente aus dem Uran gebildet werden. Meitner, Hahn und Strassmann [23] zeigten, daß diese durch nicht weniger als 9 getrennte Zerfallsperioden gekennzeichnet sind, und führten chemische Trennungen durch, von denen man zu jener Zeit annahm, daß sie mit dem untenstehenden Schema übereinstimmten. Man sieht, daß dabei Atomnummern bis zu 97 aufgeführt sind.

$$^{238}_{92}\mathrm{U} + ^{1}_{0}\mathrm{n} \longrightarrow ^{239}_{92}\mathrm{U} \xrightarrow[\beta]{\text{10 Sek.}} ^{239}_{93}\text{Eka-Re} \xrightarrow[\beta]{\text{2,2 Min.}} ^{239}_{94}\text{Eka-Os} \xrightarrow[\beta]{\text{59 Min.}} ^{239}_{95}\text{Eka-Ir} \longrightarrow$$

$$\xrightarrow[\beta]{\text{66 Std.}} ^{239}_{96}\text{Eka-Pt} \xrightarrow[\beta]{\text{2,5 Std.}} ^{239}_{97}\text{Eka-Au}$$

$$_{92}\mathrm{U} + ^{1}_{0}\mathrm{n} \longrightarrow _{92}\mathrm{U} \xrightarrow[\beta]{\text{40 Sek.}} _{93}\text{Eka-Re} \xrightarrow[\beta]{\text{16 Min.}} _{94}\text{Eka-Os} \xrightarrow[\beta]{\text{5,7 Std.}} _{95}\text{Eka-Ir}$$

$$^{238}_{92}\mathrm{U} + ^{1}_{0}\mathrm{n} \longrightarrow ^{235}_{90}\mathrm{Th} + ^{4}_{2}\mathrm{He} \xrightarrow[\beta]{} ^{235}_{91}\mathrm{X} \xrightarrow[\beta]{} ^{235}_{92}\mathrm{U} \xrightarrow[\beta]{\text{23 Min.}} ^{235}_{93}\text{Eka-Re} \longrightarrow ?$$

Die chemische Beweisführung, mit der diese „Transuran"-Elemente identifiziert wurden, erschien damals ziemlich schlüssig. Die Elemente unterscheiden sich durch ihre große Flüchtigkeit stark vom Uran und werden mit Platin zusammen durch Schwefelwasserstoff aus salzsaurer Lösung ausgefällt. Im Jahre 1937 fanden jedoch Curie und Savitch [24] bei dem Neutronenbeschuß des Urans noch ein zehntes Produkt. Dieses besaß eine Halbwertszeit von 3,5 Stunden und wurde nicht mit den Platinmetallen gefällt. Sein chemisches Verhalten deutete sehr stark

---

[22] Anmerkung des Übersetzers: Dieser Abschnitt wurde für die deutsche Übersetzung von Herrn Emeléus freundlichst zur Verfügung gestellt; in der englischen Ausgabe befindet sich dafür eine Beschreibung der Transurane, die aber nach den neuesten Untersuchungen als überholt gelten muß. Bezüglich einer Besprechung dieser an sich sehr interessanten, wenn auch veralteten Anschauungen, Beobachtungen und Schlußfolgerungen muß der Leser auf die englische Ausgabe verwiesen werden.

[23] Meitner, Hahn u. Strassmann: Z. Physik 1931, **106**, 249.

[24] Curie u. Savitch: J. Physique Radium [7] 1937, 8, 385.

darauf hin, daß es sich um ein Isotop des Lanthans handelte[25]. Diese Versuche und die Aktivität von 3,5 Stunden wurde durch weitere Arbeiten von HAHN und STRASSMANN[26] bestätigt; diese konnten mit ziemlicher Sicherheit zeigen, daß der Neutronenbeschuß des Urans radioaktive Isotope des Lanthans ($Z=51$) und des Bariums ($Z=56$) lieferte.

Nach diesen Versuchen müssen die Deutungen der Experimente über den Neutronenbeschuß des Urans und Thoriums eine grundlegende Änderung erfahren. Es hat sich gezeigt, daß die Neutronen eine Spaltung der schweren Kerne in zwei ungefähr gleich große Kerne bewirken; die Aufmerksamkeit richtete sich sofort auf die genaue Natur der Zerfallsprodukte. BOHR[27] leitete auf Grund theoretischer Überlegungen ab, daß die Spaltung des Kernes außerordentlich stark exotherm verlaufen muß. Man nimmt an, daß die Produkte des Kernzerfalls eine außergewöhnlich hohe Zahl von Neutronen enthalten und daß die β-Aktivität der Bruchstücke durch die Umwandlung dieser Neutronen in Protonen bedingt ist.

Man kann eine Analogie ziehen zwischen der Spaltung des Kernes und dem Zerreißen eines Tropfens, dessen Oberflächenspannung durch Vergrößerung seiner Ladung vermindert wird. Außer diesem bei den Kernen beobachteten Spaltvorgang besteht noch die Möglichkeit, daß vor oder während der Spaltung Neutronen aus dem Kern abgegeben werden (VON HALBAN, JOLIOT und KOWARSKI[28]). Wenn eines der Spaltprodukte des Urans das Barium ist ($Z=56$), so muß das andere Krypton sein ($Z=92-56=36$). Eine fortschreitende Emission von Elektronen aus dem Kryptonkern würde wiederum Isotope des Rubidiums, Strontiums, Yttriums usw. ergeben. Das Problem, das sich dem Chemiker und Physiker somit darbietet, besteht darin, diese Spaltprodukte zu identifizieren. Die chemische Identifizierung erfolgt gewöhnlich in der Weise, daß man feststellt, mit welchem Element ein radioaktives Produkt bekannter Aktivität sich bei einer chemischen Trennung vereinigt, und die so gewonnenen Erkenntnisse als Beweis für die Isotopie benutzt. Dieser Beweis ist noch nicht schlüssig, jedoch können die unten angeführten Ergebnisse als Anzeichen für den Fortschritt dienen, den man auf diesem Gebiet erreicht hat.

Zwei von den Produkten der Neutronenspaltung des Urankerns sind zweifellos Gase, von denen man annimmt, daß sie mit Krypton bzw. Xenon isotop sind[29]. So bestrahlten HAHN und STRASSMANN[30] eine starke wäßrige Lösung von Uranylnitrat mit Neutronen und

---

[25] Anmerkung des Übersetzers: In der Arbeit von CURIE und SAVITCH wird jedoch ausdrücklich an mehreren Stellen festgestellt, daß es sich bei der 3,5 Stunden Aktivität *nicht* um Lanthan handelt. CURIE und SAVITCH nahmen an, daß es sich um ein Transuran mit den Eigenschaften einer seltenen Erde handelte, wobei sie diese Erklärung selbst aber als unbefriedigend ansahen.

[26] HAHN u. STRASSMANN: Naturwiss. 1938, **26**, 755; 1939, **27**, 11.

[27] BOHR: Nature 1939, **143**, 330.

[28] v. HALBAN, JOLIOT u. KOWARSKI: Nature 1939, **143**, 470.

[29] Anmerkung des Übersetzers: Nach den neuesten Arbeiten ist mit einer ganzen Anzahl von gasförmigen Produkten zu rechnen (vgl. z. B. O. HAHN u. F. STRASSMANN: Naturwiss. 1940, **28**, 54).

[30] HAHN u. STRASSMANN: Naturwiss. 1939, **27**, 163.

leiteten gleichzeitig einen Luftstrom durch die Lösung. Der Luftstrom wurde mit Kaliumperchlorat getrocknet und dann zur Absorption kondensierbarer Gase über aktive Holzkohle geleitet, die in einem Kohlensäure-Alkoholgemisch gekühlt war. Bei der Behandlung der Tierkohle mit nichtaktiver Bariumchloridlösung und anschließender Isolierung des Bariumsalzes zeigte sich, daß dieses eine Aktivität mit einer Halbwertszeit von 86 Minuten angenommen hatte; nach den Schlußfolgerungen der Autoren entstand diese Aktivität auf der Holzkohle durch Bildung und anschließenden Zerfall eines sehr kurzlebigen radioaktiven Xenonisotopes. GLASOE und STEIGMANN[31] haben zu beweisen versucht, daß zwei gasförmige Spaltprodukte des Urans auftreten, und zwar mit Halbwertszeiten von 35 Sekunden bzw. 5 Minuten. Die 86-Minuten-Periode des Bariums tritt zusammen mit dem Gas mit der langen Lebensdauer auf, von dem man annimmt, daß es ein Xenonisotop ist. Sehr wesentlich ist die Feststellung, daß eine Periode von 87 Minuten bei dem Isotop ^{139}Ba zu finden ist, ein deutlicher Beweis für die Richtigkeit der besprochenen Erscheinungen.

HEYN, ATEN und BAKKER[32] nehmen folgende Umwandlungen an:

$$^{139}Xe \xrightarrow{(\sim 0{,}5\text{ Min.})} {}^{139}Cs \xrightarrow{10\text{ Min.}} {}^{139}Ba \xrightarrow{87\text{ Min.}} {}^{139}La \text{ (beständig)}$$

$$Xe \xrightarrow{(\sim 0{,}5\text{ Min.})} Cs \xrightarrow{30\text{ Min.}} Ba \xrightarrow{\text{(lang)}} La$$

$$^{88}Kr \longrightarrow {}^{88}Rb \xrightarrow{17\text{ Min.}} {}^{88}Sr \text{ (beständig)}$$

Die Lage ist jedoch verwickelter, als man nach diesem einfachen Schema annehmen könnte. So ließen sich z. B. unter den aktiven Spaltprodukten des Urans Jod und Tellur sowie Brom nachweisen. Man ist weiterhin der Ansicht, daß die Spaltung des Urankerns bei verschiedenen Neutronengeschwindigkeiten jeweils einen anderen Verlauf nimmt. Es bestehen auch deutliche Anhaltspunkte dafür, daß bei der Spaltung des Thoriums wenigstens zum Teil dieselben Zerfallsprodukte wie beim Uran auftreten[33]. Diese Versuche wurden in genau derselben Weise durchgeführt wie es für das Uran bereits beschrieben ist, nur wurde das Uranylnitrat durch eine Lösung von Thoriumnitrat ersetzt.

Ein physikalisches Verfahren zur Identifizierung der bei diesen Kernspaltungsvorgängen gebildeten Elemente beruht auf der Tatsache, daß ein Teil der ausgesandten Strahlung im Bereich der Röntgenstrahlung liegt. Man nimmt an, daß diese durch eine bei der Kernspaltung primär entstehende γ-Strahlung angeregt wird. Die Wellenlänge kann man durch Absorptionsmessungen mit ziemlicher Genauigkeit festlegen; auf diese Weise konnten FEATHER und BRETSCHER[34] feststellen, daß die K_α-Strahlung des Jods in der beim Beschuß des Urans mit Neutronen ausgesandten Strahlung enthalten ist. Die

[31] GLASOE u. STEIGMANN: Physic. Rev. 1939, **55**, 982.
[32] HEYN, ATEN u. BAKKER: Nature 1939, **143**, 517.
[33] ATEN, BAKKER u. HEYN: Nature 1939, **143**, 679, siehe auch DODSON u. FOWLER: Physic. Rev. 1939, **55**, 880.
[34] FEATHER u. BRETSCHER: Nature 1939, **143**, 516.

Anwesenheit von Jod läßt sich auch durch chemische Beweise stützen, z. B. durch die Anreicherung der Aktivität in Silberjodidniederschlägen.

Es tritt noch eine Aktivität mit einer Halbwertszeit von 23 Minuten auf, die sich auf chemischem Wege nicht vom Uran trennen läßt und die wahrscheinlich einem durch Eintritt eines Neutrons in den Urankern entstehenden Produkt zuzuschreiben ist. Diese Aktivität besteht in einer Emission von negativen Elektronen; daher muß das dabei gebildete Produkt ein Element mit der Atomnummer 93 sein, d. h. ein echtes „Transuran"-Element; bis jetzt hat sich jedoch noch kein Anhaltspunkt für den weiteren Zerfall eines derartigen Kernes ergeben, was man jedoch möglicherweise entweder durch einen sehr schnellen oder aber sehr langsamen Zerfall erklären kann; gegenwärtig (18. 7. 1939) muß man aber das Problem als ungelöst betrachten.

Die Radioaktivität des Kaliums und Rubidiums.

Bei der Behandlung der Radioaktivität der schweren Elemente wurde erwähnt, daß sich die Aktivität des Aktiniums nur mit Schwierigkeiten nachweisen läßt, da nur eine außerordentlich weiche Strahlung emittiert wird; in älteren Arbeiten über die Radioaktivität heißt es, daß das Aktinium eine strahlenlose Umwandlung erfährt. Eine solche schwache Aktivität, wie sie einige der im allgemeinen als beständig angesehenen Elemente besitzen, ist naturgemäß nur schwer festzustellen. Eine derartige schwache Aktivität findet man bei drei Elementen, nämlich Kalium, Rubidium und Samarium; die ersten beiden emittieren eine sehr schwache β-Strahlung, während das Samarium weiche α-Teilchen aussendet.

Der Ursprung dieser Aktivität ist noch nicht bekannt. Die Schwäche der Erscheinung und die ziemlich hohe Energie der Strahlung deuten darauf hin, daß es sich in allen Fällen um ein seltenes Isotop des Elements handelt. Die bei den Arbeiten über die künstliche Radioaktivität erzielten Fortschritte haben es ermöglicht, das Gebiet unter einem neuen Gesichtspunkt zu untersuchen, da man auf diese Weise die verschiedenen möglichen aktiven Isotope herstellen und von der weiteren Untersuchung ausschließen kann. HEVESY und PAHL[35] versuchten, die Isotope des Kaliums durch fraktionierte Destillation zu trennen. Vergleichende Messungen ergaben, daß sich die Radioaktivität in der schweren Fraktion ansammelt und daher nicht von dem überwiegenden Anteil des ^{39}K-Isotops herrühren kann. Wenn man das schwerere bekannte Isotop ^{41}K als wirksam annimmt, so sollte bei seinem Zerfall ein ^{41}Ca-Isotop entstehen. Das aus alten Kaliummineralien gewonnene Calcium besitzt jedoch ein normales Atomgewicht, und ASTON konnte weder in dem aus sehr altem norwegischen Biotit extrahierten Calcium, der 6 Prozent Kalium, aber nur 0,05 Prozent Calcium enthält, noch in dem Calcium von Pegmatit ein ^{41}Ca nachweisen[36]. Wenn es sich bei dem aktiven Isotop also um ^{41}K handelt, so wäre

[35] HEVESY u. PAHL: Z. physik. Chem. 1931, BODENSTEIN-Festband, S. 309.
[36] ASTON: Nature 1934, **133**, 869.

beim Zerfall des Kaliums im Laufe geologischer Zeiträume mit Sicherheit eine zur Bestimmung ausreichende Menge des ^{41}Ca entstanden.

Daß ein seltenes Isotop ^{42}K oder ^{43}K die aktive Komponente ist, läßt sich durch folgende Überlegungen ebenfalls ausschließen. Es ist ein allgemeines Prinzip, daß bei Kernen, in denen sehr viel Neutronen enthalten sind, eine Aussendung von β-Strahlung erfolgt und daß die größte Beständigkeit bei den leichten Elementen erreicht wird, deren Kern die gleiche Zahl von Neutronen und Protonen enthält (d. h. deren Atomgewicht doppelt so groß wie die Atomnummer ist). Wenn daher zwei oder mehr β-aktive Isotope eines Elements existieren, so nimmt die Lebensdauer dieser Arten mit der Menge der im Kern enthaltenen Neutronen, d. h. also mit steigendem Atomgewicht, ab. Als Beispiel für dieses Prinzip seien die radioaktiven Isotope des Thalliums genannt:

^{210}Tl (RaC″) 1,32 Minuten
^{208}Tl (ThC″) 3,20 Minuten
^{207}Tl (AcC″) 4,76 Minuten

Daher wird das ^{43}K sehr wahrscheinlich eine kürzere Lebensdauer besitzen als das ^{42}K, welches beim Neutronenbeschuß von Kalium oder Scandium entsteht,

$$^{41}_{19}K + ^{1}_{0}n \rightarrow ^{42}_{19}K$$
$$^{45}_{21}Sc + ^{1}_{0}n \rightarrow ^{42}_{19}K + ^{4}_{2}He.$$

^{42}K ist ein β-aktiver Stoff mit einer Halbwertszeit von 16 Stunden. Es steht also fest, daß das ^{42}K nicht das aktive Isotop des gewöhnlichen Kaliums sein kann und daß ^{43}K ebenfalls ausgeschlossen ist, da es aller Wahrscheinlichkeit nach eine noch kürzere Lebensdauer besitzt. Dadurch, daß diese Isotope ausgeschlossen sind, muß also das Isotop ^{40}K die natürlich-aktive Atomart sein. Mit dem Massenspektrographen wurde festgestellt, daß im gewöhnlichen Kalium das ^{40}K-Isotop im Verhältnis 1:8500 vorliegt. Eine derartige Konzentration müßte eine bedeutend stärkere Aktivität bewirken, als tatsächlich beobachtet wurde. Als Erklärung hierfür hat man die gleichzeitige Emission von zwei β-Teilchen oder die Aufeinanderfolge einer langsamen α-Strahlumwandlung und einer anschließenden β-Teilchenemission angenommen. Es konnten jedoch keine α-Teilchen nachgewiesen werden, und in dem ganz entsprechenden Fall des Rubidiums steht mit Sicherheit fest, daß kein Isotop des Broms gebildet wird. Es ist demnach wahrscheinlich so, daß die Aktivität tatsächlich auf das ^{40}K-Isotop zurückgeht, daß aber die Umwandlung aus irgendeinem Grunde — z. B. durch Unterschiede der Kernspins — nur außergewöhnlich selten verläuft. Die Aktivität des Rubidiums läßt sich in entsprechender Weise dem ^{86}Rb-Isotop zuordnen. Bei Umwandlungsvorgängen, bei denen ^{86}Rb gebildet werden sollte, ist keine künstliche Radioaktivität zu beobachten. Während das ^{87}Rb-Isotop ein aktives Produkt ergibt,

$$^{87}_{37}Rb + ^{1}_{0}n \rightarrow ^{88}_{37}Rb; \quad ^{88}_{37}Rb \rightarrow ^{88}_{38}Sr + e^-,$$

ist keine Aktivität nachgewiesen worden, die von den folgenden möglichen Prozessen herrührt.

$$^{85}_{37}\mathrm{Rb} + ^{1}_{0}n \rightarrow ^{86}_{37}\mathrm{Rb}$$
$$^{86}_{38}\mathrm{Sr} + ^{1}_{0}n \rightarrow ^{86}_{37}\mathrm{Rb} + ^{1}_{1}\mathrm{H}$$
$$^{89}_{39}\mathrm{Y} + ^{1}_{0}n \rightarrow ^{86}_{37}\mathrm{Rb} + ^{4}_{2}\mathrm{He}.$$

Dies steht mit der Ansicht in Einklang, daß ^{86}Rb ein langlebiges Atom ist.

Radioaktive Elemente als Indikatoren[37].

Die Möglichkeit, radioaktive Elemente als Indikatoren zur Untersuchung des Verlaufes chemischer Reaktionen oder physikalischer Prozesse zu benutzen, beruht auf der Tatsache, daß man zum Nachweis radioaktiver Stoffe außerordentlich empfindliche Methoden zur Verfügung hat. Wenn man zum Nachweis ein Elektroskop verwendet, so kann man nach PANETH noch 1 Milligramm Thorium durch seine α-Teilchenaktivität feststellen. Da die Emissionsgeschwindigkeit der α- oder β-Teilchen radioaktiver Elemente sich umgekehrt mit der Lebensdauer ändert, können noch 10^{-17} Gramm des kurzlebigen Thorium C auf diese Weise nachgewiesen werden. Bei Verwendung noch empfindlicherer und quantitativer Verfahren — z. B. des Geiger-Zählers, der die Emission einzelner α- oder β-Teilchen anzeigt — läßt sich dieser ungeheuer kleine Wert noch weiter herabsetzen. Durch Zusatz eines radioaktiven Isotops zu einem normalen Element erhält man also ein außerordentlich empfindliches Verfahren zur Untersuchung des chemischen und physikalischen Verhaltens des betreffenden Stoffes.

An diesem Verfahren hat man deshalb ein besonderes Interesse, weil es ein Mittel zur Untersuchung normaler Elemente mit Hilfe ihrer radioaktiven Isotope bildet. Wenn man die natürlichen radioaktiven Elemente benutzt, kann man Thallium durch Zusatz von AcC″ ($T =$ 4,76 Minuten), Blei durch Zusatz von RaD ($T = 16$ Jahre) oder ThB ($T = 10{,}6$ Stunden) und Wismut mit RaE ($T = 4{,}85$ Tage) oder ThC ($T = 60{,}5$ Minuten) untersuchen. Die Entdeckung der künstlichen Radioaktivität hat dieses Gebiet bedeutend erweitert, da auf diese Weise auch die leichteren Elemente mit in diese Untersuchungen einbezogen werden können.

Ein Beispiel für die Anwendung radioaktiver Indikatoren ist die Entdeckung des Wismutwasserstoffs[38]. Wenn man Magnesiumspiralen der Einwirkung von Thoriumemanation aussetzt, so werden sie mit Thorium B und Thorium C beladen, welche Isotope des Bleis bzw. Wismuts sind. Wenn man ein derartig präpariertes Metall in Säure löst, so wird, wie PANETH zeigen konnte, die Radioaktivität des Thorium C mit den entwickelten Gasen fortgeführt; diese Erscheinung beruht auf der Bildung einer flüchtigen Verbindung des Wismuts, bei der es sich mutmaßlich um BiH_3 handelt. Wenn man das Gas durch ein erhitztes Rohr leitet, so wird das radioaktive Gas zersetzt, und das Wismutisotop scheidet sich an der erhitzten Zone ab, genau wie die Arsen- und Antimonspiegel bei der MARSHschen Probe. Anschließend an diese Feststellung, daß Wismuthydrid erhalten werden könnte, wenn man eine

---

[37] Vgl. PANETH: Radioelements as Indicators. Oxford 1928. — ROSENBLUM: Chem. Reviews 1935, **16**, 99.

[38] PANETH: Z. Elektrochem. angew. physik. Chem. 1918, **24**, 298.

Magnesium-Wismutlegierung in Säuren löst, konnten PANETH und WINTERNITZ[39] das bis dahin unbekannte BiH_3 aus gewöhnlichem Wismut darstellen.

Die Verwendung radioaktiver Isotope leichter Elemente als Indikatoren ist noch weiter verbreitet. Vor allem ist die Feststellung des genauen Mechanismus chemischer Reaktionen durch „Markierung" eines bestimmten Atoms möglich. So wurde durch von GROSSE und AGRUSS[40] der Austausch von Bromatomen zwischen Brom und Natriumbromid in wäßriger Lösung geklärt. Natriumbromid wurde mit Neutronen bestrahlt und dann zu einem Teil der Lösung Brom hinzugefügt. Nachdem sowohl dieser Teil der Lösung als auch der nicht mit Brom behandelte Teil zur Trockne eingedampft waren, zeigte sich, daß die Aktivität des unbehandelten 2,5mal so groß war wie die des anderen Teiles. Offensichtlich hat ein Austausch zwischen dem radioaktiven Bromidion und dem elementaren Brom stattgefunden, wobei ein Teil des radioaktiven Stoffes in freies Brom verwandelt und beim Verdampfen verloren gegangen war. Ein derartiger Austausch könnte über die vorübergehende Bildung eines Polybromidions oder — wie durch VON GROSSE und AGRUSS vorgeschlagen wurde — über das Gleichgewicht

$$Br_2 + H_2O \rightleftharpoons Br^- + H^+ + HOBr$$

erfolgen.

Auf demselben Prinzip beruht die Anwendung des radioaktiven Jodisotops auf den Mechanismus der WALDENschen Umkehrung. Optisch aktives sekundäres Octyljodid wird von Natriumjodid in Acetonlösung mit meßbarer Geschwindigkeit racemisiert. Beim radioaktiven Natriumjodid — welches man durch Beschuß von Natriumjodid mit Neutronen erhält — konnten HUGHES, TOPLEY und Mitarbeiter[41] einen Austausch zwischen dem radioaktiven Jod des Salzes und dem des Octyljodids nachweisen. Die Austauschreaktion wurde nach einer vorherbestimmten Zeit durch Zusatz von gestoßenem Eis unterbrochen und das Octyljodid mit Tetrachlorkohlenstoff extrahiert. Danach wurde das organische und anorganische Jod als Silberjodid gefällt und die Verteilung des radioaktiven Jods zwischen den beiden Anteilen in der üblichen Weise durch Messung der Intensitäten beider Aktivitäten bestimmt. Es war somit möglich, die Austauschgeschwindigkeit des Jods zwischen den Jodionen und dem Alkyljodid festzustellen. Diese Reaktionsgeschwindigkeit stimmte innerhalb von 10 Prozent mit der Geschwindigkeit der Racemisierung von aktivem Octyljodid überein. Daraus kann man schließen, daß bei der Racemisierung derselbe Austauschmechanismus wirksam ist.

Unter den anderen Anwendungsmöglichkeiten der leichten radioaktiven Elemente soll auch die Möglichkeit einer biochemischen Verwendung erwähnt werden. HEVESY und CHIEWITZ[42] haben versucht, das radioaktive Phosphorisotop ^{32}P ($T = 13$ Tage), das man durch

---

[39] PANETH u. WINTERNITZ: Ber. dtsch. chem. Ges. 1918, **51**, 1728.
[40] v. GROSSE u. AGRUSS: J. Amer. chem. Soc. 1935, **57**, 591.
[41] HUGHES, TOPLEY u. Mitarb.: J. chem. Soc. 1935, 1525.
[42] HEVESY u. CHIEWITZ: Nature 1935, **136**, 754.

Neutronenbeschuß von Schwefel oder Chlor erhält, zur Untersuchung des Phosphorstoffwechsels im lebenden Organismus zu verwenden; in ähnlicher Weise läßt sich auch der Verbleib und die Verteilung anderer an Lebensvorgängen beteiligter Elemente kennzeichnen.

Ein physikalisch-chemisches Gebiet, auf dem die radioaktiven Indikatoren sich als wertvoll erwiesen haben, ist die Bestimmung der Oberflächengröße adsorbierender Stoffe. Der einfachste Fall ist die Oberflächenbestimmung einer kristallinen Verbindung; so kann man beispielsweise beim Bleisulfat ein Bleiisotop, ThB, als Indikator benutzen. An der Oberfläche eines derartigen Kristalls findet in gesättigter Lösung ein kinetischer Austausch von Atomen zwischen der Oberfläche und der Lösung statt, an dem auch die radioaktiven Bleiatome teilnehmen. Im Gleichgewichtszustand ist daher das radioaktive Blei zwischen der Oberfläche und der Lösung proportional verteilt, so daß sich ergibt

$$\frac{\text{ThB an der Oberfläche}}{\text{ThB in Lösung}} = \frac{\text{Pb an der Oberfläche}}{\text{Pb in Lösung}}.$$

Die Verteilung von ThB zwischen Oberfläche und Lösung kann man durch die Abnahme der Aktivität der Lösung messen. Wenn man daher die Konzentration des Bleis in der gesättigten Bleisulfatlösung kennt, so kann man die Zahl der Bleiatome an der Oberfläche direkt berechnen. Dasselbe Verfahren läßt sich auf die isomorphen Sulfate anderer Metalle — z. B. Bariumsulfat — anwenden; in diesen Fällen muß man einen empirischen Faktor einführen, der die Verteilung des radioaktiven Bleis zwischen Oberfläche und Lösung angibt. Derartige absolute Messungen der Oberfläche ermöglichen eine direkte Kontrolle der Bestimmungen von „spezifischen Oberflächen", die durch Adsorption von Farbstoffen usw. durchgeführt wurden; sie bieten auch einen Einblick in die Vorgänge der Aggregation und des Kristallwachstums in Niederschlägen.

Die Bestimmung des Alters von Mineralien.

Die Entdeckung der Radioaktivität hat einen tiefen Einfluß auf die herrschenden Anschauungen über den Maßstab geologischer Zeiträume gehabt. In erster Linie mußten auf Grund der Feststellung, daß aus der bei den Zerfallsprozessen radioaktiver Elemente freiwerdenden Energie Wärme entsteht, die Berechnungen von Kelvin u. a. über die Abkühlungsgeschwindigkeit der Erde geändert und hierfür ein bedeutend höherer Wert angenommen werden. Wichtiger ist jedoch, daß auf diese Weise ein Mittel gewonnen wurde, welches durch direkte Bestimmung der Mengen der beim radioaktiven Zerfall entstehenden Endprodukte das Alter von Gesteinen unmittelbar zu messen gestattet. Zu diesem Zweck kann man entweder Helium oder Blei als inaktives Endprodukt bestimmen.

Da jedes α-Teilchen ein Heliumkern ist, so kann man die Zahl der emittierten α-Teilchen feststellen, wenn man das Volumen des gebildeten Heliums, d. h. die Zahl der Heliumatome, mißt. Ein Gramm

Uran sendet, im Gleichgewicht mit seinen Zerfallsprodukten, $9 \cdot 10^4$ α-Teilchen pro Sekunde, oder $2{,}8 \cdot 10^{12}$ Teilchen pro Jahr aus.

Da 1 cm³ Helium $2{,}7 \cdot 10^{19}$ Atome enthält, so entstehen aus jedem Gramm Uran pro Jahr ungefähr 10^{-7} cm³ Helium. In den Thoriummineralien ist wegen der geringeren Zerfallsgeschwindigkeit und der kleineren Zahl der α-Teilchenumwandlungen die Bildungsgeschwindigkeit des Heliums nur knapp ein Drittel so groß. Man kann daher ausrechnen, welche Menge Thorium einer Menge Uran äquivalent ist — $[\mathrm{Th}] = 0{,}3\,[\mathrm{U}]$ — d. h. welche Menge Uran und Thorium dasselbe Volumen Helium ergeben. Da in Thoriumgesteinen stets Uran vorhanden ist, so ist das gesamte Uran äquivalent $= \mathrm{U} + 9{,}3\ \mathrm{Th}$ pro Gramm Gestein.

Das Alter des Gesteins ergibt sich dann durch folgenden Ausdruck, den man als Heliumverhältnis bezeichnet:

$$10^7 \cdot \frac{\mathrm{He}\ (\mathrm{cm}^3\ \text{pro Gramm Gestein})}{\mathrm{U} + 0{,}3\ \mathrm{Th}}.$$

Die Genauigkeit der Altersbestimmung nach dem Heliumverfahren ist natürlich begrenzt. Wenn während der Kristallisation eines Minerals ein Einschluß von Helium erfolgt ist, so liegt der für das Alter gefundene Wert zu hoch. Eine derartige Fehlermöglichkeit ist aber unwahrscheinlich, da gewöhnliche Mineralien nur verschwindend kleine Mengen von Helium enthalten; wahrscheinlicher ist ein Verlust von Helium durch Diffusion. Wenn das Gestein der Luft ausgesetzt wird, so erfolgt tatsächlich eine ziemlich schnelle Diffusion des Heliums; es können daher beim Pulvern des Minerals bis zu 30 Prozent Helium verlorengehen. Daß selbst innerhalb der Erde etwas Helium fortdiffundieren kann, wird durch das Auftreten von Helium in natürlichen Gasen bewiesen. Da die verfügbaren Steine keine Urgesteine aus dem Innern der Erde sind, sondern aus der Oberflächenkruste stammen, so können die Heliumbestimmungen nur eine untere Grenze für das berechnete Alter der Mineralien ergeben. In der folgenden Tabelle sind einige Ergebnisse, die man an Gesteinen verschiedener geologischer Epochen ermittelt hat, zusammengestellt.

Tabelle 9.

Geologisches Alter des Gesteins	Mineral	Herkunft	Helium-verhältnis	Alter in Millionen Jahren
Pliozän	Zirkon	Campbell Island, Neuseeland	0,146	1,5
Miozän	Zirkon	Espailly, Auvergne	0,57	5,7
Oligozän	Eisenspat	Niederpleis, Rheinprovinz	0,70	7,0
Oberes Carbon . . .	Limonit	Forest of Dean	12,8	128
Devon	Hämatit	Caen	11,2	112
Silur	Thorianit	Ceylon	22,6	226
Mittleres Präcambrium	Titanit	Arendal, Norwegen	32,9	329
Unteres Präcambrium .	Zirkon	Renfrew Co., Ontario	54,3	543

Der Bleigehalt von Uranmineralien. In einem Urangestein, das ursprünglich frei von „gewöhnlichem“ Blei war, besitzt das als beständiges Endprodukt radioaktiver Zerfallsreaktionen gebildete Blei das Atomgewicht 206,0. Das gemessene Verhältnis von Uran : Blei würde dann das Alter des Minerals direkt angeben, da es denjenigen Anteil des ursprünglich vorhandenen, jetzt zersetzten Urans darstellen würde.

Da die Zerfallskonstante des Urans $1{,}4 \cdot 10^{-10}$ pro Jahr beträgt, so bildet jedes Gramm Uran im Jahr $\frac{1{,}4 \cdot 10^{-10} \cdot 206}{238}$ Gramm Blei. Für im Vergleich mit der Lebensdauer des Urans sehr kleine Zeiträume ergibt sich daher das Alter des Minerals t durch den Ausdruck

$$t = \frac{\mathrm{Pb}}{\mathrm{U}} \cdot 8200 \text{ Millionen Jahre.}$$

Bei älteren Gesteinen muß man den Zerfall des Urans berücksichtigen, da von N_0 ursprünglich vorhandenen Uranatomen $N_0 e^{-\lambda t}$ erhalten bleiben und $N_0(1 - e^{-\lambda t})$ Atome Blei gebildet werden.

Daraus ergibt sich

$$\frac{\mathrm{U}}{\mathrm{Pb}} = \frac{0{,}87\, N_0 e^{-\lambda t}}{N_0(1 - e^{-\lambda t})} = 0{,}87\,(\lambda t + {}^1/_2 \lambda^2 t^2 + \ldots)$$

Im allgemeinen genügt es aber, einen mittleren Urangehalt,

$$\mathrm{U}_m = {}^1/_2\ (\mathrm{U}_1 + \mathrm{U}_0),$$

anzunehmen, wobei der beobachtete Urangehalt U_0 beträgt und der anfängliche Urangehalt U_1 sich aus der Gleichung

$$\mathrm{U}_1 = \mathrm{U}_0 + \mathrm{He} + \mathrm{Pb} = \mathrm{U}_0 + 1{,}16\ \mathrm{Pb}$$

ergibt. Daraus folgt, daß $\mathrm{U}_m = \mathrm{U}_0 + 0{,}58\ \mathrm{Pb}$ ist, so daß man für das Alter des Minerals den Wert

$$t = \frac{\mathrm{Pb}}{\mathrm{U}_0 + 0{,}58\ \mathrm{Pb}} \cdot 8200 \text{ Millionen Jahre}$$

erhält.

Bei den obigen Überlegungen wurde angenommen, daß sämtliches Blei von dem Uran stammt, d. h. daß das Atomgewicht des Bleis 206 beträgt. Wenn der Gehalt an gewöhnlichem Blei nicht zu hoch ist, kann man die Menge des aus dem Uran gebildeten Bleis aus dem Atomgewicht des in dem Mineral enthaltenen Bleis berechnen. So hat sich das Verhältnis von U : Pb in dem Uranpecherz von den Nordkarolinen (Tabelle 10, Nr. 2) zu 0,048 ergeben; bezogen auf den Gesamtbleigehalt entspricht das einem Alter von 380 Millionen Jahren. Das Blei, welches man aus dem Uranit gewonnen hatte, besaß ein Atomgewicht von 206,4, woraus sich ergab, daß ein beträchtlicher Anteil von gewöhnlichem Blei vorlag. Wenn man diesen berücksichtigt, so ergibt sich für das Alter des Minerals der Wert 270 Millionen Jahre. Wie man sieht (Tabelle 10), befinden sich die Werte, welche man nach diesem Verfahren durch Bestimmung des Bleis für wohldefinierte Urangesteine desselben geologischen Alters erhalten hat, in guter Übereinstimmung.

Der Bleigehalt von Thoriummineralien. Prinzipiell läßt sich das Alter der Thoriumgesteine in ganz analoger Weise ermitteln. Die Bestimmung wird jedoch durch die Tatsache erschwert, daß Thoriummineralien niemals vollkommen frei von Uran sind. Daher bildet sich Blei sowohl aus Thorium (dieses Blei besitzt das Atomgewicht 208,0), als auch aus Uran (Atomgewicht 206,0), wobei außerdem noch der Gehalt an ursprünglich vorhandenem gewöhnlichem Blei berücksichtigt werden muß. Auf Grund des schnelleren Zerfalls des Urans ist es nicht zulässig, den Einfluß selbst einer geringen Uranmenge zu vernachlässigen. Es ist daher außerordentlich schwierig, die vorhandene Menge des gewöhnlichen Bleis zu schätzen und zu berücksichtigen. Die Bestimmungen des Alters von Mineralien nach dem Thoriumverfahren sind daher mit einem Fehler unbestimmter Größe behaftet.

Tabelle 10.

Geologisches Alter	Mineral	Herkunft	U/Pb-Verhältnis	Alter*	Atomgewicht des Pb
Carbon	Uranpecherz	Glastonbury, Conn.	0,041	335	
	Uranpecherz	Nordkarolinen	0,048	380	206,4
Devon	Zirkon	Brevig	0,043	350	
	Biotit	Norwegen	0,044		
Mittleres Präcambrium .	Uranpecherz	Anneröd, Norwegen	0,13	1050	
	Annerödit	Anneröd	0,15		
	Uranpecherz	Elvestad, Norwegen	0,14		
	Uranpecherz	Skaartorp, Norwegen	0,135		
	Bröggerit	Moos	0,13		206,06
	Cleveit	Arendal	0,19	1350	206,08
	Uranpecherz	Arendal	0,17		
	Xenotim	Naresto	0,21		

* Unkorrigiert, in Millionen Jahren.

Ein Gramm Thorium liefert im Jahr 0,384mal so viel Blei wie ein Gramm Uran. Wenn man sowohl den Thorium- als auch den Urangehalt berücksichtigt, ergibt sich das Alter demnach als

$$t = \frac{\mathrm{Pb}}{\mathrm{U} + 0{,}384\,\mathrm{Th}} \cdot 8200 \text{ Millionen Jahre}.$$

Die so erhaltenen Werte von t stimmen indessen nur dann gut mit denen überein, die sich für verwandte Urangesteine ergeben haben, wenn das Verhältnis von Thorium zu Uran kleiner ist als 3:1. Nach HAHN schwankt das Alter einer Reihe von aus Brevig stammenden Thoriummineralien aus dem mittleren Devon zwischen 10 und 300 Millionen Jahren; die niedrigsten Werte für das Alter fand man bei Gesteinen, bei denen das Verhältnis Th:U größer als 100:1 ist. Diese Mineralien sind bezeichnenderweise amorph; sie sind offensichtlich sekundärer Herkunft und haben möglicherweise durch selektives Herauslösen Blei verloren. Dies ist um so wahrscheinlicher, als man dieselbe Erscheinung auch bei einigen Mineralien aus Ceylon findet. Ein kristallisierter Thorianit zeigt sowohl Blei- als auch Heliumverhältnisse, die gut mit dem geologischen Alter übereinstimmen, während ein amorpher Thorit aus derselben Gesteinsschicht weder Blei noch Helium enthält. Bei Urangesteinen läßt sich derselbe Einfluß auch auf das Pb:U-Verhältnis von verwitterten und kristallinen Anteilen von Pechblenden nachweisen. Die Entwicklung mikrochemischer Verfahren zur Gesteinsanalyse, welche das fragliche Verhältnis mit nur wenigen Milligrammen des Stoffes zu bestimmen gestatten, versprechen bei der Ermittlung vergleichbarer und charakteristischer Daten wertvolle Dienste zu leisten. Wenn das Uran-Thoriumverhältnis hinreichend genau bekannt ist und wenn man annehmen darf, daß sämtliches vorhandene Blei radioaktiven Ursprungs ist, so stimmt das für kristalline Thoriumgesteine gefundene Alters gut mit den Werten überein, welche man für verwandte Gesteine aus dem Verhältnis Pb:U erhalten hat, wie man erkennt, wenn man die unten aufgeführten Ergebnisse an drei kanadischen Uraniten aus dem Präcambrium mit den Daten der Tabelle 10 vergleicht.

U	Th	Pb	$\frac{\text{Pb}}{\text{U} + 0{,}384\ \text{Th}}$	Alter in Millionen Jahren
64,74	6,41	10,46	0,156	1189
69,19	2,83	10,83	0,154	1179
66,02	1,08	9,82	0,148	1130

Sachverzeichnis.